U0178861

贡献者名单

AI 硬件与体系结构

苏统华　刘　军　张晓天　李明慧　张圣航
刘纬恒　李宗泽　赵文千　谭　涛　ZOMI 酱

AI 编译与计算架构

谭　涛　苏统华　史家兴　宋一帆　韩昊知
　　李　行　武震卿　张　浩　陈庚天
　　　华为 CANN 团队　ZOMI 酱

AI 推理系统与引擎

谭　涛　苏统华　高鑫淼　何　伟　刘旭斌
杨　璇　徐宏博　栾　少　谢　迎　刘欣楠
　　　李　行　江典恒　陈学强
　　华为昇腾 MindIE 团队　ZOMI 酱

AI 框架核心模块

金傲群　华为 MindSpore 团队　ZOMI 酱

视频字幕与校对

曹泽沛　张泽斌　魏铭康　王远航　郝嘉伟
陈志宇　刘旭斌　赵含霖　乔　凯　孙仲琦
李敏涛　管一铭　谢鑫鑫　邓实诚　杨　绎
　　　ZOMI 酱　等

其他贡献者

李兆雅　郝志宏

GitHub 链接：https://github.com/chenzomi12/AISystem/
B 站视频链接：https://space.bilibili.com/517221395/
欢迎与本书配套"食用"

AI系统
原理与架构

ZOMI 酱　苏统华／编著

科学出版社

北京

内 容 简 介

本书主要围绕 AI 系统的理论基础与技术基础知识展开，结合实例进行介绍，旨在让读者了解 AI 系统的来龙去脉，形成对 AI 系统的系统化与层次化的初步理解，掌握 AI 系统基本理论、技术、实际应用及研究方向，为后续从事具体的学习研究工作和项目开发工作奠定基础。

本书首先介绍 AI 的历史、现状与发展及 AI 系统的基本知识，后分为 AI 硬件与体系结构、AI 编译与计算架构、AI 推理系统与引擎、AI 框架核心模块四篇进行详细介绍，涉及 AI 系统从底层原理到应用落地的全貌，反映了 AI 系统架构的前沿技术。

本书可供人工智能、计算机及相关专业从业人员，以及对人工智能感兴趣的人员阅读，同时也可作为人工智能系统架构相关课程的配套教材。

图书在版编目（CIP）数据

AI 系统：原理与架构 / ZOMI 酱，苏统华编著. -- 北京：科学出版社，2024.9. -- ISBN 978-7-03-079287-7

Ⅰ. TP18

中国国家版本馆 CIP 数据核字第 2024JC3391 号

责任编辑：许 蕾 黄 海 李涪汁 / 责任校对：任苗苗
责任印制：霍 兵 / 封面设计：许 瑞 ZOMI 酱

科学出版社 出版

北京东黄城根北街 16 号
邮政编码：100717
http://www.sciencep.com

北京中科印刷有限公司印刷

科学出版社发行 各地新华书店经销

*

2024 年 9 月第 一 版 开本：880×1230 1/20
2025 年 2 月第五次印刷 印张：45 插页：10
字数：1 328 000

定价：199.00 元

（如有印装质量问题，我社负责调换）

作者序一

  华为是国内为数不多的人工智能基础研究的发源地之一，很多学生和 AI 基础软硬件研究者慕名而来从事 AI 产业相关技术工作。华为在 AI 算法（如自然语言处理、计算机视觉、计算神经学等）领域进行了大量创新性研究并将其应用于产品和服务中，也开展了一系列关于计算机系统的扎实研究（如操作系统、编程语言、编译器、计算机体系架构、AI 芯片设计等）。

  我于 2019 年来到华为技术有限公司的 2012 实验室，后来加入了计算产品线从事昇腾业务。在 2012 实验室期间，我主要负责 AI 训练框架 MindSpore 和推理引擎 MindSpore Lite 的开发，这段经历让我深刻地了解到：人工智能算法是如何利用计算机结构体系实现计算加速和部署。在一次对外交流中，我发现很多学生和从业者对人工智能算法如何利用计算机结构体系实现计算加速和部署尤为感兴趣，同时却又流露出困惑之色。这使我不禁思考：在中国这一片 AI 应用落地的热土，乃至在国内各大高校的人工智能教学体系中，是否缺少一门衔接人工智能和计算机结构体系的课程？

  "打造一门衔接课程"的想法在我心中萌芽，我首先想到的是基于目前在华为昇腾从事的 AI 相关的工作来进行拓展。

  同时期，国外诸多著名高校（如加州大学伯克利分校、华盛顿大学等）基于硬件并行加速或者 AI 算法的原理，开始深入探讨如何通过系统层面对 AI 算法进行深入剖析和对 AI 算法进行加速，并陆续推出相关课程。这些课程颇具声誉，内容以论文研读为主，但在系统优化方面许多论文并未能经得起时间的考验。微软推出的课程"AI Systems"尽管内容丰富，却因缺乏对 AI 系统的全栈软硬件架构进行整体梳理，未能形成完整的 AI 系统知识体系，学习完这门课程，学生对于从头搭建 AI 系统没有明确的思路。此外，华为 MindSpore 的首席架构师金雪峰老师与英国爱丁堡大学的麦络老师合作的"机器学习系统：设计和实现"课程，由于其内容更加专注于 AI 框架，花费大量篇幅阐述强化学习、联邦学习等最新的 AI 算法介绍，但是缺乏从计算机结构体系的整个软硬件系统层视角，系统性论述人工智能系统所涉及的基础软硬件内容。

  而教材方面，尽管已经有了许多优秀的基础性教材，涵盖了操作系统、数据库、分布式系统等领域，却还没有关于 AI 系统的；在人工智能算法方面也有相当丰富的教学资源，但深入探讨 AI 算法如何与计算机结构体系相结合以实现计算加速和部署的内容却相对匮乏，大多数现有资源倾向于介绍 AI 框架中的特定注册机制，例如自定义算子的注册过程，而非系统性的整合视角。纵观国内外，很难找到一本系统性论述 AI 系统的教材。

  与此同时，随着新一轮人工智能浪潮的袭来，国内的 AI 芯片公司和大模型基础设施公司如雨后春笋般涌现，国内人工智能领域的快速发展令人瞩目。然而，这类课程和教材的缺乏，不仅限制了高校的人才培养质量，也影响了企业对专业人才的需求，为许多企业和高校实验室带来了一个共同的挑战——AI 系统人才的缺乏。企业和高校不得不投入大量资源，从零开始培养工程师和学生。

所以，我坚定：是时候建设一门 AI 系统方面的课程，并推出对应的教材了！

课程开始

我着手梳理"AI 系统"知识点，旨在阐释 AI 系统背后从底层芯片和硬件体系架构，到计算架构和编译器以及 AI 训练推理框架的软硬件全栈架构，同时逐步整理大纲和关键点。带着撰写书籍的愿景，我开始与同事交流，他们普遍认为这个项目极具价值，但现实中，愿意投入大量精力去做这样一件事情的人并不多。于是该工作便搁置了半年。

直到 2022 年 8 月暑假期间，趁着在苏州给 C9 高校开展为期三天的"人工智能 AI 框架核心原理"的培训这一契机，我制作了一系列围绕 AI 框架核心模块——自动微分的原理实现的教程，内容从最基础的知识点介绍到代码实操，收到了来自浙江大学、上海交通大学、华东师范大学、南京大学等高校学生的高度好评。相隔 2 个月之后，我开始尝试制作第一个 AI 框架原理的视频，并在全网上线。

从课程的设计到书籍的撰写再到围绕书籍内容进行视频的制作，一个人，没有找到伙伴，凭着一腔热爱，说干就干！

经过了几个月的视频分享，内容一期又一期，深度越来越深。刚开始的时候，没有多少流量，只有寥寥几百人关注。按照最初的课程设计，随着分享的视频内容从 AI 框架慢慢扩展到推理引擎、AI 编译器等，关注的人也多了起来。

我将这门课程正式命名为"AI 系统"。希望通过这门课程，分享 AI 系统设计原理与架构，同时也为学生和 AI 行业从业者提供大量人工智能系统实现的实际项目经验。如果能对他们遇到实际问题时有所帮助，能使他们知道如何分析和解决问题，就是我的心愿了。

社区构建

其实，从 2022 年 10 月的第一个视频开始好一段时间，我的课程并没有在社区引起多大的关注，做的视频很用心也没有几个人观看，但我制作视频的热忱并未减退，同时也在更新书籍的内容。当时，开发"AI 系统"课程的目标感很强烈，因为已经梳理出来一个非常明确的大纲（与最后成书的目录几乎一致），于是为了自己做技术积累也好，为了让更多的人关注到 AI 系统这个领域也好，为了帮助计算产业培养更多优秀的人才也好，咬咬牙继续坚持了 4 个月，完成了围绕"AI 框架核心模块"的 30 多个视频。此时，时间已经来到 2023 年 1 月。

2023 年 2 月，我开始录制 AI 框架的底层编译器的系列视频，内容从传统编译器开始讲起。恰逢 2023 年 2 月到 3 月期间，国内很多院校为本科生和硕士生开设编译器的课程，于是我的视频变成了学生们的课外读物，粉丝量开始上千，我也收到很多小伙伴的新的反馈，更加坚定了自己做视频的决心。

在不断坚持的过程中，非常感谢家人和朋友们的无私支持。因为，在工作之余持续做技术分享，受限于 AI 系统这一领域大部分知识在网络上相关内容非常少甚至非常偏门，我需要对知识点进行高度提炼和总结，对自己知道和不知道的领域都要去挖掘、去学习、去深入、去洞察、去梳理、去总结。知识的梳理占了大量时间以外，还要录课、剪视频。每晚都要奋战到凌晨两三点，就这样坚持了一年半左右的时间。

除了在 B 站分享的视频受到了美团、字节跳动、蚂蚁、百度、小红书等公司，以及清华大学、北京大学、中国科学院大学、中国科学技术大学、国防科技大学等高校的邀请分享以外，配套的 PPT 也成为很多技术开发者小组内的技术分享资料。因此，我决定开源整个课程的制作过程，视频、书籍里面的每一张图片都尽可能自己重绘，让读者更加容易理解和学习。

众智之力

面对未知和挑战，个人的力量可能显得微不足道；然而，即使再渺小的力量，坚持下去一定会有所收获。

得益于课程的开源和社区的构建，我不再单枪匹马孤军奋战，一位又一位小伙伴加入进来。我们充分发挥众智之力，课程内容日益丰富，质量持续提升，这不仅吸引了广泛的关注，也让课程在 GitHub 上的关注度飞速上升，这份认可让我们感到既惊讶又荣幸。在社区的推动下，参与进来进行内容审核、视频字幕补充、内容细化的小伙伴越来越多，书籍的每一个细节都在快速完善、每一个知识点都在不断深化，整个课程全面推进。也有越来越多的小伙伴在 B 站、在知乎、在 GitHub、在各个平台，与我留言互动、提问交流。这么多年来，我第一次深刻感受到我在 AI 系统方面学习和积累的知识是如此有用，能够帮助到这么多人！

截止到书稿快接近尾声，本项目已经汇聚 50 多位小伙伴的贡献，在此表示诚挚感谢。特别地，还要感谢华为李兆雅、郝志宏的牵线，让项目的内容作为浙江大学吴飞教授领衔负责的教育部人工智能领域工程硕博士核心课程"人工智能系统架构"的参考用书，在哈尔滨工业大学软件学院副院长苏统华教授的支持下，已经在哈尔滨工业大学 2024 年春季开课试行，大受欢迎。

希望我们这本书以及在开源社区的"AI 系统"内容，能给整个计算产业带来更多的思考和产业落地的借鉴思路。感兴趣的读者可以通过书籍的 AI 系统社区（https://github.com/chenzomi12/AISystem）联系我们。我们非常期待和大家一起努力，继续推动 AI 系统在业界的发展与更新对应动态！

ZOMI 酱

2024 年 6 月 20 日

作者序二

纵观人工智能发展的历程，每个发展阶段均有代表性的人工智能系统作为引领。在最早的符号推理 GOFAI 阶段，有我们耳熟能详的 ELIZA 对话系统；在专家系统阶段出现了商业宠儿 XCON 自动配置系统；在机器学习阶段出现了 Watson 等与人类比智的系统；在深度学习阶段出现了 AlphaGo 等自主学习系统；在大模型时代出现了 ChatGPT 等生成式系统。一言以蔽之，人工智能孜孜以求的就是制造对人类"有用"的机器或者系统。

本书更侧重以系统架构视角看待人工智能，而不是拘泥于特定深度学习算法，同时本书特别关注中国方案。中国的研究者一直在紧跟人工智能研究潮流，也取得了非凡成就。早在 1958 年，哈工大计算机专业就制造了能说话、会下棋的智能计算系统。这类原创思想跟同期其他工作相比不遑多让！近些年，中国本土的人工智能生态渐臻完善，正在赋能多元场景，走进寻常百姓家。

众生之力可结无穷之力。人工智能学科具有交叉广泛、迭代迅速、技术尖端的特点，单靠某一人力量很难系统呈现人工智能的技术精粹。本书的材料准备汇聚了 50 余位开源贡献者的众智力量，可谓"众志成城"。ZOMI 老师在大规模人工智能架构设计、框架实现、创新应用等相关方面具有丰富的实践经验，各位贡献者同 ZOMI 老师密切配合，既稳步完善系统架构图景，又融入了各自的技术特长。在合作本书的过程中，我本人受益匪浅，也期望广大读者能够从中获取并吸收足够的养分。

本书是教育部人工智能领域工程硕博士核心课程"人工智能系统架构"的配套教材。课程已经被纳入哈工大研究生培养方案，课程秉承校企协同育人底色，每年邀请 ZOMI 老师和华为其他技术专家来校授课。本书配有丰富的数字资源，授课所需的课件、视频均可在本书资源里获取，本书的视频课程也会上线国家智慧教育公共服务平台。期望更多的高校开设本课程，帮助学生和开发者在"知其所以然"基础上具备从 0 到 1 的高阶创造能力。

谨以此序，惟愿人工智能为国为民，不断克服暂时障碍，在全球持续保持蓬勃生机，特别在中国这片热土上蔚然成风，这是真正的"坐看云起时"！

苏统华

2024 年 8 月 6 日

目　　录

第三篇　AI 推理系统与引擎

第四篇　AI 框架核心模块

第1章 AI 系统概述

1.1 AI 历史与现状

本节介绍人工智能（Artificial Intelligence，AI）的由来、现状和趋势，为后面章节介绍的人工智能系统（AI System）奠定基础。

系统本身是随着上层应用的发展而不断演化的。

从人工智能本身的发展脉络和趋势可以观察到：目前，模型不断由小模型到大模型分布式训练演进、由单一的模型训练方式演化出针对特定应用的深度强化学习的训练方式；企业级神经网络模型由独占使用硬件资源到云上多租户共享 AI 集群资源进行模型训练。

从 AI 算法模型结构本身的发展可以观察到：训练与部署需求使得模型结构快速演变；执行与部署流程上，资源管理变得越来越复杂，给 AI 系统的设计和开发带来越来越大的挑战的同时，也充满了新的系统设计、研究与工程实践的机遇。

希望后续章节不仅能给读者带来较为系统化的 AI 知识，也能激发开发者对 AI 系统研究的兴趣，掌握相应的 AI 系统研究方法与设计原则。

1.1.1 AI 的应用领域

人工智能正在日益渗透到所有的技术领域，而深度学习（Deep Learning，DL）是目前人工智能中最活跃的分支。深度学习是一种机器学习方法，它通过建立多层神经网络来模拟人脑的学习过程。最近几年，深度学习取得了许多重要进展，其中有些因为跟大众关系密切而引人瞩目，而有些虽然低调但意义重大。深度学习从业人员应该保持足够的嗅觉，这个领域正在发生很多事情，必须要跑得足够快才能跟上时代步伐。

深度学习在计算机视觉（Computer Vision，CV）、自然语言处理（Natural Language Processing，NLP）、音频处理（Audio Processing）这三大方向都取得了显著的成果（图 1.1.1）。

1. CV 领域应用

深度学习因其较高的可信度在计算机视觉领域获得了广泛的认可。其中，图像识别是深度学习能力最早的重要演示的主题之一。近年来，深度学习在物体检测与跟踪、人脸识别等方面也取得显著的应用进展。

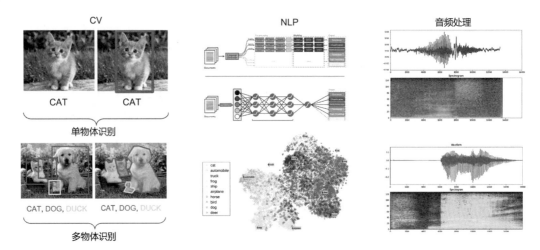

图 1.1.1

- **图像与视频识别**：神经网络模型可以非常准确地识别和分类图像与视频，支持多种应用场景，如图像搜索、内容审核和推荐系统等应用。例如，在百度或谷歌等搜索引擎中上传一张图片，系统能够通过图像识别技术搜索并提供与图相关的信息；社交平台或内容平台如抖音、Meta 等利用深度学习技术识别分析图像和视频内容并过滤不适宜的内容；电商平台如淘宝等通过识别分析用户的历史浏览和购买行为，利用深度学习算法推荐个性化的商品。
- **物体检测与跟踪**：深度学习算法广泛应用于物体检测与跟踪的各类场景，如自动驾驶、无人机等。例如，自动驾驶汽车使用深度学习算法来识别和跟踪周围环境中的车辆、行人和其他物体；无人机可以利用深度学习算法实时检测和跟踪野生动物、车辆等感兴趣的物体。
- **人脸识别**：深度学习算法可以高精度识别和匹配人脸，广泛应用于安全验证、智能门禁、智能监控、个性化营销等应用场景。例如，银行和金融机构利用这项技术进行身份验证；企业和住宅区采用面部识别技术作为门禁控制，替代传统的钥匙和门禁卡；零售行业通过分析顾客的面部特征和购物习惯，提供定制化的服务和产品推荐。

如图 1.1.2 所示，深度学习在 CV 领域已经从左边的实现图像分类、目标检测和物体分割，逐渐过渡到右边实现图像的生成甚至三维重建。

2. NLP 领域应用

NLP 研究如何让计算机更好地理解和处理自然语言，深度学习技术极大地推动了 NLP 领域的发展。NLP 的核心主要包括文本处理、自然语言理解和词向量表示等。

- **文本处理**：对文本数据进行的一系列处理过程，包括分词、词性标注、句法分析和语义分析等。这些处理过程可以帮助计算机更好地理解和处理自然语言文本数据。

图像分类/目标检测/物体分割　　　　　　　图像生成/三维重建

图 1.1.2

- 自然语言理解：让计算机能够理解自然语言文本数据的含义和上下文信息，从而做出响应和决策。

- 词向量表示：词向量表示是将词语转化为计算机能够处理的数据格式。深度学习可以通过建立神经网络模型，利用大量语料库进行训练，从而学习词向量表示。这种表示方式可以更好地捕捉词语的语义信息，为后续的自然语言处理任务提供更好的基础。

NLP 涉及的任务包括文本分类和情感分析、机器翻译等。

- 文本分类和情感分析：深度学习可以通过建立卷积神经网络（Convolutional Neural Network，CNN）或循环神经网络（Recurrent Neural Network，RNN）等模型，对文本进行分类或情感分析。例如，利用 CNN 模型对文本进行分类，可以识别文本所属的类别；利用 RNN 模型进行情感分析，可以判断文本表达的情感倾向。

- 机器翻译：机器翻译是 NLP 领域的一个重要应用，它是将一种自然语言文本自动翻译成另一种自然语言文本的过程。深度学习可以通过建立神经网络模型，利用大量双语语料库进行训练，从而实现高质量的机器翻译。

如图 1.1.3 所示，AI 在 NLP 领域的最新应用已经发展到能够使用大语言模型（Large Language Model，LLM）实现人机对话、摘要自动生成和信息检索等功能。而近期的大模型应用也是风起云涌，出现了大量如 KIMI 等做 L0 基础大模型的公司及相关应用。

3. 音频处理领域应用

深度学习技术的迅猛发展为音频信号的自动处理和优化提供了强大的工具和算法支持，极大地提高了音频处理的效率和准确性，推动了智能音频处理领域的进步。利用深度学习技术，可以实现音频信号分析、语音识别、音频生成等任务。

人机对话/指令/信息检索   文本生成/摘要生成

图 1.1.3

- 音频信号分析：通过分析音频信号，实现音频的分类、分割、降噪等。例如，通过训练深度神经网络模型提取音频信号的特征，从而对音频进行分类或分割；通过学习和分析噪声模型和信号模型，自动消除音频噪声。

- 语音识别：通过深度神经网络模型可将语音信号转化为文本信息等，常见应用有语音助手、语音翻译、语音控制等。神经网络模型可以自动学习语音信号的特征，并通过大规模训练提高识别精度。

- 音频生成：深度学习技术可以用于生成逼真的语音合成结果，还可以通过学习音乐的模式和结构，自动生成新的音乐作品。

相较于传统的音频处理，深度学习技术的应用可实现端到端音频处理、跨模态音频处理等。

- 端到端音频处理：传统音频处理方法通常需要多个步骤和模块，而端到端音频处理可将这些步骤整合到一起。通过训练端到端的神经网络模型，可以直接从原始音频信号中提取特征并完成音频处理任务，简化流程并提高效率。

- 跨模态音频处理：深度学习技术可将音频信号与其他模态的信息（如文本、视频等）进行融合处理，实现更加丰富和准确的音频分析和合成。

如图 1.1.4 所示，现在已经有越来越多的 AI 技术应用到音频处理领域，除实现根据提供的内容自动生成音频等更加人性化的传统音视频软件辅助功能以外，还可以实现音频分类、音频自动对齐等众多提高生产力的应用。未来，AI 技术在智能音频处理中的应用还将进一步创新，以满足不断增长的音频处理需求。

音频生成/音频编辑辅助提升　　　　　　　　　　　　　音频分类/音频对齐

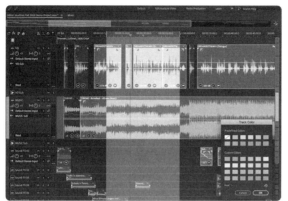

图 1.1.4

1.1.2　AI 场景与行业应用

随着人工智能技术的发展与推广，人工智能逐渐在金融、医疗、教育、互联网、自动驾驶、制造业等不同场景和行业涌现大范围的应用，如图 1.1.5 所示。

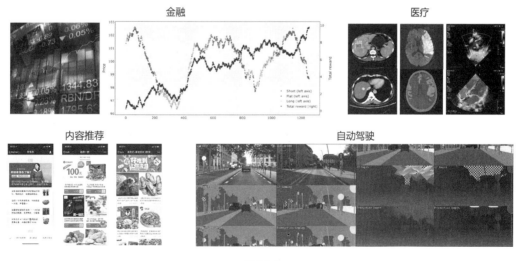

图 1.1.5

● 金融行业：金融行业是人工智能技术的热点应用场景之一。通过深度学习技术，可以实现对客户信用评估、风险管理、反欺诈等方面的智能化分析。目前，我国多家金融机构已经在尝试将 AI 应用于其业务流程，如中国银行、中国平安、招商银行等。这些金融机构利用 AI 技术实现对客户数据的快速处理和分析，提高业务效率，降低风险。

- 医疗行业：医疗行业是人工智能技术的重要应用场景之一。通过深度学习技术，可以实现疾病诊断、药物研发、病历管理等方面的智能化分析。目前，我国多家医疗机构已经开始采用 AI 技术，一些顶尖学术机构也利用 AI 模型进行医学相关研究，如清华大学、北京大学、复旦大学等。这些机构通过 AI 实现对病历数据的快速处理和分析，提高疾病诊断准确率，降低药物研发成本。

- 教育行业：教育行业是人工智能技术的关键应用场景之一。通过深度学习技术，可以实现对学生的个性化教育、智能辅导、智能评估等方面的智能化分析。例如，AI 能够根据每个学生的情况，提供定制化学习体验，从而提高学习效果，也一定程度上降低教育成本。

- 互联网行业：谷歌、百度、微软必应等公司通过人工智能技术进行更好的文本向量化，提升检索质量，同时利用人工智能进行点击率预测，获取更高的利润。

- 自动驾驶：通过深度学习，自动驾驶车辆能够更准确地识别道路上的物体，更安全地执行驾驶决策，更稳定地控制车辆的行驶。例如，通过物体检测模型能够进行更好的路标检测、道路线检测进而增强自动驾驶方案。同时，深度学习还能够提高自动驾驶车辆的适应性和智能化水平，使其能够更好地应对复杂的交通环境和多种驾驶场景。在未来，深度学习将在自动驾驶领域发挥越来越重要的作用，推动自动驾驶技术的进步和应用。

综上所述，我们可以看到，这些成功应用并部署人工智能技术的公司，通常会在人工智能基础设施和系统上进行持续的投入和研发，进而通过提高神经网络模型生产效率，更快地获取效果更好的模型，从而获取领先优势。然后，再通过业务场景反哺，获取更多的数据。随着数据的积累和研发投入的加大，这些企业能够不断推动人工智能系统与工具链的创新与发展。

1.1.3 AI 基本理论奠定

虽然 AI 近年来取得了举世瞩目的进展与突破，但是其当前的核心理论，特别是神经网络等，其实在这波浪潮掀起之前就已经基本形成。神经网络作为 AI 的基石，经历了以下的发展阶段。

1. 萌芽兴奋期（20 世纪 50 年代~20 世纪 70 年代）

1943 年，神经科学家和控制论专家 Warren A. McCulloch 和逻辑学家 Walter Pitts 基于数学和阈值逻辑算法创造了一种神经网络计算模型，这是首个神经网络模型，相关研究发表在文章 *A logical calculus of the ideas imminent in nervous activity* 中（McCulloch and Pitts, 1943）。这篇文章不仅奠定了神经网络的基础，也对人工智能的研究产生了深远的影响。

人工智能的早期研究激发了一系列研究成果，如机器定理证明、跳棋程序等，掀起了人工智能发展的第一个高潮。1950 年，Alan Turing 提出了著名的"图灵测试"，这一测试旨在判断机器是否能够展现出与人无法区分的智能行为。

1957 年，Frank Rosenblatt 发明了感知机（Perceptron）（图 1.1.6），为之后 AI 的发展奠定

了基本结构（Rosenblatt, 1957）。感知机本质上是一种线性模型，可以对输入的训练集数据进行二分类，且能够在训练集中自动更新权值。感知机的提出引起了大量科学家对人工神经网络研究的兴趣，对神经网络的发展具有里程碑式的意义。感知机的计算以矩阵乘加运算为主，这种计算模式影响了后续 AI 芯片和系统的基本算子类型，例如，英伟达（NVIDIA）的新款图形处理器（Graphics Processing Unit，GPU）就有为矩阵计算设计的专用张量计算核心（Tensor Core）。

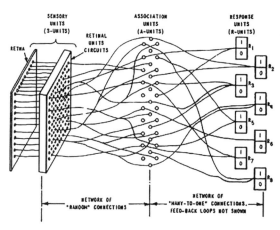

图 1.1.6

1960 年，Bernard Widrow 和 Hoff 发明了自适应线性神经网络 Adaline（Widrow, 1960）和多层神经网络 Madaline，首次尝试把线性层叠加整合为多层感知机网络。Adaline 和 Madaline 的发明为之后的多层 AI 网络结构奠定了基础，促进了后期不断衍生出更深层的模型，也带来了大模型和模型并行等系统问题。

1969 年，Marvin Minsky 和 Seymour Papert 在 *Perceptrons: an Introduction to Computational Geometry* 一书中证明了单层感知机无法解决线性不可分问题（例如，异或问题），发现了当时的神经网络的两个重大缺陷：①基本感知机无法处理异或回路问题；②当时计算机的计算能力不足以用来处理复杂神经网络（Minsky and Papert, 1969）。因此，在一段时间内，对于神经网络的研究几乎停滞。然而，这也为后来 AI 的两大驱动力的演进埋下了伏笔，即提升硬件算力以及模型通过更多的层和非线性计算（激活函数和最大池化等）增加非线性能力。

1974 年，Paul Werbos 在博士论文 *Beyond regression : new tools for prediction and analysis in the behavioral sciences* 中提出了用误差反向传播来训练人工神经网络，使得训练多层神经网络成为可能，有效解决了异或回路问题（Werbos, 1974）。这个工作奠定了之后 AI 的训练方式——

AI 训练系统中最为重要的执行步骤就是不断进行反向传播训练；同时，AI 的编程语言和框架为了支持反向传播训练，默认都提供自动微分（Automatic Differentiation）功能。

2. 蓬勃发展期（20 世纪 80 年代~21 世纪 00 年代）

1986 年，Rina Dechter 在 AAAI 发表了论文 *Learning while searching in constraint-satisfaction-problems*，将深度学习（Deep Learning）一词引入机器学习社区（Dechter, 1986）。

1989 年，Yann LeCun 在论文 *Backpropagation applied to handwritten zip code recognition* 中提出了一种用反向传播训练进行更新的卷积神经网络，称为 LeNet，启发了后续卷积神经网络的研究与发展（LeCun, 1989）。卷积神经网络是 AI 系统的重要负载，大多数 AI 系统都需要在卷积神经网络上验证性能，很多 AI 系统的基准测试中也会引入大量卷积神经网络。

20 世纪 90 年代中期，统计学习登场，支持向量机（Support Vector Machine，SVM）开始成为主流，神经网络的发展再次进入低谷。

2006 年，Geoff Hinton、Ruslan Salakhutdinov 的论文 *Reducing the dimensionality of data with neural networks* 表明，多层前馈神经网络可以一次有效地预训练一层，依次将每一层视为无监督受限的玻尔兹曼（Boltzmann）机，然后使用监督反向传播训练对其进行微调。这篇论文主要聚焦深度信念网络（Deep Belief Net，DBN）的学习过程，为深度学习领域的发展做出了重要贡献（Hinton and Salakhutdinov, 2006）。彼时，深度学习，由于计算能力的提升和大数据的可用性，再次推动了人工智能领域的快速发展。

2009 年，李飞飞教授团队在佛罗里达州举行的国际计算机视觉和模式识别（CVPR）会议上首次以海报的形式展示了他们的 ImageNet 数据库（Deng et al., 2009）（图 1.1.7）。

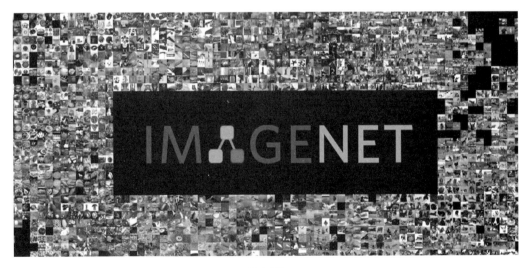

图 1.1.7

3. 突破驱动繁荣期（约 21 世纪 10 年代）

2011 年，微软研究院的 Frank Seide、Gang Li 和 Dong Yu 在 Interspeech 大会发表了论文 *Conversational speech transcription using context-dependent deep neural networks*，展示了他们在深度神经网络应用于会话语音转录（Conversational Speech Transcription）领域的突破性工作——在单通道非特定人语音识别（Single-Pass Speaker-Independent Recognition）基准测试方面，相对错误率由 27.4%降低到 18.5%，相对降幅达 32%；在其他 4 类不同任务中，也观察到 22%~28%的相对错误率降低（Seide et al., 2011）。

此深度神经网络的训练得益于一个高效的分布式系统（其设计了适合当前作业的张量切片与放置以及通信协调策略以加速训练），该系统部署在多台配置有英伟达 Tesla GPGPU 的服务器上，通过数百小时的训练才完成。论文在最后致谢中提到 "Our special thanks go to Ajith Jayamohan and Igor Kouzminykh of the MSR Extreme Computing Group for access to a Tesla server farm, without which this work would not have been possible"，由此看到在 AI 领域算法团队与系统团队协作已经由来已久，算法与系统的协同设计将以往不可能完成的计算任务变为了可能，上层应用负载需求驱动系统发展与演化，系统支撑上层应用负载取得新的突破。

2012 年，谷歌的神经网络从 1000 万个 YouTube 视频的静止画面中学会了识别猫。谷歌的科学家通过连接 16000 个计算机处理器创建了最大的机器学习神经网络之一，他们将这些处理器松散分布在互联网上自行学习，正是这样大规模系统互联更大的算力支撑了相比以往更大的数据集和模型的训练。此工作论文 *Building high-level features using large scale unsupervised learning* 发表在 2012 年国际机器学习大会（ICML 2012）上（Le et al., 2012）。

2012 年 9 月，Alex Krizhevsky、Ilya Sutskever 和 Geoffrey Hinton 团队设计的 AlexNet（图 1.1.8）赢得了 ImageNet 竞赛，深度神经网络开始再次流行（Krizhevsky et al., 2012）。AlexNet 首次引入了 ReLU（Rectified Linear Unit）激活函数，并扩展了 LeNet5 结构，添加了 Dropout 层来减小过拟合，添加了 LRN（Local Response Normalization）层来增强泛化能力/减小过拟合。这些新的模型结构和训练方法影响着后续的模型设计和系统优化，例如，激活函数和卷积层的内核融合计算等。AlexNet 采用 2 块英伟达 GTX 580 3 GB GPU 花费 5~6 天完成训练，若有更快的 GPU 和更大的数据集，AlexNet 有望得到更好的训练结果。

截至 2012 年，以英伟达为代表的芯片厂商已经连续发布了 Tesla、Fermi、Kepler 架构系列商用 GPU 和多款消费级 GPU，这些 GPU 已经开始被用于加速 AI 算法与模型的研究，被业界公司用于人工智能产品。同时，从 AlexNet 的工作中可以看到，研究人员基于 CUDA API 进行编程实现了 cuda-convnet，AI 系统与工具伴随着 AI 算法与模型的突破与需求"呼之欲出"。

之后，以 ImageNet 等公开数据集为代表的各个应用领域（例如，CV、NLP）的公开数据集或基准测试，驱动着以 CNN、RNN、Transformer、图神经网络（Graph Neural Network，GNN）为代表的 AI 模型网络结构的发展和创新。

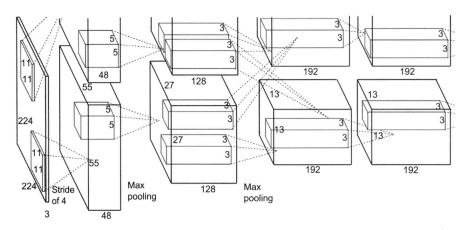

图 1.1.8

4. 大模型带来新机遇（约 21 世纪 20 年代）

随着神经网络模型结构向更深的网络结构、更多的参数演进，出现了各种基于预训练模型进行参数微调的特大参数模型。2021 年 8 月，李飞飞教授和 100 多位学者联名发表了一份 200 多页的研究报告 *On the opportunities and risk of foundation models*，深度综述了当前大规模预训练模型面临的机遇和挑战，报告中将这种基于深度神经网络和自监督学习技术，在大规模、广泛来源的数据集上训练的 AI 模型称为大模型（Bommasani et al., 2021）。

大模型包括多种预训练模型，如 BERT、GPT、CLIP、DALL·E 等。目前，基础模型所涉及的技术子领域包括：模型的构建、训练、微调和评价，以及模型加速、数据处理、安全性、稳健性、对齐（Alignment）、模型理论、可解释性等方面。大模型仍处于快速发展阶段。

小结与思考

- 本节围绕 AI 的历史、现状和发展展开对 AI 系统研究，需要深刻理解上层 AI 计算应用负载特点、历史和趋势，才能找到系统设计的真实需求问题和优化机会。
- AI 在 CV、NLP、音频处理等领域及金融、医疗、教育等行业有广泛应用，其模型结构和部署需求不断演变，带来挑战与机遇。
- AI 的基本理论神经网络在发展中经历了萌芽兴奋期、蓬勃发展期、突破驱动繁荣期，其发展受硬件算力和模型创新推动。而近年来，大模型的出现带来新机遇，包括多种预训练模型，相关技术子领域仍在快速发展。

1.2　AI 发展驱动力

　　AI 的起源可追溯到 20 世纪 50 年代，其发展一度起起伏伏，历经多次繁荣与低谷，直到 2016 年 AlphaGo 赢得了与世界围棋冠军李世石的比赛，AI 才在大众中掀起广泛的热度和关注度，标志着 AI 发展的新一轮热潮。其实，AI 技术早在这个标志性事件之前就已经在很多互联网公司中得到了广泛应用与部署。例如，搜索引擎服务中的排序、图像的检索、广告推荐等功能，背后都有 AI 模型的支撑。

　　可以认为，机器学习是实现 AI 的一种方法，而深度学习是实现机器学习的一种技术。当前，深度学习技术取得了突破性进展，是 AI 中最为前沿和重要的技术，并不断在广泛的应用场景内取代传统机器学习模型。神经网络是深度学习的具体实现形态，使用神经网络模型来表示机器学习中深度学习这一范式。

　　鉴于这样的关系，后续的章节中，将会以 AI 一词代指神经网络这一具体实现形态。

1.2.1　AI 学习方法

　　在展开 AI 系统设计相关内容之前，需要首先了解 AI 的原理与特点。下面将以实例介绍 AI 是如何工作的。本内容假定读者有一定基础，相关概念暂不在本节过多解释。

　　结合图 1.2.1，深度神经网络的开发与工作模式可以概括为以下几个步骤：

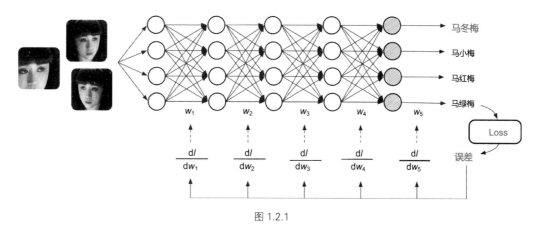

图 1.2.1

　　● **确定模型输入输出**：首先需要确认神经网络模型的输入样本（Sample）和输出标签（Label）。例如，图 1.2.1 中向模型输入图片，输出图片所对应的类别（马冬梅、马小梅、马红梅、马绿梅）。用户需要提前准备好模型的输入输出数据，进而展开后续的模型训练。

　　● **设计与开发模型**：开发者通过 AI 框架提供的 API 开发神经网络模型。在神经网络模型结构的基本表示中，一般线段（连线）代表权重，圆圈代表输入数据发生变化的具体计算操作。其中，权重用 w_i 表示，是可以被学习和不断更新的数值，简称为网络模型的参数。

● **训练（Training）过程**：训练的本质是通过网络模型中的连接逐层反向传播总误差，计算每个层中每个权重和偏差对总误差的贡献（梯度 $\mathrm{d}l/\mathrm{d}w_i$），然后使用求解梯度的优化算法（如图 1.2.2 中的梯度下降算法）去寻找数据的鞍点，从而对网络模型优化权重参数和偏差，并最终最小化神经网络的总误差（损失值，即 Loss 值）。

因此，训练过程就是根据用户给定的带有标签（如图 1.2.1 中多张马冬梅的图片，以及马冬梅图片对应的"马冬梅"这个确定性的输出标签）的数据集，不断通过优化算法进行训练学习。而训练学习则是通过下面的步骤学习给定数据集下最优的模型权重 w_i 的取值。

（1）**前向传播（Forward Propagation）**：由输入到输出完成 AI 模型中各层矩阵计算（例如卷积层、池化层等），产生输出并完成损失函数（Loss Function）计算。

（2）**反向传播（Back Propagation）**：由输出到输入反向完成 AI 模型中各层的权重和输出对损失函数的梯度求解。

（3）**梯度更新（Weight Update）**：对模型权重通过梯度下降算法完成模型权重针对梯度和指定学习率更新。

不断重复以上步骤（1）～（3），直到达到 AI 模型收敛（即总误差损失（Loss 值）降到一个提前设置的阈值）或达到终止条件（例如指定达到一定迭代（Step）次数然后停止训练）。

如图 1.2.2 所示，当完成了模型训练，意味着在给定的数据集上，模型已经达到最佳或者满足需求的预测效果。如果开发者对模型预测效果满意，就可以进入模型部署进行推理和使用模型。一句话而言，我们训练 AI 模型的过程，就是通过不断地迭代计算，使用梯度下降的优化算法，使得 Loss 值越来越小。Loss 值越小就表示算法越接近数学意义上的最优。

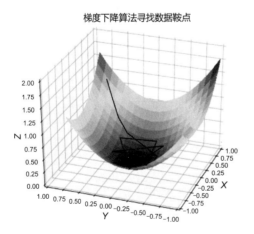
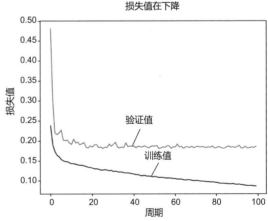

图 1.2.2

● **推理（Inference）过程**：推理只需要执行训练过程中的前向传播过程即可。推理的原理是基于训练好的 AI 模型，通过输入待预测的数据，经过前向传播过程，即通过 AI 模型定义的激活函数和非线性函数处理数据，得到最终的预测结果。

如图 1.2.1 中下半部分所示，由输入到输出完成 AI 模型中各层的计算（例如卷积层、池化层等），产生输出。此例中输入的是"马冬梅"的图片，输出的结果为向量，向量中的各个维度编码了图像的类别可能性，其中"马冬梅"的类别概率最大，判定为"马冬梅"（图 1.2.3），后续应用可以根据输出类别信息，通过程序转换为人可读的信息。

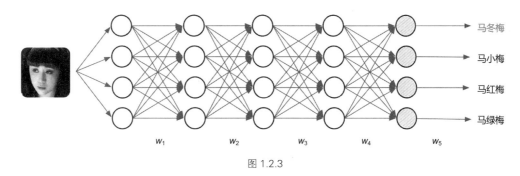

图 1.2.3

后续章节将要介绍的 AI 系统，就是围绕以上负载 AI 训练和推理应用的 AI 全生命周期的开发与执行各个环节，旨在为算法工程师提供良好的模型设计和开发体验。

1.2.2　AI 模型现状

当前，AI 模型的类型繁多（图 1.2.4），并且每年都有新的模型问世。从 AI 系统设计的影响角度来看，一些有代表性的模型结构是 AI 系统进行评测和验证所广泛使用的基准，而一些新模型结构的涌现，也不断推进 AI 系统设计的进步与创新。

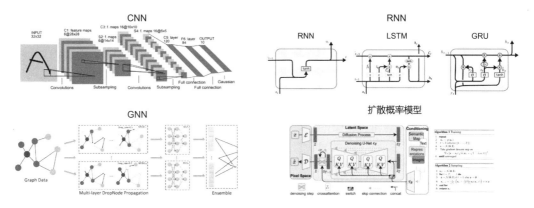

图 1.2.4

下面简要归纳几种有代表性的 AI 模型结构：

● **卷积神经网络（Convolutional Neural Network，CNN）**：以卷积层（Convolution Layer）为主，池化层（Pooling Layer）、全连接层（Fully Connected Layer）等算子（Operator）组合形成的神经网络模型。其在 CV 领域取得明显效果和广泛应用。

● **循环神经网络（Recurrent Neural Network，RNN）**：以循环神经网络、长短期记忆（Long Short-Term Memory，LSTM）等基本单元组合形成的适合时序数据预测（例如，自然语言处理、语音识别、监控时序数据等）的模型结构。

● **图神经网络（Graph Neural Network，GNN）**：使用神经网络来学习图结构数据，提取和发掘图结构数据中的特征和模式，满足聚类、分类、预测、分割、生成等图学习任务需求的算法总称。GNN 的目的是尽可能多地提取 "图" 中潜在的表征信息。

● **扩散概率模型（Diffusion Probabilistic Model）**：扩散概率模型是一类潜变量模型，是用变分估计训练的马尔可夫链。该模型的目标是通过对数据点在潜空间中的扩散方式进行建模，来学习数据集的潜结构。例如，其在计算机视觉中，通过学习逆扩散过程训练神经网络，从而对叠加了高斯噪声的图像进行去噪。

● **生成对抗网络（Generative Adversarial Network，GAN）**：该架构训练两个神经网络相互竞争，从而从给定的训练数据集生成更真实的新数据。例如，可以从现有图像数据库生成新图像，也可以从歌曲数据库生成原创音乐。GAN 之所以被称为对抗网络，是因为该架构训练两个不同的网络并使其相互对抗。

基础模型的典型算子已经被 AI 框架和底层 AI 硬件做了较多优化，但是 AI 模型的发展已经不单纯只在算子层面产生变化，其在网络结构、搜索空间等方面演化出以下新的趋势（图 1.2.5）。

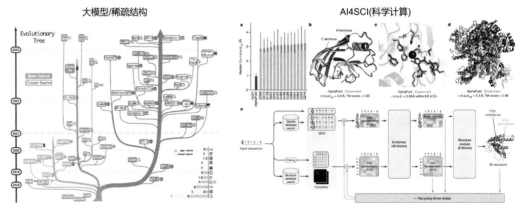

图 1.2.5

● **更大的模型**：以 Transformer 为基本结构的代表性预训练神经语言模型（Neural Language Model），例如，BERT、GPT、LLAMA 等系列，在自然语言处理和计算机视觉等场景应用越来越广泛，到目前为止，大语言模型（LLM）已经成为深度学习当中非常重要的一个分支结构。Transformer 模型不断增加的层数和参数量，对底层系统内存管理、分布式训练和 AI 集群硬件设计提出了很大的挑战。

- **更灵活的结构**：图神经网络、深度搜索树网等模型算法，通过不断抽象多样且灵活的数据结构（例如图形（Graph）、树形（Tree）等），来应对更为复杂的建模需求，进而衍生出新的算子（例如图卷积等）与计算框架（例如图神经网络框架等）。

- **更稀疏的模型结构**：以多专家模型（Mixture of Experts，MoE）和 Pathways 模型结构为代表的模型融合结构，让运行时的 AI 系统执行模型更加动态（Dynamic）和稀疏（Sparse），提升了模型的训练效率，减少了训练代价，可支持更多的任务。这给系统设计静态分析带来了不小的挑战，不过也驱动了即时（Just-in-Time，JIT）编译和运行时（Runtime）的优化，实现了更高效的调度。

- **更多样的训练方式**：以扩散模型（Diffusion Model）和深度强化学习（Deep Reinforcement Learning）为代表的算法，具有比传统训练方式更为复杂的过程，进而衍生出训练、推理、数据处理混合部署与协同优化的系统需求。

1.2.3　AI 系统的出现

催生这一轮 AI 热潮的原因有三个：大数据的积累、机器学习尤其是深度学习算法的突破性进展、超大规模计算能力的支撑。下面将围绕这三方面重要因素展开。

1. 大规模数据驱动

随着数字化发展，信息系统和平台积累了庞大的数据。AI 算法利用数据驱动（Data Driven）的方式来解决问题，从数据中不断学习规律、构建模型，进而完成分类和回归等任务。

互联网公司有海量的用户，这些用户不断使用互联网服务的同时，会不断地上传文字、图像、音频等数据，这又为互联网公司积累了更为丰富多元的数据资源。这些数据的体量随着时间的流逝和新业务功能的推出不断增长，数据模式越来越丰富，促使互联网公司较早地开发和部署大数据管理与处理平台。基于这些海量数据，互联网公司通过数据驱动的方式，训练神经网络模型，进而优化业务流程、提升用户体验（例如通过点击率预测为用户推荐更感兴趣的信息），吸引更多用户使用服务，进而形成良性循环。随着业务的发展，互联网公司天然地会遇到更多需要应用人工智能技术的实际场景和需求。因此，相较于学术界，作为工业界的代表，互联网公司较早地将深度学习技术推向了更加实用、落地的阶段，并不断投入研发资源以推动人工智能算法与系统的持续演进和发展，来满足不断增长的业务需求和技术挑战。

下面列举了两种互联网服务发展过程中积累形成的代表性的数据集：

- **搜索引擎（Search Engine）**：在图像检索（Image Search）领域出现了如 ImageNet、Coco 等计算机视觉数据集。在文本检索（Text Search）领域出现了如 Wikipedia 等自然语言处理数据集。

● **移动应用（Mobile Application）**：移动应用数据分析对于获取和留存用户至关重要。在国内，知乎和小红书等平台（图 1.2.6）已成为优质数据源的代表，而一些传统的论坛（如天涯论坛、百度贴吧等），由于广告泛滥、用户流失等，其数据质量已不如从前。各大移动互联网平台，如淘宝、拼多多等，通过收集用户的购买和浏览记录，构建了庞大的推荐系统数据集、广告数据集。

图 1.2.6

再以图像分类领域为例（图 1.2.7）：最初，数据规模较小的 MNIST 手写数字识别数据集只有 6 万样本、10 个分类；随后，更大规模的 ImageNet 数据集出现，其有 1600 万样本、1000 个分类；进一步，互联网 Web 服务中积累的数亿量级的图像数据，将数据规模推向了新的高度。海量的数据不仅带来了巨大的挑战，同时也实质性地促进了神经网络模型效果的提升。因为，当前以深度学习为核心的代表性 AI 算法，其本身是以数据驱动的方式从数据中学习规律与知识，因此数据的"质"与"量"决定了模型的"天花板"。

海量数据集对 AI 系统的发展产生了以下影响：

● 推动 AI 算法不断在确定任务上实现更高的准确度与更低的误差。这样产生了针对 AI 系统发展的用户基础、应用落地场景驱动力和研发资源投入。

● 让 AI 有更广泛的应用，进而产生商业价值，让工业界和学术界看到其应用潜力并投入更多资源进行科学研究，以持续探索 AI 的可能性。

● 传统的机器学习库不能满足海量数据集的处理需求，海量的数据集让单机越来越难以完成 AI 模型的训练，进而促使 AI 系统向分布式训练和 AI 集群发展。

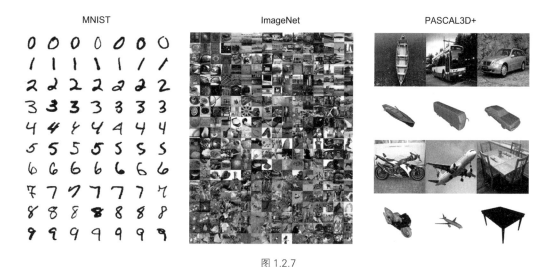

图 1.2.7

● 多样的数据格式和任务导致了模型结构的复杂性，这要求 AI 框架和针对 AI 的编译体系具备更灵活的表达能力，以实现对 AI 问题的表达与映射。

综上所述，AI 系统的设计相较于传统机器学习系统有更多样的表达需求、更大规模和更多样的数据集以及更广泛的用户基础。

2. AI 算法的进步

算法研究员和工程师不断设计新的 AI 算法和 AI 模型以提升预测效果，这方面不断取得突破性进展。但是，新的算法和模型结构需要 AI 框架提供较高的针对 AI 范式的编程表达力和灵活性，而对执行性能的优化可能会改变神经网络原来的执行逻辑，进而对 AI 框架的开发过程和 AI 编译器的执行过程优化提出了新的挑战，因而也促进了 AI 系统的发展。

下面我们从以下两个方面感受 AI 算法的进步。

1）精度超越传统机器学习

以 MNIST 手写数字识别任务为例，其作为一个手写数字图像数据集，在早期通常用于训练和研究图像分类任务，由于其样本与数据规模较小，当前也常常用于教学。该任务主要采用 CNN 实现：1998 年，利用简单的 CNN 可以取得接近 SVM 的最好效果；2012 年，CNN 可以将错误率降低到 0.23%，与人所达到的错误率 0.2% 非常接近。

从图 1.2.8 中可以观察到不同的机器学习算法取得的效果以及趋势（Chalapathy and Chawla, 2019）。神经网络模型在 MNIST 数据集上相比传统机器学习模型的表现，让研究者们看到了神经网络模型提升预测效果的潜力，进而不断尝试新的神经网络模型并在更复杂的数据集上进行验证。神经网络算法在准确度和错误率上的效果提升，让不同应用场景的问题取得突破进展，让更多研发人员看到其潜力，进而驱动不同行业对 AI 算法研发的持续投入。

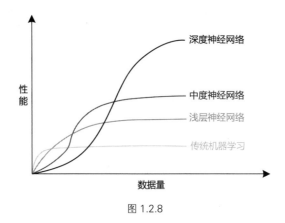

图 1.2.8

2）公开数据集上突破

随着每年 ImageNet 数据集上的新模型取得突破，新的神经网络模型结构和训练方式展现出巨大的潜力，更深、更大的模型结构有潜力提升当前预测的效果。从 1998 年的 LeNet 到 2012 年的 AlexNet，我们不仅看到了效果的提升和模型规模的扩大，还见证了 GPU 训练的引入和新的计算层（如 ReLU 等）的出现。到 2015 年的 Inception，模型的计算图进一步复杂化，且有更新的计算层被提出；同年，ResNet 模型层数进一步加深，甚至达到上百层。到 2019 年 MobileNet V3 的 NAS，模型设计逐渐朝着自动化的方向发展，错误率进一步降低。

新的模型不断在以下方面演化进而提升效果：①更好的激活函数和模型层，如 ReLU、Batch Normalization 等；②更深更大的网络结构和更多的模型权重；③更好的训练技巧，如正则化（Regularization）、初始化（Initialization）、学习方法（Learning Methods）、自动化机器学习与模型结构搜索等。

上述取得更好效果的技巧和设计不断激励着算法工程师与研究员的投入，同时也要求 AI 系统提供新的算子支持与优化，进而驱动 AI 框架和 AI 编译器在前端设计、中间表示和系统算法协同方面的演进和发展。

3. 算力与体系结构进步

自 1960 年以来，计算机性能主要按摩尔定律增长，到 20 世纪初增长了约 10^8 倍。然而，由于摩尔定律遇到瓶颈，计算机性能的增长逐渐放缓了。单纯靠工艺的进步，无法满足各种应用对计算机性能的要求。

于是，人们开始为特定应用定制专用芯片，通过消除通用处理器中冗余的功能部分，来进一步提高对特定应用的计算性能。例如，GPU 对图像类算法进行专用硬件加速。后来，通用 GPU（General-Purpose Computing on Graphics Processing Unit，GPGPU）出现，其对适合抽象为单指令流多数据流（Single Instruction Multiple Data，SIMD）或者单指令多线程（Single Instruction Multiple Threads，SIMT）的并行算法与工作应用负载都能起到惊人的加速效果。

为了获取更好的性能，近年来，AI 芯片也大放光彩，其中一个代表就是谷歌的张量处理单元（Tensor Processing Unit，TPU）。谷歌 TPU 通过对神经网络模型中的算子进行抽象，将其转换为矩阵乘法或非线性变换，根据专用负载特点进一步定制流水线化执行的脉动阵列（Systolic Array），进一步减少访存需求，提升计算密度，提高了 AI 模型的执行性能。华为昇腾 NPU（Neural Processing Unit，神经网络处理器）同样值得关注。华为昇腾 NPU 专门针对矩阵运算优化了设计，可解决传统芯片在神经网络运算时效率低下的问题。此外，华为昇腾达芬奇架构面向 AI 计算而设计，通过独创的 3D Cube 设计，每时钟周期可进行 4096 次 MAC 运算，为 AI 提供强大的算力支持。

除了算子层面驱动的定制，AI 层面的计算负载本身在算法层常常应用的稀疏性和量化等加速手段也逐渐被硬件厂商定制到专用加速器中（例如，英伟达推出的 Transformer Engine），在专用计算领域进一步协同优化加速。通过定制化硬件，厂商可将处理器性能提升大约 10^5 量级。

随着硬件的发展，算力的增长为 AI 带来了突破，但是算力还是可能在短期内成为瓶颈。那么，AI 系统性能的下一代提升的出路在哪？我们在后续讨论中将会看到，除了单独芯片的不断迭代进行性能放大（Scale Up），系统工程师不断设计更好的分布式计算系统将计算并行，提出了 AI 集群来达到向外扩展（Scale Out），同时深入挖掘深度学习的作业特点（如稀疏性等），通过算法、系统硬件的协同设计，进一步提升计算效率和性能。

小结与思考

- 人工智能（AI）技术自 20 世纪 50 年代以来经历了多次发展高潮，2016 年 AlphaGo 的胜利重新点燃了公众对 AI 的兴趣，而 AI 已在互联网行业如搜索引擎、图像检索和广告推荐等领域广泛应用。
- 催生这轮 AI 热潮的三个重要因素：大数据的积累、机器学习尤其是深度学习算法的突破性进展、超大规模计算能力的支撑。
- AI 系统的发展受到大数据积累、计算能力提升和算法进步的推动，当前 AI 算法和模型不断演进，算力和体系结构的进步为 AI 提供了强大的执行性能，同时带来了新的系统设计挑战。

1.3　AI 系统架构介绍

通过对 AI 的发展以及模型算法、硬件和数据的趋势介绍，我们已经了解了 AI 系统的重要性。本节将介绍 AI 系统的设计目标、组成、框架层和生态，让读者形成 AI 系统的知识体系，为后续章节的内容展开做好铺垫。

AI 系统的设计需要对各个环节通盘考量，无论是系统性能，还是用户体验，抑或是稳定性等指标；甚至，在开源如火如荼发展的今天，开源社区运营也成为 AI 系统推广不可忽视的环节。下面将从不同的维度和技术层面展开 AI 系统的全景图。

1.3.1 AI 系统基础

1. AI 系统基本概念

应用层、中间层、硬件层是计算机科学和信息技术中的常见分层架构。

在传统的本地部署时代，三大基础软件（数据库、操作系统、中间件）作为中间层扮演着连接硬件层和应用层的桥梁角色，实现对硬件的控制、数据的存储管理、网络通信的调度等共性功能，抽象并隔绝底层硬件系统的复杂性，让上层应用开发者能够专注于业务逻辑和应用功能的创新实现。

在云计算时代，形成了 IaaS（基础设施即服务）、PaaS（平台即服务）、SaaS（软件即服务）三层架构，其中 PaaS 层提供应用开发环境和基础的数据分析管理服务。

类比来看，AI 时代也有承担类似功能的、连接算力和应用的基础设施中间层，提供基础模型服务、赋能模型微调和应用开发——这一中间层就是 AI 系统。

因此，可以这样简单地理解 AI 系统：**AI 时代连接硬件和上层应用的中间层软硬件基础设施**。但如此类比，是相对片面的。

这也是为什么在某些语境中有人称其为 AI Infra（即人工智能的基础设施）。但是，因为"基础设施"一词更偏向于底层硬件、集群等内容，而 AI 系统更多的是强调让 AI 执行起来的系统体系结构，本书更愿意称这种包括软硬件等综合考量的概念为 AI 系统。

2. AI 系统详细定义

开发者一般通过 Python 等编程语言和 PyTorch、MindSpore 等 AI 框架进行 AI 模型的 API 编码和描述 AI 模型，声明训练作业和部署模型流程。从早期 AlexNet 直接通过 CUDA 实现网络模型，到后来出现通过 Python 语言灵活和轻松调用的 AI 框架，到大家习惯使用 HuggingFace 社区提供的组件对大语言模型进行微调和推理，这是系统工程师贴合实际需求不断研发新的工具，并推动深度学习生产力提升的结果。

但是，这些 AI 编程语言和 AI 框架在应对自动化机器学习、强化学习等多样化执行方式，以及应对细分的应用场景等方面，显得越来越低效、越来越不够灵活，需要开发者自定义一些特殊优化。没有好的工具和系统的支撑，这些问题一定程度上会拖慢和阻碍算法工程师的研发效率，影响算法本身的发展。

因此，目前开源社区中也不断涌现针对特定应用领域而设计的框架和工具，例如 Hugging Face 提供的语言预训练模型 ModelZoo、OpenMMLab 开发的物体检测套件 MMDetection、Facebook AI Research（FAIR）开发的序列到序列模型开发套件 FairSeq、微软的自动化机器学习工具 NNI 加速库等，进而针对特定领域模型应用负载进行定制化设计和性能优化，并提供更简化的接口和应用体验。

不同领域的输入数据格式不同、预测输出结果不同、数据获取方式不同，造成对模型结构和训练方式的多样化需求。各家公司和组织不断研发新的针对特定领域的 AI 框架或上层应用接口封装，以支持特定领域的数据科学家快速验证和实现新的 AI 想法，实现工程化部署和批量训练成熟的模型。例如，Facebook 推出 Torch 并演化到 PyTorch、谷歌的 TensorFlow 及后续推出的 JAX、华为的自研 AI 框架 MindSpore 等。

硬件厂商针对其设计了众多专用 AI 芯片（如 GPU、TPU、NPU 等）来加速 AI 算法的训练微调和部署推理。微软、亚马逊、特斯拉等业界巨头早已部署数以万计的 GPU 用于 AI 模型的训练，OpenAI 等组织正在不断挑战更大规模的分布式模型训练。此外，英伟达、华为、英特尔、谷歌等公司不断根据 AI 模型的特点设计新的 AI 加速器芯片和对应的 AI 加速模块，如 Tensor Core、脉动阵列等，以提供更强大的算力。

上述从顶层的 AI 算法应用、AI 框架（包括训练和推理）到底层 AI 编译与计算架构，以及对 AI 硬件与结构体系（例如 AI 芯片）所介绍的 AI 全栈相关内容就是 AI 系统，其架构如图 1.3.1 所示。

图 1.3.1

但是，AI 系统也可以应用于机器学习算法或使用机器学习算法，例如自动化机器学习、集群管理系统等。同时，这些系统设计方法具有一定的通用性，有些继承自机器学习系统或者可以借鉴用于机器学习系统。即使作为系统工程师，也需要密切关注算法和应用的演进，才能紧跟潮流设计出贴合应用实际的工具与系统。

3. AI 系统设计目标

AI 系统的设计目标可以总结为以下方面。

1）高效的编程语言、开发框架和工具链

设计更具表达能力和简洁的神经网络计算原语以及高级编程语言。这可以提升 AI 应用程序的开发效率，让开发者屏蔽底层硬件计算的细节，同时拥有更灵活的原语支持。当前神经网络模型除了特定领域模型的算子和流程可以复用（如大语言模型 Transformer 架构在 NLP 领域被广泛作为基础结构），其他新结构新算子的设计与开发仍依赖于试错（Trial and Error）的方式进行。那么，如何灵活表达新的计算算子、算子间的组合以及融合形式，屏蔽经典熟知的算子与基础模型？这是算法工程师需要语言、库与 AI 框架层提供的功能支持。

设计更直观的编辑、调试和实验工具。这可以让开发者完整地进行神经网络模型的开发、测试、调整、诊断与修复、优化程序，提升所开发 AI 应用程序的性能与鲁棒性。训练过程不是一蹴而就的，其中往往伴随着损失函数曲线不收敛、Loss 值为无效值（NaN）、内存溢出等算法问题与算法设计缺陷（Bug）。AI 工具链与 AI 系统在设计之初就需要考虑到这些，提供良好的可观测性、可调试性（图 1.3.2），并允许开发者注册自定义扩展等支持，否则，后期再"缝缝补补"会造成不好的开发体验，且不能满足开发者的需求，对开发者来说就像使用一个黑盒。

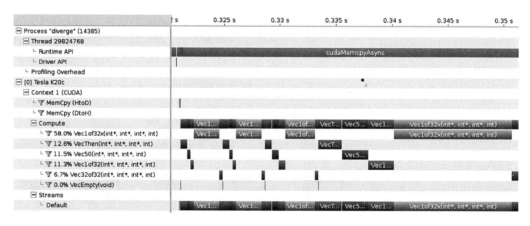

图 1.3.2

需要支持 AI 生命周期中的各个环节：数据处理、模型开发与训练、模型压缩与推理、安全和隐私保护等。不仅要能构建 AI 模型，还要能够支持全生命周期的 AI 程序开发，并在 AI 系统内对全生命周期进行分析与优化。关键的是要拥有完善的 AI 基础设施，从而能够快速复现开源社区工作、批量验证新的想法、进行有效的试错，所以优秀的、完善的全生命周期管理能够大幅度提升 AI 算法层面的生产力。

2）AI 任务系统级支持

除了对深度学习训练与推理的支持，还能**支持强化学习、自动化机器学习等新的训练范式**。例如，需要不断和环境或模拟器交互以获取新数据的强化学习方式、批量大规模提交搜索空间的自动化机器学习方式等，这些新的范式造成在之前单一支持单模型的基础上，在多模型层面、训练与推理任务层面产生了新的系统抽象与资源作业管理需求。

提供更强大和可扩展的计算能力。这让用户的 AI 程序可扩展并部署于支持并行计算的节点或者集群，从而应对大数据和大模型的挑战。当前，AI 模型不断通过大模型、多模态大模型来提升算法效果，这要求 AI 系统支持更大规模的模型、更多模态的输入。同时，随着企业 IT 基础设施不断完善，新的数据不断沉淀，这也使企业面临因大数据而衍生的问题。在摩尔定律放缓的大背景下，面对大模型与大数据的挑战，存储与计算层面的系统迫切需要通过并行与分布式计算来扩展存储与算力的支持。

自动编译优化算法。①对计算图自动推导：尽可能通过符号执行或即时编译（JIT）技术，获取更多的计算图信息，让 AI 框架或者 AI 编译器自动执行定制化的计算优化。②根据不同体系结构自动并行化：面对部署场景的多样化体系结构和训练阶段异构硬件的趋势，AI 框架让用户透明地进行任务配置和并行化，以期以最优方式在 AI 集群配置下，并行化、减少 I/O，充分利用通信带宽，逼近硬件提供的极限性能上限。

云原生自动分布式化。在云原生背景下，AI 系统需要考虑和支持：自动分布式并行扩展到多个计算节点，在云与集群场景下，自动进行 AI 任务的扩展与部署，以支撑分布式计算和弹性计算，使用户可以按需使用资源。

3）探索并解决新挑战下系统设计、实现和演化

随着 AI 算法的发展，AI 系统中出现了对动态图、动态 Shape 的支持需求，以及对利用网络模型结构的稀疏性进行压缩加速优化的支持需求，为了提升训练指标 TTA 以实现混合精度训练与部署，还有对混合训练范式（如强化学习）、多任务（如自动化机器学习）等特性支持需求。

提供在更大规模的企业级环境的部署需求。例如，云环境、多租户环境的训练部署需求：面对多组织、多研究员和多工程师共享集群资源，以及对使用 GPU 资源的日益增长的迫切需求，如何提供公平、稳定、高效的多租户环境是平台系统首要考虑的。

跨平台的推理部署需求。面对割裂的边缘侧硬件与软件栈，如何让模型训练一次，即可跨平台部署到不同软硬件平台，是推理场景需要解决的重要问题。

了解完 AI 系统设计的宏观目标，可以进一步了解，当前在人工智能的大生态环境中 AI 系统的技术栈是如何构成的，整个技术栈中 AI 系统的各概念处于抽象层次，层次互相之间的关系是什么。

1.3.2　AI 系统组成

表 1.3.1 列举了 AI 系统技术概念的组成。

表 1.3.1　AI 系统技术概念组成

概念层	内容	技术细节			
AI 算法应用	领域算法	CV、NLP、音频处理：CNN、RNN、LSTM、GAN、Transformer、Stable Diffusion、Reinforce Learning			
开发体系	集成开发环境	编程环境：VS Code、Jupyter Notebook、PyCharm			
	编程语言	与主流编程语言集成：PyTorch、TensorFlow 等与 Python 集成			
AI 训练与推理框架	AI 框架、推理引擎	中间表示、前端 API	编译优化	图优化与图执行调度	推理优化
		基本数据结构：张量	词法、语法、语义分析	计算图动静统一	常量折叠、冗余节点消除等
		基本计算单元：有向无环图	自动微分	计算图控制流	模型压缩：蒸馏、剪枝与量化
AI 编译与计算架构	编程编译	前端优化	数据格式布局转换	内存分配	公共子表达式消除
		后端优化	代码优化、代码生成	算子循环优化	指令和内存优化
		编程模型：CUDA、Ascend C、Band C		AI 编译器：TVM、XLA、TC	
		LLVM、GCC			
	底层通信	HCCL/NCCL、通信原语、集合通信算法			
AI 硬件与体系结构	底层硬件	AI 芯片：CPU/GPU/ASIC/FPGA/TPU/NPU			

1. AI 训练与推理框架

AI 框架不仅仅是指如 PyTorch 等训练框架，还包括推理框架。AI 框架负责提供用户前端的 AI 编程语言、接口和工具链，负责静态程序分析与计算图构建、编译优化等工作。AI 框架通过提供用户编程的 API，来获取用户表达的模型、数据读取等意图，在静态程序分析阶段尽可能完成自动前向计算图构建、自动求导补全反向传播计算图、计算图整体编译优化、算子内循环编译优化等。

AI 训练与推理框架这一层尽可能让用户表达目标任务与 AI 算法，尽量少让用户关注底层实现（例如到底 AI 框架是通过声明式编程方式还是命令式编程方式实现）是提升开发体验的较好的手段，但是过度的抽象会丧失灵活性的表达，在模型发展较快、迭代频繁的时期，还需要兼顾灵活性和可调试性。该层会调用编排底层框架的接口来提供更加简洁的用户开发体验。包括但不限于以下领域：

● **网络模型构建**：例如 CNN、RNN、Transformer 等结构，以及 if-else 控制流等基本结构和算子支持与实现的 API。编程语言的基本语法和框架的 API 接口提供基本算子支持。当前主要以使用 Python 语言内嵌调用 AI 框架的方式进行网络模型的开发，但是也出现控制流在原生语言层与模型中间表示割裂等问题。

● **模型算法实现**：算法一般被封装为 AI 框架的配置或 API 供用户选择，有些 AI 框架也提供拦截接口给用户一定程度灵活性定制自定义算法。模型算法实现与网络模型构建有着明显的区别，例如，网络模型构建只提供模型层面的构建，但是 AI 的算法实现流程（例如，到底是训练还是推理，是实现强化学习、监督学习还是无监督学习等）属于模型算法的实现过程，其中只有内部的算法模型结构的构建属于网络模型构建部分。

● **计算图构建**：例如静态计算图、动态计算图构建等。不同的 AI 框架类型决定其使用静态还是动态图进行构建，静态图有利于获取更多信息做全图优化，动态图有利于调试，目前这两者实际处于一个融合的状态，如 PyTorch 2.x 版本后推出 Dynamo 特性支持原生静态图。

● **自动求导**：例如高效地对网络模型自动求导等。由于网络模型中大部分算子较为通用，AI 框架提前封装好算子的自动求导函数，待用户触发训练过程就自动透明地进行全模型的求导，以支持梯度下降等训练算法需要的权重梯度数据的获取。

● **中间表示构建**：例如多层次中间表示（Intermediate Representation，IR）等。通过构建网络模型的中间表示及多层中间表示，让模型本身可以更好地被下层 AI 编译器编译生成高效的后端代码。

● **工具链**：例如模型在不同硬件的迁移、在不同框架的迁移、模型转换、调试、可视化、类型系统等。就像传统的软件工程中调试器、可视化、类型系统等工具链的支撑，让整个开发过程中，跨平台、问题诊断、缺陷验证等得以高效实现；目前，AI 系统领域也不断有类似工具产生，以支持整个 AI 工程化实践。

● **生命周期管理**：对数据读取、训练与推理生命周期的流程开发与管理。例如，机器学习领域的 DevOps 就是 MLOps 的基础工具支持，其可以让重复模块被复用，同时让底层工具有精确的信息进行模块间的调度与多任务的优化，还可让各个环节模块化解耦以独立和更为快速地演进。

2. AI 编译与计算架构

AI 框架充分赋能深度学习领域，为 AI 算法的开发者提供了极大便利。早期的 AI 框架主要应用于学术界，如 Theano、Torch 等，随着深度学习的快速发展以及在工业界的不断拓展，不断有新的 AI 框架被提出以满足不同场景的应用。

为了实现硬件的多样性，需要将神经网络模型计算映射到不同架构的硬件中执行。在通用硬件上，高度优化的线性代数库为神经网络模型计算提供了基础加速库。此外，大多数硬件供应商还发布了专属的神经网络模型计算优化库，例如 MKL-DNN 和 cuDNN 等，但基于基础加速库的优化往往落后于深度学习算法模型的更新，且大多数情况下需要针对不同的平台进行定制化开发。

为了解决多硬件平台上的性能优化的问题，多种 AI 编译器被提出并得到了普及和应用，例如 TVM、Glow、XLA 和 Jittor 等。AI 编译器以神经网络模型作为输入，将 AI 计算任务通过一层或多层 IR 进行翻译和优化，最后转化为目标硬件上可执行的代码，与传统的编译器（LLVM）类似，AI 编译器也采用前端、中间表示和后端分层设计的方式。

目前，业界主流的芯片公司和大型互联网公司等都在 AI 编译器上进行了大量的投入来推进相关技术的发展。与传统编译器相比，AI 编译器是一个领域特定的编译器，有四个明显的特征：

● **主前端语言**：与传统编译器不同，AI 编译器通常不需要 Lexer/Parser，而是基于前端高级编程语言（如 Python）的 AST 将神经网络模型解析并构造为计算图 IR，侧重于保留 Shape、Layout 等张量计算特征信息，当然，部分编译器还能保留控制流的信息。其中，Python 主要以动态解释器为执行方式。

● **多层 IR 设计**：多层 IR 设计为的是满足易用性与高性能这两种类型需求。①为了让开发者使用方便，AI 框架会尽量对张量的计算进行抽象封装成具体的 API 或者函数，算法开发者只要关注神经网络模型定义上的逻辑意义模型和算子；②在底层算子性能优化时，可以打破算子的边界，从更细粒度的循环调度等维度，结合不同的硬件特点完成优化。

● **面向神经网络优化**：面向神经网络模型特殊的数据类型进行定义。AI 领域，网络模型层的具体计算被抽象成张量的计算，这就意味着 AI 编译器中主要处理的数据类型也是张量。而在反向传播过程中，基于计算图构建的网络模型需要具有自动微分功能。

● **DSA 芯片架构支持**：AI 训练和推理对性能和时延都非常敏感，所以大量使用专用 AI 加速芯片进行计算。AI 编译器其实是以 DSA 架构的 AI 加速芯片为中心的编译器，这也是 AI 编译器区别于通用编译器的一个特征。

AI 编译与计算架构负责 AI 模型在真正运行前的编译和系统运行时的动态调度与优化。当获取的网络模型计算图部署于单卡、多卡甚至是分布式 AI 集群的环境，运行期的框架需要对整体的计算图按照执行顺序调度算子并匹配任务的执行，执行中会多路复用资源，做好内存等资源的分配与释放。包括并不限于以下部分：

● **编译优化**：例如算子融合（Operator Fusion）等。编译器根据算子的语义或者 IR 定义，对适合进行算子融合（多个算子合并为一个算子）的算子进行合并，降低内核启动与访存代价。同时，AI 编译器还支持循环优化等类似传统编译器的优化策略和面向深度学习的优化策略（如牺牲一定精度的计算图等价代换等）。

● **优化器**：例如运行时即时（JIT）优化、内省（Introspective）优化等。运行时根据硬件信息、隐藏的软件栈信息、数据分布等只能运行时所获取的信息，进一步对模型进行优化。

● **调度与执行**：调度有算子并行与调度，执行有单线程和多线程执行等。调度方面根据 NPU 提供的软件栈和硬件调度策略，以及模型的算子间并行机会，进行装箱并行调度。另外，在算子执行过程中，如果特定 NPU 没有做过多的运行时调度与干预，框架可以设计高效的运行时算子内的线程调度策略。

- **硬件接口抽象**：例如 GPU、NPU、TPU、CPU、FPGA 和 ASIC 等硬件的接口抽象。统一的硬件接口抽象可以复用编译优化策略，让优化方案与具体底层的 AI 硬件设备和 AI 体系结构适当解耦。

3. AI 硬件与体系结构

AI 硬件与体系结构负责程序的真正执行、互联与加速。在更广的层面，作业与作业间需要平台提供调度、运行期资源分配与环境隔离。包括并不限于以下部分：

- **资源池化管理与调度**：例如异构资源集群管理等。将服务器资源池化，通过高效的调度器结合深度学习作业特点和异构硬件拓扑进行高效调度，这方面对于云资源管理和云化较为重要。
- **可扩展的网络栈**：例如 RDMA、InifiBand、NVLink 等。提供更高效的 AI 芯片与 AI 芯片间的互联（例如 NVLink、NVSwitch 等），并提供更高的网络带宽、更灵活的通信原语与高效的通信聚合算法（例如 All-Reduce 算法）。

小结与思考

- AI 系统是连接硬件和上层应用的软硬件基础设施，包括编程语言、开发框架等，其设计面临诸多挑战。
- AI 系统的设计目标包括高效的编程语言与工具链、对多种 AI 任务的系统级支持以及解决新挑战下的系统设计与演化问题。
- AI 系统大致分为 AI 训练与推理框架、AI 编译与计算架构、AI 硬件与体系结构，还包括更广泛的系统生态，涵盖核心系统软硬件、AI 算法和框架以及更广泛的相关领域。

1.4　AI 系统与 AI 算法关系

模型算法的开发者一般会使用 Python 等高级语言通过 AI 框架提供的 API 来编写对应的 AI 算法，而 AI 算法的底层系统问题被当前框架层抽象隐藏。在代码背后，AI 系统的每一层到底发生和执行了什么？有哪些有意思的系统设计问题？

本节将以一个具体实例——使用 PyTorch 实现一个 LeNet5 神经网络模型展开，引导读者深入了解 AI 系统的各个层次，与后续章节的对应内容构建起桥梁与联系。

1.4.1　神经网络样例

1. AI 训练流程原理

如图 1.4.1 所示，一个神经网络模型接受输入，即左边的手写字符图片，产生输出，即右边的数字分类，这个过程叫前向传播。

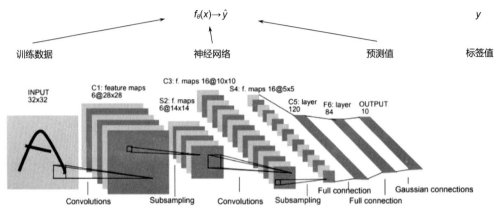

图 1.4.1

在当前已有的输入输出数据基础上，怎样才能得到预测效果最好的神经网络模型呢？这个时候需要通过对网络模型进行训练，训练过程可以抽象为数学上的优化问题，优化目标为

$$\theta = \underset{\theta}{\arg\min} \sum \left[\mathrm{Loss}\big(f_\theta(x), y\big) \right]$$

其中，f_θ 表示神经网络模型，例如 LeNet；Loss 表示损失函数；x 表示输入数据；y 表示标签值，即网络模型的输出；θ 称为权重，即网络模型中的参数。

训练的过程就是找到令损失函数值最小的 θ。在训练过程中将通过梯度下降算法等数值优化算法进行求解：

$$\theta = \theta - \alpha \delta_\theta \mathrm{Loss}(\theta)$$

其中，α 称为学习率（Learning Rate）。当神经网络模型训练完成，就可以通过 $\hat{y} = f_\theta(x)$ 进行推理，使用和部署已经训练好的网络模型。

图 1.4.1 中，输入数据为最左边的手写图像，输出为分类向量，中间矩形为各层输出的特征图（Feature Map），可通过 AI 框架提供的 API 来定义和构建这个实例的实现代码。可以看到，神经网络模型就是通过各个层，将输入图像通过多个层的算子进行计算，得到类别、输出概率向量。

算子：深度学习算法由一个个计算单元组成，这些计算单元称为算子（Operator，Op）。AI 框架中对张量计算的种类有很多，比如加法、乘法、矩阵相乘、矩阵转置等，这些计算也被称为算子。

为了更加方便地描述计算图中的算子，现在来对**算子**这一概念进行定义：

数学上定义的算子：一个函数空间到函数空间上的映射 $O: X \rightarrow X$，对任何函数进行某一项操作都可以认为是一个算子。

- **狭义的算子（Kernel）**：对张量执行的基本操作集合，包括四则运算、数学函数运算，甚至是对张量元数据的修改，如维度压缩（Squeeze）、维度修改（Reshape）等。
- **广义的算子（Function）**：AI 框架中对算子模块的具体实现，涉及调度模块、Kernel 模块、求导模块以及代码自动生成模块。

对于神经网络模型而言，算子是网络模型中涉及的计算函数。在 PyTorch 中，算子对应层中的计算逻辑，例如，卷积层中的卷积算法，是一个算子；全连接层中的权值求和过程，也是一个算子。

2. 网络模型构建

开发者构建网络模型一般经过两个阶段：

- 定义神经网络结构，如图 1.4.1 中和代码实例中构建的 LeNet5 网络模型，其中包含有卷积层（Conv2D）、最大池化层（MaxPool2D）、全连接层（Linear）。
- 开始训练，遍历一个 Batch Size 的数据，设置计算的 NPU/GPU 资源数量，执行前向传播计算，计算损失值，通过反向传播实现优化器计算，从而更新权重。

现在引入 PyTorch 在 MNIST 数据集上训练一个卷积神经网络 LeNet5 的代码实例。

```python
import torch
import torch_npu

# 如果模型层数多，权重多到无法在单GPU显存放置，我们需要通过模型并行方式进行训练
class LeNet(nn.Module):
    def __init__(self):
        super(LeNet, self).__init__()
        # 通过循环Loop实现卷积理解卷积的执行逻辑，可以深入思考其中编译和硬件执行问题
        # 我们将会在第一篇、第二篇详细展开计算到芯片的关系
        self.conv1 = nn.Conv2d(3, 6, 5)
        self.conv2 = nn.Conv2d(6, 16, 5)
        self.fc1 = nn.Linear(16*5*5, 120)
        self.fc2 = nn.Linear(120, 84)
        self.fc2 = nn.Linear(84, 10)

    def forward(self, x):
        # 具体的执行API单位是算子，实际编译器或者硬件执行的是Kernel
            # 我们将会在第三篇推理引擎Kernel优化详细介绍算子计算执行的方式
        out = F.relu(self.conv1(x))
        out = F.max_pool2d(out, 2)
        out = F.relu(self.conv2(out))
        out = F.max_pool2d(out, 2)
        out = out.view(out.size(0), -1)
        out = F.relu(self.fc1(out))
        out = F.relu(self.fc2(out))
        out = self.fc3(out)
        return out

def train(args, model, device, train_loader, optimizer, epoch):
    # 如何进行高效训练，运行时Runtime是如何执行的
    # 我们将在第四篇AI框架基础进行介绍
```

```
        model.train()
        for batch_idx, (data, target) in enumerate(train_loader):
            data, target = data.to(device), target.to(device)
            optimizer.zero_grad()
            output = model(data)
            loss = F.nll_loss(output, target)
            loss.backward()
            optimizer.step()
            ...

def test(model, device, test_loader):
    model.eval()
    ...
    with torch.no_grad():
        for data, target in test_loader:
            data, target = data.to(device), target.to(device)
            # 推理系统如何高效进行模型推理
            # 我们将在第三篇AI推理系统进行介绍
            output = model(data)
            ...

def main():
    ...
    # 当前语句决定了使用哪种AI加速芯片
    # 可以通过第一篇的AI芯片基础去了解不同AI加速芯片的体系结构及芯片计算底层原理
    device = torch.device("npu" if use_cuda else "cpu")

    # 如果batch size过大，造成单NPU/GPU HBM内存无法容纳模型及中间激活的张量
    # 读者可以参考分布式训练算法，了解如何进行分布式训练
    train_kwargs = {'batch_size': args.batch_size}
    test_kwargs = {'batch_size': args.test_batch_size}
    ...

    # 如果数据量过大，那么可以使用分布式数据并行进行处理，利用集群的资源
    dataset1 = datasets.MNIST('../data', train=True, download=True, transform= transform)
    dataset2 = datasets.MNIST('../data', train=False, transform=transform)
    train_loader = torch.utils.data.DataLoader(dataset1,**train_kwargs)
    test_loader = torch.utils.data.DataLoader(dataset2, **test_kwargs)
    model = LeNet().to(device)
    optimizer = optim.Adadelta(model.parameters(), lr=args.lr)
    ...

    for epoch in range(1, args.epochs + 1):
        train(args, model, device, train_loader, optimizer, epoch)
        # 训练完成需要部署，如何压缩和量化后再部署
        # 可以参考第三篇推理系统进行了解
        test(model, device, test_loader)
        ...

if __name__ == '__main__':
    main()
```

1.4.2　算子实现的系统问题

神经网络中所描述的层（Layer），在 AI 框架中称为算子或操作符；底层算子的具体实现，在 AI 编译器或者在 AI 芯片中称为 Kernel，对应具体 Kernel 执行的时候会先将其映射或转换为

对应的矩阵运算（例如，通用矩阵乘（General Matrix Multiply，GEMM），再由其对应的矩阵运算翻译为对应的循环（Loop）指令。

1. 卷积执行样例

卷积计算在程序上表达为多层嵌套循环。为简化计算过程，循环展开中没有呈现维度（Dimension）的形状推导（Shape Inference）。这里给出 Conv2D 转换为如下 7 层循环进行 Kernel 计算的代码实例。

```
# 批尺寸维度 batch_size
for n in range(batch_size):
    # 输出张量通道维度 output_channel
    for oc in range(output_channel):
        # 输入张量通道维度 input_channel
        for ic in range(input_channel):
            # 输出张量高度维度 out_height
            for h in range(out_height):
                # 输出张量宽度维度 out_width
                for w in range(out_width):
                    # 卷积核高度维度 filter_height
                    for fh in range(filter_height):
                        # 卷积核宽度维度 filter_width
                        for fw in range(filter_width):
                            # 乘加（Multiply Add）运算
                            output[h, w, oc] += input[h + fw, w + fh, ic]\
                                        * kernel[fw, fh, c, oc]
```

2. AI 系统遇到的问题

在实际 Kernel 的计算过程中有很多有趣的问题：

- **硬件加速**：通用矩阵乘是计算机视觉和自然语言处理模型中的主要计算方式，同时 NPU、GPU，又或者如 TPU 脉动阵列的矩阵乘单元等其他专用人工智能芯片 ASIC 是否会以矩阵乘为底层支持？（第一篇 AI 硬件与体系结构相关内容）

- **片上内存**：参与计算的输入、权重和输出张量能否完全放入 NPU/GPU 片内缓存（L1、L2 Cache）？如果不能放入则需要通过循环块（Loop Tile）编译优化进行切片。（第一篇 AI 硬件与体系结构相关内容）

- **局部性**：循环执行的主要计算语句是否有局部性可以利用？例如，空间局部性（缓存线内相邻的空间是否会被连续访问），以及时间局部性（同一块内存多久后还会被继续访问）。对此预估后，可尽可能地通过编译调度循环执行。（第二篇 AI 编译与计算架构相关内容）

- **内存管理与扩展（Scale Out）**：AI 系统工程师或者 AI 编译器会提前计算每一层的输出（Output）、输入（Input）和内核（Kernel）张量大小，进而评估需要多少计算资源、内存管理策略设计以及换入换出策略等。（第二篇 AI 编译与计算架构相关内容）

- **运行时调度**：当算子在运行时按一定调度次序执行，框架如何进行运行时管理？（第二

篇 AI 推理系统与引擎相关内容）

- **算法变换**：从算法来说，当前多层循环的执行效率无疑是很低的，是否可以转换为更加易于优化和高效的矩阵计算？（第三篇 AI 推理系统与引擎相关内容）

- **编程方式**：通过哪种编程方式可以让神经网络模型的程序开发更快？如何才能减少或者降低算法工程师的开发难度，让其更加聚焦 AI 算法的创新？（第四篇 AI 框架核心模块相关内容）

1.4.3　AI 系统执行具体计算

目前，算法工程师或者上层应用开发者只需要使用 AI 框架定义好的 API，使用高级编程语言如 Python 等去编写核心的神经网络模型算法，而不需要关注底层的执行细节和对应的代码。底层通过层层抽象，提升了开发效率，但是对系统研发却隐藏了众多细节，需要 AI 系统开发工程师进一步探究。

在上面的知识中，开发者已经学会使用 Python 去编写 AI 程序，并且了解了深度学习代码中的一个算子（如卷积）是如何翻译成底层 for 循环从而进行实际计算的，这类 for 循环计算通常可以被 NPU/GPU 计算芯片厂商提供的运行时算子库进行抽象，不需要开发者不断编写 for 循环执行各种算子操作（如 cuDNN、cuBLAS 等提供卷积、GEMM 等 Kernel 的实现和对应的 API）。

目前，在 AI 编译与计算架构层，已经直接抽象到 Kernel 对具体算子进行执行这一层所提供的高级 API，似乎已经提升了很多开发效率，那么有几个问题：

- 为什么还需要 AI 框架（如 PyTorch、MindSpore 等）？

- AI 框架在 AI 系统中扮演什么角色和提供什么内容？

- 用户编写的 Python 代码如何翻译给硬件去执行？

我们继续以上面的例子作为介绍。如果没有 AI 框架，只将算子 for 循环抽象提供算子库（例如，cuDNN）的调用，算法工程师只能通过 NPU/GPU 厂商提供的底层 API 编写神经网络模型。例如，通过 CUDA+cuDNN 库编写卷积神经网络。因此，如图 1.4.2 所示，AI 系统自底向上分为不同的执行步骤和处理流程。

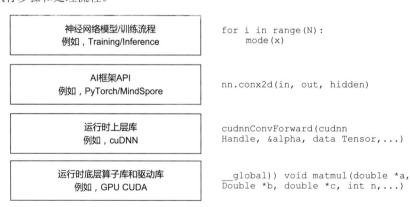

图 1.4.2

下面以 LeNet 的编写作为简单示例。

1）通过 cuDNN+CUDA API 编程实现 LeNet

需要约 1000 行代码才能实现模型结构和内存管理等逻辑，下面截取了重要代码段落。

```
// 内存分配，如果用AI框架此步骤会省略
...
cudaMalloc(&d_data, sizeof(float) * context.m_batchSize * channels * height * width);
cudaMalloc(&d_labels, sizeof(float) * context.m_batchSize * 1 * 1 * 1);
cudaMalloc(&d_conv1,   sizeof(float)  *  context.m_batchSize  *  conv1.out_channels  *
conv1.out_height * conv1.out_width);
...

// 前向传播第一个卷积算子（仍需要写其他算子）
...
cudnnConvolutionForward(cudnnHandle, &alpha, dataTensor,
                        data, conv1filterDesc, pconv1, conv1Desc,
                        conv1algo, workspace, m_workspaceSize, &beta,
                        conv1Tensor, conv1);
...

// 反向传播第一个卷积算子（仍需要写其他算子），如果用AI框架此步骤会省略
cudnnConvolutionBackwardBias(cudnnHandle, &alpha, conv1Tensor,
                        dpool1, &beta, conv1BiasTensor, gconv1bias);

cudnnConvolutionBackwardFilter(cudnnHandle, &alpha, dataTensor,
                        data, conv1Tensor, dpool1, conv1Desc,
                        conv1bwfalgo, workspace, m_workspaceSize,
                        &beta, conv1filterDesc, gconv1));

// 第一个卷积权重梯度更新（仍需要写其他算子），如果用AI框架此步骤会省略
cublasSaxpy(cublasHandle, static_cast<int>(conv1.pconv.size()),
            &alpha, gconv1, 1, pconv1, 1);
cublasSaxpy(cublasHandle, static_cast<int>(conv1.pbias.size()),
            &alpha, gconv1bias, 1, pconv1bias, 1);

// 内存释放，如果用AI框架此步骤会省略
...
cudaFree(d_data);
cudaFree(d_labels);
cudaFree(d_conv1);
...
```

2）通过 PyTorch 编写 LeNet5

只需要十几行代码即可构建模型结构。

```python
class LeNet(nn.Module):
    def __init__(self):
        super(LeNet, self).__init__()
        self.conv1 = nn.Conv2d(3, 6, 5)
        self.conv2 = nn.Conv2d(6, 16, 5)
        self.fc1 = nn.Linear(16*5*5, 120)
        self.fc2 = nn.Linear(120, 84)
        self.fc2 = nn.Linear(84, 10)

    def forward(self, x):
        out = F.relu(self.conv1(x))
```

```
out = F.max_pool2d(out, 2)
out = F.relu(self.conv2(out))
out = F.max_pool2d(out, 2)
out = out.view(out.size(0), -1)
out = F.relu(self.fc1(out))
out = F.relu(self.fc2(out))
out = self.fc3(out)
return out
```

通过对比，cuDNN+CUDA 的抽象明显还不足以让算法工程师非常高效地设计神经网络模型和算法。同样实现 LeNet5，使用 AI 框架只需要十几行代码，而通过 cuDNN 需要上千行代码，而且还需要精心管理内存分配释放、拼接模型计算图，效率十分低下。

因此，AI 框架对算法工程师开发神经网络模型、训练模型等流程非常重要。

AI 框架一般会提供以下功能：

- 以 Python API 供开发者编写网络模型计算图结构；
- 提供调用基本算子实现，大幅降低开发代码量；
- 自动化内存管理，不暴露指针和内存管理给用户；
- 实现自动微分功能，自动构建反向传播计算图；
- 调用或生成运行时优化代码，调度算子在指定 NPU 的执行；
- 在运行期应用并行算子，提升 NPU 利用率等优化（动态优化）。

AI 框架帮助开发者解决了很多 AI System 底层问题，隐藏了很多工程的实现细节，但是这些细节和底层实现又是 AI System 工程师比较关注的点。如果没有 AI 框架、AI 编译器和算子库的支持，算法工程师进行简单的神经网络模型设计与开发都会举步维艰，所以应该在看到 AI 算法本身飞速发展的同时，也要看到底层系统对提升整个算法研发的生产力起到了不可或缺的作用。

小结与思考

- 由于系统的多层抽象造成 AI 实践和算法创新的过程中已经无法感知底层系统的运行机制。
- 了解 AI 系统底层的作用和复杂性，从而指导上层 AI 作业、算法、代码更加高效地执行和编写。

第一篇 AI 硬件与体系结构

本篇围绕 AI 芯片展开介绍，涵盖了 AI 硬件与体系结构从基础理论到具体实现的广泛话题。通过本篇的阅读，读者将获得对 AI 硬件与体系结构的深刻理解，了解不同 AI 芯片的特性、应用场景以及它们如何推动 AI 技术的进步。

本篇内容

☞ **AI 计算体系**：深入分析 AI 的计算模式，从而理解 AI 的"计算"需要什么。通过 AI 芯片关键设计指标，了解 AI 芯片要更好地支持"计算"需要关注哪些重点工作。为了提升计算性能、降低功耗和满足训练推理不同场景应用，对"计算"引入复杂多样比特位宽的数据精度格式。

☞ **AI 芯片基础**：从 CPU 开始，通过打开计算的本质（数据与时延）引出 GPU 相关内容，再引入目前最火的 NPU 等专用芯片。

☞ **GPU——以英伟达为例**：对英伟达的 GPU 的历代架构进行梳理，并对英伟达架构里面专门为 AI 而生的 Tensor Core，以及对 AI 加速尤为重要的 NVLink、NVSwitch 的发展、演进和架构进行深入剖析。

☞ **TPU——以谷歌为例**：深入地剖析谷歌 TPU 相关 AI 芯片的架构，对历代产品进行深度解读。

☞ **NPU——以昇腾为例**：深入地解读昇腾 AI 的基本架构，涵盖其处理器、核心单元、算力集群、全栈架构的全貌。

☞ **AI 芯片思考与展望**：基于 AI 芯片的 GPU 架构，分析其与 CUDA 之间的关系，结合 GPU 展开对 AI 芯片的思考，对 AI 芯片的未来场景进行展望，并对超异构计算进行介绍。

第 2 章　AI 计算体系

2.1　引　　言

在整个 AI 系统的构建中，AI 算法、AI 框架、AI 编译器、AI 推理引擎等都是软件层面的概念；而 AI 芯片是物理存在的实体，是硬件层面的概念，是 AI 系统的重要基础。

2.1.1　什么是 AI 芯片

首先，我们了解一下：什么是芯片？ 芯片的本质就是在半导体衬底上制作能实现一系列特定功能的集成电路。在发现半导体之前，人类只能"用机械控制电"，而半导体却能直接"用电来控制电"。通过芯片这个物理接口，我们创造了今天的数字世界，引领人类进入一半物质世界一半数字世界的新时代。所以说芯片可能是物质世界与数字世界的唯一接口，芯片技术决定了信息技术的水平。

其次，我们来谈谈 AI 的概念。 AI 是研究如何使计算机能够模拟和执行人类智能任务的科学和技术领域，致力于开发能够感知、理解、学习、推理、决策和与人类进行交互的智能系统。AI 的研究起源可以追溯到 20 世纪 50 年代，最初的 AI 研究集中在基于规则的推理和专家系统的开发上。

然而，早期，由于计算机处理能力的限制以及缺乏足够的数据和算法，AI 的发展缓慢。后来，随着计算机技术和算法的进步，尤其是机器学习和深度学习的兴起，AI 开始迎来爆发式发展。机器学习使得计算机能够通过数据学习改进性能，而深度学习则基于神经网络模型实现了更高级别的模式识别和抽象能力。

在 AI 应用尚未得到市场验证之前，业界通常使用已有的通用芯片（如 CPU）进行计算，可避免专门研发专用集成电路（Application-Specific Integrated Circuit，ASIC）芯片的高投入和高风险。但是这类通用芯片并非专门针对深度学习而设计，因而存在性能、功耗等方面的局限性。随着 AI 应用规模持续扩大，这些局限问题日益突显。当前，深度学习算法已经取得了显著的成熟度和稳定性，AI 芯片可采用 ASIC 设计方法进行全定制，使性能、功耗和面积等指标面向深度学习算法做到最优。

如今，OpenAI 公司的 ChatGPT、GPT4 等模型的惊艳出场，引发了各个行业对 AI 技术的广泛关注和应用推动，更多 AI 算法需要部署，激发了更大的算力需求。无疑，AI 芯片是整个 AI 系统领域的重要基础。

2.1.2 AI 芯片的分类

AI 芯片的广泛定义是指那些面向 AI 应用的芯片。按照角度的不同，AI 芯片可以有不同的分类。

按照技术架构，AI 芯片可分为 CPU、GPU、半定制化 FPGA（Field Programmable Gate Array，现场可编程门阵列）、全定制化 ASIC（Application-Specific Integrated Circuit，专用集成电路），如图 2.1.1 所示。

图 2.1.1

CPU、GPU、FPGA、ASIC 是目前 AI 计算过程中最主流的四种芯片类型。其中 CPU、GPU、FPGA 是前期较为成熟的芯片架构，属于通用芯片；ASIC 是为 AI 特定场景定制的芯片。它们的主要区别体现在灵活性、计算效率和能耗方面，对 AI 算法具有不同的支持程度。

● **CPU**：CPU 是冯·诺依曼架构下的处理器，遵循"Fetch（取指）—Decode（解码）—Execute（执行）—Memory Access（访存）—Write Back（写回）"的处理流程。作为计算机的核心硬件单元，CPU 具有大量缓存和复杂的逻辑控制单元，非常擅长逻辑控制、串行的运算，不擅长复杂算法运算和处理并行重复的操作。CPU 能够支持所有的 AI 模型算法。

● **GPU**：图形处理器，最早应用于图像处理领域，与 CPU 相比，减少了大量数据预取和决策模块，增加了计算单元 ALU（Arithmetic Logic Unit，算术逻辑部件）的占比，从而在并行化计算效率上有较大优势。但 GPU 无法单独工作，必须由 CPU 进行控制调用才能工作，而且功耗比较高。随着技术的进步以及越来越多 AI 算法通过 GPU 来加速训练，GPU 的功能越来越强大，人们开始将 GPU 的能力扩展到一些计算密集的领域，这种扩展后设计的处理器称为 GPGPU。

● **FPGA**：其基本原理是在 FPGA 芯片内集成大量的基本门电路以及存储器，用户可以通过更新 FPGA 配置文件来定义这些门电路以及存储器之间的连线。与 CPU 和 GPU 相比，FPGA 同时拥有硬件流水并行和数据并行处理能力，适用于以硬件流水线方式处理一条数据，且整数运算性能更高。FPGA 具有非常好的灵活性，可以针对不同的算法做不同的设计，对算法支持度很高，常用于深度学习算法中的推理阶段。不过 FPGA 需要直接与外部 DDR 交换数据，其性能不如 GPU 的内存接口高效，并且对开发人员的编程门槛相对较高。国外著名的 FPGA 的厂商有 Xilinx（赛灵思）和 Altera（阿尔特拉）两家公司，国内有复旦微电子、紫光同创、安路科技等。

● **ASIC**：根据产品需求进行特定设计和制造的集成电路，能够在特定功能上进行强化，具有更高的处理速度和更低的功耗。但是研发周期长，成本高。神经网络计算芯片 NPU、张量计算芯片 TPU 等都属于 ASIC 芯片。因为是针对特定领域定制，所以 ASIC 往往可以表现出比 GPU 和 CPU 更强的性能。ASIC 也是目前国内外许多 AI 芯片设计公司主要研究的方向，在可预见的未来，市面上会有越来越多 AI 领域专用 ASIC 芯片。

2.1.3　后摩尔定律时代

摩尔定律是由英特尔（Intel）创始人之一戈登·摩尔（Gordon Moore）在 1965 年提出来的。其内容为：**当价格不变时，集成电路上可容纳的元器件的数目，每隔 18~24 个月便会增加一倍，性能也将提升一倍。**换言之，每一美元所能买到的电脑性能，将每隔 18~24 个月翻一倍以上。

这一趋势持续了半个多世纪，摩尔定律在此期间都非常准确地预测了半导体行业的发展趋势（图 2.1.2），成为指导计算机处理器制造的黄金准则，也成了推动科技行业发展的"自我实现"的预言。

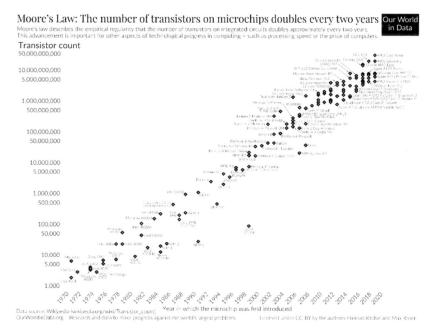

图 2.1.2

如今半个多世纪过去了，虽然半导体芯片制程的工艺还在不断推进，但是摩尔定律中的时间周期也在拉长。2017 年图灵奖得主、加州大学伯克利分校计算机科学教授、谷歌杰出工程师 David Patterson 表示："现在，摩尔定律真的结束了，计算机体系结构将迎来下一个黄金时代。"

当前我们已处于后摩尔定律时代。尽管摩尔定律的传统表现形式可能不再适用，但技术创新并未停止。半导体行业和计算机科学领域正在探索新的技术和方法，以实现性能的持续提升和新应用的开发。

从计算机芯片架构来看，其发展历程非常丰富有趣。从最早的单核 CPU 到多核 CPU，再到多核 GPU/NPU，以及现在的超异构集群体系，每一次技术进步都极大地推动了计算能力的提升和应用场景的拓展（图 2.1.3）。下面简要回顾一下这些发展阶段：

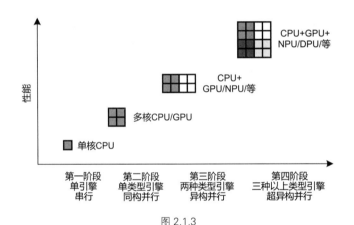

图 2.1.3

- **单核 CPU**：这是计算机最早的核心处理单元，所有计算任务都由单个核心完成。随着技术的发展，单核 CPU 的性能逐渐达到瓶颈。
- **多核 CPU**：为了突破单核 CPU 的性能限制，多核 CPU 应运而生。通过在单个芯片上集成多个处理核心，可以同时执行多个任务，显著提高了计算效率。
- **多核 GPU/NPU**：GPU 和 NPU 是专门为图形处理和机器学习等特定任务设计的处理器。它们拥有大量的并行处理核心，非常适合处理大规模并行任务。
- **超异构集群体系**：随着计算需求的进一步增长，单一的处理器已经无法满足需求。超异构集群体系通过集成不同类型的处理器（如 CPU、GPU、NPU 等），以及通过高速网络连接，形成了一个高度灵活和可扩展的计算平台。这种体系可以根据不同的任务需求，动态调整资源分配，实现最优的计算效率。

技术的发展，不仅推动了硬件的进步，也为软件和应用的开发提供了更多可能性。随着 AI、大数据、云计算等领域的快速发展，未来的计算机架构可能会有更多创新和突破。

未来软硬件协同设计、计算机体系结构安全性，以及芯片设计开发流程等方面都将出现很多创新与挑战。在这样的背景下，加油吧，下一个黄金时代的从业者们！

小结与思考

- 从通用 CPU 到专为 AI 设计的 ASIC，AI 芯片经历了显著的发展和多样化，AI 芯片的发展带来了计算效率的提升，也推动了 AI 算法性能的飞跃，预示着硬件与 AI 应用需求紧密结合的未来。
- 摩尔定律放缓后，我们面临技术创新的新阶段。AI 芯片发展聚焦于软硬件协同、安全性和设计流程创新。探索新的芯片架构和异构计算将为 AI 技术发展提供新动力。

2.2　AI 计算模式

了解 AI 计算模式对 AI 芯片设计和优化至关重要。本节将会通过模型结构、模型量化与压缩、轻量化网络模型和大模型分布式并行几个方面来深入了解 AI 算法的发展现状，引发关于 AI 计算模式的思考。

2.2.1　经典模型结构设计与演进

1. 神经网络的基本概念

神经网络是 AI 算法的基础计算模型，灵感来源于人类大脑的神经系统结构（图 2.2.1）。它由大量的人工神经元组成，分布在多个层次上，每个神经元都与下一层的所有神经元连接，并具有可调节的连接权重。神经网络通过学习从输入数据中提取特征，并通过层层传递信号进行信息处理，最终产生输出。这种网络结构使得神经网络在模式识别、分类、回归等任务上表现出色，尤其在大数据环境下，其表现优势更为显著。

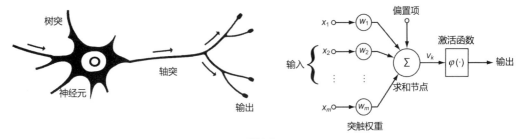

图 2.2.1

下面介绍构成一个神经网络模型的基础组件。

- **神经元（Neuron）**：神经网络的基本组成单元，模拟生物神经元的功能，接收输入信号并产生输出，这些神经元在一个神经网络中称为模型权重。
- **激活函数（Activation Function）**：用于神经元输出非线性化的函数，常见的激活函数包括 Sigmoid、ReLU 等。

- **模型层数（Layer）**：神经网络由多个层次组成，包括输入层、隐藏层和输出层。隐藏层可以有多层，用于提取数据的不同特征。
- **前向传播（Forward Propagation）**：输入数据通过神经网络从输入层传递到最后输出层的过程，用于生成预测结果。
- **反向传播（Back Propagation）**：通过计算损失函数对网络参数进行调整的过程，以使网络的输出更接近预期输出。
- **损失函数（Loss Function）**：衡量模型预测结果与实际结果之间差异的函数，常见的损失函数包括均方误差和交叉熵。
- **优化算法（Optimization Algorithm）**：用于调整神经网络参数以最小化损失函数的算法，常见的优化算法包括梯度下降算法、自适应评估算法（Adaptive Moment Estimation）等，不同的优化算法会影响模型训练的收敛速度和能达到的性能。

那么，通过上面的组件，如何得到一个可应用的神经网络模型呢？

神经网络的产生包含训练和推理两个阶段，其中，训练阶段比推理阶段对算力和内存的需求更大，流程更加复杂，难度更高，所以很多公司芯片研发时会优先考虑支持 AI 推理阶段。整体来说，训练阶段的目的是通过最小化损失函数来学习数据的特征和内在关系，优化模型的参数；推理阶段则是利用训练好的模型来对新数据做出预测或决策。训练通常需要大量的计算资源，且耗时较长，通常在服务器或云侧进行；而推理可以在不同的设备上进行，包括服务器、云侧、移动设备等，依据模型复杂度和实际应用需求而定。在推理阶段，模型的响应时间和资源消耗成为重要考虑因素，尤其是在资源受限的设备上。

图 2.2.2 是一个经典的图像分类的卷积神经网络结构，网络结构从左到右由多个网络模型层组成，每一层都用来提取更高维的目标特征（这些中间层的输出称为特征图，特征图数据是可以通过可视化工具展示出来的，用来观察每一层的神经元都在做些什么工作），最后通过一个 Softmax 激活函数达到分类输出映射。

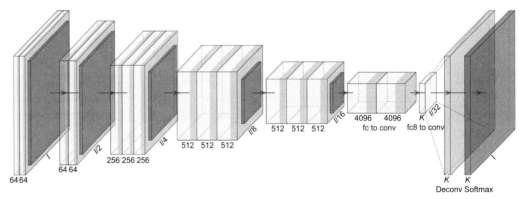

图 2.2.2

接下来我们来了解一下神经网络中的主要计算范式：**权重求和**。

图 2.2.3 是一个简单的神经网络结构，每个灰色的圆圈都表示一个简单的神经元，每个神经元里有求和、激活两个操作，求和指乘加（Multiply and Accumulate, MAC）或矩阵相乘操作，激活函数则是决定这些神经元是否对输出有用。如图 2.2.3 所示，Tanh、ReLU、Sigmoid 和 Linear 都是常见的激活函数。神经网络中 90%的计算量都是在进行乘加操作，也就是权重求和。

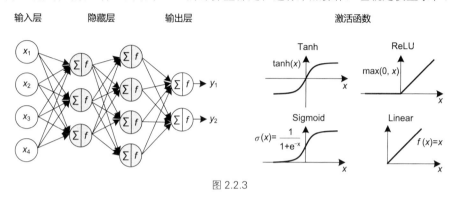

图 2.2.3

2. 主流的网络模型结构

神经网络的设计层出不穷，主流的模型结构有如下几种。

1）全连接层

全连接层（Fully Connected Layer），也称为密集层（Dense Layer）或仿射层（Affinity Layer），是深度学习神经网络中常见的层类型之一，通常位于网络结构的最后几层。全连接层的每个神经元均与前一层的所有神经元进行全连接，从而能够学习到输入数据的全局特征，进而实现数据的分类或回归等（图 2.2.4）。全连接层涉及如下基本概念。

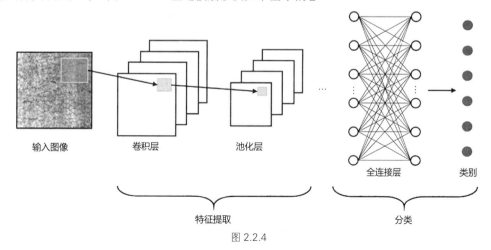

图 2.2.4

- **连接方式**：全连接层中的每个神经元与前一层的所有神经元都有连接，这意味着每个输入特征都会影响每个输出神经元，因此全连接层是一种高度密集的连接结构。
- **参数学习**：全连接层中的连接权重和偏置项（Bias）是需要通过反向传播算法进行学习的模型参数，这些参数的优化过程通过最小化损失函数来实现。
- **特征整合**：全连接层的主要作用是将前面层提取到的特征进行整合和转换，以生成最终的输出。在图像分类任务中，全连接层通常用于将卷积层提取到的特征映射转换为类别预测分数。
- **输出层**：在分类任务中，全连接层通常作为网络的最后一层，并配合 Softmax 激活函数用于生成类别预测的概率分布。在回归任务中，全连接层的输出通常直接作为最终的预测值。

全连接层在深度学习中被广泛应用于各种任务，如图像分类、目标检测、语音识别、自然语言处理等。

2）卷积层

卷积层（Convolutional Layer）主要是通过学习可重复使用的卷积核（Filter）来提取输入数据中的特征，主要用于处理图像和序列数据。下面是卷积层的一些基本概念：

- **卷积操作**：卷积层通过卷积操作来提取输入数据的特征。卷积操作是一种在输入数据上滑动卷积核并计算卷积核与输入数据的乘积的操作，通常还会加上偏置项并应用激活函数。
- **卷积核**：卷积核是卷积层的参数，它是一个小的可学习的权重矩阵，用于在输入数据上执行卷积操作。卷积核通常是正方形，例如 3×3 或 5×5，不同的卷积核可以捕获不同的特征。
- **特征图**：卷积操作的输出称为特征图，它是通过卷积核在输入数据上滑动并应用激活函数得到的。特征图的深度（通道数）取决于卷积核的数量。
- **参数共享**：卷积层的参数共享是指在整个输入数据上使用相同的卷积核进行卷积操作，这样可以大大减少模型的参数量，从而降低过拟合的风险并提高模型的泛化能力。
- **池化操作**：在卷积层之后通常会使用池化层来减小特征图的尺寸并提取最重要的特征。常见的池化操作包括最大池化和平均池化。

卷积层在深度学习中被广泛应用于图像处理、语音识别和自然语言处理等领域，它能够有效地提取输入数据的局部特征并保留空间信息，从而帮助神经网络模型更好地理解和处理复杂的数据。

如图 2.2.5 所示，神经网络中的卷积计算过程可描述为 3×3 的卷积核在 8×8 的图像上进行滑动，每次滑动时，都把卷积核和对应位置的元素进行相乘再求和。青色区域为其感受野。

3）循环神经网络

循环神经网络（RNN）是一种用于处理序列数据的神经网络结构。它的独特之处在于具有循环连接，允许信息在网络内部传递，从而能够捕捉序列数据中的时序信息和长期依赖关系。基本的 RNN 结构包括一个或多个时间步（Time Step），每个时间步都有一个输入和一个隐藏状态（Hidden State）。隐藏状态在每个时间步都会被更新，同时也会被传递到下一个时间步。这种结构使得 RNN 可以对序列中的每个元素进行处理，并且在处理后保留之前的信息。然而，传统的 RNN 存在着梯度消失或梯度爆炸的问题，导致难以捕捉长期依赖关系。为了解决这个问题，出现了一些改进的 RNN 结构，其中最为著名的就是长短期记忆网络（Long Short-Term Memory，

LSTM）和门控循环单元（Gated Recurrent Unit，GRU）（图 2.2.6）。

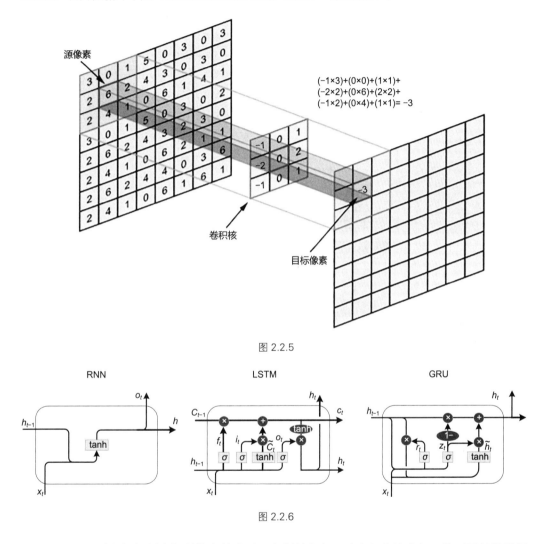

图 2.2.5

图 2.2.6

LSTM 通过门控机制来控制信息的流动，包括输入门、遗忘门和输出门，从而更好地捕捉长期依赖关系。而 GRU 则是一种更简化的门控循环单元，它合并了输入门和遗忘门，降低了参数量，在某些情况下表现优异。总的来说，循环神经网络在自然语言处理、时间序列预测、语音识别等领域都有广泛的应用，能够有效地处理具有时序关系的数据。

4）注意力层

深度学习中的注意力机制（Attention Mechanism）是一种模仿人类视觉和认知系统的方法，

它允许神经网络在处理输入数据时将注意力集中在相关部分。引入注意力机制，神经网络能够自动地学习并选择性地关注输入数据中的重要信息，提高模型的性能和泛化能力。2017 年，谷歌团队发表的论文 *Attention is all you need* 以编码器-解码器为基础，创新性地提出了一种 Transformer 架构（Vaswani et al.，2017）。该架构可以有效地解决 RNN 无法并行处理以及 CNN 无法高效捕捉长距离依赖的问题，后来也被广泛地应用于计算机视觉领域。Transformer 是目前很多大模型结构的基础组成部分，其重要组件就是缩放点积注意力（Scaled Dot-Product Attention）机制和多头注意力（Multi-Head Attention）机制，其结构示意图如图 2.2.7 所示。

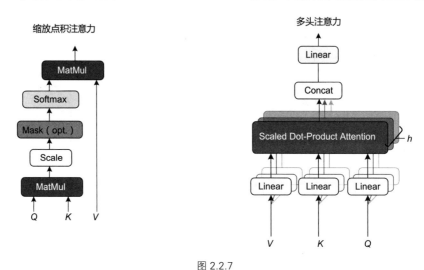

图 2.2.7

点积注意力有时也称为自注意力，公式定义为

$$\text{Attention}(Q,K,V) = \text{Softmax}\left(QK^{\text{T}} / \sqrt{d_k}\right)V$$

下面是借助 Python 代码实现的自注意力网络，可以帮助理解具体的运算过程。

```python
import torch
import torch.nn as nn
import torch.optim as optim
from torch.utils.data import DataLoader
from torchvision import datasets, transforms

# 定义自注意力模块
class SelfAttention(nn.Module):
    def __init__(self, embed_dim):
        super(SelfAttention, self).__init__()
        self.query = nn.Linear(embed_dim, embed_dim)
        self.key = nn.Linear(embed_dim, embed_dim)
        self.value = nn.Linear(embed_dim, embed_dim)

    def forward(self, x):
        q = self.query(x)
```

```
        k = self.key(x)
        v = self.value(x)
        attn_weights = torch.matmul(q, k.transpose(1, 2))
        attn_weights = nn.functional.softmax(attn_weights, dim=-1)
        attended_values = torch.matmul(attn_weights, v)
        return attended_values
```

多头注意力机制是在自注意力机制的基础上发展起来的，是自注意力机制的变体，旨在增强模型的表达能力和泛化能力。它通过使用多个独立的注意力头，分别计算注意力权重，并将它们的结果进行拼接或加权求和，从而获得更丰富的表示。

```
import torch
import torch.nn as nn
import torch.optim as optim
from torch.utils.data import DataLoader
from torchvision import datasets, transforms

# 定义多头自注意力模块
class MultiHeadSelfAttention(nn.Module):
    def __init__(self, embed_dim, num_heads):
        super(MultiHeadSelfAttention, self).__init__()
        self.num_heads = num_heads
        self.head_dim = embed_dim // num_heads

        self.query = nn.Linear(embed_dim, embed_dim)
        self.key = nn.Linear(embed_dim, embed_dim)
        self.value = nn.Linear(embed_dim, embed_dim)
        self.fc = nn.Linear(embed_dim, embed_dim)

    def forward(self, x):
        batch_size, seq_len, embed_dim = x.size()

        # 将输入向量拆分为多个头
        q = self.query(x).view(batch_size, seq_len, self.num_heads, self.head_dim).transpose(1, 2)
        k = self.key(x).view(batch_size, seq_len, self.num_heads, self.head_dim).transpose(1, 2)
        v = self.value(x).view(batch_size, seq_len, self.num_heads, self.head_dim).transpose(1, 2)

        # 计算注意力权重
        attn_weights = torch.matmul(q, k.transpose(-2, -1)) / torch.sqrt(torch.tensor(self.head_dim, dtype=torch.float))
        attn_weights = torch.softmax(attn_weights, dim=-1)

        # 注意力加权求和
        attended_values = torch.matmul(attn_weights, v).transpose(1, 2).contiguous().view(batch_size, seq_len, embed_dim)

        # 经过线性变换和残差连接
        x = self.fc(attended_values) + x

        return x
```

3. AI 计算模式思考

结合上面介绍的经典 AI 模型结构特点，基于 AI 芯片设计，可以引出如下对于 AI 计算模式的思考：

- **需要支持神经网络模型的计算逻辑**。比如不同神经元之间权重共享逻辑的支持，以及除了卷积/全连接这种计算密集型算子，还需要支持激活如 Softmax、Layernorm 等向量（Vector）类型访存密集型的算子。
- **能够支持高维的张量存储与计算**。比如在卷积计算中，每一层都有大量的输入和输出通道，并且对于某些特定场景如遥感领域，特征图的形状都非常大，在有限的芯片面积里最大化计算访存比，高效的内存管理设计非常重要。
- **需要有灵活的软件配置接口，支持更多的神经网络模型结构**。针对不同领域，如计算机视觉、语音、自然语言处理，AI 模型具有不同形式的设计，AI 芯片要尽可能全地支持所有应用领域的模型，并且支持未来可能出现的新模型结构，这样在一个漫长的芯片设计到流片的周期中，才能降低研发成本，获得市场的认可。

2.2.2 模型量化与剪枝

什么是模型量化和网络剪枝呢？现在我们已经了解到了神经网络模型的一些特点，比如模型深度高、每层的通道多，这些都会导致训练好的模型权重数据内存较大；另外，训练时为了加速模型的收敛和确保模型精度，一般都会采用高比特的数据类型，比如 FP32，这也会给硬件的计算资源带来很大的压力。所以模型量化和网络剪枝旨在减少模型的计算和存储需求，加速推理速度，从而提高模型在移动设备、嵌入式系统和边缘设备上的性能和效率。

模型量化是指通过减少神经模型权重表示或者激活所需的比特数来将高精度模型转换为低精度模型。网络剪枝则是研究模型权重中的冗余，尝试在不影响或者少影响模型推理精度的条件下删除/修剪冗余和非关键的权重。模型量化与剪枝的对比如图 2.2.8 所示。

1. 模型量化

将高比特模型进行低比特量化具有如下几个好处。

- **降低内存**：低比特量化将模型的权重和激活值转换为较低位宽度的整数或定点数，从而大幅减少了模型的存储需求，使得模型可以更轻松地部署在资源受限的设备上。
- **降低成本**：低比特量化降低了神经网络中乘法和加法操作的精度要求，从而减少了计算量，加速了推理过程，提高了模型的效率和速度。
- **降低能耗**：低比特量化减少了模型的计算需求，因此可以降低模型在移动设备和嵌入式系统上的能耗，延长设备的电池寿命。

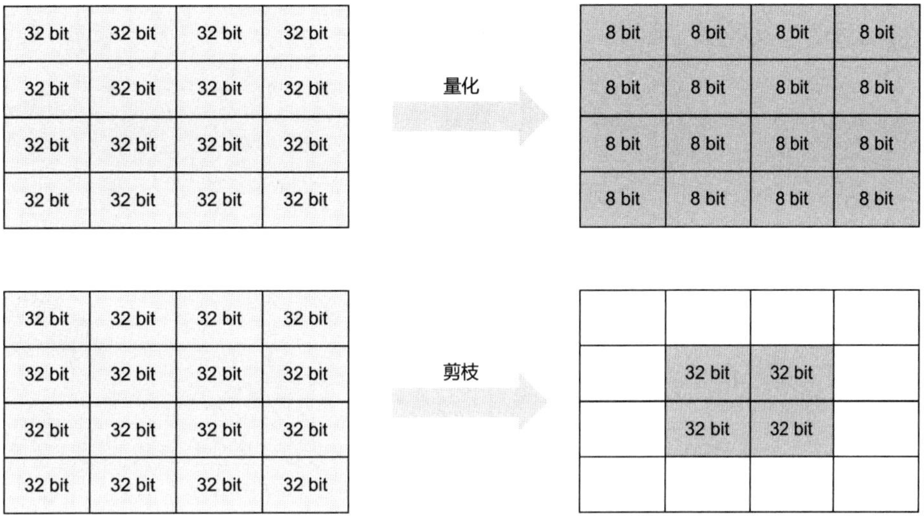

图 2.2.8

● **提升速度**：虽然低比特量化会引入一定程度的信息丢失，但在合理选择量化参数的情况下，可以最大限度地保持模型的性能和准确度，同时获得存储和计算上的优势。

● **丰富部署场景**：低比特量化压缩了模型参数，可以使得模型更容易在移动设备、边缘设备和嵌入式系统等资源受限的环境中部署和运行，为各种应用场景提供更大的灵活性和可行性。

模型量化的更多内容，请阅读第 16 章。

2. 模型剪枝

模型剪枝（Pruning）是一种有效的模型压缩方法，可实现减少存储空间、减少计算量、加速模型推理等目的。模型剪枝的原理是通过剔除模型中"不重要"的权重以降低模型的复杂度，使得模型参数量和计算量减少，同时尽量保证模型的精度不降低。具体而言，剪枝算法会评估每个权重的贡献度，根据一定的剪枝策略将较小的权重剔除，从而缩小模型体积。在剪枝过程中，需要同时考虑模型精度的损失和剪枝带来的计算效率提升，以实现最佳的模型压缩效果。

图 2.2.9 是一个简单的多层神经网络的剪枝示意，剪枝可以分为两种，一种是对全连接层神经元之间的连线进行剪枝，另一种是对神经元的剪枝。

模型剪枝的更多内容，请阅读第 16 章。

3. AI 计算模式思考

结合上面 AI 模型的量化和剪枝的介绍，基于 AI 芯片设计，可以引出如下对于 AI 计算模式的思考：

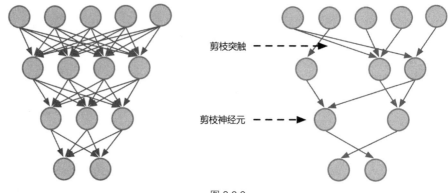

剪枝突触 - - - ➤

剪枝神经元 - - - ➤

图 2.2.9

- **提供不同的位数的计算单元**。为了提升芯片性能并适应低比特量化研究的需求，可以考虑在芯片设计中集成多种不同位宽的计算单元和存储格式。例如，可以探索实现 FP8、INT8、INT4 等不同精度的计算单元，以适应不同精度要求的应用场景。
- **提供不同的位数存储格式**。数据存储方面，在 M-bits（如 FP32）和 E-bits（如 TF32）格式之间做出明智的权衡，以及在 FP16 与 BF16 等不同精度的存储格式之间做出选择，以平衡存储效率和计算精度。
- **利用硬件提供专门针对稀疏结构计算的优化逻辑**。为了优化稀疏结构的计算，在硬件层面提供专门的优化逻辑，这将有助于提高稀疏数据的处理效率。同时，支持多种稀疏算法逻辑，并对硬件的计算取数模块进行设计上的优化，将进一步增强对稀疏数据的处理能力（如英伟达 A100 对稀疏结构支持）。
- **提供专门针对量化压缩算法的硬件电路**。通过增加数据压缩模块的设计，可以有效减少内存带宽的压力，从而提升整体的系统性能。这些措施将共同促进芯片在处理低比特量化任务时的效率和性能。

2.2.3　轻量化网络模型

随着深度神经网络应用的普及，越来越多的模型需要在特定的硬件平台部署，如移动端和嵌入式设备，这些平台普遍存在内存资源少、处理器性能不高、功耗受限等特点，所以慢慢演变出了一种轻量化的网络模型设计方向，即在保持模型精度基础上进一步减少模型参数量和计算量的网络模型结构。

1. 模型轻量化方法

网络模型的轻量级衡量指标有两个，一个是网络参数量（Params）；另一个是浮点运算数（Floating-Point Operations, FLOPs），即计算量。对于卷积神经网络中卷积层的参数量和浮点运算数定义如下：

- **网络参数量**：对于输入为 $w \times h \times C_{in}$ 的图像，卷积核大小为 $k \times k$，得到输出的特征图大

小为 $W\times H\times C_{out}$ 的卷积操作，其参数量为：Params=$(k\times k\times C_{in}+1)\times C_{out}$。

● **浮点运算数**：对于输入为 $w\times h\times C_{in}$ 的图像，卷积核大小为 $k\times k$，得到输出的特征图大小为 $W\times H\times C_{out}$ 的卷积操作，其浮点运算数为：FLOPs=$W\times H(k\times k\times C_{in}+1)\times C_{out}$。

一般来说，网络模型参数量和浮点运算数越小，模型的速度越快，但是衡量模型的快慢不仅仅是看参数量和计算量的多少，还与内存访问的次数多少相关，也就是和网络结构本身相关。现在我们将从 AI 计算模式的角度进一步分析不同轻量化设计的特点。

1）减少内存空间的设计

为了减小模型的参数量，在 VGG 和 InceptionNet 系列网络中，提出了用两个 3×3 卷积核代替一个 5×5 卷积核，以及用一个 5×1 卷积核和一个 1×5 卷积核代替一个 5×5 卷积核的模型卷积层设计，如图 2.2.10 所示。

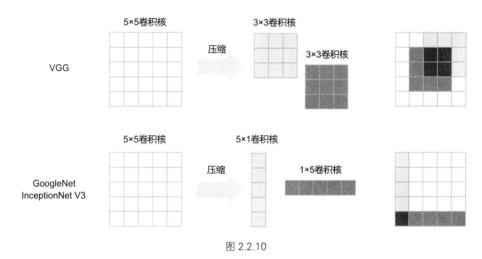

图 2.2.10

以用两个 3×3 卷积核来代替一个 5×5 卷积核为例，这样做的主要目的是在保证具有相同感知野的条件下，提升网络的深度，从而在一定程度上提升神经网络的效果。模型参数由 5×5× $C_{in}\times C_{out}$ 变成了 $3\times 3\times C_{in}\times C_{out}+3\times 3\times C_{in}\times C_{out}$，假设 $C_{in}=C_{out}$，该层参数减小为原来的 18/25。

2）减少通道数的设计

MobileNet 系列的网络设计中，提出了深度可分离卷积的设计策略，其通过 Depthwise 卷积（深度卷积）加 1×1 的卷积核来实现一个正常的卷积操作（图 2.2.11），1×1 的 Pointwise 卷积（逐点卷积）负责完成卷积核通道的缩减来减小模型参数量。

例如，一个 3×3 卷积核大小的卷积层，输入通道是 16，输出通道是 32。正常的卷积模型参数是 3×3×16×32=4608，而将其模型替代设计为一个 3×3 卷积核的 Depthwise 卷积和一个 1×1 卷积核的逐点卷积，模型参数为 3×3×16+1×1×16×32=656，模型参数量得到了很大的减少。

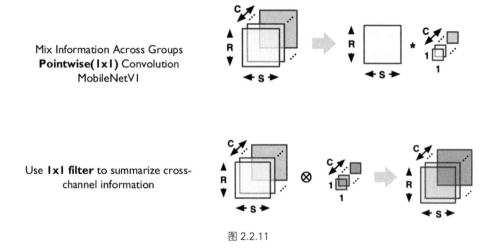

Mix Information Across Groups
Pointwise(1x1) Convolution
MobileNetV1

Use **1x1 filter** to summarize cross-channel information

图 2.2.11

3）减少卷积核个数的设计

DenseNet 和 GhostNet 的模型设计中（图 2.2.12），提出了一种通过重用特征图（Reuse Feature Map）的设计方式来减少模型参数和运算量。

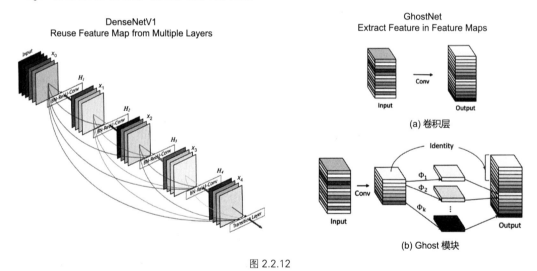

图 2.2.12

对于 DenseNetV1 的结构设计来说，第 n 层的参数量由于复用了之前层的特征图，由 $k \times k \times C_{in} \times (C_1 + C_2)$ 变为了 $k \times k \times C_{in} \times C_2$，即为原来的 $C_2/(C_1 + C_2)$，而 C_2 远小于 C_1，其中 k 表示卷积核尺寸，C_1 表示第 $n-1$ 层的特征图个数，C_2 表示第 n 层的输出特征图个数。

2. AI 计算模式思考

上面不同轻量化的方法展现了 AI 模型网络中对卷积层的不同设计方法，不限于上述内容，以下都是芯片设计时候需要考虑的。

卷积核尺寸：

- 小卷积核替代：用多个小卷积核代替单个大卷积核，以降低计算成本。
- 多尺寸卷积核：采用不同尺寸的卷积核来捕捉多尺度特征。
- 可变形卷积核：从固定形状转向可变形卷积核，以适应不同输入特征。
- 1×1 卷积核：使用 1×1 卷积核构建 Bottleneck 结构，有效减少参数和计算量。

卷积层运算：

- Depthwise 卷积：用 Depthwise 卷积代替标准卷积，减少参数，保持特征表达。
- 分组卷积：应用分组卷积（Group 卷积），提高计算效率，降低模型复杂度。
- 通道混洗：通过通道混洗（Channel Shuffle）增强特征融合，提升模型性能。
- 通道加权：实施通道加权计算，动态调整通道贡献，优化特征表示。

卷积层连接：

- 跳跃连接：采用跳跃连接（Skip Connection），使网络能够更深，同时避免梯度消失问题。
- 密集连接：利用密集连接（Densely Connection），整合不同层的特征，增强特征融合和信息流。

2.2.4 分布式并行

大模型算法是一个火热的 AI 的研究领域，具有超高的模型参数量和计算量的特点。如何在 AI 芯片上高效地支持大模型算法是芯片设计时必须要考虑的问题。在单芯片或者加速卡上无法提供所需的算力和内存需求的情况下，大模型分布式并行技术是一个重要的方向。

分布式并行分为数据并行、模型并行，模型并行又分为张量并行和流水并行。下面先介绍并行计算时候经常用到的集合通信原语，然后分别对数据并行和模型并行简单介绍。

1. 集合通信原语

在并行计算中，通信原语是指用于在不同计算节点或设备之间进行数据传输和同步的基本操作。这些通信原语在并行计算中起着重要作用，能够实现节点间的数据传输和同步，从而实现复杂的并行算法和应用。一些常见的通信原语包括：

- All-Reduce：所有节点上的数据都会被收集起来，然后进行某种操作（通常是求和或求平均），然后将结果广播回每个节点。这个操作在并行计算中常用于全局梯度更新。
- All-Gather：每个节点上的数据都被广播到其他所有节点上。每个节点最终都会收到来自所有其他节点的数据集合。这个操作在并行计算中用于收集各个节点的局部数据，以进行全局聚合或分析。

● Broadcast：一台节点上的数据被广播到其他所有节点上。通常用于将模型参数或其他全局数据分发到所有节点。

● Reduce：将所有节点上的数据进行某种操作（如求和、求平均、取最大值等）后，将结果发送回指定节点。这个操作常用于在并行计算中进行局部聚合。

● Scatter：从一个节点的数据集合中将数据分发到其他节点上。通常用于将一个较大的数据集合分割成多个部分，然后分发到不同节点上进行并行处理。

● Gather：将各个节点上的数据收集到一个节点上。通常用于将多个节点上的局部数据收集到一个节点上进行汇总或分析。

2. 数据并行技术

根据模型在设备之间的通信程度，数据并行技术可以分为 DP、DDP、FSDP。

1）数据并行（Data Parallel，DP）

DP 是最简单的分布式并行技术，它将大规模数据集分割成多个小 Batch 并发送给不同的计算设备（如 NPU 等）并行处理。每个计算设备都有完整的模型副本，并单独计算梯度，然后通过 All-Reduce 通信机制在计算设备上更新模型参数，以保持模型的一致性。

2）分布式数据并行（Distributed Data Parallel，DDP）

DDP 是一种分布式训练方法，它允许模型在多个计算节点上进行并行训练，每个节点都有自己的本地模型副本和本地数据。DDP 通常用于大规模的数据并行任务，其中模型参数在所有节点之间同步，但每个节点独立处理不同的数据批次。

DDP 通常与 AI 框架（如 PyTorch）一起使用，这些框架提供了对 DDP 的内置支持。例如，在 PyTorch 中，torch.nn.parallel.DistributedDataParallel 模块提供了 DDP 实现，它可以自动处理模型和梯度的同步，以及分布式训练的通信。

3）全分片数据并行（Fully Sharded Data Parallel，FSDP）

FSDP 技术是 DP 和 DDP 技术的结合，可以实现更高效的模型训练和更好的横向扩展性。FSDP 的核心思想是将神经网络的权重参数以及梯度信息进行分片（Shard），并将这些分片分配到不同的设备或者计算节点上进行并行处理。FSDP 分享所有的模型参数、梯度和优化状态，所以需要在计算的相应节点进行参数、梯度和优化状态数据的同步通信操作。图 2.2.13 是 FSDP 的示意图，不同计算节点之间有一些虚线连接的同步通信操作。

3. 模型并行技术

模型的并行技术可以总结为张量并行和流水并行。

1）张量并行

张量并行是指将模型的张量操作分解成多个子张量操作，并且在不同的设备上并行执行这些操作。这样做的好处是可以将大模型的计算负载分布到多个设备上，从而提高模型的计算效率和训练速度。在张量并行中，需要考虑如何划分模型的不同层，并且设计合适的通信机制来在不同设备之间交换数据和同步参数。通常会使用 All-Reduce 等通信原语来实现梯度的聚合和参数的同步。

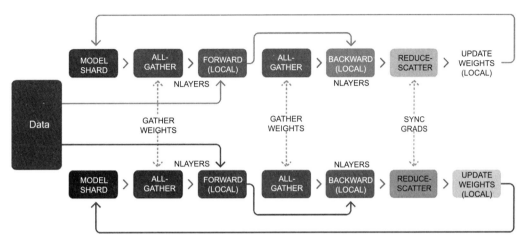

图 2.2.13

图 2.2.14 是一个矩阵乘算子的张量并行示意。X 是激活输入，A 是算子权重，将 A 按列切分。每个计算节点保留一份完整的 A 和部分 A，最后通过 All-Gather 通信将两个计算节点的数据进行同步，拼接为一份完整的 Y 输出，供下一层使用。

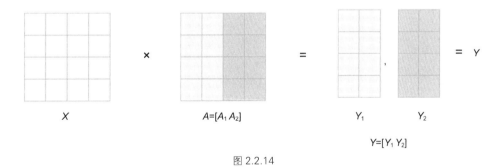

图 2.2.14

2）流水并行

流水并行是指将模型的不同层划分成多个阶段，并且每个阶段在不同的设备上并行执行。每个设备负责计算模型的一部分，并将计算结果传递给下一个设备，形成一个计算流水线。在流水并行中，需要设计合适的数据流和通信机制来在不同设备之间传递数据和同步计算结果。通常会使用缓冲区和流水线控制器来管理数据流，并确保计算的正确性和一致性。

图 2.2.15 是一个流水并行示意过程。假设一个模型有前向、反向两个阶段，有 4 层（0 层~3

层）网络设计，分布在 4 个计算设备处理，右图展示了在时间维度下，不同层不同阶段的执行顺序示意。为了减少每个设备等待的时间（即中间空白的区域，称为 Bubble），一个简单的优化设计就是增加 DP，让每层数据切分为若干个小批量，来提高流水并行设备利用率。

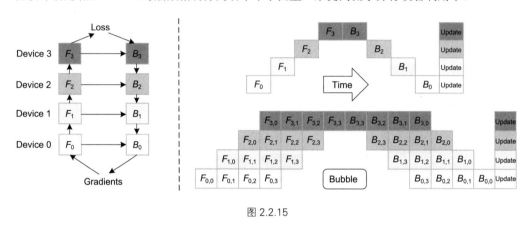

图 2.2.15

4. AI 计算模式思考

根据上面对大模型并行技术的了解，不同的并行策略展示了 AI 计算模式是如何体现在硬件设计技术上的。在芯片架构设计中可以从如下几个方面进行考虑。

- **模型并行与数据并行支持**：AI 芯片需要能够同时支持数据并行和模型并行两种并行策略。对于数据并行，芯片需要提供高带宽、低时延的通信和同步机制，以支持多个设备之间的数据交换和同步。对于模型并行，芯片需要具备灵活的计算资源分配和通信机制，以支持模型的不同部分在多个设备上进行计算。
- **异构计算资源管理**：AI 芯片通常会包含多种计算资源，如 CPU、GPU、TPU 等。对于分布式并行计算，芯片需要提供统一的异构计算资源管理机制，以实现不同计算资源之间的协同工作和资源调度。
- **高效的通信与同步机制**：分布式并行计算通常会涉及大量的数据交换和同步操作。因此，AI 芯片需要提供高效的通信和同步机制，以降低通信时延和提高通信带宽，从而实现高效的分布式计算。
- **端到端的优化**：AI 芯片需要支持端到端的优化，包括模型设计、算法优化、系统设计等方面。通过综合考虑各个环节的优化策略，可以实现高效的大模型分布式并行计算。比如 Transformer 是很多大模型结构的基础组件，可以提供专用高速 Transformer 引擎设计。

小结与思考

- AI 芯片需具备对多样神经网络模型架构的灵活支持和高效执行特有计算逻辑的能力，以适应不同的应用需求。

- AI 芯片应支持模型压缩算法，如量化和剪枝，以提高模型在终端部署时的推理性能，并实现软件算法与硬件执行的高效协同。
- AI 芯片设计应考虑轻量化网络结构，支持更复杂的卷积计算和数据逻辑，以适应算力和带宽受限的场景。
- AI 芯片需支持大模型的分布式并行策略，包括高效的片上网络接口和总线设计，以及大内存容量和高速互联带宽，以应对多芯片堆叠提高性能的需求。

2.3　关键设计指标

前面我们已经对 AI 的计算模式有了初步的认识，那么这些计算模式具体是如何和 AI 芯片设计结合起来的呢？本节将从 AI 芯片关键设计指标的角度来进一步拓展对 AI 计算体系的思考。

2.3.1　计算单位

当一款 AI 芯片产品发布时，经常会通过一些指标数据说明产品的能力，比如芯片制程、内存大小、核心数、带宽、算力等，这些指标体现了 AI 产品的核心竞争力。

为了帮助理解这些指标，我们先来了解一下 AI 算法领域常用的计算单位。

- **OPS**：Operations per Second，每秒操作数。1 TOPS 代表处理器每秒进行一万亿次（10^{12}）计算。
- **OPS/W**：每瓦特运算性能。TOPS/W 是评价处理器在 1 W 功耗下运算能力的性能指标。
- **FLOPS**：Floating Point Operations per Second，每秒浮点操作数。1 TFLOPS 代表处理器每秒进行一万亿次（10^{12}）浮点计算。
- **MACs**：Multiply-Accumulate Operations，乘加累计操作。1 MACs 包含一个乘法操作与一个加法操作，通常 1 MACs = 2 FLOPs。
- **FLOPs**：Floating Point Operations，浮点运算次数，用来衡量模型计算复杂度，常用作神经网络模型速度的间接衡量标准。对于卷积层来说，FLOPs 的计算公式如下：

$$\text{FLOPs} = 2 \cdot H \cdot W \cdot C_{\text{in}} \cdot K \cdot K \cdot C_{\text{out}}$$

- **MAC**：Memory Access Cost，内存占用量，用来衡量模型在运行时的内存占用情况。对卷积层来说，MAC 的计算公式如下：

$$\text{MAC} = H_{\text{in}} \cdot W_{\text{in}} \cdot C_{\text{in}} + H_{\text{out}} \cdot W_{\text{out}} \cdot C_{\text{out}} + K \cdot K \cdot C_{\text{in}} \cdot C_{\text{out}}$$

2.3.2　AI 芯片关键指标

AI 芯片设计的目标是低成本高效率地执行 AI 模型，所以衡量 AI 芯片的关键指标涉及 AI 模型软件应用层面的指标（如精度、吞吐量等）和 AI 芯片硬件市场竞争力指标（如价格、易用性等）两个方面。

1. 精度

精度（Accuracy）是 AI 芯片的一个非常关键的指标，指模型在处理任务时输出结果与实际情况之间的接近程度。理解 AI 芯片的精度指标可以从以下两个角度：

- 计算精度，比如支持计算支持的位宽（FP32、FP16 等），表示可以保证多少位宽内的计算结果无误差。
- 模型效果精度，AI 模型不同的任务有不同的模型效果评价标准，比如 ImageNet 图像识别任务的准确率、回归任务的均方误差等。

2. 吞吐量

吞吐量（Throughput）指芯片在单位时间内能处理的数据量。具有多核心的芯片可以处理更多并行任务，吞吐量往往更高。在不同的应用场景，对精度和吞吐量的需求是不同的。

3. 时延

在 AI 芯片中，时延（Latency）指从输入数据传入芯片开始，到输出结果产生的时间间隔。对于需要快速响应的应用场景，如自动驾驶、智能监控等，较低的推理时延是至关重要的。

4. 能耗

AI 任务通常需要大量的计算资源来执行复杂的算法，例如神经网络模型的训练和推断。因此，AI 芯片的能耗通常与其性能密切相关。高性能的 AI 芯片通常会消耗更多的能量，而低功耗的设计则可以减少能源消耗并延长电池寿命，这对于移动设备和物联网设备等场景尤为重要。

AI 芯片的能耗取决于多个因素，包括芯片架构、制造工艺、工作负载和优化程度等。一些创新的设计和技术可以帮助降低 AI 芯片的能耗，例如专门针对 AI 计算任务进行优化的架构、低功耗制造工艺、智能功耗管理等。

对于需要长时间运行或依赖于电池供电的设备，低能耗的 AI 芯片可能更具吸引力，而对于需要高性能计算的场景，则可能更关注芯片的计算能力和性能表现。

5. 系统价格

价格（Cost）是市场选择 AI 产品时的重要考量指标。搭建一个 AI 系统时，要综合考虑硬件成本以及与之相关的系统集成和全栈生态系统的成本。只有综合考虑这些方面，才能更好地评估 AI 芯片的实际成本和性能表现，从而为实际应用场景做出合适的选择。

- 硬件自身价格：指 AI 芯片本身的制造成本，包括芯片设计、制造、封装、测试等环节的费用。硬件自身价格直接影响到芯片的成本效益比，对于消费市场和大规模部署的场景尤为重要。较低的硬件价格可以降低设备制造成本，提高产品的竞争力。

- **系统集成上下游全栈等成本**：除了硬件本身的成本外，还需要考虑与 AI 芯片相关的系统集成和全栈生态系统的成本，包括软件开发、算法优化、系统集成、测试验证、软件支持等方面。在实际应用中，AI 芯片往往需要与其他硬件设备、软件系统以及云服务进行集成，这些集成成本也需要考虑进来。

6. 易用性

一个好的 AI 芯片产品应该提供完善的软硬件支持、丰富的文档和教程、灵活的编程语言和框架支持，以及便捷的硬件接口和集成支持，从而满足开发者在不同应用场景下的需求，提高开发效率和用户体验。AI 芯片的易用性（Flexibility）具体理解为：

- **文档和教程**：良好的文档和教程能够帮助用户更好地了解 AI 芯片的特性、功能和使用方法，降低学习成本，提高开发效率。
- **软件支持和开发工具**：一个易于使用的 AI 芯片应该提供完善的软件开发工具链，包括丰富的 API、SDK、开发环境等，使开发者可以快速上手并进行应用程序的开发和调试。
- **硬件接口和集成支持**：AI 芯片应该提供标准化的接口和通信协议，便于与其他硬件设备和系统进行集成，从而实现更广泛的应用场景。
- **性能优化和调试工具**：AI 芯片应该提供丰富的性能分析和调试工具，帮助开发者对应用程序进行性能优化和故障排查，提高系统的稳定性和可靠性。

2.3.3 关键设计点

AI 芯片设计的关键点围绕着如何提高吞吐量和降低时延，以及低时延和 Batch Size 之间权衡。具体的实现策略主要表现在 MACs 和 PE 两个方向。

1. MACs

减少 MACs：在 AI 芯片设计中，去掉没有用的 MACs 意味着优化计算资源的利用，可提高性能和效率。通过减少网络的 MACs，芯片上对应增加稀疏数据的硬件结构，提升控制流和数据传输执行效率，达到节省时钟周期的效果。

降低单次 MACs 执行时间：硬件上单次 MACs 的执行时间与时钟频率和指令开销有关，所以还可以通过增加时钟频率和减少指令开销来降低单次 MACs 的执行时间。

2. PE

PE（Processing Element，处理单元）是芯片中负责执行计算任务的基本单元，每个处理单元通常包含多个 ALU 和寄存器等计算资源，可以并行地执行多个计算任务。PE 在神经网络推理和训练中起着至关重要的作用，其数量和性能直接影响着芯片的计算能力和效率。设计高效的处理单元是提升 AI 芯片性能的重要手段之一。关于 PE 的优化设计方向有两个方面。

增加 PE 数量：增加 PE 数量意味着更多的 MACs 并发，可以通过采用更高纳米制程工艺，以增加单位面积的芯片上的 PE 密度。

增加 PE 利用率：实际硬件执行中由于指令调度、数据传输通信等一些限制，PE 的利用率一般并不高，通过增加 PE 利用率也能达到提高吞吐量和降低时延的效果。增加 PE 利用率既包括硬件设计方面的优化，也包括软件算法方面的改进。

2.3.4　计算性能仿真

根据关键指标完成 AI 芯片的设计之后，不同的 AI 模型在这个芯片上的执行性能都一样吗？或者如何评估 AI 模型在这款 AI 芯片上的执行情况？

如果一个模型在 AI 芯片上因为芯片的内部高速缓存（Cache）空间有限导致性能无法提升，则认为该模型属于带宽受限（Bandwidth Bounded）模型；如果一个模型在 AI 芯片上因为芯片的计算单元有限导致性能无法提升，则认为该模型属于算力受限（Compute Bounded）模型。

1. 算术强度概念

一个模型在 AI 芯片的执行过程大概可以分为三步：①从外部存储搬移数据到计算单元，②计算算元进行计算，③把结果搬回外部存储空间。简单而言，就是搬移数据和计算这两件事情。

对硬件平台 AI 芯片来说，数据搬移的带宽和计算单元（算力）是固定的值，所以当我们拿到一个 AI 模型时候，可以根据上面提到的 FLOPs 和 MAC 概念，统计出该模型的总 FLOPs（浮点运算次数）和总 MAC（内存占用量）需求。

假设用 bytes 指代内存占用量，用 ops 指代浮点运算次数，用 bw 表示 AI 芯片的数据搬移带宽，用 π 表示 AI 芯片的 PE 个数，也就是算力。那么搬移数据的时间是 t_1= bytes / bw，计算的时间是 t_2= ops / π。对 AI 芯片的执行来说，搬移数据和计算是两件不同的事情，硬件内部进行指令流水执行时候，可以认为是并行的过程。所以，当 $t_1 > t_2$ 时， AI 模型在这个 AI 芯片上最终一定是内存受限的；当 $t_1 < t_2$ 时， AI 模型在这个芯片上最终是计算受限的。

bw、π 和 AI 芯片有关，bytes 和 ops 和 AI 模型有关，当模型是内存受限时，将具体参数代入 $t_1 > t_2$，并将不等号两边参数进行位置调换，则有

$$t_1 > t_2$$
$$\rightarrow \text{bytes} / \text{bw} > \text{ops} / \pi$$
$$\rightarrow \pi / \text{bw} > \text{ops} / \text{bytes}$$

其中，π/bw 是 AI 芯片计算带宽和内存带宽的比值，称为操作字节比；ops/bytes 是 AI 模型的运算次数和内存占用量的比值，称为算术强度（Arithmetic Intensity）或操作强度（Operational Intensity）。

根据算术强度和操作字节比的概念，我们很容易评估出一个 AI 模型在指定 AI 芯片上的理论性能情况。下面展示一个具体的示例。

以 V100 GPU 执行 GEMM 为例，V100 的 FP16 峰值计算性能是 125 TFLOPS，片外存储带宽约为 900 GB/s，片上 L2 带宽为 3.1 TB/s。

- 如果输入数据来自片外存储器，操作字节比约为 125/0.9≈138.9。
- 如果输入数据来自片上存储器，操作字节比约为 125/3.1≈40。

对于一个 FP16 数据类型、(M, K, N) 形状的矩阵乘来说，算术强度为

$$\frac{2 \times M \times N \times K}{2 \times (M \times K + K \times N + M \times N)} = \frac{M \times N \times K}{M \times K + K \times N + M \times N}$$

当矩阵乘 (M, K, N) 的值是 $(8192, 128, 8192)$ 时，算术强度是 124.1，低于 V100 的操作字节比 138.9，该算子操作为带宽受限型。

当矩阵乘 (M, K, N) 的值是 $(8192, 8192, 8192)$ 时，算术强度是 2730，远高于 V100 的操作字节比 138.9，该算子操作是算力受限型。

2. Roofline 性能评估

实际上，不同模型在特定硬件平台的执行效率情况，可以利用 Roofline Model 建模进行预估。Roofline Model 建模是指通过简化硬件计算平台架构，根据计算平台的算力和带宽上限这两个参数和计算的算术强度信息，评估出其能达到的最高性能。如图 2.3.1 所示（Chen et al., 2019），横坐标是算子的算术强度，纵坐标是该算子能达到的最高浮点运算性能，则该算子能达到的最高理论性能计算公式为

$$P = \min\left(\text{peak}_{\text{performance}}, \text{ops} / \text{bytes*bw}\right)$$

当一个算子的算术强度值落在深灰色区域时，该算子表现为带宽受限；而落在浅灰色区域时，该算子表现为算力受限。所以最好的情况是算术强度值处于深灰色和浅灰色区域交接线上时，此时该计算平台的带宽和算力得到了一个很好的平衡。

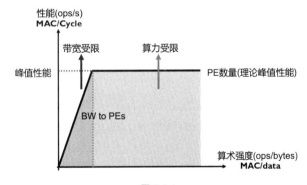

图 2.3.1

    对 AI 芯片进行性能仿真可以帮助我们确认性能瓶颈，并在软件层面进行优化。图 2.3.2 是根据 Roofline Model 进行计算性能仿真的示意图（Chen et al., 2019），Step1~Step7 展示了 7 种软件任务或者硬件设计导致的不同性能表现的情况，开发人员可根据这些表现分析，通过调整相应的软件策略或者改善硬件设计，来进一步提高计算平台的仿真性能。

- Step1, Step2：当计算平台的资源没有限制，通过软件最大化配置任务负载或者数据并行策略，来达到最好的执行性能。这时候性能瓶颈在于软件调度策略。
- Step3, Step4：由于固定的 PE 维度或者数量，导致有的 PE 在任务周期不是 100% 被激活。例如有 7 个计算任务，分给 4 个 PE 执行，则需要 2 个周期，但是其中有 1 个 PE 的激活率是 50%，这种情况下的计算性能就没有到达峰值性能。
- Step5：当计算单元的内存容量有限时，即使计算所需的数据被很快送到，也没有足够的地方存放，继而到达一个算力性能瓶颈。
- Step6, Step7：当计算平台自身提供的带宽有限时，即使算力很多、内存空间很多，实际的仿真性能也不能更高了。

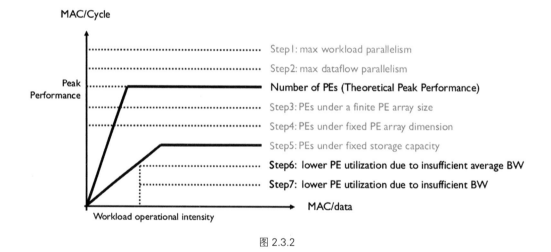

图 2.3.2

小结与思考

- AI 芯片关键指标包括 OPS、OPS/W、FLOPS、MACs、FLOPs 和 MAC 等，影响芯片性能和市场竞争力。
- 系统价格、易用性与 AI 芯片的精度、吞吐量、时延和能耗一同决定 AI 产品的选择和应用场景。
- AI 芯片设计关注提高计算吞吐量和降低时延，可通过优化 MACs 操作和提升 PE 利用率实现。
- 性能仿真通过 Roofline Model 评估 AI 模型在硬件上的执行效率，指导软件优化和硬件设计改进。

2.4 核心计算之矩阵乘

AI 模型中往往包含大量的矩阵乘运算，该算子的计算过程表现为较高的内存搬移和计算密度需求，所以矩阵乘的效率是 AI 芯片设计时性能评估的主要参考依据。本节将介绍矩阵乘运算在 AI 芯片的具体过程，了解它的执行性能是如何被优化实现的。

2.4.1 从卷积到矩阵乘

AI 模型中，卷积层的实现大家应该都比较熟悉了，卷积操作的过程大概可以描述为：按照约定的窗口大小和步长，卷积核在输入特征图上进行不断地滑动取数，滑动口内的特征图和卷积核进行逐元素相乘，再把相乘的结果累加求和得到输出特征图的每个元素结果。卷积到矩阵乘的转换关系如图 2.4.1 所示。

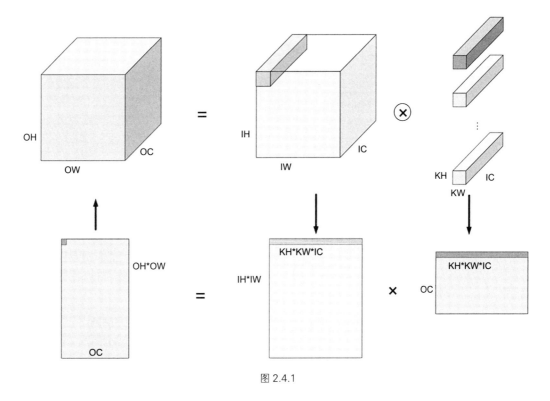

图 2.4.1

逐元素相乘再累加的过程就是 2.3 节提到的一个计算单位：MACs，矩阵乘的 MACs 数对最终性能具有重要影响。通过将输入特征图和卷积核数据进行重排，卷积操作本质上可以等效理解为矩阵乘操作。

假设卷积的输入和输出特征图维度用(IH, IW)和(OH, OW)表示，卷积核窗口的数据维度用(KH, KW)表示，输入通道是 IC，输出通道是 OC，输入输出特征图和卷积核数据维度重排的转化对应关系如下：

$$输入：(IC,IH,IW) \rightarrow (OH*OW,KH*KW*IC)$$
$$卷积核：(OC,KH,KW,IC) \rightarrow (OC,KH*KW*IC)$$
$$输出：(OC,OH,OW) \rightarrow (OC,OH*OW)$$

对输入数据的重排过程称为 Im2Col，反之，把转换后矩阵乘的数据排布方式再换回卷积输入的过程称为 Col2Im。

更具体地，假设卷积核维度为(2, 2)，输入特征图维度为(3, 3)，输入和输出通道都是 1，对一个无 Padding、Stride=1 的卷积操作，输出特征图维度是(2, 2)，所以输入卷积核转换为矩阵乘排布后的行数是 2 * 2 = 4，列数是 2 * 2 * 1 = 4。图 2.4.2 是对应的卷积到矩阵乘的转换示意，输入、输出特征图和卷积核都用不同的颜色表示，图中数字表示位置标记。

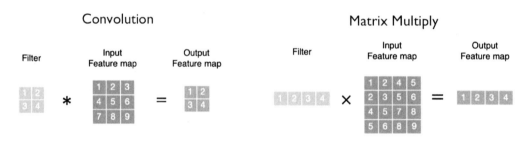

图 2.4.2

分析输入特征图的排布转换过程：第 1 个输出对应输入特征图的窗口数据标记为 1, 2, 4, 5；第 2 个输出对应的输入特征图窗口数据标记为 2, 3, 5, 6；第 3 个输出对应的输入特征图窗口数据标记为 4, 5, 7, 8；第 4 个输出对应的输入特征图窗口数据标记为 5, 6, 8, 9。矩阵乘的维度对应关系如下：

$$输入：(OH*OW,KH*KW*IC) \rightarrow (4,4)$$
$$卷积核：(OC,KH*KW*IC) \rightarrow (1,4)$$
$$输出：(OC,OH*OW) \rightarrow (1,4)$$

2.4.2   矩阵乘分块

上面介绍了从卷积到矩阵乘的转换过程，我们可以发现，转换后的矩阵乘的维度非常大，而芯片里的内存空间往往是有限的（成本高），表现为越靠近计算单元，带宽越快，内存越小。为了平衡计算和内存加载的时间，让算力利用率最大化，AI 芯片往往会进行由远到近，多级内存层级的设计方式，达到数据复用和空间换时间的效果。安装这样的设计，矩阵乘实际的数据加载和计算过程将进行分块（Tiling）处理。

假设用 CHW 表示上面转换公式中的 KH * KW * IC 的值，M 表示 OC，N 表示 OH * OW，矩阵乘的输入特征图维度是 (N, CHW)，矩阵乘的卷积核维度是(M, CHW)，输出矩阵维度是(M, N)，可以同时在 M、N、CHW 三个维度进行分块，每次计算过程分别加载一小块特征图和卷积核数据计算，比如在 M、N、CHW 三个维度各分了 2 小块，得到完成的输出特征图需要进行 8 次的数据加载和计算。图 2.4.3 中的 Step1、Step2 展示了两次数据加载可以完成一个输出块（Tile）的计算过程。

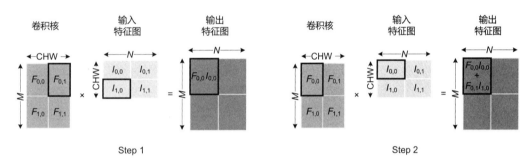

图 2.4.3

2.4.3　矩阵乘的库

矩阵乘作为 AI 模型中的重要性能算子，CPU 和 GPU 的平台上都有专门对其进行优化实现的库函数。比如 CPU 的 OpenBLAS、Intel MKL 等，GPU 的 cuBLAS、cuDNN 等。实现的方法主要有 Loop 循环优化 (Loop Tiling)和多级缓存 (Memory Hierarchy)，两者的实现逻辑大概分为如下 2 步：

第 1 步：Lib 感知相乘矩阵的形状（Shape）；

第 2 步：选择最优的 Kernel 实现来执行（见第 19 章）。

图 2.4.4 展示了对矩阵乘进行 Loop 循环优化和多级缓存结合的实现流程。

图 2.2.4 左边是共 6 级 Loop 循环展开的伪代码，右边是 Loop 对应多级存储的数据 分块和搬移过程，假设矩阵乘 A,B,C 对应维度是(m, k, n)。

● Loop5, Loop4, Loop3 对应把矩阵在 n, k, m 维度进行 Tilling 切分，Tilling 后维度大小分别是 nc, kc, mc。

Loop 5 **for** $j_c = 0 : n-1$ **steps of** n_c
   $\mathcal{J}_c = j_c : j_c + n_c - 1$
Loop 4 **for** $p_c = 0 : k-1$ **steps of** k_c
   $\mathcal{P}_c = p_c : p_c + k_c - 1$
   $B(\mathcal{P}_c, \mathcal{J}_c) \to B_c$ // Pack into B_c
Loop 3 **for** $i_c = 0 : m-1$ **steps of** m_c
   $\mathcal{I}_c = i_c : i_c + m_c - 1$
   $A(\mathcal{I}_c, \mathcal{P}_c) \to A_c$ // Pack into A_c
   // Macro-kernel
Loop 2 **for** $j_r = 0 : n_c - 1$ **steps of** n_r
   $\mathcal{J}_r = j_r : j_r + n_r - 1$
Loop 1 **for** $i_r = 0 : m_c - 1$ **steps of** m_r
   $\mathcal{I}_r = i_r : i_r + m_r - 1$
   // Micro-kernel
Loop 0 **for** $k_r = 0 : k_c - 1$
   $C_c(\mathcal{I}_r, \mathcal{J}_r)$
    $+= A_c(\mathcal{I}_r, k_r)\ B_c(k_r, \mathcal{J}_r)$
     endfor
    endfor
   endfor
  endfor
 endfor

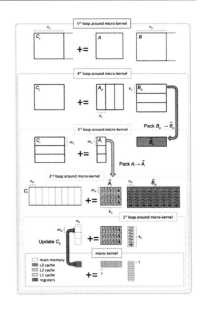

图 2.4.4

- Loop2, Loop1 分别将 Tilling 后的 nc, mc 维度再一次 Tilling，Tilling 后维度大小分别是 nr, mr。
- Loop0 对 kc 维度进行展开，实现累加求和的过程，得到(mr, nr)大小输出矩阵的部分和。

图 2.2.4 中不同的颜色框指代了在不同存储层级上的数据计算，不同颜色块表示该块数据的存储位置。结合不同存储层级的内存空间和数据搬移带宽大小，将不同大小的 **A**、**B** 矩阵的 Tilling 块放在不同的存储层级上，可以平衡 AI 芯片执行矩阵乘任务时的时间和空间开销，提升整体算力利用率。比如，对(mr, nr)的计算过程，通过将 **B** 矩阵的(kc, nr)加载 1 次到 L1 Cache 中，每次从 L2 Cache 加载 **A** 矩阵的(mr, kc)大小到计算模块，进行计算，假设 mc 切分了 3 个 mr，则 **B** 矩阵的(kc, nr)就在 L1 中被重复利用了 3 次。这种用空间换时间或者用时间换空间的策略是进行算子性能优化的主要方向。

2.4.4 矩阵乘的优化

矩阵乘作为计算机科学领域的一个重要基础操作，有许多优化算法可以提高其效率。下面我们对常见的矩阵乘优化算法做一个整体的归类总结。

- **基本的循环优化**：通过调整循环顺序、内存布局等手段，减少缓存未命中（Cache Miss）和数据依赖，提高缓存利用率，从而加速矩阵乘运算。
- **分块矩阵乘（Blocked Matrix Multiplication）**：将大矩阵划分成小块，通过对小块矩阵进行乘法运算，降低算法的时间复杂度，并能够更好地利用缓存。

- **SIMD 指令优化**：利用 SIMD 指令集，如 SSE（Streaming SIMD Extensions）和 AVX（Advanced Vector Extensions），实现并行计算，同时处理多个数据，提高计算效率。

- **SIMT 多线程并行化**：利用多线程技术，将矩阵乘任务分配给多个线程并行执行，充分利用多核处理器的计算能力。

- **算法改进**：如 Fast Fourier Transform 算法、Strassen 算法、Coppersmith-Winograd 算法等，通过矩阵分解和重新组合，降低算法的时间复杂度，提高计算效率。

这些优化算法通常根据硬件平台、数据规模和计算需求选择不同的策略，以提高矩阵乘运算的效率。在具体的 AI 芯片或其他专用芯片中，对矩阵乘的优化实现主要就是减少指令开销，可以表现为两个方面：

- **让每个指令执行更多的 MACs 计算**。比如 CPU 上的 SIMD/Vector 指令，GPU 上的 SIMT/Tensor 指令，NPU 上 SIMD/Tensor、Vector 指令的设计。

- **在不增加内存带宽的前提下，单时钟周期内执行更多的 MACs**。比如英伟达的 Tensor Core 中支持低比特计算的设计，在每个周期执行 512 bit 数据的带宽前提下，可以执行 64 个 8 bit 的 MACs，大于执行 16 个 32 bit 的 MACs。

小结与思考

- AI 模型的矩阵乘运算通过优化内存搬移和计算密度来提升芯片性能，涉及卷积到矩阵乘的转换及分块处理。

- 矩阵乘的优化在软件层面包括减少 MACs、循环优化和内存优化，硬件层面则涉及提高 PE 运算速度、增加并行计算能力和提升 PE 利用率。

- 专用数学库如 OpenBLAS、Intel MKL、cuBLAS 和 cuDNN 通过循环优化和多级缓存管理来提升矩阵乘性能。

- 高效的矩阵乘优化算法，如分块矩阵乘和 SIMD/SIMT 技术，以及硬件上的 Tensor Core 设计，共同提升了 AI 芯片的计算效率。

2.5　计算之比特位宽

在 2.2 节 AI 计算模式部分，我们提到了模型的量化操作，通过建立一种有效的数据映射关系，使得模型以较小的精度损失获得更好的模型执行效率的收益。模型量化的具体操作就是将高比特位宽的数据转换为低比特位宽表示。本节将对计算的比特位宽概念做一个更具体的了解。

2.5.1　比特位宽的定义

在计算机科学中，整数和浮点数是两种基本的数据类型，它们在计算机中可以用不同长度的比特表示，也就是比特位宽，比特位宽决定了它们的表示范围和数据精度。下面我们一起回顾一下计算机中整数和浮点数的表示。

1. 整数类型

在计算机中，整数类型的表示通常采用二进制补码形式。二进制补码是一种用来表示有符号整数的方法，它具有以下特点：

- 符号位：整数的最高位（最左边的位）通常是符号位，0 表示正数，1 表示负数。
- 数值表示：对于正数，其二进制补码与其二进制原码相同；对于负数，其二进制补码是其二进制原码取反（除了符号位，每一位取反，0 变为 1，1 变为 0），然后再加 1。
- 范围：对于 n 位比特位宽的整数类型，其表示范围为 $-2^{(n-1)}$ 到 $2^{(n-1)} - 1$，其中有一位用于表示符号位。

举例说明，对于一个 8 位二进制补码整数：

- 0110 1100 表示正数 108。
- 1111 0011 表示负数 –13。其二进制原码为 1000 1101，取反得到 1111 0010，加 1 得到补码。

2. 浮点数据类型

在计算机中，浮点数据类型的表示通常采用 IEEE 754 标准，该标准定义了两种精度的浮点数表示：单精度和双精度。

如图 2.5.1 所示，一个单精度浮点数通常由 32 位二进制组成，按照 IEEE 754 标准的定义，这 32 位被划分为三个部分：符号位、指数位和尾数位。

- 符号位：占用 1 位，表示数值的正负。
- 指数位：占用 8 位，用于表示数值的阶码（数据范围）。
- 尾数位：占用 23 位，用于表示数值的有效数字部分（小数精度）。

图 2.5.1

一个双精度浮点数通常由 64 位二进制组成，同样按照 IEEE 754 标准的定义，这 64 位被划分为三个部分：符号位、指数位和尾数位。与单精度浮点数不同的是，双精度浮点指数位位宽是 11 位，尾数位位宽是 52 位。单精度和双精度浮点数的取值范围和精度有所不同，双精度浮点数通常具有更高的精度和更大的取值范围。

对于规格化和非规格化浮点数，其真实值的计算公式定义如下：

$$规格化浮点数: (-1)^S \times 2^{E-B} \times (1+M)$$

$$非规格化浮点数: (-1)^S \times 2^{1-B} \times M$$

$$B = 2^{E_{bw}-1} - 1$$

其中，S 是符号位，取 0 或 1，表示浮点数的正负；E 是指数位，决定了数值的范围；M 是尾数位，决定了小数点的有效位数；E_{bw} 表示指数的位宽；B 表示指数的偏移量，B 的取值取决于浮点数的指数位宽，比如 E 的位宽是 8，$B=2^7-1=127$。

举例说明，对一个单精度浮点数的表示：

0 10000011 10100000000000000000000

- 符号位：$S=0$，表示正数，$(-1)^0=1$。
- 指数位：10000011，$E-B=131-127=4$，表示指数为 $2^4=16$。
- 尾数位：10100000000000000000000，表示尾数为 1.101，即 1.625（二进制转换为十进制）。

所以，这个单精度浮点数表示的数值为 26：

$$(-1)^0 \times 2^{131-127} \times (1+0.625) = 26$$

2.5.2　AI 数据类型及应用

在 AI 模型中常用数据位宽有 8 bit、16 bit 和 32 bit，根据不同的应用场景和模型训练推理阶段需求，可以选择不同位宽的数据类型。图 2.5.2 是现有 AI 模型中出现过的数据类型位宽和定义，可以看到关于浮点数据类型在指数（E）和尾数（M）位宽有很多种设计，比如对同样的 16 bit 位宽的浮点数，出现了不同的指数和尾数位宽设计。这些不同数据类型的出现是 AI 领域在具体实践应用中，对软件和硬件设计不断优化的表现。

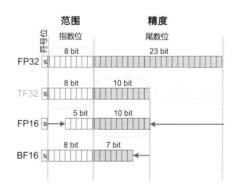
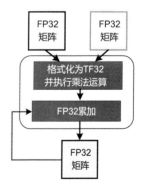

图 2.5.2

FP32：是一种单精度浮点格式，可以表示很大的实数范围，广泛应用于深度学习训练和推理过程。FP32 每个数据占 4 个字节。

TF32：即 Tensor Float 32，是英伟达提出的代替 FP32 的精度格式，是 Tensor Core 支持的新数据类型，从英伟达 A100 开始支持。与 FP32 相比，TF32 减少了 13 位的小数部分精度位宽，所以其峰值计算速度有显著提升。

FP16：是一种半精度浮点格式，因为神经网络具有很强的冗余性，降低数据位宽的计算对于模型性能来说影响不大。FP16 和 FP32 混合精度训练模式被大量使用。

BF16：即 bfloat16，是谷歌开发的一种 16 位脑浮点格式（Brain Floating Point Format），目前也得到了广泛的应用。FP16 设计时并未考虑深度学习应用，其动态范围太窄，而 BF16 解决了这个问题，其提供与 FP32 相同的动态范围。可以认为，BF16 是直接将 FP32 的前 16 位截取获得的。BF16 在 Transformer 架构模型中有很好的表现，因此现在对大模型训练或者微调，都主要采用 BF16 的数据格式。

FP8：是英伟达 H100 GPU 产品中推出的一种 8 bit 位宽浮点数据类型，有 E4M3 和 E5M2 两种设计，其中 E5M2 保持了 FP16 的数据范围，而 E4M3 则对数据精度有更好的支持。FP8 数据类型可以在保持与 FP16、BF16 相似的模型精度下，节省模型的内存占用以及提升吞吐量。基于 FP8 的类型在 LLM 领域的表现正被加速探索中。

INT：一般在 AI 模型中的特定应用场景中被使用，比如大量整数类型的任务场景，或者对资源受限的硬件平台进行模型量化时，INT8 是一个不错的选择。

2.5.3 降低比特位宽

似乎 AI 模型设计中绕不开对低比特位宽数据的探索，在计算资源有限、成本有限的大背景下，这是一个必然的选择。高比特的数据位宽可以保证模型的精度，但是硬件的计算和存储成本也会更高，而不同的场景有不同的模型精度需求，所以需要对不同的场景，设计使用不同精度的数据类型，以降低硬件执行的成本。

降低比特位宽其实就是降低数据的精度，对于 AI 芯片来说，降低比特位宽可以带来如下好处：

● 降低 MAC 的输入和输出数据位宽，能够有效减少数据的搬移和存储开销。更小的内存搬移带来更低的功耗开销。

● 减少 MAC 计算的开销和代价，比如，两个 INT8 数据类型的乘加操作使用 16 bit 位宽的寄存器即可，而 FP16 数据类型的乘加操作需要设计 32 bit 位宽的寄存器。8 bit 和 16 bit 计算对硬件电路设计的复杂度影响也很大。

表 2.5.1 展示了降低位宽对芯片的能耗和面积影响程度。能耗方面，随着比特位宽的增加，对应乘加操作的能耗逐渐增加，从 SRAM 的数据搬移过程是能耗的主要来源；芯片面积方面，随着比特位宽的增加，需要的芯片面积也在成倍增加。

表 2.5.1　降低位宽对芯片能耗和面积的影响

操作	能耗（pJ）	面积（μm²）
8b Add	0.03	36
16b Add	0.05	67
32b Add	0.1	127
16b FP Add	0.4	1360
32b FP Add	0.9	4184
8b Multiply	0.2	282
32b Multiply	3.1	3495
16b FP Multiply	1.1	1640
32b FP Multiply	3.7	7700
32b SRAM Read	5	N/A
32b DRAM Read	640	N/A

　　针对 AI 芯片不同阶段的精度需求，市场上已经推出了 8 bit 的推理芯片产品和 16 bit 浮点数据的训练芯片产品，比如华为昇腾 910 和英伟达 A100（图 2.5.3）。

华为昇腾910　　　　　　　　　　　　　　　　　　英伟达A100

图 2.5.3

小结与思考

- 数据位宽决定了数据类型的表示范围和精度。在 AI 模型中，通过量化操作，即将高比特位宽的数据转换为低比特位宽表示，可以在保持合理精度的同时提高模型执行效率，减少内存占用，并提升吞吐量。
- FP8 是一种新的 8 bit 位宽浮点数精度格式，包含 E4M3 和 E5M2 两种编码，旨在减少神经网络模型训练和推理的计算需求，同时保持模型精度。FP8 混合精度训练框架 FP8 在训练大模型时，显著减少了内存使用并提升了训练速度，证明了 FP8 在大规模模型训练中的潜力和实用性。
- FP8 面临的主要挑战包括数据下溢或上溢以及量化误差，通过技术如张量缩放和自适应缩放因子等策略，可以有效解决这些问题，保持模型训练的准确性和稳定性。

第3章 AI 芯片体系

3.1 CPU 基础

CPU 是 Central Processing Unit（中央处理器）的简称，它负责执行指令和计算，控制计算机的所有组件。CPU 可以被视为计算机的"大脑"，随着技术的发展，CPU 不断演进，出现了多核处理器、超线程技术（Hyper-Threading）、集成显卡等新特性，进一步提升了计算能力和多任务处理能力。

在本节将着重介绍 CPU 基础内容，从 CPU 的发展历史入手，看看世界上第一块 CPU 是怎么诞生的，再到当代 CPU 的组成，了解为什么 CPU 能为计算机处理那么多的事情。

3.1.1 CPU 发展历史

世界上第一台真正意义上的通用计算机 ENIAC（Electronic Numerical Integrator and Calculator，电子数字积分计算机）（图 3.1.1）于 1946 年诞生于美国宾夕法尼亚大学，采用十进制进行数据存储。ENIAC 最初专门用于弹道计算，后经多次改进才成为能进行各种科学计算的通用计算机。ENIAC 完全采用电子线路执行算术运算、逻辑运算和信息存储，运算速度是当时机械继电器计算机的 1000 倍。

ENIAC 的发明是电子计算机历史中的里程碑事件，为现代计算机技术的发展奠定了基础，开启了信息时代的大门，是第三次产业革命开始的标志之一，具有重要的历史意义。

图 3.1.1

与 ENIAC 不同，更为人熟知的 EDVAC（Electronic Discrete Variable Automatic Computer，离散变量自动电子计算机）（图 3.1.2）是二进制串行计算机。EDVAC 的建造计划于 1945 年 3 月由冯·诺依曼（John von Neumann）、莫奇利（John W. Mauchly）、埃克特（J. Presper Eckert）等提出，直到 1951 年才开始运行。

图 3.1.2

这是世界上首次提出的采用二进制的冯·诺依曼计算机，由运算器、控制器、存储器、输入设备和输出设备 5 个基本部分组成，也就是我们熟知的冯·诺依曼架构。

这种体系结构一直延续至今，现在使用的计算机的基本工作原理仍然是存储程序和程序控制，所以现在计算机常被称为"冯·诺依曼结构计算机"。鉴于冯·诺依曼在发明电子计算机中所起到关键性作用，他被西方人誉为"计算机之父"。

冯·诺依曼架构奠定了现代计算机发展的基础，CPU 作为计算机的大脑，其架构基于冯·诺依曼架构的基本原理不断优化、发展，下面回顾一下 CPU 发展历史上的重要时间点。

1971 年，英特尔（Intel）公司推出了 4004 微处理器（图 3.1.3），标志着世界上第一个 CPU 的诞生。尽管相比于现在的 CPU，4004 在功能和运行速度方面显得极其微不足道，但它的出现无疑具有划时代的意义。

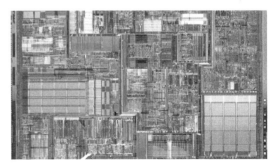

图 3.1.3

1978 年，英特尔发布了新款 16 位微处理器 8086，自此，x86 架构诞生了。随后，英特尔又推出了 16 位的微处理器 8088。1982 年，英特尔推出了一款具有跨时代意义的 CPU 80286，由此 CPU 进入了 286 时代。1985 年，英特尔推出了 80386DX（图 3.1.4），内含 27.5 万个晶体管，它的出现使 32 位 CPU 成为 PC 工业的标准。

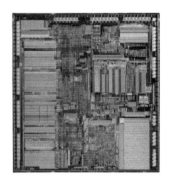

图 3.1.4

1988 年末，英特尔推出了 80386SX，它的价格相对较低，性能大大优于 80286，所以被广泛使用。1989 年，英特尔 80486 问世，突破了 100 万个晶体管的界限，拥有 120 万个晶体管，性能是 80386DX 的四倍。1991 年，AMD 也发布了自己的新产品 Am386 处理器，核心代号 P9，与英特尔 80386 一样有 DX 和 SX 之分，且两家公司的 CPU 在性能上没有太大的差别。两年后，AMD 也研制出了 Am486DX，此后衍生出一系列 486 的产品，如 Am486DX2（图 3.1.5）、Am486DX4 等，值得一提的是，Am486DX4–120 在频率上第一次超过了自己的竞争对手英特尔。1993 年，英特尔推出 80586，它有另一个更广为人知的名字——奔腾（Pentium）（图 3.1.6）。奔腾系列是 x86 系列的一大革新，但是它当时遭遇了重要挑战——80586 的浮点除数法出错导致英特尔大量回收了其第一代产品。

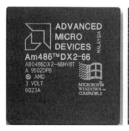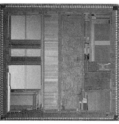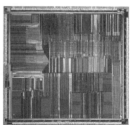

图 3.1.5   图 3.1.6

1995 年，奔腾系列推出新成员 Pentium 120 MHz 处理器，并在随后的两年内陆续推出了 Pentium 150 MHz、Pentium 166 MHz、Pentium 200 MHz 等。

就在英特尔沉浸在自身成就之时，AMD 已经悄然步入了一个全新的时代——推出了 AMD K6 处理器，其性能可媲美英特尔 Pentium MMX，随后又衍生出了 AMD K6-2、AMD K6-3 等型号，这给英特尔带来了很大的压力。

2000 年是跨世纪的一年，同样也是 CPU 领域意义非凡的一年。这一年，英特尔历经多年研发的 Pentium 4 处理器横空出世，该 CPU 频率达到了 GHz 级，到 2024 年已达到 3.4GHz。在此期间，AMD 也不甘示弱，于 2003 年推出了第一款桌面级 64 位处理器 Athlon 64 和 Athlon 64 FX，从此 AMD 正式进入了 K8 时代。速龙（Athlon）系列作为 K8 时代最出名的产品，在性能上一点也不输于英特尔。

AMD 也不断推陈出新，持续优化和升级其产品，推出了性能强悍的锐龙（Ryzen）处理器，包括 Ryzen 3、Ryzen 5、Ryzen 7 三个系列，其中，Ryzen 5 2600X 的性能远超 i5-9400F，而 Ryzen 7 2700X 也一度挑战 Core i9 系列的地位。

从 1947 年第一个晶体管被发明开始，到如今性能令人惊叹的 Ryzen 7 和 Core i9，CPU 的发展经历了一个不可思议的过程，这个发展过程也得益于英特尔和 AMD 的"相爱相杀"。根据摩尔定律，每 18 个月晶体管的密度会翻一番。尽管业界普遍认为摩尔定律的这一原始形式已经不再适用，但半导体行业并没有停止探索和发展新技术，未来 CPU 会怎么样我们仍然难以想象。

3.1.2　CPU 基本构成

回顾完 CPU 的发展历史，我们回归到 CPU 的本质。CPU 发展至今已经集成了大规模复杂的电路，可以把它看作是一个由很多小块组成的复杂机器，然而无论 CPU 的具体实现怎么变、晶体管数量翻多少番，这些小块从功能的角度大致可以划分成三大部分：算术逻辑单元、存储单元和控制单元。图 3.1.7 给出了 CPU 的示意简图，实际上整个 CPU 的连线、I/O、具体的控制流程是非常的复杂的，接下来简单介绍这些组成单元以及单元之间是怎么互相配合的。

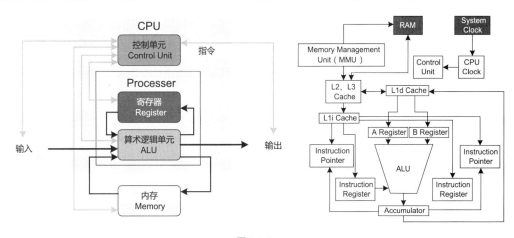

图 3.1.7

1. 算术逻辑单元

CPU 的主要功能就是运算，其通过算术逻辑单元（ALU）实现。ALU 内部由算术单元（AU）和逻辑单元（LU）组合而成，可对两个输入值（操作数）执行算术或逻辑运算并产生一个输出值：算术单元负责对二进制数执行加减等算术运算；逻辑单元执行与、或、非等逻辑运算，以及对两个操作数进行比较等。另外，ALU 还具备位移功能，将输入的操作数向左或向右移动从而得到新的操作数。不只在 CPU 中，在其他（如 GPU 等）微处理器中，ALU 都是最基本的组件。

除了执行加法和减法计算外，ALU 还可以处理两个整数的乘法，因为它们旨在执行整数计算；因此，它的结果也是一个整数。

> 浮点数的由来：用科学计数法的方式表示小数时，小数点的位置就变得「漂浮不定」了，这就是相对于定点数，浮点数名字的由来。

虽然 ALU 是处理器中的主要组件，但 ALU 的设计和功能在不同的处理器中可能会有所不同。例如，有些 ALU 设计为仅执行整数计算，而有些则可用于浮点运算；一些处理器包含单个算术逻辑单元来执行操作，而其他处理器可能包含许多 ALU 来完成计算。ALU 执行的操作如下。

- **逻辑运算**：逻辑运算包括 NOR、NOT、AND、NAND、OR、XOR 等。
- **移位操作**：负责将位的位置向右或向左位移一定数量的位置，也可看成一种特殊的乘法运算。
- **算术运算**：ALU 可执行加减运算。虽然它也执行乘法和除法运算，但这是指位加法和位减法。乘法和除法运算的成本（逻辑复杂度和面积）更高。在乘法运算中，加法可以用作除法和减法的替代。

如图 3.1.8 所示，ALU 包含各种输入和输出连接，这使得外部电子设备和 ALU 之间可以投射数字信号。ALU 输入从外部电路获取信号，作为响应，外部电子设备从 ALU 获取输出信号。

- **数据**：ALU 包含三个并行总线，包括两个输入和输出操作数。这三个总线处理的信号数量是相同的。
- **操作码**：当 ALU 将要执行操作时，操作选择码描述 ALU 将执行哪种类型的算术运算或逻辑运算。
- **输出**：ALU 操作的结果由状态输出以补充数据的形式提供，因为它们是多个信号。通常，诸如溢出、零、执行、负数等状态信号都包含在通用 ALU 中。当 ALU 完成每个操作时，外部寄存器包含状态输出信号。这些信号存储在外部寄存器中，可用于未来的 ALU 操作。
- **输入**：当 ALU 执行一次操作时，状态输入允许 ALU 访问更多信息以成功完成操作。此外，存储的来自先前 ALU 操作的进位被称为单个"进位"位。

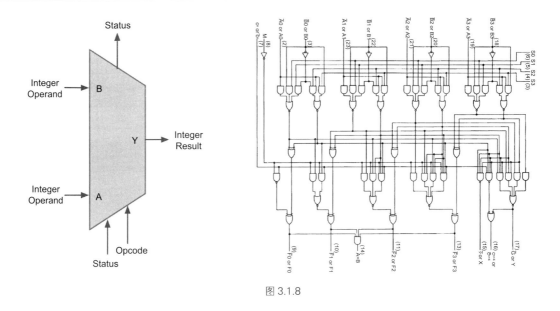

图 3.1.8

2. 存储单元

CPU 的存储单元（Memory Unit，MU）也可以称为寄存器（Register）。为什么会出现寄存器？程序在内存中装载，由 CPU 来运行，CPU 的主要职责就是用来处理数据。这个过程必须不断地从内存中读取和向内存写入数据，每一次数据的读取或写入，都需要通过控制总线来发送请求，因此非常烦琐并且会涉及大量的内存占用，严重降低了计算机的性能。因此，出现了寄存器，其作为 CPU 内部的高速存储单元，使得 CPU 可以快速地在内部存储和处理数据。

寄存器比内存更快，所以使用寄存器可以加速计算机的操作和计算。此外，寄存器还可以用于存储中间结果和操作数，从而简化 CPU 内部的计算过程。

寄存器主要分为指令寄存器和数据寄存器，负责暂存指令、ALU 所需操作数、ALU 算出的结果等。ALU 在执行计算时，需要读取存储在数据寄存器中的操作数，计算结果则保存到累加器中（也是一种寄存器），ALU 执行的命令来自指令寄存器。例如，将两个数字相加时，一个数字存放在 A 寄存器中，另一个存放在 B 寄存器中，ALU 执行加法后将结果存放到累加器中。如果是逻辑操作，则把要比较的数据放进输入寄存器中，比较的结果 1 或 0 放入累加器中。无论是逻辑运算还是算术运算，累加器内容都会被放入缓存中。

图 3.1.9 展示了多种寄存器，下面我们介绍几种常见的寄存器。

● **数据寄存器**：数据寄存器（Data Register，DR）又称为数据缓冲寄存器，用于存放操作数，其位数应满足多数数据类型的数值范围。DR 的主要功能是作为 CPU 和主存、外设之间信息传输的中转站，用以弥补 CPU 和主存、外设之间操作速度上的差异，在单累加器结构的运算

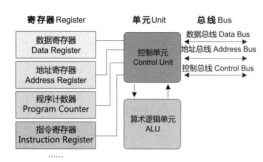

图 3.1.9

代号	位数 （bit）	寄存器	功能
DR	16	数据寄存器	存放操作数
AR	12	地址寄存器	存放内存地址
AC	16	累加器	处理器寄存器
IR	16	指令寄存器	存放指令码
PC	12	程序计数器	存放指令地址
TR	16	临时寄存器	存放临时数据
INRR	8	输入寄存器	存放输入字符
OUTR	8	输出寄存器	存放输出字符

器中，数据寄存器还可兼作操作数寄存器。DR 用来暂时存放由主存储器读出的一条指令或一个数据字；反之，当向主存存入一条指令或一个数据字时，也将它们暂时存放在数据寄存器中。

● **地址寄存器**：地址寄存器（Address Register，AR）用来保存 CPU 当前所访问的主存单元的地址。AR 可以具有通用性，也可用于特殊的寻址方式，如用于基址寻址的段指针（存放基地址）、用于变址寻址的变址寄存器和用于堆栈寻址的栈指针。AR 的位数必须足够长，以满足最大的地址范围。由于在主存和 CPU 之间存在操作速度上的差异，所以必须使用 AR 来暂时保存主存的地址信息，直到主存的存取操作完成为止。

● **程序计数器**：程序计数器（Program Counter，PC）具有寄存信息和计数两种功能，一般用来存放下一条指令在主存储器中的地址。在程序执行之前，首先必须将程序的首地址，即程序第一条指令所在主存单元的地址送入 PC，因此 PC 的内容即是从主存提取的第一条指令的地址。当执行指令时，CPU 能自动递增 PC 的内容，使其始终保存将要执行的下一条指令的主存地址，为取下一条指令做好准备。

● **指令寄存器**：指令寄存器（Instruction Register，IR）用来保存当前欲执行的指令。当执行一条指令时，首先把该指令从主存读取到数据寄存器中，然后再传送至指令寄存器。指令包括操作码和地址码两个字段，为了执行指令，必须对操作码进行测试，识别出所要求的操作，指令解码器就是用来完成这项工作的。指令解码器对指令寄存器的操作码部分进行解码，以产生指令所要求操作的控制电位，并将其送到微操作控制线路上，在时序部件定时信号的作用下，产生具体的操作控制信号。指令寄存器中操作码字段的输出就是指令解码器的输入。操作码一经解码，即可向操作控制器发出具体操作的特定信号。

除此之外，寄存器的种类还有很多，感兴趣的读者可以自行查阅资料学习。

既然寄存器如此重要且速度极快，为什么不将其设计得更大一些呢？这是因为优质的组件往往成本高昂，从成本效益的角度来看，将寄存器与内存结合使用，比单纯追求大容量的寄存器更加合适。

3. 控制单元

控制单元（Control Unit，CU）的主要工作可以概括为：协调和指导计算机各个部件的操作，以确保指令按最有效的方式执行。CU 从主存中检索和选取指令，对其进行解码，然后发出适当的控制信号，指导计算机的其他组件执行所需的操作。CU 自身并不执行程序指令，它只是输出信号指示系统的其他部分如何做。

如果说 CPU 是计算机的大脑，那么 CU 就是 CPU 的大脑，也是 CPU 中最重要的部分。CU 的任务可以分为指令解码、生成控制信号，并将这些信号发送给 ALU、MU、存储器和输入/输出设备等其他组件。下面将详细介绍 CU 的任务，并举例说明。

● **指令解码**：CU 从内存中读取指令，并对其解码。该任务是将二进制指令转化为对计算机各个部件的控制信号的过程。通过解码，CU 能够识别指令的类型、操作数和执行方式，并为后续的执行步骤做好准备。

举例：指令"ADD R1, R2, R3"表示将寄存器 R2 和 R3 中的值相加，并将结果存储到寄存器 R1 中。CU 会解码识别出这是一条加法指令，并生成相应的控制信号，指示运算单元从 R2 和 R3 中读取数据，并将结果写入 R1。

● **生成控制信号**：CU 根据解码的指令类型和操作数，生成相应的控制信号，以控制计算机中各个部件的操作。这些控制信号包括时钟信号、读写信号、地址选择信号、操作数选择信号等。CU 会根据指令的需求生成适当的控制信号，确保计算机的各个部件按照指令的要求进行操作。

举例：存储指令"LOAD R1, 2000"表示将内存地址 2000 处的数据加载到寄存器 R1 中。CU 会生成读取数据的控制信号，将地址 2000 发送给存储器，并将读取到的数据写入 R1。

● **管理指令执行顺序**：CU 会按照指令序列的顺序，逐条调度指令的执行，并确保每条指令的操作在正确的时钟周期内完成。CU 能够根据不同指令的需求，控制指令的跳转、分支和循环等控制流程。

举例：在一段程序中，有一条条件分支指令"IF R1 == R2 THEN GOTO 100"，表示如果寄存器 R1 的值等于 R2 的值，则跳转到标号为 100 的指令继续执行。CU 会根据条件判断的结果，生成相应的控制信号，决定是否跳转到标号 100 处执行。

综上，CU 的工作任务就是接收指令、指挥执行。如图 3.1.10 所示，CU 所接收的输入有三个：节拍器（Step Counter）、指令解码器（Instruction Decoder）、标志信号（Condition Signal）。

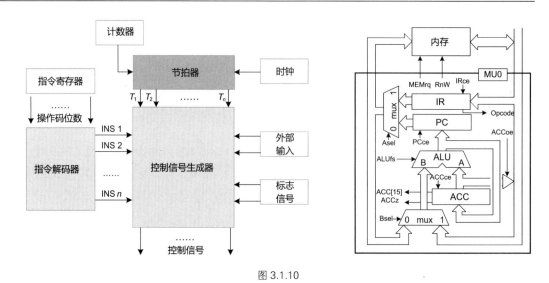

图 3.1.10

3.1.3 CPU 工作流

接下来我们来介绍一下 CPU 的主要单元是如何相互配合的，也就是 CPU 的工作流，主要分为 4 步[①]：

● **取指**：从内存提取指令的阶段，是将内存中的指令读取到 CPU 中寄存器的过程，程序寄存器用于存储下一条指令所在的地址。

● **解码**：指令解码阶段，在取指完成后，立马进入指令解码阶段。在指令解码阶段，指令解码器按照预定的指令格式，对取回的指令进行拆分和解释，识别区分出不同的指令类别以及各种获取操作数的方法。

● **执行**：执行指令阶段，解码完成后，就需要执行解码的指令，此阶段的任务是完成指令所规定的各种操作，具体实现指令的功能。根据指令的需要，可能需要从内存中提取数据，根据指令地址码，得到操作数在主存中的地址，并从主存中读取该操作数用于运算。

● **写回**：结果写回（Write Back，WB）阶段，作为最后一个阶段，把执行指令阶段的运行结果数据写回到 CPU 的内部寄存器中，以便被后续的指令快速地存取。

结合图 3.1.11 简单解释：先从内存中读取一些指令，给到控制单元；控制单元对刚才读取的指令进行解码，变成正式的命令（Command）；ALU 执行这些命令；这些命令执行完之后存储回内存进行汇总，也就是写回。

---

① 2.1.2 节介绍时有"访存"这一步。实际上可以有访存，可以没有。在第三步根据指令的需要，可能需要从内存中提取数据，根据指令地址码，得到操作数在主存中的地址，并从主存中读取该操作数用于运算。这里面可以拆出一个访存。

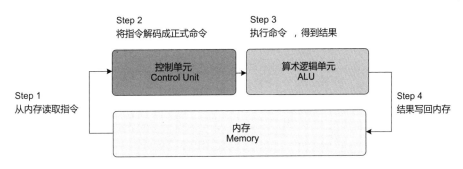

图 3.1.11

从编程的视角理解 CPU 的工作流：我们用 C++、Java、Python 等编程语言编译好的程序文件（机器码），保存在硬盘等存储介质上，当操作系统运行这些程序的时候，首先会将它们加载到系统内存中。程序文件实际就是一系列指令，CPU 从内存中检索并读取程序指令，然后通过控制单元对程序指令进行解码操作，使其转化为 CPU 能够"读懂"的指令格式。接下来控制单元向 ALU 发送信号，ALU 即依据指令读取操作数并进行相应计算，其计算结果经由 CPU 内的存储单元返回内存中。

取指、解码、执行、写回这四个步骤是完整执行一条指令的过程，称之为指令周期（Instruction Cycle）。

这一过程循环往复地进行，直到程序结束。说起来简单，实际过程却很复杂。单以取指令这一步骤来说，它本身就又由多个微操作组成。

后续的解码、执行等阶段，也都有着各自复杂的操作，感兴趣的读者可以详细学习计算机组成原理（计算机必修课）。

小结与思考

- CPU 发展历史：从世界上第一台通用计算机 ENIAC 的诞生，到冯·诺依曼架构的提出，再到英特尔和 AMD 等公司推动的 CPU 技术发展，CPU 经历了从无到有、从弱到强的演变过程。
- CPU 基本构成：CPU 主要由算术逻辑单元（ALU）、存储单元（MU）和控制单元（CU）三大部分构成，分别负责执行算术和逻辑运算、存储指令和数据、控制指令。
- CPU 工作流：包括取指、解码、执行和写回四个步骤，这四个步骤循环往复，完成程序的运行，直到程序结束。

3.2　CPU 指令集架构

我们知道，计算机指令是指挥机器工作的指示和命令，程序就是一系列按照顺序排列的指令集合，执行程序的过程就是计算机的工作过程。从微观上看，我们输入指令的时候，计算机会将指令转换成二进制码存储在存储单元里面，然后在执行时将其取出。那么计算机是怎么知道我们输入的是什么指令、指令要怎么执行呢？

这就要提到 ISA，也就是指令集架构，本节内容主要围绕 CPU 的指令集架构展开，介绍 CISC 架构与 RISC 架构并对比两种架构的优劣势，进而介绍相关的应用场景。

3.2.1 ISA

通常用来区分 CPU 的标准是指令集架构（Instruction Set Architecture，ISA）。下面将会通过例子介绍 ISA 如何运作、ISA 的作用以及 ISA 的分类和生命周期。

1. 什么是 ISA

ISA 是处理器支持的所有指令的语义，包括指令本身及其操作数的语义，以及与外围设备的接口。就像任何语言都有有限的单词一样，处理器可以支持的基本指令（例如，加法、减法、乘法、逻辑或和逻辑非等）的数量也必须是有限的，这组基本指令通常称为指令集。

开发人员基于 ISA，使用不同的处理器硬件实现方案，来设计不同性能的处理器，因此 ISA 被视作 CPU 的灵魂。

ISA 是软件感知硬件的方式，我们可以将其视为硬件输出到外部世界的基本功能列表。英特尔和 AMD CPU 使用 x86 指令集，IBM 处理器使用 PowerPC 指令集，惠普处理器使用 PA-RISC 指令集，ARM 处理器使用 ARMR 指令集（或其变体，如 Thumb-1 和 Thumb-2）。

因此，基于 ARM 的系统无法运行为英特尔系统编译的二进制文件，因为它们的指令集不兼容。然而，在大多数情况下，C/C++程序是可以重用的。要在特定架构上运行 C/C++程序，我们需要为该架构选择一个合适的编译器，并对程序进行适当的编译。

从更宏观的视角来看，可以将指令集架构理解为一个抽象层，它是处理器底层硬件与运行在硬件上的软件之间的桥梁和接口，如图 3.2.1 所示，上面是软件部分，下面是硬件部分。

计算机可以通过指令集，判断这一段二进制码是什么意思，然后通过 CPU 转换成控制硬件执行的信号，从而完成整个操作，这样一来，指令集其实就是硬件和软件之间的接口（Interface），我们不再需要直接和硬件进行交互，而是和具有更高抽象程度的 ISA 进行交互，集中注意在指令的编写逻辑，提高工作效率。

CPU 在硬件电路上支持的这些指令的集合就是指令集。指令集是一个标准，定义了指令的种类、格式，以及需要的配套寄存器等。CPU 在设计之前，就需要先设计一套指令集，或者使用现成的指令集(如 ARM、x86 指令集)。

CPU 设计好后，还需要配套的编译器，编译器也需要参考这个指令集标准，将编写的程序编译成 CPU 硬件电路支持的加减乘除、与或非等指令，程序才能在 CPU 上运行。

尽管指令集是一个标准，但这个标准并不是一成不变的，会随着需求不断添加新的指令。比如随着多媒体技术的发展，需要对各种音频、视频等大量的数据做计算。

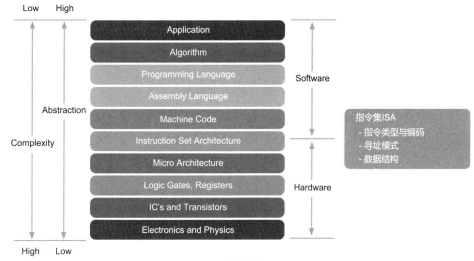

图 3.2.1

在一个简单的数组加法操作中，例如 $a[100]+b[100]$，通常需要进行 100 次运算。然而，当在指令集中添加 SIMD 指令后，可以通过并行处理多个数据元素的方式，在较少的运算次数内完成相同的任务。例如，如果一次 SIMD 指令可以同时处理 4 个元素，那么只需 25 次运算就能完成 100 个元素的加法操作。

指令集添加了新的指令后，在设计 CPU 时，也要在硬件电路上增加对应的电路模块来支持新增加的指令，配套的编译器也要随之升级（以便将 $a[100]+b[100]$ 翻译成对应的 SIMD 运算，来提升效率）。当然，编译器不升级 CPU 也能运行，但这就需要将数组的每个元素分别运算，计算 100 次，效率仅是升级后的 1/100。但是，如果一个 CPU 不支持 SIMD 指令，也就是说这个 CPU 电路没有可以运行 SIMD 指令的电路模块，此时如果使用新的编译器编译生成的 SIMD 指令是不能在老的 CPU 上运行的。

由此可以看出 ISA 的重要性。对于不同厂家的 CPU 而言，都会有自己独特的运算指令来做一些特殊的操作。指令编写的好坏直接影响着 CPU 的计算性能，指令集的强弱也是芯片的重要指标，指令集是提高处理器效率的最有效工具之一。

2. 指令例子解析

接下来我们以 ISA 中的一个指令为例来详细了解指令的组成。图 3.2.2 所示是一个 MIPS32 指令，这是一种采取精简指令集（RISC）的处理器架构。

精简指令集（RISC）的处理器架构：1981 年出现，由 MIPS 科技公司开发并授权，广泛应用于许多电子产品、网络设备、个人娱乐设备与商业设备上。最早的 MIPS 架构是 32 位，最新的版本已经变成 64 位，RISC 指令集架构将在后面内容详细说明。

MIPS32 的指令字长是 32 位的定长格式，也就是由 32 个 0 或者 1 组成。采用的是寄存器与立即数（Immediate Value）相结合的寻址方式，在指令中给出寄存器编号或者立即数。

整个 MIPS32 指令集由三类指令构成：R 型（寄存器型）指令、I 型（立即数）指令和 J 型（转移型）指令。

● R 型指令：使用三个寄存器作为操作数，是 MIPS32 中最常用的指令类型。R 型指令的格式包括操作码（Opcode）、寄存器地址码（rs、rt、rd）以及移位量（shamt）和功能码（func）字段。R 型指令的例子包括算术逻辑指令（如 add、sub、and、or 等）、分支指令（如 beq、bne 等）以及一些特殊的系统控制指令。

● I 型指令：具体操作由 Opcode 指定，指令的低 16 位是立即数，运算时要将其扩展至 32 位，然后作为其中一个源操作数参与运算。I 型指令的例子包括加法指令 addi、减法指令 subi、分支指令（如 beqz、bnez 等）以及加载和存储指令（如 lw、sw 等）。

● J 型指令：具体操作由 Opcode 指定，一般是跳转指令，低 26 位是字地址，用于产生跳转的目标地址。J 型指令的例子包括无条件跳转 j、条件跳转 jal（跳转并链接）等。

现在详细解释一下图 3.2.2 所示 MIPS32 指令，来加深读者对于指令的理解。这是一条 addi 指令，那为什么是 addi 指令呢？决定这条指令功能的是前 6 位，即 Opcode，不同的 Opcode 对应不同的操作，此例中是加法。右边三个部分对应的是操作对象，共有三个参数：目的操作数 Addr1、原操作数 Addr2、立即数。其中，目的操作数 Addr1、原操作数 Addr2 都是 5 位，代表寄存器的地址，Addr1 用于存储计算后的结果，Addr2 地址中存储着要进行加法计算的数值；立即数共 16 位，是一个有符号的常量值，用于与 Addr2 寄存器中的值相加。

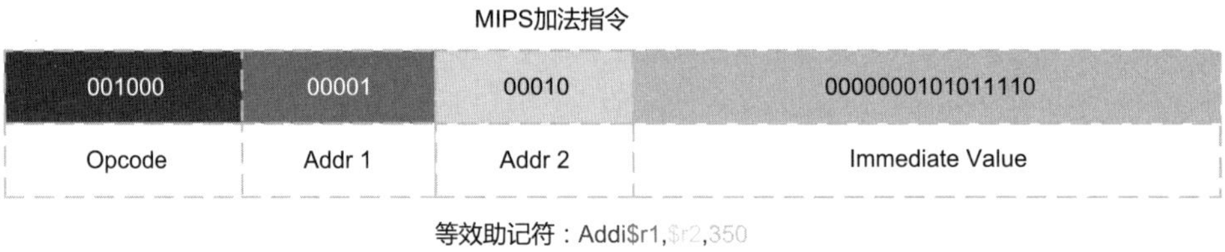

MIPS加法指令

001000	00001	00010	0000000101011110
Opcode	Addr 1	Addr 2	Immediate Value

等效助记符：Addi$r1,$r2,350

图 3.2.2

图中的立即数转化为十进制数是 350，这条指令会将寄存器 Addr2 中的值与立即数 350 相加，并将结果存储在 Addr1 寄存器中。

细心的读者应该是已经发现，addi 是 I 型指令，因为我们可以很明显地看到指令的后 16 位包含一个立即数操作数，立即数的大小通常限制在 16 位，这意味着它可以直接编码在指令中。在 MIPS32 中，立即数的范围通常是 –32768 到 32767。addi 指令在执行时可能会发生溢出，但 MIPS 架构使用有符号数，因此溢出会导致符号位的扩展。

与 add 指令相比，addi 指令执行的是寄存器与立即数的加法，而不是两个寄存器之间的加法。因此 add 是一种 R 型指令，感兴趣的读者可以自行关注相关内容。

3. ISA 基本分类

一般来说，指令都是从数据池里面取出数据，然后对数据处理，最后再将数据放回，这三部曲是指令的基本内容。寻址方式提供了从数据池读取或写入数据的地址，算是解决了这三部曲的关键问题。在计算机体系结构中，CPU 的运算指令、控制指令和数据移动指令是构成指令集的基本元素。

CPU 的运算指令、控制指令和数据移动指令通常在底层编程语言和汇编语言中直接使用。这些指令是计算机硬件能够直接理解和执行的指令，因此在更高级的编程语言中，它们通常被隐藏或封装在更高层次的抽象中。

汇编语言是一种非常底层的编程语言，它允许程序员直接使用 CPU 的指令集。在汇编语言中，可以直接编写像 MOV、ADD、JMP 这样的指令来控制 CPU 的行为。每一个汇编指令通常都对应一个或多个机器指令。

虽然 C 和 C++是高级语言，但它们提供了足够低的抽象级别，使得程序员可以访问底层功能，包括直接操作内存和数据。在 C/C++中，可以使用指针来直接访问和操作内存中的数据。此外，通过内联汇编或特定的编译器扩展，还可以在 C/C++代码中嵌入汇编指令。

总的来说，CPU 的运算指令、控制指令和数据移动指令主要在汇编语言和低级编程语言中使用。在高级编程语言中，这些底层细节通常被抽象化，使得程序员可以更加专注于应用逻辑的实现。

4. ISA 生命周期

ISA 的生命周期所描述的是如何执行一条指令。主要分为如下 6 个阶段，虽然不是所有指令都会循环所有阶段，但基本大原则不会变。

- FETCH：在这个阶段，CPU 的取指单元根据程序计数器的值，从内存中读取指令。程序计数器是一个寄存器，它存储了下一条要执行的指令的地址。取到指令后，该指令被加载到指令寄存器中，以便后续阶段使用。取指完成后，PC 通常会更新为下一条指令的地址，除非遇到跳转或分支指令。

- DECODE：解码阶段是理解指令含义的关键步骤。控制单元会检查指令寄存器中的指令，并确定其操作码（Opcode）和操作数（Operands）。操作码决定了要执行的操作类型，如加法、减法、分支等；操作数则指定了操作的对象，可以是寄存器、内存地址或立即数。解码后，控制单元会生成一系列的控制信号，这些信号将驱动后续阶段的操作。

- EVALUATE ADDRESS：对于访问内存的指令，如加载（Load）和存储（Store），在取数之前需要计算出内存地址。这通常涉及基址寄存器和偏移量的组合，或者是一个间接寻址操作。计算出的地址用于访问内存，获取或存储数据。

● FETCH OPERANDS：在取数阶段，CPU 从指定的源（寄存器、内存或立即数）获取操作数。如果操作数在寄存器中，那么直接从寄存器文件中读取；如果操作数在内存中，则需要通过内存总线进行访问。取数阶段可能会涉及多个操作数，如双操作数指令、两数相加等情况。

● EXECUTE：执行阶段是指令周期的核心，所有的计算和逻辑操作都在此阶段完成。ALU 根据控制信号执行解码阶段确定的操作，如算术运算、逻辑运算或比较操作。执行阶段还可能涉及其他功能单元，如浮点单元（FPU）。

● STORE RESULT：执行完成后，结果需要被存储起来。如果操作涉及寄存器，结果将写回相应的寄存器。如果是存储指令，结果将通过内存总线写入内存。对于分支指令，执行阶段的结果可能会影响程序计数器的值，从而改变程序的执行流程。

这个周期是顺序执行指令的模型，但在现代处理器中，为了提高性能，会采用流水线技术、乱序执行、分支预测等技术来优化指令的执行。这些技术允许处理器在不违反数据依赖性的情况下，同时执行多条指令的不同阶段，感兴趣的读者可以自行查阅相关知识。

3.2.2 CISC 与 RISC

目前看来，按照指令系统复杂程度的不同，CPU 的 ISA 可分为 CISC 和 RISC 两大阵营。CISC 是指复杂指令系统计算机（Complex Instruction Set Computer）；RISC 是指精简指令系统计算机（Reduced Instruction Set Computer），如图 3.2.3 所示， RISC 和 CISC 很好区分。

图 3.2.3

CISC 和 RISC 并不是具体的指令集，而是两种不同的指令体系，相当于指令集中的门派，是指令的设计思想。

1. CISC 架构

与 RISC 相对，CISC 架构旨在通过提供大量指令来减少程序的指令总数，从而减少执行特定任务所需的指令数量。

CISC 的设计哲学体现在：其设计原则主要强调通过复杂的指令集和多样的寻址模式来简化编程，减少程序指令数量，从而提高编程效率和代码密度。利用微代码控制来实现复杂指令是为了在简化硬件设计的同时，确保复杂指令的执行。向后兼容性的设计思想则保证了新旧处理器之间的软件兼容性，使得 CISC 架构能够在长时间内维持其市场地位和应用广泛性。

CISC 处理器的主要特点包括复杂的指令集、多样的寻址模式、不定长的指令、微代码控制以及复杂的解码逻辑。复杂指令集允许每条指令执行多个操作，从而减少程序中的指令数量，提高代码密度。多样的寻址模式使得内存访问更加灵活。不定长的指令则提供了更大的编码灵活性。微代码控制器用于解释和执行复杂指令，简化了硬件设计的复杂性。由于指令复杂且长度不一，CISC 处理器需要更复杂的解码逻辑来正确解释和执行每条指令。

CISC 架构优缺点总结如下：

● CISC 架构优点：在于编程简便、代码密度高以及向后兼容性强。由于每条指令可以执行多个操作，程序员可以用较少的指令完成更多的任务，从而简化了编程过程。复杂指令减少了程序中的指令数量，提高了代码密度，节省了内存空间。此外，注重向后兼容性的新处理器可以运行旧的软件和操作系统，保护了现有的软件投资。

● CISC 架构缺点：由于指令复杂且不定长，解码和执行过程相对较慢，影响了整体性能。复杂的指令集和解码逻辑增加了硬件设计的复杂性和成本。相较于 RISC 处理器，CISC 处理器的能效较低，难以在高性能和低功耗之间取得平衡。

CISC 架构主要应用于需要高兼容性和多功能的领域，如台式电脑和服务器。典型的 CISC 处理器包括英特尔 x86 系列、IBM System/360 以及 Motorola 68000 系列。英特尔 x86 系列是最广泛使用的 CISC 处理器架构，广泛应用于个人电脑、服务器和工作站中，其兼容性和丰富的指令集使其成为个人电脑市场的主导架构。

尽管传统 CISC 处理器在某些方面存在缺点，但现代 CISC 架构通过融合 RISC 设计理念，可显著提升性能。例如，现代的 x86 处理器在内部采用了一些 RISC 的设计思想，如微操作和流水线技术，以提高指令执行的并行度和效率。这种结合使得现代 CISC 处理器能够在保留复杂指令集优势的同时，提高执行速度和效率，满足现代计算需求。

2. RISC 架构

RISC 架构起源于 20 世纪 80 年代初左右，当时计算机科学家发现，CISC 中的大部分指令很少被使用，并且许多复杂指令的执行速度较慢。为了提高处理器性能和简化硬件设计，研究人员提出了 RISC 架构，专注于简化指令集和优化执行效率。关键的研究项目包括 IBM 801 项目、加州大学伯克利分校的 RISC 项目以及斯坦福大学的 MIPS 项目，这些项目为 RISC 架构的发展奠定了基础。

RISC 架构的设计原则是通过简化指令集和统一指令执行时间来提高处理器效率，特点包括简化的指令集、固定长度指令、加载-存储架构、大量寄存器和硬件流水线。简化的指令集使得每条指令执行一个操作，从而简化了指令解码和执行过程。固定长度的指令（如 32 位）简化了指令取指和解码过程，提高了处理效率。加载-存储架构将内存访问限制在特定的加载和存储指令上，其他指令只在寄存器之间操作，大大简化了指令集。大量的通用寄存器减少了内存访问次数，提高了数据处理速度。硬件流水线技术允许多个指令在不同阶段并行处理，提高了指令执行的吞吐量和处理器的整体性能。

RISC 架构优缺点总结如下：

● RISC 架构优点：指令执行速度快、硬件设计简单、能量使用高效等。由于每条指令执行一个操作且指令长度固定，指令解码和执行过程非常高效，允许处理器以更高的时钟速度运行。简化的指令集和固定长度的指令使得硬件设计更为简单，降低了设计复杂性和成本。由于指令执行效率高，RISC 处理器通常具有更高的能效，适用于需要低功耗和高性能的应用场景。

● RISC 架构缺点：程序代码长度较长、依赖编译器优化等。由于每条指令执行的操作较少，实现同样功能的程序可能需要更多的指令，从而增加了程序代码的长度。RISC 架构依赖编译器生成高效的机器代码，这要求编译器具备较高的优化能力，以充分发挥处理器的性能。

随着技术的进步，现代 RISC 架构不断发展，通过引入更多的优化技术和改进设计，提高处理器性能和能效。例如，现代 RISC 处理器广泛采用超标量（Superscalar）和超线程（Hyper-Threading）技术，提高指令级并行度和处理器资源利用率。此外，RISC 架构还引入了更多高级的编译器优化技术，如指令调度和寄存器分配，以进一步提升指令执行效率。

3. 两者之间的异同

CISC 指令集的出现远早于 RISC，那时设计指令集就是摸着石头过河，没有现成的经验可参考。当时的程序员还在使用汇编语言编写代码，总期望一个指令可以多干一些事情，把更多的工作转移给硬件电路，简化程序员的工作，但是这样做的后果是指令越来越复杂，长短不一，参数繁多。

CPU 硬件电路的制造工艺虽然不断进步，但其电路设计长期被 CISC 的指令集限制，最终成为 CPU 性能提升和尺寸缩小的瓶颈。在此背景下，RISC 诞生了。其实，此前并没有 CISC 这个名字，只是因为 RISC 出现后，为了区分，就将 RISC 之前的指令集统称为 CISC。

CISC 指令集就像是大杂烩，指令长短不一、使用频率不一、没有规则限定，而 RISC 相当于是对 CISC 的一次重构，借鉴了 CISC 的经验，取其精华，去其糟粕。RISC 中采用定长指令，大大提升解码效率；将复杂指令拆分成多个简单指令，减少了硬件电路的复杂性，给予 CPU 微架构设计更多地发挥空间（苹果公司（Apple）的 M 系列芯片就是最典型的例子）；限制每个指令最多一个内存寻址操作数，推崇寄存器到寄存器的操作，保证每个指令都能在单个时钟周期内完成。RISC 旨在提高每个指令的执行速度，以此来提升 CPU 工作流水线整体性能。

无论 CISC 还是 RISC 都采用操作码 + 操作数的设计思路，指令集中的操作数可以是寄存器、内存、立即数地址三种，也对应了 CPU 寻址的三大类：

● 寄存器寻址：操作数是一个寄存器。CPU 执行指令时需要从寄存器中获取或写入数据。如 mov ax, bx，将 bx 寄存器中的值写入 ax 寄存器。

● 内存寻址：操作数是一个内存地址。CPU 执行指令时需要从内存中获取或写入数据。内存寻址又分为直接寻址、基址寻址、变址寻址、基址变址寻址。直接寻址最容易理解，就是直接将指令中给出的数据作为内存地址，CPU 直接取此地址中的数据作为操作数。如 mov ax, [0x3000]，将 0x3000 地址中的数据写入 ax 寄存器。

● 立即数寻址：操作数是一个常数。之所以称作立即数，就是凸显这个常数拿来立即可用，CPU 在执行指令时无需去内存或寄存器中寻址。如 mov ax, 0x18，将数据 0x18 写入 ax 寄存器。

总结一下，CISC 和 RISC 代表了两种不同的计算机指令集架构设计思想。CISC 架构通过丰富而复杂的指令集，旨在简化编程、提高代码密度和兼容性，但其复杂的指令解码和执行过程可能影响性能和增加硬件设计复杂性。

典型的 CISC 处理器（如英特尔 x86 系列）在台式电脑和服务器领域广泛应用。相对而言，RISC 架构强调简化指令集和统一指令执行时间，通过固定长度的简单指令和流水线技术来提高处理器效率和减少硬件复杂性，具有性能高的优势。RISC 处理器（如 ARM 和 RISC-V）在移动设备、嵌入式系统和物联网中广泛应用。如表 3.2.1 所示，两种架构各有优缺点，适用于不同的应用场景。

表 3.2.1　CISC 和 RISC 架构对比

	CISC	RISC
指令系统	复杂、庞大	精简
指令数据	>200	<100
指令长度	不固定	定长
可访存指令	不加限制	只有 Load/Store 指令
指令执行时间	相差较大	大部分在一个周期内完成
指令使用频率	相差较大	都比较常用
通用寄存器数	较少	多
目标代码	难以用优化编译程序生成高效的目标代码程序	采用优化的编译程序，生成代码较为高效
控制方式	微程序控制	组合逻辑控制
指令流水	可以通过一定方式实现	必须实现

3.2.3　CPU 并行处理架构

1966 年，Micheal J. Flynn 根据指令流和数据流的特征对计算机体系结构进行了分类，这就是 Flynn 分类法。Flynn 分类法将计算机系统划分为四种基本类型：

- 单指令流单数据流（Single Instruction Stream Single Data Stream，SISD）系统；
- 单指令流多数据流（Single Instruction Stream Multiple Data Stream，SIMD）系统；
- 多指令流单数据流（Multiple Instruction Stream Single Data Stream，MISD）系统；
- 多指令流多数据流（Multiple Instruction Stream Multiple Data Stream，MIMD）系统。

1. 单指令流单数据流（SISD）

顾名思义，SISD 系统只有一个处理器和一个存储器（图 3.2.4），每个指令部件每次仅解码一条指令，而且在执行时仅为操作部件提供一份数据，串行计算，硬件不支持并行计算；在时钟周期内，CPU 只能处理一个数据流，为了提高速度：

- 采用流水线方式；
- 设置多个功能部件，即为超标量处理机；
- 多模块交叉方式组织存储器（内存的低位交叉编址）。

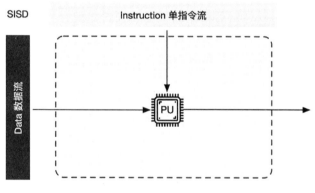

图 3.2.4

2. 单指令流多数据流（SIMD）

SIMD 架构是指在同一时间内对多个数据执行相同的操作，适用于向量化运算。例如，对于一个包含多个元素的数组，SIMD 架构可以同时对所有元素执行相同的操作，从而提高计算效率。常见的 SIMD 架构包括 SSE (Streaming SIMD Extensions) 和 AVX (Advanced Vector Extensions)。

SIMT 架构是指在同一时间内执行多个线程，每个线程可以执行不同的指令，但是这些线程通常会执行相同的程序。这种架构通常用于 GPU 中的并行计算。CUDA 和 OpenCL 都是支持 SIMT 架构的编程模型。

SIMD 适用于数据并行计算，而 SIMT 适用于任务并行计算。在实际应用中，根据具体的计算需求和硬件环境选择合适的架构可以提高计算性能。

SIMD 系统采用一个控制器控制多个处理器（图 3.2.5），同时对一组数据中每一个分别执行相同操作。SIMD 主要执行向量、矩阵等数组运算，处理单元数目固定，适用于科学计算。特点是处理单元数量很多，但处理单元速度受计算机通信带宽传递速率的限制。一个指令流同时对多个数据流进行处理，称为数据级并行技术。各指令序列只能并发，不能并行。SIMD 通常由一个指令控制部件、多个处理单元组成，每个处理单元虽然执行的是同一条指令，但每个单元都有各自的地址寄存器，就有了不同的数据地址。

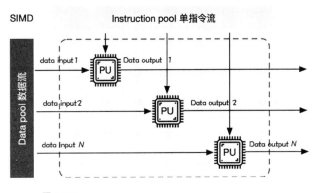

图 3.2.5

3. 多指令流单数据流（MISD）

MISD 系统采用多个指令流来处理单个数据流（图 3.2.6）。这种方式没什么必要，所以仅作为理论模型出现，没有投入到实际应用之中。

4. 多指令流多数据流（MIMD）

MIMD 系统是在多个数据集上执行多个指令的多处理器机器（图 3.2.7）。其特点是各处理器之间，可以通过 Load/Store 指令访问同一个主存储器，可通过主存相互传送数据。硬件组成为：一台计算机内，包含多个处理器和一个主存储器。多个处理器共享单一的物理地址空间。

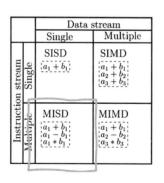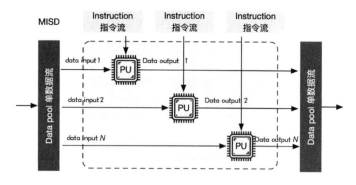

图 3.2.6

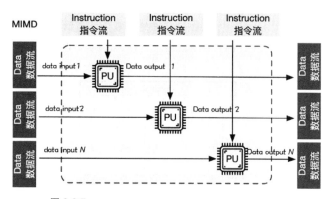

图 3.2.7

MIMD 系统可以分为共享内存系统和分布式内存系统（图 3.2.8）。共享内存系统中的处理器通过互联网络与内存连接，处理器之间隐式通信，共享内存。分布式内存系统中的每个处理器有自己私有的内存空间，通过互联网络通信（显式通信）。

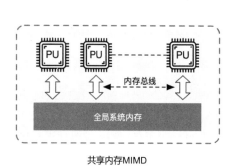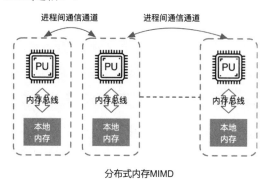

共享内存MIMD   分布式内存MIMD

图 3.2.8

5. 单指令多线程（SIMT）

单指令多线程（Single Instruction Multiple Threads，SIMT）主要应用于 GPU。

从硬件层面看，GPU 本质上与前面提到的 SIMD 相同，都是少量的指令部件带一大堆运算部件。然而，许多高级编程语言并不直接支持 SIMD，增加了编程的复杂性；SIMD 同时对多个数据执行相同的操作，这仅在处理大量数据时非常有效，对其他有些情况不再高效，缺乏灵活性。

英伟达希望能够解决 SIMD 的这两个痛点。首先，在指令集的设计上，指令仍然像 SISD 一样，几个操作数就是几元运算，只不过在执行时，调度器会给这条指令分配很多套计算元件和寄存器。这样做的第一个好处是，可执行代码可以通过一个类似高级语言多线程的编程模式编译而来，这个模式就是 CUDA（Compute Unified Device Architecture），从而解决了第一个痛点。在用户看来，每一套独立的计算管道和对应的寄存器就像一个线程一样，因此这种模式被称为 SIMT。

此外，英伟达还为这些指令提供了很多修饰符，比如一个 Bit Mask 可以指定哪些线程干活，哪些空转，这样 SIMT 就可以很好地支持分支语句了，从而解决了第二个痛点。

因此，总的来说，英伟达提出 SIMT 的初衷是希望硬件像 SIMD 一样高效，编程起来又像多核多线程一样轻松（图 3.2.9）。

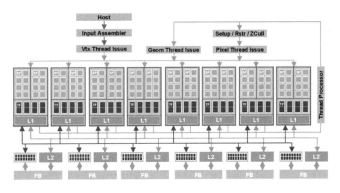

图 3.2.9

小结与思考

- ISA 是定义 CPU 功能和操作的蓝图，对软件编程和硬件设计具有决定性影响。
- CISC 架构以复杂指令集简化编程，而 RISC 架构以精简指令集提升执行效率和硬件简化。
- CPU 并行处理架构通过不同的数据流和指令流组合，实现计算性能的提升，满足多样化的应用需求。

3.3　CPU 计算本质

本节将深入探讨 CPU 的计算性能，从算力的敏感度和不同技术趋势中分析影响 CPU 性能的关键因素。我们将通过数据和实例，详细解释 CPU 算力的计算方法、算力与数据加载之间的平衡点，以及如何通过算力敏感度分析来识别和优化计算系统中的性能瓶颈。此外，我们还将观察服务器、GPU 和超级计算机等不同计算平台的性能发展趋势。

3.3.1　从数据看 CPU 计算

1. CPU 算力

算力(Computational Power)，即计算能力，是计算机系统或设备执行数值计算和处理任务的核心能力。提升算力不仅仅可以更快地完成复杂的计算任务，还能够显著提高计算效率和性能，从而直接改善应用加载速度、游戏流畅度等用户体验。

1）数据读取与 CPU 计算关系

对于 CPU 来说，算力并不是唯一重要的，数据的加载和传输同样至关重要。如果内存每秒可以传输 200 GB 数据（200 GB/s），换算成 FP64 则为每秒 25 GB；而计算单元每秒能够执行 20000 亿次双精度浮点运算（2000 GFLOPS FP64），则需要考虑两者之间的平衡。

根据计算强度的公式：

$$\text{Required Compute Intensity} = \frac{\text{FLOPS}}{\text{Data Rate}} = 80$$

这意味着，为了使加载数据的成本值得，每加载一次数据，需要执行 80 次计算操作。

2）操作与数据加载的平衡点

为了平衡计算和数据加载，每从内存中加载一个数据，需要执行 80 次计算操作。这种平衡点确保了计算单元和内存带宽都能得到充分利用，避免了计算资源的浪费或内存带宽的瓶颈。

因此，虽然提升计算性能（算力）很重要，但如果数据加载和传输无法跟上，即使计算单元的算力再强大，整体效率也无法提升。优化数据传输速率和数据加载策略，与提升计算性能同样重要，以确保系统的整体效率。

3）CPU 算力计算公式

CPU 的算力通常用每秒执行的浮点运算次数（Floating Point Operations per Second，FLOPS）来衡量，这是一个非常重要的指标，尤其是在科学计算、工程模拟和图形处理等需要大量计算的领域。算力的计算可以通过了解 CPU 的核心数、每个核心的时钟频率以及每个时钟周期能够执行的浮点运算次数来进行。

CPU 的算力可以通过以下公式计算：

$$算力 (FLOPS) = CPU核心数 \times 每个核心的时钟频率 (Hz)$$
$$\times 每个时钟周期的浮点运算次数 (FLOP/cycle)$$

2. 算力计算示例

1）单核 CPU 算力计算

假设有一个单核 CPU，其时钟频率为 2.5 GHz，每个时钟周期可以执行 4 次浮点运算：

核心数：1

时钟频率：2.5 GHz = 2.5 × 10^9 Hz

每个时钟周期的浮点运算次数：4 FLOP/cycle

算力计算：

$$算力 (FLOPS) = 1 \times 2.5 \times 10^9 \times 4 = 10 \times 10^9 = 10 \text{ GFLOPS}$$

2）多核 CPU 算力计算

假设有一个四核 CPU，每个核心的时钟频率为 3.0 GHz，每个时钟周期可以执行 8 次浮点运算：

核心数：4

时钟频率：3.0 GHz = 3.0 × 10^9 Hz

每个时钟周期的浮点运算次数：8 FLOP/cycle

算力计算：

$$算力 (FLOPS) = 4 \times 3.0 \times 10^9 \times 8 = 96 \times 10^9 = 96 \text{ GFLOPS}$$

3）超级计算机算力计算

假设有一台超级计算机，有 10000 个 CPU，每个 CPU 有 8 个核心，每个核心的时钟频率为 2.5 GHz，每个时钟周期可以执行 16 次浮点运算：

CPU 数量：10000

每个 CPU 的核心数：8

时钟频率：2.5 GHz = 2.5 × 10^9 Hz

每个时钟周期的浮点运算次数：16 FLOP/cycle

单个 CPU 的算力：

$$单个 CPU的算力(FLOPS) = 8 \times 2.5 \times 10^9 \times 16 = 320 \times 10^9 = 320 \text{ GFLOPS}$$

整个超级计算机的算力：

$$超级计算机的算力 (FLOPS) = 10000 \times 320 \times 10^9 = 3.2 \times 10^6 \times 10^9 = 3.2 \text{ PFLOPS}$$

3. 影响 CPU 算力因素

● **核心数量**：核心数量是衡量 CPU 并行处理能力的重要指标之一。每个核心可以独立执行任务，更多的核心意味着 CPU 可以同时处理更多的任务，从而显著提升并行计算的能力。现代

CPU 通常设计为多核心架构，这使得它们在处理复杂的、多线程任务时具有明显的优势。

- 时钟频率：时钟频率指的是 CPU 每秒钟可以执行的周期数，通常以 GHz（千兆赫兹）为单位。更高的时钟频率意味着 CPU 可以在更短的时间内完成更多的计算任务。

- 每个时钟周期的浮点运算次数：现代 CPU 架构采用超标量设计和向量化技术来增加每个时钟周期内可以执行的浮点运算次数。浮点运算是处理复杂计算任务的关键，特别是在科学计算和图形处理领域。

- 缓存和内存带宽：缓存和内存带宽是影响 CPU 数据访问速度的关键因素。高效的缓存系统和足够的内存带宽可以显著减少数据传输的时延，提高整体计算效率。

- 指令集架构：指令集架构是 CPU 执行指令的基础。不同的指令集架构（如 x86、ARM、RISC-V）对浮点运算的支持和优化程度有所不同，直接影响 CPU 的算力表现。

3.3.2 算力敏感度

算力敏感度是指计算性能对不同参数变化的敏感程度。在计算系统中，进行算力敏感度分析可以帮助我们了解系统在不同操作条件和数据下的性能表现，并识别出可能存在的性能瓶颈。算力敏感度分析是优化计算系统性能的关键工具。通过理解和分析不同参数对性能的影响，能够更好地设计和优化计算系统，从而提升整体性能和效率。

算力敏感度关键要素包括操作强度、处理单元、带宽、理论峰值性能等。

- 操作强度（**Operational Intensity**）：操作强度常用 ops/bytes（操作次数/字节）表示，是指每字节数据进行的操作次数。这一概念在计算机科学中至关重要，尤其在高性能计算领域。操作强度衡量的是计算与内存访问之间的关系。操作强度越高，意味着处理器在处理数据时进行更多计算操作，而不是频繁访问内存。这种情况下，处理器需要的数据带宽相对较低，因为大部分时间花费在计算上，而非在数据传输上。反之，操作强度较低时，处理器的计算操作较少，大部分时间可能花费在内存数据的读取和写入上，这时对数据带宽的需求较高。

- 处理单元（**Processing Elements, PEs**）：处理单元是指计算系统中执行操作的基本单元。它们是计算的核心，负责实际的数据处理任务。在现代计算架构中，处理单元可以是一个独立的 CPU 核心、一个 GPU 流处理器，或是一个专用计算单元。系统中的处理单元数量和性能直接决定了系统的理论峰值性能。现代高性能计算系统通常通过增加处理单元的数量或提升单个处理单元的效率来实现性能的提高。

- 带宽（**Bandwidth**）：带宽是指系统在单位时间内可以处理的数据量，通常以 GB/s（千兆字节每秒）或 TB/s（太兆字节每秒）为单位来表示。带宽是计算系统中的一个关键指标，直接影响数据传输的效率。带宽限制是影响高操作强度应用性能的主要因素之一。当系统的操作强度较高时，处理器对内存的访问需求降低，此时带宽的瓶颈影响较小。然而，对于那些操作强度较低的应用，处理器频繁访问内存，对带宽的需求极大，如果带宽不足，就会限制系统的整体性能表现。通过优化带宽和存储器架构，可以在一定程度上缓解这些瓶颈问题，从而提升系统的计算效率。

● **理论峰值性能（Theoretical Peak Performance）**：理论峰值性能是指系统在最佳条件下可以达到的最大性能，通常用于评估计算系统的潜在能力。它是通过考虑处理元素的数量、频率及其计算能力来计算的，通常以 FLOPS（每秒浮点运算次数）为单位表示。系统的理论峰值性能是由处理单元的数量、单个处理单元的运算能力以及操作强度共同决定的。在设计和选择计算系统时，理论峰值性能提供了一个重要的参考指标。然而，实际运行中的性能通常低于理论峰值，因为现实中会遇到各种限制，如带宽瓶颈、内存时延以及其他系统开销。因此，在实际应用中，优化系统以接近理论峰值性能是高性能计算领域的一个重要目标。通过提高处理单元的效率、优化操作强度以及改进带宽，可以最大限度地发挥系统的潜在能力。

第 2 章图 2.3.1 深入解析了计算系统性能与操作强度、处理单元数量以及带宽之间的复杂关系。

当操作强度较低时，系统性能主要受限于带宽，因为处理器需要频繁从内存中读取和向内存写入数据，导致大量时间花费在数据传输上。这一状态下，提升系统带宽可以显著提高性能，打破传输瓶颈。图 2.3.1 左侧深灰色区域明确显示了这一带宽受限的状态。

随着操作强度的增加，处理器可以更多地专注于计算操作而非数据传输，此时系统的性能逐渐转向受限于处理单元的计算能力。也就是说，在高操作强度下，带宽不再是瓶颈，处理单元的数量和性能成为决定系统性能的关键因素。图 2.3.1 右侧浅灰色区域反映了这种计算受限的状态。

在这两个极端之间，存在一个最佳性能区域。在这个区域内，操作强度与系统的资源利用达到了平衡，使得系统性能接近其理论峰值。这个平衡点是高性能计算中追求的目标，因为它代表了带宽和计算能力的最佳配合，使得系统可以以最优的效率运行。

3.3.3　算力发展趋势

1. 逻辑电路技术趋势预测

图 3.3.1 展示了从 2006 年到 2026 年逻辑电路技术随时间的变化趋势预测。逻辑电路技术在过去 20 年间取得了显著进步，随着工艺节点的缩小，每次操作的能耗不断降低，而晶体管的密度不断增加。

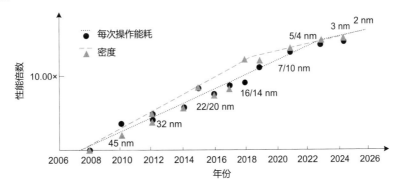

图 3.3.1

2. GPU 集群性能趋势

图 3.3.2 则展示了 GPU 性能随时间的变化趋势。从 2005 年到 2025 年，GPU 性能随着时间推移不断提升，每 2.2 年 GPU 的性能翻倍，展示了 GPU 性能的提升趋势。

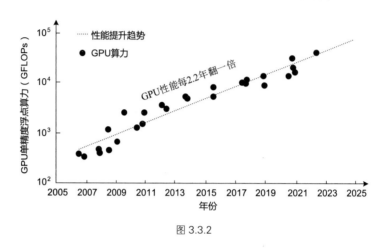

图 3.3.2

3. 超算中心的性能趋势

图 3.3.3 展示了超算中心性能随时间的变化趋势。从 1995 年到 2040 年，每 1.2 年性能翻倍，展示了约 45 年的超算中心性能变化趋势。

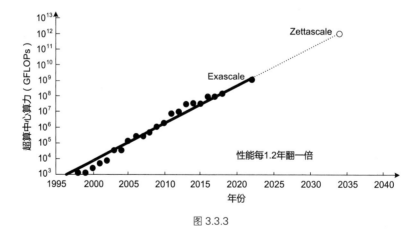

图 3.3.3

4. 训练 AI 大模型的变化趋势

图 3.3.4 展示了训练 AI 大模型所需时间随模型参数数量的变化趋势。随着模型参数数量的增加，训练时间呈现出指数增长的趋势。例如，参数数量较少的 Megatron 和 T-NLG 训练时间在数天到数周之间，而参数数量更大的 GPT-3、MT-NLG 和 GLaM 的训练时间则显著增加，达到数月。模型规模的迅速增长，推动了计算和内存需求的巨大增长。

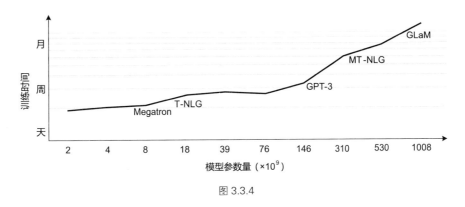

图 3.3.4

小结与思考

- 算力衡量 CPU 性能：通过核心数量、时钟频率和内存带宽等因素衡量 CPU 算力，算力敏感度分析帮助理解不同参数对性能的影响，优化系统设计。
- CPU 性能和算力发展趋势：随着技术进步，CPU 性能持续提升，算力增长推动了高性能计算、服务器、GPU 集群和超级计算中心的发展，同时 AI 大模型训练时间随模型规模指数增长。

3.4　CPU 计算时延

CPU 计算时延是指从指令发出到完成整个指令操作所需的时间。理解 CPU 的计算时延对于优化计算性能和设计高效的计算系统至关重要。本节将探讨 CPU 的计算时延组成和影响时延产生的因素，并深入讨论 CPU 计算的时延产生。

3.4.1　内存、带宽与时延关系

在讨论 CPU 计算时延时，我们需要深入理解内存、带宽和时延之间的关系，因为它们共同影响着计算机系统的性能表现。

- **内存和带宽的关系**：内存的速度和系统带宽共同决定了数据在 CPU 和内存之间的传输效率。更高的内存带宽允许更多的数据在单位时间内传输，从而减少内存的访问时延。

- **带宽和时延的关系**：高带宽通常能够减少数据传输所需的时间，因此可以间接降低时延。然而，增加带宽并不总是能线性减少时延，因为时延还受到其他因素的影响（如数据处理的复杂度和传输距离）。在低带宽环境下，时延会显著增加，因为数据需要更长时间才能传输到目的地，尤其在需要传输大数据量时更为明显。

- **内存和时延的关系**：内存的速度和时延直接影响 CPU 的访问时间。低时延的内存允许更快的数据传输和指令处理，从而减少 CPU 的等待时间和总体计算时延。内存的类型和架构（如 DDR 与 SRAM，单通道与双通道）也会影响访问时延。优化内存配置可以显著降低时延，提高系统性能。

3.4.2　CPU 计算时延

下面介绍 CPU 计算时延的组成和影响计算时延的相关因素及优化计算时延方法。

1. CPU 计算时延组成

CPU 计算时延主要由以下几个部分组成：

- **指令提取时延（Instruction Fetch Time）**：指从内存中读取指令到将其放入指令寄存器的时间。这个时延受内存速度和缓存命中率的影响。内存的速度决定了从内存中读取指令的时间。更高速度的内存能够减少提取指令的时间。缓存层次结构（L1、L2、L3 缓存）会极大地影响提取时间。如果指令在缓存命中，则可以快速获取，否则必须从较慢的主存储器中读取。

- **指令解码时延（Instruction Decode Time）**：指将从内存中读取的指令翻译成 CPU 能够理解的操作的时间。这个时延受指令集架构和解码逻辑复杂性影响。CISC 通常有更长的解码时延，因为指令更复杂；RISC 由于指令简洁，解码时延较短。解码单元的设计和复杂性也影响解码时延。更复杂的解码逻辑可能处理更多指令类型，但会增加时延。

- **执行时延（Execution Time）**：指 CPU 实际执行指令所需的时间。这个时延取决于指令的类型和 CPU 的架构，指令类型中不同的指令需要不同的执行时间。例如，简单的算术运算可能只需一个时钟周期，而复杂的浮点运算可能需要多个周期。CPU 架构中流水线深度、并行处理能力和指令重排序等技术都会影响指令的执行时延。

- **存储器访问时延（Memory Access Time）**：指 CPU 访问主存储器或缓存所需的时间。这个时延受缓存层次结构（L1、L2、L3 缓存）和内存带宽的影响。多级缓存可以减少访问主存储器的次数，从而降低访问时延。较高的缓存命中率会显著减少时延。内存带宽中高内存带宽支持更快的数据传输，减少访问时延。

- **写回时延（Write Back Time）**：指执行完指令后将结果写回寄存器或存储器的时间。这一过程也受缓存的影响。CPU 使用写回策略时，数据在更高级别的缓存中更新，而不是立即写入主存储器，从而减少写回时延，而且在多处理器系统中，缓存一致性协议确保各处理器的缓存一致性，这也会影响写回操作的时延。

2. 影响计算时延因素

● **CPU 时钟频率（Clock Frequency）**：时钟频率越高，CPU 处理指令的速度越快，从而减少计算时延。然而，增大时钟频率会增加功耗和发热，需要有效的散热机制。

● **流水线技术（Pipelining）**：流水线技术将指令执行分为多个阶段，每个阶段可以并行处理不同的指令，从而提高指令吞吐量，降低时延。但流水线的深度和效率对时延有直接影响。

● **并行处理（Parallel Processing）**：多核处理器和超线程技术允许多个指令同时执行，可显著降低计算时延。并行处理的效率依赖于任务的可并行性。

● **缓存命中率（Cache Hit Rate）**：高缓存命中率可以显著减少存储器访问时延，提高整体性能。缓存失效（Cache Miss）会导致较高的存储器访问时延。

● **内存带宽（Memory Bandwidth）**：高内存带宽可以减少数据传输瓶颈，降低存储器访问时延，提升计算性能。

3. 优化计算时延方法

优化 CPU 计算时延是一个复杂的过程，需要综合考虑指令提取、解码、执行、存储器访问和写回等多个方面的因素。通过提高时钟频率、优化流水线深度、增加缓存容量、使用高效的并行算法和提升内存子系统性能，可以显著降低 CPU 计算时延，提高计算机系统的整体性能。

● **提高时钟频率**：在不超出散热和功耗限制的情况下，提高 CPU 的时钟频率可以直接减少计算时延。

● **优化流水线深度**：适当增加流水线深度，提高指令并行处理能力，但需要平衡流水线的复杂性和效率。

● **增加缓存容量**：增加 L1、L2、L3 缓存的容量和优化缓存管理策略，可以提高缓存命中率，减少存储器访问时延。

● **使用高效的并行算法**：开发和采用适合并行处理的算法，提高多核处理器的利用率，降低计算时延。

● **提升内存子系统性能**：采用高速内存技术和更高带宽的内存接口，减少数据传输时延，提高整体系统性能。

3.4.3　CPU 时延计算

下面展示了一个简单的 C 代码示例，用于计算 y[i] = alpha * x[i] + y[i]：

```
void demo(double alpha, double *x, double *y)
{
    int n = 2000;
    for (int i = 0; i < n; ++i)
    {
        y[i] = alpha * x[i] + y[i];
```

```
    }
}
```

1. 例子解析

CPU 指令执行过程如图 3.4.1 所示，图中展示了不同操作（如加载、计算、写入）的时延。

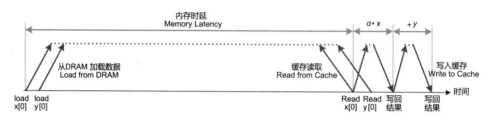

图 3.4.1

1）数据加载

Load from DRAM：这是开始时的重要步骤。此处的数据包括 x[0] 和 y[0]。由于主存储器与 CPU 之间的速度差异较大，加载数据的时间主要受到较高的内存时延（Memory Latency）的影响。图 3.4.1 中，加载过程从 load x[0] 和 load y[0] 开始，显示了较长的时间跨度，因为从 DRAM（Dynamic Random Access Memory，动态随机存取存储器）加载数据到 Cache 的时延相对较长。

2）缓存读取

Read from Cache：一旦数据被加载到缓存中，随后的操作大部分是从缓存中读取。这显著减少了时延，因为缓存的访问速度远远快于主存储器。图 3.4.1 中，这一过程表示为读取数据 x[0] 和 y[0]，时间跨度较短，体现了缓存读取的高效性。

3）计算过程

Read x[0] 和 Read y[0]：在计算开始之前，CPU 需要从缓存中读取要操作的数值 x[0] 和 y[0]。这一阶段也显示了缓存读取的快速性。然后进行乘法运算，计算 $\alpha * x$。这是 CPU 的执行阶段之一，乘法操作通常被快速执行。接着进行加法运算，将前一步的乘法结果与 y[0] 相加。这一步完成了指令中的加法操作。

4）写回结果

Write Result：将计算结果写回到缓存中。此步骤展示了计算完结果后的写入操作。写回缓存的过程较为快速，但依然涉及一定的时延。如果有必要，计算结果可能需要从缓存写回到主存储器。

2. 时延分析

- **内存时延**：从开始加载数据到数据被缓存所需的总时间。这是影响计算速度的重要因素。

- **计算时延**：乘法（$a * x$）和加法（$+y$）操作各自有独立的时延。
- **缓存操作时延**：加载、读取和写入缓存的时延，相对较短。

3. 时延产生

CPU 时延的产生可以归结于多种因素，包括硬件设计、内存访问和系统资源竞争等。我们将结合图 3.4.2 和进一步的解释来深入探讨。

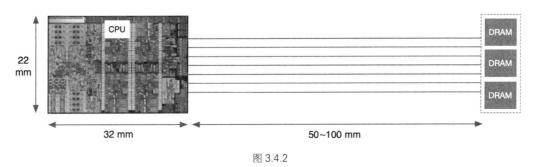

图 3.4.2

图 3.4.2 显示 CPU 和 DRAM 之间存在一定的物理距离。在实际硬件中，数据需要在这个距离上通过内存总线进行传输。虽然电信号在这种短距离上的传播速度非常快（接近光速），但仍然会产生可测量的时延。这个时延是内存访问时延的一部分。

假设计算机时钟频率为 3 000 000 000 Hz（3 GHz），即每个时钟周期大约为 1/3 000 000 000 s ≈ 0.333 ns，电信号在导体中的传播速度约为 60 000 000 m/s，根据图 3.4.2 可知，从芯片到 DRAM 的信号传输距离大约为 50~100 mm。

- **电信号在 50 mm 的距离上传播的时延**：约为 0.833 ns，这相当于 0.833 ns / 0.333 ns ≈ 2.5 个时钟周期。
- **电信号在 100 mm 的距离上传播的时延**：约为 1.667 ns，这相当于 1.667 ns / 0.333 ns ≈ 5 个时钟周期。

这些传播时延就是 CPU 的时钟周期，也是 CPU 计算的时延。

4. 计算速度因素

计算速度由多个因素决定，包括内存时延、缓存命中率、计算操作效率和数据写回速度。在图中，决定性因素是内存时延。内存时延是指从主存储器（DRAM）读取数据到缓存的固有时延。由于主存储器的速度远低于缓存和 CPU 寄存器，这一过程通常是最耗时的部分。

- **内存时延的影响**：图 3.4.2 中显示的数据加载操作（Load from DRAM）占用了很长的时间，突出展示了内存时延的影响。在 load x[0] 和 load y[0] 阶段，CPU 必须等待数据从主存储器加载到缓存，直到数据加载完成，否则 CPU 无法进行后续的计算操作。

- **计算过程的阻滞**：高内存时延显著延缓了整个计算过程的启动。虽然后续的计算（乘法和加法）以及缓存的读取和写入操作时间较短，但由于内存时延过长，整体计算速度被显著拖慢。CPU 在等待数据加载的过程中，资源被浪费，无法高效地执行计算任务。

小结与思考

- CPU 计算时延是指令从发出到完成操作所需的时间，它由指令提取、指令解码、执行、存储器访问和写回等环节时延组成，对优化计算性能和设计高效计算系统至关重要。
- 内存速度、带宽和时延直接影响 CPU 的访问时间，优化内存配置如增加缓存容量和提升内存带宽可以显著降低时延，提高系统性能。
- 降低 CPU 计算时延的方法包括提高时钟频率、优化流水线深度、增加缓存容量、使用高效的并行算法和提升内存子系统性能，这些措施可以提升计算机系统的整体性能。

3.5　GPU 基础

GPU 是计算机系统中负责处理图形和图像相关任务的核心组件，其发展历史可以追溯到对计算机图形处理需求的不断增长，以及对图像渲染速度和质量的不断追求。从最初的简单图形处理功能到如今的高性能计算和深度学习加速器，GPU 经历了一系列重要的技术突破和发展转折。除了图形处理和人工智能，GPU 在科学计算、数据分析、加密货币挖矿等领域也有着广泛的应用。深入了解这些应用场景有助于我们更好地发挥 GPU 的潜力，解决各种复杂计算问题。

本节将介绍 GPU 的发展，探讨 GPU 与 CPU、并发与并行的区别，简短介绍一下 AI 发展和 GPU 的联系以及 GPU 在各种领域的应用场景。之后以一个例子来探究 GPU 是如何做并行计算的，此外会讲解 GPU 的缓存机制，因为这将涉及 GPU 的缓存（Cache）和线程（Thread）。最后探究 GPU AI 编程的本质，首先回顾卷积计算是如何实现的，然后探究 GPU 的线程分级，分析 AI 的计算模式和线程之间的关系，最后讨论矩阵乘计算如何使用 GPU 编程去提升算力利用率或者提升算法利用率。

3.5.1　引言

1. GPU 发展历史

在 GPU 发展史上，第一代 GPU（图 3.5.1）可追溯至 1999 年之前。这一时期的 GPU 在图形处理领域进行了一定的创新，部分功能开始从 CPU 中分离出来，实现了针对图形处理的硬件加速。其中，最具代表性的是几何处理引擎（Geometry Engine，GE）。该引擎主要用于加速 3D 图像处理，但相较于后来的 GPU，它并不具备软件编程特性。这意味着它的功能相对受限，只能执行预定义的图形处理任务，而无法像现代 GPU 那样灵活地适应不同的软件需求。

第二代 GPU 的发展跨越了 1999 年到 2005 年这段时期，其间取得了显著的进展。1999 年，英伟达发布了 GeForce256 图像处理芯片，这款芯片专为执行复杂的数学和几何计算而设计。与此前的 GPU 相比，GeForce256 将更多的晶体管用于执行单元，而不是像 CPU 那样用于复杂的控制单元和缓存。它成功地将诸如变换与光照（Transform and Lighting）等功能从 CPU 中分离出来，实现了图形快速变换，标志着 GPU 的真正出现。

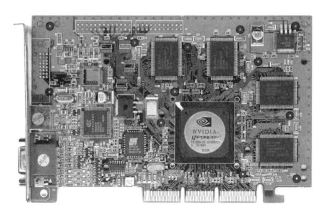

图 3.5.1

随着时间的推移，GPU 技术迅速发展。从 2000 年到 2005 年，GPU 的运算速度迅速超越了 CPU。在 2001 年，英伟达和 ATI 分别推出了 GeForce3 和 Radeon 8500，这些产品进一步推动了图形硬件的发展。图形硬件的流水线被定义为流处理器，顶点级可编程性开始出现，同时像素级也具有了有限的编程性。

英伟达和 ATI 之争本质上是 Shader 管线与其他纹理、ROP 单元配置比例之争，ATI 认为计算用 Shader 越多越好，计算性能强大，英伟达认为纹理单元由于结构更简单、电晶体更少，单位面积配置起来更划算，至于游戏则是越后期需要计算的比例越重。

第三代 GPU 的发展从 2006 年开始，带来了方便的编程环境创建，使得用户可以直接编写程序来利用 GPU 的并行计算能力。在 2006 年，英伟达和 ATI 分别推出了 CUDA 和 CTM（Close to the Metal）编程环境。

这打破了 GPU 仅限于图形语言的局限，将 GPU 变成了真正的并行数据处理超级加速器。CUDA 和 CTM 的推出使得开发者可以更灵活地利用 GPU 的计算能力，为科学计算、数据分析等领域提供了更多可能性。

2008 年，苹果公司推出了一个通用的并行计算编程平台 OpenCL（Open Computing Language）。与 CUDA 不同，OpenCL 并不与特定的硬件绑定，与具体的计算设备无关，这使得它迅速成为移动端 GPU 的编程环境业界标准。OpenCL 的出现进一步推动了 GPU 在各种应用领域的普及和应用，为广大开发者提供了更广阔的创新空间。

第三代 GPU 的到来不仅提升了 GPU 的计算性能，更重要的是为其提供了更便捷、灵活的编程环境，使得 GPU 在科学计算、深度学习等领域的应用得以广泛推广，成为现代计算领域不可或缺的重要组成部分。

英伟达和 AMD 的工具链架构的层次架构十分相像，最核心的区别在于中间的库（Library）部分，两家公司均根据自己的硬件为基础库做了优化；此外在编译层面两方也会针对自身架构，在比如调度、算子融合等方面实现各自的编译逻辑；而在对外接口上双方都在争取提供给当今热门的框架和应用以足够的支持。图 3.5.2 展示了英伟达和 AMD 的细粒度对比（小木，2023），我们更能看出两方工具链架构间的一一映射和具体细节实现上的区别。

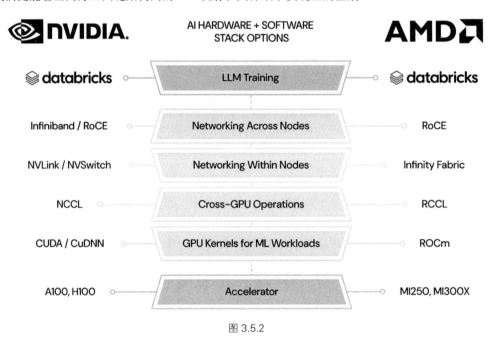

图 3.5.2

2. GPU 与 CPU

现在探讨一下 CPU 和 GPU 在架构方面的主要区别（图 3.5.3）。CPU 负责处理操作系统和应用程序运行所需的各类计算任务，需要很强的通用性来处理各种不同的数据类型，同时逻辑判断又会引入大量的分支跳转和中断的处理，使得 CPU 的内部结构异常复杂。GPU 可以更高效地处理并行运行时复杂的数学运算，最初用于处理游戏和动画中的图形渲染任务，现在的用途已远超于此。两者具有相似的内部组件，包括核心、内存和控制单元。

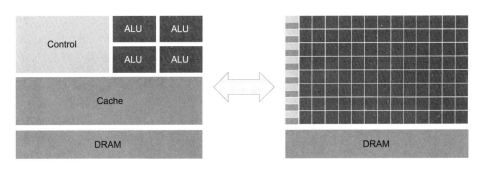

图 3.5.3

GPU 和 CPU 在架构方面的主要区别包括以下几点：

● **并行处理能力**：CPU 拥有少量的强大计算单元（ALU），更适合处理顺序执行的任务，可以在很短的时钟周期内完成算术运算，时钟周期的频率很高，复杂的控制逻辑单元（Control）可以在程序有多个分支的情况下提供分支预测能力，因此 CPU 擅长逻辑控制和串行计算，流水线技术通过多个部件并行工作来缩短程序执行时间。GPU 控制单元可以把多个内存访问合并成一次访问，从而减少内存带宽的占用并提高整体效率。其采用了数量众多的计算单元（ALU）和线程（Thread），大量的 ALU 可以实现非常大的计算吞吐量，超配的线程可以很好地平衡内存时延问题，因此可以同时处理多个任务，专注于大规模高度并行的计算任务。

● **内存架构**：CPU 被缓存占据了大量空间，大量缓存可以保存之后可能需要访问的数据，可以降低时延；GPU 缓存很少且为线程服务，如果很多线程需要访问一个相同的数据，缓存会合并这些访问之后再去访问 DRMA，获取数据之后由缓存分发到数据对应的线程。GPU 有更多的寄存器可以支持大量线程。

因此，CPU 更适合处理顺序执行的任务，如操作系统、数据分析等；而 GPU 适合处理需要计算密集型 (Compute-Intensive) 程序和大规模并行计算的任务，如图形处理、深度学习等。在异构系统中，GPU 和 CPU 经常会结合使用，以发挥各自的优势。

GPU 起初用于处理图形图像和视频编解码相关的工作。GPU 跟 CPU 最大的不同点在于，GPU 的设计目标是最大化吞吐量（Throughput），相比执行单个任务的快慢，更关心多个任务的并行度，即同时可以执行多少任务；CPU 则更关心时延（Latency）和并发（Concurrency）。

CPU 优化的目标是尽可能快地在尽可能低的时延下执行完成任务，同时保持在任务之间具体快速切换的能力，它的本质是以序列化的方式处理任务。GPU 的优化则全部都是用于增大吞吐量的，它允许一次将尽可能多的任务推送到 GPU 内部，然后 GPU 通过大数量的核心并行处理任务。图 3.5.4 是带宽、时延、吞吐量的示意。

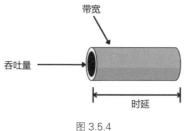

图 3.5.4

● 带宽：处理器能够处理的最大的数据量或指令数量，单位是 KB、MB、GB 等；

● 时延：处理器执行指令或处理数据所需的时间，传送一个数据单元所需要的时间，单位是 ms、s、min、h 等；

● 吞吐量：处理器在一定时间内从一个位置移动到另一个位置的数据量，单位是 bit/s（每秒比特数）、Mbit/s（每秒兆比特数）、Gbit/s（每秒千兆比特数），比如在第 10 s 传输了 20 bit 数据，因此在 t=10 时刻的吞吐量为 20 bit/s。

---

3. AI 发展与 GPU

GPU 与 AI 的发展密不可分。2012 年的一系列重要事件标志着 GPU 在 AI 计算中的崭露头角。Hinton 和 Alex Krizhevsky 设计的 AlexNet 是一个重要的突破，他们利用两块英伟达 GTX 580 GPU 训练了两周，将计算机图像识别的正确率提升了一个数量级，并赢得了 2012 年 ImageNet 竞赛冠军（图 3.5.5）。这一成就充分展示了 GPU 在加速神经网络模型训练中的巨大潜力。

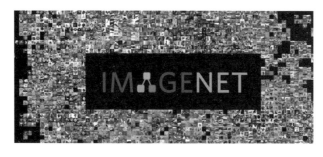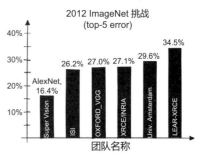

图 3.5.5

同时，谷歌和吴恩达等团队的工作也进一步强调了 GPU 在 AI 计算中的重要性。谷歌利用 1000 台 CPU 服务器完成了猫狗识别任务，而吴恩达等则只用了 3 台 GTX680-GPU 服务器就取得了同样的成果。这一对比表明了 GPU 在深度学习任务中的显著加速效果，进一步激发了对 GPU 在 AI 领域的广泛应用。

从 2005 年和 2006 年开始，一些研究人员开始尝试使用 GPU 进行 AI 计算，但直到 2012~2013 年，GPU 才被更广泛地接受。随着神经网络层次越来越深、网络规模越来越大，GPU 的加速效果越来越显著。这得益于 GPU 相比 CPU 拥有更多的独立大吞吐量计算通道，以及较少的控制单元，使其在高度并行的计算任务中表现出色。

因此，GPU 在 AI 发展中的作用愈发凸显，它为深度学习等复杂任务提供了强大的计算支持，并成为 AI 计算的标配。从学术界到互联网头部厂商，都开始广泛采用 GPU，将其引入到各自的生产研发环境中，为 AI 技术的快速发展和应用提供了关键支持（图 3.5.6）。

3.5.2　GPU 工作原理

为了更好地理解 GPU 工作原理，本节先对比了并发与并行，然后以一个例子来探究 GPU 是如何做并行计算的，此外会讲解 GPU 的缓存机制和线程原理。

1. 并发与并行

并行和并发是两个在计算机科学领域经常被讨论的概念，它们都涉及同时处理多个任务的能力，但在具体含义和应用上有一些区别。

● 并行（**Parallelism**）：并行指的是同时执行多个任务或操作，通常是在多个处理单元上同时进行。在计算机系统中，这些处理单元可以是多核处理器、多线程、分布式系统等。并行计算可以显著提高系统的性能和效率，特别是在需要处理大量数据或复杂计算的情况下。例如，一个计算机程序可以同时在多个处理器核心上运行，加快整体计算速度。

● 并发（**Concurrency**）：并发指的是系统能够同时处理多个任务或操作，但不一定是同时执行。在并发系统中，任务之间可能会交替执行，通过时间片轮转或事件驱动等方式来实现。并发通常用于提高系统的响应能力和资源利用率，特别是在需要处理大量短时间任务的情况下。例如，一个 Web 服务器可以同时处理多个客户端请求，通过并发处理来提高系统的吞吐量。

因此并行和并发的主要区别如下：

● 并行是指同时执行多个任务，强调同时性和并行处理能力，常用于提高计算性能和效率。

● 并发是指系统能够同时处理多个任务，强调任务之间的交替执行和资源共享，常用于提高系统的响应能力和资源利用率。

在实际应用中，并行和并发通常结合使用，根据具体需求和系统特点来选择合适的技术和策略。同时，理解并行和并发的概念有助于设计和优化复杂的计算机系统和应用程序。在实际硬件工作的过程当中，更倾向于利用多线程对循环展开来提高整体硬件的利用率，这就是 GPU 最主要的原理。

以三款芯片为例，对比在硬件限制的情况下，一般能够执行多少个线程。对比结果增加了线程请求（Threads Required）、线程可用数（Threads Available）和线程比例（Thread Ration），主要对比到底需要多少线程才能够解决内存时延的问题。从表 3.5.1 中可以看到几个关键的数据：

● GPU（英伟达 A100）的时延比 CPU（AMD Rome 7742、Intel Xeon 8280）高出好几个倍数；

- GPU 的线程请求是 CPU 的二三十倍；
- GPU 的线程可用数是 CPU 的一百多倍。计算得出线程的比例，GPU 是 5.6，CPU 是 1.2~1.3。这也是 GPU 最重要的一个设计点，它拥有非常多的线程为大规模任务并行去设计。

表 3.5.1　三款芯片参数对比

	AMD Rome 7742	Intel Xeon 8280	NVIDIA A100
Memory B/W（GB/s）	204	143	1555
DRAM Latency（ns）	122	89	404
Peak Bytes per Latency	24 888	12 727	628 220
Memory Efficiency	0.064	0.13	0.0025
Threads Required	1556	729	39 264
Threads Available	2048	896	221 184
Thread Ration	1.3X	1.2X	5.6X

由 CPU 和 GPU 的典型架构对比可知（图 3.5.6），GPU 可以比作一个大型的吞吐器，一部分线程用于等待数据，一部分线程等待被激活去计算，一部分线程正在计算的过程中。GPU 的硬件设计工程师将所有的硬件资源都投入到增加更多的线程，而不是想办法减少数据搬运的时延和指令执行的时延。

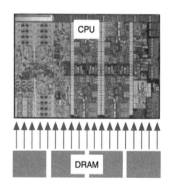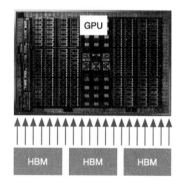

图 3.5.6

相对应地，可以把 CPU 比喻成一台延迟机，主要工作是为了在一个线程里完成所有的工作，因为希望能够使用足够的线程去解决时延的问题，所以 CPU 的硬件设计者或者硬件设计架构师就会把所有的资源和重心都投入到降低时延上面，因此 CPU 的线程比只有一点多倍，这也是 SIMD 和 SIMT 架构之间最大的区别。CPU 不是通过增加线程去解决问题，而是使用相反的方式去优化线程的执行速率和效率，这就是 CPU 跟 GPU 之间最大的区别，也是它们的本质区别。

2. 基本工作原理

首先通过 $\alpha x+y$ 这个加法运算的示例了解 GPU 的工作原理，示例代码如下：

```
void demo(double alpha, double *x, double *y)
{
    int n = 2000;
    for (int i = 0; i < n; ++i)
    {
        y[i] = alpha * x[i] + y[i];
    }
}
```

示例代码中包含 2 FLOPs 操作，分别是乘法（Multiply）和加法（Add），对于每一次计算操作都需要在内存中读取两个数据：x[i] 和 y[i]，最后执行一个线性操作，存储到 y[i] 中，其中把加法和乘法融合在一起的操作也可以称作 FMA（Fused Multiply and Add）。

在 $O(n)$ 的时间复杂度下，根据 n 的大小迭代计算 n 次，在 CPU 中串行地按指令顺序去执行 $\alpha x+y$ 程序。以 Intel Exon 8280 这款芯片为例，其内存带宽是 143 GB/s，内存时延是 89 ns，这意味着 8280 芯片的峰值算力是在 89 ns 的时间内传输 12727 bit 数据。$\alpha x+y$ 将在 89 ns 的时间内传输 16 bit（C/C++中双浮点数据类型所占的内存空间是 8 byte）数据，此时内存的利用率只有 0.14%（16/11659），存储总线有 99.86% 的时间处于空闲状态。

由表 3.5.1 可知，不管是 AMD Rome 7742、Intel Xeon 8280 还是英伟达 A100，不同处理器计算 $\alpha x+y$ 时的内存利用率都非常低，均不高于 0.14%。

由于上面的 $\alpha x+y$ 程序没有充分利用并发和线性度，因此通过并发进行循环展开的代码如下：

```
void fun_axy(int n, double alpha, double *x, double *y)
{
    for (int i = 0; i < n; i += 8)
    {
        y[i + 0] = alpha * x[i + 0] + y[i + 0];
        y[i + 1] = alpha * x[i + 1] + y[i + 1];
        y[i + 2] = alpha * x[i + 2] + y[i + 2];
        y[i + 3] = alpha * x[i + 3] + y[i + 3];
        y[i + 4] = alpha * x[i + 4] + y[i + 4];
        y[i + 5] = alpha * x[i + 5] + y[i + 5];
        y[i + 6] = alpha * x[i + 6] + y[i + 6];
        y[i + 7] = alpha * x[i + 7] + y[i + 7];
    }
}
```

每次执行从 0 到 7 的数据，实现一次性迭代 8 次，每次传输 16 byte 数据，因此同样在 Intel Exon 8280 芯片上，每 89 ns 的时间内将执行 729（11659/16）次请求，将程序这样改进就是通过并发使整个总线处于一个忙碌的状态，但是在真正的应用场景中：

- 编译器很少会对整个循环进行超过 100 次以上的展开；
- 一个线程每一次执行的指令数量是有限的，不可能执行非常多并发的数量；
- 一个线程其实很难直接去处理 700 多个计算的负荷。

由此可以看出，虽然并发的操作能够一次性执行更多的指令流水线操作，但是架构同样会受到限制和约束。

将 $\alpha x+y$ 计算通过并行进行展开，示例代码如下：

```
void fun_axy(int n, double alpha, double *x, double *y)
{
    Parallel for (int i = 0; i < n; i++)
    {
        y[i] = alpha * x[i] + y[i];
    }
}
```

通过并行的方式进行循环展开，并行就是通过并行处理器或者多个线程去执行 $\alpha x+y$ 这个操作，同样使得总线处于忙碌的状态，每一次可以执行 729 个迭代。相比较并发的方式：

- 每个线程独立负责相关的运算，也就是每个线程去计算一次 $\alpha x+y$；
- 执行 729 次计算一共需要 729 个线程，也就是一共可以进行 729 次并行计算；
- 此时程序会受到线程数量和内存请求的约束。

3. GPU 缓存机制

GPU 工作过程中希望尽可能减少内存的时延、内存的搬运以及内存的带宽等一系列内存相关的问题，其中缓存对于内存尤为重要。英伟达 Ampere A100（图 3.5.7）内存结构中高带宽内存（High Bandwidth Memory，HBM）的大小是 80 GB，即 A100 的显存大小是 80 GB。

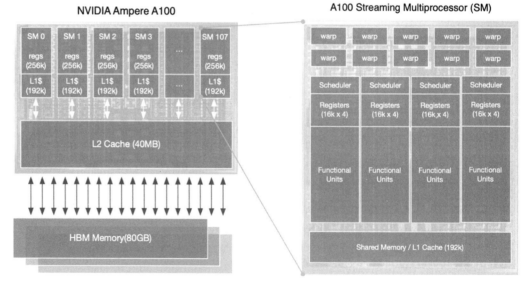

图 3.5.7

　　其中，寄存器文件也可以视为缓存，寄存器靠近 SM（Streaming Multiprocessor，流式多处理器）执行单元，从而可以快速地获取执行单元中的数据，同时也方便读取 L1 Cache 中的数据。此外，L2 Cache 更靠近 HBM，这样方便 GPU 把大量的数据直接搬运到 Cache 中，因此 GPU 设计了多级缓存。80 GB 的显存是一个高带宽的内存，L2 Cache 大小为 40 MB，所有 SM 共享同一个 L2 Cache，L1 Cache 大小为 192 KB，每个 SM 拥有自己独立的 Cache 和寄存器，每个寄存器大小为 256 KB，因为总共有 108 个 SM 流处理器，因此寄存器总共的大小是 27 MB，L1 Cache 总共的大小是 20 MB。

　　GPU 和 CPU 内存带宽和时延进行比较，在 GPU 中如果把主存（HBM）作为内存带宽的基本单位，L2 缓存的带宽是主存的 3 倍，L1 缓存的带宽是主存的 13 倍。在真正计算的时候，希望缓存的数据能够尽快去用完，然后读取下一批数据，此时就会遇到时延的问题。如果将 L1 缓存的时延作为基本单位，L2 缓存的时延是 L1 的 5 倍，HBM 的时延将是 L1 的 15 倍，因此 GPU 需要有单独的显存。

　　假设使用 CPU 将 DRAM 中的数据传入到 GPU 中进行计算，较高的时延（25 倍）会导致数据传输的速度远小于计算的速度，因此需要 GPU 有自己的 HBM，GPU 和 CPU 之间的通信和数据传输主要通过 PCIe 来进行（图 3.5.8）。

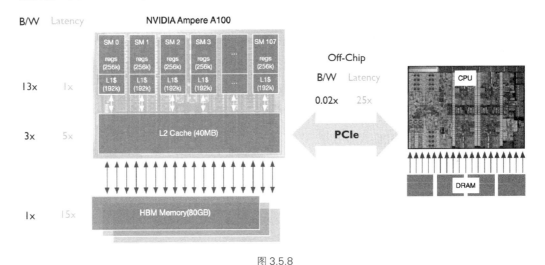

图 3.5.8

DRAM（Dynamic Random Access Memory，动态随机存取存储器），一种计算机内存类型，用于临时存储计算机程序和数据，供 CPU 快速访问。与静态随机存取存储器（SRAM）相比，具有较高的存储密度和较低的成本，但速度较慢。它是计算机系统中最常用的内存类型之一，用于存储操作系统、应用程序和用户数据等内容。

DRAM 的每个存储单元由一个电容和一个晶体管组成，电容负责存储数据位（0 或 1），晶体管用于读取和刷新数据。由于电容会逐渐失去电荷，因此需要定期刷新（称为刷新操作）以保持数据的正确性，这也是称为"动态"的原因，用于临时存储数据和程序，提供快速访问速度和相对较低的成本。

假设 HBM 计算强度为 100；L2 Cache 的计算强度仅为 39，意味着每个数据只需要执行 39 个操作；L1 Cache 更少，计算强度只有 8，这个时候对于硬件来说非常容易实现（表 3.5.2）。这就是为什么 L1 Cache、L2 Cache 和寄存器对 GPU 来说如此重要。可以把数据放在 L1 Cache 里面然后对数据进行 8 个操作，使计算达到饱和的状态，令 GPU 里面 SM 的算力利用率更高。而对于 PCIe，其带宽很低，整体时延很高，这将导致整体的计算强度很高，算力利用率很低。

表 3.5.2   不同存储和传输的参数对比

数据位置	带宽（GB/s）	计算强度	时延（ns）	线程请求
L1 Cache	19400	8	27	32738
L2 Cache	4000	39	150	37500
HBM	1555	100	404	39264
NVLink	300	520	700	13125
PCIe	25	6240	1470	2297

在带宽增加的同时，线程的数量或者线程的请求数也需要相对应地增加，这样才能处理并行的操作，每个线程执行一个对应的数据才能够把算力利用率提升上去，只有线程数足够多才能够让整个系统的内存处于忙碌的状态，让计算也处于忙碌的状态。因此，GPU 里面的线程数非常多。

4. GPU 线程原理

回顾图 3.5.7，其展示了 GPU 整体架构和单个 SM 架构。SM 可看作一个基本的运算单元，GPU 在一个时钟周期内可以执行多个 Warp（一组同时执行相同指令的线程，即线程束），一个 SM 里面有 64 个 Warp，其中每 4 个 Warp 可以单独进行并发的执行（表 3.5.3）。GPU 的设计者主要是增加线程和增加 Warp 来解决或者掩盖时延的问题，而不是去减少时延的时间。

表 3.5.3   SM 和 A100 的线程与 Warp

	每个 SM	A100
Total Threads	2048	221184
Total Warps	64	6912
Active Warps	4	432
Waiting Warps	60	6480
Active Threads	128	13824
Waiting Threads	1920	207360

如表 3.5.3 所示，为了有更多的线程处理计算任务，GPU SM 线程会选择超配，每个 SM 一共有 2048 个线程，整个 A100 有 20 多万个线程可以提供给程序，在实际场景中程序用不完所有线程，因此有一些线程处于计算过程中，有一些线程负责搬运数据，还有一些线程在同步地等待下一次被计算。很多时候会看到 GPU 的算力利用率并不是非常的高，但是完全不觉得它慢，这是因为线程是超配的，远远超出大部分应用程序的使用范围，线程可以在不同的 Warp 上面进行调度。

3.5.3　为什么 GPU 适用于 AI

为什么 GPU 适用于 AI 计算？或者说为什么 AI 训练需要使用 GPU，而不是使用 CPU 呢？本节主要探究 GPU AI 编程的本质，首先回顾卷积计算是如何实现的，然后探究 GPU 的线程分级，分析 AI 的计算模式和线程之间的关系，最后讨论矩阵乘计算如何使用 GPU 编程去提升算力利用率或者提升算法利用率。

1. 卷积计算

卷积计算的具体内容将在第 19 章展开，本节仅简单介绍卷积计算的基本原理。

图 3.5.9 输入维度为 3 维（KH, KW, 3），其中 3 维卷积核的 Channel（IC）维度，有 N 个卷积核，因此卷积核维度为（N, IC, KH, KW）。卷积默认采用数据排布方式为 NHWC，输入维度为 4 维（N, IH, IW, IC），卷积核维度为（OC, KH, KW, IC），输出维度为（N, OH, OW, OC）。卷积计算的一般方式是计算卷积核模板（Kernel）和卷积图片，卷积核中每一个元素与图片中的每一个元素依次相乘再相加后得到最终输出为特征图。

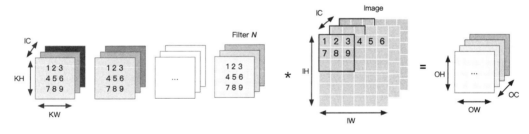

图 3.5.9

Im2Col 是一种常用的图像处理技术，用于在卷积神经网络中进行卷积计算。以 Im2Col 算法为例（图 3.5.10），它将输入的图像数据重塑成一个矩阵，使得卷积计算可以转换为矩阵乘法的形式，从而提高计算效率。

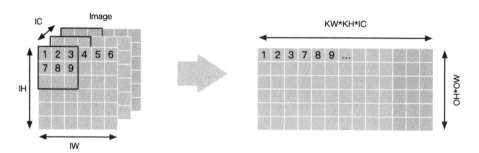

图 3.5.10

通过这种方式，原始的图像数据被重塑成一个二维矩阵，其中每一列对应于卷积核在输入图像上滑动时所覆盖的区域。行数对应输出 OH*OW，每个行向量中，先排列计算一个输出点所需要输入上第一个通道的 KH*KW 个数据，再按照次序排列之后的通道，直到第 IC 个通道。

对权重数据进行重排（图 3.5.11），即以卷积核大小为步长展开后续卷积窗并存在矩阵下一列。将 N 个卷积核展开为权重矩阵的一行，因此共有 N 行，每个向量上先排列第一个输入通道上 KH*KW 数据，再依次排列之后的通道直到 IC。

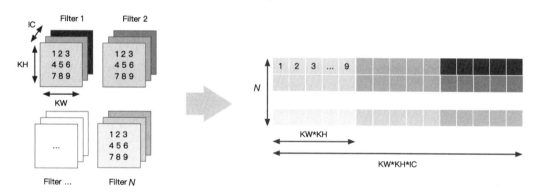

图 3.5.11

在对图像输入数据和权重数据进行重排之后，可以将卷积计算操作转换为矩阵相乘。将输入数据按照卷积窗进行展开并存储在矩阵的列中，多个输入通道对应的卷积窗展开之后将拼接成最终输出矩阵的一列（图 3.5.12）。

通过数据重排，完成 Im2Col 的操作之后会得到一个输入矩阵，卷积的权重也可以转换为一个矩阵，卷积的计算就可以转换为两个矩阵相乘的求解，得到最终卷积计算的结果，因此 AI 计算的本质是矩阵相乘，参考图 2.4.1。

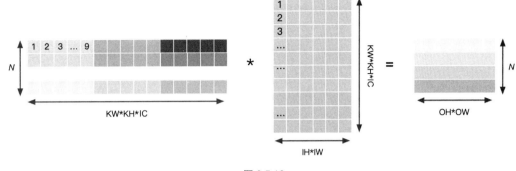

图 3.5.12

2. GPU 线程分级

在 AI 计算模式中，不是所有的计算都可以是线程独立的，图 3.5.13 展示了 AI 计算模式与线程的关系。计算中数据结构元素之间的对应关系有以下三种：

- 逐元素（Element-Wise）：逐元素操作是指对数据结构中的每个元素独立执行操作。这意味着操作应用于输入数据结构中对应元素的每一对，以生成输出数据结构。例如，对两个向量进行逐元素相加或相乘就是将对应元素相加或相乘，得到一个新的向量。

- 局部（Local）：局部操作是指仅针对数据的特定子集执行的操作，而不考虑整个数据结构。这些操作通常涉及局部区域或元素的计算。例如，对图像的卷积计算中，元素之间是有交互的，因为它仅影响该区域内的像素值，计算一个元素往往需要周边的元素参与配合。

- 多对多（All to All）：多对多操作是指数据结构中的每个元素与同一数据结构或不同数据结构中的每个其他元素进行交互的操作。这意味着所有可能的元素对之间进行信息交换，产生完全连接的通信模式，一个元素的求解得到另一个数据时，数据之间的交换并不能够做到完全的线程独立。多对多操作通常用于并行计算和通信算法中，需要在所有处理单元之间交换数据。

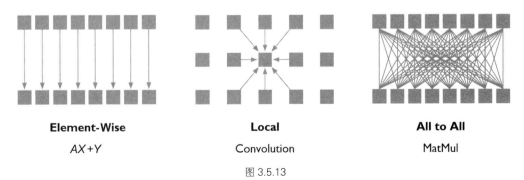

图 3.5.13

下面以卷积计算为例，解释在卷积计算中局部内存数据如何与线程分层分级配合工作。如图 3.5.14 所示，处理一个猫的图像数据，基本过程如下：

- 用网格（Grid）覆盖图片，将图片切割成多个块（Block）；
- 取出其中一个块进行处理，同样也可以将这个块再进行分割；
- 块中线程（Thread）通过本地数据共享来进行计算，每个像素点都会单独分配一个线程进行计算。

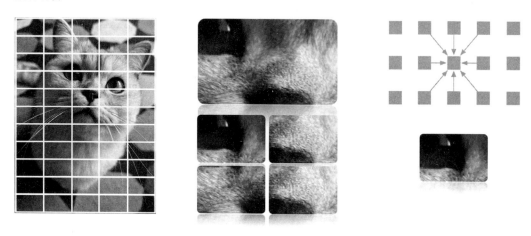

图 3.5.14

因此可以将大的网格表示为所有需要执行的任务，小的切分网格中包含了很多相同线程数量的块，块中的线程数独立执行，可以通过本地数据共享实现同步数据交换。图 3.5.15 是网格中像素点计算的线程执行。

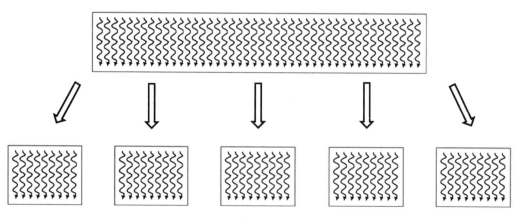

图 3.5.15

　　GPU 的并行能力是最重要的，并行是为了解决带宽的时延问题，而计算所需要的线程数量是由计算复杂度决定的。结合图 3.5.16，不同数据结构对数据并行的影响如下：

　　● 逐元素（Element-Wise）：每增加一个线程意味着需要对数据进行新一次加载，由于在 GPU 中线程是并行的，因此增加线程的数量并不能对实际运算的时延产生影响，数据规模在合理范围内增大并不会影响实际算法的效率。

　　● 局部（Local）：数据结构在进行卷积这类运算时由于线程是分级且并行的，因此每增加一个线程对于数据的读取不会有较大影响，此时 GPU 的执行效率与 AI 的计算模式之间实现了很好的匹配，计算强度为 $O(1)$。

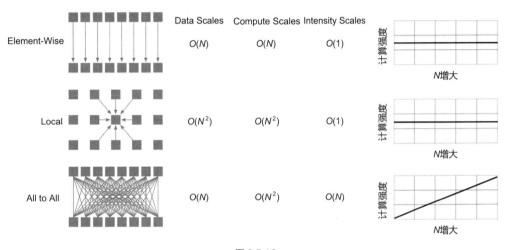

图 3.5.16

　　● 多对多（All to All）：一个元素的求解得到另一个数据时数据之间的交换并不能够做到完全的线程独立，此时计算强度会随着计算规模的增加线性增加，多对多操作通常需要进行大量的数据交换和通信。

3. 计算强度

　　由于 AI 计算可以看作是矩阵相乘，两个矩阵相乘得到一个新的矩阵。如图 3.5.17 所示，假设有两个矩阵 A 和 B，它们的维度分别为 $m \times n$ 和 $n \times p$，则它们可以相乘得到一个新的矩阵 C，其维度为 $m \times p$。矩阵相乘的前提是第一个矩阵的列数等于第二个矩阵的行数，即 n 的取值必须相等。具体的计算方法是，对于 C 中的第 i 行第 j 列的元素 c_{ij}，其计算公式为

$$c_{ij} = \sum_{k=1}^{n} a_{ik} \cdot b_{kj}$$

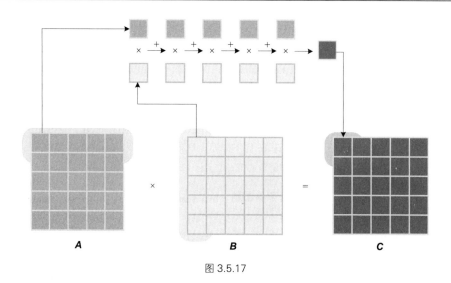

图 3.5.17

其中，a_{ik} 是矩阵 A 中第 i 行第 k 列的元素，b_{kj} 是矩阵 B 中第 k 行第 j 列的元素。通过对所有可能的 k 值求和，可以得到 C 中的每一个元素。

计算强度（Compute Intensity）是指在执行计算任务时所需的算术运算量与数据传输量之比。它是衡量计算任务的计算密集程度的重要指标，可以帮助评估算法在不同硬件上的性能表现。通过计算强度，可以更好地理解计算任务的特性，有助于选择合适的优化策略和硬件配置，以提高计算任务的性能表现。计算强度的公式如下：

$$计算强度 = \frac{算术运算量}{数据传输量}$$

其中，算术运算量是指执行计算任务所需的浮点运算次数，数据传输量是指从内存读取数据或将数据写入内存的数据传输量。计算强度的值可以用来描述计算任务对计算和数据传输之间的依赖关系：

● 高计算强度：当计算强度较高时，意味着算术运算量较大，计算操作占据主导地位，相对较少的时间用于数据传输。在这种情况下，性能优化的重点通常是提高计算效率，如优化算法、并行计算等。

● 低计算强度：当计算强度较低时，意味着数据传输量较大，数据传输成为性能瓶颈。在这种情况下，性能优化的关键是减少数据传输、优化数据访问模式等。

对于两个 $N{\times}N$ 的矩阵相乘操作，可以如下计算其计算强度：

● **算术运算量**：两个 $N{\times}N$ 的矩阵相乘，总共需要进行 N^3 次乘法和 $N^2(N{-}1)$ 次加法运算。因此，总的算术运算量为 $2N^3{-}N^2$。

● **数据传输量**：在矩阵乘法中，需要从内存中读取两个输入矩阵和将结果矩阵写回内存。假设每个矩阵元素占据一个单位大小的内存空间，则数据传输量可以估计为 $3N^2$，包括读取两个输入矩阵和写入结果矩阵。

因此，这个矩阵乘法的计算强度可以计算为

$$计算强度 = \frac{2N^3 - N^2}{3N^2} \approx O(N)$$

该矩阵乘法的计算强度用时间复杂度表示为 $O(N)$，随着相乘的两个矩阵的维度增大，算力的需求将不断提高，需要搬运的数据量也将越大，计算强度也随之增大。

计算强度和矩阵维度的大小密切相关。如图 3.5.18 所示，矩阵乘法的计算强度随着矩阵的大小增大线性增加，对于 GPU FP32 浮点运算，当计算单元充分发挥计算能力时矩阵的大小约为 50，此时矩阵大小满足整个 GPU FP32 的计算强度，实现理想情况下计算和搬运数据之间的平衡。

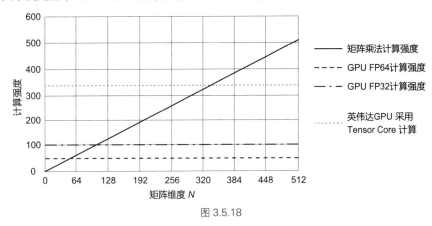

图 3.5.18

当矩阵大小不断增加时，GPU 中的内存会空闲下来（内存搬运越来越慢导致内存刷新变慢），GPU 需要花费更多的时间执行矩阵计算，因此 AI 计算需要找到一个更好的平衡点去匹配更大的矩阵计算和计算强度。

英伟达 GPU 采用 Tensor Core 专门对矩阵进行计算，很大程度上提高了计算强度，使得内存的搬运能够跟得上数据运算的速度，更好地平衡了矩阵维度和计算强度之间的关系。

FP32 和 FP64

GPU 计算中的 FP32 和 FP64 分别代表单精度浮点运算和双精度浮点运算，主要区别在于精度和计算速度。FP32 使用 32 位存储单精度浮点数，提供较高的计算速度，但在处理非常大或非常小的数字时可能存在精度损失。相比之下，FP64 使用 64 位存储双精度浮点数，提供更高的精度，但计算速度通常较慢。

在实际应用中，选择 FP32 还是 FP64 取决于任务的需求。如果任务对精度要求不高并且需要较高的计算速度，则可以选择 FP32。但如果任务对精度要求非常高，则需要选择 FP64，尽管计算速度可能会受到影响。

表 3.5.4 对新增了 Tensor Core 之后不同存储和传输的带宽和计算强度进行了比较。采用 L1 Cache 的计算强度为 32，采用 L2 Cache 的计算强度是 156，因此需要考虑如何搭配多级 Cache 和 Tensor Core，使得 Tensor Core 在小矩阵或大矩阵计算中都能够更高效地执行运算。

表 3.5.4　新增 Tensor Core 后不同存储和传输的带宽和计算强度

数据位置	带宽(GB/s)	原计算强度	新增 Tensor Core 后计算强度
L1 Cache	19400	8	32
L2 Cache	4000	39	156
HBM	1555	100	401
NVLink	300	520	2080
PCIe	25	6240	24960

Tensor Core 在 L1 Cache、L2 Cache 和 HBM 存储位置的不同将影响理想计算强度下矩阵的维度大小，每种存储和矩阵的计算强度分别对应一个交叉点（图 3.5.19），结合图 3.5.18 可以看出，数据在什么类型的存储中尤为重要，相较于 FP32 和 FP64 对计算强度的影响更重要。当数据搬运到 L1 Cache 中时可以进行一些更小规模的矩阵运算，比如卷积计算。对于 NLP 中使用的 Transformer 结构，可以将数据搬运到 L2 Cache 进行计算。因为数据运算和读取存在比例关系，如果数据都在搬运，此时计算只能等待，导致二者不平衡，因此，找到计算强度和矩阵大小的平衡点对于 AI 计算系统的优化尤为重要。

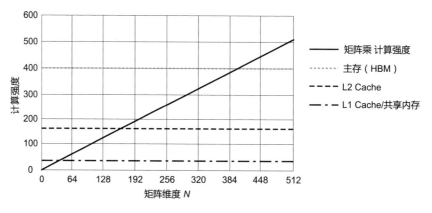

图 3.5.19

小结与思考

● GPU 的发展历程从简单的图形处理功能逐步演化为高性能计算和深度学习加速器。AI 技术的迅速发展与 GPU 密不可分，GPU 在加速神经网络模型训练中发挥着重要作用，并成为 AI 计算的标配。

- GPU 并行计算原理：GPU 通过超配线程和 Warp（一组同时执行相同指令的线程）来掩盖内存时延，利用其高吞吐量架构来提升性能，与 CPU 的低时延设计形成对比。
- GPU 缓存机制与线程原理：GPU 采用多级缓存结构来降低对主内存的依赖，并通过大量线程超配来提高算力利用率，其中 L1 Cache、L2 Cache 和寄存器的设计有助于提升数据传输和计算效率。
- GPU 的线程分级结构能够与 AI 计算中的不同数据结构对应关系相匹配，通过线程超配和 Warp 执行单元来提高计算效率并掩盖内存时延。
- 计算强度是衡量 AI 计算性能的关键指标，GPU 通过优化计算强度，如引入 Tensor Core，来提升 AI 计算中矩阵乘法的性能，实现计算与数据传输之间的有效平衡。

3.6　AI 专用芯片基础

近年来，随着人工智能技术的飞速发展，AI 专用芯片如 NPU 和 TPU 也应运而生。这些处理器旨在加速深度学习和机器学习任务，相比传统的 CPU 和 GPU，它们在处理 AI 任务时表现出更高的效率和性能。本节将首先简单介绍 AI 芯片的发展历程，然后具体展开其部署说明、技术发展路线和应用场景。

3.6.1　AI 芯片发展速览

AI 芯片是专门为加速人工智能应用中的大量针对矩阵计算任务而设计的处理器或计算模块。与传统的通用芯片（如 CPU）不同，AI 芯片采用针对特定领域优化的体系结构（Domain Specific Architecture，DSA），侧重于提升执行 AI 算法所需的专用计算性能。

图 3.6.1 所示是一个典型的 AI 芯片架构，我们假设所有场景围绕应用，那么其周围的解码芯片（如图中橙色部分 RSU）、FPGA 芯片（如图中红色部分）等都是属于针对特定领域优化的芯片结构。

DSA 通常被称为针对特殊领域的加速器架构，因为与在通用 CPU 上执行整个应用程序相比，它们可以大幅提升特定应用的性能。DSA 可以通过更贴近应用的实际需求来实现更高的效率和性能。除了 AI 芯片，DSA 的其他例子还包括图形加速单元（GPU）、用于深度学习的神经网络处理器（NPU/TPU）以及软件定义网络（SDN）处理器等。

AI 芯片作为一种专用加速器，通过在硬件层面优化深度学习算法所需的矩阵乘法、卷积等关键运算，可以显著加速 AI 应用的执行速度，降低功耗。与在通用 CPU 上用软件模拟这些运算相比，AI 芯片能带来数量级的性能提升。因此，AI 芯片已成为人工智能技术实现落地的关键使能器。

CPU、GPU、NPU 的架构区别如图 3.6.2 所示，CPU 最为均衡，可以处理多种类型的任务，各种组件比例适中；GPU 则减少了控制逻辑，但大量增加了 ALU 计算单元，提供高计算并行度；

而 NPU 则是拥有大量 AI Core，可以高效完成针对性的 AI 计算任务。

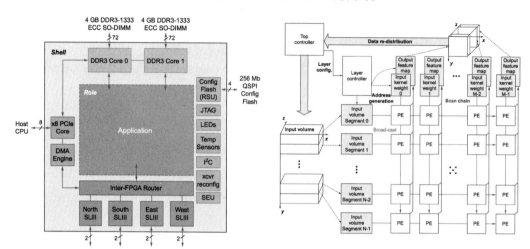

图 3.6.1

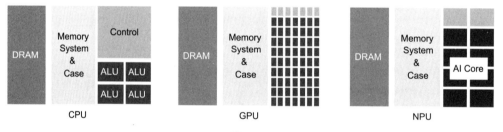

图 3.6.2

AI 芯片的兴起源于深度学习的快速发展。随着神经网络模型的规模不断增大，其应用快速发展，训练和推理所需的计算量呈指数级增长，传统的通用芯片已无法满足性能和功耗的要求。与此同时，AI 应用对实时性和能效的需求也日益提高，尤其是在自动驾驶、智能安防、边缘计算等场景中。这些因素共同推动了 AI 芯片的发展。

AI 专用芯片的发展可以追溯到 2016 年谷歌推出了第一代 TPU，采用了独特的 TPU 核心脉动阵列设计，专门用于加速 TensorFlow 框架下的机器学习任务。此后，谷歌又陆续推出了多个 TPU 系列产品，不断优化其架构和性能。

华为也紧随其后，推出了自己的 AI 专用芯片——昇腾 NPU。昇腾 NPU 采用了创新的达芬奇架构，集成了大量的 AI 核心，可以高效地处理各种 AI 任务。华为还推出了多款搭载昇腾 NPU 的产品，如华为 Mate 系列手机和 Atlas 服务器等。

特斯拉作为一家以电动汽车和自动驾驶技术闻名的公司，也推出了自己的 AI 芯片——

DOJO。DOJO 采用独特的架构设计，旨在加速自动驾驶系统的训练和推理任务。

除了上述几家巨头外，国内外还有许多其他公司也在积极布局 AI 芯片领域，如寒武纪的 MLU 系列、地平线的征程系列等。这些 AI 芯片在架构设计、性能表现、应用场景等方面各有特点，为 AI 技术的发展提供了强有力的硬件支持。

3.6.2　AI 专用芯片任务和部署

AI 专用芯片在人工智能的发展中扮演着至关重要的角色，其任务和部署过程极其复杂。首先，AI 专用芯片需要处理大量数据，并执行高强度的计算任务，这涉及高性能计算、能效优化、硬件架构设计等多个方面。在人工智能系统中，芯片不仅要具备强大的计算能力，还需要在不同应用场景下表现出色，例如数据中心、大规模服务器以及边缘设备等。

AI 专用芯片的复杂性主要体现在以下几个方面。首先是计算能力，AI 任务通常涉及大量的矩阵运算和并行计算，这对芯片的计算核心和内存带宽提出了极高的要求。为了满足这些需求，芯片需要设计复杂的并行计算架构，并配备高效的内存系统，以保证数据的高速传输和处理。

其次是能效比，尤其是在移动设备和边缘计算场景中，芯片必须在保证高性能的同时，尽量降低功耗。这要求芯片设计者在硬件架构和算法加速技术上进行优化，以提高计算效率并减少能源消耗。

此外，AI 专用芯片还需要具备灵活性和可扩展性，以适应不断变化的应用需求和技术进步。例如，不同的人工智能任务可能需要不同的计算资源和数据处理能力，芯片必须能够动态调整以满足这些需求。

尽管 AI 专用芯片的任务和部署极为复杂，但其功能最终可以归结为两种主要形态：训练和推理。

1. 训练芯片

在训练阶段，AI 专用芯片需要支持大规模的数据处理和复杂的模型训练。这需要芯片具有强大的并行计算能力、高带宽的存储器访问以及灵活的数据传输能力。

算力、存储、传输、功耗、散热、精度、灵活性、可扩展性、成本，这九大要素构筑起训练阶段 AI 专用芯片的"金字塔"：

算力为基，强大的并行计算能力是训练模型的根基，支撑着复杂模型的构建与优化。高带宽存储器访问则如高速公路般畅通无阻，保证数据高效流动。灵活的数据传输能力穿针引线，使模型训练过程更加顺畅。功耗与散热如影随形，高性能计算往往伴随着高热量产生。因此，低功耗、良好的散热设计至关重要，避免过热导致性能下降甚至芯片损坏。精度至上，训练阶段要求芯片具备高精度计算能力，确保模型参数的准确无误，为模型训练奠定坚实基础。灵活性为王，训练芯片需要兼容各类模型和算法，适应不断发展的 AI 技术，展现游刃有余的适应能力。可扩展性则是未来之光，面对日益庞大的模型和数据集，芯片需具备强大的扩展能力，满足不断增长的计算需求。成本考量亦不可忽视，高昂的价格可能会限制芯片的应用范围，因此合理的价格策略也是芯片赢得市场的重要因素。

昇腾 Ascend NPU、谷歌 TPU、Graphcore IPU 等专门为 AI 训练设计的芯片，正朝着上述目标不断迈进，为大规模 AI 模型训练提供强劲动力。相信随着 AI 技术的飞速发展，训练芯片也将不断突破瓶颈，为 AI 应用带来更加广阔的空间。

2. 推理芯片

在推理阶段，AI 专用芯片需要在功耗、成本和实时性等方面进行优化，以满足不同应用场景的需求。云侧推理通常对性能和吞吐量要求较高，因此需要使用高性能的 AI 专用芯片，如 GPU、FPGA 等。相比之下，边缘和端侧推理对功耗和成本更加敏感，因此需要使用低功耗、低成本的 AI 专用芯片，如专门为移动和嵌入式设备设计的 NPU、TPU 等。

相较于训练芯片在"幕后"的默默付出，推理芯片则站在了 AI 应用的前沿，将训练好的模型转化为现实世界的智能服务。如果说训练芯片是 AI 技术的发动机，那么推理芯片就是将这股力量输送到应用场景的传动装置。

国内热衷推理芯片可以归结为政策驱动和市场需求两大因素。近年来，国内涌现出众多推理芯片厂商，这背后既有政策驱动的因素，也离不开市场需求的牵引。政策方面，国家层面高度重视 AI 产业发展，出台了一系列扶持政策，鼓励企业研发国产 AI 专用芯片。这为国内推理芯片厂商提供了良好的发展机遇。市场需求方面，随着 AI 应用的普及，对推理芯片的需求也日益旺盛。智能手机、智能家居、自动驾驶等领域，都对推理芯片有着巨大的需求。

推理芯片的关键因素与训练芯片相比，在性能、功耗、成本等方面有着不同的要求。性能方面，推理芯片需要支持多种模型和算法，并能够以较低的时延完成推理任务。功耗方面，推理芯片通常部署在边缘设备上，因此需要具有较低的功耗，以延长设备续航时间。成本方面，推理芯片需要价格亲民，才能被更广泛地应用。除此之外，推理芯片还需要考虑其他几个重要因素。首先，灵活性方面，推理芯片需要能够快速部署和更新模型，以适应不断变化的需求。其次，安全性方面，推理芯片需要具备安全防护能力，防止数据泄露和安全攻击。

随着 AI 应用的不断发展，AI 芯片的异构集成趋势也越来越明显。单一的芯片架构难以满足日益多样化的 AI 应用需求，因此，集成多种异构计算单元的 AI 芯片成了主流方向。例如，集成 CPU、GPU、NPU 等多种计算单元的 AI 芯片，可以在训练和推理任务中发挥各自的优势，提供更加全面和高效的 AI 计算能力。

目前，国内推理芯片市场呈现出百花齐放的局面，涌现出寒武纪、地平线、百度等一批优秀厂商。这些厂商推出的推理芯片在性能、功耗、成本等方面取得了显著进步，并逐渐开始在智能手机、智能家居、自动驾驶等领域实现商用。

此外，AI 芯片的部署方式也在不断演进。传统的云侧部署模式面临着数据传输和隐私安全等挑战，因此边缘侧和端侧部署成为 AI 应用的重要趋势。通过将 AI 芯片和模型部署在边缘设备和终端设备上，可以大大减少数据传输的时延和带宽压力，提高 AI 应用的实时性和安全性。同时，端侧部署也对 AI 芯片的功耗和成本提出了更高的要求。

3.6.3 AI 专用芯片技术路线

作为加速应用的 AI 专用芯片，主要的技术路线有三种：GPU、FPGA、ASIC。它们三者间的区别如表 3.6.1 所示。

表 3.6.1 GPU、FPGA、ASIC 对比

	GPU	FPGA	ASIC
定制化程度	通用	半定制化	定制化
灵活性	好	好	不好
成本	高	较高	低
编程语言	CUDA/OpenCL	Verilog/VHDL、OpenCL/HLS	—
功耗	高	较高	较高
优点	峰值算力强，产品成熟	平均性能较高，功耗较低，灵活性强	专用性能强，功耗较低
缺点	整体算力利用率低，功耗高	量产单价高，峰值算力低，上层软件构筑难	上层软件构筑难，针对具体应用，泛化性差
应用场景	云侧训练、云侧推理	云侧推理、终端推理	云侧训练与推理、终端推理

下面，我们展开介绍三者的一些基础细节。

1. GPU

GPU 由于其强大的并行计算能力，已经成为目前最主流的 AI 芯片加速方案。GPU 厂商不断推出专门针对 AI 加速的 GPU 产品，如英伟达的 Tesla 系列、AMD 的 Radeon Instinct 系列等。为了进一步提高 GPU 在 AI 领域的性能，厂商们也在不断对 GPU 的架构进行优化，如英伟达推出了专门为深度学习优化的 Tensor Core 技术，可以大幅提高矩阵运算的速度。但是，GPU 作为一种通用计算芯片，在功耗和成本方面还有进一步优化的空间。此外，GPU 编程的难度也较高，对开发者的要求较高。

图 3.6.3 为 GPU 架构概略图，我们可以看到其有非常多的计算单元，这为其提供了非常快速的数据并行处理能力。

2. FPGA

FPGA 作为一种可重构的硬件，在 AI 加速领域也有广泛的应用。与 GPU 相比，FPGA 的优势在于更低的功耗和更高的灵活性。FPGA 厂商也在不断推出针对 AI 应用的 FPGA 产品，如 Xilinx 的 Alveo 系列、英特尔的 Stratix 系列等。

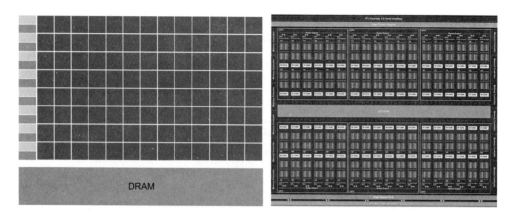

图 3.6.3

这些产品通常集成了更多的数学运算单元，以及更大的片上存储和更高的内存带宽，以满足 AI 应用的需求。但是，FPGA 的编程难度较高，通常需要硬件描述语言（如 Verilog 或 VHDL）的知识。此外，FPGA 的成本也较高，在大规模部署时可能会受到限制。

图 3.6.4 为 FPGA 架构概略图，我们可以看到其主要包括逻辑块、I/O 块和互联网络。每个逻辑块可以进行独立的逻辑运算，I/O 块用于输入和输出数据，互联网络用于连接各个逻辑块和 I/O 块。

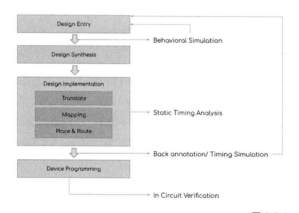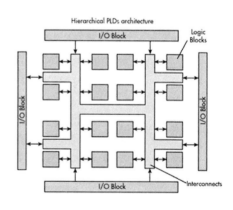

图 3.6.4

3. ASIC

ASIC 作为专用芯片，可以针对特定的 AI 算法和应用场景进行优化，提供最高的性能和能效。许多科技巨头都在开发自己的 AI 专用 ASIC，如谷歌的 TPU、华为的昇腾 Ascend NPU 系列等。与 GPU 和 FPGA 相比，ASIC 可以在计算速度、功耗、成本等方面做到更加极致的优化。

但是，ASIC 的设计周期较长，前期投入大，灵活性也较差。此外，ASIC 芯片通常需要配合专门的软件栈和开发工具，生态系统的建设也是一大挑战。

图 3.6.5 为 ASIC 架构概略图，我们可以看到其包括接口模块、存储器接口、统一缓冲区、计算单元、数据处理单元、控制单元等，旨在提供高效的计算和数据处理能力。

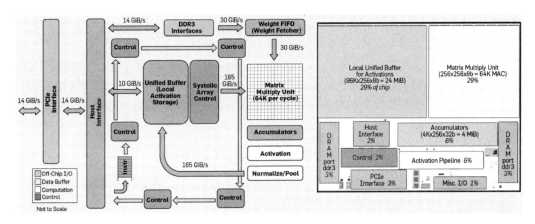

图 3.6.5

小结与思考

- NPU 和 TPU 等 AI 专用芯片的问世，极大地推动了人工智能技术的发展和应用。这些芯片在架构设计和性能优化方面不断创新，为各种 AI 任务提供了强大的计算支持。
- 随着 AI 技术的不断发展和应用需求的增长，AI 芯片将迎来更加广阔的发展前景。各大科技巨头和芯片厂商将继续加大在 AI 专用芯片领域的投入和创新，推动人工智能技术的进一步发展和普及。

第 4 章　GPU——以英伟达为例

4.1　引　言

本节将介绍英伟达 GPU 的 9 代架构，包括费米（Fermi）、开普勒（Kepler）、麦克斯韦（Maxwell）、帕斯卡（Pascal）、伏特（Volta）、图灵（Turing）、安培（Ampere）、赫柏（Hopper）和布莱克韦尔（Blackwell）架构。此外，还将围绕 GPU 计算核心、NVLink、NVSwitch 展开介绍。

4.1.1　GPU 历代架构回顾

1999 年，英伟达开发了图形处理器（Graphics Processing Unit，GPU）。从 2010 年 Fermi 架构的出现，到 2024 年 Blackwell 架构的发布，英伟达 GPU 经历了 9 代架构，如表 4.1.1 所示。

表 4.1.1　英伟达 GPU 9 代架构列表

架构名称	中文名字	发布年份	核心参数	特点&优势	纳米制程	代表型号
Fermi	费米	2010	16 个 SM，每个 SM 包含 32 个 CUDA Core，共有 512 个 CUDA Core	首个完整 GPU 计算架构，支持与共享存储结合的 Cache 层次 GPU 架构，支持 ECC GPU 架构	40/28 nm，30 亿个晶体管	Quadro 7000
Kepler	开普勒	2012	15 个 SMX，每个 SMX 包括 192 个 FP32 + 64 个 FP64 CUDA Core	游戏性能大幅提升，首次支持 GPU Direct 技术	28 nm，71 亿个晶体管	K80、K40M
Maxwell	麦克斯韦	2014	16 个 SM，每个 SM 包括 4 个处理块，每个处理块包括 32 个 CUDA Core + 8 个 LD/ST Unit + 8 SFU	每组 SM 单元从 192 个减少到 128 个，每个 SM 单元拥有更多逻辑控制电路	28 nm，80 亿个晶体管	M5000、M4000、GTX 9XX 系列
Pascal	帕斯卡	2016	GP100 有 60 个 SM，每个 SM 包括 64 个 CUDA Core+32 个 DP Core	NVLink 第一代，双向互联带宽 160 GB/s，P100 拥有 56 个 SM HBM	16 nm，153 亿个晶体管	P100、P6000、GTX1080

架构名称	中文名字	发布年份	核心参数	特点&优势	纳米制程	代表型号
Volta	伏特	2017	80 个 SM，每个 SM 包括 32 个 FP64 + 64 个 INT32 + 64 个 FP32 + 8 个 Tensor Core	NVLink2.0，Tensor Core 第一代，支持 AI 运算，NVSwitch1.0	12 nm, 211 亿个晶体管	V100、TiTan V
Turing	图灵	2018	102 个核心，92 个 SM，SM 重新设计，每个 SM 包含 64 个 INT32 + 64 个 FP32 + 8 个 Tensor Core	Tensor Core2.0，RT Core 第一代	12 nm, 186 亿个晶体管	T4、2080TI、RTX 5000
Ampere	安培	2020	108 个 SM，每个 SM 包含 64 个 FP32 + 64 个 INT32 + 32 个 FP64 + 4 个 Tensor Core	Tensor Core3.0，RT Core2.0，NVLink3.0，结构稀疏性矩阵 MIG1.0	7 nm, 540 亿个晶体管	A100、A30 系列
Hopper	赫柏	2022	132 个 SM，每个 SM 包含 128 个 FP32 + 64 个 INT32 + 64 个 FP64 + 4 个 Tensor Core	Tensor Core4.0，NVLink4.0，结构稀疏性矩阵 MIG2.0	4 nm, 800 亿个晶体管	H100
Blackwell	布莱克韦尔	2024	—	Tensor Core5.0，NVLink5.0，第二代 Transformer 引擎，支持 RAS	4NP, 2080 亿个晶体管	B200

1. Fermi 架构

2010 年英伟达提出 Fermi 架构（图 4.1.1），最大可支持 16 个 SM，每个 SM 具有 32 个 CUDA Core，共有 512 个 CUDA Core。该架构主要为了满足当时游戏用户的需求，因此整个 GPU 有多个图形处理簇（Graphics Processing Clusters，GPC），单个 GPC 包含 1 个光栅引擎（Raster Engine）和 4 个 SM（Glaskowsky，2009）。

GPU 拥有 6 个 64 位内存分区，共 384 位内存，最多支持 6 GB GDDR5 DRAM 内存。主机接口通过 PCI-Express 连接 GPU 和 CPU。GigaThread（线程）全局调度器将线程块分配给 SM 线程调度器。因为计算核心较多，因此，将 L2 Cache 放在处理器中间位置，使得数据可在 CUDA Core 之间快速传输。

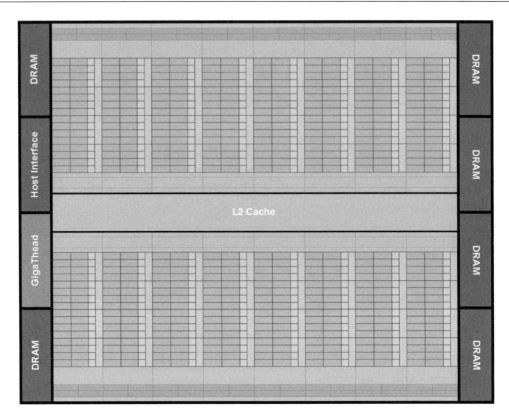

Fermi架构：16个 SM 围绕一个的L2 Cache部署。每个SM是一个垂直的矩形，包含一个橙色
部分（调度器和分派单元）、一个绿色部分（执行单元）以及浅蓝色部分（寄存器文件和L1 Cache）

图 4.1.1

恩里科·费米（Enrico Fermi）是意大利裔美国物理学家，20 世纪最重要的物理学家之一，
被誉为"原子能时代之父"。他在核物理、量子力学和统计力学等领域做出重要贡献。主
要成就包括：

（1）提出费米子统计，即著名的费米-狄拉克统计，描述半整数自旋的粒子的统计性质。

（2）领导芝加哥大学的"费米堆"项目，成功实现世界上第一座自持核链反应堆。

（3）参与曼哈顿计划，对原子弹的研发做出重要贡献。

（4）因在放射性同位素研究领域的杰出贡献而获得 1938 年诺贝尔物理学奖。

如图 4.1.2 所示，Fermi 架构采用第三代流处理器，每个SM有16个加载/存储单元（Load/Store,
LD/ST），允许为每个时钟 16 个线程计算源地址和目标地址，支持将每个地址的数据加载并存
储到缓存或 DRAM 中（Glaskowsky，2009）。特殊功能单元（Special Function Unit, SFU）执行

超越函数，如正弦（sin）、余弦（cos）、求导和平方根。每个 SFU 在每个线程、每个时钟执行
一条指令，一次 Warp（由 32 个线程组成的线程组）需经 8 个时钟周期。SFU 管线与调度单元
解耦，允许调度单元在占用 SFU 时，向其他执行单元发送指令。双精度算法是高性能计算应用
的核心，每个 SM、每个时钟可执行多达 16 个双精度融合乘加运算。

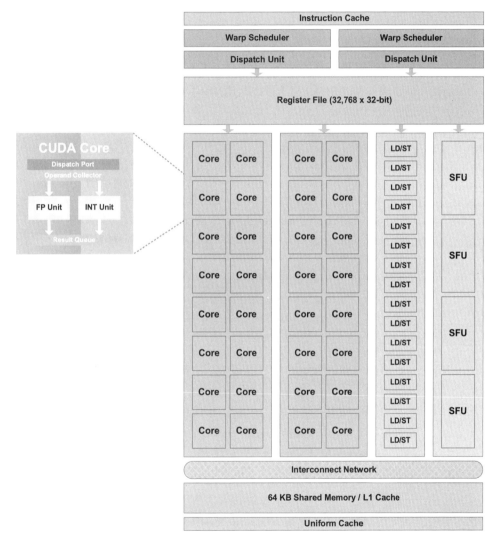

图 4.1.2

每个 SM 有 2 个 Warp 调度器和 2 个指令调度单元，允许同时发出和执行 2 个 Warp。并行计算主要在 CUDA 中处理，每个 CUDA 处理器都有一个完整的流水线整数算术逻辑单元（ALU）和浮点单元（FP Unit，FPU），可以选择 FP32 或 INT8 执行计算，但是浮点单元和整数单元（INT Unit）的执行不是并行的。

一个 CUDA 程序被称为并行的 Kernel，线程分为三个层次（图 4.1.3）：线程（Thread）、块（Block）和网格（Grid），每个层次结构对应硬件，线程可共享本地内存（Local Memory）、线程块使用共享内存（Shared Memory）、网格共享全局内存（Global Memory），具有相应的每个线程专用、每个块共享和每个应用程序全局内存空间。

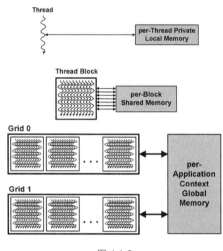

图 4.1.3

2. Kepler 架构

2012 年，英伟达提出 Kepler 架构，由 71 亿个晶体管组成的 Kepler GK110 可提供超过 1 TFLOP 的双精度吞吐量，采用台积电 28 nm 制程工艺，每瓦特的性能是 Fermi 架构的 3 倍。如图 4.1.4 所示，Kepler 架构最大支持 15 个 SMX 单元和 6 个 64 位内存控制器，内存子系统提供额外的缓存功能，每个层次结构的存储器有更大的带宽，可实现更快的 DRAM I/O，同时为编程模型提供硬件支持。

约翰内斯·开普勒（Johannes Kepler）是一位德国天文学家、数学家和占星术士，被誉为现代天文学的奠基人之一。他生活在 16 世纪末至 17 世纪初，是科学革命时期的重要人物，他的工作对天文学和物理学领域产生了深远的影响。开普勒的主要成就包括：

（1）提出行星运动的三大定律，即开普勒定律。

（2）通过观测和分析，提出行星运动的椭圆轨道理论，颠覆了当时的圆周运动观念。

（3）对光学、天文学和数学领域都做出重要贡献，为牛顿的引力理论奠定基础。

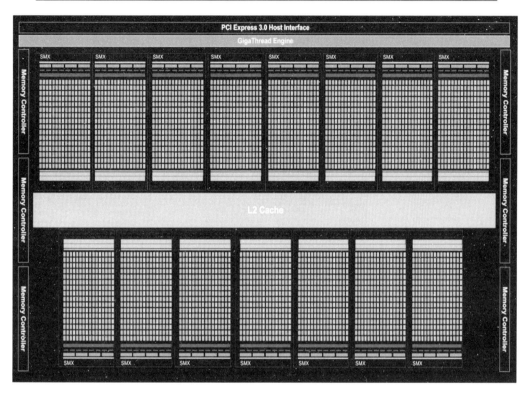

图 4.1.4

如图 4.1.5 所示，Kepler 架构相比上一代 Fermi 架构，其流式多处理器由 SM 更名为 SMX，但是本身的概念没有改变，每个 SMX 具有 4 个 Warp 调度器和 8 个指令调度单元，允许同时发送和执行 4 个 Warp。Fermi 架构共有 32 核，而 Kepler 架构拥有 192 核，大大提升了 GPU 并行处理的能力。Fermi 支持最大的线程数是 1536，Kepler 最大线程数达到 2048。64 个双精度（Double-Precision，DP）单元，32 个特殊功能单元（SFU）和 32 个 LD/ST（Load/Store）单元，完全满足高性能计算场景的实际需求。

Kepler 架构支持动态并行（Dynamic Parallel），在无需 CPU 支持的情况下可自动同步，在程序执行过程中灵活动态地提供并行数量和形式。Hyper-Q 可让多个 CPU 核使用单个 GPU 执行工作，提高 GPU 利用率并显著减少 CPU 的空闲时间，允许 32 个同时进行硬件管理连接，允许从多个 CUDA 流处理，多个消息传递进程中分离出单个进程。使用网格管理单元（Grid Management

Unit，GMU）启用动态并行和调度控制，比如挂起或暂停网格和队列直到执行的环境准备好。

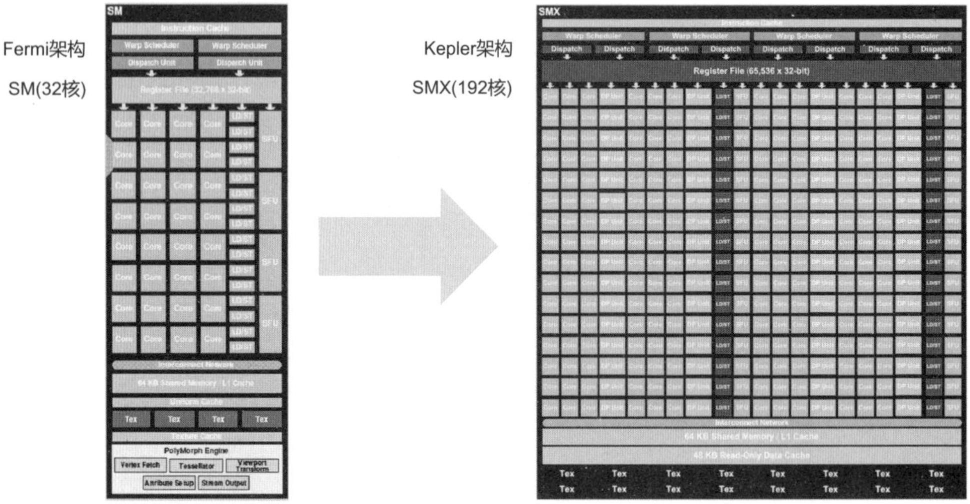

图 4.1.5

3. Maxwell 架构

2014 年，英伟达提出 Maxwell 架构。如图 4.1.6 所示，Maxwell 架构相比上一代 Kepler 架构没有太大改进，其流式多处理器又用回了原来的名称 SM，整体核心个数为 128 个，因为核心数无需太多，可通过超配线程数来提升 GPU 并行计算的能力。

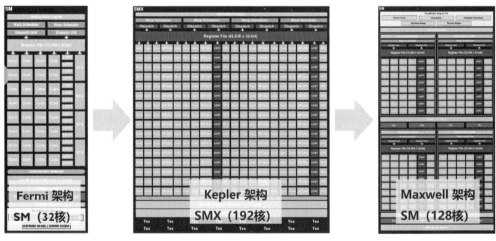

图 4.1.6

　　Maxwell 的 SM 使用基于象限的设计，其中每个 SM 有 4 个处理块，每个处理块有 32 核，每个处理块都有一个专用的 Warp 调度器，能够在每个时钟调度两条指令。每个 SM 提供 8 个纹理单元、1 个图形的几何处理引擎以及专用的寄存器文件（Register File）和共享内存（Shared Memory）。其单核性能（Performance/Core）是 Kepler 架构性能的 1.35 倍，性能与功耗的比率（Performance/Watt）是 Kepler 架构的 2 倍，在相同功耗下具有更高的性能。

> 　　詹姆斯·克拉克·麦克斯韦（James Clerk Maxwell）是 19 世纪英国物理学家，被誉为电磁理论之父。他在电磁学和热力学领域做出重要贡献，开创现代物理学的新时代。主要成就包括：
>
> 　　(1)提出麦克斯韦方程组，总结电磁场基本规律，将电磁学和光学统一起来。
>
> 　　(2)发展统计力学，提出分子速度分布的麦克斯韦-玻尔兹曼分布定律。
>
> 　　(3)提出色散理论，解释光的色散现象，为光学研究提供新的理论基础。
>
> 　　(4)预言电磁波的存在，并用后来的实验证实这一理论，为无线电通信的发展奠定基础。

　　对比 Kepler 架构和 Maxwell 架构（表 4.1.2），Maxwell 架构拥有更大的专用共享内存，共享内存与 L1 Cache 分离，每个 SM 提供专用的 64 KB 共享内存，Maxwell GM204 中每个 SM 的专用共享内存提高到 96 KB。与 Kepler 架构和 Fermi 架构相同，每个线程块的最大共享内存仍是 48 KB。Maxwell GM204 具有更大的二级缓存（L2 Cache），是 Kepler GK104 的 4 倍，带宽受限的应用程序可获得更大的性能优势。每个 SM 具有更多个线程块（Thread Block），从 16 个增加到 32 个，有助于提高运行在小线程块上的内核使用率。可对 32 位整数的本机共享内存进行原子操作，使线程块上的列表和栈类型数据更高效，和 Kepler 架构一样支持动态并行。

表 4.1.2　基于 Kepler 架构与 Maxwell 架构的 GPU GeForce 系列 GPU 参数对比

参数	GTX 680 (Kepler GK104)	GTX 980 (Maxwell GM204)
CUDA Core	1536	2048
基准时钟频率（Base Clock）	1006 MHz	1126 MHz
GPU 加速时钟频率（GPU Boost Clock）	1058 MHz	1216 MHz
GFLOP	3090	4612
计算能力（Compute Capability）	3.0	5.2
流式多处理器（SM）	8	16
每个 SM 共享内存（Shared Memory / SM）	48 KB	96 KB
每个 SM 寄存器文件大小（Register File Size / SM）	256 KB	256 KB
每个 SM 执行中线程块（Active Block / SM）	16	32

参数	GTX 680 (Kepler GK104)	GTX 980 (Maxwell GM204)
纹理单元（Texture Unit）	128	128
纹理填充率（Texel Fill Rate）	128.8 Gigatexels/s[①]	144.1 Gigatexels/s
内存	2048 MB	4096 MB
内存时钟频率	6008 MHz	7010 MHz
内存带宽	192.3 GB/s	224.3 GB/s
光栅操作处理器（ROP）	32	64
二级高速缓存器容量（L2 Cache Size）	512 KB	2048 KB
热设计功率（TDP）	195 W	165 W
晶体管个数	3.54×10^9	5.2×10^9
裸片尺寸（Die Size）	294 mm²	398 mm²
制程工艺	28nm	28 nm

①Gigatexels/s，千兆像素每秒，表示每秒可以处理十亿（10^9）个像素

4. Pascal 架构

2016 年，英伟达提出 Pascal 架构（图 4.1.7），相比之前的架构，Pascal 架构在应用场景、内存带宽和制程工艺等多个方面都具有创新。其将系统内存 GDDR5 换成 HBM2，能够在更高的带宽下处理更大的工作数据集，提高效率和计算吞吐量。采用 16 nm FinFET 工艺，拥有 153 亿个晶体管，相同功耗下算力提升一个数量级。同时还提出第一代 NVLink，提升单机卡间通信之外扩展多机之间的带宽。

GP100 Pascal 是由图形处理集群（GPC）、纹理处理集群（TPC）、流式多处理器（SM）和内存控制器组成。一个完整的 GP100 由 6 个 GPC、60 个 Pascal SM、30 个 TPC（每个 TPC 包括 2 个 SM）和 8 个 512 位内存控制器（共 4096 位）组成。每个 GPC 都有 10 个 SM，而每个 SM 具有 64 个 CUDA Core 和 4 个纹理单元。GP100 拥有 60 个 SM，共有 3840 个单精度 CUDA Core 和 240 个纹理单元。每个内存控制器都连接到 512 KB 的 L2 Cache 上，每个 HBM2 DRAM 都由一对内存控制器控制，共包含 4096 KB L2 Cache。

Pascal 架构在 SM 内部进一步精简，精简思路是，SM 内部包含的硬件单元类别减少，随着芯片制程工艺的进步，SM 数量每一代都在增加。单个 SM 只有 64 个 FP32 CUDA Core，相比 Maxwell 架构的 128 核和 Kepler 架构的 192 核，Pascal 架构的 CUDA Core 数量少了很多，而且 64 个 CUDA Core 又分为 2 个区块，每个处理块有 32 个单精度 CUDA Core、1 个指令缓冲区、1 个 Warp 调度器和 2 个调度单元（Dispatch Unit）。分成 2 个区块后，寄存器文件大小保持不变，每个线程可使用更多的寄存器，单个 SM 可以并发更多的 Thread、Warp、Block，从而进一步提升并行处理能力。

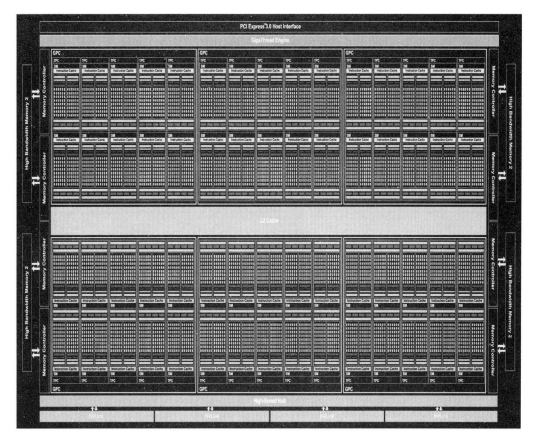

图 4.1.7

布莱斯·帕斯卡（Blaise Pascal）是 17 世纪法国数学家、物理学家、哲学家和神学家，被视为文艺复兴时期最重要的思想家之一，又被认为是现代概率论和流体力学的奠基人之一。其主要成就包括：

(1)发明帕斯卡三角形，这是一个数学工具，被广泛用于组合数学和概率论中。

(2)提出帕斯卡定律，描述液体在容器中压力传递规律。

(3)发展概率论，提出帕斯卡概率论，为后来的概率统计学奠定基础。

(4)提出帕斯卡赌注，探讨信仰与理性的关系。

由于多机采用 InfiniBand 和 100 GB 以太网通信，单个机器内单 GPU 到单机 8 GPU，PCIe 带宽成为瓶颈，因此 Pascal 架构首次提出 NVLink，针对多 GPU 和 GPU-to-CPU 实现高带宽连接。NVLink 用以单机内多 GPU 内的点对点通信，带宽达到 160 GB/s，约是 PCIe 3×16 的 5 倍，减少数据传输的时延，避免大量数据通过 PCIe 回传到 CPU 的内存，导致数据重复搬运，实现

GPU 整个网络的拓扑互联（图 4.1.8）。在实际训练大模型的过程中，带宽成为分布式训练系统的主要瓶颈，从而使得 NVLink 成为一项具有重要意义的创新。

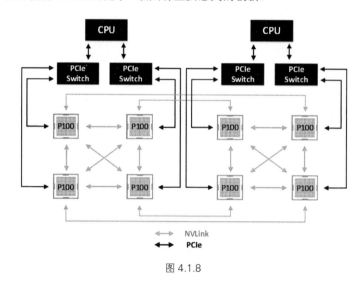

图 4.1.8

5. Volta 架构

2017 年，英伟达提出 Volta 架构，GV100 GPU 有 211 亿个晶体管，采用 TSMC 12 nm 工艺。Volta 架构做了以下创新：

● CUDA Core 拆分，分离 FPU 和 ALU，取消 CUDA Core 整体的硬件概念，一条指令可同时执行不同计算，同时对 CUDA 应用程序并行线程，更进一步提高了 CUDA 平台的灵活性、生产力和可移植性；

● 提出独立线程调度，改进单指令多线程 SIMT 模型架构，使得每个线程都有独立的程序计数器（Program Counter，PC）和堆栈（Stack），程序中并行线程之间更细粒度的同步和协作；

● 专为深度学习优化了 SM 架构，针对 AI 计算首次提出第一代 Tensor Core，提高深度学习计算中卷积计算速度；

● 改进 NVLink，提出第二代 NVLink，一个 GPU 可连接 6 个 NVLink，而不是 Pascal 架构时的 4 个，16 GB HBM2 内存子系统提供 900 GB/s 的峰值内存带宽；

● 提出 MPS 概念，在多个应用程序单独未充分利用 GPU 执行资源时，允许多个应用程序同时共享 GPU 执行资源，使得多进程服务可更好地适配到云厂商，实现多用户租赁，客户端数量从 Pascal 架构的 16 个增加到 Volta 架构的 48 个，支持多个单独的推理任务并发,提交给 GPU，从而提高 GPU 的整体利用率；

● 结合 Volta 架构新特性优化 GPU 加速库版本，如 cuDNN、cuBLAS 和 TensorRT，为深度

学习推理和高性能计算（HPC）应用程序提供更高的性能。

> 亚历山德罗·伏特（Alessandro Volta）是 18 世纪意大利物理学家，被誉为电池之父。他是电学领域的先驱之一，发明了第一种真正意义上的化学电池，被称为伏特电池，为电化学和现代电池技术的发展奠定基础。其主要成就包括：
>
> (1) 发明伏特电堆，能够产生持续的电流，是第一个实用的化学电池。
>
> (2) 提出静电感应理论，探讨静电现象的本质，对电学理论的发展产生重要影响。
>
> (3) 研究气体的电学性质，为后来的火花塞技术和火花点火系统的发展做出贡献。

与上一代 Pascal GP100 GPU 相似，GV100 GPU 有 6 个 GPU 处理集群（GPC），每个 GPC 有 7 个纹理处理集群（TPC）、14 个流式多处理器（SM）以及内存控制器（图 4.1.9）。

相比前几代架构，Volta 架构的 SM 的数目明显增多（图 4.1.10），SM 被分为 4 个处理块，单个 SM 包含 4 个 Warp Scheduler、4 个 Dispatch Unit、64 个 FP32 核心（4×16）、64 个 INT32 核心（4×16）、32 个 FP64 核心（4×8）、8 个 Tensor 核心（4×2）、32 个 LD/ST 单元（4×8）、4 个 SFU，FP32 和 INT32 两组运算单元独立出现在流水线中，每个时钟周期都可同时执行 FP32 和 INT32 指令，因此每个时钟周期可以执行的计算量更大。Volta 架构新增了混合精度 Tensor Core、高性能 L1 Cache 和新的 SIMT 线程模型。单个 SM 通过共享内存和 L1 Cache 资源的合并，相比 GP100 64 KB 的共享内存容量，Volta 架构增加到 96 KB。

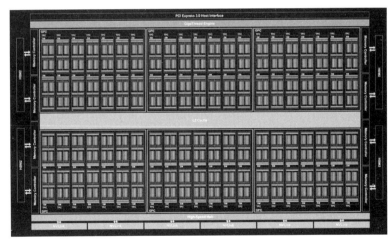

图 4.1.9

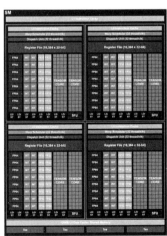

图 4.1.10

此外，NVSwitch1.0 技术是 Volta 架构中的一项重要创新，旨在提高 GPU 之间的通信效率和性能。如图 4.1.11 所示，NVSwitch1.0 支持多达 16 个 GPU 之间的通信，可以实现 GPU 之间的高速数据传输，从而提升系统的整体性能和效率，适用于需大规模并行计算的场景，比如人工智能训练和科学计算等领域（Teich，2018）。

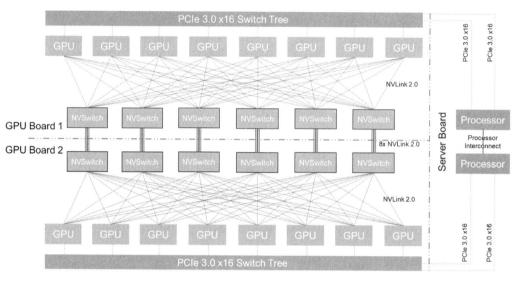

图 4.1.11

英伟达 Tesla V100 将深度学习的新架构特性与 GPU 计算性能相结合，提供更高的神经网络训练和推理性能。NVLink 使多 GPU 系统可提供性能的可伸缩性，同时 CUDA 编程的灵活性则允许新算法快速开发和部署，满足人工智能、深度学习系统和算法的训练和推断的持续需求。

6. Turing 架构

2018 年，Turing 架构发布，采用 TSMC 12 nm 工艺，共有 186 亿个晶体管。该架构在 PC 游戏、专业图形应用程序和深度学习推理方面，其效率和性能都取得重大提升。相比上一代 Volta 架构，Turing 架构主要更新了 Tensor Core（专门为执行张量/矩阵操作而设计的执行单元，深度学习计算核心）、CUDA 和 cuDNN 库，更好地应用于深度学习推理。RT Core（Ray Tracing Core，光线追踪核心）提供实时的光线跟踪渲染，包括具有物理上精确的投影、反射和折射，以及逼真的渲染物体和环境。支持 GDDR6 内存，与 GDDR5 内存相比，该架构具有 14 GB/s 传输速率，实现了 20% 的效率提升。NVLink2.0 支持 100 GB/s 双向带宽，使特定的工作负载能够有效跨 2 个 GPU 进行分割并共享内存。

如图 4.1.12 所示，TU102 GPU 包括 6 个图形处理集群（GPC）、36 个纹理处理集群（TPC）和 72 个 SM；每个 GPC 又包括 1 个专用光栅引擎和 6 个 TPC，每个 TPC 包括 2 个 SM；每个 SM 包含 64 个 CUDA Core、8 个 Tensor Core、1 个 256 KB 的寄存器文件、4 个纹理单元和 96 KB 的 L1/共享内存，这些内存可以根据计算或图形工作负载配置不同的容量。因此，TU102 GPU 共有 4608 个 CUDA Core、72 个 RT Core、576 个 Tensor Core、288 个纹理单元和 12 个 32 位

GDDR6 内存控制器（共 384 位）。

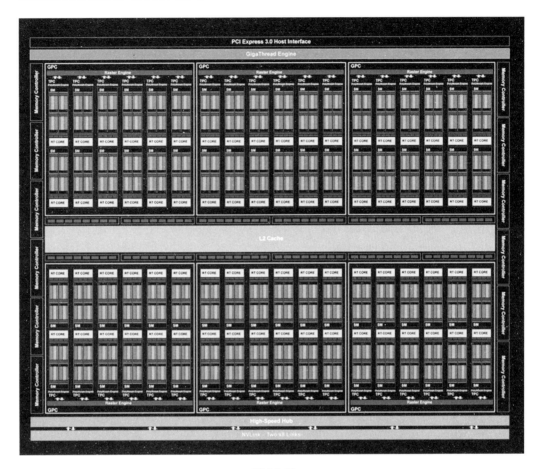

图 4.1.12

　　艾伦·图灵（Alan Turing）是 20 世纪英国数学家、逻辑学家和密码学家，被誉为计算机科学之父。他在计算理论和人工智能领域做出开创性的工作，对现代计算机科学的发展产生深远影响。其主要成就包括：

　　(1)发展图灵机概念，这是一种抽象的数学模型，被认为是计算机的理论基础，为计算机科学奠定基础。

　　(2)第二次世界大战期间，他领导英国破解德国恩尼格玛密码的团队，对盟军在战争中的胜利做出重要贡献。

　　(3)提出图灵测试，用来衡量机器是否具有智能，为人工智能领域的发展提供重要思想。

(4)在逻辑学领域，他提出了图灵判定问题，对计算机可解性和不可解性做出重要贡献。

随着神经网络模型的量化部署逐渐成熟，Turing 架构的 Tensor Core 增加了对 INT8、INT4、Binary 的支持，加速神经网络训练和推理函数的矩阵乘法核心。1 个 TU102 GPU 包含 576 个 Tensor Core，每个 Tensor Core 采用 FP16 输入，在一个时钟周期内可执行多达 64 个浮点融合乘法加法（FMA）操作。SM 中 8 个 Tensor Core 在每个时钟周期内共执行 512 次 FP16 的乘法和累加运算，或者在每个时钟周期内可执行 1024 次 FP 运算，新的 INT8 精度模式以 2 倍的速率进行工作，即每个时钟周期执行 2048 个整数运算。

如图 4.1.13 所示，该架构的每个 SM 具有 64 个 FP32 核心和 64 个 INT32 核心，还包括 8 个混合精度的 Tensor Core，每个 SM 被分为 4 个块，每个块包括 1 个新的 L0 指令缓存和 1 个 64 KB 的寄存器文件。4 个块共享 1 个 96 KB L1 数据缓存/共享内存。传统的图形工作负载将 96 KB 的 L1/共享内存划分为 64 KB 的专用图形着色器 RAM 和 32 KB 用于纹理缓存和寄存器文件溢出区域。计算工作负载可以将 96 KB 划分为 32 KB 共享内存和 64 KB L1 Cache，或者 64 KB 共享内存和 32 KB L1 Cache。

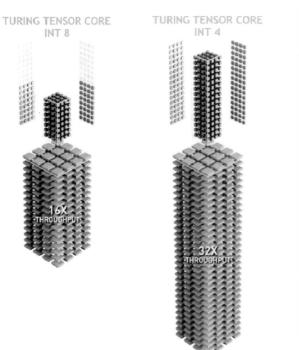
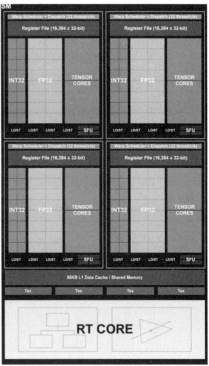

图 4.1.13

7. Ampere 架构

2020 年，Ampere 架构发布。Ampere 架构主要有以下特性：

● 超过 540 亿个晶体管，使其成为 2020 年世界上最大的 7 nm 处理器（英伟达 A100）；

● 提出 Tensor Core3.0，新增 TF32（TensorFloat 32），包括针对 AI 的扩展，可使 FP32 精度的 AI 性能提高 20 倍；

● 多实例 GPU（Multi-Instance GPU, MIG）将单个 A100 GPU 划分为多达 7 个独立的 GPU，为不同任务提供不同的算力，为云服务器厂商提供更好的算力切分方案；

● 提出 NVLink3.0 和 NVSwitch 方案，NVSwitch 可将多台机器互联，实现 GPU 高速连接的速度加倍，可在服务器中提供有效的性能扩展；

基于以上改进，Ampere 架构成为新一代数据中心和云计算 GPU 架构，可用于 AI 和高性能计算场景。

安德烈-玛丽·安培（André-Marie Ampère）是 19 世纪法国物理学家和数学家，被誉为电磁学之父。他对电流和磁场之间的相互作用进行了深入研究，提出了安培定律，对电磁理论的发展做出了重要贡献。主要成就包括：

（1）提出安培定律，描述电流元素之间的相互作用，为电磁感应和电磁场的研究奠定了基础。

（2）发展电动力学理论，将电流和磁场的关系系统化，并提出电流环的磁场理论。

（3）研究电磁感应现象，揭示了磁场和电场之间的关系，为后来法拉第的电磁感应定律的提出奠定了基础。

（4）对电磁学和热力学等领域都有重要贡献，被认为是 19 世纪最杰出的物理学家之一。

如图 4.1.14 所示，英伟达 A100 GPU 包括 8 个 GPC，每个 GPC 含有 8 个 TPC，每个 TPC 又包含多个 SM，每个 GPC 包含 16 个 SM/GPC，整个 GPU 拥有 128 个 SM。每个 SM 有 64 个 FP32 CUDA Core，总共 8192 个 FP32 CUDA Core。Tensor Core3.0 共有 512 个。NVIDIA A100 GPU 具有 6 个 HBM2 存储栈，12 个 512 位内存控制器，内存达到 40 GB。第三代 NVLink，GPU 和服务器双向带宽为 4.8 TB/s，GPU 之间的互联速度为 600 GB/s。A100 SM 拥有 192 KB 共享内存和 L1 数据缓存，比 V100 SM 大 1.5 倍。

A100 Tensor Core3.0 增强操作数共享并提高计算效率，引入了 TF32、BF16 和 FP64 等数据类型，平时训练模型的过程中使用较多的是 FP32 和 FP16（图 2.5.2）。大多数时候，FP16 是够用的，但在动态范围上受到限制，因此，BF16 的指数位和 FP32、TF32 相同，但小数位减少 3 位。数百个 Tensor Core 并行运行，从而大幅提高吞吐量和计算效率。

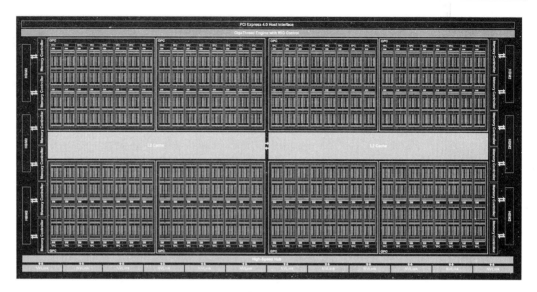

图 4.1.14

如表 4.1.3 所示，A100 FP32 FFMA 的性能，在 INT8、INT4 和 Binary 精度下分别提高为 32X、64X 和 256X，与 Volta 架构一样，该架构具有的自动混合精度（AMP）允许用户使用与 FP16 相结合的混合精度进行人工智能训练，这样 A100 具有比 TF32 快 2 倍的张量核心性能。

表 4.1.3 A100 在不同精度下的性能

输入操作数	累加器	算力（TOPS）	X-Factor vs. FFMA	稀疏算力（TOPS）	稀疏 X-Factor vs. FFMA
FP32	FP32	19.5	1X	—	—
TF32	FP32	156	8X	312	16X
FP16	FP32	312	16X	624	32X
BF16	FP32	312	16X	624	32X
FP16	FP16	312	16X	624	32X
INT8	INT32	624	32X	1248	64X
INT4	INT32	1248	64X	2496	128X
Binary	INT32	4992	256X	—	—
IEEE FP64		19.5	1X	—	—

Tensor Core 除了执行乘法和加法操作之外，还支持稀疏化结构矩阵（Sparse Tensor Core），实现细粒度的结构化稀疏（图 4.1.15），支持一个 2∶4 的结构化稀疏矩阵与另一个稠密矩阵直接相乘。常见的方法是利用稀疏矩阵的结构特点，只对非零元素计算，从而减少计算量。一个

训练得到的稠密矩阵在推理阶段经过剪枝之后变成一个稀疏化矩阵，然后英伟达架构对矩阵压缩后变成一个稠密的数据矩阵和一个索引（Indices），经索引压缩过的数据方便检索记录，最后再进行矩阵乘。

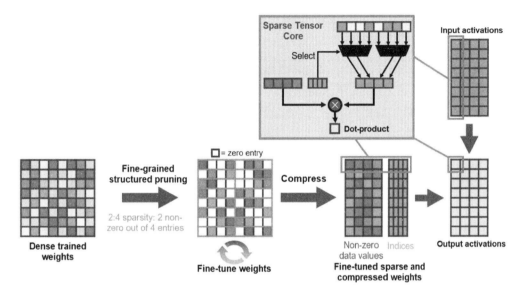

图 4.1.15

8. Hopper 架构

2022 年 Hopper 架构发布，英伟达 Grace Hopper 超级芯片架构将其 Hopper GPU 突破的性能与 Grace CPU 的多功能相结合，在单个超级芯片中，与高带宽和内存一致的英伟达 NVLink Chip-2-Chip（C2C）互联，支持新的英伟达 NVLink 切换系统，CPU 和 GPU、GPU 和 GPU 之间通过 NVLink 连接，数据的传输速率高达 900 GB/s，从而解决了 CPU 和 GPU 之间数据时延问题，跨机之间通过 PCIe5 连接问题。

Hopper 架构是第一个真正的异构加速平台，适用于高性能计算（HPC）和 AI 工作负载。如表 4.1.4 所示，英伟达 Grace CPU 和 Hopper GPU 实现 NVLink-C2C 互联，总带宽高达 900 GB/s，同时支持 CPU 内存寻址为 GPU 内存。NVLink 4.0 连接多达 256 个英伟达 Grace Hopper 超级芯片，最高可达 150 TB 的 GPU 可寻址内存。

如图 4.1.16 所示，H100 有 8 组 GPC、66 组 TPC、132 组 SM，共计 16896 个 CUDA Core、528 个 Tensor Core、50 MB 二级缓存。显存为新一代 HBM3，容量 80 GB，位宽 5120 bit，带宽高达 3 TB/s。

表 4.1.4   H100 参数

H100	参数
英伟达 Grace CPU	72 个 ARM Neoverse V2 内核，每个内核 ARMv9.0-A ISA 和 4 个 128 位 SIMD 单元
	512 GB LPDDR5X 内存，提供高达 546 GB/s 的内存带宽
	117 MB 的 L3 缓存，内存带宽高达 3.2 TB/s
	64 个 PCIe Gen5 通道
英伟达 Hopper GPU	144 个第四代 Tensor Core，新增 Transformer 引擎使大语言模型训练速度提升 9 倍，推理速度提升 30 倍。FP64 提升至 3 倍，添加动态编程（DPX）指令使性能提升 7 倍
	96 GB HBM3 内存提供高达 3000 GB/s 的速度
	60 MB 二级缓存
	NVLink 4.0 和 PCIe 5
英伟达 NVLink-C2C	Grace CPU 和 Hopper GPU 之间硬件一致性互联
	高达 900 GB/s 的总带宽、450 GB/s 的单向带宽
	扩展 GPU 内存功能使 Hopper GPU 能够将所有 CPU 内存寻址为 GPU 内存。每个 Hopper CPU 可以在超级芯片内寻址多达 608 GB 内存
英伟达 NVLink 切换系统	使用 NVLink 4.0 连接多达 256 个英伟达 Grace Hopper 超级芯片
	每个连接 NVLink 的 Hopper GPU 都可以寻址网络中所有超级芯片的所有 HBM3 和 LPDDR5X 内存，最高可达 150 TB 的 GPU 可寻址内存

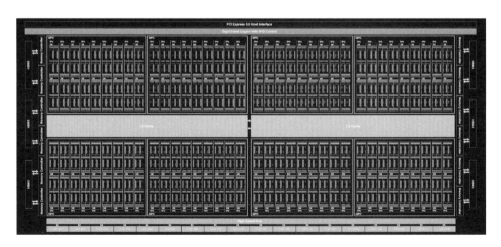

图 4.1.16

格蕾丝·赫柏（Grace Hopper）是 20 世纪美国计算机科学家和海军军官，被誉为计算机编程先驱和软件工程的奠基人之一。她在 1934 年获得耶鲁大学数学博士学位，成为该校历史上第一位获得博士学位的女性。Hopper 在计算机领域做出了重要贡献，尤其在编程语言和软件开发方面有突出成就，被尊称为"软件工程之母"和"编程女王"。其主要成就包括：

(1)开发第一个编译器，将高级语言翻译成机器码，这项创新大大简化了编程过程，为软件开发奠定基础。

(2)提出 COBOL（通用商业导向语言）编程语言的概念和设计，这是一种面向商业应用的高级语言，对商业和金融领域的计算机化起到了重要作用。

(3)在计算机科学教育和推广方面做出杰出贡献，致力于将计算机科学普及到更广泛的人群中，并激励许多人进入这一领域。

(4)作为美国海军的一名军官，她参与了多个计算机项目，包括 UNIVAC 和 Mark 系列计算机的开发，为军事和民用领域的计算机化做出贡献。

具体到 SM 结构（图 4.1.17），Hopper 架构的 FP32 Core 和 FP64 Core 是 Ampere 架构的 2 倍，同时采用 Tensor Core4.0 新的 8 位浮点精度（FP8），可为万亿参数模型训练提供比 FP16

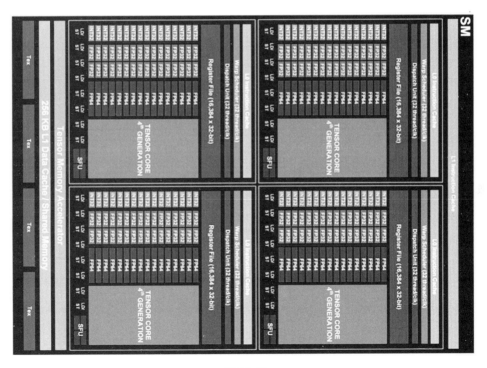

图 4.1.17

高 6 倍的性能。FP8 用于 Transformer 引擎，能够应用 FP8 和 FP16 的混合精度模式，大幅加速 Transformer 训练，同时兼顾准确性。FP8 还可大幅提升大型语言模型推理的速度，性能较 Ampere 架构提升高达 30 倍。新增张量内存加速器（Tensor Memory Accelerator，TMA），专门针对张量进行数据传输，可更好地加速大模型（表 4.1.5）。

NVIDIA Quantum-2 InfiniBand（图 4.1.18）是英伟达推出的一种高性能互联技术，用于数据中心和高性能计算环境中的互联网络，具有高性能、低时延、高可靠性和支持异构计算等特点，主要用于连接计算节点、存储系统和其他关键设备，以实现高速数据传输和低时延通信。NVIDIA BlueField-3 DPU（Data Processing Unit）是一种数据处理单元，提供数据中心的网络、存储和安全加速功能。BlueField-3 DPU 集网络接口控制器（NIC）、存储控制器、加密引擎和智能加速器等功能于一体，为数据中心提供高性能、低时延的数据处理解决方案。

表 4.1.5　Hopper 架构相关参数及与 Ampere 架构的对比

Hopper 架构 SM 硬件单元	Hopper 架构每个 Process Block	相比 Ampere 架构
4 个 Warp Scheduler，4 个 Dispatch Unit	1 个 Warp Scheduler，1 个 Dispatch Unit	相同
128 个 FP32 核心（4×32）	32 个 FP32 核心	×2
64 个 INT32 核心（4×16）	16 个 INT32 核心	相同
64 个 FP64 核心（4×16）	16 个 FP32 核心	×2
4 个 Tensor Core 4.0（4×1）	1 个 Tensor Core	Tensor Core 3.0
32 个 LD/ST 单元（4×8）	8 个 LD/ST 单元	相同
16 个 SFU（4×4）	4 个 SFU	相同
张量内存加速器	—	新增

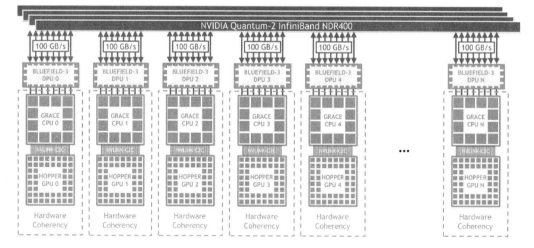

图 4.1.18

基于 Hopper 架构，英伟达推出 NVIDIA H100 高性能计算加速器，旨在为各种规模的计算工作负载提供出色的性能和效率。在单服务器规模下，结合主流服务器，使用 H100 加速卡可提供强大的计算能力，以加速各种计算密集型工作负载。在多服务器规模下，组成 GPU 集群的多块 H100 加速卡可构建高性能计算集群，支持分布式计算和并行计算，提高整体计算效率。

9. Blackwell 架构

2024 年 3 月，英伟达发布 Blackwell 架构，专门用于处理数据中心规模的生成式 AI 工作流，其能效是 Hopper 架构的 25 倍。新一代 Blackwell 架构在以下方面做了创新：

- **新型 AI 超级芯片**：Blackwell 架构 GPU 具有 2080 亿个晶体管，采用定制的台积电 4NP 工艺制造。所有 Blackwell 架构产品均采用双倍光刻极限尺寸的裸片，通过 10 TB/s 的片间互联技术连接成一块统一的 GPU。
- **第二代 Transformer 引擎**：将定制的 Blackwell Tensor Core 技术与英伟达 TensorRT-LLM 和 NeMo 框架创新相结合，加速大语言模型 (LLM) 和专家混合模型 (MoE) 的推理和训练。
- **第五代 NVLink**：为了加速万亿参数和混合专家模型的性能，新一代 NVLink 为每个 GPU 提供 1.8TB/s 双向带宽，支持多达 576 个 GPU 间的无缝高速通信，适用于复杂大语言模型。
- **RAS 引擎**：Blackwell 架构通过专用的可靠性、可用性和可服务性 (RAS) 引擎增加了智能恢复能力，以识别早期可能发生的潜在故障，从而更大限度地减少停机时间。
- **安全 AI**：内置英伟达机密计算技术，通过基于硬件的强大安全性保护敏感数据和 AI 模型，使其免遭未经授权的访问。
- **解压缩引擎**：拥有解压缩引擎，以及 900 GB/s 双向带宽的高速链路访问英伟达 Grace CPU 中大量内存的能力，加速整个数据库查询工作流，从而在数据分析和数据科学方面实现更高性能。

> 戴维·哈罗德·布莱克韦尔（David Harold Blackwell）是 20 世纪美国著名的数学家和统计学家，他在统计学领域做出卓越贡献，被誉为统计学的巨匠，他是第一位非洲裔美国国家科学院院士，也是第一位获得美国数学学会最高奖——Leroy P. Steele 奖章的非裔美国人。其主要成就包括：
>
> (1)在贝叶斯统计学领域做出开创性的工作，提出许多重要的方法和理论，推动贝叶斯分析在统计学中的发展。
>
> (2)在信息论方面的研究成果为该领域的发展做出重要贡献，提供许多重要的理论基础和方法。

GB200 Grace Blackwell 超级芯片通过 900 GB/s 超低功耗的片间互联，将 2 个英伟达 B200 Tensor Core GPU 与英伟达 Grace CPU 相连。90 天内训练一个 1.8 万亿参数的 MoE 架构 GPT 模型，需要 8000 个 Hopper 架构 GPU，15 MW 功率，Blackwell 架构只需 2000 个 GPU，以及 1/4

的能源消耗。

英伟达用了 8 年，从 Pascal 架构到 Blackwell 架构，将 AI 计算性能提升了 1000 倍！

英伟达 GB200 NVL72 集群（表 4.1.6）以机架形式设计连接 36 个 GB200 超级芯片(36 个 Grace CPU 和 72 个 Blackwell GPU)。GB200 NVL72 是一款液冷、机架型 72 GPU NVLink，可作为单个大规模 GPU，实现上一代 HGX H100 30 倍的实时万亿参数大语言模型（Large Language Models，LLM）推理，加速下一代人工智能和加速计算。

表 4.1.6　英伟达 GB200 NVL72 集群相关指标

指标	GB200 NVL72	GB200 Grace Blackwell 超级芯片
Configuration	36 Grace CPU：72 Blackwell GPUs	1 Grace CPU：2 Blackwell GPU
FP4 Tensor Core2	1440 PFLOPS	40 PFLOPS
FP8/FP6 Tensor Core2	720 PFLOPS	20 PFLOPS
INT8 Tensor Core2	720 POPS	20 POPS
FP16/BF16 Tensor Core2	360 PFLOPS	10 PFLOPS
TF32 Tensor Core2	180 PFLOPS	5 PFLOPS
FP64 Tensor Core	3240 TFLOPS	90 TFLOPS
GPU Memory | Bandwidth	Up to 13.5 TB HBM3e | 576 TB/s	Up to 384 GB HBM3e | 16 TB/s
NVLink Bandwidth	130TB/s	3.6TB/s
CPU Core Count	2592 Arm Neoverse V2 Core	72 Arm Neoverse V2 Core
CPU Memory | Bandwidth	Up to 17 TB LPDDR5X | Up to 18.4 TB/s	Up to 480GB LPDDR5X | Up to 512 GB/s

注：本表指标性能仅针对初步规格，可能会有变化。上述指标考虑了稀疏性

4.1.2　GPU 核心模块回顾

经过 15 年的发展，CUDA 已成为英伟达的技术"护城河"，加快了 Tensor Core5.0、NVLink5.0、NVSwitch4.0、Transformer Engine2.0 等技术更新迭代，正如英伟达公司宣传语："人工智能计算领域的领导者，推动了 AI、HPC、游戏、创意设计、自动驾驶汽车和机器人开发领域的进步。"

1. 计算核心

CUDA Core 和 Tensor Core 都是运算单元，与硬件相关。随着科学计算迅速发展，为了使用 GPU 的高算力，需要将科学计算任务适配成图形图像任务，CUDA Core 属于全能通用型浮点运算单元，用于加、乘、乘加运算。随着 AI 迅速发展，对矩阵乘法的算力需求不断增大，Tensor Core 专门为深度学习矩阵运算设计，适用于在高精度矩阵运算。以 Hopper 架构为例，每个 SM 有 128 个 CUDA Core、4 个 Tensor Core，相较而言 Tensor Core 支持的精度更多（表 4.1.7）。

表 **4.1.7**　不同架构计算核心对比

	Blackwell 架构	Hopper 架构	Ampere 架构	Turing 架构	Volta 架构
Tensor Core 精度格式	FP64, TF32, BF16, FP16, FP8, INT8, FP6, FP4	FP64, TF32, BF16, FP16, FP8, INT8	FP64, TF32, BF16, FP16, INT8, INT4, INT1	FP16, INT8, INT4, INT1	FP16
CUDA Core 精度格式	FP64, FP32, FP16, BF16	FP64, FP32, BF16, FP16, INT8	FP64, TF32, BF16, FP16, INT8	FP64, FP32, FP16, INT8	FP64, FP32, FP16, INT8
Tensor Core 版本	5.0	4.0	3.0	2.0	1.0

2. NVLink

NVLink 是双向直接 GPU-GPU 互联，第五代 NVLink 连接主机和加速处理器的速度高达 1800 GB/s，这是传统 x86 服务器的互联通道——PCIe 5.0 带宽的 14 倍多。英伟达 NVLink-C2C 还将 Grace CPU 和 Hopper GPU 进行连接，加速异构系统可为数万亿参数的 AI 模型提供加速性能。表 4.1.8 是不同版本 NVLink 的对比。

表 **4.1.8**　不同版本 **NVLink** 对比

	NVLink 版本				
	1.0	2.0	3.0	4.0	5.0
NVLink Bandwidth per GPU	160 GB/s	300 GB/s	600 GB/s	900 GB/s	1800 GB/s
Maximum Number of Links per GPU	4	6	12	18	18
Architecture	Pascal	Volta	Ampere	Hopper	Blackwell
Year	2014	2017	2020	2022	2024

3. NVSwitch

NVSwitch 是 NVLink 交换机系统的关键使能器，它能够以 NVLink 速度实现 GPU 跨节点的连接。它包含与 400 GB/s 以太网和 InfiniBand 连接兼容的物理（PHY）电气接口。随附的管理控制器现在支持附加的八进制小尺寸可插拔（OSFP）模块。表 4.1.9 是不同版本 NVSwitch 的对比。

表 **4.1.9**　不同版本 **NVSwitch** 对比

	NVSwitch 版本			
	1.0	2.0	3.0	NVLink Switch
Number of GPUs with Direct Connection within a NVLink Domain	Up to 8 个	Up to 8 个	Up to 8 个	Up to 576 个
GPU-to-GPU Bandwidth	300 GB/s	600 GB/s	900 GB/s	1800 GB/s

续表

	NVSwitch 版本			
	1.0	2.0	3.0	NVLink Switch
Total Aggregate Bandwidth	2.4 TB/s	4.8 TB/s	7.2 TB/s	1 PB/s
Architecture	Volta	Ampere	Hopper	Blackwell
Year	2017	2020	2022	2024

小结与思考

- 英伟达 GPU 架构发展：英伟达 GPU 架构自 2010 年以来经历了从 Fermi 架构到 Blackwell 架构的多代演进，引入 CUDA Core、Tensor Core、NVLink 和 NVSwitch 等关键技术，显著提升了 GPU 的计算能力和能效。
- Tensor Core 的持续创新：Tensor Core 作为专为深度学习矩阵运算设计的加速器，从第一代发展到第五代，不断增加支持的精度类型和提升性能，以适应 AI 的快速发展。
- NVLink 和 NVSwitch 的技术演进：NVLink 和 NVSwitch 作为 GPU 间和 GPU 与 CPU 间的高速互联技术，其带宽和连接能力随架构代数增加而显著提升，为大规模并行计算和异构计算提供了强大支持。

4.2 Tensor Core 基本原理

在英伟达的通用 GPU 架构中，主要存在三种核心类型：CUDA Core、Tensor Core 以及 RT Core。其中，Tensor Core 扮演着极其关键的角色。

Tensor Core 是针对深度学习和 AI 工作负载而设计的专用核心，可以实现混合精度计算并加速矩阵运算，尤其擅长处理半精度（FP16）和全精度（FP32）的矩阵乘法和累加操作。Tensor Core 在加速深度学习训练和推理中发挥着重要作用。

本节将逐步深入探讨卷积与 Tensor Core 之间的关系、Tensor Core 的基本工作原理，同时结合实际代码示例，旨在帮助读者不仅能够理解在框架层面如何利用 Tensor Core 实现训练加速的具体细节，还能对 CUDA 编程有初步的了解。

4.2.1 卷积计算

卷积计算是深度学习和神经网络中常用的一种操作，用于从输入数据中提取特征。Tensor Core 是英伟达推出的一种专为加速深度学习中的矩阵计算而设计的硬件加速器，要理解卷积与 Tensor Core 之间的关系，我们需要先了解卷积计算的本质。

1. CNN 与 GEMM

卷积神经网络（Convolutional Neural Networks，CNN）一般包含许多卷积层，这些卷积层通过卷积计算提取输入数据的特征。在算法层面上，卷积计算的加速通常涉及一个关键步骤——数据重排，即执行 Im2Col 操作。

Im2Col 操作的目的是将卷积计算转换为矩阵乘法，Im2Col 算法主要包含两个步骤：首先使用 Im2Col 将输入矩阵展开为一个大矩阵，矩阵每一列表示卷积核需要的一个输入数据，其次使用上面转换的矩阵进行 MatMul 运算，得到的数据就是最终卷积计算的结果。

通过 Im2Col，输入数据被重排成一个大矩阵，而卷积权重（即卷积核）也被转换为另一个矩阵。这样，原本的卷积计算就转化为这两个矩阵的乘法操作。这种转换后的矩阵乘法利用现代计算架构（如 Tensor Core）的强大计算能力，实现高效的计算加速。

而 GEMM（General Matrix Multiply，通用矩阵乘法）是一种高效的矩阵乘法算法，特别适合于处理大规模的矩阵运算。在将卷积转换为矩阵乘法后，多个这样的矩阵乘法计算可组织成单个更大的矩阵乘法运算来执行。这种方法称为批量处理，可进一步提升计算效率，因为批量处理允许同时处理多个数据样本，从而更好地利用 GPU 等并行计算资源。

通过 Im2Col 操作和利用 GEMM 进行批量处理，卷积神经网络中的卷积层计算可以得到显著加速。这种加速不仅提高了模型训练的效率，也使得实际应用中的推理过程更为迅速，为神经网络模型的开发和部署带来实质性的好处。

2. 混合精度训练

在深入探讨 Tensor Core 及其对深度学习训练加速的作用之前，首先需要明确一个关键概念——混合精度训练。这个概念的理解常常困扰许多人，有些人可能会直观地认为，混合精度训练意味着在网络模型中同时使用 FP16（半精度浮点数）和 FP32（单精度浮点数）。然而，这种字面上的理解并没有准确抓住混合精度训练的真正含义。

混合精度训练实际上是一种优化技术，它通过在模型训练过程中灵活使用不同的数值精度来达到加速训练和减少内存消耗的目的。具体来说，混合精度训练涉及两个关键操作：

● **计算的精度分配**：在模型的前向传播和反向传播过程中，使用较低的精度（如 FP16）进行计算，以加快计算速度和降低内存使用量。由于 FP16 格式所需的内存和带宽均低于 FP32，可显著提高数据处理的效率。

● **参数更新的精度保持**：尽管计算使用较低的精度，但在更新模型参数时，仍使用较高的精度（如 FP32）来保持训练过程的稳定性和模型的最终性能。这是因为直接使用 FP16 进行参数更新可能会导致训练不稳定，甚至模型无法收敛，由于 FP16 的表示范围和精度有限，容易出现梯度消失或溢出的问题。

而在混合精度的实现上，其通常需要特定的硬件支持和软件优化。例如，英伟达的 Tensor Core 就是专门为加速 FP16 计算而设计的，同时保持 FP32 的累加精度，使得混合精度训练成为可能。在软件层面，AI 框架如 PyTorch 和 MindSpore 等也提供混合精度训练的支持，通过自动化的工具简化实现过程。如图 4.2.1 所示，相比于 FP32，不管是从整数位还是小数位来看，FP16 所表示的范围要小很多。

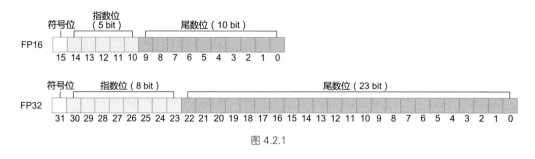

图 4.2.1

混合精度训练不仅仅是在模型中同时使用 FP16 和 FP32 那么简单，而是指在底层硬件算子层面，使用半精度(FP16)作为输入和输出，使用单精度(FP32)进行中间结果计算，从而不损失过多精度的技术(图 4.2.2)(Micikevicius et al., 2017)。这个底层硬件层面其实指的就是 Tensor Core，所以 GPU 上具备 Tensor Core 是使用混合精度训练加速的必要条件。

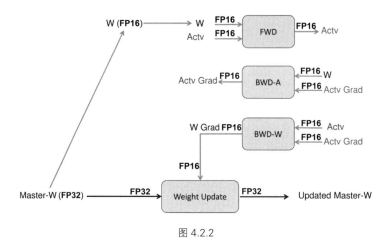

图 4.2.2

4.2.2　基本原理

1. 初代 Tensor Core

英伟达的架构演进到 Volta 架构，标志着深度学习优化的重大突破。Volta 架构的一个显著特点是引入了大量的 Tensor Core，这一变化对加速深度学习应用产生了革命性的影响。

在 Tensor Core 出现之前，CUDA Core 是实现深度学习加速的核心硬件技术。CUDA Core 可以处理各种精度的运算。回顾图 4.1.10 的 Volta 架构图，其左侧有 FP64、FP32 和 INT32 CUDA Core，右侧则是许多 Tensor Core。

1）CUDA Core

尽管 CUDA Core 广泛支持并行计算模式，是在执行深度学习中最常见的操作，如卷积（Conv）和矩阵乘法（GEMM），但仍然面临效率上的挑战。

具体来说，CUDA Core 在执行这些操作时，需要将数据在寄存器、算术逻辑单元（ALU）和寄存器之间进行多次搬运，这种过程既耗时又低效。此外，每个 CUDA Core 在单个时钟周期内只能执行一次运算，且 CUDA Core 的数量和时钟速度都受其物理限制，这些因素共同限制深度学习计算性能的提升。

2）Tensor Core

随着 Volta 架构的推出，英伟达引入了 Tensor Core，这是一种专为 AI 训练和推理设计的可编程矩阵乘法和累加单元。V100 GPU 中包含了 640 个 Tensor Core，每个 SM 配备 8 个 Tensor Core。相较于 CUDA Core，Tensor Core 能够在每个时钟周期内执行更多的运算，特别是其可高效地完成矩阵乘法和累加两种操作，是深度学习中最频繁和计算密集的任务之一。

通过利用 Tensor Core，V100 能够为 AI 训练和推理提供高达 125 Tensor TFLOPS 的算力。这种强大的性能，使得 V100 在处理深度学习任务时，相比于仅使用 CUDA Core 的早期架构，能够实现显著的加速。

2. Tensor Core 工作原理

在具体的运算过程中，Tensor Core 采用 FMA 的方式来高效处理计算任务。在 Volta 架构中，每个 Tensor Core 在每个时钟周期内可执行 4×4×4 GEMM，需要 64 次 FMA 运算。

图 4.2.3 为执行运算 $D=A*B+C$ 的过程示意，其中 A、B、C 和 D 都是 4×4 矩阵。矩阵乘法的输入矩阵 A 和 B 是 FP16 精度，而累加矩阵 C 和输出矩阵 D 是 FP16 或 FP32 精度。

具体来说，首先接受 2 个 4×4 的 FP16 精度的输入矩阵 A 和 B，执行它们的矩阵乘法。然后，将这个乘法的结果与 4×4 的矩阵 C 相加，矩阵 C 可以是 FP16 或 FP32 精度。最终，Tensor Core 输出一个新的 4×4 矩阵 D，该矩阵同样可以是 FP16 或 FP32 精度。

这就实现了底层硬件上的混合精度计算。通过将矩阵乘法的输入限定为 FP16 精度，可大幅减少所需的计算资源和内存带宽，从而加速计算。同时，通过允许累加矩阵 C 和输出矩阵 D 使用 FP32 精度，保证运算结果的准确性和数值的稳定性。这种灵活的精度策略，结合 Tensor Core 的高效计算能力，使得在保持高性能的同时，能有效控制神经网络模型的训练和推理过程中的资源消耗。

接下来，再进一步探讨 Tensor Core 的运算能力。上文谈到在 Volta 架构中每个 Tensor Core 每个时钟周期执行 64 个 FP32 FMA 混合精度运算，一个 SM 中共有 8 个 Tensor Core，所以每个时钟周期内共执行 512 个浮点运算（8 个 Tensor Core × 64 个 FMA 操作/核）。

因此，在 AI 应用中，Volta V100 GPU 的吞吐量与 Pascal P100 GPU 相比，每个 SM 的 AI 吞吐量提高 8 倍，此外还得益于 Volta 架构在 SM 数量和核心设计上的优化，总体共提高 12 倍。

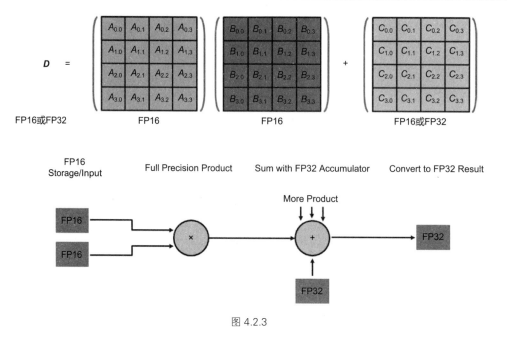

图 4.2.3

3. Tensor Core 与 CUDA 编程

如图 4.2.4 所示，在 CUDA 编程体系中，我们并非直接对单个线程（即图中的弯曲线条）进行控制，而是通过控制一个 Warp 操作，一个 Warp 包含很多个线程（通常为 32 个），这些线程同时并行执行，充分利用 GPU 的并行计算能力。

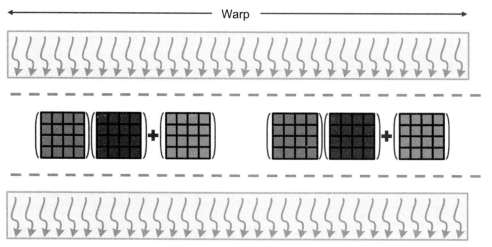

图 4.2.4

在实际执行过程中，CUDA 会对 Warp 进行同步操作，确保其中的所有线程都达到同步点，获取相同的数据。然后，这些线程将一起执行矩阵相乘和其他计算操作，通常以 16×16 的矩阵块为单位进行计算。最终，计算结果将存储回不同的 Warp 中，便于后续处理或输出。

可以把 Warp 理解为软件上的一个大的线程，这样有助于简化对 GPU 并行计算资源的管理和利用。通过有效地利用 Warp 的并行性，CUDA 程序能够实现高效、快速的并行计算。

在 CUDA 程序执行过程中，可以通过线程的 Warp 来调度 Tensor Core 的执行。多个 Tensor Core 可同时通过 Warp 内的线程来执行计算任务，利用 Tensor Core 提供的高性能矩阵运算能力。每个 Warp 内的线程可以利用 Tensor Core 执行 16×16×16 的矩阵运算，充分发挥 GPU 的计算潜能。

```
template<typename Use, int m, int n, int k, typename T, typename Layout=void> class fragment;

void load_matrix_sync(fragment<...> &a, const T* mptr, unsigned ldm);
void load_matrix_sync(fragment<...> &a, const T* mptr, unsigned ldm, layout_t layout);
void store_matrix_sync(T* mptr, const fragment<...> &a, unsigned ldm, layout_t layout);
void fill_fragment(fragment<...> &a, const T& v);
void mma_sync(fragment<...> &d, const fragment<...> &a, const fragment<...> &b, const
fragment<...> &c, bool satf=false);
```

CUDA 通过 CUDA C++ WMMA API 向外可提供 Tensor Core 在 Warp 级别上的计算操作支持。这些 C++接口可提供专用于矩阵加载、矩阵乘法和累加以及矩阵存储等操作的功能。例如上述代码中，mma_sync 就是执行具体计算的 API 接口。借助这些 API，开发者可高效利用 Tensor Core 进行深度学习中的矩阵计算，从而加速神经网络模型的训练和推理过程。

在 Volta 架构中，一个 Tensor Core 每个时钟周期可执行 4×4×4 的 GEMM 运算。然而，在 CUDA 层面，为什么提供了采用 16×16×16 的 GEMM 运算 API 呢？

事实上，如果从整体来看，一个 Tensor Core 是一个 4×4 的 Tensor Core。但实际上，一个 SM 中有多个 Tensor Core，我们无法对每个 Tensor Core 进行细粒度控制，否则效率会很低。因此，Warp 就扮演了重要角色，可将多个 Tensor Core 打包，以便执行更大规模的计算任务。

通过 Warp 层的卷积指令，CUDA 向外提供了一个 16×16×16 的抽象层，使得开发者通过一条指令即可完成多个 Tensor Core 的协同工作，实现高效的并行计算。这条指令就是 mma_sync 的 API 代码，它允许开发者利用 Warp 内的线程同时调度多个 Tensor Core 来执行矩阵乘加操作，从而提高 GPU 计算的效率和性能。

那么现在有一个问题，Tensor Core 是如何与卷积计算或者 GEMM 计算进行映射的呢？

例如，GPU 中的 Tensor Core 一次仅仅只有 4×4 这么小的 Kernel，怎么处理输入图像为 224×224、Kernel 为 7×7 的 GEMM 计算呢？

或者说，在现在大模型时代，Tensor Core 是怎么处理 Transformer 结构 Input Embedding 为 2048×2048、Hidden Size 为 1024×1024 的 GEMM 呢？

在实际执行过程中，如图 4.2.5 所示，蓝色矩阵和黄色矩阵的片段会被取出进行计算，这些片段即所谓的 Fragment。这些 Fragment 进行计算后，形成 Fragment Block，而这些 Fragment Block

在 CUDA 编程模型中就是通过线程块（Thread Block）来组织执行的。在线程块内部的计算过程中，会进一步提取部分数据形成 Warp 级别的计算，Warp 级别的计算还是很大，于是在 Fragment 执行时会将其变为满足 Tensor Core 和矩阵输入的计算。具体内容将在 4.4 节展开。

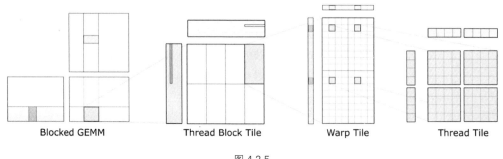

Blocked GEMM   Thread Block Tile   Warp Tile   Thread Tile

图 4.2.5

小结与思考

- Tensor Core 的核心作用：Tensor Core 是英伟达 GPU 中专为加速深度学习和 AI 任务设计的硬件单元，通过混合精度计算优化矩阵乘法和累加操作的性能。
- Tensor Core 的技术演进：自 Volta 架构首次引入 Tensor Core 后，Tensor Core 在英伟达 GPU 架构的后续迭代中不断优化，增加了支持的计算精度并提升了运算能力，以满足日益增长的 AI 计算需求。
- Tensor Core 的工作机制：利用 FMA 技术，Tensor Core 能在单时钟周期内完成大量 FP16 矩阵乘法和 FP32 累加操作，通过 CUDA 编程模型中的 Warp 调度，实现高效并行计算，加速神经网络模型的训练和推理过程。

4.3   Tensor Core 架构演进

自 Volta 架构起，英伟达的 GPU 架构已明显转向深度学习领域的优化和创新。回顾 4.1 节 GPU 历代架构的介绍，Tensor Core 的架构演进可以分为五代，其中第五代 Blackwell 架构为 2024 年新发布，这里不展开介绍。

第一代：Volta 架构。2017 年，Volta 架构横空出世，其中引入的 Tensor Core 设计可谓划时代之作，该设计是针对深度学习计算进行优化的，通过执行融合乘法加法操作，大幅提升了计算效率。

第二代：Turing 架构。2018 年，英伟达发布了 Turing 架构，进一步增强了 Tensor Core 的功能。Turing 架构不仅延续了对浮点运算的优化，还新增了对 INT8、INT4，甚至是 Binary(INT1) 等整数格式的支持。这一举措不仅使大范围混合精度训练成为可能，更将 GPU 的性能吞吐量推向新的高度。

第三代：Ampere 架构。2020 年，Ampere 架构的推出再次刷新人们对 Tensor Core 的认知。Ampere 架构新增了对 TF32 和 BF16 两种数据格式的支持，这些新的数据格式进一步提高了深度学习训练和推理的效率。同时，Ampere 架构引入对稀疏矩阵计算的支持，在处理深度学习等现代计算任务时，稀疏矩阵是一种常见的数据类型，其特点是矩阵中包含大量零值元素。

第四代：Hopper 架构。2022 年，英伟达发布了专为深度学习设计的 Hopper 架构。Hopper 架构标志性的变化是引入了 FP8 Tensor Core，这一创新进一步加速了 AI 训练和推理过程。值得注意的是，Hopper 架构去除了 RT Core，以便为深度学习计算腾出更多的空间，这一决策凸显了英伟达对深度学习领域的专注和投入。此外，Hopper 架构还引入了 Transformer 引擎，这使得该架构在处理广泛应用的 Transformer 模型时表现出色，从而进一步巩固了英伟达在深度学习硬件领域的领导地位。

总的来说，从 Volta 架构到 Hopper 架构，英伟达的 GPU 架构经历了一系列针对深度学习优化的重大创新和升级，每一次进步都在推动拓展深度学习技术的边界。这些架构的发展不仅体现了英伟达在硬件设计方面的前瞻性，也为深度学习的研究和应用提供了强大的计算支持，促进了人工智能技术的快速发展。

接下来将逐一深入剖析每一代 Tensor Core 的独特之处，以揭示其背后的技术奥秘。

4.3.1　第一代 Tensor Core（Volta 架构）

在开始介绍 Volta 架构中的第一代 Tensor Core 之前，先了解 Volta 架构的实现细节。

如图 4.3.1 所示，左边是 Volta SM 的架构图（可参见图 4.1.10），Volta 架构中的 SM 通过引入子核心（Sub Core）概念，提升了执行效率和灵活性。在 Volta 架构中，一个 SM 由 4 个 Sub Core 组成，每个 Sub Core 可视为一个更小的、功能完备的执行单元，它们共同工作以提高整体的处理能力。

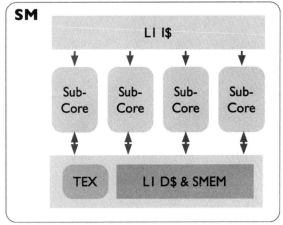

图 4.3.1

每个 Sub Core 内部包含一定数量的 CUDA Core，这是英伟达 GPU 的基础计算单元，用于执行并行计算任务。除此之外，Sub Core 还集成了专门的整数（INT）和浮点（FP）运算单元，这些单元能够同时进行整数和浮点计算，从而提高计算效率。更重要的是，Sub Core 内还配备一组 Tensor Core，这是 Volta 架构的核心创新之一，专为加速深度学习中的矩阵乘法和累加操作而设计，极大地提升了深度学习训练和推理的性能。

Volta SM 的结构揭示了其内部工作机制的细节。SM 顶部的 L1 指令缓存（L1 Instruction Cache，图中简写为 L1 I$）负责存储即将执行的指令，并将这些指令发送到下方的 4 个 Sub Core 中。这种指令传输是单向的，可确保指令能够高效、有序地分配给每个执行单元。

在 Sub Core 完成计算任务后，其与位于 SM 底部的 L1 数据缓存（L1 Data Cache，图中简写为 L1 D$）和共享内存之间的交互则是双向的。这种设计允许 Sub Core 不仅可以读取下一批计算所需的数据，还可将计算结果写回缓存或共享内存中，供 Sub Core 或 SM 中的其他组件使用。这种灵活的数据交互机制优化了数据流动，减少了内存访问时延，进一步提升了整体的计算效率。

1. Volta SM 微架构

接下来深入研究 Volta GPU 中的 SM。首先 SM 在处理寄存器的整体读写逻辑方面起着核心作用，是计算的关键单元。其次，每个 SM 的 Sub Core 中，均包含多种功能单元，如 Tensor Core，FP64、FP32、INT8 等 CUDA Core，RT Core，以及特殊函数处理单元（MFU）。

此外，每个 Sub Core 中还设有 Warp Scheduler，负责有效调度执行计算单元的工作。数据被存储在寄存器中，通过高效的调度和数据流，实现快速并行的数据处理和计算过程。

值得注意的是，每个 SM Sub Core 内含有 2 个 4×4×4 Tensor Core。Warp Scheduler 向 Tensor Core 发送矩阵乘法 GEMM 运算指令。Tensor Core 接收来自寄存器文件的输入矩阵（A、B、C），执行多次 4×4×4 矩阵乘法操作，直至完成整个矩阵乘法，并将结果矩阵写回寄存器文件中。

如图 4.3.2 所示，最上面的是共享的 L1 指令缓存，每个时钟周期内可执行 4 个 Warp 指令，下属 4 个独立 Sub Core 的数据是不进行缓存的，但每个 Sub Core 中都有 2 个 Tensor Core，这 2 个 Tensor Core 中的数据是可以共享的，再往下有一个共享内存（SMEM），每个时钟周期内可传输 128 B 数据，当所有的 SM 计算完成后，这个权重矩阵就会将数据回传到 L2 缓冲中，最后返回主机 CPU 中。

2. Sub Core 微架构

如图 4.3.3 所示，在一个 Sub Core 微架构中，顶部依然是 L1 Cache，紧随其后的是 L0 Cache，也就是 Register File。Register File 负责将数据传输到 Warp Scheduler，而具体的指令调度则依赖于 Warp Scheduler。针对通用的矩阵计算任务，即 CUDA Core 计算，通过数学调度单元（Math Dispatch Unit）将指令分发到具体的 FP64、INT、FP32 和 MUFU 等执行单元进行计算。

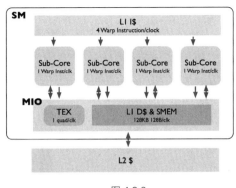

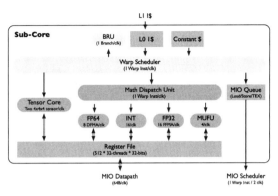

图 4.3.2　　　　　　　　　　　　　　　　　　图 4.3.3

当调用 WMMA 相关的 API 或指令时，Warp Scheduler 会直接触发 Tensor Core 中的计算。每个 Tensor Core 在每个时钟周期内可以执行一个 4×4×4 的矩阵乘法和累加操作，并将结果存回寄存器文件中。寄存器通过 MIO 的数据管道（Data Pipeline）与共享内存进行通信。

另外，在 Volta 架构中相比 P100 有一个重要改进，即将 L1 缓存和共享内存合并为同一块空间，其中共享内存 SMEM 为整个 SM 提供 96 KB 的存储空间。对 L2 缓存也进行了更新，性能提升了 5%~15%。

因此，在 Volta 架构中，Sub Core 单独提供一个 Tensor Core 指令，可直接给 Warp Scheduler 使用，无需通过数学调度单元进行指令分发。

除了引入专门针对 AI 框架矩阵计算设计的 Tensor Core，Volta 架构还减少了指令时延，进一步提高了计算效率。这些设计和优化使得 Volta 架构对人工智能和深度学习任务具有更快的处理速度。

4.3.2　第二代 Tensor Core（Turing 架构）

如图 4.3.4 所示，与之前的版本相比，Turing 架构中的 Tensor Core 除了支持 FP16 类型之外，还增加了 INT8 和 INT4 等多种类型，这一变化使得 Turing 架构在处理不同精度的计算任务时更加得心应手。

此外，Turing 架构还引入了 FP16 的 FastPath，这一创新设计使得每个时钟周期可以执行高达 32 次的计算操作（图 4.3.5）。与 Volta 架构中需要 4 到 8 个时钟周期才能完成单个多线程 GEMM 计算的情况相比，Turing 架构的计算频率和吞吐量得到显著提升。

值得一提的是，Turing 架构还支持通过线程共享数据的本地内存。换句话说，在 Turing 架构的 Tensor Core 层面，每个线程的私有寄存器被设计成可共享的资源。通过一种透明的共享机制，Tensor Core 能够充分利用这些寄存器资源，实现更高效的矩阵计算。这种设计使得 Tensor Core 在执行矩阵乘法等计算密集型任务时，能够充分利用线程间的协作，提高计算效率，还降低了系统的整体能耗。

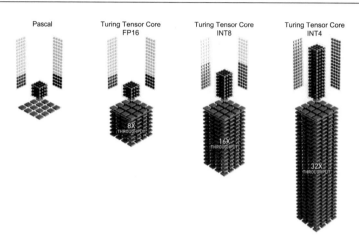

图 4.3.4

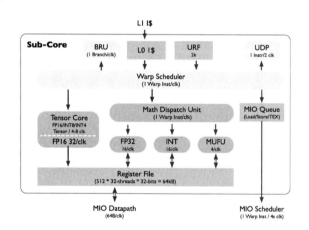

图 4.3.5

    Turing 架构的第二代 Tensor Core 在距离上一代 Volta 架构仅一年的时间内推出，它不仅在数据类型支持上进行了扩展，还在计算效率和数据共享方面实现了优化更新。

4.3.3　第三代 Tensor Core（Ampere 架构）

    当谈及第三代 Tensor Core 的重大改变时，首先需要提到多级缓存和数据带宽方面的优化，下面先来具体了解 GPU 中的多级带宽体系。

1. Ampere 架构多级带宽体系

图 4.3.6 为 Ampere 架构多级带宽体系，由图可知，最下面为该架构升级所引入的 NVLink 技术，主要用来优化单机多块 GPU 卡之间的数据互联访问。在传统的架构中，GPU 之间的数据交换需要通过 CPU 和 PCIe 总线，这成为数据传输的瓶颈。而 NVLink 技术则允许 GPU 之间直接进行高速数据传输，极大提高了数据传输的效率和速度。

再往上为 DRAM 和 L2 Cache，它们负责每块 GPU 卡内部的存储。L2 Cache 作为一个高速缓存，用于存储经常访问的数据，以减少对 DRAM 的访问时延。DRAM 则提供更大的存储空间，用于存储 GPU 计算所需的大量数据。这两者的协同工作，使得 GPU 能够高效地处理大规模数据集。

继续往上为共享内存/ L1 Cache（SMEM/L1），它们负责 SM 中数据存储。共享内存允许同一 SM 内的线程快速共享数据，通过共享内存，线程能够直接访问和修改共享数据，从而提高数据访问的效率和并行计算的性能。

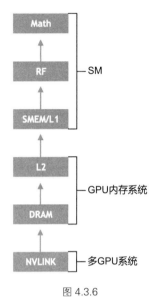

图 4.3.6

最上面是针对具体的计算任务 Math 模块，负责 GPU 数学处理能力。Math 模块包括 Tensor Core 和 CUDA Core，分别针对不同的计算需求进行优化。

2. 高效搬运

在 A100 中，最显著的改进之一是"高效搬运（Movement Efficiently）"，即数据搬运效率的提升，实现了 3 倍的速度提升，这主要得益于 Ampere 架构引入的异步内存拷贝机制。

在 Ampere 架构之前的 GPU 架构中，如果要使用共享内存，必须先将数据从全局内存加载到寄存器中，然后再写入共享内存。这不仅浪费了宝贵的寄存器资源，还增加了数据搬运的时延，影响 GPU 的整体性能。

如图 4.3.7 所示，Ampere 架构中提供异步内存拷贝机制，通过新指令 LDGSTS（Load Global Storage Shared，加载到共享全局内存），实现全局内存直接加载到共享内存，避免了数据从全局内存到寄存器，再到共享内存的烦琐操作，从而减少时延和功耗。

A100 还引入了软件层面的 Async Copy，这是一种异步拷贝机制，可直接将 L2 Cache 中的全局内存传输到 SMEM，然后直接执行，减少因数据搬运带来的时延和功耗。

Ampere 架构的 Tensor Core 还进行了优化，一个 Warp 可提供 32 个线程，相比于 Volta 架构中每个 Tensor Core 只有 8 个线程，这样的设计可减少线程之间的数据搬运次数，从而进一步提高计算效率。综上所述，A100 相较于 V100 在数据处理和计算效率方面都有了显著提升。

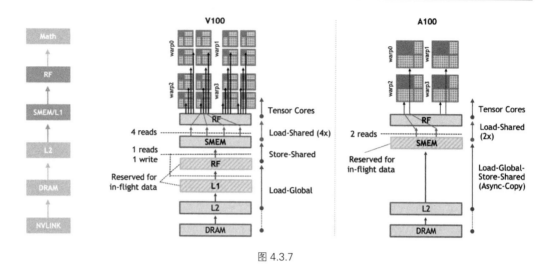

图 4.3.7

3. Tensor Core FFMA

当深入研究FFMA操作时，可从图4.3.8中得到更多的信息。图中，绿色的小块代表Sub Core，而图中连续的蓝色框代表寄存器。

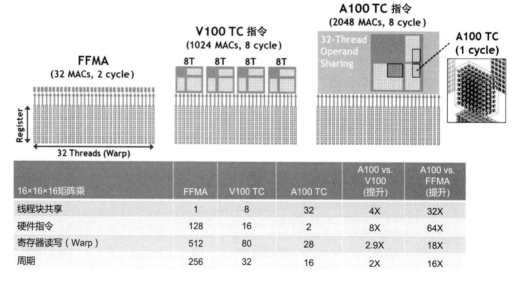

16×16×16矩阵乘	FFMA	V100 TC	A100 TC	A100 vs. V100（提升）	A100 vs. FFMA（提升）
线程块共享	1	8	32	4X	32X
硬件指令	128	16	2	8X	64X
寄存器读写（Warp）	512	80	28	2.9X	18X
周期	256	32	16	2X	16X

图 4.3.8

当寄存器仅使用 CUDA Core 时，所有数据都存储在寄存器中，每个寄存器针对一个 CUDA Core 进行数据传输。这样使用 CUDA Core 计算会非常慢。

在硬件层面上，V100 中的每个 Tensor Core 每个时钟周期可以执行 64 次 FP16 FMA 操作，并以 FP32 进行累加，使其能够在每个时钟周期内计算一个混合精度的 4×4×4 矩阵乘法。由于每个 Volta SM 包含 8 个 Tensor Core，因此单个 SM 每个时钟周期能够提供 512 次 FP16 FMA 操作，或者 1024 次独立的 FP16 浮点操作。而在 A100 的 Tensor Core 中，每个 Tensor Core 每时钟周期可以执行 256 次 FP16 FMA 操作，使其能够在每个时钟周期内计算一个 8×4×8 混合精度矩阵乘法。A100 GPU 中的每个 SM 包含四个新设计的 Tensor Core，因此 A100 中的每个 SM 每个时钟周期能够提供 1024 次 FP16 FMA 操作，或 2048 次独立的 FP16 浮点操作。此外，A100 的第三代 Tensor Core 还允许数据在 Warp 内的所有 32 个线程之间共享，相比 Volta 的 8 个线程，大幅减少了寄存器文件带宽和冗余数据加载，同时通过增加矩阵乘法指令的 K 维度至多 4 倍，使 A100 在计算矩阵乘法时发出的指令数量减少为 V100 的 1/8，寄存器文件访问次数减少为 1/2.9。

第三代 Tensor Core 的 Ampere 架构除了制造工艺的提升外，还提供更多的线程，使硬件执行速度更快，数据传输更少，每个时钟周期的吞吐量更大。

4.3.4　第四代 Tensor Core（Hopper 架构）

2022 年，英伟达提出 Hopper 架构，这一创新架构中最为引人瞩目的便是第四代 Tensor Core 的亮相。

回顾 Tensor Core 的发展历程，前三代的 Tensor Core 均基于 Warp-Level 编程模式运作。尽管在英伟达 A100 架构中引入了软件的异步加载机制，但其核心运算逻辑仍是基于 Warp-Level 编程模式。简而言之，这一模式要求先将数据从 HBM（全局内存）加载到寄存器中，随后通过 Warp Scheduler 调用 Tensor Core 完成矩阵运算，最终再将运算结果回传至寄存器，以便进行后续的连续运算。然而，这一流程中存在两个显著问题。

数据的搬运与计算过程紧密耦合，这导致线程在加载矩阵数据时不得不独立地获取矩阵地址，即 Tensor Core 准备数据时，Warp 内线程分别加载矩阵数据 Data Tile，每一个线程都会获取独立矩阵块地址；为了隐藏数据加载的时延（全局内存到共享内存，共享内存到寄存器的数据加载），会构建多层级软流水（Software Pipeline），使用更多的寄存器及存储带宽。这一过程不仅消耗了大量的寄存器资源，还极大地占用了存储带宽，进而影响整体运算效率。

这一模式的可扩展性受到严重限制。由于受多级缓存（Cache）的存储空间限制，单个 Warp 的矩阵计算规格有上限，这直接限制了矩阵计算的规模。在大数据、大模型日益盛行的今天，这种限制无疑成为计算性能进一步提升的瓶颈。

而第四代 Tensor Core 的引入，正是为了解决这些问题。英伟达通过全新的设计和优化，旨在实现数据搬运与计算的解耦，提升存储带宽的利用率，同时增强可扩展性，以应对日益复杂和庞大的计算任务。随着第四代 Tensor Core 的广泛应用，计算性能迎来新的飞跃。

1. TMA

第四代 Tensor Core 的一个显著创新是引入 TMA。这一技术极大地提升了数据处理效率，为高性能计算领域注入了新的活力。

对比 A100 与 H100 的 SM 架构图，如图 4.3.9 所示，可以发现二者在结构上并没有太大的差异。然而，由于制程工艺的进步，H100 中的 CUDA Core 和 Tensor Core 的密度得以显著提升。更为重要的是，H100 中新增了 TMA，这一硬件化的数据异步加载机制使得全局内存的数据能够更高效地异步加载到共享内存，进而供寄存器进行读写操作。

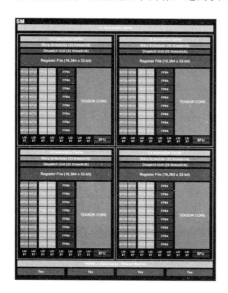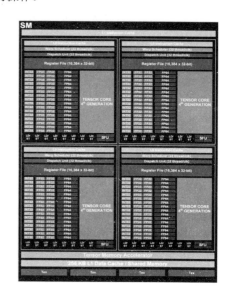

图 4.3.9

传统的 Warp-Level 编程模式要求所有线程都参与数据搬运和计算过程，这不仅要消耗大量的资源，还限制计算规模的可扩展性。而单线程调度模型则打破了这一束缚，允许 Tensor Core 在无需所有线程参与的情况下进行运算。这种设计大大减少了线程间的同步和协调开销，提高了计算效率。

通过 TMA，数据搬运与计算之间的耦合度得以降低，从而提高了整体运算效率。

2. 分布式共享内存和 Warp Group 编程模式

如图 4.3.10 所示，在 H100 之前的架构中，线程的控制相对有限，主要基于 Grid 和 Block 的划分，分别对应硬件 SM 和设备，且局部数据只能通过共享内存限制在 SM 内部，不能跨 SM。然而，在 Hopper 架构中情况发生了显著变化。通过在硬件层面引入交叉互联网络，数据得以在

4 个 SM 之间进行拓展和共享，GPC 内 SM 可高效访问彼此的共享内存。这一创新使得 SM 之间能够实现高效的通信，从而打破之前架构中 SM 间的数据隔阂。

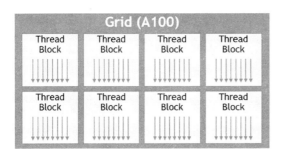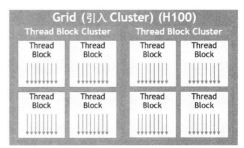

图 4.3.10

此外，随着硬件架构的变革，软件编程模式也相应发生了调整。Warp Group 编程模式的提出，以及与之相关的 Tensor Block Cluster 概念，都体现了软硬件协同优化的思想。这种编程模式能够更好地利用 Hopper 架构的特性，实现更高效的计算性能。

更直观地从软件层面去看，有什么区别呢？

如图 4.3.11 所示，对于 A100，没有实现分布式共享内存，此时每个线程块（Thread Block）都对应一个 SM，每个 SM 内部拥有自己的共享内存。然而，SM 与 SM 之间无法进行直接的数据交互，这意味着它们之间的通信必须通过全局内存进行。这种通信方式不仅增加了数据传输的时延，还可能导致寄存器的过度使用，降低计算效率。

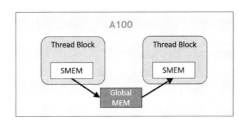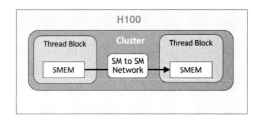

图 4.3.11

在 H100 架构中，通过引入 SM 的 Cluster 或 Block 的 Cluster，实现了硬件层面的分布式共享内存。这意味着 SM 与 SM 之间的数据可以直接互联，而无需通过全局内存中转。这种机制极大地减少了数据传输的时延，提高了数据交互的效率。同时，由于数据可以在 SM 之间直接共享，寄存器的使用也得到了更加合理的分配，减少了不必要的资源浪费。

如图 4.3.12 所示，通过 TMA 单元将 SM 组织成一个更大的计算和存储单元，从而实现数据从全局内存到共享内存的异步加载，以及数据到寄存器的计算和矩阵乘法的流水线处理，最后通过硬件实现矩阵乘法流水线，确保了计算过程的连续性和高效性，使得 GPU 能够更快地处理大规模矩阵运算。

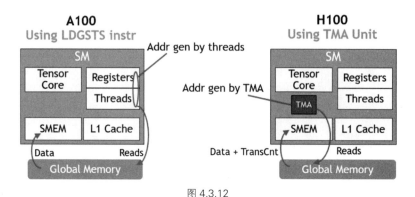

图 4.3.12

4.3.5　第五代 Tensor Core（Blackwell 架构）

为了更好地适应和满足 AI 工作负载的需求，提高系统性能，降低资源消耗，Blackwell 架构引入了第五代 Tensor Core，继续扩展了对低精度计算范围的支持。第五代 Tensor Core 能够支持最低至 FP4 的精度，并着眼于使用超级低精度的格式进行推理。与上一代 Hopper 架构相比，第五代 Tensor Core 支持的 Blackwell 架构能够为 GPT-MoE-1.8 T 等大模型提供 30 倍的加速。

为了应对 FP4 精度不足以满足的工作负载，第五代 Tensor Core 还增加了对 FP6 精度的兼容。虽然 FP6 精度在计算性能上与 FP8 精度相比并没有显著提升，因为 FP6 精度在 Tensor Core 中本质上仍是以类似 FP8 精度的方式操作，但由于数据大小缩小了 25%，因此，FP6 精度在内存占用和带宽需求方面为第五代 Tensor Core 带来显著优势。

对于大语言模型（LLM）的推理任务，内存容量依然是这些加速器面临的主要限制。因此，在推理过程中降低内存使用量已成为亟待解决的问题。采用低精度格式如 FP4 精度和 FP6 精度，在保持推理质量的同时，能够有效减少内存消耗，这对提升 LLM 推理的效率和可行性至关重要。

此外，第五代 Tensor Core 还支持社区定义的微缩放格式 MX（Microscaling）Format，它是一种精度调整技术，相比一般的标量格式（Scalar Format）（如 FP32、FP16），MX Format 的粒度更高，多个标量构成一组数据（即为向量格式（Vector Format）），它允许模型在保持相对高精度的同时减少计算资源的消耗。

MX Format 的核心特点是其两个主要部分组成：scale（X）和 element（P）。在这种格式中，k 个 element 共享一个相同的 scale。element 的定义基于 Scalar Format，如 FP32、FP16 等。这种设计允许在保持一定精度的同时，通过共享 scale 来减少存储需求和计算开销。我们可以将 MX Format 视为一种不带 shift 的量化方法。量化是一种将连续或高精度数据转换为低精度表示的技术，通常用于减少模型大小和加速推理过程。MX Format 通过引入 block size *k* 来定义量化的粒度，即每个 block 中的 element 数量。

block size 通常设置为 32，这意味着每个 scale 会影响 32 个 element。MX Format 的优势在于它提供了比传统的 per-tensor 或 per-channel 量化更低的粒度，这有助于在保持计算效率的同时提高精度。然而，这种更细的量化粒度也会带来额外的存储开销。MX Format 还具有灵活的数据位宽。例如，在 MX FP4 格式中，scale bit 为 8，block size 为 32，这意味着每个 scalar 平均占用 12 bit（8 bit(scale) + 4 bit(element)），这比传统的 FP4 格式提供了更多的信息。总之，MX Format 可以被看作一种定制的数据表示方式，旨在为特定的硬件平台提供加速。

小结与思考

- 英伟达自 Volta 架构引入 Tensor Core 后，已历经五代演进，每代都通过技术创新（如 TMA 和分布式共享内存），进一步显著提升 AI 计算的效率和性能。
- Tensor Core 历经五代的演进，反映了英伟达对深度学习硬件支持的不断创新优化，特别是对低精度计算和大规模矩阵运算的优化，为 AI 训练和推理提供了更高效的硬件基础。
- Blackwell 架构的第五代 Tensor Core 支持 FP4 和 FP6 精度计算，引入第二代 Transformer 引擎，展现了英伟达面向未来 AI 工作负载需求的前瞻性设计，进一步推动了生成式人工智能和大语言模型的发展。

4.4　Tensor Core 深度剖析

Tensor Core 是加速深度学习计算的关键技术，其主要功能是执行深度神经网络中的矩阵乘法和卷积计算。通过利用混合精度计算和张量核心操作，Tensor Core 能够在较短的时间内完成大量矩阵运算，从而显著加快神经网络模型的训练和推断过程。具体来说，Tensor Core 采用半精度(FP16)作为输入和输出，并利用全精度(FP32)存储中间的计算结果，确保计算精度的同时最大限度提高计算效率。

与传统的 CUDA Core 相比，Tensor Core 每个时钟周期内可执行多达 $4\times4\times4$ 的 GEMM 运算，相当于同时进行 64 个 FMA 运算。这种并行计算的方式极大提高了计算速度，使得神经网络模型的训练和推断能更高效进行。

4.4.1　计算原理

4.2.3 节初步介绍了 Tensor Core 的计算原理（图 4.2.3），所谓混合精度就是指在计算的过程当中使用 FP16 精度计算，但在存储数据时则使用 FP32 或 FP16 精度进行存储。

通常在真实的数学计算时，将矩阵 **A** 的一行乘以矩阵 **B** 的一列，然后再加上矩阵 **C** 的单独一个元素，最后得到 **D** 矩阵的一个元素，其计算公式如下：

$$D_{0,0} = A_{0,0}*B_{0,0} + A_{0,1}*B_{1,0} + A_{0,2}*B_{2,0} + A_{0,3}*B_{3,0} + C_{0,0}$$

然而，在英伟达的 GPU Tensor Core 中并不是一行一行地计算，而是整个矩阵进行计算。

扫码查看动图

扫描左边二维码，对比 Pascal 和 Volta 架构：Pascal 架构无 Tensor Core，其运行原理是一个元素与一行元素相乘，每个时钟周期执行 4 次相乘，得到一列的数据。Volta 架构引入了 Tensor Core，其 Tensor Core 计算的过程是把整个矩阵 **A** 和矩阵 **B** 进行相乘，然后得到一个输出矩阵。

因此，Volta V100 GPU 的吞吐量与 Pascal P100 GPU 相比，每个 SM 的 AI 吞吐量提升 8 倍，此外，得益于 Volta 架构在 SM 数量和核心设计上的优化，Volta 架构总体提升 12 倍。

4.4.2 指令流水

指令流水是一种提高处理器执行指令效率的技术，其基本原理是将一条指令的操作分成多个细小的步骤，每个步骤由专门的电路完成。这些步骤通过流水线的方式连续执行，从而实现指令的并行处理。

图 4.4.1 为 Tensor Core 的模拟电路示意图，在图中有两个不同的符号：一个是加号（+），表示矩阵加计算操作；另一个是乘号（×），表示矩阵乘计算操作。矩阵加和矩阵乘是矩阵计算中的基本操作。另外，图中长方块代表计算中的寄存器，其中，底部横着的长方块为 16 bit 的寄存器，用于存储输入和中间数据；上方竖着的长方块为 32 bit 的寄存器，用于存储累积结果或中间高精度数据。

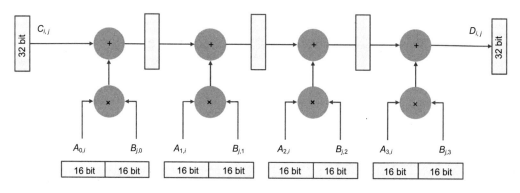

图 4.4.1

假如要在 Tensor Core 中实现上述简单的矩阵乘计算，即把矩阵 **A** 的一行元素乘以矩阵 **B** 的一列元素（这里先假设矩阵的长度都为 4，先忽略切分矩阵的过程）。在电路图中是如何实现这个计算的呢？

实际上，在 Tensor Core 计算中，输入为 16 bit 的数据，在进行乘加计算后，每一个计算都需要有一个简单 32 bit 寄存器来存储中间计算过程的数据，如图 4.4.1 所示，可以看到寄存器与实际的计算单元在物理距离上非常接近。通过这种方式，可以简单地实现矩阵 **A** 的一行乘以矩阵 **B** 的一列的计算。

在 GPU 的 V100 中，其实际计算就是一个矩阵与另外一个矩阵直接相乘得到一个新的矩阵，而图 4.4.1 所示模拟电路演示只是其中一行跟其中一列进行 FMA 得到中间一个元素的过程。

那么，一个矩阵中更多元素的是如何计算的呢？

矩阵 A 的一行元素与矩阵 B 的一列元素进行 FMA，得到一个元素 $D_{0,0}$，即图 4.4.2 中的第一个方块。图 4.4.2 为整个矩阵计算时的电路图，它是一个简单的电路拼接，就是将矩阵 A 的每一行与矩阵 B 的每一列进行相乘，得到整个矩阵的每一个元素。

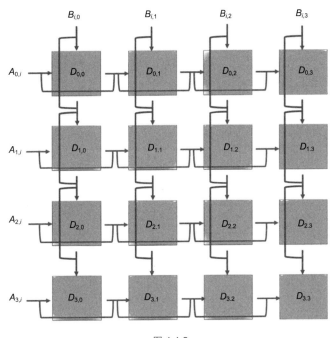

图 4.4.2

这时，矩阵 A 对应的寄存器应该是一堆寄存器，矩阵 B 对应的寄存器也应该是一堆寄存器。这些寄存器组成阵列形式，能够并行读取和计算。矩阵中的每一个元素都可以进行 FMA 计算，从而大大提高了计算效率。

下面再来了解下指令流水的管道（Pipline）是如何组织起来的。

假设，进行一个 FP32 标量元素乘加操作指令，如图 4.4.3 所示。

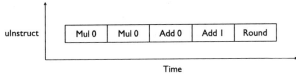

图 4.4.3

实际上，Tensor Core 中的乘法计算只有 FP16 精度，而存储或加法计算时则可以是 FP32 精度，则可节省一个乘法计算。如果实现两个元素相乘，就可以把两条指令流水并行起来，如图 4.4.4 所示。

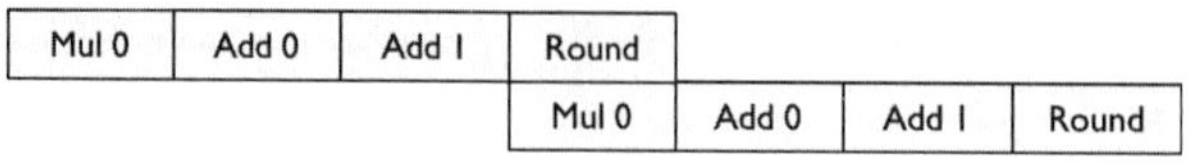

图 4.4.4

在 Tensor Core 实际计算时，要实现输出一个元素的计算，即用矩阵 A 的一行乘以矩阵 B 的一列，则需要 4 条管道的流水线。

如图 4.4.5 所示，通过 iter1 指令流水计算 $D_{0,0}$，通过 iter2 指令流水计算出 $D_{0,1}$……若要计算出所有的元素，就需拼接大量的指令流水。

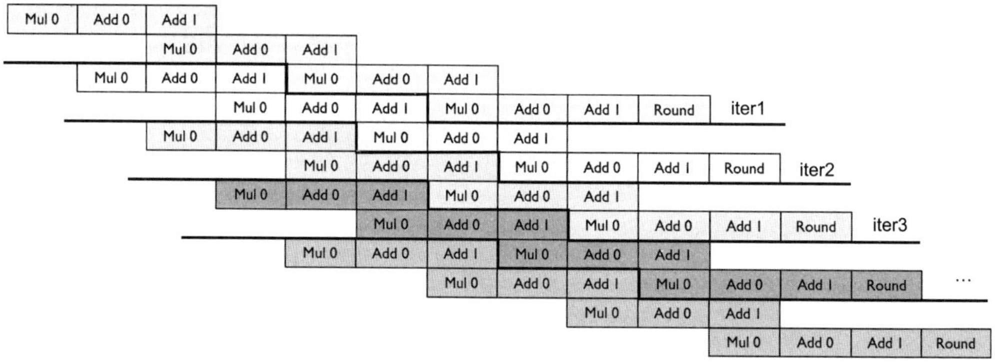

图 4.4.5

如图 4.4.6 所示，数据在流水线中的读写操作是有一定规律的。在乘法计算阶段，需从存储单元中读取数据进行计算；而在计算完成后的 Round 阶段，则需将计算结果写回存储单元。因此，在流水线的某个时刻，整个过程涉及 4 个数据：从寄存器读取到计算单元的 2 个数据，以及从计算结果存储回寄存器的 2 个数据。

通过大量的指令流水处理，整个 Tensor Core 的运算过程得以实现。这种流水线操作设计使得数据的读取、计算和写入能够高效交替进行，从而充分利用硬件资源，提升计算效率。流水线技术不仅使得 Tensor Core 的计算更快速、高效，同时也为深度学习应用提供强大的计算支持。

4.4.3 线程执行

整体 CUDA 软件设计，其目的是与 GPU 计算和存储分层结构相匹配。英伟达 CUDA 对 Tensor Core 的定义主要是通过 CUDA 提供一种通用编程范式（General Programming）。为了更高效地利用 Tensor Core，CUDA 允许开发者利用通用编程模型来调用 Tensor Core 的硬件功能，以实现高效的并行计算。

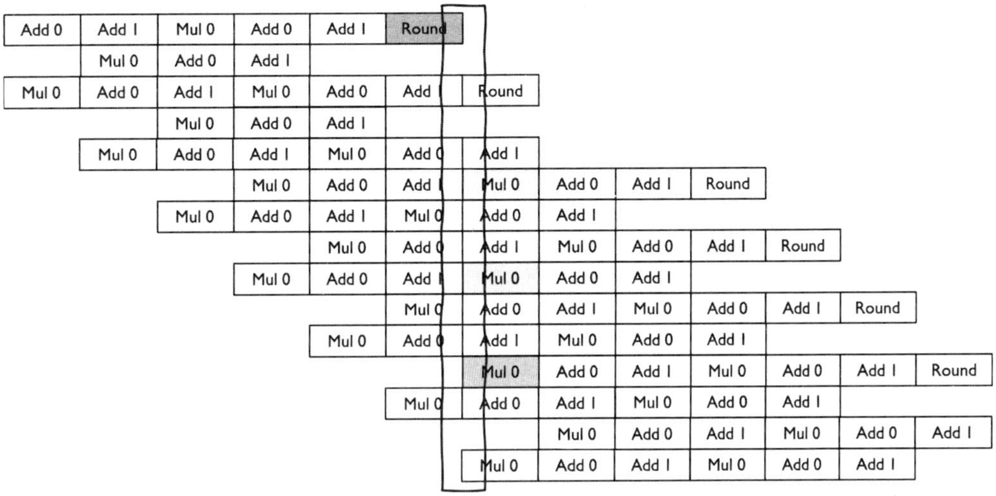

图 4.4.6

下面详细论述 Tensor Core 是如何完成大矩阵计算的。

1. Block-Level 矩阵乘

Tensor Core 中一个矩阵乘的计算，也就是 GEMM，其实一次只能计算一个小的矩阵块。在实际的运算中，需要把矩阵 *A* 切分出一个小块，把矩阵 *B* 也切分出一个小块，算出一个小的矩阵 *C*，如图 4.4.7 所示。

此时，在整体软件编程时，沿着每一个维度，如图 4.4.7 的 *N* 维和 *K* 维将计算拆分为小的矩阵进行，最后对结果进行累积。

```
for (int mb = 0; mb < M; mb += Mtile)
 for (int nb = 0; nb < N; nb += Ntile)
  for(int kb = 0; kb < K; kb += Ktile)
   {
    //计算Mtile-by-Ntile-by-Ktile矩阵乘
    for (int k = 0; k < Ktile; ++k)
     for(int i= 0; i< Mtile; ++i)
      for (int j= 0; j< Ntile; ++j)
       {
        int row = mb + i;
        int col = nb + j;
        C[row][col] += A[row][kb + k] * B[kb + k][col];
       }
   }
```

如上面代码所示，沿每个维度将循环嵌套（loop nest）划分为块（block），然后划分成为 Mtile-by-Ntile 的独立矩阵乘，最后通过累积矩阵乘积的结果来获得最终的数值。

在 GPU 计算时，使用 CUDA Kernel Grid（内核网格）将 CUDA 线程块分配给输出矩阵 **D** 的每个分区，CUDA 线程块并行计算 Mtile-by-Ntile-by-Ktile 矩阵乘，在 *K* 维上迭代，执行累积 Mtile-by-Ntile-by-Ktile 矩阵乘的结果。可看出，这里的计算主要是在线程块（Thread Block）进行并行计算的。

2. Warp-Level 矩阵乘

如图 4.4.8 所示，在 CUDA 编程模型中，线程块内执行的矩阵乘法操作实际是在 Warp 级别（Warp Level）上被分配和执行的。Warp 是 GPU 上的一个执行单元，由固定数量的线程（通常是 32 个线程）组成，这些线程协同工作，执行相同的指令。

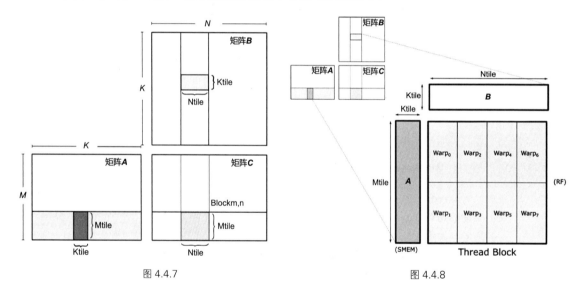

图 4.4.7   图 4.4.8

在进行矩阵乘法时，为了加速计算并减少内存访问时延，通常会将矩阵 **A** 和矩阵 **B** 的部分数据加载到共享内存（Shared Memory，SMEM）中。共享内存是线程块内所有线程都可以访问的一块快速内存，允许线程之间进行数据交换和协作，而无需每次都从全局内存（Global Memory）中读取数据。

在执行矩阵乘法时，每个 Warp 会负责计算结果矩阵 **C** 的一个或多个部分。这通常通过将结果矩阵 **C** 的不同块分配给不同的 Warp 来实现，每个 Warp 独立地计算其分配到的部分。由于 Warp 内的线程是同步执行的，因此它们可以共同协作，使用共享内存中的数据来完成计算任务。这种分配充分利用了 GPU 的并行计算能力，并减少了内存访问的时延，从而提高了矩阵乘法的性能。

当执行矩阵乘法时，Warp 中的线程会协同工作，完成一系列乘法和加法操作。这个过程涉及从共享内存（SMEM）加载数据到寄存器（RF）进行计算，然后将结果存储回寄存器或全局内存中（图 4.4.9）。

下面详细解释这个计算过程。首先，多个线程组成一个 Warp，协同工作处理矩阵乘法中的一部分。这些线程共同合作，通过执行一系列乘法和加法操作，能够高效地计算出结果。

在执行计算时，Warp 中的线程需要从共享内存中加载矩阵 **A** 和 **B** 的片段到它们的寄存器中。这些片段是矩阵的一小部分，加载到寄存器中可以实现快速的数据访问和计算。这要求数据从共享内存到寄存器的加载速度足够快，以避免计算线程等待数据，从而保持计算的高效性。

每个线程在寄存器上执行矩阵乘法操作，计算结果矩阵 **C** 的一个或多个元素。这些元素暂存于线程的寄存器中，直到所有必要的乘法和加法操作完成。在计算过程中，为了最大化线程的计算效率，共享内存中的数据按照特定维度（K 维）排序。这种排序有助于减少内存访问时延，使得线程能够更高效地访问所需的数据。

3. Thread-Level 矩阵乘

Tensor Core 是英伟达 GPU 的硬件，CUDA 编程模型提供了 WMMA API，这个 API 是专为 Tensor Core 设计的，它允许开发者在 CUDA 程序中直接利用 Tensor Core 的硬件加速能力。通过 WMMA API，开发者可以执行矩阵乘法累积操作，并管理数据的加载、存储和同步。

在 GEMM 的软硬件分层中，数据复用是一个非常重要的概念。由于矩阵通常很大，包含大量的数据，因此有效地复用这些数据可以显著提高计算效率。每一层都会通过不同的内存层次结构（如全局内存、共享内存和寄存器）来管理和复用数据。

如图 4.4.10 所示，具体来说，首先，大矩阵通常被分割成小块，并存储在全局内存中。然后，在计算过程中，这些小块数据会被加载到共享内存或寄存器中，以便进行高效计算。这种方式可以最大限度地减少内存访问时延，并提高计算吞吐量。

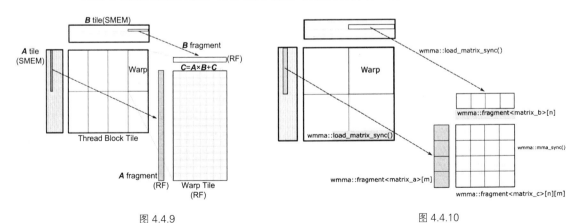

图 4.4.9　　　　　　　　　　　　　　　　　　　图 4.4.10

在完成每一小块矩阵乘法计算后，得到的结果通常也是一小块数据。为了得到最终的完整矩阵乘法结果，需将所有小块结果累积起来。这通常涉及将中间结果从寄存器或共享内存写回全局内存中，并在必要时进行进一步的同步和累加操作。

最后，通过一系列这样的计算和数据管理操作后，完成整个 GEMM 计算任务，并将结果写回到输出矩阵 *C* 中。整个过程充分利用了 Tensor Core 的硬件加速能力和 CUDA 编程模型的灵活性，从而实现高效的矩阵乘法计算。

4. 累积矩阵结果

如图 4.4.11 所示，寄存器文件中临时计算结果的回传是通过 WMMA 的 API 实现的，Tensor Core 提供的 WMMA API 中存在一个存储矩阵同步（Store Matrix Sync）的 API，可将所有的数据都搬运到共享内存（SMEM）中。

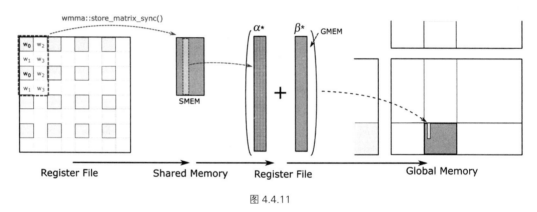

图 4.4.11

在 SMEM 中做大量累积操作，把所有的数据累积起来后，再存放在全局内存中。全局内存把一个块一个块的数据拼接起来，再将数据回传并输出结果。

4.4.4 整体计算过程

下面总结整个的计算过程（图 4.4.12）。

首先，在进行 GEMM 计算之前，矩阵通常会被分块，这些分块后的矩阵存储在全局内存中。全局内存是 GPU 上最大的内存区域，用于存储计算过程中大量需要访问的数据。

然后，在计算开始前，程序会将需要参与计算的矩阵分块加载到共享内存中。共享内存是每个线程块中所有线程都可以访问的低时延内存池，它使得同一线程块中的线程能够高效地共享和重用数据。

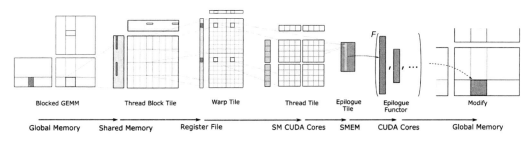

图 4.4.12

接着，当实际执行矩阵乘法运算时，线程会将共享内存中的数据加载到其独立的寄存器中。寄存器是 GPU 上访问速度最快的内存空间，每个线程都有自己独立的寄存器文件。在 Tensor Core 中执行矩阵乘法运算时，数据会存储在 Tensor Core 的寄存器文件中，并在这里执行计算。

计算完成后，计算结果通常不会继续存储在 Tensor Core 的寄存器文件中，而是写入到共享内存中。这是因为共享内存更适用于中间结果的存储和线程间的数据交换。在写回共享内存的过程中，CUDA 的 WMMA API 可提供诸如 Store Matrix Sync 等函数，用于确保数据的正确同步和累积。

在共享内存中进行结果累积后，这些累积的结果最终会被写回到全局内存中。这个过程可能涉及多个线程块的协作，因为整个矩阵乘法运算可能需要多个线程块共同完成。通过全局内存，不同线程块计算得到的结果块可以被拼接起来，形成最终的完整矩阵乘法结果。

小结与思考
- Tensor Core 的计算效率：Tensor Core 通过混合精度计算，利用 FP16 精度进行矩阵乘法运算，并用 FP32 精度存储中间计算结果，可大幅提高神经网络模型训练和推断的计算速度。
- Tensor Core 的并行计算能力：与 CUDA Core 相比，Tensor Core 能在每个时钟周期内执行更多的 GEMM 运算，等效于同时进行 64 个 FMA 操作，并行处理能力显著增强。
- Tensor Core 的计算过程：将大矩阵分块、数据加载到共享内存和寄存器、在 Tensor Core 中进行计算、结果回到共享内存并最终写回全局内存，整个过程通过 WMMA API 和 CUDA 编程技术实现高效的数据管理和计算。

4.5 分布式通信

进入大模型时代，大模型的发展已成为人工智能的核心，但训练大模型实际是一项比较复杂的工作，因为它需要大量的 GPU 资源和较长的训练时间。

由于单个 GPU 工作线程的内存有限，并且许多大模型的规模已超出单个 GPU 的范围。因此，就需要实现跨多个 GPU 的模型训练，这种训练方式会涉及分布式通信和 NVLink。谈及分布式通信和 NVLink 时，我们进入了一个引人入胜且不断演进的技术领域。本节将简单介绍分布式通信的原理，以及实现高效分布式通信背后的技术——NVLink 的演进。

分布式通信是指将计算机系统中的多个节点连接起来，使它们能够相互通信和协作，以完成共同的任务。而 NVLink 则是一种高速、低时延的通信技术，通常用于 GPU 之间连接或 GPU 与其他设备之间连接，可实现高性能计算和数据传输。

4.5.1 分布式并行

当前深度学习进入了大模型时代。大模型，也成为基础模型（Foundation Models）。顾名思义，大模型主打的就是"大"，主要包括以下几个方面：

● **数据规模大**：大模型通常采用自监督学习方法，减少数据标注，降低训练研发成本，而大量的数据又可以提高模型的泛化能力和性能。

● **参数规模大**：随着模型参数规模的不断增大，模型可以更好地捕捉数据中的复杂关系和模式，有望进一步突破现有模型结构的精度限制。

● **算力需求大**：大规模的数据和参数，使得模型无法在单机上运行和计算，一方面要求计算硬件不断进步，另一方面也要求 AI 框架具有分布式并行训练的能力。

因此，为了解决上述问题，需要引入分布式并行策略。

1. 数据并行

数据并行（Data Parallel，DP）是深度学习中一种常用的训练策略，通过在多个 GPU 上分布数据实现并行处理。在数据并行的框架下，每个 GPU（或称为工作单元）都会存储模型的完整副本，这样每个 GPU 都能独立地对其分配的数据子集进行前向传播和反向传播计算。

数据并行可以允许训练过程水平扩展到更多的 GPU 上，从而加速训练。其优势是实现简单，而且可以灵活地调整工作单元的数量以适应可用的硬件资源，当前多种 AI 框架提供了内置支持。但是，数据并行随着并行的 GPU 数量的增加，需要存储更多的参数副本，这将导致内存开销大大增加。此外，梯度聚合步骤需要在 GPU 之间同步大量数据，这可能成为系统的瓶颈。

实现原理是在梯度计算阶段，每个 GPU 在完成各自的前向传播和反向传播后，不再等待其他 GPU，而是立即进行梯度更新。其次，每个 GPU 根据需要读取最新可用的全局权重，而不必等待所有 GPU 都达到同步。然而，这种方法也有其缺点。由于不同 GPU 上的模型权重可能不同步，工作线程可能会使用过时的权重进行梯度计算，这可能导致统计效率降低，无法严格保证其精度。

数据并行的更多内容，请参见第 23 章。

2. 模型并行

模型并行（Model Parallel，MP）通常是指在多个计算节点上分布式训练一个大型的神经网络模型，其中每个节点负责模型的一部分。这种方法主要用于解决单个计算节点无法容纳整个模型的情况。模型并行可进一步细分为几种策略，包括但不限于流水并行（Pipeline Parallel，PP）和张量并行（Tensor Parallel，TP）。

　　模型并行是一种解决单个计算节点无法容纳模型所有参数的技术。不同于数据并行，模型并行的每个节点处理完整模型的不同数据子集，将模型的不同部分分布到多个节点上，每个节点只负责模型的一部分参数。这样可以有效降低单个节点的内存需求和计算负载。在模型并行中，深度神经网络的多个层被分割，并分配给不同的节点。

3. AI 框架分布式

　　对于模型训练来说，不管是哪一种并行策略，其本质上包括将模型进行"纵向"或"横向"的切分，然后将单独切分出来的部分放在不同的机器上进行计算，充分利用计算资源。

　　在现在的 AI 框架中，通常都是采取的多种策略的混合并行来加速模型训练的。而要支持这种多种并行策略的训练模型，就需要涉及不同"切分"的模型部分如何通信。

　　如图 4.5.1 所示，在 AI 计算框架中，我们需要将原来的一个网络模型进行切分，将其分布在不同的机器上进行计算，这里通过在模型中插入 Send 和 Recv 节点来进行通信。

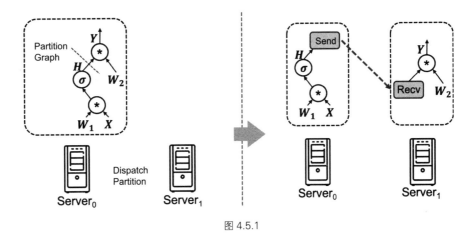

图 4.5.1

　　除此以外，在分布式的模型训练中，由于模型的切分也需要将模型参数放在不同模型部分所在的机器上，在训练过程中会涉及不同模型节点参数的交互和同步，也需要跨节点的同步数据和参数，这种就是分布式训练。

　　以上介绍的是软件层面的分布式策略和算法，接下来介绍通信硬件层面是如何实现的。

4. 通信硬件

　　在 AI 训练中，分布式通信是至关重要的，特别是在处理大模型和海量数据时。分布式通信涉及不同设备或节点之间的数据传输和协调，以实现并行计算和模型参数同步，如图 4.5.2 所示。

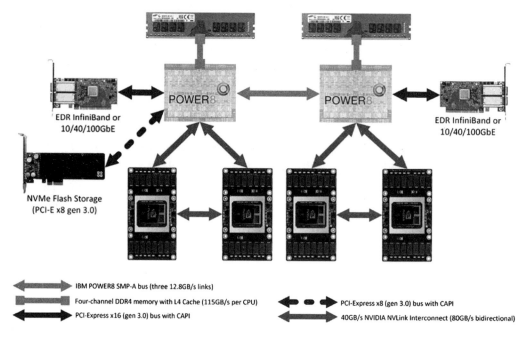

图 4.5.2

在机器内通信方面，有几种常见的硬件：

● **共享内存**：多个处理器或线程访问相同的物理内存，这样它们可以通过读写内存中的数据进行通信。共享内存适用于同一台机器上进行并行计算的情况。

● **PCIe（Peripheral Component Interconnect Express）**：PCIe 总线是连接计算设备的一种标准接口，通常用于连接 GPU、加速器卡或其他外部设备。数据通过 PCIe 总线在不同的计算设备之间传输，实现分布式计算。

● **NVLink**：NVLink 是英伟达开发的一种高速互联技术，可实现 GPU 之间的直接通信。与 PCIe 总线相比，NVLink 可以提供更高的带宽和更低的时延，适用于要求更高通信性能的任务。

在机器间通信方面，常见的硬件包括：

● **TCP/IP 网络**：TCP/IP 协议是互联网通信的基础，允许不同机器之间通过网络进行数据传输。在分布式计算中，可以使用 TCP/IP 网络进行机器间的通信和数据传输。

● **RDMA（Remote Direct Memory Access）网络**：RDMA 是一种高性能网络通信技术，允许在不涉及 CPU 的情况下，直接从一个内存区域传输数据到另一个内存区域。RDMA 网络通常用于构建高性能计算集群，提供低时延和高吞吐量的数据传输。

在了解通信硬件后，实现通信不可或缺的是提供集合通信功能的库。其中，最常用的集合通信库之一是 MPI（Message Passing Interface，消息传递接口），已在 CPU 上广泛应用。而在英伟达的 GPU 上，最常用的集合通信库则是 NCCL（NVIDIA Collective Communications Library，NVIDIA 集合通信库）。

如图 4.5.3 所示，通过 NCCL，可以利用 NVLink 或 NVSwitch 将不同的 GPU 相连接。NCCL 在算法层面提供外部 API，通过这些 API，可以方便地进行跨多个 GPU 的集合通信操作。NCCL 的 API 覆盖了常见的集合通信操作，如广播、归约、全局归约、全局同步等，为开发者提供了丰富而高效的并行计算工具。

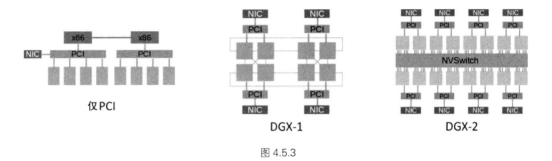

图 4.5.3

5. 集合通信

集合通信（Collective Communications）是一种涉及进程组中所有进程的全局通信操作。它包括一系列基本操作，如发送（Send）、接收（Receive）、复制（Copy）、组内进程栅栏同步（Barrier），以及节点间进程同步（Signal + Wait）。这些基本操作经组合，构成一组通信模板，也称为通信原语，例如，一对多的广播（Broadcast）、多对一的收集（Gather）、多对多的收集（All-Gather）等，如图 4.5.4 所示。

下面简单介绍几个通信原语：

● **Gather** 操作属于多对一的通信原语，具有多个数据发送者，一个数据接收者，可以在集群内把多个节点的数据收集到一个节点上，其反向操作对应于 Scatter。

● **Broadcast** 属于一对多的通信原语，一个数据发送者，多个数据接收者，可以在集群内把一个节点自身的数据广播到其他节点上。如图 4.5.4 所示，当主节点 0 执行 Broadcast 时，数据即从主节点 0 被广播至其他节点。

● **Scatter** 是数据的一对多的分发，将一张 GPU 卡上的数据进行分片再分发到其他所有的 GPU 卡上。

● **All-Reduce** 属于多对多的通信原语，具有多个数据发送者，多个数据接收者，其在集群内的所有节点上都执行相同的 Reduce 操作，可以将集群内所有节点的数据规约运算得到的结果发送到所有的节点上。简单来说，All-Reduce 是数据的多对多的规约运算，它将所有的 GPU 卡上的数据规约（比如 SUM 求和）到集群内每张 GPU 卡上。

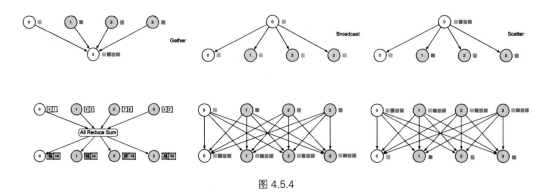

图 4.5.4

● **All-Gather** 属于多对多的通信原语，具有多个数据发送者，多个数据接收者，可以在集群内把多个节点的数据收集到一个主节点上（Gather），再把这个收集到的数据分发到其他节点上。

● **All to All** 操作每一个节点的数据 Scatter 到集群内所有节点上，同时每一个节点也会 Gather 集群内所有节点的数据。All to All 是对 All-Gather 的扩展，区别是 All-Gather 操作中，不同节点向某一节点收集到的数据是相同的，而在 All to All 中，不同的节点向某一节点收集到的数据是不同的。

4.5.2 NVLink 与 NVSwitch 发展

NVLink 和 NVSwitch 是英伟达推出的两项具有革命性的技术，它们正在重新定义 CPU 与 GPU，以及 GPU 与 GPU 之间的协同工作和高效通信的方式。

● NVLink 是一种先进的总线及其通信协议。NVLink 采用点对点结构、串列传输，用于连接中央处理器（CPU）与图形处理器（GPU），也可用于多个图形处理器（GPU）之间的相互连接。

● NVSwitch 是一种高速互联技术，同时可作为一块独立的 NVLink 芯片，目前最多提供 18 路 NVLink 的接口，可以在多个 GPU 之间实现高速数据传输。

这两项技术为 GPU 集群和深度学习系统等应用场景带来更高的通信带宽和更低的时延，从而提升了系统的整体性能和效率。

1. NVLink 发展

由表 4.1.8 可知，从 Pascal 架构到 Hopper 架构，NVLink 经过四代演进。2024 年的 GTC 大会上，英伟达发布 Blackwell 架构，其中 NVLink 再次更新，发布了第五代 NVLink，其互联带宽达到 1800 GB/s。每一层 NVLink 的更新，其每个 GPU 的互联带宽都是在不断提升，其中 NVLink 之间能够互联的 GPU 数，也从第一代的 4 路增加到第四代的 18 路。最新的 Blackwell 架构，其最大互联 GPU 数仍是 18 路，并未增加。

从图 4.5.5 可以看出，P100 中的每个 NVLink 只有 40 GB/s，而从第二代 V100 到 H100 每个 NVLink 链路都有 50 GB/s，链路数量的增加使得整体带宽增加。

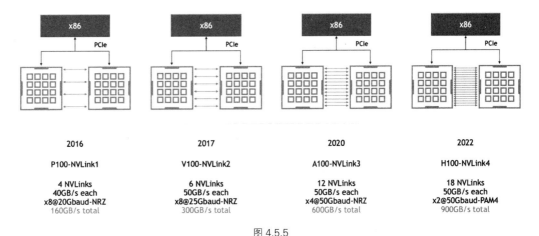

图 4.5.5

2. NVSwitch 发展

由表 4.1.9 可知，NVSwitch 技术从 Volta 架构到 Blackwell，经历了四代的演进与发展。前三代在每一代中，每个 GPU 互联的芯片模组数量保持不变，都为 8 个，这意味着互联的基本结构保持了稳定性和一致性。随着 NVLink 架构的升级，GPU 到 GPU 之间的带宽实现了显著增长，因为 NVSwitch 就是 NVLink 具体承载的芯片模组，从 Volta 架构的 300 GB/s 增加到 Blackwell 架构的 1800 GB/s。

下面来看 NVLink 与 NVSwitch 在服务器中的关系。

如图 4.5.6 所示，在 P100 中只有 NVLink，GPU 间通过 CubeMesh 互联。在 P100 中，每个 GPU 有 4 路连联，每 4 个 GPU 组成一个 CubeMesh。

而到了 V100，一个 GPU 通过 NVSwitch 与另一个 GPU 互联。到了 A100，NVSwitch 再次升级，节省了大量的链路，每个 GPU 可以通过 NVSwitch 和任何一个 GPU 互联。

到了 H100，又有新的技术突破，单机内有 8 块 H100 GPU 卡，任意 2 个 H100 卡之间都有 900 GB/s 的双向互联带宽。值得注意的是，在 DGX H100 系统里，4 个 NVSwitch 留出 72 个 NVLink4 连接，通过 NVLink-Network Switch 连接到其他 DGX H100 系统，从而方便组成 DGX H100 SuperPod 系统。其中，72 个 NVLink4 连接的总双向带宽约 3.6 TB/s。

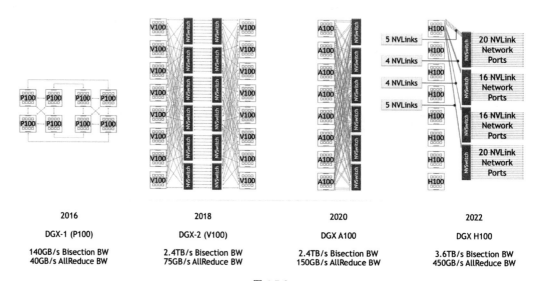

图 4.5.6

小结与思考

- 分布式通信技术的关键作用：在 AI 大模型时代，分布式通信技术，如 NVLink 和 NVSwitch，对实现跨多个 GPU 的高效数据传输和同步至关重要。
- 并行策略的多样化：数据并行和模型并行等分布式并行策略通过在多个计算节点上分布模型或数据，有效提升了大规模 AI 模型训练的效率和资源利用率。
- NVLink 与 NVSwitch 的技术进步：随着 NVLink 和 NVSwitch 技术的不断演进，GPU 间的互联带宽和通信效率显著提升，为神经网络模型训练和大规模并行计算提供更强大的硬件支持。

4.6 NVLink 原理剖析

随着人工智能技术的飞速发展，大模型的参数量已经从亿级跃升至万亿级，这一变化不仅标志着人工智能的显著提升，也对支持这些庞大模型训练的底层硬件和网络架构提出了前所未有的挑战。为了有效地训练这些复杂的模型，需要依赖于大规模的 GPU 服务器集群，它们通过高速网络相互连接，以便进行快速、高效的数据交换。但是，即便是最先进的 GPU 也可能因为网络瓶颈而无法充分发挥其计算潜力，导致整个算力集群的性能大打折扣。这一现象凸显在构建大规模 GPU 集群时，仅仅增加 GPU 数量并不能线性增加集群的总体算力。相反，随着集群规模的扩大，网络通信的额外开销也会成倍增加，严重影响计算效率。

在这种背景下，算存互联（即计算与存储之间的连接）和算力互联（即计算单元之间的连接）的重要性变得日益突出。这些互联技术是实现高效大规模并行计算的关键，确保数据可迅速在处理单元和存储设备间传输，最大限度地减少通信时延，提高整体系统性能。

4.6.1　PCIe 与 GPU 关系

在解决这一挑战的过程中，PCIe 和英伟达的 NVLink、NVSwitch 等通信技术扮演重要角色，本节将详细介绍这几种技术。

1. PCIe 互联技术

PCIe 是一种高速串行计算机扩展总线标准，广泛用于连接服务器中的 GPU、SSD 等设备。它通过提供高带宽和低时延的数据传输，支持复杂计算任务的需求。然而，随着计算需求的不断增长，PCIe 的带宽可能成为瓶颈。

NVLink 技术则为 GPU 之间提供更高速的数据交换能力，其传输速度远超传统的 PCIe 连接，使得数据在 GPU 之间的传输更高效。此外，NVSwitch 技术进一步扩展其数据传输能力，允许高达数十个 GPU 之间高速、高带宽的直接连接。这种先进的互联技术极大地提高了大规模 GPU 集群处理复杂模型时的数据交换效率，降低了通信时延，从而使得万亿级别的模型训练成为可能。

在英伟达推出其创新的 NVLink 和 NVSwitch 互联技术之前，构建强大计算节点的常规方法是通过 PCIe 交换机将多个 GPU 直接连接到 CPU，如图 4.6.1 所示。这种配置方式依赖于 PCIe 标准，尤其是 PCIe 3.0 版本，它为每个通道提供约 32 GB/s 的双向带宽。虽然这在当时被视为高效的数据传输方式，但随着人工智能和机器学习领域的快速发展，数据集和模型的规模呈指数级增长，这种传统的 GPU-CPU 互联方式很快成为系统性能提升的瓶颈。

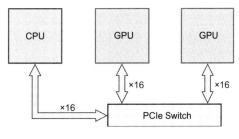

图 4.6.1

随着新一代 GPU 性能的显著提升，它们处理数据的能力大幅增强，但如果互联带宽没有得到相应的提升，那么这些 GPU 就无法充分发挥其性能潜力。数据传输速度不足，意味着 GPU 在处理完当前数据前，需要等待下一批数据的到来，这导致计算效率显著下降。在这种情况下，即使是最先进的 GPU 也无法满足日益增长的计算需求，从而制约了大规模并行计算系统的整体性能。

为了解决这一问题，英伟达开发了 NVLink 技术。与 PCIe 3.0 相比，NVLink 技术提供更高的数据传输速率，极大地减少了数据在 GPU 之间传输时间。NVLink 通过提供更快的数据交换能力，使得多个 GPU 之间可以更高效地共享数据，从而提升了整体的计算性能和效率。

2. GPU 互联架构

在现代 GPU 架构中，单个 GPU 内部包含多个 SM 核心，这些核心是实现并行计算的基石。通过 CUDA 技术，开发者能够通过编写程序驱动这些硬件单元，并行执行复杂的计算任务。CUDA 不仅为程序员提供一种利用 GPU 的并行处理能力的高效方式，还极大简化了并行计算程序的开发过程。

而在 GPU 内部，工作任务被划分，并分配给每个 GPC 和 SM 核心。这种工作分配机制确保了 GPU 的计算资源得到充分利用，每个核心都在执行计算任务，从而实现了高效的并行处理。为了支持这种高速计算，GPU 通常配备高带宽内存（HBM），它为 GPC/SM 核心提供快速访问大量数据的能力，从而保证数据密集型任务的高效执行。

NVLink 的出现为 GPU 间的互联提供了一种革命性的方式，使得不同 GPU 之间的通信和数据共享变得更高效和直接（图 4.6.2）。

通过 NVLink，GPU 的 GPC 可直接访问连接在同一系统中其他 GPU 上的高带宽内存（HBM）数据。这种直接的内存访问机制显著降低了数据交换的时延，并提高数据处理速度。同时，NVLink 支持多条链路同时操作，这意味着可以通过多条 NVLink 链路同时对其他 GPU 内的 HBM 数据进行访问，极大地增加了带宽和通信速度。每条 NVLink 链路都提供了远高于 PCIe 总线的数据传输速率，多条链路的组合使得整体带宽得到成倍增加。

此外，NVLink 不仅仅是一种点对点的通信协议，还可以通过连接到 GPU 内部的交叉开关（XBAR）实现更复杂的连接拓扑（图 4.6.3）。NVLink 这种能力使得多 GPU 系统中的每个 GPU 都能以极高的效率访问其他 GPU 的资源，包括内存和计算单元。而且，NVLink 并不是要取代 PCIe 总线，而是作为其一种补充和增强。

NVLink 技术的引入不仅仅加速 GPU 间的通信，还极大扩展了多 GPU 系统的潜力。

● 多 GPU 互联能力提升：NVLink 极大提升了多 GPU 之间的互联能力，使得更多的 GPU 可高效连接在一起。这种增强的互联能力不仅提升了数据传输的速度和效率，而且还使得构建大规模 GPU 集群成为可能。这意味着在深度学习、科学模拟等领域能够处理更复杂的问题，实现更高的计算性能。

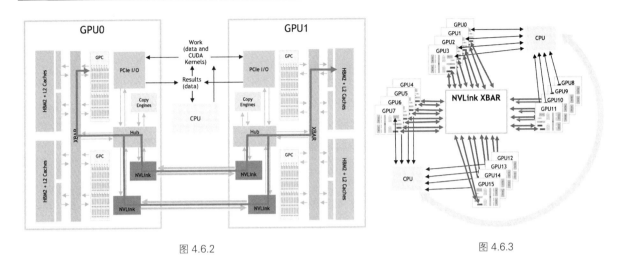

图 4.6.2　　　　　　　　　　　　　　　　　　　　图 4.6.3

● 单一 GPU 驱动进程的全局控制：通过 NVLink，单个 GPU 驱动进程可以控制所有 GPU 的计算任务，实现任务的高效分配和管理。这种集中式控制机制简化了多 GPU 系统的编程和使用，使得开发者能够更容易地利用系统中所有 GPU 的计算能力，从而加速复杂计算任务的处理。

● 无干扰的 HBM 内存访问：NVLink 允许 GPU 在不受其他进程干扰的情况下，直接访问其他 GPU 的 HBM 内存。使用 LD/ST 指令和远程直接内存访问（RDMA）技术，数据可以在 GPU 之间高效传输，极大提高了内存访问速度和效率。这种无干扰的访问机制可减少数据传输的时延，提高整体的计算性能，因此该特性对需要大量数据交换的应用至关重要。

● XBAR 的独立演进与带宽提升：GPU 内部的 XBAR 作为桥接器，可以独立于 GPU 核心演进发展，提供更高的带宽和更灵活的连接拓扑。这种设计使得 NVLink 不仅能够支持当前的高性能计算需求，而且还具备未来进一步扩展和提升性能的潜力。随着 XBAR 技术的发展，期待 NVLink 将会支持更复杂和高效的多 GPU 连接方案，进一步推动突破高性能计算的极限。

4.6.2　NVLink 技术细节

为了克服传统 PCIe 通信带宽的限制，英伟达开创性地推出 NVLink 的高速互联架构。这项技术在 P100 GPU 中首次亮相，标志高性能计算通信技术的又一大飞跃。NVLink 的设计初衷是为了超越传统的 PCIe 通道，实现 GPU 间以及 GPU 与 CPU 之间更高效、大带宽的数据传输。

NVLink 的引入不仅仅是技术上的创新，还代表英伟达对未来计算架构的深远考量。与 PCIe 总线相比，NVLink 提供更高的通信带宽和更低的时延。该技术将对深度学习、科学计算和大规模模拟等领域的性能有巨大提升。

值得一提的是，NVLink 的设计同时还考虑到 CPU 与 GPU 之间的高带宽通信的需求。NVLink 为异构计算提供了更紧密和高效的集成方式。虽然基于 x86 架构的 AMD 和英特尔可能不会直接采用 NVLink 技术，但通过英伟达与 IBM 的合作，NVLink 技术已展现了在非 x86 架构中的巨大潜力。在 IBM 的 POWER 微处理器上实现 NVLink，展示了一种全新的、去除 PCIe 瓶颈的通信方式，为高性能计算系统提供了更高效的数据交换路径。

1. 初代 NVLink 结构

第一代 NVLink 技术采用一种精巧的设计，每条 NVLink 链路是由一对双工双路信道组成，巧妙地将 32 条配线组合起来，形成 8 个不同的配对。这种独特的结构使得每个方向实现高效的数据传输，具体来说，通过 2 位双向传输（2 bit）乘以 8 对配对（8 pair）再乘以 2 条线（2 wire），最终形成了 32 条线（32 wire）的配置。

如图 4.6.4 所示，在 P100 GPU 上，英伟达搭载了 4 条 NVLink 链路，每条链路能够提供双向 40 GB/s 的总带宽。这意味着，整个 P100 GPU 能够达到惊人的 160 GB/s 的总带宽，为数据密集型的应用提供强大的数据处理能力。

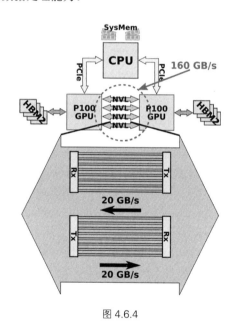

图 4.6.4

NVLink 技术不仅解决了传统 PCIe 通信带宽瓶颈问题，而且还为 GPU 间以及 GPU 与 CPU 之间的通信提供一条更快、更高效的数据传输路径。为处理更复杂的计算任务，构建更强大的计算系统铺平道路。

2. NVLink 实现细节

下面来解析 NVLink 连接的技术细节（图 4.6.5）。

英伟达的 P100 GPU 在其设计中融入了 4 条 NVLink 链路，这一创新不仅提升了数据传输速度，还极大增强了系统的整体性能。P100 通过这些高速通道，实现了高达 94% 的带宽效率，意味着几乎所有的数据传输都能以极高的效率完成，极大减少了数据在传输过程中的损耗。

更为重要的是，NVLink 不仅支持 GPU 之间的数据读写操作，还支持原子操作到对等 GPU，这为复杂的计算任务和数据处理提供更灵活和强大的支持。此外，P100 还能够通过 NVLink 与支持 NVLink 的 CPU 进行数据读写操作，这一特性极大提升了 CPU 与 GPU 之间的协同工作效率，为异构计算环境中的数据共享和任务协调提供更高效的解决方案。

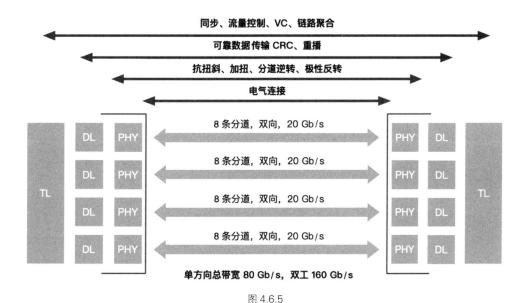

图 4.6.5

NVLink 的另一个显著特点，其链接可以被"捆绑"起来，实现更高的带宽。将多条 NVLink 通道组合，可以进一步提升数据传输速度，满足那些对数据传输速度有极高要求的应用场景。这种灵活的配置方式，使得 P100 能够根据具体的应用需求和工作负载，动态调整数据传输策略，从而优化性能。

3. NVLink 通信协议

在 NVLink 的链接架构中有一个关键的概念——"Brick"，是指 NVLink 通道的基本单元。如图 4.6.6 所示，每个 NVLink 是一个双向接口，由 8 个差分对组成，共计 32 条线。这些差分对采用直流耦合（DC Coupled）技术，并配置有 85Ω 的差分终端，以优化信号传输质量。

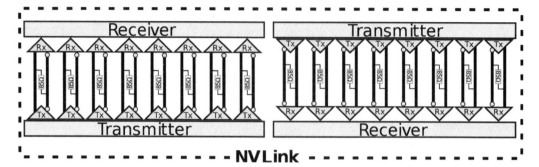

图 4.6.6

同时为了进一步提高设计的灵活性和兼容性，NVLink 引入通道反转（Channel Reversal）和通道极性（Channel Polarity）概念。这意味着设备间的物理通道顺序和极性可根据实际布线和设计需要进行调整，从而简化物理布局和路由的复杂度。

如图 4.6.7 所示，数据传输方面，NVLink 采用基于 flit（Flow Control Digit，流控制数）的数据包结构。一个单向的 NVLink 数据包包含 1 ~ 18 个 flit，每个 flit 包含 128 位。这种设计允许在单个数据包中传输不同大小的数据，从而提高传输的灵活性和效率。

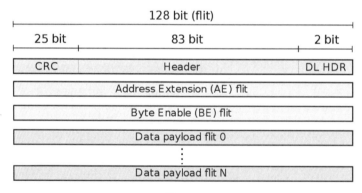

图 4.6.7

头部 flit 的结构设计包含 25 位的循环冗余校验（CRC）、83 位的传输字段（Transaction Field）和 20 位的数据链路字段（Data Link）。其中，传输字段包括请求类型、地址、流量控制位和标记标识符等信息，而数据链路字段则涉及数据包长度、应用编号标签和确认标识符等内容。地址扩展（Address Extension）机制通过保留静态位，仅传输变化位来进一步优化数据传输效率。

NVLink 协议通过 25 位 CRC 实现错误检测，确保数据传输的可靠性。接收方（Receiver）负责将接收到的数据保存在重播缓冲区（Replay Buffer）中，对数据包排序，并在确认 CRC 无误后，将数据发送到源端。CRC 字段的设计使得最大数据包能够容忍高达 5 个随机位错误，或者在差分对发生突发错误时，支持最多 25 个连续位错误的容错能力。

依据这种精心设计的电气和数据结构，NVLink 不仅提高了数据传输的速度和效率，还确保在高速传输过程中的稳定性和可靠性，为高性能计算提供强有力的支持。

4. NVLink 互联拓扑

为了实现 GPU 间的高效链接和协作计算，需要基于 NVLink 系统配置和性能成本要求，合理配置 GPU 之间的 NVLink 通道的物理布局和连接方式。

初代 DGX-1 通常采用一种类似于图 4.6.8 所示的互联形式。不过，IBM 在基于 Power8+微架构的 Power 处理器上引入 NVLink 1.0 技术，这使得英伟达的 P100 GPU 可以直接通过 NVLink 与 CPU 相连，而无需经过 PCIe 总线。这一举措实现了 GPU 与 CPU 之间的高速、低时延的直接通信，为深度学习和高性能计算提供了更强大的性能和效率。

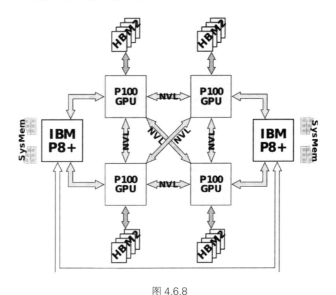

图 4.6.8

通过与最近的 Power8+ CPU 相连，每个节点的 4 个 GPU 可配置成一种全连接的 mesh 结构。这种结构使得 GPU 之间可以直接交换数据，并在深度学习和计算密集型任务中实现更高效的数据传输和协作计算。

此外，由于 GPU 所需的 PCIe 通道数超过芯片组所能提供的数量，因此，每一对 GPU 将连接到一组 PCIe 交换机上，然后再与英特尔至强®处理器相连。然后，2 块英特尔处理器通过 QPI 总线相连。

这种配置确保每个 GPU 都能获得足够的 PCIe 带宽，以便在深度学习和高性能计算任务中能够高效地进行数据传输和处理。同时，通过 QPI 总线连接的 2 块英特尔处理器也为系统提供高速的 CPU 之间通信通道，进一步提升整个系统性能和效率。

5. 第五代 NVLink

总体看，英伟达将 NVLink 的带宽从每 GPU 900GB/s 增加了 1 倍，达到每 GPU 1800 GB/s。与上一代产品相比，这是历年来 NVLink 带宽的最大跃升，因为 2022 年的 Hopper 架构中，NVLink 带宽仅比上代提高了 50%。

另一个有趣的方面是，每个 GPU 的 NVLink 数量没有改变，Hopper 和 Blackwell GPU 的 NVLink 容量均是 18 个链接。因此，NVLink 5 带来的所有带宽增益均来自链路内每个高速对的 200 GB/s 更高信号传输速率。这与前几代 NVLink 的模式是一致的，每次迭代都会使信号传输速率翻倍。

小结与思考

- NVLink 技术的重要性：随着神经网络模型参数量的激增，传统的 PCIe 总线已无法满足 GPU 间，以及 GPU 与 CPU 间的高速数据传输需求，NVLink 技术提供远超 PCIe 的高传输速度和低时延性能，有效解决了这一瓶颈问题。
- NVLink 的技术细节：NVLink 通过创新的通道设计和高效的数据包结构，实现高带宽利用率和错误检测能力，其灵活的拓扑结构和对等通信支持，为大规模 GPU 集群的高效协作计算提供可能。
- NVLink 的发展与演进：自 P100 GPU 首次引入 NVLink 以来，该技术已经历多代发展，最新一代的 NVLink 在 Blackwell 架构中实现每个 GPU 1800 GB/s 的带宽，进一步推动了高性能计算和神经网络模型训练的能力。

4.7　NVSwitch 深度解析

在当今的高性能计算领域，英伟达的 GPU 技术无疑是一颗璀璨的明星。随着人工智能和机器学习技术的飞速发展，对于计算能力的需求日益增长，GPU 之间的互联互通变得尤为重要。在这样的背景下，英伟达推出 NVLink 协议，以及基于此技术的多 GPU 互联解决方案——NVSwitch。

本节将深入探讨 NVSwitch 的发展历程、工作原理以及其在构建高性能服务器集群中的关键作用，为读者揭开这一技术背后神秘的面纱。

4.7.1　为什么需要 NVSwitch

随着单个 GPU 的计算能力逐渐逼近物理极限，为了满足日益增长的计算需求，多 GPU 协同工作成为必然趋势。

然而，要对其他 GPU 的 HBM2 进行访问，需经过 PCIe 接口。如图 4.7.1 所示，传统的 PCIe 接口在数据传输速率和带宽上存在限制，这导致 GPU 间的通信通常会成为性能的瓶颈。为了克服这一限制，英伟达开发了 NVLink 技术，相比于 PCIe，NVLink 技术可提供高达 10 倍的带宽，允许单个服务器内的 8 个 GPU 通过点对点网络连接，形成混合的立方体网格。

　　NVLink 技术的核心优势在于它能够绕过传统的 CPU 分配和调度机制，允许 GPU 之间进行直接的数据交换。这种设计不仅减少了数据传输的时延，还大幅提升了整个系统的吞吐量。此外，通过 NVLink GPC 既可以访问卡间 HBM2 内存数据，也可以对其他 GPU 内的 HBM2 数据进行访问。

　　NVSwitch 则是在此基础上进一步发展，支持完全无阻塞的全互联 GPU 系统，通过提供更多的 NVLink 接口，没有任何中间 GPU 跳数，实现更大规模的 GPU 互联，从而构建更强大的计算集群。

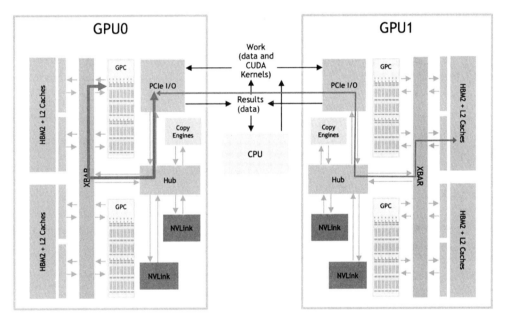

图 4.7.1

4.7.2　NVSwitch 的出现

　　回顾表 4.1.9，在 Volta 架构中，GPU 到 GPU 间的通信速率达到 300 GB/s，而在 Hopper 架构中已经发展到 900 GB/s。这一壮举的背后，是 NVLink 链路数的显著提升，从 Volta 架构的 6 路扩展至 Hopper 架构的 18 路，如同在原本的高速公路上又增设了立交桥和环岛，使得数据流能够更高效地穿梭于各个 GPU 之间，为高性能计算和大规模并行处理提供强有力的支撑。

　　DGX-2 引入英伟达的第一代 NVSwitch 技术，实现了更高效的 GPU 间通信，这是一个重要的进步。在 Volta 架构中，每张 GPU 卡支持 6 条 NVLink 链路，不再是 4 条。通过引入 6 个 NVSwitch，NVSwitch 能够将服务器中的所有 GPU 卡全部互联，并且支持 8 对 GPU 同时通信，无需任何中间

GPU 跳数，实现直接高速通信，这大大提高了数据传输的效率和整体计算性能。

DGX-A100 使用的是第二代 NVSwitch 技术。相比于第一代，第二代 NVSwitch 技术提供更高的通信带宽和更低的通信时延。在 A100 架构中，每张 GPU 卡支持 12 条 NVLink（第三代）链路，并通过 6 个 NVSwitch 实现全互联的网络拓扑。虽然标准的 DGX A100 配置仅包含 8 张 GPU 卡，但系统可以扩展，支持更多的 A100 GPU 卡和 NVSwitch，构建更大规模的超级计算机。

DGX-H100 使用的是第三代 NVSwitch 和第四代 NVLink 技术，其中每个 GPU 卡支持 18 条 NVLink 链路。H100 架构引入 4 个 NVSwitch，采用分层拓扑的方式，每张 GPU 卡向第一个 NVSwitch 接入 5 条链路，向第二个 NVSwitch 接入 4 条链路，向第三个 NVSwitch 接入 4 条链路，向第四个 NVSwitch 接入 5 条链路，共 72 个 NVLink，提供 3.6 TB/s 全双工 NVLink 网络带宽，比上一代 NVSwitch 提高 1.5 倍。

4.7.3 NVSwitch 详解

英伟达的 NVSwitch 技术是实现高效 GPU 间通信的关键组件，特别是在构建高性能计算 (HPC) 和 AI 加速器系统中。

1. 初代 NVSwitch

第一代 NVSwitch 支持 18 路接口，NVSwitch 能够支持多达 16 个 GPU 的全互联，实现高效的数据共享和通信。

如图 4.7.2 所示，在 V100 架构中，每块 GPU 拥有 6 条 NVLink 链路，这些链路可以连接到 NVSwitch 上，从而形成一个高带宽的通信网络。在 DGX-2 系统中，8 个 V100 GPU 通过这些 NVLink 通道与 6 个 NVSwitch 相连，构建一个强大的基板。

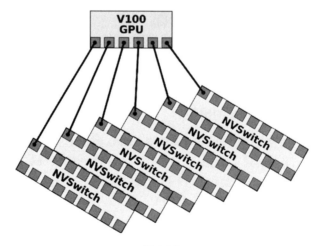

图 4.7.2

第一代的 NVSwitch 支持的 NVLink 2.0 技术，每个接口能够提供双通道，高达 50GB/s 的带宽。这意味着通过 NVSwitch，整个系统能够实现 900 GB/s 的带宽，极大提升数据传输速率和计算效率。

NVSwitch 基于台积电的 12 nm FinFET FFN 工艺制造，这种先进的工艺技术使得 NVSwitch 能够在 100 W 的功率下运行，同时集成高达 2 亿个晶体管。

在电路 IO 和封装方面，NVSwitch 封装在一个大型的 BGA 芯片中，具有 1940 个引脚，其中 576 个引脚专门用于支持 18 路 NVLink，其余引脚用于电源和各种 I/O 接口，包括 ×4 PCIe 管理端口、I2C、GPIO 等，为系统提供灵活的管理和扩展能力。具体的参数如表 4.7.1 所示。从表可看到，每个 NVLink 双向带宽高达 51.5 GB/s，实际利用率高达 80.0%。

表 4.7.1　NVSwitch 参数

参数	规格	参数	规格
每个 NVLink 双向带宽	51.5 GB/s	Bidirectional Aggregate Bandwidth	928 GB/s
NRZ Lane Rate（×8 per NVLink）	25.78125 GB/s	NVLink Ports	25.78125 GB/s
Tansistors	2×10^9	Mgmt Port（config. Maintenance，errors）	PCle
Process	TSMZ 12 nm FinFET FFN	LD/ST BW Efficiency（128B pkts）	80.0%
Die Size	106 mm^2	Copy Engine BW Efficiency（256B pkts）	88.9%

2. 初代 NVSwitch Block

如图 4.7.3 所示，左侧为 GPU XBAR，它是一个高度专业化的桥接设备，用于 NVLink 互联环境中，可以使得数据包能够在多个 GPU 之间流动和交换，同时对外呈现为单个 GPU。通过 GPU XBAR，客户端应用程序能够感知并利用多个 GPU 的集合性能，减少了客户端进行 GPU 间通信管理的复杂性。

GPU XBAR 利用基于静态随机存取存储器（SRAM）的缓冲技术，实现无阻塞的数据传输。这种缓冲机制保证了数据传输的连续性和效率，即使在高负载情况下也能保持高性能。

从 V100 GPU 开始，英伟达重新使用 NVLink 的 IP 块和 XBAR 设计，这不仅保证了不同代产品之间的兼容性，也使得 NVLink 技术能够不断迭代和优化，同时降低了开发成本和时间。

如图 4.7.4 所示，下面结合整个 GPU，分析 NVSwitch 和 GPU 之间是如何进行数据传输和分发的。

在通过 NVLink 传输数据时，其使用的是物理地址而非虚拟地址。这是因为物理地址能够直接指向数据的实际存储位置，从而加快数据的索引和访问速度。

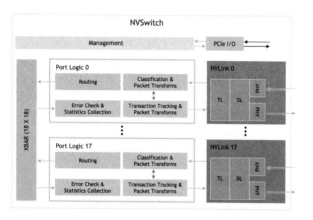

图 4.7.3

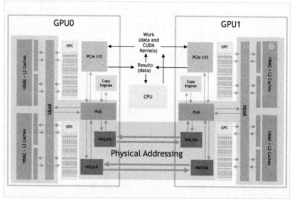

图 4.7.4

NVSwitch 作为 NVLink 的桥接设备，它不仅提供高带宽的通信路径，还负责维护复杂的路由和缓冲机制，确保数据包能够按照正确的物理地址快速且准确地传输到目的地。通过使用物理地址进行 NVLink 通信，可以减少在目标 GPU 上进行地址转换的需要，从而降低时延，提高数据传输速率。

3. NVSwitch 简化原理与特性

1) 无 NVSwitch 的直接 GPU 间连接

如图 4.7.5 所示，在没有 NVSwitch 的配置中，GPU 之间的连接通常是通过将 NVLinks 聚合成多个组（Gang）来实现的。这意味着多个 GPU 通过共享的 NVLink 链路进行通信。

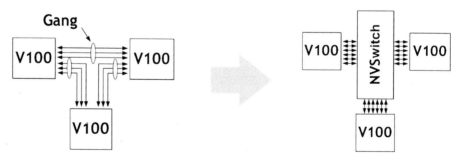

图 4.7.5

2)引入 NVSwitch 后的改进

英伟达的 NVSwitch 技术为 GPU 间的通信带来革命性的改进。NVSwitch 作为一个高速交换机，允许所有链路上的数据进行交互。

在 NVSwitch 架构中，任意一对 GPU 都可以直接互联，且只要不超过 6 个 NVLink 的总带宽，单个 GPU 的流量就可以实现无阻塞传输。NVSwitch 支持的全互联架构，意味着系统可实现轻松扩展，以支持更多的 GPU，而不会以牺牲性能为代价。每个 GPU 都能利用 NVLink 提供的高带宽，实现快速的数据交换。

NVSwitch 在解决多 GPU 间的互联有以下优势和特性：

● 扩展性与可伸缩性：NVSwitch 的引入为 GPU 集群的扩展性提供了强大的支持。通过简单地添加更多的 NVSwitch，系统可以轻松地支持更多的 GPU，从而扩展计算能力。

● 高效的系统构建：例如，8 个 GPU 可以通过 3 个 NVSwitch 构建成一个高效的互联网络。这种设计允许数据在所有 GPU 链路之间自由交互，最大化了数据流通的灵活性和效率。

● 全双向带宽利用：在这种配置下，任意一对 GPU 都能够利用完整的 300 GB/s 双向带宽进行通信。这意味着每个 GPU 对都能实现高速、低时延的数据传输，极大地提升了计算任务的处理速度。

● 无阻塞通信：NVSwitch 中的 XBAR 为数据传输提供了从点 A 到点 B 的唯一路径。这种设计确保了通信过程中的无阻塞和无干扰，进一步提升了数据传输的可靠性和系统的整体性能。

● 优化的网络拓扑：NVSwitch 支持的网络拓扑结构为构建大型 GPU 集群提供了优化的解决方案。它允许系统设计者根据具体的计算需求，灵活地配置 GPU 之间的连接方式。

4. 第三代 NVSwitch

从图 4.7.6 可看出，第三代 NVSwitch 采用 TSMC 的 4N 工艺制造，即使在拥有大量晶体管和高带宽的情况下，也能保持较低的功耗。第三代 NVSwitch 提供了 64 个 NVLink 4 链路端口，

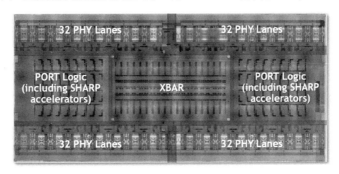

最大 NVSwitch 模块	最高的带宽	新能力
· TSMC 4N工艺	· 64 NVLink4端口（每个NVLink ×2）	· 400 GFLOPS的FP32 SHARP
· 25.1 B晶体管	· 3.2 TB/s全双工带宽	· NVLink网络管理、安全性及遥测引擎
· 294 mm²	· 50 Gbaud PAM4差分对（diff-pair）信号	
· 50 mm×50 mm 封装（2645个引脚）	· 所有端口都支持NVLink网络	

图 4.7.6

允许构建包含大量 GPU 的复杂网络，同时保持每个 GPU 之间的高速通信。同时支持 3.2TB/s 的全双工带宽，显著提升了数据传输速率，使得大规模数据集的并行处理更加高效。

在信号技术方面，采用 50 Gbaud PAM4 信号技术，每个差分对提供 100 GB/s 的带宽，保持信号的高速传输和低时延特性。

NVSwitch 集成了英伟达 SHARP 技术，包括 All-Gather、Reduce-Scatter 和 Broadcast Atomics 等操作，为集群通信提供硬件加速，进一步提升性能。NVSwitch 3.0 的物理电气接口与 400 GB/s 以太网和 InfiniBand 兼容，提供了与现有网络技术的互操作性。

英伟达的第三代 NVSwitch 引入多项创新特性，其中新 SHARP 模块和新 NVLink 模块的加入为 GPU 间的高效通信和数据处理性能提供显著提升，如图 4.7.7 所示。

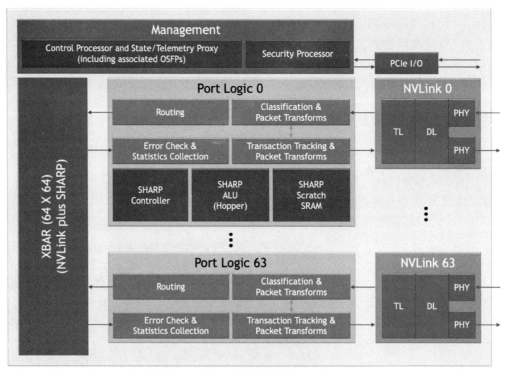

图 4.7.7

1）新 SHARP 模块

新引入的 SHARP 模块拥有强大的数据处理能力，支持多种运算符，从逻辑运算到算术运算，同时兼容多种数据格式，如 FP16 和 BF16，为 AI 和机器学习工作负载提供强有力的支持。SHARP 控制器的设计能够并行管理多达 128 个 SHARP 组，同时处理众多任务，大幅提升数据并行处理的效率，顺利完成大规模的数据处理任务。

NVSwitch 中的 XBAR，经过精心调整和优化，与 SHARP 模块的数据传输需求完美匹配。这一协同设计，确保数据在 GPU 间传输时的高效率和低时延，提升系统的整体性能。

2）新 NVLink 模块

新 NVLink 模块的集成，不仅为数据和芯片提供额外的安全保护，防止未授权访问和潜在的数据泄露，而且增强了系统的数据安全性。端口分区功能的引入将不同的端口隔离到单独的 NVLink 网络中，为系统提供更高的灵活性，允许在不同的网络之间实现资源的逻辑分割，优化多任务处理的能力。

新 NVLink 模块还扩展了遥测功能，使得系统管理员能够更精确地监控和优化网络性能，确保系统的稳定运行。而集成的前向纠错（FEC）技术，增强了数据传输的可靠性，尤其是在面对信号衰减或干扰时，能够保证数据的完整性和准确性。

小结与思考

- NVSwitch 的关键作用：NVSwitch 技术通过提供高带宽、低时延的多 GPU 互联，解决了大规模并行计算中的通信瓶颈问题。

- NVSwitch 的演进：自 Volta 架构首次引入以来，NVSwitch 技术经历了多代发展，每代都显著提升 GPU 间的通信能力和系统的整体性能。

- NVSwitch 的技术特性：NVSwitch 支持全互联架构，具备高度的系统扩展性和灵活性，同时集成的 SHARP 和 NVLink 模块增强数据处理能力和安全性，为高性能计算和 AI 应用提供坚实的基础。

第 5 章　TPU——以谷歌为例

5.1　引　言

本节我们将深入探讨谷歌的张量处理单元（Tensor Processing Unit，TPU）的发展历程及其在深度学习和人工智能领域的应用，并将简单介绍 TPU 的演进过程，包括在不同代 TPU 芯片上的技术革新，以及如何通过低精度计算、脉动阵列、专用硬件设计等方法优化矩阵计算性能。此外，还将探讨 TPU 在实际应用中的表现，以及谷歌如何通过 TPU 推动移动计算体验的进步。

5.1.1　TPU 的出现

早在 2006 年，谷歌内部就讨论过在自家的数据中心部署 GPU、FPGA 或自研 ASIC 的可能性。但当时在特殊硬件上运行的少数应用程序，可以几乎 0 代价地利用当时谷歌数据中心的过剩算力完成。什么能比"免费的午餐"更有吸引力呢？因此，这一讨论并没有落地。

直到 2013 年，风向突变。当时，谷歌的研究人员做出预测：如果用户每天使用语音搜索，并通过深度神经网络（DNN）进行平均 3 分钟的语音识别，那么谷歌数据中心需要双倍的算力才能满足日益增长的计算需求，而仅仅依靠传统 CPU 来满足这种需求是非常昂贵的。于是，在此背景下，谷歌开始了 TPU 的设计。

开发一个芯片通常需要几年的时间，然而谷歌开发 TPU 的速度确实令人印象深刻——从立项到大规模部署只用了 15 个月。TPU 项目的带头人 Norm Jouppi 说："芯片设计过程异常迅速，这本身就是一项非凡的成就。令人惊叹的是，我们首批交付的硅片无需进行任何错误修正或掩模的更改。考虑到在整个芯片构建过程中，我们还同步组建了团队，紧接着迅速招募寄存器传输级（Register Transfer Level，RTL）设计专家，并且急迫地补充设计验证团队，整个工作节奏非常紧张。"

5.1.2　TPU 芯片与产品

1. 历代 TPU 芯片

TPU 是谷歌为加速机器学习任务而设计的专用集成电路（Application Specific Integrated Circuit，ASIC），自首次推出以来，TPU 芯片经历了多次迭代升级，包括 TPU v1、TPU v2、TPU v3 和 TPU v4 等。

随着不断迭代，这些 TPU 芯片在制程工艺、芯片大小、芯片内存、时钟速度、内存带宽和热设计功耗等方面都有显著的提升，为数据中心和边缘设备提供了强大的计算能力。表 5.1.1 给出了不同 TPU 芯片型号的具体参数和规格，图 5.1.1 展示了几代典型的 TPU 的俯视图。

表 5.1.1　不同 TPU 芯片型号具体参数和规格

参数规格	型号				
	TPU v1	TPU v2	TPU v3	TPU v4i	TPU v4
推出年份	2016 年	2017 年	2018 年	2020 年	2021 年
制程工艺	28 nm	16 nm	16 nm	7 nm	7 nm
芯片大小(mm²)	330	625	700	400	780
芯片内存(MB)	28	32	32	144	288
时钟速度(MHz)	700	700	940	1050	1050
内存	8 GB DDR3	16 GB HBM	32 GB HBM	8 GB DDR	32 GB HBM
内存带宽(GB/s)	300	700	900	300	1200
热设计功耗(W)	75	280	450	175	300
TOPS	92	45	123	-	275
TOPS/W	0.31	0.16	0.56	-	1.62

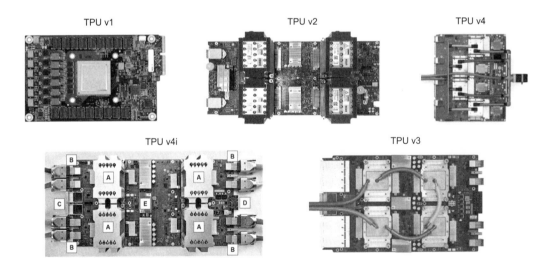

图 5.1.1

2. 历代 TPU 产品

前面的章节讨论了 CPU 和 GPU，现在让我们将注意力转向谷歌的 TPU 产品线。

除了 TPU 系列芯片，随着技术不断发展和对超大计算资源的需求，从 TPU v2 开始，谷歌推出了自己的超级计算集群 TPU Pod。TPU Pod 是一种由众多 TPU 单元构成的超大规模计算系统，专为处理大量深度学习和 AI 领域的并行计算任务而设计。比较有代表性的是 TPU v2 Pod、TPU v3 Pod 和 TPU v4 Pod。

除了具有超强的算力之外，TPU Pod 还装备了高速的互联网络，确保 TPU 设备间无缝数据传输，从而实现强大的数据、模型层的高效拓展性。TPU 芯片和 TPU Pod 的具体性能及应用参见表 5.1.2。

表 5.1.2 TPU 系列芯片与 TPU Pod 系列性能及应用

名称	推出年份	性能	应用
TPU v1	2016 年	92 TOPS + 8 GB DDR3	数据中心推理
TPU v2	2017 年	180 TFLOPS + 64 GB HBM	数据中心训练和推理
TPU v3	2018 年	420 TFLOPS + 128 GB HBM	数据中心训练和推理
Edge TPU	2018 年	可处理高吞吐量的稀疏数据	IoT 设备
TPU v2 Pod	2019 年	11.5 PFLOPS，4 TB HBM	数据中心训练和推理
TPU v3 Pod	2019 年	>100 PFLOPS，32 TB HBM	数据中心训练和推理
TPU v4	2021 年	-	数据中心训练和推理
TPU v4 Pod	2022 年	-	数据中心训练和推理

随着时间的推移，谷歌不仅在大型数据中心部署了先进技术，还洞察到将这些技术应用于电子产品市场，尤其是智能手机市场的巨大潜力。于是，2017 年，针对消费类产品，谷歌在 Pixel 2 和 Pixel 3 上搭载了首个定制图像芯片——Pixel Visual Core。之后，谷歌基于 Edge TPU 的框架研发了继任芯片——Pixel Neural Core，在 2019 年 10 月发布的 Pixel 4 上首次搭载。之后，谷歌 Pixel 产品线对于 TPU 的依赖一直延续到今天。

在这个 AI 爆发的大时代，谷歌在移动端 AI 方面"掷下豪赌"，谷歌 Tensor 系列诞生。对于 2023 年发布的 Tensor G3，谷歌方面表示："Tensor 系列不仅仅局限于追求速度和性能这样的传统评价标准，而是推动移动计算体验的进步。在 Tensor G3 芯片中，每个关键的系统组件都进行了升级，以便能够更好地支持设备上的生成式人工智能技术。这些升级包括最新型号的 ARM CPU、性能更强的 GPU、全新的图像信号处理器（ISP）和图像数字信号处理器（DSP），以及我们最新研发的、专门为运行谷歌的神经网络模型而量身打造的 TPU。"

5.1.3 TPU 架构演进

1. TPU v1 概览

第一代 TPU 主要服务于 8 位的矩阵计算，由 CPU 通过 PCIe 3.0 总线驱动 CISC 指令。采用 28 nm 工艺制造，频率为 700 MHz，热设计功耗为 75 W，具有 28 MB 的芯片内存和 4 MB 32 位累加器，用于存储 256×256 系统阵列的 8 位乘法器的结果。

　　TPU 封装内还有 8 GB 双通道 2133 MHz DDR3 SDRAM，带宽为 34 GB/s。指令能够将数据传输至/离开主机、执行矩阵乘法或卷积运算，以及应用各种激活函数。

　　受限于时代，第一代 TPU 主要是针对 2015 年左右最流行的神经网络进行优化，主要分为以下三类：

- 多层感知机（MLP）
- 卷积神经网络（CNN）
- 递归神经网络（RNN）和长短期记忆（LSTM）

而在这三类中，由于 RNN 和 LSTM 的高复杂度，第一代 TPU 只能在前两类模型框架的推理场景进行优化。

2. TPU v1 优化点

　　为了强化 TPU 的矩阵计算性能，谷歌的工程师针对其进行了若干特殊设计和优化，以提高处理深度学习计算工作负载的效率。以下是谷歌为了加强 TPU 在矩阵计算方面性能所做的三种主要努力和特殊设计。

1）特性一：低精度

　　神经网络在进行推理时，并不总是需要 32 位浮点数（FP32）或 16 位浮点数（FP16）以上的计算精度。TPU 通过引入一种称为**量化**的技术，可以将神经网络模型的权重和激活值从 FP32 或 FP16 转换为 8 位整数（INT8），从而实现模型的压缩。这种转换使得 INT8 能够近似表示在预设最小值和最大值之间的任意数的同时优化模型的存储和计算效率。

　　如图 5.1.2 所示，从 FP32 量化到 INT8 的过程中，虽然单个数据点无法维持 FP32 的超高精确度，但整体数据分布却能保持大致准确。

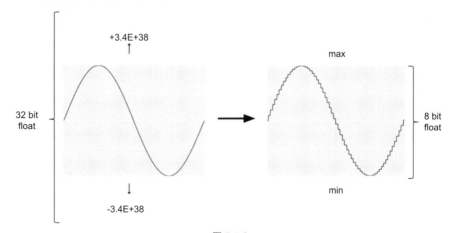

图 5.1.2

尽管连续数值被压缩到较小的离散范围，可能会引起一定精度损失，但得益于神经网络的泛化能力，在推理场景，特别是分类任务中，量化后的神经网络模型能够在保持接近原始 FP32/FP16 精度水平的同时，实现更快的推理速度和更低的资源消耗。

2）特性二：脉动阵列&矩阵乘法单元

在 TPU 中有一个关键组件，为矩阵乘法单元（Matrix Multiply Unit，MXU）。与传统的 CPU 和 GPU 架构相比，MXU 专为高效处理大规模的 INT8 矩阵加乘法运算而设计了独特的**脉动阵列**（Systolic Array）架构。

CPU 旨在执行各种计算任务，因此具备通用性。CPU 通过在寄存器中存储数据，并通过程序指令控制算术逻辑单元（ALU）读取哪些寄存器、执行何种操作（如加法、乘法或逻辑运算）以及将结果存储到哪个寄存器。程序由一系列的读取/操作/写入指令构成。这些支持通用性的特性（包括寄存器、ALU 以及程序控制）在功耗和芯片面积上都会付出较高的代价。但是对于 MXU，只需要用 ALU 大批量处理矩阵的加乘运算，在矩阵的加乘运算生成输出时会多次复用输入数据。因此，在某些情况下，TPU 只需读取一次输入值，就可以在不存储到寄存器的情况下，将数据复用于许多不同的操作。

如图 5.1.3 所示，左图描述了 CPU 中的程序逻辑，数据经 ALU 计算前后都会经由寄存器处理，右图描述了 TPU 内部数据在 ALU 之间更快地流动且复用的过程。

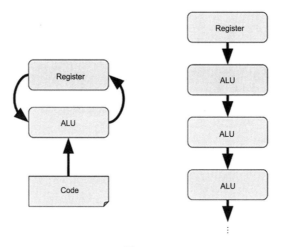

图 5.1.3

图 5.1.4 和图 5.1.5 展示了脉动阵列分别作为输入向量和输入矩阵的数据流动，可以看到，输入的数据在和权重矩阵相乘的流动中十分有节奏感，就像是心脏泵血一样，这就是脉动阵列（Systolic Array）命名的由来（注：Systolic 一词专指"心脏收缩的"）。

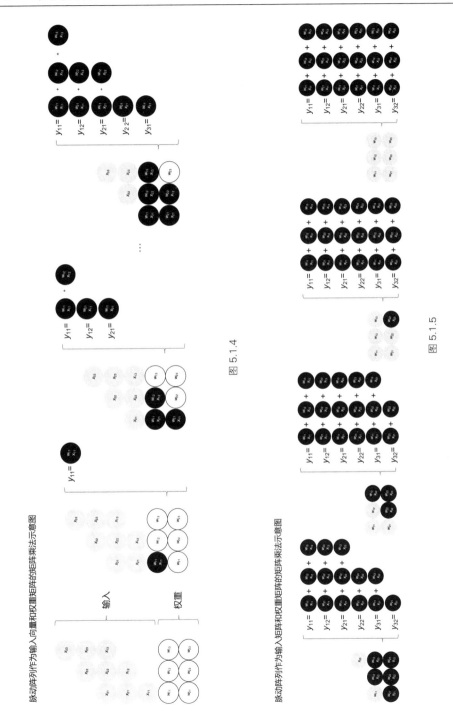

脉动阵列作为输入向量和权重矩阵的矩阵乘法示意图

图 5.1.4

脉动阵列作为输入矩阵和权重矩阵的矩阵乘法示意图

图 5.1.5

MXU 的本质就是一个包含 256×256=65536 个 ALU 的超大的、一个时钟周期可以处理 65536 个 INT8 加乘运算的脉动阵列。将这个数字和 TPU v1 的频率 700 MHz 相乘，就可以得出 TPU v1 每秒钟可以处理 $65536 \times 7 \times 10^8 \approx 4.6 \times 10^{12}$ 个加乘运算。数据和权重由控制器控制输入 MXU，在脉冲阵列中经过计算再输出最终的结果。

3）特性三：专用硬件

正如前文提到的，CPU 和 GPU 为了当好多面手，其复杂的设计导致了许许多多的问题。例如，在推理场景下，CPU 和 GPU 上的处理器行为在其极其复杂的设计下往往难以预测，导致产生很多无法被预估也无法被解决的数据和计算时延。但是 TPU 却不同，TPU 的设计简单且实用，所有的设计只为服务一个任务：神经网络推理。

由于目标的单一化，TPU 上的控制逻辑（Control Logic）仅占芯片面积的 2%（远低于 CPU 和 GPU）。同时，由于 TPU 在简化设计和增加芯片内存的基础上又缩小了芯片大小，TPU 的成本控制和良品率也远远优于其他体型更大的芯片。

3. TPU v2 概览

2017 年 5 月，谷歌推出了 TPU v2。TPU v2 集成了高带宽的存储解决方案，具有 16 GB 的 HBM，并能提供高达 600 GB/s 的内存带宽，以及 45 TFLOPS 的浮点运算能力，用于支持更加高效的内存访问、数据操作和复杂运算。

进一步地，谷歌将 4 个 TPU v2 排列成性能为 180 TFLOPS 的四芯片模块（图 5.1.6），并将这样的 64 个模块组成一个共有 256 块 TPU v2 芯片集成的 TPU v2 Pod（图 5.1.7），理论峰值计算量达到了"恐怖"的 11.5 PFLOPS。

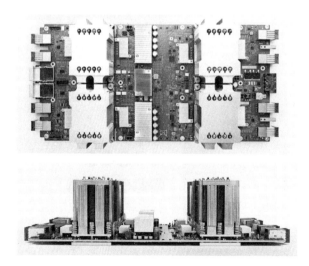

图 5.1.6

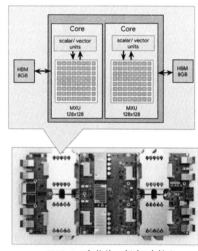

TPU v2-4个芯片，每个2个核心

TPU POD
64× TPU v2
11.5 PFLOPS
4 TBHBM内存

图 5.1.7

这是谷歌第一次引入 Pod 的概念。实际上，Pod 就是多个 TPU 互联搭建而成的集群，通过提高芯片间的带宽，谷歌将 256 个 TPU v2 芯片互联，从而推出了 TPU v2 Pod 这个超大的计算集群。

TPU v2 和 TPU v1 的架构差距很小，主要的不同体现在训练场景的优化。前文提到，在神经网络的超强泛化能力下，TPU v1 通过将 FP32/FP16 量化成 INT8 的方式大幅度优化了推理场景的计算效率。然而，在模型的训练的过程中，INT8 则会导致模型训练中的不稳定和极大随机性，这对于模型训练来说是灾难性的。因此，谷歌工程师们优化了 TPU v2 的芯片架构，增加了对于 BF16（bfloat16）的支持。

图 5.1.8 详细解释了 FP16 和 BF16 的区别。总的来说，BF16 数据格式通过将尾数位数减少至 7 位，同时保留 8 位的指数位，舍去一定的数据精度换来更宽的数值范围。这种优化主要有以下三个优势：

● 尽管 BF16 在尾数精度上有所降低，但其保留的数值范围确保了对于广泛数值分布的数据处理能力，在 FP32 的臃肿和 FP16 的低范围之间中找到了平衡，有效降低了数值溢出和下溢的风险，从而增强了算法的稳定性和可靠性。

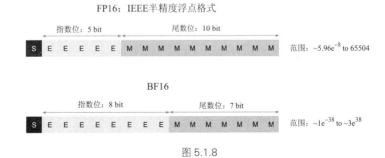

图 5.1.8

● BF16 在执行计算时，由于结构简化，大幅降低了对芯片内存的需求，使得 TPU 可以接受更大的批量大小，训练更大的模型。

● BF16 格式降低了存储和带宽的需求。这意味着相同的内存和带宽可以处理更多的数据，提高了 TPU 数据传输、吞吐效率、计算速率，使得大规模的数据集和复杂模型可以在资源有限的环境中被有效训练和使用。

4. TPU v3 概览

TPU v3 各方面性能相较于其 TPU v2 有了显著提升。TPU v3 的晶体管数量较 TPU v2 增加了 11%，同时在时钟频率、互联带宽和内存带宽上均实现了超 1.3 倍的提升。尽管其芯片面积仅增加了 12%，TPU v3 的矩阵单元（MXU）数量翻了 1 倍，结合前面提到的改进，TPU v3 相比于 TPU v2 理论峰值计算性能实现了 2.7 倍的提升。

此外，TPU v3 另一个显著改进是其 2D Torus 互联结构，从 TPU v2 的 256 个芯片扩展到 TPU v3 的 1024 个芯片，这使得 TPU v3 Pod（图 5.1.9）超算型号的处理能力提升了 10.96 倍，理论峰值计算量从 11.5 PFLOPS 跃升至 126 PFLOPS（BF16）。

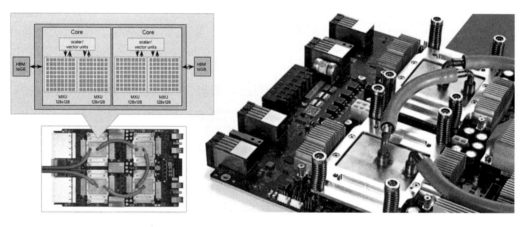

图 5.1.9

5. TPU v4 概览

2021 年，谷歌推出了 TPU 系列的最新升级 TPU v4，制程工艺从 16 nm 精进至 7 nm，晶体管的数量是 TPU v3 的 4 倍，这是谷歌在 TPU 制程工艺上最大的一次更新。TPU v4 在内存方面也实现了显著的提升，与 TPU v3 相比，单芯片的内存容量从 9 MB 增加到 44 MB，而 HBM 2 内存则保持了 32 GB 的配置。

在内存带宽方面，TPU v4 较 TPU v3 实现了 33%的提升，达到 1200 GB/s。TPU v4 首次采

用 3D Torus 的互联方式,提供了比 2D Torus 更高的带宽和更优的性能,支持多达 4096 个 TPU v4 核心，为 TPU v4 Pod（图 5.1.10）提供 1.1260 exaFLOPS[①]的 BF16 峰值算力。

图 5.1.10

图 5.1.11 是 3D Torus 的示意图。相比于 2D Torus，3D Torus 中的节点可以左右、上下、前后互联。3D Torus 提供了比 2D Torus 更高的双分带宽（Higher Bisection Bandwidth），结合光路交换机（Optical Circuit Switching，OCS）能够跳过故障的单元，大大提升了 TPU 的可用性。同时，3D Torus 也增强了用户使用时的定制性和模块化，用户可以按需选择拓扑结构。

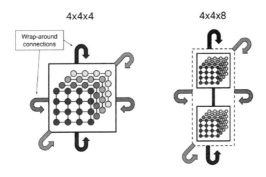

图 5.1.11

小结与思考

● 谷歌 TPU 是专为深度学习和人工智能任务设计的专用集成电路（ASIC），自 2016 年首次推出以来，已经历了多次迭代升级，显著提升了性能和能效。

● TPU 采用低精度计算、脉动阵列和专用硬件设计等技术，实现了高效的矩阵运算加速，同时，简化的硬件架构降低了成本和提高了良品率。

---

① exaFLOPS 表示每秒百亿亿（10^{18}）次浮点计算。

● 谷歌不仅在数据中心部署了 TPU 技术，还将其应用于移动设备，如 Pixel 手机中的 Pixel Neural Core，展现了谷歌在推动移动 AI 计算体验方面的决心和成果。

5.2　谷歌 TPU v1 脉动阵列

本节将深入探讨谷歌 TPU v1 的架构和设计原理：解析 TPU v1 芯片的关键元素，包括 DDR3 DRAM、矩阵乘法单元（Matrix Multiply Unit，MXU）、累加器和控制指令单元；重点介绍脉动阵列的工作原理，它是 TPU 的核心，通过数据的流水线式处理实现高效的矩阵乘法计算。此外，还将对比 TPU v1 与 CPU、GPU 在服务器环境中的性能差异，以及 TPU v1 在当时技术背景下的创新之处。

5.2.1　TPU v1 芯片架构

图 5.2.1 展示了谷歌 TPU v1 的打印电路板和电路板示意图。

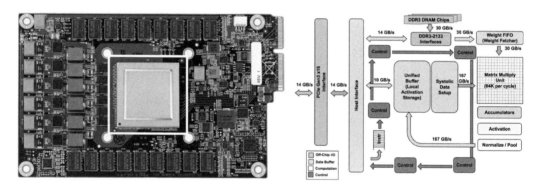

图 5.2.1

基于电路板示意图，我们来解析 TPU v1 的几个关键元素：

● **DDR3 DRAM / Weight FIFO**：Weight FIFO（Weighted First-in-First-out，权重 FIFO）位于右上角。在模型推理场景，通过 DDR3-2133 接口，模型权重会被存储在 TPU v1 上的 DDR3 DRAM 内。这些权重通过 PCIe 从主机计算机的内存中"预加载"到这些芯片上，然后传输到芯片的 Weight FIFO 内存中，以便 MXU 使用。

● **MXU**：MXU 以脉动阵列的形式工作，能够提供 $256 \times 256 \times 8$ bit 的乘加计算，在每个时钟周期输出 256 个 16 bit 的计算结果。矩阵单元包含一个 64 KB 的 Weight Tile 和一个用于缓存回调的双缓存单元。MXU 被谷歌工程师描述为"TPU 的心脏"，在本节后续内容中将会更细致地去剖析这一部分的设计。

● **累加器（Accumulator）**：这是一个能够存储 4 MB 的 32 bit 数据的累加单元，用来存储

MXU 计算后的结果。4 MB 代表着 4096 个、每个含 256 个元素的 32 bit 累加器。为什么是 4096 呢？谷歌工程师注意到每字节的运算次数达到峰值性能大约是 1350，继而将其向上取到 2048，然后再翻倍使得编译器在运行至峰值性能时，能使用双缓冲单元，这也就是累加器被设计为 4 MB 的原因。

● **控制指令（Control）**：每个芯片都需要一个控制模块，而在 TPU 中，整个控制单元采用四级流水线设计。控制单元的主要任务是接收通过 PCIE 总线或 CPU host（CPU 主机）传递的指令，并将这些指令执行于 TPU。这些指令源自 CPU，而芯片的指令集为 CISC，共包含 12 条指令。TPU 采用 CISC 而非更简单的 WISC 指令集，其原因是谷歌定义的每条指令的平均执行周期为 10~20 个时钟周期，这使得每条指令相对复杂。特别是，TPU 中的各种单元，如 MXU、UB（Unified Buffer，统一缓存器）等，都定义了一些专门为神经网络设计的高级复杂指令：

o `Read_Host_Memory`：从 CPU host 读取数据到 Unified Buffer。

o `Read_Weight`：从 Weight DRAM 读取数据到 Weight FIFO。

o `Matrix_Multiply/Convolve`：执行乘法或卷积运算。

o `Activate`：执行 ReLU、Sigmoid 等激活计算。

o `Write_Host_Memory`：把计算结果数据从 Unified Buffer 输出到 CPU host。

通过这些指令，TPU 能够顺序地执行读取、写入、计算和激活操作，处理神经网络各层的具体计算需求。

5.2.2　TPU v1 芯片布局图

通过图 5.2.2 可以看到整个 TPU 属于一个专用的电路，其中最大的两块就是本地统一缓冲器（Local Unified Buffer）和矩阵乘法单元（Matrix Multiply Unit，MXU），分别用于缓存和计算加乘计算。由于 TPU 是专门应用于矩阵计算的芯片，继而无需极度复杂的控制单元，所以控制器只占用 2% 的芯片面积，这为其核心功能留下更多的空间。

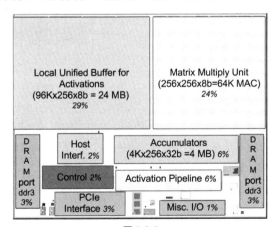

图 5.2.2

5.2.3　脉冲阵列

1. 脉动阵列简介

脉动阵列是 TPU 的核心，也是本节最重要的内容。

在讲具体实现之前，首先回顾一下 Im2Col 这个算法（图 2.4.1）。我们知道，2017 年卷积神经网络占据当时推理场景的半壁江山。在卷积计算时，实际上不会真正地对图片或者特征图（Feature Map）进行卷积，而是采用 Im2Col 算法将图片变成矩阵，把卷积换成矩阵相乘的方式。在推理系统中，我们讲过算法怎么把卷积操作变成在数学上和卷积相同的矩阵乘法操作，再通过 Col2Im 返回把计算结果变成特征图。其中计算压力最大的部分便是"矩阵乘"操作。

那脉动阵列的数据是怎么流动的呢？

图 5.2.3 是一个简单的图解，数据一波一波根据 FIFO（图最左边的深灰色方块）流入 MXU 进行计算，计算结果会被存放在下方的寄存器中进行累加和输出。整个过程就像是心脏泵血，每一个时钟周期都会进行一次庞大的计算，并流入到下一个需要这个计算结果的地方。

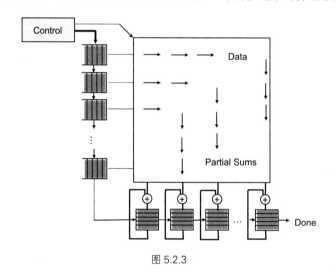

图 5.2.3

那么，这里需要注意的是，因为 TPU 在一个时钟周期可以进行 256×256=65536 次计算，参与每次计算的逻辑单元又被串联在一起，从而实现计算结果的复用，这使得 TPU 能够在更少次访问芯片内存的情况下完成更高的计算，降低了内存和芯片带宽的压力，从而让 TPU 的能耗比在同时期达到领先的状态。

2. 脉动阵列原理

与其说是脉动阵列的具体原理，不如问，为什么这种架构相比于传统的数据计算方式有这么大的优势呢？

图 5.2.4 中 M（Memory）可以理解为芯片上的寄存器，PE（Process Elements）则可以理解为进行数据计算的单元。传统的计算方式（左图）是数据每计算一次就要存储一次，而下一次要调取计算结果时，又要从存储器中重新获得这个数据，循环往复。而在脉动阵列中，单一的 PE 被替换成一串 PE。数据是在通过所有 PE 计算之后才被存储，由于矩阵加乘计算需要大量的数据复用，这种数据计算流程大大减少了数据被访问的次数，从而实现了更高的效率。

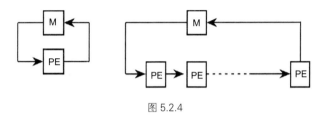

图 5.2.4

有了以上先验知识，我们就以两个 3×3 矩阵为例，如图 5.2.5 中的矩阵 A 和矩阵 B，来上手体验一下脉动阵列。首先需要注意的是脉动阵列数据的排序，相比于"矩形"的矩阵，数据被人工错位，以阶梯状输入阵列。仔细观察可以发现，矩阵 A 和矩阵 B 在不同的行列维度上被分开，这样设计的原因是矩阵乘法需要 A 的每一行去点乘 B 的每一列。这里可能会让人有点"一头雾水"，但是只要仔细体会下面的每一步的图解，相信你重新读这段内容时就会更容易理解。

下面，对脉动阵列进行图解。

第一步：$a\{0,0\}$ 和 $b\{0,0\}$ 进入 MXU，在第一个处理器被计算，等待下一轮数据（图 5.2.6）。

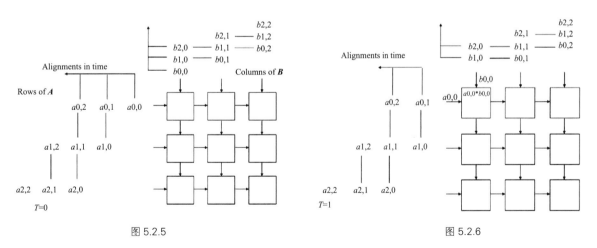

图 5.2.5　　　　　　　　　　　　　　　　　　图 5.2.6

第二步：$a\{0,0\}$ 和 $b\{0,0\}$ 沿着原方向被传输到下一个处理器，分别与新传入的 $a\{1,0\}$ 和 $b\{0,1\}$ 计算。同时 $a\{0,1\}$ 和 $b\{1,0\}$ 进入第一个处理器，与上一轮 $a\{0,0\}$ 和 $b\{0,0\}$ 的计算结果累加（图 5.2.7）。

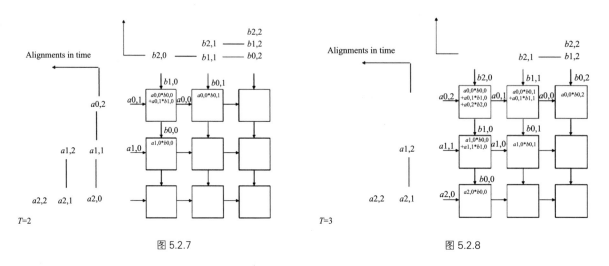

图 5.2.7   图 5.2.8

以此类推，反复应用这个计算逻辑，就能最终得到矩阵 A 每一行元素和矩阵 B 每一列元素的点乘，最终将这些运算结果输出，就获得了最终的结果。图 5.2.8~图 5.2.12 是这个计算过程的剩余流程展示。

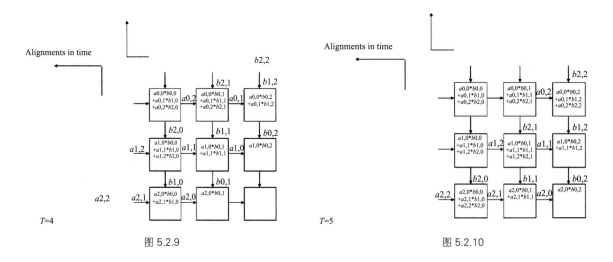

图 5.2.9   图 5.2.10

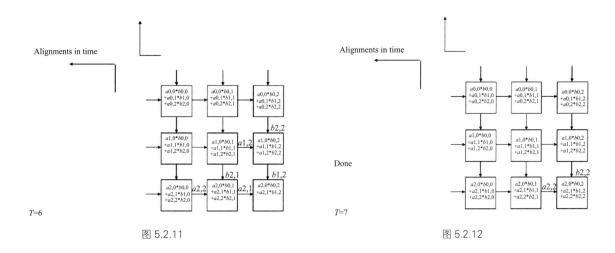

图 5.2.11   图 5.2.12

3. 脉动阵列计算时延

当我们讨论脉动阵列和 TPU 的计算时延时，重要的是要明白如何有效地管理和优化计算时延，以保持高效的计算流程。在 TPU 中，尤其是当数据需要经过一系列的计算单元进行传递时，每个单元的处理时间会对整体性能产生影响。

首先，TPU 的设计采用流水线技术，这是一种典型的硬件加速技术，用于提高计算效率和吞吐量。在流水线操作中，不同的计算阶段被划分成多个小的步骤或级别，每个级别专注于完成特定的任务。TPU 的 CISC 使用了四级流水线来处理指令，上文介绍的 Matrix_Multiply 指令，可能需要较长时间才能完成。为了不让这种计算时延影响到整体性能，TPU 利用指令重叠技术来隐藏时延。也就是说，在一个计算指令还未完成前，已经开始准备或执行下一个计算任务，从而抵消掉计算的时延。

从数学和计算机科学的角度看，脉动阵列是一种并行计算架构，通过在阵列中的每个处理单元之间传递数据来实现高效的数据处理。MXU 的本质上也就是一个由 256×256 个 PE 组成的二维网格，每个乘法器可以执行乘法和累加操作。在脉动阵列中，数据流是通过阵列的对角线方向进行的，这种流动方式类似于心脏的脉动，因此得名"脉动阵列"。

在脉动阵列中，矩阵 $\boldsymbol{B}$ 通常从上方加载，而矩阵 $\boldsymbol{A}$ 则从左侧进入。每个处理单元负责计算矩阵 $\boldsymbol{A}$ 和 $\boldsymbol{B}$ 中对应元素的乘积，并将结果累加到其内部的累加器中。随着数据的流动，每个处理单元将累加的结果传递给下一个处理单元，最终从阵列的下方输出最终的计算结果。

在实际应用中，脉动阵列的复杂性远超上述简化的描述。例如，在 CNN 的实现中，模型的权重会被预加载到每个计算单元中。当输入数据通过阵列时，每个处理单元会执行卷积操作，并将中间结果以对角波的形式通过阵列进行输出。这个过程涉及数据的不断移动和累加计算，以实现高效的计算操作。

5.2.4 竞品对比

在硬件并行形态中，TPU v1 使用 SIMD，而 GPU 使用 SIMT，即使 TPU v1 使用的是 SIMD，但是由于 TPU 采用脉动阵列实现了多级流水隐藏时延，可减少缓存、乱序执行、多线程、多处理、预取等，有助于提高 TPU 的计算吞吐，使得 TPU 的运行更符合神经网络的计算逻辑。TPU 的目的是提高神经网络的计算吞吐，而 GPU 的技术是通过多级缓存和计算核心降低计算数据和计算的时延，所以 TPU 与 GPU 的目的在本质上是有一定区别的。

谷歌的研究员通过屋顶线性能模型（Roofline Performance Model），基于三大类模型（MLP、LSTM、CNN，每类 2 个总计 6 个模型）在 Haswell E5-2699 v3（CPU）、NVIDIA K80（GPU）和 TPU v1 上做了实验。实验结果表明，运行在 TPU v1 上的应用程序有着更低的时延，这就意味着用户有更好的体验（表 5.2.1）。

表 5.2.1 **Haswell E5-2699 v3（CPU）、NVIDIA K80（GPU）和 TPU v1 上服务器测试对比**

Model	Die										Benchmarked Servers				
	mm²	nm	MHz	TDP	Measured		TOPS		GB/s	On-Chip Memory	Dies	DRAM Size	TDP	Measured	
					Idle	Busy	8 b	FP						Idle	Busy
Haswell E5-2699 v3	662	22	2300	145 W	41 W	145 W	2.6	1.3	51	51 MB	2	256 GB	504 W	159 W	455 W
NVIDIA K80（2 dies/card）	561	28	560	150 W	25 W	98 W	—	2.8	160	8 MB	8	256 GB（host）+12 GB×8	1838 W	357 W	991 W
TPU v1	NA*	28	700	75 W	28 W	40 W	92	—	34	28 MB	4	256 GB（host）+8 GB×4	861 W	290 W	384 W

注：Haswell 有 18 个核心，K80 有 13 个 SMX 处理器。TPU v1 DRAM 所加 8 GB 是权重内存。TPU Die 尺寸≤1/2 Haswell Die 尺寸

对比这三个芯片每一个 Die，发现 TPU 具有以下几个明显的优势：

- **计算性能优势**：TPU v1 每秒钟进行 $2 \times 65535 \times 700 \times 10^6 \approx 92 \times 10^{12}$ 次计算，即计算量达 92 TOPS。

- **片上缓存**：TPU v1 选择做大片上缓存，从而可以大幅度减少片外访问消耗，对抗当时（2015 年左右）内存访问速度慢的情况。

- **量化**：虽然模型的训练阶段使用 FP32 的精度，TPU v1 在推理场景首次引入 INT8 的量化，最大程度上利用了神经网络的鲁棒性。在大缓存和量化的帮助下，TPU 能够每次放入更大的 batch，从而加强神经网络的推理效率。

小结与思考

- 谷歌 TPU v1 的创新架构：TPU v1 采用脉动阵列设计，通过流水线式处理实现高效的矩阵乘法计算，

专为深度学习中的低精度计算优化，提供了高吞吐量的计算能力。

- **TPU v1 的性能优势**：与同期的 CPU 和 GPU 相比，TPU v1 在处理神经网络模型推理时展现出更低的时延和更高的能效比，主要得益于其专为神经网络计算逻辑设计的硬件架构和优化策略。
- **谷歌在 AI 硬件领域的前瞻性**：谷歌从 2006 年开始考虑在数据中心部署专用硬件，并于 2013 年启动 TPU，短短 15 个月内完成设计和部署，展示了谷歌在 AI 领域的远见卓识和创新能力。

5.3　谷歌 TPU v2 训练芯片

2017 年，谷歌更新了 TPU 序列——TPU v2。谷歌将 TPU v2 称为"用于训练神经网络的特定领域超级计算机"。显而易见，相比于专注于推理场景的 TPU v1，TPU v2 将设计倾向于训练相关的场景。回顾历史，在 2017 年前后，深度学习跨时代的工作如雨后春笋般涌现，也就是那年，谷歌在 NIPS（现在的 NeurIPS）发布具有创新意义的文章 *Attention is all you need*，从而彻底革新了 NLP 的世界，引领了未来十年的潮流（Vaswani et al., 2017）。可以想象的是，这篇论文不仅是谷歌 Brain 研究院夜以继日的心血，也是谷歌在深度学习领域耕耘多年的成果。

本节就来讲讲 TPU v2，这个站在 Attention 背后的超级计算机。

5.3.1　TPU v2 业务场景变化

推理是在训练好的模型结构和参数基础上，一次前向传播得到模型输出的过程。相对于训练，推理不涉及梯度和损失优化，因此，协同神经网络模型的鲁棒性，模型对于数据精度的需求较低。相比之下，训练过程是一个比推理复杂很多的过程。通常训练过程通过设计合适 AI 模型结构、损失函数和优化算法，将数据集以 Mini-Batch 反复进行前向计算并计算损失，反向计算梯度利用优化函数来更新模型，使得损失函数最小从而使得模型收敛。在训练过程中，最关键的步骤就是梯度的计算和反向传播，同时在这个过程中也需要计算工程中常见的优化器、学习率调度器等工具，因此数据计算的精度变得非常重要，一旦在某个计算节点产生问题，则有可能引发梯度爆炸、梯度消失等，将导致模型无法收敛。

图 5.3.1 是模型训练和推理的简单图示，可以看到在训练场景，模型和数据需要不停在"前向传播—反向传播—权重更新"的流程中进行循环，直到权重收敛为止。之后准备好的模型则会被部署在生产环境，每一次有新的数据传来，这份数据只需在部署好的模型内前向传播一次就可得到模型输出并投入生产。

5.3.2　训练场景难点

那么细化后，训练场景到底有哪些难点呢？

- **更难的数据并行**：推理阶段，每个推理任务都是独立的，因此 DSA 芯片集群可横向拓展。而在训练场景，一个模型就需迭代百万次，模型所有的参数在每一个迭代中都要进行调整，因此需要协调跨集群进行并行计算。

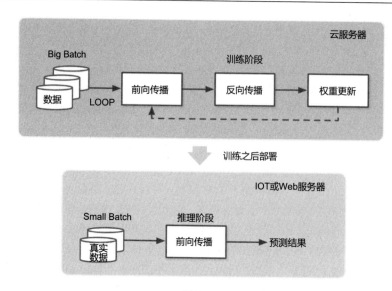

图 5.3.1

- 计算复杂度更高：反向传播需要对模型每一个阶段的每一个权重参数和输入的偏导数进行计算，包括具有更高精度数据格式的激活值和转置权重矩阵 $W^{\mathrm{T}}W^{\mathrm{T}}W$ 的矩阵乘法计算。
- 内存需求更大：权重更新的数据来自于前向和反向传播的临时变量，在模型的每一层，临时变量都需被保留，因而提高了对于现存的负荷，在大模型中临时变量，包括每一层的激活值、优化器的值会将模型的大小膨胀至原始大小的 8~9 倍。
- 更具可编程性：训练算法和模型的快速变化可能会导致在芯片设计时的设计很快被淘汰过时，因此训练芯片需要有更高的可编程性从而适应日新月异的模型架构更新。
- 高精度的数据格式：整数 INT8 可以用于推理，但是训练期间需要充分捕捉梯度信息，通常需要 FP16、BF16 和 FP32 等混合精度计算以保证模型能够收敛。

5.3.3 TPU v2 与 TPU v1

面对诸多难题，谷歌工程师在 TPU v1 的基础上做出一些细微改进，以适应训练场景。那么具体有哪些改动呢？

1. 改动一：存储位置

向量内存在 TPU v1 中，可以看到它有两个存储区域。
- Accumulator：负责储存矩阵乘积结果；
- Activation Storage：负责储存激活函数输出。

在推理场景中，专门的存储模块对计算和存储非常有帮助，因为它们更适用于特定领域

(Domain Specific)。但是在训练过程中，为了提升可编程性，如图 5.3.2 所示，TPU v2 交换了 Accumulators 和 Activation Pipeline 这两个独立缓冲区的位置，并将它们合并为 Vector Memory，这样更像传统架构中的 L1 Cache，从而提升可编程性。

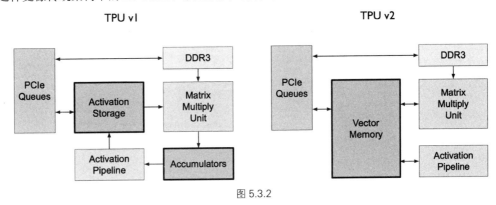

图 5.3.2

2. 改动二：向量单元

在 TPU v1 中，Activation Pipeline 是专门针对激活函数场景特殊处理的，即卷积后有一个 Batch Normalization，然后再接一个特殊的激活函数的 ALU 计算。然而，这种特殊的 ALU 计算无法满足训练场景的需求。因此，如图 5.3.3 所示，TPU v1 中的 Activation Pipeline 在 TPU v2 中变成了一个 Vector Unit，专门用于处理一系列的向量激活函数。

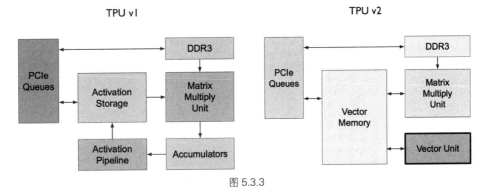

图 5.3.3

3. 改动三：MXU

在 TPU v1 中，矩阵乘法单元（MXU）与向量内存相连，而在 TPU v2 中，MXU 则与向量单元连接，所有数据的传输和计算都由向量单元分发。这样，MXU 所有的矩阵相关计算就成为向量单元的协处理器，这对编译器和编程人员将更友好（图 5.3.4）。

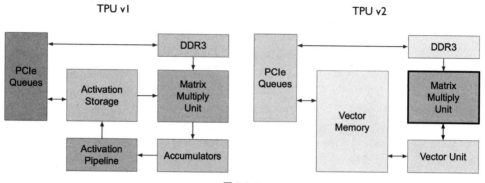

图 5.3.4

4. 改动四：DDR3

在 TPU v1 中的 DDR3 内存是为了将推理场景中所需的一些权重直接加载，并用于计算。然而，在训练过程中会产生许多中间层的变量和权重，这时 DDR3 的回写速度无法满足需求。因此，在 TPU v2 的训练过程中，如图 5.3.5 所示，将 DDR3 与向量内存放在一起，并将 DDR3 的位置换成 HBM，使得读写速度提升 20 倍。

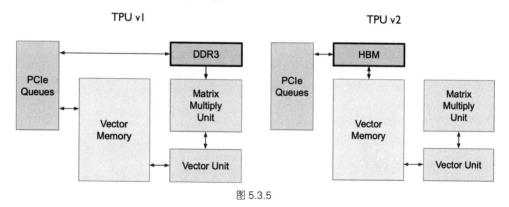

图 5.3.5

5.3.4 TPU 计算核心

1. 标量单元

图 5.3.6 是 TPU 核心（TPU Core）的简图，由图可知，标量单元(Scalar Unit)是处理计算的起点，从指令存储器中取出完整的超长指令集（Very Long Instruction Word，VLIW），执行其中的标量操作，并将指令传递给向量单元和矩阵单元进行后续处理。VLIW 由 2 个标量槽（Scalar Slot）、4 个向量槽（Vector Slot，其中 2 个用于向量加载/存储）、2 个矩阵槽（Matrix Slot，分别用于推入和弹出）、1 个杂项槽（Misc Slot）和 6 个立即数（Immediate）组成。

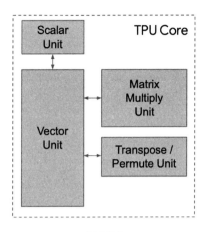

图 5.3.6

那么，指令到底是从哪里获得的？Core Sequencer 不再是从 CPU 获取指令，而是从指令存储器（Instruction Memory）取出 VLIW 指令，使用 4 K 32 bit 的标量内存来执行标量运算，有32 个 32 bit 的标量寄存器，而将向量指令送到 VPU（图 5.3.7）。322 bit 宽的 VLIW 可发送 8个操作、2 个标量、2 个向量 ALU、1 个向量 Load、1 个向量 Store 和一对来自矩阵乘法的排队数据。

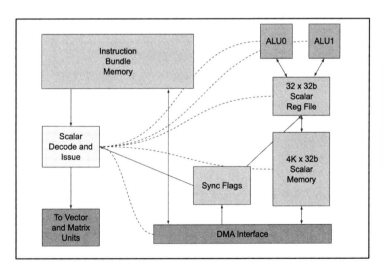
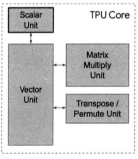

图 5.3.7

2. 向量单元

如图 5.3.8 右侧所示，与标量单元相连的就是向量单元，左侧图是向量单元其中一个向量通道（Vector Lane），整个向量单元包含 128 个向量通道。每个向量通道有一个额外的 8 路执行维度，称其为子通道。每个子通道配备一个双发射 32 bit ALU，并连接一个 32×32 bit 的寄存器文件。这种设计允许向量计算单元在每个时钟周期内同时操作 8 组 128 bit 宽的向量，子通道的设计提高了向量与矩阵计算的比例，特别适用于批量归一化操作。

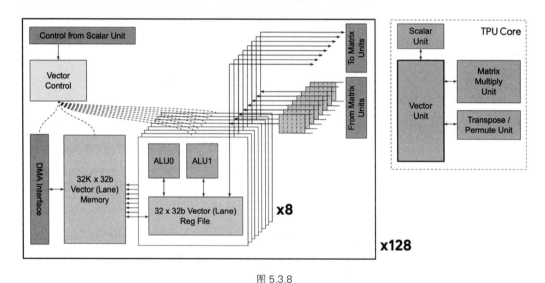

图 5.3.8

3. MXU

MXU 一直是 TPU 的核心，TPU v2 选择使用 128×128 的 MXU，而不是与 TPU v1 相同的 256×256 的 MXU，主要是基于利用率和面积效率的综合考虑。如图 5.3.9 所示，谷歌的模拟器表明，4 个 128×128 的 MXU 的卷积模型利用率为 37%~48%，明显高于一个 256×256 的 MXU（其利用率为 22%~30%），且占用芯片面积相同，因为某些卷积计算远小于 256×256 的 MXU，所以导致部分 MXU 会闲置。这意味着在相同的芯片面积下，使用多个较小的 MXU 可以实现更高的计算效率。尽管 16 个 64×64 的 MXU 利用率稍高（38%~52%），但需更多的芯片面积，因为较小的 MXU 芯片面积受 I/O 和控制线的限制，而不是乘法器。因此，256×256 的 MXU 在带宽、面积和利用率之间达到更好的平衡，使其成为 TPU v2 的最佳选择。

除了变得更小，TPU v2 的 MXU 还具有以下特点：

● 数值和精度：使用 BF16 格式进行乘法运算，该格式具有与 FP32 相同的指数范围，但尾数位数较少。累加则使用 32 位浮点数进行。

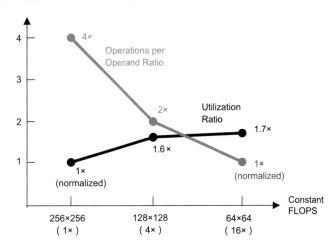

图 5.3.9

- 能效：与 IEEE 16 位浮点数相比，BF16 具有大约 1.5 倍的能效优势。
- 采用和易用性：相比 FP16，BF16 对于深度学习更易于使用，因为它需要进行损失缩放。由于这种易用性、能效和面积效率，BF16 已被业界广为采用。

4. 转置/规约/置换核心

转置/规约/置换核心(TRP Unit)用于进行 128×128 的矩阵的特殊计算操作(如转置（Transpose）、规约（Reduction）、置换（Permute）），允许矩阵数据重新排布，提升编程易用性。这些都是在训练过程中，特别是在反向传播中经常遇到的矩阵相关场景，TPU v2 对这一部分进行特殊优化。

5.3.5　芯片互联方式

在搭建现代超级计算机时，芯片间的互联变得至关重要。TPU v1 是单芯片系统，作为协处理器用于推理场景。如果单个芯片上训练谷歌的生产模型，则需要数月时间。而 TPU v2 不同，由图 5.3.10 可以看到，谷歌在板上设计有一个互联的模块，用于高带宽的规模化，在加强 TPU v2 芯片间互联的能力的基础上，搭建了 TPU v2 超级计算机（Supercomputer），即 Pod。

这个互联模块的具体实例，就是图 5.3.11 中右下角的互联路由模块（Interconnect Router）。

这个模块能够实现 2D 的环面连接（2D Torus），组成 Pod 超级计算机。每个芯片有 4 个自定义的核间互联（ICI）链接，每个链路都运行在 TPU v2 中，每个方向的带宽能达到 496 Gb/s。ICI 使得芯片之间可以直接连接，因此仅使用每个芯片的一小部分就能构建一个超级计算机。直接连接简化了机架级别的部署，但在多机架系统中，机架必须是相邻的。

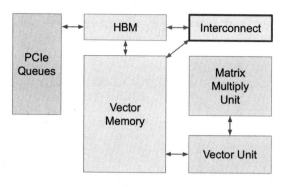

图 5.3.10

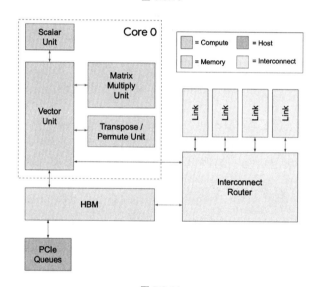

图 5.3.11

TPU v2 Pod 使用了一个 16×16 的二维环网（256 个芯片），其双向带宽为 32 条链路×496 Gb/s = 15.9 Tb/s。

相比，一个单独的 Infiniband 交换机（用于 CPU 集群）连接 64 个主机（假设每个主机有 4 个 DSA 芯片）64 个端口，使用"仅有"的 100 Gb/s 链路，其双向带宽最多为 6.4 Tb/s。TPU v2 Pod 在提供传统集群交换机 2.5 倍的双向带宽的同时，省去了 Infiniband 网络卡、Infiniband 交换机以及通过 CPU 主机通信的时延成本，大大提升了整体计算的效率。

以上内容都是围绕一个 TPU 模块，实际上图 5.3.5 就展示了 TPU v2 模块，其是由多个芯片模块组成，而这些芯片模块间的交互是基于片内互联技术进行。如图 5.3.12 所示，一个互联模块负责与多个 TPU 芯片和 HBM 芯粒进行交互，从而实现计算效率最大化。

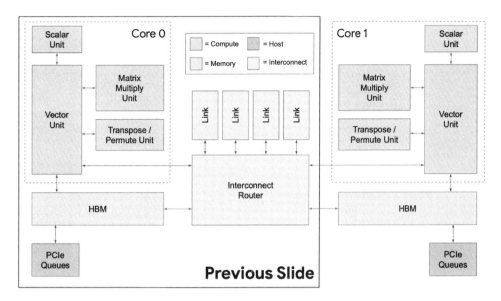

图 5.3.12

　　TPU v2 的总体架构如图 5.3.13 所示，图中的线越宽，代表带宽越大。因此，TPU Core 和 HBM 存储的带宽是最宽的，其次是 TPU Core 以及 HBM 与互联路由模块的带宽。

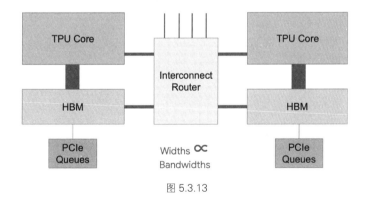

图 5.3.13

5.3.6　芯片架构平面图

　　图 5.3.14 是 TPU v2 的平面布局图，可以看到，大部分区域都用于计算核心，内存系统和互联占据了剩下区域的一大半。2 个 TPU Core 一上一下，互联路由模块（Interconnect Router）位于芯片的正中央，可提供 TPU Core 之间的互联，2 个 MXU 分别位于顶部中心和底部中心，提供最核心的脉动阵列计算能力，而剩下的区域布满了排线。

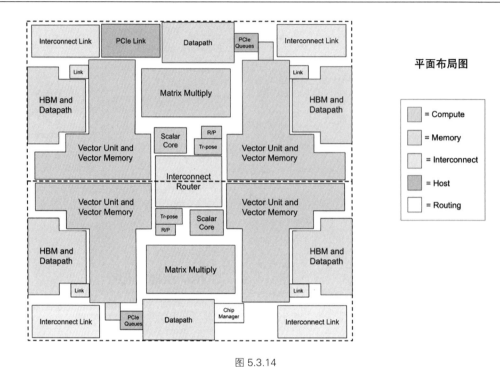

图 5.3.14

小结与思考

- 谷歌 TPU v2 是为训练神经网络设计的特定领域超级计算机，与专注于推理的 TPU v1 不同，TPU v2 针对训练场景进行特别优化。
- TPU v2 通过改进向量内存、向量单元、MXU 和 DDR3 等关键组件，提高了训练过程中的可编程性、计算复杂度处理能力和内存需求。
- TPU v2 采用的 MXU 使用 BF16 格式进行乘法运算，可提供高能效和易于使用的深度学习性能。
- TPU v2 通过高效的芯片间互联技术，如 2D 环面连接和高带宽的互联路由模块，实现大规模的 Pod 超级计算机，大幅提升了整体计算效率。

5.4　谷歌 TPU v3 Pod 服务器

5.4.1　TPU v3 与 TPU v2

- TPU v3 实际上就是 TPU v2 的增强版。相比 TPU v2，TPU v3 具有约 1.35 倍的时钟频率、ICI 带宽和内存带宽，2 倍 MXU 数量，峰值性能提高 2.7 倍。
- 相比 TPU v2，TPU v3 在只增大 10%体积的情况下增加了 MXU 的数量，从 2 个翻倍到 4 个。

同时 TPU v3 时钟频率加快了 30%，进一步加快了计算速度；同时内存带宽扩大了 30%，容量翻倍；此外芯片之间的带宽也扩大了 30%，可连接的节点数是之前的 4 倍。

回顾表 5.1.1 中 TPU v1、TPU v2 和 TPU v3 具体参数，可以看出，虽然 TPU v3 和 TPU v2 都采用 16 nm 的制程工艺，但是在内存、时钟频率、带宽等参数上相比 TPU v2 都有长足的进步。更重要的是，在能效方面，TPU v3 更是大幅领先于 TPU v2。背后的原因除了谷歌改进了芯片设计，对于深度学习场景有了更深和更广的优化面外，最重要的一点就是 TPU v3 更好地管理了芯片的温度表现，用液冷代替风冷使得芯片更容易运行在合理温度之下。

图 5.4.1 展示了 TPU v2 和 TPU v3 的俯视图以及极度简化的结构。我们可以看到，TPU v2 板卡上面有着 4 个芯片，散热全部依赖风冷，而 TPU v3 则使用液冷系统去管理 4 个芯片的温度，也就是这个液冷系统为 TPU v3 提供了 1.6× 的功率。在这个基础上，TPU v3 又翻倍了 MXU 的数量，每个核心拥有了 2 个 MXU，并且扩大了 HBM 的大小，进一步强化了其计算能力。

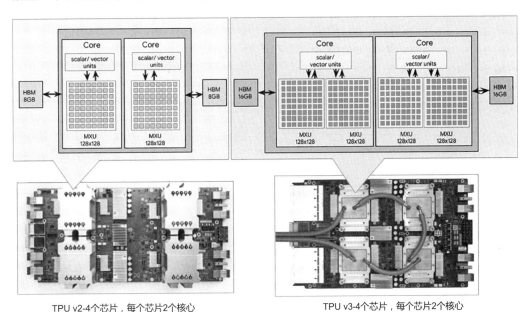

TPU v2-4个芯片，每个芯片2个核心　　　　　　　　　　TPU v3-4个芯片，每个芯片2个核心

图 5.4.1

5.4.2　基本概念澄清

在正式进入到对于 Pod 的介绍之前，我们要先做一些概念澄清。现在我们做大模型的训练和推理都会有一个"集群"的概念。回到 2017～2018 年左右，Bert 出现之前，很多人是不相信一个模型需要用到一个集群进行训练的，因为当时很多的模型只需要单卡就能进行训练的。而实际上的情况是，仅有（从当前的视角看）3 亿参数 Bert 在 4 个 TPU v3 Pod 上训练了整整四天，

而当前各家的万亿参数的模型大部分都是用万卡的集群训练数个月的结果。

1. 分布式架构-参数服务器

涉及集群，我们在训练过程中就需要一个分布式的架构，在当时叫作参数服务器（Parameter Server）。在训练过程中，我们需要在前向传播和反向传播中得到损失值和相应的梯度，而这个计算的压力是分布在每一张计算卡上的，因此在计算结束后需要把从每一张卡的计算结果进行梯度聚合，最后一步再进行参数的更新和参数的重新广播。

那么这个过程可以用同步或者异步的方式进行同步：

【同步并行】：在全部节点完成本次的通信之后再进行下一轮本地计算。

● **优点**：本地计算和通信同步严格顺序化，能够容易地保证并行的执行逻辑与串行相同；

● **缺点**：本地计算更早的工作节点需等待其他工作节点处理，很容易造成计算硬件的浪费。

【异步并行】：当前 Batch 迭代完后与其他服务器进行通信传输网络模型参数。

● **优点**：执行效率高，中间除了单机通信时间以外没有任何通信和执行之间的阻塞等待；

● **缺点**：网络模型训练不收敛，训练时间长，模型参数反复使用导致无法工业化。

2. Pod 中的通信

超级计算机中，执行的大部分是神经网络模型的 DP（Data Parallel）计算，大量的数据被分成小块，然后分配给不同的计算节点进行处理。这种并行计算的一部分是权重更新时的通信过程，通常使用的是 All-Reduce 操作，即所有节点将它们的部分计算结果汇总起来，以更新全局的权重。

在这样的环境下，出现了 Host Bound 和 Device Bound 的概念。Host Bound 指的是计算受到主机资源的限制，可能是由于通信或者其他的主机计算负载导致的。而 Device Bound 则是指计算受到设备资源的限制，比如节点的计算能力。

在集群环境中，由于大规模的神经网络模型需要处理大量的数据，并且需要进行复杂的计算，因此往往是设备资源受限制，这就使得 AI 应用在集群环境中更倾向于 Device Bound。

5.4.3 迎来 Supercomputer（Pod）

首先我们要知道什么叫作 Pod，谷歌官方给出的定义很简单："TPU Pod 是一组通过专用网络连接在一起的连续 TPU 单元"，实际上也确实如此。相比于 TPU v1，初始设定为一个专用于推理的协处理器，由于训练场景的复杂性，TPU v2 和 TPU v3 大幅度强化了芯片的互联能力，最主要的核心就是为了搭建这样的超大计算集群。

1. TPU v2 基板和 Pod 形态

结合图 5.4.2，我们先来看一下 TPU v2 的基板组成：

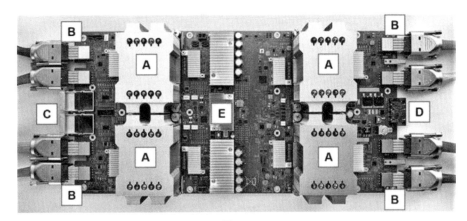

图 5.4.2

● A：四个 TPU v2 芯片和散热片。

● B：四对 BlueLink 25 GB/s 电缆接口，每对两个。其中 BlueLink 是 IBM BlueLink 端口协议，每 Socket 25 GB/s 的带宽，主要是提供 NPU 或是 TPU 之间的网络互联。

● C：英特尔全路径体系结构（OPA）电缆。其中 OPA 为英特尔 Omni-Path Architecture 互联架构，与 InfiniBand 相似。

● D：电路板电源连接器。

● 支持两种网络配置，分别为 10 Gb/s 以太网和 100 Gb/s 英特尔 OPA 连接。

图 5.4.3 是 TPU v2 Pod 形态，每个机柜中有 64 个 CPU 板和 64 个 TPU 板，共有 128 个 CPU 芯片和 256 个 TPU v2 芯片。中间两台蓝色的机器最大可以搭载 256 块 TPU v2 的芯片，而左右两边分别是 CPU 集群。根据图 5.4.3 的标注，简单看一下 TPU v2 Pod 的基本架构。

图 5.4.3

- A 和 D：CPU 机架。
- B 和 C：TPU v2 机架。
- 框 1：电源管理系统（UPS）。
- 框 2：电源接口。
- 框 3：机架式网络交换机和机架式交换机顶部，这部分更多的是网络模块。

1）存储

在 TPU v2 机柜中，看不到任何存储模块。由数据中心网络连接至 CPU，没有任何光纤连接至机柜 B 和 C 的 TPU 集群，而 TPU v2 板上也没有任何网络连接。或许这正是机柜上方大量光纤存在的原因。

2）机柜

我们不难发现，TPU v2 Pod 的机架排列紧凑，主要是为了避免信号衰减带来问题，BlueLink 或 OPA 的铜缆和光纤长度不能太长，因此 TPU 集群在中间，CPU 在两侧排布。

2. TPU v3 基板和 Pod 形态

了解完 TPU v2，下面结合图 5.4.4 来介绍一下 TPU v3 的基板组成。

- A：4 个 TPU v2 芯片和液冷散热管。
- B：2 个 BlueLink 25 GB/s 电缆接口。
- C：英特尔全路径体系结构（OPA）电缆。
- D：电路板电源连接器。
- 支持两种网络配置，分别为 10 Gb/s 以太网和 100 Gb/s 英特尔 OPA 连接。

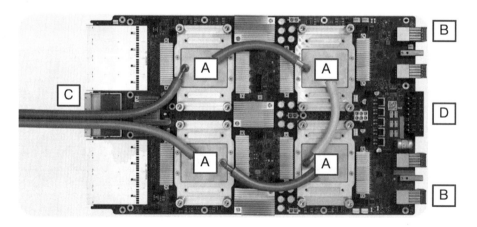

图 5.4.4

图 5.4.5 展示了 TPU v3 Pod 的形态。相比于 TPU v2 Pod，TPU v3 Pod 的规模非常大，有了更多的铜管和电缆，并且在芯片规模上整整大了 4 倍。

图 5.4.5

3. 虚拟架构图

图 5.4.6 是 TPU 集群组网的虚拟架构图。AI 框架通过 RPC 远程连接到 TPU Host，基于 CPU 控制 TPU 去实现真正的互联运作执行。

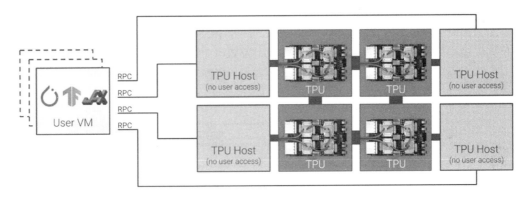

图 5.4.6

4. Pod 总结

● **TPU v2 的技术革新**：谷歌的 TPU v2 通过增加核间互联结构（ICI），使得最多 256 个 TPU v2 能够组成一个高效的超级计算机。这种结构支持高效的大规模数据处理，尤其适合神经网络的训练。

● **TPU v3 的性能提升**：谷歌进一步扩展其技术，通过组合 1024 个 TPU v3 创建了 TPU Pod 超级计算机。该服务器采用液冷系统，功率提升高达 1.6 倍，而模具尺寸仅比 TPU v2 增加 6%。

● **高效的集群构建**：TPU v2 集群利用交换机提供的虚拟电路和无死锁路由功能，加上 ICI 结构，形成了高效的 2D Torus。相比传统的集群组网，省去了集群网卡、交换机的成本，以及与集群 CPU 的通信时延。

TPU v2 Pod 和 TPU v3 Pod，最大的区别就在算力上：TPU v2 Pod 由 256 块 TPU v2 芯片组成，算力为 11.5 PFLOPS；TPU v3 则由 1024 块 TPU v3 芯片组成，算力为 100 PFLOPS。这也就是为什么我们一直在说，TPU v3 Pod 是 TPU v2 的增强版，最本质的原因是，两者在核心架构上没有那么明显的本质区别，而是主要提升了规模化的能力。

5.4.4　Pod 通信方式

我们之前讨论到，在分布式机器学习中，异步训练和同步训练是两种主要的训练方式。异步训练理论上可以提供更快的速度，因为它允许每个节点独立更新模型权重，从而最大化计算效率。然而，在实际应用中，异步训练的特性以及分散的权重更新可能导致参数服务器与工作节点之间的带宽成为计算瓶颈。

相比之下，同步训练的关键在于平衡计算和通信两个步骤。在不同的学习节点之间，这两个步骤会调整权重。系统的性能受到最慢计算节点和网络中最慢消息传递速度的限制。因此，一个快速的网络连接对于实现快速训练至关重要。

谷歌在 TPU v2/v3 Pod 中采用了 2D Torus 网络结构，这种结构允许每个 TPU 芯片与相邻的 TPU 芯片直接连接，形成一个二维平面网络。这种设计减少了数据在芯片间传输时的通信时延和带宽瓶颈，从而提高了整体的计算效率（图 5.4.7）。基于此，谷歌优化了同步训练，在同等资源条件下，通过避免对参数服务器的依赖，通过 All-Reduce 的方法，最终在性能上达到对于异步 SGD 计算效率的领先。

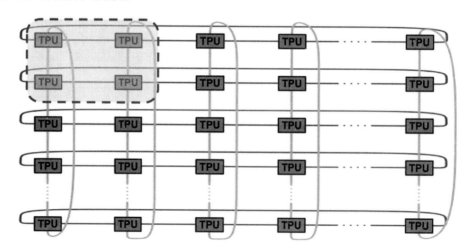

图 5.4.7

小结与思考

- TPU v3 是 TPU v2 的增强版，具有更高的时钟频率、内存带宽和计算能力，同时采用液冷系统提高能效。
- TPU v3 在仅增加 10%体积的情况下，将 MXU 数量翻倍，并提高了芯片间的带宽和连接节点数。
- TPU Pod 是由多个 TPU 单元通过专用网络连接组成的超级计算机，通过增强的互联能力，支持高效的大规模数据处理，尤其适合神经网络训练。
- TPU v3 Pod 采用 2D Torus 网络结构，减少通信时延和带宽瓶颈，优化同步训练性能，实现高效的集群构建和大规模预训练模型支持。

5.5　谷歌 TPU v4 与光路交换

TPU v4 和 TPU v3 中间相差 4 年，在这 4 年之间，谷歌虽然发布了许多重要的研究成果，但在 TPU 芯片上却没有更新。在这段时间，谷歌将更多研发精力放在面向大众的芯片上，例如，谷歌的 Tensor、Pixel 手机系列中的各种处理单元等。

而英伟达则在这四年期间迭代了三代架构（Volta、Amber、Hopper），PyTorch 也代替了 TensorFlow，成为业界首选的训练框架。同时，业界正面临对于超大计算能力的更多需求。因此，TPU v4 的出现正是为了应对以上这些新的挑战和需求。

5.5.1　TPU v4 介绍

TPU v4 采用更先进的 7 nm 制程工艺，MXU 数量翻倍，内存容量和带宽显著增加，从而大幅提升整体性能。特别引人注目的创新是 Sparse Core 的引入，其专门针对稀疏计算进行优化，使得 TPU v4 在处理深度学习中的 Embedding 层时更高效。此外，TPU v4 还首次引入 3D Torus 互联方式，构建 TPU v4 Pod，进一步展示了谷歌在大规模并行计算和高效互联方面的突破。Palomar 光路开关芯片利用 MEMS 技术，其引入进一步降低了系统时延和功耗，同时减少了网络成本。下面将重点阐述上述内容。

1. TPU v4 架构图

TPU v4 架构图如图 5.5.1 所示。每个 TPU v4 都包含 2 个 Tensor Core，每个 Tensor Core 由 6 个单元组成，其中 4 个是 TPU 最核心的脉动阵列 MXU，另外 2 个包括 1 个标量单元（Scalar Unit）和 1 个向量单元（Vector Unit）。此外，TPU v4 的 2 个内存模块 HBM，分别置于 Tensor Core 的左右两侧，以降低电缆的时延。

2. TPU v4 产品形态

相比于前几代 TPU，TPU v4 的产品形态变化非常大。

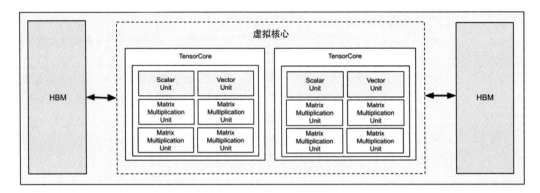

图 5.5.1

- 制程工艺：从前代的 16 nm 提升到最新的 7 nm 制程工艺。
- 硬件增加：TPU v4 上的 MXU 数量相比前代 TPU v3 又翻了一倍；内存增加 9 倍，高达 244 MB，虽然 HBM 内存的容量依然是 32 GB，但内存带宽增加到 1.2 TB/s，相比前代提升了 33%。
- 稀疏计算核（Sparse Core）：TPU v4 的硬件增加了 Sparse Core 的支持，利好稀疏计算。
- 3D Torus：TPU v4 首次引入 3D Torus 互联方式，这种紧密耦合的架构连接有 4096 个 TPU v4 引擎，使得 TPU v4 Pod 总计提供 1.126 exaFLOPS 的 BF16 峰值算力。

下文将详细阐述 Sparse Core 和 3D Torus。

5.5.2   Sparse Core

1. Embedding 层的计算

Embedding 处理离散型分类特征（Categorical Features），其是稀疏化的典型计算范式，NLP/搜推算法仅支持字符串形式输入是标示为离散的稀疏向量特征。这些特征不适合映射到硬件上的矩阵乘法单元进行 Tensor 计算，因 Embedding 本质上更像哈希表。换句话说，在要被处理的输入矩阵中会存在极大量的 0，而这些 0 数据本身是不需要的，或者可进行简化计算。如果根据传统的矩阵计算方式，就会重复计算非常多次的 0 相乘，白白浪费了计算资源。

同时，将这些稀疏变量放在 Tensor Cores 上进行计算往往会涉及小规模的内存访问动作，很容易会触及 CPU 和 DRAM 的性能瓶颈，尤其是在 TPU 和 CPU 4:1 的 TPU 集群上，此外，网络中心的时延也会进一步加剧这种负面影响。因此，能够高效处理稀疏向量的计算范式就被应用到了 TPU 之上。

由于在深度学习中神经网络在稠密 Tensor 上的计算性能更优，因此需要对稀疏矩阵进行信息压缩，通过特定的 Embedding 层生成一个稠密的原数据表达，这通常是 NLP 或者搜推算法的第一层。

　　图 5.5.2 是搜推场景中一个经典的模型框架——Wide&Deep 模型。Wide&Deep 实质上是一个框架，Wide 模型部分可以是任意广义线性模型，而 Deep 模型部分是一个 Embedding 的全连接神经网络。由图可知，在 Deep 模型部分，用户的稀疏特征首先被转换成稠密 Embedding 层，再进入中间的隐藏层，协同 Wide 模型部分输出最终的单元。

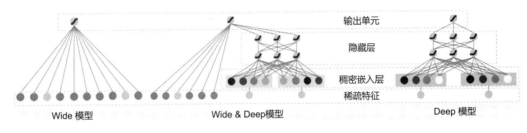

图 5.5.2

　　TPU v4 在 Sparse Core 中原生支持 Embedding 计算的模型并行和数据并行，提供极大的并行灵活度，使得大规模 Embedding 计算在大规模集群内被妥善计算和处理。

　　2. Sparse Core 架构

　　图 5.5.3 是 Sparse Core 的架构示意图，图中的深蓝色方框是 Sparse Core 中最通用的单元——16 个计算瓦片（Tiles）。每个计算瓦片都有一个关联的 HBM 通道，并支持多个内存访问。每个计算瓦片都有一个读取单元（Fetch Unit）、一个可编程的 8 路 SIMD 向量处理单元（这里是 scVPU，不要与 TPU v4 中的 Tensor Core 的 VPU 混淆）以及一个 Flush Unit。Fetch Unit 从 HBM

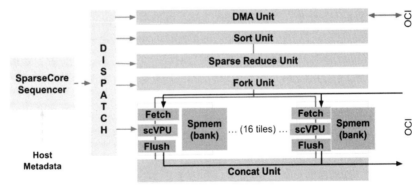

图 5.5.3

读取激活函数和参数到计算瓦片的 2.5 MB 稀疏向量内存（Spmem）的切片中。Flush Unit 在反向传播过程中将更新的参数写入 HBM。此外，5 个跨通道单元（图中的黄色方框）在 16 个 Spmem 上执行与它们名称相对应的嵌入操作。与 TPU v1 一样，这些单元执行类似 CISC 的指令，并处理可变长度的输入，其中每条指令的运行时间取决于数据。

5.5.3 TPU v4 Pod

TPU v4 Pod 具有强大的芯片间互联能力，可提供 exaFLOPS 级别的算力。谷歌将 64（4×4×4）个 TPU v4 芯片互联在一起，组成一个立方体结构（Cube）；再将 4×4×4 个 Cube 用光互联在一起，形成一个共有 4096 个 TPU v4 芯片的超级计算机。

1. 光互联

为了避免计算等通信，TPU v4 Pod 中应用了光交换器（OCS）。在 TPU v4 Pod 如此大规模的超级计算机中，芯片间的互联很大程度上决定整体计算效率；如果数据互联效率不够高，大多数情况下，芯片都处于等待状态，直到其他芯片的数据到达后才开始计算。所以，必须确保芯片间的互联具有高带宽、低时延的特性。而光互联则是物理距离较远的芯片的首选。光交换器是由 64（4×4×4）个 TPU 构成的一组 Slice 间互联，实现了 Pod 内 Slice 间全光互联（4096 TPU）；当然这种互联也可用于 Pod 之间的互联，并不仅仅局限于芯片之间。

在使用可配置光互联（以及光路开关）时，假设在芯片可靠率为 99% 的情况下，其整体系统的平均性能提升高达 6 倍，由此说明光互联开关的重要性。

2. 拓扑结构

TPU v4 Pod 采取 3D Torus 的拓扑结构，实现芯片间的互联。在 3D Torus 网络中，每个节点通过 3 个维度与相邻节点相连，形成一个三维的网格结构。这种高度互联的结构允许芯片在 X-Y-Z 三个维度上形成一个连续循环，提供高带宽和低时延的通信性能，非常适用于高性能计算和大规模并行处理。TPU v4 能够紧密耦合 4096 个 TPU v4 引擎，实现总计 1.126 exaFLOPS 的 BF16 计算能力。TPU v4 的每个端口对应一个 TPU v4 芯片，端口连接交换机提供 6 TB/s 的带宽速率，作为网络接口卡和 3D 环面网络的基础。这种设计确保了 TPU v4 在处理大规模并行计算任务时的高效性和稳定性。

图 5.5.4 是 3D Torus Cube 的示意图。由图可知，每一个节点都与其上下、左右、前后的节点互联，而处于这个立方体边上的芯片则与其相对面上的节点连接，从而实现每一个节点都与其他 6 个节点互联。

这里详细介绍一下 Cube。图 5.5.5 是一个 Cube 的另一种展开方式。Cube 如果要实现 6 面连接，每个面需要有 16 条链路，这样每个 Cube 共有 96 条光链路连接到 OCS 上。为了提供整个 3D Torus 的连接，相对的侧面需要连接到相同的 OCS 上面（图中不同色块和 Cube 之间的长环）。

因此，每个 Cube 会连接到 48 个 OCS 上。这 48 个 OCS 共连接来自 64 个 Cube 的 48 对光缆，共并联 4096 个 TPU v4 芯片。因此，如果要搭建一个 TPU v4 集群，则需购置 4096 个 TPU v4 芯片和 48 个 OCS 光互联交换器，成本相当高。

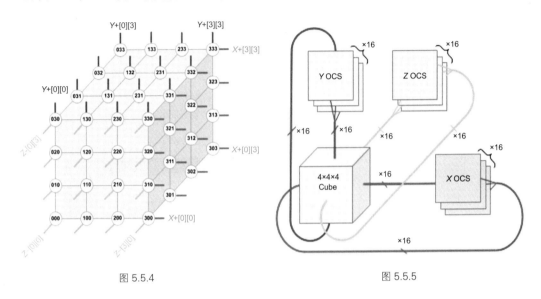

图 5.5.4　　　　　　　　　　　　　　　　图 5.5.5

3. 计算集群对比

了解完 TPU v4 的基本结构后，再具体了解当时谷歌竞品是什么情况。

英伟达 DGX SuperPod 搭配第四代 NVLink/NVSwitch 最多可连接 32 个节点，共 256 个 H100 芯片，实现每颗 GPU 具有 900 GB/s 的互联带宽；英伟达每机架有 4 台 DGX（共 32 个 H100 GPU），机架内/外需要光纤连接。英伟达的每机架算力密度相对更小/更窄，且需要更多收发激光器和光纤线材，因此网络成本高。如果英伟达部署 4096 个 GPU 集群，必须切分成更多个 SuperPod，并独立规划互联网络层，中间完成多层交换，集群内共计需购置约 568 个 InfiniBand 交换机。

反观 TPU v4 Pod，与超级计算机一样，工作负载由不同规模的算力承担，称为切片：64 个芯片、128 个芯片、256 个芯片等。与 InfiniBand 相比，OCS 的成本更低、功耗更低、速度更快，成本不到系统成本的 5%，功率不到系统功率的 3%。每个 TPU v4 都包含 Sparse Core 数据流处理器，可将依赖嵌入的模型加速 5~7 倍，所占用的 Die 面积和功耗仅为 5%。

5.5.4　光路交换机

上面简单提及了光路交换机（Optical Circuit Switching，OCS），本小节将详细展开相关内容。

1. 光路开关芯片

具有多开关芯片的光路称为 Palomar，该器件采用基于 MEMS 反射镜阵列技术，其原理是：采用 2D MEMS 反射镜阵列，通过控制其反射镜的位置来调整光路，从而实现光路切换。MEMS 光路开关芯片具有低损耗、低切换时延（毫秒级别）、低功耗、低成本等优点。

2. 2D MEMS 阵列

图 5.5.6 是一个反射镜阵列的封装照片，每个陶瓷封装内部是单个大型芯粒，芯粒中有 176 个可单独控制的微反射镜。

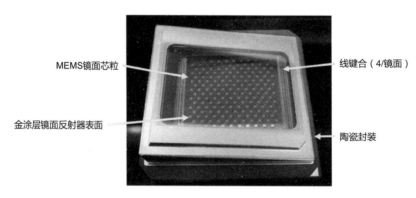

图 5.5.6

图 5.5.7 是整个反射镜的热成像，每一个红色的圆形代表一个微反射镜。由图可知，每一个微反射镜四周都有 4 个梳状驱动区域，用于在两个方向上旋转反射镜，实现光切换。

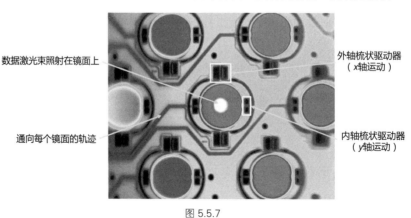

图 5.5.7

3. Palomar 工作原理

图 5.5.8 解释了 Palomar OCS 的工作原理。绿色线条表示带内光信号路径。与带内信号路径叠加的是一个 850 nm 波长的监控通道（红色箭头），用于校准镜面。输入/输出的光学信号通过二维（2D）光纤准直器阵列（Fiber Collimator Array）进入光学核心，每个准直器阵列是由一个 $N×N$ 光纤阵列和 2D 透镜阵列组成。这个的核心是 2 组 2D MEMS 阵列。MEMS 的镜面在监控通道的校准下，被驱动、倾斜以将信号切换到相应的输入/输出准直光纤。

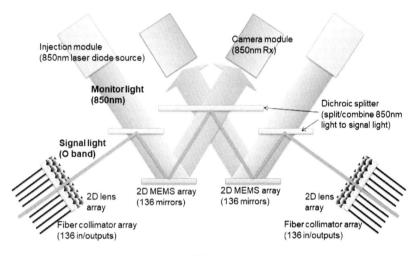

图 5.5.8

为什么需要 OCS 呢？传统的交换机传输的是一个光信号，再把光转化成电，然后再将电转换成光输出，这样的转换会造成诸多性能损耗。而整个 OCS 可提供光到光的转换，从而节省了大量的电能，更重要的是解决了时延问题。

图 5.5.9 是 Palomar 的实物图，可找到图 5.5.8 中各个部分的实物。

图 5.5.10 是带有 CPU 板、电源、风扇面板和高压驱动器板的后机箱。

5.5.5　TPU v4 优缺点分析

TPU v4 Pod 在成本、功耗和速度等方面具有优势，尽管 3D Torus 拓扑结构具有低时延和低网络成本等益处，但存在一些挑战，如系统成熟度、拓扑的僵硬性以及负载均衡问题。未来，TPU v4 的设计强调算法与芯片之间的紧密协同，以及对新数据格式和稀疏计算的支持，这预示着 AI 计算集群的重要性日益增加。

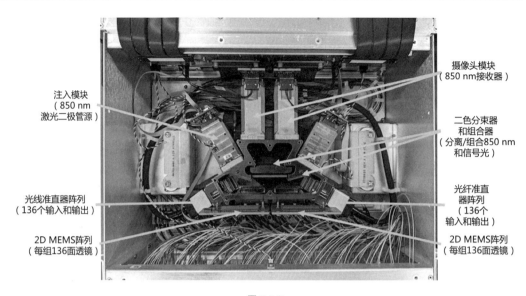

图 5.5.9

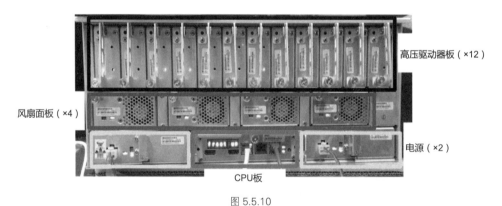

图 5.5.10

1. 优点

● 低时延：3D Torus 因其相邻节点间的距离短且可直接连线，因此具有低时延性能，尤其是在节点间需要运行密集 I/O、紧耦合的并行任务时。

● 低网络成本：对于相同数量的节点，3D Torus 拓扑网络直径低于 Clos 拓扑，且前者的交换机、线材、连接器的保有量更低，网络层次更少，硬件成本低。

● 路由可重配：谷歌 OCS 网络支持动态可重配路由，Slice 集群在部署 OCS 网络后可立即投入生产，无需等待整个网络收敛；并且这种特性更易于隔离/下线故障节点。

- 更好的集群布局：集群布局可使得物理连接相邻的节点在逻辑上也保持临近，让密集 I/O 通信、数据流生在局部流域，换来更低的通信开销；同时，优化时延和功耗。3D Torus 能将大集群逻辑切割成紧耦合的局部域，局部互联并共享作业。

　　2. 缺点

- 系统成熟度低：Clos 拓扑本身具备非阻塞特性，性能始终保持一致且可预测，所有输入/输出都是全带宽同时连接，无冲突无阻塞，而在 3D Torus 拓扑中却无法保证。
- 拓扑僵硬：在 Clos 这种脊叶（Spine-Leaf）拓扑中，扩容新的叶交换机相对简单，无需更改当前架构；相比之下，扩缩 3D Torus 结构比较复杂且耗时，可能需要重新配置整个拓扑。
- 负载均衡问题：Clos 网络在任意两节点间可提供更多路径，从而实现负载均衡和冗余；虽然 3D Torus 结构提供多路径冗余，但显而易见，Clos 的替代路径数量更多，具体取决于网络的配置。

小结与思考

- TPU v4 通过采用 7nm 工艺和引入 Sparse Core 及 3D Torus 互联，实现了性能的显著提升和对稀疏计算的高效处理。此外，TPU v4 引入的 3D Torus 互联方式和 Palomar 光路开关芯片，展示了谷歌在大规模并行计算和高效互联方面的技术突破。
- TPU v4 的架构优化，特别是对稀疏计算的支持，使得在处理大规模 Embedding 层时更为高效。Sparse Core 的设计为大规模集群计算提供了极高的灵活性。同时，3D Torus 拓扑结构和光互联技术的应用，有效降低了系统时延和功耗，同时减少了网络成本，提升了整体的计算效率。
- TPU v4 在降低成本和功耗方面具有优势，但同时也面临系统成熟度和负载均衡等挑战，需要谷歌持续创新以保持竞争力。

第6章　NPU——以昇腾为例

6.1　引　　言

昇腾计算的基础软硬件是昇腾产业的核心，也是其 AI 计算能力的来源。昇腾计算软硬件包括硬件系统、基础软件和应用使能等。

而本书介绍的 AI 系统整体架构，与昇腾 AI 产业的全栈架构较为相似（图 6.1.1）。因此，本节以实际工业界计算产业中的昇腾为例进行阐述。其他计算产业如英伟达、寒武纪、摩尔线程等全栈架构基本与 AI 系统也较为相似。

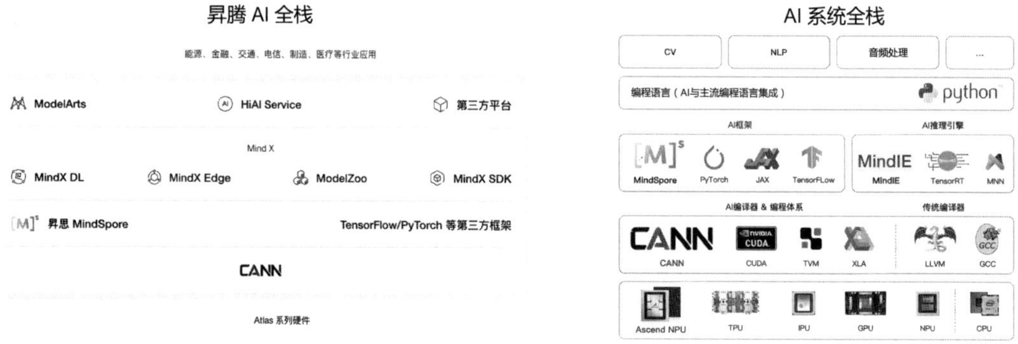

图 6.1.1

6.1.1　昇腾计算产业介绍

昇腾计算产业是基于昇腾系列（HUAWEI Ascend）处理器和基础软件构建的全栈 AI 计算基础设施、行业应用及服务，包括昇腾系列处理器、系列硬件、CANN（Compute Architecture for Neural Networks，异构计算架构）、AI 计算框架、应用使能、开发工具链、管理运维工具、行业应用及服务等全产业链内容。

行业应用是面向千行百业的场景应用软件和服务，围绕昇腾计算体系，诞生了大量优秀的应用，比如互联网推荐、自然语言处理、视频分析、图像分类、目标识别、语音识别、机器人等。

昇腾计算产业也拥抱各种云服务场景，支持 IaaS、SaaS 等多种云服务模式；同时，端边云协同能力原生地构建在整个技术架构中，推动昇腾计算成为全场景的 AI 基础设施。

昇腾产业生态包括围绕着昇腾计算技术和产品体系所开展的学术、技术、公益及商业活动，产生的知识和产品，以及各种合作伙伴。

昇腾的合作伙伴主要包括原始设备制造商（OEM）、原始设计制造商（ODM）、独立硬件开发商（IHV）、咨询与解决方案集成商（C&SI）、独立软件开发商（ISV）、云服务提供商（XaaS）等。

此外，昇腾的合作伙伴体系当中还包含围绕昇腾相关产品对外提供服务交付的服务类伙伴，提供培训服务的人才联盟伙伴，提供投融资和运营服务的投融资运营伙伴等。昇腾高度重视高校的人才培养和昇腾开发者的发展，积极让高校和开发者成为整个昇腾生态的重要组成部分。

1. AI 硬件系统

图 6.1.2 为华为昇腾系列产品，覆盖边缘侧、云侧推理、云侧训练三大场景，昇腾计算的 AI 硬件系统主要包括：

- 基于华为达芬奇内核的昇腾系列处理器等多样化 AI 算力。
- 基于昇腾处理器的系列硬件产品，比如嵌入式模组、板卡、小站、服务器、集群等。

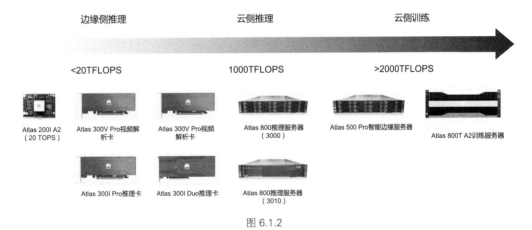

图 6.1.2

昇腾 AI 产品包含训练和推理产品，其主要系列如表 6.1.1 所示，昇腾训练产品同时支持训练和推理业务，各个组件支持的产品范围参见组件对应文档的产品支持列表。

昇腾产品以昇腾 AI 处理器的 PCIe（Peripheral Component Interconnect Express）的工作模式进行区分，分为 RC（Root Complex）模式和 EP（Endpoint）模式（表 6.1.2），如果 PCIe 工作在主模式，可以扩展外设，则称为 RC 模式；如果 PCIe 工作在从模式，则称为 EP 模式，图 6.1.3 给出了两种模式的主要场景。

表 6.1.1   昇腾 AI 主要训练和推理产品

产品系列	产品型号
Atlas 200/300/500 推理产品	Atlas 200 AI 加速模块、Atlas 300I 推理卡（型号：3000）、Atlas 300I 推理卡（型号：3010）、Atlas 500 智能小站、Atlas 200 DK 开发者套件
Atlas 200/500 A2 推理产品	Atlas 500 A2 智能小站、Atlas 200I DK A2 开发者套件、Atlas 200I A2 加速模块
Atlas 推理系列产品（配置 Ascend 310P AI 处理器）	Atlas 300I Pro 推理卡、Atlas 300V 视频解析卡、Atlas 300V Pro 视频解析卡、Atlas 300I Duo 推理卡、Atlas 200I SoC A1 核心板
Atlas 推理服务器系列产品	1. 边缘服务器：Atlas 500 Pro 智能边缘服务器支持插入 Atlas 300I 推理卡（型号：3000）、Atlas 300I Pro 推理卡、Atlas 300V 视频解析卡、Atlas 300V Pro 视频解析卡使用 2. 中心推理服务器：①Atlas 800 推理服务器（型号：3000）支持插入 Atlas 300I 推理卡（型号：3000）、Atlas 300I 推理卡（型号：3010）、Atlas 300I Pro 推理卡、Atlas 300V 视频解析卡、Atlas 300V Pro 视频解析卡、Atlas 300I Duo 推理卡使用；②Atlas 800 推理服务器（型号：3010）支持插入 Atlas 300I 推理卡（型号：3010）、Atlas 300I Pro 推理卡、Atlas 300V 视频解析卡、Atlas 300V Pro 视频解析卡、Atlas 300I Duo 推理卡使用
Atlas 训练系列产品	Atlas 800 训练服务器（型号：9000）、Atlas 800 训练服务器（型号：9010）、Atlas 900 PoD（型号：9000）、Atlas 900T PoD Lite、Atlas 300T 训练卡（型号 9000）、Atlas 300T Pro 训练卡（型号：9000）
Atlas A2 训练系列产品	Atlas 800T A2 训练服务器、Atlas 900 A2 PoD 集群基础单元、Atlas 300T A2 训练卡、Atlas 200T A2 Box16 异构子框

表 6.1.2   昇腾 AI 处理器的 PCIe 工作模式

PCIe 工作模式	支持的昇腾产品	工作模式说明
RC 模式	Atlas 200 AI 加速模块、Atlas 200 DK 开发者套件、Atlas 200I SoC A1、Atlas 500 A2 智能小站、Atlas 200I DK A2 开发者套件、Atlas 200I A2 加速模块	产品的 CPU 直接运行用户指定的 AI 业务软件，接入网络摄像头、I2C 传感器、SPI 显示器等其他外挂设备作为从设备接入产品
EP 模式	1. 推理产品：Atlas 500 智能小站、Atlas 200 AI 加速模块、Atlas 推理系列产品（配置 Ascend 310P AI 处理器）、Atlas 200I A2 加速模块 2. 训练产品：Atlas 训练系列产品、Atlas A2 训练系列产品	EP 模式通常由 Host 侧作为主端，Device 侧作为从端。客户的 AI 业务程序运行在 Host 系统中，昇腾产品作为 Device 系统以 PCIe 从设备接入 Host 系统，Host 系统通过 PCIe 通道与 Device 系统交互，将 AI 任务加载到 Device 侧的昇腾 AI 处理器中运行

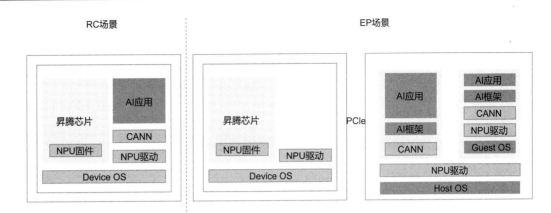

图 6.1.3

在异构计算架构中，昇腾 AI 处理器与服务器的 CPU 通过 PCIe 总线连接协同工作，我们一般分别称为 Device 侧和 Host 侧。

2. AI 软件体系

昇腾计算 AI 基础软件体系从下往上主要包括：

● 异构计算架构 CANN 以及对应的驱动、运行时、加速库、编译器、调试调优工具、开发工具链 MindStudio 和各种运维管理工具等，开放给广大的开发者和客户。

● AI 计算框架，包括开源的 MindSpore，以及各种业界流行的框架（例如，PyTorch），是生态的有机组成部分。同时，昇腾计算产业秉承开放的生态建设思路，支持各种计算框架的对接。

● 昇腾应用使能 MindX，可以支持上层的 ModelArts 和 HiAI 等应用使能服务，同时也可以支持第三方平台提供应用使能服务。

3. 产业价值

华为始终坚持以"硬件开放，软件开源，使能合作伙伴"的开放生态，推动昇腾计算产业更好地发展。

华为聚焦计算架构、处理器和基础软件的创新与研发。通过自有硬件和伙伴硬件相结合的方式为客户提供多样化的算力选择。华为基于昇腾系列处理器，通过模组、板卡、小站、服务器、集群等丰富的产品形态，打造面向"端边云"的全场景 Atlas AI 基础设施方案。

同时，华为提供 Atlas 模组、板卡等部件，使能伙伴发展基于 Atlas 部件的智能端侧、智能边缘、服务器、集群等 AI 设备；提供开源 AI 计算框架 MindSpore，也支持业界主流 AI 框架如 TensorFlow、PyTorch、Caffe、PaddlePaddle 等；还提供模型转换工具，支持主流模型便捷的转换。

昇腾计算产业发展致力于将 AI 新技术的红利带到世界的每个角落，让人人充分享受 AI 带来的美好。在 AI 治理上，华为与生态、商业伙伴共同倡导向善、包容、普惠和负责任的 AI，为人类社会发展带来价值：

- 用得起：无论何人，何时，何地，想用就用，无所不及。
- 用得好：从芯片到架构，提供安全可靠的产品和服务，赋能合作伙伴和开发者，做好"黑土地"。
- 用得放心：开放，透明，合作，遵守各国法律法规，保证个人隐私和数据安全。

6.1.2　昇腾 AI 系统架构

昇腾计算中的硬件体系、基础软件、开发工具链、AI 计算框架、应用使能等如图 6.1.4 所示，与本书介绍的 AI 系统架构基本上逻辑吻合。

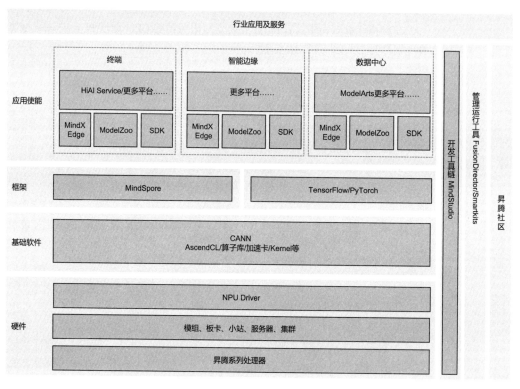

图 6.1.4

在昇腾 AI 全栈架构中，底层的硬件体系对应 AI 系统架构中的 AI 硬件与体系结构，覆盖了端边云全场景，支持数据中心、边缘和终端侧的灵活部署方式；基础软件则是对应 AI 系统架构中的 AI 编译与计算架构，使能芯片能力，提供具体的软件计算能力；框架层则是包含 AI 推理引擎、AI 计算框架，对应 AI 系统架构中的 AI 训练与推理框架；上层的应用使能则是针对具体的算法和模型提供的封装等相关的接口。

为满足最大化 AI 开发和部署的灵活性，昇腾整体 AI 架构遵照如下的设计理念：

- 模块化支持端边云场景下的独立部署；
- 模块之间具备相互协同能力；
- 各个层之间支持独立演进。

基于统一的端边云全场景框架，昇腾与合作伙伴一起，为最终客户带来的 AI 算力平台主要具有超强算力、全栈开放、使能应用、端边云协同四点优势。

1. 超强算力

在数据中心侧，处理边缘侧汇聚过来的海量数据和满足上亿级参数的大规模模型的深度学习需求。Atlas 训练卡可为服务器提供 320 TFLOPS FP16 的高算力。针对更大规模需求，Atlas 集群提供 256 PFLOPS~1024 PFLOPS FP16 总算力，在 ResNet-50 测试中，基于 ImageNet 数据集，训练时间达到目前业界最快的 25.9s。在边缘侧，满足不同场景的灵活轻量级部署的同时提供了强大算力。Atlas 推理卡单卡算力达 88 TOPS INT8，并支持多路全高清视频实时分析。

除了高算力，高能效比同样关键。在数据中心侧，更高的能效比可大幅降低数据中心整体运营成本。具体来说，Atlas 集群作为业界首个全液冷 AI 集群，采用板级液冷、柜级风液换热器等独特设计，使数据中心的能源使用效率（Power Usage Efficiency，PUE）<1.1，节约大量电费，E 级算力集群 5 年节省电费超 1 亿元。在边缘侧，模组能效比达 2 TOPS/W，适应低功耗和边缘部署需求。

2. 全栈开放

坚持开源开放原则，目的是希望构建良好的产业生态。按能力分层开放，面向不同开发者提供不同开发工具和套件，使能开发者满足在极简开发和极致性能两方面的需求。

面向最上层的业务应用开发者：他们把 AI 变成服务，引入各行各业。对于这类开发者，MindX 开放支持上层的 ModelArts 和 HiAI 等应用使能服务，同时也支持第三方平台提供的应用使能服务；MindX 也逐步提供 SDK。SDK 是面向同一类行业场景的完整开发工具包和对应的行业知识库，让针对同一类行业的开发经验和行业知识可以积淀下来，快速复制。SDK 让开发者、ISV 只需极少量代码甚至不需要代码就可以实现 AI 的功能。

面向 AI 模型开发者：他们专注于算法开发。基于昇腾的开源框架 MindSpore、PyTorch、TensorFlow 和 PaddlePaddle 支持高效开发，同时华为提供模型转换工具以使主流模型便捷地转换到昇腾设备下。

面向算子开发者：提供了 CANN 和 MindStudio 来支持底层开发。基于统一编程接口 Ascend C，实现分层开放能力 Ascend C 封装了内存管理、AI 任务管理、AI 任务执行、业务流、事件、图引擎等通用接口，开发者只需要掌握一套 API，就可以全面使用昇腾硬件的能力。同时，将开放环境与底层硬件解耦，实现后向兼容，最大程度地保护开发者的数字资产。

3. 使能应用

开发者通常期望把 AI 当作一种服务，直接应用在各个行业领域中，这是最广泛的一类行业应用。这一类开发者无需理解背后用的神经网络模型是什么、AI 框架是什么、资源是如何调度的等技术细节。

昇腾应用使能 MindX 专为这一类的 AI 应用开发者而设计。深度学习组件 MindX DL 和智能边缘组件 MindX Edge，支持 ModelArts、HiAI Service 及第三方应用使能平台等多种平台，可以将设备资源、算力资源统一的抽象、管理，被上层平台所调用，这样程序只需关注功能而不需要关注硬件的底层配置细节。

除此之外，MindX 还提供优选模型库 ModelZoo 和行业 SDK。ModelZoo 解决了模型的选型难、训练难、优化难等问题。

4. 端边云协同

端边云协同，使能全场景 AI 开发。

在硬件层面，端边云设备均采用统一的华为达芬奇架构，CANN 使能各类形态硬件，如手机、摄像机、智能汽车、小站、服务器、集群等。

在软件层面，支持几乎所有主流操作系统、多种 AI 框架，让开发者一次开发，端边云全场景都可以灵活部署。同时，端侧的增量数据可以回传云侧实现进一步训练优化。云侧再训练后的优化模型可以直接下发端侧，中间无需转换。

在架构层面，MindSpore 是面向端边云全场景的 AI 计算框架，可以实现全场景自适应感知与协同，比如模型训练好后，可以根据不同硬件形态自适应生成相应大小的模型。

MindSpore 还支持在端侧直接对模型进行轻量训练，更新本地的推理参数。这样既保护了个人隐私，又提升了模型精度，实现模型"私人定制"。

6.1.3 昇腾未来展望

昇腾计算产业将持续推动多样化异构算力发展。随着 AI 系统架构的多样化和 AI 应用的大规模推广，昇腾计算产业会持续增加多种算力支持，以期在面对不同的应用场景时，充分发挥多种算力的协同效果，达到最优的处理效率和性能。尤其是多种加速器，比如数据预处理和后处理、多种处理器架构和内核架构等，都可能在昇腾计算中发挥算力。由应用驱动的计算架构将成为昇腾计算的发展趋势。随着产业的持续进展，当规模增大到一定程度之后，昇腾计算的底层系统会进化到更高一层的产品形态。而无论是在数据中心还是边缘场景，甚至是端侧场景，高集成度的系统级芯片（System on Chip，SoC）系统会成为主要形态之一。

随着异构计算架构成为主流，可编程性和领域开发语言也会成为一个重要方向。复杂的异构系统将越来越依赖智能化的编译系统来进行性能的优化。而昇腾计算体系将围绕智能编译系统和高度自动优化的开发体系进行持续投入。基础软件的智能化程度将获得极大提升，通过 AI 来开发 AI 将成为可能。

昇腾计算产业的生态将会持续不断丰富。更多的高性能算法、计算加速库、SDK、行业、开发语言和工具、开发者、产品形态、合作伙伴，将会随着昇腾计算产业的发展而快速推进。

昇腾计算产业将持续推进极简易用的开发体系和极致性能的应用效果。随着计算成本和开发成本的下降以及应用的快速成熟，在行业和生活中大规模部署昇腾计算系统将很快成为现实。昇腾计算在行业中的大规模落地，将对社会生产力产生极大推进。未来，智能制造、机器人、虚拟人、内容生成、自动和辅助驾驶、移动互联网、智慧农业、教育、交通、能源等行业，都将受益于昇腾计算产业所带来的智能化水平提升。

安全和可信已经成为昇腾计算产业的基本功，未来，安全和可信也依然是坚强的保障。随着大规模的产品化落地，必将出现大量的安全挑战，如何应对这些挑战，则会是整个产业的重大问题。昇腾计算将把持续的安全和可信 AI 作为基础，确保 AI 可靠地服务于人类。

昇腾计算产业将以极简易用，让 AI 计算无处不在；以极致性能，让 AI 计算无所不及。昇腾计算产业将秉承着"把数字世界带入每个人、每个家庭、每个组织，构建万物互联的智能世界"的理念，与合作伙伴和客户一起，为美好的 AI 新时代而努力。

小结与讨论

- 昇腾 AI 架构是华为基于昇腾系列处理器构建的全栈 AI 计算基础设施，包括硬件、基础软件、AI 框架和应用使能，旨在打造开放的生态系统，推动 AI 技术的广泛应用。
- 昇腾 AI 系统提供从硬件到应用的全栈解决方案，强调模块化、协同和独立演进，以支持端、边、云全场景的 AI 开发和部署，具备超强算力和高能效比。
- 昇腾计算产业致力于推动 AI 技术的普及，并承担相应的社会责任，通过开放的生态和技术创新，使 AI 计算更加易于使用、高效和安全，以支持广泛的行业应用和智能化发展。

6.2　昇腾 AI 处理器

本节将介绍华为昇腾 AI 处理器架构。昇腾 AI 处理器是华为基于达芬奇架构专为 AI 计算加速而设计的处理器，它支持云边端一体化的全栈全场景解决方案，具有高能效比和强大的 3D Cube 矩阵计算单元，支持多种计算模式和混合精度计算。昇腾 AI 处理器架构包括 AI Core、AI CPU、多层级片上缓存/缓冲区和数字视觉预处理模块 DVPP，这些组件通过 CHI 协议的环形总线实现数据共享和一致性而组成 SoC。

此外，本节还将探讨卷积加速原理，即昇腾 AI 处理器如何通过软硬件优化实现高效的卷积计算加速，包括矩阵计算单元和数据缓冲区的高效组合以及灵活的数据通路设计，以满足不同神经网络的计算要求。

6.2.1 昇腾 AI 处理器概述

华为针对 AI 领域专用计算量身打造了"达芬奇架构"，并于 2018 年推出了基于"达芬奇架构"的昇腾 AI 处理器，开启了华为的 AI 之旅。

从基础研究出发，立足于自然语言处理、机器视觉、自动驾驶等领域，昇腾 AI 处理器致力于打造面向云边端一体化的全栈全场景解决方案，同时为了配合其应用目标，打造了异构计算架构 CANN，为昇腾 AI 处理器进行加速计算。全栈指技术方面，包括 IP、芯片、加速计算、AI 框架、应用使能等的全栈式设计方案；全场景包括公有云、私有云、各种边缘计算、物联网行业终端及消费者终端设备。围绕全栈全场景，华为正以昇腾 AI 处理器为核心，以算力为驱动，以工具为抓手，全力突破 AI 发展的极限。

自 2018 年，昇腾 AI 处理器的训练和推理系列型号陆续推出。推理系列的处理器则是面向移动计算场景的强算力 AI 片上系统（SoC）。训练系列的处理器主要应用于云侧，可以为深度学习的训练算法提供强大算力。

在设计上，昇腾 AI 处理器意图突破目前 AI 芯片功耗、运算性能和效率的约束，目的是极大提升能效比。昇腾 AI 处理器采用华为自研的达芬奇架构，专门针对神经网络运算特征量身定做，以高性能的 3D Cube 矩阵计算单元为基础，实现针对张量计算的算力和能效比大幅度提升。每个矩阵计算单元可由一条指令完成 4096 次乘加计算（图 6.2.1），并且处理器内部还支持多维计算模式，如标量、矢量、矩阵等，打破了其他 AI 专用芯片的局限现象，增加了计算的灵活度。同时支持多种类混合精度计算，在实现推理应用的同时也强力支持了训练的数据精度要求。

Scalar Compute	Vector Compute	Da Vinci Tensor Compute
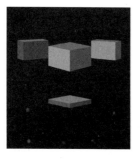	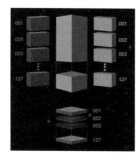	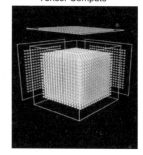
0.00X TOPS / W	0.X TOPS / W	X TOPS / W
1D: N^2 Cycle	2D: N Cycle	3D: 1 Cycle
N个 1D MAC	1个 N^2 2D MAC	1个 N^3 3D Cube

图 6.2.1

　　达芬奇架构的统一性体现在多个应用场景的良好适配上，覆盖高、中、低全场景，一次开发可支持多场景部署、迁移和协同，从架构上提升了软件效率。功耗优势也是该架构的一个显著特点，统一的架构可以支持从几十毫瓦到几百瓦的芯片，可以进行多核灵活扩展，在不同应用场景下发挥出芯片的能耗优势。

　　达芬奇架构指令集采用了 CISC 指令且具有高度灵活性，可以应对日新月异、变化多端的新算法和新模型。高效的运算密集型 CISC 指令含有特殊专用指令，专门为神经网络打造，助力 AI 领域新模型的研发，同时帮助开发者更快速地实现新业务的部署，实现在线升级，促进行业发展。昇腾 AI 处理器在全业务流程加速方面，采用场景化视角，系统性设计，内置多种硬件加速器。昇腾 AI 处理器拥有丰富的 I/O 接口，支持灵活可扩展和多种形态下的加速卡设计组合，很好应对云侧、终端的算力和能效挑战，可以为各场景的应用强劲赋能。

6.2.2　AI 处理器架构

　　昇腾 AI 处理器本质上是一个片上系统，主要应用在和图像、视频、语音、文字处理相关的应用场景。图 6.2.2 是早期昇腾处理器的逻辑架构，其主要的架构组成部件包括特制的计算单元、大容量的存储单元和相应的控制单元。当前基于达芬奇架构技术的昇腾 AI 处理器架构如图 6.2.3 所示。

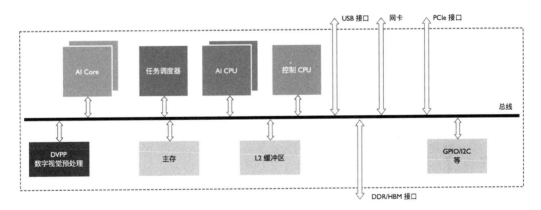

图 6.2.2

　　昇腾 AI 处理器大致可以划分为：芯片系统控制 CPU（Control CPU）、AI 计算引擎（包括 AI Core 和 AI CPU）、多层级的片上系统缓存（Cache）或缓冲区（Buffer）、数字视觉预处理模块（Digital Vision Pre-Processing，DVPP）等。芯片可以采用 LPDDR4/5 高速主存控制器接口，价格较低。目前主流 SoC 芯片的主存一般由 DDR（Double Data Rate）或 HBM（High Bandwidth Memory）构成，用来存放大量的数据。HBM 相对于 DDR 存储带宽较高，是行业的发展方向。其他通用的外设接口模块包括 USB、磁盘、网卡、GPIO、I2C 和电源管理接口等。

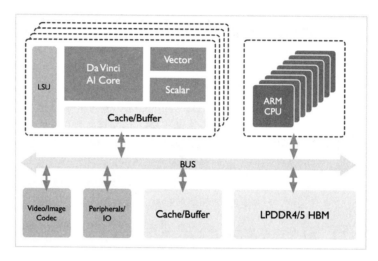

图 6.2.3

当昇腾 AI 处理器作为计算服务器的加速卡使用时，会通过 PCIe 总线接口和服务器其他单元实现数据互换。所有模块通过基于 CHI 协议的片上环形总线相连，实现模块间的数据连接通路并确保数据的共享和一致性。

昇腾 AI 处理器集成了多个 ARM 架构的 CPU 核心，每个核心都有独立的 L1 和 L2 缓存，所有核心共享一片上 L3 缓存。集成的 CPU 核心按照功能可以划分为专用于控制芯片整体运行的主控 CPU 和专用于承担非矩阵类复杂计算的 AI CPU。两类任务占用的 CPU 核数可由软件根据系统实际运行情况动态分配。

除了 CPU 之外，该处理器真正的算力"担当"来自于采用了达芬奇架构的 AI Core。AI Core 通过特别设计的架构和电路实现了高通量、大算力和低功耗，特别适合处理深度学习中神经网络必须的常用计算（如矩阵相乘等）。目前，该处理器能对整数或浮点数提供强大的乘加计算力，由于采用了模块化的设计，可以很方便地通过叠加模块的方法提高处理器的算力。

针对神经网络参数量大、中间值多的特点，该处理器还专为 AI 计算引擎配备了一定容量的片上缓冲区（On-Chip Buffer），提供高带宽、低时延、高效率的数据交换和访问。能够快速访问到所需的数据对于提高神经网络算法的整体性能至关重要，将大量需要复用的中间数据缓存在片上对于降低系统整体功耗意义重大。

为了实现计算任务在 AI Core 上的高效分配和调度，该处理器还配备了一个专用 CPU 作为任务调度器（Task Scheduler，TS）。该 CPU 专门服务于 AI Core 和 AI CPU，而不承担任何其他的事务和工作。

来自主机端存储器或网络的视频和图像数据，在进入昇腾 AI 处理器的计算引擎处理之前，需要生成满足处理要求的输入格式、分辨率等，因此需要调用数字视觉预处理模块进行预处理以实现格式和精度转换等要求。数字视觉预处理模块主要实现视频解码（Video Decoder，VDEC）、视频编码（Video Encoder，VENC）、JPEG 编解码（JPEG Decoder/Encoder，JPEGD/E）、PNG 解码（PNG Decoder，PNGD）和视觉预处理（Vision Pre-Processing Core，VPC）等功能。图像预处理可以完成对输入图像的上/下采样、裁剪、色调转换等多种功能。数字视觉预处理模块采用专用定制电路实现高效率的图像处理功能，每种不同的功能都会设计相应的硬件电路模块来完成计算工作。在数字视觉预处理模块收到图像视频处理任务后，会读取需要处理的图像视频数据并分发到内部对应的处理模块进行处理，待处理完成后将数据写回到内存中等待后续步骤。

1. 昇腾 910

昇腾 910 处理器的目标场景是云侧的推理和训练，其架构如图 6.2.4 所示，包含 DaVinci Core、DVPP、HBM、DDR4 等组件。

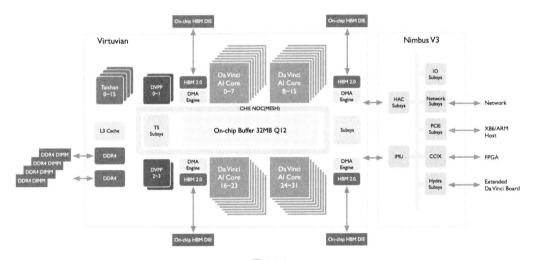

图 6.2.4

昇腾 910 处理器采用了芯粒(Chiplet)技术，包含六个 Die: 1 个计算芯粒(包含 32 个 DaVinci Core、16 个 CPU Core 和 4 个 DVPP)，1 个 IO 芯粒和 4 个 HBM 芯粒(总计 1.2 TB/s 带宽)。针对云侧训练和推理场景，昇腾 910 处理器做的优化包括:

● 高算力：训练场景通常使用的 Batch Size 较大，因此采用最高规格的 Ascend-Max，每个 Core 每个周期可以完成 16×16×16=4096 次 FP16 乘累加。

● 高 Load/Store 带宽：训练场景下计算反向 SGD 时，会有大量对 Last Level Cache 和片外缓存的访问，因此需要配备较高的 Load/Store 带宽，因此昇腾 910 除了 DDR 还采用了 HBM 技术。

● 100G NIC：随着 DNN 的模型尺寸愈发庞大，单机单卡甚至单机多卡已经不能满足云侧训练的需求，为了支持多卡多机组成集群，昇腾 910 集成了支持 ROCE V2 协议的 100G NIC 用于跨服务器传递数据，使得可以使用昇腾 910 组成万卡集群。

● 高吞吐率 DVPP：DVPP 用于 JPEG、PNG 格式图像编解码、图像预处理(对输入图像上下采样、裁剪、色调转换等)、视频编解码，为了适配云侧推理场景，DVPP 最高支持 128 路 1080P 视频编解码。

2. 昇腾 310

昇腾 310 处理器的目标场景是边缘推理，比如智慧城市、智慧新零售、机器人、工业制造等，其架构如图 6.2.5 所示，主要包含 DaVinci Core、DVPP、LPDDR4 等组件。

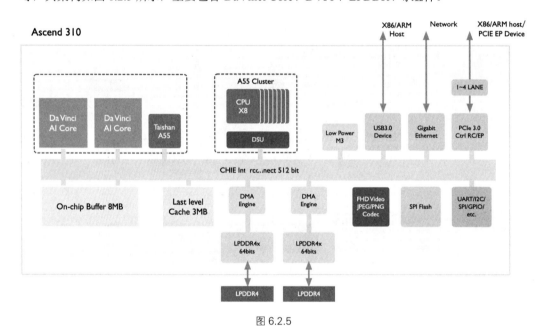

图 6.2.5

相比昇腾 910，昇腾 310 的定制化 IP 相对较少，但是提供了更多外设接口。由于在边缘推理场景下 Batch Size 通常只有 1，因此昇腾 310 选择了较小的矩阵计算维度（4×16×16）以快速实现矩阵乘。

6.2.3 计算加速原理

在神经网络中，卷积计算一直扮演着至关重要的角色。在一个多层的卷积神经网络中，卷积计算的计算量往往是决定性的，将直接影响到系统运行的实际性能。昇腾 AI 处理器作为 AI 加速器自然也不会忽略这一点，并且从软硬件架构上都对卷积计算进行了深度的优化。

1. 卷积/矩阵计算

图 6.2.6 展示的是一个典型的卷积层计算过程，其中 X 为输入特征矩阵，W 为权重矩阵；b 为偏置项；Y_o 为中间输出；Y 为输出特征矩阵；GEMM 表示通用矩阵乘法。X 和 W 先经过 Im2Col 展开处理后得到重构矩阵 X_{I2C} 和 W_{I2C}，通过矩阵 X_{I2C} 和矩阵 W_{I2C} 进行矩阵相乘运算后得到中间输出矩阵 Y_o；接着累加偏置项 b，得到最终输出特征矩阵 Y，这就完成了一个卷积神经网络中的卷积层处理。

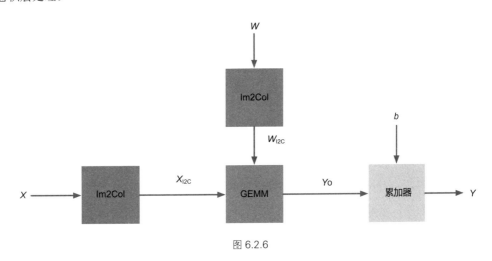

图 6.2.6

2. 计算数据通路

利用 AI Core 来加速通用卷积计算，总线接口从核外 L2 缓冲区或者直接从内存中读取卷积程序编译后的指令，送入指令缓存中，完成指令预取等操作，等待标量指令处理队列进行解码。如果标量指令处理队列当前无正在执行的指令，就会即刻读取指令缓存中的指令，并进行地址和参数配置，之后再由指令发射模块按照指令类型分别送入相应的指令队列进行执行。在卷积计算中首先发射的指令是数据搬运指令，该指令会被发送到存储转换队列中，再最终转发到存储转换单元中。

卷积计算的整个数据流如图 6.2.7 所示，如果所有数据都在 DDR 或 HBM 中，存储转换单元收到读取数据指令后，会将矩阵 X 和 W 由总线接口单元从核外存储器中由数据通路 1 读取到输入缓冲区中，并且经过数据通路 3 进入存储转换单元，由存储转换单元对 X 和 W 进行补零和 Im2Col 重组后得到 X_{I2C} 和 W_{I2C} 两个重构矩阵，从而完成卷积计算到矩阵计算的格式变换。

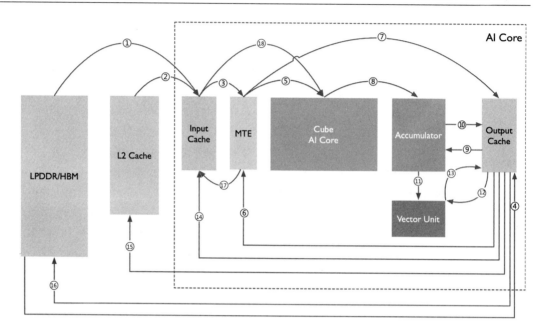

图 6.2.7

在格式转换的过程中，存储转换队列可以发送下一个指令给存储转换单元，通知存储转换单元在矩阵转换结束后将 X_{12C} 和 W_{12C} 经过数据通路 5 送入矩阵计算单元中等待计算。

根据数据的局部性特征，在卷积过程中如果权重 W_{12C} 需要重复多次计算，可以将权重经过数据通路 17 固定在输入缓冲区中，在每次需要用到该组权重时再经过数据通路 18 传递到矩阵计算单元中。

在格式转换过程中，存储转换单元还会同时将偏置数据从核外存储经由数据通路 4 读入输出缓冲区中，经过数据通路 6 由存储转换单元将偏置数据从原始的向量格式重组成矩阵后，经过数据通路 7 转存入输出缓冲区中，再经过数据通路 9 存入累加器中的寄存器中，以便后续利用累加器进行偏置项累加。

当左、右矩阵数据都准备好了以后，矩阵运算队列会将矩阵相乘指令通过数据通路 5 发送给矩阵计算单元。X_{12C} 和 W_{12C} 矩阵会被分块组合成 16×16 的矩阵，由矩阵计算单元进行矩阵乘法运算。如果输入矩阵较大则可能会重复以上步骤多次并累加得到 Y_o 中间结果矩阵，存放于矩阵计算单元中。

矩阵相乘完成后如果还需要处理偏置项，累加器会收到偏置累加指令，并从输出缓冲区中通过数据通路 9 读入偏置项，同时经过数据通路 8 读入矩阵计算单元中的中间结果 Y_o 并累加，最终得到输出特征矩阵 Y，经过数据通路 10 被转移到输出缓冲区中等待后续指令进行处理。

AI Core 通过矩阵相乘完成了网络的卷积计算，之后向量执行单元会收到池化和激活指令，输出特征矩阵 Y 就会经过数据通路 12 进入向量计算单元进行池化和激活处理，得到的结果 Y 会经过数据通路 13 存入输出缓冲区中。向量计算单元能够处理激活函数等一些常见的特殊计算，并且可以高效实现降维的操作，特别适合做池化计算。在执行多层神经网络计算时，Y 会被再次从输出缓冲区经过数据通路 14 转存到输入缓冲区中，作为输入重新开始下一层网络的计算。

达芬奇架构针对通用卷积的计算特征和数据流规律，采用功能高度定制化的设计，将存储、计算和控制单元进行有效结合，在每个模块完成独立功能的同时实现了整体的优化设计。AI Core 高效组合了矩阵计算单元与数据缓冲区，缩短了存储到计算的数据传输路径，降低时延。

此外，AI Core 在片上集成了大容量的输入缓冲区和输出缓冲区，一次可以读取并缓存充足的数据，减少了对核外存储系统的访问频次，提升了数据搬移的效率。相对于核外存储系统，各类缓冲区具有较高的访问速度，大量片上缓冲区的使用也极大提升了计算中实际可获得的数据带宽。

为了满足不同结构神经网络的计算需求，AI Core 采用了灵活的数据通路，使得数据在片上缓冲区、核外存储系统、存储转换单元以及计算单元之间可以快速流动和切换，从而增强了 AI Core 的通用性，能够高效处理各种类型的计算任务。

小结与思考

- 昇腾 AI 处理器的创新：华为推出的昇腾 AI 处理器基于达芬奇架构，专为 AI 领域设计，提供云边端一体化的全栈全场景解决方案，以高能效比和强大的 3D Cube 矩阵计算单元为特点，支持多种计算模式和混合精度计算。
- 昇腾 AI 处理器架构：昇腾 AI 处理器是一个 SoC，集成了特制的计算单元、存储单元和控制单元，包括 AI Core、AI CPU、多层级片上缓存/缓冲区和数字视觉预处理模块（DVPP），通过 CHI 协议的环形总线实现模块间的数据共享和一致性。
- 卷积加速原理：昇腾 AI 处理器针对卷积计算进行软硬件优化，利用 AI Core 的矩阵计算单元和数据缓冲区，缩短数据传输路径，降低时延，并通过灵活的数据通路满足不同神经网络的计算要求，实现高效能的卷积计算加速。

6.3　昇腾 AI 核心单元

本节将深入介绍昇腾 AI 处理器的核心单元——AI Core，以及其背后的达芬奇架构。昇腾 AI 处理器是华为针对 AI 领域设计的专用处理器，其核心 AI Core 采用了特定域架构（Domain Specific Architecture，DSA），专门用于优化深度学习算法中常见的计算模式。

通过本节内容的学习，读者将能够理解昇腾 AI 处理器的达芬奇架构如何通过其独特的设计实现对深度学习算法的高效加速，以及如何通过优化数据通路和控制流程来提升整体的计算性能。

6.3.1 达芬奇架构

既不同于传统的支持通用计算的 CPU 和 GPU，也不同于专用于某种特定算法的专用处理器 ASIC，达芬奇架构本质上是为了适应某个特定领域中的常见的应用和算法，通常称之为"特定域架构（Domain Specific Architecture，DSA）"处理器。

昇腾 AI 处理器的核心单元是 AI Core，负责执行标量、向量和张量相关的计算密集型算子。AI Core 采用了达芬奇架构，其基本结构如图 6.3.1 所示，从控制上可以看成是一个相对简化的现代微处理器的基本架构。它包括了三种基础计算资源：矩阵计算单元（Cube Unit）、向量计算单元（Vector Unit）和标量计算单元（Scalar Unit）。这三种计算单元分别对应了张量、向量和标量三种常见的计算模式，在实际的计算过程中各司其职，形成了三条独立的执行流水线，在系统软件的统一调度下互相配合达到优化的计算效率。此外，在矩阵计算单元和向量计算单元内部还提供了不同精度、不同类型的计算模式。AI Core 中的矩阵计算单元目前可以支持 INT8、INT4 和 FP16 的计算；向量计算单元目前可以支持 FP16 和 FP32 的计算。

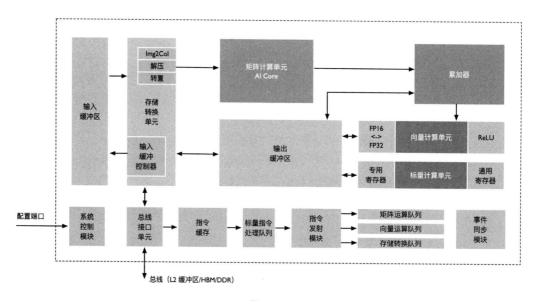

图 6.3.1

为了配合 AI Core 中数据的传输和搬运，围绕上述 3 种计算资源，架构中还分布式地设置了一系列的片上缓冲区，比如用来放置整体图像特征数据、网络参数以及中间结果的输入缓冲区和输出缓冲区，以及提供一些临时变量的高速寄存器单元，这些寄存器单元位于各个计算单元中。这些存储资源的设计架构和组织方式不尽相同，但目的都是为了更好地适应不同计算模式下格式、精度和数据排布的需求。这些存储资源和相关联的计算资源相连，或者和总线接口单元（Bus Interface Unit，BIU）相连从而可以获得外部总线上的数据。

在 AI Core 中，输入缓冲区之后设置了一个存储转换单元（Memory Transfer Unit，MTU）。这是达芬奇架构的特色之一，主要是为了以极高的效率实现数据格式的转换。例如，当要通过矩阵计算来实现卷积时，首先要通过 Im2Col 方法把输入的网络和特征数据重新以一定的格式排列起来。这一步在 GPU 当中是通过软件来实现的，效率比较低下。达芬奇架构采用了一个专用的存储转换单元来完成这一过程，将这一步完全固化在硬件电路中，可以在很短的时间之内完成整个转置过程。由于类似转置的计算在神经网络中出现得极为频繁，这样定制化电路模块的设计可以提升 AI Core 的执行效率，从而能够实现不间断的卷积计算。

AI Core 中的控制单元主要包括系统控制模块、标量指令处理队列、指令发射模块、矩阵运算队列、向量运算队列、存储转换队列和事件同步模块。系统控制模块负责指挥和协调 AI Core 的整体运行模式、配置参数和实现功耗控制等。标量指令处理队列主要实现控制指令的解码。当指令被解码并通过指令发射模块顺次发射出去后，不同类型的指令将会被分别发送到矩阵运算队列、向量运算队列和存储转换队列。三个队列中的指令依据先进先出的方式分别输出到矩阵计算单元、向量计算单元和存储转换单元进行相应的计算。不同的指令阵列和计算资源构成独立的流水线，可以并行执行以提高指令执行效率。如果指令执行过程中出现依赖关系或者有强制的时间先后顺序要求，则可以通过事件同步模块来调整和维护指令的执行顺序。事件同步模块完全由软件控制，在软件编写的过程中可以通过插入同步符的方式来指定每一条流水线的执行时序从而达到调整指令执行顺序的目的。

在 AI Core 中，存储单元为各个计算单元提供转置过并符合要求的数据，计算单元返回运算的结果给存储单元，控制单元为计算单元和存储单元提供指令控制，三者相互协调合作完成计算任务。

6.3.2　计算单元

计算单元是 AI Core 中提供强大算力的核心单元，是 AI Core 的"主力军"。AI Core 计算单元主要包含矩阵计算单元、向量计算单元、标量计算单元和累加器，如图 6.3.2 所示。矩阵计算单元和累加器主要完成与矩阵相关的运算，向量计算单元负责执行向量运算，标量计算单元主要负责各类型的标量数据运算和程序的流程控制。

1．矩阵计算单元

1）矩阵乘法

由于常见的神经网络算法中大量使用了矩阵计算，达芬奇架构中特意对矩阵计算进行了深度优化并定制了相应的矩阵计算单元来支持高吞吐量的矩阵处理。图 6.3.3 表示一个矩阵 A 和另

一个矩阵 B 之间的乘法运算 $C=A\times B$，其中 M 表示矩阵 A 的行数，K 表示矩阵 A 的列数以及矩阵 B 的行数，N 表示矩阵 B 的列数。在传统 CPU 中计算矩阵乘法的典型代码如下所示。

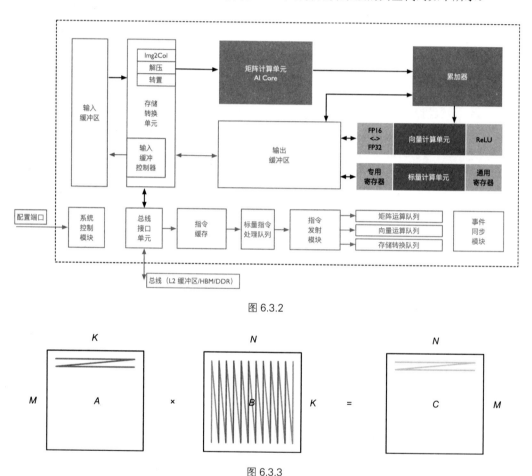

图 6.3.2

图 6.3.3

```
for(int m = 0; m < M; m++)
    for(int n = 0; n < N; n++)
        for(int k = 0;k < K; k++)
            C[m][m] += A[m][k] * B[k][n]
```

该程序需要用到 3 个循环进行一次完整的矩阵相乘计算，如果在一个单发射的 CPU 上执行至少需要 $M\times K\times N$ 个指令周期才能完成，当矩阵非常庞大时执行过程极为耗时。

在 CPU 计算过程中，矩阵 A 是按照行的方式进行扫描，矩阵 B 以列的方式进行扫描。考虑到典型的矩阵存储方式，无论矩阵 A 还是矩阵 B 都会按照行的方式进行存放，即 Row-Major 方式。而内存读取的方式是具有极强的数据局部性特征的，也就是说当读取内存中某个数的时候会打开内存中相应的一整行并且把同一行中所有的数都读取出来。这种内存的读取方式对矩阵 A 是非常高效的，但是对于矩阵 B 的读取却显得非常不友好，因为代码中矩阵 B 是需要一列一列读取的。为此需要将矩阵 B 的存储方式转成按列存储，即 Column-Major 方式，如图 6.3.4 所示，这样才能够符合内存读取的高效率模式。因此，在矩阵计算中往往通过改变某个矩阵的存储方式来提升矩阵计算的效率。

图 6.3.4

一般在矩阵较大时，由于芯片上计算和存储资源有限，往往需要对矩阵进行分块平铺处理（Tiling），如图 6.3.5 所示。受限于片上缓存的容量，当一次难以装下整个矩阵 B 时，可以将矩阵 B 划分成为 B_0、B_1、B_2 和 B_3 等多个子矩阵。而每一个子矩阵的大小都可以适合一次性存储到芯片上的缓存中并与矩阵 A 进行计算从而得到结果子矩阵。这样做的目的是充分利用数据的局部性原理，尽可能把缓存中的子矩阵数据重复使用完毕并得到所有相关的子矩阵结果后再读入新的子矩阵开始新的周期。如此往复可以依次将所有的子矩阵都一一搬运到缓存中，并完成整个矩阵计算的全过程，最终得到结果矩阵 C。分块的优点是充分利用了缓存的容量，并最大程度利用了数据计算过程中的局部性特征，可以高效实现大规模的矩阵乘法计算，是一种常见的优化手段。

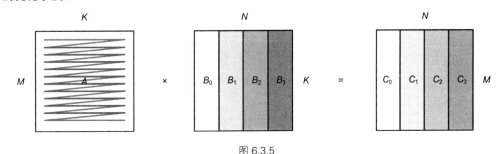

图 6.3.5

2）计算方式

在神经网络中实现计算卷积过程，关键是将卷积运算转化为矩阵运算。在 CPU 中，大规模的矩阵计算往往成为性能瓶颈，而矩阵计算在深度学习算法中又极为重要。为了解决这个矛盾，GPU 采用通用矩阵乘法（GEMM）的方法来实现矩阵乘法。例如，要实现一个 16×16 矩阵与另一个 16×16 矩阵的乘法，需要安排 256 个并行的线程，并且每一个线程都可以独立计算完成结果矩阵中的一个输出点。假设每一个线程在一个时钟周期内可以完成一次乘加运算，则 GPU 完成整个矩阵计算需要 16 个指令周期，这个时延是 GPU 无法避免的瓶颈。而昇腾 AI 处理器针对这个问题做了深度的优化。因此，AI Core 对矩阵乘法运算的高效性为昇腾 AI 处理器作为神经网络的加速器提供了强大的性能保障。

达芬奇架构在 AI Core 中特意设计了矩阵计算单元作为昇腾 AI 处理器的核心计算模块，意图高效解决矩阵计算的瓶颈问题。矩阵计算单元提供强大的并行乘加计算能力，使得 AI Core 能够高速处理矩阵计算问题。通过精巧设计的定制电路和极致的后端优化手段，矩阵计算单元可以用一条指令完成两个 16×16 矩阵的相乘运算（标记为 16^3，也是 Cube 这一名称的来历），等同于在极短时间内进行了 16^3=4096 个乘加运算，并且可以实现 FP16 的运算精度。

如图 6.3.6 所示，矩阵计算单元在完成 $A×B=C$ 的矩阵运算时，会事先将矩阵 A 按行存放在输入缓冲区中，同时将矩阵 B 按列存放在输入缓冲区中，通过矩阵计算单元计算后得到的结果矩阵 C 按行存放在输出缓冲区中。在矩阵相乘运算中，如下图所示，矩阵 C 的第一元素由矩阵 A 的第一行的 16 个元素和矩阵 B 的第一列的 16 个元素由矩阵计算单元子电路进行 16 次乘法和 15 次加法运算得出。矩阵计算单元中共有 256 个矩阵计算子电路组成，可以由一条指令并行完成矩阵 C 的 256 个元素计算。

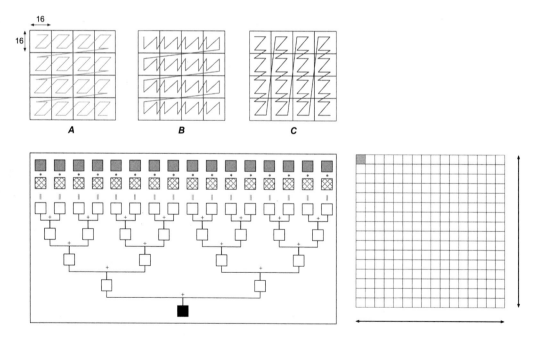

图 6.3.6

在有关矩阵的处理上，通常在进行完一次矩阵乘法后还需要和上一次的结果进行累加，以实现类似 $C=A×B+C$ 的运算。矩阵计算单元的设计也考虑到了这种情况，为此专门在矩阵计算单元后面增加了一组累加器单元，可以实现将上一次的中间结果与当前的结果相累加，总共累加的次数可以由软件控制，并在累加完成之后将最终结果写入到输出缓冲区中。在卷积计算过程中，累加器可以完成加偏置的累加计算。

矩阵计算单元可以快速完成 $16×16$ 的矩阵相乘。但当超过 $16×16$ 大小的矩阵利用该单元进行计算时，则需要事先按照特定的数据格式进行矩阵的存储，并在计算的过程中以特定的分块方式进行数据的读取。如图 6.3.7 所示，矩阵 A 展示的切割和排序方式称作"大 Z 小 z"，直观地看就是矩阵 A 的各个分块之间按照行的顺序排序，称之为"大 Z"方式；而每个块的内部数据也是按照行的方式排列，称为"小 z"方式。与之形成对比的是矩阵 B 的各个分块之间按照行排序，而每个块的内部按照列排序，称为"大 Z 小 n"的排序方式。按照矩阵计算的一般法则，如此排列的 A、B 矩阵相乘之后得到的结果矩阵 C 将会呈现出各个分块之间按照列排序，而每个块内部按照行排序的格式，称为"大 N 小 z"的排列方式。

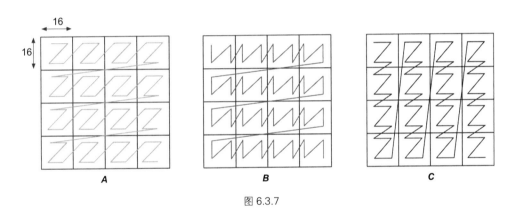

图 6.3.7

在利用矩阵计算单元进行大规模的矩阵运算时，由于矩阵计算单元的容量有限，往往不能一次存放下整个矩阵，所以也需要对矩阵进行分块并采用分步计算的方式，如图 6.3.8 所示，将矩阵 A 和矩阵 B 都等分成同样大小的块，每一块都可以是一个 $16×16$ 的子矩阵，排不满的地方可以通过补零实现。首先求 C_1 结果子矩阵，需要分两步计算：第一步将 A_1 和 B_1 搬移到矩阵计算单元中，并算出 $A_1×B_1$ 的中间结果；第二步将 A_2 和 B_2 搬移到矩阵计算单元中，再次计算 $A_2×B_2$，并把计算结果累加到上一次 $A_1×B_1$ 的中间结果，这样才完成结果子矩阵 C_1 的计算，之后将 C_1 写入输出缓冲区。由于输出缓冲区容量也有限，所以需要尽快将 C_1 子矩阵写入内存中，便于留出空间接受下一个结果子矩阵 C_2。同理依次类推可以完成整个大规模矩阵乘法的运算。

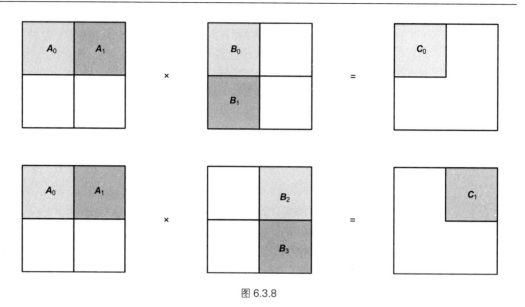

图 6.3.8

2. 向量计算单元

AI Core 中的向量计算单元主要负责完成与向量相关的运算，实现向量和标量，或双向量之间的计算，功能覆盖各种基本和多种定制的计算类型，主要包括 FP32、FP16、INT32 和 INT8 等数据类型的计算。

如图 6.3.9 所示，向量计算单元可以快速完成 2 个 FP16 类型的向量运算。向量计算单元的源操作数和目的操作数通常保存在输出缓冲区中。对向量计算单元而言，输入的数据可以不连续，这取决于输入数据的寻址模式。向量计算单元支持的寻址模式包括向量连续寻址和固定间隔寻址；在特殊情形下，对于地址不规律的向量，向量计算单元提供向量地址寄存器寻址来实现向量的不规则寻址。

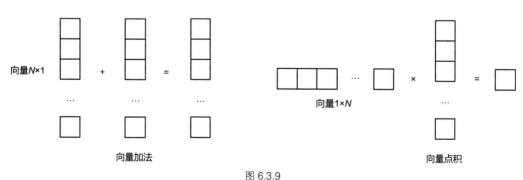

图 6.3.9

向量计算单元可以作为矩阵计算单元和输出缓冲区之间的数据通路和桥梁。矩阵运算完成后的结果在向输出缓冲区传递的过程中，向量计算单元可以顺便完成在神经网络尤其是卷积神经网络计算中常用的 ReLU 激活函数、池化等功能，并实现数据格式的转换。经过向量计算单元处理后的数据可以被写回到输出缓冲区或者矩阵计算单元中，以等待下一次运算。所有的这些操作都可以通过软件配合相应的向量单元指令来实现。向量计算单元提供了丰富的计算功能，可以实现很多特殊的计算函数，从而和矩阵计算单元形成功能互补，全面完善了 AI Core 对非矩阵类型数据计算的能力。

6.3.3　标量计算单元

标量计算单元负责完成 AI Core 中与标量相关的运算。它相当于一个微型 CPU，控制整个 AI Core 的运行。标量计算单元可以对程序中的循环进行控制，可以实现分支判断，其结果可以通过在事件同步模块中插入同步符的方式来控制 AI Core 中其他功能性单元的执行流水。它还为矩阵计算单元或向量计算单元提供数据地址和相关参数的计算，并且能够实现基本的算术运算。其他复杂度较高的标量运算则由专门的 AI CPU 通过算子完成。

在标量计算单元周围配备了多个通用寄存器（General Purpose Register，GPR）和专用寄存器（Special Purpose Register，SPR）。通用寄存器可以用于变量或地址的寄存，为算术逻辑运算提供源操作数和存储中间计算结果；专用寄存器是为了支持指令集中一些指令的特殊功能，一般不可以直接访问，只有部分可以通过指令读写。

AI Core 中具有代表性的专用寄存器包括 CoreID（用于标识不同的 AI Core）、VA（向量地址寄存器）以及 STATUS（AI Core 运行状态寄存器）等。软件可以通过监视这些专用寄存器来控制和改变 AI Core 的运行状态和模式。

1. 存储系统

AI Core 的片上存储单元和相应的数据通路构成存储系统。众所周知，几乎所有的深度学习算法都是数据密集型的应用。对于昇腾 AI 处理器来说，合理设计的数据存储和传输结构对于最终系统运行的性能至关重要。不合理的设计往往成为性能瓶颈，从而白白浪费了片上海量的计算资源。AI Core 通过各种类型分布式缓冲区之间的相互配合，为神经网络计算提供了大容量和及时的数据供应，为整体计算性能消除了数据流传输的瓶颈，从而支撑了深度学习计算中所需要的大规模、高并发数据的快速有效提取和传输。

2. 存储单元

处理器中的计算资源要想发挥强劲算力，必要条件是保证输入数据能够及时准确地出现在计算单元里。达芬奇架构通过精心设计的存储单元为计算资源保证了数据的供应，相当于 AI Core 中的后勤系统。AI Core 中的存储单元由存储控制单元、缓冲区和寄存器组成，如图 6.3.10

中的灰底显示。存储控制单元通过总线接口可以直接访问 AI Core 之外的更低层级的缓存，并且也可以直通到 DDR 或 HBM 从而可以直接访问内存。存储控制单元中还设置了存储转换单元，其目的是将输入数据转换成 AI Core 中各类型计算单元所兼容的数据格式。缓冲区包括了用于暂存原始图像特征数据的输入缓冲区，以及处于中心的输出缓冲区来暂存各种形式的中间数据和输出数据。AI Core 中的各类寄存器资源主要是标量计算单元在使用。

所有的缓冲区和寄存器的读写都可以通过底层软件显式的控制，有经验的程序员可以通过巧妙的编程方式来防止存储单元中出现读写冲突而影响流水线的进程。对于类似卷积和矩阵这样规律性强的计算模式，高度优化的程序可以实现全程无阻塞的流水线执行。

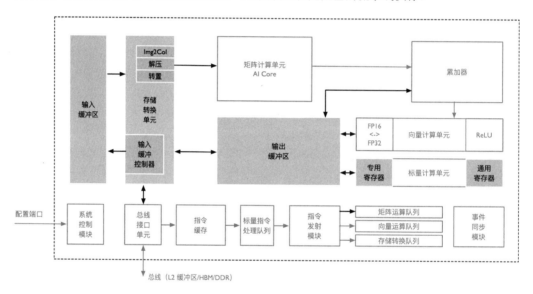

图 6.3.10

图 6.3.10 中的总线接口单元作为 AI Core 的"大门"，是一个与系统总线交互的窗口，并以此通向外部世界。AI Core 通过总线接口从外部 L2 缓冲区、DDR 或 HBM 中读取或者写回数据。总线接口在这个过程中可以将 AI Core 内部发出的读写请求转换为符合总线要求的外部读写请求，并完成协议的交互和转换等工作。

输入数据从总线接口读入后就会经由存储转换单元进行处理。存储转换单元作为 AI Core 内部数据通路的传输控制器，负责 AI Core 内部数据在不同缓冲区之间的读写管理，以及完成一系列的格式转换操作，如补零，Im2Col，转置、解压缩等。存储转换单元还可以控制 AI Core 内部的输入缓冲区，从而实现局部数据的缓存。

在神经网络计算中，由于输入图像特征数据通道众多且数据量庞大，往往会采用输入缓冲区来暂时保留需要频繁重复使用的数据，以达到节省功耗、提高性能的效果。当输入缓冲区被用来暂存使用率较高的数据时，就不需要每次通过总线接口到 AI Core 的外部读取，从而在减少总线上数据访问频次的同时也降低了总线上产生拥堵的风险。另外，当存储转换单元进行数据的格式转换操作时，会产生巨大的带宽需求，达芬奇架构要求源数据必须被存放于输入缓冲区中，才能够进行格式转换，而输入缓冲控制器负责控制数据流入输入缓冲区。输入缓冲区的存在有利于将大量用于矩阵计算的数据一次性地被搬移到 AI Core 内部，同时利用固化的硬件极大地提升了数据格式转换的速度，避免了矩阵计算单元的阻塞，消除了由于数据转换过程缓慢而带来的性能瓶颈。

　　在神经网络中往往可以把每层计算的中间结果放在输出缓冲区中，以便在进入下一层计算时方便的获取数据。由于通过总线读取数据的带宽低、时延大，通过充分利用输出缓冲区就可以大大提升计算效率。

　　在矩阵计算单元还包含有直接的供数寄存器，提供当前正在进行计算的大小为 16×16 的左、右输入矩阵。在矩阵计算单元之后，累加器也含有结果寄存器，用于缓存当前计算的大小为 16×16 的结果矩阵。在累加器配合下可以不断地累积前次矩阵计算的结果，这在卷积神经网络的计算过程中极为常见。在软件的控制下，当累积的次数达到要求后，结果寄存器中的结果可以被一次性地传输到输出缓冲区中。

　　AI Core 中的存储系统源源不断地为计算单元提供数据，高效适配计算单元的强大算力，综合提升了 AI Core 的整体计算性能。与谷歌 TPU 设计中的统一缓冲区设计理念相类似，AI Core 采用了大容量的片上缓冲区设计，通过增大片上缓存数据量来减少数据从片外存储系统搬运到 AI Core 中的频次，从而可以降低数据搬运过程中所产生的功耗，有效控制了整体计算的能耗。

　　达芬奇架构通过存储转换单元中内置的定制电路，在数据传输的同时，就可以实现诸如 Im2Col 或者其他类型的格式转化操作，不仅节省了格式转换过程中的消耗，同时也节省了数据转换的指令开销。这种能将数据在传输的同时进行转换的指令称为随路指令。硬件单元对随路指令的支持为程序设计提供了便捷性。

3. 数据通路

　　数据通路指的是 AI Core 在完成一个计算任务时，数据在 AI Core 中的流通路径。前文已经以矩阵相乘为例简单介绍了数据的搬运路径。图 6.3.11 展示了达芬奇架构中一个 AI Core 内完整的数据传输路径，其中包含了 DDR 或 HBM，以及 L2 缓冲区，这些都属于 AI Core 核外的数据存储系统。图中其他各类型的数据缓冲区都属于核内存储系统。

　　核外存储系统中的数据可以通过 Load 指令被直接搬运到矩阵计算单元中进行计算，输出的结果会被保存在输出缓冲区中。除了直接将数据通过 Load 指令发送到矩阵计算单元中，核外存储系统中的数据也可以通过 Load 指令先行传入输入缓冲区，再通过其他指令传输到矩阵计算单元中。这样做的好处是利用大容量的输入缓冲区来暂存需要被矩阵计算单元反复使用的数据。

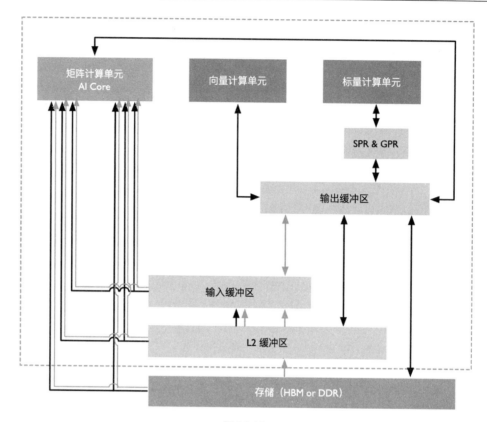

图 6.3.11

矩阵计算单元和输出缓冲区之间是可以相互传输数据的。由于矩阵计算单元容量较小，部分矩阵运算结果可以写入输出缓冲区中，从而提供充裕的空间容纳后续的矩阵计算。当然也可以将输出缓冲区中的数据再次搬回矩阵计算单元作为后续计算的输入。输出缓冲区和向量计算单元、标量计算单元以及核外存储系统之间都有一条独立的双向数据通路。输出缓冲区中的数据可以通过专用寄存器或通用寄存器进出标量计算单元。

值得注意的是，如果 AI Core 中的所有数据需要向外部传输，都必须经过输出缓冲区，才能够被写回到核外存储系统中。例如，如果输入缓冲区中的图像特征数据需要被输出到系统内存中，则需要先经过矩阵计算单元处理后，存入输出缓冲区中，最终从输出缓冲区写回到核外存储系统中。在 AI Core 中并没有一条从输入缓冲区直接写入到输出缓冲区的数据通路，因此输出缓冲区作为 AI Core 数据流出的闸口，能够统一控制和协调所有核内数据的输出。

达芬奇架构数据通路的特点是多进单出，数据流入 AI Core 可以通过多条数据通路，从外部直接流入矩阵计算单元、输入缓冲区和输出缓冲区中的任何一个，流入路径的方式比较灵活，在软件的控制下由不同数据流水线分别进行管理。而数据输出则必须通过输出缓冲区，最终才能输出到核外存储系统中。

　　这样设计主要是考虑到神经网络计算的特征。神经网络在计算过程中，输入的数据往往种类繁多并且数量巨大，比如多个通道、多个卷积核的权重和偏置项以及多个通道的特征值等，而 AI Core 中对应这些数据的存储单元可以相对独立且固定，可以通过并行输入的方式来提高数据流入的效率，满足海量计算的需求。AI Core 中设计多个输入数据通路的好处是对输入数据流的限制少，能够为计算源源不断的输送源数据。与此相反，神经网络计算将多种输入数据处理完成后往往只生成输出特征矩阵，数据种类相对单一。根据神经网络输出数据的特点，在 AI Core 中设计了单输出的数据通路，一方面节约了芯片硬件资源，另一方面可以统一管理输出数据，将数据输出的控制硬件降到最低。

　　综上，达芬奇架构中的各个存储单元之间的数据通路以及多进单出的核内外数据交换机制是在深入研究了以卷积神经网络为代表的主流深度学习算法后开发出来的，目的是在保障数据良好的流动性前提下，减少芯片成本、提升计算性能、降低控制复杂度。

6.3.4　控制单元

　　在达芬奇架构下，控制单元为整个计算过程提供了指令控制，相当于 AI Core 的"司令部"，负责整个 AI Core 的运行，起到了至关重要的作用。控制单元的主要组成部分为系统控制模块、指令缓存、标量指令处理队列、指令发射模块、矩阵运算队列、向量运算队列、存储转换队列和事件同步模块，如图 6.3.12 中灰底所示。

　　在指令执行过程中，可以提前预取后续指令，并一次读入多条指令进入缓存，提升指令执行效率。多条指令从系统内存通过总线接口进入到 AI Core 的指令缓存中并等待后续硬件快速自动解码或运算。指令被解码后便会被导入标量队列中，实现地址解码与运算控制。这些指令包括矩阵计算指令、向量计算指令以及存储转换指令等。在进入指令发射模块之前，所有指令都作为普通标量指令被逐条顺次处理。标量队列将这些指令的地址和参数解码配置好后，由指令发射模块根据指令的类型分别发送到对应的指令执行队列中，而标量指令会驻留在标量指令处理队列中进行后续执行，如图 6.3.12 所示。

　　指令执行队列由矩阵运算队列、向量运算队列和存储转换队列组成。矩阵计算指令进入矩阵运算队列，向量计算指令进入向量运算队列，存储转换指令进入存储转换队列，同一个指令执行队列中的指令是按照进入队列的顺序进行执行的，不同指令执行队列之间可以并行执行，通过多个指令执行队列的并行执行可以提升整体执行效率。

　　当指令执行队列中的指令到达队列头部时就进入真正的指令执行环节，并被分发到相应的执行单元中，如矩阵计算指令会发送到矩阵计算单元，存储转换指令会发送到存储转换单元。不同的执行单元可以并行地按照指令来进行计算或处理数据，同一个指令队列中指令执行的流程被称为指令流水线。

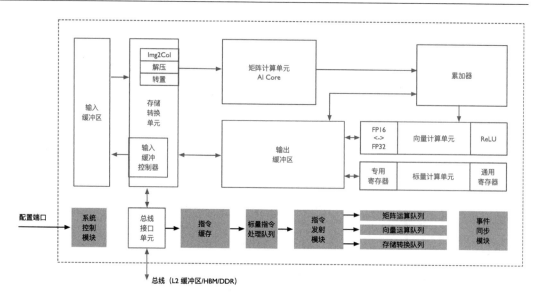

图 6.3.12

　　对于指令流水线之间可能出现的数据依赖，达芬奇架构的解决方案是通过设置事件同步模块来统一协调各个流水线的进程。事件同步模块时刻控制每条流水线的执行状态，并分析不同流水线的依赖关系，从而解决数据依赖和同步的问题。比如矩阵运算队列的当前指令需要依赖向量计算单元的结果，在执行过程中，事件同步控制模块会暂停矩阵运算队列执行流程，要求其等待向量计算单元的结果。而当向量计算单元完成计算并输出结果后，此时事件同步模块则通知矩阵运算队列需要的数据已经准备好，可以继续执行。在事件同步模块准许放行之后矩阵运算队列才会发射当前指令。在达芬奇架构中，无论是流水线内部的同步还是流水线之间的同步，都是通过事件同步模块利用软件控制来实现的。

　　回到本节最初的图 6.3.1，此图示意了四条流水线的执行流程。标量指令处理队列首先执行标量指令 0、1 和 2 三条标量指令，由于向量运算队列中的指令 0 和存储转换队列中的指令 0 与标量指令 2 存在数据依赖性，需要等到标量指令 2 完成才能发射并启动。由于指令是被顺序发射的，因此只能等到时刻 4 时才能发射并启动矩阵运算指令 0 和标量指令 3，这时四条指令流水线可以并行执行。直到标量指令处理队列中的全局同步标量指令 7 生效后，由事件同步模块对矩阵流水线、向量流水线和存储转换流水线进行全局同步控制，需要等待矩阵运算指令 0、向量运算指令 1 和存储转换指令 1 都执行完成后，事件同步模块才会允许标量流水线继续执行标量指令 8。

　　在控制单元中还存在一个系统控制模块。在 AI Core 运行之前，需要外部的任务调度器来控制和初始化 AI Core 的各种配置接口，如指令信息、参数信息以及任务块信息等。这里的任务块是指 AI Core 中的最小的计算任务粒度。在配置完成后，系统控制模块会控制任务块的执行进程，同时在任务块执行完成后，系统控制模块会进行中断处理和状态申报。如果在执行过程中出现了错误，系统控制模块将会把执行的错误状态报告给任务调度器，进而反馈当前 AI Core 的状态信息给整个昇腾 AI 系统。

小结与思考

- 昇腾 AI 处理器的 AI Core 利用达芬奇架构，通过其专门的矩阵、向量和标量计算单元，实现对深度学习算法中各类计算模式的高效处理。
- AI Core 的存储系统采用分布式缓冲区设计，配合存储转换单元，优化数据流传输，减少功耗，并提高计算性能。
- 控制单元在 AI Core 中扮演着指挥角色，通过预取指令、多流水并行执行和事件同步模块，确保计算任务的顺利、高效执行。

6.4　昇腾数据布局转换

NHWC 的数据排布方式更适合多核 CPU 运算，NCHW 的数据排布方式更适合 GPU 并行运算。接下来，我们了解一下在华为昇腾的 NPU 中，这种特征图的存储方式。

> 截止到 2024 年，华为昇腾在私有格式的数据处理和特殊的数据形态越来越少，主要是得益于 AI 编译器和软件的迭代升级，更加合理地兼容业界主流的算子和数据排布格式。

6.4.1　昇腾数据排布

1. 昇腾数据排布格式

数据排布格式的转换主要是将内部数据布局转换为硬件设备友好的形式，实际在华为昇腾的 AI 处理器中，为了提高通用矩阵乘法运算和访存的效率，一般既不选择 NHWC，也不选择 NCHW 来对多维数据进行存储。

这里我们将华为昇腾的数据排布作为一个案例，这种多维数据统一采用 NC1HWC0 的五维数据格式进行存储，具体的含义是将数据从 C 维度分割成 C_1 份 C_0。

如图 6.4.1 所示，图中将 N 这个维度进行了省略，原始的红色长方体展现的是 CHW 三个维度，将它在 C 维度分割成 C_1 个长方体，每个长方体的三个维度为 C_0HW，而后将这 C_1 份长方体在内存中连续排列，此处的 $C_1=C/C_0$，如果不能除尽则向上取整，那么则需要进行内存对齐，通道则变成了 C_0 个，其中 C_0 对于 FP16 类型为 16，对于 INT8 类型则为 32，这部分数据需要连续存储。

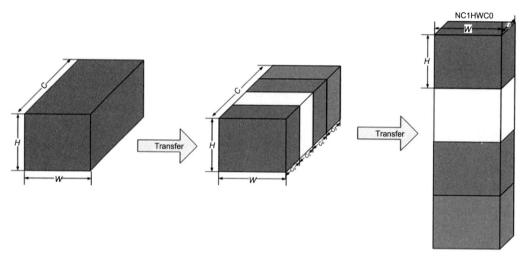

图 6.4.1

对于这样的数据排布，我们从硬件的角度来分析。华为的达芬奇架构在 AI Core 中特意优化了矩阵乘法单元，矩阵计算单元可以快速完成两个 16×16 矩阵的相乘运算，等同于可以在极短时间内进行 16^3=4096 个乘加运算，并且可以实现 FP16 的运算精度，也就是说其可以针对 16 个 FP16 类型的数据进行快速计算。这也就是我们对 C_0 在 FP16 类型取 16、INT8 类型取 32 的部分原因。

下面我们来介绍一下如何转换出 NC1HWC0 数据格式。具体操作：

- 将 NHWC 数据在 C 维度进行分割，变成 C_1 份 NHWC0。
- 将 C_1 份 NHWC0 在内存中连续排列，由此变成 NC1HWC0。

PyTorch 中代码如下所示：

```
Tensor.reshape([N, H, W, C1, C0]).transpose([0, 3, 1, 2, 4])
```

将 NCHW 转换为 NC1HWC0 数据格式：

```
Tensor.reshape([N, C1, C0, H, W]).transpose([0, 1, 3, 4, 2])
```

2. Fractal Z 与 NZ 格式

ND 格式（N-Dimension），是神经网络中最常见且最基本的张量存储格式，代表 N 维度的张量数据。

为了在达芬奇架构中更高效的搬运和进行矩阵计算，引入一种特殊的数据分形格式，NZ 格式（也被称为 NW1H1H0W0 格式）。如图 6.4.2 所示，我们以 4×4 的矩阵来进行举例，按照 NZ 格式数据在内存中的排布格式为[0, 1, 4, 5, 8, 9, 12, 13, 2, 3, 6, 7, 10, 11, 14, 15]，按照 ND 格式数据在内存中的排布格式为[0, 1, 2, 3, 4, 5, 6, 7, 8, 9, 10, 11, 12,

13，14，15]。

　　如图 6.4.3 所示，NZ 分形操作中，整个矩阵被分为（$H_1 \times W_1$）个分形，分形之间按照列主序排布，即类比行主序的存储方式，列主序是先存储一列再存储相邻的下一列，这样整体存储形状如 N 字；每个分形内部有（$H_0 \times W_0$）个元素，按照行主序排布，形状如 Z 字。

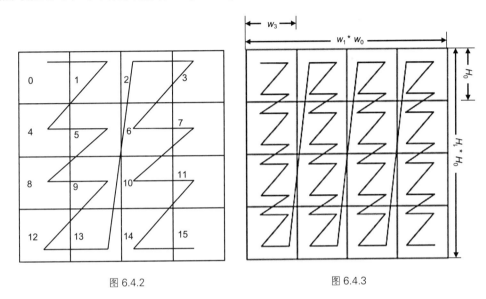

图 6.4.2　　　　　　　　　　　　　　　　　图 6.4.3

　　NZ 格式在内存中存储的维度优先顺序具体展开为：先对一个分形内部进行行主序存储；再在一个完整矩阵中以分形宽度为划分，进行列主序存储；然后依次对相邻的下一个矩阵进行存储。即此方式先按 W_0 方向存储，再按 H_0 方向存储，接着按照 H_1 方向存储，随后按照 W_1 方向存储，最后按 N 方向存储，直到所有数据存储完成。

　　下面我们介绍一下如何将 ND 数据格式转换为 NZ 数据格式。

　　将 ND 转换为 NZ 数据格式代码如下：

```
(..., N, H, W )->
pad->
(..., N, H1*H0, W1*W0)->
reshape->
(..., N, H1, H0, W1, W0)->
transpose->
(..., N, W1, H1, H0, W0)
```

　　其中，pad 为平铺操作；reshape 将张量进行拆分，形状重塑；transpose 为转置操作。

　　除了 ND 和 NZ 格式，还有其他数据格式，如图 6.3.7 所示。图中最左侧小 z 大 Z，即为 ND 格式示意图，块内按照行排序，块间也按照行排序，常用于特征图的数据存储。图中中间部分为小 n 大 Z，块内按照列排序，块间按照行排序，常用于权重的数据存储。图中右侧部分为小 z

大 N，即为 NZ 格式示意图，块内按照行排序，块间按照列排序，常用于卷积结果的输出。

6.4.2　AI 编译器布局转换算法

上文介绍了基础知识与部分硬件中应用，现在来了解一下在 AI 编译器中如何对数据布局进行转换优化。

首先，转换数据布局的目的是将内部数据布局转化为后端设备（硬件）友好的形式，我们需要做的是尝试找到在计算图中存储张量的最佳数据布局，然后将布局转换节点插入到图中。

但其中需要十分注意的是，布局转换也是需要很大的开销的，一旦涉及布局转换，就会有 I/O 操作，数据格式转换后带来的性能优化是否值得这样开销的代价也是需要我们重点考虑的部分。

具体地来说，比如 NCHW 格式操作在 GPU 上通常运行得更快，所以在 GPU 上转换为 NCHW 格式是较为有效的操作。

一些 AI 编译器依赖于特定硬件的库来实现更高的性能，而这些库可能需要特定的布局，比如华为昇腾的 AI 编译器就依赖于 CANN 库，其中的特定布局我们在上文中已经提到。

同时也有许多设备需要配备异构计算单元，比如手机，其 SOC 中有丰富的 IP，ARM 端侧的 GPU 还有 ISP 以及 DPU 等一系列不同计算单元。不同的单元可能需要不同的数据布局以更好地利用数据，这就需要 AI 编译器提供一种跨各种硬件执行布局转换的方法。

下面我们来看看数据转换具体是如何操作的。如图 6.4.4 所示，这两个都是数据转换的算子，这里数据转换用 CASTDATA 算子来表示，左侧输入的数据格式为 NHWC，输出的数据格式为 NCHW，那么就需要一个数据转换算子节点来将数据格式由 NHWC 转换为 NCHW，右侧则相反过来，此处不再赘述。

图 6.4.4

接下来，我们来看略复杂一些的数据转换。如图 6.4.5 所示，对于最左侧，两个算子（OP1、OP2）使用的数据格式与输入输出时都相同，为 NCHW，那么此时 AI 编译器中就不需要加入数据转换节点。

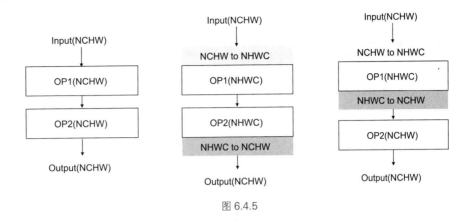

图 6.4.5

对于中间部分，输入的数据格式为 NCHW，算子一（OP1）需求的数据格式为 NHWC，需要在两者之间插入一个 CASTDATA NCHW to NHWC 算子进行数据转换；算子二（OP2）格式也为 NHWC，数据格式相同，不需要转换；输出的数据格式为 NCHW，则在算子二到输出间需要插入一个 CASTDATA NHWC to NCHW 算子进行数据转换。

对于最右侧的图，输入的数据格式为 NCHW，算子一（OP1）需求的数据格式为 NHWC，需要在两者之间插入一个 CASTDATA NCHW to NHWC 算子进行数据转换；算子二格式为 NCHW，需要在算子一（OP1）和算子二（OP2）之间插入一个 CASTDATA NHWC to NCHW 算子进行数据转换；输出与算子二数据格式相同，不做额外处理。

以训练场景下 AI 编译器为例。例如 1×1 的卷积常常使用 NHWC 的数据格式，而假设后面使用的 3×3 卷积使用 NCHW 的数据格式，此时，AI 编译器能够感知上下文，得到这些存储格式的信息，并根据具体的数据格式插入需要的转换算子，整个过程不会改变原计算图的其他内容。

再假设此时我们使用的是三个连续的 1×1 的卷积算子且都是 NHWC 的数据格式，算子之间的数据格式是一样的，那么此时 AI 编译器需要取消多余的转换算子。

推理场景下 AI 编译器与训练场景下有什么不同呢？其中较大的区别在于是否有对权重数据进行布局的转换。假设训练时使用的是 GPU 对神经网络进行训练，但是推理的时候会在更多的场景下进行使用，比如手机上进行推理，手机上较多使用的是 CPU，其进行推理时与在 GPU 上进行训练时的权重数据的布局可能会有所不同，那么此时就需要 AI 推理编译器插入一个权重布局的转换。

小结与思考

● 卷积神经网络的特征图在华为昇腾 NPU 中的存储的数据排布格式为 NC1HWC0 的五维数据格式，是将数据从 C 维度分割成 C_1 份 C_0，原因是能够更好地贴合华为的达芬奇架构中优化的矩阵乘法单元。

- 华为昇腾 NPU 中的张量存储的数据排布格式，有 ND、NZ 以及小 n 大 Z 等数据格式。
- AI 编译器中具体对数据布局进行转换优化的方式：插入 CASTDATA 算子进行数据转换，或者消除 CASTDATA 算子，抑或是推理场景下对权重布局的转换，都是为了计算图在对应硬件环境下能够完整执行。

第 7 章　AI 芯片思考与展望

7.1　GPU 架构与 CUDA 关系

本节介绍英伟达 CUDA（Compute Unified Device Architecture，统一计算设备架构）并行计算平台和编程模型，详细论述 CUDA 线程层次结构，并讲解 GPU 的算力值是如何计算得到的，这将有助于计算大模型的算力峰值和算力利用率。

7.1.1　CUDA 基本概念

2006 年 11 月，英伟达推出 CUDA，其具有通用并行计算架构（Parallel Computing Architecture）和编程模型（Programming Model），利用 GPU 的并行处理能力，将 GPU 用作通用并行计算设备，以加速各种计算任务，而不仅限于图形处理。

CUDA 编程模型允许开发人员在 GPU 上运行并行计算任务，基于 LLVM 构建了 CUDA 编译器，开发人员可使用 CUDA C/C++语言编写并行程序，通过调用 CUDA API 将计算任务发送到 GPU 执行。CUDA 编程模型包括主机（CPU）和设备（GPU）之间的协作，此外，CUDA 编程模型可支持其他编程语言，比如 C/C++、Python、Fortran 等，还兼容 OpenCL 和 DirectCompute 等应用程序接口（图 7.1.1）。

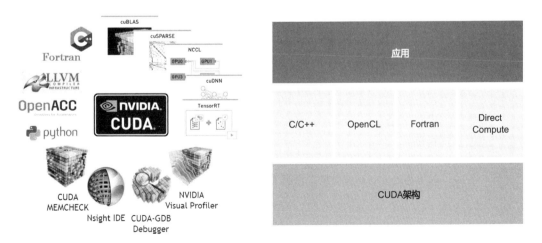

图 7.1.1

CUDA 在软件方面由一个 CUDA 库、一个应用程序编程接口（API）及其运行库（Runtime）、两个较高级别的通用数学库（即 CUFFT 和 CUBLAS）组成。CUDA 工具包（TOOLKIT）包括编译和 C++ 核，CUDA DRIVER（驱动器）驱动 GPU 负责内存和图像管理。CUDA-X LIBRARIES 主要提供机器学习、深度学习和高性能计算方面的加速库，APPS & FRAMEWORKS 主要对接 TensorFlow 和 PyTorch 等框架（图 7.1.2）。

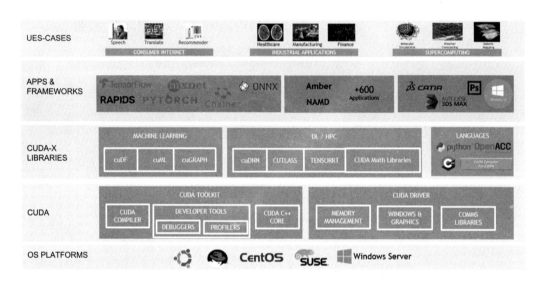

图 7.1.2

7.1.2　CUDA 线程层次结构

CUDA 最基本的执行单位是线程（Thread），如图 3.5.15 所示，图中每一根曲线即为一个线程。大的网格（Grid）被切分成小的网格，其中包含很多相同线程数量的块（Block），每个块中的线程独立执行，可通过本地数据共享实现数据交换同步。因此对于 CUDA，就可以将问题划分为独立线程块并行解决的子问题，子问题划分为可以由块内线程并行协作解决。

在 CUDA 编程中，Kernel 是在 GPU 上并行执行的函数，开发人员编写 Kernel 来描述并行计算任务，然后在主机上调用 Kernel 在 GPU 上执行计算（图 7.1.3）。

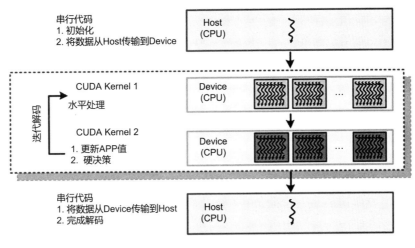

图 7.1.3

以下给出的代码 cuda_host.cpp，是仅使用 CPU 在主机实现两个矩阵的加法运算，其中 CPU 上计算的 Kernel 可看作是加法运算函数，代码中包含内存空间的分配和释放。

```cpp
#include <iostream>
#include <math.h>
#include <sys/time.h>

// function to add the elements of two arrays
void add(int n, float *x, float *y)
{
    for (int i = 0; i < n; i++)
        y[i] = x[i] + y[i];
}

int main(void)
{
    int N = 1<<25; // 30M elements

    float *x = new float[N];
    float *y = new float[N];

    // initialize x and y arrays on the host
    for (int i = 0; i < N; i++) {
        x[i] = 1.0f;
        y[i] = 2.0f;
    }

    struct timeval t1,t2;
    double timeuse;
    gettimeofday(&t1,NULL);

    // Run kernel on 30M elements on the CPU
    add(N, x, y);

    // Free memory
```

```
    delete [] x;
    delete [] y;

    return 0;
}
```

在 CUDA 程序架构中，host 代码部分在 CPU 上执行，是普通的 C 代码。当遇到数据并行处理时，CUDA 会将程序编译成 GPU 能执行的程序，并传送到 GPU，这个程序在 CUDA 中称为核(Kernel)。设备代码部分在 GPU 上执行，此代码部分在 Kernel 上编写(.cu 文件)。

Kernel 用__global__符号声明，调用时需要用<<<grid, block>>>指定 Kernel 在 GPU 上要执行的结构大小。下面给出的代码 cuda_device.cu 是使用 CUDA 编程实现 GPU 计算，代码涉及 Host（CPU）和 Device（GPU）相关计算，使用__global__声明将 add 函数转变为 GPU 可执行的 Kernel。

```cpp
#include <iostream>
#include <math.h>

// Kernel function to add the elements of two arrays
// __global__ 变量声明符，作用是将add函数变成可以在GPU上运行的函数
// __global__ 函数被称为kernel
__global__
void add(int n, float *x, float *y)
{
  for (int i = 0; i < n; i++)
    y[i] = x[i] + y[i];
}

int main(void)
{
  int N = 1<<25;
  float *x, *y;

  // Allocate Unified Memory - accessible from CPU or GPU
  // 内存分配，在GPU或者CPU上统一分配内存
  cudaMallocManaged(&x, N*sizeof(float));
  cudaMallocManaged(&y, N*sizeof(float));

  // initialize x and y arrays on the host
  for (int i = 0; i < N; i++) {
    x[i] = 1.0f;
    y[i] = 2.0f;
  }

  // Run kernel on 1M elements on the GPU
  // execution configuration, 执行配置
  add<<<1, 1>>>(N, x, y);

  // Wait for GPU to finish before accessing on host
  // CPU需要等待CUDA上的代码运行完毕，才能对数据进行读取
  cudaDeviceSynchronize();

  // Free memory
  cudaFree(x);
  cudaFree(y);
```

```
return 0;
}
```

　　因此，CUDA 编程流程总结如下：

- 编写 Kernel 函数描述并行计算任务；
- 在主机上配置线程块和网格，将 Kernel 发送到 GPU 执行；
- 在主机上处理数据传输和结果处理，以及控制程序流程。

　　为了实现以上并行计算，对应于 GPU 硬件在进行实际计算过程时的情况，CUDA 可以分为网格（Grid）、块（Block）和线程（Thread）三个层次结构（图 7.1.4）：

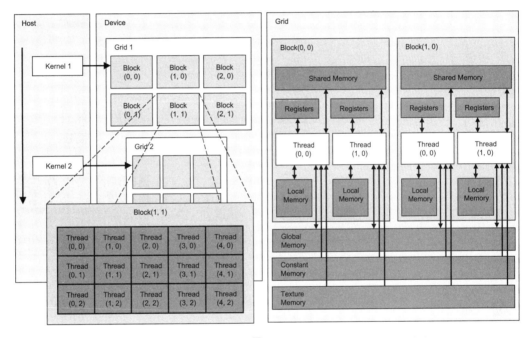

图 7.1.4

- 线程层次结构 I -Grid：Kernel 在 Device 上执行时，实际上是启动很多线程，一个 Kernel 启动的所有线程，称为一个网格（Grid），同一个网格上的线程共享相同的全局内存空间，Grid 是线程结构的第一层次。
- 线程层次结构 II -Block：Grid 分为多个线程块（Block），一个线程块里面包含很多线程，线程块之间并行执行，并且无法通信，也没有执行顺序，每个线程块包含共享内存，可共享里面的线程。
- 线程层次结构 III-Thread：CUDA 并行程序实际上会被多个线程执行，多个线程会被群组成一个线程块，同一个线程块中线程可以同步，也可以通过共享内存通信。

因此，CUDA 和英伟达硬件架构有以下对应关系（图 7.1.5）：从软件侧看到的是线程的执行，对应于硬件上的 CUDA Core，每个线程对应于 CUDA Core，软件方面线程数量是超配的，硬件上 CUDA Core 是固定数量的。线程块只在一个 SM 上通过 Warp 进行调度，一旦在 SM 上调用线程块，就会一直保留到执行完 Kernel 为止，SM 可同时保存多个线程块，多个 SM 组成的 TPC 和 GPC 硬件实现 GPU 并行计算。

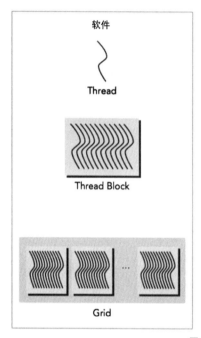 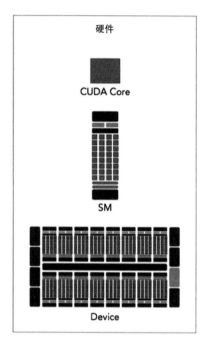

图 7.1.5

7.1.3 算力峰值计算

GPU 的算力峰值是指 GPU 在理想情况下能够达到的最大计算能力，通常以 FLOPS（每秒浮点运算）为单位进行衡量，如 GFLOPS（每秒十亿次浮点运算）、TFLOPS（每秒万亿次浮点运算）。计算 GPU 的算力峰值可帮助开发人员了解其在理论上的最大性能，并进行性能预测和优化，从而能够更好地评估大模型训练过程中的算力利用率。

GPU 的算力峰值通常由以下因素决定：

● CUDA 核心数量：每个 CUDA 核心可以执行一个线程，GPU 的算力峰值与 CUDA 核心数量成正比。

● 核心频率：GPU 的核心频率越高，每个核心每秒钟能够执行的指令数就越多。

● 每个核心的计算能力：不同型号的 GPU 具有不同的计算能力，通常以每个核心每个时钟周期能够执行的 FLOPS 为单位进行衡量。

- 并行度：GPU 的并行度决定了其能够同时执行的线程数量，从而影响了算力峰值。

计算 GPU 的算力峰值可以使用以下公式：

$$\text{Peak FLOPS} = F_{\text{clk}} \times N_{\text{SM}} \times F_{\text{req}}$$

其中，F_{clk} 为 GPU 时钟周期内指令执行数 (FLOPS/Cycle)；N_{SM} 是 SM 数量；F_{req} 是 Tensor Core 核心运行频率（GHz）。

小结与思考

- CUDA 与 GPU 硬件的结合：CUDA 是英伟达推出的编程模型，它与 GPU 硬件紧密结合，允许开发者利用 GPU 上的 CUDA 核心和 Tensor Core 执行并行计算任务。
- CUDA 的线程层次结构：CUDA 通过线程、块和网格的层次化结构组织并行任务，从而实现高效的数据并行处理和线程间同步。
- GPU 算力峰值的计算：通过考虑 CUDA 核心数量、核心频率和指令执行效率，可以估算 GPU 的最大理论计算性能，这对于预测和优化计算密集型应用至关重要。

7.2　从 GPU 对 AI 芯片思考

从技术的角度，重新看英伟达生态，有很多值得我们借鉴的内容。本节主要从流水编排、SIMT 前端、分支预测和交互方式等方面分析，同时对比 DSA 架构，思考可以从英伟达 CUDA 中借鉴的要点。

7.2.1　英伟达生态的思考点

从软件和硬件架构的角度考虑，CUDA 和 SIMT 之间存在一定的关系，而目前 AI 芯片采用的 DSA 架构，其编程模型和硬件执行模型都处于较为早期的状态，英伟达强大的生态同样离不开 CUDA 编程的易用性。

针对新的 AI 芯片，在流水掩盖方面，实现架构层面的隐藏流水编排机制，提出一个在形式上与 SPMD 没有关系的编程模式，而且易用性堪比 CUDA 的软件是可能的。但是反过来在核心问题上没有得到解决，即使提出形式上与 CUDA 类似的编程模型也仍然会有易用性的问题，因此，开发者很难获得一个足够好的初始性能。

在软硬件架构方面，对于 DSA 架构而言，一方面需要建立一套开放的软硬件架构，联合其他 DSA 架构一起对抗 CUDA 生态；另一方面需要明确面向不同层级的开发者的易用性和软件开发形态。

1. SIMT 与 CUDA 的关系

英伟达为了维护 CUDA 生态，对 SIMT 硬件架构做出了调整和取舍，因此，CUDA 在一定程度上会对英伟达的硬件架构产生约束，例如，保留 SM、Warp、Thread 等线程分层概念。CUDA 架构近几年没有重大的变化，主要是维护编程体系软件对外的抽象和易用性。

DSA 之所以在硬件架构的指令和设计上比较激进，并非因为软件体系做得好，而是在刚开始并没有太多考虑编程体系的问题，自然就没有为了实现软件和硬件协同带来的架构约束。CUDA 的成功之处在于通过 SIMT 架构掩盖了流水编排、实现了并行指令隐藏以及提升了 CUDA 的易用性。

2. DSA 硬件架构执行方式

DSA 硬件架构一般是指单核单线程，线程内指令可以通过多核共享 Cache 协作。由于编程模型缺少统一的标准，因此需要专门搭建编译器和编程体系，而硬件主要以 AI 加速芯片（TPU、NPU 等）为主。

关于 DSA 的硬件执行方式，DSA 硬件目前的裸接口一般是一个核一个线程，每个线程内串行调用 DSA 指令集，硬件上的指令通常会分发到不同的指令执行流水线上，其正确性，一部分依靠软件同步实现，一部分依靠硬件保证。

7.2.2　借鉴与思考点

1. 流水编排

在指令流水编排方面，最重要的是从硬件设计上解决了 SIMD 数据路径（Data Path）流水编排问题。程序执行最大的瓶颈是访存和控制流，单线程 CPU 需要大量资源进行分支预测、超前执行、缓存、预取等机制来缓解访存和控制流遇到的瓶颈。SIMD 往往依赖于 CPU 自身乱序、投机、缓存和预取等能力来缓解上述问题。英伟达 GPU 则是依靠多线程交错执行，来提升整体并行计算的性能，大量的线程通过不同的线程块和不同的线程来读取数据和执行计算指令。

即使在 DSA 上为 SIMD 硬件封装了 SIMT 前端，如果遇到执行指令有依赖，基础性能也会非常差，流水编排仍然需要开发者动手实现，想写出开箱即用、性能较优的代码同样很难。

2. SIMT 前端硬件

增加了 SIMT 前端硬件，通过线程束（Warp）隐藏线程指令流水。在 CUDA 编程模型中，每一个线程块（Thread Block）需要很多并行线程，隐式分成若干个 Warp，每个 Warp 包含串行交错的访存和计算。GPU 通过线程束调度器（Warp Scheduler）动态交错执行，如果 Warp0 流水阻塞就会切换到 Warp1，隐式通过 Warp 的并行掩盖指令流水阻塞，因此开发者可以得到较好的性能（图 7.2.1）。

DSA 硬件架构同样可以引入线程束调度器进行指令流水掩盖，让每个 DSA 核执行多个线程，相互掩盖流水线阻塞。英伟达 GPU 使用 Warp 掩盖指令流水是基于运行时的具体信息，而开发者和编译器只能基于静态信息进行流水编排，很难做到足够均衡，这样 SIMD/DSA 在进行手动或者编译器自动流水编排时相对困难，资深的开发者也很难将流水编排得足够好。

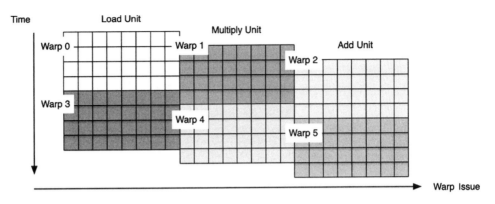

图 7.2.1

增加 SIMT 前端硬件同样会带来开销，但可以实现流水阻塞掩盖，通过 SIMT 表达将接口暴露给用户，让用户主动写多线程，线程束调度器在硬件层面实现多线程相互掩盖流水阻塞。SIMD指令掩盖通过 SIMT 表达，实现用户写通用单线程，同时 Warp 分组组成 SIMD 指令。

但是 CUDA 没有解决 DSA 指令掩盖，目前只是通过给开发者一个 Warp 概念，透传指令API 来解决表达和使用的问题，因此 CUDA 的上手门槛并不低，需要在前期充分了解英伟达 GPU的硬件细节。

3. 分支预测机制

SPMD 编程模型对分支预测和控制流的高容忍度是支撑易用性的重要方法，减少分支和连续访存是软件层面、易用性方面需要关注的优化点。当然，在 SIMD 的硬件上，同样可以通过Predicate/Mask、Gather/Scatter 指令和 Memory Coalescing 来实现，通过编译器实现分支预测，从而让开发者对硬件执行无感知，但是在 SIMD 线程数量有限的情况下，提升性能可能难以实现。

英伟达 GPU 可以使线程在 Warp-Base SIMD 上执行不同的分支，每个线程都可以执行带条件控制流指令（Conditional Control Flow Instructions），同时不同线程间可以分别执行不同的控制流路径（Different Control Flow Paths），比如分别执行不同的 Thread W、Thread X 和 Thread Y控制流执行路径（图 7.2.2）。

但是 SIMT 的控制流仍存在很多问题，因此不推荐在 CUDA 编程中出现大量的 if/else 语句。通常使用 SIMD 流水线来节省控制逻辑上的面积，例如，将 Scalar 线程放在 Warp 里面。当 Warp内部的线程分支到不同的执行路径时，就会发生分支执行冲突，比如当存在 Path 1 和 Path 2 两个分支路径时，可以使得不同时间执行不同的路径，但这样会增加时耗（图 7.2.3）。

为了解决分支预测的问题，动态 Warp Formating/Merging 在分支后，动态合并执行相同指令的线程，从正在等待的 Warp 中形成新的 Warp，分支下每条路径线程用于创建新的 Warp。可以将 Warp X 和 Warp Y 合并为 Warp Z，从而更好地执行相同指令（图 7.2.4）。

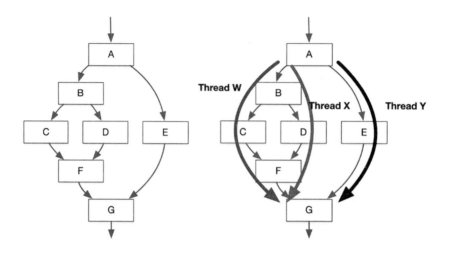

图 7.2.2

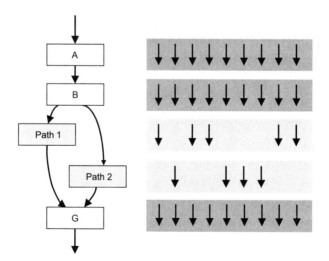

图 7.2.3

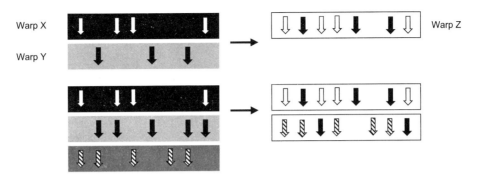

图 7.2.4

当存在两条路径（Path 1 和 Path 2）时，由于某些时钟周期为空，因此在动态合并分支之后，执行相同指令的线程，以便同时执行不同的代码路径，从而避免线程之间的等待和资源浪费（图 7.2.5）。

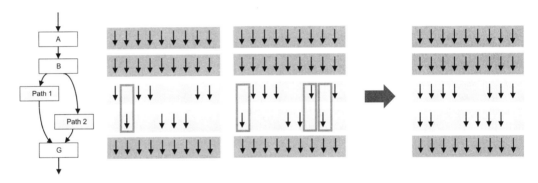

图 7.2.5

动态 Warp 分组（Dynamic Warp Formation）更多是在编译器层面解决分支预测的问题，根据线程执行情况和数据依赖性动态组织 Warp 中的线程，以提高并行计算性能和资源利用率，优化 GPU 计算，提高程序的执行效率（图 7.2.6）。

4. 交互方式

CUDA 中有很多实现机制与 SIMT、SIMD、DSA 的硬件架构本身并没有太多关系。CUDA 中的所有特性不是 SIMT 架构独有的，因此不存在技术上选择 SIMT、SIMD、DSA 与硬件强行绑定等问题。比如 CUDA 运行时（Runtime）提供主机和设备的 C++交互方式，如寒武纪 BANG C 语言在这个层面就参考了 CUDA。在软件层面的交互上，CUDA 非常容易实现向量加法，具体程序代码如下：

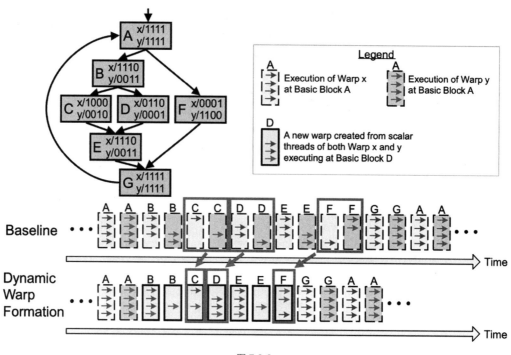

图 7.2.6

```
for (int i = 0; i < 10000; ++i) {
    C[i] = A[i] + B[i];
}
#include <stdio.h>
```

```
// 定义向量大小
#define N 5

// CUDA核函数，用于执行向量加法
__global__ void vectorAdd(int *a, int *b, int *c) {
    int i = blockDim.x * threadDim.x + threadIdx.x;

    if (i < N) {
        c[i] = a[i] + b[i];
    }
}

int main() {
    int a[N], b[N], c[N];
    int *d_a, *d_b, *d_c;

    // 在设备上分配内存
    cudaMalloc((void**)&d_a, N * sizeof(int));
    cudaMalloc((void**)&d_b, N * sizeof(int));
    cudaMalloc((void**)&d_c, N * sizeof(int));

    // 初始化向量a和b
```

```
for (int i = 0; i < N; i++) {
    a[i] = i;
    b[i] = N - i;
}

// 将向量a和b复制到设备
cudaMemcpy(d_a, a, N * sizeof(int), cudaMemcpyHostToDevice);
cudaMemcpy(d_b, b, N * sizeof(int), cudaMemcpyHostToDevice);

// 调用CUDA核函数
vectorAdd<<<1, N>>>(d_a, d_b, d_c);

// 将结果从设备复制回主机
cudaMemcpy(c, d_c, N * sizeof(int), cudaMemcpyDeviceToHost);

// 释放设备上的内存
cudaFree(d_a);
cudaFree(d_b);
cudaFree(d_c);

return 0;
}
```

CUDA 同时具有编程开发的易用性，对初阶用户而言，CUDA 的易用性是极致的，入门开发者任意写一个简单的算子（Kernel），就能够获得比 CPU 高 5~10 倍的峰值性能。

由于 DSA 硬件架构在流水和指令使用上缺乏完备、隐式的支持，指令流水的支持需要开发者通过手动掩盖、切块等其他优化思想来补齐这部分性能，而使用底层指令则会让用户在写出正确的 Kernel 时花费更多的时间。

小结与思考

- DSA 架构在编程模型和硬件执行模型上还不够成熟，需要构建开放的软硬件架构和易用的开发环境来吸引开发者，并与 CUDA 生态竞争。
- 增加 SIMT 前端硬件，通过线程组 Warp 隐藏线程指令流水，SIMD 使用户只需实现单线程，但是需要在前期充分了解 GPU 的硬件架构。
- 在分支预测方面，通过动态 Warp 合并，动态分支合并和动态 Warp 分组，使得 GPU 并行计算能力大大提高。

7.3 AI 芯片发展方向

为了满足数据中心算力需求，谷歌在 2014 年开始研发基于特定领域架构（DSA）的张量处理单元（TPU），专为深度学习任务设计的定制硬件加速器，加速谷歌的机器学习工作负载，特别是训练和推理大模型。

David Patterson 是计算机体系结构领域科学家，自 1976 年起担任加州大学伯克利分校的计算机体系结构教授直至 2016 年宣布退休，并在 2017 年加入谷歌 TPU 团队，2020 年在加州大学伯克利分

校发表演讲 "A Decade of Machine Learning Accelerators: Lessons Learned and Carbon Footprint"，分享了 TPU 团队近几年的发展历程以及心得体会。本节主要摘录并深入探讨其中 8 点思考。

7.3.1 模型对内存和算力的需求

AI 模型近几年所需的内存空间和算力平均每年增长 50%，模型所需内存和算力的增长为 10~20 倍。但是从芯片设计到实际应用需要一定的周期，其中芯片设计需要 1 年，部署需要 1 年，实际应用并优化大约需要 3 年，因此共需要 5 年的时间。

训练模型参数量的增长速度要比推理模型更快，2016~2023 年，SOTA 训练模型的算力需求年均增长 10 倍；2019~2020 年中期，GPT-2 模型的参数量从 15 亿增长到 GPT-3 的 1750 亿，提高了约 100 倍。

但是 AI 芯片的内存容量增长相对比较缓慢，A100 的 HBM 最大内存是 80 GB，H100 最大内存是 188 GB，谷歌 TPU v4 的内存是 32 GB，特斯拉 DOJO 的内存是 16 GB，华为昇腾内存是 64 GB，寒武纪 MLU 370 内存是 24 GB/48 GB。

7.3.2 模型结构快速演变

深度神经网络（DNN）是一个发展迅速的领域，2016 年多层感知器（MLP）和长短期记忆网络（LSTM）是主流的神经网络模型，2020 年卷积神经网络（CNN）、循环神经网络（RNN）和双向编码器表示（BERT）被广泛应用。

大型语言模型（LLM）基于 Transformer，参数规模从 5 年前的仅有 10 亿级别参数（如 GPT-2 的 15 亿参数）稳步增长到如今的万亿参数，例如，OpenAI 的 GPT-3.5、微软的 Phi-3、谷歌的 Gemma、Meta 的 Llama 等，未来可能会出现新的网络模型，因此 DSA 架构需要足够通用以支持新的模型。

7.3.3 生产部署提供多租户

大部分 AI 相关的论文都假设同一时间 NPU 只需运行一个模型，但实际应用需要切换不同模型：

- 机器翻译涉及语言对比，需要使用不同的模型；
- 用一个主模型和配套多个模型进行实验；
- 对吞吐量和时延有不同要求，不同模型使用不同的 Batch Size。

因此，需要多租户技术（Multi-Tenancy）实现算力切分、显存虚拟化、内存寻址、虚拟内存页等。GPU 虚拟化技术将物理 GPU 资源虚拟化为多个逻辑 GPU 资源，使得多个用户或应用程序能够共享同一物理 GPU，而不会相互干扰。这种技术可以提高 GPU 资源的利用率和性能，并且能够为不同用户提供独立的 GPU 环境，增强系统的安全性和隔离性。目前常见的 GPU 虚拟化技术包括 NVIDIA vGPU（图 7.3.1）、AMD MxGPU 以及 Intel GVT-g 等虚拟化方案。

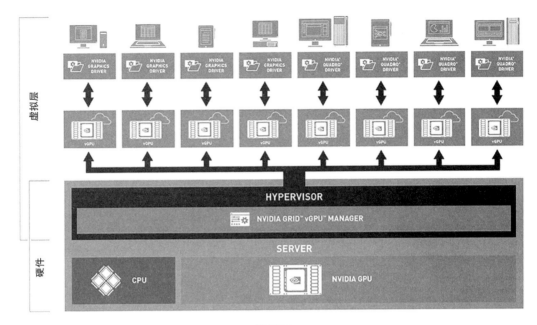

图 7.3.1

7.3.4　SRAM 与 DRAM 的权衡

根据统计的 8 个模型的基准数据，其中有 6 个模型涉及多租户技术。如果从 CPU 主机重新加载参数，上下文切换需要 10 s，因此需要更快的 DRAM（片外存储）用于交换多种模型的数据。

如图 7.3.2 所示，虚线表示单芯片的最大 SRAM（片上存储），而实际情况下不少模型需要的内存远大于此。部分芯片的设计思路是期望利用 SRAM 解决所有任务，减少内存数据搬运时间，但这在多租户场景下很难实现。所以 AI 芯片不仅需要更大的 SRAM 片上存储内存空间，更需要存储速度更快的片外存储 DRAM。

7.3.5　内存优先于计算速度

现代微处理器最大的瓶颈是能耗，而不是芯片集成度，访问片外 DRAM 需要的能耗是访问片上 SRAM 的 100 倍，是算术运算能耗的 5000 ~ 10000 倍。因此 AI 芯片通过增加浮点运算单元（FPU）来分摊内存访问开销。AI 芯片开发者一般通过减少浮点运算数 FLOPs 来优化模型，减少内存访问是更有效的办法，GPGPU 的功耗大多浪费在数据搬运上，而非核心计算，而优化数据流正是 AI 芯片的核心价值。

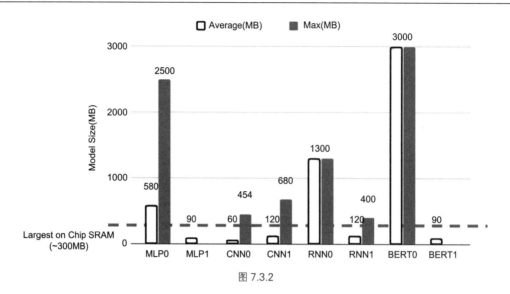

图 7.3.2

英伟达 Ampere 架构使用第三代 Tensor Core，使不同的线程束（Warp）能够更好地访问多级缓存。Ampere 架构 Tensor Core 的一个 Warp 中有 32 个线程共享数据，而 Volta 架构 Tensor Core 只有 8 个线程，更多的线程之间共享数据，可以更好地在线程间减少矩阵的数据搬运（参见第 4 章图 4.3.7）。

谷歌 TPU v1 有 65536 （256×256）个矩阵乘法单元，时钟周期是 700 MHz，其中有专门的数据流编排，从而使数据流动更快，能够快速传输给计算单元进行计算。峰值算力达到 92 TOPS（65000×2×700 M ≈ 90 TOPS），累加器（Accumulator）的内存大小是 4 MB，激活存储器（Activation Storage）的内存大小是 24 MB（图 7.3.3）。

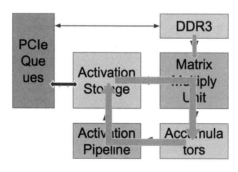

图 7.3.3

TPU 使用脉动阵列（参见第 5 章图 5.2.4）以固定时间间隔使数据从不同方向流入阵列中的处理单元，最后将数据累积，完成大型矩阵乘法运算。20 世纪 70 年代的芯片只有单金属层，不能很好地实现互联，Kung 和 Leiserson 提出"脉动阵列"以减少布线、简化连接。如今芯片多达 10 个金属层，最大难点是能耗，而脉动阵列能效高，可使芯片容纳更多乘法单元，从而分摊内存访问开销。

7.3.6　DSA 既要专业也要灵活

DSA 难点在于既要对模型进行针对性的优化，同时还须保持一定的灵活性。训练之所以比推理更复杂，是因为训练的计算量更大，包含反向传播、转置和求导等运算。训练时需要将大量运算结果存储起来用于反向传播的计算，因此需要更大的内存空间。

此外，DSA 需要支持更广泛的计算数据格式（如 BF16、FP16、HF32）用于 AI 计算，指令、流水、可编程性要求也更高，需要灵活的编译器和上层软硬件配套，CUDA 在这个方面已积累很多年，目前 TPU 支持 INT8、BF16 等。

7.3.7　半导体供应链的选型

计算逻辑进步速度很快，但是芯片布线（制程工艺）的发展速度却相对较慢。SRAM 和 HBM 比 DDR4 和 GDDR6 速度更快，能效更高，因此 AI 芯片需要根据数据的操作格式选用一定的存储设备。在大模型训练过程中普遍使用 BF16，部分使用 FP8 进行推理，如果选型存在问题，比如只用 FP32 模拟 BF16，大模型训练迭代速度将减慢。表 7.3.1 给出了不同操作格式的能耗。

表 7.3.1　不同操作格式能耗

操作格式		每操作能耗（PJ）		
		45 nm	7 nm	45/7
+	INT8	0.03	0.007	4.3
	INT32	0.1	0.03	3.3
	BF16	—	0.11	—
	IEEE FP16	0.4	0.16	2.5
	IEEE FP32	0.9	0.38	2.4
×	INT8	0.2	0.07	2.9
	INT32	3.1	1.48	2.1
	BF16	—	0.21	—
	IEEE FP16	1.1	0.34	3.2
	IEEE FP32	3.7	1.31	2.8
SRAM	8 KB SRAM	10	7.5	1.3
	32 KB SRAM	20	8.5	2.4
	1 M SRAM	100	14	7.1
GeoMean		1	1	2.6

续表

操作格式		每操作能耗（PJ）		
		45 nm	7 nm	45/7
		Circa 45 nm	Circa 7 nm	
DRAM	DDR3/4	1300	1300	1.0
	HBM2	—	250~450	—
	GDDR6	—	350~480	—

TPU v2 中有两个互联的 Tensor Core（参见第 5 章图 5.3.12），布线更方便，同时对编译器也更友好。

7.3.8　编译器优化和 AI 应用兼容

DSA 的编译器需要对 AI 模型进行分析和优化，通过编译器将 AI 使用的指令转换为高效的底层代码，以便在特定硬件上运行时能够快速执行，充分发挥硬件的性能，具体分为与机器无关高级操作和与机器相关低级操作，从而提供不同维度的优化 API 和 PASS（LLVM 编译器采用的一种结构化技术，用于完成编译对象（如 IR）的分析、优化或转换等功能）。

目前编译器维度比较多，既有类似于 CUDA 提供编程体系，又有类似于 TVM（深度学习编译器）和 XLA（加速线性代数）提供编译优化，包括对计算图进行图优化、内存优化、并行化、向量化等操作，以提高模型的执行速度和减少资源消耗，优化的具体方式如下：

- 实现 4096 个芯片的多核并行；
- 向量、矩阵、张量等功能单元的数据级并行；
- 322~400 位超长指令字的指令级并行，一条指令同时包含多个操作，这些操作在同一时钟周期内可并行执行；
- 编译优化取决于软硬件能否进行缓存，编译器需要管理内存传输；
- 编译器能够兼容不同功能单元和内存中的数据布局（如 Trans Data）。

实际上可以通过算子融合（Operator Fusion）减少内存，从而优化性能。例如可以将矩阵乘法与激活函数融合，省略那些将中间结果写入 HBM 后再读取的步骤，通过 MLPerf 基准测试结果可知，算子融合平均能够带来超过 2 倍的性能提升。

与 CPU 中的 GCC 和英伟达 GPU CUDA 相比，DSA 的软件栈还不够成熟，但是编译器优化能够带来更好的性能提升。如图 7.3.4 所示，白色表示使用 GPU，灰色表示使用 TPU，通过编译器优化后模型的性能大约有 2 倍提升。对于 C++编译器而言，能在一年内把性能提升 5%~10% 已经算是达到很好的效果了。

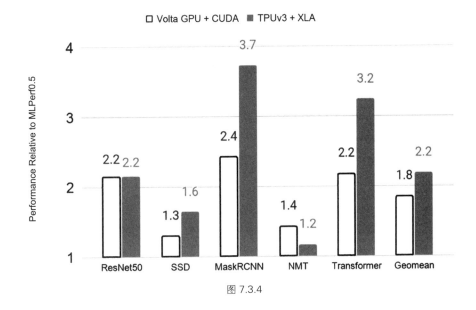

图 7.3.4

　　GPU 中存储单元主要有 HBM 和 SRAM，其中，HBM 容量大，但是访问速度慢；SRAM 容量小，访问速度较高。GPU SRAM 的读写（I/O）速度为 19 TB/s，与 GPU HBM 的读写速度相差十几倍，其存储容量也相差好几个数量级。

　　如图 7.3.5 所示，FlashAttention 通过减少 GPU 内存读取/写入，运行速度比 PyTorch 标准注意力快 2~4 倍，所需内存仅为 PyTorch 标准注意力的 1/20~1/5。而且 FlashAttention 的计算是从 HBM 中读取块，在 SRAM 中计算后再写到 HBM，因此避免从 HBM 里读取或写入注意力矩阵。其算法并没有减少计算量，而是从 IO 感知出发，减少 HBM 的访问次数，从而减少计算时间。

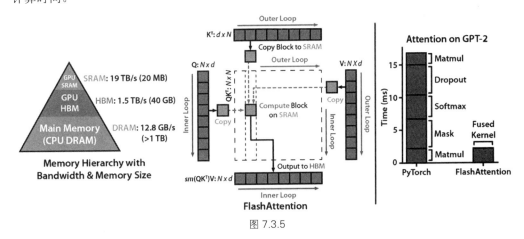

图 7.3.5

小结与思考

- AI 模型对内存和算力的需求迅速增长，平均每年增长 50%，而芯片设计到应用的周期较长，内存容量增长相对缓慢，这对 AI 芯片设计提出了更高要求。
- 特定领域架构(DSA)需要在专业优化与保持灵活性之间找到平衡，以适应快速演变的模型结构和生产部署中的多租户需求。
- 内存访问能耗远高于算力能耗，AI 芯片设计需重点关注内存层次结构和数据流优化，以减少能耗并提升性能。同时，编译器优化对提升 DSA 性能至关重要。

7.4 超异构计算

本节从更远的视角来看看计算机架构发展的黄金十年，主要将围绕异构计算和超异构来展开。

7.4.1 异构与超异构场景

摩尔定律放缓，传统单一架构难以满足日益增长的计算需求。异构计算，犹如打破计算藩篱的利器，通过整合不同类型计算单元的优势，为计算难题提供全新的解决方案。

异构计算的主要优势有：

- 性能飞跃：异构架构将 CPU、GPU、FPGA 等计算单元有机结合，充分发挥各自优势，实现 1+1>2 的效果，显著提升计算性能。
- 灵活定制：针对不同计算任务，灵活选择合适的主张计算单元，实现资源的高效利用。
- 降低成本：相比于昂贵的专用计算单元，异构架构用更低的成本实现更高的性能，带来更佳的性价比。
- 降低功耗：异构架构能够根据任务需求动态调整资源分配，降低整体功耗，提升能源利用效率。

其应用场景也十分广泛，包括人工智能、高性能计算、大数据分析、图形处理等。我们以一个具体的例子来引入。图7.4.1是特斯拉HW3 FSD芯片，我们可以看到其单一芯片却有着CPU、GPU、NPU 多种架构。

特斯拉的这款芯片之所以有如此异构架构则是由需求决定的（图 7.4.2）：身为汽车芯片，其要负责雷达、GPS、地图等多种功能，这时单一传统的架构难以高效完成任务。

而将各部分组件有机结合的异构芯片就可以更好地处理复杂情况。如图 7.4.3 所示，我们可以看到 GPU、NPU、Quad Cluster 等硬件均被集合在一起，通过芯片外的 CPU 等进行协同控制，这样就可以在多种任务的处理和切换时实现非常好的效果。

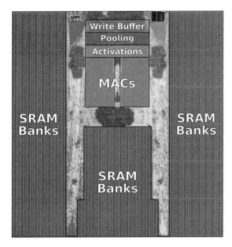

Chip	Tesla-FSD Chip	Qualcomm-Snapdragon 865 (GalaxyS20, March 6 2020)
Technology Node	Samsung 14 nm process	TSMC's advanced 7nm (N7P)
CPU	3x (4-core) Cortex-A72	4x Cortex-A77, 4x Cortex-A55 (4 high power, 4 low power)
GPU	Custom GPU, 0.6 TFLOPS @ 1 Ghz	Adreno 650, 1.25 TFLOPS @ 700 MHz-ish
NPU (AI accelerator)	2x Tesla NPU, each 37 TOPS (total 74 TOPS)	Hexagon 698 @ 15 TOPS
Memory (Cache)	2×32 MBSRAM for NPUs	1 MB L2, 4 MB L3, and 3 MB system wide cache
Memory (RAM)	8 GB LPDDR4X, 2 x 64bit, Bandwidth 111 GB/s	16 GB LPDDR5, 4x 16 bit, Bandwidth 71.30 GB/s
ISP (Image signal processer)	24 bit? 1 billion pixels per second	Spectra 480, dual 14 bit CV-ISP 2 Gpixel/s, H. 265 (HEVC)
Secure Processing Unit	"Security system", verify code has been signed by Tesla.	Qualcomm SPU230, EAL4+ certified
"Safety System"	Dual-core CPU that checks congruency between the NPUs	None
TDP	36 W	5 W

图 7.4.1

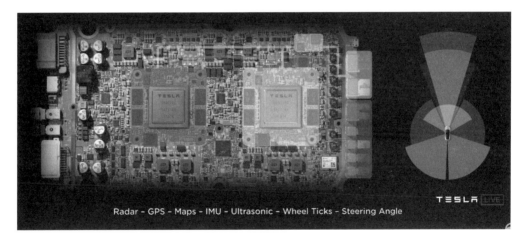

图 7.4.2

7.4.2　计算体系迎来异构

　　异构计算的出现和发展，是因为传统冯·诺依曼结构计算机受制于存储和计算单元之间的数据交换瓶颈，难以满足日益增长的计算需求，加之半导体工艺的发展使得 CPU 主频提升受到物理和功耗的限制，性能提升趋于缓慢。

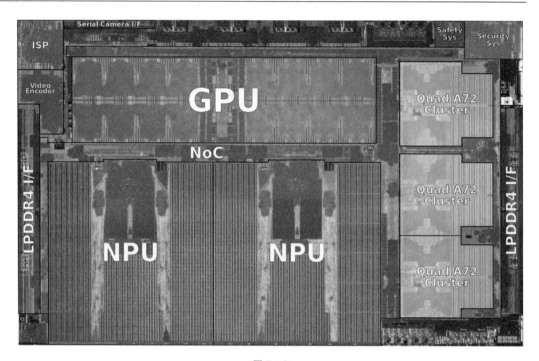

图 7.4.3

为了突破单核 CPU 性能的瓶颈，业界开始探索并行计算技术，通过多核处理器或集群计算机实现高性能计算。然而并行计算中的微处理器仍受冯·诺依曼结构的制约，在处理数据密集型任务时，计算速度和性价比不尽如人意。

深度学习等人工智能技术的兴起对计算能力提出了更高的要求。传统的 CPU 在处理神经网络训练和推理任务时，性能和效率远不及专门设计的 AI 芯片，如 GPU 和 NPU 等。异构计算通过集成不同类型的计算单元，发挥各自的计算优势，实现更高的性能和能效，AI 芯片在处理特定任务时，计算效率远超传统 CPU，有望成为未来计算机体系的标配。

尽管异构计算的发展仍面临系统功耗限制、上层基础软件的欠缺以及与芯片结构的匹配度不足等挑战，但通过优化异构计算平台的架构设计、开发高效的编程模型和运行时系统、提供易用的开发工具和库，可以更好地发挥异构计算的潜力，推动人工智能、大数据分析、科学计算等领域的进一步发展，异构计算有望成为未来计算机体系结构的主流趋势。

1. 异构的例子

下面我们用一个最常见的 CPU-GPU 异构工作流案例进行介绍，如图 7.4.4 所示。

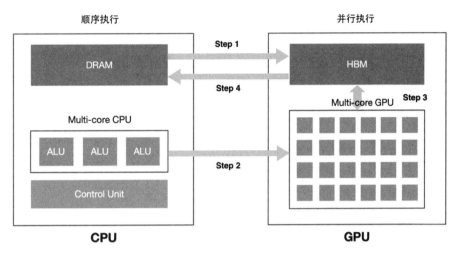

图 7.4.4

其具体流程为:
- CPU 把数据准备好,并保存在 CPU 内存中;
- 将待处理的数据从 CPU 内存复制到 GPU 内存(Step1);
- CPU 指示 GPU 工作,配置并启动 GPU 内核(Step2);
- 多个 GPU 内核并行执行,处理准备好的数据(Step3);
- 处理完成后,将处理结果复制回 CPU 内存(Step4);
- CPU 对 GPU 的结果进行后续处理。

通过这样的异构设置,我们就可以更充分、高效地协同发挥不同组件的优势特性,以实现更高的性能。我们以游戏为例:现代游戏画面逼真复杂,对计算能力提出了极高要求。传统 CPU 难以满足如此严苛的性能需求,而 GPU 擅长图形处理,能够高效渲染游戏画面。异构计算将 CPU 和 GPU 优势互补,强强联合。CPU 负责游戏逻辑、场景构建等任务,GPU 则专注于画面渲染。两者分工协作,实现更高效的硬件利用率。

2. 异构的优势

我们来补充三点异构架构的优势:
- **适用于处理高性能计算**:伴随着高性能计算类应用的发展,驱动算力需求不断攀升,但目前单一计算类型和架构的处理器已经无法处理更复杂、更多样的数据。数据中心如何在增强算力和性能的同时,具备应对多类型任务的处理能力,成为全球性的技术难题。异构并行计算架构作为高性能计算的一种主流解决方案,受到广泛关注。
- **适用于处理数据中心产生的海量数据**:数据爆炸时代来临,使用单一架构来处理数据的时代已经过去。比如:个人互联网用户每天产生约 1 GB 数据,智能汽车每天产生约 50 GB 数据,智能医院每天产生约 3 TB 数据，智慧城市每天产生约 50 PB 数据。数据的数量和多样性以及数据处理的地点、时间和方式也在迅速变化。无论工作任务是在边缘还是在云中，不管是人工智能工作任务还是存储工作任务，都需要有正确的架构和软件来充分利用这些特点。

●　**可以共享内存空间，消除冗余内存副本**：在此前的技术中，虽然 GPU 和 CPU 已整合到同一个芯片上，但是芯片在运算时要定位内存的位置仍然得经过繁杂的步骤，这是因为 CPU 和 GPU 的内存池仍然是独立运作。为了解决两者内存池独立的运算问题，当 CPU 程序需要在 GPU 上进行部分运算时，CPU 都必须从 CPU 的内存上复制所有的资料到 GPU 的内存上，而当 GPU 上的运算完成时，这些资料还得再复制回到 CPU 内存上。然而，将 CPU 与 GPU 放入同一架构，就能够消除冗余内存副本来改善问题，处理器不再需要将数据复制到自己的专用内存池来访问/更改该数据。统一内存池还意味着不需要第二个内存芯片池，即连接到 CPU 的 DRAM。

除了 CPU 和 GPU 异构以外，ASIC 在异构体系中也扮演着重要的角色，尤其是对于 AI 加速。其通过驱动程序与 CSR 和可配置表项交互，以此来控制硬件运行。和 GPU 类似，ASIC 的运行依然需要 CPU 的参与：

● 数据输入：数据在内存准备好，CPU 控制 ASIC 输入逻辑，把数据从内存搬到处理器；
● 数据输出：CPU 控制 ASIC 输出逻辑，把数据从处理器搬到内存，等待后续处理；
● 运行控制：控制 CSR、可配置表项、中断等。

ASIC 工作流示意图如图 7.4.5 所示。

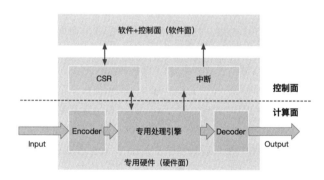

图 7.4.5

从 CPU 到 ASIC，我们会发现架构越来越碎片化，指令作为软件和硬件之间的媒介，其复杂度决定了系统的软硬件解耦程度。典型的处理器平台可以分为 CPU、协处理器、GPU、FPGA、DSA 和 ASIC。随着指令复杂度的提高，单个处理器能够覆盖的场景变得越来越小，处理器的形态也变得越来越多样化。这种碎片化趋势导致构建生态变得越来越困难。这形成了易用性和性能之间的权衡关系，如图 7.4.6 所示。

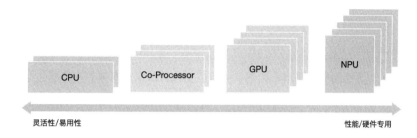

图 7.4.6

而在 CPU+XPU 的异构计算中，XPU 的选择决定了整个系统的性能和灵活性特征。GPU 具有较好的灵活性，但性能效率不够极致；DSA 性能优异，但灵活性较差，难以适应复杂计算场景对灵活性的要求；FPGA 的功耗和成本较高，需要进行定制开发，落地案例相对较少；ASIC 的功能完全固定，难以适应灵活多变的复杂计算场景。

我们可以发现异构计算本身也还是存在着一些问题：

● 复杂计算：系统越复杂，需要选择越灵活的处理器；性能挑战越大，需要选择越偏向定制的加速处理器。

● 本质矛盾：单一处理器无法兼顾性能和灵活性。

为了解决异构计算存在的挑战，超异构概念应运而生。超异构架构将多种类型的 XPU 有机结合，融合了不同 XPU 的优势，能够同时兼顾性能和灵活性，满足复杂计算场景的需求。

7.4.3　从异构到超异构

首先，我们从三个角度来理解一下为什么说超异构的出现是应运而生的。

● 需求驱动：软件新应用层出不穷，两年一个新热点。人工智能、大数据、元宇宙等新兴技术的快速发展，对计算能力提出了越来越高的要求。传统单一架构的计算模式难以满足日益增长的计算需求，亟需新的计算架构来突破性能瓶颈。已有的热点技术仍在快速演进。例如，元宇宙需要将算力提升 1000 倍才能实现逼真的沉浸式体验。超异构计算能够通过融合不同类型计算单元的优势，显著提升计算性能，为元宇宙等新兴技术的落地提供强有力的支持。

● 工艺和封装支撑：Chiplet 封装使得在单芯片层次，就可以构建规模数量级提升的超大系统。Chiplet 封装技术将多个芯片封装在一个封装体内，可以显著提高芯片的集成度和性能。这使得在单一封装内集成多种类型的 XPU 成为可能，进一步推动了超异构计算的发展。

● 系统架构持续创新：通过架构创新，在单芯片层次，实现多个数量级的性能提升。随着计算机体系结构的不断发展，新的架构设计不断涌现，例如异构架构、多核架构等。这些架构能够通过充分发挥不同类型处理器的优势，显著提升计算性能。异构编程很难，超异构编程更是难上加难。如何更好地驾驭超异构，是成败的关键。

通过以上三个角度分析我们可以推断，超异构计算的出现是顺应时代发展需求的必然选择。

它能够突破传统单一架构的性能瓶颈，满足日益增长的计算需求，为各行各业的创新发展注入强劲动力。

结合第 2 章图 2.1.3，超异构实际上就是集合了三种以上类型引擎/架构的超架构，但是这种集合非简单的集成，而是把更多的异构计算整合重构，各类型处理器间充分、灵活的数据交互，形成统一的超异构计算体系。计算从单核的串行走向多核的并行，又进一步从同构并行走向异构并行。图 7.4.7 为异构计算的发展的概略流程图。

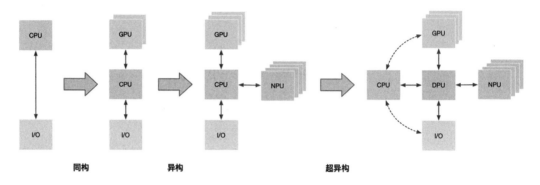

图 7.4.7

超异构有以下基本特征：

● 超大规模的计算集群。超异构计算通常由大量计算节点组成，每个节点可以包含 CPU、GPU、FPGA、DSA 等多种类型的计算单元。这些计算节点通过高速互联网络连接在一起，形成一个超大规模的计算集群。超大规模的计算集群能够提供强大的计算能力，满足大数据分析、人工智能、科学计算等对计算能力要求高的应用场景。

● 复杂计算系统，由分层分块组件组成，如图 7.4.8 所示。超异构计算系统的复杂性主要体现在以下几个方面：不同类型的计算单元具有不同的性能和特性，需要进行统一管理和调度；计算任务可能涉及多个计算节点，需要进行任务分解和数据通信；需要考虑功耗、可靠性等因素，进行系统优化。

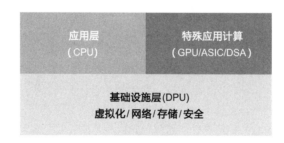

图 7.4.8

7.4.4　超异构的挑战与思考

前文介绍了超异构的概念和其必要性，但是显然超异构的实现也伴随着许多挑战，接下来我们将分点来介绍它们。

1. 超异构的软件层

1）遇到挑战

软件需要跨平台复用：跨架构、跨不同处理器类型、跨厂家平台、跨不同位置、跨不同设备类型。因此软件架构的复杂性增长，会成为一个最大的挑战（图 7.4.9）。

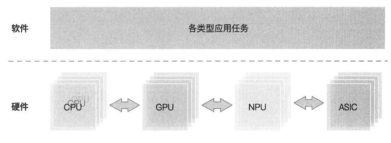

图 7.4.9

2）解决办法

● 开放接口/架构及生态：形成标准的开放接口/架构；开发者遵循接口/架构开发产品和服务，从而形成开放生态；

● 软件兼容：尽可能减少针对已有应用的定制化开发，兼容已有软件生态，通过基础软件（如编译层）对接加速应用软件；

● 编程体系：提供门槛更低的编译体系，通过编程体系构建上层加速库从而对接领域应用，即提供门槛较低的标准领域编程语言（如英伟达的 CUDA、昇腾的 Ascend C）；

● 开放架构：进一步开放软硬件架构，防止架构过多导致的市场碎片化，如 20 世纪 90 年代编译器风起云涌到目前聚焦 2/3 个编译器。

2. 硬件定义软件与软件定义硬件

目前这个问题有如下三个可能的解，如图 7.4.10 所示：

● 硬件定义软件（HDW）： HDW 是一种设计理念，它强调通过硬件来定义软件的功能和架构。在 HDW 模式下，软件的开发和部署更加依赖于底层硬件的特性，能够充分发挥硬件的性能优势。HDW 的核心思想是通过硬件加速器、专用指令集等技术，为软件提供硬件层面的支持，使软件能够更高效地运行。HDW 能够充分利用硬件的并行计算能力，显著提升软件的性能。

- 软件定义硬件（SDH）：SDH 是一种设计理念，它强调通过软件来定义硬件的功能和性能。在 SDH 模式下，硬件的设计和实现更加灵活，能够快速响应软件的需求变化。SDH 的核心思想是通过软件抽象层（SAL）将软件和硬件解耦，使软件开发人员能够专注于软件的功能实现，而无需关注底层硬件的细节。SAL 为软件提供了统一的硬件接口，屏蔽了不同硬件平台之间的差异，使软件能够跨平台运行。

- 软硬件协同定义（Co-Design）：Co-Design 是一种设计理念，它强调软件和硬件的协同设计与优化，以实现最佳的系统性能。在 Co-Design 模式下，软件和硬件的设计团队紧密合作，共同探讨系统需求，并提出满足需求的软硬件解决方案。Co-Design 的核心思想是打破软件和硬件之间的传统界限，将软硬件设计视为一个整体，通过协同设计和优化来实现最佳的系统性能。Co-Design 能够充分发挥软件和硬件的各自优势，实现 1+1>2 的效果。

图 7.4.10

在计算机系统的发展历程中，硬件和软件的关系经历了从"硬件定义软件"到"软件定义硬件"的转变。早期的计算机系统，如早期的操作系统，其系统业务逻辑主要由硬件实现，软件只是起到辅助作用，并且软件的构建依赖于硬件提供的接口。然而，随着计算机技术的不断进步，"软件定义硬件"的概念逐渐兴起。

"软件定义硬件"还体现在硬件的构建过程中对软件接口的依赖。以 AI 算法为例，许多硬件加速器和专用芯片的设计都是基于特定的 AI 算法和框架，它们依赖于软件提供的接口和规范来实现硬件的功能。这种软件驱动的硬件构建方式使得硬件能够更好地适应不断变化的应用需求，并与软件生态系统紧密结合。

这个问题的答案实际上和系统复杂度密切相关。对于复杂度较小且迭代较慢的系统，如 CPU，可以快速设计优化的系统软硬件划分，先进行硬件开发，然后再开始系统层和应用层的软件开发，如 Windows 操作系统等。这种情况下，硬件在一定程度上定义了软件的开发和运行环境。

然而，随着系统复杂度的上升，如 GPU 所面临的情况，量变引起质变，系统迭代速度加快，直接实现一个完全优化的设计变得非常困难。在这种情况下，系统实现变成了一个演进式的过程。在前期，由于系统尚不稳定，算法和业务逻辑处于快速迭代阶段，需要快速实现新的想法。随着系统的发展，算法和业务逻辑逐渐稳定下来，后续可以通过逐步优化 GPU、DSA 等硬件加速来持续提升性能。

从本质上讲，这是一个系统定义的过程。当系统复杂度过高时，难以一次到位，系统实现变成了一个持续优化和迭代的过程。软件和硬件之间的关系变得更加紧密和动态，软件的需求和发展推动着硬件的优化和演进，而硬件的进步又为软件的创新提供了新的可能性。

总之，在计算机系统的发展过程中，硬件定义软件和软件定义硬件这两种关系都存在，而系统复杂度的高低决定了这两种关系的主导地位。对于复杂度较低的系统，硬件定义软件的情况更为常见；而对于复杂度较高的系统，软件定义硬件的情况则更为普遍，系统实现变成了一个持续优化和迭代的过程。

3. 计算体系与编译体系

超异构架构的处理器越来越多，需要构建高效、标准、开放的接口和架构体系，才能构建一致性的宏架构（多种架构组合）平台，才能避免场景覆盖的碎片化。

现在正处于计算体系变革和编译体系变革 10 年，避免为了某个应用加速而去进行非必要大量上层应用迁移对接到硬件 API，应交由一致性的宏架构（多种架构组合）平台（编译/操作系统）。

4. 超异构的未来

跨平台统一计算架构（图 7.4.11）是未来计算资源中心化的关键，通过将孤岛计算资源连接起来，实现计算资源池化，可以显著提升算力利用率。这种架构能够支持应用软件跨同类处理器架构、跨不同类处理器架构、跨芯片平台以及跨云边端运行，满足更复杂应用场景对算力无限的需求，形成开放生态。

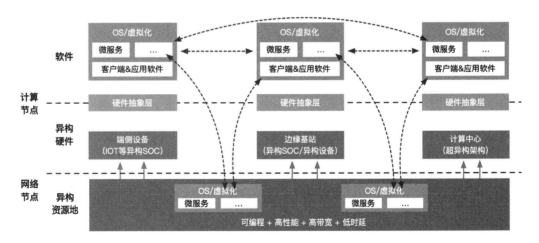

图 7.4.11

为了实现软件应用算法对硬件加速的支持，需要调整软件架构，将控制面和计算/数据面分开，并实现接口标准化。同时，通过底层基础软件（编译器）自适应选择计算/数据，使数据输入/输出不仅可以来源于软件，还可以来源于硬件，甚至可以下沉到硬件独立传输计算。

在超异构系统中，采用极致性能优化的分层可编程体系架构，绝大部分计算交由 DSA 进行极致计算，使得系统整体性能效率接近 DSA。用户角度应用运行在 CPU 上，开发者感知的是 CPU 可编程，通过操作系统和编译器区分异构。Chiplet+超异构的组合，使得系统规模数量级提升，整体超异构系统性能实现数量级提升。

未来的计算架构将呈现出体系异构、平台化和开放生态的特点。超异构计算架构由 CPU、GPU、FPGA 和 DSA 多架构处理器组成，目标是接近 CPU 的灵活性和 ASIC 的性能效率，在不影响开发效率的情况下实现整体性能的数量级提升。平台化和可编程的目标是实现软件定义一切，硬件加速一切，通过完全可软件编程的硬件加速平台，满足多场景、多用户需求，适应业务演进。建立标准和开放生态，拥抱开源开放的生态，支持云原生、云网边端融合，实现用户无平台依赖。

小结与思考

- 超异构计算结合了多种计算架构，如 CPU、GPU、FPGA 等，以应对摩尔定律放缓后对计算性能的不断增长需求。
- 超异构计算面临软件层跨平台复用、软硬件协同定义、计算与编译体系变革等挑战，需要开放接口、架构创新和统一的编程模型来克服。
- 超异构计算的未来趋势是构建跨平台统一的计算架构，实现软件应用算法对硬件加速的自适应支持，形成开放和高效的计算生态系统。

第二篇　AI 编译与计算架构

　　随着深度学习的应用场景不断泛化，深度学习计算任务也需要部署在不同的计算设备和硬件架构上；同时，实际部署或训练场景对性能往往也有着更为"激进"的要求，比如需要针对硬件的特点进行定制化。

　　这些需求在通用的 AI 框架中已经难以得到满足。由于深度学习计算任务在现有的 AI 框架中往往以 DSL（Domain Specific Language）的方式进行编程和表达，这本身使得深度学习计算任务的优化和执行天然符合传统计算机语言的编译和优化过程。因此，深度学习的编译与优化就是将当前的深度学习计算任务通过一层或多层中间表示进行翻译和优化，最终转化成目标硬件上的可执行代码的过程。本篇将围绕现有 AI 编译器中的编译和优化工作的内容展开介绍。

本篇内容
☞ **传统编译器**：本章粗略地回顾传统编译器中的前端、后端、中间表示等主要的概念，并对目前最常用的 GCC 和 LLVM 两大编译器进行介绍，了解传统编译器的整体架构和脉络。
☞ **AI 编译器**：本章主要介绍 AI 编译器的历史阶段、基本架构、挑战与思考等内容。
☞ **前端优化**：前端优化作为 AI 编译器的整体架构主要模块，主要优化的对象是计算图。本章介绍了编译前端的优化技术，包括图算中间表示(IR)、算子融合、布局转换、内存分配以及常见的代码优化方法如常量折叠、公共子表达式消除、死代码消除和代数简化。
☞ **后端优化**：本章着重于编译后端的优化策略，如计算与调度、手工优化算子、循环优化、指令与存储优化，以及 Auto-Tuning 的原理和应用。
☞ **计算架构**：本章讨论芯片编程体系结构，特别是 SIMD 和 SIMT 架构与芯片设计的关系，以及它们对编程的影响，包括 CUDA 编程模式的介绍。
☞ **CANN&Ascend C 计算架构**：本章深入介绍华为昇腾的异构计算架构 CANN、算子类型，以及算子开发的专用编程语言 Ascend C、语法扩展、编程范式。

第 8 章 传统编译器

8.1 引 言

随着深度学习的不断发展，AI 模型结构在快速演化，底层计算硬件技术更是层出不穷，对于广大开发者来说不仅要考虑如何在复杂多变的场景下有效地将算力发挥出来，还要应对 AI 框架的持续迭代。AI 编译器就成了应对以上问题广受关注的技术方向，让用户仅需专注于上层模型开发，降低手工优化性能的人力开发成本，进一步压榨硬件性能空间。

本节将会探讨编译器的一些基础概念，以便更好地去回答以下问题：

什么是编译器？为什么 AI 框架需要引入编译器？AI 框架和 AI 编译器之间是什么关系？

8.1.1 编译器与解释器

编译器（Compiler）和解释器（Interpreter）是两种不同的工具，都可以将编程语言和脚本语言转换为机器语言。虽然两者都是将高级语言转换成机器码，但是其最大的区别在于：**解释器在程序运行时将代码转换成机器码，编译器在程序运行之前将代码转换成机器码。**

> 机器语言：机器语言程序是由一系列二进制模式组成的（例如 110110），表示应该由计算机执行的简单操作。机器语言程序是可执行的，所以可以直接在硬件上运行。

1. 编译器

编译器可以将整个程序转换为目标代码(Object Code)，这些目标代码通常存储在文件中。目标代码也被称为二进制码，在进行链接后可以被机器直接执行。典型的编译型程序语言有 C 和 C++。

下面展开看看编译器的几个重要的特点（图 8.1.1）：

● 编译器读取源程序代码，输出可执行机器码，即把开发者编写的代码转换成 CPU 等硬件能理解的格式。

● 将输入源程序转换为机器语言或低级语言，并在执行前报告程序中出现的错误。

● 编译的过程比较复杂，会消耗比较多的时间分析和处理开发者编写的程序代码。

● 可执行结果，属于某种形式的特定于机器的二进制码。

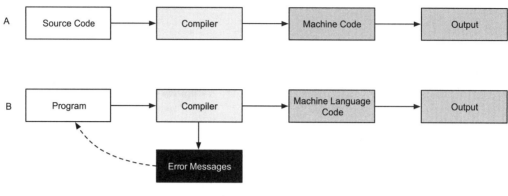

图 8.1.1

目前主流如 LLVM (Low Level Virtual Machine，底层虚拟机)和 GCC (GNU Compiler Collection, GNU 编译器套件) 等经典开源编译器的类型分为前端编译器、中间层编译器、后端编译器。①编译器的分析阶段也称为前端编译器，将程序划分为基本的组成部分，检查代码的词法、语义和语法，然后生成中间代码。②中间层主要是对源程序代码进行分析和优化，分析阶段包括词法分析、语义分析和语法分析；优化主要是优化中间代码，去掉冗余代码、子表达式消除等工作。③编译器的合成阶段也称为后端，针对具体的硬件生成目标代码，合成阶段包括代码优化器和代码生成器。

2. 解释器

解释器能够直接执行程序或脚本语言中编写的指令，而不需要预先将这些程序或脚本语言转换成目标代码或者机器码。典型的解释型语言有 Python、PHP 和 Matlab。

下面展开看看解释器的几个重要的特点（图 8.1.2）：

- 将一个用高级语言编写的程序代码翻译成机器级语言。
- 解释器在运行时，逐行转换源代码为机器码。
- 解释器允许在程序执行时，求值和修改程序。
- 用于分析和处理程序的时间相对较少。
- 与编译器相比，程序执行相对缓慢。

编译器和解释器两者最大的差别在于编译器将一个程序作为一个整体进行翻译，而解释器则一条一条地翻译一个程序。编译器生成中间代码或目标代码，而解释器不创建中间代码。在执行效率上，编译器比解释器要快得多，因为编译器一次完成整个程序，而解释器则是依次编译每一行代码，非常耗时。从资源占用方面来看，由于要生成目标代码，编译器比解释器需要更多的内存。

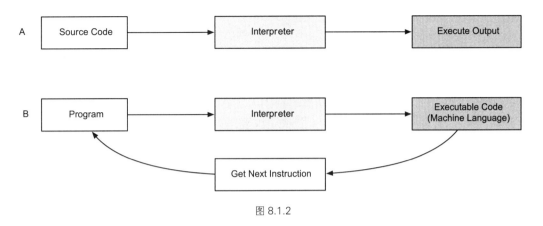

图 8.1.2

　　实际上编程的体验差异也非常大，编译器同时显示所有错误，很难检测错误，而解释器则逐个显示每条语句的错误，更容易检测错误。具体的，在编译器中，当程序中出现错误时，它会停止翻译，并在删除错误后重新翻译整个程序。但是，当解释器中发生错误时，它会阻止其翻译，在删除错误后，翻译才继续执行。

8.1.2　JIT 和 AOT 编译方式

　　目前，程序主要有两种运行方式：**动态解释**和**静态编译**。

　　● **动态解释**是对代码程序边翻译边运行，通常将这种类型称为 JIT（Just in Time），即"即时编译"（图 8.1.3）；

　　● **静态编译**是代码程序在执行前全部被翻译为机器码，通常将这种类型称为 AOT（Ahead of Time），即"提前编译"（图 8.1.4）。

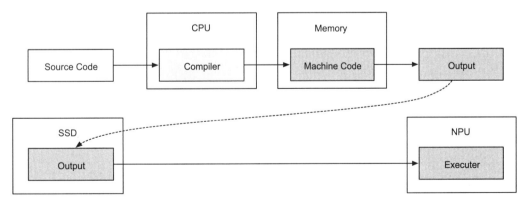

图 8.1.3

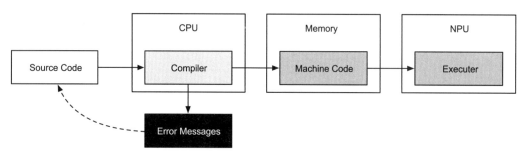

图 8.1.4

　　AOT 程序的典型代表是用 C/C++开发的应用，其必须在执行前编译成机器码，然后再交给操作系统具体执行；而 JIT 的代表非常多，如 JavaScript、Python 等动态解释的程序。

　　事实上，所有脚本语言都支持 JIT 模式。但需要注意的是 JIT 和 AOT 指的是程序运行方式，和编程语言本身并非强关联的，有的语言既可以以 JIT 方式运行也可以以 AOT 方式运行，如 Java 和 Python。它们可以在第一次执行时编译成中间字节码，之后就可以直接执行字节码。

　　也许有人会说，中间字节码并非机器码，在程序执行时仍然需要动态将字节码转为机器码。理论上这样讲没有错，不过通常确认是否为 AOT 的标准是看代码在执行之前是否需要编译，只要需要编译，无论其编译产物是字节码还是机器码，都属于 AOT 的方式。

1. 优缺点对比

下面是 JIT 和 AOT 两种编译方式的优缺点对比。JIT 优点为：
- 可以根据当前硬件情况实时编译生成最优机器指令。
- 可以根据当前程序的运行情况生成最优的机器指令序列。
- 当程序需要支持动态链接时，只能使用 JIT 的编译方式。
- 可以根据进程中内存的实际情况调整代码，使内存能够更充分地利用。

但是 JIT 缺点也非常明显：
- 编译需要占用运行时（Runtime）的资源，会导致进程执行时卡顿，对某些代码编译优化不能完全支持，需在流畅和时间之间进行权衡。
- 在编译准备和识别频繁使用的方法需要占用时间，初始编译不能达到最高性能。

相对而言，JIT 的缺点也是 AOT 的优点所在：
- 在程序运行前编译，可以避免在运行时的编译性能消耗和内存消耗。
- 可以在程序运行初期就达到最高性能。
- 可以显著加快程序的执行效率。

AOT 除优点之外，也会带来一些问题：
- 在程序运行前编译会使程序安装的时间增加。
- 将提前编译的内容保存起来，会占用更多的内存。
- 牺牲高级语言的一致性问题。

2. 在 AI 框架中区别

目前主流的 AI 框架，都会带有前端的表达层，再加上 AI 编译器对硬件使能，因此 AI 框架跟 AI 编译器之间关系非常紧密，部分如 MindSpore、TensorFlow 等 AI 框架中默认包含了自己的 AI 编译器。目前 PyTorch2.X 版本升级后，也默认自带 Inductor 功能特性，可以对接多个不同的 AI 编译器。

静态编译的代码程序在执行前全部被翻译为机器码，如图 8.1.3 所示。这种 AOT 即提前编译的方式，更适合移动、嵌入式深度学习应用。在 MLIR + TensorFlow 框架中目前支持 AOT 和 JIT 的编译方式，不过在 AI 领域，目前 AOT 的典型代表有：①推理引擎，在训练之后 AI 编译器把网络模型提前固化下来，然后在推理场景直接使用提前编译好的模型结构，进行推理部署；②静态图生成，通过 AI 编译器对神经网络模型表示称为统一的 IR 描述，接着在真正运行时执行编译后的内容。

动态解释的程序则是对代码程序边翻译边运行，如图 8.1.4 所示。典型的代表有：①PyTorch 框架中的 JIT 特性，可以将 Python 代码实时编译成本地机器代码，实现对神经网络模型的优化和加速。②清华发布的计图（Jittor），完全基于动态编译 JIT，内部使用创新的元算子和统一计算图的 AI 框架，元算子和 Numpy 一样易于使用，并且超越 Numpy 能够实现更复杂更高效的操作。基于元算子开发的神经网络模型，可以被计图实时地自动优化并且运行在指定的硬件上。

8.1.3 Pass 和中间表示 IR

编译器是提高开发效率的工具链中不可或缺的部分。编译器的内部结构中，Pass 作为编译优化中间层的一个遍历程序或者模块，中间表示 (Intermediate Representation，IR) 负责串联起编译器内各层级和模块。

1. Pass 定义和原理

Pass 主要是对源程序语言的一次完整扫描或处理。在编译器中，Pass 指所采用的一种结构化技术，用于完成编译对象的分析、优化或转换等功能。Pass 的执行就是编译器对编译单元进行分析和优化的过程，Pass 构建了这些过程所需的分析结果。

如图 8.1.5 所示，现代编译器中，一般会采用分层、分段的结构模式，不管是在中间层还是后端，都存在若干条优化的 Pipeline，而这些 Pipeline，则是由一个个 Pass 组成的，对于这些 Pass 的管理，则是由 PassManager 完成的。

在编译器 LLVM 中提供的 Pass 分为三类：Analysis Pass、Transform Pass 和 Utility Pass。

● **Analysis Pass**：计算相关 IR 单元的高层信息，但不对其进行修改。这些信息可以被其他 Pass 使用，或用于调试和程序可视化。同时，Analysis Pass 也会提供 Invalidate 接口，因为当其他 Pass 修改了 IR 单元的内容后，可能会造成已获取的分析信息失效，此时需调用 Invalidate 接口来告知编译器此 Analysis Pass 原先所存储的信息已失效。

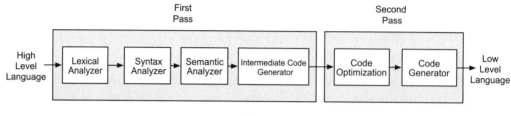

图 8.1.5

● **Transform Pass**：可以使用 Analysis Pass 的分析结果，然后以某种方式改变和优化 IR。此类 Pass 是会改变 IR 的内容的，可能会改变 IR 中的指令，也可能会改变 IR 中的控制流。例如 Inline Pass 会将一些函数进行 Inline 的操作，从而减少函数调用，同时在 Inline 后可能会暴露更多的优化机会。

● **Utility Pass**：是一些功能性的实用程序，既不属于 Analysis Pass，也不属于 Transform Pass。例如，Extract-Blocks Pass 将 Basic Block 从模块中提取出来供 Bug Point 使用，它仅完成这项工作。

2. 中间表示 IR

1）什么是 IR

IR 即中间表示，是编译器中很重要的一种数据结构。编译器在完成前端工作以后，首先生成其自定义的 IR，并在此基础上执行各种优化算法，最后再生成目标代码。

从广义上看，编译器的运行过程中中间节点的表示都可以统称为 IR。从狭义上讲编译器的 IR 是指该编译器明确定义的一种具体的数据结构，大部分时间，不太严格区分这个明确定义的 IR 以及其伴随的语言程序，将其统称为 IR。

如图 8.1.6 所示，在编译原理中，通常将编译器分为前端和后端。其中，前端会对所输入的程序进行词法分析、语法分析、语义分析，然后生成 IR。后端会对 IR 进行优化，然后生成目标代码。

例如：LLVM 把前端和后端给拆分出来，在中间层明确定义一种抽象的语言，这个语言就叫作 IR。定义了 IR 以后，前端的任务就是负责最终生成 IR，优化则是负责优化生成的 IR，而后端的任务就是把 IR 给转化成目标平台的语言。

因此，编译器的前端、优化、后端之间，唯一交换的数据结构类型就是 IR，通过 IR 来实现不同模块的解耦。有些 IR 还会为其专门起一个名字，比如：Open64 的 IR 通常叫作 WHIRL IR，LLVM 则通常就称为 LLVM IR。

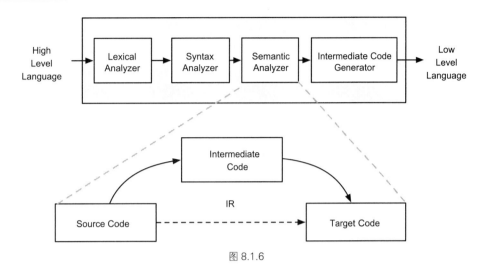

图 8.1.6

2）IR 的分类

IR 在通常情况下有两种用途，一种是用来做分析和变换，另一种是直接用于解释执行。

编译器中，基于 IR 的分析和处理工作，前期阶段可以基于一些抽象层次比较高的语义，此时所需的 IR 更接近源代码。而在编译器后期阶段，则会使用低层次的、更加接近目标代码的语义。基于上述从高到低的层次抽象，IR 可以归结为三层：高层 HIR、中间层 MIR 和底层 LIR。

① HIR

HIR（High IR）主要负责基于源程序语言执行代码的分析和变换。假设要开发一款 IDE，主要功能包括：发现语法错误、分析符号之间的依赖关系（以便进行跳转、判断方法的重载等）、根据需要自动生成或修改一些代码（提供重构能力）。此时对 IR 的需求是能够准确表达源程序语言的语义即可。

AST 也可以算作一种特殊的 IR。如果要开发 IDE、代码翻译工具、代码生成工具等，使用 AST（加上符号表）即可。基于 HIR，可以执行高层次的代码优化，比如常量折叠、内联关联等。在 Java 和 GO 的编译器中，有不少基于 AST 执行的优化工作。

② MIR

MIR（Middle IR），独立于源程序语言和硬件架构执行代码分析和具体优化。大量的优化算法是通用的，没有必要依赖源程序语言的语法和语义，也没有必要依赖具体的硬件架构。这些优化包括部分算术优化、常量和变量传播、死代码消除等，实现分析和优化功能。

因为 MIR 跟源程序代码和目标程序代码都无关，所以在编译优化过程中，通常是基于 MIR，比如三地址码（Three-Address Code，TAC）。

三地址码（TAC）的特点：最多有三个地址（也就是变量），其中赋值符号的左边是用来写入，右边最多可以有两个地址和一个操作符，用于读取数据并计算。

---

③ LIR

LIR（Low IR），依赖于底层具体硬件架构做优化和代码生成。其指令通常可以与机器指令一一对应，比较容易翻译成机器指令或汇编代码。因为 LIR 体现了具体硬件（如 CPU）架构的底层特征，因此可以执行与具体 CPU 架构相关的优化。

多层 IR 和单层 IR 比较起来，具有较为明显的优点：

- 可以提供更多的源程序语言的信息。
- IR 表达上更加灵活，更加方便优化。
- 使得优化算法和优化 Pass 执行更加高效。

小结与思考

- 解释器是一种计算机程序，将每个高级程序语句转换成机器代码。
- 编译器把高级语言程序转换成机器码，即将人可读的代码转换成计算机可读的代码。
- Pass 主要是对源程序语言的一次完整扫描或处理。
- 中间表示 IR 是编译器中的一种数据结构，负责串联起编译器内各层级和模块。

8.2 传统编译器介绍

编译技术是计算机科学皇冠上的一颗明珠，作为基础软件中的核心技术，程序员的终极追求是能够掌握编译器相关的技术。

编译器其实只是一段程序，它用来将编程语言 A 翻译成另外一种编程语言 B，将源代码翻译为目标代码的过程即为编译（Compile）。完整的编译过程通常包含词法分析、语法分析、语义分析、中间代码生成和优化、目标代码生成等步骤。我们很难想象，在没有出现编译器的时候，程序员编程是有多么的困难。

由于 AI 系统中大量地使用了传统编译器中的概念和内容，本节我们将了解传统编译器的发展。如果想要深入了解编译器的内容也可参考以下经典材料（图 8.2.1）。

  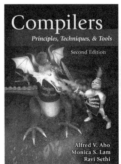 

图 8.2.1

8.2.1　基础介绍

1. 编译器出现原因

我们平时所说的程序，是指双击后或者执行命令行后，就可以直接运行的程序，这样的程序被称为可执行程序（Executable Program）。在 Windows 下，可执行程序的后缀有 .exe 和 .com；在类 UNIX 系统（Linux、MacOS 等）下，可执行程序没有特定的后缀，系统根据文件的头部信息来判断是否可执行程序。

可执行程序的内部是一系列计算机指令和数据的集合，它们都是二进制形式的，CPU 可以直接识别，毫无障碍；但是对于程序员，它们非常晦涩，难以记忆和使用。

例如，在屏幕上输出一句话，Python 语言的写法为：

```python
def print_id(comment):
    print(comment)

print_id("我是ZOMI")
```

二进制的写法就变得非常复杂（图 8.2.2）。

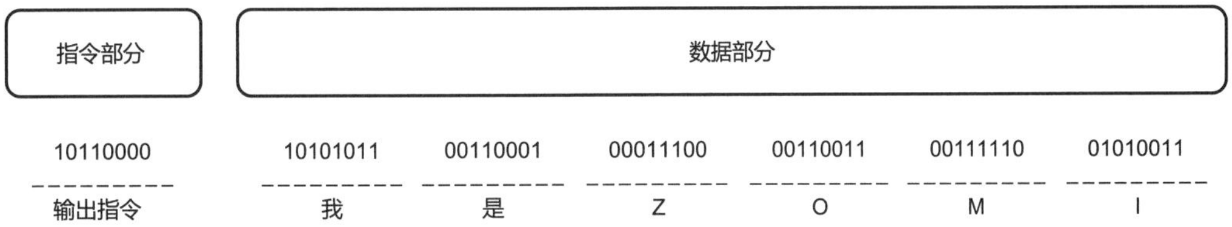

指令部分	数据部分					
10110000	10101011	00110001	00011100	00110011	00111110	01010011
输出指令	我	是	Z	O	M	I

图 8.2.2

20 世纪 50 年代开始，计算机发展的初期，程序员就是使用二进制指令来编写程序，当时缺乏编译器也缺乏良好的编程语言。当程序比较大的时候，不但编写麻烦，需要频繁查询指令手册，而且 Debug 会异常苦恼，要直接面对二进制数据，让人眼花缭乱。另外，用二进制指令编程步骤烦琐，要考虑各种边界情况和底层问题，开发效率十分低下。

这就迫使程序员开发出了编程语言，提高程序开发的效率，例如汇编、C 语言、C++、Java、Python、GO 语言等，都是在逐步提高程序的开发效率。至此，编程终于不再是只有极客能做的事情了，不了解计算机的读者经过一定的训练也可以编写出有模有样的程序。

因此，编译器跟编程语言的发展是相辅相成的，有了高级编程语言，通过编译器能够翻译成低级的指令或者二进制机器码。

2. 什么是编译器

如 8.1 节所述，编译器可以将整个程序转换为目标代码，这些目标代码通常存储在文件中。目标代码也被称为二进制码，在进行链接后可以被机器直接执行（图 8.2.3）。

图 8.2.3

编译器能够识别高级语言程序代码中的词汇、句子以及各种特定的格式和数据结构，并将其转换成机器能够识别的二进制码，这个过程称为编译。

代码语法正确与否是由编译器来检查，即编译器可以 100%保证开发者编写的程序代码从语法上是正确，因为哪怕有一点小小的错误，编译器都会反馈错误的地方，便于开发者对自己编写的代码进行修改。

3. 历史发展

编译器自计算机架构和驱动计算机架构开始发展到现在，历经了 60 余年，这段时间内编译器发展了很多代。先让目光回到 1957 年的第一个编译器 IBM Fortran，其在早期计算机领域属于一项了不起的技术。它的起源和取得的成果，以及其中付出的巨大努力是今天很多开发者无法想象的。

1955 年 IBM 想要销售让更多的人能够进行编程的计算机。但是当时编程是用汇编语言完成的，IBM 的工程师很清楚编程对于大多数开发者来说太难了。于是"蓝色巨人"希望在不牺牲性能的前提下，给开发者提供更快、更方便地编写程序的方式。发明 Fortran 计算机语言的科学家，希望利用高级编程语言编写的程序，提供尽可能接近手动调整的机器代码的性能。

从这时开始，编译器迅猛发展起来。下面一起回顾编译器发展情况，编译器与编程语言几乎是同步发展起来的，发展过程可以分为几个阶段：

● 第一阶段：20 世纪 50 年代，出现了第一个编译程序，将算术公式翻译成机器代码，为高级语言的发展奠定了基础。

● 第二阶段：20 世纪 60 年代，出现多种高级语言和相应的编译器，如 Fortran、COBOL、LISP、ALGOL 等，编译技术也逐渐成熟和规范化。

● 第三阶段：20 世纪 70 年代，出现了结构化程序设计方法和模块化编程思想，以及面向对象的语言和编译器，如 Pascal、C、Simula 等，编译技术开始注重工程代码的可读性和可维护性。

● 第四阶段：20 世纪 80 年代，出现了并行计算机和分布式系统，以及支持并行和分布式的语言和编译器，如 Ada、Prolog、ML 等，编译技术开始考虑程序的并行和分布能力。

● 第五阶段：20 世纪 90 年代，出现了互联网和移动设备等新兴平台，以及支持跨平台和动态特性的语言和编译器，如 Java、C#、Python 等，编译技术开始关注程序的安全性和效率。

● 第六阶段：21 世纪第一个 10 年，出现了以 Lua 为首的 Torch 框架，用于解决爆炸式涌现的 AI 应用和 AI 算法研究，之后又推出 TensorFlow、PyTorch、MindSpore、Paddle 等 AI 框架，随着 AI 框架和 AI 产业的发展，出现了如 AKG、MLIR 等 AI 编译器。

在发展过程中也伴随着编译理论体系的逐步成熟，一些关键技术也成为了实现编译器必不可少的部分，如有限状态自动机、上下文无关文法、属性文法等。

4. 基本构成

目前主流如 LLVM 和 GCC 等经典的开源编译器，通常分为三个部分，前端(Frontend)、优化(Optimizer)和后端(Backend)（图 8.2.4）。

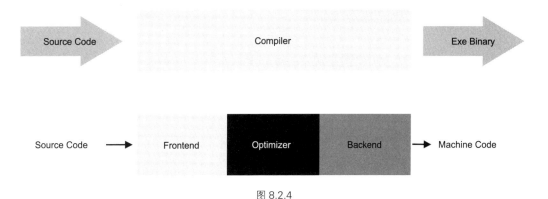

图 8.2.4

● Frontend：主要负责词法和语法分析，将源代码转化为抽象语法树，即将程序划分为基本的组成部分，检查代码的词法、语义和语法，然后生成中间代码；

● Optimizer：优化则是在前端的基础上，对得到的中间代码进行优化（如去掉冗余代码、子表达式消除等工作），使代码更加高效；

● Backend：后端则是将已经优化的中间代码，针对具体的硬件生成目标代码，转换成机器可读的二进制码。

8.2.2　传统编译器之争

GCC、LLVM 和 Clang 都是常见的编译器，用于将高级语言代码转换为机器语言代码。它们在编译速度、优化能力和支持的语言等方面有所不同，曾经很长一段时间，开发者都在争论到底哪个开源编译器更好。

1. GCC

> GCC，是一套由 GNU 开发的编程语言编译器。它是一套以 GPL 及 LGPL 许可证发布的自由软件，也是 GNU 项目的关键部分。GCC（特别是其中的 C 语言编译器）也常被认为是跨平台编译器的事实标准。

在 1983 年，理查德·斯托曼提出 GNU 计划，希望发展出一套完整的开放源代码操作系统来取代 UNIX，计划中的操作系统，名为 GNU。

但是操作系统是包括很多软件的，除了操作系统内核之外，还要有编辑器、编译器、Shell 等一些软件来支持。

十几年以来 GNU 计划已经成为软件开发领域中一个重要的影响力量，创造了无数的重要的工具，例如：GCC 编译器，甚至一个全功能的 Linux 操作系统。

GCC 作为 GNU 计划的其中一个项目，原名为 GNU C 语言编译器（GNU C Compiler），因为它原本只能处理 C 语言。GCC 很快地扩展，可处理 C++。之后又可处理 Fortran、Pascal、Objective-C、Java、Ada，以及 GO 与其他语言。

GCC 通常是跨平台软件的编译器首选。有别于一般局限于特定系统与运行环境的编译器，GCC 在所有平台上都使用同一个前端处理程序，产生一样的中介码，因此此中介码在各个平台上使用 GCC 编译，有很大的机会可得到正确无误的输出程序。

2. Clang/LLVM

1）Clang

> Clang 是一个 C、C++、Objective-C 和 Objective-C++ 编程语言的编译器前端。它采用了 LLVM 作为其后端。

Clang 项目在 2005 年由苹果公司发起，是 LLVM 编译器工具集的前端，目的是输出代码对应的抽象语法树（Abstract Syntax Tree, AST），并将代码编译成 LLVM Bitcode。接着在后端使用 LLVM 编译成平台相关的机器语言。它的目标是提供一个 GNU 编译器套装（GCC）的替代品。Clang 项目包括 Clang 前端和 Clang 静态分析器等。

Clang 本身性能优异，其生成的 AST 所耗用掉的内存仅仅是 GCC 的 20% 左右。FreeBSD 10 将 Clang/LLVM 作为默认编译器。此外，Clang 还能针对用户编译时出现的编译错误，准确地给出错误描述、代码位置和修复建议。

正像名字所写的那样，Clang 只支持 C、C++和 Objective-C 三种 C 家族语言。2007 年开始开发，C 编译器最早完成，而由于 Objective-C 相对简单，只是 C 语言的一个简单扩展，很多情况下甚至可以等价地改写为 C 语言对 Objective-C 运行库的函数调用，因此在 2009 年时，已经完全可以用于生产环境。

目前 GCC 作为跨平台编译器来说,它的兼容性无疑是最强的,兼容最强肯定是以牺牲一定的性能为基础,苹果公司为了提高性能,专门针对 Mac 系统开发了专用的编译器 Clang 与 LLVM,Clang 用于编译器前端,LLVM 用于后端。

2)LLVM

> LLVM 提供了与编译器相关的支持,能够进行程序语言的编译器优化、链接优化、在线编译优化、代码生成。简而言之,可以作为多种编译器的后台来使用。

LLVM 作为一个编译器的基础建设,支持各种编程语言编写的程序,利用虚拟技术,实现编译时、链接时、运行时以及闲置时的优化。

苹果公司此前一直使用 GCC 作为官方的编译器。GCC 作为开源世界的编译器标准一直做得不错,但苹果公司对编译工具会提出更高的要求:

一方面,苹果公司为 Objective-C 语言(后来扩展到 C 语言)引入了诸多新特性,但 GCC 开发者对苹果公司使用 Objective-C 的支持度较低。因此,苹果公司基于 GCC 某个版本,分成两条分支分别开发,这也造成苹果公司的编译器版本远落后于 GCC 的官方版本(图 8.2.5)。

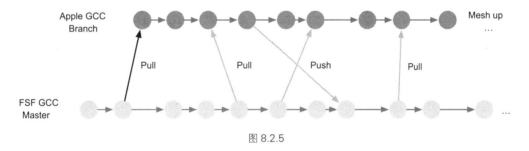

图 8.2.5

另一方面,GCC 的代码耦合度太高,不好独立,而且越是后期的版本,代码质量越差,但苹果公司想实现的很多功能(比如更好的 IDE 支持)需要模块化的方式来调用 GCC,但 GCC 一直没有实现,从根本上限制了 LLVM-GCC 的开发。

由于这种分歧,苹果公司一直在寻找一个既高效又模块化,且具有更宽松许可协议的开源编译器替代品。

因为 GCC 的编译器已经慢慢无法满足苹果的需求,因此苹果开发了 Clang 与 LLVM 来完全取代 GCC。Xcode4 之后,苹果的默认编译器采用 Clang 作为编译器前端,LLVM 作为编译器后端。

3. 差异对比

下面通过不同的维度来比较两大编译器巨头 GCC 和 Clang/LLVM。

GCC 是一个功能强大的编译器集合，支持多种编程语言，广泛应用于各种开源项目和商业软件。LLVM 是一个灵活的编译器基础设施，提供了通用的编译器工具和库，被用于构建自定义编译器。Clang 是基于 LLVM 的主要支持 C、C++、Objective-C 和 Objective-C++编译器，具有快速的编译速度和低内存占用，Clang 的底层框架 LLVM 具有足够的可扩展性，可以支持 Julia 和 Swift 等较新的语言。表 8.2.1 简单梳理了两个工具的差异。

表 8.2.1 GCC 与 Clang/LLVM 对比

	GCC	Clang/LLVM
开源协议	GNU GPL	Apache 2.0
代码模块化	一体化架构	模块化
支持平台	UINX、Windows、Mac	UINX、Mac
代码生成	高效，有很多编译器选项可以使用	高效，LLVM 后端使用了 SSA 表单
语言独立类型系统	没有	有
构建工具	Make	CMake
解析器	最早采用 Bison LR，现在改为递归下降解析器	手写的递归下降解析器
链接器	ld	lld
调试器	GDB	LLDB

小结与思考

- 编译技术是计算机科学皇冠上的一颗明珠，是基础软件中的核心技术。
- 编译器能够识别高级语言程序代码中的词汇、句子以及各种特定的格式和数据结构。
- 编译过程，是将源代码程序转换成机器能够识别的二进制码。
- 传统编译器通常分为三个部分，前端（Frontend）、优化（Optimizer）和后端（Backend）。

8.3 GCC 基本介绍与特征

GCC 最初是作为 GNU 操作系统的编译器编写的，旨在为 GNU/Linux 系统开发一个高效的 C 编译器。其历史可以追溯到 1987 年，当时由理查德·斯托曼（Richard Stallman）创建，作为 GNU 项目的一部分。

在 20 世纪 90 年代和 21 世纪 00 年代，GCC 经历了几次重要的重构和扩展。改进包括引入新的优化技术、提升代码生成和分析能力，以及增强对新兴编程语言和硬件架构的支持。随着 GNU/Linux 系统的快速发展，GCC 逐渐扩展其支持范围，涵盖了包括 Microsoft Windows、BSD 系列、Solaris 和 MacOS 在内的多种操作系统平台。

GCC 具有以下主要特征：

- 可移植性：支持多种硬件平台，使得用户可以在不同的硬件架构上进行编译。
- 跨平台交叉编译：支持在一个平台上为另一个平台生成可执行文件，这对嵌入式开发尤为重要。
  - 多语言前端：除了 C 语言，还支持 C++、Fortran、GO 等多种编程语言。
  - 模块化设计：允许轻松添加新语言和 CPU 架构的支持，增强了扩展性。
  - 开源自由软件：源代码公开，用户可以自由使用、修改和分发。

8.3.1　GCC 编译流程

GCC 的编译过程可以大致分为预处理、编译、汇编和链接四个阶段（图 8.3.1）。

图 8.3.1

1. 源程序

当编写源程序时，通常会使用以 .c 或 .cpp 为扩展名的文件。下面以打印宏定义 HELLOWORD 为例，我们使用 C 语言编写 hello.c 源文件：

```c
#include <stdio.h>

#define HELLOWORD ("hello world\n")

int main(void){
    printf(HELLOWORD);
    return 0;
}
```

2. 预处理

生成文件 hello.i

```
gcc -E hello.c -o hello.i
```

在预处理过程中，源代码会被读入，并检查其中包含的预处理指令和宏定义，然后进行相应的替换操作。此外，预处理过程还会删除程序中的注释和多余空白字符。最终生成的.i 文件包含了经过预处理后的代码内容。

当高级语言代码经过预处理生成.i 文件时，预处理过程会涉及头文件展开、宏替换、条件编译等操作。以下是对这些预处理操作的解释：

- 头文件展开：在预处理阶段，编译器会将源文件中包含的头文件内容插入到源文件中对应的位置，以便在编译时能够访问头文件中定义的函数、变量、宏等内容。
- 宏替换：在预处理阶段，编译器会将源文件中定义的宏在使用时进行替换，即将宏名称替换为其定义的内容。这样可以简化代码编写，提高代码的可读性和可维护性。
- 条件编译：通过预处理指令如 #if、#else、#ifdef 等，在编译前确定某些代码片段是否应被包含在最终的编译过程中。这样可以根据条件编译选择性地包含代码，实现不同平台、环境下的代码控制。
- 删除注释：在预处理阶段，编译器会删除源文件中的注释，包括单行注释（//）和多行注释（/.../），这样可以提高编译速度并减少编译后代码。
- 添加行号和文件名标识：通过预处理指令如 #line，在预处理阶段添加行号和文件名标识到源文件中，便于在编译过程中定位错误信息和调试。
- 保留 #pragma 命令：在预处理阶段，编译器会保留以#pragma 开头的预处理指令，如#pragma once、#pragma pack 等，这些指令可以用来指导编译器进行特定的处理，如控制编译器的行为或优化代码。

hello.i 文件部分内容如下。

```
int main(void){
    printf(("hello world\n"));
    return 0;
}
```

在该文件中，已经将头文件包含进来，宏定义 HELLOWORD 替换为字符串"hello world\n"，并删除了注释和多余空白字符。

3. 编译

在这里，编译并不仅仅指将程序从源文件转换为二进制文件的整个过程，而是特指将经过预处理的文件（hello.i）转换为特定汇编代码文件（hello.s）的过程。

在这个过程中，经过预处理后的 .i 文件作为输入，通过编译器生成相应的汇编代码.s 文件。编译器是 GCC 的前端，其主要功能是将经过预处理的代码转换为汇编代码。编译阶段会对预处理后的.i 文件进行语法分析、词法分析以及各种优化，最终生成对应的汇编代码。

汇编代码是以文本形式存在的程序代码，接着经过编译生成.s 文件，是连接程序员编写的高级语言代码与计算机硬件之间的桥梁。

生成文件 hello.s：

```
gcc -S hello.i -o hello.s
```

打开 hello.s 后输出如下：

```
.section    __TEXT,__text,regular,pure_instructions
.build_version macos, 10, 15    sdk_version 10, 15, 6
```

```
    .globl    _main                     ## -- Begin function main
    .p2align  4, 0x90
_main:                                   ## @main
    .cfi_startproc
## %bb.0:
    pushq    %rbp
    .cfi_def_cfa_offset 16
    .cfi_offset %rbp, -16
    movq     %rsp, %rbp
    .cfi_def_cfa_register %rbp
    subq     $16, %rsp
    movl     $0, -4(%rbp)
    leaq     L_.str(%rip), %rdi
    movb     $0, %al
    callq    _printf
    xorl     %ecx, %ecx
    movl     %eax, -8(%rbp)            ## 4-byte Spill
    movl     %ecx, %eax
    addq     $16, %rsp
    popq     %rbp
    retq
    .cfi_endproc
                                        ## -- End function
    .section    __TEXT,__cstring,cstring_literals
L_.str:                                 ## @.str
    .asciz    "hello world\n"

.subsections_via_symbols
```

现在 hello.s 文件中完全是汇编指令的内容，表明 hello.c 文件已经被成功编译成了汇编语言。

4. 汇编

在这一步中，我们将汇编代码转换成机器指令。这一步是通过汇编器(as)完成的。汇编器是 GCC 的后端。

汇编器的工作是将人类可读的汇编代码转换为机器指令或二进制码，生成一个可重定位的目标程序，通常以 .o 作为文件扩展名。这个目标文件包含了逐行转换后的机器码，以二进制形式存储。这种可重定位的目标程序为后续的链接和执行提供了基础，使得汇编代码能够被计算机直接执行。

生成文件 hello.o:

```
gcc -c hello.s -o hello.o
```

5. 链接

链接过程中，链接器的作用是将目标文件与其他目标文件、库文件以及启动文件等进行链接，从而生成一个可执行文件。在链接的过程中，链接器会对符号进行解析、执行重定位、进行代码优化、确定空间布局，进行装载，并进行动态链接等操作。通过链接器的处理，将所有需要的依赖项打包成一个在特定平台可执行的目标程序，用户可以直接执行这个程序。

```
gcc -o hello.o -o hello
```

添加-v 参数，可以查看详细的编译过程：

```
gcc -v hello.c -o hello
```

- 静态链接：静态链接是指在链接程序时，需要使用的每个库函数都会复制一份，加入到可执行文件中。通过静态链接使用静态库进行链接，生成的程序包含程序运行所需要的全部库，可以直接运行。然而，静态链接生成的程序体积较大。
- 动态链接：动态链接是指可执行文件只包含文件名，让载入器在运行时能够寻找程序所需的函数库。通过动态链接使用动态链接库进行链接，生成的程序在执行时需要加载所需的动态库才能运行。相比静态链接，动态链接生成的程序体积较小，但是必须依赖所需的动态库，否则无法执行。

8.3.2 GCC 编译方法

1. 本地编译

所谓本地编译，是指编译源代码的平台和执行源代码编译后程序的平台是同一个平台。这里的平台，可以理解为 CPU 架构+操作系统。比如，在 Intel x86 架构或者 Windows 平台下、使用 Visual C++ 编译生成的可执行文件，在同样的 Intel x86 架构/Windows 10 下运行。

2. 交叉编译

所谓交叉编译（Cross_Compile），是指编译源代码的平台和执行源代码编译后程序的平台是两个不同的平台。比如，在 Intel x86 架构/Linux（Ubuntu）平台下、使用交叉编译工具链生成的可执行文件，在 ARM 架构/Linux 下运行。

8.3.3 与传统编译区别

在 GCC 中，编译过程被分成了预处理、编译、汇编、链接四个阶段。其中 GCC 的预处理、编译阶段属于三段式划分的前端部分，汇编阶段属于三段式划分的后端部分。

GCC 编译过程的四个阶段与传统的三段式划分的前端、优化、后端三个阶段有一定的重合和对应关系，但 GCC 更为详细和全面地划分了编译过程，使得每个阶段的功能更加明确和独立。

小结与思考

- 本节介绍了 GCC 的编译过程，主要包括预处理、编译、汇编、链接四个阶段。
- GCC 编译支持多种编程语言、跨平台支持广泛、功能完备，但难以作为 API 继承、代码量庞大。
- GCC 与传统编译的阶段划分有所区别。

8.4　LLVM 架构设计和原理

在 8.3 节中，我们详细探讨了 GCC 的编译过程和原理。然而，由于 GCC 存在代码耦合度高、难以进行独立操作以及代码量庞大等缺点，人们开始期待新一代编译器的出现。在本节，我们将深入研究 LLVM 的架构设计和原理，以探索其与 GCC 不同之处。

8.4.1　LLVM 发展历程

LLVM 项目起源于 2000 年伊利诺伊大学厄巴纳-香槟分校的维克拉姆·艾夫（Vikram Adve）和克里斯·拉特纳（Chris Lattner）的研究，旨在为所有静态和动态语言创建动态编译技术。LLVM 是以 BSD 许可证开发的开源软件。2005 年，苹果公司雇用了克里斯·拉特纳及其团队为 MacOS 和 iOS 开发工具，LLVM 成为这些平台开发工具的一部分。

项目最初被命名为低级虚拟机（Low Level Virtual Machine）的首字母缩写 LLVM。然而，随着 LLVM 项目的发展，该缩写引起了混淆，因为项目范围不仅局限于创建虚拟机。现在 LLVM 已经成为一个品牌，用于指代 LLVM 项目下的所有子项目，包括 LLVM 中间表示（LLVM IR）、LLVM 调试工具、LLVM C++标准库等。

LLVM 项目已经迅速发展成为一个庞大的编译器工具集合。LLVM 激发了许多人为多种编程语言开发新的编译器，其中最引人注目的之一是 Clang。作为一个新的编译器，Clang 提供对 C、Objective-C 和 C++ 的支持，并且得到了苹果公司的大力支持。

8.4.2　LLVM 架构特点

LLVM 架构具有独立的组件和库化的特点，使得前端和后端工程师能够相对独立地进行工作，从而提高了开发效率和代码可维护性。其核心在于中间表示（IR），通过统一且灵活的 IR 实现了对不同编程语言和目标平台的支持。优化能够将 IR 转换为高效的形式，再由后端生成目标平台的机器码。这种设计使得 LLVM 具有适应不同编程需求和硬件架构的灵活性和高性能，为软件开发提供了强大的支持。

1. LLVM 组件独立性

LLVM 具有一个显著的特点，即其组件的独立性和库化架构。在使用 LLVM 时，前端工程师只需实现相应的前端，而无需修改后端部分，从而使得添加新的编程语言变得更加简便。这是因为后端只需要将中间表示（IR）翻译成目标平台的机器码即可。

对于后端工程师而言，他们只需将目标硬件的特性如寄存器、硬件调度以及指令调度与 IR 进行对接，而无需干涉前端部分。这种灵活的架构使得编译器的前端和后端工程师能够相对独立地进行工作，从而极大地提高了开发效率和可维护性。

在 LLVM 中，IR 扮演着至关重要的角色。它是一种类似汇编语言的底层语言，但具有强类型和精简指令集（RISC）的特点，并对目标指令集进行了抽象化处理。

2. LLVM 中间表示

LLVM 提供了一套适用于编译器系统的中间表示（IR），并围绕这个中间表示进行了大量的变换和优化。经过这些变换和优化，IR 可以被转换为与目标平台相关的汇编语言代码。

与传统 GCC 的前端直接对应于后端不同，LLVM 的 IR 是统一的，可以适用于多种平台，进行优化和代码生成。

GCC 编程语言与硬件对应关系如图 8.4.1 所示，LLVM 编程语言与硬件对应关系如图 8.4.2 所示。

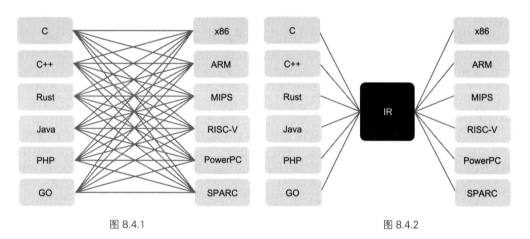

图 8.4.1   图 8.4.2

LLVM IR 的优点包括：

- 更独立：可在编译器之外的任意工具中重用，使得轻松集成其他类型的工具成为可能，如静态分析器和插桩器。
- 更正式：拥有明确定义和规范化的 C++ API，使得处理、转换和分析变得更加便捷。
- 更接近硬件：提供类似 RISC-V 的模拟指令集和强类型系统，具有足够底层指令和细粒度类型的特性，使得上层语言和 IR 的隔离变得简单。

8.4.3 LLVM 整体架构

LLVM 是一个模块化和可重用的编译器和工具链技术库。它的整体架构包含从前端语言处理到最终生成目标机器码的完整优化流程（图 8.4.3）。对于用户而言，通常会使用 Clang 作为前端，而 LLVM 的优化和后端处理则是透明的（图 8.4.4）。

- 前端：负责处理高级语言（如 C/C++/Obj-C）的编译，生成中间表示（IR）。

- 优化：对中间表示进行各种优化，提高代码执行效率。
- 后端：将优化后的中间表示转换为目标平台的机器码。

当用户编写的 C/C++/Obj-C 代码输入到 Clang 前端时，Clang 会执行以下步骤：

- 词法分析（Lexical Analysis）：将源代码转换为标记（tokens）。
- 语法分析（Syntax Analysis）：将标记转换为抽象语法树。
- 语义分析（Semantic Analysis）：检查语义正确性，生成中间表示。

生成的抽象语法树通过进一步处理，转换为 LLVM 的中间表示。

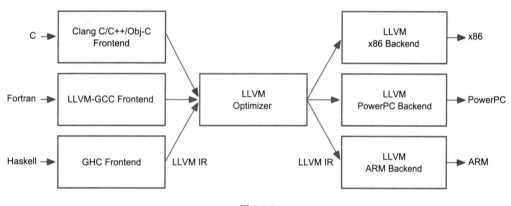

图 8.4.3

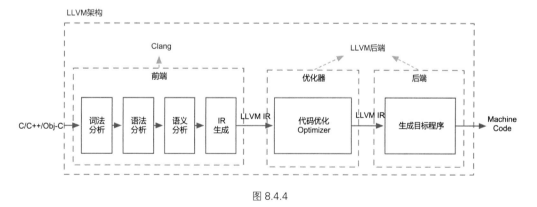

图 8.4.4

在详细的架构图中（图 8.4.5），我们可以看到 LLVM 的前端、优化、后端等各个组件的交互。在前端，Clang 会将高级语言代码转换为 LLVM 的中间表示。

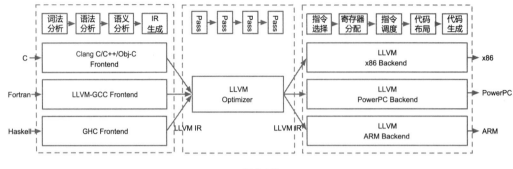

图 8.4.5

LLVM 的优化通过多个优化 Pass 来提升中间表示的性能。每个 Pass 都对 IR 进行特定的优化操作，例如：

- 常量折叠（Constant Folding）：将编译时已知的常量表达式直接计算并替换。
- 循环优化（Loop Optimizations）：如循环展开、循环交换等，以提高循环执行效率。
- 死代码消除（Dead Code Elimination）：移除不必要的代码，提高执行效率。

经过优化后的 IR 是一个更高效的中间表示，为后续的代码生成做好充分的准备。

LLVM 的后端负责将优化后的中间表示转换为目标平台的机器码。这包含以下步骤：

- 指令选择（Instruction Selection）：将 IR 转换为目标架构的汇编指令。
- 寄存器分配（Register Allocation）：为指令分配合适的寄存器。
- 指令调度（Instruction Scheduling）：优化指令执行顺序，以提高指令流水线的效率。
- 代码布局（Code Layout）：调整代码的排列顺序，以适应目标硬件的执行特性。
- 代码生成（Code Generation）：生成目标平台的汇编代码和最终的机器码。

LLVM 的整体架构清晰地分为前端、优化和后端三个部分。用户与 Clang 前端直接交互，输入高级语言代码，Clang 将其转换为中间表示。之后，LLVM 的优化和后端在后台处理，进行复杂的优化和代码生成步骤，最终输出高效的目标机器码（图 8.4.6）。

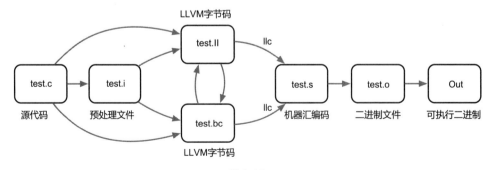

图 8.4.6

在使用 LLVM 时，我们会从原始的 C 代码开始。这个 C 代码会经过一系列的预处理步骤，最终被转换为 LLVM 的中间表示文件（.ll 文件）或者 LLVM 位代码（bitcode）文件（.bc 文件）（有时也称为字节码文件）。LLVM 汇编语言更为易读，方便人类阅读和理解。

IR 经过 LLVM 的后端编译器工具 llc 将 IR 转换为汇编代码（Assembly Code）。这个汇编代码是目标机器特定机器码指令的文本表示。

最后的两个步骤是将汇编代码汇编（Assemble）成机器码文件，然后链接（Link）生成可执行二进制文件，使其可以在特定平台上运行。

8.4.4　Clang/LLVM 案例实践

以下是对 Clang 编译过程中各个步骤的说明，其中 hello.c 是我们需要编译的 c 文件。

- 生成.i 文件：

```
clang -E -c .\hello.c -o .\hello.i
```

这一步使用 Clang 的预处理器将 hello.c 文件中的所有预处理指令展开，生成预处理后的文件 hello.i。这包括展开宏定义、处理 #include 头文件等，生成一个纯 C 代码文件。

- 将预处理过后的.i 文件转化为.bc 文件：

```
clang -emit-llvm .\hello.i -c -o .\hello.bc
```

这一步将预处理后的 hello.i 文件编译为 LLVM 位代码（bitcode）文件 hello.bc。LLVM 位代码是中间表示形式，可供进一步优化和转换。

```
clang -emit-llvm .\hello.c -S -o .\hello.ll
```

这一步将 hello.c 文件直接编译成 LLVM 中间表示的汇编代码文件 hello.ll，这是一种人类可读的中间表示形式，适用于进一步地分析和优化。

- llc：

在前面两个步骤中，我们生成了 .i 文件和 LLVM 位代码文件 .bc 或中间表示文件 .ll。接下来，我们可以使用 llc 工具将这些中间表示文件转换为目标平台的汇编代码。

```
llc .\hello.ll -o .\hello.s
llc .\hello.bc -o .\hello2.s
```

通过以上命令，我们分别将 hello.ll 文件和 hello.bc 文件编译为汇编代码文件 hello.s 和 hello2.s。由于 hello.ll 和 hello.bc 表示相同的代码逻辑，所以生成的汇编代码文件 hello.s 和 hello2.s 是相同的。

- 转变为可执行的二进制文件：

```
clang .\hello.s -o hello
```

● 查看编译过程：

```
clang -ccc-print-phases .\hello.c
            +- 0: input, ".\hello.c", c
         +- 1: preprocessor, {0}, cpp-output
      +- 2: compiler, {1}, ir
   +- 3: backend, {2}, assembler
   +- 4: assembler, {3}, object
 +-5: linker, {4}, image
6: bind-arch,"x86_64", {5}, image
```

其中 0 是输入，1 是预处理，2 是编译，3 是后端优化，4 是产生汇编指令，5 是库链接，6 是生成可执行的 x86_64 二进制文件。

小结与思考

● LLVM 把编译器移植到新语言只需要实现编译前端，复用已有的优化和后端。

● LLVM 实现不同组件隔离为单独程序库，易于在整个编译流水线中集成转换和优化 Pass。

● LLVM 提供了实现各种静态和运行时编译语言的通用基础结构。

8.5　LLVM IR 基本概念

在 8.4 中，我们已经简要介绍了 LLVM 的基本概念和架构，现在我们将更深入地研究 LLVM 的 IR（中间表示）的概念。

了解 LLVM IR 是为了能够更好地理解编译器的运作原理，以及理解在编译过程中 IR 是如何被使用的。LLVM IR 提供了一种抽象程度适中的表示形式，同时能够涵盖绝大多数源代码所包含的信息，这使得编译器能够更为灵活地操作和优化代码。

8.5.1　LLVM IR 概述

LLVM IR 提供了一种抽象层，使程序员可以更灵活地控制程序的编译和优化过程，同时保留了与硬件无关的特性。通过使用 LLVM IR，开发人员可以更好地理解程序的行为，提高代码的可移植性和性能优化的可能性。

在 LLVM 中，不管是前端、优化，还是后端都有大量的 IR，使得 LLVM 的模块化程度非常高，可以大量地复用一些相同的代码，非常方便地集成到不同的 IDE 和编译器当中。

经过 IR 的这种做法相对于直接将源代码翻译为目标体系结构的优势主要有两个：

● 有些优化技术是与目标平台无关的，我们只需要在 IR 上实现这些优化，再转换为不同的汇编语言，这样不仅能够在所有支持的体系结构上实现这些优化，而且显著减少了开发的工作量。

● 其次，假设我们有 m 种源语言和 n 种目标平台，如果我们直接将源代码翻译为目标平台的代码，那么我们就需要编写 $m*n$ 个不同的编译器。然而，如果我们采用一种 IR 作为中转，先将源语言编译到这种 IR，再将此 IR 翻译到不同的目标平台，那么我们就只需要实现 $m+n$ 个编译器。

值得注意的是，LLVM 并非使用单一的 IR 进行表达，前端给优化传递的是一种抽象语法树的 IR（图 8.5.1）。因此 IR 是一种抽象表达，没有固定的形态。

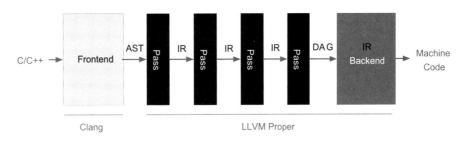

图 8.5.1

在中端优化完成之后会传一个 DAG 图的 IR 给后端，DAG 图能够非常有效地表示硬件的指定的顺序。

> DAG（Directed Acyclic Graph，有向无环图）是图论中的一种数据结构，它是由顶点和有向边组成的图，其中顶点之间的边是有方向的，并且图中不存在任何环路（即不存在从某个顶点出发经过若干条边之后又回到该顶点的路径）。
>
> 在计算机科学中，DAG 图常用于描述任务之间的依赖关系，例如在编译器和数据流分析中。DAG 图具有拓扑排序的特性，可以方便地对图中的节点进行排序，以确保按照依赖关系正确地执行任务。

编译的不同阶段会产生不同的数据结构和中间表示，如前端的抽象语法树、优化层的 DAG 图、后端的机器码等。后端优化时 DAG 图可能又转为普通的 IR 进行优化，最后再生成机器码。

8.5.2　LLVM IR 示例与语法

1. 示例程序

我们编写一个简单的 C 语言程序，并将其编译为 LLVM IR。

test.c 文件内容如下：

```
#include <stdio.h>

void test(int a, int b)
{
    int c = a + b;
}

int main(void)
{
    int a = 10;
    int b = 20;
```

```
    test(a, b);
    return 0;
}
```

接下来我们使用 Clang 编译器将 C 语言源文件 test.c 编译成 LLVM 格式的中间代码。具体参数的含义如下：

- clang：Clang 编译器。
- -S：生成汇编代码而非目标文件。
- -emit-llvm：生成 LLVM IR 中间代码。
- .\test.c：要编译的 C 语言源文件。

```
clang -S -emit-llvm .\test.c
```

在 LLVM IR 中，所生成的 .ll 文件的基本语法为：

- 指令以分号;开头表示注释。
- 全局表示以@开头，局部变量以%开头。
- 使用 define 关键字定义函数，在本例中定义了两个函数：@test 和 @main。
- alloca 指令用于在堆栈上分配内存，类似于 C 语言中的变量声明。
- store 指令用于将值存储到指定地址。
- load 指令用于加载指定地址的值。
- add 指令用于对两个操作数进行加法运算。
- i32 是 32 位 4 个字节的意思。
- align 字节对齐。
- ret 指令用于从函数返回。

编译完成后，生成的 test.ll 文件内容如下：

```
; ModuleID = '.\test.c'
source_filename = ".\\test.c"
target datalayout =
"e-m:w-p270:32:32-p271:32:32-p272:64:64-i64:64-f80:128-n8:16:32:64-S128"
target triple = "x86_64-w64-windows-gnu"

; Function Attrs: noinline nounwind optnone uwtable
define dso_local void @test(i32 noundef %0, i32 noundef %1) #0 { ;定义全局函数@test(a,b)
  %3 = alloca i32, align 4 ; 局部变量c
  %4 = alloca i32, align 4 ; 局部变量d
  %5 = alloca i32, align 4 ; 局部变量e
  store i32 %0, ptr %3, align 4 ; %0赋值给%3 c=a
  store i32 %1, ptr %4, align 4 ; %1赋值给%4 d=b
  %6 = load i32, ptr %3, align 4 ; 读取%3,赋值%6就是参数a
  %7 = load i32, ptr %4, align 4 ; 读取%4,赋值%7就是参数b
  %8 = add nsw i32 %6, %7
  store i32 %8, ptr %5, align 4 ; 参数 %8赋值给%5 e就是转换前函数写的int e变量
  ret void
}
```

```
; Function Attrs: noinline nounwind optnone uwtable
define dso_local i32 @main() #0 {
  %1 = alloca i32, align 4
  %2 = alloca i32, align 4
  %3 = alloca i32, align 4
  store i32 0, ptr %1, align 4
  store i32 10, ptr %2, align 4
  store i32 20, ptr %3, align 4
  %4 = load i32, ptr %2, align 4
  %5 = load i32, ptr %3, align 4
  call void @test(i32 noundef %4, i32 noundef %5)
  ret i32 0
}

attributes #0 = { noinline nounwind optnone uwtable "min-legal-vector-width"="0"
"no-trapping-math"="true"    "stack-protector-buffer-size"="8"    "target-cpu"="x86-64"
"target-features"="+cmov,+cx8,+fxsr,+mmx,+sse,+sse2,+x87" "tune-cpu"="generic" }

!llvm.module.flags = !{!0, !1, !2, !3}
!llvm.ident = !{!4}

!0 = !{i32 1, !"wchar_size", i32 2}
!1 = !{i32 8, !"PIC Level", i32 2}
!2 = !{i32 7, !"uwtable", i32 2}
!3 = !{i32 1, !"MaxTLSAlign", i32 65536}
!4 = !{!"(built by Brecht Sanders, r4) clang version 17.0.6"}
```

以上程序中包含了两个函数：@test 和@main。@test 函数接受两个整型参数并计算它们的和，将结果存储在一个局部变量中。@main 函数分配三个整型变量的内存空间，然后分别赋予初始值，并调用@test 函数进行计算。最后@main 函数返回整数值 0。

程序的完整执行流程如下：

- 在@main 函数中，首先分配三个整型变量的内存空间 %1、%2、%3，分别存储 0，10，20；
- 接下来加载 %2 和 %3 的值，将 10 和 20 作为参数调用@test 函数；
- 在@test 函数中，分别将传入的参数 %0 和 %1 存储至本地变量 %3 和 %4 中；
- 然后加载 %3 和 %4 的值，进行加法操作，并将结果存储至 %5 中；
- 最后，程序返回整数值 0。

LLVM IR 的代码和 C 语言编译生成的代码在功能实现上具有完全相同的特性。.ll 文件作为 LLVM IR 的一种中间语言，可以通过 LLVM 编译器将其转换为机器码，从而实现计算机程序的执行。

2. 基本语法

除了上述示例代码中涉及的基本语法外，LLVM IR 作为中间语言也同样有着条件语句、循环体的语法规则。

1）条件语句

例如以下 C 语言代码：

```c
#include <stdio.h>

int main()
{
    int a = 10;
    if(a%2 == 0)
        return 0;
    else
        return 1;
}
```

经过编译后的 .ll 文件的内容如下所示：

```llvm
define i32 @main() #0 {
entry:
  %retval = alloca i32, align 4
  %a = alloca i32, align 4
  store i32 0, i32* %retval, align 4
  store i32 10, i32* %a, align 4
  %0 = load i32, i32* %a, align 4
  %rem = srem i32 %0, 2
  %cmp = icmp eq i32 %rem, 0
  br i1 %cmp, label %if.then, label %if.else

if.then:                                          ; preds = %entry
  store i32 0, i32* %retval, align 4
  br label %return

if.else:                                          ; preds = %entry
  store i32 1, i32* %retval, align 4
  br label %return

return:                                           ; preds = %if.else, %if.then
  %1 = load i32, i32* %retval, align 4
  ret i32 %1
}
```

其中，icmp 指令是根据比较规则，比较两个操作数，将比较的结果以布尔值或者布尔值向量返回，且对于操作数的限定是操作数为整数或整数值向量、指针或指针向量。eq 是比较规则，%rem 和 0 是操作数，i32 是操作数类型，比较 %rem 与 0 的值是否相等，将比较的结果存放到 %cmp 中。

br 指令有两种形式，分别对应于条件分支和无条件分支。该指令的条件分支在形式上接受一个"i1"值和两个"label"值，用于将控制流传输到当前函数中的不同基本块，上面这条指令是条件分支，类似于 C 中的三目条件运算符 < expression ?Statement: statement>；无条件分支的话就是不用判断，直接跳转到指定的分支，类似于 C 中 goto，比如说这个就是无条件分支 br label %return。br i1 %cmp, label %if.then, label %if.else 指令的意思是，i1 类型的变量 %cmp 的值如果为真，执行 if.then，否则执行 if.else。

2）循环体

例如以下 C 程序代码：

```
#include <stdio.h>

int main()
{
  int a = 0, b = 1;
  while(a < 5)
  {
    a++;
    b*= a;
  }
  return b;
}
```

经过编译后的 .ll 文件的内容如下所示:

```
define i32 @main() #0 {
entry:
  %retval = alloca i32, align 4
  %a = alloca i32, align 4
  %b = alloca i32, align 4
  store i32 0, i32* %retval, align 4
  store i32 0, i32* %a, align 4
  store i32 1, i32* %b, align 4
  br label %while.cond

while.cond:                                      ; preds = %while.body, %entry
  %0 = load i32, i32* %a, align 4
  %cmp = icmp slt i32 %0, 5
  br i1 %cmp, label %while.body, label %while.end

while.body:                                      ; preds = %while.cond
  %1 = load i32, i32* %a, align 4
  %inc = add nsw i32 %1, 1
  store i32 %inc, i32* %a, align 4
  %2 = load i32, i32* %a, align 4
  %3 = load i32, i32* %b, align 4
  %mul = mul nsw i32 %3, %2
  store i32 %mul, i32* %b, align 4
  br label %while.cond

while.end:                                       ; preds = %while.cond
  %4 = load i32, i32* %b, align 4
  ret i32 %4
}
```

对比 if 语句可以发现, while 中几乎没有新的指令出现, 所谓的 while 循环, 也就是"跳转+ 分支"这一结构。同理, for 循环也可以由"跳转+分支"这一结构构成。

小结与思考

- **LLVM IR 表示形式**: LLVM IR 是一种中间表示形式, 类似汇编语言但更抽象, 用于表示高级语言到机器码的转换过程。
- **LLVM IR 基本语法**: LLVM IR 使用类似文本的语法表示, 包括指令、注释、变量声明等内容。
- **LLVM IR 指令集**: LLVM IR 包含一系列指令用于描述计算、内存访问、分支等操作, 能够表示复杂的算法和数据流。

8.6　LLVM IR 细节详解

在 8.5 中，我们已经简要介绍了 LLVM IR 的基本概念，现在我们将更深入地研究 LLVM IR 的指令集和设计原则。

8.6.1　LLVM IR 指令集

LLVM IR 作为 LLVM 编译器框架中的中间表示，提供了一个抽象层次，允许编译器在多个阶段执行优化和代码生成。LLVM IR 具有类精简指令集、使用三地址指令格式的特征，使其在编译器设计中非常强大和灵活。

LLVM IR 的设计理念类似于精简指令集（RISC），这意味着它倾向于使用简单且数量有限的指令来完成各种操作。其指令集支持简单指令的线性序列，比如加法、减法、比较和条件分支等。这使得编译器可以很容易地对代码进行线性扫描和优化。

　1.　三地址指令格式

三地址码是一种中间代码表示形式，广泛用于编译器设计中，LLVM IR 也采用三地址码的方式作为指令集的表示方式。它提供了一种简洁而灵活的方式来描述程序的中间步骤，有助于优化和代码生成。下面是对三地址码的详细总结。

　1）　什么是三地址码

三地址码是一种中间表示形式，每条指令最多包含三个操作数：两个源操作数和一个目标操作数。这些操作数可以是变量、常量或临时变量。三地址码可以看作是一系列的四元组（4-Tuple），每个四元组表示一个简单的操作。

　2）四元组表示

每个三地址码指令都可以分解为一个四元组的形式：

`(运算符，操作数1，操作数2，结果)`

● **运算符**（Operator）：表示要执行的操作，例如加法（+）、减法（-）、乘法（*）、赋值（=）等。

● **操作数 1**（Operand1）：第一个输入操作数。

● **操作数 2**（Operand2）：第二个输入操作数（有些指令可能没有这个操作数）。

● **结果**（Result）：操作的输出结果存储的位置。

不同类型的指令可表示为不同的四元组格式。

　3）三地址码的优点

● **简单性**：三地址码具有简单的指令格式，极大地方便了编译器进行语义分析和中间代码生成操作。

- **清晰性**：每条指令执行一个简单操作，便于理解和调试。
- **优化潜力**：由于指令简单且结构固定，编译器能够轻松地实现多种优化技术，如常量折叠、死代码消除和寄存器分配。
- **独立性**：三地址码独立于具体机器，可以在不同平台之间移植。

2. LLVM IR 中的三地址码

LLVM IR 是 LLVM 编译器框架使用的一种中间表示，采用了类似三地址码的设计理念。以下是 LLVM IR 指令集的一些特点：

- **虚拟寄存器**：LLVM IR 使用虚拟寄存器，而不是物理寄存器。这些寄存器以 % 字符开头命名。
- **类型系统**：LLVM IR 使用强类型系统，每个值都有一个明确的类型。
- **指令格式**：LLVM IR 指令也可以看作三地址指令，例如：

```
%result = add i32 %a, %b
```

在这条指令中，%a 和 %b 是输入操作数，add 是运算符，%result 是结果。因此这条指令可以表示为四元组：

```
(add, %a, %b, %result)
```

3. LLVM IR 指令示例

以下是一个简单的 LLVM IR 示例，它展示了一个函数实现：

```
; 定义一个函数，接受两个32位整数参数并返回它们的和
define i32 @add(i32 %a, i32 %b) {
entry:
    %result = add i32 %a, %b
    ret i32 %result
}
```

这个例子中，加法指令和返回指令分别可以表示为四元组：

```
(add, %a, %b, %result)
(ret, %result, , )
```

三地址码是一种强大且灵活的中间表示形式，通过使用简单的四元组结构，可以有效地描述程序的中间步骤。LLVM IR 采用了类似三地址码的设计，使得编译器能够高效地进行优化和代码生成。理解三地址码的基本原理及其在 LLVM IR 中的应用，有助于深入掌握编译器技术和优化策略。

8.6.2　LLVM IR 设计原则

LLVM IR 是一种通用的、低级的虚拟指令集，用于编译器和工具链开发。以下是关于 LLVM

IR 的指导原则和最佳实践的总结：

1）模块化设计

LLVM IR 设计为模块化的，代码和数据分为多个模块，每个模块包含多个函数、全局变量和其他定义。这种设计支持灵活的代码生成和优化。

2）中间表示层次

LLVM IR 是编译过程中的中间表示，位于源代码和机器码之间。这种层次化设计使得不同语言和目标架构可以共享通用的优化和代码生成技术。

3）静态单赋值（SSA）形式

LLVM IR 采用 SSA 形式，每个变量在代码中只被赋值一次。SSA 形式简化了数据流分析和优化，例如死代码消除和寄存器分配。

4）类型系统

LLVM IR 使用强类型系统，支持基本类型（如整数、浮点数）和复合类型（如数组、结构体）。类型系统确保了操作的合法性并支持类型检查和转换。

这些原则和最佳实践使 LLVM IR 成为一个强大且灵活的工具，用于编译器开发和代码优化。它的模块化设计、强类型系统、丰富的指令集和目标无关性使其适用于广泛的应用场景，从语言前端到高级优化和代码生成。

1. 静态单赋值

当程序中的每个变量都有且只有一个赋值语句时，称一个程序是静态单赋值（SSA）形式的。LLVM IR 中，每个变量在使用前都必须先定义，且每个变量只能被赋值一次。以 1*2+3 为例：

```
%0 = mul i32 1, 2
%0 = add i32 %0, 3
ret i32 %0
```

静态单赋值形式是指每个变量只有一个赋值语句，所以上述代码的 %0 不能复用：

```
%0 = mul i32 1, 2
%1 = add i32 %0, 3
ret i32 %1
```

静态单赋值好处：

● 每个值都由单一的赋值操作定义，这使得我们可以轻松地从值的使用点直接追溯到其定义的指令。这种特性极大地方便了编译器进行前向和反向的编译过程。

● 此外，由于 SSA 形式构建了一个简单的使用——定义链，即一个值到达其使用点的定义列表，这极大地简化了代码优化过程。在 SSA 形式下，编译器可以更直观地识别和处理变量的依赖关系，从而提高优化的效率和效果。

2. LLVM IR 内存模型

在进行编译器优化时，需要了解 LLVM IR 的内存模型。LLVM IR 的内存模型是基于基本块的，每个基本块都有自己的内存空间，指令只能在其内存空间内执行。

在 LLVM 架构中，几乎所有的实体都是一个 Value。Value 是一个非常基础的基类，其子类表示它们的结果可以被其他地方使用。继承自 User 的类表示它们会使用一个或多个 Value 对象。

3. LLVM IR 基本单位

1）Module

一个 LLVM IR 文件的基本单位是 Module。它包含了所有模块的元数据，例如文件名、目标平台、数据布局等。

```
; ModuleID = '.\test.c'
source_filename = ".\\test.c"
target datalayout = "e-m:w-p270:32:32-p271:32:32-p272:64:64-i64:64-f80:128-n8:16:32:64-S128"
target triple = "x86_64-w64-windows-gnu"
```

Module 类聚合了整个翻译单元中用到的所有数据，是 LLVM 术语中的"Module"的同义词。可以通过 Module::iterator 遍历模块中的函数，使用 begin() 和 end()方法获取这些迭代器。

2）Function

在 Module 中，可以定义多个函数（Function），每个函数都有自己的类型签名、参数列表、局部变量列表、基本块列表和属性列表等。

```
; Function Attrs: noinline nounwind optnone uwtable
define dso_local void @test(i32 noundef %0, i32 noundef %1) #0 {
  %3 = alloca i32, align 4
  %4 = alloca i32, align 4
  %5 = alloca i32, align 4
  store i32 %0, ptr %3, align 4
  store i32 %1, ptr %4, align 4
  %6 = load i32, ptr %3, align 4
  %7 = load i32, ptr %4, align 4
  %8 = add nsw i32 %6, %7
  store i32 %8, ptr %5, align 4
  ret void
}
```

Function 类包含有关函数定义和声明的所有对象。对于声明（可以用 isDeclaration() 检查），它仅包含函数原型。无论是定义还是声明，它都包含函数参数列表，可通过 getArgumentList()或者 arg_begin()和 arg_end()方法访问。

3）BasicBlock

每个函数可以有多个基本块（BasicBlock），每个基本块由若干条指令（Instruction）组成，最后以一个终结指令（Terminator Instruction）结束。

BasicBlock 类封装了 LLVM 指令序列，可通过 begin()/end() 访问它们。你可以利用 get-Terminator() 方法直接访问它的最后一条指令，还可以通过 getSinglePredecessor() 方法访问前驱基本块。如果一个基本块有多个前驱，就需要遍历前驱列表。

4）Instruction

Instruction 类表示 LLVM IR 的运算原子，即单个指令。

可以通过一些方法获得高层级的断言，例如 isAssociative()、isCommutative()、isIdempotent() 和 isTerminator()。精确功能可以通过 getOpcode() 方法获知，它返回 llvm::Instruction 枚举的一个成员，代表 LLVM IR opcode。操作数可以通过 op_begin() 和 op_end() 方法访问，这些方法从 User 超类继承而来。

4. LLVM IR 整体示例

以下是一个完整的 LLVM IR 示例，包含 Module、Function、BasicBlock 和 Instruction：

```
; ModuleID = '.\test.c'
source_filename = ".\\test.c"
target                                         datalayout                                    =
"e-m:w-p270:32:32-p271:32:32-p272:64:64-i64:64-f80:128-n8:16:32:64-S128"
target triple = "x86_64-w64-windows-gnu"

define dso_local void @test(i32 noundef %0, i32 noundef %1) #0 {
  %3 = alloca i32, align 4
  %4 = alloca i32, align 4
  %5 = alloca i32, align 4
  store i32 %0, ptr %3, align 4
  store i32 %1, ptr %4, align 4
  %6 = load i32, ptr %3, align 4
  %7 = load i32, ptr %4, align 4
  %8 = add nsw i32 %6, %7
  store i32 %8, ptr %5, align 4
  ret void
}
```

在这个示例中，Module 定义了文件的元数据，Function 定义了一个函数 @test，这个函数有两个 BasicBlock，其中包含了一系列的 Instruction。

小结与思考

- **三地址码**：LLVM IR 使用三地址码形式表示指令，每条指令最多有三个操作数，包括一个目标操作数和两个源操作数。
- **LLVM IR 指令集**：LLVM IR 包含一系列指令用于描述计算、内存访问、分支等操作，能够表示复杂的算法和数据流。
- **静态单赋值**：LLVM IR 使用静态单赋值形式表示变量，每个变量只能被赋值一次，可以方便在程序执行过程中进行分析和优化。
- **LLVM IR 内存模型**：LLVM IR 提供了灵活的内存模型，包括指针操作、内存访问、内存管理等功能，支持复杂的数据结构和算法设计。

8.7 LLVM 前端和优化层

有了 LLVM IR 之后并不意味着 LLVM 或者编译器的整个 Pipeline 都使用一个单一的 IR，而是在编译的不同阶段采用不同的数据结构，但总体来说还是会维护一个比较标准的 IR。接下来本节就具体地介绍一下 LLVM 的前端和优化层，这些层将进一步处理 LLVM IR 以及源代码，进行语法分析、优化和生成目标机器码的工作。

8.7.1 LLVM 前端——Clang

LLVM 的前端主要负责把源代码即 C、C++、Python 这些高级语言转换为编译器的中间表示 LLVM IR。这个阶段属于代码生成之前的过程，与硬件和目标代码无关，所以在前端的最后一个环节是 IR 的生成（图 8.4.5）。

Clang 是一个强大的编译器工具，作为 LLVM 的前端承担着将 C、C++ 和 Objective-C 语言代码转换为 LLVM 中间表示（IR）的任务。

通过 Clang 的三个关键步骤：词法分析、语法分析和语义分析，源代码被逐步转化为高效的中间表示形式，为进一步的优化和目标代码生成做准备（图 8.7.1）。

● 词法分析器负责将源代码分解为各种标记的流，例如关键字、标识符、运算符和常量等，这些标记构成了编程语言的基本单元。

● 语法分析器负责根据编程语言的语法规则，将这些标记流组织成符合语言语法结构的语法树。

● 语义分析器确保语法树的各部分之间的关系和含义是正确的，比如类型匹配、变量声明的范围等，以确保程序的正确性和可靠性。

图 8.7.1

每个编程语言前端都会有自己的词法分析器、语法分析器和语义分析器，它们的任务是将程序员编写的源代码转换为通用的 AST，这样可以为后续的处理步骤提供统一的数据结构表示。AST 是程序的一个中间表示形式，它便于进行代码分析、优化和转换。

1. 词法分析

前端的第一个步骤处理源代码的文本输入，词法分析用于标记源代码，将语言结构分解为一组单词和标记，去除注释、空白、制表符等。每个单词或者标记必须属于语言子集，语言的保留字被转换为编译器内部表示形式。

首先我们编写代码 hello.c，内容如下：

```
#include <stdio.h>

#define HELLOWORD ("Hello World\n")
int main() {
    printf(HELLOWORD);
    return 0;
}
```

对 hello.c 文件进行词法分析，执行以下代码：

```
clang -cc1 -dump-tokens hello.c
```

词法分析输出如下：

```
int 'int'          [StartOfLine]  Loc=<hello.c:5:1>
identifier 'main'          [LeadingSpace] Loc=<hello.c:5:5>
l_paren '('              Loc=<hello.c:5:9>
void 'void'              Loc=<hello.c:5:10>
r_paren ')'              Loc=<hello.c:5:14>
l_brace '{'              Loc=<hello.c:5:15>
identifier 'printf'          [StartOfLine] [LeadingSpace]   Loc=<hello.c:6:5>
l_paren '('              Loc=<hello.c:6:11>
l_paren '('              Loc=<hello.c:6:12 <Spelling=hello.c:3:19>>
string_literal '"hello world\n"'                Loc=<hello.c:6:12 <Spelling=hello.c:3:20>>
r_paren ')'              Loc=<hello.c:6:12 <Spelling=hello.c:3:35>>
r_paren ')'              Loc=<hello.c:6:21>
semi ';'              Loc=<hello.c:6:22>
return 'return' [StartOfLine] [LeadingSpace]   Loc=<hello.c:7:5>
numeric_constant '0'      [LeadingSpace] Loc=<hello.c:7:12>
semi ';'              Loc=<hello.c:7:13>
r_brace '}'          [StartOfLine] Loc=<hello.c:8:1>
eof ''          Loc=<hello.c:8:2>
```

编译器通过词法分析过程将源代码解析为一系列符号，并准确记录它们在源文件中的位置。每个符号都被赋予一个 SourceLocation 类的实例，以便表示其在源文件中的确切位置，例如 Loc=<hello.c:6:11> 表示该符号出现在文件 hello.c 的第 6 行第 11 个位置。这种位置信息的精确记录为后续的语法分析和语义分析提供了重要的基础。

词法分析过程同时也在建立符号与位置之间的映射关系。这种精细的位置记录有助于编译器更好地理解代码的结构，并能够更有效地进行编译和优化。此外，它为程序员提供了更准确的编译器信息反馈，帮助他们更好地理解和调试代码。

在编译器的工作流程中，这种精准的位置记录和符号切分过程至关重要，为后续阶段的处理提供了可靠的基础，也为代码分析提供了更深层次的支持。

2. 语法分析

分组标记的目的是形成语法分析器，可以识别并验证其正确的数据结构，最终构建出 AST。

通过将代码按照特定规则进行分组，使得语法分析器能够逐级检查每个标记是否符合语法规范。

在分组标记的过程中，可以通过不同的方式对表达式、语句和函数体等不同类型的标记进行分类。这种层层叠加的分组结构可以清晰地展现现代码的层次结构，类似于树的概念。对于语法分析器而言，并不需要深入分析代码的含义，只需验证其结构是否符合语法规则。

对 hello.c 文件进行语法分析，执行以下代码：

```
clang -fsyntax-only -Xclang -ast-dump hello.c
```

语法分析输出如下：

```
TranslationUnitDecl 0x1c08a71cf28 <<invalid sloc>> <invalid sloc>
|-TypedefDecl 0x1c08a71d750 <<invalid sloc>> <invalid sloc> implicit __int128_t '__int128'
| `-BuiltinType 0x1c08a71d4f0 '__int128'
|-TypedefDecl 0x1c08a71d7c0 <<invalid sloc>> <invalid sloc> implicit __uint128_t 'unsigned
__int128'
| `-BuiltinType 0x1c08a71d510 'unsigned __int128'
|-TypedefDecl 0x1c08a71dac8 <<invalid sloc>> <invalid sloc> implicit __NSConstantString
'struct __NSConstantString_tag'
| `-RecordType 0x1c08a71d8a0 'struct __NSConstantString_tag'
|   `-Record 0x1c08a71d818 '__NSConstantString_tag'
|-TypedefDecl 0x1c08a71db60 <<invalid sloc>> <invalid sloc> implicit __builtin_ms_va_list
'char *'
| `-PointerType 0x1c08a71db20 'char *'
|   `-BuiltinType 0x1c08a71cfd0 'char'
|   | `-DeclRefExpr 0x1c08c259ec8 <col:5> 'int (const char *, ...)' Function 0x1c08c1bb9d8
'printf' 'int (const char *, ...)'
|   |-ImplicitCastExpr 0x1c08c25a010 <line:3:19, col:35> 'const char *' <NoOp>
|   | `-ImplicitCastExpr 0x1c08c259ff8 <col:19, col:35> 'char *' <ArrayToPointerDecay>
|   |   `-ParenExpr 0x1c08c259f50 <col:19, col:35> 'char[13]' lvalue
|   |     `-StringLiteral 0x1c08c259f28 <col:20> 'char[13]' lvalue "hello world\n"
  `-ReturnStmt 0x1c08c25a048 <line:7:5, col:12>
    `-IntegerLiteral 0x1c08c25a028 <col:12> 'int' 0
```

以上输出结果反映了对源代码进行语法分析后得到的抽象语法树。AST 是对源代码结构的一种抽象表示，其中各种节点代表了源代码中的不同语法结构，如声明、定义、表达式等。这些节点包括：

- TypedefDecl：用于定义新类型的声明，如 __int128 和 char。
- RecordType：描述了记录类型，例如 struct __NSConstantString_tag。
- FunctionDecl：表示函数声明，包括函数名称、返回类型和参数信息。
- ParmVarDecl：参数变量的声明，包括参数名称和类型。
- CompoundStmt：表示由多个语句组成的语句块。
- 函数调用表达式、声明引用表达式和隐式类型转换表达式等，用于描述不同的语法结构。
- 各种属性信息，如内联属性和 DLL 导入属性，用于描述代码的特性和行为。

这些节点之间通过边相连，反映了它们在源代码中的关系和层次。AST 为进一步的语义分析和编译过程提供了基础，是编译器理解和处理源代码的重要工具。

3. 语义分析

语法分析主要关注代码结构是否符合语法规则，而语义分析则负责确保代码的含义和逻辑正确。在语义分析阶段，编译器会检查变量的类型是否匹配、函数调用是否正确、表达式是否合理等，以确保代码在运行时不会出现逻辑错误。

语义分析借助符号表来检验代码是否符合语言类型系统。符号表存储标识符和其对应的类型之间的映射，以及其他必要信息。一种直观的类型检查方法是在解析阶段之后，遍历抽象语法树，同时从符号表中获取关于类型的信息。

语义分析报错案例：

```
#include <stdio.h>

#define HELLOWORLD ("hello world\n")

int a[4];
int a[5];

int main(void){
    printf(HELLOWORD);
    return 0;
}
```

执行：

```
clang -c hello.c
```

这里的错误源于两个不同的变量用了相同的名字，它们的类型不同。这个错误必须在语义分析时被发现，相应地，Clang 报告了这个问题：

```
hello.c:6:5: error: redefinition of 'a' with a different type: 'int[5]' vs 'int[4]'
    6 | int a[5];
      |     ^
hello.c:5:5: note: previous definition is here
    5 | int a[4];
      |     ^
1 error generated.
```

语义分析的主要任务是检查代码的语义是否正确，并确保代码的类型正确。语义分析器检查代码的类型是否符合语言的类型系统，并确保代码的语义正确。

语义分析器输出的是类型无误的 AST，它是编译器后端的输入。

8.7.2 LLVM 优化层

LLVM IR 是连接前端和后端的中枢，让 LLVM 能够解析多种源语言，为多种目标生成代码。前端产生 IR，而后端接收 IR。IR 也是大部分 LLVM 目标无关的优化发生的关键阶段。

LLVM 优化层在输入的时候是一个 AST 语法树，输出的时候已经是一个 DAG 图。优化层每一种优化的方式叫作 Pass，Pass 就是对程序做一次遍历。

1. Pass 基础概念

优化通常由分析 Pass 和转换 Pass 组成。

- **分析 Pass（Analysis Pass）**：分析 Pass 用于分析程序的特定属性或行为而不对程序进行修改。它们通常用于收集程序的信息或执行静态分析，以便其他 Pass 可以使用这些信息进行进一步的优化。分析 Pass 通常是只读的，不会修改程序代码。

- **转换 Pass（Transformation Pass）**：转换 Pass 用于修改程序代码以进行优化或重构。它们会改变程序的结构或行为，以改善性能或满足特定的需求。转换 Pass 通常会应用各种优化技术来重写程序的部分或整体，以产生更高效的代码。

分析 Pass 用于收集信息和了解程序的行为，而转换 Pass 则用于修改程序以实现优化或修改功能。在 LLVM 中，这两种 Pass 通常结合使用，以实现程序全面优化和改进。

优化过程需要执行以下代码：

首先我们需要生成 hello.bc 文件：

```
clang -emit-llvm -c hello.c -o hello.bc
```

然后执行优化过程：

```
opt -passes='instcount,adce,mdgc' -o hello-tmp.bc hello.bc -stats
```

就可以生成 hello-tmp.bc 文件，其中包含了优化后的 IR。

2. Pass 依赖关系

在转换 Pass 和分析 Pass 之间，有两种主要的依赖类型：

1）显式依赖

转换 Pass 需要一种分析，则 Pass 管理器自动地安排它所依赖的分析 Pass 在它之前运行；如果你运行单个 Pass，它依赖其他 Pass，则 Pass 管理器会自动地安排必需的 Pass 在它之前运行。

```
DominatorTree &DT getAnalysis<DominatorTree>(Func);
```

这个 MDGC 例子中，分析 Pass 会分析有多少全局常量，然后转换 Pass 会将这些常量合并。

2）隐式依赖

转换或者分析 Pass 要求 IR 代码运用特定表达式。需要手动地以正确的顺序把这个 Pass 加到 Pass 队列中，通过命令行工具(clang 或者 opt)或者 Pass 管理器来完成。

3. Pass API

Pass 类是实现优化的主要资源。然而，我们从不直接使用它，而是通过其明确的子类来实现特定的优化功能。当实现一个 Pass 时，你应该选择最合适的 Pass 粒度，并基于此粒度选择最合适的子类，例如基于函数、模块、循环、强联通区域等。

小结与思考

- LLVM 的前端使用的是 Clang，其负责将源代码转换为 LLVM IR；
- LLVM 的优化层则负责对 IR 进行优化，以提高代码的性能；
- LLVM 的前端和优化层是 LLVM 编译器的核心，它们和后端共同构成了 LLVM 编译器的整个生命周期。

8.8 LLVM 后端代码生成

8.7 节主要讲了 LLVM 的前端和优化层，前端主要对高级语言做一些词法的分析，把高级语言的特性转变为 token，再交给语法分析对代码的物理布局进行判别，之后交给语义分析对代码逻辑进行检查。优化层则是对代码进行优化，比如常量折叠、死代码消除、循环展开、内存分配优化等。

本节将介绍 LLVM 后端的代码生成过程，LLVM 后端的作用主要是将优化后的代码生成目标代码，目标代码可以是汇编语言、机器码。

8.8.1 代码生成

LLVM 的后端是与特定硬件平台紧密相关的部分，它负责将经过优化的 LLVM IR 转换成目标代码，这个过程也被称为代码生成。不同硬件平台的后端实现了针对该平台的专门化指令集，例如 ARM 后端实现了针对 ARM 架构的汇编指令集，x86 后端实现了针对 x86 架构的汇编指令集，PowerPC 后端实现了针对 PowerPC 架构的汇编指令集。

在代码生成过程中，LLVM 后端会根据目标硬件平台的特性和要求，将 LLVM IR 转换为适合该平台的机器码或汇编语言。这个过程涉及指令选择、寄存器分配、指令调度等关键步骤，以确保生成的目标代码在目标平台上能够高效运行。

LLVM 的代码生成能力使得开发者可以通过统一的编译器前端（如 Clang）生成针对不同硬件平台的优化代码，从而更容易实现跨平台开发和优化。同时，LLVM 后端的可扩展性也使得它能够应对新的硬件架构和指令集的发展，为编译器技术和工具链的进步提供了强大支持。

8.8.2 LLVM 后端——Pass

整个后端流水线涉及四种不同层次的指令表示，包括：

- 内存中的 LLVM IR：LLVM 中间表现形式，提供了高级抽象的表示，用于描述程序的指令和数据流。
- SelectionDAG 节点：在编译优化阶段生成的一种抽象的数据结构，用以表示程序的计算过程，帮助优化进行高效的指令选择和调度。
- MachineInstr：机器相关的指令格式，用于描述特定目标架构下的指令集和操作码。
- MCInst：机器指令，是具体的目标代码表示，包含了特定架构下的二进制编码指令。

将 LLVM IR 转化为目标代码需要非常多的步骤，其 Pipeline 如图 8.8.1 所示。

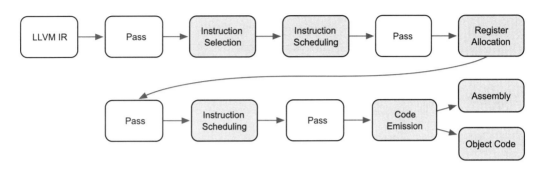

图 8.8.1

LLVM IR 会变成和后端非常接近的一些指令、函数、全局变量和寄存器的具体表示，流水线越向下就越接近实际硬件的目标指令。其中白色的 Pass 是非必要 Pass，灰色的 Pass 是必要 Pass。

> Pass 管理：
> 编译器的每个模块和 Pass 均可通过 Pass manager 进行管理，可以动态添加、删除或调整 Pass 来优化编译过程中的各个阶段。

1. 指令选择

在编译器的优化过程中，指令选择是非常关键的一环。指令选择的主要任务是将中间表示（例如 LLVM IR）转换为目标特定的 SelectionDAG 节点，生成目标机器码的指令序列，实现从高级语言表示到底层机器指令的转换。

具体来说，指令选择的过程包括以下几个关键步骤：

- 将内存中的 LLVM IR 变换为目标特定的 SelectionDAG 节点。
- 每个 SelectionDAG 节点能够表示单一基本块的计算过程。
- 在 DAG 图中，节点表示具体执行的指令，而边则编码了指令之间的数据流依赖关系。
- 目标是让 LLVM 代码生成程序库能够利用基于树的模式匹配指令选择算法，以实现高效的指令选择过程。

图 8.8.2 是一个 SelectionDAG 节点的例子。

- 灰色粗实线：主要用于强制相邻的节点在执行时紧挨着，表示这些节点之间必须没有其他指令。
- 虚线：代表非数据流链，用以强制两条指令的顺序，否则它们就是不相关的。

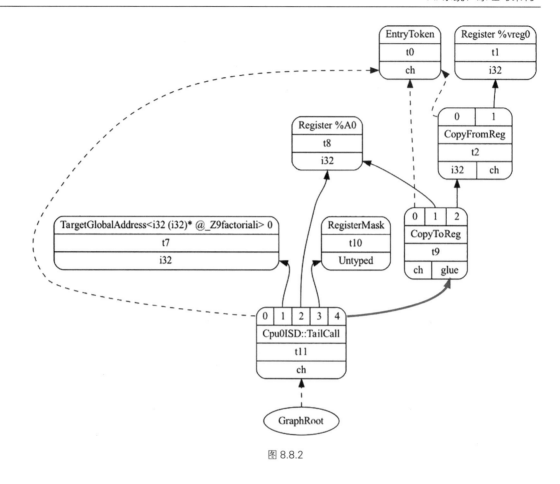

图 8.8.2

2. 指令调度

指令调度是编译器优化的一部分，旨在通过重新排序程序中的指令来提高计算机程序的性能。这个过程通常包括前寄存器分配（Pre-Register Allocation, Pre-RA）调度和后寄存器分配（Post-Register Allocation, Post-RA）调度两个阶段。

1）前寄存器分配调度

在前寄存器分配调度阶段，编译器会对程序中的指令进行排序，同时尝试发现能够并行执行的指令。这种并行执行可以提高程序的吞吐量和执行效率。在现代计算机体系结构中，由于存在多级缓存和流水线等技术，指令调度可以帮助减少指令执行的停顿，并充分利用硬件资源。

一种常见的技术是基于数据依赖性进行指令调度。编译器会分析指令之间的数据依赖关系，然后将独立的指令重排序以并行执行，而不会改变程序的语义。这种优化可以通过重排指令来避免数据冒险（Data Hazard）和控制冒险（Control Hazard），从而提高程序的性能。

在指令调度的过程中，编译器可能会引入一些额外的指令（如填充指令）或调整指令的执行顺序，以最大程度地利用计算资源。例如，可以调整指令的执行顺序，以便在执行整数运算的同时进行浮点运算，或者在内存访问受限时插入其他计算指令。指令最终将被转换为三地址表示的 MachineInstr。

2）寄存器分配

寄存器分配是编译器优化的重要步骤之一，其主要任务是将虚拟寄存器分配到有限数量的物理寄存器上，从而减少对内存的访问，提高程序的性能和效率。在 LLVM IR 中，寄存器分配的过程较为特殊，因为 LLVM IR 寄存器集是无限的，这一特性一直持续到实际执行寄存器分配步骤之前。

在寄存器分配中，编译器会尝试将虚拟寄存器映射到物理寄存器上，以便在执行指令时能够直接访问这些寄存器而不必通过内存。然而，由于物理寄存器数量有限，当虚拟寄存器的数量超过物理寄存器时，就需要使用一些策略来处理这种溢出（Spill）情况，将部分寄存器的内容存储到内存中，并在需要时重新加载。

寄存器分配在编译器优化中扮演着至关重要的角色，通过有效的寄存器分配算法可以显著提高程序的执行效率和性能。

3）后寄存器分配调度

在后寄存器分配调度阶段，编译器对已经分配了寄存器的机器代码进行进一步优化。此阶段的目标是最大化硬件资源的利用，减少指令执行的停顿，并优化寄存器的使用。具体包括：

- **处理资源冲突**：调整指令顺序以避免资源冲突，例如寄存器使用冲突、流水线停顿等。
- **插入填充指令**：在必要时插入填充指令（如 NOP 指令）以消除潜在的流水线停顿。
- **优化执行顺序**：通过重新排列指令，使得整数运算、浮点运算、内存访问等能够并行执行，从而提高性能。

以上是对指令调度和寄存器分配的基本介绍和常见算法。通过有效的指令调度和寄存器分配，可以显著提高程序的执行效率和性能。

3. 代码输出

代码输出（Code Emission）是 LLVM 后端的重要阶段，其目标是将中间表示（IR）转化为高效的目标机器码。LLVM 的代码输出阶段由多个组件协同工作，并使用多种优化技术来生成高质量的代码。

1）代码输出阶段优化

- **指令融合**（Instruction Fusion）：LLVM 利用指令融合技术将多条简单指令合并为一条复杂指令，减少指令数量和调度开销。例如，可以将两个相邻的加载和加法指令融合为一个加载并加法的指令。这种优化通常在指令选择器或指令调度器中完成。
- **启发式优化**（Heuristic Optimization）：在 LLVM 的指令选择和调度过程中，使用启发式算法快速找到接近最优的解决方案。启发式算法通过评估指令组合的代价和收益，选择出最适合当前上下文的指令序列。LLVM 使用基于图形的调度算法，如 DAG 调度器，来实现启发式优化。

- **循环优化**（Loop Optimization）：LLVM 在代码输出阶段对循环结构进行多种优化，包括：
  ○ 循环展开（Loop Unrolling）：通过展开循环体，减少循环控制开销，提高指令流水线效率。
  ○ 循环交换（Loop Exchange）：调整嵌套循环的顺序，提高数据局部性。
  ○ 循环合并（Loop Fusion）：将多个循环合并为一个循环，减少循环开销。

2）代码输出的实现

在 LLVM 中，代码输出由以下组件共同完成：

- **指令选择器**：指令选择器负责从 LLVM IR 中选择合适的目标机器指令。LLVM 使用多种指令选择算法，包括基于树模式匹配的 SelectionDAG 和基于表格驱动的 GlobalISel。指令选择器将中间表示转化为机器指令的中间表示。
- **指令调度器**：指令调度器优化指令的执行顺序，以减少依赖关系和提高指令级并行性。LLVM 的调度器包括 SelectionDAG 调度器和机器码层的调度器，后者在目标机器码生成前优化指令序列。
- **寄存器分配器**：寄存器分配器负责将虚拟寄存器映射到物理寄存器。LLVM 提供了多种寄存器分配算法，包括线性扫描分配器和基于图着色的分配器。寄存器分配器的目标是最小化寄存器溢出和寄存器间的冲突。
- **汇编生成器**：汇编生成器将优化后的机器指令转化为汇编代码。LLVM 的汇编生成器支持多种目标架构。
- **机器代码生成器**：机器代码生成器将汇编代码转化为最终的二进制机器代码。LLVM 的机器代码生成器直接生成目标文件或内存中的可执行代码，支持多种目标文件格式和平台。

通过这些组件的协同工作，LLVM 在代码输出阶段能够高效、正确地生成目标代码，满足不同应用场景的性能需求。LLVM 的模块化设计和丰富的优化技术使其成为现代编译器技术的领先者。

8.8.3 LLVM 编译器全流程

最后，我们再来复习一遍 LLVM 编译器的全部优化流程。

编译器工作流程为在高级语言 C/C++ 编译过程中，源代码经历了多个重要阶段，从词法分析到生成目标代码。整个过程涉及前端和后端的多个步骤，并通过中间表示在不同阶段对代码进行转换、优化和分析（图 8.8.3）。

图 8.8.3 展示了 LLVM 的各个流程，以及代码在不同流程下的状态，在本节的最后我们再回顾一下各个阶段所代表的功能和内容。

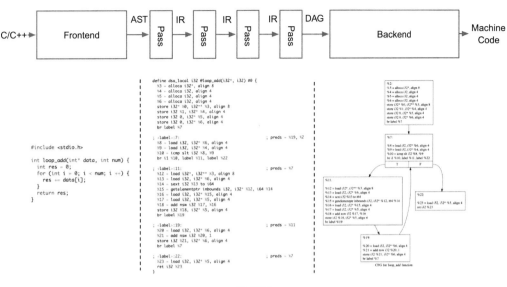

图 8.8.3

1）前端阶段

- 词法分析：源代码被分解为词法单元，如标识符、关键字和常量。
- 语法分析：词法单元被组织成语法结构，构建 AST。
- 语义分析：AST 被分析以确保语义的正确性和一致性。

2）中间表示阶段

- 将 AST 转化为中间表示，采用 SSA 形式的三地址指令表示代码结构。
- 通过多段 Pass 进行代码优化，包括常量传播、死代码消除、循环优化等，以提高代码性能和效率。
- IR 进一步转化为 DAG 图，其中每个节点代表一个指令，边表示数据流动。

3）后端阶段

- 指令选择：根据目标平台特性选择合适的指令。
- 寄存器分配：分配寄存器以最大程度减少内存访问。
- 指令调度：优化指令执行顺序以减少时延。

最终生成目标代码，用于目标平台的执行。

小结与思考

- LLVM 后端的作用是将优化后的代码生成目标代码，可以是汇编语言或机器码。LLVM 后端的可扩展性支持新硬件架构和指令集发展，推动编译器技术和工具链进步。
- 生成过程包括指令选择、寄存器分配、指令调度、代码输出等步骤，可被不同后端实现。
- 前端和优化层提供统一的编译器前端，实现跨平台开发和优化。

第 9 章 AI 编译器

9.1 引 言

本节将通过探讨 AI 编译器的黄金年代以及传统编译器与 AI 编译器的区别等，来介绍为什么需要 AI 编译器。

9.1.1 AI 编译器黄金年代

图灵奖获得者 David Patterson 在 2019 年 5 月发表了一个名为"计算机架构的新黄金年代"的演讲，他回顾了自 20 世纪 60 年代以来的计算机架构的发展，并介绍了当前的难题，展望了未来的机遇。他预测未来十年计算机架构领域将会迎来下一个黄金时代，就像 20 世纪 80 年代一样。

> John Hennessy 和 David Patterson 是 2017 年图灵奖获得者，目前这两位学者都供职于谷歌，前者是谷歌母公司 Alphabet 的董事会主席，后者任谷歌杰出工程师，均致力于研究机器学习和人工智能。他们最为人所熟知的成就是联合撰写了被誉为计算机系统结构学科"圣经"的经典著作《计算机体系结构：量化研究方法》。该讲座也是基于两人在 2019 年发表的文章《计算机架构的新黄金时代》。

David Patterson 介绍了从最初诞生的复杂指令计算机到精简指令计算机、从单核处理器到多核处理器的发展，以及如今随着人工智能的飞速发展，特定领域的体系结构（DSA）迅速崛起。他认为高级且特定于领域的语言和体系结构，将引领计算机架构师进入一个新的黄金时代。

类似地，LLVM 之父 Chris Lattner 在 2021 年 ASPLOS 会议中发表了名为"编译器的黄金时代"的主题演讲，主要分享了关于编译器的发展现状和未来、编程语言、加速器和摩尔定律失效论，并且讨论业内人士如何去协同创新，推动行业发展，实现处理器运行速度的大幅提升。

Chris Lattner 认为世界上出现了越来越多的专属硬件，同时也出现了各种各样的应用。尽管现在硬件越来越多样，硬件生态迅速壮大，但软件还是很难充分利用它们来提高性能。

人工智能领域正经历着硬件的爆发式增长，这为 AI 应用的创新和扩展提供了强大的动力。随着各种不同的 AI 硬件的快速涌现，我们正面临一个软件碎片化的时代。软件碎片化意味着需要为不同的 AI 硬件平台开发和维护多种版本的基础软件，这无疑增加了研发和运营的成本。

AI 基础软件碎片化还可能导致用户体验的不一致，因为不同硬件上运行的基础软件可能在性能和功能上存在差异。这种不一致性不仅增加了用户的学习成本，也可能影响用户对品牌和产品的忠诚度。

另外，软件碎片化的问题还可能反噬硬件行业本身。如果硬件制造商无法提供兼容和优化良好的软件解决方案，那么它们在市场上的竞争力将被削弱。

因此，硬件行业的参与者需要认识到 AI 基础软件碎片化的潜在风险，并采取措施来缓解这一问题。这可能包括开发更加通用和可移植的软件架构，或者与软件开发商合作，共同提供跨平台的解决方案。否则随着各种不同 AI 硬件的爆发式增长，会逐渐导致基础软件的碎片化，这种碎片化的发展带来了巨大成本，也会反噬 AI 硬件行业。

回顾历史，自 90 年代以来，GCC 编译器的出现极大地解决了当时编译体系生态的碎片化问题，为软件开发带来了统一的标准和便利。随后，LLVM 的诞生进一步推动了整个编译器领域的发展，为不同硬件平台提供了强大的编译支持。

在硬件领域，不同的芯片厂商纷纷推出了自家的芯片。为了充分发挥这些芯片的性能，必须有与之相匹配的编译器，将高级语言转化为机器码，让芯片的能力得到充分利用。

当前，AI 编译器的发展阶段似乎回到了 GCC 出现之前的时代。每家 AI 芯片公司都在推出自己的 AI 编译器、框架甚至软件栈，市场上出现了极度碎片化的现象。

Chris 预见，未来十年将是 AI 编译器快速发展的十年。随着技术的进步和市场的整合，新的技术将会出现，重新塑造编译器领域的格局。我们将迎来一个新的"大一统"时代，编译器领域将会经历一次全面的革新和整合。

1. 为什么需要 AI 编译器

随着硬件技术的不断进步，我们进入了一个新的计算加速时代，这个时代的硬件平台变得越来越复杂和多层次。现代计算加速平台采用了多层架构，包括标量、向量、多核、多包、多机架等多层次的并行处理能力。这种设计不仅提高了性能，也增加了硬件设计的复杂性。同时，现代计算平台的架构设计是明确的，意味着开发者可以清楚地识别和利用不同层次的计算资源。

每个级别的性能特征都是明确的，如向量处理的高吞吐量、多核处理的并行能力等，这有助于开发者针对特定任务优化软件。显式架构还意味着资源管理和任务调度是明确和可控的。开发者可以根据任务的需求，明确地分配计算资源。这种多层次和显式的架构设计，使得现代计算加速平台能够提供前所未有的计算能力和灵活性。

硬件的异构计算特性也日益显著，特别是在高端 SoC 和 FPGA 中，集成了特定领域的加速器，这些加速器针对特定类型的计算任务进行了优化。这种异构计算不仅提高了特定任务的处理速度，也为硬件设计带来了新的挑战。

这些硬件进步为提高计算性能提供了强大的工具，但同时也带来了软件开发方面的挑战。开发者如何为这些复杂的硬件平台编写软件，尤其是在面对多级显式内存架构和异构计算特性时。其次，面对硬件平台的快速迭代，开发者是否承担得起为特定硬件代际编写软件的成本？这涉及软件的可移植性和可重用性问题。总之，现代硬件的发展为软件开发带来了前所未有的挑战。开发者需要不断学习和适应这些复杂的硬件平台，同时采用创新的编程方法和技术，以充分利用硬件的潜力，开发出高效、可移植且成本效益高的软件解决方案。

随着计算技术的飞速发展，我们迫切需要下一代编译器来满足现代硬件和软件开发的需求。这些编译器将面临一系列新的挑战和机遇，以支持日益复杂的计算环境。

如图 9.1.1 所示，多种多样的 AI 算法与不同硬件厂商出品的不同类型的硬件加速器之间有着巨大的鸿沟，AI 算法无法高效地在不同的底层硬件中运行。这中间缺少了 AI 编译器。

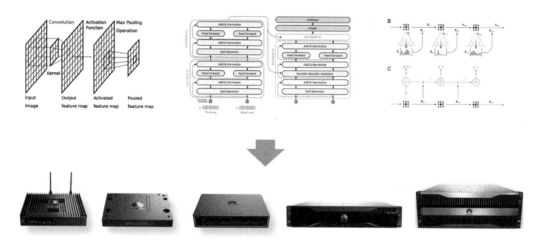

图 9.1.1

首先，下一代编译器需要提供硬件抽象，以跨越多样化的加速器。随着 GPU、FPGA、ASIC 等不同类型加速器的出现，编译器必须能够抽象出硬件的具体细节，为开发者提供一个统一的编程接口。这样，开发者就可以专注于算法和应用的开发，而不必深入了解底层硬件的复杂性。

其次，编译器必须支持异构计算平台。现代计算系统常常包含多种类型的处理器和加速器，它们各自擅长处理不同类型的任务。下一代编译器需要识别这些平台的特性，并有效地调度和优化任务，以实现最佳的性能和资源利用率。

如图 9.1.2 所示，在不同 AI 编译器的帮助下，不同的 AI 算法模型可以方便高效地部署在不同的硬件设备上，甚至包括移动设备、可穿戴设备等。

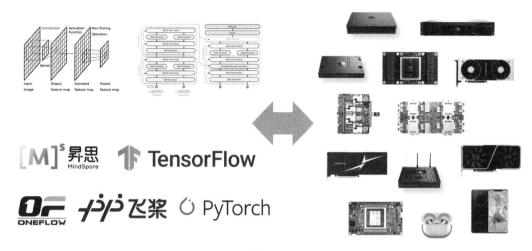

图 9.1.2

此外，随着特定领域计算需求的增长，领域特定语言（DSL）和编程模型变得越来越重要。这些语言和模型为特定类型的应用提供了定制化的编程环境，使得开发者可以更高效地表达和优化算法。下一代编译器需要支持这些 DSL，并能够将它们映射到底层硬件上，以实现高性能的执行。

最后，下一代编译器还需要确保基础设施的质量、可靠性和可扩展性。随着软件系统变得越来越复杂，编译器生成的代码必须经过严格的测试和验证，以确保其质量和性能。同时，编译器本身也需要具备高度的可扩展性，以适应不断变化的硬件环境和应用需求。

当前 AI 编译器领域的竞争非常激烈，众多参与者正致力于开发和优化针对不同异构计算平台的编译器。随着硬件技术的多样化，包括 GPU、FPGA、ASIC，以及多核 CPU 等在内的各种加速器和处理器，市场上涌现了一大批企业和研究机构，它们专注于为不同平台提供定制化的编译器解决方案。这些参与者不仅包括传统的硬件制造商和软件开发商，还有许多初创公司，它们都在积极探索如何通过创新的编译技术来提高性能、降低能耗，并简化异构平台上的软件开发过程。这种多元化的竞争环境推动了编译器技术的快速发展，为开发者提供了丰富的工具和选择，同时也为整个行业带来了前所未有的活力和创新。

如图 9.1.3 所示，在硬件领域，有大量的企业和研究机构，竞争十分激烈。一大批企业和研究机构在不同的硬件技术赛道上百花齐放。

2. 应用层需要 AI 编译器

上面是从**硬件角度**以及**底层软件**的角度来看待为什么需要 AI 编译器的，而现在我们换一个上层应用视角来看待这个问题。

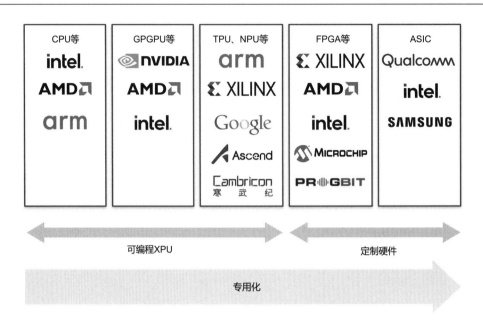

图 9.1.3

以深度神经网络为技术基础的人工智能领域在近些年发展十分迅速，十年前，AI 技术可能只能解决图形分类等较为简单的任务，但如今无论是推荐系统、大语言模型、自动驾驶甚至 AI4S 等领域都已经取得了十分显著的发展。

如今，AI 算法已经在很多领域取得了显著成果，这直接促进了 AI 算法的爆发式增长。同时，越来越多的公司愿意投入人力、物力去开发自己的 AI 框架，这却间接导致了 AI 框架的碎片化和多样化。此外，地缘政治等因素也导致了 AI 芯片多样化，而不同的 AI 芯片都有着自己的编译体系。

如图 9.1.4 所示，AI 算法横跨不同领域：CV、NLP、科学智能等，体现了 AI 算法的复杂性和多样性。

目前，AI 领域的快速发展，导致每天都有各种各样的不同的 AI 算法被提出，这直接产生了两个重要的挑战。

第一个重要挑战就是对于算子的优化，越来越多的 AI 算法诞生，带来了更多的新算子。虽然简单地实现一个算子并不是特别难的事情，但是这些算子还需要放在特定的 AI 芯片上进行优化，充分发挥硬件性能。而目前阶段算子的开发和维护还是以人工手动实现、优化、测试为主的，人工优化算子的工作量是非常大的。

虽然硬件供应商会发布一些通用性的优化算子库（如 MKL-DNN 和 cuDNN），但从人力成本的角度来说，这种工作是极度重复的。同时，硬件供应商提供优化后的算子库，一定程度上会限制用户编程的灵活性导致无法真正充分地发挥硬件性能。

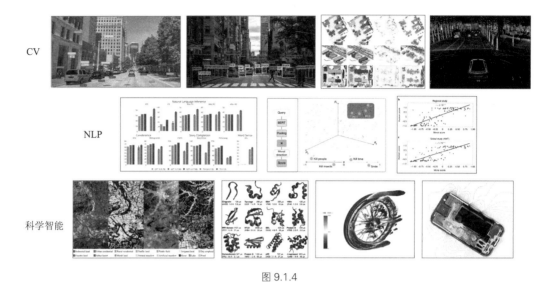

图 9.1.4

如图 9.1.5 所示，TensorFlow 早期的实现，就是通过调用一些通用性的优化算子库（如 MKL-DNN 和 cuDNN）实现高效计算的。

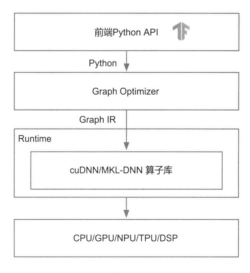

图 9.1.5

　　第二个重要挑战是性能可移植性十分困难。由于大多数 NPU 使用 ASIC 设计芯片，其在神经网络场景对计算、存储和数据搬运做了很多特殊的指令优化，这使得与 AI 相关的计算得到了巨大的性能提升，比如英伟达在其一些芯片中提供的 Tensor Core 计算单元。不同芯片提供矩阵计算单元不同，各自编程范式又极不相同，这成了限制算法可移植性的重要原因。

而当前阶段缺乏如 GCC、LLVM 等编译工具链，这使得针对 CPU 和 GPU 已有的优化算子库和针对语言的优化 Pass 很难移植到 NPU 上。这样的现状可能对于某个较为领先的硬件厂商来说是技术壁垒，是一种优势，但随着技术的不断发展，很多 idea 会被不断地相互借鉴，不断整合类似的 Pass，在 AI 编译器领域推出一个类似于 GCC 或者 LLVM 的编译器是非常有必要的。这会极大地促进 AI 领域的发展！

9.1.2 传统编译器与 AI 编译器联系与差异

接下来，我们来了解一下 AI 编译器与传统编译器的联系。

1. 二者的主要联系

● 实现思路类似：AI 编译器与传统编译器都是通过自动化的方式进行程序优化和代码生成，从而节省大量的人力对不同底层硬件的手动优化。

● 优化方式类似：在编译优化层，AI 编译器与传统编译器都是通过统一 IR 执行不同的 Pass 进行优化，从而提高程序执行时的性能。

● 软件栈结构类似：它们都采用前端、优化、后端三段式结构，通过 IR 解耦前端和后端实现模块化表示。

● AI 编译器依赖传统编译器：AI 编译器对 Graph IR 进行优化后，将优化后的 IR 转化成传统编译器 IR，最后依赖传统编译器进行机器码生成。因为传统编译器经过几十年的发展已经趋于稳定，所以 AI 编译器的角色更像是对传统编译器的一种补充。

2. 编译目标的差异

传统编译器的起点是高级编程语言，终点则是硬件能够执行的机器码。相对地，AI 编译器的输入是神经网络模型的计算图，而输出同样是机器码。这在输入层面构成了传统编译器与 AI 编译器最根本的区别。

进一步的区别体现在编译器的目标上。如图 9.1.6 所示，图片的左边展示传统编译器的输入和输出，右边展示的是 AI 编译器的输入和输出，这是它们编译目标的差异。

对于传统编译器而言，其核心使命是简化编程过程，将人类可读的高级语言代码转化为机器可执行的代码。我们通常不会直接编写机器码来让芯片运行，传统编译器便扮演了这一桥梁的角色。

而对于 AI 编译器，其主要目标则是优化整个程序的性能，确保神经网络模型在硬件上高效运行。降低编程难度虽然也是 AI 编译器的目标之一，但相较于性能优化，它退居次要位置。

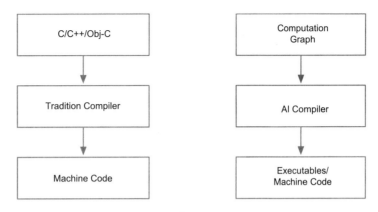

图 9.1.6

3. 软件栈的差异

如图 9.1.7 所示，左侧展示了传统编译器的软件栈结构，右侧则呈现了 AI 编译器的架构。通过对比这两部分，我们可以清晰地辨识出它们之间的差异。

传统编译器的前端专注于对高级编程语言进行深入的语义分析、语法分析和词法分析，将源代码转化为 IR。在中间阶段，编译器执行一系列优化 Pass，专门针对高级语言代码进行性能提升。在后端，编译器负责处理代码的具体布局、寄存器分配等任务。

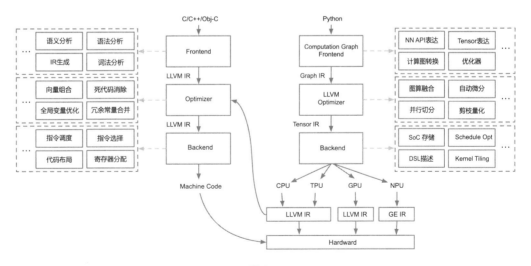

图 9.1.7

相比之下，AI 编译器的架构则有显著的不同。它的前端主要负责将深度神经网络的 API 表达为计算图，这一过程涉及模型的构建和转换。在中间优化阶段，AI 编译器专注于图算融合、算子融合、自动微分和并行切分等特定优化技术。后端则根据目标硬件平台，对 Kernel 进行定制化优化，确保代码在不同硬件上都能高效运行。在某些情况下，如 CPU 或 TPU 等芯片，AI 编译器甚至可能利用类似 LLVM 这样的传统编译器技术。

AI 编译器在很多方面是站在传统编译器的肩膀上，它们之间形成了一种互补和协同的关系。

4. IR 的差异

AI 编译器的 IR 和传统编译器的 IR 所抽象出来的概念和意义并不相同。这些区别主要体现在它们处理的 IR 的抽象层次上。

1）AI 编译器的 IR

- AI 编译器通常针对的是神经网络模型，它们处理的是高度抽象的 IR，这种 IR 通常是为了描述复杂的数学运算而设计的。这些运算包括但不限于卷积层、矩阵乘法、激活函数等。
- 高层次的 IR 使得 AI 编译器能够更直接地表达和优化神经网络模型中的操作，因为它们与模型的高级结构和数学概念紧密相关。

2）传统编译器的 IR

- 传统编译器处理的是更为底层的 IR，这种 IR 更接近于机器指令，用于描述基本的计算操作。
- 这些操作包括加载（Load）、存储（Store）、算术运算、控制流等。
- 低层次的 IR 允许传统编译器进行更细致的优化，比如指令调度、寄存器分配、内存访问优化等。

3）抽象层次的意义

- 高层次 IR（如 AI 编译器使用的）使得编译器能够更专注于算法和模型级别的优化，例如通过融合操作、量化、剪枝等技术来提高模型的效率和性能。
- 低层次 IR（如传统编译器使用的）则让编译器能够进行更底层的优化，比如利用特定硬件的特性来提升性能。

总结来说，AI 编译器和传统编译器的 IR 在抽象层次上的差异，反映了它们服务的不同领域和优化目标。AI 编译器的高层次 IR 使得它们在处理神经网络模型时更为高效，而传统编译器的低层次 IR 则让它们能够进行更细致的底层优化。

5. 优化策略的差异

AI 编译器与传统编译器在优化策略上有所不同，主要体现在它们针对的领域和优化目标上。

- **领域特定优化**：AI 编译器面向 AI 领域，优化时会引入更多领域特定知识，如算子融合，即将多个连续的运算操作合并，以减少内存访问和提高计算效率。

- **计算精度**：AI 编译器可以降低计算精度，使用如 int8、fp16、bf16 等较低精度的数据类型，因为神经网络模型对精度的容忍度较高。而传统编译器通常不会改变变量类型和精度，以保证程序正确性。

- **硬件适配**：AI 编译器在优化时会考虑特定硬件的特性，如 GPU、TPU 等，这些硬件针对深度学习任务进行了优化。传统编译器则需要考虑更广泛的硬件平台。

AI 编译器的优化策略更专注于提高性能和效率，而传统编译器更侧重于保持程序的正确性和稳定性。

小结与思考

- AI 编译器的发展受到硬件技术进步和 AI 算法多样化的推动，需要解决软件碎片化问题，提供硬件抽象和异构计算平台支持，以提高性能和简化软件开发。

- 与传统编译器相比，AI 编译器专注于优化神经网络模型在硬件上的执行效率，使用高层次的中间表示（IR）进行领域特定优化，并可能依赖传统编译器进行最终的机器码生成。

- AI 编译器面临的挑战包括算子优化、性能可移植性、硬件适配以及与领域特定语言（DSL）的兼容性，需要创新的编程方法和技术来充分利用硬件潜力，同时保持软件的质量和可扩展性。

9.2　AI 编译器历史阶段

本节将介绍 AI 编译器的定义、设计目标等，并详细探讨 AI 编译器的历史发展。如图 9.2.1 所示，AI 编译器的发展应该分为三个阶段：朴素 AI 编译器（阶段一）、专用 AI 编译器（阶段二）、通用 AI 编译器（阶段三），本节我们会按照三个阶段的顺序详细介绍 AI 编译器的发展阶段。

图 9.2.1

9.2.1　AI 编译器定义与应用场景

AI 编译器是专为人工智能和机器学习应用量身定制的编译器，它能够满足推理场景和训练场景不同需求，将高级语言编写的程序或者训练好的模型文件转换成可以在特定硬件上高效执行的程序。结合当前人们对 AI 编译器的认识，AI 编译器具有以下四个特征。

1）以 Python 语言为前端

AI 编译器拥有以 Python 为主的动态解释器语言前端。动态解释器语言前端指的是编译器在处理 Python 代码时，会进行动态类型检查和解释执行，这有助于在运行时捕获和处理类型错误。

2）拥有多层 IR 设计

AI 编译器拥有多层 IR 设计，包括图编译 IR、算子编译 IR、代码生成 IR 等。IR 是编译过程中的一个抽象层次，它将高级语言代码转换为一种中间形式，以便进行进一步的优化和转换。

3）面向神经网络深度优化

AI 编译器面向神经网络、深度学习进行了特定的优化，使其处理神经网络的计算任务拥有更好的效率。AI 编译器会针对神经网络和神经网络模型的特点进行优化，比如自动微分、梯度下降等操作。这些优化可能包括内存访问模式的优化、并行计算的调度，以及针对特定 AI 框架的定制化支持。

4）针对 DSA 芯片架构

AI 编译器应该针对特定领域架构 DSA 芯片架构进行支持。AI 编译器需要能够理解和利用这些 DSA 芯片的特性，生成能够充分利用这些定制化硬件的代码，从而实现性能的最优化。

综上所述，AI 编译器是一个复杂的系统，它结合了多种编译技术，针对 AI 和机器学习应用进行了深度优化，以实现在特定硬件上高效运行的目标。

9.2.2　朴素 AI 编译器

AI 编译器的第一个阶段，我们可以将其看作是朴素 AI 编译器阶段。它主要存在于 TensorFlow 早期版本，基于神经网络的编程模型，主要进行了图（Graph）和算子（Ops）两层抽象。下面的内容以 TensorFlow 这个 AI 框架为例进行阐述。

1. 图抽象

在 TensorFlow 中，图是由一系列节点（Node）和边（Edge）组成的有向图。通过声明式编程方式，以静态图方式执行。

声明式编程：一种编程范式，开发者描述"要做什么"，而不是"怎么做"。

静态图：指在程序执行之前就已经定义好的图结构。

在 TensorFlow 中，图意味着开发者定义计算的依赖关系，而不是执行顺序。通过使用

TensorFlow 的 API，开发者创建了一系列的运算节点和它们之间的数据流，这些构成了计算图。

在 TensorFlow 中，一旦图被构建完成，它的结构就固定下来，不会在运行时改变。静态图的执行模式允许 TensorFlow 的编译器在执行前对整个图进行分析和优化。TensorFlow 在执行静态图之前会进行硬件无关和硬件相关的编译优化。

1）硬件无关的优化

● 表达式化简：去除冗余的运算，例如将多个连续的加法或乘法操作合并为单个操作，简化计算流程。

● 常量折叠：在图构建阶段，将所有的常量表达式计算出来，减少运行时的计算量，提高执行效率。

● 自动微分：TensorFlow 能够自动计算图中任意节点的梯度，这对于训练神经网络至关重要，因为梯度信息用于反向传播算法。

2）硬件相关的优化

● 算子融合：将多个连续的运算融合为一个单独的运算，减少中间数据的存储和传输，降低内存占用，提高运算效率。

● 内存分配：优化内存使用，例如通过重用内存空间来减少内存分配和释放的开销，或者优化数据在内存中的存储布局以提高缓存利用率。

静态图允许编译器进行全局优化，因为整个计算流程在执行前就已经确定。并且，通过硬件无关和硬件相关的优化，可以显著提高程序的执行效率。然而，静态图的固定结构可能限制了某些动态执行的需求，例如动态控制流。

通过这种声明式编程和静态图执行的方式，TensorFlow 早期版本为深度学习应用提供了强大的优化能力，使得程序能够在各种硬件平台上高效运行。

图 9.2.2 可以看到朴素 AI 编译器的抽象结构，其主要由 Graph IR 和 Tensor IR 构成。

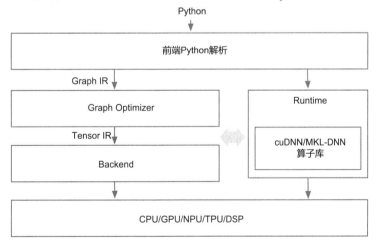

图 9.2.2

2. 算子抽象

在 AI 框架中，算子是执行具体计算的操作单元，例如矩阵乘法、卷积、激活函数等。Kernel 在深度学习中通常指的是在底层硬件上执行特定计算任务的函数或代码块。手写 Kernel 意味着开发者需要手动编写这些函数，以确保它们能够在特定的硬件上以最高效率运行。这通常需要深入理解目标硬件的架构和编程模型，例如 GPU 的内存层次结构、线程组织等。

总结来说，TensorFlow 早期版本中算子层的手写 Kernel 和对 cuDNN 的依赖是为了在英伟达 GPU 上实现高性能计算。这种方式虽然提供了优化性能的可能性，但也带来了开发和维护上的挑战。

3. 朴素编译器缺点

TensorFlow 早期的静态图设计有其天然的劣势。

● 在 TensorFlow 早期版本中，静态图的概念不是 Python 语言原生支持的，因此，开发者需要使用 TensorFlow 框架提供的 API 来构建计算图。这意味着开发者不能直接使用 Python 的控制流语句来动态地构建图，这限制了表达的灵活性和直观性。

● 由于静态图的构建方式与 Python 的动态特性不完全兼容，新开发者可能会觉得难以理解和使用。静态图要求开发者在执行任何计算之前定义好完整的计算流程，这与 Python 中动态构建和修改对象的习惯不同，因此可能会降低易用性。

● 随着专门为深度学习设计的 DSA 芯片（如谷歌的 TPU 等）的出现，编译器和算子实现需要更好地适应这些硬件的特性，以充分发挥它们的性能。这些芯片通常具有与传统 CPU 不同的架构特性，如并行处理单元、高带宽内存等，这对编译器的优化策略提出了新的要求。

● 在静态图中，算子的粒度（即算子的大小和复杂性）和边界（即算子之间的界限）通常在图构建时就已经确定。这种预先确定的粒度和边界限制了编译器在运行时根据具体硬件特性进行更细粒度优化的能力，从而无法完全发挥硬件的性能。

9.2.3 专用 AI 编译器

在 AI 编译器的发展中，进入阶段二的标志是专用 AI 编译器的诞生，这一阶段的编译器开始针对 AI 和深度学习工作负载进行优化。

1. 表达形式演进

PyTorch 框架以其动态图（也称为即时执行模式）而受到欢迎，它允许开发者以 Python 原生的方式编写和修改神经网络模型。这种灵活性甚至成了当前所有 AI 框架设计的参考标准，促使编译器开发者考虑如何将类似 PyTorch 的表达方式转换为优化的 IR。

尽管动态图提供了灵活性，但在性能关键的应用中，静态图的优化潜力更大。因此，编译器需要将动态图转换为静态图，以便于进行进一步的优化。同时，PyTorch 引入了 AI 专用编译器架构，这一架构能够开启图算边界融合优化，更有效地处理 AI 工作负载的特点，自动管理图和算子的边界。

2. 性能上的差异

在阶段二的 AI 编译器中，性能优化是一个关键的焦点，特别是在如何充分利用硬件资源方面。目前工业界已经有了很多产品在这一方面进行了尝试，如 TVM、Meta 推出的 TC、谷歌推出的 XLA 等。

在之前的编译器中，算子的边界是固定的，这意味着每个算子作为一个独立的单元执行，与其他算子的交互有限。而在当前阶段编译器开始打破这些边界，允许算子之间更深层次地交互和优化。通过重新组合优化，编译器能够更有效地利用硬件资源，如 CPU、GPU 或专用 AI 加速器。编译器可将大的计算子图拆解为更小的算子，这样可以更细致地进行优化（子图展开）；也可能将多个小算子合并为一个更大的算子，减少数据传输和内存访问，提高执行效率（算子融合）。

优化策略需要根据目标硬件的特性来定制，不同的硬件平台可能需要不同的优化方法。由于硬件架构和神经网络模型的多样性，编译器需要具备自动调优的能力，以找到最佳的优化策略。阶段二的 AI 编译器通过打开计算图和算子的边界，并运用各种编译优化技术，能够更有效地利用硬件资源，提高神经网络模型的性能。这要求编译器具备深入的硬件理解、自动调优能力以及与开发者的协作能力。

总的来说，阶段二的 AI 编译器在表达和性能上都进行了显著的改进。在表达上，编译器能够处理类似 PyTorch 的灵活表达方式，并通过转换为计算图 IR 来进行优化。在性能上，通过打开计算图和算子的边界，并运用先进的编译优化技术，编译器能够更有效地利用硬件资源，提高神经网络模型的性能。这些改进使得 AI 编译器更加强大和灵活，能够满足日益增长的 AI 应用需求。

3. 专用 AI 编译器缺点

目前，阶段二的专用 AI 编译器的发展仍然存在着很多问题：

- 计算图的构建（表达层）与算子的具体实现（算子层）是分开的。这种分离意味着算法工程师主要关注于如何使用框架提供的 API 来构建和表达计算图，而算子的底层实现则由框架开发者和芯片厂商负责。这种分离导致了责任和知识的分工，但同时也增加了两者之间协作和集成的复杂性。
- 尽管专用 AI 编译器在表达上已经足够灵活，但它在泛化功能方面依然存在局限。
  - 在某些场景下，需要根据运行时信息动态调整计算图结构，而专用编译器在这方面的支持不足。
  - 当输入数据的形状（例如批量大小或输入特征维度）在运行时变化时，专用编译器难以适应这种动态性。

    ○ 对于稀疏数据集，专用编译器可能没有优化计算路径以减少不必要的计算和内存使用。

    ○ 在多设备或多节点上进行模型训练和推理时，专用编译器可能缺乏有效的并行化策略和优化。

- 专用 AI 编译器在算子实现方面依然缺乏自动化的优化手段，如调度、分块和代码生成。这导致开发者在实现算子时需要手动进行这些优化，提高了开发的门槛和复杂性。开发者不仅需要深入了解算子的计算逻辑，还需要熟悉目标硬件的体系架构，以便编写高效且可移植的代码。

9.2.4 通用 AI 编译器

在阶段二专用 AI 编译器之后，就是 AI 编译器发展阶段三的到来。阶段三是通用 AI 编译器的重要发展阶段。阶段三的通用 AI 编译器代表了 AI 编译器技术的进一步成熟和进步。目前工业界的发展还处于 AI 编译器发展阶段的阶段二，也就是专用 AI 编译器的发展阶段。但展望未来，阶段三的通用 AI 编译器将带来一系列创新特点，成为发展目标：

- 统一表达：在阶段三，通用 AI 编译器将实现计算图和算子的统一表达。这一创新意味着编译器能够在统一的框架下，同时进行图级别的优化和算子级别的优化，提升了编译过程的效率和效果。

- 自动优化：通用 AI 编译器将在算子层实现自动调度、自动分块和自动代码生成，从而大幅降低开发难度，提高开发效率。

- 泛化优化能力：通用 AI 编译器将具备更广泛的优化能力，包括动静统一、动态形状处理、稀疏性优化、高阶微分以及自动并行化等高级特性。

- 模块化设计：通用 AI 编译器将编译器本身、运行时系统、异构计算支持以及从边缘设备到数据中心的部署需求划分为独立的、可重用和可组合的模块。这种设计不仅增强了系统的灵活性和可扩展性，使其能够适应多样化的硬件架构和计算环境，而且通过提供简单直观的 API、详尽的文档和强大的工具支持，显著降低了开发难度，加快了开发速度，使得 AI 应用的部署和维护变得更加容易和高效。

小结与思考

- AI 编译器的发展分为三个阶段：朴素 AI 编译器、专用 AI 编译器和通用 AI 编译器，每个阶段都针对提高人工智能和机器学习应用的效率和性能进行了特别优化。

- AI 编译器发展经历了从朴素 AI 编译器的静态图优化，到专用 AI 编译器的动态图执行和自动优化技术引入，未来将达到通用 AI 编译器的统一表达和自动优化。

- 专用 AI 编译器通过动态图和自动优化提升了性能和灵活性，但泛化和自动化手段仍存在局限，而通用 AI 编译器将通过更高级的优化技术和模块化设计解决这些问题，以适应更广泛的硬件和应用需求。

9.3　AI 编译器基本架构

本节着重讨论 AI 编译器的通用架构。首先将回顾现有 AI 编译器架构（以 PyTorch 作为标杆），随后引出通用 AI 编译器的架构模型，并进一步介绍其 IR 层、前端优化以及后端优化的细节，最后以图的形式展示现有 AI 编译器全栈产品。

9.3.1　AI 编译器专用架构

现有 AI 编译器架构即专用 AI 编译器的架构：在表达上以 PyTorch 作为标杆，对静态图做转换，转换到计算图层 IR 进行优化；性能上希望打开计算图和算子的边界，进行重新组合优化以发挥芯片尽可能多的算力。

现有 AI 编译器架构图如图 9.3.1 所示。此编译器接收的高级语言为 Python，编译器前端会对 Python 代码进行解析，解析会将高层次的代码转换为一个中间表示，以便进一步处理。这里编译器前端会生成 Graph IR 传递给 Graph Optimizer（图优化器）。

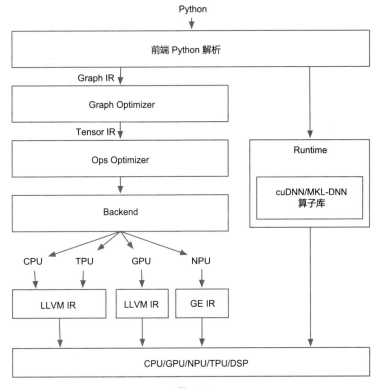

图 9.3.1

Graph Optimizer 接收到 Graph IR 后，会对解析后的计算图进行优化。优化的目的是减少计算图的冗余部分，提高执行效率。这可能包括算子融合、常量折叠等技术。Graph Optimizer 在优化完成后会向 Ops Optimizer（操作优化器）传递一个 Tensor IR。

Ops Optimizer 接收到 Tensor IR 后，会针对每个算子进行具体的性能优化，例如重排计算顺序、内存优化等。所有的中间表示都传递至后端之后，后端会生成不同的硬件代码以及可执行程序。

9.3.2　AI 编译器通用架构

了解了 AI 编译器专用架构之后，再来看看一个理想化的 AI 编译器通用架构应该是什么样的。

推荐阅读 AI 编译器的一篇综述——*The deep learning compiler: a comprehensive survey*（Li et al., 2021）。下面结合该论文中的一幅图对通用 AI 编译器进行初步分析，如图 9.3.2 所示。

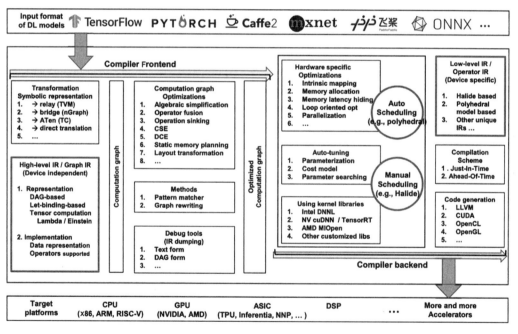

图 9.3.2

1. 编译器前端

编译器前端主要负责接收和处理来自不同 AI 框架的模型，并将其转换为通用的中间表示（IR），进行初步优化。

编译器前端的组成集中展示在图 9.3.2 中间靠左部分。输入的神经网络模型格式可以来自多种 AI 框架；这些模型通过符号表示的转换（如 TVM、nGraph 等）生成计算图；高级 IR/图 IR（设备无关）包含了 DAG（有向无环图）表示形式以及张量计算；计算图经过多种优化得到初步优化的计算图；随后通过模式匹配和图重写等方法进一步优化，最终生成优化后的计算图。

- **输入格式**：支持多种 AI 框架，如 MindSpore、PyTorch、飞桨（PaddlePaddle）和 ONNX 等。
- **转换**：将来自不同框架的模型转换为统一的表示形式。常见的转换方式包括：TVM 的 Relay、nGraph 的 Bridge、PyTorch 的 ATen/TorchScript 或直接翻译等。
- **高级 IR/图 IR**：这些 IR 是设备无关的，主要用于表示计算图。表示方法包括 DAG（有向无环图）和基于 let-binding 的张量计算等。实现部分涉及数据表示和操作符支持。

当初步生成 Computation Graph(计算图)后，会通过一些方法对计算图进行进一步的优化。

- **计算图优化策略**：构建计算图并进行优化，具体优化包括代数简化、算子融合、CSE（公共子表达式消除）、DCE（死代码消除）、静态内存优化、布局转换等。
- **优化方法**：对计算图进行进一步优化，使用各种方法如 Pattern Matcher（模式匹配）和 Graph Rewriting（图重写）等。
- **调试工具**：提供调试工具，如 IR 转储（文本形式和 DAG 形式）等。

2. 编译器后端

编译器后端负责将优化后的计算图转换为特定硬件平台的低层次表示，并进行硬件特定优化和代码生成。

编译器后端的组成集中展示在图 9.3.2 中间靠右部分。首先进行硬件特定的优化；这些优化通过自动调度和手动调度进行；自动调优模块旨在进一步优化性能；后端还利用内核来提高效率；低级 IR/操作符 IR（设备相关）采用 Halide、多面体模型等独特的 IR 实现；编译方案支持 JIT 和 AOT 编译；最终，代码生成模块将生成 LLVM、CUDA、OpenCL、OpenGL 等代码，以支持各种目标平台，从而适配越来越多的加速器。

- **硬件特定优化**：针对特定硬件的优化技术，包括：Intrinsic Mapping（内在映射）、Memory Allocation（内存分配）、Memory Latency Hiding（内存时延隐藏）、Loop Oriented Optimization（面向循环的优化）以及 Parallelization（并行化）等。
- **调度**：包括 Auto Scheduling（自动调度），如 Polyhedral（多面体模型）；也包括 Manual Scheduling（手动调度），如 Halide。
- **自动调优**：使用自动调优策略，方法包括 Parameterization（参数化模型）、Cost Model

（成本模型）以及 Parameter Searching（参数搜索）等。

- **使用内核库**：使用优化的内核库提高执行效率，如：Intel DNNL、NVIDIA cuDNN/TensorRT、AMD MIOpen 或者其他定制化库。
- **低级 IR/操作符 IR**：生成设备特定的低层次 IR，包括：基于 Halide 的 IR、基于多面体模型的 IR 或者其他特有的 IR。
- **编译方案**：支持 JIT 和 AOT 等编译方案。
- **代码生成**：生成适用于特定硬件平台的代码，如：LLVM、CUDA、OpenCL、OpenGL 等。
- **目标平台**：最终生成的代码可以在多种硬件平台上运行。例如能在 x86、ARM、RISC-V 等架构的 CPU 上运行；或在英伟达、AMD 的 GPU 上运行；亦可在 ASIC（应用专用集成电路）上运行，例如 TPU、Inferentia、NNP 等；也可在 DSP（数字信号处理器）上运行；同时也需要对越来越多新出现的 Accelerators（加速器）拥有一定的兼容性。

在介绍完通用 AI 编译器架构的基本组成后，将继续深入，从 IR、前端优化以及后端优化三个层面更加细致地对通用架构进行分析。

9.3.3　中间表示 IR

AI 编译器通用架构主要分为前后端，分别针对与硬件无关和与硬件相关的处理。每一个部分都有自己的 IR，每个部分也会对 IR 进行优化。

1. 高级 IR

高级 IR 主要用于表示计算图，它的设计目的是解决传统编译器在表达神经网络模型等复杂运算时遇到的困难，同时为实现更高效的优化提供支持。高级 IR 具有下列显著特点以及功能。

- **高级抽象**：高级 IR 是对源代码进行高级抽象的中间表示形式。它将复杂的计算过程和数据流以更简洁、更易于理解的形式表示出来。通过高级 IR，编译器可以更容易地理解和处理神经网络模型等复杂计算图的结构和逻辑。
- **支持神经网络模型**：神经网络模型通常由大量的神经网络层和复杂的运算组成，如卷积、池化、全链接等。这些运算在传统的编译器中难以直接表示和优化，高级 IR 的设计考虑到了这些特点，能够更自然地表示神经网络模型的计算图结构，从而为这些模型的优化奠定了基础。
- **优化支持**：高级 IR 不仅仅是一种表示形式，还提供了丰富的优化支持。编译器可以基于高级 IR 进行各种优化，以提高代码执行效率、减少资源消耗等。这些优化包括常见的优化技术，如常量折叠、死代码消除、循环优化等，以及针对神经网络模型特有的优化策略，如张量融合、内存布局优化等。
- **硬件无关性**：高级 IR 的设计通常是硬件无关的，也就是说，它不依赖于特定的硬件架构。这使得编译器可以在不同的硬件平台上使用相同的中间表示形式，从而提高了编译器的通用性和可移植性。

- **跨平台支持**：由于高级 IR 是硬件无关的，因此可以在不同的平台上进行跨平台的编译和优化。这使得开发人员可以更方便地将代码部署到不同的硬件设备上，而无需对代码进行重写或调整。

2. 低级 IR

低级 IR 描述了神经网络模型的计算过程，其表示比高级 IR 粒度更细，可以通过提供接口来调整计算和内存访问，实现针对特定目标的优化。在 *The deep learning compiler: a comprehensive survey* 一文中，将常见的低级 IR 分为三类：基于 Halide 的 IR、基于多面体模型的 IR 和其他独特的 IR（Li et al., 2021）。

- **基于 Halide 的 IR**：Halide 是一种用于图像处理领域的编程语言和库，它提供了一种高效的方式来定义图像处理算法并生成高性能的代码。基于 Halide 的 IR 主要针对计算密集型的图像处理和计算任务，它将计算过程表示为图像上的像素级操作，并提供了丰富的接口来调整计算和内存访问方式。这种 IR 的优势在于其灵活性和高效性，可以针对不同的目标平台生成高度优化的代码。
- **基于多面体模型的 IR**：多面体模型是一种用于表示循环嵌套的计算结构和数据访问模式的数学模型，它在并行编程和优化领域得到了广泛应用。基于多面体模型的 IR 将计算过程表示为多维循环的嵌套，同时考虑了数据依赖性和访存模式等方面的信息。这种 IR 的优势在于其对于循环优化和数据访问模式的建模能力，可以帮助编译器生成高效的并行化代码，并充分利用目标硬件的并行计算能力。
- **其他独特的 IR**：除了以上两种常见的低级 IR 实现外，还存在一些其他独特的 IR 实现，它们可能针对特定的应用场景或硬件平台进行了定制和优化。这些独特的 IR 可能包括了一些特殊的优化技术或数据结构表示方式，以满足特定应用的需求并提高代码的执行效率。

9.3.4　前端优化

构建计算图后，前端会进行图级优化。许多优化在图级别更容易被识别和执行，因为图提供了对计算的全局视图。这些优化仅应用于计算图，而不是后端的实现。因此，它们与硬件无关，可以应用于各种后端目标。

前端优化通常由一系列 Pass 定义，通过遍历计算图节点并执行图转换来应用这些优化。优化 Pass 可以捕获计算图的特定特征，并对其进行重写以实现优化。除了预定义的 Pass 外，开发人员还可以在前端自定义 Pass，以满足特定的优化需求或实现定制化的优化策略。大多数深度学习编译器能够确定每个操作的输入和输出张量的形状，这使得它们可以根据形状信息进行优化。

1. 节点级优化

节点级优化是指针对计算图中的单个节点或操作进行的优化，旨在改进节点级别的计算效率和性能。常用的节点级优化方法包括 Zero-Dim-Tensor Elimination（零维张量消除）、Nop Elimination（空操作消除）等。

2. 块级优化

块级优化是指在计算图中针对连续的一组节点或者局部区域进行的优化。这些优化更关注局部区域的性能改进，而不是单个节点。局部优化则更广泛地指涉到对一组节点或者一个子图进行的各种优化。常用的方法包括代数简化、常量折叠、算子融合等。

3. 数据流级优化

数据流级优化是针对整个计算图或者数据流进行的优化，目标是最大化整体计算效率和性能。这些优化通常涉及对数据流的分析和优化，以最大限度地减少数据依赖、提高并行性，或者优化数据传输和存储等方面的操作。包括流水线调度、内存布局优化、并行化、数据流重构等技术，以实现对整个计算过程的全局性改进。常用的方法包括公共子表达式消除、死代码消除等。

9.3.5　后端优化

通用 AI 编译器的后端通常包含各种特定硬件优化、自动调整和优化内核库。特定硬件优化能够实现针对不同硬件目标的高效代码生成。与此同时，自动调整在编译器后端中至关重要，可以减轻手动确定最佳参数配置的工作量。此外，高度优化的内核库也被广泛用于通用处理器和其他定制的 AI 加速硬件上。

1. 特定硬件优化

特定硬件优化，也称为目标相关优化，是为了获得针对特定硬件的高性能代码而应用的。实现后端优化的一种方法是将低级 IR 转换为 LLVM IR，利用 LLVM 基础设施来生成优化的 CPU 或 GPU 代码。另一种方法是利用深度学习领域的专业知识设计定制化的优化，更有效地利用目标硬件。

2. 自动调整

由于硬件特定优化中参数调优具有巨大搜索空间，利用自动调优确定最佳参数配置是必要的。例如 TVM、TC 和 XLA 等 AI 编译器支持自动调优功能。这里提出两个常见的自动调优方法。

Halide/TVM 方法：Halide 和 TVM 是两个常用的深度学习编译器，它们提供了一种将调度和计算表达分开的方式。这意味着用户可以通过调整调度策略和计算表达来优化程序的性能。借助自动调整技术，Halide 和 TVM 可以自动搜索和评估不同的调度和计算表达组合，从而找到性能最优的配置方案。

应用多面体模型进行参数调整：多面体模型是一种用于描述嵌套循环的数学模型，在并行编程和优化中得到了广泛应用。使用多面体模型进行参数调整，可以将优化问题转化为对多面体的参数化表示和优化，从而实现对程序执行的更精细的控制和调整。

3. 优化内核库

各厂商会针对自己的加速硬件优化本厂商提供的特定优化内核库。在 *The deep learning compiler: a comprehensive survey* 一文中提到了几个常用的核心库，例如英特尔的 DNNL、英伟达的 cuDNN、AMD 的 MIOpen 等（Li et al., 2021）。这些库针对计算密集型和内存带宽受限的基本操作进行了高度优化，如卷积、矩阵乘法（GEMM）、循环神经网络（RNN）、批量归一化、池化等。同时根据硬件特性（如 AVX-512 ISA、张量核心等），针对不同硬件架构进行了优化。

使用优化的核心库可以显著提高性能，特别是对于特定的高度优化基本操作。然而，如果计算无法满足特定的高度优化基本操作，则进一步优化可能会受到限制，并且性能可能不够优化。

9.3.6　AI 编译器全栈产品

现用图 9.3.3 来展示 AI 编译器全栈产品，从下向上分层介绍。

- Hardware：最下层的为硬件层，包括 x86 架构的 CPU、ARM 架构的 CPU、RISC、GPU 以及各种 NPU 例如华为昇腾 Ascend 系列等。硬件层包罗万象，是目前所有具有计算加速功能的设备的统称。
- Kernel Level：拥有了计算加速硬件，现在需要把算法编译到硬件上真正地去执行。Kernel 层需要提供一些真正能执行的算子，本层包括了各个厂商推出的异构计算架构，包括 Meta AI Research 的 Tensor Comprehensions、Apache 的 TVM、Cambricon Technologies 的 AutoKernel、华为昇腾的 CANN 以及英伟达的 cuDNN 等。Kernel 层编译器均直接作用于硬件，是直接给硬件赋能的一层，需要尽可能释放硬件的全部潜力。
- Graph Level：再往上层走，来到计算图层的 IR 或者编译器，包括 Meta 的 Glow、英特尔的 nGraph、谷歌的 XLA、Apache 的 TVM 以及华为的 MindSpore 等。
- DL Models：来到最顶层，则是一众深度学习的框架。包括稍早期的 Caffe、TensorFlow，以及目前较为主流的 PyTorch、MindSpore、JX、OneFlow，还包括国内诸多厂商自研的 AI 框架例如 Jittor、PaddlePaddle 等。

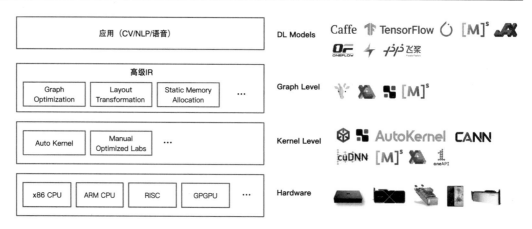

图 9.3.3

小结与思考

- AI 编译器通用架构：分为编译器前端与编译器后端。编译器前端包含输入格式、转换、高级 IR/图 IR、计算图优化方案以及调试工具等；编译器后端包含硬件特定优化、调度、自动调优、特定优化的内核库、低级 IR/操作符 IR、编译方案以及针对不同平台的代码生成等。
- 高级 IR 用于表示计算图，具有支持神经网络模型的高级抽象、优化支持、硬件无关性以及跨平台支持等特点；低级 IR 则描述了更细粒度的神经网络计算过程，实现针对特定目标的优化。
- AI 编译器全栈产品从硬件层到 Kernel Level，再到 Graph Level，最后到达 DL Models，每一层都针对不同级别的优化和执行，形成了从底层硬件到顶层 AI 框架的完整支持链。

9.4 AI 编译器挑战与思考

本节首先会基于 *The deep learning compiler: a comprehensive survey* 中的调研做一个热门 AI 编译器的横向对比，并简要介绍几个当前常用的 AI 编译器。随后会分析当前 AI 编译器面临的诸多挑战，并展望 AI 编译器的未来。

9.4.1 业界主流 AI 编译器对比

在 *The deep learning compiler: a comprehensive survey* 一文中有一个调研，横向对比了 TVM、nGraph、TC、Glow 和 XLA 共五个热门 AI 编译器，如表 9.4.1 所示。

下面将分别介绍这五个业界主流的 AI 编译器。

1. TVM

TVM 是 Apache 公司的一个开源的深度学习编译器堆栈，旨在通过对神经网络模型的端到

表 9.4.1　AI 编译器对比

		编译器				
		TVM	nGraph	TC	Glow	XLA
前端	开发者	Apache	Intel	Facebook	Facebook	Google
	编程语言	Python/C++ Lambda 表达式	Python/C++ Tensor 表达式	Python/C++ Einstein notation	Python/C++ 层编程	Python/C++ TensorFlow 接口
	ONNX 支持	√ tvm.relay.frontend .from_onnx（内置）	√ 采用 ngraph-onnx（Python 包）	×	√ ONNXModelLoader（内置）	√ 采用 tensorflow-onnx（Python 包）
	框架支持	tvm.relay.frontend. from_*（内置） tensorflow/tflite/keras pytorch/caffe2 mxnet/coreml/darknet	tensorflow paddlepaddle（采用 *-brige 作为 Backend）	（定义并优化 TC Kernel，最终被其他框架调用） pytorch/其他 DLPack 支持的框架	pytorch/caffe2 tensorflowlite（采用内置 ONNXIFI 接口）	采用 TensorFlow 接口
	训练支持	× 开发中（现已支持导数算子）	√ 仅用于 NNP-T 处理器	√ （支持自动微分）	√ （有限支持）	√ 采用 tensorflow 接口
	量化支持	√ INT8/FP16	√ INT8（包括训练）	×	√ INT8	√ INT8/INT16（采用 TensorFlow 接口）
IR	高/低级 IR	Relay/Halide	nGraph IR/None	TC IR/Polyhedral	自有高/低级 IR	HLO（高/低级）
	动态形状	√ (Amy)	√ (PartialShape)	×	×	√ （无）
优化	前端优化	硬件独立优化				
	后端优化	硬件特定优化 混合优化				
	Autotuning	√ （以选择最好的调度器参数）	× （调用优化内核库，没必要）	√ （以减少 JIT 开销）	× （额外的信息已在 IR 提供）	√ （在默认的卷积和 GEMM 上）
	内核库	√ mkl/cudnn/cublas	√ eigen/mkldnn/cudnn/其他	×	×	√ Eigen/mkl/cudnn/tensorrt
后端	编译方法	JIT AOT（实验）	JIT	JIT	JIT AOT（采用内置 executable bundles）	JIT AOT（生成执行库）
	支持设备	CPU/GPU/ARM/ FPGA/自定义（使用 VTA）	CPU/Intel GPU/ NNP/自定义（使用 OpenCL 支持）	Nvidia GPU	CPU/GPU/自定义 （官方文档）	CPU/GPU/TPU/自定义 （官方文档）

端优化，使其在各种硬件平台（包括 CPU、GPU 和专用加速器）上高效运行。TVM 由一群研究者和工程师开发，主要目标是提供一个灵活的、高性能的编译器框架，以满足神经网络模型在不同硬件上的高效执行需求。

TVM 的开放架构允许用户灵活扩展和自定义，不仅可以作为独立的算子开发和编译工具，还能在算子级别进行高度的灵活性和可扩展性操作。通过 Relay 层和 TVM 层的协同工作，TVM 层接收来自 Relay 层优化后的子图，并针对每个算子进行底层优化和内核生成，这些优化和生成根据具体硬件平台进行定制，以最大化硬件利用率和执行效率。TVM 的强大之处在于其广泛的跨平台支持，包括 CPU、GPU 和专用硬件加速器（如 FPGA、TPU），使其能够在多种应用场景中提供高性能解决方案。

TVM 通过 Relay 层的全局计算图优化和 TVM 层的算子级别优化，显著提升了神经网络模型的执行效率，其开放和灵活的架构使其在快速发展的深度学习领域中具有极强的适应性和生命力。

2. nGraph

nGraph 是 Intel 开发的一个开源深度学习编译器框架，旨在提供跨平台的高性能计算支持。nGraph 通过将神经网络模型转换为优化的计算图，并生成针对不同硬件平台（如 CPU、GPU、FPGA 等）的高效代码，从而提高模型的执行性能。

nGraph 在神经网络模型的推理计算和训练过程中发挥着至关重要的作用，通过优化算法和硬件支持，确保模型在不同阶段的计算中取得理想的效率平衡点。在推理计算阶段，nGraph 确保模型能够以最低的时延和最高的吞吐量进行推断，从而实现快速的预测和推断能力。而在训练阶段，nGraph 则致力于提高模型的收敛速度和训练效率，通过并行化处理、内存优化等技术，加速训练过程并提高训练数据的处理效率。总之，nGraph 作为 AI 框架的基石，旨在确保模型在推理计算与训练计算之间取得理想的效率平衡，从而实现神经网络模型在不同应用场景下的高效部署和执行。

3. TC

TC 是一个用于深度学习的编译器工具，其全称为 Tensor Comprehensions，由 Facebook 开发管理。TC 旨在简化和加速神经网络模型的开发和部署过程。它通过一种名为 "Tensor Comprehension" 的领域特定语言（DSL），将神经网络模型表示为张量计算的表达式，然后利用编译技术将这些表达式转换为高效的计算图和执行计划。

TC 的一个重要特点是它可以用于构建 JIT 系统。JIT 编译器在运行时动态地将高级编程语言代码转换为底层代码，这使得程序员能够在运行时即时编译和优化代码，从而获得更高的性能和效率。在 TC 中，程序员可以使用高级编程语言（如 C++）编写 Tensor Comprehension 表达式，描述神经网络模型的计算过程。然后，TC 的 JIT 编译器会将这些表达式转换为底层的 GPU 代码，以实现高效的计算。这种动态编译和优化的过程使得程序员能够更加灵活地实现复杂的深度学习计算，同时又能够获得接近原生 GPU 性能的执行效率。通过 TC，程序员可以利用高级编程语言的优势，如易读性、易维护性和抽象性，同时又能够充分利用底层硬件的性能优势。这种融合了高级编程语言和底层代码优化技术的方法，使得神经网络模型的开发和部署变得更加高效和灵活。

TC 希望通过多面体模型（Polyhedral Model）来实现自动调度（Auto Schedule）。Polyhedral Model 是一种用于描述多维循环嵌套的数学框架，它可以帮助优化循环结构并生成高效的调度策略。通过将 Polyhedral Model 应用于 TC 中，可以实现对算子 Schedule 的自动优化。这样一来，开发者无需手动定义 Schedule，而是由 TC 自动推导出最佳的调度策略，从而减轻了开发者的工作负担，同时又能够获得高性能的计算结果。

4. Glow

Glow 是 Facebook 开源的一个强大的深度学习推理框架，它不仅具备跨硬件支持和图优化技术，还提供了丰富的运行时性能优化功能，包括内存预分配、异步执行和低精度计算等。这些优化技术可以有效地提高模型的推理速度和吞吐量，使得模型在实际应用中表现出色。

此外，Glow 还支持灵活地部署选项，适用于嵌入式设备、云服务器和边缘计算等多种场景，满足不同应用需求。在 Meta 内部，Glow 已经被广泛应用于各种项目中，为用户提供快速、高效的深度学习推理服务，助力各种应用领域的发展和创新。

5. XLA

XLA（加速线性代数）是一个专门针对特定领域的线性代数编译器，旨在加速 AI 框架 TensorFlow 中的计算过程。其核心思想是通过对计算图进行优化和编译，以实现更高效的计算。

在 XLA 的优化过程中，关键的挑战之一是如何将原本复杂的大算子打开分解成小算子。这需要对模型的计算逻辑进行深入分析和理解，以找出合适的切分点和拆解方式。而小算子经过优化后，可能需要重新融合成新的大算子，这要求对各个小算子的优化效果进行全面评估，并采取合适的融合策略。最后，通过使用高级优化语言（如 HLO/LLO）和底层编译器（如 LLVM IR）来实现整体的设计，所有的优化 Pass 规则都需要手工提前指定，以确保编译器能够正确地识别和应用优化策略。这种综合利用高级语言和底层编译器的设计，使得 XLA 能够在保持模型功能不变的前提下，显著提升模型的执行效率，为神经网络模型的推理过程提供了强大的支持。

9.4.2　AI 编译器面临挑战

这里总结了五个主流 AI 编译器面临的挑战，分别是动态 Shape 泛化、Python 编译静态化、充分发挥硬件性能、特殊算法优化方法以及易用性与性能兼顾问题。

1. 动态 Shape 泛化

AI 编译器的发展一直在不断演进，尤其是针对动态计算图的支持。目前的主流 AI 编译器确实更擅长处理静态形状的输入数据，因为静态形状在编译时更容易进行优化。这类编译器主要适用于图像处理、自然语言处理等领域，其中输入数据的形状通常是已知的。

然而，对于包含动态 Shape 输入或者控制流语义的动态计算图，AI 编译器的支持确实有限。这是因为非固定 Shape 的输入以及控制流语义会使计算图的结构在运行时变得不确定，这给编译器带来了挑战。在这种情况下，编译器通常需要依赖运行时系统动态地跟踪和执行计算图，而无法像静态计算图那样进行完全的静态优化。例如在 NLP 任务中，输入给网络模型的一个序列长度是不固定的，某些句子会长一点，某些句子会短一点，此时就会引起大量的动态 Shape 需求。

2. Python 编译静态化

Python 编译静态化通常指的是将 Python 代码转换为静态类型语言的过程，例如将 Python 代码转换为 C 或者 C++等语言。这个过程的目的是在 Python 代码中引入静态类型信息，以提高程序的性能和执行效率。

在对 Python 编译静态化问题分析之前，先来对 Python 的执行流程做一个简单了解。如图 9.4.1 所示，Python 执行时，首先会将.py 文件中的源代码编译成 Python 的字节码（Byte Code），其格式为.pyc。然后编译器对这些字节码进行编译处理，再对程序进行执行操作。

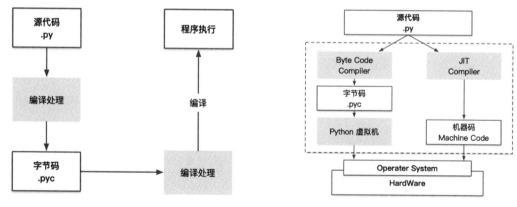

图 9.4.1

Python 在执行时一般有两种方法。第一种是生成字节码后通过 Python 虚拟机（Python Virtual Machine）交给硬件去执行，这也是最通用的一种执行方式。第二种是通过 Python 提供的 JIT 编译器进行编译生成一个机器码，然后直接交给硬件去执行。

接下来介绍两个 Python 中最常见的语言解释器，即 CPython 和 PyPy，它们分别使用了上述的第一种执行方法和第二种执行方法。

1）CPython

在 Python 中，CPython 是最为常用的 Python 解释器之一。它采用了一种混合编译和解释的策略，将 Python 源代码首先编译成一系列中间字节码。这些字节码被设计成与平台无关的形式，以便于在不同的操作系统和硬件上执行。

一旦字节码被生成，CPython 虚拟机就会介入，它是解释器的核心组成部分。在程序执行过程中，CPython 虚拟机会进入一个循环，不断地匹配和执行字节码指令。这个内部的 while 循环扮演着重要的角色，它是程序执行的引擎，负责解释和执行字节码指令。

在 CPython 虚拟机的内部，存在着一个由多条 C 函数组成的庞大函数库。这些 C 函数与字节码指令一一对应，通过一系列的 case 分支来执行相应的操作。例如，当解释器遇到 LOAD_CONST 指令时，它会调用相应的 C 函数来加载常量值到栈中；当遇到 CALL_FUNCTION 指令时，它会调用另一个 C 函数来执行函数调用操作（图 9.4.2）。

图 9.4.2

这种混合编译和解释的方式使得 CPython 具有了良好的灵活性和性能表现。编译过程提前将代码转换成字节码，避免了每次执行都需要重新解析源代码的开销，而解释器内部的 C 函数库则为执行字节码指令提供了高效的底层支持。这样一来，CPython 在保持了 Python 语言的灵活性和易用性的同时，也能够在一定程度上提高程序的执行效率。

2）PyPy

PyPy 是一个基于 RPython 语言构建的 Python 解释器实现。与传统的解释器不同，PyPy 利用即时编译技术来执行 Python 代码（图 9.4.3）。这意味着 PyPy 在运行 Python 程序时，并不会逐行地解释和执行代码，而是在执行程序之前，通过即时编译将部分代码直接转换成机器码。

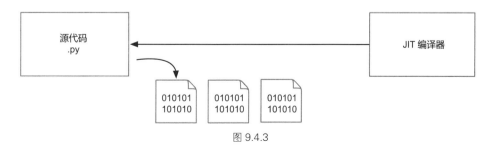

图 9.4.3

同时，PyPy 也保持了与 CPython 的兼容性，这意味着它可以运行绝大部分的 Python 代码，并且与 CPython 在语言特性和标准库方面保持一致。这使得开发者可以无需修改现有的 Python 代码，就可以享受到 PyPy 带来的性能提升。

Python 第二个静态化的方案是通过修饰符。目前 AI 框架静态化方案普遍采用修饰符方法。修饰符方法基本分为两个路线。

第一个路线是函数提取静态分析，即 Tracing Based 方法，常用 PyTorch 中的 PyTorch.fx 方法。PyTorch.fx 是 PyTorch 中的一个模块，其中 fx 代表"Function Extraction"。其可以执行函数提取工作，即将 PyTorch 模型中的函数提取出来，形成一个独立的函数图（Function Graph），这个图描述了函数之间的调用关系和数据流动情况；同时也可以对提取出的函数图进行静态分析，识别函数之间的依赖关系和数据流动路径，以及执行过程中的优化机会。在变量前加上此修饰符，可以逐句进行跟踪并做出翻译，例如下面所示代码操作。

```python
@torch.fx.wrap
def torch_randn(x, shape):
    return torch.randn(shape)

def f(x):
    return x + torch_randn(x, 5)
fx.symbolic_trace(f)
```

第二个路线是源码转换，即 AST Transform 方法，常用 PyTorch 中的 pytorch.jit.trace 方法。torch.jit.trace 是 PyTorch 中用于函数追踪的一个函数。它用于将给定的 Python 函数或者模块转换为 Torch Script，从而允许在静态图上执行函数，以提高执行效率和部署性能。在用户自定义的函数前加上此修饰符，即可对函数进行一个源码转换，例如下面所示代码操作。

```python
def foo(x, y):
    return 2 * x + y

traced_foo = torch.jit.trace(foo, (torch.rand(3), torch.rand(3)))

@torch.jit.script
def bar(x):
    return traced_foo(x, x)
```

虽然 PyTorch 提出了诸如 JIT 虚拟机以及修饰符等针对 Python 静态化的方案，但都存在瑕疵。下面罗列一些当前 AI 编译器在 Python 静态化上面临的挑战。

类型推导：将 Python 动态类型转换为编译器 IR 静态类型是一项挑战，需要编译器在运行时收集类型信息、处理类型不确定性，并在精度和性能之间寻找平衡，以确保正确推导出变量的静态类型。

控制流表达：在将 Python 代码静态化的过程中，对控制流表达（如 if、else、while、for 等）的处理也是难点之一。编译器需要分析和转换这些控制结构，确保在静态化后仍能正确执行程序逻辑，包括条件分支的静态推导、循环结构的终止条件确定、循环变量提取、迭代器和生成器的处理以及异常处理的转换。通过对这些控制流表达进行静态化，编译器能够为 Python 代码提供更好的类型检查、优化和部署支持。

JIT 的编译性能：JIT 的编译性能无论是基于 Tracing Based 还是 AST Transform，都可能会面临额外的编译开销。在 Tracing Based 方式中，编译器会根据程序的实际执行情况进行优化，但追踪和编译过程会增加额外开销。而在 AST Transform 方式中，编译器需要将抽象语法树转换为中间表示形式，这也会带来一定的编译成本。因此，在选择 JIT 编译方式时，需要考虑编译性能和执行效率之间的平衡。

3. 充分发挥硬件性能

当开发出一款新的 AI 框架并希望其在不同硬件设备上都能很好地激发硬件性能时，不可能让硬件对 AI 框架做出适应性修改，故需要极度依赖 AI 编译器适配各种硬件的能力。

当前 AI 编译器尚未形成统一完善的方案，但在不断探索多种优化方法，以提高模型的执行效率和性能。其中，一项重要的探索是通过打开图和算子的边界，重新组合优化计算图的结构，以最大限度地发挥底层硬件芯片的性能潜力。同时，AI 编译器还将多种优化手段融合在一起，包括垂直融合优化（如 Buffer Fusion 等）和水平并行优化（如 Data Parallel 等），以在不同层次上进一步提高模型的执行效率。此外，重新组合优化后的子图的 Kernel 代码也将自动生成，包括调度（Scheduling）、分块（Tiling）、向量化（Vectorizing）等操作，以便针对特定硬件平台进行优化。这些努力旨在实现更高效、更灵活的模型执行和部署，但仍需要持续不断地研究和探索，以达到更统一、更完善的解决方案。

4. 特殊算法优化方法

当前 AI 编译器在解决大模型训练中的内存墙、性能墙等挑战时，借助复杂的并行策略来实现自动并行化。这包括通过规模扩展（Scale Out）利用多维混合并行能力，如数据并行、张量并行和流水并行，将计算任务分布到多个计算节点或设备上，以提高训练效率；同时，通过性能提升（Scale Up）采用重计算、混合精度和异构并行等技术，对单个计算节点或设备进行性能优化。这些策略的综合应用旨在有效地应对大模型训练中的性能瓶颈，提高训练速度和效率。

在面向 HPC 场景下，自动微分的要求更高，尤其是针对控制流和高阶微分的挑战。在动态图中，通过 Python 执行控制流可能会导致性能下降，尤其是当循环次数较多时，这会限制模型的效率。为了克服这一挑战，一种解决方案是将动态图静态化，以便在编译时优化控制流。另一方面，静态图的自动微分需要解决逻辑拼接或计算图展开等问题，以确保在高效率下进行微分操作。

5. 易用性与性能兼顾

与 AI 框架的边界和对接：不同 AI 框架对深度学习任务的抽象描述和 API 接口不同，语义和机制上有各自的特点。需要考虑如何在不保证所有算子被完整支持的情况下透明化地支持用户的计算图描述。

对用户透明性问题：部分 AI 编译器并非完全自动的编译工具，性能表现依赖于用户提供的高层抽象的实现模板，如 TVM，为算子开发工程师提供效率工具，降低用户人工调优各种算子实现的人力成本。现有抽象却常常无法充分描述创新的硬件体系结构上所需要的算子实现。需要对编译器架构足够熟悉的情况下对其进行二次开发甚至架构上的重构，门槛及开发负担仍然很高。

编译开销：AI 编译器作为性能优化工具，只有在编译开销对比带来的性能收益有足够优势才有实用价值。部分应用场景下对于编译开销的要求较高。对于开发者而言，使用 AI 编译器阻碍其快速地完成模型的调试和验证工作，极大地增加了开发和部署的难度和负担。

性能问题：编译器的优化本质上是将人工的优化方法，或者人力不易探究到的优化方法通过泛化性的沉淀和抽象，以有限的编译开销来替代手工优化的人力成本。深度学习编译器只有在性能上能够真正代替或者超过人工优化时才能真正发挥价值。

在这里，向读者抛出几个问题，希望读者能去认真思考。

图算能否统一表达，统一编译优化，形成通用的 AI 编译器？ 当前的 AI 框架下，图层和算子层是分开表达和优化的，算法工程师主要接触图层表达，AI 框架、芯片、Kernel 开发工程师主要是负责算子的表达，未来能否会有 IR 打破图算之间的 GAP，未来在 AI+科学计算、AI+大数据等新场景驱动下，使得计算图层和算子层不再清晰，能否统一 AI 的编译优化？

完全的自动并行是否可行？ 自动并行能根据用户输入的串行网络模型和提供的集群资源信息自动进行分布式训练，通过采用统一分布式计算图和统一资源图设计可支持任意并行策略和各类硬件集群资源上分布式训练，并且还能利用基于全局代价模型的规划器来自适应为训练任务选择硬件感知的并行策略。实际上自动并行是一个策略搜索问题，策略搜索能够在有限的搜索空间找到一个次优的答案，但是真正意义上的自动并行能否做到需要进一步思考和验证。

AI 芯片需要编译器吗？AI 芯片需要 AI 编译器吗？ AI 芯片对于编译器的依赖取决于芯片本身的设计。越灵活的芯片对于编译器的依赖会越大。在 AI 芯片设计之初，采用了 CISC 风格的架构把优化在芯片内部解决。但是随着专用领域的演化，为了支持更加灵活的需求，AI 芯片本身会在保留张量指令集和特殊内存结构的前提下越来越灵活。未来的架构师需要芯片和系统协同设计，自动化也会越来越多地被应用到专用芯片中去。

9.4.3 AI 编译器的未来

尽管 AI 编译器的未来可能伴随着许多未知的挑战和问题，但其发展前景仍然非常广阔和充满潜力。

编译器形态：未来的 AI 编译器将分为推理和训练两个阶段，采用 AOT 和 JIT 两种编译方式。在推理阶段，编译器将预先编译模型以实现高效执行；而在训练阶段，编译器则倾向于即时编译以应对动态需求。这种灵活性将使编译器能够根据任务需求和系统资源选择最佳编译方式，从而提高性能和资源利用率。

IR 形态：未来的 AI 编译器需要一个类似于 MLIR 的统一中间表示（IR），能够灵活地表示和优化各种类型的 AI 模型。这个 IR 将支持多种编程语言和框架，使得跨框架的模型优化和转换变得更加高效。

自动并行：未来的 AI 编译器将具备自动并行的编译优化能力，能够跨机器、跨节点进行任务的并行处理。这种自动并行能力将使得在分布式系统中部署和执行 AI 模型变得更加高效和简便。编译器将能够自动检测并行执行的机会，根据任务的特性和系统资源自动分配和调度任务，以最大化系统的利用率和性能。这种功能的引入将为大模型的训练和推理提供更强大的支持，同时也为分布式 AI 应用的开发和部署带来更大的便利。

自动微分：未来的 AI 编译器将提供先进的自动微分功能，能够支持高阶微分的计算方式，并且方便对计算图进行操作。这种功能将使得对复杂模型进行优化和训练变得更加高效和灵活。编译器将能够自动推导出高阶导数，为模型的优化和调整提供更深入的信息。同时，它也将提供丰富的图操作接口，使得用户可以方便地对模型的结构进行修改和优化。这种自动微分的能力为未来 AI 模型的研究和开发带来更大的灵活性和创造性。

Kernel 自动生成：未来的 AI 编译器将实现自动化的 Kernel 生成功能，从而降低开发门槛，快速实现高效且泛化性强的算子。这意味着编译器将能够根据给定的算法和硬件环境自动生成优化的计算核心，无需手动编写特定的硬件优化代码。这种自动生成 Kernel 的功能将大大简化算法开发和优化的流程，减少了手工调优的时间和精力。同时，生成的 Kernel 将针对不同的硬件平台进行优化，从而实现更高的性能和更好的泛化性。这将使得开发者能够更专注于算法本身的创新，而不必过多关注底层的实现细节。

小结与思考

- AI 编译器目前遇到的挑战：AI 编译器目前主要遇到五个挑战，分别是动态 Shape 泛化、Python 编译静态化、充分发挥硬件性能、特殊算法优化方法以及易用性与性能兼顾问题。

- AI 编译器的未来：未来的 AI 编译器将分为推理和训练两个阶段，采用 AOT 和 JIT 两种编译方式；将拥有一个统一的IR；能够实现自动并行编译优化；能够提供先进的自动微分功能，支持高阶微分计算方式；能实现自动化 Kernel 代码生成，降低开发门槛。

- 思考问题：图算能否统一表达，统一编译优化，形成通用的 AI 编译器？完全的自动并行是否可行？AI 芯片需要编译器吗？AI 芯片需要 AI 编译器吗？

第 10 章 前 端 优 化

10.1 引 言

AI 编译器的前端优化的整体框图如图 10.1.1 所示，最上层为 AI 框架，例如 TensorFlow、PyTorch、MindSpore 等，这些 AI 框架的主要作用为解析 Python 代码产生计算图，并将计算图传递给 AI 编译器进行前端优化。

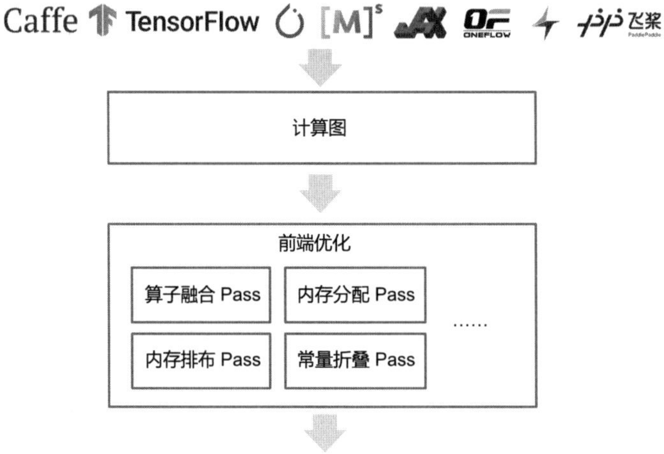

图 10.1.1

AI 编译器的前端优化中包含许多图层优化的技术点，即优化 Pass，包括算子融合 Pass、内存分配 Pass、内存排布 Pass、常量折叠 Pass 等，不同的 Pass 执行不同的优化逻辑，相互组合共同完成 AI 编译器的前端优化。

AI 编译器整体架构图如图 10.1.2 所示。在图中最上层，AI 框架前端将对 Python 代码进行解析产生 Graph IR，而 AI 编译器的前端优化将对生成的 Graph IR 进行多种优化处理，处理方式包括但不限于上文提及的各种优化 Pass 等。

AI 编译器前端优化流程中，AI 编译器将对输入的 Graph IR，依次执行包括但不限于常量折叠、常量传播、算子融合、表达式简化、表达式替换、公共子表达式消除等各种前端优化 Pass，各个 Pass 的执行结果仍然为 Graph IR 并输入到下一个 Pass 中，直到前端优化结束并输出最终优化后的 Graph IR。

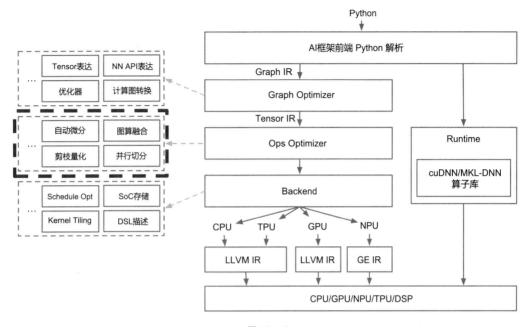

图 10.1.2

10.2　图　算　IR

本节将围绕计算图介绍相关内容。首先介绍计算图的基本构成，包括基于计算图的 AI 框架和基于数据流图的 AI 框架等；接着介绍 AI 框架生成计算图的方式，包括生成静态图和动态图的方式；之后介绍静态和动态计算图的比较和转换；最后介绍计算图对 AI 编译器的作用。

10.2.1　计算图基本构成

计算图是一个有向无环图（Directed Acyclic Graph，DAG），主要用来表示神经网络模型在训练与推理过程中的计算逻辑与状态，它由基本数据结构张量（Tensor）和基本运算单元算子（Operator）构成。

在计算图中，常用节点来表示算子，节点间的有向线段来表示张量状态，同时也描述了计算间的依赖关系。

1. 基于计算图的 AI 框架

在数学中，张量是标量和向量的推广，而在机器学习领域中，一般将多维数据称为张量。

AI 框架的张量具有形状和元素类型等基本属性，常见的二维张量和三维张量的示意图如图 10.2.1 所示。

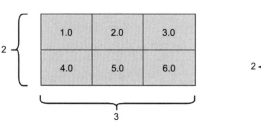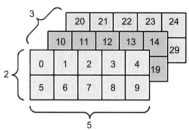

图 10.2.1

AI 框架的算子一般由最基本的代数算子组成，可以根据神经网络模型的需求组成复杂的算子。

算子一般具有 N 个输入的张量，M 个输出的张量，其中 N 和 M 均为正整数。此外，"算子"是 AI 框架的一个概念，在硬件底层实现具体算子执行部分，一般被称为 Kernel。

2. 基于数据流图的计算框架

上文主要介绍计算图的基本组成和概念，接下来将介绍在 AI 框架中计算图的具体使用情况，并给出前向传播和反向传播的计算图示例。计算图是一个有向无环图（DAG），在图中使用节点表示算子，使用边代表张量。

通过使用该表示方法，前向传播的计算图如图 10.2.2 中左图所示，结合了前向传播和反向传播的计算图如图 10.2.2 右图所示。此外，在计算图中也可能存在特殊的操作，例如 For、While 等构建控制流，也可能存在特殊的边，例如使用控制边表示节点间依赖。

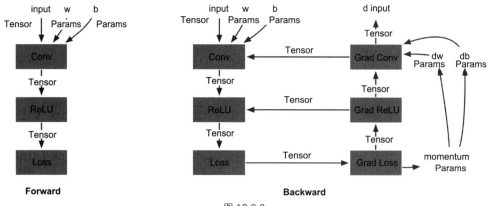

图 10.2.2

10.2.2　AI 框架如何生成计算图

本节将介绍在开发者编写代码后 AI 框架生成计算图相关的内容，包括计算图与自动微分的关系、AI 框架生成静态计算图的方式、AI 框架生成动态计算图的方式等。

1. 计算图和自动微分

计算图是一个有向无环图，包括前向传播的计算图和反向传播的计算图两部分内容。但是，在开发者基于 AI 框架提供的 API 构建神经网络模型时，一般只需编写神经网络前向传播的计算图，而无需编写反向传播的计算图。

这是因为主流的 AI 框架会自动分析神经网络的代码，不仅建立前向传播的计算图，也建立反向传播的计算图，如图 10.2.3 所示，实线部分为前向传播的计算图，虚线部分为 AI 框架自动建立的反向传播计算图。

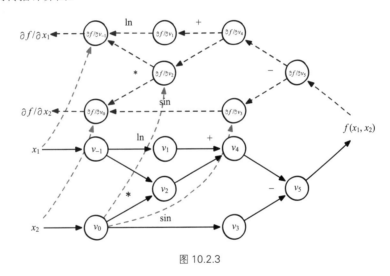

图 10.2.3

AI 框架将会自动分析图 10.2.3 中表示的计算图的计算过程，通过追踪计算图中的数据流，对其中的每个参数都进行精确微分，获取相应的梯度，以便后续计算中使用这些梯度在神经网络的训练过程中进行参数更新。

2. AI 框架生成静态计算图

在 AI 框架生成静态计算图的模式下，当开发者使用前端语言（例如 Python）定义模型形成完整的程序后，神经网络模型的训练不使用前端语言的解释器执行计算任务，而是由 AI 框架分析前端语言描述的完整模型，获取网络层之间的连接拓扑关系和参数变量设置、损失函数等信息，并使用静态数据结构重新描述神经网络的拓扑结构和其他模型组件。

3. AI 框架生成动态计算图

在 AI 框架生成动态计算图的模式下，开发者使用前端语言（例如 Python）进行开发模型，并采用前端语言自身的解释器对代码进行解释执行，利用 AI 框架自身提供的算子分发功能，算子将会在调用时即刻执行并输出结果。

动态图模式采用用户友好的命令式编程范式，具有灵活的执行计算特性，可以使用前端语言的原生控制流，使神经网络模型的开发构建过程更加简洁，充分发挥前端语言的编程友好特性。但由于在执行前无法获取完整的网络结构，因此不能使用静态图适用的图优化技术提高计算执行性能。

10.2.3 静态和动态计算图

1. 动态图和静态图比较

表 10.2.1 从代码即时获取中间结果、代码调试难度、内存占用等方面对比了动态图与静态图的特点。一般静态图的模型权重文件不仅包含权重数据，还包含了计算图的信息，而动态图一般用于训练阶段，在训练完成后通常不会保存计算图的信息。

表 10.2.1　静态图与动态图对比

特性	静态图	动态图
即时获取中间结果	否	是
代码调试难度	难	简单
控制流实现方式	特定语法	前端语言语法
性能	优化策略多、性能更佳	图优化受限、性能较差
内存占用	相对较少	相对较多
部署能力	可直接部署	不可直接部署

通常在推理阶段会使用模型的计算图的信息，因此在部署能力方面，静态图优于动态图。并且，静态图可以进行一些编译时优化，这也是 PyTorch 2.0 引入的 Dynamo 这一重要特性的作用之一，能够将 PyTorch 的动态图转换为静态图，以提升性能。

2. 动态图转换为静态图

目前，动态图转换为静态图主要有两种方式，分别为基于追踪转换的方式和基于源码转换的方式。

- **基于追踪转换的方式**：以动态图的模式执行并记录调度的算子，保存神经网络模型的计算图的信息，构建和保存为静态图模型。

● **基于源码转换的方式**：分析前端的代码，将动态图代码自动转换为静态图代码，在 AI 框架的后端使用静态图的方式执行程序，例如 PyTorch 的 FX。

10.2.4　计算图对 AI 编译器作用

1. 方便底层编译优化

在前端获取计算图最主要的作用是便于底层进行编译优化。

计算图可以描述神经网络训练的全过程，允许 AI 框架在执行之前获取神经网络模型的全局信息，从而执行部分依赖全局信息的系统级优化，使 AI 编译器可以对计算过程的数据依赖情况进行分析，可以作为 AI 框架中的高层中间表示，像 LLVM 一样通过若干图优化 Pass 来简化计算图或提高执行效率，从而简化数据流图，进行动态和静态的内存优化，也可以调整算子间的调度策略，改善运行时性能等。

2. 分层优化便于扩展

计算图也便于 AI 编译器进行分层优化和拓展。从优化的角度，将 AI 编译器的前端优化部分分为三个解耦的优化层，分别为计算图优化、运行时调度优化、算子/内核执行优化。

不同层面具有不同的优化 Pass，对 AI 系统整体的优化具有重要的意义。从拓展的角度，在构建新的网络模型结构、执行新的训练算法时，可以向计算图层添加新的算子、针对不同硬件内核实现计算优化、注册算子和内核函数并在运行时派发硬件执行等，为 AI 系统提供了灵活易用的拓展性。

小结与思考

- 计算图的基本构成：计算图是 AI 框架中表示神经网络计算逻辑的有向无环图（DAG），由张量（Tensor）和算子（Operator）构成，反映计算依赖关系。
- AI 框架生成计算图：AI 框架通过自动微分技术，结合静态或动态图生成方法，构建包含前向和反向传播的完整计算图，优化执行性能。
- 计算图对 AI 编译器的作用：计算图为 AI 编译器提供了优化的基础，允许进行系统级优化，提高执行效率，并支持模型的序列化和硬件部署。

10.3　算子融合

近年来，人们对优化神经网络模型的执行效率一直非常重视。算子融合是一种常见的提高神经网络模型执行效率的方法。这种融合的基本思想与优化编译器所做的传统循环融合相同，它们会带来：①消除不必要的中间结果实例化；②减少不必要的输入扫描；③发现其他优化机会。下面让我们正式走进算子融合。

10.3.1 算子融合方式

在讨论算子融合之前，我们首先要知道什么是计算图，计算图是对算子执行过程形象的表示，假设 $C = \{N, E, I, O\}$ 为一个计算图的数学表示，那么可以有：

- 计算图表示为由一个节点 N（Node）、边集 E（Edge）、输入边 I（Input）、输出边 O（Output）组成的四元组。
- 计算图是一个有向连通无环图，其中的节点也被称为算子(Operator)。
- 算子必定有边相连，输入边、输出边不为空。
- 计算图中可以有重边（两个算子之间可以由两条边相连）。

于是当我们遇到一个具体的算子实例时，我们可以在其对应的计算图上做等价的融合优化操作，这样的抽象使我们能够更加专心于逻辑上的处理而不用在意具体的细节。

为什么要算子融合呢？这样有什么好处呢？算子融合可以解决模型训练过程中的数据读取瓶颈，同时，减少中间结果的写回操作，降低访存操作。算子融合主要为了解决内存墙和并行墙问题：

- **内存墙**：主要是访存瓶颈引起。算子融合主要通过对计算图上存在数据依赖的"生产者-消费者"算子进行融合，从而提升中间 Tensor 数据的访问局部性，以此来解决内存墙问题。这种融合技术也统称为"Buffer 融合"。在很长一段时间，Buffer 融合一直是算子融合的主流技术。早期的 AI 框架，主要通过手工方式实现固定 Pattern (模板)的 Buffer 融合。
- **并行墙**：主要是由芯片多核增加与单算子多核并行度不匹配引起。可以将计算图中的算子节点并行编排，从而提升整体计算并行度。特别是对于网络中存在可并行的分支节点，这种方式可以获得较好的并行加速效果。

算子的融合方式非常多，首先可以观察几个简单的例子，不同的算子融合有着不同的算子开销，也有着不同的内存访问效率提升。

- 如图 10.3.1 左侧所示的计算图，有 4 个算子 A、B、C、D，若我们将 C、D 做融合（可行的话），此时可以减少一次的 Kernel 开销，也减少了一次的中间数据缓存。
- 如图 10.3.2 左侧所示的计算图，B、C 算子是并行执行，此时有两次访存，可以将 A "复制"一份分别与 B、C 做融合，如图 10.3.2 右侧所示，此时 A、B 与 A、C 可以并发执行且只需要一次的访存。
- 如图 10.3.3 左侧所示的计算图（和图 10.3.2 一致），此时可以变换一下融合的方向，即横向融合，将 B、C 融合后减少了一次 Kernel 调度，同时结果放在内存中，缓存效率更高。
- 如图 10.3.4 左侧所示的计算图，可以将 A、B 融合，此时运算结果放在内存中，再给 C 进行运算，可以提高内存运算效率。

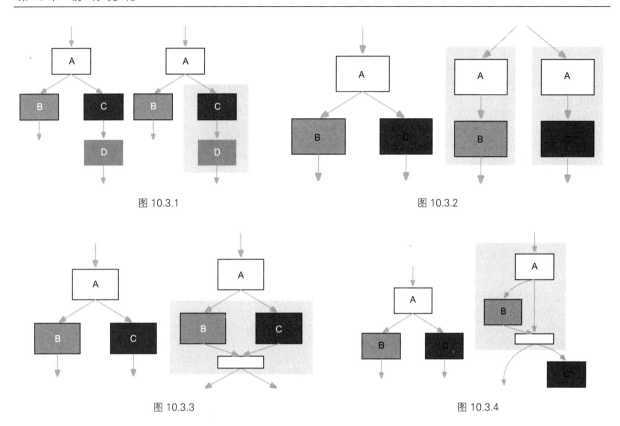

图 10.3.1　　　　　　　　　　　　　　图 10.3.2

图 10.3.3　　　　　　　　　　　　　　图 10.3.4

● 同样地，我们还可以将多个卷积核融合成一个卷积核，可以显著减少内存占用和访存的开销，从而提高卷积操作的速度。在执行如图 10.3.5 所示的卷积操作时，可以将两个卷积算子融合为一个算子，以增加计算复杂度为代价，降低访存次数与内存占用。

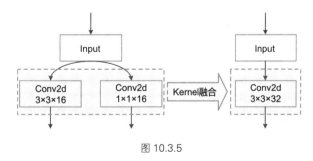

图 10.3.5

最后我们给出一个更具体的算子融合（图 10.3.6），读者可自行验证。

如图 10.3.6 所示，首先我们可以利用横向融合的思想，将一个 3×3×256 的卷积算子和一个

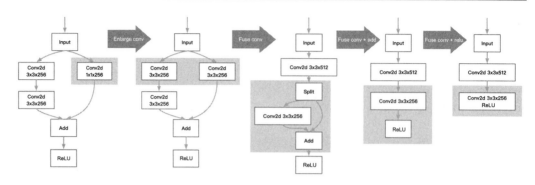

图 10.3.6

1×1×256 的卷积算子通过 Enlarge 方法将后者扩成 3×3×256 的卷积算子，然后融合成一个 3×3×512 的卷积算子；接着我们可以利用纵向融合的思想，将 Split，卷积，Add 融合成一个卷积算子，减少 Kernel 调度；最后，一般激活 ReLU 都可以和前一个计算步骤融合，于是融合得到一个 Conv2d_ReLU 算子。于是我们从一个比较复杂的计算图，得到了一个比较简洁的计算图，减少了 Kernel 调度，实现了"少就是多"。

10.3.2 算子融合案例

BN (Batch-Normalization) 是一种让神经网络训练更快、更稳定的方法。它计算每个 Mini-Batch 的均值和方差，并将其拉回到均值为 0、方差为 1 的标准正态分布。BN 层通常在非线性函数（Nonlinear Function）的前面或后面使用。

下面我们以 Conv-BN-ReLU 的算子融合作为例子。

1. BN 计算流程

计算均值：

$$\mu_B = \frac{1}{m}\sum_{i=1}^{m} x_i$$

计算方差：

$$\sigma_B^2 = \frac{1}{m}\sum_{i=1}^{m}\left(x_i - \mu_B\right)^2$$

归一化：

$$\hat{x}_i = \frac{x_i - \mu_B}{\sqrt{\sigma_B^2 + \varepsilon}}$$

其中，ε 是一个很小的正数，用于避免除以零。

线性变换：

$$y_i = \gamma \hat{x}_i + \beta$$

其中，γ 和 β 是可学习的缩放参数和偏移参数。

在 BN 前向计算过程中，首先求输入数据的均值 μ 与方差 σ^2，然后使用 μ、σ^2 对每个输入数据进行归一化及缩放操作。其中，μ、σ^2 依赖于输入数据；归一化及缩放计算的输入则依赖于输入数据、均值、方差以及两个超参数。图 10.3.7 为前向计算过程中 BN 的数据依赖关系。其中，γ 和 β 是一个可学习的参数，在训练过程中，和其他层的权重参数一样，通过梯度下降进行学习。在训练过程中，为保持稳定，一般使用滑动平均法更新 μ 与 σ^2，滑动平均就是在更新当前值时，保留一定比例上一时刻的值，以均值 μ 为例，根据比例 θ（如 = 0.99）保存之前的均值，当前只更新 $1-\theta$ 倍的本 Batch 的均值，计算方法如下：

$$\mu_i = \theta_{\mu_{i-1}} + (1-\theta)\mu_i$$

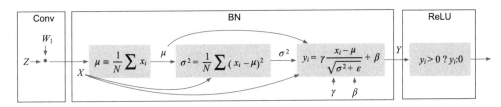

图 10.3.7

BN 反向计算过程中，首先求参数误差；然后使用参数误差 $\Delta\gamma$、$\Delta\beta$ 计算输入误差 ΔX。参数误差导数依赖于输出结果误差 ΔY 以及输入 X；输入误差 ΔX 依赖于参数误差导数及输入 X、输出误差 ΔY。反向过程包括求参数误差以及输入误差两部分，BN 反向计算的关键访存特征是**两次使用输入特征 X 及输出误差 ΔY**，分别用于计算参数误差 $\Delta\gamma$、$\Delta\beta$ 及输入数据误差 ΔX。计算过程如图 10.3.8 所示。

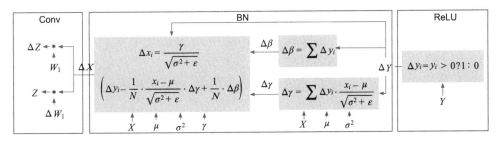

图 10.3.8

2. 计算访存分析

网络模型训练时，需要保存每层前向计算的输出结果，用于反向计算过程中参数误差、输入误差的计算。但是随着神经网络模型的加深，需要保存的中间参数逐渐增加，需要消耗较大的内存资源。由于加速器片上缓存容量十分有限，无法保存大量数据。因此需将中间结果及参数写入加速器的主存中，并在反向计算时依次从主存读入使用。

前向计算过程中，每层的计算结果需写入主存，用于反向计算过程中计算输入误差；反向计算过程中，每层的结果误差也需写入到主存，原因是反向计算时 BN 层及卷积层都需要进行两次计算，分别求参数误差及输入数据误差，X、ΔY 加载两次来计算参数误差 $\Delta \gamma$、$\Delta \beta$ 及输入误差 ΔX。ReLU 输入 Y 不需要保存，直接依据结果 Z 即可计算出其输入数据误差（图 10.3.9）。

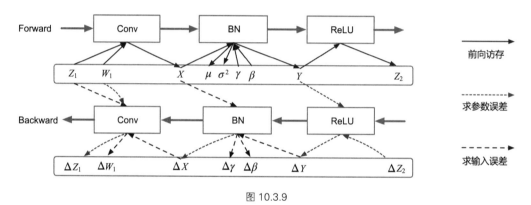

图 10.3.9

3. 算子融合

前向过程中，BN 重构为两个子层：BN_A 和 BN_B。

其中 BN_A 计算均值与方差，BN_B 完成归一化与缩放，分别融合于相邻卷积层及激活层。首先从主存读取输入 X、均值 μ、方差 σ^2、参数 γ、β，计算 BN_B，完成归一化及缩放计算，将结果 Y 用于激活计算，输出 Z 用于卷积计算，卷积结果 X' 写出到主存之前，计算 BN_A，即求均值 μ' 与方差 σ^2。

最终完成"归一化缩放→激活层→卷积层→计算卷积结果均值与方差"结构模块的前向计算过程只需要读取一次，并写回卷积计算结果 X' 及相关参数（图 10.3.10）。

具体融合计算过程如下所示：

- 卷积计算：

$$z = w*x + b$$

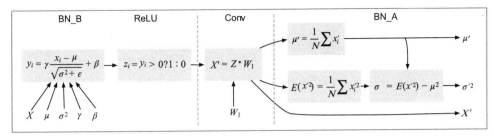

图 10.3.10

- BN 计算：

$$y = \gamma \frac{(z - \mathrm{mean})}{\sqrt{\mathrm{var}}} + \beta$$

- ReLU 计算：

$$y = \max(0, y)$$

- 融合卷积、BN 与 ReLU 的运算：

将卷积计算公式代入 BN 计算公式中，可得到下式：

$$y = \gamma \frac{\big((w*x + b) - \mathrm{mean}\big)}{\sqrt{\mathrm{var}}} + \beta$$

展开后可得到：

$$y = \gamma \frac{w}{\sqrt{\mathrm{var}}} * x + \gamma \frac{(b - \mathrm{mean})}{\sqrt{\mathrm{var}}} + \beta$$

将卷积与 BN 融合后的新权重 w' 与 b'，表示为

$$w' = \gamma \frac{w}{\sqrt{\mathrm{var}}}$$

$$b' = \gamma \frac{(b - \mathrm{mean})}{\sqrt{\mathrm{var}}} + \beta$$

最后，将卷积、BN 与 ReLU 融合，可得到如下表达式：

$$y = \max(0, w' * x + b')$$

小结与思考

- 算子的融合方式有横向融合和纵向融合，但根据 AI 模型结构和算子的排列，可以衍生出更多不同的融合方式。
- 通过 Conv-BN-ReLU 算子融合案例，了解如何对算子进行融合和融合后的计算，以此减少对访存的压力。

10.4　布局转换原理

目前，数据布局转换已经越来越多地用于编译器的前端优化，将内部数据布局转换为对后端设备友好的形式。数据布局转换主要影响程序的空间局部性，所谓空间局部性指的是如果一个内存位置被引用了一次，那么程序很可能在不远的将来引用其附近的一个内存位置，它会影响到程序执行中的缓存及其他性能。目前已经有许多数据布局转换技术：数组维度的排列、数据分块等。

接下来，我们将简单介绍数据布局转换，包括数据在内存如何排布，张量数据在内存中如何排布，以及数组维度排列的具体应用如 NCHW 与 NHWC 这两种数据排布方式。

布局转换相关算法可参见 6.4 节。

10.4.1　数据内存排布

在内存中，数据的排布主要依赖于操作系统的内存管理机制和数据结构的实现方式。内存主要分为栈、堆、数据段、代码段等几个主要区域，数据在内存空间中按照字节进行划分，那么从理论上来说对于任何类型的变量访问都可以从任意地址开始。

但实际情况中，在访问特定类型变量的时候经常需要在特定的内存地址访问，接下来我们将通过内存对齐这个概念详细解释这一现象。

如图 10.4.1 所示，右侧代表着数据，左侧代表着内存的多个地址，数据存放在内存的某个地址中。内存对齐指的是数据元素按照一定的规则在空间上排列，而不是按顺序一个接一个地排放。

数据在内存中存储时相对于起始地址的偏移量是数据大小的整数倍，称为自然对齐，相对应的通过编译器或语言的指令强制变量按照特定的对齐方式存储，称为强制对齐。

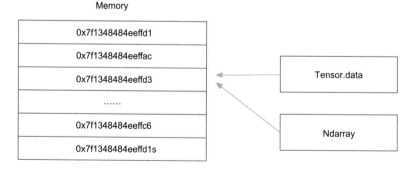

图 10.4.1

内存对齐的原因：从硬件的层面来看，虽然数据在内存中是按照字节进行存储，但是处理器从内存中读取数据是通过总线通信，总线默认传输的是字，即处理器按照字节块的方式读取内存。

举个例子，比如 32 位系统从内存中以 4 字节为粒度进行读取，64 位系统从内存中以 8 字节为粒度进行读取，所以当在处理器上进行未对齐的地址访问时，处理器将读取多个字，还有些处理器平台不支持访问任意地址上的任意数据。

详细展开来讲，以 4 字节存取粒度的处理器为例，如图 10.4.2 所示，我们现在要读取一个 INT 变量，其有 4 个字节，假如没有内存对齐机制，将一个 INT 放在地址为 1 的位置，那么我们需要读取的有地址 1234，具体操作时首先需要从地址 0 开始读取，然后取其较高的三位 123，剔除首字节 0，第二次从地址 4 开始读取，然后只取其较低的一位 4，之后将两个数据合并。

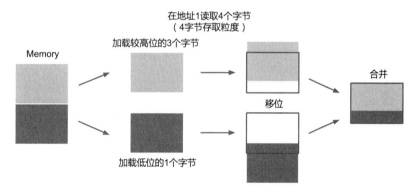

图 10.4.2

总体上来说，如果有内存对齐机制，如图 10.4.3 所示，我们只需读取一次，而没有内存对齐机制，将导致访问请求数据所需的内存事务数增加至 2 倍。

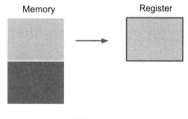

图 10.4.3

10.4.2 张量数据布局

1. 张量的数据维度

如图 10.4.4 所示，张量可以有零维、一维、二维、三维等多种形式，张量可以看作是一个多维数组，其在内存中排布为按字节存储。

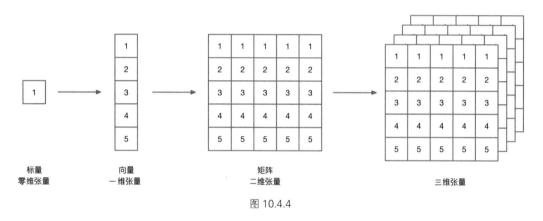

图 10.4.4

零维张量只有一个数，我们称为标量。一维张量有多个数，我们称为向量，这两者在内存中的存储并没有什么疑义，是按顺序存储。二维张量是一个矩阵，其有两个维度，那么在内存中排布是按照行的维度，还是按照列的维度优先进行存储，这就是我们接下来要讲的行优先排布方式与列优先排布方式。

在 AI 研究中，经常会有图片格式的数据存在，如果其是彩色图像，那么其每个像素点包括 [r,g,b] 三个通道，此时就需要三个维度来进行描述，那么其在内存排布的时候是优先行、列还是通道进行存储呢？接下来我们来详细介绍高维张量在数据中的排布方式。

2. 行/列优先排布方式

如图 10.4.5 的左侧所示，我们针对的案例是一个 3×2 的三维张量，在图形中它可以轻松表示为三个维度，但是在计算机内存里存储的时候，是线性的存储，也就是说所有三个维度的元素都被存储到了一行。图 10.4.5 右侧所示为行优先排布方式，按行的顺序依次存储红行、橙行的元素，然后是第二个通道的绿行、蓝行的元素。

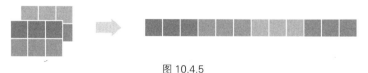

图 10.4.5

图 10.4.6 为列优先排布方式，按列的顺序以红橙红橙红橙的排布方式，第二个通道绿蓝绿蓝绿蓝的排布方式进行存储。

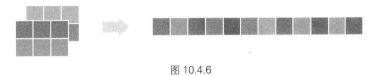

图 10.4.6

行优先存储和列优先存储并没有绝对的好坏关系，相对比较通用的结论是：对于行优先遍历的，使用行优先存储；对于列优先遍历的，使用列优先存储。相邻操作访存地址应该尽可能接近。

通常根据这个原则去排布数据能够得到较优的访存。这是由缓存的结构决定的。这个原则被称为访存的空间局部性，也即相近的代码（指令）最好访问相邻的数据，这样硬件能够提供更好的性能。

三维张量的数据布局方式实际上并不止行优先排布方式和列优先排布方式，按照排列组合来进行计算，三个维度按顺序排列共有六种排列方式，如图 10.4.7 所示，我们将三个维度按照、列、通道分别定义为 D1、D2、D3，那么按照图示我们有 D1,2,3，D1,3,2，D2,1,3，D2,3,1，D3,1,2，D3,2,1 足足六种排列方式，可见高维张量在内存中的数据排布方式的选择相当复杂和多样。

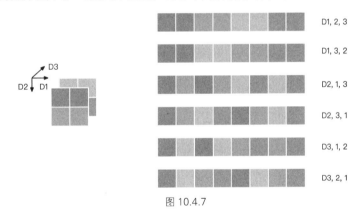

图 10.4.7

10.4.3　NCHW 与 NHWC

在深度学习领域中，多维数据通过多维数组存储，比如卷积神经网络的特征图通常用四维数组保存：四个维度分别为 N——批量（Batch）大小，一般指图像数量；C——特征图通道数（Channels）；H——特征图的高度（Height）；W——特征图的宽度（Width）。

我们可以将数据分为多个维度，然而对于计算机而言，数据的存储只能是线性的，数据的不同排布方式会导致数据访问特性不一致，所以为了考虑程序的执行性能，我们接下来讨论在哪些情况下数据排布方式适合 NCHW，哪些情况适合 NHWC。

1. NCHW 格式

下面，我们来举个 NCHW 数据排布方式的例子，如图 10.4.8 所示，这个例子中的图片分为红绿蓝三个通道，假设我们使用的是 NCHW 的数据排布方式，这里我们先将各方向的定义在这个图中详细说明，1/2/3 这个方向为 W，1/4 这个方向为 H，1/7/13 这个方向为 C，N 方向只有一个图片，暂时不讨论。

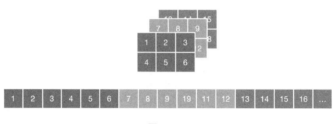

图 10.4.8

因此，NCHW 的数据排布方式，是先取 W 方向的数据，即 123，再取 H 方向的数据，即 123456，再取 C 方向的数据，即 1/2/3/4/5/6　7/8/9/10/11/12　13/14/15/16/17/18，在计算机中存储时即为图 10.4.8 下侧的序列。

简单来说，也就是先在一个通道中，按照 W 方向/H 方向存储数据，接着再到剩余通道中按同样方式存储数据，其突出特点是同一个通道的数值连续排布，更适合需要对每个通道单独运算的操作，如 MaxPooling 最大池化操作，NCHW 计算时需要的存储更多，一次存储对应一个通道的数据，适合 GPU 运算，正好利用了 GPU 内存带宽较大且并行性强的特点，其访存与计算的控制逻辑相对简单。

如图 10.4.9 所示，按照 NCHW 的数据排布方式，目标是计算灰度值，那么我们需要先将通道一的数据加载进内存，乘以 0.299，然后每次计算都可能需要加载一整个完整通道的数据，通道二所有数据值乘以 0.587，通道三所有数据值乘以 0.114，最后将三个通道结果相加得到灰度值，三个操作是独立的，可以在 GPU 上并行完成。

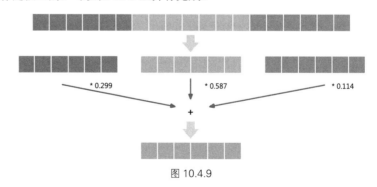

图 10.4.9

2. NHWC 格式

假设我们使用的是 NHWC 的数据排布方式,按照上文定义的方向,我们先取 C 方向的数据,即 1/7/13,再取 W 方向的数据,即 1/7/13　2/8/14　3/9/15,再取 H 方向的数据,即 1/7/13　2/8/14 3/9/15　4/10/16　5/11/17　6/12/18。

在计算机中存储时即为图 10.4.10 下侧所示的序列,简单来说,先把不同通道中同一位置的元素存储,再按照 W 方向/H 方向按照同样方式存储数据,其突出特点为不同通道中的同一位置元素顺序存储,因此更适合那些需要对不同通道的同一数据做某种运算的操作。

图 10.4.10

如 1×1 卷积操作(Conv1×1),NHWC 更适合多核 CPU 运算,CPU 的内存带宽相对较小,每个像素计算的时延较低,临时空间也很小,有时计算机采取异步的方式边读边算来减小访存时间,计算控制灵活且复杂。如图 10.4.11 所示,按照 NHWC 的数据排布方式,目标是计算灰度值,假设我们现在有 3 个 CPU 的核,那么就可以通过 3 个核分别并行处理这三个通道的同一位置元素,最后进行累加得到灰度值。

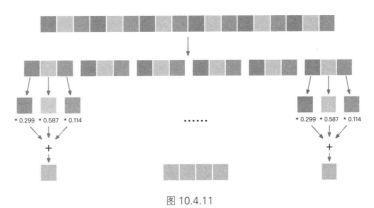

图 10.4.11

小结与思考

- 数据在内存中是按照字节进行存储的,但在访问方面:现代处理器上的内存子系统仅限于以其字大小的粒度和对齐方式访问内存，多字节数据还会存在大端小端的存储方式区别。

- 张量在内存中的数据布局排布方式相当多，常见的有行优先存储和列优先存储，我们应该根据硬件特点来选择其数据排布方式才能够优化性能。
- 卷积神经网络的特征图通常以四维数组形式存储，NHWC 排布方式适合多核 CPU 运算，而 NCHW 排布方式适合 GPU 并行处理，且张量的连续性取决于其逻辑与物理存储结构的相邻性。

10.5　内存分配算法

本节将介绍 AI 编译器前端优化部分的内存分配相关内容。在 AI 编译器的前端优化中，内存分配是指基于计算图进行分析和内存的管理，而实际上内存分配的执行是在 AI 编译器的后端部分完成的。本节将包括三部分内容，分别介绍模型和硬件的内存演进、内存的划分、内存优化算法。

10.5.1　模型和硬件内存演进

随着 AI 技术的迅速发展，神经网络模型在图像识别、自然语言处理等领域的应用日益广泛，模型的参数规模也逐渐增大，通常具有数百万甚至数十亿个参数，这使得神经网络模型在训练过程中需要消耗大量的 NPU 内存资源，以至于部分神经网络模型难以使用单张 NPU 进行训练而需要使用多张 NPU 共同完成训练任务。

例如，以 ImageNet 数据集为例，它是一个包含数百万张图片的数据集，常用于图像识别任务的训练和测试。在使用 ImageNet 数据集训练 Inception v4 模型时，如果将 BatchSize 设置为 32，则需要大约 40 GB 的 NPU 内存空间，而使用 ImageNet 数据集训练 Wide ResNet-152 模型时，若 BatchSize 设置为 64，则训练过程中需要的内存空间高达 180 GB，这充分展示了神经网络模型在训练过程中对内存的高需求。

回顾神经网络模型的训练流程。在训练过程中，需要将训练数据加载到内存中，同时也需要将前向传播和反向传播的神经网络计算图加载到 NPU 内存中，这些数据将占用大量的 NPU 内存空间，在 NPU 内存增长相对较慢的硬件发展趋势下，对有限的 NPU 内存进行高效使用具有重要的意义。而在 AI 编译器前端优化部分，此部分工作通常称为内存分配。

围绕模型/硬件的内存演进，本节最后提出一个基本的问题：

一般认为，估计神经网络模型的 NPU 内存占用情况有助于提高 NPU 利用率，为准确估计神经网络模型的 NPU 内存占用情况，构建一个 N 层的神经网络需要消耗多大的 NPU 内存空间，应该如何估算？

10.5.2　内存的划分

本节将介绍内存分配中内存划分的相关内容，内存分配主要包括两类情况——静态内存和动态内存。

1. 静态内存

静态内存主要是指在模型的训练和推理过程中，内存空间的分配是预先确定的，并且在整个计算过程中不会发生变化。静态内存的管理相对简单，因为其分配和释放是确定的。

静态内存主要包括三个部分。首先是模型的权重参数（Parameter）。它指的是神经网络中的可训练参数，例如卷积核、全连接层的权重矩阵等。这些权重参数在模型训练时会被反复调用和更新，但在 NPU 的内存中始终占用固定大小的相同的内存区域。

其次是常量值节点（Constant Value Nodes），通常用于存储训练过程中的常量数据或需要持久化的中间结果，例如归一化的均值和方差、无法被常量折叠技术所优化的常量等，与权重参数类似，内存空间也是预先分配好的，并且内存占用在计算过程中不会改变。

最后是模型的输出（Output），指的是网络在推理或训练结束时产生的最终结果，这部分内存同样是固定分配的，在训练或推理过程中不会被重新分配或释放。

一般情况下，对于一些在整个计算图中都会使用的固定的算子，在模型初始化时将一次性申请完所需要的 NPU 内存空间，在训练和推理过程中不再需要频繁地进行 NPU 内存申请操作，有助于提高系统的性能。图 10.5.1 展示了某一计算图所对应的具体的 NPU 内存占用情况，图中加粗的框中所标注的为使用静态内存的部分。

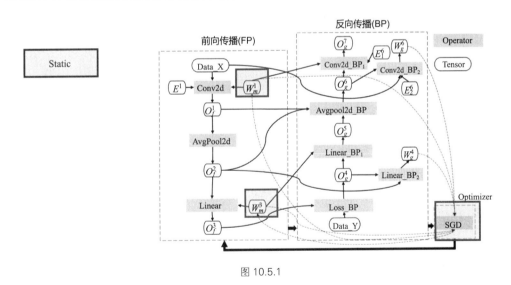

图 10.5.1

2. 动态内存

动态内存与静态内存不同，其内存的分配和释放是动态进行的，随着计算的进行而变化。

动态内存管理复杂性较高，但它能够提高内存使用效率，特别是在大规模深度学习模型的训练中，动态内存的管理至关重要。

　　动态内存主要包括两部分内容，共同支持着神经网络在训练过程中的灵活性和高效性。首先是输出张量（Output Tensor），指的是在神经网络前向传播过程中每层计算所生成的中间结果。这些数据通常需要在计算过程中生成，并在使用完毕后释放，通过动态内存分配，AI 框架可以有效地利用 NPU 内存空间，避免不必要的内存占用。

　　其次是工作区张量（Workspace Tensor），用于存储中间计算结果或者其他临时数据，仅在特定的计算操作中需要，因此其内存占用可以被动态地分配和释放。例如当开发者自定义 CUDA 算子时，一般会申请一块内存作为缓冲区，这部分内存占用即为 AI 框架的工作区张量。为了提高内存的利用率，许多 AI 框架会使用内存池化技术将多个计算操作所需的工作区整合到一个内存池中，以减少动态内存分配的开销，提升计算效率。

　　一般情况下，对于临时的 NPU 内存需求，可以进行临时的申请和释放，以节省 NPU 内存的使用，提高模型的并发能力。此外，动态内存在神经网络中占据了大部分的 NPU 内存，例如，图 10.5.2 中加粗的框所标注的为动态内存的部分，与上节中静态内存的部分相比，动态内存所消耗的 NPU 内存更多。

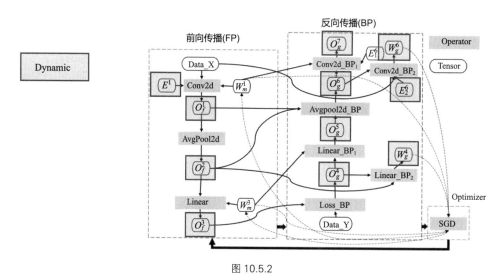

图 10.5.2

　　在上述内容中提到，神经网络中每一层算子的输出张量所占用的 NPU 内存分配为动态内存，那么如何在每一个计算图的输出节点上分配内存？怎样才能正确地分配内存？

10.5.3　内存优化算法

1. 内存优化效果示例

图 10.5.3 为 MobileNet v2 模型在内存优化前后的内存占用示意图，图上半部分为 MobileNet v2 在未经内存优化的情况下 NPU 内存申请的空间的示意图，可以发现在模型中存在许多碎片化的内存占用情况，模型总体占用的内存较多。

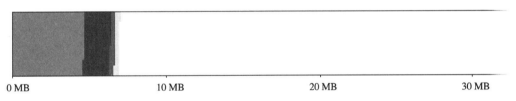

图 10.5.3

图下半部分为经过内存优化后的 MobileNet v2 内存占用示意图。可见经过内存优化之后，MobileNet v2 模型整体的 NPU 内存消耗量明显减少，内存占用的碎片数量明显降低，有效地整合了不同算子的内存需求，因此内存优化具有重要的价值。那么应当如何进行内存优化呢？下文将介绍常见的节省内存的算法。

2. 节省内存算法

常见的节省内存的算法分为四种类型，包括空间换内存、计算换内存、模型压缩、内存复用等。

- 空间换内存的算法：将 GPU 或 NPU 内存中的部分模块卸载到 CPU 内存中（CPU Offload），该类算法更常见于对 MoE 的模型结构进行算法优化。
- 计算换内存的算法：在部分场景下重新计算数据的效率比从存储空间中读取数据的效率

高，那么可以选择不保存数据而在需要数据时进行重计算，例如使用梯度检查点（Gradient Checkpointing）技术。

- 模型压缩的算法：在端侧推理场景下应用较多，包括但不限于量化训练（Quantification）、模型剪枝、模型蒸馏等压缩算法。
- 内存复用：利用 AI 编译器对计算图中的数据流进行分析，以允许重用内存。

　　AI 编译器的内存分配算法与传统编译器的寄存器分配非常相似，可以借鉴后者的许多思想。

---

3. 内存替代

在内存复用中存在若干常见操作，例如替换操作 Inplace Operation，即当一块内存不再被需要时，且下一个操作是 element-wise 时，可以在原地覆盖内存。

如图 10.5.4 中左图所示，在计算完成 B 算子之后，所分配的内存可以被算子 C 所复用，同理计算完成算子 C 之后，所分配的内存可以被算子 E 所复用。但是在右图中，因为在计算完成算子 B 之后算子 F 需要使用算子 B 的计算结果，因此算子 C 无法复用算子 B 所分配的内存。

4. 内存共享

当两个数据所使用的内存大小相同且有一个数据在参与计算后不再需要，那么后一个数据可以覆盖前一个数据，前一个数据所分配的内存无需重复申请和释放，只需要进行内存共享即可。

如图 10.5.5 所示，算子 B 的数据在算子 C 使用之后不再需要，那么在算子 E 可以对算子 B 所使用的内存空间进行内存共享。

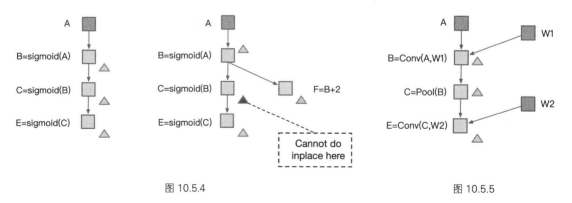

图 10.5.4　　　　　　　　　　　　　　　　　　　　　　图 10.5.5

5. 内存优化方法解读

如果是较为复杂的模型，如图 10.5.6 所示的计算图内存优化过程分布示意图，进行内存优化的操作复杂度较高，为此研究者提出了一些新的内存优化算法。

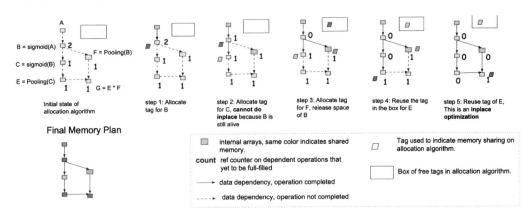

图 10.5.6

本节将针对图 10.5.6 所展示的计算图，对一种内存优化算法进行解读，其方法与传统编译器的内存优化方法具有一定的相似之处。图中最左侧为计算图，中间的虚线为计算图中数据的流动，在初始化时 AI 编译器将感知每一个算子被使用的次数并标记。

在第一步时将为算子 B 分配一个 tag；在第二步为算子 C 分配新的 tag 时发现此时不能进行替代操作，因为算子 B 的生命周期仍存在；在第三步中计算算子 F 时，为其分配一个 tag，此时算子 F 已经计算完成，B 算子的生命周期结束，其分配的内存空间也释放到队列中；第四步中继续执行时，算子 C 已计算完成，其内存空间也将进入内存队列中，但是此时将执行算子 E，因此会将之前存放在队列中的红色的 tag 对应的内存分配给算子 E 来进行内存共享同时修改对应 tag 的标记；第五步中可以复用算子 E 所占用的内存，进行替代操作。

最终可以看到图 10.5.6 左下角为最终内存分配的方案，需要注意的是此处为预执行的操作而非模型真实运行中进行的内存分配，不同的颜色代表不同的内存分配的空间。

6. 并行分配

在上文中介绍的内存分配算法主要为串行逻辑的算法，下面将探索并行逻辑的内存分配算法。

如图 10.5.7 所示，左右分别为两种不同的内存分配方案，以串行方式运行从 $A[1]$ 到 $A[8]$，那这两种分配方案都是有效的。然而左侧的分配方案引入更多的依赖，意味着不能以并行方式运行 $A[2]$ 和 $A[5]$ 的计算，而右边可以运行，因此右侧的分配方式更为高效。

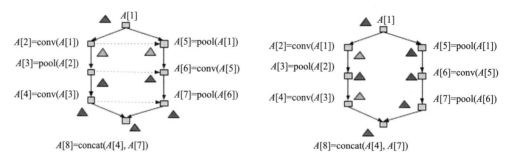

图 10.5.7

小结与思考

- 内存分配的重要性：随着神经网络模型规模的增长，NPU 内存资源变得紧张，高效的内存分配对于提高 NPU 利用率至关重要。

- 内存的划分：内存分配包括静态内存和动态内存，静态内存包括权重参数、值节点和输出，而动态内存包括输出张量和工作区张量，它们支持模型训练的灵活性和高效性。

- 内存优化算法：包括空间换内存、计算换内存、模型压缩和内存复用等策略，以及具体的内存优化技术如内存替代和内存共享，旨在减少内存占用并提高计算效率。

10.6 常量折叠原理

常量折叠（Constant Folding）是编译器的一种优化技术，它通过在编译期间对常量表达式进行计算，将其结果替换为常量值，从而减少程序运行时的计算和开销。

10.6.1 传统编译器的常量折叠

传统编译器在编译期间，编译器会设法识别出常量表达式，对其进行求值，然后用求值的结果来替换表达式，从而使得运行时更精简。

```
day_ sec = 24*60*60
```

当编译器遇到这样的一个常量表达式时，表达式会被计算值所替换。因此上述表达式可以等效地被执行为

```
day_sec = 86400
```

常量传播对于常量折叠的重要性。在传统编译器中，常量传播主要是通过对控制流图(CFG)进行可达性分析，为每个基本块维护一个可达集合，记为 $\text{Reaches}(n)$。其含义为若定义 $d \in \text{Reaches}(n)$，则意味着存在一条从入口基本块到基本块 b_n 的路径，d 没有被重新定义。计算公式如下：

$$Reaches(n) = \bigcup_{m \in preds(n)} \left(DEDef(m) \cup \left(Reaches(m) \cap \overline{DefKill(m)} \right) \right)$$

方程的初始条件为：$Reaches(n) = \varnothing, \forall n$。其中，$preds(n)$ 表示 n 的前趋节点集；$DEDef(m)$ 表示基本块 b_m 中向下展示的定义，其含义为若定义 $d \in DEDef(m)$，则意味着从 d 定义处到 b_m 的出口处都没有被重新定义；$DefKill(m)$ 表示在基本块 b_m 中被杀死的定义，其含义为若定义 $d \in DefKill(m)$，则意味着从 d 定义处到 b_m 的出口处被重新定义，因此 $\overline{DefKill(m)}$ 包含了 m 中可见的所有定义位置。

从公式上看，如果定义 d 在基本块的出口处是可达的，当且仅当定义 d 是基本块中向下展示的定义，或者定义 d 在基本块的入口处是可定义的，并且在基本块内没有被杀死。根据入口可达集合的定义，存在一条路径即可，所以定义 d 在基本块的入口处是可达的，只需要在其任意前趋节点的出口处是可达的即可。

当已知基本块入口处的可达定义集合时，对于基本块内某个定义引用，如果从引用点到基本块入口的路径上没有发生重定义，并且该定义引用存在于可达定义集合中，则可以用可达定义集合中的值替换该定义引用。如果有重定义，则用重定义的值替换该定义引用，从而达到传播的目的。

10.6.2 AI 编译器的常量折叠

常量折叠作为传统编译器的一种优化技术，其迁移到 AI 编译器依然适用。传统编译器通常是对抽象语法树进行常量折叠优化，而 AI 编译器是对计算图进行常量折叠优化。AI 编译器会对计算图中的每个操作节点进行分析，判断其是否可进行常量折叠。如果可以，则通过计算得到结果替换该节点。

以下是 AI 编译器常量折叠的几个类型：

● 当计算图中某个节点的数据输入边的源节点均为编译期常量(不同 AI 编译器的定义可能完全不相同)的节点，则可以提前计算出该节点的值来完全替换该节点。

● 以 AddN 为例，对于两个形状大小为(N,C,H,W)四维常量 Tensor，AddN 的计算结果在编译期间是可以确定的，可以生成一个与该结果等值的数据节点替换掉 AddN。这样就不需要给 AddN 节点分配额外的存储资源，在计算图执行的过程中，也不需要反复计算 AddN 这个操作，可直接进行访问（图 10.6.1）。

● 输入形状确定的 Shape 类型的操作，比如 Size、Shape 等操作。这些操作都只与输入的形状有关，与输入的具体值无关，而相比于具体输入值来说，当输入的形状在编译期间是一个可以确定的值时，AI 编译器就可以直接计算出 Shape 类型操作的值。

以 Size 为例，对于形状大小为(1,2,3,4)的四维变量 Tensor，Size 的计算在编译期间是可以确定的，AI 编译器会生成一个值为 24 的常量数据节点来替换 Size 节点（图 10.6.2）。

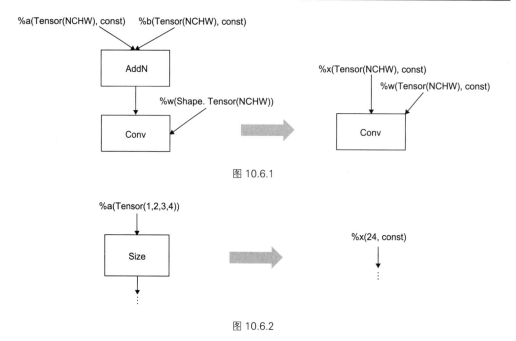

图 10.6.1

图 10.6.2

● 数据输入节点不全为编译常量节点，但是这部分节点是可常量折叠的节点，即经过一系列的常量折叠后，该节点会被替换成编译常量节点。

图 10.6.3 依旧以 AddN 为例，可以看出 AddN2 并不满足第一类的折叠规则，但是 AI 编译器发现 AddN1 是个可常量折叠的节点，AI 编译器生成一个常量数据节点替换掉 AddN1 后，发现 AddN2 也满足第一类的折叠规则，所以 AI 编译器会再生成一个常量数据节点替换掉 AddN2。

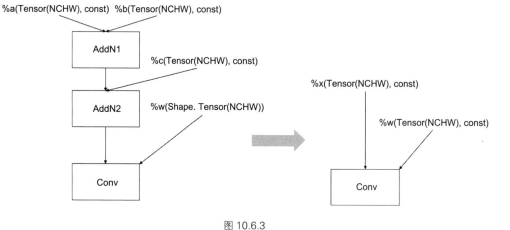

图 10.6.3

与传统编译器相同，AI 编译器在进行常量折叠的时候也会被诸多因素所影响，比如，如果常量太大（以字节为单位），则不替换它。这可以防止图的大小变得过大。

小结与思考

- 无论是传统编译器还是 AI 编译器都是希望通过常量折叠将程序中的常量表达式计算为一个常量值，并将其替换为该常量值的结果，以此来减少程序的运行时间和资源消耗，提高代码的性能和效率。
- 传统编译器通常处理较为简单的常量类型，如整数和浮点数，而 AI 编译器可能会处理各种类型的常量，例如张量、矩阵等，以适应神经网络的复杂计算。

10.7　公共子表达式消除原理

公共子表达式消除（Common Subexpression Elimination，CSE）也称为冗余表达式消除，是普遍应用于各种编译器的经典优化技术。旨在消除程序中重复计算的公共子表达式，从而减少计算量和提高执行效率。

10.7.1　传统编译器的公共子表达式消除

在程序中，有时会出现多个地方使用相同的表达式进行计算，并且这些表达式的计算结果相同。重复计算这些表达式，会增加不必要的计算开销。公共子表达式消除的目标就是识别出这些重复的计算，并将其提取出来，只计算一次，然后将结果保存起来供后续使用。

以下是一个简单的公共子表达式：

```
temp = b * c
a = b * c + g
d = b * c + e
```

在计算 a 和 d 的时候都使用到了 $b * c$ 这个表达式，而该程序在计算 a 和 d 之前已经计算过 $b * c$ 并将其计算结果保存在 temp 中，并且从 $b * c$ 计算并赋值到 temp 后到计算 a 和 d 之间，b 或 c 的值并没有发生改变，则可以将计算 a 和 d 中的 $b * c$ 替换成 temp，能够将以上代码转化成以下代码：

```
temp = b * c
a = temp + g
d = temp + e
```

对于 $b * c$，程序只需要计算一次，并将结果保存在 temp 中，在计算 a 和 d 时直接载入 temp 中保存的值即可，避免了 $b * c$ 的重复计算，提高了程序的执行效率。

编译器开发者将公共子表达式消除分成两类。如果这种优化仅限于程序的基本块内，便称为局部公共子表达式消除；如果这种优化范围涵盖了多个基本块，那就称为全局公共子表达式消除。

局部值编号（LVN）和缓式代码移动（LCM）是两种常见的公共子表达式消除方法。

10.7.2 AI 编译器的公共子表达式消除

公共子表达式是传统编译器常用的前端优化的一种，经过迁移也可以应用到深度学习编译器中。

AI 编译器中公共子表达式消除采取相同的思路，区别在于 AI 编译器中子表达式是基于计算图或图层 IR。通过在计算图中搜索相同结构的子图，简化计算图的结构，从而减少计算开销。

图 10.7.1 中 Op3 和 Op4 都经过了相同的图结构{{Op1,Op2},{Op1→Op2}}，AI 编译器会将相同子图的所有不同输出都连接到同一个子图上，然后在后续的死代码消除中删除其他相同的子图，从而达到简化计算图的目的，减少计算开销。

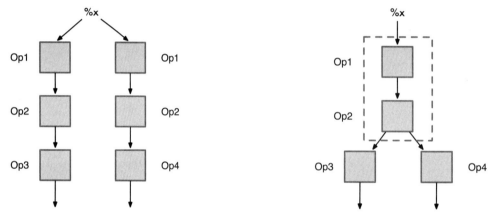

图 10.7.1

以 TensorFlow 为例，给出 AI 编译器实现公共子表达式消除的一种实现：

● 获得逆后续节点集。TensorFlow 使用反向深度优先搜索遍历计算图，获得逆后续节点集。这样处理的目的是为了确保在处理某个节点时，其所有的输入节点已经处理完毕。

● 遍历逆后续节点集，由于公共子表达式优化只与操作节点有关，所以在遍历的时候忽略非操作节点。TensorFlow 使用混合哈希的计算模式为每个操作节点计算其对应的哈希值。参与混合哈希计算的节点属性包括输出节点的个数、每个输出节点的类型、输入节点的信息等。这样处理的目的是为了确保一个表达式对应一个哈希值，达到检索公共子表达式的目的。

● 维护公共子表达式候选集，将节点和哈希值一一对应，当处理一个新的操作节点时，判断该节点的哈希值是否在公共子表达式候选集中，如果不存在，则将该操作节点及其哈希值添加到公共子表达式候选集中。如果存在，则用公共子表达式候选集中的节点连接到该操作节点的所有输出节点，但对于该操作节点并不会做任何处理，它会在后续的死代码消除中被删除掉。

小结与思考

● 公共子表达式消除就是去掉程序中相同的结构，减少重复计算。传统编译器通过找到重复表达式，存储表达式的计算结果，并用该计算结果替换重复表达式的引用。AI编译器通过找到相同的子图，将相同子图的所有输出都连接到同一个子图，从而达到公共子表达式消除的目的。

● 通过公共子表达式消除，可以减少重复计算和冗余代码，从而提高程序的性能。然而，需要注意的是，CSE 可能会增加代码的复杂性和内存消耗，因此在实际应用中需要权衡考虑。

10.8 死代码消除

死代码消除（Dead Code Elimination，DCE）是一种编译器优化技术，旨在删除程序中不会被执行的代码，从而提高程序的执行效率和资源利用率。死代码是指在程序的当前执行路径下不会被访问或执行的代码片段。

10.8.1 传统编译器的死代码消除

死代码消除的目的是删除程序中无用和不可达操作对应的代码。在传统编译器中，死代码消除通常是通过分析控制流图，从而找到并删除无用和不可达操作对应的代码。

1. 不可达操作

不可达操作通常有两类：

第一种是不可达基本块中的操作。在控制流图中，对于某个基本块 b_i，如果从入口基本块 b_0 存在一条路径能够到达基本块 b_i，则 b_i 是可达基本块，反之则为不可达基本块。当一个操作位于不可达基本块中，根据不可达基本块的定义，该操作将不可能被执行到，所以该操作为不可达操作。

第二种是由条件分支优化导致的舍弃基本块中的操作。在控制流图中，当某个基本块 b_i 进行条件转移时，如果其条件在编译阶段是可以直接被计算出来的话，那么编译器在编译阶段就可以很清楚条件转移将会前往哪个分支。相比于执行的分支，另一个分支将不会被编译器所执行，这个分支所对应的所有操作都是不可达操作。

如图 10.8.1 所示的控制流图，其中 b_9 是一个不可达的基本块，因为不存在一条路径从 b_0 到达 b_9，所以 b_9 中的所有操作都是不可达操作。对于基本块 b_3 以及其两个条件转移目的基本块 b_4 和 b_5，假设 b_3 的条件转移条件始终为 true 且 b_4 为 true 所对应的条件转移目的基本块，在这种情况下，b_5 将不会被执行到，b_5 中所对应的操作为不可达操作。

以下是一个简单的不可达操作删除的例子：

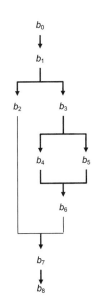

图 10.8.1

```python
def test(flag):
    if(flag):
        print("Flag is True")
    else:
        print("Flag is False.")
    return
    print("This code is unreachable.")

test(False)
```

上面是用 Python 实现的一段代码。在该程序中，test 函数的输入始终为 False，所以在 test 函数内部，print("Flag is True")这条语句将永远不会被执行到，所以这条语句为不可达操作。编译会将上述代码优化为：

```python
def test(flag):
    print("Flag is False.")
    return
    print("This code is unreachable.")

test(False)
```

在 test 函数中，当 test 进行 return 后有一个打印操作 print("This code is unreachable.")，由于该操作位于 return 后，永远不会被执行到，编译器会将上述代码进一步优化成：

```python
def test(flag):
    print("Flag is False.")
    return

test(False)
```

2. 无用操作

无用操作是指其结果没有外部可见效应，比如冗余的变量赋值操作，该变量在定义后没有在后续的操作中使用到，不会对后续操作产生任何影响，所以可以直接删除该变量赋值操作。在传统编译器中，编译器如何判断一个操作是否是无用操作呢？

在传统编译器中，有一些操作被认为是一定有用的，一些书中将这种操作称为关键操作。而参与关键操作计算的或者控制流程图流向关键操作所在基本块的条件转移或跳转操作也被认为是有用的，编译器可以通过关键操作标记出所有的有用操作，而未标记的则为无用操作，从而达到删除无用操作的目的。

以下是一个简单的删除无用操作的例子：

```python
def test(a,b,c):
    x = a + b
    y = x + c
    return y

test(1,2,3)
```

上面是用 Python 实现的一段代码。在 test 函数中，因为最后的结果需要返回变量 y，此时变量 y 对于 test 函数来说是有用的，而 y 又需要通过 x 计算得到，所以变量 x 对于 test 函数来说也是有用的。简单修改一下代码：

```python
def test(a,b,c):
    x = a + b
    y = x + c
    return a+b+c

test(1,2,3)
```

上面是用 Python 实现的一段代码。在 test 函数中，返回值从变量 y 变成了 $a+b+c$，此时变量 y 和 x 并不会影响到 test 函数的功能，所以变量 y 和 x 都是无用的代码。

10.8.2 AI 编译器中的死代码消除

AI 编译器通常是通过分析计算图，找到无用的计算节点或不可达的计算节点，然后消除这些节点。

在计算图中，不可达节点是指从输入节点通过图中的有向边无法到达的节点。如图 10.8.2 所示，计算图中有 A、B、C 三个算子，假设三个算子都不是输入节点。不存在一条路径从输入节点到 B 节点，所以 B 节点是不可达节点，AI 编译器会删除该节点，并删除其到可达节点的边，即边 B→C。

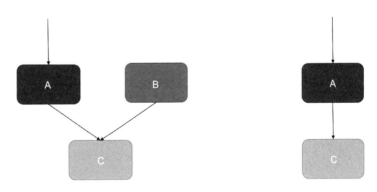

图 10.8.2

在计算图中，无用节点是指某个计算节点的结果或副作用不会对输出节点产生影响。如果计算图中有 A、B、C 三个算子，B 节点输出没有后继节点，不会对后续的计算图流程产生影响，所以 B 节点是无用节点，AI 编译器将该节点删除。

除此之外，训练的时候会产生大量的子图，而这些子图通常对于推理来说是无用的，所以在推理的时候可以删除这些无用的子图。

小结与思考

- 在传统编译器和 AI 编译器中，死代码消除优化是一项常见的优化技术，用于删除程序中不会被执行的代码。

- 无论是传统编译器还是 AI 编译器，死代码消除优化都具有如下优势，包括提高执行效率、减小程序大小、简化代码维护和减少错误的可能性。在 AI 编译器中，死代码消除优化还可以带来模型推理效率的提升、模型尺寸的压缩、训练加速和能源消耗的降低。

10.9 代数简化

代数简化（Algebraic Simplification）是一种从数学上来指导我们优化计算图的方法。其目的是利用交换律、结合律等规律调整图中算子的**执行顺序**，或者删除不必要的算子，以提高计算图整体的计算效率。

代数简化可以通过子图替换的方式完成，具体实现：①先抽象出一套通用的子图替换框架，再对各规则实例化。②针对每一个具体的规则实现专门的优化逻辑。下面我们将介绍三种不同的代数简化方案。

10.9.1 算术简化

顾名思义，算术简化就是利用代数之间算术运算法则，在计算图中确定优化的运算符执行顺序，从而用新的运算符替换原有复杂的运算符组合。我们给出结合律、交换律、分配律的例子。

1. 结合律

非正式地讲，结合律即不论我们怎样结合数字（即先计算哪些数字），答案都是一样的。即

$$(a+b)+c = a+(b+c)$$

正式地讲，令*是非空集合 S 上的二元运算，如果 $\forall x,y,z \in S$ ，都有

$$(x*y)*z = x*(y*z)$$

则称运算在 S 上是**可结合的**，或者说运算在 S 上满足**结合律**。

根据这样的思想，我们可以发现以下的规则符合结合律，令 A,B,C 是张量集合 Γ 的元素，即 $A,B,C \in \Gamma$ ，则有

$$(A \star B)^{-1} \Diamond ((A \star B)C)^{-1} \to (A \star B)^{-2} \Diamond C$$

其中，$\star$ 是卷积 Conv，$\Diamond$ 是矩阵乘法 Mul。形式上，我们称上述公式为在张量集合 Γ 上的二元运算 $\star$、$\Diamond$ 满足结合律。

有了这样的规则，便可以指导我们进行实例的优化，例如下面的实例算子（图 10.9.1），令 A,B,C 为具体的张量，其他算子如图示，优化规则如上所述：

根据上述结合律规则，我们可以把 A 与 B 的卷积给抽离出来，将虚线方框部分做简化，这样就减少了运算算子，也减少了运算开销。

当然还有许多符合结合律的简化，我们列几个在下方供读者参考。

$$\text{Recip}(A)\Diamond\text{Recip}(A\Diamond B)\rightarrow\text{Square}(\text{Recip}(A))\Diamond B$$

$$\left(A\Diamond\sqrt{B}\right)\Diamond\left(\sqrt{B}\Diamond C\right)\rightarrow A\Diamond B\Diamond C$$

$$\left(A\Diamond\text{ReduceSum}(B)\right)\Diamond\left(\text{ReduceSum}(B)\Diamond C\right)\rightarrow A\text{Square}(\text{ReduceSum}(B))\Diamond C$$

2. 交换律

交换律是说，**把数的位置对换**而结果不变，即

$$a+b=b+a$$

$$a*b=b*a$$

正式地讲，令 * 是非空集合 S 上的二元运算，如果 $\forall x, y \in S$ ，都有

$$x*y = y*x$$

则称运算在 S 上是**可交换的**，或者说运算在 S 上满足**交换律**。

根据这样简洁优美的思想，我们可以发现以下的规则符合交换律：

$$\text{ReduceSum}(\text{BitShift}(A))\rightarrow\text{BitShift}(\text{ReduceSum}(A))$$

根据这样的规则我们可以看到如下实例的优化：

如图 10.9.2 所示，A 是一个张量，相比较先 BitShift 再 ReduceSum 的操作顺序，我们可以根据交换律，先 ReduceSum，得到一个维度更小的 Batch，再进行 BitShift，显然运算的开销减少了。

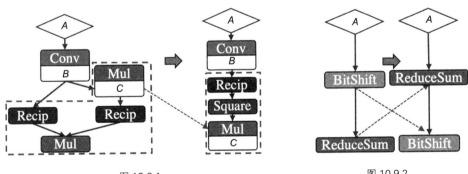

图 10.9.1　　　　　　　　　　　　　　　　　图 10.9.2

当然还有许多符合交换律的简化，列一个在下方供读者参考。

$$ReduceSum(Exp(A)) \rightarrow Exp(ReduceSum(A))$$

3. 分配律

分配律简化，即

$$a*(b+c) = (a*c)+(a*b)$$

正式地讲，令*和∘是非空集合 S 上的二元运算，如果 $\forall x,y,z \in S$ ，都有

$$x*(y \circ z) = (x*y) \circ (x*z)$$
$$(y \circ z)*x = (y*x) \circ (z*x)$$

则称运算对∘在 S 上是**可分配的**，或者说运算对∘在 S 上满足**分配律**。

这个公式从右往左的过程也可以称为提取公因式。根据上述思想，我们可以发现以下的规则符合分配律：

$$(A \cdot B) \star C + (A \cdot B) \star D \rightarrow (A \cdot B) \star (C+D)$$

根据这样的规则我们可以看到如下实例的优化（图 10.9.3）。

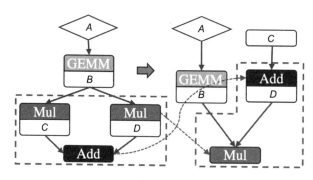

图 10.9.3

我们会发现， $A \cdot B$ 之后与 C,D 分别做乘法操作是没有必要的，于是可以提取公因式，将 C,D 单独加和再做乘法，将 4 次算子操作降低为 3 次操作，减少了运算开销。

当然还有许多符合分配律的简化，列几个在下方供读者参考。

$$A + A \lozenge B \rightarrow A \lozenge (B+1)$$
$$Square(A+B) - (A+B) \lozenge C \rightarrow (A+B) \lozenge (A+B-C)$$

注：当我们做代数简化时，一定要先注意到算子是否符合交换律、结合律等规则，例如矩阵乘法中 $AB \neq BA$ 。

最后，我们向大家推荐一篇关于算术简化规则的文章：*DNNFusion: accelerating deep neural networks execution with advanced operator fusion*（Niu et al.，2021），其中还有更多复杂的简化规则供读者参考。

10.9.2　运行简化

运行简化，是减少运算或执行时，冗余的算子或者算子对；我们给出两种规则来解释。

- 逆函数等于其自身函数的对合算子简化：

$$f\big(f(x)\big)=x$$

$$f(x)=f^{-1}(x)$$

例如取反操作：$-(-x)=x$、倒数、逻辑非、矩阵转置（以及键盘中英文切换，当快速按下两次切换时会发现什么都没有发生，当然次数太多就不一定了）等。

- 幂等算子简化，即作用在某一元素两次与一次相同：

$$f\big(f(x)\big)=f(x)$$

一个具体的实例如下：

$$\text{Reshape}\big(\text{Reshape}(x,\text{shape1}),\text{shape2}\big)\rightarrow \text{Reshape}(x,\text{shape2})$$

其中，shape2 的大小小于 shape1。

我们用图 10.9.4 和图 10.9.5 来展示上述两种运行简化：

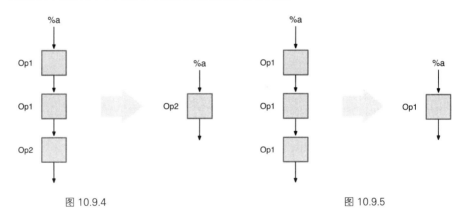

图 10.9.4　　　　　　　　　　　　　　　　　图 10.9.5

如图 10.9.4 所示，对于对合算子 Op1，两次对合后，根据对合性质等价于没有操作，所以运行简化后只剩下 Op2。

如图 10.9.5 所示，对于幂等算子 Op1，多个幂等算子等价于一次操作，于是运行简化后等价于一个 Op1 算子。

10.9.3 广播简化

当多个张量形状 (Shape)不同情况下，需要进行广播（Broadcast）将张量的形状拓展为相同的 Shape 再进行运算。

举一个简单的例子（图 10.9.6），考虑以下 2 个矩阵与 2 个向量的相加：

$$(S_1 + \text{Mat}_1) + (S_2 + \text{Mat}_2) \rightarrow (S_1 + S_2) + (\text{Mat}_1 + \text{Mat}_2)$$

假设矩阵的维度为 4，则一个向量与 4 维矩阵相加时，要先广播为 4 维，再与 Mat 相加，显然左式需要广播两次；但我们可以通过位置替换，将两个向量首先相加再广播，此时就节省了一个广播的开销，达到我们优化的目的。

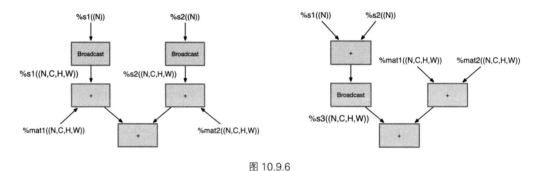

图 10.9.6

小结与思考

● 代数的简化原理可以归结为在一个代数系统上的一组规则，输入若干个子图，不断地将规则应用于子图替换。

● 代数简化虽然看似简单，但是对于很多 AI 的计算仍然有不适用的情况，如部分算子的计算不符合交换律等；因此规则的发掘依旧需要我们具体问题具体分析，而不是依赖于抽象且空泛的数学概念。

第11章 后端优化

11.1 引　言

AI 编译器为多层架构，最顶层是各种 AI 训练框架编写的神经网络模型架构，一般由 Python 编写，常见的 AI 训练框架有 PyTorch、MindSpore、PaddlePaddle 等，在导入 AI 编译器时需要用对应框架的 Converter 功能转换为 AI 编译器统一的 Graph IR，并在计算图级别用 Graph Optimizer 进行计算图级优化，也叫前端优化。

前端优化主要的计算图优化包括图算融合、数据排布转换、内存优化、死代码消除，这些优化是硬件无关的通用优化。在得到优化后的计算图后，将其转换为 Tensor IR，送入 Ops Optimizer 进行算子级优化，也叫后端优化，这类优化是硬件相关的。在算子级优化结束后，即进入代码生成阶段。本节将重点介绍 AI 编译器的后端优化相关功能。

11.1.1 后端优化的概念和流程

1. 后端优化基本概念

在 AI 编译器中存在两层中间表示，相应也存在两类优化，即前端优化和后端优化。

前端优化：针对计算图整体拓扑结构优化，不关心算子的具体实现。主要优化流程为对算子节点进行融合、消除、化简，使得计算图的计算和存储开销最小（参见第 10 章图 10.3.6）。

后端优化：针对单个算子的内部具体实现优化，使得算子的性能达到最优。主要优化流程为对算子节点的输入、输出，内存循环方式和计算逻辑进行编排与转换（图 11.1.1）。

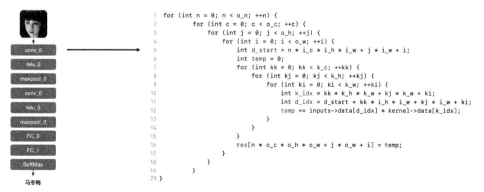

```
1   for (int n = 0; n < o_n; ++n) {
2       for (int c = 0; c < o_c; ++c) {
3           for (int j = 0; j < o_h; ++j) {
4               for (int i = 0; i < o_w; ++i) {
5                   int d_start = n * i_c * i_h * i_w + j * i_w + i;
6                   int temp = 0;
7                   for (int kk = 0; kk < k_c; ++kk) {
8                       for (int kj = 0; kj < k_h; ++kj) {
9                           for (int ki = 0; ki < k_w; ++ki) {
10                              int k_idx = kk * k_h * k_w + kj * k_w + ki;
11                              int d_idx = d_start + kk * i_h * i_w + kj * i_w + ki;
12                              temp += inputs->data[d_idx] * kernel->data[k_idx];
13                          }
14                      }
15                  }
16                  res[n * o_c * o_h * o_w + j * o_w + i] = temp;
17              }
18          }
19      }
20  }
```

图 11.1.1

二者的区别在于关注点不同，前端优化具有局部或全局的视野，而后端优化只关注单个算子节点。

2. 后端优化流程

后端优化的流程一般分为三步：

（1）生成低级 IR：将高级或计算图级别 IR（Graph IR）转换为低级 IR（Tensor IR）。

不同 AI 编译器内部低级 IR 形式和定义不同，但是对于同一算子，算法的原理实质相同。对于每个具体的算子，需要用 AI 编译器底层的接口来定义算法，再由编译器来生成内部的低级 IR。

（2）后端优化：进行后端优化，并将 IR 转换为更低级的 IR。

针对不同的硬件架构/微架构，不同的算法实现方式有不同的性能，目的是找到算子的最优实现方式，达到最优性能。同一算子不同形态如 Conv1x1、Conv3x3、Conv7x7 都会有不同的循环优化方法。实现方式多种多样，可以凭借人工经验手写算子实现，也可以通过自动调优搜索一个高性能实现。传统编译器如 GCC、LLVM 也具有后端优化的部分，为什么不直接将 AI 编译器的后端优化委托给传统编译器来实现呢？

有两个关键原因：①数据形式不同：深度学习中数据形式主要为张量（Tensor）。而传统编译器不擅长对张量计算优化，更擅长对标量进行计算。②缺乏必要的支持：传统编译器主要针对通用编程语言，缺乏对领域特定语言（DSL）的支持，特别是对神经网络，以及相关的特殊优化。

（3）代码生成：根据硬件进行代码生成。

将优化后的低级 IR 转化为机器指令执行，现阶段最广泛的做法为借助成熟的编译工具来实现，代码生成不是 AI 编译器的核心内容。如把低级 IR 转化成为 LLVM、NVCC 等编译工具的输入形式，然后调用相关编译工具生成机器指令。

11.1.2 算子优化

1. 算子优化的挑战

算子根据其计算形式的特点可分为访存密集型与计算密集型。

1）访存密集（Memory-Bound）型

指的是在执行过程中主要涉及大量内存读取和写入操作的计算任务。这类算子通常需要频繁地从内存中读取数据，执行一些简单的计算操作，然后将结果写回内存。访存密集型算子的性能受限于内存带宽和访问时延，而不太受计算能力的限制。如 RNN 训练任务，其网络结构的计算密度很低，因此瓶颈转移到 host 端的 Op Launch 上，算子的计算 Kernel 之间出现大量空白。

2）计算密集（Compute-Bound）型

指的是在执行过程中主要涉及大量的计算操作，而对内存的访问相对较少的计算任务。这类算子主要依赖于 CPU 或 GPU 的计算能力，并且往往对内存带宽和访问时延的需求不是特别高。一些数值计算密集型的算法，比如矩阵乘法、卷积计算、复杂的数学函数计算等，通常被认为是计算密集型的操作。

由于算子种类的多样性，并没有一种通用的优化手段能解决所有算子的高性能执行方式。算子优化存在以下挑战：

- 优化手段多样：要在不同情况下权衡优化及其对应参数，例如针对不同种类算子、相同算子有不同的参数可采用不同优化，对于优化专家来说也是相当耗费精力。

- 通用性与移植性：不同类型的硬件架构差异，使得优化方法要考虑的因素很多。例如硬件可使用的指令集、硬件的内存带宽、算力以及存储层次的影响。

- 不同优化间相互影响：各种优化之间可能会相互制约、相互影响。这意味着寻找最优的优化方法组合与序列是一个有挑战性的组合优化问题，甚至是 NP 问题。

2. 算子优化方法

算子的不同实现在性能上可能存在极大的差异，最佳实现与最差实现之间的时间开销差距甚至可以达到数百倍。为了实现高性能算子，业界有多种优化方法。

1）算子库

业界一个最为常见的方式是将预置的算子实现封装成**计算库**。算子库是指一组高度优化的计算核心函数，用于加速特定类型的计算任务，例如常见的矩阵乘法、卷积、循环神经网络等。这些算子库通常是由硬件厂商或第三方开发者编写的，旨在充分利用硬件平台的计算能力，并提供易于使用和高效的接口。

这种方法存在三个问题：

- 如何应对 AI 领域算子快速地迭代更新：AI 领域的算法和模型经常迭代更新，导致算子库需要及时跟进以支持新的算法或模型结构。这可能需要算子库开发者不断更新和优化现有的算子实现，以适应新的需求。

- 如何解决同一算子在多平台移植后一致性问题：算子库通常是为特定硬件平台（如 GPU、CPU）进行优化设计的。但是，在将算子库移植到不同的平台上时，可能会遇到一致性问题。不同平台上的硬件架构和指令集可能存在差异，需要进行特定的优化和调整，以确保在多平台上实现一致的计算结果。

- 如何面对算子组合爆炸问题：如参数多样，融合大算子等。在 AI 计算中，经常会遇到大量算子的组合，例如，复杂的模型结构或多阶段的数据处理流程可能导致算子的组合爆炸问题，在这种情况下，算子之间的参数和组合方式变得更加多样化和复杂化。

2）自动生成

那么如何解决这些问题？是否可以通过自动化生成高性能 Kernel 的方式来减小算子开发的开销？

目前有两种主流的自动生成算法：

- Auto Tuning：Auto Tuning 是一种通过自动搜索和优化参数组合来生成高效的 Kernel 代码的方法。该方法通常基于启发式算法或机器学习技术，自动探索不同参数组合以找到最佳的性能配置。Auto Tuning 可以根据具体的硬件平台和任务特性，自动选择适当的优化策略，从而提高计算核心的性能和效率。

- Polyhedral：Polyhedral 方法是一种基于数学多面体理论的编译优化方法，用于描述循环嵌套的迭代空间和数据依赖关系，并生成高效的循环 Kernel 代码。通过对循环迭代空间进行变换和重组，Polyhedral 方法可以实现循环并行化、内存局部性优化等，从而提高计算核心的性能和效率。

小结与思考

- AI 编译器的后端优化关注于算子级优化，包括循环优化、算子融合、Tiling 和张量化等硬件相关的优化手段，以实现算子性能的最优化。
- 后端优化流程包括生成低级 IR、进行后端优化以及代码生成，目的是将优化后的 IR 转化为适合特定硬件的机器指令。
- 算子优化面临挑战，如多样性和优化手段的复杂性，业界通过算子库和自动生成算法（如 Auto Tuning 和 Polyhedral 方法）来应对这些挑战，以实现高性能的 AI 计算。

11.2　计算与调度

神经网络模型中由大量的算子来组成，但是具体的算子底层如何执行计算？组成算子的算法逻辑跟具体的硬件指令代码之间的调度如何配合？这些内容将会在本节进行深入介绍。

11.2.1　计算与调度概念

1. 计算与调度的来源

图像处理在当今物理世界中是十分基础且开销巨大的计算应用。图像处理算法在实践中需要高效地实现，尤其是在功耗受限的移动设备上。随着算法和计算硬件的不断发展和改进，开发者越来越难以编写高效的图像处理代码。

传统的程序组织方式将图像处理算法的定义和计算执行的细节混杂在一起，这使得编写更大型的应用程序，并且精细地组织其在给定机器上高性能地执行对开发者来说变成一大挑战。

现在以 Halide 为例说明。Halide 的独特之处在于将算法定义和如何组织计算两个过程独立。其作为一种强大的编程工具，能让图像处理程序变得更简单，但性能却比之前的手动调优方法提高很多倍。它的好处在于，无论是什么类型的处理器，都可以轻松地进行调优。而且，它还能让代码更易于组合和修改，这在传统的实现方法中是很难做到的。

Halide 是用 C++作为宿主语言的一个图像处理相关的 DSL 语言。主要的作用为在软硬层面上（与算法本身的设计无关）实现对算法的底层加速。

在 Halide 中计算定义了生成输出图像像素的方式，包括简单的像素级操作、复杂的算法表达式以及各种变换和滤波操作，并且 Halide 提供了丰富的调度器来帮助用户优化他们的计算图，包括并行化、向量化、内存布局优化等技术，使得用户可以更灵活地控制计算的执行方式。Halide 将计算与其实现解耦合，可以更加高效地设计算法的具体执行过程，使得用户可以专注于底层加速。

2. 计算与调度的含义

有一个耳熟能详的高斯得求和公式的故事，当时，老师让学生计算 1 到 100 的和，本来需要逐个相加，但是高斯很快就找到了一个简便的方法。他观察到，如果将这些数字按照顺序两两配对，比如 1 和 100、2 和 99、3 和 98，以此类推，每对数字的和都是 101。而总共有 50 对这样的数字组合，所以他通过 50 乘以 101 来得到 1 到 100 的和，即 5050。

对于计算机运算来说，也存在这样的"捷径"。一个计算，可以简单地按照最原始的模式一个一个执行，也可以利用各种特殊硬件如专门的存储或者计算组件来加速这个过程。这是一个一对多的映射，这个计算本身可以有多种不同的实现方式，这些实现方式在不同场景、不同输入、不同机器、不同参数上各有千秋，没有一个最佳的覆盖所有面的实现。在这个背景下，分离出了计算和调度两个概念：

- 计算：描述实现算法的具体逻辑，而不关心具体的代码实现。
- 调度：对计算进行优化和控制的过程。通过调度，可以指定计算的执行顺序、内存布局、并行策略等以实现对计算性能的优化。

在神经网络中，深度学习算法由一个个计算单元组成，我们称这些计算单元为算子（Operator，简称 Op）。算子是一个函数空间到函数空间的映射 $O: X \rightarrow Y$；从广义上讲，对任何函数进行某一项操作都可以认为是一个算子。于 AI 框架而言，所开发的算子是网络模型中涉及的计算函数。

在神经网络中矩阵乘法是最常见的算子，矩阵乘法的公式为

$$C_{ij} = \sum_{k=1}^{n} A_{ik} \cdot B_{kj}$$

其最朴实的实现可用如下代码：

```
void matrixMultiplication(int A[][128], int B[][128], int result[][128], int size) {
    for (int i = 0; i < size; ++i) {
        for (int j = 0; j < size; ++j) {
            result[i][j] = 0;
            for (int k = 0; k < size; ++k) {
                result[i][j] += A[i][k] * B[k][j];
            }
        }
    }
}
```

使用循环分块对其进行优化：

```
void matrixMultiplicationTiled(int A[][128], int B[][128], int result[][128], int size, int
tileSize) {
    for (int i = 0; i < size; i += tileSize) {
        for (int j = 0; j < size; j += tileSize) {
            for (int k = 0; k < size; k += tileSize) {
                for (int ii = i; ii < i + tileSize; ++ii) {
                    for (int jj = j; jj < j + tileSize; ++jj) {
                        int sum = 0;
                        for (int kk = k; kk < k + tileSize; ++kk) {
                            sum += A[ii][kk] * B[kk][jj];
                        }
                        result[ii][jj] += sum;
                    }
                }
            }
        }
    }
}
```

抑或是使用向量化对其优化：

```
#include <immintrin.h>

void matrixMultiplicationVectorized(int A[][128], int B[][128], int result[][128], int size)
{
    for (int i = 0; i < size; ++i) {
        for (int j = 0; j < size; j += 4) {
            __m128i row = _mm_set1_epi32(A[i][j]);
            for (int k = 0; k < size; ++k) {
                __m128i b = _mm_loadu_si128((__m128i*)&B[k][j]);
                __m128i product = _mm_mullo_epi32(row, b);
                __m128i currentResult = _mm_loadu_si128((__m128i*)&result[i][j]);
                __m128i updatedResult = _mm_add_epi32(currentResult, product);
                _mm_storeu_si128((__m128i*)&result[i][j], updatedResult);
            }
        }
    }
}
```

　　我们还可以使用更多的优化方式来实现矩阵乘法，或是将它们组合起来。上面三种操作的算法功能是一样的，但是速度是有差异的。这种差异是和硬件设计强相关的，计算机为加快运算做了许多特殊设计，如存储层次、向量加速器、多个核心等，当我们充分利用这些硬件特性时，可以极大地提升程序执行的速度。

　　算子调度中所有可能的具体执行调度方式构成了所谓的调度空间。AI 编译器优化的目的在于通过最优的算子调度，使算子在特定硬件上的运行时间达到最优水平。这种优化涉及对算子调度空间的全面搜索和分析，以确定最适合当前硬件架构的最佳调度方案。这样的优化过程旨在最大限度地利用硬件资源，提高算子的执行效率，并最终实现整体计算任务的高性能执行。

11.2.2 调度树基本概念

在构建一个算子的调度空间时，首先要确定我们能使用哪些优化手段。同样以 Halide 为例，可以使用的优化有交换（Reorder）、拆分（Split）、融合（Fuse）、平铺（Tile）、向量化（Vectorization）、展开（Unrolling）、并行（Parallelism）等，以 Halide 思想为指导的 AI 编译器 TVM 继承了这些优化方式。

对于神经网络中的算子来说，其计算形式一般比较规则，是多层嵌套的循环，很少有复杂的控制流，并且输入主要是多维张量。分析完计算的特点后，我们来分析下调度的要素。对于一个计算，其首先要进行存储的分配以容纳输入，之后在多层循环下进行计算，得出最终结果后再存储回结果位置。

```
// in为输入原始图像,blury为输出模糊后的图像
void box_filter_3x3(const Mat &in, Mat &blury)
{
    Mat blurx(in.size(), in.type()); // 存储

    for(int x = 1; x < in.cols-1; x ++)
        for(int y = 0 ; y < in.rows; y ++)    //循环
            blurx.at<uint8_t >(y, x) = static_cast<uint8_t>(
                    (in.at<uint8_t >(y, x-1) + in.at<uint8_t >(y, x) + in.at<uint8_t >(y, x+1))
/ 3);  //计算

    for(int x = 0; x < in.cols; x ++)
        for(int y = 1 ; y < in.rows-1; y ++) //循环
            blury.at<uint8_t >(y, x) = static_cast<uint8_t>(
                    (blurx.at<uint8_t >(y-1, x)  + blurx.at<uint8_t  >(y, x)  + blurx.
at<uint8_t >(y+1, x)) / 3);  //计算
}
```

根据调度的要素，可以将其抽象为一个树结构，称为调度树：

● 循环节点：表示函数如何沿着给定维度进行遍历计算。循环节点与一个函数和一个变量（维度）相关联。循环节点还包含循环是按顺序运行、并行运行还是向量化运行等信息。

● 存储节点：表示存储待使用的中间结果。

● 计算节点：调度树的叶子，表示正在执行的计算。计算节点可以拥有其他计算节点作为其子节点，以表示内联函数，避免从中间存储加载。

我们将调度树与原有的程序进行对应（图 11.2.1）。

在给定一个调度树后，可以通过深度优先搜索的方式进行遍历，然后转换成对应的程序代码。

这里就体现计算与调度分离的好处，对于一个计算，可以由多个调度树生成不同性能的程序，只要调度树是合法的，就可以在结果正确的前提下提升程序的性能。

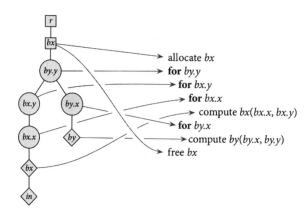

图 11.2.1

11.2.3 调度变换的方式——以 Halide 调度变换为例

在调度中可以使用许多优化手段，这些方式可以通过变换调度树来实现。当然在代码中 Halide 提供了封装好的 API，原始代码：

```
Var x("x"), y("y"); //定义两个变量
Func gradient("gradient");  //定义一个待执行的function
gradient(x, y) = x + y;
// realize即为实现这个操作到了这一步才会对上述的操作进行编译并执行
Buffer<int> output = gradient.realize(4, 4);
```

这个代码转换为 C++ 就是：

```
for (int y = 0; y < 4; y++) {
    for (int x = 0; x < 4; x++) {
        printf("Evaluating at x = %d, y = %d: %d\n", x, y, x + y);
    }
}
```

接下来使用一些调度提供的变换来进行优化。例如对于 Fuse：

```
Var fused;
gradient.fuse(x, y, fused);

//对应的C++代码
for (int fused = 0; fused < 4*4; fused++) {
    int y = fused / 4;
    int x = fused % 4;
    printf("Evaluating at x = %d, y = %d: %d\n", x, y, x + y);
}
```

在调度树中，它就进行这样的变换：将树中同一函数的两个相邻循环节点合并为一个循环节点，新节点与原始外部循环节点保持在树中的相同位置，并且每个节点的子节点都连接起来，

原始外部变量的子节点位于原始内部变量的子节点之前。

在这一步首先对 x 轴和 y 轴进行循环分块，分块因子为 4，然后将外侧的 y 轴和外侧的 x 轴循环进行融合(2+2=4)，再将这个融合后的操作进行并行操作（图 11.2.2）。

```
Var x_outer, y_outer, x_inner, y_inner, tile_index;
gradient.tile(x, y, x_outer, y_outer, x_inner, y_inner, 4, 4);
gradient.fuse(x_outer, y_outer, tile_index);
gradient.parallel(tile_index);

//对应的C++代码
// This outermost loop should be a parallel for loop, but that's hard in C.
for (int tile_index = 0; tile_index < 4; tile_index++) {
    int y_outer = tile_index / 2;
    int x_outer = tile_index % 2;
    for (int y_inner = 0; y_inner < 4; y_inner++) {
        for (int x_inner = 0; x_inner < 4; x_inner++) {
            int y = y_outer * 4 + y_inner;
            int x = x_outer * 4 + x_inner;
            printf("Evaluating at x = %d, y = %d: %d\n", x, y, x + y);
        }
    }
}
```

在调度树中使用 Parallel：改变循环类型为并行化；类似还有顺序执行、向量化、循环展开，只需更改相应循环节点上的属性（图 11.2.3）。

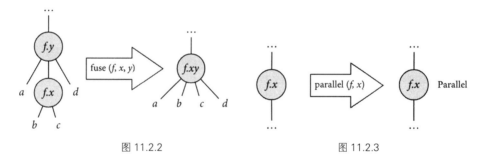

图 11.2.2   图 11.2.3

如果用 Halide 实现一个完整的算子，它就是这样的风格：

```
Func blur_3x3(Func input) {
 Func blur_x, blur_y;
 Var x, y, xi, yi;

 // The algorithm - no storage or order
 blur_x(x, y) = (input(x-1, y) + input(x, y) + input(x+1, y))/3;
 blur_y(x, y) = (blur_x(x, y-1) + blur_x(x, y) + blur_x(x, y+1))/3;

 // The schedule - defines order, locality; implies storage
 blur_y.tile(x, y, xi, yi, 256, 32)
      .vectorize(xi, 8).parallel(y);
 blur_x.compute_at(blur_y, x).vectorize(x, 8);
```

```
return blur_y;
}
```

小结与思考

- 计算：描述实现算法的具体逻辑，而不关心具体的代码实现。

- 调度：对计算进行优化和控制的过程。通过调度可以指定计算的执行顺序、内存布局、并行策略等对计算性能优化。

- Halide 和 TVM 都提供的调度优化方式有交换、拆分、融合、平铺、向量化、展开、并行等。

11.3 算子手工优化

11.2 节探讨了算子计算和调度的概念，并强调了高效调度策略在释放硬件性能和降低时延方面的重要性。本节将深入讨论手写算子调度时需要考虑的关键因素，并介绍一些著名的高性能算子库。

11.3.1 计算分析

在优化算子前，首先需要知道当前程序的瓶颈在哪里，是计算瓶颈还是访存瓶颈。对于这两者，往往是通过 Roofline 模型进行分析。

首先定义几个关键指标：

- 计算量：指当前程序经过一次完整计算发生的浮点运算个数，即时间复杂度，单位为 FLOPS。例如卷积层的计算量为 $M^2 * K^2 * C_{in} * C_{out}$，其中 M 为输入特征图大小，K 为卷积核大小，C 为通道数。

- 访存量：指当前程序经过一次完整计算发生的内存交换总量，即空间复杂度。在理想的情况下，程序的访存量就是模型的参数和输出的特征图的内存占用总和（输入的内存占用算作上一个算子的输出占用），单位为 Byte，在 float32 类型下需要乘以 4。对于卷积层，内存占用为 $K^2 * C_{in} * C_{out} + M^2 * C_{out}$。

- 模型的计算强度：计算量除以访存量就是算子的计算强度，表示计算过程中，每字节内存交换用于进行多少次浮点计算。计算强度越大，其内存使用效率越高。

- 模型的理论性能：模型在计算平台上所能达到的每秒浮点运算次数的上限，Roofline 模型给出的就是计算这个指标的方法。

由图 11.3.1 可以看出，MobileNet 处于带宽受限区域，在 1080T 上的理论性能只有 3.3 TFLOPS，VGG 处于算力受限区域，充分利用 1080T 的全部算力。通过 Roofline 模型，我们可以清晰地看到，当计算量和访存量增加时，性能提升会受到硬件算力和带宽的限制。这种分析对于优化计算密集型和内存带宽密集型应用至关重要，因为它可以帮助开发者识别性能瓶颈，并作出相应的优化策略。

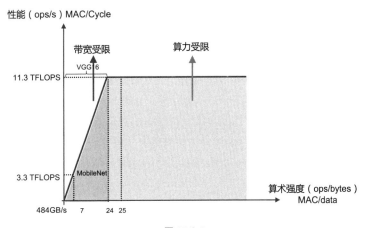

图 11.3.1

此外，Roofline 模型还可以用来指导硬件设计和软件算法的选择。例如，如果一个应用的性能受限于内存带宽，那么开发者可能会考虑使用更高效的数据结构或算法来减少内存访问。同样，硬件设计师也可以利用 Roofline 模型来评估不同硬件配置对特定应用性能的影响，从而做出更合理的设计决策。

11.3.2　优化策略

在深入探讨具体的优化策略时，主要关注三大核心领域：循环优化、指令优化和存储优化。这些优化策略旨在针对算子的计算特性以及硬件资源的特点进行量身定制。本节内容将简要概述这些优化技术，而在后续章节中，将提供更为详尽的分析和讨论。

1）循环优化

由于 AI 算子普遍具有高度规则化的多层嵌套循环结构，这为优化提供了丰富的技术手段。以逐元素操作为例，如 ReLU、加法（Add）和乘法（Mul）等，可以通过在所有循环轴上进行迭代来执行计算。即使是较为复杂的操作，比如卷积（Conv），也可以通过七层的嵌套循环来实现。然而，如果仅仅采用这些直观的原生计算方法，往往会导致效率低下。

通过对算子的数据布局和内存访问特性进行深入分析，然后相应地调整循环结构，可以显著减少不必要的开销，更高效地利用硬件资源，从而降低时延。常见的循环优化技术包括循环分块（Loop Blocking）、循环展开（Loop Unrolling）、循环重排（Loop Reordering）、循环融合（Loop Fusion）和循环拆分（Loop Splitting）等。这些优化技术通过精心设计的循环变换，不仅能够提升计算密度，还能改善数据的局部性，进而优化内存访问模式，最终实现性能的飞跃。

2）指令优化

现代处理器，如 Intel 的 AVX-512 或 ARM 的 SVE，提供了强大的向量处理能力，允许单个指令同时操作多个数据点。通过这种方式，指令优化能够减少指令的数量和执行周期，进而降低时延并提升性能。此外，针对特定硬件定制的指令集，如英伟达的 Tensor Core，可以进一步增强并行处理能力，为深度学习中的张量运算提供专门优化。

在指令优化中，开发者需要深入理解目标硬件的架构特性，以及如何将这些特性映射到算法实现中。这可能涉及对现有算法的重新设计，以确保它们能够充分利用硬件的并行处理单元。例如，通过将数据重新排列以适应 SIMD（单指令多数据）架构，或者通过调整算法以利用特定的硬件加速器。除了对硬件特性的利用，指令优化还涉及编译器级别的优化，如自动向量化、指令调度和寄存器分配等。这些编译器技术能够自动识别并应用优化，进一步释放硬件的潜力。

3）存储优化

在存储优化方面，致力于通过精细调整数据访问模式和内存层次结构来提升系统的整体性能。内存时延隐藏技术旨在最小化等待内存访问完成的时间。这通常通过将数据预取（Prefetching）到缓存、调整数据访问模式以提高缓存命中率，或者通过并行执行其他计算任务来实现。

内存时延隐藏的目的是让处理器在等待数据加载的同时，也能保持忙碌状态，从而提高资源利用率。双缓冲通过使用两个缓冲区来平滑数据流和隐藏时延。当一个缓冲区的数据正在被处理时，另一个缓冲区可以被用来加载新的数据。这种方法特别适用于图形渲染和视频处理等领域，其中连续的数据流和时间敏感的操作需要无缝衔接。存储优化还包括合理分配内存资源、优化数据结构以减少内存占用，以及使用内存池来减少内存分配和释放的开销。这些策略共同作用，可以显著提高应用程序的内存访问效率，减少因内存瓶颈导致的性能损失。

11.3.3　DSL 开发算子

手写算子的开发往往要求开发者深入底层硬件的细节，这涉及对数据布局、指令选择、索引计算等诸多方面的精细调整，从而显著提高了编写 Kernel 的难度。为了简化这一过程，已经发展出多种高级语言（DSL）来加速开发，其中 TVM 和 Triton 是该领域的杰出代表。

这些 DSL 通过提供高级抽象，封装了多种常用的优化技术，并通过编译器的优化阶段自动识别并应用这些技术。开发者在使用这些 DSL 时，只需专注于高层次的计算逻辑，并利用 DSL 提供的 API 接口，即可实现高性能的算子。与传统的手写代码和极限优化相比，这种方法虽然可能无法达到极致的性能，但已经能够实现超过 90% 的性能水平，同时开发效率却能提升数十倍。这种权衡在许多情况下是合理的，因为它允许开发者以更高的效率开发出性能优异的应用程序。

Triton 是 OpenAI 研发的专为深度学习和高性能计算任务设计的编程语言和编译器，它旨在简化并优化在 GPU 上执行复杂操作的开发。Triton 的目标是提供一个开源环境，以比 CUDA 更高的生产力快速编写代码。

　　Triton 的核心理念是基于分块的编程范式可以有效促进神经网络的高性能计算核心的构建。CUDA 的编程模型是传统的 SIMT GPU 执行模型，在线程的细粒度上进行编程，Triton 是在分块的细粒度上进行编程。例如，在矩阵乘法的情况下，CUDA 和 Triton 的不同如图 11.3.2 所示。

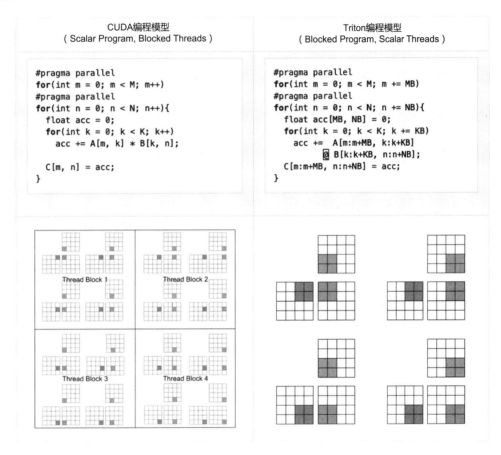

图 11.3.2

　　可以看出 Triton 在循环中是逐块进行计算的。这种方法的一个关键优势是，它导致了块结构的迭代空间，相较于现有的 DSL，为程序员在实现稀疏操作时提供了更多的灵活性，同时允许编译器为数据局部性和并行性进行积极的优化。下面是一个使用 Triton 实现矩阵乘法的例子：

```
@triton.jit
def matmul_kernel(
    a_ptr, b_ptr, c_ptr,
```

```
    stride_am, stride_ak,
    stride_bk, stride_bn,
    stride_cm, stride_cn,
    M: tl.constexpr, N: tl.constexpr, K: tl.constexpr, # M=N=K=1024
    BLOCK_M:      tl.constexpr,   BLOCK_N:      tl.constexpr,    BLOCK_K:      tl.constexpr,
#BLOCK_M=BLOCK_N=BLOCK_K=32
):
    offs_m = tl.arange(0, BLOCK_M)
    offs_n = tl.arange(0, BLOCK_N)
    offs_k = tl.arange(0, BLOCK_K)
    a_ptrs = a_ptr + offs_m[:, None] * stride_am + offs_k[None, :] * stride_ak
    b_ptrs = b_ptr + offs_k[:, None] * stride_bk + offs_n[None, :] * stride_bn
    accumulator = tl.zeros((BLOCK_M, BLOCK_N), dtype=tl.float32)
    for k in range(0, K, BLOCK_K):
        a = tl.load(a_ptrs)
        b = tl.load(b_ptrs)
        accumulator += tl.dot(a, b)
        a_ptrs += BLOCK_K * stride_ak
        b_ptrs += BLOCK_K * stride_bk
    c_ptrs = c_ptr + offs_m[:, None] * stride_cm + offs_n[None, :] * stride_cn
    tl.store(c_ptrs, accumulator)
```

Triton 的前端是基于 Python 实现的，这使得用户的学习成本大大降低，而其后端是基于 MLIR 构建的。Triton 的优化思想包括两部分：

● Layout 抽象：Layout 抽象描述的是计算资源和输入、输出元素的坐标映射关系，主要包括块编码、共享内存编码、切片编码等几类定义，这些编码信息会作为 Attribute 附着在一个一个的 Tensor 对象上，来描述这个 Tensor 作为输入或输出时所需满足的映射关系。如果出现一个 Tensor 作为输入和输出时的映射关系不兼容的情况，会再通过插入一些中转 Layout 来完成兼容性的适配，代价是可能引入额外的转换开销。

● 优化 Pass：主要包括了英伟达 GPU 计算 Kernel 优化的一些常见技巧，包括用于辅助向量化访存的 Coalescing、用于缓解计算访存差异的 Pipeline/Prefetch，用于避免 Shared Memory 访问 Bank-Conflict 的 Swizzling。用户在开发 Kernel 时，主要关注其业务逻辑，而底层硬件优化的细节由 Triton 编译器实现。对于一些十分精细的优化，使用 Triton 可能就无法实现。

在应用场景上，Triton 已经被集成进了多个著名的项目中：

● jax-ml/jax-triton：JAX 是一个用于加速数值计算的 Python 库，使用 Triton 编写可以嵌入到 JAX 程序中的自定义 GPU 内核。在 JAX 中可以使用 triton_call 方便地调用 Triton Kernel。

● PyTorch/inductor：Inductor 在 Triton 的集成方面做得更加全面且务实。Inductor 一共包含三种使用 Triton 的方式，针对非计算密集算子，基于 Inductor IR，实现了相对通用的 Codegen 的支持。针对 GEMM，基于 Jinja2，通过模式匹配的方式实现了半定制的 Codegen。针对 Conv 算子，提供预打包好的 Kernel 实现，不提供额外的定制化方式。

11.3.4　Triton 实现原理

在没有 Triton 之前，算子工程师在开发算子时，需要同时处理 DRAM、SRAM、计算单元，面临诸多挑战：

- 内存管理：合理利用内存体系，将频繁访问的数据块缓存到较快的存储区域；对齐和合并访存请求，避免带宽浪费。
- 线程管理：最大化利用硬件计算资源，规划并行线程数量和线程束大小。
- 指令使用：使用 CUDA 实现一个功能有相应多种指令，不同指令具有不同时延和吞吐量。

Triton 提高了算子开发时的效率，使得开发者不再囿于硬件细节。CUDA 直接面向 Thread 编程，而 Triton 面向 Thread Block 编程，开发者只需关注 ①Kernel Launch 的参数；②每个数据分块的大小；③数据分块之间的交互。在这之下的细节由 Triton 实现。

Triton 是基于 MLIR 实现的，其架构如图 11.3.3。

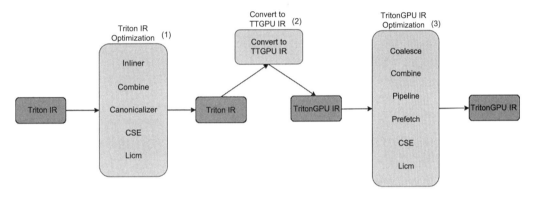

图 11.3.3

Frontend 用于将开发者利用 Python 编写的 Kernel 转换为对应的 Triton IR (Triton Dialect)。使用@triton.jit 来标注 Kernel，Triton 解析 Python AST，将用户定义的计算过程带入 MLIR 体系，之后继续做后续的优化。

Optimizer 大致工作流如图 11.3.4 所示。主要分为 ①Triton IR 的优化；②Triton IR 到 TritonGPU IR 的转换；③TritonGPU IR 的优化。贯穿中间的数据结构是 TritonGPU IR。

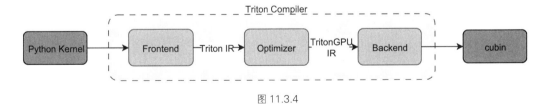

图 11.3.4

小结与思考

- 计算分析：通过定义计算量、访存量、计算强度和理论性能等指标，利用 Roofline 模型分析程序的瓶颈，指导优化策略。

- 优化策略：针对算子的计算特性和硬件资源特点，采用循环优化、指令优化和存储优化等技术，提升性能。
- DSL 开发算子：使用 TVM 和 Triton 等高级语言加速开发算子，通过封装优化技术和自动调优，提高开发效率。

11.4 算子循环优化

在具体硬件执行计算的时候，实际会大量地使用 for 等循环指令不断地去读取不同的数据执行重复的指令（SIMT/SIMD），因此循环优化主要是为了提升数据的局部性或者计算的并行性，从而提升整体算子性能，当然这二者都需要 AI 芯片硬件的支持。

11.4.1 循环优化挑战

1. 数据局部性

数据的局部性与计算机存储层次有关，计算机有速度由慢到快，容量由大到小的多层次存储器，以最优的控制调度算法和合理的成本，构成存储系统。最上层的寄存器一般在 CPU 芯片内，直接参与运算，它们的速度最快但是价格最高、容量最小。主存存放运行中的程序与数据，但是其速度与 CPU 差距较大，为了匹配它们之间的速度差异，在主存与 CPU 之间插入了一种比主存速度更快、容量更小的高速缓冲存储器即 Cache。主存与 Cache 之间的数据迁移由硬件自动完成，对于程序员来说是透明的、无法直接编程控制的。

在现代多核 CPU 架构中，Cache 也是分为三层即 L1、L2、L3 级 Cache，对计算机运算速度影响最大的是 L3 Cache，因为该级 Cache 的不命中将导致片外访存。L3 Cache 的大小一般在几MB 至几十 MB 之间，其容量也较小，因此无法把所有的数据都放到 Cache 里，Cache 里应该放CPU 最有可能会对它进行处理的数据。

在这里有两个著名的程序运行时局部性原理，诠释了什么样的数据很可能会被 CPU 处理：

- 时间局部性：CPU 处理了一个数据以后，它很有可能会对它进行第二次处理。
- 空间局部性：CPU 处理了内存中某一块的数据，很可能还会对它附近的数据块进行读写操作。

这两个局部性原理十分匹配循环的特点，试想一下存在一个两层嵌套循环如下代码：

```
for i in range(n):
    for j in range(m):
        A[i] += B[j]
# 这个计算可能并没有什么意义，只是为了举例
```

从时间局部性来看，$A[i]$ 在内层循环（j 循环）完整的结束一次后被重用，每一个 A 中的元素会被重用 m 次；$B[j]$ 在每一次内层循环都改变，在 i 循环时重用，每一个 B 中的元素会被重用

n 次。

从空间局部性来看，A 中的元素在 m 次后切换到下一个元素。而 B 中的元素在每次都会切换到下一个。这两个数组具有不同的模式，A 的时间局部性更明显，B 的空间局部性更明显。

那么为什么要分析数据的局部性呢？因为 Cache 容量小的特点，一次只能容纳一部分数据，对于 Cache 来说，如果 CPU 要进行读写操作的数据在 Cache 中，则称为命中，可以在 Cache 这一级别返回数据，如果不在 Cache 中，则没有命中，需要去下一级存储取数据，增加了 IO 的开销。

2. 计算并行性

现代 CPU 通常是多核结构，可以进行线程级并行。在单核 CPU 上运行多任务时，通常是通过模拟来实现并行性的，通过进程调度算法如时间片轮转算法来同时进行多任务，实际上 CPU 在一个时刻只进行了一个任务。

在多核 CPU 上，每一个核都可以进行计算，搭配超线程技术（Intel CPU）时，一个核可以执行两个线程。通过将多个计算线程分配到多个核，可以同时执行多线程计算实现并行加速，这是 CPU 上最有效的优化方式。

在 Windows 中可以通过任务管理器查看内核与逻辑处理器数量。逻辑处理器就是用超线程技术模拟的，能让处理器在同一时间段内同时处理多个线程，从而实现更好的多任务处理能力。

向量化是一种数据级并行优化。向量化即"批量操作"，在计算机中常见执行模型是单指令多数据（SIMD）。通过对批量数据同时进行相同计算以提高效率。向量体系结构获取在存储器中散布的数据集，将多个数据元素放在大型的顺序寄存器堆即向量寄存器中，对整个寄存器进行操作从而同时计算了多个数据元素。向量本身可以容纳不同大小数据，因此如果一个向量寄存器可以容纳 64 个 64bit 元素，那么也可以容纳 128 个 32bit 元素或者 512 个 8bit 元素。凭借这种硬件上的多样性，向量化特别适合用于多媒体应用和科学计算。

11.4.2 循环优化方案

针对不同的数据局部性和计算并行性，有不同的循环优化方案，如循环分块、循环展开、循环重排、循环融合、循环拆分等。下面详细介绍不同的循环优化方案。

1. 循环分块

循环分块是利用 Cache 的数据局部性进行优化的一种方法。现代 CPU 通常具有多级 Cache，在存储体系中，Cache 是除 CPU 寄存器外最接近 CPU 的存储层次，相比主存速度更快，但是容量更小。Cache 中复制有 CPU 频繁使用的数据以进行快速访问。由于 Cache 的容量有限，数据会在 Cache 中进行换入换出。当访问的数据在 Cache 中没有时，产生 Cache Miss（缓存未命中），会向低一级存储层次发出访问请求，然后该数据存储进 Cache，这时访问数据的时间就大大提高。

当访问数据就在 Cache 中时，会直接使用该数据以进行复用。

循环分块主要针对大型数据集进行优化。大数据集无法一次全部存入 Cache 中。当遍历该数据集时，循环按照顺序进行访问，会替换掉之前加载进 Cache 的数据，导致后面的指令对之前的数据无法复用，要重新加载数据，产生大量的 Cache Miss，数据的复用性很差。程序执行时间变长，大量时间花费在载入数据上。

循环分块将大数据集分成多个小块以充分进行数据复用。数据块的内存访问是一个具有高内存局部性的小邻域。该数据块可以一次加载进 Cache，执行完所有或者尽可能多的计算任务后才被替换出。

在实现中将一层内层循环分成 Outer Loop * Inner Loop。然后把 Outer Loop 移到更外层去，从而确保 Inner Loop 一定能满足 Cache。

原始的数据存储访问模式和分块后的存储访问模式见图 11.4.1。

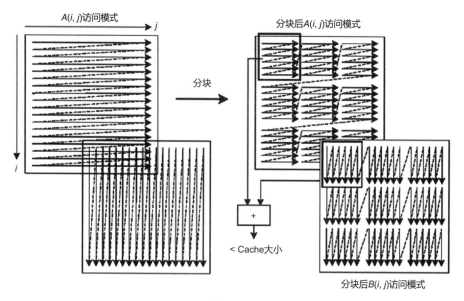

图 11.4.1

以如下代码为例，分析其 Cache 利用率：

```python
for i in range(n):
    for j in range(m):
        A[i] += B[j]
```

假设 m 和 n 是很大的数（大数组），所以对于每一轮 i 循环，等到 $B[m-1]$ 被访问时，$B[1]$、$B[2]$ 等已经被清出缓存了。假设每个 Cache Line（缓存行）可以容纳 b 个数组元素，以全相联的方式管理，则 A 的 Cache Miss 是 n/b，B 的 Cache Miss 是 $n*m/b$。

如果把 *j* 层循环进行 tile，分为 j_o 和 j_i 两层循环，并把 j_o 提到最外面，循环就变成了：

```
for j_o in range(0, m, T):
    for i in range(n):
        for j_i in range(j_o, min(j_o + T, m)):
            A[i] += B[j_i]
```

当 *T* 个 *B* 中的元素可以放进 Cache 中时，在 *i* 层循环即使 *i* 切换了，但是 *B* 此时数据还在 Cache 中，只有 j_o 循环变换时，*B* 中的数据才会发生 Cache Miss，对于 *B* 来说 Cache Miss 为 $m/T * T/b = m/b$。但是对于 *A* 来说，Cache Miss 变为了 $m/T * n/b = nm / Tb$，反而增加了。那么再对 *i* 层循环进行 tile，最终变为：

```
``python
for i_o in range(0, n, W):
 for j_o in range(0, m, T):
 for i_i in range(i_o, min(i_o + W, n)):
 for j_i in range(j_o, min(j_o + T, m)):
 A[i_i] += B[j_i]
```

假设 *W* 个 *A* 中的元素也能一次性放入 Cache。*B* 的 Cache Miss 没变，*A* 的 Cache Miss 变为 $n/W * W/b = n/b$。

从公式上推导，似乎只要 *T* 和 *W* 满足了能放进 Cache 的数量，那么 Cache Miss 与 *T*、*W* 就无关，不同 *T*、*W* 的性能应该是一样的，但实际运行并不是这样的。Tile 大小的选择受到 Cache Line 大小、Cache 关联度、数据替换策略、硬件存储架构等多个因素的共同影响，分块过大时数据尚未充分利用，Cache 的重用就被替换出去从而导致未命中，而分块过小又会造成较大的成本开销从而掩盖带来的性能优势。Tile 大小的选择目前还没有一个确定的算法，目前流行的方法有基于分析的方法、基于经验搜索的方法等。

● 基于分析的方法：早期有研究者对嵌套循环和硬件存储特征进行静态分析，为编译器选择合适的分块大小。这类方法主要用来解决容量失效、自干扰失效、交叉干扰失效导致的 Cache 不命中和局部性优化问题。这类方法在实际使用时存在一定缺陷：①理论分析不能完全反映实际存储的复杂过程，影响程序分块性能的因素很多，导致实际最优分块的性能和分析方法选择的分块性能差距较大；②分析建模过程复杂，成本较高，对硬件和程序布局依赖严重，不具有通用性。

● 基于经验搜索的方法：将循环嵌套看作是一个黑盒，根据经验选择一系列不同分块大小的组合，在目标机器上对这些分块组合进行自动调优，并从较好的分块大小组合中选取性能最优的分块大小。这类方法的缺陷是对多层循环进行分块时，要遍历庞大的搜索空间，导致时间成本过高。

2. 循环展开

循环展开将一个循环中的多次迭代展开成多个单独的迭代，以减少程序执行的开销，提高代码的运行效率。在计算机执行程序的流水线中，每次跳转到循环体内部都需要进行额外的指令处理和跳转操作，这会增加程序的开销。而循环展开可以通过减少跳转次数、减少指令处理次数等方式，降低指令分支预测的开销来优化程序性能，提高程序执行的速度。通常循环展开包含以下几个步骤：

- 复制循环体 n 次，使展开后循环体包括原来循环体 n 个拷贝。这里的 n 一般被称为展开因子。
- 调整数组索引变量的增量以及内存读写操作的地址。
- 删除除了最后一个循环体外的所有循环体中的循环计数变量的增加操作，并且修改最后一个循环体中循环计数变量的增量为原来的 n 倍。
- 删除除了最后一个循环体外的所有循环中的循环条件判断语句。

例如原始循环：

```python
for i in range(m):
    a[i] += b[i]
```

通过循环展开，可以将其转换为以下形式：

```python
for i in range(0, m-3, 4):
    a[i]   += b[i]
    a[i+1] += b[i+1]
    a[i+2] += b[i+2]
    a[i+3] += b[i+3]
for i in range(m-3, m):
    a[i] += b[i]
```

在展开后的循环中，原本执行了 n 次循环迭代，变成了执行 $n/4$ 次循环展开。

从循环展开的有效优化上分析，循环展开不仅可以减少循环开销，如循环变量测试及分支语句等，还提高了指令之间的并发度，并且因为减少了分支语句从而减少流水线停顿，提升了流水线效率。另外一个分析角度是循环展开后可能会为其他优化提供更多机会。循环展开也有可能会带来负面效果。如果展开后循环体超过指令缓存容量，会引起缓存失效，造成程序性能的下降，并且循环展开会增加寄存器压力，可能导致生成更多的寄存器溢出处理操作，从而降低优化效果。

3. 循环重排

循环重排是矩阵乘法常见的优化方式，指的是对程序中的循环结构重新排列顺序，以优化数据访问模式，特别是在 CNN 中卷积层的应用。通过改变循环的嵌套顺序或者循环内部的迭代顺序，可以改善数据的局部性，减少缓存失效。如图 11.4.2 循环重排序示意图，在矩阵乘法计算中，B 是逐列访问的，在行优先的存储模式下访问模式很不友好。切换内层的循环顺序可以使所有元素按顺序读取和写入。一次计算输出的一行，得到的是中间结果，全部累加即可得到结果矩阵的一行最终结果，这种方式利用的是内存的空间局部性。

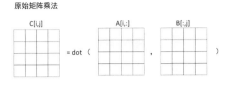

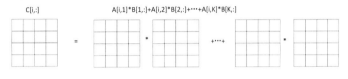

图 11.4.2

4. 循环融合

循环融合用于将多个循环合并为一个更大的循环，将相邻或紧密间隔的循环融合在一起。通过合并多个循环，可以减少程序中的循环次数，从而减少循环开销。合并循环可以减少内存访问次数，提高数据局部性，减少缓存未命中的可能性，从而提高程序执行效率。

以下是一个简单的循环融合的示例代码。两个独立的循环如下：

```
# 独立的循环
for i in range(len(a)):
    a[i] = b[i] + x

for i in range(len(b)):
    d[i] = a[i] + y
```

在第一个循环中，a 的值被依次写入，在第二个循环中又被马上读取，当数组非常大时，在第二个循环时要读取 $a[0]$ 时，$a[0]$ 早已因为 Cache 容量的限制而被清除，需要从下一级存储中读取。

通过循环融合，可以将这两个循环合并为一个循环：

```
# 循环融合
for i in range(len(a)):
    a[i] = b[i] + x
    d[i] = a[i] + y
```

这样在第二个对 a 的读取语句执行的时候，a 的元素还在 Cache 中。除了这种数据局部性的收益，循环融合还减少了对于分支跳转指令的生成。循环融合并不总是具有正向收益的，有时反而会降低性能甚至导致错误的结果。

当前后两个循环存在数据依赖关系时，将它们融合可能会导致错误的结果：

```
# 第一个循环
for i in range(N):
    A[i] = B[i] + C1

# 第二个循环
for i in range(N):
    D[i] = A[i+1] + C2

# 循环融合
for i in range(N):
    A[i] = B[i] + C1
    D[i] = A[i+1] + C2
```

将上面的循环融合后，第二个循环本来要读取的 A 改变之后的值，但是现在读取的是改变之前的值，导致错误的结果。当然也可以通过修改源代码的方式进行对齐，然后把公共部分融合，如下：

```
A[0] = B[0] + C1
for i in range(2, N-1):
    A[i] = B[i] + C1
    D[i-1] = A[i] + C2
D[N-1] = A[N] + C2
```

5. 循环拆分

拆分主要是将循环分成多个循环，可以在有条件的循环中使用，分为无条件循环和含条件循环。

```
for i in range(n):
    A[i] = a[i] + b[i]
    c[i]=2 * a[i]
    if(temp[i] > data):
        d[i] = a[i]

#循环拆分
for i in range(n):
    A[i] = a[i] + b[i]
    c[i]=2 * a[i]

for i in range(n):
    if(temp[i] > data):
        d[i] = a[i]
```

通过拆分，将包含控制流的代码独立为一个循环。一部分代码只有计算，可以在加速器上计算，而加速器不支持的控制流部分就可以回退到 CPU 计算。

循环拆分一般可以创造出更多的优化机会，例如和循环融合结合：

```
# 第一个循环
for i in range(N):
    A[i] = B[i] + C1
    E[i] = K[i] * 2

# 第二个循环
```

```
for i in range(N):
    D[i] = A[i+1] + E[i]
```

这两个循环无法直接合并，因为 A 数组在两个循环之间存在依赖关系。但是可以通过对第一个循环进行拆分，把 E 数组的部分拆分出来，再融合进第二个循环中：

```
# 拆分
for i in range(N):
    A[i] = B[i] + C1

# 融合
for i in range(N):
    E[i] = K[i] * 2
    D[i] = A[i+1] + E[i]
```

这样做可以提升数组 E 的局部性，减少 Cache Miss。

小结与思考

- 因为 Cache 容量小的特点，一次只能容纳一部分数据，因此需要分析计算的时间局部性和空间局部性。
- 循环的优化方案针对不同的数据局部性和计算并行性，有循环分块、循环展开、循环重排、循环融合、循环拆分等方案。
- 循环优化的目的是提高整体算子性能。其挑战包括数据局部性和计算并行性。

11.5　指令和存储优化

除了应用极广的循环优化，在 AI 编译器底层还存在指令和存储这两种不同优化。

11.5.1　指令优化

指令优化依赖于硬件提供的特殊加速计算指令。这些指令，如向量化和张量化，能够显著提高计算密度和执行效率。向量化允许我们并行处理数据，而张量化则进一步扩展了这一概念，通过将数据组织成更高维度的结构来实现更大规模的并行计算。这些技术使得算法能够充分利用现代处理器的多核和多线程特性，从而大幅提升性能。

1. 向量化

在之前的循环优化中，已经介绍过了向量化的原理，它是一种数据级并行的优化。其硬件实现如图 11.5.1 所示，将多个连续存储的数据批量加载进向量寄存器中，对整个向量寄存器进行操作，从而同时对多个数据元素进行了计算。

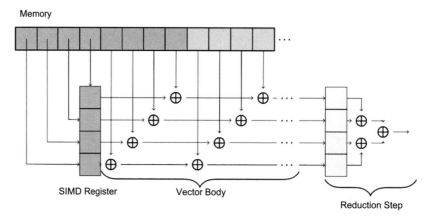

图 11.5.1

假设两个整数的数组 A 和 B 计算元素和，并将结果存储到数组 C 当中。在非向量化的代码中，代码形式是这样的：

```
for (int i = 0; i < n; i++) {
    C[i] = A[i] + B[i];
}
```

在向量化的代码中，可能是这样的形式：

```
for (int i = 0; i < n; i += 4) {
    C[i:i+3] = A[i:i+3] + B[i:i+3];
}
```

要实现加速，需要将其转换为硬件提供的向量化指令，例如：

```
# Intel SSE
_mm_add_ps: 将两个单精度浮点向量的对应元素相加。
_mm_mul_ps: 将两个单精度浮点向量的对应元素相乘。

# Intel AVX/AVX2
_mm256_add_ps: 对两个256位宽的单精度浮点向量执行加法操作。
_mm256_mul_ps: 对两个256位宽的单精度浮点向量执行乘法操作。

# ARM NEON
vaddq_f32: 对两个单精度浮点向量执行加法操作。
vmulq_f32: 对两个单精度浮点向量执行乘法操作。
```

2. 张量化

在人工智能应用日益广泛的今天，程序运行的数据形式经历了显著的演变。特别是以神经网络为代表的神经网络模型，其内部数据形式为多维矩阵，通常称为张量。例如，在计算机视觉任务中，典型的输入数据具有 [N, C, H, W] 的维度，其中 N 代表批次大小，C 代表通道数，

H 和 W 分别代表图像的高度和宽度。

在神经网络的内部计算过程中，特征图和参与计算的权重（如卷积核）也以类似的 4 维张量形式存在。传统的计算方法，如使用多层循环嵌套逐个计算数据元素，对于神经网络模型而言，效率极其低下。由于神经网络的计算具有高度的数据并行性，同一层内的元素之间几乎没有依赖关系。在理想情况下，如果能在硬件负载允许的范围内一次性将大量数据送入运算单元，将显著提升数据并行性，从而加速计算过程。

针对这一需求，英伟达公司开发了 Tensor Core 技术，专门针对张量计算进行加速。Tensor Core 是一种特殊的硬件单元，设计用于高效执行深度学习中的张量运算，如矩阵乘法和累加操作，这些操作是神经网络模型中的核心组成部分。通过 Tensor Core，GPU 能够在保持精度的同时，大幅度提高张量运算的速度和效率。在 Volta 架构中，一个 SM 由 8 个 FP64 CUDA Core，16 个 INT32 CUDA Core，16 个 FP32 CUDA Core 和 128 个 Tensor Core 组成，一共有 4 个 SM。

除了英伟达的 Tensor Core，英特尔也有类似的技术 Vector Neural Network Instructions（VNNI）。利用这些张量指令的一种常见方法是通过调用硬件厂商提供的算子库，如英伟达的 cuBLAS 和 cuDNN，以及英特尔的 oneDNN 等。然而，当神经网络模型中出现新的算子或开发者需要进一步榨取硬件性能时，单纯依赖硬件厂商提供的算子库就显示出其局限性。首先，算子库可能没有包含最新的或自定义的算子，这限制了模型的创新和多样性。其次，算子库的通用优化策略可能无法充分适应特定模型的特性，导致性能提升的空间没有被完全利用。

11.5.2 存储优化

存储优化关乎于如何高效地管理数据在硬件中的存储和访问。在 AI 芯片硬件中，内存层次结构的设计至关重要。通过优化数据在不同层级内存之间的流动，我们可以减少数据传输的时延和带宽消耗，从而提升整体的计算效率。例如，GPU 的内存管理策略包括全局内存、共享内存、常量内存等，每种内存类型都有其特定的用途和访问模式。

1. 访存时延隐藏

在纯串行执行的架构中，计算资源的利用受到显著限制，因为在同一时间点，通常只有一个运算单元处于活跃状态。以程序执行过程为例，其工作流程可概括为以下几个步骤：

- **数据加载**：首先，系统从主存储器中检索所需数据，并将其加载到处理器的片上缓冲区（On-Chip Buffer）中。
- **计算执行**：一旦数据加载完成，计算单元便开始执行预定的计算任务。
- **数据写回**：最后，这些计算结果被从片上缓冲区写回到主存储器中，以供后续使用或存储。

这种串行处理模式虽然简单，却无法充分利用现代处理器的并行处理能力，导致计算效率和系统性能受限。

在这种情况下，每个运算部件的时间开销都累加得到最终的时延。为了克服这一局限，现代深度学习系统广泛采用并行计算架构，允许多个运算单元同时工作，显著提高了数据处理速度和整体系统性能。时延隐藏（Latency Hiding）技术在这一领域得到了广泛的应用。该技术通过将内存操作与计算任务并行化，实现了两者的重叠执行，从而最大化了内存带宽和计算资源的利用效率。通过这种方式，即使在数据加载和写回阶段，也能持续执行计算任务，有效减少了因等待内存操作而产生的空闲时间。

CPU 实现时延隐藏的过程主要依赖于多线程技术和硬件隐式数据预取机制。在多线程环境中，当一个线程等待内存访问时，CPU 可以切换到另一个线程继续执行计算任务，从而减少 CPU 的空闲时间。此外，现代 CPU 通常具备数据预取单元，能够预测程序接下来可能需要的数据，并提前从内存中加载到缓存中，这样当计算单元需要这些数据时，它们已经准备好了，减少了 CPU 等待内存访问的时间。

GPU 在实现时延隐藏方面，主要依赖于其高度并行化的架构和先进的调度技术。Warp Schedule 是一种用于管理多线程执行的技术，它允许 GPU 在等待内存操作完成时，动态地调度其他线程来继续执行计算任务（图 11.5.2）。这种技术通过减少线程间的同步开销，提高了线程的执行效率。GPU 还采用了上下文切换机制，能够在不同的线程上下文之间快速切换，进一步隐藏内存访问的时延。当一个线程因为内存访问而暂停时，GPU 可以立即切换到另一个准备好的线程继续执行，从而保持了 GPU 核心的持续工作。

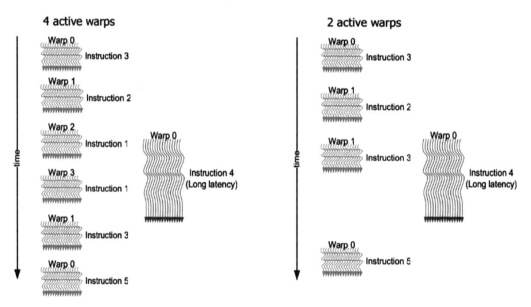

图 11.5.2

　　NPU 采用了解耦访问/执行（Decoupled Access/Execute，DAE）架构。在 DAE 架构中，内存访问操作和计算操作是分开进行的，允许它们并行执行而不是顺序依赖。NPU 拥有专门的硬件单元来处理数据的加载和存储，这些单元独立于执行计算的核心。当计算核心需要数据时，它会发送请求，然后继续执行其他计算任务，而数据加载操作在后台进行。在这种情况下，一般需要使用双缓冲机制，来缓存不同 LOAD 指令得到的数据。

　　在这种模式下，执行指令会变为并行方式（图 11.5.3）。

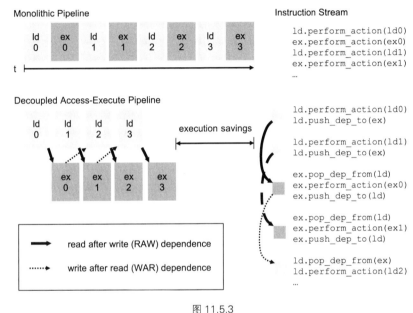

图 11.5.3

2. 存储分配

　　从传统编译器的视角来看，内存被划分为几个关键区域，每个区域都有其特定的用途和生命周期。

　　● 局部变量是在程序的函数或代码块内部定义的。它们的存在周期仅限于定义它们的代码块。编译器在调用函数时，会在内存的栈空间中为这些局部变量分配一段内存。当函数执行完毕，这些局部变量的生命周期也随之结束，它们所占用的内存会被自动释放。

　　● 全局变量在程序的整个生命周期内都是可见的。它们在内存中的静态存储区分配空间，这意味着它们的内存分配在程序启动时完成，并在整个程序运行期间保持不变。全局变量为程序提供了跨函数和代码块的数据共享能力。

　　● 堆变量是在程序运行时，通过显式请求内存分配而创建的。它们在堆上申请一段内存空间，这为程序提供了极大的灵活性，允许在运行时根据需要动态地增长和缩减内存使用。

在 AI 系统中，这种视角下的内存管理显然无法支撑起 AI 应用。AI 系统通常需要处理大量的数据和复杂的算法，这就需要高效的内存分配和回收策略来支持它们的运行。专用硬件如 GPU 和 NPU 具有各自独特的内存管理机制，这些机制针对它们处理任务的特点进行了优化。

GPU 的内存管理机制包括：

● 全局内存：GPU 拥有自己的内存，称为全局内存或显存，它与 CPU 的内存分开。全局内存是 GPU 中最大的内存区域，但访问时延较高。

● 共享内存：每个 GPU 线程块可以访问的快速内存，通常比全局内存小得多，但访问速度更快。

● 寄存器：每个线程可以访问的非常快速的内存，但容量有限。

NPU 的内存管理机制包括：

● 片上内存：NPU 通常具有片上内存，用于存储权重和激活等数据，以减少与外部内存的通信开销。

● 内存访问模式：NPU 针对 AI 工作负载进行了优化，支持高并发的内存访问模式。

● 量化和压缩：使用数据量化和压缩技术，可以减少内存占用并提高能效。

● 专用内存控制器：NPU 具有专用的内存控制器，用于优化数据流和减少时延。

小结与思考

● 向量化允许并行处理数据，张量化则进一步扩展该概念，通过将数据组织成更高维度结构来实现更大规模的并行计算。

● 通过优化数据在不同层级内存之间的流动，我们可以减少数据传输的时延和带宽消耗，从而提升整体的计算效率。

11.6 Auto-Tuning 原理

在硬件平台驱动算子运行需要使用各种优化方式来提高性能，然而传统的手工编写算子库面临各种窘境，衍生出了自动生成高性能算子的方式，称为自动调优。

11.6.1 高性能算子挑战

DNN 部署的硬件平台越来越多样化，包括 CPU、GPU、FPGA 和 ASIC，这些硬件平台内部又具有不同的资源。为了在这些平台上部署 DNN，需要对 DNN 中使用的算子使用高性能的张量程序。传统方式为使用算子库，算子库包含了大量的预定义算子，这些算子是构建和执行神经网络模型的基本单元。然而这种传统方式面临着越来越多的挑战：

● 优化手段的多样性：如前面的章节介绍，存在循环优化、存储优化、指令优化等多种优化方式，在编写程序时如何使用和编排这些优化是十分困难的，不仅与硬件平台相关，也与要执行的程序相关，程序参数例如卷积核大小、特征图大小的变化也会影响优化方式的选择，再加上各种优化还涉及其优化因子如循环分块因子的选择。软硬件的组合使得编写一套高性能的算子库十分地耗费精力。

- 优化方式的通用性：程序优化方式的选择受到多种因素影响，很难有一个通用的方式能覆盖所有场景，普遍的方式是为每一种硬件的每一套参数都维护一个算子实现。以卷积算子为例，这是深度学习中最常用的算子之一。在不同的硬件上，卷积算子的实现可能会有很大差异。在 CPU 上，卷积算子可能会使用高度优化的库，不同的硬件架构可能需要不同的优化策略。

- 软硬件的快速更迭：随着新的处理器架构和专用 AI 加速器的不断涌现，硬件平台变得更加多样化。每种硬件都有其独特的特性和优化需求，算子库需要为这些不同的硬件提供定制化的算子实现，这大大增加了开发和维护的工作量。新的算子不断涌现，现在的卷积已经有几十种，各种激活函数也在不断提出。每提出一个新算子，就需要在目标硬件平台实现一套算子库。

11.6.2　自动调优原理

为了以一种高效的方式在各种硬件平台上提供这些算子，已经引入了多种编译器技术，用户使用高层级声明性语言以类似于数学表达式的形式定义计算，编译器根据该定义生成优化的张量程序。从高层定义中自动生成高性能张量程序是非常困难的。根据目标平台的架构，编译器需要在一个非常大和复杂的空间中进行搜索，其中包含优化的组合选择（例如，分块、向量化、并行化，不同的组合导致的程序性能差异极大）。寻找高性能的程序需要用搜索策略来覆盖一个全面的空间，并有效地探索它。

这一过程称为自动调优，指在编译过程中，编译器或相关工具自动调整和优化代码的执行参数，以提高程序在特定硬件上的运行效率。这通常涉及对算法、内存访问模式、并行度等多个方面的优化。自动调优的目的是减少人工干预，使得程序能够自动适应不同的硬件环境和运行条件。在 AI 领域，这尤为重要，因为 AI 模型的计算复杂度通常很高，而且不同的硬件平台（如 CPU、GPU、NPU 等）对计算和内存访问的优化需求各不相同。

自动调优的过程通常包括以下几个步骤：

- **性能分析**：通过分析程序的运行情况，识别性能瓶颈和优化机会。
- **参数搜索**：系统地探索不同的编译选项和运行参数，寻找最佳的配置。
- **性能评估**：对不同的配置进行测试，评估其对性能的影响。
- **反馈学习**：根据性能评估的结果，调整搜索策略，进一步优化参数选择。

自动调优可以显著提高 AI 应用的运行效率，尤其是在深度学习等计算密集型任务中。然而，由于 AI 应用的多样性和复杂性，自动调优仍然是一个活跃的研究领域，研究人员和工程师们正在不断探索更高效、更智能的调优方法。

小结与思考

- 高性能算子面临优化手段多样、通用性差和软硬件更迭快的挑战。
- 自动调优通过性能分析、参数搜索、性能评估和反馈学习等步骤，自动调整和优化代码执行参数。

第 12 章 计 算 架 构

12.1 芯片的编程体系

目前已经有大量的 AI 芯片研发上市，但是如何开发基于硬件的编译栈与编程体系，让开发者更好地使用 AI 芯片，更好地发挥 AI 芯片的算力，让生态更加繁荣？理解 AI 芯片的编程体系尤为重要。

12.1.1 AI 芯片并行分类

AI 芯片主要是为实现并行计算，从程序并行的角度出发，主要可以分为指令级并行、数据级并行和任务级并行：

- 指令级并行（**Instruction Level Parallel，ILP**）：在同一时间内执行多条指令，这些指令可能是不同的程序段或者同一程序段的不同部分。这种并行性是通过流水线技术实现的，即在处理器中同时执行多个指令的不同阶段，从而提高处理器的效率。

- 数据级并行（**Data Level Parallel，DLP**）：在同一时间内处理多个数据元素，这些数据元素可能是独立的或者相关的。数据级并行通常通过向量处理器或者并行处理器来实现，可以同时对多个数据元素进行相同的操作，从而提高数据处理的效率。

- 任务级并行（**Task Level Parallel，TLP**）：将一个任务分解成多个子任务，然后同时执行这些子任务，可以通过多线程或者分布式计算来实现。

12.1.2 并行处理硬件架构

按照数据与指令之间的关系，关于并行处理的硬件架构主要有 SISD、SIMD、MISD 和 MIMD 四种，相关内容已在第 3 章 3.2.3 节有详细介绍。

SISD 系统支持串行计算，其硬件并不支持并行计算。目前，CPU 和 GPU 主要用到的并行计算架构是 SIMD，处理器硬件中添加了多个处理单元（Processing Unit，PU），此时一个控制器控制多个处理器，同时对一组数据中每一个数据分别执行相同的操作，实现并行计算。

英伟达 GPU 架构围绕可扩展的多线程 SM 阵列构建，当主机 CPU 上的 CUDA 程序调用内核网格时，网格的块被枚举并分发到具有可用执行能力的多处理器。一个线程块中的线程在一个 SM 上并发执行，多个线程块也能够在一个 SM 上并发执行，当线程块终止时，新块在空出的 SM 上启动，SM 使 GPU 同时执行数百个线程。为了管理如此大量的线程，英伟达 GPU 实际上采用了 SIMT 架构，SIMT 体系结构属于 SIMD 中的一种特殊形态，但是 SIMT 使程序员能够为独立的标量线程编写线程级并行代码，以及为协调线程编写数据并行代码。

12.1.3 AI 计算方式与硬件模型

1. AI 计算方式

在神经网络中，单个神经元展开，其中最核心的计算为矩阵乘（$X \cdot W$），无论是 FFN 还是 CNN，是早期的 ALSTN 抑或是大模型中的 Transformer，都大量地使用到矩阵乘计算（图 12.1.1）。

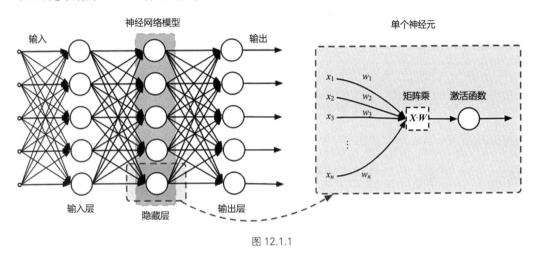

图 12.1.1

神经网络中，训练（Training）和推理（Inference）是两个重要的阶段。

无论是训练还是推理阶段都需要执行大量的矩阵乘计算。训练阶段中，矩阵乘法通常用于计算前向传播（输入数据与权重矩阵相乘，生成输出结果）和反向传播中的梯度传播（梯度与权重矩阵的转置相乘，计算参数的梯度）。在推理阶段中，矩阵乘法用于计算输入数据与训练好的权重矩阵之间的乘积，从而生成预测结果，该过程与训练阶段的前向传播过程类似。

在 AI 框架的开发流程中，首先由算法工程师定义神经网络，然后使用 AI 框架（如 PyTorch、MindSpore 等）编写对应的程序；AI 框架自动构建前向计算图，根据自动微分机制构建反向计算图；最后将计算图转变成算子的执行序列，算子最终会执行在底层 AI 芯片上（图 12.1.2）。

2. 硬件模型

在 AI 框架实现神经网络模型中大量的矩阵乘等计算，需要考虑的问题很多，例如，如何基于不同的硬件并行处理架构（如 SIMD、SIMT）来实现呢？AI 系统需要关心和解决该问题吗？SIMD 是否只对底层硬件设计有约束？

为了解决上面的问题，因此有了硬件**执行模型**（Execution Model）和**编程模型**（Programming Model）两个概念。

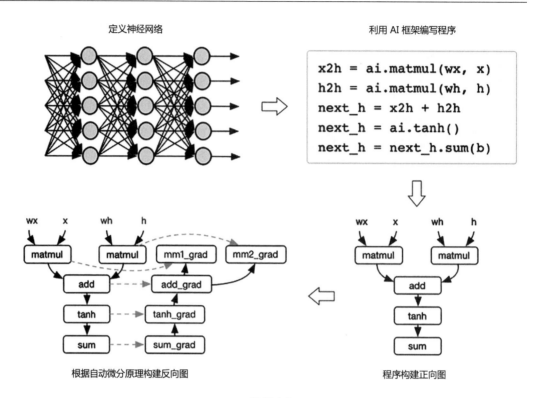

图 12.1.2

在 AI 框架中，具体的数学计算通常被业界称为算子，其在 AI 芯片等硬件上提供了具体的 Kernel 实现，需要根据硬件执行模型来确定编程模型。程序员只关心编程模型，如何编写具体的算子，而硬件关心的是具体的指令执行。

小结与思考

- AI 芯片并行分类包括指令级并行、数据级并行和任务级并行，分别通过流水线技术、向量处理器或并行处理器、多线程或分布式计算实现。
- 并行处理硬件架构主要分为 SISD、SIMD、MISD 和 MIMD 四种，其中 SIMD 架构通过多个处理单元执行相同指令处理不同数据流，广泛应用于 GPU 等并行处理器。

12.2   SIMD & SIMT 与芯片架构

为了进一步探讨 SIMD/SIMT 与 AI 芯片之间的关系，本节将详细介绍 SIMD 和 SIMT 的计算本质，并对英伟达 CUDA 底层实现 SIMD/SIMT 的原理进行讲解。

12.2.1　SIMD 计算本质

SIMD 是对多个进行同样操作的处理元素同时进行同等的计算操作,利用了数据级别的并行性,而不是并发性,有多个计算,但是只有一个进程在运行。SIMD 允许使用单一命令对多个数据值进行操作,一般用于提升 CPU 计算能力实现数据并行的方法,此时仅需要更宽位数的计算单元 ALU 和较小的控制逻辑。

SIMD 仍然是单线程,不是多线程操作,硬件上仅需要一个计算核心,只不过一次操作多个数据,需要与 GPU 的多线程并行有所区分,SIMD 底层计算本质是在多个数据上并行地进行相同操作所对应的硬件实现。

例如,如图 12.2.1 所示,将两个向量(Vector)作为操作数,对于两个向量的操作数进行相同的乘法操作,假设向量为 4 个元素,将向量 A 和向量 B 进行相乘计算得到结果 C,即

$$C[0:3]=A[0:3] \times B[0:3]$$

为了使 SIMD 实现一次乘法可以完成多个元素的计算,要求硬件上增加 ALU 单元的数量,因此会有多个处理单元,同时也需要增加功能单元的数据通路数量,由控制单元将数据传送给处理单元,从而实现在单一时钟周期内整体上提升硬件的计算吞吐量(图 12.2.2)。

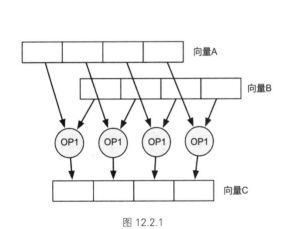

图 12.2.1

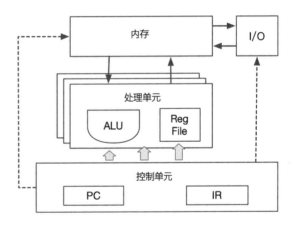

图 12.2.2

但是在实际计算的过程中,SIMD 有其优缺点:

● **缺点**:SIMD 使用独立线程,该线程能同时进行多个数据元素的计算,但是由于 ALU 宽度的限制,因此计算时要求数据类型、格式、大小必须严格对齐。

● **优点**:在一定程度上可以提升计算性能,利用内存数据总线带宽,多个数据可同时从内存读和写。如 $C[0:3]=A[0:3] \times B[0:3]$ 操作,在使用 SIMD 之后,代码量为原来的 1/4,执行周期也相应降为原来的 1/4。

```
t1 = LD B, i
t2 = LD C, i
t3 = t1 + t2
ST A, i, t3

t1 = LD B, i+1
t2 = LD C, i+1
t3 = t1 + t2
ST A, i+1, t3

t1 = LD B, i+2
t2 = LD C, i+2
t3 = t1 + t2
ST A, i+2, t3

t1 = LD B, i+3
t2 = LD C, i+3
t3 = t1 + t2
ST A, i+3, t3
```

SIMD 本身是对指令的控制，在使用 SIMD 之后，只需要一个 ST，每个操作后面的 4 表示单个指令执行时同时对 4 个元素进行操作，编译器会将下面的代码编译成硬件能够识别的 SIMD 指令，代码为原来的 1/4，执行周期也相应地降为原来的 1/4，执行效率得到显著提升。

```
v1 = LD B, i, 4
v2 = LD C, i, 4
v3 = v1 + v2, 4
ST A, i, 4, v3
```

Intel 从 MMX 开始支持 SIMD，ARM 通过 NEON 将 SIMD 扩展引入 ARM-Cortex 架构。NEON SIMD 单元位宽是 128 bit，包含 16 个 128bit 寄存器，能够被用来当作 32 个 64 bit 寄存器。这些寄存器能被当作是同等数据类型的向量，此时数据是对齐的，数据的元素格式也都是相同的。因此可以使用一个进程对多个数据进行计算，一个寄存器位宽是 128 bit，因此可以存放 4 个元素，每个元素是 32 bit，向量 *B* 存放在 s15 寄存器中，向量 *A* 存放在 s14 寄存器中，然后将两个寄存器中的值做乘法，最后保存 s15 的计算结果，相关代码如下：

```
//对四个数据同时进行乘法操作
C[0:3] = A[0:3]*B[0:3]

//一个寄存器128bit，可以存放4×32 bit，s15寄存器存放向量B
vldmia.32 r0!, {s15}

//通过s14寄存器存放向量A
vldmia.32 r1!, {s14}

// s15 = s15*s14
vmul.f32 s15, s15, s14

//保存s15的计算结果
vstmia.32 r2!, {s15}
```

MMX（MultiMedia eXtensions）是英特尔于 1996 年推出的一种 SIMD 指令集扩展,用于对多个数据元素同时执行相同的操作。这些指令包括数据移动指令、整数运算指令、逻辑运算指令等,可以同时处理多个数据元素,从而加速多媒体处理、图像处理等应用的计算速度。随着技术的发展,Intel 后续推出了更多的 SIMD 指令集扩展,如 SSE(Streaming Simd Extensions)、AVX（Advanced Vector Extensions）等,进一步提高了处理器对 SIMD 计算的支持和性能。

因此 SIMD 作为一个概念,指导着具体的硬件计算单元和数据读取通路的方案设计,对上层 OS 提供更多的指令集,而在实际编程中,程序员很少会对 SIMD 里面的指令直接进行操作。

12.2.2　SIMT 计算本质

SIMT 是英伟达提出的基于 GPU 的新概念。与 SIMD 相比,二者都通过将同样的指令广播给多个执行单元来实现数据并行和计算。主要的不同在于 SIMD 要求所有的向量元素在统一的同步组里（一个线程内）同步执行,而 SIMT 允许多个线程在一个 Warp 中独立执行。

SIMT 类似 CPU 上的多线程,有多个计算核心系统,每一个核心中有独立的寄存器文件（RF）、计算单元（ALU）,但是没有独立指令缓存（Instruction Cache）、解码器、程序计数器,命令从统一的指令缓存广播给多个 SIMT 核心。因此 SIMT 的所有核心各自独立,在不同的数据上执行相同的计算操作,即执行命令相同,多个线程各有各的处理单元,SIMD 则是共用同一个 ALU。

还是以之前的数组相乘 $C[0:3] = A[0:3] \times B[0:3]$ 为例,两个等长数组向量 A 与向量 B,需要每个元素逐一对应相乘后得到向量 C。SIMT 给每个元素分配一个线程,一个线程只需要完成一个元素的乘法,所有线程并行执行完成后,两个数组的相乘就完成了（图 12.2.3）。

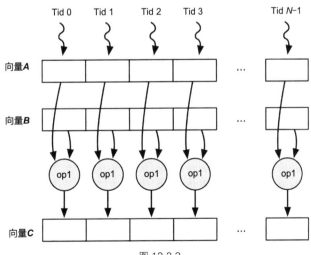

图 12.2.3

具体到 SIMT 的硬件结构，SIMT 提供一个多核系统（SIMT Core Cluster），CPU 负责将算子（Kernel）加载到 SIMT Core Cluster 中，每个 SIMT 核（SIMT Core）有独立的 RF、ALU、Data Cache，但是只有一个指令计数寄存器和一个指令解码寄存器，指令被同时广播给所有的 SIMT 核，从而执行具体的计算。GPU 则是由多个 SIMT Core Cluster 组成，每个 SIMT Core Cluster 由多个 SIMT Core 构成，SIMT Core 中有多个 Thread Block（图 12.2.4）。

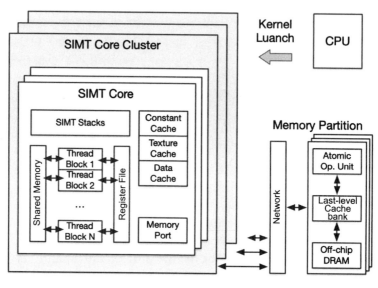

图 12.2.4

GPU 的 SIMT 可以看作是一个特殊的 SIMD 结构，SIMT 硬件核心流水可以被分为 SIMT 前端（SIMT Frontend）和 SIMD 后端（SIMD Datapath）（图 12.2.5）。流水线中存在三个调度循环，分别是取指循环、指令发射循环和寄存器访问循环。

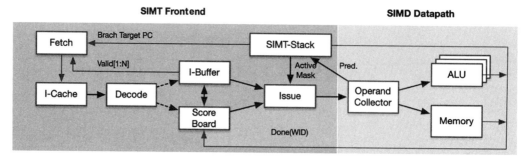

图 12.2.5

流水线中的三个调度循环共同组成 SIMT 硬件核心流水，其中取指是将具体的指令放在堆栈中，堆栈在运行时就会把所有的线程分发到具体的 ALU 中，在具体执行时采用 SIMD 的方式，SIMT 主要完成具体线程的前端控制（图 12.2.6）。

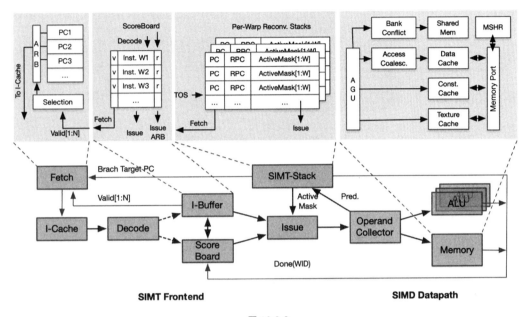

图 12.2.6

结合上述内容，SIMD 和 SIMT 的主要区别和联系如下：

● SIMT 与 SIMD 的基本原理是相同的，都是采用单指令多数据的思想。

● SIMT 形式上是多线程，但是本质上在硬件端执行的还是单线程，使用多个核心来实现多线程并行。

● SIMT 比 SIMD 更灵活，允许一条指令对数据分开寻址，可以实现每个线程独立寻址。

● SIMD 必须连续取址，要求数据在类型、格式和大小方面是严格对齐的。

因此 SIMT 是 SIMD 的一种推广，在编程模式上更加灵活，对开发者更友好。

12.2.3 NVIDIA CUDA 实现

回顾 GPU 的线程分级，在图形图像处理中会将图像进行切分，网格（Grid）表示要执行的任务，大的网格会被分成多个小的网格，每个网格中包含了很多相同线程（Thread）数量的块（Block），此时线程分层执行，块中的线程独立执行，对像素数据进行处理和计算，可以共享数据，同步数据交换（图 12.2.7）。

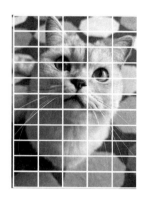

图 12.2.7

　　CUDA 并行编程模型基于单程序多数据（Single Program Mutiple Data，SPMD）模式，关于 SPMD 与 SIMT 之间的联系和区别会在之后介绍。在 CUDA 编程中，网格是线程块的阵列集合，线程块映射到 SM 上进行计算处理。一个线程块可包含多个线程束，线程块的大小影响 CUDA Kernel 程序的性能。在 CUDA 架构下，GPU 执行时的最小单位是线程，一个块中的线程可存取同一块共享的内存，而且可以快速进行同步。

　　与 SIMD 不同的是，SIMT 允许程序员为独立、标量线程编写线程级的并行代码，还允许为协同线程编写数据并行代码。为了确保正确性，开发者可忽略 SIMT 行为，很少需要维护一个 Warp 块内的线程分支，而是通过维护相关代码，即可获得硬件并行带来的显著的性能提升。在一个线程块（Thread Block）中所有线程执行同一段代码，在英伟达 GPU 中这段代码称为 Kernel，每一个线程有一个自己的线程索引（threadIdx.x）用于计算内存地址和执行控制决策，每个线程在执行时被分配唯一的标识符，因此可以通过程序来准确控制每一个线程（图 12.2.8）。

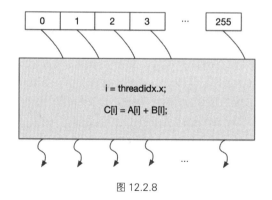

图 12.2.8

　　将多个线程块组合在一起就会组成一个 Grid 线程组，因此线程块就可以看作是 SM 的基本调度单元，SM 对应着具体的硬件单元，线程块则是编程所抽象出来的概念。因为有多个线程块进行组合，同时存在硬件计算单元在横向和纵向两个维度的排布，因此线程索引通常由块索引（Block Index）和线程内索引（Thread Index Within Block）组成。其中，块索引用于标识当前线程所在的块，而线程内索引用于标识当前线程在所属块中的位置。

使用 blockIdx.x 和 blockDim.x 来访问块索引和块维度（Block Dimension）中的 x 分量。blockIdx.x 表示当前线程所在的块的 x 方向索引，在 CUDA 中，块索引是一个三维的向量，包括 x、y 和 z 三个分量。blockDim.x 表示当前块的 x 方向维度大小，在 CUDA 中，块维度也是一个三维的向量，包括 x、y 和 z 三个分量。通过 blockIdx.x 和 blockDim.x，可以方便地获取当前线程所在块的 x 方向索引和当前块在 x 方向上的线程数量，从而进行相应的计算和操作（图 12.2.9）。

回顾英伟达 GPU 软件和硬件之间的对应关系，线程对应于 CUDA Core，线程以线程块为单位被分配到 SM 上，SM 维护线程块和线程 ID，SM 管理和调度线程执行。每个线程块又按照每个 Warp 中共 32 个线程执行，Warp 是 SM 的调度单位，Warp 里的线程执行 SIMD。Block 线程块只在一个 SM 上通过 Warp 进行调度，一旦在 SM 上调用了 Block 线程块，就会一直保留到执行完 Kernel。SM 可以同时保存多个 Block 线程块，块间并行执行（参见第 7 章图 7.1.5）。

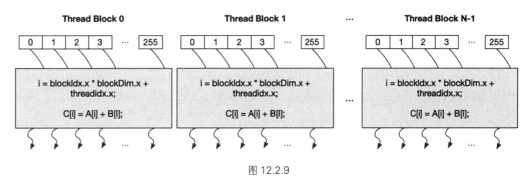

图 12.2.9

在 AI 框架的开发流程方面，首先会按照编程思想定义神经网络，然后根据 AI 框架编写对应的程序，AI 框架会自动构建计算前向图，根据自动微分原理构建反向图。其中在神经网络中比较重要的算子是矩阵乘，以 CUDA 代码为例实现 $C = A \times B$，使用 blockIdx.x 和 blockDim.x 来访问块索引和块维度。

```c
#include <stdio.h>

#define N 4 // 矩阵大小

// 矩阵乘法的CUDA核函数
__global__ void matrixMultiplication(int *a, int *b, int *c) {
    // 使用blockIdx.x和blockDim.x来访问块索引和块维度
    int row = blockIdx.y * blockDim.y + threadIdx.y;
    int col = blockIdx.x * blockDim.x + threadIdx.x;

    int sum = 0;
```

```
    for (int k = 0; k < N; ++k) {
        sum += a[row * N + k] * b[k * N + col];
    }

    c[row * N + col] = sum;
}

int main() {
    int a[N][N], b[N][N], c[N][N];
    int *dev_a, *dev_b, *dev_c;

    // 分配内存
    cudaMalloc((void**)&dev_a, N * N * sizeof(int));
    …

    // 初始化矩阵a和b
    …

    // 将矩阵a和b传输到设备
    cudaMemcpy(dev_a, a, N * N * sizeof(int), cudaMemcpyHostToDevice);
    cudaMemcpy(dev_b, b, N * N * sizeof(int), cudaMemcpyHostToDevice);

    // 定义块大小和网格大小
    dim3 blockSize(2, 2);
    dim3 gridSize(N / blockSize.x, N / blockSize.y);

    // 调用核函数
    matrixMultiplication<<<gridSize, blockSize>>>(dev_a, dev_b, dev_c);

    // 将结果传回主机
    cudaMemcpy(c, dev_c, N * N * sizeof(int), cudaMemcpyDeviceToHost);

    …

    return 0;
}
```

12.2.4　编程 vs 硬件执行本质

编程模型（Programming Model）是程序员用来编写程序的抽象概念，它定义了程序员如何组织和控制计算机程序的方式。编程模型提供了一种简化的视图，使程序员能够专注于程序的逻辑结构而不必考虑底层硬件细节。编程模型通常包括编程语言、数据结构、算法和并发机制等方面，用于描述程序的行为和交互。

硬件执行模型（Hardware Execution Model）描述了计算机硬件如何执行程序。它包括硬件结构、指令集架构、寄存器、内存层次结构、缓存、并行执行方式等方面。硬件执行模型决定了程序在计算机硬件上的实际执行方式，包括指令的执行顺序、数据的传输方式、并发执行的策略等，硬件执行 SIMD 和 SIMT。

编程模型最终会通过编译器转换为硬件执行模型，因此二者在概念层面有明显的差异。

小结与思考

- SIMD 与 SIMT 均基于单指令多数据执行，但 SIMD 要求数据严格对齐且同步执行，而 SIMT 允许线程独立寻址且可异步执行，提高了灵活性。
- NVIDIA CUDA 通过 SIMT 架构实现高效的并行计算，利用线程块和网格结构，通过 CUDA 核心进行调度，优化了 GPU 的性能。
- 编程模型与硬件执行模型相互关联，前者为程序员提供抽象概念以组织程序，后者描述程序在硬件上的实际执行方式，理解二者关系有助于程序性能优化。

12.3 SIMD & SIMT 与编程关系

前面对 AI 芯片 SIMD 和 SIMT 计算本质进行了分析，结合英伟达 CUDA 对 SIMD 和 SIMT 进行了对比，本节将对不同并行的编程方式进行讲解。

12.3.1 实现并行的编程方式

从指令级别的执行方式来看，一共有三种不同的编程模型，串行执行（如 SISD）、数据并行（如 SIMD）和多线程（如 MIMD/SPMD）：

- **SISD**：程序按顺序执行，每条指令依次处理单个数据。这是传统的串行编程模型，适合于简单的顺序执行任务，如传统的单线程程序。这种方式适合于简单的任务和小规模数据处理，但在处理大规模数据或需要高性能的情况下，串行编程效率较低。
- **SIMD**：程序通过向量化或并行化指令来处理多个数据，每个处理单元独立执行相同的任务，但是处理不同的数据。程序员可以编写单一指令，但该指令会同时应用于多个数据元素。这种模型适用于需要高度并行化处理的任务，如图像处理或科学计算。
- **MIMD/SPMD**：多个处理器同时执行不同的指令，处理不同的数据，充分利用多核处理器的性能。每个处理器可以独立执行不同的程序，也可以执行相同的程序但处理不同的数据。这种模型适用于需要并发执行多个任务的场景，如分布式系统或并行计算。

从编程模型的角度看，选择合适的并行计算模型可以更好地利用硬件资源，提高程序的性能和效率。

12.3.2 串行执行 SISD

串行执行以向量相加 $C[i] = A[i] + B[i]$ 的操作来举例说明，每一次 for 循环（Iter.i），都要执行一次向量 A 和向量 B 相加之后得到向量 C 的操作，在 CPU 中经常使用这种方式。一般在 CPU 中会采用流水执行、乱序执行和超长指令集架构来提高计算效率。

```
for (int i = 0; i < N; ++i)
{
    C[i] = A[i] + B[i];
}
```

1. 流水执行

流水执行（Pipeline Execution，PPE）处理器架构中，指令被分成多个阶段（如取指、解码、执行、访存、写回），每个阶段由一个专门的处理单元负责执行，从而实现指令的并行处理。程序执行时，多条指令重叠进行操作的一种任务分解技术，将取指→解码→执行分别放在未使用流水线和使用流水线中进行指令执行，在未使用流水线时每次 for 循环都要占用独立的时间分别进行取指→解码→执行相关操作，当使用流水线时，充分利用空余的时间去同时执行不同的指令操作，提高了指令的并行度（图 12.3.1）。

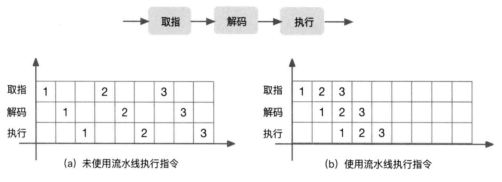

图 12.3.1

2. 乱序执行

乱序执行（Out-of-Order Execution，OOE）中，处理器可以在不改变程序语义的情况下，通过重新排序指令的执行顺序来提高指令级并行度和性能，处理器会根据指令的依赖关系和可用资源来动态调整指令的执行顺序。当没有采用乱序执行时首先对指令 1 进行取指、解码、执行和写回，然后再对下一个指令（指令 2）进行同样的操作，此时在 CPU 执行周期内会有大量的空闲（图 12.3.2）。

指令1	取指	解码	执行	写回					
指令2		空闲	空闲	空闲	取指	解码	执行	写回	
指令3			空闲	空闲	空闲	取指	解码	执行	写回
指令4				空闲	空闲	空闲	取指	解码	执行	写回

CPU周期

图 12.3.2

因此，采用乱序执行，在 CPU 空闲时间执行指令 2，由于指令 4 的执行需要指令 1 在写回结果之后，所以需要把依赖性指令移到独立指令后，在指令 1 完全执行之后再执行指令 4，同时 for 循环由硬件通过指令动态展开（图 12.3.3）。

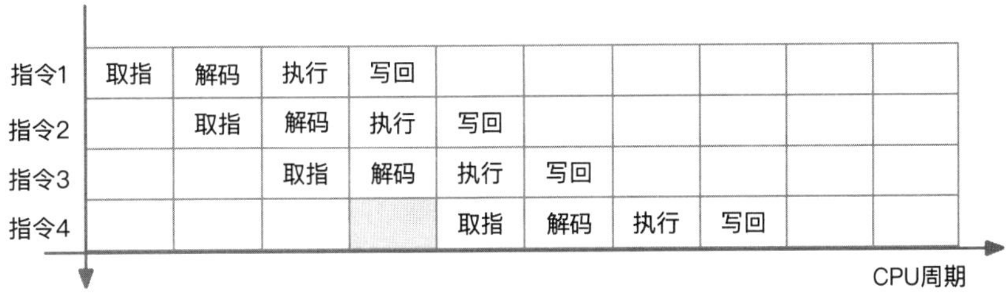

指令1	取指	解码	执行	写回				
指令2		取指	解码	执行	写回			
指令3			取指	解码	执行	写回		
指令4					取指	解码	执行	写回

CPU周期

图 12.3.3

3. 超长指令集

超长指令集（VLIW）是一种处理器架构，其特点是一条指令可以同时包含多个操作，这些操作可以在同一时钟周期内并行执行。VLIW 处理器在编译时就将多个操作打包成一条指令，因此并行执行指令由编译器来完成，编译器的优化能力直接影响程序在超长指令集处理器上的性能，由硬件执行编译之后的并行指令，从而提高指令级并行度和性能。

12.3.3 数据并行 SIMD

数据并行主要通过循环中的每个迭代独立实现，在程序层面，程序员编写 SIMD 指令或编译器生成 SIMD 指令，在不同数据的迭代中执行相同指令，在硬件层面通过提供 SIMD 较宽的 ALU 执行单元。同样以 for 循环计算向量加法为例，在执行 VLD：A to V1 时，迭代 1（Iter.1）读取的数据是 $A[0]$，迭代 2（Iter.2）读取的数据是 $A[1]$，之后的 VLD、VADD 和 VST 指令也一样，硬件每次执行的指令相同，但是读取的数据不同，从而实现数据并行（图 12.3.4）。

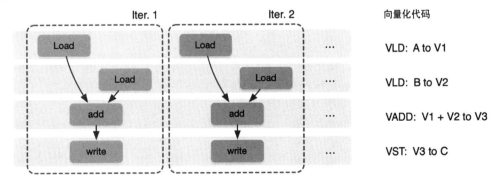

图 12.3.4

12.3.4 多线程 SPMD

SPMD 是一种并行计算模型，多线程 SPMD 指的是在 SPMD 模型中使用多个线程来执行并行计算任务。在多线程 SPMD 中，每个线程（Thread i）都执行相同的程序（图 12.3.5），但处理不同的数据，通过并发执行来加速计算过程。SPMD 通过循环中的每个迭代独立实现，在程序上，程序员或编译器生成线程来执行每次迭代，使得每个线程在不同的数据上执行相同的计算。SPMD 是编程模型，SIMT 是硬件执行模型，SIMT 利用独立的线程管理硬件来使能硬件处理。

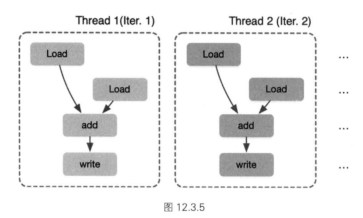

图 12.3.5

SPMD 和 SIMD 不同之处在于，SIMD 在相同指令下执行不同的数据实现并行，而 SPMD 则是提出使用线程来管理每个迭代，SPMD 最终执行在 SIMD 机器上，因此发展出新的单指令多线程硬件执行模式 SIMT。

12.3.5 英伟达 SIMT 机制

GPU 的 SIMT 实际上是具体硬件执行 SIMD 指令，采用并行编程模式使用 SPMD 来控制线程的方式。每个线程对不同的数据执行相同的指令代码，同时每个线程都有独立的上下文。执行相同指令时一组线程由硬件动态分为一组 Warp，硬件 Warp 实际上是由 SIMD 操作形成的，由 SIMT 构成前端并在 SIMD 后端中执行。

在英伟达 GPU 中，Warp 是执行相同指令的线程集合，作为 GPU 的硬件 SM 调度单位，Warp 里的线程执行 SIMD，因此每个 Warp 中都能实现单指令多数据。CUDA 的编程模式实际上是 SPMD，因此从编程人员的视角来看只需要实现单程序多数据，具体到 GPU 的硬件执行模式则是采用了 SIMT，硬件实现单指令多线程（图 12.3.6）。

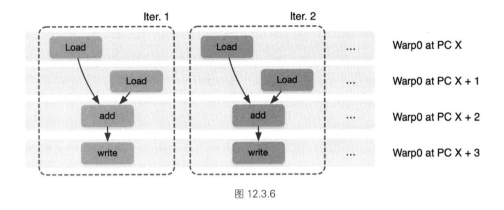

图 12.3.6

12.3.6 三者间关系

SISD、SIMD 和 SIMT 按照时间轴的执行方式如图 12.3.7 所示。

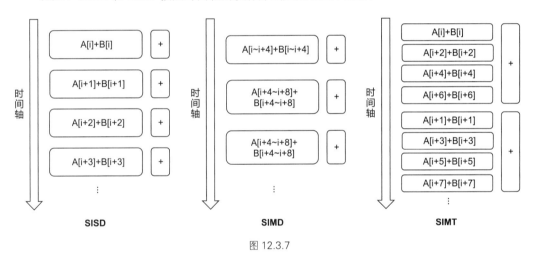

图 12.3.7

因此综合前面的分析,SISD、SIMD、SIMT、SPMD 和 DSA 相关概念就有了一个清晰的定义和区分(表 12.3.1)。

● SIMD:指令的执行方式和对应映射的硬件体系结构。

● SIMT:以 SIMD 指令为主,具有 Warp Scheduler 等硬件模块,支持 SPMD 编程模型的硬件架构。

● SPMD:一种具体的并行编程模型,类似于 CUDA 所提供的编程模式。

● DSA:具体的特殊硬件架构,NPU/TPU 等专门针对 AI 的特殊硬件架构,应用于大规模数据处理、分布式存储等场景。

表 **12.3.1** 硬件执行模型和编程模型区分

类型	硬件架构或执行模型	方式
执行模型	Traditional SIMD	（1）包含单条指令执行；（2）指令集架构（ISA）包含矢量/SMD 指令信息；（3）SIMD 指令中的锁同步操作，即顺序指令执行；（4）编程模型是直接控制指令，没有额外线程控制，软件层面需要知道数据长度
执行模型	Warp-base SIMD (SIMT)	（1）以 SIMD 方式执行的多个标量线程组成；（2）ISA 是标量，SIMD 操作可以动态形成；（3）每条线程都可以单独处理，启用多线程和灵活的线程动态分组；（4）本质上，是在 SIMD 硬件上实现 SPMD 编程模型，CUDA 采用了这种方式
编程模型	SPMD	（1）通过单个程序，控制多路数据；（2）针对不同的数据，单个线程执行相同的过程代码；（3）本质上，多个指令流执行同一个程序；（4）每个程序：①处理不同数据，②在运行时可以执行不同的控制流路径；（5）在 SIMD 硬件上以 SPMD 的方式对 GPGPU 进行编程控制，因此出现了 CUDA 编程

值得注意的是，英伟达在 GPU 架构设计中加入 Tensor Core，专门用于神经网络矩阵计算，同时支持混合精度计算，因此英伟达 GPU 也变成 SIMT+DSA 的模式。

小结与思考

- 串行执行（SISD）、数据并行（SIMD）和多线程执行（MIMD/SPMD）是实现并行编程的三种基本方式，分别适用于不同规模和类型的计算任务。
- SIMD 通过向量化指令实现数据并行，而 SIMT 则是基于 SIMD 的硬件架构，通过线程束（Warp）实现更灵活的多线程并行执行。
- NVIDIA CUDA 编程模型基于 SPMD，利用 SIMT 硬件架构执行单指令多线程，允许程序员以单程序多数据的方式编写并行程序，从而简化并行计算的开发。

12.4　CUDA 计算架构

本节以英伟达 GPU 为例，讲解 GPU 的编程模型。

英伟达公司 2007 年提出 Tesla 统一渲染架构以及 CUDA（Compute Unified Device Architecture，计算统一设备架构）编程模型后，其 GPU 开始了对通用并行计算的全面支持。

1. SIMD 与 SIMT 执行模式

SIMD 是单顺序的指令流执行，每条指令多个数据输入并同时执行，大多数 AI 芯片采用的硬件架构体系，向量加法的 SIMD 执行指令如下：

```
[VLD, VLD, VADD, VST], VLEN
```

SIMT 是标量指令的多个指令流，可以动态地把线程按 Warp 分组执行，向量加法的 SIMT

执行指令如下：

```
[LD, LD, ADD, ST], NumThreads
```

英伟达 GPU 采用了 SIMT 的指令执行模式，给相关产品带来以下优势：

- 相比较 SIMD 无需开发者费时费力地把数据凑成合适的矢量长度，然后再传入硬件中；
- 从硬件设计上解决大部分 SIMD Data Path 的流水编排问题，对编译器和程序开发者在流水编排时更加友好；
- 线程可以独立执行，使得每个线程相对灵活，允许每个线程有不同的分支，这也是 SIMT 的核心；
- 一组执行相同指令的线程由硬件动态组织成线程组 Warp，加快了 SIMD 的计算并行度。

假设一个 Warp 包含 32 个线程，如果需要进行 32000 次迭代，每个迭代执行一个线程，因此需要 1000 个 Warp。第 1 个迭代 Warp0 执行第 0~32 个线程（图 12.4.1），第 2 个迭代 Warp1 执行第 33~64 个线程（图 12.4.2），以此类推，第 21 个迭代 Warp20 执行第 $20\times32+1 \sim 20\times32+32$ 个线程（图 12.4.3）。可以看出 SIMT 是标量指令的多个指令流，可以动态地把线程按 Warp 分组执行，使并行度增加。

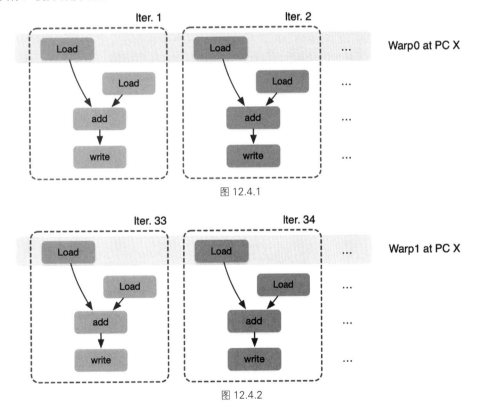

图 12.4.1

图 12.4.2

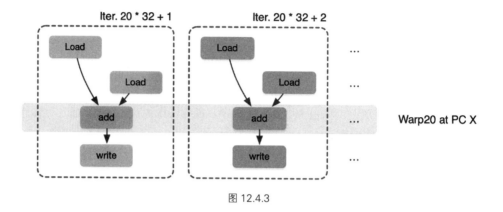

图 12.4.3

由于程序并行执行最大的瓶颈是访存和控制流，因此 SIMD 架构中单线程 CPU 通过大量控制逻辑进行超前执行、缓存、预取等机制来强行缓解计算瓶颈。

2. Warp 和 Warp-Level FGMT 关系

SIMT 架构 GPU 通过细粒度的多线程（Fine-Grained Multi-Threading，FGMT）调度，将处理器的执行流水线细分为更小的单元，使得不同线程的指令可以交错执行，从而减少指令执行的等待时间和资源浪费，以此来实现访存和计算并行。

Warp 是在不同地址数据下，执行相同指令的线程集合，所有线程执行相同的代码，可以看出 Thread Warp 中有很多个 Thread，多个 Warp 组成 SIMD Pipeline 执行对应的操作（图 12.4.4）。

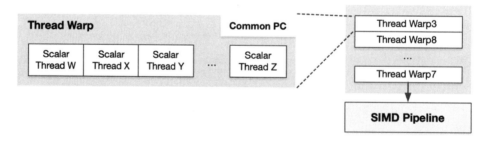

图 12.4.4

SIMT 架构通过细粒度多线程（FGMT）隐藏延迟，SIMD Pipeline 中每个线程一次执行一条指令，Warp 支持乱序执行以隐藏访存延迟，并不是通过顺序的方式调度执行，此外线程寄存器值都保留在 RF 中，并且 FGMT 允许长延迟。英伟达通过添加 Warp Scheduler 硬件调度，Warp 访存完毕之后让 SIMD Pipeline 去执行尽可能多的指令，隐藏其他 Warp 的访存时间（图 12.4.5）。

SIMT 相比 SIMD 在可编程性上最根本性的优势在于硬件层面解决了大部分流水编排的问题，Warp 指令级并行中每个 Warp 有 32 个线程和 8 条执行通道，每个时钟周期执行一次 Warp，一次 Warp 完成 24 次操作（参见第 7 章图 7.2.1）。

在 GPU 宏观架构层面，GDDR 里面的数据通过内存控制器（Memory Controller）传输到片内总线（Interconnection Network），然后分发到具体的核心（CUDA Core/Tensor Core），在每个执行核心中会有 SIMD 执行单元，从而实现并行计算（图 12.4.6）。

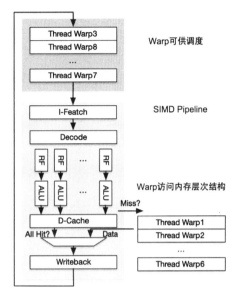

图 12.4.5

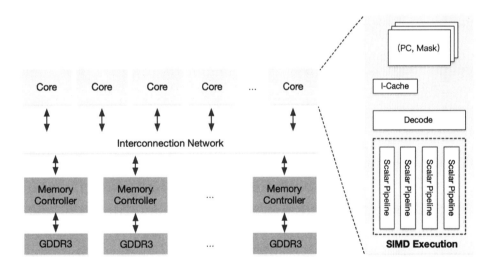

图 12.4.6

小结与思考

- NVIDIA CUDA 允许开发者以更通用的方式编程 GPU，利用 GPU 的 SIMT 执行模式来提高计算性能和灵活性。
- SIMD 适合向量化指令执行，而 SIMT 通过线程动态分组（Warp）执行相同指令，提高了并行度和硬件的灵活性。

第 13 章 CANN&Ascend C 计算架构

13.1 昇腾异构计算架构 CANN

本节将介绍昇腾 AI 异构计算架构（Compute Architecture for Neural Networks，CANN），这是一套为高性能深度神经网络计算需求专门设计和优化的架构。CANN 针对达芬奇架构提供软件层面的支持，包括但不限于管理网络模型、计算流及数据流的软件栈，以支撑深度神经网络在昇腾系列 AI 处理器上的执行。

通过本节内容的学习，读者将能够理解 CANN 如何为深度学习提供全面的硬件和软件支持，以及如何通过其多层级架构实现高效的 AI 应用开发和性能优化。

13.1.1 总体架构

在硬件层面，昇腾 AI 处理器所包含的达芬奇架构在硬件设计上进行计算资源的定制化设计，在功能实现上进行深度适配，为深度神经网络计算性能的提升提供了强大的硬件基础。在软件层面，CANN 所包含的软件栈则提供了管理网络模型、计算流以及数据流的功能，支撑起深度神经网络在异构处理器上的执行流程（苏统华等，2024）。

如图 13.1.1 所示，CANN 作为昇腾 AI 处理器的异构计算架构，支持业界多种主流的 AI 框架，包括 MindSpore、PyTorch、Jittor 等。Ascend C 算子开发语言通过开放全量低阶 API 接口，使能开发者完成高性能自定义算子开发；开放高阶 API 接口，降低开发难度，开发者可快速实现复杂自定义算子开发。图引擎 GE（Graph Engine），包括图优化、图编译、图执行等，便于开发者使用，优化整网性能。集合通信库 HCCL（Huawei Collective Communication Library），可供开发者直接调用，改善网络拥塞，提升网络资源利用率和运维效率。算子加速库 AOL（Ascend Operator Library），提供了基础算子和大模型融合算子的 API 接口，这些接口对外开放，供开发者直接调用，使能大模型极致性能优化。Runtime 运行时，将硬件资源（计算、通信、内存管理等）的 API 接口对外开放，满足开发者对模型开发、系统优化、第三方 AI 框架对接等不同场景诉求。

CANN 提供了功能强大、适配性好、可自定义开发的 AI 异构计算架构，自顶向下分为 5 部分（图 13.1.2）。

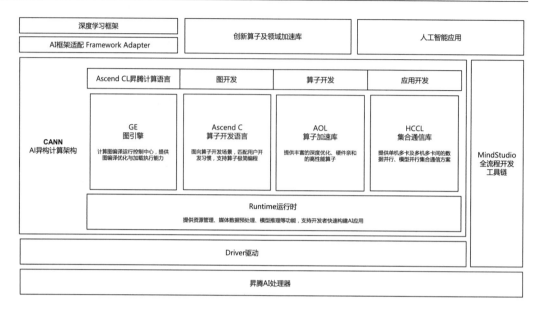

图 13.1.1

  昇腾计算语言（Ascend Computing Language，AscendCL）：AscendCL 接口是昇腾计算开放编程框架，是对底层昇腾计算服务接口的封装。它提供设备（Device）管理、上下文（Context）管理、流（Stream）管理、内存管理、模型加载与执行、算子加载与执行、媒体数据处理、图（Graph）管理等 API 库，供用户开发人工智能应用。

  昇腾计算服务层（Ascend Computing Service Layer）：主要提供昇腾算子库（Ascend Operator Library，AOL），包括通用神经网络（Neural Network，NN）库、线性代数计算库（Basic Linear Algebra Subprograms，BLAS）等高性能算子加速计算；昇腾调优引擎（Ascend Optimization Engine，AOE），通过算子调优（OPAT）、子图调优（SGAT）、梯度调优（GDAT）、模型压缩（AMCT）提升模型端到端运行速度。本层同时提供 AI 框架适配器 Framework Adaptor 用于兼容 TensorFlow、PyTorch 等主流 AI 框架。

  昇腾计算编译层（Ascend Computing Compilation Layer）：通过图编译器（Graph Compiler）将用户输入中间表示的计算图编译成昇腾硬件可执行模型；同时借助张量加速引擎（Tensor Boost Engine，TBE）的自动调度机制，高效编译算子。

  昇腾计算执行层（Ascend Computing Execution Layer）：负责模型和算子的执行，提供运行时（Runtime）库、图执行器（Graph Executor）、数字视觉预处理（Digital Vision Pre-Processing，DVPP）、人工智能预处理（Artificial Intelligence Pre-Processing，AIPP）、华为集合通信库（Huawei Collective Communication Library，HCCL）等功能单元。

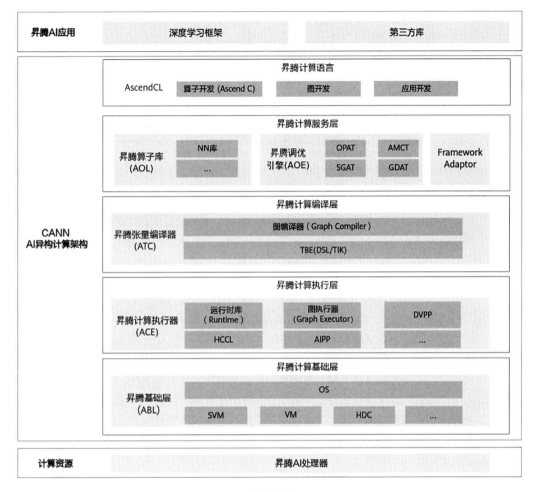

图 13.1.2

昇腾计算基础层（**Ascend Computing Base Layer**）：主要为其上各层提供基础服务，如共享虚拟内存（Shared Virtual Memory，SVM）、设备虚拟化（Virtual Machine，VM）、主机-设备通信（Host Device Communication，HDC）等。

13.1.2　关键功能特性

1. 推理应用开发

CANN 提供了在昇腾平台上开发神经网络应用的昇腾计算语言 Ascend CL，提供运行资源管理、内存管理、模型加载与执行、算子加载与执行、媒体数据处理等API，实现利用昇腾硬件计算资源、在昇腾 CANN 平台上进行深度学习推理计算、图形图像预处理、单算子加速计算等能力。简单来说，就是统一的 API 框架，实现对所有资源的调用。

2. 模型训练

CANN 针对训练任务提供了完备的支持，针对 PyTorch、TensorFlow 等开源框架网络模型，CANN 提供了模型迁移工具，支持将其快速迁移到昇腾平台。此外，CANN 还提供了多种自动化调测工具，支持数据异常检测、融合异常检测、整网数据比对等，帮助开发者高效定位问题。

3. 算子开发

CANN 提供了超过 1400 个硬件亲和的高性能算子，可覆盖主流 AI 框架的算子加速需求，同时，为满足开发者的算法创新需求，CANN 开放了自定义算子开发的能力，开发者可根据自身需求选择不同的算子开发方式。

4. 特性与优点

统一 APP 编程语言：提供一套标准的 AscendCL 编程接口，对应用程序开发者屏蔽底层多种芯片差异，提升用户 APP 编程易用性。

统一的网络构图接口：提供了标准的昇腾计算AIR，支持用户在昇腾处理器上快速部署神经网络业务。

高性能计算引擎及算子库：通过高性能编程引擎/执行引擎/调优引擎和预置高性能算子库，支持用户快速部署神经网络业务，降低部署成本并最大程度发挥昇腾计算能力。

基础业务：驱动、虚拟化、媒体、集合通信等能力。

13.1.3　CANN 各层面能力

CANN 包含许多硬件无关的优化，但是到 Low Level 优化层面，由于各家厂商芯片特点不同，每家芯片都存在一些硬件耦合的 Low Level 优化，CANN 也如此。通过 CANN，对上层保持用户使用界面的兼容和统一，尽可能让用户较少感知硬件差异，对下层则根据不同代际芯片的特点提升能力。

1. 昇腾计算语言

昇腾计算开放了编程框架，封装底层昇腾计算服务接口，提升编程易用性，该开放编程框架名字叫作 AscendCL。其中包含了三个部分。

1）应用开发接口

该系列接口提供深度学习推理计算、图形图像预处理以及单算子调用及加速能力，通过这些能力实现对昇腾硬件计算的调用。该系列接口通常用于开发离线推理应用，或供第三方框架调用以及供第三方系统开发 lib 调用。

2）图开发接口

该系列接口提供了统一的网络构图接口，支持多种框架调用，支持用户在昇腾 AI 处理器上快速部署神经网络业务。通过该系列接口可以支持基于算子原型进行构图，也可以利用 Parser 进行神经网络解析输出 IR。

3）算子开发接口

该系列接口有一个单独的名称——Ascend C。Ascend C 是 CANN 在算子开发场景为开发者提供的编程语言，原生支持 C&C++标准规范，最大化匹配用户的开发习惯。Ascend C 支持结构化的核函数编程，自动流水并行调度以及 CPU/NPU 孪生调试等特性。

2. 昇腾计算服务层

昇腾计算服务层是基于底层框架封装出来的一些能力集合，包含一套完善的昇腾算子库（AOL）以及调优工具的集合——昇腾调优引擎（AOE）。算子库中包含了 NN 算子库、BLAS 算子库、DVPP 算子库、AIPP 算子库、HCCL 算子库以及融合算子库等，支持单个算子直接调用，也支持将算子集成到框架中进行调用（图 13.1.3）。

图 13.1.3

昇腾调优引擎用于在推理、训练等场景对模型、算子、子图等进行调优，充分利用硬件资源，不断提升网络的性能。支持整图调优，调度调优，以及分布式场景下通信梯度的调优。调优是门槛相对较高的一项开发活动，以算子调优为例，需要开发者了解诸如片内高速缓存大小、数据搬运逻辑、调度策略等，人工调优是一项耗时耗力的工作，昇腾调优引擎通过将一些常见调优手段、分析方法固化到工具中，使开发者只需通过调优工具对模型进行分析，生成知识库，再运行模型时性能将有一定程度的提升。

3. 昇腾计算编译层

昇腾计算编译层包含对计算图的编译和对算子的编译。向上可以与各类 AI 框架对接，为其提供构图接口，并通过提供各类解析器解析框架的计算图（比如 TensorFlow Parser）。解析好的 IR 在图编译阶段做一些与计算无关的优化，如图准备（形状推导、常量折叠、死边消除等）、图优化（图融合、图切分、流水执行、缓存复用、算子引擎选择、Cost Model 建立等）、图编译（整图内存复用、连续内存分配、Task 生成等）。算子编译阶段负责 UB（Unified Buffer）融合、CCE-C 代码生成等（图 13.1.4）。

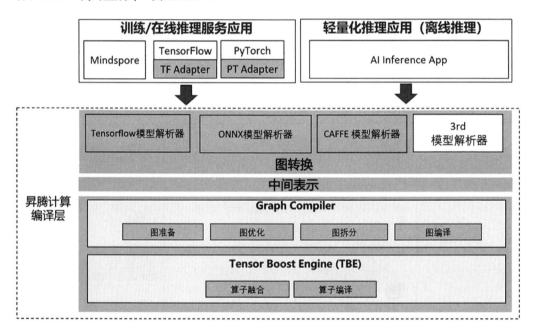

图 13.1.4

4. 昇腾计算执行层

包括 DVPP、Graph Executor、HCCL、AIPP 以及 Runtime 等组件。其中 Runtime 具备一系列关键能力，包括执行流管理、上下文管理、事件管理、任务管理，以及对其他资源的申请及管理等。Graph Executor 中包含对计算图的加载和执行能力。HCCL 则包含对子通信域的管理，包括 Rank 管理、梯度切分、集合通信等能力。DVPP 和 AIPP 则在两种不同维度上对数据做预处理操作（图 13.1.5）。

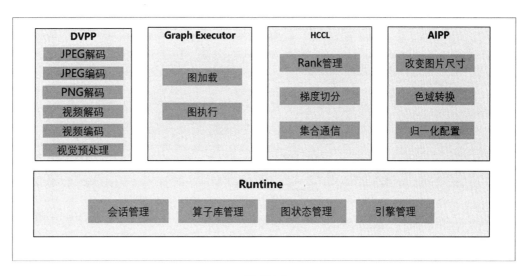

图 13.1.5

5. 昇腾计算基础层

昇腾计算基础层包含与驱动和 OS 相关的基础能力，包括资源管理（Resource Management Service，RMS）、通信管理（Communication Management Service，CMS）、设备管理（Device Management Service，DMS）、驱动（Driver，DRV）、公共服务（UTILITY）等组件（图 13.1.6）。

其中 RMS 负责管理与调度昇腾设备的计算、Device 内存等关键资源；CMS 负责提供片内、片间高效通信；DMS 负责对昇腾设备进行配置、切分、升级、故障检测等管理；DRV 负责使能硬件；UTILITY 负责提供基础库和系统维测能力。

昇腾计算基础层提供的关键竞争力包括：

- 高性能：微秒级确定性调度，数据零拷贝等技术打造高性能数据面；
- 高可信：五道安全防线构建昇腾解决方案可信底座；
- 归一化：一套架构-接口-代码支持多芯、多板、多场景；
- 弹性：端/边/云灵活适应，虚拟机/容器/裸金属快速部署，算力细粒度按需切分。

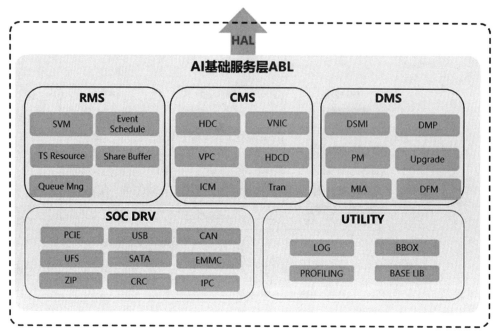

图 13.1.6

小结与思考

- 昇腾 AI 异构计算架构 CANN：专为深度神经网络设计的硬件和软件架构，提供定制化计算资源和深度适配，支持多种 AI 框架和算子开发。
- CANN 的多层级架构：包含 AscendCL、昇腾计算服务层、昇腾计算编译层、昇腾计算执行层和昇腾计算基础层，提供从应用开发到硬件资源管理的全面支持。
- CANN 的关键功能特性：包括统一编程语言、网络构图接口、高性能计算引擎、算子库和基础业务支持，以及硬件无关优化和芯片特定优化，以提升性能和易用性。

13.2   CANN 与算子

算子是编程和数学中的重要概念，它们是用于执行特定操作的符号或函数，以便处理输入值并生成输出值。本节将介绍华为 CANN 算子类型及其在 AI 编程和神经网络中的应用，以及 CANN 算子在 AI CPU 的实现和开发要求。

13.2.1   算子基本介绍

一元算子对单个操作数进行操作，如取反或递增；二元算子对两个操作数执行操作，如加法或赋值。关系算子用于比较值之间的关系；逻辑算子用于在逻辑表达式中组合条件。位运算符操作二进制位；赋值算子将值分配给变量。

在编程语言中，算子定义了基本操作；而在数学中，它们描述了对数学对象的操作，如微积分中的导数和积分算子。算子的理解对于正确理解和编写代码以及解决数学问题至关重要。

在神经网络中，算子通常代表计算图中的张量处理节点，如卷积算子、全连接算子、激活算子等，这些算子无一例外地接受张量（即配置信息）作为输入，输出对张量的处理结果。

> 要注意，并非所有算子都具备完整的数学含义或数学表达，如调整数据排布格式的算子、数据类型转换的算子、广播与归纳类算子等，这类算子用于纯编程操作，并无十分具体的数学含义。

在面向神经网络做优化的工作中，算子的开发与优化是一项较为重要的任务，许多新发明的神经网络或算法通常包含着新的算子的设计；另外，为了使这些算子达到最大的性能指标，算子的实现通常还要与具体的硬件平台相结合，同样一项算子操作（如卷积），在 CPU、GPU、NPU、TPU 上的实现千差万别。

同一张神经网络中，不同算子适合运行的硬件平台也不尽相同，如在经典的 Host-Device 结构中，大部分涉及大量矩阵/向量计算的算子均适合放在专用计算内核上实施计算，但也不排除某些算子有过多分支、上下文切换等操作，适合放在 CPU 性质的设备上进行计算，下面将重点讨论这个话题。

13.2.2　CANN 算子体系

CANN 是华为针对 AI 场景推出的异构计算架构，对上支持多种 AI 框架，对下服务 AI 处理器与编程，发挥承上启下的关键作用，是提升昇腾 AI 处理器计算效率的关键平台。而 CANN 算子又包括两类，分别是 AI Core 算子和 AI CPU 算子。与算子名称相符，两种算子分别执行在昇腾 AI 处理器的 AI Core 和 AI CPU 上，昇腾 AI 处理器中 AI Core 与 AI CPU 的相互关联如图 13.2.1 所示。

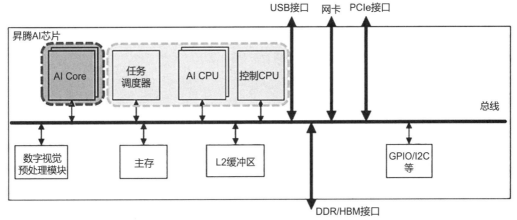

图 13.2.1

AI Core 是昇腾 AI 处理器的计算核心，负责执行矩阵、向量、标量计算密集的算子任务；AI CPU 负责执行不适合在 AI Core 上运行的算子任务，即非矩阵类复杂计算。

大多数场景下的算子开发均为针对 AI Core 的算子开发任务，然而昇腾框架并非只能进行 AI Core 算子开发，也可以进行 AI CPU 算子开发。AI CPU 负责执行昇腾 AI 处理器的 CPU 类算子（包括控制算子、标量和向量等通用计算）。

1. AI CPU 算子涉及组件

AI CPU 算子编译执行所涉及组件如下：

- **GE**：GE 基于昇腾 AI 软件栈对不同的机器学习框架提供统一的 IR 接口，对接上层网络模型框架，例如 TensorFlow、PyTorch 等，GE 的主要功能包括图准备、图拆分、图优化、图编译、图加载、图执行和图管理等（此处图指网络模型拓扑图）。
- **AI CPU Engine**：AI CPU 子图编译引擎，负责对接 GE，提供 AI CPU 算子信息库，进行算子注册、算子内存需求计算、子图优化和 Task 生成等。
- **AI CPU Scheduler**：AI CPU 的模型调度器，与 Task Scheduler 配合完成 NN 模型的调度和执行。
- **AI CPU Processor**：AI CPU 的 Task 执行器，完成算子运算。AI CPU Processor 包含算子实现库，算子实现库完成 AI CPU 算子的执行实现。
- **Data Processor**：训练场景下，用于进行训练样本的数据预处理。

2. AI CPU 适用场景

在以下三种场景下，可以使用 AI CPU 的方式实现自定义算子：

- 场景一：不适合跑在 AI Core 上的算子，例如非矩阵类的复杂计算、逻辑比较复杂的分支密集型算子等。离散数据类的计算、资源管理类的计算、依赖随机数生成类的计算等属于这类场景。
- 场景二：AI Core 不支持的算子，例如算子需要某些数据类型，但 AI Core 不支持。Complex32、Complex64 等属于这类场景。
- 场景三：某些场景下，为了快速打通模型执行流程，在 AI Core 算子实现较为困难时，可通过自定义 AI CPU 算子进行功能调测，提升调测效率；功能调通之后，后续性能调测过程中再将 AI CPU 自定义算子转换为 AI Core 算子实现。

3. AI CPU 开发要求

针对 AI CPU 算子，CANN 未提供封装的计算接口，完全是由 C++语言进行计算逻辑的实现。但 AI CPU 算子的实现有如下三步的基本要求：

- 第一步，自定义算子的类需要为 CpuKernel 类的派生类，并且需要在命名空间“aicpu”

中进行类的声明和实现。AI CPU 提供了算子的基类"CpuKernel"，"CpuKernel"提供了算子计算函数的定义。

- 第二步，实现算子类"xxxCpuKernel"中的 Compute 函数，即实现算子的计算逻辑。
- 第三步，算子计算逻辑实现结束后，用"REGISTER_CPU_KERNEL(算子类型，算子类名)"进行算子的注册。

小结与思考

- 算子是编程和数学中用于处理输入值并生成输出值的函数或符号，包括一元和二元算子、关系和逻辑算子、位运算符和赋值算子。
- 在神经网络中，算子代表计算图中的张量处理节点，如卷积和激活算子，它们接受张量输入并输出处理结果，且算子开发与优化对性能提升至关重要。
- CANN 是华为推出的 AI 异构计算架构，包括 AI Core 算子和 AI CPU 算子，分别在昇腾 AI 处理器的不同部分执行，而 AI CPU 算子开发要求使用 C++实现计算逻辑并进行注册。

13.3　算子开发编程语言 Ascend C

本节将深入探讨昇腾算子开发编程语言 Ascend C，这是一种专为昇腾 AI 处理器算子开发设计的编程语言，它原生支持 C 和 C++标准规范，最大化匹配用户的开发习惯。Ascend C 通过多层接口抽象、自动并行计算、孪生调试等关键技术，极大提高了算子开发效率，助力 AI 开发者低成本完成算子开发和模型调优部署。

通过本节内容的学习，读者将能够理解 Ascend C 编程语言的核心概念、编程模型和优势，以及如何利用这些工具提高 AI 算子的开发效率和性能。

13.3.1　并行计算基本原理

并行计算是一种计算模式，它涉及同时执行多个计算任务或同时执行多个进程。串行计算是按顺序执行一个任务，然后再执行下一个任务。与串行计算不同，并行计算是多个任务或进程可以同时执行，以提高整体计算性能和效率。

并行计算可以在多个硬件处理单元（如多个处理器、多个加速硬件、多个计算节点等）上同时执行任务，如图 13.3.1 所示。加速硬件既可以是前述的昇腾 AI 处理器，也可以是 GPU、TPU 和 FPGA 等设备。并行硬件有助于处理大规模的计算密集型问题，加快计算速度，提高系统的吞吐量。并行计算可以应用于各种领域，包括科学研究、工程设计、图形处理、数据分析等。

本节将首先对并行体系结构进行分类，然后介绍大模型并行加速基础原理，最后介绍并行效率相关量化原理以分析并行计算性能。

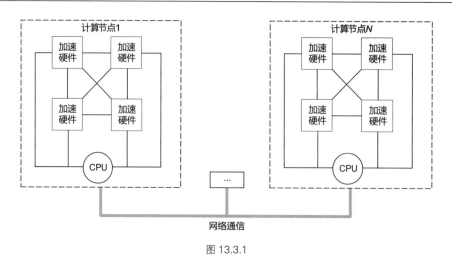

图 13.3.1

1. 并行体系结构分类

从计算机硬件、系统以及应用三个层面，可分为三类并行体系结构，分别是指令级并行、线程级并行以及请求级并行。

指令级并行(Instruction Level Parallel，ILP)是指在处理器内部多个机器指令能够在同一时钟周期执行。这种并行性不需要程序员手动优化代码，可由处理器自身的硬件来管理。有几种技术可以用来提升指令级并行：

● **超标量架构（Superscalar）**：允许每个时钟周期发射多条指令到不同的执行单元。它们具备多个执行单元，如整数运算、浮点运算、加载/存储等，可以同时执行多个操作。

● **流水（Pipelining）**：将指令分解为小步骤，每个步骤由不同的处理器部件顺序完成，一个指令的各个阶段可以与其他指令的阶段重叠，从而同一时刻有多个指令处于不同的执行阶段。一个典型的四段流水包括取指(IF)、解码(ID)、执行(EXE)、写回(WB)等阶段。

线程级并行(Thread Level Parallel，TLP)是通过创建多个线程来实现并行计算。在多核和多处理器系统中，这些线程可以真正并行地运行在不同的处理器或核心上。线程级并行常见于操作系统、数据库系统以及服务端应用等领域，并且通常需要程序员显式地通过编程来创建和管理线程。

请求级并行(Request Level Parallel，RLP)通常出现在应用服务中，比如当多个独立的客户端发送请求到服务器时，服务器会创建不同的处理流程来同时处理这些请求。每个请求可能涉及不同的资源和计算路径，因此可以并行处理，从而提高各种服务的执行能力和响应速度。

从软件设计和编程模型的角度来看，并行体系结构可划分成数据级并行和任务级并行。

数据级并行(Data Level Parallel)是指将较大数据块分割成较小的块，然后在多个处理单元上并行处理这些数据块。每个处理单元上运行相同的操作，但作用于不同的数据片段上。数据并行特别适合数组、向量和矩阵等数据结构，常在科学计算和图像处理等领域中使用。

任务级并行(Task Level Parallel)涉及将工作分解成独立的任务，这些任务可以同时在不同的处理单元上执行。这些任务可能互相依赖也可能完全独立，任务并行通常需要程序员设计能够有效利用并行硬件特性的算法和程序结构，比如在软件工程、复杂事件处理和多媒体应用中广泛使用。

关于数据级并行和任务级并行，我们可以用一个大型企业发工资的例子来进行形象理解。假设一个大型企业每个月需要发放数百万名员工的工资。从数据级并行的角度看，全部员工的工资计算过程会被分割成小块，每块包含一部分员工的工资数据。然后将这些数据块发送到不同的处理器上。每个处理器执行完全相同的计算任务，但仅处理其分配到的数据块，例如处理器 A 负责计算员工列表 1～1000 的工资，处理器 B 负责计算员工列表 1001～2000 的工资，以此类推。

每个处理器都会独立完成工资计算，包括税务扣除、福利计算等，并最终生成各自负责的员工工资条。而从任务级并行的角度看，各个处理器可能负责不同的计算任务，例如处理器 A 负责计算所有员工的税务扣除，处理器 B 负责计算所有员工的福利待遇等。在这种情况下，每个处理器同时读取全部的工资数据集，但仅对数据执行其特定的任务，最后，所有处理器的输出将被合并以生成最终的工资条。

此外，Micheal J. Flynn 于 1966 年提出了 Flynn 分类法。该分类法根据计算机体系结构中指令流和数据流的组织方式，相关内容已在第 3 章以及第 12 章详细介绍。

Flynn 分类法在简化并行计算理解方面很有帮助，但 GPU 和众核处理器的出现以及异构计算的流行，这种分类已经不能完全覆盖所有类型的并行计算模式，因而引入了更加复杂的并行处理模式。例如单程序多数据（SPMD），它在 SIMD 基础上做了扩展。SPMD 属于并行计算的编程模型，当硬件的各处理器有自己独立控制部件时，可通过软件编程让各处理器并行地执行同一个程序，但每个处理器处理不同的数据，Ascend C 就是基于昇腾 AI Core 形成了 SPMD 编程模型。

2. 并行效率量化原理

> 阿姆达尔定律（Amdahl's Law）由吉恩·阿姆达尔在 1967 年提出。它用于估计程序在并行化后的理论性能提升。该定律指出，一个程序的加速比上限受到其串行部分比例的限制。

阿姆达尔定律的公式可以表述为如下公式：

$$S = \frac{1}{1 - P + \dfrac{P}{N}}$$

其中，加速比 S 表示加速后总体性能的提升倍数，P 是程序中可以并行化的代码部分所占的比例（介于 0 和 1 之间），N 是用于并行处理的处理器数量。

阿姆达尔定律的核心观点是，并行计算的最大性能提升受限于程序中无法并行化的部分。根据上述公式，即使并行部分的速度被无限加速（即 N），总体加速比 S 也永远不会超过 $1/(1-P)$。因此，如果一个程序有 10% 的代码是串行的（P=0.9），那么即使在无限多的处理器上运行，最大加速比也只能达到 10 倍，因为串行部分的执行时间成了瓶颈。

阿姆达尔定律强调了优化程序性能的一个重要策略，即尽可能增加程序的可并行化比例。同时它也揭示了并行计算面临的挑战，特别是对于那些难以大幅度并行化的应用或算法。实际应用中，程序员和系统设计师会使用阿姆达尔定律来评估并行化的潜在价值以及决定在硬件和软件层面需要投入多少资源进行并行优化。

13.3.2　Ascend C 编程体系

1. Ascend C 的编程概述

面向算子开发场景的编程语言 Ascend C，原生支持 C 和 C++ 标准规范，最大化匹配用户开发习惯；通过多层接口抽象、自动并行计算、孪生调试等关键技术，极大提高了算子开发效率，助力 AI 开发者低成本完成算子开发和模型调优部署。

使用 Ascend C 进行自定义算子开发的突出优势有：

- C/C++ 原语编程；
- 编程模型屏蔽硬件差异，编程范式提高开发效率；
- 类库 API 封装，从简单到灵活，兼顾易用与高效；
- 孪生调试，CPU 侧模拟 NPU 侧的行为，可优先在 CPU 侧调试。

2. Ascend C 的编程模型

AI Core 是昇腾 AI 处理器执行计算密集型任务的真正算力担当。本节将首先介绍 AI Core 的硬件抽象，介绍其中的计算、存储与 DMA 搬运单元。随后，将介绍 SPMD 模型和流水编程范式，两者可以有效提高使用 Ascend C 开发算子的并行执行效率，实现更高加速比的计算任务。

1）AI Core 硬件抽象

使用 Ascend C 编程语言开发的算子运行在 AI Core 上，AI Core 是昇腾 AI 处理器中的计算核心。一个 AI 处理器内部有多个 AI Core，AI Core 中包含计算单元、存储单元、搬运单元、控制单元等核心部件。为了屏蔽不同 AI Core 硬件资源上可能存在的差异性，进行硬件的统一抽象表示，如图 13.3.2 所示。

计算单元包括了三种基础计算资源：矩阵计算单元、向量计算单元和标量计算单元。存储单元即为 AI Core 的内部存储，统称为本地内存（Local Memory），与此相对应，AI Core 的外部存储称之为全局内存（Global Memory）。DMA 搬运单元负责在全局内存和本地内存之间搬运数据。

AI Core 内部的异步并行计算过程：标量计算单元读取指令序列，并把向量计算、矩阵计算、数据搬运指令发射给对应单元的指令队列，向量计算单元、矩阵计算单元、数据搬运单元异步地并行执行接收到的指令。该过程可以参考图 13.3.2 中的指令流箭头。

不同的指令间有可能存在依赖关系，为了保证不同指令队列间的指令按照正确的逻辑关系执行，Scalar 计算单元也会给对应单元下发同步指令。各单元之间的同步过程可以参考图 13.3.4 中同步信号箭头。

AI Core 内部数据处理的基本过程：DMA 搬入单元把数据搬运到 Local Memory，Vector/Cube 计算单元完成数据计算，并把计算结果写回 Local Memory，DMA 搬出单元把处理好的数据搬运回 Global Memory。该过程可以参考图 13.3.2 中的数据流箭头。

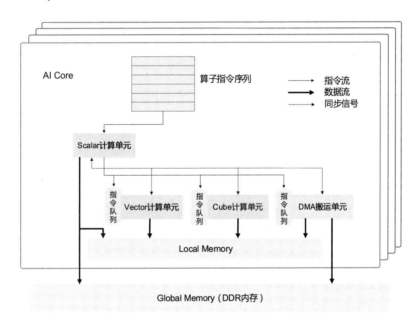

图 13.3.2

2）SPMD 编程模型

SPMD 数据并行是典型的并行计算方法。其原理如下：假设从输入数据到输出数据需要经过 3 个阶段任务的处理（T1、T2、T3）。如图 13.3.3 所示，SPMD 会启动一组进程，并行处理待处理的数据。对待处理数据进行切分，把切分后的数据分片分发给不同进程处理，每个进程对自己的数据分片进行 3 个任务的处理。

输入数据切分后分发给不同进程处理，
每个进程对自己的数据分片进行3个任务（T1、T2、T3）的处理

图 13.3.3

Ascend C 算子编程是 SPMD 编程，具体到 Ascend C 编程模型中的应用，是将需要处理的数据拆分并同时在多个计算核心上运行，从而获取更高的性能。多个 AI Core 共享相同的指令代码，每个核上的运行实例唯一的区别是 block_idx 不同，每个核通过不同的 block_idx 来识别自己的身份。Block 的概念类似于上文介绍 SPMD 中进程的概念，其与物理概念上芯片中固定的核数是不同的，可以自行定义设置，block_idx 就是标识进程唯一性的进程 ID。一般而言，为了充分利用计算资源，Block 数量设置为物理核数的整数倍。并行计算过程的示意图如图 13.3.4 所示。

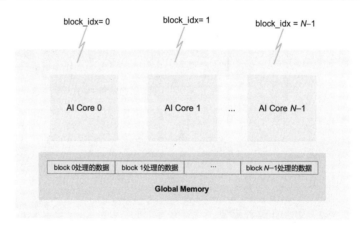

图 13.3.4

3）流水编程范式

在计算机编程方法中，做到软件与硬件的结合对性能提升有很大帮助，其中很关键的一点是在代码流执行过程中让所有计算资源（硬件）都处于高占用率状态并进行有效的运算，从而让所有计算资源都得到有效的运用，不会出现长时间空闲的情况。将程序流水化则是达到上述效果最好的方法，把完整的任务进行模块化处理，多个模块之间形成流水关系，并使用队列来

处理不同模块之间的异步并行。

　　Ascend C 编程范式是一种流水编程范式，把算子核内的处理程序，分成多个流水任务，通过队列（TQue）完成任务间通信和同步，并通过统一的内存管理模块（TPipe）管理任务间通信内存。流水编程范式的关键是流水任务设计。流水任务指的是单核处理程序中主程序调度的并行任务。在核函数内部，可以通过流水任务实现数据的并行处理，进一步提升性能。下面举例来说明，流水任务如何进行并行调度。

　　以图 13.3.5 为例，单核处理程序的功能被拆分成 3 个流水任务：阶段 1、阶段 2、阶段 3，每个任务专注于完成单一功能；需要处理的数据被切分成 n 片，使用数据分块 1~n 表示，每个任务需要依次完成 n 个数据切片的处理。阶段间的箭头表达数据间的依赖关系，比如阶段 1 处理完数据分块 1 之后，阶段 2 才能对数据分块 1 进行处理。

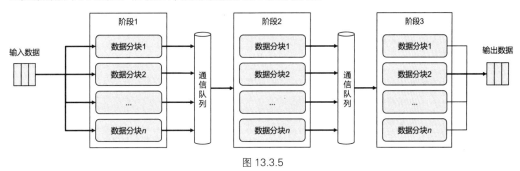

图 13.3.5

　　若 $n=3$，即待处理的数据被切分成 3 片，则图 13.3.5 中的流水任务运行起来的示意图如图 13.3.6 所示。从运行图中可以看出，对于同一片数据，阶段 1、阶段 2、阶段 3 之间的处理具有依赖关系，需要串行处理；不同的数据切片，同一时间点，可以有多个任务在并行处理，由此达到任务并行、提升性能的目的。

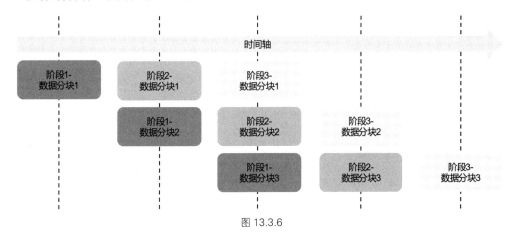

图 13.3.6

Ascend C 编程提供了一种通信队列实现各阶段间的数据通信与同步，其被称为 TQue。TQue 的分类大致有两种，分别是 VECIN 和 VECOUT，对应计算前后数据的搬入和搬出。以向量算子为例，则阶段 1 为数据搬入阶段，阶段 2 为向量计算阶段，阶段 3 为数据搬出阶段，三者调用不同的芯片内单元，从而实现异步并行。对于特定的一块数据分块，在阶段 1 的最后，数据被放入 VECIN 队列中，随后在阶段 2 被取出，执行相关操作后放入 VECOUT 队列，最后在阶段 3 被从 VECOUT 队列中取出并搬出。由于不同算子需求的不同，每个数据分块需要经过的阶段数量和内容也有所差异。

小结与思考

- 并行计算基本原理：并行计算通过在多个硬件处理单元上同时执行任务来提升计算性能和效率，涵盖指令级并行（ILP）、线程级并行（TLP）和请求级并行（RLP），以及数据级并行和任务级并行，适用于多个领域如科学研究和工程设计。
- 并行体系结构与大模型加速：并行体系结构可分为 ILP、TLP、RLP 等类型，支持数据并行和模型并行以应对 AI 大模型的计算挑战，通过切分数据或模型来提升训练效率和处理能力。
- Ascend C 编程语言：Ascend C 是为昇腾 AI 处理器算子开发设计的编程语言，支持 C/C++标准，提供 SPMD 编程模型和流水编程范式，通过多层接口抽象和自动并行计算提高开发效率，助力 AI 开发者高效完成算子开发和模型调优。

13.4 Ascend C 语法扩展

Ascend C 的本质构成其实是标准 C++加上一组扩展的语法和 API。本节首先对 Ascend C 的基础语法扩展进行简要介绍，随后讨论 Ascend C 的两种 API——基础 API 和高阶 API。接下来针对 Ascend C 的几种关键编程对象——数据存储、任务间通信与同步、资源管理以及临时变量进行详细解读，为后续讲解 Ascend C 的编程范式打下理论基础。

13.4.1 语法扩展概述

Ascend C 采用华为自研的毕昇编译器，设备侧编程采用 C/C++语法扩展允许函数执行空间和地址空间作为合法的类型限定符，提供在主机（Host）侧和设备（Device）侧独立执行的能力，同时提供针对不同地址空间的访问能力。

1. 函数执行限定符

函数执行空间限定符指示函数是在主机上执行还是在设备上执行，以及它是否可从主机或设备调用。主要有以下三种声明方式：

第一类： `__global__`执行空间限定符。它声明一个 Kernel 函数（Ascend C 算子的入口函数，后文会详细介绍），具有如下性质：

- 在设备上执行；
- 只能被主机侧函数调用；
- __global__ 只是表示这是设备侧函数的入口，并不表示具体的设备类型；
- 一个 __global__ 函数必须返回 void 类型，并且不能是 class 的成员函数；
- 主机侧调用 __global__ 函数必须使用<<<>>>（内核调用符）异构调用语法；
- __global__ 的调用是异步的，意味着函数返回，并不表示 Kernel 函数在设备侧已经执行完成，如果需要同步，须使用运行时提供的同步接口显式同步，如 aclrtSynchronizeStream(...)。

第二类：__aicore__ 执行空间限定符。它声明的函数，具有如下属性：

- 在 AI Core 设备上执行；
- 只能被 __global__ 函数或者其他 AI Core 函数调用。

第三类：__host__ 执行空间限定符。它声明的函数（通常不显示声明）具有如下属性：

- 只能在主机侧执行；
- 只能被主机侧函数调用；
- __global__ 和 __host__ 不能一起使用。

典型使用函数执行空间限定符的示例：

```
//定义aicore函数
__aicore__ void bar() {}

// 定义核函数
__global__ __aicore__ void foo() { bar();}

//定义Host函数
int () {}
```

2. 地址空间限定符

地址空间限定符可以在变量声明中使用，用于指定对象分配的区域。AI Core 具备多级独立片上存储，各个地址空间独立编址，具备各自的访存指令。如果对象的类型被地址空间名称限定，那么该对象将被分配在指定的地址空间中。同样地，对于指针，指向的类型可以通过地址空间进行限定，以指示所指向的对象所在的地址空间。

private 地址空间：private 地址空间是大多数变量的默认地址空间，特别是局部变量，代码中不显示标识所在局部地址空间类型。

__gm__ 地址空间：__gm__ 地址空间限定符用来表示分配于设备侧全局内存的对象，全局内存对象可以声明为标量、用户自定义结构体的指针。

13.4.2　Ascend C API 概述

Ascend C 算子采用标准 C++ 语法和一组编程类库 API 进行编程,可以根据自己的需求选择合适的 API。Ascend C 编程类库 API 示意图如图 13.4.1 所示，Ascend C API 的操作数都是 Tensor 类型：GlobalTensor（外部数据存储空间）和 LocalTensor（核上内存空间）；类库 API 分为高阶 API 和基础 API。

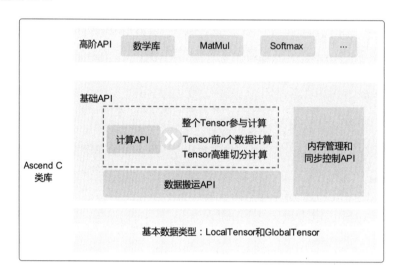

图 13.4.1

1. 基础 API

实现基础功能的 API 包括计算类、数据搬运、内存管理和任务同步等。使用基础 API 自由度更高，可以通过 API 组合实现自己的算子逻辑。基础 API 是对计算能力的表达。

1）基础 API 分类

- **计算类 API**：包括标量计算 API、向量计算 API、矩阵计算 API，分别实现调用标量计算单元、向量计算单元、矩阵计算单元执行计算的功能。
- **数据搬运 API**：计算 API 基于本地内存（Local Memory）数据进行计算，所以数据需要先从全局内存（Global Memory）搬运至本地内存，再使用计算接口完成计算，最后从本地内存搬出至全局内存。执行搬运过程的接口称之为数据搬运接口，比如 DataCopy 接口。
- **内存管理 API**：用于分配板上管理内存，比如 AllocTensor、FreeTensor 接口。这个 API 的出现是由于板上内存较小，通常无法存储完整数据，因此采用动态内存的方式进行内存管理，实现板上内存的复用。
- **任务同步 API**：完成任务间的通信和同步，比如 EnQue、DeQue 接口。不同的 API 指令间有可能存在依赖关系，不同的指令异步并行执行，为了保证不同指令队列间的指令按照正确的逻辑关系执行，需要向不同的组件发送同步指令。任务同步类 API 内部即完成这个发送同步指令的过程，开发者无需关注内部实现逻辑，使用简单的 API 接口即可完成。

2）基础 API 计算方式

对于基础 API 中的计算 API，根据对数据操作方法的不同，分为表 13.4.1 所示的几种计算方式。

表 13.4.1　基础 API 计算方式分类

命名	说明
整个 Tensor 参与计算	整个 Tensor 参与计算：通过运算符重载的方式实现，支持+, -, *, /, |, &, <, >, <=, >=, ==, !=, 实现计算的简化表达。例如：dst=src1+src2
Tensor 前 n 个数据计算	Tensor 前 n 个数据计算：针对源操作数的连续 n 个数据进行计算并连续写入目的操作数，解决一维 Tensor 的连续计算问题。例如：Add(dst, src1, src2, n);
Tensor 高维切分计算	功能灵活的计算 API，充分发挥硬件优势，支持对每个操作数的 Repeat Times（迭代的次数）、Block Stride（单次迭代内不同 Block 间地址步长）、Repeat Stride（相邻迭代间相同 Block 的地址步长）、Mask（用于控制参与运算的计算单元）的操作

图 13.4.2 以向量加法计算为例，展示了不同级别向量计算类 API 的特点。从图中我们可以初步看出，Tensor 高维切分计算操作单元最小，可以针对不同步长实现最为细致的操作。

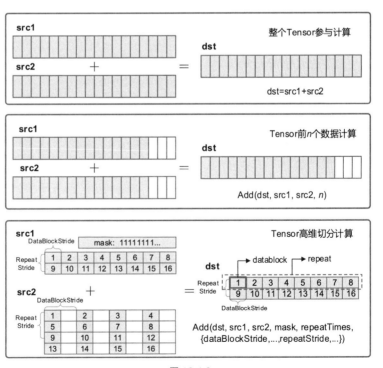

图 13.4.2

Tensor 前 n 个数据计算可以实现一维的连续计算，可以指定 Tensor 的特定长度参与计算，Tensor 前 n 个数据计算也是一般开发过程中使用最为频繁的接口，兼具较强的功能性和易用性；整个 Tensor 参与计算是易用性最强的，使用难度最低的，针对整个 Tensor 进行计算，但是功能性较低。开发者可以根据自身水平和不同的需要去灵活地选择各种层级的接口。

2. 高阶 API

封装常用算法逻辑的 API，比如 MatMul、Softmax 等，可减少重复开发，提高开发者开发效率。使用高阶 API 可以快速实现相对复杂的算法逻辑，高阶 API 是对于某种特定算法的表达。

例如使用高阶 API 完成 MatMul 算子时，需要创建一个矩阵乘法类进行运算，其中入参包含两个相乘的矩阵（一般称为矩阵 *A* 与矩阵 *B*）信息、输出结果矩阵（一般称为矩阵 *C* 矩阵）信息、矩阵乘偏置（一般称为 Bias）信息，上述信息中包括了对应矩阵数据的内存逻辑位置、数据存储格式、数据类型、转置使能参数。

创建完这样的一个矩阵乘法类后，使用 Ascend C 高阶 API 可以直接完成对左右矩阵 *A*、矩阵 *B* 和 Bias 的设置和矩阵乘法操作以及结果的输出，开发者不用再自主实现复杂的数据通路和运算操作。

13.4.3　数据存储

根据 Ascend C 对于 AI Core 的硬件抽象设计，AI Core 内部的存储统一用 Local Memory 来表示，AI Core 外部的存储统一用 Global Memory 来表示。

Ascend C 使用 GlobalTensor 作为 Global Memory 的数据基本操作单元，与之对应的，用 LocalTensor 作为 Local Lemory 的数据基本操作单元。数据的基本操作单元（Tensor，张量）是各种指令 API 直接处理的对象，也是数据的载体。本节具体介绍这两个关键的数据结构的原型定义和用法。

1. 外部存储数据空间

外部存储数据空间（GlobalTensor）用来存放 AI Core 外部存储（Global Memory）的全局数据。其原型定义如下：

```
template <typename T> class GlobalTensor {
    void SetGlobalBuffer(__gm__ T* buffer, uint32_t bufferSize);
    const __gm__ T* GetPhyAddr();
    uint64_t GetSize();
    GlobalTensor operator[](const uint64_t offset);
}
```

在上边的程序中，第 2 行代码的作用是传入全局数据的指针，并手动设置一个 buffer size，初始化 GlobalTensor；第 3 行代码的作用是返回全局数据的地址类型 T 支持所有数据类型，但需要遵循使用此 GlobalTensor 的指令的数据类型支持情况；第 4 行代码的作用是返回 Tensor 中的 element 个数；第 5 行代码的作用是指定偏移返回一个 GlobalTensor，offset 单位为 element。

2. 核内数据存储空间

核内数据存储空间（LocalTensor）用于存放 AI Core 中内部存储（Local Memory）的数据。其原型定义如下：

```
template <typename T> class LocalTensor {
    T GetValue(const uint32_t offset) const;
    template <typename T1> void SetValue(const uint32_t offset, const T1 value) const;
    LocalTensor operator[](const uint32_t offset) const;
    uint32_t GetSize() const;
    void SetUserTag(const TTagType tag);
    TTagType GetUserTag() const;
}
```

在上边的程序片段中，第 2 行代码的作用是获取 LocalTensor 中的某个值，返回 T 类型的立即数；第 3 行代码的作用是设置 LocalTensor 中的某个值，offset 单位为 element；第 4 行代码的作用是获取距原 LocalTensor 起始地址偏移量为 offset 的新 LocalTensor，注意 offset 不能超过原有 LocalTensor 的 size 大小，offset 单位为 element；第 5 行代码的作用是获取当前 LocalTensor 尺寸大小。第 6 行代码的作用是让开发者自定义设置 Tag 信息；第 7 行代码的作用是获取 Tag 信息。

13.4.4　任务间通信与同步

Ascend C 使用 TQue 队列完成任务之间的数据通信和同步，在 TQue 队列管理不同层级的物理内存时，用一种抽象的逻辑位置（TPosition）来表达各级别的存储，代替了片上物理存储的概念，开发者无需感知硬件架构。

TPosition 类型包括：VECIN、VECCALC、VECOUT、A1、A2、B1、B2、CO1、CO2。其中 VECIN、VECCALC、VECOUT 主要用于向量编程；A1、A2、B1、B2、CO1、CO2 用于矩阵编程。TPosition 的枚举值定义见表 13.4.2。

表 13.4.2　TPosition 类型及含义

TPosition 类型	具体含义
GM	全局内存（Global Memory），对应 AI Core 的外部存储
VECIN	用于向量计算，搬入数据的存放位置，在数据搬入矩阵计算单元时使用此位置
VECOUT	用于向量计算，搬出数据的存放位置，在将矩阵计算单元结果搬出时使用此位置
VECCALC	用于向量计算/矩阵计算，在计算需要临时变量时使用此位置
A1	用于矩阵计算，存放整块矩阵 A，可类比 CPU 多级缓存中的二级缓存
B1	用于矩阵计算，存放整块矩阵 B，可类比 CPU 多级缓存中的二级缓存

TPosition 类型	具体含义
A2	用于矩阵计算，存放切分后的小块矩阵 *A*，可类比 CPU 多级缓存中的一级缓存
B2	用于矩阵计算，存放切分后的小块矩阵 *B*，可类比 CPU 多级缓存中的一级缓存
CO1	用于矩阵计算，存放小块结果矩阵 *C*，可理解为 Cube Out
CO2	用于矩阵计算，存放整块结果矩阵 *C*，可理解为 Cube Out

一个使用 TQue 数据结构的样例程序如下所示：

```
TQue<TPosition::VECIN, BUFFER_NUM> que;
LocalTensor<half> tensor1 = que.AllocTensor();
que.FreeTensor<half>(tensor1);
que.EnQue(tensor1);
LocalTensor<half> tensor1 = que.DeQue<half>();
```

在上边程序片段中呈现的内容只是 TQue 数据结构使用的一个样例，读者需要根据自己的需求在程序中合理的位置进行使用。其中第 1 行代码的作用是创建队列，VECIN 是 TPosition 枚举中的一员；BUFFER_NUM 参数是队列的深度，que 参数是自定义队列名称；第 2 行代码的作用是使用 TQue 的一个功能：AllocTensor()，在片上分配空间给一个 LocalTensor，分配的默认大小为 que 在初始化时设置的一块的大小，也可以手动设置大小的值但是不能超过分配的大小；第 3 行代码的作用是释放 Tensor，使用 FreeTensor() 方法，需要与 AllocTensor() 成对使用；第 4 行代码的作用是将 LocalTensor 加入到指定队列中，从而利用队列来进行不同任务之间的数据同步与通信；第 5 行代码的作用是将 LocalTensor 从队列中取出，以能够进行后续的计算等操作。

13.4.5 资源管理

在 Ascend C 中，流水任务间数据传递使用到的内存统一由资源管理模块 TPipe 进行管理。TPipe 作为片上内存管理者，通过 InitBuffer 接口对外提供 TQue 内存初始化功能，开发者可以通过该接口为指定的 TQue 分配内存。

TQue 队列内存初始化完成后，需要使用内存时，通过调用 AllocTensor 来为 LocalTensor 分配内存，当创建的 LocalTensor 完成相关计算无需再使用时，再调用 FreeTensor 来回收 LocalTensor 的内存。内存管理示意图如图 13.4.3 所示。

一个使用 TPipe 数据结构的样例展示如下所示：

```
TPipe pipe;
pipe.InitBuffer(que, num, len);
```

在上述程序中呈现的内容只是 Tbuf 数据结构使用的一个样例，读者需要根据自己的需求在程序中合理的位置进行使用。其中第 1 行代码的作用是实例化 TPipe 数据结构，名称为 pipe；第 2 行代码的作用是使用 TPipe 的一个功能：初始化片上内存（队列），其中参数 que 为指定的已经创建的队列名称；参数 num 为分配的内存块数，num=2 时开启 double buffer 优化；参数 len 为分配的一块内存大小（单位 Byte）。

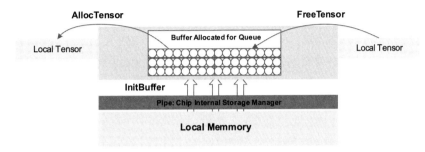

图 13.4.3

在这里简单介绍一下 double buffer 优化机制。执行于 AI Core 上的指令队列主要包括如下几类，即 Vector 指令队列（V）、Matrix 指令队列（M）和存储移动指令队列（MTE2、MTE3）。不同指令队列间的相互独立性和可并行执行特性，是 Double Buffer 优化机制的基石。Double Buffer 基于 MTE 指令队列与 Vector 指令队列的独立性和可并行性，通过将数据搬运与 Vector 计算并行执行以隐藏数据搬运时间并降低 Vector 指令的等待时间，最终提高 Vector 单元的利用效率。

13.4.6　临时变量

使用 Ascend C 编程的过程中，可能会用到一些临时变量，例如在 Compute 阶段开发者会使用到一些复杂的数据结构。这些临时变量占用的内存可以使用 TBuf 来管理，存储位置通过模板参数来设置，可以设置为不同的 TPosition 逻辑位置。

在使用 TBuf 时，建议将临时变量初始化成为算子类成员中的一个，不需要重复地申请与释放，能达到提升算子性能的效果。

TBuf 占用的存储空间通过 TPipe 进行管理，您可以通过 InitBuffer 接口为 TBuf 进行内存初始化操作，之后即可通过 Get 获取指定长度的 Tensor 参与计算。

使用 InitBuffer 为 TBuf 分配内存和为 TQue 分配内存有以下差异：

● 为 TBuf 分配的内存空间只能参与计算，无法执行 TQue 队列的入队出队操作。

● 调用一次内存初始化接口，TPipe 只会为 TBuf 分配一块内存，TQue 队列可以通过参数设置申请多块内存。如果要使用多个临时变量，需要定义多个 TBuf 数据结构，对每个 TBuf 数据结构分别调用 InitBuffer 接口进行内存初始化。

● 使用 TBuf 时可以不需要重复进行申请释放内存操作。

一个使用 TBuf 数据结构的样例展示如下所示：

```
TBuf<TPosition::pos> calcBuf;
pipe.InitBuffer(calcBuf, len);
LocalTensor<half> temtensor1 = calcBuf.Get<half>();
LocalTensor<half> temtensor1 = calcBuf.Get<half>(128);
```

在上一段程序中呈现的内容只是 TBuf 数据结构使用的一个样例，读者需要根据自己的需求在程序中合理的位置进行使用。其中第 1 行代码的作用是进行临时变量声明，其中 pos 参数为队列逻辑位置 TPosition，可以为 VECIN、VECCALC、VECOUT、A1、A2、B1、B2、CO1、CO2。第 2 行代码的作用是进行临时变量初始化，pipe 为实例化的一个 TPipe 数据结构，同样使用 TPipe 数据结构中的 InitBuffer 操作对临时变量进行初始化，但只需要声明名称和长度 len 即可，长度的单位仍然是 Byte。第 3、4 行代码的作用是分配临时的 LocalTensor，使用 TBuf 数据结构中的 Get() 方法进行临时 Tensor 的分配，若不引入入参则分配的空间大小为初始化时 len 的大小，单位为 Byte，若引入入参，可以指定长度地分配临时 Tensor 的大小，但是长度不能超过 len。

小结与思考

- Ascend C 是标准 C++的扩展，提供特定语法和 API，支持在华为自研毕昇编译器上的设备侧编程，包括函数执行和地址空间限定符，以及数据存储和任务同步机制。
- Ascend C 通过基础 API 和高阶 API 提供灵活的编程方式，基础 API 涉及计算、数据搬运、内存管理和任务同步，而高阶 API 封装特定算法逻辑，简化开发过程。
- Ascend C 的数据存储涉及 GlobalTensor 和 LocalTensor，分别代表全局和局部存储空间，任务通信与同步使用 TQue 队列，资源管理通过 TPipe 进行，临时变量内存由 TBuf 管理，并通过 TPipe 初始化。更多详细信息可在昇腾社区文档中找到。

13.5 Ascend C 编程范式——以向量为例

AI 的发展日新月异，AI 系统相关软件的更新迭代也是应接不暇，我们将尽可能地讨论编程范式背后的原理和思考，而少体现代码实现，以期让读者理解 Ascend C 为何这样设计，进而随时轻松理解最新的 Ascend C 算子的编写思路。

本节将针对 Ascend C 的编程范式进行详细讲解，介绍向量计算编程范式。

基于 Ascend C 编程范式的方式实现自定义向量算子的流程如图 13.5.1 所示，由三个步骤组成：算子分析是进行编程的前置任务，负责明确自定义算子的各项需求，如输入输出、使用 API 接口等；核函数定义与封装是编程的第一步，负责声明核函数的名称，并提供进入核函数运算逻辑的接口；基于算子需求实现算子类是整个核函数的核心计算逻辑，其被分为内存初始化、数据搬入、算子计算逻辑实现、数据搬出四个部分，后三者又被称为算子的实现流程。

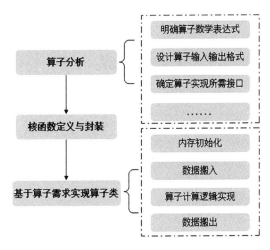

图 13.5.1

自定义向量算子核心部分一般由两个函数组成,分别是 Init() 函数(初始化函数)与 Process() 函数(执行函数)。Init() 函数完成板外数据定位以及板上内存初始化工作;Process() 函数完成向量算子的实现,分成三个流水任务:CopyIn、Compute、CopyOut。CopyIn 负责板外数据搬入,Compute 负责向量计算,CopyOut 负责板上数据搬出。

流水任务之间存在数据依赖,需要进行数据传递。Ascend C 中使用 TQue 队列完成任务之间的数据通信和同步,提供 EnQue、DeQue 等基础 API;TQue 队列管理不同层级的物理内存时,用一种抽象的逻辑位置(TPosition)来表达各级别的存储,代替了片上物理存储的概念,开发者无需感知硬件架构。另外,Ascend C 使用 GlobalTensor 和 LocalTensor 作为数据的基本操作单元,它是各种指令 API 直接调用的对象,也是数据的载体。在向量编程模型中,使用到的 TQue 类型如下:搬入数据的存放位置 VECIN、搬出数据的存放位置 VECOUT。

在本节中,我们将从 add_custom 这一基本的向量算子着手,根据自定义算子的开发流程,介绍如何根据向量编程范式逐步编写自定义向量算子,最后会介绍 Ascend C 向量编程如何进行数据切分。

1. 算子分析

在开发算子代码之前需要分析算子的数学表达式、输入、输出以及计算逻辑的实现,明确需要调用的 Ascend C 接口。

1)明确算子的数学表达式

Ascend C 提供的向量计算接口的操作元素都为 LocalTensor,输入数据需要先搬运进片上存储,以 Add 算子为例,数学表达式为:$z=x+y$,使用计算接口完成两个输入参数相加,得到最终结果,再搬出到外部存储上。

2）明确输入和输出

Add 算子有两个输入，即 *x* 与 *y*；输出为 *z*。

本样例中算子的输入支持的数据类型为 half(float16)，算子输出的数据类型与输入数据类型相同。

算子输入支持 shape（8，2048），输出 shape 与输入 shape 相同。算子输入支持的数据格式（shape）为 ND。

3）确定算子实现所需接口

使用 DataCopy 来实现数据搬移；由于向量计算实现较为简单，使用基础 API 完成计算逻辑的实现，在加法算子中使用双目指令接口 Add 实现 *x*+*y*；使用 EnQue、DeQue 等接口对 TQue 队列进行管理。

2. 核函数定义与封装

在完成算子分析后，可以正式开始开发算子代码，其第一步应该完成对于核函数的定义和封装。

1）函数原型定义

本样例中，函数原型名为 add_custom，根据算子分析中对算子输入输出的分析，确定有 3 个参数 *x*、*y*、*z*，其中 *x*、*y* 为输入内存，*z* 为输出内存。

根据核函数定义的规则，使用__global__函数类型限定符来标识它是一个核函数，可以被 <<<...>>>调用；使用__aicore__函数类型限定符来标识该核函数在设备端 AI Core 上执行；为方便起见，统一使用 GM_ADDR 宏修饰入参，表示其为入参在内存中的位置。add_custom 函数原型的定义见下方程序第 1 行所示。

2）调用算子类的 Init 和 Process 函数

在函数原型中，首先实例化对应的算子类，并调用该算子类的 Init() 和 Process() 函数，如下方程序第 2~4 行所示。其中，Init() 函数负责内存初始化相关工作，Process() 函数则负责算子实现的核心逻辑。

3）对核函数的调用进行封装

对核函数的调用进行封装，得到 add_custom_do 函数，便于主程序调用。下方程序第 6 行所示内容表示该封装函数仅在编译运行 NPU 侧的算子时会用到，编译运行 CPU 侧的算子时，可以直接调用 add_custom 函数。

调用核函数时，除了需要传入参数 *x*、*y*、*z*，还需要使用<<<...>>>传入 blockDim（核函数执行的核数）、l2ctrl（保留参数，设置为 nullptr）、stream（应用程序中维护异步操作执行顺序的任务流对象）来规定核函数的执行配置，如下方程序第 10 行所示。

```
extern "C" __global__ __aicore__ void add_custom(GM_ADDR x, GM_ADDR y, GM_ADDR z){
    KernelAdd op;
    op.Init(x, y, z);
    op.Process();
```

```
}

#ifndef __CCE_KT_TEST__

// call of kernel function
void add_custom_do(uint32_t blockDim, void* l2ctrl, void* stream, uint8_t* x, uint8_t* y,
uint8_t* z){
    add_custom<<<blockDim, l2ctrl, stream>>>(x, y, z);
}

#endif
```

3. 算子数据通路

前文已经提到过在 Process() 函数中存在三个流水任务，分别是 CopyIn、Compute 和
CopyOut。向量算子三阶段任务流水的数据通路如图 13.5.2 所示。

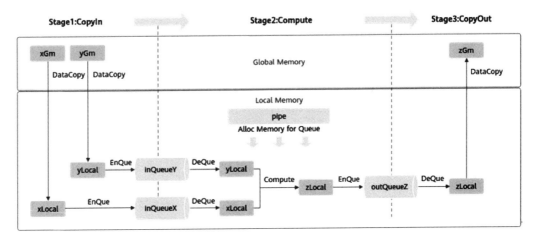

图 13.5.2

图 13.5.2 纵向分为两部分，上部分为发生在外部存储（Global Memory）中的数据流通过程，
下部分为发生在 AI Core 内（Local Memory）中的数据流通过程；横向分为三部分，指代 CopyIn、
Compute 和 CopyOut 这三个阶段中的数据流通过程。发生在 AI Core 内的任务间数据传递统一由
TPipe 资源管理模块进行管理。

在 CopyIn 任务中，需要先将执行计算的数据 xGm、yGm 从外部存储通过 DataCopy 接口传
入板上，存储为 xLocal、yLocal，并通过 EnQue 接口传入数据搬入队列 inQueueX、inQueueY 中，
以便进行流水模块间的数据通信与同步。

在 Compute 任务中，需要先将 xLocal、yLocal 使用 DeQue 接口从数据搬入队列中取出，并
使用相应的向量运算 API 执行计算操作得到结果 zLocal，并将 zLocal 通过 EnQue 接口传入数据
搬出队列 outQueueZ 中。

在 CopyOut 任务中，需要先将结果数据 zLocal 使用 DeQue 接口从数据搬出队列中取出，并使用 DataCopy 接口将板上数据传出到外部存储 zGm 中。

上述为向量算子核心处理部分的数据通路，同时也作为一个程序设计思路，下面将介绍如何用 Ascend C 对其进行实现。

4. 算子类实现

在对核函数的声明和定义中，我们会提到需要实例化算子类，并调用其中的两个函数来实现算子。在本节中，将首先展示算子类的成员，随后具体介绍 Init() 函数和 Process() 函数的作用与实现。

1）算子类成员定义

算子类的成员如下方程序所示。如第 4~5 行所示，在算子类中，需要声明对外开放的内存初始化函数 Init() 和核心处理函数 Process()。而为了实现适量算子核内计算流水操作，在向量算子中我们又将 Process() 函数分为三个部分，即数据搬入阶段 CopyIn()、计算阶段 Compute() 与数据搬出阶段 CopyOut() 三个私有类成员，见第 6~9 行。

除了这些函数成员声明外，第 10~14 行还依次声明了内存管理对象 pipe、输入数据 TQue 队列管理对象 inQueueX 和 inQueueY、输出数据 TQue 队列管理对象 outQueueZ 以及管理输入输出 Global Memory 内存地址的对象 xGm，yGm 与 zGm，这些均作为私有成员在算子实现中被使用。

```
1   class KernelAdd {

2   public:
3       __aicore__ inline KernelAdd() {}
4       __aicore__ inline void Init(GM_ADDR x, GM_ADDR y, GM_ADDR z){}
5       __aicore__ inline void Process(){}

6   private:
7       __aicore__ inline void CopyIn(int32_t progress){}
8       __aicore__ inline void Compute(int32_t progress){}
9       __aicore__ inline void CopyOut(int32_t progress){}

10  private:
11      TPipe pipe;
12      TQue<TPosition::VECIN, BUFFER_NUM> inQueueX, inQueueY;
13      TQue<TPosition::VECOUT, BUFFER_NUM> outQueueZ;
14      GlobalTensor<half> xGm, yGm, zGm;
15  };
```

2）初始化函数 Init() 函数实现

在多核并行计算中，每个核计算的数据是全部数据的一部分。Ascend C 核函数是单个核的处理函数，所以我们需要获取每个核负责的对应位置的数据。此外，我们还需要对于声明的输入输出 TQue 队列分配相应的内存空间。

Init() 函数实现见下方程序。第 2~5 行通过计算得到该核所负责的数据所在位置，其中 x、y、

z 表示 3 个入参在片外的起始地址；BLOCK_LENGTH 表示单个核负责的数据长度，为数据全长与参与计算核数的商；GetBlockIdx()是与硬件感知相关的 API 接口，可以得到核所对应的编号，在该样例中为 0~7。通过这种方式可以得到该核函数需要处理的输入输出在 Global Memory 上的内存偏移地址，并将该偏移地址设置在 Global Tensor 中。

第 6~8 行通过 TPipe 内存管理对象为输入输出 TQue 分配内存。其调用 API 接口 InitBuffer()，接口入参依次为 TQue 队列名、是否启动 Double Buffer 机制以及单个数据块的大小（而非长度）。

```
1  __aicore__ inline void Init(GM_ADDR x, GM_ADDR y, GM_ADDR z)
2  {
3      xGm.SetGlobalBuffer((__gm__ half*)x + BLOCK_LENGTH * GetBlockIdx(), BLOCK_LENGTH);
4      yGm.SetGlobalBuffer((__gm__ half*)y + BLOCK_LENGTH * GetBlockIdx(), BLOCK_LENGTH);
5      zGm.SetGlobalBuffer((__gm__ half*)z + BLOCK_LENGTH * GetBlockIdx(), BLOCK_LENGTH);
6      pipe.InitBuffer(inQueueX, BUFFER_NUM, TILE_LENGTH * sizeof(half));
7      pipe.InitBuffer(inQueueY, BUFFER_NUM, TILE_LENGTH * sizeof(half));
8      pipe.InitBuffer(outQueueZ, BUFFER_NUM, TILE_LENGTH * sizeof(half));
9  }
```

3）核心处理函数 Process()函数实现

基于向量编程范式，将核函数的实现分为 3 个基本任务：CopyIn、Compute、CopyOut，Process() 函数通过调用顺序调用这三个基本任务完成核心计算任务。然而考虑到每个核内的数据仍然被进一步切分成小块，需要循环执行上述步骤，从而得到最终结果。Process() 函数的实现如下方程序所示。

```
1  public:
2      __aicore__ inline void Process()
3      {
4          constexpr int32_t loopCount = TILE_NUM * BUFFER_NUM;
5          for (int32_t i = 0; i < loopCount; i++) {
6              CopyIn(i);
7              Compute(i);
8              CopyOut(i);
9          }
10     }
11 private:
12     __aicore__ inline void CopyIn(int32_t progress)
13     {
14         LocalTensor<half> xLocal = inQueueX.AllocTensor<half>();
15         LocalTensor<half> yLocal = inQueueY.AllocTensor<half>();

16         DataCopy(xLocal, xGm[progress * TILE_LENGTH], TILE_LENGTH);
17         DataCopy(yLocal, yGm[progress * TILE_LENGTH], TILE_LENGTH);

18         inQueueX.EnQue(xLocal);
19         inQueueY.EnQue(yLocal);
20     }
21     __aicore__ inline void Compute(int32_t progress)
22     {
23         LocalTensor<half> xLocal = inQueueX.DeQue<half>();
24         LocalTensor<half> yLocal = inQueueY.DeQue<half>();
25         LocalTensor<half> zLocal = outQueueZ.AllocTensor<half>();

26         Add(zLocal, xLocal, yLocal, TILE_LENGTH);
27         outQueueZ.EnQue<half>(zLocal);
```

```
28          inQueueX.FreeTensor(xLocal);
29          inQueueY.FreeTensor(yLocal);
30      }
31      __aicore__ inline void CopyOut(int32_t progress)
32      {
33          LocalTensor<half> zLocal = outQueueZ.DeQue<half>();
34          DataCopy(zGm[progress * TILE_LENGTH], zLocal, TILE_LENGTH);
35          outQueueZ.FreeTensor(zLocal);
36      }
```

如上方程序第 4~9 行所示，Process() 函数需要首先计算每个核内的分块数量，从而确定循环执行三段流水任务的次数，随后依此循环顺序执行数据搬入任务 CopyIn()、向量计算任务 Compute() 和数据搬出任务 CopyOut()。一个简化的数据通路图如图 13.5.3 所示。根据此图，可以完成各个任务的程序设计。

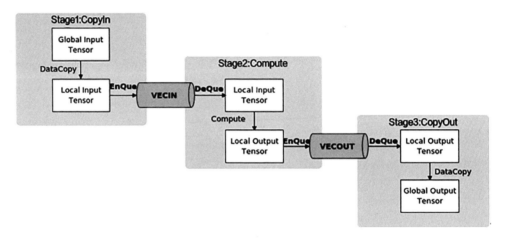

图 13.5.3

● CopyIn() 私有类函数实现

使用 AllocTensor 接口为参与计算的输入分配板上存储空间，如上方程序第 14~15 行代码所示，由于定义的入参数据类型是 half，所以此处分配的空间大小也为 half。

使用 DataCopy 接口将 GlobalTensor 数据拷贝到 LocalTensor，如第 16~17 行所示，xGm、yGm 存储的是该核所需处理的所有输入，因此根据该分块对应编号找到相关的分块数据拷贝至板上。

使用 EnQue 将 LocalTensor 放入 VecIn 的 TQue 中，如第 18~19 行所示。

● Compute() 私有类函数实现

使用 DeQue 从 VecIn 中取出输入 x 和 y，如上方程序第 23~24 行所示。

使用 AllocTensor 接口为输出分配板上存储空间，如第 25 行所示。

使用 Ascend C 接口 Add 完成向量计算，如第 26 行所示。该接口是一个双目指令 2 级接口，入参分别为目的操作数、源操作数 1、源操作数 2 和输入元素个数。

使用 EnQue 将计算结果 LocalTensor 放入到 VecOut 的 TQue 中，如第 27 行所示。

使用 FreeTensor 释放不再使用的 LocalTensor，即两个用于存储输入的 LocalTensor，如第 28～29 行所示。

● CopyOut 私有类函数实现

使用 DeQue 接口从 VecOut 的 TQue 中取出目标结果 z，如上方程序第 33 行所示。

使用 DataCopy 接口将 LocalTensor 数据拷贝到 GlobalTensor 上，如第 34 行所示。

使用 FreeTensor 将不再使用的 LocalTensor 进行回收，如第 35 行所示。

5. 算子切分策略

正如前文所述，Ascend C 算子编程是 SPMD 编程，其使用多个核进行并行计算，在单个核内还将数据根据需求切分成若干份，降低每次计算负荷，从而起到加快计算效率的作用。这里需要注意，Ascend C 中涉及的核数其实并不是指实际执行的硬件中所拥有的处理器核数，而是"逻辑核"的数量，即同时运行了多少个算子的实例，是同时执行此算子的进程数量。一般的，建议使用的逻辑核数量是实际处理器核数的整数倍。此外，如果条件允许，还可以进一步将每个待处理数据一分为二，开启 Double Buffer 机制（一种性能优化方法），实现流水间并行，进一步减少计算单元的闲置问题。

在本 add_custom 算子样例中，设置数据整体长度 TOTAL_LENGTH 为 8*2048，平均分配到 8 个核上运行，单核上处理的数据大小 BLOCK_LENGTH 为 2048；对于单核上的处理数据，进行数据切块，将数据切分成 8 块（并不意味着 8 块就是性能最优）；切分后的每个数据块再次切分成 2 块，即可开启 Double Buffer。此时每个数据块的长度 TILE_LENGTH 为 128 个数据。

具体数据切分示意图如图 13.5.4 所示，在确定一个数据的起始内存位置后，将数据整体平均分配到各个核中，随后针对单核上的数据再次进行切分，将数据切分为 8 块，并启动 Double Buffer 机制再次将每个数据块一分为二，得到单个数据块的长度 TILE_LENGTH。

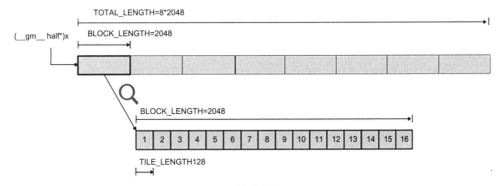

图 13.5.4

数据切分中所使用的各参数定义如下程序所示：第 1 行定义了数据全长 TOTAL_LENGTH，约束了输入数据的长度；第 2 行声明了参与计算任务的核数 USE_CORE_NUM；第 3 行计算得到了单个核负责计算的数据长度 BLOCK_LENGTH；第 4 行定义了单个核中数据的切分块数 TILE_NUM；第 5 行决定了是否开启 Double Buffer 机制，如果不开启则规定 BUFFER_NUM = 1；第 6 行计算得到单个数据块的数据长度 TILE_LENGTH。

```
1    constexpr int32_t TOTAL_LENGTH = 8 * 2048;
2    constexpr int32_t USE_CORE_NUM = 8;
3    constexpr int32_t BLOCK_LENGTH = TOTAL_LENGTH / USE_CORE_NUM;
4    constexpr int32_t TILE_NUM = 8;
5    constexpr int32_t BUFFER_NUM = 2;
6    constexpr int32_t TILE_LENGTH = BLOCK_LENGTH / TILE_NUM / BUFFER_NUM;
```

小结与思考

- 合理的编程范式能够帮助开发者省去许多设计代码结构的思考负担，以及在一定程度上隐藏并行计算等相关性能优化细节，对提升算子开发效率有很大帮助。

- 编程范式除了向量计算范式以外，还有矩阵计算范式，以及向量-矩阵混合（通常是融合算子）编程范式。

第三篇 AI 推理系统与引擎

训练过程通过设定数据处理方式，并设计合适的网络模型结构以及损失函数和优化算法，在此基础上将数据集以小批量（Mini-Batch）反复进行前向计算并计算损失，然后反向计算梯度利用特定的优化函数来更新模型，使得损失函数达到最优的结果。训练过程最重要的就是梯度的计算和反向传播。

而推理就是在训练好的模型结构和参数基础上，做一次前向传播得到模型输出的过程。相对于训练而言，推理不涉及梯度和损失优化。推理的最终目标是将训练好的模型部署在生产环境中，真正让 AI 能够运用起来。推理引擎可以将神经网络模型部署到云（Cloud）侧或者边缘（Edge）侧，并服务用户的请求。

当推理系统将完成训练的模型进行部署，并在服务时还需要考虑设计和提供负载均衡，请求调度、加速优化、多副本和生命周期管理等支持。相比 AI 框架等为训练而设计的系统，推理系统不仅关注低时延、高吞吐、可靠性等设计目标，同时受到资源、服务等级协议（Service-Level Agreement）、功耗等约束。本篇将围绕 AI 推理系统和推理引擎的设计和相关核心内容进行展开，并对具体的实现与优化等内容进行详解。

移动端的推理引擎已经挺多了，谷歌在 2017 年推出了 TF-Lite，腾讯在 2017 年推出了 NCNN，苹果公司在 2017 年推出了 CoreML，阿里在 2018 年推出了 MNN，华为在 2019 年推出了 MindSpore Lite。即使是 MindSpore Lite，距今已经过去了快 5 年的时间，技术上也接近收敛。下面让我们一起学习推理引擎的技术吧！

本篇内容

☞ **推理系统**：本章是本篇的重点内容，将从模型小型化、离线优化压缩、在线部署和优化等角度详细介绍推荐系统，并将阐述推理应用和思考。

☞ **模型轻量化**：模型轻量化，其实也是模型小型化的一种方式。本章主要集中介绍模型小型化中需要注意的参数和指标，接着深入了解 CNN 经典的轻量化模型和 Transformer 结构的轻量化模型。

☞ **模型压缩**：模型压缩与模型轻量化不同，压缩主要是对轻量化或者非轻量化模型执行剪枝、蒸馏、量化等压缩算法和手段，使得模型更加小、更加轻便、更加利于执行。

☞ **模型转换**：本章首先简介推理引擎、转换模块架构，然后对推理文件格式、自定义计算图、模型转换流程进行详细介绍。

☞ **计算图优化架构**：本章从推理引擎转换中的图优化模块介绍引入，介绍计算图优化的策略，并重点介绍离线图优化技术和其他计算图优化技术。

☞ **Kernel 优化**：在上层应用或者 AI 网络模型中，看到的是算子；但是在推理引擎实际执行的是具体的 Kernel，而推理引擎中 CNN 占据的主要是执行时间，因此其 Kernel 优化尤为重要。本章将介绍各种 Kernel 优化算法等内容。

第14章 推理系统

14.1 引　　言

在深入探究 AI 编译原理之后，将进一步迈向一个与日常生活紧密相连的新领域。这个领域无处不在，无论是日常使用的购物应用、观看在线视频的平台，还是钟爱的游戏，它们都与这个领域息息相关。该领域便是推理系统与推理引擎。

那么，推理系统与推理引擎究竟是什么呢？它们之间又存在着怎样的差异？推理的具体工作流程是怎样的？在实际应用中又该如何操作？这些问题都亟待去解答。本节将围绕推理系统与推理引擎这两个核心概念展开，详细解释它们的内涵与区别。随后，将聚焦于推理引擎，探讨如何将其模型小型化，如何进行离线优化与压缩，并最终探讨推理引擎的部署与运行优化策略。

14.1.1　推理系统概述

在深入探讨推理系统与推理引擎之前，首先需要明确"推理"这一概念。推理，简单来说，就是在利用大批量数据训练好模型的结构和参数后，使用小批量数据进行一次前向传播，从而得到模型输出的过程。

推理系统，是一个专门用于部署人工智能模型，执行推理预测任务的人工智能系统。它类似于传统的 Web 服务或移动端应用系统，但专注于 AI 模型的部署与运行。推理系统会加载模型到内存，并进行版本管理，确保新版本能够顺利上线，旧版本能够安全回滚。通过提供服务接口（如 HTTP、gRPC 等），推理系统使得客户端能够方便地调用模型进行推理预测。同时，推理系统还可以作为一个微服务，在数据中心中与其他微服务协同工作，共同完成复杂的请求处理任务。

推理引擎，是推理系统中的重要组成部分，它主要负责 AI 模型的加载与执行。推理引擎可分为调度与执行两层，聚焦于 Runtime 执行部分和 Kernel 算子内核层，为不同的硬件提供更加高效、快捷的执行引擎。它可以看作是一个基础软件，提供了一组 API，使得开发者能够在特定的加速器平台（如 CPU、GPU 和 NPU）上轻松地进行推理任务。目前市场上已有多种推理引擎，如字节跳动的 LightSeq、Meta AI 的 AITemplate、英伟达的 TensorRT、华为的 MindSpore Lite 和 MindIE、腾讯的 NCNN 等。

1. 模型小型化

在端侧推理引擎中，模型小型化、轻量化是至关重要的环节。由于端侧设备资源有限，执行轻量的模型结构能够确保高效且稳定的推理性能。模型小型化的核心思想在于设计出更为高效的网络计算方式，从而在减少模型参数量的同时，保持网络精度，并进一步提升模型的执行效率。

模型小型化相关内容将在第 15 章详细介绍，具体包括以下几个方面：

● 重点关注模型小型化过程中的关键参数和指标。这些参数和指标不仅有助于评估模型的小型化程度，还能指导如何更有效地进行模型优化。将首先深入探讨模型大小（通常以参数量来衡量）、计算复杂度（如 FLOPs）等指标，并分析它们之间的权衡关系。

● 介绍一些在模型小型化领域取得显著成果的主干网络（Backbone）或 SOTA（State of the Art）网络模型。这些模型采用创新的网络结构和优化策略，实现了在保证精度的同时，大幅减少模型参数量，降低计算复杂度。将详细分析这些模型的设计思路、网络结构，为读者提供宝贵的参考和启示。

● 重点关注卷积神经网络（CNN）结构下的小型化工作。CNN 是计算机视觉领域中最常用的网络结构之一，对其开展小型化研究具有广泛的应用价值。将介绍一些针对 CNN 的小型化技术和方法，包括轻量级卷积核设计、网络剪枝、量化等方法，并分析它们在减少模型大小和提高推理速度方面的实际效果。

● 简要介绍 Transformer 结构中的小型化工作。Transformer 在自然语言处理领域取得了巨大成功，对其开展小型化研究同样具有重要意义。将探讨一些针对 Transformer 的小型化策略，如采用更高效的自注意力机制、压缩嵌入层等。

通过学习，读者将深入了解模型小型化的重要性、关键指标，以及常见的小型化技术和方法，这将有助于读者在实际应用中更好地进行模型优化和推理性能提升。

2. 离线优化压缩

推理系统作为类似于传统 Web 服务的存在，需要高效响应用户请求并维持高标准的服务等级协议，如响应时间低于 100 ms 等。为了实现这一目标，离线优化压缩在端侧推理引擎中发挥着至关重要的作用。与轻量化网络模型设计不同，离线优化压缩主要通过对轻量化或非轻量化模型应用剪枝、蒸馏、量化等压缩算法和手段，使模型体积更小、更轻便，从而提高执行效率。

第 16 章将围绕离线优化压缩展开详细介绍。

● 首先，探讨低比特量化。低比特量化是一种将模型权重和激活值从浮点数转换为低比特整数（如 8 位、4 位，甚至更低）的技术。通过减少表示每个数值所需的比特数，可以显著减少模型的大小和内存占用，同时加速推理过程。然而，低比特量化也可能导致精度损失，因此需要在压缩率和精度之间找到平衡。

● 接下来，介绍二值化网络。二值化网络是一种极端的量化方法，它将模型权重和激活值限制为两个可能的值（通常是+1 和–1）。这种方法可以进一步减小模型大小并提高推理速度，但可能导致更大的精度损失。因此，在设计二值化网络时，需要精心选择网络结构和训练策略，以在保持精度的同时实现高效的压缩。

- 除了低比特量化和二值化，模型剪枝也是一种常用的压缩方法。模型剪枝通过移除网络中的冗余连接或神经元来减小模型大小。这可以通过设定阈值来删除权重较小的连接或神经元实现。剪枝后的模型不仅更小，而且往往具有更快的推理速度。然而，剪枝过程需要谨慎处理，以避免过度剪枝导致精度大幅下降。

- 最后介绍知识蒸馏。知识蒸馏是一种将大型教师模型的知识转移到小型学生模型中的技术。通过让教师模型指导学生模型的学习过程，可以在保持较高精度的同时实现模型的小型化。这种方法的关键在于设计有效的蒸馏策略，以确保学生模型能够充分吸收教师模型的知识。

在实际应用中，这些优化压缩方法通常需要根据具体任务和模型特点进行选择和调整。通过综合运用这些方法，可以在满足服务需要的同时，实现模型的高效推理和部署。

3. 在线部署和优化

推理引擎的在线部署和优化是确保 AI 模型能够在实际应用中高效运行的关键环节。在模型部署的过程中，推理引擎需要应对多种挑战，包括适配多样的 AI 框架、处理不同部署硬件的兼容性问题，以及实现持续集成和持续部署的模型上线发布等软件工程问题。为了应对这些挑战，推理引擎的在线部署和优化显得尤为重要。

首先，推理引擎需要支持不同 AI 框架训练得到的模型的转换。由于市场上存在多种 AI 框架，如 MindSpore、PyTorch 等，每种框架都有其独特的模型格式和存储方式。因此，推理引擎需要具备模型格式的解析和转换能力，确保不同框架下的模型能够统一地部署到推理引擎中。相关内容将在第 17 章介绍。

其次，推理引擎需要对转换后的模型进行计算图的优化。计算图优化是提升模型推理效率的关键步骤。通过算子融合、算子替换、布局调整、内存分配等方式，可以减少计算冗余、优化内存访问、提高计算并行度，从而显著提升模型的推理速度。相关内容将在第 18 章介绍。

最后，第 19 章对推理引擎的 Kernel 优化方面做了细致的介绍。卷积 Kernel 算子的优化是一个重要的方向，卷积操作是神经网络模型中计算密集且耗时的部分，因此对其进行优化能够显著提升推理性能。

14.1.2　推理应用

本小节将通过具体实例来展示推理系统的实际应用，包括人脸 Landmark 的应用以及利用华为 HMS Core 实现的人脸和手势检测等端侧应用。同时，也将探讨维护推理系统所面临的问题和挑战。

1. 人脸 Landmark

人脸 Landmark 识别技术通过先进的算法技术，能够迅速捕捉并准确识别拍摄者脸部的轮廓、五官位置等关键面部信息。这些信息被实时处理并以一种直观且易于理解的方式显示出来，使用户能够清晰地看到自己脸部的各个特征点。

湖中树（2023）在 CSDN 的文章《Tengine-Kit 人脸检测及关键点》中给出了人脸 Landmark 的示例和终端实现，其具有高度的准确性和实时性，它使得用户可以方便地获取自己的面部信息，并在多种场景下进行扩展应用，如美妆试妆、虚拟形象创建、人脸特效等。随着技术的不断进步和应用场景的不断拓展，人脸 Landmark 识别技术将在未来发挥更加广泛和重要的作用。

2. 人脸检测与手势识别

timer（2020）在文章《Crazy Rockets-教你如何集成华为 HMS ML Kit 人脸检测和手势识别打造爆款小游戏》中展示了在移动终端上应用推理系统的实际案例，通过华为 HMS Core 实现的人脸检测和手势检测功能，为用户带来了新颖而富有互动性的体验。

与人脸检测类似，华为 HMS Core 实现手势检测也是通过推理系统来实时捕捉和识别用户的手势。不同的是，这次是将手势的坐标信息用于控制游戏中的飞船移动。用户可以通过不同的手势来执行不同的动作，如前进、发射导弹等，从而实现更加自然和直观的游戏控制。这种手势控制的方式不仅使得游戏操作更加便捷，还带来了更加丰富和多样的交互体验。

3. 人工客服应用

推理引擎或推理系统在人工客服和人工智能对话方面有广泛应用。以下是一些相关内容。

（1）智能客服：推理引擎可以用于实现智能客服系统，能够理解用户的问题并提供准确的答案。通过对大量的语料库和知识库进行训练，推理引擎可以学习到不同的问题模式和解决方案，从而能够快速准确地回答用户的问题。

（2）对话管理：在人工智能对话中，推理引擎可以帮助系统理解用户的意图和需求，并根据这些信息来引导对话的流向。它可以根据用户的输入和历史对话记录，预测用户可能的问题和需求，并提供相应的回答和建议。

14.1.3 推理系统思考点

在实际维护推理系统的过程中，需要全面考虑并解决以下问题：

（1）如何设计并生成用户友好、易于调用的 API 接口，以便用户能够便捷地与推理系统进行交互。

（2）关于数据的生成，需要明确数据的来源、生成方式以及质量保障措施，确保推理系统能够依赖准确、可靠的数据进行运算。

（3）在网络环境的影响下，如何实现低时延的用户反馈是一个关键挑战。需要优化网络传输机制，减少数据传输的时延，确保用户能够及时获得推理结果。同时，需要深入研究智能终端硬件的资源，合理进行资源分配和加速，提高推理的运算速度和效率。

（4）当用户访问量增大时，如何确保服务的稳定性和流畅性是一个必须面对的问题。需要设计合理的负载均衡策略，优化系统架构，提高系统的并发处理能力。此外，为了应对潜在的风险和故障，需要制定冗灾措施和扩容方案，确保在突发情况下推理系统能够稳定运行。

（5）随着技术的不断发展，未来可能会有新的网络模型上线。需要考虑如何平滑地集成这些新模型，并制定 AB 测试策略，以评估新模型的性能和效果。

总之，维护推理系统需要综合考虑多个方面的问题，从 API 接口设计、数据生成、网络时延优化、硬件加速资源利用、服务稳定性和流畅性保障、冗灾措施与扩容方案，到新模型上线与测试等方面，都需要进行深入研究与精心规划。

小结与思考

- 推理系统与推理引擎基础：推理系统是专门部署 AI 模型并执行预测任务的系统，类似于 Web 服务但专注于 AI；推理引擎则是推理系统中负责模型加载与执行的核心组件，提供高效快捷的执行环境。

- 推理系统应用与挑战：推理系统广泛应用于日常生活，如人脸 Landmark 识别、人脸和手势检测等，同时面临 API 设计、数据质量、网络时延、硬件加速、服务稳定性等维护挑战。

14.2　推理系统介绍

本节将首先概述训练和推理的基本流程，随后深入分析训练阶段与推理阶段之间的差异。接着，将深入探讨推理系统的优化目标以及面临的挑战。最后，通过比较推理系统与推理引擎的流程结构，将进一步揭示两者在设计和实施时需考虑的关键要素。

1. 推理阶段

在模型的推理阶段，可以将整个的模型部署在 Web 服务器上或者是 IoT 设备上，通过对外暴露接口（例如，http 或 gRPC 等）接收用户请求或系统调用，模型通过推理处理完请求后，返回给用户相应的响应结果，完成推理任务。

与训练阶段类似，在推理阶段中需要输入小批量真实世界的数据样本，执行前向传播过程通过神经网络模型后，得到计算输出的预测结果。其中，这个过程不涉及反向传播，也就不需要计算梯度来更新模型的权重。

同时，因为推理过程通常是在生产环境中执行的，因此性能和效率至关重要。因此，需要优化模型的计算速度和内存占用，以便实时或高吞吐量地处理输入数据。而测试则是评估模型性能的过程，通常包括在一组已知的测试数据上运行训练好的模型，并评估其在测试数据上的表现，以了解模型的准确性、精确度、召回率等性能指标。测试的目的是验证模型是否能够在真实场景下有效地工作，检查模型在未知数据上的泛化能力。

2. 模型部署

推理系统一般可以部署在云侧或者边缘侧。云侧部署的推理系统更像传统 Web 服务，在边缘侧部署的模型更像手机应用和 IoT 应用系统。两者有以下特点：

• 云（Cloud）侧：云侧有更大的算力、内存，而且供电充足，满足模型进行推理的功耗需求。同时与训练平台连接更加紧密，更容易使用最新版本模型，同时安全和隐私更容易保证。相比边缘侧可以达到更高的推理吞吐量。但是用户的请求需要经过网络传输到数据中心并进行返回，同时使用的是服务提供商的软硬件资源。

• 边缘（Edge）侧：边缘侧设备资源更紧张（例如，手机和 IoT 设备），且功耗受电池约束，需要更加在意资源的使用和执行的效率。用户的响应只需要在自身设备完成，且不需消耗服务提供商的资源。

在训练阶段与推理阶段之间需要通过部署的方式将训练好的模型加载到 Web 服务器或 IoT 设备上，对于推理系统中的部署涉及以下多个步骤，确保训练好的模型能够有效地应用于实际场景。

在部署中可能涉及创建 API 接口、配置服务器、设置数据传输和存储等。在部署后，持续监控模型的性能，并根据需要进行优化。这可能包括调整模型参数、更新推理引擎版本、优化硬件资源分配等。值得注意的是，不同的推理引擎和硬件平台可能具有不同的特性和优化方法，因此在实际部署过程中需要根据具体情况进行调整和优化。

14.2.1 推理场景的重点

训练任务通常在数据中心的异构集群管理系统中进行，这些任务类似于传统的批处理任务，需要数小时乃至数天才能完成。训练任务一般要配置较大的批量尺寸，追求较大吞吐量的中心服务器，将模型训练达到指定的准确度或错误率。

而在推理任务方面，以 HMS Core 为例，它采用 MindSpore Lite 作为推理引擎。由于 HMS Core 需要为全球用户提供服务，因此它必须保持 7×24 h 不间断运行，类似于传统的在线服务模式。

此外，由于每天的调用量超过亿次，且需要快速响应每个服务请求，这对参与推理任务的模型提出了极高的要求。这些模型必须具备高效、稳定且准确的推理能力，以确保用户体验和数据处理的实时性。

在深度学习中，推理任务相较于训练任务确实具有一系列独特的新特点与挑战。具体来说，这些特点和挑战包括以下几点。

• 长期运行服务需求：神经网络模型在推理阶段通常被部署为长期运行的服务，如互联网服务。这类服务对请求的响应有严格的低时延（Low Latency）和高吞吐量（High Throughput）要求。

- **推理资源约束更为苛刻**：与训练阶段相比，推理阶段通常面临更为严格的资源约束，如更小的内存、更低的功耗等。这是因为推理任务通常需要在各种设备上运行，如手机、嵌入式设备等，这些设备的资源远小于数据中心的商用服务器。
- **部署设备型号多样性**：由于神经网络模型需要在各种设备上进行推理，但是这些设备的型号和配置可能各不相同，为了在各种设备上实现高效的推理，因此需要进行多样化的定制和优化。例如，在服务器端，可以通过 Docker 等容器技术解决环境问题；而在移动端和 IoT 设备端，由于平台、操作系统、芯片和上层软件栈的多样性，需要更为复杂的工具和系统来支持编译和适配。

在推理阶段中，数据经过训练好的网络模型用于发现和预测新输入的信息。在这个阶段，这些输入数据通过更小的批量大小输入网络，且由于有时延的约束，大的批量大小需要所有批量内样本都处理完才能响应，容易造成时延超出约束。

对于推理阶段，性能目标与训练阶段有所不同。为了最大限度地减少网络的端到端响应时间（End to End Response Time），推理通常比训练批量输入更少的输入样本，也就是更小的批量大小，因为依赖推理工作的服务（例如，基于云的图像处理管道）需要尽可能的更快响应，用户不需要让系统累积样本形成更大的批量大小，从而避免了等待几秒钟的响应时间。

类似其他的推理系统，它们通常也遵循类似的步骤和架构原则。确实，在许多场景中，尤其是在需要高吞吐量或低时延的应用中，直接使用 CPU 进行推理可以避免数据在主存与设备内存之间的拷贝开销。此外，操作系统对 CPU 上的任务提供了更成熟的隔离与任务调度管理支持，这有助于确保推理任务的稳定性和效率。

从图 14.2.1 的推理服务系统架构图中，可以清晰地看到推理服务系统的流程。首先，经过训练后的模型会被保存在文件系统中。随着训练效果的不断优化，可能会产生多个版本的模型，这些模型将按照既定的版本管理规则被妥善存储于文件系统中。

图 14.2.1

随后，这些模型将通过服务系统部署并上线。在上线过程中，推理系统会首先将模型加载至内存中，并对其进行版本管理，确保支持新版本的快速上线和旧版本的便捷回滚。同时，该系统还会对输入数据进行批量大小的动态优化，以适应不同的处理需求。此外，推理系统提供了多样化的服务接口（如 HTTP、gRPC 等），以便客户端轻松调用。

用户可以通过这些接口不断向推理服务系统发起请求，并接收相应的响应。除了直接面向用户提供服务外，推理系统还可以作为一个微服务，被数据中心中的其他微服务所调用，从而在整个请求处理流程中发挥其特定的功能与职责。

14.2.2　优化目标和约束

根据图 14.2.2 所示的 AI 框架、推理系统与硬件之间的关系，可以看到，除了应对应用场景的多样化需求，推理系统还需克服由不同训练框架和推理硬件所带来的部署环境多样性挑战，这些挑战不仅增加了部署优化和维护的难度，而且容易出错。

图 14.2.2

在 AI 框架方面，各种框架通常是为训练而设计和优化的，因此需要考虑诸如批量大小、批处理作业对时延的不敏感性、分布式训练的支持以及更高数据精度的需求等因素。开发人员需要将各种必要的软件组件拼凑在一起，以确保兼容数据读取、客户端请求、模型推理等多个阶段的处理。此外，还需要跨越多个不断发展的框架集成和推理需求，包括对 PyTorch 等框架以及不同框架版本的支持。

在硬件方面，需要支持多种部署硬件，考虑移动端部署场景和相关约束的多样性（例如自动驾驶、智能家居等），这带来了各种空间限制和功耗约束。与此同时，大量专有场景的芯片厂商也催生了多样化的芯片体系结构和软件栈。

综上所述，可以总结设计推理系统的主要优化目标，主要有以下六点，可以通过表 14.2.1 简单了解这些目标的原因以及相关的策略。

表 **14.2.1**　优化目标原因与策略

优化目标	原因	相关策略
灵活性	支持多种框架，适应不同应用场景	使用模型转换工具，如 ONNX；支持多种语言接口和逻辑应用
时延	减少用户查询后的等待时间	模型压缩、剪枝、量化；优化数据预处理和后处理步骤；分布式系统设计；预测性模型加载和初始化
吞吐量	应对大量服务请求，确保服务及时性和高效性	多线程、多进程、分布式计算；服务网格；异步处理和消息队列；内存数据库和缓存
高效率	降低推理服务成本，提升系统性能	DVFS、低功耗模式；高效算法；智能调度算法
可扩展性	应对不断增长的用户或设备需求	Kubernetes 部署平台；云计算资源弹性扩展；负载均衡器
可靠性	保证推理服务稳定性和满足 SLA 要求	多服务副本和跨地域部署；故障转移机制；限流和降级策略；健康检查；数据一致性和准确性保障

1）灵活性（Flexibility）

灵活性是指推理系统支持多种框架的能力，为构建不同应用提供灵活性，以扩大神经网络模型部署的覆盖场景，增强部署的生产力。需要考虑 AI 框架的不断更新，特别是针对训练优化的迭代，而某些框架甚至不支持在线推理，系统需要具备足够的兼容性。

为了支持多种框架，可以利用模型转换工具，将不同框架的模型转换为一种通用的中间表示。ONNX（Open Neural Network Exchange）是一个广泛采用的中间表示格式，它允许开发者在不同 AI 框架之间转换和部署模型。

2）时延（Latency）

低时延是推理系统的重要考量指标，它直接影响用户查询后获取推理结果的等待时间。推理服务通常位于关键路径上，因此预测必须快速并满足有限的尾部时延(Tail Latency)，实现次秒级别（Sub-Second）的时延。

在实际操作中，会运用模型压缩、剪枝、量化等技术降低模型的复杂度和大小，从而减少推理时间。

3）吞吐量（Throughputs）

高吞吐量是确保系统能应对大量服务请求的关键。通过提升吞吐量，系统可以服务更多的请求和用户，确保服务的及时性和高效性。

在实际操作中，可以采取多种策略来提升系统的吞吐量。首先，利用多线程、多进程或分布式计算技术，系统可以并行处理多个推理请求，显著提高处理能力。用内存数据库和缓存机制可以加快数据读写速度，减少数据访问时延，进一步提升系统性能。同时，通过减少数据在网络中的传输次数和距离，以及使用高效的数据序列化格式（如 Protocol Buffers）和压缩技术，可以降低网络时延，提高吞吐量。

4）高效率（Efficiency）

高效率是降低推理服务成本、提升系统性能的核心。系统应实现高效执行，低功耗使用 GPU 和 CPU，通过降本增效来优化推理服务的整体成本效益。

为了实现这一目标，可以采用动态电压频率调整（DVFS）、低功耗模式等技术，根据实时计算需求动态调整硬件功耗。

5）可扩展性（Scalability）

可扩展性是应对不断增长的用户或设备需求的基础。系统需要能够灵活扩展，以应对突发和持续增长的用户请求。通过自动部署更多解决方案，随着请求负载的增加，系统能够提升推理吞吐量和可靠性。

借助底层 Kubernetes 部署平台，用户可以便捷地配置和自动部署多个推理服务副本，并通过前端负载均衡服务达到高扩展性和提升吞吐量，进一步增强推理服务的可靠性。另外，云计算平台，如 AWS、Azure、谷歌 Cloud 等提供了弹性的计算、存储和网络服务，这些服务可以根据需求快速扩展资源。

6）可靠性（Reliability）

可靠性是保障推理服务持续运行和用户体验的关键。系统需要具备对不一致数据、软件故障、用户配置错误以及底层执行环境故障等造成中断的弹性（Resilient）应对能力，以确保推理服务的稳定性和服务等级协议的达标。

为了实现高可靠性，可以部署多个服务副本，并在多个数据中心或云区域进行跨地域部署，这样即使某些组件出现故障，系统也能持续运行。在设计系统时，应考虑故障转移机制，如采用主备或多活架构，确保在发生故障时能够迅速切换到备用系统。面对高负载或潜在的故障情况，系统应通过限流和降级策略来保护自身，防止因过载而导致的系统崩溃。

14.2.3　推理系统与推理引擎

下面主要介绍推理系统与推理引擎的区别，从而更好地理解后续章节重点介绍的推理引擎的核心技术点。

1. 推理系统

如图 14.2.3 的推理系统组件与架构图所示，推理系统中常常涉及相应模块并完成相应功能，将在后面章节中逐步展开。通过图 14.2.3 可以看到推理系统的全貌。

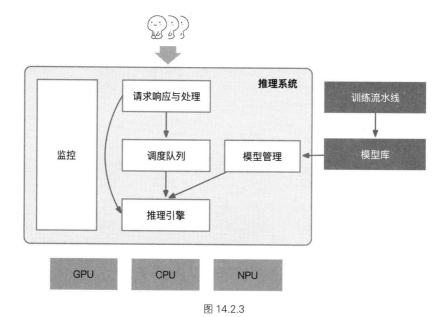

图 14.2.3

推理系统的构建涉及多个核心环节，以确保请求与响应的高效处理、资源的高效调度、推理引擎的灵活适配、模型版本的有效管理、服务的健康监控以及边缘推理芯片与代码编译的优化。

推理系统在处理请求与响应时，首要任务是高效地序列化和反序列化数据，确保后端能够迅速执行并满足严格的响应时延标准。与传统 Web 服务不同，推理系统经常需要处理图像、文本、音频等非结构化数据，这些数据的单请求或响应量通常更大。因此，推理系统需要采用高效的传输、序列化、压缩与解压缩机制，以确保数据传输的效率和性能，进而实现低时延、高吞吐量的服务。

在请求调度方面，系统可以根据后端资源的实时利用率，动态调整批处理大小、模型资源分配，从而提高资源利用率和吞吐量。当使用加速器进行推理加速时，还需考虑主存与加速器内存之间的数据传输，通过调度或预取策略，在计算的间隙中准备好数据，确保推理过程的连续性和高效性。

推理引擎是系统的核心组件，它负责将请求映射到相应的模型作为输入，并在运行时调度神经网络模型的内核进行多阶段处理。当系统部署在异构硬件或多样化的环境中时，推理引擎还可以利用编译器进行代码生成与内核算子优化，使模型能够自动转换为特定平台的高效可执行机器码，进一步提升推理性能。

在模型版本管理方面，随着云侧算法工程师不断验证和开发新版本模型，系统需要有一套完善的协议来确保版本更新与回滚的顺利进行。定期或满足一定条件的新模型会被上线替换旧模型，以提升推理服务的效果。然而，由于某些指标只能在线上测试，如果新模型效果不理想，系统还需支持回滚机制，确保模型能够迅速回退到稳定的旧版本。

健康监控是保障云侧服务稳定性的重要环节。通过可观测的日志和监控工具，服务端工程师可以实时监控服务的运行状态，及时发现并修复潜在问题，确保服务的稳定性和 SLA 达标。例如，当响应速度变慢时，运维工程师可以通过可观测的日志迅速定位瓶颈环节，并采取相应的策略进行优化，防止服务突发性无法响应。

在边缘侧等场景中，推理系统还需要面对更多样化的硬件、驱动和开发库。为了确保模型能够在这些设备上高效运行，需要通过编译器进行代码生成和性能优化，使模型能够跨设备高效执行。

2. 推理引擎

推理引擎本身可视为一种基础软件，它提供了一组丰富的 API，使得开发者能够在多种特定平台（如 CPU、GPU 和 VPU）上高效执行推理任务。以英特尔的 OpenVINO 为例，推理引擎被定义为一系列 C++库。这些库提供了通用的 API 接口，能够在用户选择的平台上提供强大的推理解决方案。

通过推理引擎的 API，开发者可以轻松读取模型的中间表示、设置输入输出的数据格式，并在指定的设备上执行模型推理。虽然 C++库是主要的实现方式，但为了方便不同开发者的使用，也提供了 C 库和 Python bindings（即通过 Python 直接调用 C/C++库）。

图 14.2.4 是推理引擎的架构图。展示了整个推理引擎的流程结构与相关的算法，整个框架从上到下可以分为四个主要部分：API 接口输入、模型压缩与优化、Runtime 优化和 Kernel 优化。

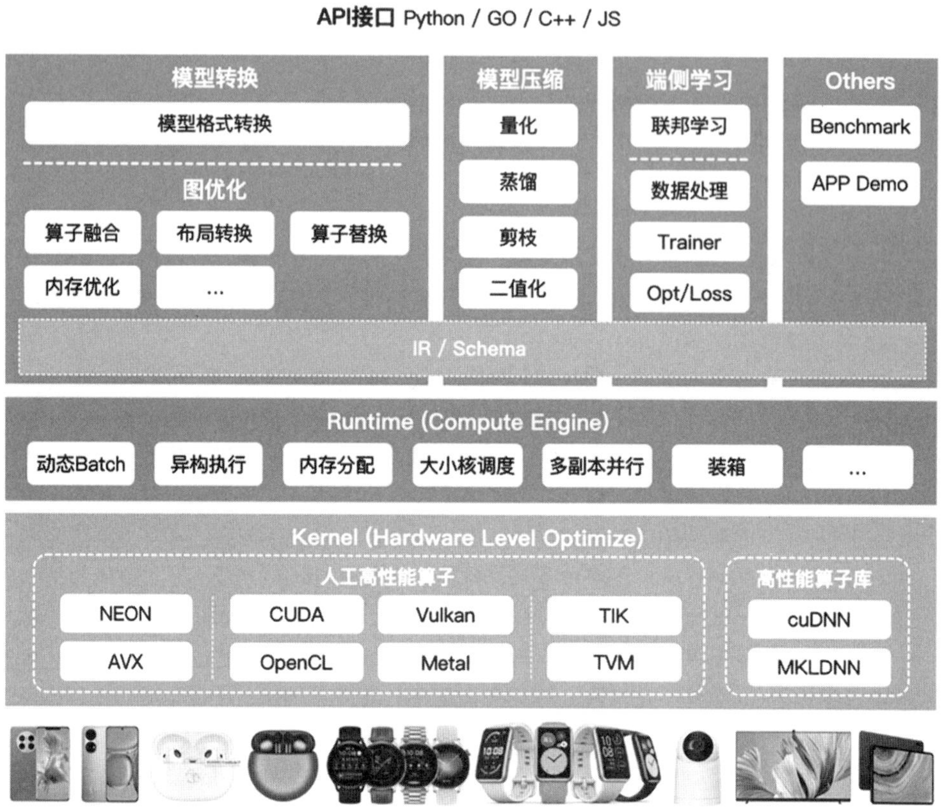

图 14.2.4

    首先是 API 接口部分，这部分负责为不同编程语言（如 Python、GO、C++、JS）提供统一的接口，使得开发者能够方便地与推理引擎进行交互。这部分是推理引擎与外部环境沟通的桥梁，使得各种应用程序能够无缝地集成和使用推理引擎的功能。

    接下来是模型压缩与优化部分，这个部分主要负责优化模型的大小和性能，以便模型在实际应用中更加高效地被使用。其中，包括模型格式转换、模型压缩、端侧学习、图优化等，它们能够减少模型的存储需求、加快推理速度，并提高模型的泛化能力，其中的内容将会在后续的章节中展开介绍。

    IR 作为模型的标准化呈现，它在确保模型能在不同硬件和软件平台上顺畅且高效运行方面发挥着核心作用。每个具体的模型都拥有其独特的 Schema，这些 Schema 在经历必要的处理后，方能与后续的 Runtime 调度服务无缝对接，从而确保模型在各类环境中都能实现高效且稳定的运行。

    在 Runtime（Compute Engine）的核心环节中，作为运行时环境或计算引擎，它专注于高效地调度和执行模型的计算任务。在这个过程中，采用了诸如动态 Batch、异构执行和大小核调度等先进技术。动态 Batch 能够灵活适应实际需求，调整批量大小，从而优化资源利用率；异构执行支持在多类型硬件上并行计算，显著提升运算效率；大小核调度则确保在具有不同性能的核心上合理分配任务，实现整体性能的最大化。这些技术的融合应用，确保了模型在运行过程中的高效与稳定。在 Runtime 阶段，始终致力于探索如何进一步加快模型的调度和执行速度，以提供更优质的计算服务。

Kernel（Hardware Level Optimize）部分是整个流程的关键环节，它负责实际执行通过 Runtime 调度过来的模型。该部分专注于硬件级别的深度优化，利用诸如 CANN、NEON、CUDA、Vulkan 等高性能计算库，旨在显著提升推理速度。这些库针对不同硬件平台提供了精细优化后的算法和数据结构，从而最大限度地发挥硬件的性能潜力。在此环节，特别关注如何进一步提高算子的执行效率，确保整体推理性能达到最佳状态。

小结与思考

- AI 生命周期流程包括数据准备、训练与推理以及模型部署这几个组成部分。
- 推理系统是指整个 AI 模型部署和推理预测任务的执行环境。
- 推理引擎是这个系统中的核心组件，负责执行具体的模型推理任务。

14.3 推理流程全景

本节介绍神经网络模型在部署态中的两种方式：云侧部署和边缘侧部署。

其中，云侧部署适用于云服务器等具备强大计算能力和存储空间的环境，可以实现高吞吐量和集中的数据管理，但可能面临高成本、网络时延和数据隐私等挑战。

边缘侧部署适用于边缘设备和移动设备等资源受限的环境，可以通过模型优化、硬件加速和分布式计算等方式降低时延和能耗，但也面临有限算力、数据分散和安全性风险等挑战。

两种部署方式都有自己的优势和局限性，需要根据具体应用场景来选择合适的部署方式。

14.3.1 部署形态

模型的生命周期包含训练态和部署态，分别指的是 AI 模型在训练过程中的学习状态和在实际应用中的状态，它们代表了 AI 生命周期中的两个不同阶段，各自具有独特的目标、过程、环境和关注点。

部署态中的 AI 模型已经完成了训练阶段，被部署到实际应用环境中，如云服务器、边缘设备、移动应用等，用于实时或近实时地进行推理预测的过程。此时，AI 模型不再处于学习状态，而是作为服务的一部分，接受输入数据并输出预测结果。如图 14.3.1 所示，深度学习可以在边缘设备和云数据中心上执行。

云侧部署的推理系统更像传统 Web 服务，在边缘侧部署的模型更像手机应用和 IoT 应用系统，通常指互联网上的数据中心、云服务平台或远程服务器集群，其特点是拥有强大计算能力、海量存储空间、高带宽网络连接以及丰富的管理服务。

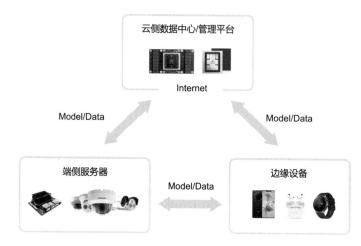

图 14.3.1

边缘侧是指靠近数据生成源或用户终端的计算设备与网络设备，其目的是减少数据传输时延、节省带宽、保护隐私或确保服务在离线或网络不稳定情况下的可用性。

部署态在云侧与边缘侧后，我们从算力、时延、网络依赖、能耗等方面对两者进行对比（表 14.3.1）。

表 14.3.1　云侧和边缘侧部署对比

	云侧部署	边缘侧部署
算力	算力强大（TFLOPS，行可扩展），适合训练和推理阶段计算	算力有限，水平扩展性差，更适合推理阶段前向计算
时延	主要的时延来自网络传输和计算开销	本地计算无网络开销或者开销很低，实时响应要求高
网络依赖	强依赖	弱依赖
能耗	百瓦以上	几十瓦，能耗比高
系统架构	开放，高度集中	封闭，架构分散
多样性	标准化程度高，CPU/GPU/NPU	多样性芯片架构，SoC 多
研发成本	配套完善，可移植性高	配套不完善，可移植性受限

14.3.2　边缘侧部署和推理方式

神经网络模型一大场景就是边缘侧部署，随着越来越多的物联网设备智能化，越来越多的移动端系统中开始部署神经网络模型。移动端部署应用常常有以下场景：智能设备、智慧城市、智能工业互联网、智慧办公室等。

边缘侧部署和推理方式常见的有 5 种（图 14.3.2）。

1. 方式一：边缘设备计算

第一种就是纯粹在边缘设备做一个推理，比如在手机、耳机、手环上面做一个简单的推理，如图 14.3.2①所示。许多研究工作都集中在如何减少深度学习在资源受限的设备上执行时的时延。

在这里，我们描述了在高效硬件和 DNN 模型设计方面的主要优化：

- 模型设计：在为资源受限的设备设计 DNN 模型时，机器学习研究人员往往侧重于设计 DNN 模型中参数量较少的模型，从而减少内存和执行时延，同时保持较高的准确性。这些模型包括 MobileNets、SqueezeNet 等。
- 模型压缩：通过模型量化、剪枝和知识蒸馏等压缩手段对模型进行压缩。
- 硬件：设计针对神经网络的专用芯片。

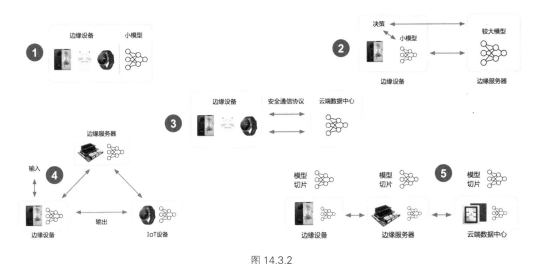

图 14.3.2

2. 方式二：安全计算

将模型部署于数据中心，边缘侧通过安全通信协议将请求发送到云侧，云侧推理返回结果，相当于将计算卸载（Offloading）到云侧。这种方式好处是利用云侧运行提升模型安全性，适合部署端侧无法部署的大模型。完全卸载到云侧有可能违背实时性的需求。过渡方法是可以将模型切片，移动端和边缘侧各有部分模型切片。

3. 方式三：边缘设备 + 云服务器

利用深度学习的结构特点，将一部分层切分放置在设备端进行计算，其他放置在云侧，这种方式也被称作深度学习切片。这种方式一定程度上能够比方式二降低时延，由于其利用了边缘设备的算力，但是与云侧通信和计算还是会带来额外开销。这种方式的动机是，经过前几层的计算后，中间结果变得非常少。

使用这种方式部署很多时候是由于有一些数据是不出端的，用户对这些数据的隐私保护要求非常严格。例如相册的推荐，华为相册中对人像、事物、美食做了归类，这种归类数据是不出端的。这个时候会做一个小模型，在端内做一个简单的决策，这个小模型会通过大模型对大量的数据进行训练，训练完之后再推过来。

4. 方式四：分布式计算

上述方法主要考虑将计算从终端设备卸载到其他更强大的设备（如边缘服务器或云服务器）。另一种工作是从分布式计算的角度考虑问题，将 AI 任务分解并在多个辅助边缘设备上并行处理。通过精细的模型切片策略，这些边缘设备根据自身的计算和内存能力来承载不同的计算片段。在实际操作中，DeepThings 通过负载均衡来优化输入数据的处理，而 MoDNN 则采用了类似 MapReduce 的框架来管理分布式计算，提高整体效率和响应速度。

5. 方式五：跨设备卸载

最后一种方式是利用 DNN 独特的层的结构，让一些层在边缘设备上计算，一些层由边缘服务器或云侧计算。这种方法可以通过利用其他边缘设备的计算周期来潜在地提供时延减少，但是还需要注意的是，在 DNN 分区点传递中间结果的时延会影响总体的收益。

小结与思考
- 云侧部署：在云服务器上进行 AI 模型推理，具有高吞吐量和集中管理的优势，但需要解决网络时延、高成本和数据隐私保护的问题。
- 边缘侧部署：在边缘设备上执行 AI 模型推理，以降低时延和节省带宽，面临硬件资源有限、数据分散和安全性风险等挑战。

14.4 推理系统架构

推理系统架构是人工智能领域中的一个关键组成部分，它负责将训练好的模型应用于实际问题，从而实现智能决策和自动化。在构建一个高效的推理系统时，我们不仅需要考虑其性能和准确性，还需要确保系统的可扩展性、灵活性以及对不同业务需求的适应性。

14.4.1 推理、部署、服务化

推理、部署和服务化是构建高效、可靠的机器学习系统不可或缺的三个环节。它们共同构成了从模型训练到实际应用的桥梁，确保了模型能够在真实世界中发挥其预测和决策的能力。推理阶段关注利用训练好的模型进行高效计算和生成输出，部署阶段涉及将模型迁移到生产环境并优化其性能，服务化阶段则将模型转化为可以被实际应用调用的服务。接下来，我们将探讨推理、部署和服务化这三个阶段，以及它们如何协同工作，共同支撑起一个高效、稳定的推理系统。通过对这些环节的深入理解和实践，我们可以确保机器学习模型在各种应用场景中实现最佳性能，并为用户提供可靠的解决方案。

1. 推理（Inference）

推理是指在机器学习和深度学习中使用训练好的模型对新数据进行处理并生成输出结果的过程。这个过程可以看作是模型前向计算的一部分。模型接受输入数据，通过其内部的参数和架构进行计算，最终输出预测结果。推理阶段的高效性和准确性是衡量一个模型实用价值的重要标准。

推理与预测虽然有时被混用，但在技术细节和应用场景上有所不同。推理侧重于模型内部的计算过程，而预测则更多涉及统计学和数据分析领域。在实际应用中，推理通常是模型运行的一部分，而预测可能包括更多的统计处理和数据解读。

推理过程的优化是一个重要研究方向。为了加快推理速度、减少计算资源的消耗，工程师们常常会使用模型压缩技术，如量化、剪枝和蒸馏。此外，硬件加速（如 GPU、NPU）和专用芯片（如 AI 加速器）也是提高推理效率的重要手段。

2. 部署（Deployment）

训练得到的模型并不仅仅是为了学术研究，最终目的是应用于实际问题的解决。因此，模型的部署是一个至关重要的阶段。模型部署涉及将训练好的模型从开发环境迁移到生产环境，使其能够处理真实世界的数据并生成有用的结果。

模型部署的过程包括多个步骤和挑战：

● **移植**：将模型从开发环境迁移到生产环境，这可能涉及不同的操作系统、硬件平台和软件框架。

● **压缩**：为了在有限的计算资源下运行，模型需要进行压缩。常见的方法包括模型剪枝、量化和蒸馏，这些技术可以减少模型的参数数量和计算复杂度。

● **加速**：使用专用的硬件（如 GPU、TPU）和优化的算法（如图计算库、并行计算）来加速模型的推理过程。

● **监控和维护**：部署后的模型需要持续监控其性能，并进行必要的维护和更新，以确保其

在实际应用中始终保持高效和准确。

3. 服务化（Serving）

在模型部署的过程中，服务化是实现模型高效应用的关键步骤。服务化指的是将模型封装成一个可以供其他系统或用户调用的服务。这种服务化可以通过多种方式实现，包括 SDK 封装、应用集成和 Web 服务。

- SDK 封装：将模型的推理功能封装成一个软件开发工具包（SDK），开发者可以将其集成到自己的应用程序中。这种方式适用于需要在本地设备上进行推理的应用，如移动应用和嵌入式系统。
- 应用集成：直接将模型集成到现有的应用程序中，使其成为应用的一部分。这种方式适用于那些需要紧密结合模型功能和业务逻辑的场景。
- Web 服务：将模型部署为一个 Web 服务，对外暴露 API 接口（如 HTTP(S)、gRPC 等）。这种方式使得模型可以被远程调用，适用于需要跨平台、跨设备访问模型的场景。

服务化的优势在于可以灵活地将模型功能暴露给不同的用户和系统，支持多种访问方式，并且可以方便地进行版本管理和更新。此外，通过 Web 服务，可以实现模型的分布式部署和负载均衡，从而提高系统的可用性和响应速度。

14.4.2　英伟达 Triton 推理服务

英伟达 Triton Inference Server（简称 Triton）是一个高性能、可扩展的开源推理框架。Triton 旨在为用户提供云侧和边缘侧推理的部署解决方案，支持多种神经网络模型和框架。

Triton 的主要特点包括 6 点。

- **高性能**：通过优化模型加载、执行和卸载的流程，Triton 显著提高了推理性能。
- **可扩展性**：支持水平扩展和垂直扩展，能够适应不同的计算资源和负载需求。
- **多框架支持**：兼容 TensorFlow、PyTorch、ONNX 等主流 AI 框架。
- **模型优化**：集成 TensorRT 等优化工具，进一步提升模型推理性能。
- **灵活性**：提供灵活的部署选项，支持公有云、私有云和边缘设备。
- **安全性**：支持安全传输和访问控制，保障推理服务的安全性。

作为一个强大的推理框架，Triton 能够满足多样化的 AI 应用需求，帮助企业和开发者构建高效、可靠的推理服务。Triton 还拥有活跃的开源社区，提供了丰富的文档、示例和工具，帮助开发者快速上手和部署推理服务。本小节将以 Triton 为例，介绍推理系统的架构和实现原理。

14.4.3　模型生命周期管理

模型版本管理是机器学习和深度学习中不可或缺的一部分。它允许开发者跟踪、比较和部署不同版本的模型。版本管理可能会产生不同需求，比如随着数据积累和算法改进，模型需要不断迭代以提高性能；或是在模型开发过程中，需要记录不同实验的结果，以便比较和选择最佳模型；如果新部署的模型表现不佳，需要能够快速回滚到之前的稳定版本；而在团队中，往往需支持并行开发，即允许多个团队或个人同时在不同版本上进行开发，而不互相干扰。

金丝雀策略和回滚策略是模型生命周期管理中的典型实践，它们帮助确保模型的持续迭代和稳定性。金丝雀策略通过逐步部署新版本来降低风险，而回滚策略则提供了一种快速恢复到稳定状态的方法。

1. 金丝雀策略

金丝雀发布（Canary Deployment）是一种逐步部署和验证新版本软件的策略，得名于过去矿工用金丝雀检测矿井中是否存在有毒气体的做法。在机器学习模型或软件服务的上下文中，该策略旨在最小化新版本可能引入的风险，通过逐步将一小部分流量导向新版本，同时保持大部分流量在已知稳定的旧版本上，如图 14.4.1 所示。

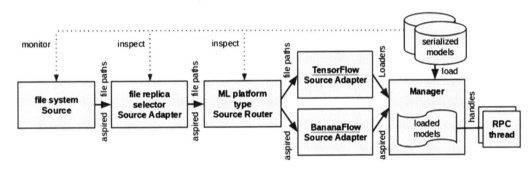

图 14.4.1

首先，需要一个灵活的路由系统，能够根据预定义的规则（如用户 ID 的哈希值、地理位置或随机分配）将请求分发到新旧两个模型版本。这样可以确保每个版本都处理一部分真实用户请求，为性能和准确性提供实际测试环境。

在推理服务过程中需要进行监控与评估，关键在于实时监控两个版本的表现，这包括但不限于精度、响应时间、资源消耗等指标。利用 A/B 测试框架，对比新旧模型在相同条件下的表现差异，确保新模型不仅在理论上改进，而且在实践中也确实提升了用户体验或业务指标。

基于监控数据，系统可以自动判断新模型是否达到预期标准，或者提供给运维人员决策依据。如果新模型表现不佳，应能快速回滚到之前的稳定版本；如果表现良好，则可逐步增加流向新模型的流量比例，直至完全替换旧版本。

● **优势**：①风险降低，通过逐步部署新模型，降低了全面部署可能带来的风险。②性能比较，允许直接比较新旧模型的性能，为决策提供数据支持。③灵活性，提供了灵活的切换机制，根据性能评估结果调整部署策略。

实施金丝雀策略需要额外的计算资源来并行运行两个模型版本，尤其是在大规模服务中。因此，合理规划资源分配，确保高峰期也能维持服务稳定性，是成功实施的关键因素之一，以避免用户暴露于可能存在缺陷的模型。

2. 回滚策略

回滚策略是故障恢复机制的重要组成部分，旨在快速应对生产环境中发现的严重问题，通过恢复到一个已知稳定的状态来最小化影响。

回滚具有快速响应机制，一旦检测到新部署的模型存在严重缺陷或性能下降，系统应立即触发回滚流程。这要求监控系统具备高度敏感性和准确性，能够迅速识别问题并触发报警。

为了实现高效的回滚，必须维护一个清晰的模型版本历史记录，并能够快速定位和部署指定的旧版本。这通常涉及版本控制系统和模型仓库的使用，确保每个模型版本的可追溯性和可部署性。

回滚过程应该尽可能平滑，减少对用户的影响。这意味着卸载有问题的新版本和装载选定的旧版本的操作顺序要经过精心设计，确保服务中断时间最短，甚至实现无中断切换。

完成回滚后，重要的是分析问题原因，修复缺陷，并通过再次实施金丝雀发布等策略安全地重新部署修复后的版本。此外，建立从回滚中得到的经验教训反馈机制，有助于优化未来的部署流程和提高系统的韧性。

- **优势**：①快速响应，允许快速从问题版本回滚到稳定版本，减少服务中断时间。②灵活性，提供了灵活的配置选项，适应不同的回滚需求。③稳定性保障，确保服务的稳定性和可靠性，保护用户免受缺陷影响。

小结与思考

- 推理系统架构是实现机器学习模型从训练到实际应用的关键桥梁，涉及推理、部署和服务化 3 个重要环节。
- 模型生命周期管理包括金丝雀策略和回滚策略，确保模型的持续迭代和稳定性，降低新版本部署风险，快速应对可能的问题。

14.5　推理引擎架构

在深入探讨推理引擎的架构之前，让我们先来概述一下推理引擎的基本概念。推理引擎作为人工智能系统中的关键组件，负责将训练好的模型部署到实际应用中，执行推理任务，从而实现智能决策和自动化处理。随着 AI 技术的快速发展，推理引擎的设计和实现面临着诸多挑战，同时也展现出独特的优势。

本节将详细阐述推理引擎的特点、技术挑战以及如何应对这些挑战，为读者提供一个较为全面的视角。同时，我们将深入探讨推理引擎的架构设计，从模型转换工具到端侧学习，再到性能优化和算子层的高效实现，通过对这些关键技术点的一一解析，以期为构建高效、可靠的推理引擎提供理论支持和实践指导。

14.5.1　推理引擎特点

推理引擎，作为人工智能和机器学习领域的重要组成部分，其设计目标在于提供一个灵活、高效且易于使用的平台，用于部署和运行已经训练好的模型，完成从数据输入到预测输出的全过程。推理引擎拥有轻量、通用、易用和高效四个特点。

- **轻量**：①资源占用少，轻量级推理引擎设计时会注重减少对计算资源（如 CPU、内存）的需求，使其能在低功耗设备上运行，如移动端设备、边缘计算节点等。②体积小，引擎本身的代码库和依赖较小，便于快速部署和更新，减少对存储空间的需求。③快速启动，启动速度快，能够迅速进入工作状态，这对于需要即时响应的应用场景尤为重要。
- **通用**：①多模型支持，支持广泛的机器学习和神经网络模型格式，包括但不限于 TensorFlow、PyTorch、ONNX 等，确保了不同框架训练的模型都能被兼容和部署。②跨平台能力，推理引擎能够在多种操作系统和硬件平台上运行，无论是 Linux、Windows，还是嵌入式系统，都能保证服务的连续性和一致性。③广泛应用领域，适用于图像识别、语音处理、自然语言处理等多个领域，满足不同行业和场景的 AI 应用需求。
- **易用**：①简化部署流程，提供简洁的 API 和工具链，使得用户无需深入了解底层技术细节即可快速部署模型。②可视化工具，很多推理引擎会配套图形界面或 Web 管理面板，便于用户监控模型性能、调整参数和管理服务。③文档与社区支持，良好的文档资料和活跃的开发者社区，可以帮助新用户快速上手，解决遇到的技术问题。
- **高效**：①高性能推理，通过优化算法、并行计算、硬件加速（如 GPU、TPU）等方式，最大化提升推理速度，降低时延。②资源管理，动态调整计算资源分配，根据负载自动扩缩容，确保高吞吐量的同时，也保持资源使用效率。③模型优化，支持模型压缩、量化等技术，减小模型体积，提高推理效率，尤其适合资源受限环境。

其中，易用与高效两大特性尤为关键，它们直接关系到技术解决方案的普及度与实际成效。一方面，易用性确保了技术的可接近性，加速了 AI 解决方案从概念验证到生产环境的转化过程，是推动 AI 技术从实验室走向广泛商用的桥梁。另一方面，高效性关乎推理速度和时延，还涉及资源的有效管理与优化，不仅是技术实力的体现，也是实现商业价值最大化的关键所在。

1. 轻量级

轻量级推理引擎的设计哲学围绕着"简约而不简单"的原则展开，旨在打造既功能完备又资源友好的解决方案，使之成为连接智能应用与广泛设备的桥梁。其核心优势不仅仅局限于体积小和资源占用低，更在于如何在有限的资源约束下，最大化地发挥出 AI 模型的潜力。

1）零依赖

轻量级推理引擎从架构设计之初就追求极致的纯净与独立，确保主体功能无任何外部依赖。

这意味着，它的代码库经过精心裁剪与优化，只保留最关键、最核心的部分，从而能够轻松部署到资源受限的环境中，比如移动设备、IoT 传感器，乃至各类嵌入式系统中。这种零依赖的特性，大大简化了部署流程，降低了维护成本，使得即便是计算和存储资源有限的设备也能享受到 AI 技术带来的便利。

2）压缩与量化

面对模型体积大、部署不便的挑战，轻量级推理引擎通过支持 FP16/INT8 精度的模型更新与量化技术，巧妙地在模型精度与体积之间找到了平衡点。FP16（半精度浮点数）相较于传统的 FP32（单精度浮点数），可以将模型大小几乎减半；而 INT8（8 位整数）量化则更为激进，通常能将模型体积压缩至原始大小的 25% ~ 50%，同时尽量保持模型的预测精度。这种压缩与量化策略，在不牺牲过多性能的基础上，大幅提升了模型部署的便捷性，让即使是复杂的神经网络模型也能轻松运行在各种轻型设备上。

2. 通用性

通用性作为推理引擎的核心特性之一，其设计目的旨在打破技术壁垒，实现无缝对接多样化需求，在模型兼容性、网络结构支持、设备与操作系统适配性上，都展现了极高的灵活性与包容性，确保了 AI 技术在广阔的应用场景中畅通无阻。

1）广泛兼容

推理引擎的通用性首先体现在对主流模型文件格式的广泛支持上，无论是 TensorFlow、PyTorch 这类深度学习领域的重量级框架，还是 MindSpore、ONNX 这样新兴的开放标准，都能被顺利读取与执行。这意味着开发者无需担心模型来源，可以自由选择最适合的训练工具，享受技术栈的多样性。此外，对于卷积神经网络(CNN)、循环神经网络(RNN)、生成对抗网络(GAN)、Transformer 等当前主流的网络结构，引擎均能提供全面的支持，满足从图像识别、自然语言处理到复杂序列生成等多样的任务需求。

2）动态处理

在实际应用中，模型往往需要处理不同维度、多变的数据类型。通用性推理引擎通过支持多输入多输出、任意维度的输入输出配置，以及动态输入处理能力，为复杂模型部署提供了坚实的基础。特别是对于那些含有条件分支、循环等控制流逻辑的模型，引擎同样能提供有效支持，确保这些高级功能在推理阶段得到准确执行，这对于实现更智能化、适应性更强的应用至关重要。

3）跨平台部署

从服务器集群到个人电脑，再到手机乃至嵌入式设备，通用性推理引擎的足迹遍布所有具备 POSIX 接口的计算平台。这种跨平台的能力不仅限于硬件层面，更深入到操作系统级别。无论是 Windows、iOS、Android 这类的消费级操作系统，还是 Linux、ROS（Robot Operating System）这类面向专业应用的操作系统，都能在其中找到推理引擎的身影。这种广泛的兼容性极大拓宽了 AI 技术的应用范围，无论是云侧大规模服务、桌面应用程序，还是移动终端乃至物联网设备，都能轻松集成 AI 能力，释放智能潜能。

3. 易用性

易用性是衡量一个 AI 推理引擎是否能够被广泛采纳和高效利用的关键指标。它不仅要求技术解决方案对用户友好，还要能够降低开发门槛，提高工作效率，让开发者能够聚焦于创新，推动 AI 技术的广泛应用。

1) 算子丰富

推理引擎内置了丰富的算子库。这些算子设计用于执行常见的数值计算任务，如矩阵运算、统计分析、线性代数操作等，其功能广泛覆盖了 Numpy 这一科学计算库中的常用功能。这种设计让熟悉 Numpy 的开发者能够无缝过渡，利用熟悉的语法快速实现数据预处理和后处理逻辑，无需从头学习新的数学运算方法，大大提升了开发效率与代码的可读性。此外，通过直接映射 Numpy 接口，工程师可以轻松复用现有的 Numpy 代码片段，减少重复工作，加速项目进度。

2) 特定模块支持

推理引擎会对特定领域，如针对计算机视觉(CV)和自然语言处理(NLP)这两大核心 AI 领域，提供专门的模块与工具包，封装大量经过优化的算法与模型，使得开发者能够快速搭建起复杂的应用系统。例如，在 CV 领域，引擎一般包含图像增强、目标检测、图像分类等预置模块；而在 NLP 方面，则会提供词嵌入、语义分析、机器翻译等功能。这些模块不仅简化了模型的构建过程，还通过高度优化的实现，保障了应用的性能表现，使得开发者能够更加专注于业务逻辑的实现，而非底层技术细节。

3) 跨平台训练能力

为了满足不同场景下模型开发的需求，推理引擎不仅支持模型的跨平台推理，还扩展到了模型训练阶段。无论开发者身处何种操作系统环境，都能够便捷地进行模型的训练与微调。这种灵活性意味着研究者可以在资源丰富的服务器上训练复杂模型，随后无缝迁移到其他平台进行测试或部署，极大地促进了研发流程的连贯性和效率。同时，跨平台训练支持也意味着团队成员即便使用不同的开发环境，也能保持工作的协同性，降低了协作成本。

4) 丰富的接口与文档

强大的 API 接口是推理引擎易用性的另一大体现。良好的 API 设计应当简洁直观，同时涵盖广泛的功能，允许开发者通过少量代码就能调用复杂的内部逻辑。从模型加载、数据输入输出，到模型预测、性能监控，每一个环节都应有详尽的 API 支持。此外，高质量的文档与示例代码是不可或缺的，它们能够帮助新用户迅速上手，也为资深开发者提供深入探索的路径。通过文档和教程，用户可以快速了解如何最有效地利用引擎的各项功能，从而缩短从想法到实现的距离。

4. 高性能

高性能是推理引擎的灵魂，它直接决定了 AI 应用的响应速度、资源消耗以及用户体验。为了在多样化的硬件平台上实现最佳推理性能，推理引擎采用了多方面的策略和技术优化，确保在 iOS、Android、PC 等不同设备上，无论是哪种硬件架构或操作系统，都能充分挖掘设备潜能，实现高效运行。

1）深度适配

针对不同设备的硬件架构和操作系统，推理引擎实现了精细的适配策略。这不仅仅是要支持在前几个小节中提到的"跨平台"，而是更进一步，无论是基于 ARM 还是 x86 的处理器，抑或是 iOS、Android、Windows、Linux 等操作系统，引擎都能智能识别并调整运行模式，确保在单线程下也能高效运行神经网络模型，逼近甚至达到设备的算力极限。这种深层次的适配不仅考虑了硬件的基本特性，还优化了系统调度，减少了不必要的开销，确保每一滴计算资源都被有效利用。

2）定制优化

对于搭载 GPU、NPU 等加速芯片的设备，推理引擎进行了针对性的深度调优。例如，利用 OpenCL 框架对图形处理器进行极致的推理性能优化，确保计算密集型任务能够快速执行；而 Vulkan 方案则在减少初始化时间和优化渲染管道上展现出优势，特别适合需要快速启动和连续推理的场景。这些定制化的优化策略，确保了在各类加速硬件上的高效推理，进一步提升了整体性能表现。

3）低级优化

为了榨干硬件最后一丝算力，推理引擎在核心运算部分采用了 SIMD 指令集和手写汇编代码。SIMD 技术允许一条指令同时对多个数据进行操作，大大提高了并行处理能力，尤其是在向量运算和矩阵乘法等常见于深度学习计算的任务中。而手写汇编则针对特定硬件指令集（如 ARMv8.2、AVX512）进行编码，通过直接控制硬件资源，实现了对特定 Kernel 算法的性能优化，这在计算密集型任务中效果显著。

4）多精度计算

针对不同场景的性能需求，推理引擎支持 FP32、FP16、INT8 等多种精度的计算模式。这种灵活性不仅有助于在保持模型预测精度的同时，显著降低计算和内存需求，还使得引擎能够更好地匹配不同硬件对精度支持的偏好。通过采用低精度计算，推理引擎能够在一些受支持的平台上实现更快的推理速度和更优的能效比。

一款好的推理引擎可以为用户服务带来实质性的收益，如图 14.5.1 展示的柱状图，每个柱状图代表不同推理引擎在不同型号手机上的性能对比。图 14.5.1 中的推理引擎有 NCNN、MACE、TF-Lite、CoreML 和 MNN。

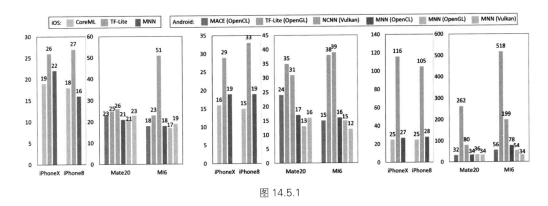

图 14.5.1

14.5.2　推理引擎技术挑战

在 AI 技术的快速发展与普及过程中，推理引擎作为连接模型与实际应用的桥梁，面临着一系列复杂的技术挑战，这些挑战主要集中在需求复杂性与程序大小的权衡、算力需求与资源碎片化的矛盾，以及执行效率与模型精度的双重要求上。

1. 需求复杂性与程序大小

随着 AI 应用领域的不断拓宽，模型的多样性和复杂度急剧增加，这给推理引擎提出了首个挑战：如何在有限的程序大小内实现对广泛模型的支持。AI 模型通常由成千上万的算子构成，涵盖了从基础的矩阵运算到复杂的卷积、递归网络等，而推理引擎必须设计出一套精简而又强大的算子集，用于模拟这些多样化的运算。这意味着引擎开发团队需要不断创新，通过算法优化、算子融合等技术，以少量的核心算子实现对各类模型的高效支持，同时还要考虑程序的可扩展性，以便未来容纳更多新型模型的接入，这无疑是一项既考验技术深度又考验策略智慧的任务。

应对 AI 推理引擎在需求复杂性与程序大小之间权衡的挑战，可以采取一系列综合策略和技术革新，确保在满足日益增长的模型复杂性需求的同时，保持程序的高效和精简。

- **模块化与插件化设计**：设计高度模块化的架构，使得每个模块专注于处理特定类型的计算或操作。这样不仅可以使核心程序保持精简，还能通过插件形式轻松添加或替换模块来支持新的模型或算子，增强系统的灵活性和可扩展性。
- **算子优化与融合**：深入分析模型中的算子，通过算法优化减少计算冗余，提高单个算子的执行效率。算子融合技术则是将多个连续且兼容的算子合并为一个，减少数据搬运和内存访问次数，从而在不增加程序大小的前提下提升运行速度。
- **动态编译与代码生成**：利用即时（JIT）编译或者静态编译时的优化技术，根据输入模型的具体结构动态生成最优化的执行代码。这种方法可以针对特定模型定制化生成执行逻辑，避免了通用解决方案带来的额外开销，有效平衡了性能与代码体积。

2. 算力需求与资源碎片化

AI 模型的运行离不开强大的计算资源支持，尤其是面对诸如图像识别、自然语言处理等高计算量任务时。然而，实际应用场景中计算资源往往是碎片化的，从高性能服务器到低功耗的移动设备，算力和内存资源差异巨大。推理引擎需要在这片资源的"拼图"中寻找最优解，既要保证模型的高效执行，又要适应各类硬件环境。这要求引擎具备出色的适配能力，包括但不限于硬件加速技术的运用（对 GPU、NPU 加速）、动态调整算法策略以适应不同计算单元，以及智能的资源调度算法，以确保在有限的资源下也能发挥出最大的算力效能。

应对 AI 推理引擎在算力需求与资源碎片化之间的矛盾，也有一些新兴的技术方案，实现灵活应对算力需求，实现高效、低耗的模型推理，满足不同场景下的应用需求。

- **模型分层与多级缓存**：将模型拆分为不同的计算层，每层根据其计算特性和资源需求部署在最适合的硬件上。采用多级缓存策略，减少跨硬件的数据传输时延，提高整体执行效率。
- **自适应推理技术**：开发自适应推理算法，根据当前设备的硬件配置动态调整模型的精度与计算复杂度。例如，在资源有限的设备上运行轻量级模型或进行模型裁剪，而在资源丰富的环境中则加载完整模型以追求更高精度。
- **异构计算整合**：充分利用异构计算资源，通过有效的任务分解和负载均衡机制，将计算密集型任务分配给高性能硬件（如 GPU），而将控制流和轻量级计算留给 CPU，实现整体性能的最大化。
- **动态资源调度**：设计智能的资源调度算法，实时监控系统资源状态和任务队列，动态调整任务优先级和资源分配，确保高优先级或时间敏感型任务得到及时处理。
- **边缘计算与分布式推理**：利用边缘计算将部分计算任务从云侧转移到靠近数据产生的边缘设备上，减少数据传输时延。对于特别复杂的模型，可以采用分布式推理技术，将模型分割并在多台设备上并行计算，最后汇总结果。

3. 执行效率与模型精度

在追求高速推理的同时，保持模型预测的准确性是另一个核心挑战。一方面，为了提高执行效率，模型压缩、量化技术常被采用，这虽然能显著减少模型体积、加快推理速度，但可能会以牺牲部分精度为代价。另一方面，业务场景往往对模型的精度有着严格要求，特别是在医疗诊断、金融风险评估等领域，任何微小的精度损失都可能导致重大后果。因此，推理引擎在设计上必须巧妙平衡这两方面的需求，通过算法优化、混合精度推理，以及对特定模型结构的定制优化等策略，力求在不明显影响模型精度的前提下，实现推理效率的最大化。这不仅是一个技术挑战，也是对工程实践智慧的考验，需要不断地试错、优化与迭代，以找到最合适的平衡点。

应对 AI 推理引擎在执行效率与模型精度的双重要求，则可以使用一些关键策略，满足多样化业务场景的严苛要求。

- **知识蒸馏**：通过知识蒸馏技术，用一个大而精确的教师模型去训练一个较小的学生模型，让学生模型在保持较高精度的同时拥有更快的推理速度。这种方法可以在不直接牺牲模型精度的前提下，实现模型的小型化和效率提升。
- **量化与微调**：虽然量化技术会降低模型的精度，但通过细致的量化方案选择（如对敏感层采取不同的量化策略）和后续的微调步骤，可以在很大程度上恢复损失的精度。微调过程可以让模型在量化后的新精度水平上重新学习，优化权重，最小化精度损失。
- **模型剪枝与稀疏化**：通过对模型进行剪枝，移除对最终预测贡献较小的权重或神经元，减少计算量。同时，利用稀疏计算技术进一步减少计算负担，许多现代硬件已支持高效的稀疏矩阵运算。精心设计的剪枝策略可以大幅降低计算需求而不显著影响模型表现。
- **缓存与预计算策略**：对频繁访问的数据或计算结果进行缓存，减少重复计算，特别是在循环或递归模型中。预计算某些静态或几乎不变的特征，进一步加速推理流程。

14.5.3　整体架构

推理引擎作为人工智能应用的核心组件，其架构设计直接关系到模型在实际部署环境中的效率、灵活性和资源利用率。整体架构可以细分为优化阶段和运行阶段，每个阶段都包含了一系列关键技术以确保模型能够高效、准确地运行于目标设备上。

优化阶段聚焦于将训练好的模型转换并优化成适合部署的形式：

- **模型转换工具**负责将模型从研究阶段的格式转换为高效执行的格式，并进行图优化，减少计算负担。
- **模型压缩**通过技术如剪枝、量化、知识蒸馏等减小模型大小，使之更适用于资源有限的环境。
- **端侧学习**允许模型在部署后继续学习和适应新数据，无需返回服务器重新训练，提升了模型在特定场景或用户个性化需求下的表现。
- **其他组件**包括 Benchmark 工具，用于性能评测和调优指导，以及应用演示（App Demos），服务于模型能力展示与实战反馈收集，共同助力模型的高效部署与持续优化。

运行阶段确保模型在目标设备上的高效执行：

- **调度层**管理模型加载、资源分配及任务调度，根据设备情况灵活安排计算任务。
- **执行层**直接执行模型计算，针对不同硬件优化运算逻辑，有效利用 CPU、GPU 等资源。

1. 模型转换工具

模型转换工具是 AI 应用部署流程中的基石，它不仅涉及将模型从训练环境迁移到推理环境的基本格式转换，还深入计算图级别的精细优化，以确保模型在目标平台上高效、稳定地运行（图 14.2.4）。

1）模型格式转换

模型转换首先面临的是格式的跨越。想象一个模型，最初在如 TensorFlow、PyTorch 或 MindSpore 这样的科研友好型框架下被训练出来，它的原始形态并不直接适用于生产环境中的推理引擎。因此，转换工具承担起了"翻译者"的角色，将模型从其诞生的框架语言翻译成一种或多种行业广泛接受的标准格式，如 ONNX，这不仅增强了模型的可移植性，也为模型的后续处理和部署提供了通用的接口。

- **跨框架兼容性**：支持将模型从一种框架（如 TensorFlow、PyTorch）转换为另一种（如 ONNX、TensorRT），使得模型能够在不同的推理引擎上执行，增强了应用开发的灵活性和平台的通用性。

- **版本适应性**：解决因框架升级导致的模型兼容问题，确保旧模型可以在新版推理引擎上正确运行，或新模型能回溯支持老版本系统。

- **标准化输出**：转换后的模型通常被格式化为一种或多种行业标准格式，如 ONNX，这种标准化促进了生态系统中工具和服务的互操作性。

2）计算图优化

然而，格式转换仅仅是冰山一角。真正的挑战在于如何对计算图进行深度优化，这是决定模型能否高效执行的关键。计算图，作为神经网络结构的数学抽象，其优化涉及对图结构的精细剖析与重塑。其中，算子融合、布局转换、算子替换与内存优化构成了优化的核心四部曲，每一步都是对模型性能极限的深入探索与精心雕琢。

- **算子融合**

算子融合宛若匠人之手，将计算图中相邻且兼容的多个基本运算合并为一个复合操作。这一过程减少了运算间的数据传输成本，消除了不必要的内存读写，使得数据流动更为顺畅。例如，将 Conv 卷积操作紧随其后的 BatchNorm 归一化和 ReLU 激活函数融合为一体（参见第 10 章图 10.3.7），不仅缩减了计算图的复杂度，还充分利用了现代硬件对连续计算的支持，加速了计算流程。融合策略的巧妙应用，要求对底层硬件架构有着深刻理解，确保每一步融合都精准贴合硬件的并行计算优势。

- **布局转换**

布局即数据在内存中的组织方式。布局转换优化是对数据存取路径的重构，旨在最小化内存访问时延，最大化数据复用，特别是在神经网络模型广泛依赖的矩阵运算中，合理的布局选择能显著提升计算密集型任务的执行速度。例如，从 NHWC 到 NCHW 的转换，或是其他特定硬件偏好的布局格式调整，虽看似简单，实则深刻影响着内存访问模式与带宽利用。

如 NHWC 是 TensorFlow 等一些框架中默认使用的布局，尤其在 CPU 上较为常见。N 代表批量大小（Batch Size），H 代表高度（Height），W 代表宽度（Width），C 代表通道数（Channels），RGB 中，C=3。NCHW 布局更受 CUDA 和 cuDNN 等 GPU 库的青睐，尤其是在进行深度学习加速时。

例如，一个处理单张 RGB 图像的张量布局为 NHWC 时，形状表示为[1, 224, 224, 3]，意味着 1 个样本，图像尺寸为 224 像素×224 像素，3 个颜色通道。同样的例子，在 NCHW 布局下，张量形状会是[1, 3, 224, 224]。假设我们要在一个简单的 CNN 层中应用卷积核，对于每个输出位置，都需要对输入图像的所有通道执行卷积计算。

NHWC 布局下，每次卷积操作需要从内存中顺序读取不同通道的数据（因为通道数据交错存储），导致频繁的内存访问和较低的缓存命中率。

NCHW 布局下，由于同一通道的数据连续存储，GPU 可以一次性高效地加载所有通道的数据到高速缓存中，减少了内存访问次数，提升了计算效率。

因此，虽然布局转换本身是一个数据重排的过程，但它能够显著改善内存访问模式，减少内存带宽瓶颈，最终加速模型的训练或推理过程，特别是在硬件（如 GPU）对特定布局有优化的情况下。

- **算子替换**

面对多样化的硬件平台，原生模型中的某些算子可能并非最优选择。算子替换技术正是基于此洞察而生，通过对计算图的深度剖析，识别那些性能瓶颈或不兼容的算子，并以硬件友好、效率更高的等效算法予以替代。这一替换策略，如同为模型量身定制的高性能组件升级，不仅解决了兼容性问题，更是在不牺牲模型准确性的前提下，挖掘出了硬件潜能的深层价值。

- **内存优化**

在计算资源有限的环境下，内存优化是决定模型能否高效运行的关键。这包括但不限于通过循环展开减少临时变量，采用张量复用策略减小内存占用，以及智能地实施缓存策略加速重复数据的访问。内存优化是一场对空间与时间的精密权衡，它确保模型在推理过程中既能迅速响应，又能保持较低的内存足迹，尤其在嵌入式系统或边缘设备上，这一优化的重要性尤为凸显。

2. 模型压缩

模型压缩作为 AI 领域的一项核心技术，也是推理引擎架构中不可缺少的一部分，它旨在通过一系列精巧的策略减少模型大小，同时保持其预测性能尽可能不变，甚至在某些情况下加速训练和推理过程。这一目标的实现，离不开量化、知识蒸馏、剪枝以及二值化等关键技术的综合运用，它们各自以独特的方式对模型进行"瘦身"，而又尽可能不牺牲其表现力。这些内容将会在后续章节中详细讲解，故此处只作简单介绍。

1）量化

量化技术的核心思想在于，将模型中的权重和激活函数从高精度浮点数转换为低精度数据类型，如 8 位整数甚至二进制形式。这一转换不仅显著降低了模型的存储需求，也因为低精度运算在现代硬件上的高效实现而加速了推理过程。当然量化过程中需要精心设计量化方案，如选择合适的量化区间、量化策略和误差补偿方法，以确保精度损失控制在可接受范围内，实现性能与精度的平衡。

2）知识蒸馏

知识蒸馏，一个形象的比喻，是指利用一个庞大而复杂的"教师"模型（通常是准确率较高的模型）来指导一个较小的"学生"模型学习，使其在保持相对较高精度的同时，模型规模大幅减小。这一过程通过让学生模型模仿教师模型的输出分布或者直接利用教师模型的软标签进行训练，实现了知识的传递。知识蒸馏不仅限于模型大小的缩小，还为模型的轻量化设计开辟了新的思路，尤其是在资源受限的设备上部署模型时。

3）剪枝

剪枝技术，正如其名，旨在去除模型中对预测贡献较小或冗余的权重和连接，实现模型结构的简化。这包括但不限于权重剪枝、通道剪枝和结构化剪枝等策略。通过设定一定的剪枝阈值或利用稀疏性约束，模型中的"无用枝条"被逐一识别并移除，留下的是更为精炼的核心结构。值得注意的是，剪枝过程往往伴随有重新训练或微调步骤，以恢复因剪枝可能带来的精度损失，确保模型性能不受影响。

4）二值化

二值化，顾名思义，是将模型中的权重乃至激活值限制为仅有的两个离散值（通常是+1和–1）。这种极端的量化方式进一步压缩了模型体积，简化了计算复杂度，因为二值化运算可以在位级别高效实现。尽管二值化模型在理论上极具吸引力，实践中却面临着精度下降的挑战，需要通过精心设计的训练策略和高级优化技术来弥补。

3. 端侧学习

端侧学习，作为人工智能领域的一个前沿分支，致力于克服传统云中心化模型训练的局限，通过将学习能力直接赋予边缘设备，如手机、物联网传感器等，实现数据处理的本地化和即时性（图 14.2.4）。这一范式的两大核心概念——增量学习和联邦学习，正在重新定义 AI 模型的训练和应用方式，为解决数据隐私、网络时延和计算资源分配等问题提供了创新途径。

为了支撑高效的端侧学习，一个完备的推理引擎不仅仅是模型执行的平台，它还需要集成数据处理、模型训练（Trainer）、优化器（Opt）以及损失函数（Loss）等核心模块，形成一个闭环的端到端解决方案。

1）数据处理模块

在端侧学习场景下，数据处理模块需要特别考虑资源限制和隐私保护。它负责对原始数据进行清洗、转换和标准化，确保数据格式符合模型输入要求。考虑端设备的计算和存储限制，此模块还应实现高效的数据压缩和缓存策略，减少内存占用和 I/O 操作。例如，采用差分编码或量化技术减少数据传输量，并利用局部数据增强技术提高模型泛化能力，而无需频繁访问云侧数据。

2）Trainer 模块

Trainer 模块在端侧学习中扮演着模型更新与优化的关键角色。不同于云侧的大规模训练，端侧训练往往侧重于模型的微调或增量学习。此模块需要实现轻量级的训练循环，支持快速迭代和低功耗运行。它通过与优化器模块紧密集成，根据从数据处理模块接收到的数据，逐步调整模型权重。在资源受限环境下，Trainer 模块还需支持断点续训和模型检查点保存，确保训练过程的连续性和可靠性。

3）优化器（Opt）模块

优化器模块选择和实施合适的算法来最小化损失函数，指导模型权重的更新。在端侧学习中，常用的优化器如 Adam、RMSProp 等，需要进行定制优化，以减少内存使用和计算复杂度。例如，采用稀疏梯度优化或低精度计算（如 16 位浮点数）来加速训练过程，同时保持模型性能。

4）损失函数（Loss）模块

损失函数定义了模型学习的目标，直接影响模型的预测能力和泛化能力。在端侧学习场景中，损失函数的设计不仅要考虑标准的分类或回归任务需求，还要能反映特定的业务目标或约束条件，比如模型的大小、推理速度或隐私保护需求。例如，可能会采用带有正则化项的损失函数，以促进模型的稀疏性，减少模型尺寸，或者设计隐私保护相关的损失函数，确保模型学习过程中数据的隐私安全。

5）增量学习

增量学习，顾名思义，是一种让模型在部署后继续学习新数据、适应新环境的能力。不同于一次性大规模训练后便固定不变的传统模型，增量学习模型能够根据设备端接收到的新信息逐步自我更新，实现持续的性能优化。这一过程类似于人类的渐进式学习，模型在不断接触新案例的过程中，逐渐积累知识，优化决策边界。技术上，增量学习需克服遗忘旧知识（灾难性遗忘）的问题，通过算法如学习率调整、正则化策略、经验回放等手段保持模型的泛化能力，确保新旧知识的和谐共存。

个性化推荐系统是增量学习的一个典型应用领域。在新闻、音乐或购物应用中，用户每次点击、评分或购买行为都能被模型捕捉并即时反馈至模型，通过增量学习调整推荐算法，使得推荐结果随着时间推移更加贴合用户的个性化偏好。例如，Spotify 的 Discover Weekly 功能，就能通过持续学习用户的听歌习惯，每周生成个性化的播放列表，展现了增量学习在提升用户体验方面的巨大潜力。

6）联邦学习

联邦学习，则为解决数据隐私和跨设备模型训练提供了一条创新路径。在这一框架下，用户的个人数据无需上传至云侧，而是在本地设备上进行模型参数的更新，之后仅将这些更新（而非原始数据）分享至中心服务器进行聚合，形成全局模型。这一过程反复进行，直至模型收敛。联邦学习不仅保护了用户隐私，减少了数据传输的负担和风险，还允许模型从分布式数据中学习到更加丰富和多样化的特征，提升了模型的普遍适用性。其技术挑战在于设计高效且安全的参数聚合算法，以及处理设备异构性和通信不稳定性带来的问题。

（1）横向联邦学习聚焦于那些拥有相同特征空间（即模型输入维度相同）但样本空间不同（覆盖不同用户或数据实例）的参与方。想象一个跨国企业，其在全球不同地区设有分支，每个分支收集了当地用户的购买数据，尽管数据包含的属性（如年龄、性别、购买历史）一致，但记录的顾客群体各异。在横向联邦学习中，这些分支机构无需交换各自的具体用户数据，而是各自利用本地数据训练模型，仅分享模型参数的更新（如梯度或权重变化）到中央服务器。服务器汇总这些更新，更新全局模型后，再分发回各个分支。如此循环，直至模型收敛。这种方式适用于用户特征重叠度高而用户覆盖范围广的场景，如多银行间联合欺诈行为的检测。

（2）与横向联邦学习相反，纵向联邦学习适用于那些数据集中包含大量重叠用户（样本空间相同）但特征维度不同（即各参与方掌握的用户属性不同）的场景。以银行与电商平台的合作为例，银行掌握用户的财务信息（如信用记录、收入水平），而电商平台则拥有消费者的购物行为数据（浏览历史、购买偏好）。两者虽然覆盖的用户群体可能高度重叠，但所拥有的数据特征却互为补充。在纵向联邦学习中，通过在服务器端设计特殊协议，使得不同特征的数据能够在不直接交换的前提下，协同参与模型训练。这可能涉及特征对齐、安全多方计算等技术，以确保特征的隐私和安全。通过这种合作，银行和电商可以共同构建一个更全面的用户画像模型，用于个性化推荐或风险评估，而无需泄露各自的敏感数据。

4. 中间表示

在现代推理引擎的设计与实现中，中间表示扮演了至关重要的角色，它是连接模型训练与实际推理执行之间的桥梁。中间表示的核心目标是提供一种统一、高效的模型描述方式，使得不同来源、不同架构的模型能够被标准化处理，进而优化执行效率并增强平台间的兼容性。这一概念深入到模型优化、编译及执行的每一个环节，其重要性不言而喻（图 14.2.4）。

中间表示为模型提供了丰富的优化空间。对计算图的优化工作大都集中在对模型进行中间表示之后，通过静态分析、图优化等技术，可以对模型进行裁剪、融合、量化等操作，减少计算量和内存占用，提升推理速度。这一过程如同将高级编程语言编译为机器码，但面向的是神经网络模型。

统一的中间表示形式确保模型能够在云、边、端等多类型硬件上自由部署，实现一次转换、处处运行的目标。它简化了针对特定硬件的适配工作，使得模型能在不同环境间无缝迁移，满足多样化应用需求。

围绕中间表示，可以形成一个包含工具链、库函数、社区支持在内的完整生态系统。开发者可以利用这些资源快速实现模型的调试、性能监控和持续优化，加速产品从原型到生产的整个周期。

1）Schema

Schema 作为中间表示的一部分，定义了一套规则或者说是结构化框架，用于描述模型的组成要素及其相互关系。它类似于一种"词汇表"和"语法规则"，使得模型的每一层、每个操作都被赋予了明确且规范的意义。通过 Schema，复杂的神经网络结构可以被抽象为一系列基本操作单元的组合，如卷积、池化、全连接层等，这不仅简化了模型的表示，也为后续的优化提供了基础。

2）统一表达

"统一表达"的理念在于打破模型表述的壁垒，无论原始模型是基于 TensorFlow、PyTorch、

MXNet，还是其他任何框架构建，一旦转换为中间表示形式，它们都将遵循一套共同的语言体系。这种统一性极大降低了模型迁移的成本，使得开发者无需担心底层实现细节，就能在不同的推理引擎或硬件平台上复用模型。更重要的是，它促进了模型优化技术的共享与迭代，因为优化算法可以直接作用于这种标准表示之上，而无需针对每种框架单独开发适配器。

5. Runtime

Runtime，即推理引擎的执行引擎，负责将中间表示形式的模型转换为可执行的指令序列，并将其部署到目标设备上执行（图 14.2.4）。执行引擎不仅仅涉及模型的加载与执行两个基本步骤，还深入涵盖了多种策略和技术，以优化资源利用、提升运行效率，确保在多样化的硬件平台上都能实现高性能表现。我们以自动驾驶为例，来介绍 Runtime 技术在模型推理中的作用。

1）动态 Batch 处理

动态批（Batch）处理技术为推理引擎带来了前所未有的灵活性，它允许系统根据实时的系统负载状况动态地调整批量大小。在负载较轻的时段，如清晨或深夜，当车辆较少、系统接收的图像帧数量降低时，推理引擎能够智能地将多个图像帧合并成一个较大的批次进行处理。这一策略不仅显著提高了硬件资源的利用率，如 GPU 的大规模并行处理能力，而且减少了单位请求的计算开销，使系统能够在较低的负载下维持高效的推理性能。

反之，在高峰时段或紧急情况下，当系统面临高负载的挑战时，动态批处理技术能够迅速减少批量大小，确保每个请求都能得到及时响应，从而保证了自动驾驶系统的即时性和安全性。这种能够根据实时负载动态调整批量大小的能力，对于自动驾驶系统应对不可预测的流量波动至关重要，它不仅提升了系统的稳定性，还确保了在不同负载情况下系统都能保持高效运行。

2）异构执行

现代硬件平台融合了多元化的计算单元，包括 CPU、GPU 以及 NPU 等，每种处理器都拥有其独特的优势。异构执行策略通过智能分配计算任务，能够充分利用这些不同处理器的性能特点。具体而言，该策略会根据模型的不同部分特性和当前硬件状态，将计算任务分配给最合适的处理器执行。例如，对于计算密集型的卷积操作，它们通常会被卸载到 GPU 或 NPU 上执行，因为这类处理器在处理大量矩阵运算时表现出色；而涉及复杂控制流和数据预处理的任务，则更适合交由 CPU 来处理。

对于自动驾驶，物体检测模型经常需要执行多种类型的计算任务。其中，卷积层由于其计算密集型的特性，非常适合在 GPU 或 NPU 上执行，以充分利用其强大的并行处理能力。而逻辑判断、数据筛选等依赖复杂控制流的操作，则更适合在 CPU 上执行。通过采用异构执行策略，自动驾驶系统的推理引擎能够自动将卷积层任务调度到 GPU 等高性能处理器上，同时将数据预处理和后处理任务分配给 CPU 处理，从而实现整体计算流程的高效与快速。这种策略不仅提升了系统的性能，还确保了自动驾驶系统在各种场景下都能保持出色的响应速度和准确性。

3）内存管理与分配

在推理过程中，高效的内存管理和分配策略是确保运行效率的重中之重。这些策略涵盖了多个方面，如重用内存缓冲区以减少不必要的数据复制，智能地预加载模型的部分数据到高速缓存中以降低访问时延，以及实施内存碎片整理机制来最大化可用内存资源。这些措施不仅有助于降低内存占用，还能显著提升数据读写速度，对模型的快速执行起到至关重要的作用。

在自动驾驶车辆的过程中，实时处理高分辨率图像对内存资源提出了极高的挑战。为了应对这一挑战，推理引擎一般采用智能化的内存管理策略。例如，通过循环缓冲区重用技术，推理引擎能够在处理新图像帧之前，复用先前帧所占用的内存空间来存储特征图等中间结果。这种做法不仅避免了频繁的内存分配与释放操作，减少了内存碎片的产生，还显著地提高了内存使用效率和系统的整体响应速度。这些精细化的内存管理策略确保了自动驾驶系统能够高效、稳定地运行，为实时、准确的决策提供支持。

4）大小核调度

在移动设备上，大核（高性能核心）与小核（低功耗核心）之间的性能差异显著，为了最大化硬件资源的使用效率，推理引擎必须能够动态调整计算任务在这两种核心之间的分配。这要求推理引擎具备先进的调度能力，以便根据当前的任务负载和类型，智能地将任务分配给最合适的处理器核心。

对于采用大小核的处理器，推理引擎可以采用精细化的任务调度策略。具体来说，它可以将计算密集型、对性能要求高的任务，如自动驾驶中的车辆路径规划等复杂逻辑运算，分配给高性能大核处理，以确保足够的计算能力和处理速度。而对于数据预处理、简单状态监控等轻量级任务，则可以交给低功耗小核完成，以节约能耗并延长续航时间。

在自动驾驶的场景下，推理引擎的这种动态负载均衡能力显得尤为重要。它可以根据车辆实际运行中的任务需求，实时调整任务在大小核之间的分配，从而在确保处理复杂任务时拥有足够算力的同时，也能在执行轻量级任务时有效降低能耗，为自动驾驶系统提供更为高效、稳定和节能的运行环境。

5）多副本并行与装箱技术

在分布式系统或多核处理器架构中，多副本并行技术展现出其独特的优势。该技术通过创建模型的多个副本，并分配给不同的计算单元进行并行执行，实现了线性或接近线性的性能加速。与此同时，装箱（Batching）技术作为一种有效的并行处理策略，通过将多个独立的请求合并成一个批次进行集中处理，显著提升了系统在面对大量小型请求时的吞吐量和资源利用率。

在自动驾驶的实时应用中，对时延响应的要求极为严格。多副本并行技术在这里得到了完美的应用，特别是在多 NPU 系统中。一方面，每个 NPU 运行模型的一个副本，能够同时处理多个传感器数据流，实现并行推理，从而大幅缩短决策时间，确保车辆能够快速响应各种路况。另一方面，装箱技术在处理单个高分辨率图像帧时同样表现出色。通过将图像分割成多个小区域，每个区域作为一个小批次进行处理，不仅保证了实时性，还显著地提高了系统的整体吞吐量，使自动驾驶系统能够在复杂的驾驶环境中保持高效运行。

6. 高性能算子

高性能算子层是推理引擎架构中的关键组成部分，它主要负责对模型中的数学运算进行优化、执行和调度（图 14.2.4）。该层的主要任务是将模型中的计算任务分解为一系列基础算子，然后通过各种方法对这些算子进行优化，以提高模型的运行效率。

1）算子优化

算子优化是提高模型运行效率的关键。通过对模型中的算子进行优化，可以有效地减少计算量、降低内存使用、提高计算速度。常见的优化方法包括：

● **融合优化**：在神经网络模型中，许多算子之间可能存在冗余的计算步骤或内存拷贝操作。融合优化旨在将相邻的算子合并成一个单一算子，从而减少整体的计算次数和内存使用。这种优化策略能够显著提高模型的计算效率，特别是在硬件加速器（如 NPU）上运行时效果更为显著。

● **量化优化**：量化是一种将浮点数运算转换为整数运算的技术，以减少计算复杂性和提高模型运行速度。通过降低数据的表示精度，量化可以减少计算所需的资源，并可能使模型在资源受限的设备上运行。尽管量化可能会导致模型精度的轻微下降，但在许多应用中，这种精度损失是可以接受的。

● **稀疏优化**：稀疏优化是针对稀疏矩阵或稀疏张量进行的特殊优化。在神经网络模型中，权重矩阵或特征张量可能包含大量的零值元素，这些零值元素在计算过程中不会产生任何贡献。通过稀疏优化，我们可以跳过这些无效计算，只处理非零元素，从而提高计算效率。例如，使用稀疏矩阵乘法算法来替代常规的矩阵乘法算法，可以显著减少计算量。此外，稀疏优化还可以与量化优化相结合，进一步降低计算复杂度和内存占用。

2）算子执行

算子执行是指将优化后的算子在硬件上执行的过程。不同的硬件平台有不同的执行方式。

● **CPU 执行**。在 CPU 上执行算子时，通常会利用 CPU 的 SIMD 指令集来加速计算。SIMD 指令集允许 CPU 同时处理多个数据元素，通过并行执行相同的操作来显著提高计算速度。常见的 SIMD 指令集包括 Intel 的 AVX 和 ARM 的 NEON 等。这些指令集可以极大地提升矩阵运算、图像处理等任务的执行效率。通过优化算子以充分利用这些指令集，我们可以在 CPU 上实现更快的计算速度。

● **GPU 执行**。在 GPU 上执行算子时，通常会使用 CUDA、OpenCL 或 Metal 等接口来编写并行计算代码。这些接口提供了丰富的并行计算功能和高效的内存访问机制，使得开发者能够轻松地在 GPU 上实现大规模并行计算。通过利用 GPU 的并行计算能力，我们可以显著加速神经网络模型的训练和推理过程。

与 CPU 相比，GPU 在并行计算方面具有明显的优势。GPU 拥有更多的计算核心和更高的内存带宽，能够同时处理更多的数据。此外，GPU 还支持更高级别的并行性，如线程级并行和指令级并行等。这使得 GPU 在执行深度学习算子时，能够更充分地利用硬件资源，实现更高的计算效率。

3）算子调度

算子调度是高性能计算中至关重要的一个环节，它涉及根据硬件资源的实际可用性和算子的特性，合理规划和决定算子的执行顺序以及执行位置。在构建高性能算子层时，算子调度策略的选择直接影响整个系统的计算效率和性能。

● **异构调度。** 异构调度是一种智能的算子调度策略，它根据算子的类型、复杂度和计算需求，结合不同硬件的特性（如 CPU、GPU、FPGA 等），将算子分配到最适合其执行的硬件上。例如，对于计算密集型算子，可能会优先将其调度到 GPU 上执行，因为 GPU 拥有更多的计算核心和更高的并行计算能力；而对于需要频繁内存访问的算子，可能会选择在 CPU 上执行，因为 CPU 在内存访问方面更具优势。通过异构调度，可以充分发挥不同硬件的优势，实现计算资源的最大化利用，从而提高整体的计算效率。

● **流水线调度。** 流水线调度是一种高效的算子调度策略，它将多个算子按照一定的逻辑顺序排列，形成一条计算流水线。在流水线上，每个算子都有自己的处理单元和缓冲区，可以独立地进行计算，而无需等待前一个算子完成全部计算。当第一个算子完成一部分计算并将结果传递给下一个算子时，第一个算子可以继续处理新的数据，从而实现连续的、并发的计算。流水线调度可以极大地提高计算速度，减少等待时间，使得整个系统的吞吐量得到显著提升。

14.5.4　推理流程

根据以上的推理引擎结构介绍，我们可以得出以下的推理流程，这个流程涉及多个步骤和组件，包括其在离线模块中的准备工作和在线执行的过程，它们共同协作以完成推理任务（图 14.5.2）。

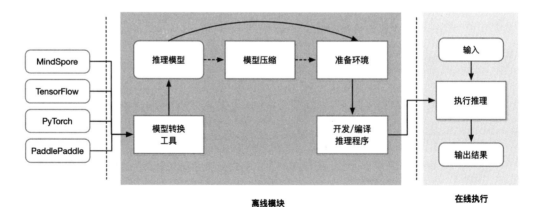

图 14.5.2

首先，推理引擎需要处理来自不同 AI 框架的模型，比如 MindSpore、TensorFlow、PyTorch 或者 PaddlePaddle。这些框架训练得到的模型将被送至模型转换工具，进行格式转换，以适配推理引擎的特定格式。

转换后得到的推理模型，需要进行压缩处理。模型压缩是推理引擎中常见的步骤，因为未压缩的模型在实际应用中很少见。模型压缩后需要准备环境，这一步骤涉及大量配置工作，包括大小核的调度、模型文档的获取等，确保模型能够在正确的环境中运行。

完成环境准备后，推理引擎会进行开发和编译，生成用于执行推理的进程。这个推理进程是实际执行推理任务的核心组件，它依赖于推理引擎提供的 API，为用户提供模块或任务开发所需的接口。

开发工程师会按照这个流程进行工作，开发完成后，推理引擎将执行推理任务，使其在运行时(Runtime)工作。此时，推理引擎的执行依赖于输入和输出的结果，这涉及在线执行的部分。

14.5.5 开发推理程序

开发推理程序是一个复杂的过程，涉及模型的加载、配置、数据预处理、执行推理以及结果的后处理等多个步骤。图 14.5.3 仅简单提供一个示例，介绍如何开发一个推理程序。

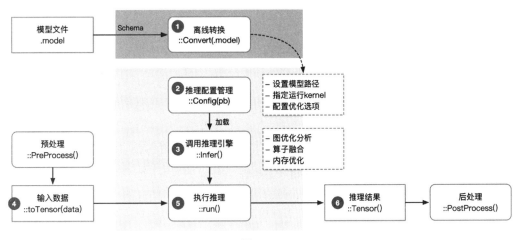

图 14.5.3

1）模型转换
首先，需要将训练得到的模型转换为推理引擎能够理解的格式。这一步骤通常由模型转换工具完成，形成一个统一表达的格式。

2）推理配置管理
这通常涉及设置模型路径、选择运行的设备（如 CPU、GPU 等），以及是否开启计算图优化等。一个 AI 框架会提供相关的 API 来设置这些选项，并在模型加载时自动应用。

```
Config config;
config.setModelPath("path_to_model");
config.setDeviceType("GPU");
config.setOptimizeGraph(true);
config.setFusion(true);          // 开启算子融合
config.setMemoryOptimization(true); // 开启内存优化
```

3）调用推理引擎

一旦配置选项设置完毕，下一步就是创建推理引擎对象。这个对象将负责管理整个推理过程，包括加载模型、执行推理等。创建推理引擎对象通常需要传递配置对象作为参数。

```
Predictor predictor(config);
```

4）准备输入数据

在执行推理之前，必须准备好输入数据。首先，这包括对原始数据进行预处理，比如减去均值、缩放等，以满足模型的输入要求。然后，需要获取模型所有输入 Tensor 的名称，并通过推理引擎获取每个输入 Tensor 的指针，最后将预处理后的数据复制到这些 Tensor 中。

```
// 预处理数据
auto preprocessed_data = preprocess(raw_data);

// 获取输入Tensor名称和指针
auto input_names = predictor->GetInputNames();
for (const auto& name : input_names) {
  auto tensor = predictor->GetInputTensor(name);
  tensor->copy(preprocessed_data);
}
```

5）执行推理

一旦输入数据准备好，就可以执行推理了。这通常涉及调用推理引擎的 Run 方法，该方法会启动模型的推理过程。

```
predictor->Run();
```

6）获得推理结果并进行后处理

推理执行完成后，首先需要获取输出 Tensor，并将推理结果复制出来。然后，根据模型的输出进行后处理，比如在目标检测任务中，根据检测框的位置裁剪图像。

```
// 获取输出Tensor名称和指针
auto out_names = predictor->GetOutputNames();
std::vector<ProcessedOutput> results;
for (const auto& name : out_names) {
  auto tensor = predictor->GetOutputTensor(name);
  ProcessedOutput data;
  tensor->copy(data);
  results.push_back(processOutput(data));
}

// 后处理，例如裁剪图像等
for (auto& result : results) {
```

```
postprocess(result);
}
```

小结与思考

- 推理引擎特点：推理引擎需具备轻量、通用、易用和高性能四大特点，以确保其在多种硬件平台上的高效运行和易部署性。
- 技术挑战：推理引擎在设计和实现过程中要面临需求复杂性与程序大小的权衡、算力需求与资源碎片化的矛盾，以及执行效率与模型精度的双重要求等挑战。
- 整体架构：推理引擎的整体架构包括优化阶段和运行阶段，涉及模型转换工具、模型压缩、端侧学习、性能对比与集成模块、中间表示和 Runtime 等关键组件，共同确保模型的高效推理。

14.6 昇腾推理引擎 MindIE

本节将介绍华为昇腾推理引擎 MindIE 的详细内容，包括其基本介绍、关键功能特性以及不同组件的详细描述。

本节内容将深入探讨 MindIE 的三个主要组件：MindIE-Service、MindIE-Torch 和 MindIE-RT，以及它们在服务化部署、大模型推理和推理运行时的功能特性和应用场景。通过本节的介绍，读者将对 MindIE 有一个全面了解，包括其如何支持 AI 业务高效运行和模型快速部署。

14.6.1 MindIE 基本介绍

MindIE（Mind Inference Engine，昇腾推理引擎）是华为昇腾针对 AI 全场景业务的推理加速套件。通过分层开放 AI 能力，支撑用户多样化的 AI 业务需求，使能百模千态，释放昇腾硬件设备算力。支持多种主流 AI 框架，提供多层次编程接口，帮助用户快速构建基于昇腾平台的推理业务。

业界标准 RPC 接口高效对接业务层，支持 Triton 和 TGI 等主流推理服务框架，实现小时级应用部署。提供针对 LLM（Transformer）和文生图（SD 模型）的加速参考代码和预置模型，开箱性能业界领先。少量代码实现训练向推理平滑迁移。

昇腾推理引擎支持请求并发调度和模型多实例并发调度，支持多种异步下发，多流水执行，实现高效的推理加速。支持从 PyTorch 和昇思对接从训练模型转换推理模型的过程，支持多种推理服务框架和兼容接口。提供基于昇腾架构亲和加速技术，覆盖推理全流程的图转换、组网、编译、推理执行、调试调优接口。

已发布 MindIE-Service、MindIE-Torch、MindIE-RT 三个组件。

1. MindIE-Service

MindIE-Service 针对通用模型的推理服务化场景，实现开放、可扩展的推理服务化平台架构，支持对接业界主流推理框架接口，满足大语言模型、文生图等多类型模型的高性能推理需求。

MindIE-Server 作为推理服务端，提供模型服务化能力；MindIE-Client 提供服务客户端标准 API，简化用户服务调用。MindIE-Service 向下调用了 MindIE-LLM 组件能力。

2. MindIE-Torch

MindIE-Torch 是针对 PyTorch 框架模型的推理加速插件。PyTorch 框架上训练的模型利用 MindIE-Torch 提供的简易 C++/Python 接口，只需少量代码即可完成模型迁移，实现高性能推理。MindIE-Torch 向下调用了 MindIE-RT 组件能力。

3. MindIE-RT

MindIE-RT 是面向昇腾 AI 处理器的推理加速引擎，提供模型推理迁移相关开发接口及工具，能够将不同的 AI 框架（PyTorch、ONNX 等）上完成训练的算法模型统一为计算图表示，具备多粒度模型优化、整图下发以及推理部署等功能。集成 Transformer 高性能算子加速库 ATB，提供基础高性能算子和高效的算子组合技术（Graph），便于模型加速。

14.6.2 关键功能特性

1. 服务化部署

MindIE-Service 的组件包括 MindIE-Server、MindIE-Client、Benchmark 评测工具等，一方面通过对接昇腾的推理加速引擎，带来大模型在昇腾环境中的性能提升；另一方面，通过接入现有的主流推理框架生态，逐渐以性能和易用性牵引存量生态的用户向全自研推理服务化平台迁移。

支持的特性：

- 支持大模型服务化快速部署。
- 提供了标准的昇腾服务化接口，兼容 Triton/OpenAI/TGI/vLLM 等第三方框架接口。
- 支持 Continuous Batching、PagedAttention。
- 支持基于 Transformer 推理加速库（Ascend Transformer Boost）的模型接入，继承其加速能力，包括融合加速算子、量化等特性。

2. 大模型推理

提供大模型推理能力，支持大模型业务全流程、逐级能力开放，使能大模型客户需求定制化。

1）PyTorch 模型迁移

对接主流 PyTorch 框架，实现训练到推理的平滑迁移，提供通用的图优化并行推理能力，为用户提供深度定制优化能力。

2）MindIE-Torch TorchScript 支持以下功能特性

- 支持 TorchScript 模型的编译优化，生成可直接在昇腾 NPU 设备加速推理的 TorchScript

模型。

- 支持静态输入和动态输入，动态输入分为动态 Dims 和 ShapeRange 两种模式。
- 编译优化时支持混合精度、FP32 以及 FP16 精度策略。
- 支持用户自定义 Converter 和自定义 Pass。
- 支持异步推理和异步数据拷贝。
- 支持与 torch_npu 配套使用，算子可 fallback 到 torch_npu 执行。
- 支持多语言 API（C++、Python）。

3）MindIE-Torch ExportedProgram 支持以下功能特性

- 支持 ExportedProgram 的编译优化，生成可直接在昇腾 NPU 设备加速推理的 nn.Module 模型。
- 支持静态输入和动态 ShapeRange 输入。
- 编译优化时支持混合精度、FP32 以及 FP16 精度策略。
- 支持异步推理和异步数据拷贝。
- 支持 Python API。

3. 推理运行时

集成推理应用接口及 Transformer 加速库，提供推理迁移相关开发接口及工具，提供通用优化及并行推理能力。

MindIE-RT 集成昇腾高性能算子加速库 ATB，为实现基于 Transformer 的神经网络推理加速引擎库，库中包含了各类 Transformer 类模型的高度优化模块，如 Encoder 和 Decoder 部分。

MindIE-RT 专注于为用户提供快速迁移、稳定精度以及极致性能的推理服务，让用户能够脱离底层硬件细节和不同平台框架的差异，专注于推理业务本身，实现高效的模型部署开发。并且专门针对大模型下的 Transformer 架构，提高 Transformer 模型性能，提供了基础的高性能的算子、高效的算子组合技术（Graph），方便模型加速。目前 MindIE-RT 已实现动态输入推理，解析框架模型等功能特性。

1）MindIE-RT 支持以下功能特性

- 支持多语言 API（C++, Python），详情参见 C++编程模型和 Python 编程模型。
- 提供 parser，支持直接导入人工智能框架 ONNX 模型，详情参见解析框架模型。
- 支持 Transformer 算子加速库，集成基础高性能算子，详情可见 ATB 高性能加速库使用。
- 支持丰富的编译时优化方法和运行时优化方法，用户可以在昇腾 AI 处理器上占用较少的内存，并部署更高性能的推理业务，提供的优化方法有精度优化和常量折叠。

2）应用场景

MindIE-RT 是基于昇腾 AI 处理器的部署推理引擎，适用于通过 NPU、GPU、CPU 等设备训练的算法模型，为其提供极简易用且灵活的接口，实现算法从训练到推理的快速迁移。目前 MindIE-RT 的快速迁移能力已支持以下 4 类业务场景：

- 计算机视觉。
- 自然语言处理。
- 推荐检索。
- 大模型对话。

小结与思考

- MindIE 概述：MindIE 是华为昇腾推出的 AI 推理加速套件，提供多层次编程接口和支持多种 AI 框架，实现高效推理加速和快速模型部署。
- 关键功能特性：MindIE 具备服务化部署、大模型推理能力，以及集成推理应用接口和 Transformer 加速库，支持多语言 API，优化模型迁移和推理性能。
- 应用场景：MindIE 适用于计算机视觉、自然语言处理、推荐检索以及大模型对话等多种 AI 应用场景，提供从训练到推理的快速迁移和高性能部署能力。

14.7　昇腾计算语言 AscendCL

AscendCL 作为华为 Ascend 系列 AI 处理器的软件开发框架，为用户提供了强大的编程支持。通过 AscendCL，开发者可以更加高效地进行 AI 应用的开发和优化，从而加速 AI 技术在各个领域的应用和落地。AscendCL 的易用性和高效性，使得它成为开发 AI 应用的重要工具之一。

本节将介绍 AscendCL 的概念、优势、应用场景以及基本开发流程。

14.7.1　AscendCL 基本介绍

AscendCL（Ascend Computing Language）是一套用于在昇腾平台上开发深度神经网络应用的 API 库，提供运行资源管理、内存管理、模型加载与执行、算子加载与执行、媒体数据处理等 API，能够实现利用昇腾硬件计算资源，在昇腾 CANN 平台上进行深度学习推理计算、图形图像预处理、单算子加速计算等。

简单来说，就是统一的 API 框架，实现对所有资源的调用。其中，计算资源层是昇腾 AI 处理器的硬件算力基础，主要完成神经网络的矩阵相关计算，完成控制算子、标量、向量等通用计算和执行控制功能，完成图像和视频数据的预处理，为深度神经网络计算提供了执行上的保障。

1. AscendCL 优势

AscendCL 优势主要有三个要点：

- 高度抽象：算子编译、加载、执行的 API 归一，相比每个算子一个 API，AscendCL 大幅减少 API 数量，降低复杂度。
- 向后兼容：AscendCL 具备向后兼容，确保软件升级后，基于旧版本编译的程序依然可以在新版本上运行。

● 零感知芯片：一套 AscendCL 接口可以实现应用代码统一，多款昇腾 AI 处理器无差异。

2. AscendCL 应用场景

如图 14.7.1 所示，AscendCL 应用场景及调用如下：

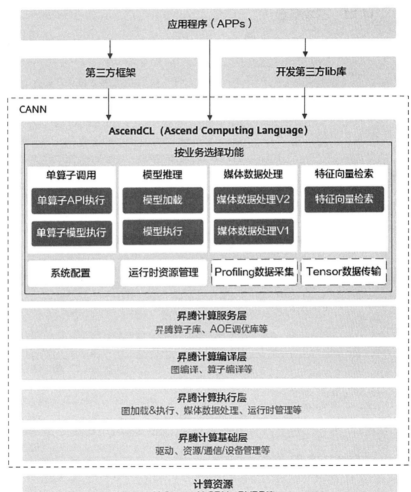

图 14.7.1

- 开发应用：用户可以直接调用 AscendCL 提供的接口开发图片分类应用、目标识别应用等。
- 供第三方框架调用：用户可以通过第三方框架调用 AscendCL 接口，以便使用昇腾 AI 处理器的计算能力。
- 供第三方开发 lib 库：用户还可以使用 AscendCL 封装实现第三方 lib 库，以便提供昇腾 AI 处理器的运行管理、资源管理等能力。

14.7.2 基本概念

AscendCL 基本概念如表 14.7.1 所示。

表 14.7.1   AscendCL 基本概念及描述

概念	描述
异步/同步	本书提及的异步、同步是站在调用者和执行者的角度。若在调用 AscendCL 接口后**不等待** Device 侧的任务执行完成再返回，则表示调度是**异步**的；若在调用 AscendCL 接口后**需等待** Device 侧的任务执行完成再返回，则表示调度是**同步**的
进程/线程	本书提及的进程、线程，若无特别注明，则表示 Host 上的进程、线程
Host	Host 指与 Device 相连接的 x86 服务器、ARM 服务器，会利用 Device 提供的 NN 计算能力，完成业务
Device	Device 指安装了昇腾 AI 处理器的硬件设备，利用 PCIe 接口与 Host 侧连接，为 Host 提供 NN 计算能力。若存在多个 Device，多个 Device 之间的内存资源不能共享
Context	Context 作为一个容器，管理了所有对象（包括 Stream、Event、设备内存等）的生命周期。不同 Context 的 Stream，不同 Context 的 Event 是完全隔离的，无法建立同步等待关系。Context 分为两种：①默认 Context，调用 aclrtSetDevice 接口指定用于运算的 Device 时，系统会自动隐式创建一个默认 Context，一个 Device 对应一个默认 Context，默认 Context 不能通过 aclrtDestroyContext 接口来释放。②显式创建 Context，**推荐**，在进程或线程中调用 aclrtCreateContext 接口显式创建一个 Context
Stream	Stream 用于维护一些异步操作的执行顺序，确保按照应用程序中的代码调用顺序在 Device 上执行。基于 Stream 的 Kernel 执行和数据传输能够实现 Host 运算操作、Host 与 Device 间的数据传输、Device 内的运算并行。Stream 分两种：①默认 Stream，调用 aclrtSetDevice 接口指定用于运算的 Device 时，系统会自动隐式创建一个默认 Stream，一个 Device 对应一个默认 Stream，默认 Stream 不能通过 aclrtDestroyStream 接口来释放。②显式创建 Stream，**推荐**，在进程或线程中调用 aclrtCreateStream 接口显式创建一个 Stream
Event	支持调用 AscendCL 接口同步 Stream 之间的任务，例如同一个 Device 上的多个任务。例如，若 Stream2 的任务依赖 Stream1 的任务，想保证 Stream1 中的任务先完成，这时可创建一个 Event，并将 Event 插入到 Stream1，在执行 Stream2 的任务前，先同步等待 Event 完成

续表

概念	描述
AIPP	AIPP（Artificial Intelligence Pre-Processing）用于在 AI Core 上完成图像预处理，包括色域转换（转换图像格式）、图像归一化（减均值/乘系数）和抠图（指定抠图起始点，抠出神经网络需要大小的图片）等。AIPP 区分为静态 AIPP 和动态 AIPP。只能选择静态 AIPP 或动态 AIPP 方式来处理图片，不能同时配置静态 AIPP 和动态 AIPP 两种方式。①静态 AIPP，模型转换时设置 AIPP 模式为静态，同时设置 AIPP 参数，模型生成后，AIPP 参数值被保存在离线模型（*.om），每次模型推理过程采用固定的 AIPP 预处理参数（无法修改）。如果使用静态 AIPP 方式，多 Batch 情况下共用同一份 AIPP 参数。②动态 AIPP，模型转换时设置 AIPP 模式为动态，每次模型推理前，根据需求，在执行模型前设置动态 AIPP 参数值，然后在模型执行时可使用不同的 AIPP 参数。如果使用动态 AIPP 方式，多 Batch 可使用不同的 AIPP 参数
动态 Batch/动态分辨率	在某些场景下，模型每次输入的 Batch Size 或分辨率是不固定的，如检测出目标后再执行目标识别网络，由于目标个数不固定，目标识别网络输入 Batch Size 不固定。①动态 Batch，用户执行推理时，其 Batch Size 是动态可变的。②动态分辨率，用户执行推理时，每张图片的分辨率 $H*W$ 是动态可变的
动态维度（ND 格式）	为了支持 Transformer 等网络在输入格式的维度不确定的场景，需要支持 ND 格式下任意维度的动态设置。ND 表示支持任意格式，当前 $N \leqslant 4$
通道	在 RGB 色彩模式下，图像通道就是指单独的红色 R、绿色 G、蓝色 B 部分。也就是说，一幅完整的图像由红色、绿色、蓝色三个通道组成，它们共同作用产生了完整的图像。同样在 HSV 色系中指的是色调 H、饱和度 S、亮度 V 三个通道
标准形态	指 Device 作为 EP，通过 PCIe 配合主设备（x86、ARM 等各种服务器）进行工作，此时 Device 上的 CPU 资源仅能通过 Host 调用，相关推理应用程序运行在 Host。Device 只为服务器提供 NN 计算能力
EP 模式	以昇腾 AI 处理器的 PCIe 的工作模式进行区分，如果 PCIe 工作在从模式，则称为 EP 模式
RC 模式	以昇腾 AI 处理器的 PCIe 的工作模式进行区分，如果 PCIe 工作在主模式，可以扩展外设，则称为 RC 模式

1. Device、Context、Stream 关系

下面将介绍 Device、Context 和 Stream 在 AscendCL 框架中的作用及其相互关系，也简单介绍 Task/Kernel（图 14.7.2）。

1）Device

Device 用于指定计算设备。

Device 的生命周期源于首次调用 aclrtSetDevice 接口。每次调用 aclrtSetDevice 接口，系统会进行引用计数加 1；调用 aclrtResetDevice 接口，系统会进行引用计数减 1。当引用计数减为 0 时，在本进程中 Device 上的资源不可用。

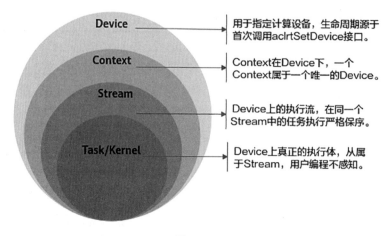

图 14.7.2

2）Context

在 Device 下，一个 Context 一定属于一个唯一的 Device。

Context 分隐式创建和显式创建。隐式创建的 Context（即默认 Context），生命周期始于调用 aclrtSetDevice 接口，终结于调用 aclrtResetDevice 接口使引用计数为零时。隐式 Context 只会被创建一次，调用 aclrtSetDevice 接口重复指定同一个 Device，只增加隐式创建的 Context 的引用计数。

显式创建的 Context，生命周期始于调用 aclrtCreateContext 接口，终结于调用 aclrtDestroyContext 接口。若在某一进程内创建多个 Context（Context 的数量与 Stream 相关，Stream 数量有限制，请参见 aclrtCreateStream），当前线程在同一时刻内只能使用其中一个 Context，建议通过 aclrtSetCurrentContext 接口明确指定当前线程的 Context，增加程序的可维护性。

值得注意的是，进程内的 Context 是共享的，可以通过 aclrtSetCurrentContext 进行切换。

3）Stream

Stream 是 Device 上的执行流，在同一个 Stream 中的任务执行严格保序。

Stream 分隐式创建和显式创建。每个 Context 都会包含一个默认 Stream，这个属于隐式创建，隐式创建的 Stream 生命周期同归属的 Context。

用户可以显式创建 Stream，显式创建的 Stream 生命周期始于调用 aclrtCreateStream，终结于调用 aclrtDestroyStream 接口。显式创建的 Stream 归属的 Context 被销毁或生命周期结束后，会影响该 Stream 的使用，虽然此时 Stream 没有被销毁，但不可再用。

4）Task/Kernel

Task/Kernel 是 Device 上真正的任务执行体。

2. 线程、Context、Stream 关系

一个用户线程一定会绑定一个 Context，所有 Device 的资源使用或调度都必须基于 Context。一个线程中当前会有一个唯一的 Context 在用，Context 中已经关联了本线程要使用的 Device。此时可以通过 aclrtSetCurrentContext 进行 Device 的快速切换。

一个线程中可以创建多个 Stream，不同的 Stream 上计算任务可以并行执行；多线程场景下，推荐每个线程创建一个 Stream，线程之间的 Stream 在 Device 上相互独立，每个 Stream 内部的任务是按照 Stream 下发的顺序执行。

多线程的调度依赖于运行应用的操作系统调度，多 Stream 在 Device 侧的调度由 Device 上调度组件进行调度。

3. 进程内多线程间 Context 切换

进程内的 Context 工作流如图 14.7.3 所示。
- 一个进程中可以创建多个 Context，但一个线程同一时刻只能使用一个 Context。
- 线程中创建的多个 Context，线程缺省使用最后一次创建的 Context。
- 进程内创建的多个 Context，可以通过 aclrtSetCurrentContext 设置当前需要使用的 Context。

4. 默认 Context 和默认 Stream

Device 上执行操作下发前，必须有 Context 和 Stream，这个 Context、Stream 可以显式创建，也可以隐式创建。隐式创建的 Context、Stream 就是默认 Context、默认 Stream。

默认 Context 不允许用户执行 aclrtGetCurrentContext 或 aclrtSetCurrentContext 操作，也不允许执行 aclrtDestroyContext 操作。

默认 Stream 作为接口入参时，直接传 NULL。

默认 Context、默认 Stream 一般适用于简单应用，用户仅仅需要在一个 Device 的计算场景下。多线程应用程序建议全部使用显式创建的 Context 和 Stream。

5. 多线程、多 Stream 性能考虑

线程调度依赖运行的操作系统，Stream 上下发了任务后，Stream 的调度由 Device 的调度单元调度，但如果一个进程内的多 Stream 上的任务在 Device 存在资源争抢的时候，性能可能会比单 Stream 低。

当前昇腾 AI 处理器有不同的执行部件，如 AI Core、AI CPU、Vector Core 等，对应使用不同执行部件的任务，建议多 Stream 的创建按照算子执行引擎划分。

单线程、多 Stream 与多线程、多 Stream（一个进程中可以包含多个线程，每个线程中一个 Stream）性能上哪个更优，具体取决于应用本身的逻辑实现，一般来说前者性能略好，原因是相对后者，应用层少了线程调度开销。

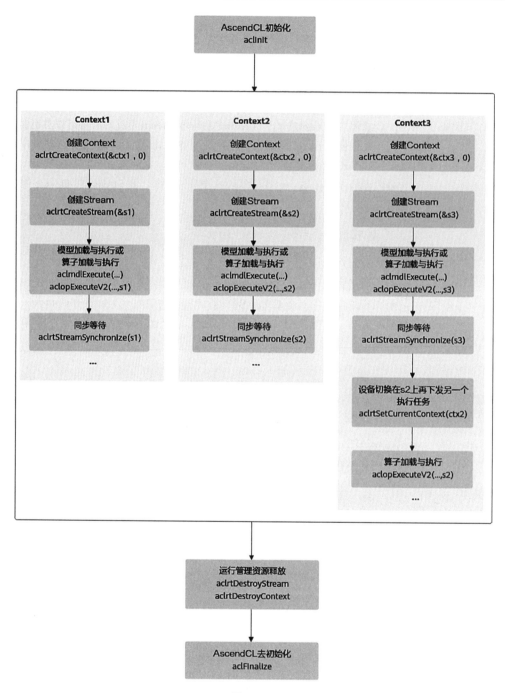

图 14.7.3

14.7.3 基本开发流程

调用 AscendCL 接口，可开发包含模型推理、媒体数据处理、单算子调用等功能的应用，这些功能可以独立存在，也可以组合存在。图 14.7.4 给出了使用 AscendCL 接口开发 AI 应用的整体接口调用流程。

图 14.7.4 根据应用开发中的典型功能抽象出主要的接口调用流程。例如，如果模型对输入图片的宽高要求与用户提供的源图不一致，则需要媒体数据处理，将源图裁剪成符合模型的要求；如果需要实现模型推理的功能，则需要先加载模型，模型推理结束后，则需要卸载模型；如果模型推理后，需要从推理结果中查找最大置信度的类别标识对图片分类，则需要数据后处理。

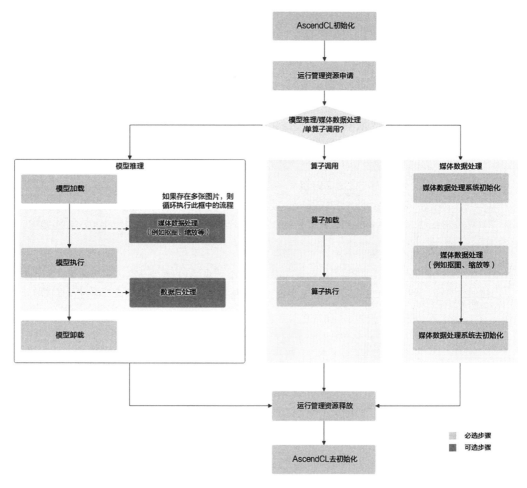

图 14.7.4

其基本流程如下所示：

（1）AscendCL 初始化：调用 aclInit 接口实现初始化 AscendCL。

（2）运行管理资源申请：申请运行管理资源（Device、Context、Stream 等）的具体流程。

（3）具体计算：分为模型推理、单算子调用、媒体数据处理三部分。

①模型推理

● 模型加载：模型推理前，需要先将对应的模型加载到系统中。注意加载模型前需要有适配昇腾 AI 处理器的离线模型。

● （可选）媒体数据处理：可实现 JPEG 图片编/解码、视频解码、抠图/图片缩放/格式转换等功能。

● 模型执行：使用模型实现图片分类、目标识别等推理功能。

● （可选）数据后处理：处理模型推理的结果，此处根据用户的实际需求来处理推理结果，例如用户可以将获取的推理结果写入文件，从推理结果中找到每张图片最大置信度的类别标识等。

● 模型卸载：调用 aclmdlUnload 接口卸载模型。

②算子调用

● 如果 AI 应用中不仅仅包括模型推理，还有数学运算（例如 BLAS 基础线性代数运算）、数据类型转换等功能，也想使用昇腾的算力，直接通过 AscendCL 接口加载并执行单个算子，省去模型构建、训练的过程，相对轻量级，又可以使用昇腾的算力。

● 另外，自定义的算子，也可以通过单算子调用的方式来验证算子的功能。

（4）运行管理资源释放：所有数据处理都结束后，需要依次释放运行管理资源。

（5）AscendCL 去初始化：调用 aclFinalize 接口实现 AscendCL 去初始化。

小结与思考

● 高度抽象与兼容性：AscendCL 通过统一的 API 框架简化了算子编译、加载和执行过程，减少了 API 数量，降低了开发复杂度，并确保了向后兼容性，使得基于旧版本编译的程序可以运行在新版本上。

● 多场景应用：AscendCL 支持多种应用场景，包括直接开发图片分类和目标识别等应用，供第三方框架调用以使用昇腾 AI 处理器的计算能力，以及封装实现第三方库以提供运行管理和资源管理能力。

● 资源管理与开发流程：AscendCL 提供详细的资源管理机制，包括 Device、Context 和 Stream 的概念和关系，以及如何显式创建和管理这些资源。基本开发流程涵盖从 AscendCL 初始化、资源申请、模型推理或单算子调用、数据处理到资源释放和去初始化的完整过程。

第 15 章　模型小型化

15.1　推理参数了解

本节将介绍 AI 模型网络参数方面的一些基本概念，以及硬件相关的性能指标，为后面学习模型轻量化做初步准备。值得让人思考的是，随着深度学习的发展，神经网络被广泛应用于各种领域。模型性能提高的同时也引入了巨大的参数量和计算量，如图 15.1.1 右图所示（Sevilla et al.，2022）；一般来说模型参数量越大，精度越高，性能越好，如图 15.1.1 左图所示。

但由于大部分的深度神经网络模型的参数量很大，无法满足直接部署到移动端的条件，因此在不严重影响模型性能的前提下对模型进行重新设计，来减少网络参数量和计算复杂度，提升运算能力是目前相当热门的研究方向。

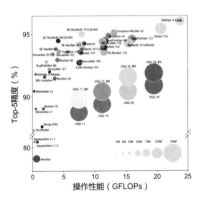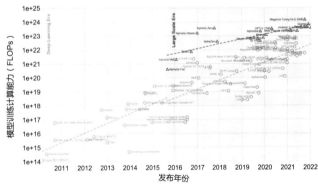

图 15.1.1

15.1.1　复杂度分析

模型参数量和计算量是两个重要的考量因素。模型参数量指的是模型中的参数数量，对应于数据结构中空间复杂度的概念。而计算量则对应于时间复杂度的概念，与网络执行时间的长短有关。

计算量和复杂度的衡量指标主要是 FLOPs（浮点运算次数）、FLOPS（每秒浮点运算次数）、MACs（乘加操作次数）、Params（模型含有多少参数）、MAC（内存访问代价）、内存带宽，详细内容参考前面的章节。

1. 内存带宽

内存带宽决定了它将数据从内存（vRAM，即显存）移动到计算核心的速度，是比计算速度更具代表性的指标。内存带宽值取决于内存和计算核心之间数据传输速度，以及这两个部分之间总线中单独并行的链路数量。

2. 神经网络的计算量

网络前向计算时，卷积运算占据耗时 90%以上。重点关注如何计算卷积的运算量。为简化问题，以下讨论认为：卷积采用滑动窗口且忽略非线性计算的开销。

假设对于 CNN 网络，有卷积层的参数包括：输入 Feature Map 的 C_{in}、高 H_{in}、宽 W_{in}，输出 Feature Map 的 C_{out}、高 H_{out}、宽 W_{out}，卷积核的尺寸为 K，卷积核通道等于 C_{in}，卷积核个数等于 C_{out}。

则该卷积核与 Feature Map 做卷积的运算量为

$$W_{out} = W_{in} / \text{stride}_w, H_{out} = H_{in} / \text{stride}_h$$

$$\text{FLOPs} = \left(K \times K \times C_{in} \times 2 + 1 \right) \times W_{out} \times H_{out} \times C_{out}$$

其中，1 表示偏置量。偏置值每个卷积核对应 1 个，共有 C_{out} 个。

15.1.2 典型结构对比

下面将会对神经网络模型的典型结构的参数进行对比，标注其参数计算方式。

1. 标准卷积层

1）Params
模型参数量计算公式为

$$k_h \times k_w \times C_{in} \times C_{out}$$

其中，k_h 是卷积核的高度；k_w 是卷积核的宽度；C_{in} 是输入的通道数；C_{out} 是输出的通道数。

2）FLOPs
浮点运算次数即计算量。可以用来衡量算法/模型的复杂度，公式如下：

$$k_h \times k_w \times C_{in} \times C_{out} \times H \times W$$

其中，k_h 与 k_w 分别为卷积核的高度和宽度；C_{in} 与 C_{out} 分别为输入和输出的通道数。

2. 分组卷积

1）Params

$$\left(k_h \times k_w \times C_{in} / g \times C_{out} / g \right) \times g = k_h \times k_w \times C_{in} \times C_{out} / g$$

2）FLOPs

$$k_{\mathrm{h}} \times k_{\mathrm{w}} \times C_{\mathrm{in}} \times C_{\mathrm{out}} \times H \times W / g$$

其中，g 为分组的组数量。

3. 深度可分离卷积

1）Params

$$k_{\mathrm{h}} \times k_{\mathrm{w}} \times C_{\mathrm{in}} + C_{\mathrm{in}} \times C_{\mathrm{out}}$$

2）FLOPs

$$k_{\mathrm{h}} \times k_{\mathrm{w}} \times C_{\mathrm{in}} \times H \times W + C_{\mathrm{in}} \times H \times W \times C_{\mathrm{out}}$$

4. 全连接层

1）Params

$$C_{\mathrm{in}} \times C_{\mathrm{out}}$$

2）FLOPs

$$C_{\mathrm{in}} \times C_{\mathrm{out}}$$

其中，C_{in} 与 C_{out} 分别是输入和输出的通道数。

小结与思考

- 神经网络模型性能提升伴随着参数量和计算量的大幅增加，导致模型难以部署到资源受限的移动端，因此模型轻量化成为研究热点。
- 模型的计算复杂度主要通过参数量、FLOPs、MACs 等指标衡量，这些指标影响模型的运算能力和硬件资源的利用率。
- 神经网络模型的典型结构，如标准卷积层、分组卷积、深度可分离卷积和全连接层，具有不同的参数量和 FLOPs 计算公式，对模型大小和运算效率有直接影响。

15.2 CNN 模型小型化

神经网络模型被广泛应用于工业领域，并取得了巨大成功。然而，由于存储空间以及算力的限制，大而复杂的神经网络模型难以被应用。首先，模型过于庞大，计算参数多（参见图 15.1.1），面临内存不足的问题。其次，某些场景要求低时延或者响应要快。所以，研究小而高效的 CNN 模型至关重要。

本章将介绍一些常见的 CNN 小型化结构，如 SqueezeNet 系列（2016）、ShuffleNet 系列（2017）、MobileNet 系列（2017）、ESPNet 系列（2018）、FBNet 系列（2018）、EfficientNet 系列（2019）、GhostNet 系列（2019）。

15.2.1　SqueezeNet 系列

1. SqueezeNet

SqueezeNet 是轻量化主干网络中比较著名的，它发表于 ICLR 2017。SqueezeNet 达到了 AlexNet 相同的精度的同时，只用了 AlexNet 1/50 的参数量。SqueezeNet 核心贡献在于使用 Fire Module（图 15.2.1），即先使用 1×1 的卷积降低通道数目（squeeze），然后用 1×1 和 3×3 卷积提升通道数（expand）（Iandola et al.，2016）。

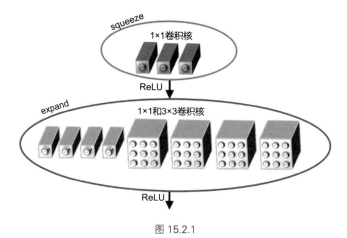

图 15.2.1

SqueezeNet 算法的主要目标是构建轻量参数的 CNN 架构，同时不损失精度。为了实现这一目标，总共采用了三种策略来设计 CNN 架构。

- 将 3×3 卷积替换成 1×1 卷积，可以使参数量减少为 1/9。
- 减少 3×3 卷积的通道数，一个 3×3 卷积的计算量是 $3 \times M \times 3 \times N$，通过将 M 和 N 减少，降低参数量。
- 将下采样操作延后，这样卷积层就有了大的激活图，保留更多信息。

在 Fire Module 的基础上搭建 SqueezeNet 神经网络，结构如图 15.2.2 所示（Iandola et al.，2016）。它以卷积层开始，后面是 8 个 Fire Module，最后以卷积层结束。每个 Fire Module 中的通道数目逐渐增加。另外，网络在 conv1、fire4、fire8、conv10 的后面使用了最大池化。

2. SqueezeNext

SqueezeNext 设计基于残差结构并使用了分离卷积，采用了降低参数的策略。

- 采用两阶段瓶颈模块来减少权值参数，即采用两个 1×1 的卷积，使得参数显著减少。

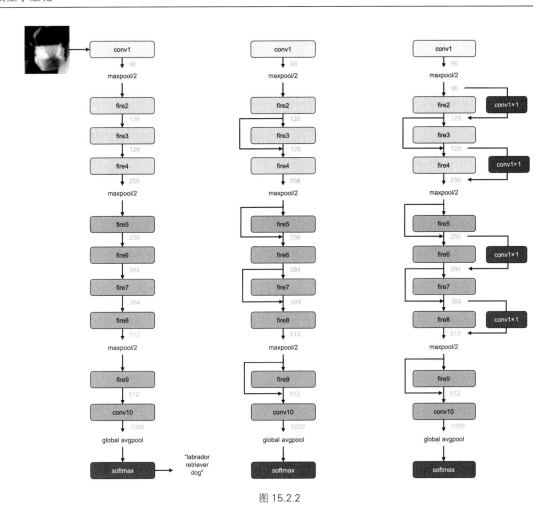

图 15.2.2

- 低秩分解的核心思想就是将大矩阵分解成多个小矩阵，这里使用 CP 分解算法，将 $K \times K$ 卷积，参数量能从 K^2 降为 $2K$，在 SqueezeNext 中加入了残差连接。

SqueezeNext 中的 Block 主要是对 SqueezeNet 的 Fire Model 进行改进，将原来 Fire Model 中的压缩层从 1 层增加到了 2 层，使得通道数降到原来的 1/4，同时去掉了原来扩展层中的 1×1 卷积，只使用 3×3 卷积，并且结合 InceptionV3 的设计思想，将 3×3 卷积拆成 3×1 和 1×3，理论上两者的效果是等价的，这里面用到的是矩阵相乘的思想，所以原来 3×3 卷积的参数量是 3×3=9，拆分后就只有 3+3=6，相对减少了 1/3，从而达到降参的目的。详细的 SqueezeNext block 如图 15.2.3 所示。

图 15.2.3 中 C 表示输入通道，首先通过压缩层的第一层，通道数降为原来的 1/2，再通过压

缩层的第二层，通道数将为原来的 1/4，然后就是通过分离后的 3×3 层，3×1 这一层是有增加通道数的，1×3 这层通道数不变，这两层的通道数为 1/2C，最后是通过一个逐点卷积进行升维操作，将通道数升到 C，目的是方便与跳跃连接过来的信息进行特征融合，图中没有画出跳跃连接。

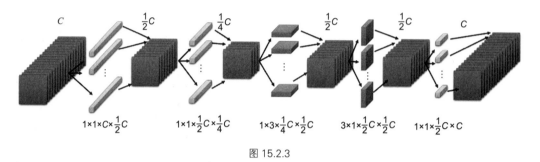

图 15.2.3

SqueezeNext 的 Block 如图 15.2.4 所示：
- 两个 1×1 的卷积，减少参数。
- 3×3 卷积变成 1×3 卷积与 3×1 卷积的组合。

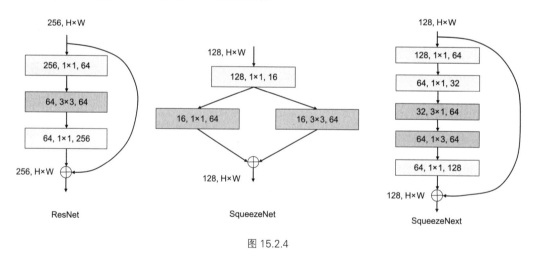

图 15.2.4

15.2.2　ShuffleNet 系列

1. ShuffleNet

ShuffleNet 发表于 CVPR 2018，针对极小的网络上的计算效率依然不高，1×1 卷积又特别消耗计算资源。它的贡献在于使用 Point-Wise 分组卷积和 Channel Shuffle 两个操作，在降低计算量的同时保持准确率。网络使用更多的通道来帮助编码阶段提取更多的信息，同时又针对小网络提出了 ShuffleNet Unit，策略如下：

- 使用 Point-Wise 分组卷积来降低 1×1 卷积的计算量。
- 使用 Channel Shuffle 让不同通道进行信息交互。
- 使用 ShuffleNet Unit 来构建小模型。

1）Point-Wise 分组卷积与 Channel Shuffle

一般采用更稀疏的通道策略来解决 1×1 卷积带来的计算量问题，比如在 1×1 卷积内部使用分组卷积。但由于 1×1 卷积的输出会是下一层 Block 的输入，当在 1×1 卷积中使用分组策略，则 1×1 瓶颈层的输出特征的每个通道并没有接收其他前面的所有输入，如图 15.2.5（a）所示。为了解决图 15.2.5（a）中的问题，将每个组再细分，细分后放入不同的组内，如图 15.2.5（b）所示，这个过程可以叫作 Channel Shuffle，打乱后如图 15.2.5（c）所示。

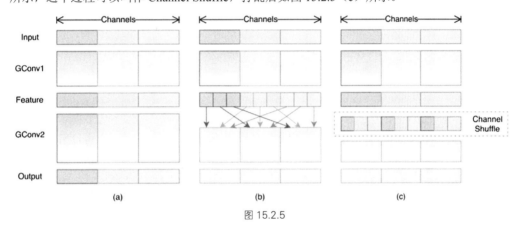

图 15.2.5

2）ShuffleNet 单元

基于残差块（Residual Block）和通道重排（Channel Shuffle）设计的 ShuffleNet Unit 主要由深度卷积、逐点分组卷积和逐点分组卷积(stride=2)组成，如图 15.2.6 所示。

2. ShuffleNet V2

ShuffleNet V2 在 ShuffleNet V1 的 Channel Shuffle 基础上，又提出了 Channel Split，增强特征重用性的同时也减少了计算量，并提出了 4 条设计高效网络的方法：

- G1：输入输出通道相同的时候，MAC 最小，模型最快。
- G2：当分组卷积的分组数增大时(保持 FLOPs 不变时)，MAC 也会增大，所以建议针对不同的硬件和需求，更好地设计对应的分组数，而非盲目增加。
- G3：网络设计的碎片化程度越高，速度越慢。
- G4：不要过多地使用逐点运算。

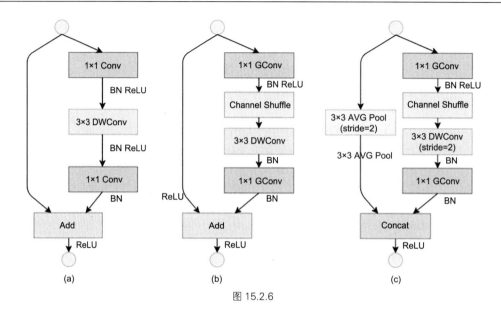

图 15.2.6

ShuffleNet V2 中提出了 Channel Split，如图 15.2.7（c）和（d）所示。在每个单元的开始将通道拆分为 2 个分支，一个分支做恒等映射，另一个分支经过多层卷积保证输入通道数与输出通道数相同。不同于 ShuffleNet V1，ShuffleNet V2 的 1×1 没有再使用分组卷积，两条分支最后使用通道级联拼接操作，没有使用相加操作。

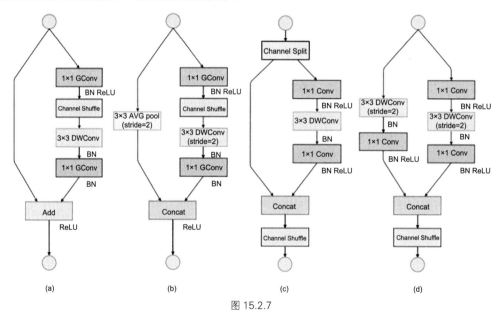

图 15.2.7

15.2.3　MobileNet 系列

MobileNet 系列主要是为了在保持模型性能的前提下降低模型大小，同时可以提升模型速度，主要有 V1、V2、V3 版本。

1. MobileNet V1

MobileNet V1 主要贡献在于提出了深度可分离卷积（Depthwise Separable Convolution），深度可分离卷积主要包括两种卷积变体，逐通道卷积（Depthwise Convolution）和逐点卷积（Point-Wise Convolution）。

1）逐通道卷积

逐通道卷积的一个卷积核只有一个通道，输入信息的一个通道只被一个卷积核卷积，这个过程产生的特征图通道数和输入的通道数完全一样，如图 15.2.8 所示。

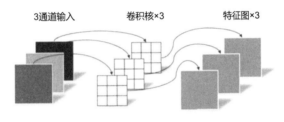

图 15.2.8

2）逐点卷积

逐点卷积的本质就是 1×1 的卷积，它的卷积核的尺寸为 $1\times1\times M$，M 为上一层输出信息的通道数。所以逐点卷积的每个卷积核会将上一步特征图在通道方向上进行加权组合，生成新的特征图，如图 15.2.9 所示。

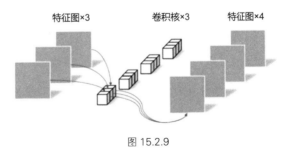

图 15.2.9

3）MBconv 模块

MBconv 由逐通道卷积、BN 和 ReLU 组成，基本结构如图 15.2.10 右图所示。

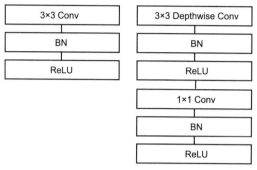

图 15.2.10

整体网络就是通过不断堆叠 MBconv 模块，这种深度可分离卷积的操作方式在减少计算量的同时保持了模型的表达能力。

4）宽度系数（α）和分辨率系数（ρ）

宽度系数和分辨率系数用于调整模型的大小和计算复杂性。

● 宽度系数（α）：宽度系数是一个介于 0 和 1 之间的比例因子。通过降低每个卷积层的通道数，可以减少模型中的参数数量和计算量，从而使模型更轻量化。

● 分辨率系数（ρ）：分辨率系数是一个介于 0 和 1 之间的比例因子。通过降低输入图像的分辨率，可以减少卷积操作的计算量和内存消耗。

2. MobileNet V2

MobileNet V2 是 2018 年在 MobileNet V1 的基础上又提出的改进版本， MobileNet V2 中主要用到了反向残差（Inverted Residual）和线性瓶颈（Linear Bottleneck）。

1）反向残差

反向残差如图 15.2.11 所示。在反向残差块中，3×3 卷积变成深度卷积了，计算量更少了，先通过 1×1 卷积提升通道数，再通过卷积核为 3×3 的卷积，最后用 1×1 卷积降低通道数。两端的通道数都很小，整体计算量并不大。

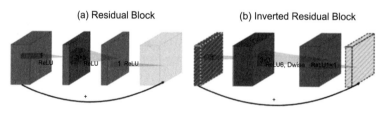

图 15.2.11

2）线性瓶颈

图 15.2.12 所示为线性瓶颈的倒残差结构（the Inverted Residual with Linear Bottleneck）。该模块首先将输入的低维压缩表示（Low-Dimensional Compressed Representation）扩展到高维，使用轻量级深度卷积做过滤，随后用线性瓶颈层将特征投影回低维压缩表示。

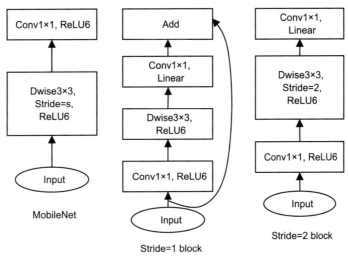

图 15.2.12

3）关于 ReLU6

卷积之后通常会接一个 ReLU 非线性激活，MobileNet 中使用了 ReLU6。ReLU6 在普通的 ReLU 基础上限制最大输出为 6，这是为了在移动端设备为 FP16/INT8 的低精度的时候也能有很好的数值分辨率。如果对 ReLU 的激活范围不加限制，输出范围为 0 到正无穷，如果激活值非常大，分布在一个很大的范围内，则低精度的 FP16/INT8 无法很好地精确描述如此大范围的数值，带来精度损失。

3. MobileNet V3

MobileNet V3 整体架构基本沿用了 MobileNet V2 的设计，采用了轻量级的深度可分离卷积和残差块等结构，依然由多个模块组成，但是每个模块得到了优化和升级。主要贡献点在于：

● 神经网络搜索技术：由资源受限的 NAS 执行模块级搜索，NetAdapt 执行局部搜索。

● 网络结构改进：将最后一步的平均池化层前移，并移除最后一个卷积层，引入 H-Swish 激活函数。

1）SE 结构

首先使用一个全局池化层将每个通道变成一个具体的数值，然后接两个全连接层，最后通过一个 H-Sigmoid 函数获取最终的权重，赋值给最初的特征图（图 15.2.13）。

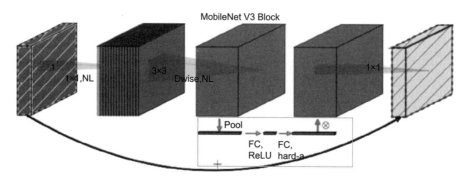

图 15.2.13

2）重新设计耗时层结构

首先，减少网络第一个卷积层的卷积核个数，从 32 减到 16；然后，精简最后阶段（Last Stage），将原来搜索到的最后阶段进行人工精简，删除多余的卷积层，将时延减少 7 ms，减少了全部运行时间的 11% 和 3000 万的乘加操作次数，却几乎没有损失准确性（图 15.2.14）。

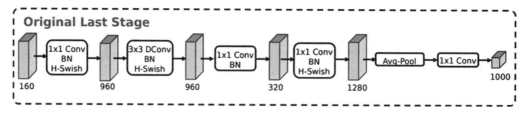

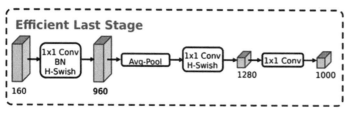

图 15.2.14

3）重新设计激活函数

引入新的非线性激活函数：H-Swish。Swish 公式为

$$\text{Swish } x = x \times \sigma(x)$$

其中，$\sigma(x)$ 是 Sigmoid 函数。Swish 虽然提高了精度，但 Sigmoid 函数计算是极为昂贵的，不适用于嵌入式移动端。因此，MobileNet V3 提出了计算更为简便的 H-Swish 函数，其定义为

$$\text{H-Swish}[x] = x\frac{\text{ReLU6}(x+3)}{6}$$

4）NAS 搜索全局结构（Block-Wise Search）

采用 NAS 方法来搜寻全局网络结构，另外需要针对轻量模型进行优化，用一个多目标奖励

$$\text{ACC}(m)x\big[\text{LAT}(m)/\text{TAR}\big]^{w}$$

来近似帕累托最优解，根据目标延迟 TAR 为每个模型 m 平衡模型精度 ACC(m)和时延 LAT(m)。用较小的权重因子（$w=-0.15$）来弥补不同时延的更大精度变化。从头训练了一个新的架构搜索，找到了初始的 seed 模型，应用 NetAdapt 和其他优化获得最终的 MobileNet V3-Small 模型。

5）NetAdapt 搜索层结构（Layer-Wise Search）

$$\frac{\Delta\text{ACC}}{\Delta\text{LAT}}$$

给定一个 K 卷积和 FC 层的网络，在每一步的结构更改中，需要减少一个给定值 ΔR，然后调整每层的卷积核数，生成一个 Net_simp 集合，从中找到目标时延的网络。保持循环，直到满足给定条件后调整网络。MobileNet V3 用了两种减少时延的方法来产生网络：

● 减少 Expansion Layer 的大小（即使用 1×1 卷积对通道数扩大的模型层）；

● 减少所有共享相同 Bottleneck Size 模块的瓶颈（即残差链接对应的模块），仍然保持残差链接的方式。

15.2.4　ESPNet 系列

1. ESPNet V1

ESPNet V1 应用在高分辨图像下的语义分割，在计算、内存占用、功耗方面都非常高效。主要贡献在于基于传统卷积模块，提出高效空间金字塔卷积模块（ESP Module），有助于减少模型运算量和内存、功率消耗，提升终端设备适用性，方便将其部署到移动端。

1）ESP 模块

基于卷积因子分解的原则，ESP（Efficient Spatial Pyramid）模块将标准卷积分解成逐点（Point-Wise）卷积和空洞卷积金字塔（Spatial Pyramid of Dilated Convolutions）。逐点卷积将输入的特征映射到低维特征空间，即采用 K 个 1×1×M 的小卷积核对输入的特征进行卷积操作，1×1 卷积的作用其实就是降低维度，减少参数。空洞卷积金字塔使用 K 组空洞卷积的同时下采样得到低维特征，这种分解方法能够大量减少 ESP 模块的参数和内存，并且保证了较大的感受野，如图 15.2.15（a）所示（Mehta et al.，2018）。

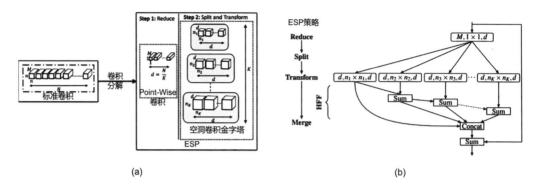

(a)   (b)

图 15.2.15

2）HFF 特性

虽然将扩张卷积的输出拼接在一起会给 ESP 模块带来一个较大的有效感受野，但也会引入不必要的棋盘或网格假象，如图 15.2.16 所示（Mehta et al.，2018）。

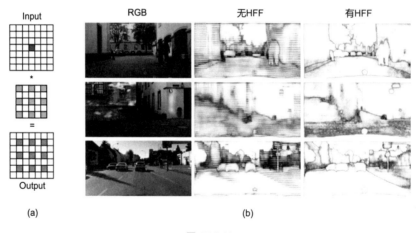

(a)   (b)

图 15.2.16

图 15.2.16（a）是单个活动像素（红色）与膨胀率 $r = 2$ 的 3×3 膨胀卷积核卷积组成的一个网格伪像。

图 15.2.16（b）为具有和不具有层次特征融合（Hierarchical Feature Fusion，HFF）的 ESP 模块特征图可视化。ESP 中的 HFF 消除了网格伪影。

为了解决 ESP 中的网格问题，使用不同膨胀率的核获得的特征映射在拼接之前会进行层次化添加（图 15.2.16（b）中的 HFF）。该解决方案简单有效，且不会增加 ESP 模块的复杂性。这与现有方法不同，现有方法通过使用膨胀率较小的卷积核学习更多参数来消除网格误差。为了改善网络内部的梯度流动，ESP 模块的输入和输出特征映射使用元素求和进行组合。

2. ESPNet V2

EESP 模块结构如图 15.2.17 所示。与 ESPNet 相比，图 15.2.17（b）中输入层采用分组卷积，深度空间可分离卷积以及 1×1 卷积取代标准空洞卷积，依然采用 HFF 的融合方式，图 15.2.17（c）是图 15.2.17（b）的等价模式。当输入通道数 M=240，g=K=4，d=M/K=60，EESP 参数仅为 ESP 的 1/8。

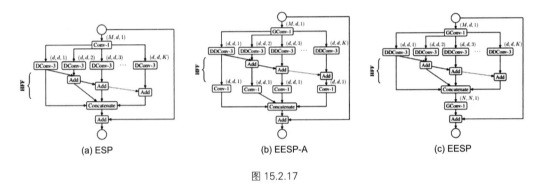

图 15.2.17

图 15.2.17 描述了一个新的网络模块 EESP，它利用深度可分离扩张和组逐点卷积设计，专为边缘设备而设计。该模块受 ESPNet 架构启发，基于 ESP 模块构建，使用了减少-分割-变换-合并的策略。通过组逐点和深度可分离扩张卷积，该模块的计算复杂度得到了显著降低。进一步，通过连接到分层 EESP 模块，可以更有效地学习多尺度的表示。

如图 15.2.17（b）所示，计算复杂度降低为原来的

$$\frac{Md + n^2 d^2 K}{\dfrac{Md}{g} + (n^2 + d)dK}$$

其中，K 为空洞卷积金字塔层数。考虑到单独计算 K 个逐点卷积等同于单个分组数为 K 的逐点分组卷积，而分组卷积在实现上更高效，于是改进为图 15.2.17（c）所示的最终结构。

15.2.5　EfficientNet 系列

1. EfficientNet V1

EfficientNet V1 重点分析了卷积网络的深度，宽度和输入图像大小对卷积网络性能表现的影响，提出了一种混合模型尺度的方法，通过设置一定的参数值平衡调节卷积网络的深度，宽度和输入图像大小，使卷积网络的表现达到最好。

● 复合缩放

为了追求更好的精度和效率，在连续网络缩放过程中平衡网络宽度、深度和分辨率的所有维度是至关重要的，如图 15.2.18 所示。

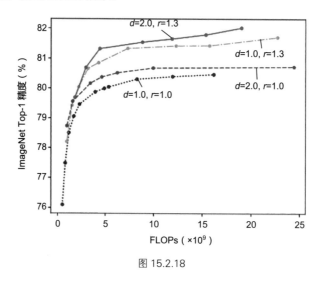

图 15.2.18

不同维度的尺度并不相互独立，需要协调和平衡不同维度的尺度，而不是常规的单维度尺度。EfficientNet 提出了复合缩放方法（Compound Scaling Method）。这种方法是通过一个复合系数 ϕ 去统一缩放网络的宽度、深度和分辨率：

$$深度：d = \alpha^{\phi}$$
$$宽度：w = \beta^{\phi}$$
$$分辨率：r = \gamma^{\phi}$$
$$s.t. \; \alpha \cdot \beta^2 \cot \gamma^2 \approx 2$$
$$\alpha \geqslant 1, \beta \geqslant 1, \gamma \geqslant 1$$

其中，α、β 以及 γ 是常数，可以通过在 Baseline 上做小格点搜索（Small Grid Search）得到。ϕ 是可设定的系数，用于控制有多少其他计算资源可用于模型缩放，而 α、β、γ 指定如何分别将这些额外资源分配给网络宽度、深度和分辨率。

需要注意的是：常规卷积计算的 FLOPs 与 d、w^2、r^2 成正比，即网络深度增加 1 倍，FLOPs 增加 1 倍；网络宽度或分辨率增加 1 倍，FLOPs 增加 4 倍。

由于卷积计算通常在卷积神经网络中占主导地位，因此根据上述的等式，缩放卷积神经网络将使总 FLOPs 大约增加 $(\alpha \cdot \beta^2 \cdot \gamma^2)\phi$，并且做了 $\alpha \cdot \beta^2 \cdot \gamma^2 \approx 2$ 的约束，这样对于任何新的 ϕ，总 FLOPs 大约会增加 2^{ϕ}。

2. EfficientNet V2

1）NAS 搜索

这里采用的是训练感知 NAS 框架，搜索工作主要基于之前的 Mnasnet 以及 EfficientNet，但是这次的优化目标联合了精度、参数效率以及训练效率三个维度。这里是以 EfficientNet 作为主干（Backbone），设计空间包含：

- convolutional operation type：MBConv, Fused-MBConv
- number of layer
- kernel size：3×3, 5×5
- expansion ratio：1, 4, 6

另外，通过以下方法来减小搜索空间的范围：

移除不需要的搜索选项，重用 EfficientNet 中搜索的通道尺度，接着在搜索空间中随机采样了 1000 个模型，并针对每个模型训练迭代 10 次（使用较小的图像尺度）。搜索奖励结合了模型准确率 A，标准训练一个步骤所需时间 S 以及模型参数大小 P，奖励函数可写成

$$A \cdot S^w \cdot P^v$$

其中，A 是模型精度；S 是归一化训练时长；P 是参数量；w=—0.07；v=—0.05。

与 EfficientNet V1 的不同在于：

- 除使用 MBConv，还使用了 Fused-MBConv 模块，加快训练速度与提升性能。
- 使用较小的扩展率（之前是 6），从而减少内存的访问量。
- 趋向于选择大小为 3 的卷积核，但是会增加多个卷积用以提升感受野。
- 移除了最后一个步长为 1 的阶段，从而减少部分参数和内存访问。

2）EfficientNet V2 缩放

此处在 EfficientNetV2-S 的基础上采用类似 EfficientNet 的复合缩放，并添加几个额外的优化，得到 EfficientNetV2-M/L。

额外的优化描述如下：

- 限制最大推理图像尺寸为 480。
- 在网络的后期添加更多的层提升模型容量且不引入过多耗时。

15.2.6　GhostNet 系列

1. GhostNet V1

GhostNet V1 提供了一个全新的 Ghost Module，旨在通过廉价操作生成更多的特征图。基于一组原始的特征图，应用一系列廉价的线性变换（Cheap Linear Operations），以很小的代价生成许多能从原始特征发掘所需信息的 Ghost 特征图。该 Ghost 模块即插即用，通过堆叠 Ghost Module 得出 Ghost bottleneck，进而搭建轻量级神经网络——GhostNet。在 ImageNet 分类任务中，

GhostNet 在相似计算量情况下 Top-1 正确率达 75.7%，高于 MobileNet V3 的 75.2%。

利用 Ghost Module 生成与普通卷积层相同数量的特征图，可以轻松地将 Ghost Module 替换卷积层，集成到现有设计好的神经网络结构中，以减少计算成本。第一，先通过普通的卷积生成一些特征图。第二，对生成的特征图进行廉价操作生成冗余特征图，这步使用的卷积是深度卷积。第三，将卷积生成的特征图与廉价操作生成的特征图进行拼接操作。图 15.2.19（b）展示了 Ghost Module 和普通卷积的过程（Han et al., 2020）。

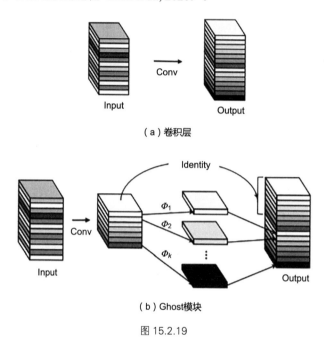

（a）卷积层

（b）Ghost模块

图 15.2.19

2. GhostNet V2

GhostNet V2 的主要工作是在 Ghost 模块的基础上，添加了一个改进的注意力块，称为解耦全连接注意力机制（Decouplod Fully Connected，DFC）。它不仅可以在普通硬件上快速执行，还可以捕获远程像素之间的依赖关系。大量的实验表明，GhostNet V2 优于现有的体系结构。例如，它在具有 167 MFLOPs 的 ImageNet 上实现了 75.3% 的 Top-1 精度，显著高于 GhostNetV1（74.5%），但计算成本相似。

虽然自注意力操作可以很好地建模长距离依赖，但是部署效率低。相比自注意力机制，具有固定权重的全连接层更简单，更容易实现，也可以用于生成具有全局感受野的注意力图。

给定特征图 $Z \in R^{H \times W \times C}$，它可以看作 hw 的 tokens，记作 $z_i \in R^C$，也就是 $Z = z_{11}, z_{12}, \cdots, z_{hw}$。全连接层生成注意力图的公式表达为

$$a_{hw} = \sum_{h',w'} F_{h,w,h',w'} \odot z_{h',w'}$$

其中，$\odot$ 表示元素乘法（Element-Wise Multiplication）；F 是全连接层中可学习的权重；$A = a_{11}, a_{12}, \cdots, a_{HW}$。根据上述公式，将所有 tokens 与可学习的权重聚合在一起以提取全局信息，该过程比经典的自注意力简单得多。然而，该过程的计算复杂度仍然是二次方，特征图的大小为 $O(H^2W^2)$，这在实际情况下是不可接受的，特别是当输入的图像是高分辨率时。

小结与思考

- SqueezeNet 系列是人工设计网络中的重要模块去轻量化模型。
- MobileNet 系列除了一些轻量化模块设计，还结合了流行的 NAS 搜索技术去设计更轻量化、准确率更高的模型。
- ESPNet 与 GhostNet 系列延续了 SqueezeNet 等系列，从模型结构的改进来进行参数量、计算量的减少。
- FBNet 与 EfficientNet 系列则是利用并优化了 NAS 搜索技术从而获得了轻量化的模型结构。

15.3　Transformer 模型小型化

自 Vision Transformer 出现之后，人们发现 Transformer 也可以应用在计算机视觉领域，并且效果还是非常不错的。但是基于 Transformer 的网络模型通常具有数十亿或数百亿个参数，这使得它们的模型文件非常大，不仅占用大量存储空间，而且在训练和部署过程中也需要更多的计算资源。所以在本节中会介绍关于 Transformer 一些轻量化工作。

15.3.1　MobileVit 系列

1. MobileVit V1

MobileVit V1 是一种基于 ViT（Vision Transformer）架构的轻量级视觉模型，旨在适用于移动设备和嵌入式系统。ViT 是一种非常成功的神经网络模型，用于图像分类和其他计算机视觉任务，但通常需要大量的计算资源和参数。MobileViT 的目标是在保持高性能的同时，减少模型的大小和计算需求，以便在移动设备上运行，这是第一次基于轻量级 CNN 网络性能的轻量级 ViT 工作，性能 SOTA。性能优于 MobileNet V3、CrossViT 等网络。

2. Mobile ViT 块

标准卷积涉及三个操作：展开+局部处理+折叠。利用 Transformer 将卷积中的局部建模替换为全局建模，这使得 MobileViT 具有 CNN 和 ViT 的性质。MobileViT 块如图 15.3.1 所示。

从上面的模型可以看出，首先将特征图通过一个卷积层，卷积核大小为 $n \times n$，然后再通过一个卷积核大小为 1×1 的卷积层进行通道调整，接着依次通过 Unfold、Transformer、Fold 结构进行全局特征建模，再通过一个卷积核大小为 1×1 的卷积层将通道调整为原始大小，接着通过残差连接分支与原始输入特征图按通道拼接，最后再通过一个卷积核大小为 $n×n$ 的卷积层进行特征融合，得到最终的输出。

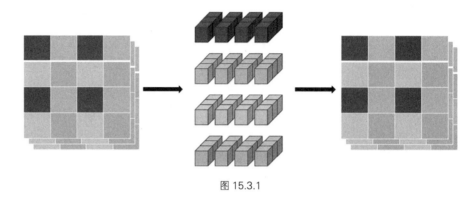

图 15.3.1

3. 多尺度采样训练

给定一系列排序的空间分辨率 $S = (H_1, W_1), \cdots, (H_n, W_n)$，最大空间分辨率有最小的批量，加快优化更新；在每个 GPU 第 t 次迭代中随机抽样一个空间分辨率，然后计算迭代大小；相较于以前多尺度采样，不需要自己每隔几个迭代微调得到新的空间分辨率，并且改变批量提高了训练速度。图 15.3.2 给出了标准采样和多尺度采样的对比。

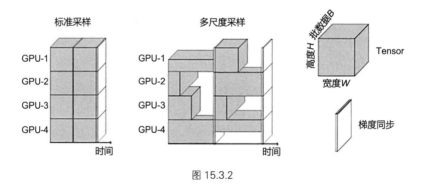

图 15.3.2

15.3.2 MobileFormer 系列

1. MobileFormer

MobileFormer 是一种通过双线桥将 MobileNet 和 Transformer 并行的结构。这种方式融合了

MobileNet 局部性表达能力和 Transformer 全局表达能力的优点，将局部性和全局性双向融合。和现有 Transformer 不同，MobileFormer 使用很少的 tokens(例如 6 个或者更少)随机初始化学习全局先验，计算量更小。

2. 并行结构

MobileFormer 将 MobileNet 和 Transformer 并行化，并通过双向交叉注意力连接（图 15.3.3）（Chen et al., 2021b）。Mobile（指 MobileNet）采用图像作为输入（$X \in R^{HW \times 3}$），并应用反向瓶颈块提取局部特征。Former（指 Transformers）将可学习的参数（或 tokens）作为输入，表示为 $Z \in R^{M \times d}$，其中 M 和 d 分别是 tokens 的数量和维度，这些 tokens 随机初始化。与 ViT 不同，其中 tokens 将局部图像 patch 线性化，Former 的 tokens 明显较少（$M \leqslant 6$），每个代表图像的全局先验知识。这使得计算成本大大降低。

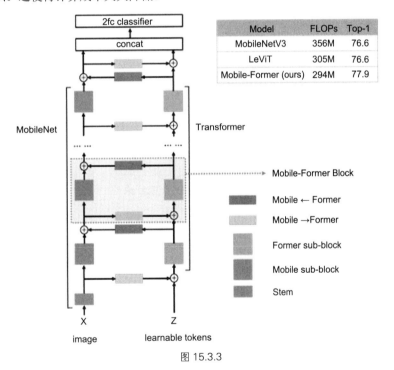

图 15.3.3

3. 低成本双线桥

Mobile 和 Former 通过双线桥将局部和全局特征双向融合。这两个方向分别表示为 Mobile→Former 和 Mobile←Former。这是一种轻量级的交叉注意力模型，其中映射（W^Q，W^K，W^V）从 Mobile 中移除，以节省计算，但在 Former 中保留。在通道数较少的 Mobile 瓶颈处计算交叉注意力。具体而言，从局部特征图 X 到全局 tokens Z 的轻量级交叉注意力计算如下：

$$A_{X \to Z} = [\text{Attn}(\tilde{z}_i W_i^Q, \tilde{x_i}, \tilde{x_i})]_{i=1:h} W^O$$

其中，局部特征 X 和全局 tokens Z 被拆分进入 h 个头，即 $X = \left[\tilde{x_1}...\tilde{x_h}\right], Z = \left[\tilde{z_1}...\tilde{z_h}\right]$ 表示多头注意力。第 i 个头的拆分 $\tilde{z_1} \in R^{M \times \frac{d}{h}}$ 与第 i 个 token $\tilde{z_1} \in R^d$ 不同。W_i^Q 是第 i 个头的查询映射矩阵。W^O 用于将多个头组合在一起。$\text{Attn}(Q,K,V)$ 是查询 Q、键 K 和值 V 的标准注意力函数，即 $\text{softmax}\left(\frac{QK^T}{\sqrt{d_k}}\right)$。$[.]_{1:h}$ 表示将 h 个元素拼接到一起。需要注意的是，键和值的映射矩阵从 Mobile 中移除，而查询的映射矩阵 W_i^Q 在 Former 中保留。类似地从全局到局部的交叉注意力计算如下：

$$A_{Z \to X} = [\text{Attn}(\tilde{x_i}, \tilde{z_i} W_i^K, \tilde{z_i} \odot W_i^V)]_{i=1:h}$$

其中，W_i^K 和 W_i^V 分别是 Former 中键和值的映射矩阵，而查询的映射矩阵从 Mobile 中移除。

4. MobileFormer 块

MobileFormer 由 MobileFormer 块组成。每个块包含四部分：Mobile 子块、Former 子块以及双向交叉注意力 Mobile←Former 和 Mobile→Former，如图 15.3.4 所示（Chen et al., 2021）。

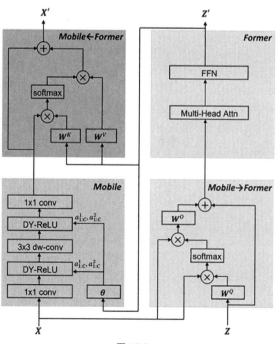

图 15.3.4

输入和输出：MobileFormer 块有两个输入：①局部特征图 $X \in R^{HW \times C}$，为通道 C、高度 H 和宽度 W；②全局 tokens $Z \in R^{M \times d}$，其中 M 和 d 分别是 tokens 的数量和维度，M 和 d 在所有块中一样。MobileFormer 块输出更新的局部特征图 X 和全局 tokens Z，用作下一个块的输入。

Mobile 子块：如图 15.3.4 所示，Mobile 子块将特征图 X 作为输入，并将其输出作为 Mobile←Former 的输入。这和反向瓶颈块略有不同，其用动态 ReLU 替换 ReLU 作为激活函数。与原始的动态 ReLU 不同，其中的参数通过在平均池化特征上应用两个 MLP 层来生成，然后从 Former 的第一个全局 tokens 的输出 z_1' 应用两个 MLP 层（图 15.3.4 中的 θ）保存平均池化。其中所有块的深度卷积的核大小为 3×3。

15.3.3　EfficientFormer 系列

1. EfficientFormer V1

首先，基于 ViT 的模型中使用的网络架构和具体的算子，找到端侧低效的原因。然后，引入了维度一致的 Transformer Block 作为设计范式。最后，通过网络模型搜索获得不同系列的模型 —— EfficientFormer。

2. EfficientFormer 结构

基于时延分析进行 EfficientFormer 的设计，如图 15.3.5 所示。该网络由块嵌入（PatchEmbed）和 Meta Transformer 块堆栈组成，表示为 MB：

$$y = \prod_{i}^{m} \mathrm{MB}_i \left(\mathrm{PatchEmbed} \left(X_0^{B,3,H,W} \right) \right)$$

其中，X_0 是批量大小为 B、空间大小为 $[H, W]$ 的输入图像，y 是所需输出，m 是块的总数（深度）。MB 由未指定的 token 混合器（TokenMixer）和一个 MLP 块组成，可以表示为

$$X_{i+1} = \mathrm{MB}_i(X_i) = \mathrm{MLP}\left(\mathrm{TokenMixer}(X_i) \right)$$

其中，X_i 是输入到第 i 个 MB 的中间特征。进一步将 Stage（或 S）定义为多个 MetaBlocks 的堆栈，这些 MetaBlocks 处理具有相同空间大小的特征，如图 15.3.5 中的 $N_1 \times$ 表示 S_1 具有 N_1 个 MetaBlocks。该网络包括 4 个阶段。在每个阶段中，都有一个嵌入操作来投影嵌入维度和下采样 token 长度，如图 15.3.5 所示。在上述架构中，EfficientFormer 是一个完全基于 Transformer 的模型，无需集成 MobileNet 结构。

3. 尺寸一致性设计

该设计将网络分割为 4D 分区，其中操作符以卷积网络样式实现（MB^{4D}），以及一个 3D 分区，其中线性投影和注意力在 3D 张量上执行，以在不牺牲效率的情况下获得 MHSA 的全局建模能力（MB^{3D}），如图 15.3.5 所示。具体来说，网络从 4D 分区开始，而 3D 分区应用于最后阶段。注意，图 15.3.5 只是一个实例（Li et al., 2022），4D 和 3D 分区的实际长度需要通过架构搜索指定。

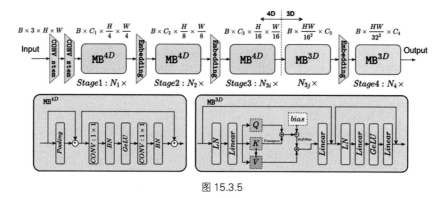

图 15.3.5

首先，输入图像需要经过两个步长为 2、感受野为 3×3 的卷积进行处理：

$$X_1^{B,C_{j|j=1},\frac{H}{4},\frac{W}{4}} = \text{PatchEmbed}\left(X_0^{B,3,H,W}\right)$$

其中，C_j 是第 j 级的通道数量。然后，网络从 MB^{4D} 开始，使用一个简单的池化混合器来提取低级特征：

$$I_i = \text{Pool}\left(X_i^{B,C,\frac{H}{2^{j+1}},\frac{W}{2^{j+1}}}\right) + X_i^{B,C,\frac{H}{2^{j+1}},\frac{W}{2^{j+1}}}$$

$$X_{i+1}^{B,C,\frac{H}{2^{j+1}},\frac{W}{2^{j+1}}} = \text{Conv}_B(\text{Conv}_{B,G(I_i)}) + I_i$$

其中，$\text{Conv}_{B,G}$ 表示卷积后分别连接 BN 和 GeLU。注意，这里没有在池化混合器之前使用 LN，因为 4D 分区是基于 CONV-BN 的设计，因此每个池化混合器前面都有一个 BN。

在处理完所有 MB^{4D} 块后，执行一次 Reshape 操作以变换特征大小并进入 3D 分区。MB^{3D} 遵循传统 ViT 结构，如图 15.3.5 所示。

$$I_i = \text{Linear}\left(\text{MHSA}\left(\text{Linear}\left(\text{LN}\left(X_i^{B,\frac{HW}{4^{j+1}},C_j}\right)\right)\right)\right) + X_i^{B,\frac{HW}{4^{j+1}},C_j}$$

$$X_{i+1}^{B,\frac{HW}{4^{j+1}},C_j} = \text{Linear}\left(\text{Linear}_G\left(\text{LN}(I_i)\right)\right) + I_i$$

其中，Linear_G 表示线性，后跟 GeLU。

$$\text{MHSA}(Q,K,V) = \text{Softmax}\left(\frac{Q \cdot K^T}{\sqrt{C_j}} + b\right) \cdot V$$

其中，Q、K 和 V 表示通过线性投影学习的查询、键和值；b 表示作为位置编码的参数化注意力偏差。

小结与思考

- MobileVit 系列、MobileFormer 系列是从模型结构上进行轻量化设计，在 MobileNet 的基础上，针对 Transformer 注意力模块去设计轻量化模型。
- EfficientFormer 系列在 Vit 基础上结合了搜索算法设计轻量化的模型。

第 16 章　模型轻量化

16.1　引　　言

随着神经网络模型的复杂性和规模不断增加，模型对存储空间和计算资源的需求越来越多，使得部署和运行成本显著上升。模型压缩的目标是通过减少模型的存储空间、减少计算量或提高模型的计算效率，在保持模型性能的同时，降低模型部署的成本。模型压缩的目标可以概括为以下几点：

- **减少模型显存占用**：通过压缩模型参数或使用更高效的表示方式，可以显著减少模型所需的存储空间，从而降低模型在部署和执行过程中的存储成本。

- **加快推理速度**：通过减少模型计算过程中的乘法和加法操作，可以降低模型的计算开销，达到模型运算加速的目的。

- **减少精度损失**：在模型压缩过程中，尽可能地减小对模型性能的影响，保持模型在任务上的精度损失最小化。这需要在压缩技术选择和参数调优过程中进行细致权衡和实验验证，确保模型在压缩后仍能够保持较高的性能水平。

16.1.1　模型压缩四件套

模型压缩的目标是降低表示、计算权重和中间激活的成本，这些成本占模型成本的大部分。我们根据如何降低权重和激活成本对模型压缩算法进行分类，有如下四大类别。

- **模型量化（Quantization）**：通过减小模型参数的表示精度，来降低模型的存储空间和计算复杂度。

- **参数剪枝（Pruning）**：通过删除模型中的不重要连接或参数，减少模型的大小和计算量。

- **知识蒸馏（Knowledge Distillation）**：通过构建一个轻量化的小模型（学生模型），利用性能更好的教师模型的信息监督训练学生模型，以期达到更好的性能和精度。

- **低秩分解（Low-Rank Factorization）**：通过将模型中具体执行计算的矩阵分解为低秩的子矩阵，减少模型参数数量和计算复杂度。低秩分解中，矩阵被分解为两个或多个低秩矩阵的乘积形式。

16.1.2　模型压缩流程

模型压缩通常处于机器学习模型训练和生产部署之间的阶段，它在模型训练完成后，准备将模型部署到目标环境之前进行。

16.1.3 模型压缩应用场景

模型压缩技术在许多场景中都有广泛的应用，特别是在资源受限的环境下或对模型性能要求较高的场景。以下是一些常见的模型压缩应用场景。

- **移动端应用**：在移动设备上部署神经网络模型时，由于存储空间和计算资源的限制，模型压缩变得至关重要。模型压缩可以使得模型在移动设备上运行更加高效，并降低对设备资源的消耗，从而实现更好的用户体验。
- **物联网设备**：在物联网（IoT）领域，许多设备的存储和计算资源极为有限。模型压缩可以帮助将神经网络模型部署到这些设备上，并在保持模型性能的同时减少资源消耗。
- **大模型压缩**：大语言模型通常具有数以亿计的参数和复杂的网络结构，对存储空间和计算资源要求巨大。通过模型压缩技术，可以将大模型压缩为更小、更高效的版本，以适应资源受限的部署环境，并在保持模型性能的同时降低计算成本。
- **自动驾驶**：在自动驾驶领域，由于对实时性能和计算资源的要求，模型压缩可以帮助优化神经网络模型以适应相应的场景。

16.2 量化基本原理

计算机领域的数值有很多种表示方式，如浮点表示的 FP32、FP16，整数表示的 INT32、INT16、INT8，量化一般是将 FP32、FP16 降低为 INT8 甚至 INT4 等低比特表示（图 16.2.1）。

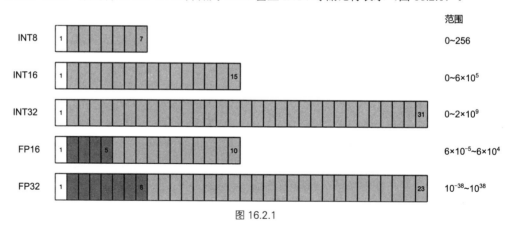

图 16.2.1

模型量化则是一种将浮点值映射到低比特离散值的技术，可以有效减少模型的参数大小、内存消耗和推理时延，但往往带来较大的精度损失。尤其是在极低比特（<4 bit）、二值网络（1 bit），甚至将梯度进行量化时，带来的精度挑战更大。本节将会重点讲解低比特量化的通用基本原理。

16.2.1　AI 特点和量化优势

1. 神经网络特点

低比特量化主要用在推理的场景，因此以量化和推理的视角来看，神经网络一般具有以下特点：

- **模型参数量大**。神经网络模型通常具有大量的参数，特别是在深度神经网络中，参数量可能非常庞大。这导致存储这些参数所需的空间也很大。
- **计算量大**。神经网络的推理阶段通常需要大量的计算资源，尤其是在深度神经网络中，包含大量的矩阵乘法和非线性激活函数等操作。这些计算量大大增加了模型在实际部署和执行过程中的成本。
- **内存占用大**。由于神经网络模型的参数量大、计算量大，因此在推理过程中需要大量的NPU 内存来存储模型参数、中间计算结果等。这对于嵌入式设备、移动设备等资源受限的环境来说可能是一个挑战。
- **模型精度高**。与传统的机器学习模型相比，神经网络模型通常具有较高的精度和表现能力。这使得人在量化过程中需要考虑如何在减小模型尺寸和计算成本的同时，尽量保持模型的精度和性能。

部署神经网络时，我们希望网络越小越好，来降低部署成本，于是就需要模型量化等压缩手段。

2. 模型量化优点

通过对神经网络模型进行合理的量化，可以实现以下优势：

- **加速计算**。传统的卷积操作都是使用 FP32 浮点，低比特的位数减少，计算性能也更高，INT8 对比 FP32 的加速比，可达到 3 倍甚至更高。
- **保持精度**。量化会损失精度，相当于给网络引入了噪声，但是神经网络一般对噪声不太敏感，只要控制好量化程度，对高级任务精度影响可以做到很小。
- **节省内存**。与 FP32 类型相比，FP16、INT8、INT4 低精度类型所占用晶体管空间更小，对应存储空间和传输时间都可以大幅下降。
- **节能和减少芯片面积**。每个数使用了更少位数，做运算时需要搬运的数据量少了，减少了访存开销（节能），同时 NPU 所需的乘法器数目也减少（减少芯片面积）。

16.2.2　落地挑战与思考

在实际部署时，量化技术的落地也有一些挑战，需要综合衡量是否需要使用模型量化。

1. 精度挑战

（1）量化方法的精确性：常见的量化方法如线性量化，对于数据分布的描述并不精确。线性量化将浮点数参数转换为固定位数的整数表示，这种精度的降低可能导致模型在量化后性能下降。特定任务和数据分布，需要设计更准确的量化方法以最小化精度损失。

（2）低比特数的影响：将模型从高比特数（如 16 位）量化为低比特数（如 4 位）会导致更大的精度损失。随着比特数的减少，模型的表示能力下降，因此需要在精度和模型大小之间找到平衡点。

（3）任务复杂性对精度的影响：任务的复杂性与模型所需的表示能力密切相关。通常情况下，任务越复杂，模型对精度的要求也越高，因此在量化过程中，需要针对不同的任务类型和复杂程度进行定制化的量化策略，以最大限度地保持模型的精度。

（4）模型大小对精度的影响：模型大小与精度之间存在一种权衡关系。一般来说，模型越小，其表达能力和容纳参数的能力也越有限，因此在量化过程中，对于较小的模型，精度损失可能会更加显著。在进行模型量化时，需要综合考虑模型大小、精度要求以及实际应用场景，以确定最适合的量化策略。

2. 硬件支持程度

在模型量化落地时，硬件支持是一个至关重要的因素。不同硬件平台对于低比特量化指令的支持程度不同，这会直接影响到模型在该硬件上的性能和效率。

（1）低比特指令支持差异：不同的硬件架构对于低比特指令的支持程度有所不同。

（2）低比特指令计算方式差异：即使硬件平台支持相同的低比特指令，不同的硬件架构可能采用不同的计算方式。

（3）硬件体系结构的 Kernel 优化：不同硬件平台具有不同的体系结构和优化方式。针对特定硬件的 Kernel 优化可以最大限度地利用硬件的并行计算能力和特定指令集，从而提高模型量化后的推理性能。因此，在将模型部署到特定硬件上时，需要进行相应的 Kernel 优化，以确保模型能够充分利用硬件的性能优势。

16.2.3 量化原理

如图 16.2.2 所示，模型量化方法可以分为感知量化训练 (Quant Aware Training，QAT)、静态离线量化 (Post Training Quantization Static，PTQ Static)、动态离线量化 (Post Training Quantization Dynamic，PTQ Dynamic)3 种。

- **感知量化训练**：感知量化训练让模型感知量化运算对模型精度带来的影响，通过微调训练降低量化误差。QAT 对训练好的网络模型进行转换，插入伪量化算子，得到一个新的网络模型。接着对新的网络模型进行微调得到最终的量化模型，最后送到部署端进行推理部署。

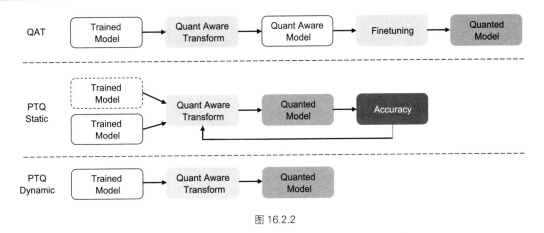

图 16.2.2

- **静态离线量化**：静态离线量化使用少量无标签校准数据，采用 KL 散度等方法计算量化比例因子。静态离线量化也是一种在训练完成后将模型参数转换为低比特表示的方法，但与动态离线量化不同的是，静态离线量化中的量化参数在转换过程中是固定的，而不是根据输入数据动态调整的。

- **动态离线量化**：动态离线量化是在推理过程中将激活值从 FP32 类型转换为低精度的整数表示形式（如 INT8）。在动态离线量化过程中，模型的权重在推理之前已经预先转换为 INT8 格式，而激活值的量化则是在推理过程中动态完成的。激活值的比例因子是基于运行时观察到的数据范围动态确定的。这种动态调整确保了比例因子能够被"调整"得尽可能精确，以保留每个观察到的数据集中的信号。相比静态离线量化，动态离线量化通常能保持更高的模型精度，但由于实时量化操作，其速度提升不及静态离线量化。

1. 量化方法对比

表 16.2.1 对比了 3 种量化方法，总的来说，QAT 可以达到的精度较高，但是往往需要较多的量化训练时间，量化成本比较大。PTQ 的量化过程比较迅速，只需要少量数据集来校准，但是量化后精度往往损失较多。

2. 饱和与非饱和量化

模型量化桥接了定点与浮点，建立了一种有效的数据映射关系，使得以较小的精度损失代价获得了较好的收益。模型量化有两种映射方法，以 INT8 量化为例子：

表 16.2.1 　3 种量化方法对比

量化方法	功能	经典适用场景	使用条件	易用性	精度损失	预期收益
感知量化训练 (QAT)	通过 Finetune 训练将模型量化误差降到最小	对量化敏感的场景、模型，例如目标检测、分割、OCR 等	有大量带标签数据	好	极小	减少存续空间 4×，降低计算内存
静态离线量化 (PTQ Static)	通过少量校准数据得到量化模型	对量化不敏感的场景，例如图像分类任务	有少量无标签数据	较好	较少	减少存续空间 4×，降低计算内存
动态离线量化 (PTQ Dynamic)	仅量化模型的可学习权重	模型体积大、访存开销大的模型，例如 BERT 模型	无	一般	一般	减少存续空间 2~4×，降低计算内存

（1）非饱和量化。非饱和量化方法计算浮点类型张量中绝对值的最大值|max|，将其映射为 127，则量化缩放因子（Scale）等于|max|/127（图 16.2.3 左图）。

（2）饱和量化。饱和量化方法使用 KL 散度计算一个合适的阈值 T $(0<T<|max|)$，将 $\pm|T|$ 映射为 ±127，超出阈值$\pm|T|$ 外的直接映射为阈值 ±127，则量化比例因子（Scale）等于 $T/127$（图 16.2.3 右图）。

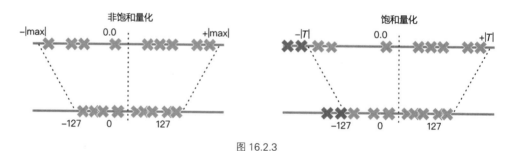

图 16.2.3

3. 线性与非线性量化

量化可以分为线性量化和非线性量化，目前主流的方法是线性量化。线性量化可以分为对称量化和非对称量化（图 16.2.4）。要弄懂模型量化的原理就是要弄懂这种数据映射关系，浮点与定点数据的转换公式如下：

$$Q = R / S + Z$$
$$R = (Q - Z) * S$$

其中，R 表示输入的浮点数据；Q 表示量化之后的定点数据；Z 表示零点（Zero Point）的数值；S 表示缩放因子（Scale）的数值。

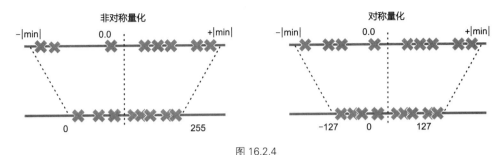

图 16.2.4

（1）对称量化。对称量化是非对称量化在 $Z=0$ 时的特例，即 R_{max} 和 R_{min} 关于 Z 对称。对称量化常用的方法是最大绝对值量化(|max|)，将输入缩放到 8 位范围[−128, 127]，对称的量化算法原始浮点精度数据与量化后 INT8 数据的转换如图 16.2.4 右图。

$$int = round\left[\frac{float}{scale}\right]$$

$$scale = \frac{\left(2\bullet max\left(|x_{min}|, x_{max}\right)\right)}{Q_{max} - Q_{min}}$$

threshold 是阈值，可以理解为 Tensor 的范围是[−threshold, threshold]。一般来说，对于激活值，scale=threshold/128；对于权重，scale=threshold/127。

（2）非对称量化。非对称量化也称为 Zero Point Quantization，通过使用归一化动态范围进行缩放然后通过零点进行移位，将输入分布移动到完整范围[−128, 127]或者[0, 255]。通过这个仿射变换，任何输入张量都将使用数据类型的所有位，从而减小了非对称分布的量化误差。

以线性量化的 MinMax 方法为例来求解 S 和 Z：

$$S = \frac{R_{max} - R_{min}}{Q_{max} - Q_{min}}$$

$$Z = Q_{max} - \frac{R_{max}}{S}$$

其中，R_{max} 表示输入浮点数据中的最大值；R_{min} 表示输入浮点数据中的最小值；Q_{max} 表示最大的定点值（127/255），Q_{min} 表示最小的定点值（−128/0）。

量化算法原始浮点精度数据与量化后 INT8 数据的转换如下：

$$float = scale \times \left(uint8 - offset\right)$$

确定后通过原始 FP32 高精度数据计算得到 uint8 数据的转换即为如下公式所示：

$$uint8 = round\left(\frac{float}{scale}\right) + offset$$

若待量化数据的取值范围为[X_{min}, X_{max}]，则 scale 的计算公式如下：

$$scale = \frac{X_{max} - X_{min}}{Q_{max} - Q_{min}}$$

offset 的计算方式如下：

$$\text{offset} = Q_{\min} - \text{round}\left(\frac{x_{\min}}{\text{scale}}\right)$$

当量化到 INT8 时，$Q_{\max}=127$，$Q_{\min}=-128$；uint8 时，$Q_{\max}=255$，$Q_{\min}=0$。

小结与思考

- 低比特量化原理：将浮点数表示的模型参数转换为低比特整数（如 INT8 或 INT4）以减少模型大小、内存消耗和推理时延，尽管可能会牺牲一定精度。
- 量化优势：量化可以显著减少模型参数量，加速计算，节省内存，并降低能耗和芯片面积需求，适合推理场景。
- 量化落地挑战：量化技术在实际部署时面临精度损失、硬件支持程度和软件算法加速能力的挑战，需要综合考虑量化策略和硬件特性。
- 量化方法分类：量化方法主要包括感知量化训练（QAT）、动态离线量化（PTQ Dynamic）和静态离线量化（PTQ Static），各有适用场景和优缺点。

16.3　感知量化训练

本节将介绍感知量化训练（QAT）流程，这是一种在训练期间模拟量化操作的方法，用于减少将神经网络模型从 FP32 精度量化到 INT8 时的精度损失。QAT 通过在模型中插入伪量化节点 FakeQuant 来模拟量化误差，并在训练过程中最小化这些误差，最终得到一个适应量化环境的模型。

本节还会讨论伪量化节点的作用、前向和反向传播中的处理方式。此外，还提供了一些实践技巧，包括从校准良好的 PTQ 模型开始、使用余弦退火学习率计划等，以及 QAT 与后训练量化（PTQ）的比较。

16.3.1　感知量化训练流程

感知量化训练通过在训练期间模拟量化操作，可以最大限度地减少量化带来的精度损失。

QAT 的流程如图 16.3.1 所示，首先基于预训练好的模型获取计算图，对计算图插入伪量化算子。准备好训练数据进行训练或者微调，在训练过程中最小化量化误差，最终得到 QAT 之后的神经网络模型。在真正推理部署的时候，QAT 转换后的模型需要去掉伪量化算子。

QAT 时会往模型中插入伪量化节点 FakeQuant 来模拟量化引入的误差。端侧推理的时候折叠 FakeQuant 节点中的属性到 Tensor 中，在端侧推理的过程中直接使用 Tensor 中带有的量化属性参数。

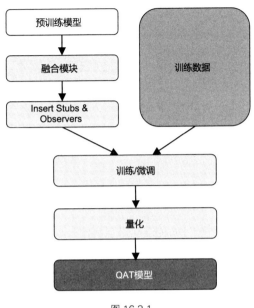

图 16.3.1

16.3.2　伪量化节点

在 QAT 过程中，所有权重和偏差都以 FP32 格式存储，反向传播照常进行。然而，在前向传播中，通过 FakeQuant 节点模拟量化。之所以称之为伪（Fake）量化，是因为它们对数据进行量化并立即反量化，添加了类似于在量化推理过程中可能遇到的量化噪声，以模拟训练期间量化的效果。因此最终损失值包含了预期内的量化误差，使得将模型量化为 INT8 不会显著影响精度。

FakeQuant 节点通常插入在模型的以下关键部分：

- 卷积层（Conv）前后：这可以帮助卷积操作在量化后适应低精度计算。
- 全连接层（FFN）前后：这对于处理密集矩阵运算的量化误差非常重要。
- 激活函数（如 ReLU）前后：这有助于在非线性变换中保持量化精度。

这些插入位置可以确保模型在训练期间模拟量化引入的噪声，从而在推理阶段更好地适应量化环境。

图 16.3.2 是一个计算图，同时对输入和权重插入伪量化算子。

伪量化节点的作用：

- 找到输入数据的分布，即找到最小值 Min 和最大值 Max。
- 模拟量化到低比特操作的时候的精度损失，把该损失作用到网络模型中，传递给损失函数，让优化器在训练过程中对该损失值进行优化。

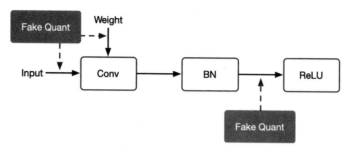

图 16.3.2

1. 前向传播

在前向传播中，FakeQuant 节点将输入数据量化为低精度（如 INT8），进行计算后再反量化为浮点数。这样，模型在训练期间就能体验量化引入的误差，从而进行相应的调整。为了求得网络模型 Tensor 数据精确的 Min 和 Max 值，在模型训练的时候插入伪量化节点来模拟引入的误差，得到数据的分布。对于每一个算子，量化参数通过下面的方式得到：

$$Q = \frac{R}{S} + Z$$

$$S = \frac{R_{\max} - R_{\min}}{Q_{\max} - Q_{\min}}$$

$$Z = Q_{\max} - \frac{R_{\max}}{S}$$

FakeQuant 量化和反量化的过程：

$$\begin{aligned} Q(x) &= \text{FakeQuant}(x) \\ &= \text{DeQuant}\big(\text{Quant}(x)\big) \\ &= s*\big(\text{Clamp}\big(\text{round}(x/s) - z\big) + z\big) \end{aligned}$$

原始权重为 W，伪量化之后得到浮点值 $Q(W)$，同理得到激活的伪量化值 $Q(X)$。这些伪量化得到的浮点值虽然表示为浮点数，但仅能取离散的量化级别。

前向传播的时候 FakeQuant 节点对数据进行了模拟量化规约的过程，如图 16.3.3 所示。

2. 反向传播

在反向传播过程中，模型需要计算损失函数相对于每个权重和输入的梯度。梯度通过 FakeQuant 节点进行传递，这些节点将量化误差反映到梯度计算中。因此模型参数的更新包含了量化误差的影响，使模型更适应量化后的部署环境。按照前向传播的公式，由于量化后的权重是离散的，反向传播的时候对 W 求导数为 0：

$$\frac{\partial Q(W)}{\partial W} = 0$$

因为梯度为 0，所以网络学习不到任何内容，权重 W 也不会更新：

$$g_W = \frac{\partial L}{\partial W} = \frac{\partial L}{\partial Q(W)} \cdot \frac{\partial Q(W)}{\partial W} = 0$$

这里可以使用 STE（Straight-Through Estimator）简单地将梯度通过量化传递，近似来计算梯度。这使得模型能够在前向传播中进行量化模拟，但在反向传播中仍然更新高精度的浮点数参数。STE 近似假设量化操作的梯度为 1，从而允许梯度直接通过量化节点：

$$g_W = \frac{\partial L}{\partial W} = \frac{\partial L}{\partial Q(W)}$$

如果被量化的值在 $[X_{\min}, X_{\max}]$ 范围内，STE 近似的结果为 1；否则为 0。这种方法使模型能够在训练期间适应量化噪声，从而在实际部署时能够更好地处理量化误差。如图 16.3.4 所示。

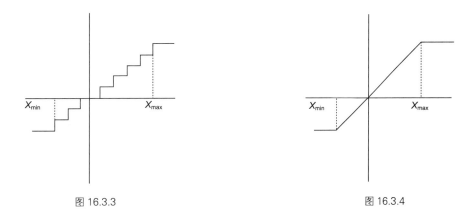

图 16.3.3　　　　　　　　　　　　　　　　　　　　　　图 16.3.4

3. BN 折叠

在卷积或全连接层后通常会加入批量归一化（Batch Normalization）操作，以归一化输出数据。在训练阶段，BN 作为一个独立的算子，统计输出的均值和方差，如图 16.3.5 左图所示。然而，为了提高推理阶段的效率，推理图将批量归一化参数"折叠"到卷积层或全连接层的权重和偏置中。也就是说，Conv 和 BN 两个算子在前向传播时可以融合为一个算子，该操作称为 BN 折叠，如图 16.3.5 右图所示。

为了准确地模拟量化效果，我们需要模拟这种折叠，并在通过批量归一化参数缩放权重后对其进行量化。我们通过以下方式做到这一点：

$$w_{\text{fold}} := \frac{\gamma w}{\text{EMA}\left(\sigma_B^2\right) + \epsilon}$$

其中，γ 是批量归一化的尺度参数；$\mathrm{EMA}\left(\sigma_B^2\right)$ 是跨批次卷积结果方差的移动平均估计；ϵ 是为了数值稳定性的常数。

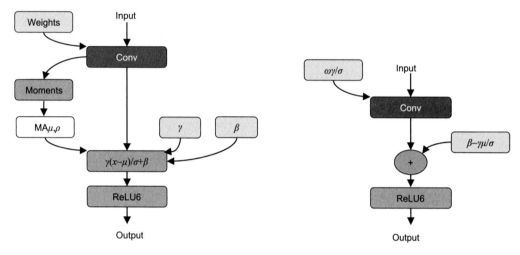

图 16.3.5

4. 推理过程

假设我们有一层的输入为 x，应用 BN 后得到输出 y，其基本公式如下。

（1）归一化：

$$\hat{x}_i = \frac{x_i - \mu_B}{\sqrt{\sigma_B^2 + \epsilon}}$$

其中，μ_B 是均值；σ_B^2 是方差。

（2）缩放和平移：

$$y_i = \gamma \hat{x}_i + \beta$$

为了将 BN 折叠到前一层的权重和偏差中，将 BN 的过程应用到上面的公式中，可以得到

$$y_i = \gamma \frac{z_i - \mu_B}{\sqrt{\sigma_B^2 + \epsilon}} + \beta$$

可得

$$y_i = \gamma \frac{wx_i + b - \mu_B}{\sqrt{\sigma_B^2 + \epsilon}} + \beta$$

将上式拆解为对权重 w 和偏置项 b 的调整。

（1）调整后的权重 w_{fold}：

$$w_{\text{fold}} = \frac{\gamma w}{\sqrt{\sigma_B^2 + \epsilon}}$$

（2）调整后的偏置项 b_{fold} ：

$$b_{\text{fold}} = \frac{\gamma (b - \mu_B)}{\sqrt{\sigma_B^2 + \epsilon}} + \beta$$

在感知量化训练中应用 BN 折叠的过程，涉及将 BN 层的参数合并到前一层的权重和偏置中，并对这些合并后的权重进行量化。

BN 折叠的训练模型和 BN 折叠感知量化训练模型分别如图 16.3.6 和图 16.3.7 所示。

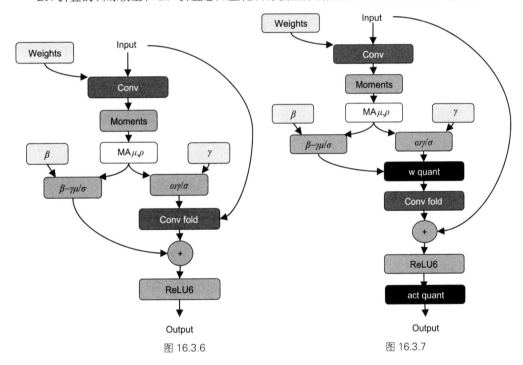

图 16.3.6　　　　　　　　　　　　　　　　图 16.3.7

QAT 中常见的算子折叠组合还有 Conv + BN、Conv + BN + ReLU、Conv + ReLU、Linear + ReLU、BN + ReLU。

16.3.3　PTQ 和 QAT 对比

表 16.3.1 对比了 PTQ 和 QAT，总之，PTQ 和 QAT 各有优缺点，选择哪种方法应根据具体的应用场景和资源情况来决定。对于大多数应用，PTQ 可以提供一个快速且易于实现的解决方案；而对于高精度要求的任务，QAT 则是更好的选择。

表 16.3.1 PTQ 与 QAT 对比

PTQ	QAT
通常较快	较慢
无需重新训练模型	需要训练/微调模型
量化方案即插即用	量化方案即插即用（需要重新训练）
对模型最终精度控制较少	对最终精度控制更多，因为量化参数是在训练过程中学习到的

小结与思考

- 感知量化训练（QAT）是一种在训练期间模拟量化操作的方法，通过插入伪量化节点来减少模型从 FP32 到 INT8 量化时的精度损失。
- QAT 使用 FakeQuant 节点在前向传播中引入量化噪声，并通过反向传播调整模型以适应量化误差，同时采用特定的训练技巧如余弦退火学习率和带动量的 SGD 优化器来提高训练稳定性。

16.4 训练后量化与部署

本节将重点介绍训练后量化技术的两种方式：动态和静态方法，将模型权重和激活从浮点数转换为整数，以减少模型大小和加速推理，并以 KL 散度为例讲解校准方法和量化粒度控制平衡模型精度和性能。

16.4.1 训练后量化的方式

训练后量化的方式主要分为动态和静态两种。

1. 动态离线量化

动态离线量化（PTQ Dynamic）仅将模型中特定算子的权重从 FP32 类型映射成 INT8、INT16 类型，主要可以减小模型大小，对特定加载权重费时的模型可以起到一定加速效果。但是对于不同输入值，其缩放因子是动态计算的。动态量化的权重是离线转换阶段量化，而激活是在运行阶段才进行量化。因此动态量化是几种量化方法中性能最差的。

动态离线量化的基本流程如图 16.4.1 所示。不同的精度下的动态量化对模型的影响：

- 权重量化成 INT16 类型，模型精度不受影响，模型大小为原始的 1/2；
- 权重量化成 INT8 类型，模型精度会受到影响，模型大小为原始的 1/4。

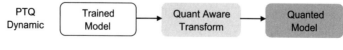

图 16.4.1

动态离线量化有两种预测方式：

● 反量化推理方式：即是首先将 INT8/FP16 类型的权重反量化成 FP32 类型，然后再使用 FP32 浮点运算进行推理。

● 量化推理方式：即是推理中动态计算量化算子输入的量化信息，基于量化的输入和权重进行 INT8 整形运算。

2. 静态离线量化

静态离线量化（PTQ Static）同时也称为校正量化或者数据集量化，使用少量无标签校准数据。其核心是计算量化比例因子，使用静态量化后的模型进行预测。在此过程中量化模型的缩放因子会根据输入数据的分布进行调整。相比量化训练，静态离线量化不需要重新训练，可以快速得到量化模型。

静态离线量化的目标是求取量化比例因子，主要通过对称量化、非对称量化方式来求，而找最大值或者阈值的方法又有 MinMax、KL 散度、ADMM、EQ、MSE 等。

如图 16.4.2 所示，以 PyTorch 为例，静态离线量化的步骤如下：

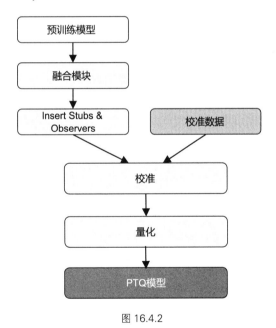

图 16.4.2

（1）加载预训练的 FP32 模型，融合模型中的某些模块（例如卷积层和激活函数（ReLU））。

（2）在模型中插入 Quant/DeQuant 占位符和观察器，用于标记模型的输入和输出，监控数据的分布情况。

（3）读取小批量样本数据，执行模型的前向推理，保存更新待量化算子的缩放因子等信息。

（4）将 FP32 模型转成 INT8 模型，保存得到量化模型。

表 16.4.1 列出了一些常用的计算量化 Scale 的方法。

表 16.4.1　常用计算量化 Scale 方法对比

量化方法	方法详解
取极值法|max|	选取所有激活值的绝对值最大值作为截断值 α。此方法的计算最为简单，但是容易受某些绝对值较大的极端值影响，适用于几乎不存在极端值的情况
KL 散度	使用参数在量化前后的 KL 散度作为量化损失的衡量指标。此方法是 TensorRT 所使用的方法。在大多数情况下，使用 KL 方法校准的表现要优于|max|方法
均值法	选取所有样本激活值绝对值的最大值平均数作为截断值 α。此方法计算较为简单，可以在一定程度上消除不同数据样本的激活值的差异，抵消一些极端值影响，总体上优于 |max| 方法

3. 量化粒度

量化参数可以针对层的整个权重张量计算，也可以针对每个通道分别计算。在逐张量量化中，同一剪切范围将应用于层中的所有通道。在模型量化过程中分为权重量化和激活量。

● 权重量化：即需要对网络中的权重执行量化操作。可以选择逐张量（per-tensor）或者逐通道（per-channel）的量化粒度（图 16.4.3），也就是说每个通道选取一个量化 Scale。对于卷积神经网络，逐通道通常对应通道轴。在任何一种情况下，量化因子的精度都是 FP32。逐通道的量化粒度比逐张量的更细，模型效果更好，但计算复杂度更大。需要注意的是部分部署硬件有可能不支持逐通道量化推理。

● 激活量化：即对网络中不含权重的激活类算子进行量化。一般采用逐张量（per-tensor）的粒度，也可以选择逐 token（per-token）的量化粒度。

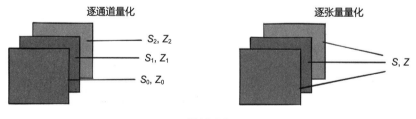

图 16.4.3

16.4.2　KL 散度校准法

下面以静态离线量化中的 KL 散度为例，看看静态离线量化的具体步骤。

1. KL 散度原理

KL 散度校准法也叫相对熵，其中 P 表示真实分布，Q 表示非真实分布或 P 的近似分布：

$$D_{\mathrm{KL}}\left(P_f \| Q_q\right) = \sum_{i=1}^{N} P(i) * \log_2 \frac{P_f(i)}{Q_q(i)}$$

相对熵用来衡量真实分布与非真实分布的差异大小。目的就是改变量化域，实则是改变真实分布，并使得修改后的真实分布在量化后与量化前相对熵越小越好。

2. 流程和实现

（1）选取验证数据集中一部分具有代表的数据作为校准数据集（Calibration Dataset）。

（2）对于校准数据进行 FP32 的推理，对于每一层：①收集激活值（Activation）的分布直方图；②使用不同的阈值来生成一定数量的量化好的分布；③计算量化好的分布与 FP32 分布的 KL 差值；④选取使 KL 最小的阈值作为饱和阈值。

主要注意的点：

- 需要准备由小批量数据（500~1000 张图片）组成的用于校准的数据集。
- 使用校准数据集在 FP32 精度的网络下推理，并收集激活值的直方图。
- 不断调整阈值，并计算相对熵，得到最优解。

通俗地理解，算法收集激活值直方图，并生成一组具有不同阈值的 8 位表示法，选择具有最少 KL 散度的表示；此时的 KL 散度在参考分布（FP32 激活）和量化分布（即 8 位量化激活）之间。

KL 散度校准法的伪代码实现：

```
Input: FP32 histogram H with 2048 bins: bin[0], … , bin[2047]

For i in range(128, 2048):
    reference distribution P = [bin[0], …, bin[i-1]]
    outliers count = sum(bin[i], bin[i+1], …, bin[2047])
    reference distribution P[i-1] += outliers count
    P /= sum(P)
    candidate distribution Q = quantize [bin[0], …, bin[i-1]] into 128 levels
    expand candidate distribution Q to I bins
    Q /= sum(Q)
    divergence[i] = KL divergence(reference distribution P, candidate distribution Q)
End For

Find index m for which divergence[m] is minimal

threshold = (m+0.5) * (width of a bin)
```

16.4.3 端侧量化推理部署

1. 推理结构

端侧量化推理的结构方式主要有 3 种，分别是图 16.4.4（a）FP32 输入 FP32 输出、图 16.4.4（b）FP32 输入 INT8 输出、图 16.4.4（c）INT8 输入 INT8 输出。

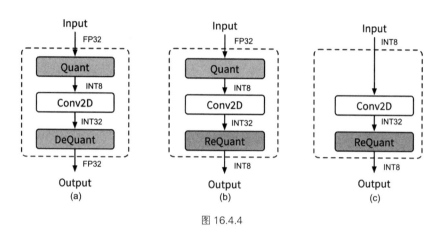

图 16.4.4

INT8 卷积如图 16.4.5 所示，里面混合了三种不同的模式，这是因为不同的卷积通过不同的方式进行拼接。使用 INT8 进行推理时，由于数据是实时的，因此数据需要在线量化，量化的流程也在图 16.4.5 中展示，数据量化涉及量化（Quantize）、反量化（Dequantize）和重量化（Requantize）3 种操作。

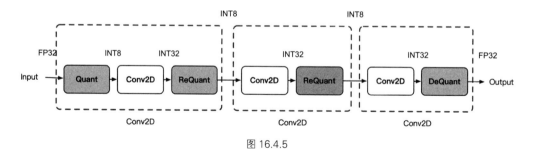

图 16.4.5

2. 量化过程

1）量化

将 FP32 数据量化为 INT8。离线转换工具转换的过程之前，根据量化的原理计算出数据量化需要的 scale 和 offset。

2）反量化

INT8 乘加后的结果用 INT32 格式存储。如果下一个算子需要 FP32 格式数据作为输入，则通过反量化操作将 INT32 数据反量化为 FP32。反量化推导过程如下：

$$
\begin{aligned}
y &= x \cdot w \\
&= x_{\text{scale}} \cdot \left(x_{\text{int}} + x_{\text{offset}}\right) \cdot w_{\text{scale}} \cdot \left(w_{\text{int}} + w_{\text{offset}}\right) \\
&= \left(x_{\text{scale}} \cdot w_{\text{scale}}\right) \cdot \left(x_{\text{int}} + x_{\text{offset}}\right) \cdot \left(w_{\text{int}} + w_{\text{offset}}\right) \\
&= \left(x_{\text{scale}} \cdot w_{\text{scale}}\right) \cdot \left(x_{\text{int}} \cdot w_{\text{int}} + x_{\text{int}} \cdot w_{\text{offset}} + w_{\text{int}} \cdot x_{\text{offset}} + w_{\text{offset}} \cdot x_{\text{offset}}\right) \\
&= \left(x_{\text{scale}} \cdot w_{\text{scale}}\right) \cdot \left(\text{INT32}_{\text{result}} + x_{\text{int}} \cdot w_{\text{offset}} + w_{\text{int}} \cdot x_{\text{offset}} + w_{\text{offset}} \cdot x_{\text{offset}}\right) \\
&\approx \left(x_{\text{scale}} \cdot w_{\text{scale}}\right) \cdot \text{INT32}_{\text{result}}
\end{aligned}
$$

3）重量化

INT8 乘加之后的结果用 INT32 格式存储，如果下一层需要 INT8 格式数据作为输入，则通过重量化操作将 INT32 数据重量化为 INT8。重量化推导过程如下：

$$
\begin{aligned}
y &= x \cdot w \\
&= x_{\text{scale}} \cdot \left(x_{\text{int}} + x_{\text{offset}}\right) \cdot w_{\text{scale}} \cdot \left(w_{\text{int}} + w_{\text{offset}}\right) \\
&= \left(x_{\text{scale}} \cdot w_{\text{scale}}\right) \cdot \left(x_{\text{int}} + x_{\text{offset}}\right) \cdot \left(w_{\text{int}} + w_{\text{offset}}\right) \\
&\approx \left(x_{\text{scale}} \cdot w_{\text{scale}}\right) \cdot \text{INT32}_{\text{result}}
\end{aligned}
$$

其中，y 为下一个节点的输入，即 $y = x_{\text{next}}$

$$
y = y_{\text{scale}} \times \left(y_{\text{int}} + y_{\text{offset}}\right)
$$

这里是对 y 进行量化，$x_{\text{nextint}} = y_{\text{int}}$，有

$$
x_{\text{nextint}} = \frac{x_{\text{scale}} \cdot w_{\text{scale}}}{x_{\text{nextscale}}} \cdot \text{INT32}_{\text{result}} - x_{\text{nextoffset}}
$$

因此，重量化需要当前算子的输入数据（input）和权重（weight）的 scale，以及下一个算子的输入数据（input）的 scale 和 offset。

小结与思考

- 训练后量化方式：分为动态离线量化（PTQ Dynamic）和静态离线量化（PTQ Static）。动态量化将权重从 FP32 映射到 INT8、INT16，而激活在运行时量化，可能导致性能下降；静态量化使用少量校准数据计算量化比例因子，无需重新训练，快速获得量化模型。

- KL 散度校准法：一种静态量化方法，通过最小化量化分布和 FP32 分布之间的 KL 散度来确定最优的量化阈值，适用于选择量化比例因子。

- 端侧量化推理部署：涉及量化、反量化和重量化操作，根据输入输出数据类型和硬件平台要求，选择不同的推理结构和量化策略，以实现模型在端侧设备上的高效部署。

16.5　模型剪枝原理

本节将介绍模型剪枝的概念、方法和流程。这是一种通过移除神经网络中的冗余或不重要参数来减小模型规模和提高效率的模型压缩技术。

剪枝不仅可以减少模型的存储和计算需求，还能在保持模型性能的同时提高模型的泛化能力。本节将探讨剪枝的定义、分类、不同阶段的剪枝流程，以及多种剪枝算法，包括基于参数重要性的方法、结构化剪枝、动态剪枝和基于优化算法的全局剪枝策略。

16.5.1　模型剪枝概述

为了减少神经网络模型对存储、带宽和计算等硬件资源的需求，将模型更好地应用到实际环境中，一些模型压缩方法被提出。

模型压缩将一个庞大而复杂的预训练模型转化为一个更精简的小模型，尽可能在不牺牲模型精确度的情况下，减少模型的存储和计算负载，从而使得模型更高效地在各种硬件平台上部署和运行。模型压缩方法主要分为这几类：**量化、剪枝、知识蒸馏和二值化网络**等。

其中，模型剪枝是一类重要而且应用广泛的模型压缩方法，其通过移除神经网络中的冗余或不重要的参数（如权重、神经元或卷积核），在尽量保持模型准确度的前提下，减少模型的大小，提高模型的计算速度和泛化能力。

1. 剪枝定义

模型剪枝也叫模型稀疏化，不同于模型量化通过减少表示权重参数所需的比特数来压缩模型，它直接删除模型中"不重要"的权重，从而学习到一个参数更加稀疏化的神经网络，同时要尽可能地保持模型精度。第 2 章 2.2 节介绍过量化和剪枝这两种方法的区别，读者可参见 2.2 节及图 2.2.8 进行回顾。

给定一个数据集 $D = (x_i, y_i)_{i=1}^{n}$ 和一个稀疏度 k（例如非零权重参数的数量），模型剪枝可以形式化表述为下面条件约束的优化问题：

$$\min_{m} L(w; D) = \min_{m} \frac{1}{n} \sum_{i=1}^{n} \text{loss}(w; (x_i; y_i))$$

$$\text{s.t.} w \in R^m, \|w\|_0 \leqslant k$$

其中，$\text{loss}(\cdot)$ 是损失函数（例如交叉熵损失函数）；w 是一组神经网络参数；m 是参数的数量；$\|\|_0$ 是标准的 L_0 范数。由于 L_0 范数的存在，该问题成为一个组合优化问题并且是 NP-hard 问题，无法在有限的时间内对多项式求得最优解，需要设计启发式的算法在合理的时间内求解。

2. 剪枝方法分类

根据剪枝的粒度，剪枝方法主要可以分成两类。

（1）**非结构化剪枝（Unstructured Pruning）**：非结构化剪枝是对模型中的参数或连接进行剪枝操作，而不考虑其结构。它直接删除模型中的某些参数，从而实现模型的压缩和优化，但这种方法可能会破坏模型的整体结构。

（2）**结构化剪枝（Structured Pruning）**：结构化剪枝是对模型中的特定结构单元（如滤波器、层）进行剪枝操作。它通过删除整个结构单元来实现模型的压缩和优化，而不会破坏模型的整体结构。

图 16.5.1 展示了两种剪枝方法对比，从左到右，剪枝粒度不断递增，最左边的非结构化剪枝粒度最小，右边结构化剪枝中的层级（Layer-Level）、通道级（Channel-Level）、滤波器级（Filter-Level）剪枝粒度依次增大。可以看出非结构化剪枝是不规则的，随机对独立的权重进行剪枝。而结构化剪枝对特定神经网络的 Filter、Channel 和 Layer 等结构进行统一剪枝。

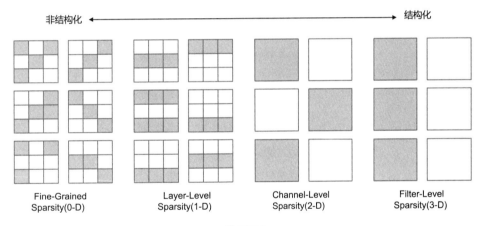

图 16.5.1

相较而言，非结构化剪枝算法简单，模型压缩比高，一般剪掉的是绝对值很小、对输出影响较小、相对不重要的参数，剪枝后的模型通常具有更高的稀疏性。这意味着大部分参数都是零值，缺点是通用的 NPU 等硬件难以对其进行加速，所以实际运行速度得不到提升，需要设计特定的硬件才可能加速。

结构化剪枝保留了模型的整体结构，只是去除了一些结构单元，因此不会破坏模型的整体结构。由于剪枝后的模型保持了原有的结构，因此在部署和推理时更加方便，无需对部署框架进行特殊处理，可以直接应用于各种硬件平台，进行计算加速。

此外，结构化剪枝通常可以通过控制剪枝单元的数量或比例，实现不同程度的压缩，剪枝率相对容易控制和调整。但是结构化剪枝的剪枝率受结构单元数量限制，无法实现非结构化剪枝那样的灵活剪枝率。在某些情况下，可能无法达到理想的压缩效果。由于剪枝的是整个结构单元，某些重要的参数或重要的结构单元被强制剪掉，可能会导致模型精度的较大损失。

16.5.2 剪枝方法

1. 剪枝流程

具体的剪枝流程按照剪枝发生的时间可以分成四种：**训练前剪枝、训练中剪枝、训练后剪枝**以及**运行时剪枝**。前三种剪枝流程在模型实际部署推理之前，模型剪枝就已经完成且模型参数结构已确定，对不同的输入，共享相同的模型结构和推理过程。运行时剪枝恰好相反，其根据输入的数据，在模型推理时动态地为每个输入数据点修剪模型并生成子网络，因此对于不同的数据，实际所见模型结构和参数是不同的。

1）训练前剪枝

训练前剪枝(Pruning Before Training，PBT)也被称为初始化剪枝，它在网络被训练之前，基于随机初始化的权值对网络进行剪枝，其主要的动机是消除预训练的成本。PBT 通常分为两步：

- 首先根据特定的准则对未训练的稠密网络进行直接剪枝，目的是得到结构较稀疏的网络。
- 然后对此稀疏网络进行训练，使其收敛从而获得更高的精度。

具体过程如图 16.5.2 所示，PBT 没有耗时的预训练，使模型在训练和推理中都获得加速。

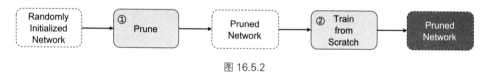

图 16.5.2

2）训练中剪枝

训练中剪枝(Pruning During Training，PDT)将模型训练和参数修剪融合在一起，在模型训练中修剪神经网络，当模型训练结束剪枝也同时完成，不需要预训练或重训练微调。PDT 的具体过程如图 16.5.3 所示，其中以虚线表示的后面的操作不是必要的。

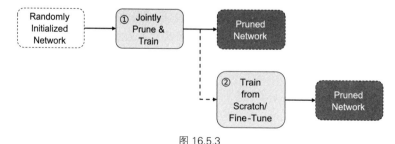

图 16.5.3

由于 PDT 方法比较复杂，研究较少，具体的相关剪枝算法总结为三种类型：

- **基于稀疏正则化的方法**：初始时模型是一个相对稠密的网络，为了让模型变得稀疏，需要对损失函数施加稀疏约束，例如给损失函数添加一个 L_1 正则化项。训练过程中模型会逐渐变得稀疏，必要时需要将一些十分接近 0 的参数置零。
- **基于动态稀疏训练的方法**：初始时模型是一个相对稀疏的网络，而不是密集网络。接下来修剪掉一部分不重要的权重，然后重新生长相同数量的新权重，以调整稀疏结构。通过训练过程中反复修剪和生长循环，不断寻找更好的稀疏结构。
- **基于评分的方法**：在模型训练过程中评估参数分数，直接修剪掉得分低的参数，同样地训练完成即剪枝完成，没有预训练和重训练。

基于稀疏正则化和评分的方法是稠密到稀疏的训练，而基于动态稀疏训练的方法是稀疏到稀疏的训练。

3）训练后剪枝

训练后剪枝（Pruning After Training，PAT）是剪枝流程中最流行的一种，因为很多研究认为对稠密网络预训练是获得高效子网络的必要过程。这类修剪方法通常遵循预训练-剪枝-重训练过程，如图 16.5.4 所示。

剪枝流程主要包括 4 个步骤：

- **模型预训练**：首先，使用标准的训练算法（如梯度下降）对原始模型进行训练，以获得一个基准模型。接下来，基准模型会在尽可能不损失精度的情况下被剪枝。
- **模型剪枝**：这一阶段中，一般会先对训练好的模型进行参数重要性评估，这一步的目的是确定哪些参数对模型的性能影响较小，可以被剪枝。常见的评估方法包括基于参数权重大小、梯度信息、敏感度分析等。接下来，选择适当的剪枝策略，对模型中的参数进行剪枝。
- **微调和重训练**：在执行剪枝操作后，模型的参数或结构发生了变化。微调和重训练的过程可以帮助模型重新学习被剪枝的参数，并调整模型的参数以适应新的剪枝后结构。
- **评估与再剪枝**：剪枝完成后会对模型进行评估，以验证剪枝操作是否达到了预期效果。如果剪枝结果未达到要求，会将微调之后的网络模型再送到剪枝模块中再次剪枝。如此不断迭代地进行模型剪枝优化，直到模型能够满足剪枝目标要求。

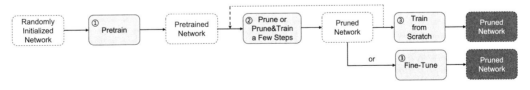

图 16.5.4

图 16.5.4 展示了整个流程，这个流程是一个一般性的框架，具体的剪枝流程可能会因任务需求、模型类型和剪枝策略的不同而有所差异。在实际应用中，会根据具体情况对剪枝流程进

行调整和优化。

4）运行时剪枝

上述的剪枝流程与运行时剪枝（Runtime Pruning）相比可以看作是静态的，基于这些流程的剪枝算法，修剪后的模型可以重复用于不同的输入。然而，运行时剪枝方法会根据每个输入数据的具体情况，动态地修剪神经网络。

该方法的思路是对于同一个任务，不同输入数据的处理难度可能不同，模型在处理不同输入时所需的能力也会有所不同。因此可以根据输入动态地调整网络。例如，一些研究指出通道的重要性高度依赖于输入数据，神经网络中通道的重要性会根据输入数据而变化，因此提出为每个输入实例生成不同的子网络。在推理时，只需要计算那些重要性超过某个阈值的通道，而忽略不重要的特征。

2. 剪枝算法

在模型剪枝中，贪心法或称基于参数重要性的方法是其中常见的一种策略。其基本思想是先对模型中的参数或结构进行重要性评估，然后按照重要性的顺序对其进行排序，最后将不重要的部分剪除。

一个最简单的方法就是按参数绝对值大小来评估参数的重要性，越接近 0 的参数一般对网络输出影响越小，重要性也越低，优先被剪掉。剪枝流程遵循如图 16.5.5 所示的 3 个步骤：

- 通过正常的网络训练学习网络参数；
- 修剪低权重的连接，权重低于阈值的所有连接都将从网络中删除，将密集网络转换为稀疏网络；
- 重新训练网络，以学习剩余稀疏连接的最终权值。

最后一步尤为重要，如果使用经过修剪的网络而不进行再训练，模型准确率会受到影响。其中第二步和第三步会不断迭代进行，直到模型达到目标稀疏度或没有参数可以剪掉。如果一个神经元的所有连接都被剪掉，该神经会被删除。

图 16.5.5

但这种剪枝算法存在一个问题——每个被剪掉的参数可能在之后的剪枝操作中重新变得重要，因此参数永久地被删除会导致模型精度永久下降，即使模型被重训精度也不会恢复。为了解决这个问题，一种动态剪枝的算法被提出，该算法在每次迭代中，通过拼接操作，动态地恢复之前被剪掉但现在又变得重要的参数，过程如图 16.5.6 所示。其中，参数的恢复和剪枝是利用一个掩模矩阵 T_k 来实现的，矩阵 T_k 中只有 0 和 1 两种元素，0 表示对应参数被剪掉，1 表示未被剪掉。在每次迭代中，T_k 被判定函数 $h_k(W_k)$ 以 $\sigma(\text{iter})$ 的概率动态更新（iter 为迭代次数，W_k 为参数矩阵），以剪掉不重要的参数或者重新恢复又变得重要的参数。

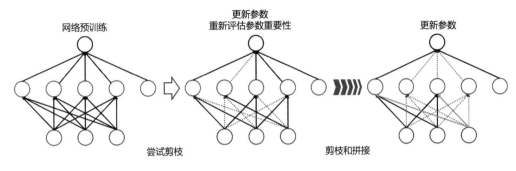

图 16.5.6

判定函数 $h_k(W_k)$ 被定义为

$$h_k\left(W_k^{(i,j)}\right)=\begin{cases}0, & a_k>\left|W_k^{(i,j)}\right|\\ T_k^{(i,j)}, & a_k\leqslant\left|W_k^{(i,j)}\right|<b_k\\ 1, & b_k\leqslant\left|W_k^{(i,j)}\right|\end{cases}$$

其中，a_k 和 b_k 是自定义的阈值，用于判定 W_k 中每个参数的重要性，如果参数绝对值小于 a_k，掩模矩阵 T_k 中对应的元素被置为 0，表示参数被剪掉。如果参数绝对值大于等于 b_k，掩模矩阵 T_k 中对应的元素被置为 1，表示参数被重新恢复。每次重训练时，每个参数都参与更新，即使该参数被剪掉，只是在前向传播和反向传播过程中，会将矩阵 W_k 和 T_k 进行阿达马积（Hadamard Product）。

上述两种基于权重绝对值的细粒度剪枝方法会产生非规则的稀疏性，无法在一般硬件上得到计算加速。一种针对卷积神经网络，在滤波器级别的结构化剪枝方法被提出，通过删除网络中的整个过滤器及其连接的特征图，使之不需要专门的硬件也能加速神经网络的计算。对于含有多个卷积层的 CNN，该算法在第 i 个卷积层修剪 m 个滤波器的步骤如下：

- 对于每个滤波器 F_{ij}，计算卷积核的权重绝对值之和 $s_j=\sum\limits_{l=1}^{n_i}\left|K_l\right|$；

- 根据 s_j 的值排序每个滤波器；

- 裁剪掉 m 个卷积核绝对值权重和最小的滤波器。同时，下一层卷积层中与被剪枝的特征图相对应的卷积核也被移除；

- 根据剪裁结果，为第 i 层和第 $i+1$ 层的卷积层创建新的卷积核矩阵。

图 16.5.7 展示了剪枝过程，对滤波器 F_{ij} 进行剪枝时，其对应的特征图 x_{i+1} 会被移除，下一

个卷积层与被移除特征图相对应的滤波器也被删除。此外，在对连续卷积层剪枝时，要考虑计算卷积核权重绝对值之和时是否要加上被上层裁剪掉的卷积核中的权值。

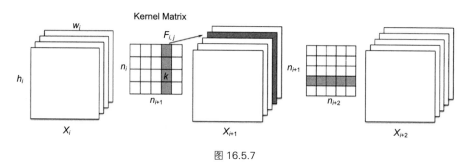

图 16.5.7

如图 16.5.8 所示，蓝色部分是输入的特征图被移除导致 $i+1$ 层中被剪裁的滤波器。可以看到，黄色部分卷积核权重也被包含其中，在下层计算权重之和时，需要考虑是否将黄色部分卷积核权重纳入计算，此时产生两种权重求和策略。

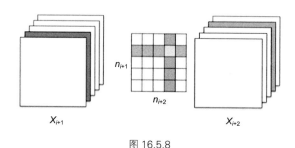

图 16.5.8

滤波器剪枝后，同样需要重训练来恢复精度，有两种策略：每剪裁一层就进行一次重训练或者逐层裁剪完再重训练。前者适用于裁剪后精度比较难恢复的情况，但是相应的训练迭代也会增加；后者适用于裁剪后精度能迅速恢复的情况。

小结与思考

- 模型剪枝的本质是一个条件约束下找到最优的模型结构来最大化模型精度的优化问题，和神经网络结构搜索（NAS）类似。
- 剪枝方法根据剪枝的粒度可以分为两类：结构化剪枝和非结构化剪枝。结构化剪枝的方法因为其能有效加速模型计算，在实际中应用更加广泛。
- 剪枝流程按照剪枝发生的时间可以分成四种：训练前剪枝、训练中剪枝、训练后剪枝以及运行时剪枝，剪枝算法更多遵循训练后剪枝这一流程。
- 先评估参数的重要性，再优先剪裁重要性低的参数是最常见的一种剪枝策略。非结构化剪枝以单个参数为单元来评估参数重要性并进行剪枝，而结构化剪枝以一簇参数（如层、滤波器）为单位评估参数重要性。

16.6　知识蒸馏原理

本节将介绍知识蒸馏（Knowledge Distillation，KD）的原理。这是一种通过从大型教师模型向小型学生模型转移知识来实现模型压缩和优化的技术。知识蒸馏的核心思想是利用教师模型在大量数据上积累的丰富知识，通过特定的蒸馏算法，使学生模型能够学习并吸收这些知识，从而达到与教师模型相似的性能。

本节将探讨知识蒸馏的不同知识类型，包括基于响应的、基于特征的和基于关系的知识点，以及不同的知识蒸馏方式，如离线蒸馏、在线蒸馏和自蒸馏。此外，还将解读 Hinton 提出的经典知识蒸馏算法，展现知识蒸馏与自然界中物理蒸馏过程的相似之处。通过本节内容，读者将深入理解知识蒸馏如何作为一种有效的模型优化手段，在减少模型复杂度和计算开销的同时，保持模型性能的关键知识。

16.6.1　知识蒸馏概述

知识蒸馏 (Knowledge Distillation, KD) 是一种用于模型压缩和优化的技术，最初由 Hinton 在文章 *Distilling the knowledge in a neural network* 中提出，核心思想是从一个复杂的较大的模型（通常称为教师模型）中提取知识，将这些知识转移到一个精简的小模型（通常称为学生模型）中。

通过蒸馏技术，庞大复杂模型中的知识被压缩并转移到一个较小的模型中。这个较小的模型与之相比更紧凑，且保留了较大模型中的重要知识，具备了很强的泛化能力和实用性。

知识蒸馏通常应用于那些结构复杂的神经网络模型，这些模型具有众多层次和大量参数，被当作教师模型来使用。如图 16.6.1 所示，在知识蒸馏过程中，一个小的学生模型通过模仿大的教师模型，学习和吸收教师模型中知识，从而获得与教师模型相似甚至更高的准确度。

知识蒸馏系统通常由三部分组成，分别是知识（Knowledge）、蒸馏算法（Distillation Algorithm）、师生架构（Teacher-Student Architecture）。

- 知识部分指的是从教师模型中提取的有价值的信息，可以是输出的 logits（未归一化概率）、中间层的特征表示或者模型参数等。
- 蒸馏算法是用于将教师模型的知识传递给学生模型的具体方法和技术，确保学生模型能够有效学习和吸收这些知识。
- 师生架构则是指教师模型和学生模型的设计和配置方式，包括它们之间的交互模式和训练过程。

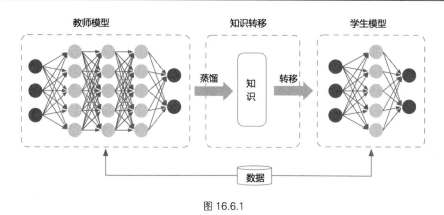

图 16.6.1

通过这三部分的协同工作，知识蒸馏系统能够实现从大模型向小模型的高效知识传递。

16.6.2　知识类型

大型深度神经网络中知识来源非常丰富，不仅仅局限于模型在训练过程中学习到的权重和偏置，还包括其他多种形式的信息。

知识可以分为四类，主要有基于响应的知识（Response-based）、基于特征的知识（Feature-based）、基于关系的知识（Relation-based）三种（图 16.6.2），另外还有一种较少提及的类型，即基于结构（Architecture-based）的知识。

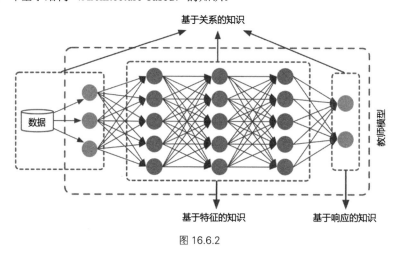

图 16.6.2

1. 基于响应的知识

基于响应的知识通常是指教师模型的输出，例如分类任务中通过 softmax 函数处理后，输出的类型概率分布（软标签）。这种方法利用教师模型对输入数据的预测结果，帮助学生模型学习，从而提高其性能。

通俗的说法就是老师充分学习知识后，直接将结论告诉学生。假设张量 z_t 为教师模型的输出 logits，张量 z_s 为学生模型的输出 logits，蒸馏学习的目标是让 z_s 模仿 z_t，降低图 16.6.3 的蒸馏损失（Distillation Loss）。图 16.6.3 中基于响应的知识的蒸馏损失被表示为

$$L_{\text{ResD}}\left(z_t, z_s\right) = L_R\left(z_t, z_s\right)$$

其中，$L_R\left(\cdot\right)$ 为 z_t 和 z_s 的散度损失函数。使用基于响应的知识蒸馏方法的最大优势在于直接利用模型对样本的预测输出，而无需关注神经网络模型的内在结构或特征表达。

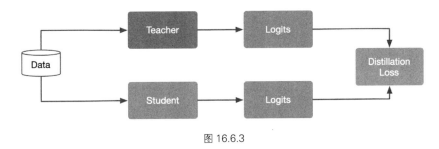

图 16.6.3

这种方法简单而高效，适用于普通的监督学习、涉及不同领域和模态的学习任务。另外，基于响应的知识蒸馏与其他知识蒸馏方法的组合十分灵活，并且无需额外设计，进一步提高了其适用性和实用性。

2. 基于特征的知识

在神经网络中，数据通过多个层次的神经元进行传递和处理，每一层都可以看作是对数据的一种特征提取和变换。

随着网络深度增加，每一层提取的特征都越来越抽象和高级，可以捕捉到数据中更加复杂和抽象的模式和结构。考虑深度神经网络擅长学习不同抽象级别的多层特征表示，因此模型中间层的输出，即特征图，也可以作为指导学生模型学习的知识。

这些来自中间层基于特征的知识是对基于响应的知识的良好扩展，特别适用于训练更瘦更深的网络。图 16.6.4 展示了基于特征的知识蒸馏过程。

基于特征的知识转移的蒸馏损失函数可以表示为

$$L_{\text{FeaD}}\left(f_t(x), f_s(x)\right) = L_F\left(\phi_t\left(f_t(x)\right), \phi_s\left(f_s(x)\right)\right)$$

其中，$f_t(x)$ 和 $f_s(x)$ 分别为教师模型和学生模型的中间层特征图。转换函数 $\phi_t\left(f_t(x)\right)$ 和 $\phi_s\left(f_s(x)\right)$ 通常在教师模型和学生模型特征图形状不一致时使用。$L_F\left(\cdot\right)$ 是教师模型和学生模型的中间层特征图的相似度函数。

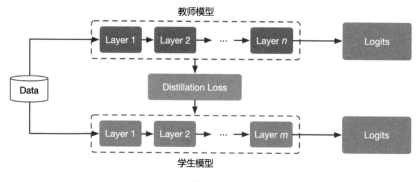

图 16.6.4

虽然基于特征的知识转移为学生模型的学习提供了更多信息，但由于学生模型和教师模型的结构不一定相同，如何从教师模型中选择哪一层网络（提示层），从学生模型中选择哪一层（引导层）模仿教师模型特征，是一个需要探究的问题。

3. 基于关系的知识

基于关系的知识进一步探索了各网络层输出之间的关系或样本之间的关系。基于关系的知识蒸馏认为，知识不仅仅是特征输出结果，而且还是网络层与层之间，以及样本数据之间的关系。

其重点在于提供一个一致的关系映射，使得学生模型能够更好地学习教师模型中的关系知识。例如将教师模型中某两层特征图的 Gram 矩阵（网络层输出之间的关系）作为知识，或者将数据样本之间的关系表示为数据样本在教师模型中的特征表征的概率分布，将这种概率分布（数据样本间的关系）作为知识供学生模型学习。

图 16.6.5 展示了数据样本之间的关系知识蒸馏的过程，其蒸馏损失函数可以表述为

$$L_{\mathrm{RelD}}\left(F_t, F_s\right) = L_{R^2}\left(\psi_t\left(t_i, t_j\right), \psi_s\left(s_i, s_j\right)\right)$$

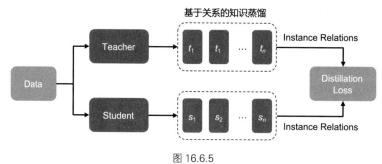

图 16.6.5

其中，F_s 和 F_t 分别表示一组样本数据的从学生模型和教师模型得到的特征表征；而 $t_i, t_j \in F_t$ 表示单个样本在教师模型中的特征表征；同理，$s_i, s_j \in F_s$ 表示单个样本在学生模型中的特征表征；而 $\psi_t(\cdot)$ 与 $\psi_s(\cdot)$ 分别是 (t_i, t_j) 和 (s_i, s_j) 的相似度函数；$L_{R^2}(\cdot)$ 是关联函数（Correlation Function）。

基于网络层的关系蒸馏只关注每个样本在不同网络层之间的关系知识，而忽略了同样存在于教师模型的空间结构中不同样本之间的关系信息。基于样本间关系的特征知识蒸馏正是利用了这种知识，将教师模型中捕捉到的样本间关系信息传递到学生模型中。

16.6.3　知识蒸馏方式

类似于人类教师和学生之间的学习模式，神经网络的知识蒸馏在学习方式上也有多种模式，一般分为三种：离线蒸馏（Offline Distillation）、在线蒸馏（Online Distillation）以及自蒸馏（Self-Distillation），如图 16.6.6 所示。

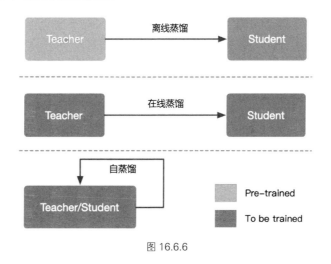

图 16.6.6

1. 离线蒸馏

离线蒸馏中，教师模型在学生模型训练之前已经完成训练，并且其参数在整个蒸馏过程中保持不变。这种方法是大部分知识蒸馏算法采用的方法，主要包含三个过程：

（1）蒸馏前教师模型预训练：教师模型在大规模数据集上进行训练，达到理想性能水平。这个过程通常耗时较长且需要大量计算资源；

（2）知识提取：将教师模型的知识提取出来，通常以教师模型对训练数据的输出（如概率分布或特征表示）的形式表示；

（3）学生模型的训练。在学生模型的训练过程中，使用教师模型的输出作为指导。学生模型通过一个额外蒸馏损失函数，学习如何模拟教师模型的输出。常见的蒸馏损失函数包括交叉熵损失和均方误差损失。

该方法主要侧重于知识迁移部分，教师模型通常参数量大，一些庞大复杂模型会通过这种方式得到较小模型，比如 BERT 通过蒸馏学习得到 tinyBERT。

它的主要优点在于能灵活选择预训练好的大型模型作为教师模型。在蒸馏过程中，教师模型不需要参数更新，而只需要关注学生模型的学习。这使得训练过程的部署简单可控，大大减少了知识蒸馏的资源消耗和成本，但这种方法的缺点是学生模型非常依赖教师模型。

2. 在线蒸馏

在线蒸馏中，教师模型和学生模型在同一训练过程中共同学习。教师模型不再是预先训练好的，而是与学生模型同步更新，教师模型和学生模型相互影响，共同提升性能，相互学习和调整。这种协同学习使得教师模型和学生模型可以动态适应数据变化和任务需求。

在线蒸馏能够在没有预训练模型的情况下，针对不同任务实现知识学习和蒸馏，有助于多个模型在学习过程中互相调整，更新知识，实现优势互补。特别是对于多任务学习等特殊场景，具有很大优势。相比于模型压缩，在线蒸馏更适合于知识融合以及多模态、跨领域等场景。然而训练过程中，增加的模型数量可能会导致计算资源的消耗增加。

3. 自蒸馏

自蒸馏是一种比较特殊的知识蒸馏模式，可以看作在线蒸馏的一种特例，即教师模型和学生模型采用相同的网络模型的在线蒸馏。自蒸馏过程中，学生模型从自身的输出中学习，这意味着学生模型将深层的信息传递给浅层，以指导自身的训练过程，而无需依赖外部的教师模型。

自蒸馏的提出主要是为了解决传统两阶段蒸馏方法的一些问题。传统方法需要预先训练大型教师模型，这会消耗大量的时间和计算资源。而且，教师模型和学生模型之间可能存在能力不匹配的问题，导致学生无法有效地学习教师模型的表征。

自蒸馏方法克服了这些问题，它不需要依赖教师模型进行指导，而是通过学生模型自身的输出来提升性能。这种方法使得学生模型能够在没有外部指导的情况下自我提升，并且可以更加高效地进行模型训练。

16.6.4 经典算法解读

这一部分介绍 Hinton 在文章 *Distilling the knowledge in a neural network* 中针对多分类任务提出的知识蒸馏方法。该算法流程主要可以概括为 4 个步骤：

（1）训练教师模型；

（2）教师模型的 logits 输出，在高温 T 下生成软目标（Soft Target）；

（3）使用 $\mathcal{L}_{soft}$ 与 $\mathcal{L}_{hard}$ 同时训练学生模型；

（4）将温度 T 调为 1，学生模型用于线上推理。

对于用于多分类任务的神经网络模型，最后全连接层输出的未归一化类别概率向量 z 被称为 logits，经过 softmax 函数处理后，这些 logits 会被转换成模型的类别预测概率。

具体来说，softmax 函数会将每个 logits 值指数化，并对所有类别的指数化值进行归一化，使得它们的总和为 1。这样，softmax 函数输出的每个值都可以被解释为模型对相应类别的预测概率。这一过程使得 logits 转换为一组可以用于分类决策的概率分布，从而得出最终的预测类别。

softmax 函数计算方法如下：

$$q_i = \frac{\exp(z_i)}{\sum_j \exp(z_j)}$$

其中，q_i 表示不同类别的预测概率。这个预测结果是软目标（Soft Target），而真实目标是硬目标（Hard Target），一般机器学习的目标就是让软目标逼近硬目标。

Hinton 等引入"蒸馏"的概念，在上式基础上添加一个温度系数 T：

$$q_i = \frac{\exp(z_i / T)}{\sum_j \exp(z_j / T)}$$

当 $T=1$ 时，就是标准的 softmax 函数。T 越大，得到的概率分布的熵越大，负标签携带的信息会被放大，负标签的概率分布会对损失函数有更明显影响，模型训练会更关注这部分信息。

为什么要重视负标签的信息？

Hinton 举了一个例子，宝马被当作垃圾箱的概率很低，基本接近于 0，但还是比被当作胡萝卜的概率高得多。当负标签的概率都很低时，负标签之间的概率差异仍然包含了一部分信息，而这部分信息往往被模型忽略（因为所有负标签概率接近于 0）。

例如 MNIST 数据集中存在一个数字 2 的样本被预测为 3 的概率为 10^{-6}，被预测为 7 的概率为 10^{-9}，这部分负标签的信息就意味着这个数字 2 有可能与 3 和 7 有些相像。

通常，在蒸馏学习过程中，先将 T 适当调高并保持不变，使得学生模型可以学习到负标签的信息；等学生模型训练完成后，将 T 设为 1，用于推理。

该蒸馏学习算法采用离线蒸馏的形式、教师-学生架构，其中教师是知识输出者，学生是知识接受者。算法过程分为两个部分：教师模型训练、学生模型蒸馏。教师模型特点是模型较为复杂，精度较高，对教师模型不做任何关于模型架构、参数量等方面限制。

论文中，Hinton 将问题限定为分类问题，即模型最终输出会经过 softmax 处理，得到一个概率分布。蒸馏过程中除了教师模型和学生模型，一个重要的部分是数据集，数据集可以是训练教师模型所用的数据集，也可以是其他的辅助数据集，可以是有标签的数据集，也可以是无标签的数据集。

如果蒸馏过程中使用的数据集有标签，则学生模型的训练目标有两个，一个是模仿教师模型的输出，另一个是接近真实标签；而一般前者是主要目标，后者是次要目标。损失函数可写为

$$\mathcal{L} = \mathcal{L}_{\text{soft}} + \lambda \mathcal{L}_{\text{hard}}$$

$$\mathcal{L}_{\text{soft}} = -\sum_j p_j^T \log_2\left(q_j^T\right)$$

$$\mathcal{L}_{\text{hard}} = -\sum_j c_j \log_2\left(q_j\right)$$

其中，p_j^T 表示教师模型在 T 下（T 通常大于 1）的预测结果；q_j^T 表示学生模型在 T 下的预测结果；c_j 表示真实标签；q_j 表示学生模型在 $T=1$ 时的预测结果。当数据集无标签时，只能用 $\mathcal{L}_{\text{soft}}$。

小结与思考

● 知识蒸馏将一个大型、复杂的教师模型中的知识提取出来，传递给一个较小、较简单的学生模型。目的是减少模型的复杂度和计算开销，同时尽可能保证模型的性能。

● 神经网络中的知识总体可以分为四类，主要有基于响应的知识、基于特征的知识和基于关系的知识，另一类不常用。

● 神经网络的知识蒸馏在学习方式上有多种模式，一般分为三种：离线蒸馏、在线蒸馏及自蒸馏。

第 17 章 模 型 转 换

17.1 引　　言

模型转换的主要任务是实现模型在不同框架之间的流转。随着深度学习技术的发展，训练框架和推理框架的功能逐渐分化。

训练框架通常侧重于易用性和研究人员的算法设计，提供了分布式训练、自动求导、混合精度等功能，旨在让研究人员能够更快地生成高性能模型。

而推理框架则更专注于针对特定硬件平台的极致优化和加速，以实现模型在生产环境中的快速执行。由于训练框架和推理框架的职能和侧重点不同，且各框架内部的模型表示方式各异，因此没有一个框架能够完全涵盖所有方面。模型转换成为必不可少的环节，用于连接训练框架和推理框架，实现模型的顺利转换和部署。

17.1.1　推理引擎

推理引擎是推理系统中用来完成推理功能的模块。推理引擎分为 2 个主要的阶段：

● **优化阶段**：模型转换工具，由模型转换和图优化构成；包括模型压缩工具、端侧学习和其他组件组成。

● **运行阶段**：实际的推理引擎，负责 AI 模型的加载与执行，可分为调度与执行两层。

模型转换工具模块有两个部分：

（1）**模型格式转换**：将相同框架的模型转换为推理引擎所需的中间表示（IR）或其他格式。

（2）**计算图优化**：计算图是深度学习编译框架的第一层中间表示。图优化是通过图的等价变换化简计算图，从而降低计算复杂度或内存开销。

1. 转换模块挑战与目标

1）AI 框架算子的统一

神经网络模型本身包含众多算子，它们的重合度高但不完全相同。推理引擎需要用有限的算子去实现不同框架的算子。

不同 AI 框架的算子冲突度非常高，其算子的定义也不太一样，例如 AI 框架 PyTorch 的 Padding 和 TensorFlow 的 Padding，它们执行填充（Padding）的方式和方向不同。PyTorch 的 Conv 类可以任意指定 Padding 步长，而 TensorFlow 的 Conv 类不可以指定 Padding 步长，如果有此需求，需要用 tf.pad 类指定。

一个推理引擎对接多个不同的 AI 框架，因此不可能把每一个 AI 框架的算子都实现一遍，需要推理引擎用有限的算子去对接或者实现不同的 AI 框架训练出来的网络模型。

目前比较好的解决方案是让推理引擎定义属于自己的算子定义和格式，来对接不同 AI 框架的算子层。

2）支持不同框架的模型文件格式

主流的 PyTorch、MindSpore、PaddlePaddle 等框架导出的模型文件格式不同，不同的 AI 框架训练出来的网络模型、算子之间是有差异的。同一框架的不同版本间也存在算子的增改。

这些模型文件格式通常包含了网络结构、权重参数、优化器状态等信息，以便于后续的模型部署和推理。表 17.1.1 是一些主流框架的模型文件格式示例。

表 17.1.1　主流框架模型文件格式示例

AI 框架	模型文件格式
PyTorch	.pt, .pth
MindSpore	.ckpt, .mindir, .air, .onnx
PaddlePaddle	.pdparams, .pdopt, .pdmodel
TensorFlow	.pb(Protocol Buffers), .h5(HDF5)
Keras	.h5, .keras

要解决这些问题，需要一个推理引擎，能够支持自定义计算图 IR，以便对接不同 AI 框架及其不同版本，将不同框架训练出的模型文件转换成统一的中间表示，然后再进行推理过程，从而实现模型文件格式的统一和跨框架的推理。

3）支持主流网络结构

CNN、RNN、Transformer 等不同网络结构有各自擅长的领域。

推理引擎需要有丰富 Demo 和 Benchmark，展示如何使用推理引擎加载和执行不同的网络结构，并通过 Benchmark 评估推理引擎在处理不同网络结构时的性能，提供主流模型性能和功能基准，来保证推理引擎的可用性。

4）支持各类输入输出

在神经网络当中有多输入多输出、任意维度的输入输出、动态输入（即输入数据的形状可能在运行时改变）、带控制流的模型（即模型中包含条件语句、循环语句等）。

为了解决这些问题，推理引擎需要具备一些特性，比如可扩展性（即能够灵活地适应不同的输入输出形式）和 AI 特性（例如动态形状，即能够处理动态变化的输入形状）。

以下是一个完整的示例，首先定义一个简单的神经网络模型，并将其导出为动态输入的 ONNX 格式：

```
import torch
import torch.nn as nn
```

```python
class Model_Net(nn.Module):
    def __init__(self):
        super(Model_Net, self).__init__()
        self.layer1 = nn.Sequential(

            nn.Conv2d(in_channels=3, out_channels=64, kernel_size=3, stride=1, padding=1),
            nn.BatchNorm2d(64),
            nn.ReLU(inplace=True),

            nn.Conv2d(in_channels=64, out_channels=256, kernel_size=3, stride=1, padding=1),
            nn.BatchNorm2d(256),
            nn.ReLU(inplace=True),
        )

    def forward(self, data):
        data = self.layer1(data)
        return data

if __name__ == "__main__":

    # 设置输入参数
    Batch_size = 8
    Channel = 3
    Height = 256
    Width = 256
    input_data = torch.rand((Batch_size, Channel, Height, Width))

    # 实例化模型
    model = Model_Net()

    # 导出为动态输入
    input_name = 'input'
    output_name = 'output'
    torch.onnx.export(model,
                input_data,
                "Dynamics_InputNet.onnx",
                opset_version=11,
                input_names=[input_name],
                output_names=[output_name],
                dynamic_axes={
                    input_name: {0: 'batch_size', 2: 'input_height', 3: 'input_width'},
                    output_name: {0: 'batch_size', 2: 'output_height', 3: 'output_width'}})
```

接下来测试刚刚保存的 ONNX 模型：

```python
import numpy as np
import onnx
import onnxruntime

# 生成两个随机输入数据
input_data1 = np.random.rand(4, 3, 256, 256).astype(np.float32)
input_data2 = np.random.rand(8, 3, 512, 512).astype(np.float32)

# 导入ONNX模型
Onnx_file = "./Dynamics_InputNet.onnx"  # 模型文件路径
Model = onnx.load(Onnx_file)  # 加载ONNX模型
onnx.checker.check_model(Model)  # 验证ONNX模型是否准确
```

```
# 使用onnxruntime进行推理
# 创建推理会话
model = onnxruntime.InferenceSession(Onnx_file, providers=['TensorrtExecution Provider',
'CUDAExecutionProvider', 'CPUExecutionProvider'])
input_name = model.get_inputs()[0].name  # 获取模型输入的名称
output_name = model.get_outputs()[0].name  # 获取模型输出的名称

# 对两组输入数据进行推理
output1 = model.run([output_name], {input_name: input_data1})  # 对第一组输入数据进行推理
output2 = model.run([output_name], {input_name: input_data2})  # 对第二组输入数据进行推理

# 打印输出结果的形状
# 打印第一组输入数据的输出结果形状
print('output1.shape: ', np.squeeze(np.array(output1), 0).shape)
# 打印第二组输入数据的输出结果形状
print('output2.shape: ', np.squeeze(np.array(output2), 0).shape)
```

得到以下结果：

```
output1.shape:  (4, 256, 256, 256)
output2.shape:  (8, 256, 512, 512)
```

由输出结果可知，动态输入模型可以接受不同形状的输入数据，其输出的形状也会随之变化。

2. 优化模块挑战与目标

1）结构冗余

神经网络模型中存在的一些无效计算节点（在训练过程中，可能会产生一些在推理时不必要的计算节点）、重复的计算子图（模型的不同部分执行了相同的计算）或相同的结构模块，它们在保留相同计算图语义的情况下可以被无损地移除。通过计算图优化，采取算子融合等方法来减少结构冗余。

2）精度冗余

精度冗余是指在神经网络模型中，使用的数值精度（如 FP32 浮点数）可能超出实际需求，导致不必要的计算资源浪费。例如，在某些推理任务中，FP32 精度可能远高于实际需要的精度水平。通过降低数值精度（如使用 FP16 或 INT8），可以显著减少存储和计算成本，但对模型性能的影响微乎其微。

3）算法冗余

算法冗余指的是在神经网络模型的实现中，算子或者 Kernel 层面的实现算法本身存在计算冗余，比如均值模糊的滑窗与拉普拉斯的滑窗实现方式相同。这种冗余会导致额外的计算开销和资源浪费，影响模型的性能和效率。

4）读写冗余

读写冗余指的是在计算过程中，存在不必要的内存读写操作，或者内存访问模式低效，导

致内存带宽浪费和性能下降，例如，重复读写内存（同一数据在计算过程中被多次读写）、内存访问不连续（数据在内存中的布局不连续，导致缓存命中率低，增加了内存访问时延）、内存对齐不当（数据在内存中的对齐方式不合适，不能充分利用硬件的高效读写特性）。

17.1.2　转换模块架构

1. 转换模块架构概述

转换模块（Converter）由格式转换（Graph Converter）和图优化部分（Graph Optimize）构成（图 17.1.1）。前端转换部分负责支持不同的 AI 训练框架，图优化部分通过算子融合、算子替换、布局调整等方式优化计算图。

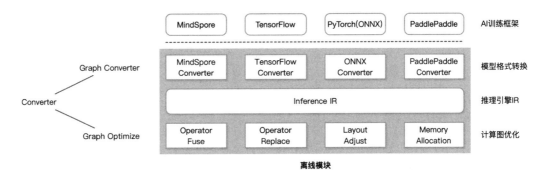

图 17.1.1

1）格式转换

格式转换即图 17.1.1 中 IR 上面的部分，是指将不同 AI 框架的模型转换成统一的中间表示，后续的优化都基于这种统一的 IR 进行。不同的 AI 框架有不同的 API，不能通过一个 Converter 就把所有的 AI 框架都转换过来。

针对 MindSpore，有 MindSpore Converter；针对 PyTorch，有 ONNX Converter。通过不同的转换模块，把不同的 AI 框架统一转换成自己的推理引擎的 IR，后面的图优化都是基于这个 IR 进行修改。

2）图优化

图优化主要研究如何通过优化计算图的结构和执行方式来提高模型的效率和性能。其中最核心的有算子融合、算子替换、布局调整、内存分配等。

● 算子融合：神经网络模型中，通常会有多个算子（操作）连续地作用于张量数据。算子融合就是将这些连续的算子合并成一个更大的算子，以减少计算和内存访问的开销。例如，将卷积操作和激活函数操作合并成一个单独的操作，这样可以避免中间结果的存储和传输，提高计算效率。

- **算子替换**：指用一个算子替换模型中的另一个算子，使得在保持计算结果不变的前提下，模型在在线部署时更加友好，更容易实现高效执行。例如，将标准卷积替换为深度可分离卷积（Depthwise Separable Convolution），以减少计算量和参数数量。

- **布局调整**：优化张量布局是指重新组织模型中张量的存储方式，以更高效地执行依赖于数据格式的运算。不同的硬件或软件框架可能对数据的布局有不同的偏好，因此通过调整张量的布局，可以提高模型在特定环境下的性能。例如，将张量从批量–高度–宽度–通道（NHWC）格式转换为批量–通道–高度–宽度（NCHW）格式，以适应不同硬件的优化需求。许多 GPU 在处理 NCHW 格式数据时效率更高。

- **内存分配**：在神经网络模型的计算过程中，会涉及大量内存操作，包括内存分配和释放。优化内存分配可以通过分析计算图来检查每个运算的峰值内存使用量，并在必要时插入 CPU-GPU 内存复制操作，以将 GPU 内存中的数据交换到 CPU，从而减少峰值内存使用量，避免内存溢出或性能下降的问题。

2. 离线模块流程

通过不同的转换器，把不同 AI 框架训练出来的网络模型转换成推理引擎的 IR，再进行后续的优化。优化模块分成三段，如图 17.1.2 所示。

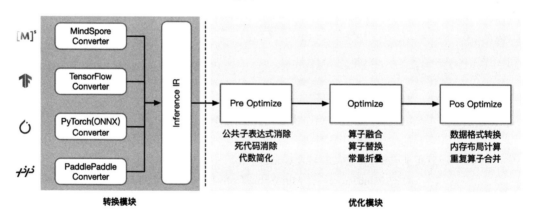

图 17.1.2

（1）**预优化**：主要进行语法检查和初步的优化，确保计算图在语法和结构上的简洁性和正确性。以下是几种常用的方法。

- **公共子表达式消除**：指在计算图中，识别并消除重复出现的子表达式。通过合并重复的子表达式，可以减少冗余计算，提高计算效率。

- **死代码消除**：移除那些对最终输出没有影响的代码或操作。这些代码在计算过程中不产生任何作用，因此可以安全地移除，以减少计算和内存开销。

● 代数简化：利用代数法则（如交换律、结合律等）来简化和优化计算图中的算术操作。通过重排或简化算术表达式提高计算效率，可以通过子图替换的方式完成。

（2）**优化**：主要针对计算图中的算子进行优化，以提高执行效率和性能。

● 算子融合：将多个连续的算子合并为一个算子，从而减少计算和内存访问开销。例如，将卷积操作和激活函数合并，可以避免中间结果的存储和传输：

```
z = ReLU(Conv(x, w))  // 合并为一个算子
```

● 算子替换：即将模型中某些算子替换计算逻辑一致但对于在线部署更友好的算子。例如，将标准卷积替换为深度可分离卷积，以减少计算量：

```
z = DepthwiseConv(x, w_depth) + PointwiseConv(x, w_point)
```

● 常量折叠：在编译阶段，预先计算出所有可以静态确定的常量表达式，并将其结果直接嵌入计算图中，减少了推理时的计算量。

（3）**后优化**：主要针对内存和数据访问模式进行优化，以减少读写冗余和提高数据访问效率。

● 数据格式转换：根据计算需求和硬件特点，调整张量的数据布局。例如，将图像数据从批量-高度-宽度-通道（NHWC）格式转换为批量-通道-高度-宽度（NCHW）格式，以利用 GPU 的高效计算能力。

● 内存布局计算：优化数据在内存中的布局，以提高数据访问的局部性和缓存命中率。这可以通过重新组织内存中的数据结构来实现。例如，在矩阵乘法中，使用块状存储，将大矩阵分成小块存储和计算，以提高缓存利用率。

● 重复算子合并：识别计算图中重复的算子，并将其合并为一个算子，以减少冗余计算和内存访问。例如计算图中有多个相同的卷积操作，可以合并为一个共享的卷积操作。

小结与思考

● 模型转换：将不同 AI 框架训练得到的模型统一转换为推理引擎能够理解和执行的中间表示（IR），以实现跨框架的模型部署。

● 推理引擎架构：包含优化阶段和运行阶段，优化阶段负责模型转换和图优化，运行阶段则涉及模型的实际加载与执行，包括调度与执行两层。

● 转换模块挑战：包括 AI 框架算子的统一、不同框架模型文件格式的支持、主流网络结构的适配，以及各类输入输出的兼容。

● 优化模块目标：通过消除结构冗余、精度冗余、算法冗余和读写冗余，提高模型的效率和性能，同时保持模型的准确性和功能性。

17.2　推理文件格式

在训练好一个模型后，需要将其保存下来，以便在需要时重新加载并进行推理或进一步的训练。为了实现这一目标，需要一种有效的方式来将模型的参数、结构等保存起来。

本节主要介绍推理引擎中，针对神经网络模型的序列化与反序列化、不同的模型序列化方法，以及 Protobuf 和 FlatBuffers 两种在端侧常用的模型文件格式。

17.2.1　模型序列化

1. 序列化与反序列化

训练好的模型通常存储在计算机的内存中。然而，内存中的数据是暂时的，不具备长期存储的能力。因此，为了将模型保存供将来使用，我们需要将其从内存中移动到硬盘上进行永久存储。这个过程被称为模型的保存和加载，或者说是序列化和反序列化（图 17.2.1）。在这个过程中，模型的参数、结构和其他相关信息会被保存到硬盘上的文件中，以便在需要时重新加载到内存中。

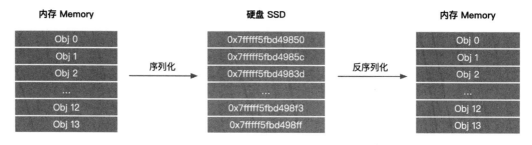

图 17.2.1

- 模型序列化：是模型部署的第一步，如何把训练好的模型存储起来，以供后续的模型预测使用，是模型部署的首先要考虑的问题。
- 模型反序列化：将硬盘当中的二进制数据反序列化地存储到内存中，得到网络模型对应的内存对象。无论是序列化与反序列，目的都是将数据、模型长久地保存。

2. 序列化分类

1）跨平台跨语言通用序列化方法

常用的序列化主要有四种格式：XML、JSON、Protobuf 和 FlatBuffers。前两种是文本格式，人和机器都可以理解；后两种是二进制格式，只有机器能理解，但在存储传输解析上有很大的速度优势。使用最广泛的为 Protobuf。

图 17.2.2 中的 ONNX 使用的就是 Protobuf 这个序列化数据结构去存储神经网络的权重信息。ONNX 是一个开放格式,用于机器学习模型的跨平台共享。通过使用 Protobuf,ONNX 能够在不同的 AI 框架间高效地传输模型数据。

CoreML 是苹果提供的机器学习框架,它使用 Protobuf 作为序列化格式,在 iOS、macOS 等平台上实现高效推理和重新训练。

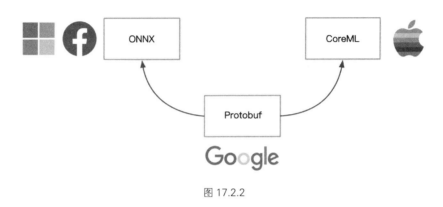

图 17.2.2

2)模型本身提供的自定义序列化方法

模型可以提供自定义的序列化方法。这些方法可以使用文本格式或者二进制格式。自定义的序列化方法通常根据特定的模型结构和需求设计,以优化存储和传输效率。

● **文本格式**:这类自定义方法通常采用类似 JSON 或 XML 的格式,方便调试和分析。例如,一些机器学习模型会输出人类可读的文本文件,包含模型参数和结构信息。

● **二进制格式**:与 Protobuf 和 FlatBuffers 类似,这类自定义方法采用高效的二进制格式,提升存储和解析速度。例如,TensorFlow 的 Checkpoint 文件和 PyTorch 的模型文件都是专门设计的二进制格式,能快速存取大量模型参数。

自定义的序列化方法可以是语言专有或者跨语言跨平台的格式:

● **语言专有格式**:某些机器学习框架提供了特定语言的序列化方法,比如 Scikit-Learn 的 .pkl 文件,专门用于 Python 环境中的模型保存和加载。

● **跨语言跨平台格式**:这类格式旨在实现不同编程语言和操作系统之间的互操作性。比如 ONNX 就是一种跨平台的模型序列化格式,可以在不同的 AI 框架和运行时环境之间共享模型。

3)语言级通用序列化方法

不同编程语言提供了各自的通用序列化方法,以方便开发者保存和加载各种数据结构,包括机器学习模型。

● pickle：Python 内置的对象序列化库，支持序列化几乎所有 Python 对象。其实现版本 cPickle 提供了更快的序列化速度。

以下是使用 pickle 保存和加载训练模型的简单示例：

```
import pickle  # 导入pickle模块，用于序列化对象

# 训练模型并保存模型的代码段
model.fit(x_data, y_data)  # 使用训练数据x_data和标签y_data来训练模型
s = pickle.dumps(model)  # 将训练好的模型序列化为字节串并保存到变量s中
# 打开一个文件 'myModel.model' 用于写入，并使用二进制模式
with open('myModel.model', 'wb+') as f:
    f.write(s)  # 将序列化后的模型字节串写入到文件中

# 加载模型并进行预测的代码段
# 打开一个文件 'myModel.model' 用于读取，并使用二进制模式
with open('myModel.model', 'rb') as f:
    s = f.read()  # 读取文件中的内容（模型字节串）并保存到变量s中
# 使用pickle.loads() 函数将模型字节串反序列化为模型对象并保存到变量model中
model = pickle.loads(s)
```

4）用户自定义序列化方法

在某些特殊情况下，以上所有方法都无法满足特定需求，用户可以设计自己的序列化格式。这种自定义方法通常用于满足特殊的部署需求，例如优化部署性能、减少模型大小或者满足特定的环境要求。

自定义序列化方法的设计需要考虑以下几个方面：

● 部署性能：如何在不牺牲运行时性能的情况下，快速加载和解析模型数据。

● 模型大小：如何最大限度地压缩模型数据以节省存储空间和传输带宽。

● 环境要求：如何确保序列化格式在目标环境中兼容运行，尤其是在资源受限的嵌入式系统或边缘设备上。

虽然自定义序列化方法可以精确满足特定需求，但其维护和版本兼容性可能成为挑战。每次模型升级或格式变更都需要确保兼容性和数据完整性。因此，选择模型序列化方法，可以优先使用跨平台跨语言通用序列化方法，最后考虑使用自定义序列化方法。

3. PyTorch 模型序列化方法

PyTorch 模型序列化有两种方法，一种是基于 PyTorch 内部格式，另一种是使用 ONNX。前者只保存了网络模型的参数、结构，不能保存网络模型的信息计算图。

1）PyTorch 内部格式

PyTorch 内部格式主要通过 `torch.save` 和 `torch.load` 函数实现模型的保存与加载。这种方法仅存储已训练模型的状态，包括网络模型的权重、偏置和优化器状态等信息。以下是详细步骤：

```
# Saving & Loading Model for Inference

torch.save(model.state_dict(), PATH)

model = TheModelClass(*args, **kwargs)
model.load_state_dict(torch.load(PATH))
model.eval()
```

`torch.save` 将序列化对象保存到磁盘。该函数使用 Python 的 pickle 实用程序进行序列化。使用此函数可以保存各种对象的模型、张量和字典。

`torch.nn.Module.load_state_dict` 使用反序列化的 state_dict 加载模型的参数字典。在 PyTorch 中，模型的可学习参数（即权重和偏差）`torch.nn.Module` 包含在模型的参数中（通过访问 `model.parameters()`）。

`state_dict` 只是一个 Python 字典对象，它将每个层映射到其参数张量。请注意，只有具有可学习参数的层（卷积层、线性层等）和注册缓冲区（batchnorm 的 `running_mean`），才在模型的 `state_dict` 中具有条目。

优化器对象 `torch.optim` 还有一个 state_dict，其中包含有关优化器状态以及所使用的超参数的信息。由于 state_dict 对象是 Python 字典，因此可以轻松保存、更新、更改和恢复它们，从而为 PyTorch 模型和优化器添加大量模块化功能。

当训练的模型在 NPU 中时，`torch.save` 函数将其存储到磁盘中。当再次加载该模型时，会将该模型从磁盘先加载到 CPU 中，再移动到指定的 NPU 中。但是，当重新加载的机器不存在 GPU 时，模型加载可能会出错。要将在 GPU 上训练的模型加载到 CPU 内存中，可以使用 PyTorch 库的 `.to()` 方法将模型转移到 CPU 设备。以下是一个示例代码：

```python
import torch
import torchvision.models as models

# 在GPU上训练模型
device = torch.device("NPU" if torch.NPU.is_available() else "cpu")
model = models.resnet50().to(device)
# 训练模型...

# 将模型加载到CPU内存中
model = model.to("cpu")
```

在这个示例中，首先检查是否有可用的 NPU 设备，然后将模型移动到 NPU 设备上进行训练。最后，使用 .to("cpu") 将模型加载到 CPU 内存中。将模型从 NPU 移动到 CPU 可能会导致一些性能损失，因为 NPU 设备通常比 CPU 设备更适合进行大规模并行计算。所以在通常情况下，需要使用模型进行推理时，再将其移动到 CPU 上。

2）ONNX

PyTorch 提供了内置支持，可以使用 `torch.onnx.export` 方法将 PyTorch 模型导出为 ONNX 格式。

以下代码将预训练的 AlexNet 导出到名为 `alexnet.onnx` 的 ONNX 文件。调用 `torch.onnx.export` 运行模型一次以跟踪其执行情况，然后将跟踪的模型导出到指定文件。

```python
import torch
import torchvision

dummy_input = torch.randn(10, 3, 224, 224, device="cuda")
model = torchvision.models.alexnet(pretrained=True).cuda()

input_names = [ "actual_input_1" ] + [ "learned_%d" % i for i in range(16) ]
output_names = [ "output1" ]

torch.onnx.export(model, dummy_input, "alexnet.onnx", verbose=True,
                  input_names=input_names, output_names=output_names)
```

然后，可以运行如下代码来加载模型：

```python
import onnx

# Load the ONNX model
model = onnx.load("alexnet.onnx")

# Check that the model is well formed
onnx.checker.check_model(model)

# Print a human readable representation of the graph
print(onnx.helper.printable_graph(model.graph))
```

这种方法不仅保存了模型的参数，还包括完整的计算图信息，使得模型可以在支持 ONNX 的不同框架和平台之间进行转换和部署。

17.2.2 目标文件格式

在序列化与反序列化的过程中，选择合适的目标文件格式至关重要，它决定了数据的存储方式、传输效率和系统的整体性能。下面将介绍 Protobuf 和 FlatBuffers 两种流行的目标文件格式。

1. Protobuf

Protobuf 是 Protocol Buffers 的缩写，是一种高效、与语言无关的数据序列化机制。它使开发人员能够在文件中定义结构化数据.proto，然后使用该文件生成可以从不同数据流写入和读取数据的源代码。

Protobuf 最初由谷歌工程师开发。他们需要一种有效的方法来跨各种内部服务序列化结构化数据。其特点是语言无关、平台无关，比 XML 更小、更快、更为简单，扩展性、兼容性好。

1）文件语法详解

（1）**基本语法**：字段规则数据类型名称 = 域值 [选项 = 选项值]。

```
// 字段规则数据类型名称 = 域值 [选项 = 选项值]

message Net{ // message属于Net域;
  optional string name = 'conv_1*1_0_3';
  repeated Layer layer = 2;
}
```

（2）**字段规则**：

● required：一个格式良好的消息一定要含有 1 个这种字段。表示该值是必须要设置的。

● optional：消息格式中该字段可以有 0 个或 1 个值（不超过 1 个）。

● repeated：在一个格式良好的消息中，这种字段可以重复任意多次（包括 0 次）。重复的值的顺序会被保留。表示该值可以重复，相当于 Java 中的 List。

2）Protobuf 例子

我们将编写一个 caffe::NetParameter（或在 Python 中 caffe.proto.caffe_pb2.NetParameter）Protobuf。

● 编写数据层：

```
layer {
name: "mnist"
type: "Data"
transform_param {
    scale: 0.00390625
}
data_param {
    source: "mnist_train_lmdb"
    backend: LMDB
    batch_size: 64
}
top: "data"
top: "label"
}
```

● 编写卷积层：

```
layer {
name: "conv1"
type: "Convolution"
param { lr_mult: 1 }
param { lr_mult: 2 }
convolution_param {
    num_output: 20
    kernel_size: 5
    stride: 1
    weight_filler {
    type: "xavier"
    }
    bias_filler {
    type: "constant"
    }
```

```
}
bottom: "data"
top: "conv1"
}
```

3）编码模式

计算机里一般常用的是二进制编码，如 INT 类型由 32 位组成，每位代表数值 2 的 n 次方，n 的范围是 0~31。Protobuf 采用 TLV 编码模式，即把一个信息按照 tag-length-value 的模式进行编码。tag 和 value 部分类似于字典的 key 和 value。tag 标识字段的类型和唯一性，它是一个整数，表示字段号和数据类型。Protobuf 中，tag 是通过字段号和数据类型组合编码的。length 表示 value 的长度，对于定长数据类型（如整数、浮点数），length 可以省略，因为值的长度是已知的。对于可变长数据类型（如字符串、字节数组），length 表示值的字节数。value 是实际的数据内容。根据 tag 和 length，可以正确解析和理解 value 部分。

在 Protobuf 中，tag 的编码结合了字段号和数据类型，具体采用 varint 编码方式：字段号（Field Number）唯一标识消息中的字段，值为正整数。线类型（Wire Type）表示字段的数据类型，如整数、浮点数、长度前缀的字符串等。Protobuf 使用 3 位来表示线类型，其余部分表示字段号。编码格式如下：

```
Tag = (Field Number << 3) | Wire Type
```

4）编解码过程

Protobuf 的编解码过程是基于其 TLV 结构进行的。解析根消息（Root Message）时，会逐个解析其包含的字段。以下是具体的步骤：

● 编码过程：首先构建消息结构，根据.proto 文件定义的消息结构，构建消息对象；然后对逐个字段进行编码，编码 tag（将字段号和线类型编码成 tag）、length（对于可变长数据类型，计算并编码值的长度）、value（将实际数据编码成二进制格式）；然后将 tag、length 和 value 组合成二进制格式的数据块，最后将所有字段的二进制数据块组合成完整的消息二进制流。

● 解码过程：Root Message 由多个 TLV 形式的 field 组成，解析 message 的时候逐个去解析 field。由于 field 是 TLV 形式，因此可以知道每个 field 的长度，然后通过偏移上一个 field 长度找到下一个 field 的起始地址。其中 field 的 value 有可能是一个嵌套的 message，这时候需要递归地应用相同的解析方法。在解析 field 时，首先解析其 tag，以获取 field_num（属性 ID）和 type。field_num 标识了该属性的唯一标识，而 type 则指示了用于解码 value 的编码算法。

2. FlatBuffers

FlatBuffers 是一个开源的、跨平台的、高效的、提供了多种语言接口的序列化工具库。实现了与 Protocal Buffers 类似的序列化格式。

相对于 Protocol Buffers，FlatBuffers 不需要解析，只通过序列化后的二进制 buffer 即可完成数据访问。

FlatBuffers 具有数据访问不需要解析、内存高效且速度快、生成代码量小、可扩展性强、支持强类型检测和易于使用等特点。

与 Protocol Buffers 类似，使用 FlatBuffers 需要先定义一个 schema 文件，用于描述要序列化的数据结构的组织关系。以下是一个简单的示例：

```
table Monster {
  name: string;
  mana: int = 150;
  hp: int;
  inventory: [ubyte];
  color: int;
}
root_type Monster;
```

通过 schema 文件，可以生成相应的代码，用于序列化和反序列化操作。

很多 AI 推理框架都采用 FlatBuffers，最主要的有以下两个（图 17.2.3）。

● **MNN**：阿里巴巴的深度神经网络推理引擎，是一个轻量级的深度神经网络引擎，支持深度学习的推理与训练。适用于服务器、个人电脑、手机、嵌入式各类设备。目前，MNN 已经在阿里巴巴的手机淘宝、手机天猫、优酷等 30 多个 APP 中使用，覆盖直播、短视频、搜索推荐、商品图像搜索、互动营销、权益发放、安全风控等多个场景。MNN 模型文件采用的存储结构是 FlatBuffers。

● **MindSpore Lite**：一种适用于端边云场景的新型开源深度学习训练、推理框架，提供离线转换模型功能的工具，支持多种类型的模型转换，转换后的模型可用于推理。除了基本的模型转换功能之外，还支持用户对模型进行自定义的优化与构建，生成用户自定义算子的模型。MindSpore Lite 提供了一套注册机制，允许用户基于转换工具进行能力扩展，包括节点解析扩展、模型解析扩展以及图优化扩展。用户可以根据自身的需要对模型实现自定义的解析与融合优化。节点解析扩展需要依赖 FlatBuffers 和 Protobuf 及第三方框架的序列化文件。

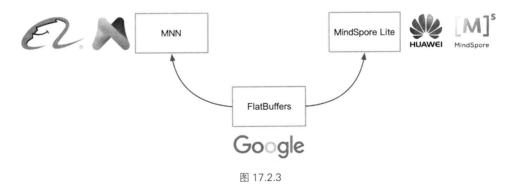

图 17.2.3

3. Protobuf 与 FlatBuffers

表 17.2.1 从支持语言、版本、协议文件、代码生成工具及协议字段类型 5 个方面比较了 Protobuf 和 FlatBuffers 两种格式。

表 17.2.1　Protobuf 与 FlatBuffers 对比

	Protobuf	FlatBuffers
支持语言	C/C++, C#, GO, Java, Python, Ruby, Objective-C, Dart	C/C++, C#, GO, Java, JavaScript, TypeScript, Lua, PHP, Python, Rust, Lobster
版本	2.x/3.x，不相互兼容	1.x
协议文件	.proto，需指定协议文件版本	.fbs
代码生成工具	有（生成代码量较多）	有（生成代码量较少）
协议字段类型	bool、bytes、int32、int64、uint32、uint64、sint32、sint64、fixed32、fixed64、sfixed32、sfixed64、float、double、string	bool、int8、uint8、int16、uint16、int32、uint32、int64、uint64、float、double、string、vector

小结与思考

- 模型序列化：将训练好的模型从内存中保存到硬盘上，以供将来使用的必要步骤，涉及将模型的参数、结构等信息存储到文件中。

- 序列化分类：序列化方法分为跨平台跨语言通用序列化方法（如 XML、JSON、Protobuf 和 FlatBuffers）、模型本身提供的自定义序列化方法、语言级通用序列化方法（如 Python 的 pickle 和 joblib），以及用户自定义序列化方法。

- PyTorch 模型序列化：PyTorch 提供了基于内部格式和 ONNX 的序列化方法。内部格式通过 torch.save 和 torch.load 实现模型的保存与加载，而 ONNX 通过 torch.onnx.export 导出模型，支持不同框架和平台之间的模型转换与部署。

- 目标文件格式：Protobuf 和 FlatBuffers 是两种流行的目标文件格式。Protobuf 是一种高效、与语言无关的数据序列化机制，而 FlatBuffers 提供了无需解析即可直接访问序列化数据的能力，适合性能要求高的应用场景。

17.3　自定义计算图

模型转换涉及对模型的结构和参数进行重新表示。在进行模型转换时，通常需要理解模型的计算图结构，并根据目标格式的要求对其进行调整和转换，可能包括添加、删除或修改节点、边等操作，以确保转换后的计算图能够正确地表示模型的计算流程。

本节主要介绍自定义计算图的方法以及模型转换的流程和细节。

17.3.1　计算图定义回顾

回顾 17.1.2 节，转换模块架构由转换模块和图优化两部分组成，其中中间的 IR（中间表示）用于承载，将不同的 AI 框架对接到同一个 IR。

有了 IR，我们就可以很方便地做各种图优化工作。图优化是对计算图进行优化，以提高模型的计算效率和性能。通过对计算图进行算子融合、算子替换等各种优化技术的应用，可以减少冗余计算、提高并行性、减少内存占用等，从而加速训练和推理过程。

1. 计算图组成

无论是 AI 框架还是推理引擎，其计算图都是由基本数据结构张量和基本运算单元算子构成的。

基本数据结构张量（Tensor）：在机器学习领域，将多维数据称为张量，使用秩来表示张量的轴数或维度。标量为零秩张量，包含单个数值，没有轴；向量为一秩张量，拥有 1 个轴；拥有 RGB 三个通道的彩色图像即为三秩张量，包含 3 个轴。Tensor 中的元素类型可以为 INT、FLOAT、STRING 等。图 17.3.1 所示的张量形状（Shape）为[3, 2, 5]。

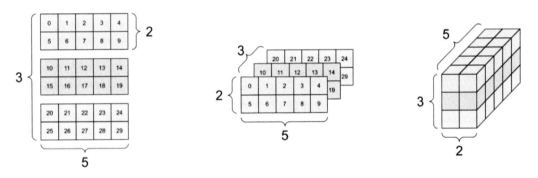

图 17.3.1

基本运算单元算子（Operator）：算子是构成神经网络的基本计算单元，对张量数据进行加工处理，实现了多种机器学习中常用的计算逻辑，包括数据转换、条件控制、数学运算等。

算子通常由最基本的代数算子组成，并根据深度学习结构组合形成复杂算子。常见的算子包括数学运算（如加法、乘法）、数据变换（如转置、Reshape）、条件控制（如 if-else）等。常见的算子参见第 10 章 10.2 节表 10.2.1。10.2 节提到过，N 个输入张量经过算子的计算产生 M 个输出张量。举例来说，一个基本的加法算子可以接受 2 个输入张量，将它们按元素进行相加，生成 1 个输出张量。而 1 个更复杂的卷积算子可能包含多个输入张量（如输入数据和卷积核），并输出 1 个张量，通过卷积计算实现特征提取。

复杂的神经网络结构通常由多个算子组合而成，每个算子在计算图中都执行特定的操作，并将结果传递给下一个算子。

2. AI 框架中的计算图

AI 框架：如 MindSpore、PyTorch 等，是开发和训练机器学习模型的软件环境。这些框架提供了一套丰富的工具和库，使得研究人员和开发人员能够更加便捷地构建、训练和部署模型。通过这些框架，用户可以定义复杂的神经网络结构、实现高效的数值计算，并进行自动化的梯度计算和优化。

计算图：神经网络模型的一种表达方式。现代机器学习模型的拓扑结构日益复杂，需要机器学习框架对模型算子的执行依赖关系、梯度计算以及训练参数进行快速高效的分析，便于优化模型结构、制定调度执行策略以及实现自动化梯度计算，从而提高机器学习框架训练复杂模型的效率。

为了兼顾编程的灵活性和计算的高效性，设计了基于计算图的机器学习框架。计算图明确了各个算子之间的依赖关系，使得模型的计算过程能够被清晰地描述和理解。在 AI 框架中，计算图被用来表示模型的前向传播过程，即输入数据经过各种操作和层次的处理，最终生成输出结果。通过计算图，框架可以对模型的结构进行各种优化，例如算子融合、常量折叠和内存优化等，从而提高模型的执行效率。

在实际应用中，计算图可以是静态的（如 TensorFlow 的静态计算图），也可以是动态的（如 PyTorch 的动态图）。静态计算图在构建时就已经确定了计算过程，适合于生产环境中的高效执行；动态计算图则在运行时构建，提供了更大的灵活性和易用性。

3. 推理引擎中的计算图

推理引擎是用于执行模型推理任务的软件组件或系统。一旦模型训练完成，推理引擎被用来部署模型并在真实环境中进行推理，即根据输入数据生成预测结果。推理引擎通常会优化推理过程，以提高推理速度和效率。

计算图是实现高效推理和跨平台部署的关键。计算图的标准化表示使得推理引擎能够在不同硬件平台上进行高效部署。在推理过程中，模型通常会被转换为一种中间表示（IR）。这种表示形式能够抽象出模型的计算过程，使得模型能够在不同硬件平台上高效执行。推理引擎通过分析计算图，能够识别和优化常见的算子模式。例如，连续的算子可以进行融合，减少计算开销和内存访问次数，从而提高推理速度。

推理引擎还可以通过计算图精确管理内存的分配和使用，减少内存碎片和重复数据拷贝。同时，计算图明确了各个算子的执行顺序和依赖关系，推理引擎可以据此进行高效的任务调度，最大化利用多核处理器和并行计算资源。

4. AI 框架计算图与推理引擎计算图

如表 17.3.1 所示，AI 框架计算图与推理引擎计算图在多个方面存在差异：

（1）**前向和反向传播**：推理引擎聚焦前向传播过程，因为在推理阶段通常不需要进行反向传播（即梯度计算和参数更新）。而 AI 框架计算图需要支持前向和反向传播，因为在训练过程中需要进行梯度计算和参数更新。

（2）**动静态图**：AI 框架通常支持灵活的动态图，这使得模型构建过程更加灵活。在训练过程中，有时可能会选择使用静态图以提高训练效率，例如在使用 TensorFlow 等框架时。推理引擎更倾向于使用静态图，因为静态图在执行时更易于优化，动态图可能会对执行时间、运行时调度和 Kernel 调度产生影响。

（3）**分布式并行**：在训练场景中，AI 框架的计算图通常支持各种分布式并行策略，以加速模型的训练过程。这包括数据并行、张量并行、流水并行等并行切分策略，可以利用 AI 集群计算中心的多个计算节点来同时处理大规模的训练数据和计算任务，以提高训练效率和扩展性。在推理场景中，推理引擎计算图往往以单卡推理服务为主，很少考虑分布式推理。由于推理任务通常针对单个输入进行，并不需要大规模的并行化处理。同时，推理引擎更注重于模型工业级部署应用，在对外提供服务时，需要保证推理任务的高效执行和低时延响应。

表 17.3.1　AI 框架计算图与推理引擎计算图对比

	AI 框架计算图	推理引擎计算图
计算图组成	算子+张量+控制流	算子+张量+控制流
前向和反向	前向+反向	前向
动静态	动态图+静态图 部分 AI 框架实现动静统一可以互相转换	以静态图为主
分布式并行	依托 AI 集群计算中心，计算图支持数据并行、张量并行、流水并行等并行切分策略	以单卡推理服务为主，很少考虑分布式推理
使用场景	训练场景，以支持科研创新、模型训练和微调，提升算法精度	推理场景，以支持模型工业级部署应用，对外提供服务

（4）**使用场景**：AI 框架计算图主要用于模型的训练场景，适用于科研创新、模型训练和微调等场景。研究人员可以利用 AI 框架的计算图来构建、训练和优化各种类型的神经网络模型，以提高模型性能和精度。推理引擎计算图主要用于模型的推理场景，适合模型的工业级部署应用。推理引擎计算图注重模型的高效执行和低时延响应。在对外提供服务时，需要保证推理任务的快速执行和稳定性。

17.3.2　推理引擎计算图实例

通常神经网络都可以看成一个计算图，而推理可以理解成数据从计算图起点到终点的过程。为了在推理引擎中自定义一个高效的计算图，可以通过 Protobuf 或者 FlatBuffers 定义计算图的整体流程。

（1）**构建计算图 IR**：根据自身推理引擎的特殊性和竞争力点，构建自定义的计算图。

● 利用 Protobuf 或 FlatBuffers 等序列化库来定义计算图的中间表示(IR)。这一步骤需要考虑推理引擎的特性和性能优化点，以确保计算图能够满足特定的性能和功能需求。

● 设计计算图的节点和边的数据结构，包括操作类型、参数、数据流等，以便能够准确表示模型的计算流程。

（2）**解析训练模型**：通过解析 AI 框架导出的模型文件，使用 Protobuf 或 FlatBuffers 提供的 API 定义，对接到自定义 IR 的对象。

（3）**生成自定义计算图**：通过使用 Protobuf 或 FlatBuffers 的 API 导出自定义计算图。

● 根据解析得到的信息，使用 Protobuf 或 FlatBuffers 的 API 来生成自定义的计算图。这一步骤中，可以开始应用各种优化策略，如算子融合、内存布局优化等。

● 对生成的计算图进行深度优化，以提高推理性能和降低资源消耗。例如公共子表达式消除、死代码消除、算子替换等优化手段。

1. 张量表示

（1）**张量数据存储格式**：定义一个名为 DataType 的枚举类型，它包含了几种常见的数据类型，如浮点型（float）、双精度浮点型（double）、32 位整型（INT32）、8 位无符号整型（uint8）等。每个数据类型都有一个与之对应的整数值，例如，DT_FLOAT 对应整数值 1、DT_DOUBLE 对应整数值 2，以此类推。

```
// 定义Tensor的数据类型
enum DataType : int {
DT_INVALID = 0,
DT_FLOAT = 1,
DT_DOUBLE = 2,
DT_INT32 = 3,
DT_UINT8 = 4,
DT_INT16 = 5,
DT_INT8 = 6,
// ...
}
```

（2）**张量数据内存排布格式**：即张量在内存中的存储顺序，不同的框架和算法可能使用不同的数据排布格式来表示张量数据。

● ND：表示多维数组（N-dimensional），即没有特定的数据排布格式，各维度的数据顺序不固定。

● NCHW：表示通道-高度-宽度的排布格式，通常在卷积神经网络中使用，数据按照批次（Batch）、通道（Channel）、高度（Height）、宽度（Width）的顺序排列。

● NHWC：表示高度-宽度-通道的排布格式，通常在某些框架中使用，数据按照批次、高度、宽度、通道的顺序排列。

● NC4HW4：表示通道-高度-宽度的排布格式，通常在某些硬件加速器（如 GPU）中使用，数据按照批次、通道、高度、宽度的顺序排列，同时通道和宽度被扩展成 4 的倍数。

● NC1HWC0：表示通道-1-高度-宽度-0 的排布格式，通常在某些硬件加速器（如 Ascend 芯片）中使用，数据按照批次、通道、高度、宽度的顺序排列，并对通道维度进行扩展。

● UNKNOWN：表示未知的数据排布格式，可能由于某些特定的需求或算法而无法归类到已知的排布格式中。

```
// 定义Tensor数据排布格式
enum DATA_FORMAT : byte {
    ND,
    NCHW,
    NHWC,
    NC4HW4,
    NC1HWC0,
    UNKNOWN,
    // ...
}
```

（3）**张量的定义：** 定义了一个名为 Tensor 的数据结构，用于表示张量（Tensor）的一些属性，如形状（shape）、数据排布格式（dataFormat）和数据类型（dataType）等。

```
// 定义Tensor
table Tensor {
    // shape
    dims: [int];
    dataFormat: DATA_FORMAT;

    // data type
    dataType: DataType = DT_FLOAT;

    // extra
    // ...
}
```

2. 算子表示

算子的定义与张量不同，因为要对接不同的 AI 框架，同一个算子在不同 AI 框架里的定义可能不同。所以，在推理引擎中，对每一个算子都要有独立的定义。

（1）**算子列表：**算子是构成神经网络计算图的基本单元，每个算子代表了一种特定的计算操作，如卷积、池化、全连接等。算子数量建议控制在 200～300 个，基本上能够覆盖 95% 的场景。PyTorch 中有 1200 多个算子，TensorFlow 中有 1500 多个算子，但推理引擎有时可能不需要这么多算子。每个算子实现时，可能有好几个 Kernel，这会影响推理引擎的大小。

```
// 算子列表
enum OpType : int {
    Const,
    Concat,
    Convolution,
    ConvolutionDepthwise,
    Deconvolution,
    DeconvolutionDepthwise,
    MatMul,
    // ...
}
```

（2）**算子公共属性和特殊算子列表**：不同算子可能需要不同属性和参数来进行操作，通过使用联合体的方式，可以在统一的数据结构中存储这些信息，并根据具体的算子类型来选择使用合适的成员。

```
// 算子公共属性和参数
union OpParameter {
    Axis,
    shape,
    Size,
    WhileParam,
    IfParam,
    LoopParam,
    // ...
}
```

（3）**算子的基础定义**：每个算子对象包含了算子的输入输出索引、类型、参数和名称等信息，通过这些信息可以清晰地表示和描述算子的功能和作用。

```
// 算子的基础定义
table Op {
    inputIndexes: [int];
    outputIndexes: [int];
    main: OpParameter;
    type: OpType;
    name: string;
    // ...
}
```

3. 计算图整体表示

（1）**定义网络模型**：表示网络模型的定义，存储网络模型的以下信息：

- 网络模型名称。
- 输入输出张量名称。
- 算子列表：告诉推理引擎应该先执行哪个算子，后执行哪个算子，以及算子和算子之间的关系。
- 子图信息：如果有子图，就调用下面对子图的定义。

```
// 网络模型定义
table Net {
    name: string;
    inputName: [string];
    outputName: [string];
    oplists: [Op];
    sourceType: NetSource;

    // Subgraphs of the Net.
    subgraphs: [SubGraph];
    // ...
}
```

　　对于一些分类的网络，可能没有子图。但在具体实现过程中，遇到 if-else、while 或者 for 等语句时，就会拆分成子图。

　　（2）**定义网络模型子图**：表示子图的概念，并存储子图的输入输出信息、张量名称和节点信息。子图的定义与上面的网络模型定义是相似的，但子图的信息相较于整个图更少。

```
// 子图概念的定义
table SubGraph {
    // Subgraph unique name.
    name: string;
    inputs: [int];
    outputs: [int];

    // All tensor names.
    tensors: [string];

    // Nodes of the subgraph.
    nodes: [Op];
}
```

4. 自定义神经网络

　　下面使用 FlatBuffers 定义一个简单的神经网络结构，其中包含了卷积层和池化层操作：

```
namespace MyNet;

table Pool {
    padX:int;
    padY:int;
    // ...
}
table Conv {
    kernelX:int = 1;
    kernelY:int = 1;
    // ...
}
union OpParameter {
    Conv,
    Pool,
}
enum OpType : int {
    Conv,
    Pool,
}
```

```
table Op {
    type: OpType;
    parameter: OpParameter;
    name: string;
    inputIndexes: [int];
    outputIndexes: [int];
}
table Net {
    oplists: [Op];
    tensorName: [string];
}
root_type Net;
```

声明了一个名为 MyNet 的命名空间，用于组织以下定义的数据结构。

- `table Pool { ... }`：定义了一个名为 Pool 的表，表中包含了 padX 和 padY 两个整数字段，用于表示池化层的填充参数。

- `table Conv { ... }`：定义了一个名为 Conv 的表，表中包含了 kernelX 和 kernelY 两个整数字段，用于表示卷积层的卷积核尺寸。

- `union OpParameter { ... }`：定义了一个联合体（Union），包含了 Conv 和 Pool 两种类型。

- `enum OpType : int { ... }`：定义了一个枚举类型 OpType，包含了 Conv 和 Pool 两种算子类型。

- `table Op { ... }`：是算子的基础定义，包含 type 字段，用于表示算子类型（属于 Conv 还是 Pool）；parameter 字段，用于表示算子参数；name 字段，表示算子名称；inputIndexes 和 outputIndexes，分别表示算子的输入和输出索引。

- `table Net { ... }`：定义了网络模型，包含 oplits 字段，表示网络中的算子列表，tensorName 字段表示张量的名称。

- `root_type Net`：将 Net 表声明为根类型，表示 FlatBuffers 序列化和反序列化时的入口点。

小结与思考

- 计算图的组成：计算图由张量（Tensor）和算子（Operator）构成。张量是基本的数据结构，表示多维数据；算子是计算的基本单元，对张量数据进行处理。
- AI 框架与推理引擎的计算图差异：AI 框架的计算图支持前向和反向传播、更灵活的动态图以及分布式并行策略；而推理引擎的计算图主要关注前向传播，倾向于使用静态图，并且优化重点在于高效推理和低时延。
- 自定义计算图 IR：通过使用 Protobuf 或 FlatBuffers 等序列化库，可以构建自定义的计算图 IR，包括定义张量的数据类型和内存排布格式，算子的类型和参数，以及整个网络模型的结构。
- 推理引擎中的计算图应用：推理引擎使用计算图来优化模型的推理过程，包括算子融合、内存优化和任务调度等，以实现跨平台的高效部署和执行。

17.4　模型转换流程

用户在使用 AI 框架时,可能会遇到训练环境和部署环境不匹配的情况,比如用户用 PyTorch 训练好了一个图像识别的模型,但是生产环境是使用 MindIE 进行推理。

因此就需要将使用不同训练框架训练出的模型相互联系起来,使用户可以进行快速转换。模型转换主要有**直接转换**和**规范式转换**两种方式,本节将详细介绍这两种转换方式的流程以及相关的技术细节。

17.4.1　模型转换设计思路

直接转换是将网络模型从 AI 框架直接转换为适合目标框架使用的格式。例如图 17.1.1 中的 MindSpore Converter 直接将 AI 框架 MindSpore 的格式转换成推理引擎 IR 的格式。

规范式转换设计了一种开放式的文件规范,使得主流 AI 框架可以实现对该规范标准的支持。例如不是直接转换 PyTorch 格式,而是把 PyTorch 转换为 ONNX 格式,或者把 MindSpore 转换成 ONNX 格式,再通过 ONNX Converter 转换成推理引擎 IR。主流 AI 框架基本上都是支持这两种转换技术的。

直接转换的流程如下:

(1)内容读取:读取 AI 框架生成的模型文件,识别模型网络中的张量数据的类型/格式、算子的类型和参数、计算图的结构和命名规范,以及它们之间的其他关联信息。

(2)格式转换:将第一步识别得到的模型结构、模型参数信息,在直接代码层面翻译成推理引擎支持的格式。当算子较为复杂时,可在 Converter 中封装对应的算子转换函数来实现对推理引擎的算子转换。

(3)模型保存:在推理引擎下保存模型,可得到推理引擎支持的模型文件,即对应计算图的显示表示。

直接转换过程中需要考虑多个技术细节,例如不同 AI 框架对算子的实现可能有差异,需要确保转换后的算子能够在目标框架中正确运行;不同框架可能对张量数据的存储格式有不同的要求,如 NCHW 和 NHWC 等,需要在转换过程中进行格式适配;某些框架的算子参数可能存在命名或含义差异,需要在转换过程中进行相应调整;为了保证转换后的模型在目标框架中的性能,可能需要对某些计算图进行优化处理,如算子融合、常量折叠等。

17.4.2　规范式转换

下面以 ONNX 为代表介绍规范式转换技术。

1. ONNX 概述

ONNX 是一种针对机器学习设计的开放式文件格式，用于存储训练好的模型。它使得不同的人工智能框架（如 PyTorch、MXNet）可以采用相同格式存储模型数据并交互。

ONNX 的规范及代码主要由微软、亚马逊、Meta 和 IBM 等公司共同开发，以开放源代码的方式托管在 GitHub 上。目前官方支持加载 ONNX 模型并进行推理的 AI 框架有 Caffe2、PyTorch、MXNet、ML.NET、TensorRT 和 Microsoft CNTK，并且 TensorFlow 也非官方的支持 ONNX。

每个 AI 框架都有自己的图表示形式和 API，这使得跨框架模型转换变得复杂。此外，不同的 AI 框架针对不同的优化和特性进行了优化，例如快速训练、支持复杂网络架构、移动设备上的推理等。ONNX 可以提供计算图的通用表示，帮助开发人员能够在开发或部署的任何阶段选择最适合其项目的框架。

ONNX 定义了一种可扩展的计算图模型、一系列内置的运算单元（OP）和标准数据类型。每一个计算流图都定义为由节点组成的列表，并构建有向无环图。其中每一个节点都有一个或多个输入与输出，每一个节点称之为一个 OP。这相当于一种通用的计算图，不同 AI 框架构建的计算图都能转化为它。

规范式转换需要确保源框架能够正确导出规范格式的模型文件，并且目标框架能够正确导入；需要定义良好的跨框架兼容性，包括对各种算子的定义和数据格式的支持。同时还应具备良好的扩展性，能够适应新出现的算子和模型结构。

2. PyTorch 转 ONNX 实例

本实例读取在直接转换中保存的 PyTorch 模型 pytorch_model.pth，使用 torch.onnx.export() 函数来将其转换为 ONNX 格式。

```python
x = torch.randn(1, 784)

# 导出为ONNX格式
with torch.no_grad():
    torch.onnx.export(
        pytorch_model,
        x,
        "pytorch_model.onnx",
        opset_version=11,
        input_names=['input'],
        output_names=['output']
    )
```

如果上述代码运行成功，目录下会新增一个 pytorch_model.onnx 的 ONNX 模型文件。可以用下面的脚本验证模型文件是否正确。

```python
import onnx

onnx_model = onnx.load("pytorch_model.onnx")
try:
```

```
    onnx.checker.check_model(onnx_model)
except Exception:
    print("Model incorrect")
else:
    print("Model correct")
```

　　onnx.load 函数用于读取一个 ONNX 模型。onnx.checker.check_model 用于检查模型格式是否正确。如果有错误的话，该函数会直接报错。模型是正确的，控制台中应该会打印出"Model correct"。

　　使用 Netron（开源的模型可视化工具）来可视化 ONNX 模型，流程如图 17.4.1 所示。

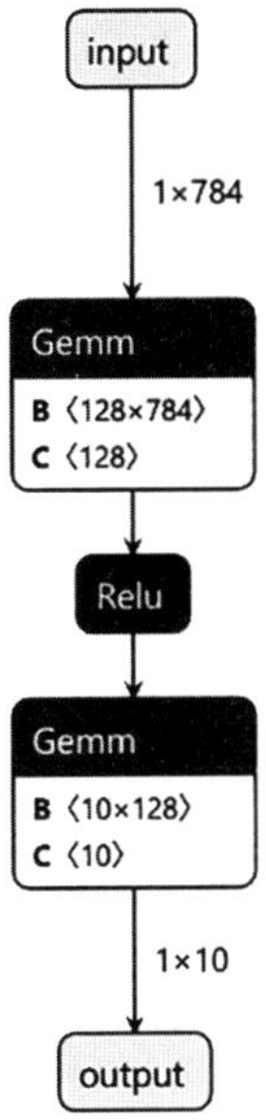

　　点击 input 或者 output，可以查看 ONNX 模型的基本信息，包括模型版本信息，以及模型输入、输出的名称和数据类型，如图 17.4.2 所示。

　　点击某一个算子节点，可以看到算子的具体信息。比如点击第一个 Gemm 可以看到图 17.4.3 的画面。

　　每个算子记录了算子属性、图结构、权重三类信息：

　　（1）算子属性信息：即图中 attributes 里的信息，这些算子属性最终会用来生成一个具体的算子。

　　（2）图结构信息：指算子节点在计算图中的名称、邻边的信息。对于图 17.4.3 中的 Gemm 来说，该算子节点叫作/fc1/Gemm，输入数据叫作 input，输出数据叫作/fc1/Gemm_output_0。根据每个算子节点的图结构信息，就能完整地复原出网络计算图。

图 17.4.1

　　（3）权重信息：指网络经过训练后，算子存储的权重信息。对于图 17.4.3 中的 Gemm 来说，权重信息包括 fc1.weight 和 fc1.bias。点击图 17.4.3 中 fc1.weight 和 fc1.bias 后面的加号即可看到权重信息的具体内容。

图 17.4.2　　　　　　　　　　　　　　　图 17.4.3

17.4.3　模型转换通用流程

图 17.4.4 给出了模型转换的通用流程，详细分析如下。

（1）AI 框架生成计算图（以静态图表示），常用基于源码 AST 转换和基于 Trace 的方式。

● **基于源码 AST 转换**：首先分析前端代码来将动态图代码自动转写为静态图代码，通过词法分析器和解析器对源代码进行分析。然后对抽象语法树进行转写，将动态图代码语法映射为静态图代码语法，从而避免控制流或数据依赖的缺失，确保转换后的静态图模型与原动态图模型行为一致。

● **基于 Trace**：首先在动态图模式下执行并记录调度的算子，然后根据记录的调度顺序构建静态图模型，并将其保存下来。当再次调用模型时，直接使用保存的静态图模型执行计算。这种方法能够捕获动态执行过程中的所有操作，确保转换后的静态图模型能够准确再现动态图模型的行为。

（2）对接主流通用算子，确保模型中的通用算子在目标框架中能够找到对应的实现。针对模型中的自定义算子，需要编写专门的转换逻辑，可能需要在目标框架中实现相应的自定义算子，或者将自定义算子替换为等效的通用算子组合。

（3）目标格式转换，将模型转换到一种中间格式，即推理引擎的自定义 IR。中间格式 IR 包含模型的计算图、算子、参数等所有信息，使模型转换更加灵活和高效。

（4）根据推理引擎的中间表示（IR），导出保存模型文件，用于后续真正推理执行使用。

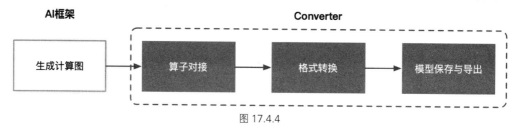

图 17.4.4

在模型转换过程中，要注意确保源框架和目标框架中的算子兼容，能够处理不同框架中张量数据格式的差异。此外，还可以对计算图进行优化，提升推理性能，尽可能确保模型的精度不受损失。

小结与思考

● 模型转换流程：涉及将神经网络模型从一种框架转换到另一种框架，包括直接转换和通过开放式文件格式如 ONNX 的规范式转换。

● 关键技术细节：在模型转换过程中，需要处理算子兼容性、张量格式差异、参数适配以及计算图优化等问题，以确保模型在目标框架中的性能和精度。

● 工具与实例：多种模型转换工具如 MMdnn 和 ONNX 支持不同框架间的迁移，示例代码展示了如何将 PyTorch 模型转换为 ONNX 格式，进而实现跨框架模型部署。

第 18 章　计算图优化架构

18.1　引　　言

本节将会介绍推理引擎转换中的图优化模块（参见第 14 章图 14.2.4），该模块负责实现计算图中的各种优化操作，包括算子融合、布局转换、算子替换和内存优化等，以提高模型的推理效果。计算图是一种表示和执行数学运算的数据结构，在机器学习和深度学习中，模型的训练和推理过程通常会被表示成一个复杂的计算图，其中节点代表运算操作，边代表数据（通常是张量）在操作之间的流动。

计算图优化是一种重要的技术，主要目的是提高计算效率和减少内存占用，通常由 AI 框架的编译器自动完成，通过优化可以降低模型的运行成本，加快运行速度，提高模型的运行效率，尤其在资源有限的设备上，优化能显著提高模型的运行效率和性能。

18.1.1　挑战与方案

1. 离线模块的挑战

首先整体看下在离线优化模块中的挑战和架构，相关内容在第 14 章 14.1 节和第 17 章 17.1 节已有详细介绍，优化模块的挑战主要由以下几部分组成。

（1）结构冗余：神经网络模型结构中的无效计算节点、重复的计算子图、相同的结构模块，可以在保留相同计算图语义情况下无损去除的冗余类型。

（2）精度冗余：推理引擎数据单元是张量，一般为 FP32 浮点数，FP32 表示的特征范围在某些场景存在冗余，可压缩到 FP16、INT8 甚至更低；数据中可能存有大量 0 或者重复数据。

（3）算法冗余：算子或者 Kernel 层面的实现算法本身存在计算冗余，比如均值模糊的滑窗与拉普拉斯的滑窗实现方式相同。

（4）读写冗余：在一些计算场景重复读写内存，或者内存访问不连续导致不能充分利用硬件缓存，产生多余的内存传输。

2. 离线优化的方案

针对每一种冗余，离线优化模块都是有对应的方式处理的：

（1）针对结构冗余：一般会对计算图进行优化，例如算子融合、算子替换、常量折叠等。

● 算子融合（Operator Fusion）：指在计算图中，将多个相邻的算子融合成一个新的算子。

这样可以减少运算过程中的数据传输和临时存储，从而提高计算效率。例如，如果有两个连续的矩阵乘法操作，可以将它们融合为一个新的操作，从而减少一次数据读写。这在 GPU 等并行计算设备上特别有用，因为它们的数据传输成本相对较高。

- 算子替换（Operator Substitution）：指在计算图中，用一个效率更高的算子替换原有的算子。例如，如果一个算子通过多个基础操作组成，那么可能存在一个复杂但效率更高的算子替换它。这样可以减少计算的复杂性，提高计算效率。

- 常量折叠（Constant Folding）：指在计算图的优化过程中，预先计算出所有可以确定的常量表达式的结果，然后用这个结果替换原有的表达式。这样可以减少运行时的计算量。例如，如果计算图中有一个操作是 3×4，那么优化过程中，可以将这个操作替换为 12。

（2）针对精度冗余：一般会对算子进行优化，例如量化、稀疏化、低秩近似等。

- 量化（Quantization）：量化是一种将浮点数转换为定点数或更低比特宽度的整数的方法，从而减少模型的存储和计算需求。量化可以分为静态量化和动态量化。静态量化是在模型训练后进行的，需要额外的校准步骤来确定量化范围；动态量化则是在模型运行时进行的，不需要额外的校准步骤。量化能够显著减小模型的大小，并提高推理速度，但可能会带来一些精度损失。

- 稀疏化（Sparsity）：稀疏化是一种将模型中的一部分权重设为零的方法，从而减少模型的有效参数数量。稀疏化可以通过在训练过程中添加 L1 正则化，或使用专门的稀疏训练算法来实现。稀疏化后的模型可以通过专门的稀疏矩阵运算库进行高效的推理。

- 低秩近似（Low-rank Approximation）：低秩近似是一种将大的权重矩阵近似为两个小的矩阵乘积的方法，从而减少模型的参数数量。这种方法通常使用奇异值分解（SVD）或其他矩阵分解方法来实现。低秩近似能够显著减小模型的大小，提高推理速度，但可能会带来一些精度损失。

（3）针对算法冗余：一般会统一算子/计算图的表达，例如 Kernel 提升泛化性等。Kernel 提升泛化性指通过设计和优化 Kernel 函数，使得它能够适应更多类型的数据和任务，从而提高算子或计算图的泛化能力。例如多尺度 Kernel、深度可分离卷积等方法。

（4）针对读写冗余：一般通过数据排布的优化和内存分配的优化进行解决。

- 数据排布的优化：主要是根据计算的访问模式和硬件的内存层次结构，来选择一个合适的数据排布方式。例如，在 CPU 上，为了利用缓存的局部性，可以将经常一起访问的数据放在一起；在 GPU 上，为了避免内存访问冲突，可以将数据按照一定模式分布在不同的内存通道上。此外，数据的排布方式也可以影响向量化和并行化的效果。

- 内存分配的优化：主要是通过合理的内存管理策略来减少内存的分配和回收开销。例如，可以使用内存池（Memory Pool）管理内存，将经常使用的内存块预先分配好，然后在需要时直接从内存池中获取，避免频繁的内存分配和回收操作。此外，也可以使用一些高级的内存管理技术，如垃圾回收（Garbage Collection）和引用计数（Reference Counting）等。

18.1.2　计算图优化

离线优化模块的计算图优化是本节的核心内容。早在本节之前，AI 编译器的前端优化已经讲述了很多计算图优化相关的内容。但这些是基于 AI 框架实现的，且通常出现于训练场景中，主要原因是在在线训练的过程中，实验时间的要求相对宽松，所以可以引入较多的 GIT 编译或者是其他编译。

而在推理引擎计算图的优化中，更多采用预先写好的模板，而不是通过 AI 编译实现。常见的推理引擎，大部分都是基于已经预先写好的模板进行转换，主要目的就是减少计算图中的冗余计算。因此衍生出了各种各样的图优化技术。

在特定场景确实图优化，能够带来相当大的计算的收益，但是基于这种模板的方式的缺点主要在于需要根据先验的知识来实现图的优化。

18.1.3　图优化方式

图优化分为基础优化和高级优化。Basic 优化即基础优化，主要是对计算图进行一些基本的优化操作，这些操作主要保留了计算图的原有语义，亦即在优化过程中，不会改变计算图的基本结构和运算逻辑，只是一定程度上提高了计算图的运行效率。图优化方式主要包括以下几种。

1）常量折叠

主要用于处理计算图中的常量节点。在计算图中，如果有一些节点的值在编译时就已经确定了，那么这些节点就可以被称为常量节点。常量折叠是在编译时就对这些常量节点进行计算，然后把计算结果存储起来，替换原来的常量节点，这样可以在运行时节省计算资源。

```
#Before optimization
x = 2, y = 3, z = x * y

#After constant folding
z = 6
```

2）冗余节点消除

在计算图中，可能会有一些冗余节点，这些节点在运算过程中并没有起到任何作用，只是增加了计算的复杂度。冗余节点消除就是找出这些冗余节点，然后从计算图中移除它们，从而简化计算图的结构，提高运行效率。

```
#Before optimization
x = a + b, y = c + d, z = x

#After elimination of redundant nodes
z = a + b
```

3）有限数量的算子融合

算子融合是一种常用的图优化技术，它主要是将计算图中的多个运算节点融合为一个节点，从而减少运算节点数量，提高运算效率。在基础优化中，算子融合通常只会融合有限数量的算子，以防止融合过多导致的运算复杂度增加。

```
#Before optimization
x = a + b, y = x * c

#After operator fusion
y = (a + b) * c
```

4）Extended 扩展优化

扩展优化主要是针对特定硬件进行优化的。不同的硬件设备其架构和运行机制有所不同，因此，相应的优化方式也会有所不同。扩展优化就是根据这些硬件设备的特性，采用一些特殊且复杂的优化策略和方法，以提高计算图在这些设备上的运行效率。例如，对于支持并行计算的 CUDA 设备，可以通过算子融合的方式将多个独立的运算操作合并成一个操作，从而充分利用 CUDA 设备的并行计算能力。

示例：CUDA 后端的算子融合。以下是一个简单的计算图优化的例子，通过在 CUDA 中合并加法和乘法操作来实现的。

```
// 优化前：（1）独立的 CUDA 内核实现加法
__global__ void add(float *x, float *y, float *z, int n) {
    int index = threadIdx.x;
    if (index < n) {
        z[index] = x[index] + y[index];
    }
}

//优化前：（2）独立的 CUDA 内核实现乘法
__global__ void mul(float *x, float *y, float *z, int n) {
    int index = threadIdx.x;
    if (index < n) {
        z[index] = x[index] * y[index];
    }
}
```

原始的代码包含两个独立的 CUDA 内核函数，一个执行加法操作，一个执行乘法操作。这意味着每个操作都需要将数据从全局内存（GPU 内存）传输到设备内存（GPU 核心），执行计算后再将结果写回全局内存。这样的数据传输和转换会占用大量的时间和带宽，降低了计算效率。

```
//优化后：单一 CUDA 内核实现加法和乘法，减少数据从全局内存到设备内存的传输次数，从而提高计算效率
__global__ void add(float *x, float *y, float *z, float *w, int n) {
    int index = threadIdx.x;
    if (index < n) {
        float tmp = x[index] + y[index];
        w[index] = tmp * z[index];
    }
}
```

优化后的代码将加法和乘法操作合并到了一个 CUDA 内核中。这样，数据只需要从全局内存传输到设备内存一次，然后在设备内存中完成所有计算，最后再将结果写回全局内存。这大

大减少了数据传输和转换的次数，从而提高了计算效率。

这种优化方法称为算子融合，是计算图优化的常用手段。它可以减少数据在操作之间的传输和转换，提高计算效率。同时，算子融合也可以减少全局内存的占用，因为不需要为每个操作的中间结果分配内存。

5）Layout 和 Memory：布局转换优化

不同 AI 框架，在不同的硬件后端训练，又在不同的硬件后端执行，数据的存储和排布格式不同。当在不同的硬件后端进行训练和执行时，可能需要进行类似的数据格式转换，以确保数据能够在不同的环境中被正确地处理。

在讲述了图优化的相关方式之后，这些方法与架构中优化模块的对应关系如下所示：

（1）预优化（Pre Optimize）：主要使用最开始的 Basic 优化方式。

（2）优化（Optimize）：中间的部分主要可能涉及 Basic 优化方式和 Extended 扩展优化方式。

（3）后优化（Post Optimize）：最后部分则主要为 Extended 扩展优化方式以及 Layout 和 Memory 的优化方式。

小结与思考

- 计算图优化是提高深度学习模型推理效率的关键技术，通过消除结构、精度、算法和读写冗余，可以显著降低模型的运行成本和内存占用。

18.2　离线图优化技术

18.1 节主要回顾了计算图优化的各个组成部分，这些优化方式在预优化阶段、优化阶段和后优化阶段都有所应用，用以提高计算效率。同时，还介绍了 AI 框架和推理引擎在图优化方面的不同应用和侧重点。接下来，我们从计算图优化的各个组成部分开始逐步进行讲解。

18.2.1　常量折叠

常量折叠是编译器优化技术之一，通过对编译时常量或常量表达式进行计算来简化代码。常量折叠是将计算图中可以预先可以确定输出值的节点替换成常量，并对计算图进行一些结构简化的操作。

推理引擎中使用的常量折叠如上所述，通常试图在编译时计算出常量表达式的结果，从而消除在运行时对这些表达式的计算。这种优化可以显著提高程序的运行效率。假设有一个推理引擎正在处理一个计算图，其中包含如下的操作：

```
x = 5
y = 10
z = x * y
```

在这个例子中，x 和 y 都是常量，因此它们的乘积 z 也是可以在编译时计算出来的常量。常量折叠优化就是将这个计算在编译时进行，从而消除运行时进行计算的需要。经过优化，上述代码将被转化为

```
z = 50
```

这样，程序在运行时就不再需要进行乘法运算，因为 z 的值已在编译时计算出了。

具体方法如下所示。

1. Const 折叠

Const 折叠：常量折叠。如果一个 Op 所有输入都是常量 Const，可以先计算好结果 Const 代替该 Op，而不用每次在推理阶段都计算一遍。

如图 18.2.1 所示，我们有两个常量输入，通过两个操作 Op1 和 Op2 进行处理。具体来说，Op1 接收两个常量作为输入，Op2 接收 Op1 的输出作为输入。在离线计算中，我们实际上可以预先计算出这两个常量的结果，然后把这个结果作为一个新的常量输入给 Op2。这种预先计算并替换常量的策略即为常量折叠。

2. ExpandDims 折叠

ExpandDims 折叠：Fold Const To ExpandDims。ExpandDims Op 指定维度的输入是常量 Const，则把这个维度以参数的形式折叠到 ExpandDims 算子中（图 18.2.2）。

在处理计算图优化的过程中，当 ExpandDims 操作的指定维度输入是常量时，我们可以直接将其堆叠进参数，并放在 ExpandDims 这个操作符内部。这样一来，我们就减少了一个操作符的使用。因为常量可能是一个操作符，或者可能占用一块内存空间。

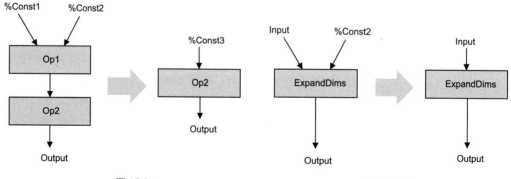

图 18.2.1   图 18.2.2

3. Binary 折叠

Binary 折叠：Fuse Const To Binary。Binary Op 第二个输入是标量 Const，把这个标量以参数的形式折叠到 Binary Op 的属性中（图 18.2.3）。

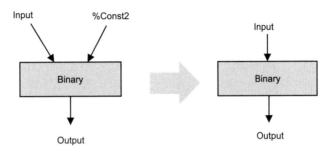

图 18.2.3

Binary 折叠其原理与 ExpandDims 折叠类似。在 Binary 折叠中，如果输入是标量，那么我们可以直接将标量作为 Binary 操作的一个参数，然后进行计算。这样做的结果是，我们减少了一个计算节点。对于计算过程来说，提高了计算效率，节省了计算资源。

18.2.2　冗余节点消除

冗余节点消除是在不改变图形结构的情况下删除所有冗余节点，其主要分为以下几种形态。

1. Op 本身无意义

有些 Op 本身不参与计算，在推理阶段可以直接去掉，对结果没有影响。如表 18.2.1 所示，在转换前后类型相同的 Cast、只有一个输入 Tensor 的 Concat，以及 Seq2Out、Identity、NoOp、Print、Assert、StopGradient、Split 等算子冗余时，可以通过模板匹配的方式进行节点消除。

表 18.2.1　Op 本身无意义的冗余节点消除情况

节点消除情况	具体描述
冗余算子删除 （Remove Unuseful Op）	• 去掉 Seq2Out、Identity、NoOp、Print、Assert、StopGradient、Split 等冗余算子 • Cast 转换前后数据类型相同 • Concat 只有一个输入 Tensor
Dropout 删除 （Remove Dropout）	• 删除因为抑制过拟合的方法引入的 Dropout 节点

具体示例如图 18.2.4 所示。当存在冗余算子时，可能会出现以下三种情况：

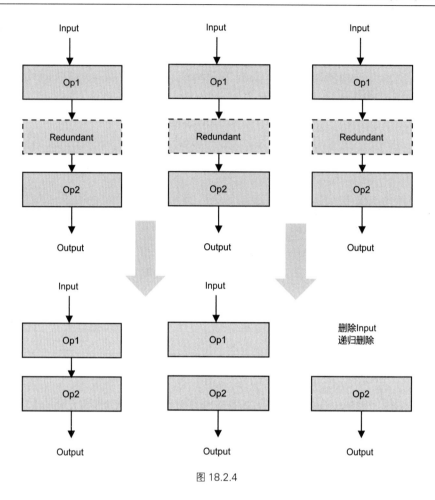

图 18.2.4

（1）当前冗余算子的输出对于下一个节点是有意义的，可以直接去除冗余算子，然后将上一个算子的输出和下一个算子的输入相连。

（2）当前冗余算子的输出对于下一个节点是无意义的，此时可以把它切成两个子图，一个子图就是 Input→Op1，另一个子图则是 Op2→Output。

（3）当前冗余算子的输入对于下一个节点是无意义的，只要这个节点的输入没有意义，轮循删除往上的节点，直到输入有意义为止。

2. Op 参数无意义

有些 Op 本身是有意义，但是设置成某些参数后就变成了无意义。典型示例如 Cast 算子，其主要是对数据的排布进行转换，当输入的参数等于输出的参数的时候，算子本身则无意义且可删除。还有很多种其他情况下的算子，在删除处理后，实践证明对于模型性能的提升具有极大的帮助，如表 18.2.2 所示。

表 18.2.2　Op 参数无意义的冗余节点消除情况

场景	消除类型	具体描述
Tensor Cast	Cast 消除	Tensor 转换数据排布格式时，当参数 Src 等于 Dst 时，该 Op 无意义可删除
Slice Elimination	Slice 场景消除	Slice Op 的 index_start 等于 0 或者 index_end 等于 channel−1 时，该 Op 无意义可删除
Expand Elimination	Expand 消除	Expand Op 输出 Shape 等于输入 Shape 时，该 Op 无意义可删除
Pooling 1×1 Elimination	Pooling 消除	Pooling Op 对滑窗 1×1 进行池化操作

详细示例如图 18.2.5 所示。

（1）对于 Cast 算子，当它的 Source 等于 Destination 时，Cast 算子可以删除。

（2）对于 ExpandDims 算子，当输出 Shape 与输入 Shape 一致时，ExpandDims 算子可以删除。

（3）对于 Slice/Pooling 算子，index_start 等于 0、index_end 等于 channel−1，以及 Pooling 算子窗口为 1×1 时，算子均可删除。

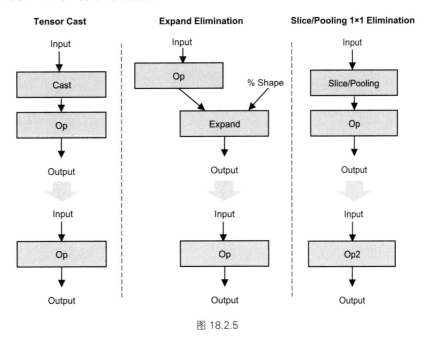

图 18.2.5

3. Op 位置无意义

一些 Op 在计算图中特殊位置会变得多余、无意义（表 18.2.3）。

详细示例如图 18.2.6 所示。示例中的 Cast 算子、UnSqueeze 算子以及无后续输出的 Op1 和在 Global Pooling 之后的 Reshape/Flatten 算子等，均可以进行冗余算子的消除。

表 18.2.3 Op 位置无意义的冗余节点消除情况

场景	消除类型	具体描述
Flatten after Linear Elimination	Flatten 消除	Linear 全连接层输出 Tensor 为 $w=1, h=1, c=c$ 时，后续 Flatten Op 可删除
Duplicate Reshape Elimination	重复消除	连续 Reshape 只需要保留最后一个 Reshape
Duplicate Cast Elimination	重复消除	连续的内存排布转换或数据转换，只需要保留最后一个

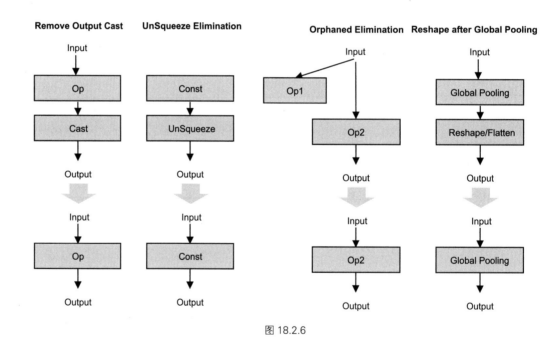

图 18.2.6

● **Remove Output Cast**：在优化计算图的过程中，有些算子的存在并没有实际意义。例如，Cast 算子，如果它没有作用，可以直接将其删除。

● **UnSqueeze Elimination**：与 Cast 算子类似，UnSqueeze 算子如果在计算图中没有起到实质作用，那么也可以将其删除，以简化计算图结构。

● **Orphaned Elimination**：部分情况下，输入数据给到了某个算子 Op1，但是 Op1 的输出并没有被其他算子接收，这就意味着 Op1 的计算结果没有被利用起来。在这种情况下，可以选择删除这个分支，因为其存在并没有实际意义。

● Reshape after Global Pooling：处理 Global Pooling 算子的过程中，我们发现它后面接的一些 Reshape 或者 Flatten 算子其实是没有意义的。因为这些算子的存在并不会改变 Global Pooling 的输出结果。可以将这些算子删除，以优化计算图的结构。

此外，还存在图 18.2.7 的情况。

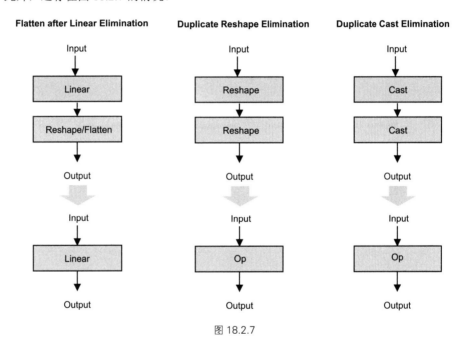

图 18.2.7

● Flatten after Linear Elimination：与图 18.2.6 的 Reshape after Global Pooling 相似，我们发现 Linear 前面接的一些 Reshape 或者 Flatten 算子其实是没有意义的，因为这些算子的存在并不会改变 Linear 的输出结果。所以，可以选择将这些算子删除，以优化计算图的结构。

● Duplicate Reshape Elimination：展示了两个相反的 Reshape 算子。在这种情况下，这两个 Reshape 算子相互抵消，即它们的存在并不会改变数据的形状。因此，为了简化计算图和减小计算复杂性，可以选择删除这两个算子。

● Duplicate Cast Elimination：展示了两个相反的 Cast 算子，一个将数据从 A 类型转换到 B 类型，另一个则将数据从 B 类型转换回 A 类型。这两个算子的存在同样没有实际意义，因为它们的操作结果并不会改变数据的类型。因此，可以选择删除这两个算子。

4. Op 前后反义

前后两个相邻 Op 进行操作时，语义相反的两个 Op 都可以删除。

● Squeeze ExpandDims Elimination，Squeeze 和 ExpandDims 这两个 Op 是反义的，一个是压缩维度，一个是拓展维度。当连续的这两个 Op 指定的坐标相等时，即可同时删除这两个 Op。

● Inverse Cast Elimination，当连续的两个内存排布转换 Op 的参数前后反义，即 src1 等于 dst2，可同时删除这两个 Op。

● Quant Dequant Elimination，连续进行量化和反量化，可同时删除这两个 Op。

● Concat Slice Elimination，合并后又进行同样的拆分，可同时删除这两个 Op。

详细如图 18.2.8 所示，可参考上述规则，对于存在前后反义算子的情况，进行冗余节点的消除。

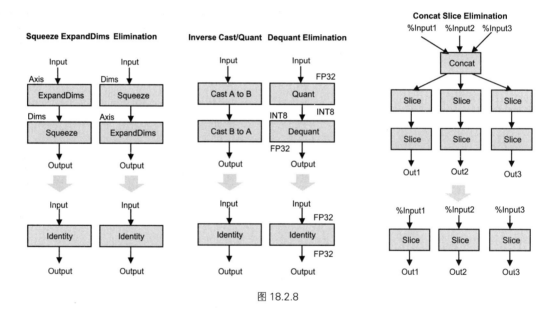

图 18.2.8

● Squeeze ExpandDims Elimination：描绘了 Squeeze 算子与 ExpandDims 算子在计算图优化过程中的作用。这两个算子进行的是逆向操作，先对矩阵进行扩张（ExpandDims），后合并相同维度（Squeeze），这就形成了一个等效于无操作的过程。因此，省略这两个步骤可以优化计算流程，加速推理过程。

● Inverse Cast/Quant Dequant Elimination：Cast 算子将 A 变换为 B，再将 B 变换为 A，等同于无操作,同样的 Quant 算子和 Dequant 算子如果作用于同一个变量,我们均可以选择将其删除,以简化计算图的结构。

● Concat Slice Elimination：所示的 Concat 和 Slice 的例子中，是用单个 Slice 操作替换 Concat

和 Slice 组合的优化案例。通过将 Concat 操作和后续的 Slice 操作整合为直接的 Slice 操作，可以抽象化计算过程并提高计算效率。

5. 公共子图优化

在一个深度神经网络中，如果几个子图的类型、参数和输入均相同，则将它们称作公共子图。对于公共子图，只需要计算其中一个子图的值，其他子图的值可以通过赋值得到。这个过程就称作公共子图消除，它是一种传统编译器中常用的优化手段，经过迁移也可以应用到深度学习编译器中。

Common Subexpression Elimination：当模型当中出现了公共子图，如一个输出是另外两个同类型、同参数的 Op 的输入，则可进行删除其中一个 Op（图 18.2.9）。

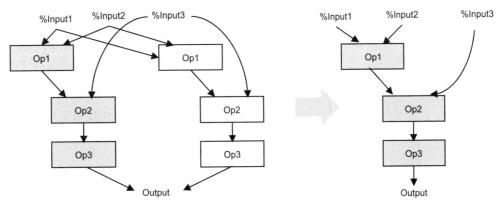

图 18.2.9

基本思路是通过一个 MAP 表，记录截至当前，已处理过的同一种类型的 Op。对于当前正在处理的 Op，先查找该 MAP 表，如果能找到其他和正在处理的 Op 类型相同的 Op，则对它们进行遍历，如果其中某个 Op 的输入和参数与当前正在处理的 Op 相同，则它们为公共子表达式，结果可以互相替代；如果所有 Op 都不能与当前正在处理的 Op 匹配，则将当前 Op 复制一份返回。

18.2.3　算子融合

算子融合（Operator Fusion）是深度学习中一种常见的优化技术，主要用于减少 GPU 内存访问，从而提高模型的执行效率。在神经网络模型中，一个模型通常由多个算子（例如卷积、激活函数、池化等）组成，这些算子的计算过程涉及大量数据的读取和写入。如果能将多个算子融合为一个复合算子，就可以减少内存访问次数，从而提高模型的运行效率。

假设我们有一个计算过程：$y = \text{ReLU}(\text{Conv}(x))$，将这个计算过程拆分为两步：$temp = \text{Conv}(x)$，

$y = \mathrm{ReLU(temp)}$，那么需要先将 $\mathrm{Conv}(x)$ 的结果写入内存，然后再从内存中读取这个结果用于 ReLU 的计算。但如果将这两个算子融合为一个算子，那么就可以直接将 $\mathrm{Conv}(x)$ 的结果输入到 ReLU，无需额外的内存访问，从而提高运行效率。

算子融合不仅可以减少内存访问次数，还可以提高计算密度，使得 GPU 等硬件能更充分地利用其计算资源。但是，算子融合也需要考虑到算子的计算顺序和计算精度，不能随意地将算子进行融合。下面将围绕相邻 Op 中，存在数学上线性可融合的关系进行主要的介绍。

1. 示例一

1）Conv + BN + Act

Conv Op 后跟着的批量归一化操作（BN）的算子，可以把 BN 的参数融合到 Conv 里面。详情请参考 10.3.2 算子融合案例。

将 Conv 和 BN 进行融合，然后按照 $y=W'\!*x+b'$ 的形式重新构造，就是将 BN 的参数 γ 和 β 融合到 Conv 的权重 W 和偏置项 b 中，得到新的权重 W' 和偏置 b'。具体计算方式为

$$W' = \gamma / \sqrt{(\mathrm{var}(x) + \mathrm{eps})} * W$$

$$b' = \beta - \gamma / \sqrt{(\mathrm{var}(x) + \mathrm{eps})} * \mathrm{mean}(x)$$

这样，我们就可以将 BN 融合到 Conv 中，得到的新的权重 W' 和偏置 b' 可以直接用于 Conv 操作，从而减少了 BN 的计算。以下是一个简单的 Python 代码示例：

```python
def fuse_conv_bn(conv, bn):
    # 计算新的权重和偏置
    w = conv.weight
    mean = bn.running_mean
    var_sqrt = torch.sqrt(bn.running_var + bn.eps)

    beta = bn.weight
    gamma = bn.bias

    w_prime = gamma / var_sqrt * w
    b_prime = beta - gamma / var_sqrt * mean

    # 更新 Conv 的权重和偏置
    conv.weight.data = w_prime
    conv.bias.data = b_prime

    return conv
```

2）Conv + Bias + Add

Conv Op 后跟着的 Add 可以融合到 Conv 里的 Bias 参数里面。

在 Conv + Bias + Add 的操作中，假设卷积输出为 X，偏置项为 b，Add 操作的值为 a。那么，这个操作序列的输出结果为 $\mathrm{Output} = X + b + a$。注意到，加法操作满足交换律和结合律，我们可以将偏置项 b 和 Add 操作的值 a 进行相加，得到一个新的偏置项 $b' = b + a$。那么，原本的操作序列就可以简化为 Conv + Bias，其中 Bias 的值为 b'。

3）Conv + Scale + Act

Conv Op 后跟着的 Scale 可以融合到 Conv 里的权重里面。主要是基于以下的数学原理：

● 尺度变换操作（Scale）：是一种乘法操作，可以表示为 $y=x*\alpha$，其中 α 是需要学习的尺度参数。

参考 Conv + BN + Act 的融合方式，将 Conv 和 Scale 进行融合，就是将 Scale 的参数 α 融合到 Conv 的权重 W 和偏置项 b 中，得到新的权重 W'和偏置项 b'。具体计算方式为

$$W' = \alpha * W$$

$$b' = \alpha * b$$

这样，我们就可以将 Scale 融合到 Conv 中，得到的新的权重 W'和偏置项 b'可以直接用于 Conv 操作，从而减少了 Scale 的计算。

4）Conv + MatMul + Act

Conv Op 后跟着的 MatMul 可以融合到 Conv 里的权重里面，原理与上述 Scale 的融合相同。

上述四个示例如图 18.2.10 所示。

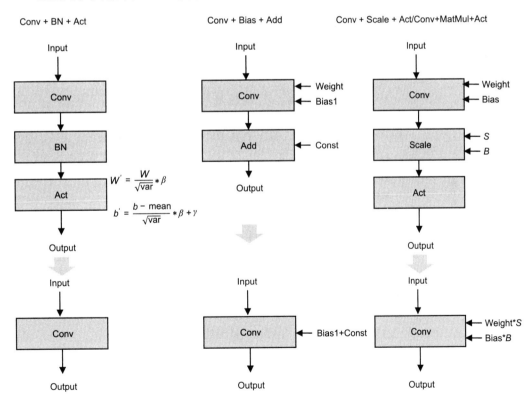

图 18.2.10

2. 示例二

1）MatMul + Add

使用 GEMM 代替矩阵乘 MatMul + Add。

2）MatMul + Add/Scale

MatMul 前或者后接 Add、Scale、Div，可以融合到 MatMul 中。

$$(\text{in}*W + \text{bias}_0) + \text{bias}_1 = \text{in}*W + (\text{bias}_0 + \text{bias}_1)$$

$$(\text{in}*W + \text{bias}_0)*\text{scale}_1 = \text{in}*(W*\text{scale}_1) + (\text{bias}_0*\text{scale}_1)$$

$$(\text{in}*W + \text{bias}_0) / \text{scale}_2 = \text{in}*(W / \text{scale}_2) + (\text{bias}_0 / \text{scale}_2)$$

因此可以一直往后融合下去。这个融合在性能上肯定是提升的，但是在精度上有可能会产生牺牲性，特别是融合了 MatMul 算子。因为原来的矩阵乘权重、偏置项以及 Scale 通常都是比较小的数值（<1），把 Scale 融合到权重和偏置项后，权重和偏置项数值进一步降低，可能导致精度下降。

3）Mean + Add

Mean 后面跟着 Add，使用 Layer Norm 代替。

4）Batch Norm + Scale

Scale 的 s 和 b 可以直接融合到 BN Op 里。

在 BN 操作后通常会有一个 Scale 操作，用于恢复数据的原始分布。具体来说，如果 x 是 BN 的输出，那么 Scale 操作就是 $y = s * x + b$，其中 s 和 b 是可学习的参数。

将两个操作融合到一起，即直接在 BN 操作中包含 Scale 操作。这样做的优点是可以减少计算量和内存消耗，因为不需要单独存储 BN 的输出。同时，由于 BN 和 Scale 是连续的线性操作，它们的融合不会改变模型的表示能力。

5）MatMul + Batch Norm

与 Conv + BN 相类似。

6）Conv + ReLU、Conv + ReLU6、Conv + Act

Act 激活操作和 Conv 操作虽然连续但是计算过程是独立的，在推理的时候是先计算 Conv 层；访问 Conv 输出位置，再计算 ReLU 层（即第二次访存）。因此造成了访问两遍输出 Output，增加了访存时间，降低了推理效率。

如果计算出 Conv 结果后立马进行 Act 激活计算，把最终结果输出，则只需要访存一次。计算量不变，减少访存次数，也能提高推理速度。

图 18.2.11 给出了几种示例的流程。

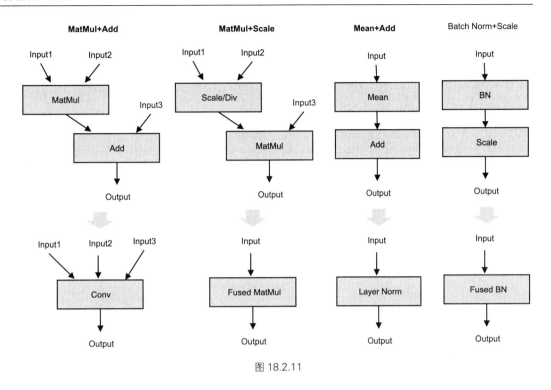

图 18.2.11

18.2.4　算子替换

算子替换是一种神经网络模型优化技术，主要用于改善模型的计算效率和性能。这种技术是将模型中的某些算子替换为功能相同或相似，但计算效率更高或对特定硬件优化更好的算子。例如：

（1）在某些情况下，两个连续的卷积层可以被替换为一个等效的卷积层，以减少计算量。

（2）使用深度可分离卷积替换标准卷积，可以显著减少计算量，但仍能保持相似的性能。

算子替换需要保证替换后的模型在功能上与原模型尽可能接近，以保证模型的性能不会因为算子的替换而有所下降。算子替换的原理是通过合并同类项、提取公因式等数学方法，将算子的计算公式简化，并将简化后的计算公式映射到某类算子上。算子替换可以达到降低计算量、降低模型大小的效果。在实际应用中，算子替换通常与其他优化技术如算子融合等结合使用，以达到最佳的优化效果。

1. 一换一替换

将某 Op 以另外 Op 代替，能减少推理引擎需要单独实现及支持的 Op。

具体示例：

- MatMul→Conv2D：将矩阵乘变成 Conv，因为一般框架对 Conv 做了更多的优化。
- Linear→Conv2D：将全连接层转变成 1×1 Conv，因为一般框架对 Conv 做了更多的优化。
- Batch Normal→Scale：BN 等价于 Scale Op，转换成 Scale 计算量更少，速度更快。
- pReLU→Leaky ReLU：将 pReLU 转变成 Leaky ReLU，不影响性能和精度的前提下，聚焦有限算法。
- Conv→Linear After global pooling：在 Global Pooling 之后 Conv 算子转换成为全连接层。

图 18.2.12 给出了几种示例的流程。

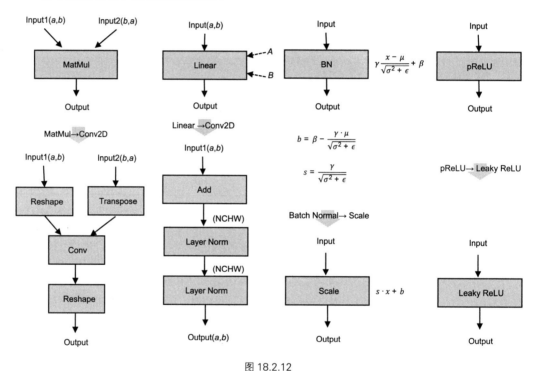

图 18.2.12

2. 一换多替换

将某 Op 以其他 Op 组合形式代替，能减少推理引擎需要单独实现及支持 Op 数量。
具体示例：

- Shuffle Channel Replace：Shuffle Channel Op 大部分框架缺乏单独实现，可以通过组合 Reshape + Permute 实现：

```
import torch
import torch.nn.functional as F
```

```python
def shuffle_channel(x, groups):
    batchsize, num_channels, height, width = x.data.size()
    channels_per_group = num_channels // groups

    # reshape
    x = x.view(batchsize, groups, channels_per_group, height, width)

    # permute
    x = x.permute(0, 2, 1, 3, 4).contiguous()

    # flatten back
    x = x.view(batchsize, -1, height, width)

    return x
```

- Pad Replace：将老版 ONNX 的 pad-2 的 pads 从参数形式转成输入形式：

```python
import torch.nn.functional as F

def pad_replace(x, pads):
    return F.pad(x, pads)
```

- Group Conv Replace：把 Group 卷积通过组合 Slice、Conv 实现：

```python
import torch
import torch.nn.functional as F

def group_conv_replace(x, weight, bias, stride, padding, dilation, groups):
    # slice input
    xs = torch.chunk(x, groups, dim=1)

    # apply conv for each slice
    ys = [F.conv2d(xi, wi, bi, stride, padding, dilation, 1) for xi, wi, bi in zip(xs, weight, bias)]

    # concat back
    y = torch.cat(ys, dim=1)

    return y
```

- ShapeN Replace：将 ShapeN Op 通过组合多个 Shape 的方式实现：

```python
def shape_n_replace(*xs):
    return [x.shape for x in xs]
```

图 18.2.13 给出了几种示例的流程。

18.2.5　算子前移

在神经网络模型优化中，算子前移通常指的是将某些计算过程提前进行，以减少重复计算并提高模型的运行效率。

假设我们有一个神经网络模型，其中有一部分计算是固定的，即无论输入是什么，这部分计算的结果都不会改变。在这种情况下，就可以将这部分计算提前进行，并将结果保存下来。然后在实际计算过程中，只需要使用保存的结果，而无需再次进行这部分计算。这样就可以大大减少计算量，提高模型的运行效率。

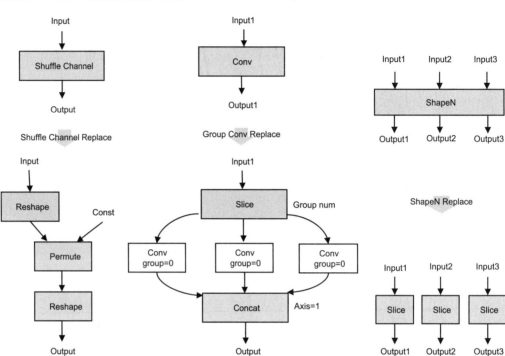

图 18.2.13

算子前移是一种常见的神经网络模型优化技术，它可以有效地减少计算量，提高模型的运行效率。然而，算子前移也需要考虑到模型的计算顺序和数据依赖性，不能随意地将计算过程提前。

具体示例：

● Slice and Mul：Shuffle Channel Op 大部分框架缺乏单独实现，可以通过组合 Reshape + Permute 实现。

● Bit shift and Reduce Sum：利用算术简化中的交换律，对计算的算子进行交换以减少数据的传输和访存次数。

图 18.2.14 给出了算子前移和算术简化的流程。

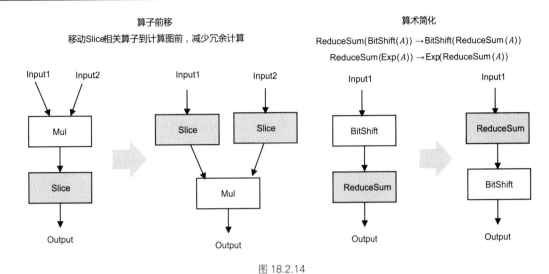

图 18.2.14

小结与思考

- 本节节内容主要讨论了计算图优化中的常量折叠和冗余节点消除。详细解读了如何借助这两种方法，优化复杂的计算图，提高计算效率和减少不必要的计算任务。

- 深入探讨了 Cast、ExpandDims、Squeeze 和 Slice 等算子在神经网络中的搭配和使用，以及它们在不同组合情况下的优化可能性。这有助于在神经网络设计和计算过程中，减少重复计算和冗余计算，提高整体性能。

18.3 其他计算图优化

除了前面提到的算子替换和算子前移等内容，本节内容将深入探讨计算图的优化策略，我们将细致分析图优化的其他重要内容，如改变数据节点的数据类型或存储格式，提升模型性能；以及优化数据的存储和访问方式，降低内存占用和数据访问时间。理解和掌握以上内容，对于高效利用计算资源，提升算法性能具有至关重要的作用。

18.3.1 融合算子替换

某些复杂的算子在一些 AI 框架上可能没有直接实现，而是通过一系列基本算子的组合来实现。但是，这种组合方式可能会导致计算效率降低，因为每个算子之间的数据传输都需要额外的时间和空间。此外，过多的算子也会使得网络图变得复杂，难以理解和优化。

这时，如果推理引擎实现了该 Op，就可以把这些组合转成这个 Op，使得网络图更加简明清晰。具体示例如下：

- Fuse Layer Norm：组合实现的 Norm Op 直接转换成一个 Op。
- Fuse PReLU：组合实现的 PReLU Op 直接转换成一个 Op。
- Fuse MatMul Transpose：有些框架的矩阵乘法 MatMul 层自身是不带转置操作的，当需要转置的矩阵乘法时，需要前面加一个 Transpose 层。如 ONNX 的 MatMul 自身有是否转置的参数，因此可以将前面的 Transpose 层转换为参数即可。
- Fuse Binary Eltwise：$x_3 = x_1 * b_1 + x_2 * b_2$，把 BinaryOp Add 转换成 Eltwise Sum，而 Eltwise Sum 是有参数 coeffs，可以完成上述乘法的效果，因此把两个 BinaryOp Mul 的系数融合到 Eltwise Sum 的参数 coeffs。
- Fuse Reduction with Global Pooling：对一个三维 Tensor 先后两次分别进行 w 维度的 reduction mean 和 h 维度的 reduction mean，最终只剩下 c 这个维度，就等于进行了一次 global_mean_pooling。

图 18.3.1 展示了几种示例流程。

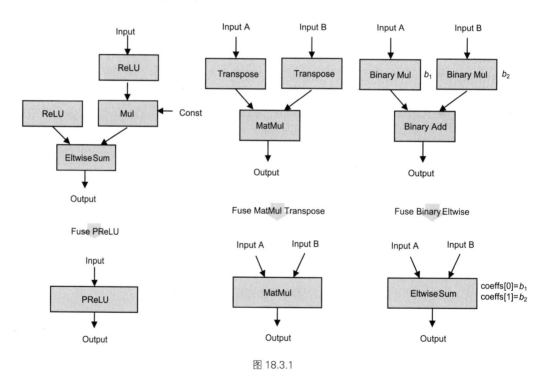

图 18.3.1

18.3.2　FlashAttention

这里要特别提及的一篇工作是 FlashAttention。它是一种重新排序注意力计算的算法，主要针对 Transformer 模型实现性能优化，无需任何近似即可加速注意力计算并减少内存占用。

众所周知，Transformer 结构已成为自然语言处理和图像分类等应用中最常用的架构。但由于其固有的 $O(N^2)$ 复杂度和内存限制的键值缓存，在推理过程中表现出次优效率。这种低效率使它们的实际部署变得复杂，特别是对于长序列来说，这就是大模型在发展的初期其输入输出往往只支持 2k 或 4k token 的原因。

到目前为止，GPT 最长支持 32k token 长度，Claude 最长有 100k token 的模型版本，然而这与现实的需求是不一致的。因为如果大模型要达到人类的高度，就需要从听觉、视觉、触觉多方面获取信息，这就需要更多或者是无限的输入 token。

而真正使得基于 Transformer 的大模型不能处理长 token 的本质原因，是 Transformer 的计算复杂度和空间复杂度随序列长度 N 呈二次方增长。例如，如果要将序列长度 N 翻倍成为 $4N$，我们所需的资源会变为 16 倍，即将序列长度扩展 N 倍，所需付出的计算和内存资源要扩大了约 N^2 倍，当然这里只是近似比喻。

下面我们分析下 Attention 的计算复杂度。

假设我们有一个长度为 N 的输入序列，每个位置都用一个 d 维向量表示。那么，查询矩阵 $\boldsymbol{Q}$ 的维度是 $N \times d$，键矩阵 $\boldsymbol{K}$ 和值矩阵 $\boldsymbol{V}$ 的维度也是 $N \times d$。

具体来说，Attention 的计算过程可以分为以下几个步骤：

（1）线性变换。对输入序列进行线性变换，得到 $\boldsymbol{Q}$、$\boldsymbol{K}$、$\boldsymbol{V}$ 三个矩阵。假设每个 token 的 Embedding 维度为 k，则该步骤的复杂度为 $\boldsymbol{O}(n \times k \times 3d)$。

（2）计算相似度得分。通过 $\boldsymbol{Q}$、$\boldsymbol{K}$ 两个矩阵计算相似度得分，得到注意力权重矩阵。注意力权重矩阵的大小为 $n \times n$，计算该矩阵的时间复杂度为 $\boldsymbol{O}(n^2 \times d \times h)$。

（3）加权求和。将注意力权重矩阵与 $\boldsymbol{V}$ 矩阵相乘并加权求和，得到最终输出。该步骤的复杂度为 $\boldsymbol{O}(n \times d \times h)$。

因此，Attention 的总计算复杂度为 $\boldsymbol{O}(n^2 \times d \times h)$，时间复杂度约为 $\boldsymbol{O}(n^2)$。

FlashAttention 加速是最基础和常见的系统性能优化的手段，即利用更高速的上层存储计算单元，减少对低速更下层存储器的访问次数，提升模型的训练性能。

在之前的学习中，我们了解到 CPU 的多级分层存储架构，其实 GPU 的存储架构也是类似的，遵守同样的规则，即内存越快，越昂贵，容量越小。回顾第 7 章图 7.3.5，如其左侧部分所示，在 A100 GPU 有 40～80 GB 的高带宽内存（HBM，由多个 DRAM 堆叠出来的），带宽为 1.5～2.0 TB/s，而每 108 个流处理器（SM）有 192 KB 的 SRAM，带宽估计在 19 TB/s 左右。这里我们可以了解到 SRAM 的访问速度是 HBM 的 10 倍左右，然而其能承载的数据量却远远小于 HBM。

结合图 7.3.5，我们了解到 Flash Attention 是优化了计算过程中的访存（HBM）的过程，那么我们先来看下标准 Attention 的计算访存。

首先，从 HBM 中读取完整的 Q 和 K 矩阵（每个大小为 $N{\times}d$），计算点积得到相似度得分 S（大小为 $N{\times}N$），需要进行 $O(N{\times}d+N^2)$ 次 HBM 访问。

其次，计算注意力权重 P（大小为 $N{\times}N$）时，需要对 S 进行 softmax 操作，这需要进行 $O(N^2)$ 次 HBM 访问。

最后，将注意力权重 P 和值向量 V（每个大小为 $N{\times}d$）加权求和，得到输出向量 O（大小为 $N{\times}d$）时，需要进行 $O(N{\times}d)$ 次 HBM 访问。

因此，标准 Attention 算法的总 HBM 访问次数为 $O(N{\times}d+N^2)$。当 N 比较大时，总的 HBM 访问次数可能会比较昂贵。

从上面可以看出，标准 Attention 算法在 GPU 内存分级存储的架构下，存在以下缺陷：

● 过多对 HBM 的访问，如 S、P 需要在存入 HMB 后又立即被访问，HBM 带宽较低，从而导致算法性能受限。

● S、P 需要占用 $O(N^2)$ 的存储空间，显存占用较高。

因此，基于之前提到的内容，可以从减少 HBM 的访问进行优化。之所以存在大量访存 HBM，一个原因是 Attention 计算中存在 3 个 Kernel，每个 Kernel 的计算过程都存在从 HBM 读取数据，计算完成后还要写回 HBM。如果我们将 3 个 Kernel 融合为 1 个，就可以减少部分访问 HBM 的次数。同时要保证计算过程中尽量地利用 SRAM 进行计算，避免访问 HBM 操作。

然而，我们都知道，虽然 SRAM 带宽较大，但其计算可存储的数据量较小。如果我们采取"分治"的策略将数据进行 Tilling 处理，放进 SRAM 中进行计算，由于 SRAM 较小，当 sequence length 较大时，sequence 会被截断，从而导致标准的 softmax 无法正常工作。

FlashAttention 则有效解决了上述问题，总体可以归结为两个主要点：

● Tiling（平铺，在前向传播和反向传播时使用），基本上将 $N{\times}N$ softmax/scores 矩阵分块成块。

● Recomputation（重计算，仅在反向传播中使用，以计算能力为代价节省存储空间）。

FlashAttention 主要的算法实现如图 18.3.2 所示（Chen et al., 2016）。

1. 步骤一：计算分子块的大小

首先，我们需要获取 GPU 硬件 SRAM 的大小，我们假设为 M。为了让 Q、K、V 在计算中可以存放在 SRAM 中，我们需要设定分块的大小尺寸。

其次，在 SRAM 上需要存在的数据包括，Q 子块、K 子块、V 子块，其次还应包括计算过程中的中间输出 O，O 的大小应该与 Q、K、V 子块大小一致。

如图 18.3.2 算法第 1 行，在这里我们计算出子块的列大小 $B_c=\dfrac{M}{4d}$，d 为矩阵维度。当然，需要注意的是，上面的设置子块的大小并非唯一的，保证子块大小不超过 SRAM 大小即可。

Algorithm 1 FLASHATTENTION

Require: Matrices $\mathbf{Q}, \mathbf{K}, \mathbf{V} \in \mathbb{R}^{N \times d}$ in HBM, on-chip SRAM of size M.

1: Set block sizes $B_c = \left\lceil \frac{M}{4d} \right\rceil$, $B_r = \min \left(\left\lceil \frac{M}{4d} \right\rceil, d \right)$.
2: Initialize $\mathbf{O} = (0)_{N \times d} \in \mathbb{R}^{N \times d}$, $\ell = (0)_N \in \mathbb{R}^N$, $m = (-\infty)_N \in \mathbb{R}^N$ in HBM.
3: Divide $\mathbf{Q}$ into $T_r = \left\lceil \frac{N}{B_r} \right\rceil$ blocks $\mathbf{Q}_1, \dots, \mathbf{Q}_{T_r}$ of size $B_r \times d$ each, and divide $\mathbf{K}, \mathbf{V}$ in to $T_c = \left\lceil \frac{N}{B_c} \right\rceil$ blocks
   $\mathbf{K}_1, \dots, \mathbf{K}_{T_c}$ and $\mathbf{V}_1, \dots, \mathbf{V}_{T_c}$, of size $B_c \times d$ each.
4: Divide $\mathbf{O}$ into T_r blocks $\mathbf{O}_i, \dots, \mathbf{O}_{T_r}$ of size $B_r \times d$ each, divide ℓ into T_r blocks $\ell_i, \dots, \ell_{T_r}$ of size B_r each,
   divide m into T_r blocks $m_1, \dots, m_{T_r}$ of size B_r each.
5: **for** $1 \leq j \leq T_c$ **do**
6: 　　Load $\mathbf{K}_j, \mathbf{V}_j$ from HBM to on-chip SRAM.
7: 　　**for** $1 \leq i \leq T_r$ **do**
8: 　　　　Load $\mathbf{Q}_i, \mathbf{O}_i, \ell_i, m_i$ from HBM to on-chip SRAM.
9: 　　　　On chip, compute $\mathbf{S}_{ij} = \mathbf{Q}_i \mathbf{K}_j^T \in \mathbb{R}^{B_r \times B_c}$.
10: 　　　　On chip, compute $\tilde{m}_{ij} = \text{rowmax}(\mathbf{S}_{ij}) \in \mathbb{R}^{B_r}$, $\tilde{\mathbf{P}}_{ij} = \exp(\mathbf{S}_{ij} - \tilde{m}_{ij}) \in \mathbb{R}^{B_r \times B_c}$ (pointwise), $\tilde{\ell}_{ij} =$
     　　　　$\text{rowsum}(\tilde{\mathbf{P}}_{ij}) \in \mathbb{R}^{B_r}$.
11: 　　　　On chip, compute $m_i^{\text{new}} = \max(m_i, \tilde{m}_{ij}) \in \mathbb{R}^{B_r}$, $\ell_i^{\text{new}} = e^{m_i - m_i^{\text{new}}} \ell_i + e^{\tilde{m}_{ij} - m_i^{\text{new}}} \tilde{\ell}_{ij} \in \mathbb{R}^{B_r}$.
12: 　　　　Write $\mathbf{O}_i \leftarrow \text{diag}(\ell_i^{\text{new}})^{-1}(\text{diag}(\ell_i) e^{m_i - m_i^{\text{new}}} \mathbf{O}_i + e^{\tilde{m}_{ij} - m_i^{\text{new}}} \tilde{\mathbf{P}}_{ij} \mathbf{V}_j)$ to HBM.
13: 　　　　Write $\ell_i \leftarrow \ell_i^{\text{new}}$, $m_i \leftarrow m_i^{\text{new}}$ to HBM.
14: 　　**end for**
15: **end for**
16: Return $\mathbf{O}$.

图 18.3.2

2. 步骤二：初始化输出矩阵 $\boldsymbol{O}$

如图 18.3.2 算法第 2 行，SRAM 上的输出 $\boldsymbol{O}$ 矩阵赋值为全 0，它将作为一个累加器保存 softmax 的累积分母，ℓ 也类似。m 用于记录每一行最大分数，其初始化为–inf。

3. 步骤三：切分子块

如图 18.3.2 算法第 3~4 行，将 $\boldsymbol{Q}$ 划分成 T_r 个块，$\boldsymbol{K}$、V 划分成 T_c 个块，初始化 Attention Output $\boldsymbol{O}$，并划分成 T_r 个块。

4. 步骤四：外循环加载 $\boldsymbol{K}$、$\boldsymbol{V}$，内循环加载 $\boldsymbol{Q}$ 子块

图 7.3.5 完美解释了这个循环过程。

（1）外循环，对于每一个 Block Key 和 Value，从 HBM 加载进 SRAM。

（2）内循环，对于每个 Block Query，从 HBM 加载进 SRAM。

（3）在 SRAM 上完成 Block S 的计算。

如图 18.3.2 算法第 5~9 行，这里要注意的是，$\boldsymbol{O}_i$、ℓ_i 和 m_i 中存储的可能是上一个循环计算的中间结果。

5. 步骤五：实现分块 softmax 算法

下面我们看看原版的证明公式。

1）标准 softmax 计算方式

$$\sigma(z)_i = \frac{e^{z_i}}{\sum_{j=1}^{K} e^{z_j}}$$

在实际硬件中，因为浮点数表示的范围是有限的，对于 FP32 和 BF16 来说，当 $z \geqslant 89$ 时，e^z 就会变成 inf，发生数据上溢的问题。

为了确保数值计算的稳定性，避免溢出问题，通常采用一种称为 safe softmax 的计算策略。在此方法中，通过减去最大值来缩放输入数据，以保证数值的相对稳定性。

所以说，现有所有的深度学习框架中都采用了 safe softmax，其计算公式如下：

$$m(x) := \max_i x_i, \quad f(x) := [e^{x_i - m(x)} \cdots e^{x_B - m(x)}], \quad \ell(x) := \sum_i f(x)_i,$$

$$\text{softmax}(x) := \frac{f(x)}{\ell(x)}$$

计算举例：

$$a = [0.1, 0.2, 0.3, 0.4]; \quad m(a) = 0.4$$

则可以得到：

$$f(a) = \left[e^{(0.1-0.4)}, e^{(0.2-0.4)}, e^{(0.3-0.4)}, e^{(0.4-0.4)}\right]$$

然后计算得到：

$$\ell(a) = \Sigma f(a), \text{softmax}(a) = f(a) / \ell(a)$$

可以看出，首先在分子上 safe softmax，需要获取当前区间的最大值来缩放输入数据，而在分母上需要累加所有的分子 $f(a)$。

由于 FlashAttention 已经采取了分块计算的策略，也就意味着在计算 softmax 时，并不能拿到所有数据列的最大值和全部 $f(a)$ 的和。

2）FlashAttention 改进方式

虽然 softmax 与 $\boldsymbol{K}$ 的列是耦合的，但如果分开计算每个子块的 softmax 再将最后的结果进行收集转换是否可以等价呢？下面我们看看原版的证明公式。

（1）假如有切片向量 $\boldsymbol{x} = [x^{(1)}, x^{(2)}]$，切片后 softmax 的计算方式：

$$m(x) = m([x^{(1)} x^{(2)}]) = \max(m(x^{(1)}), m(x^{(2)}))$$

$$f(x) = [e^{m(x^{(1)}) - m(x)} f(x^{(1)}) e^{m(x^{(2)}) - m(x)} f(x^{(2)})]$$

$$\ell(x) = \ell([x^{(1)} x^{(2)}]) = e^{m(x^{(1)}) - m(x)} \ell(x^{(1)}) + e^{m(x^{(2)}) - m(x)} \ell(x^{(2)})$$

$$\text{softmax}(x) = \frac{f(x)}{\ell(x)}$$

（2）更新 $m(x)$，根据更新后的 $m(x)$ 和上一步计算结果重新计算 $f(x)$ 和 $\ell(x)$。假设存在 $x^{(3)}$，那么便可以将 $x^{(1)}$ 和 $x^{(2)}$ 合并成一个序列，重复步骤（1）即可。

计算举例：

$$a = \left[0.1, 0.2, 0.3, 0.4\right] = \left[a_1, a_2\right]$$

则可以得到：

$$m(a_1) = 0.2, m(a_2) = 0.4, m(a) = 0.4$$

然后计算得到：

$$f(a_1) = \left[\mathrm{e}^{(0.1-0.2)}, \mathrm{e}^{(0.2-0.2)}\right], f(a_2) = \left[\mathrm{e}^{(0.3-0.4)}, \mathrm{e}^{(0.4-0.4)}\right],$$

$$f(a) = \left[\mathrm{e}^{(0.2-0.4)}f(a_1), \mathrm{e}^{(0.4-0.4)}f(a_2)\right]$$

同理：

$$\ell(a) = \mathrm{e}^{(0.2-0.4)}\ell(a_1) + \mathrm{e}^{(0.4-0.4)}\ell(a_2)$$

最终得到：

$$\mathrm{softmax}(a) = f(a) / \ell(a)$$

可见通过上述的转换可知，softmax 与分块 softmax 在数学上是等价的关系。不过由于真实计算中次数变多，精度上也可能存在一定丢失。

如图 18.3.2 算法代码第 10~13 行，首先，根据上一步计算的子块 S_{ij}，计算当前块的行最大值 m_{ij}、当前块 P_{ij}（即 softmax 分子）、ℓ_{ij} 为 P_{ij} 的累积值。

其次，计算子块与子块间的最大值 m^{new} 和多个子块的 P_{ij} 的累积值 ℓ^{new}。

最后，根据 softmax 公式计算最终的 softmax，将结果写到 SRAM 的 O_i 中并写出到 HBM；同时，将最后的 ℓ^{new} 赋值给 ℓ_i，写出到 HBM；m^{new} 赋值到 m_i，写出到 HBM，开始下一轮循环。

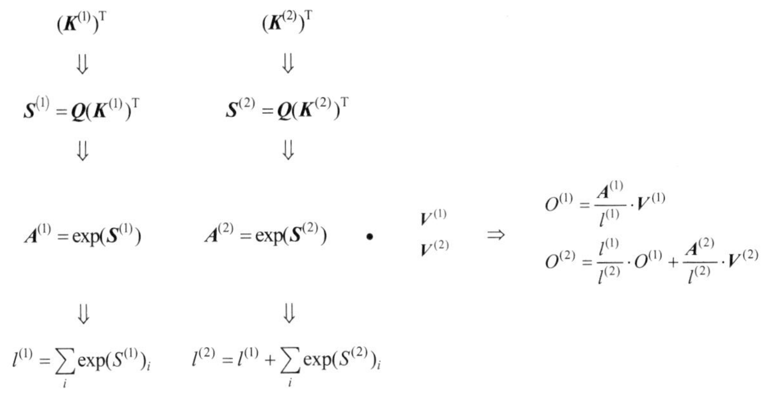

图 18.3.4

6. 步骤六：反向计算

从上面的前向过程中，我们知道前向过程中只将 O_i、ℓ_i、m_i 写出到 HBM，而 S 和 P 的保存则主要在反向重算中实现。

（1）前向过程会保留 Q、K、V、O、ℓ、m 在 HBM 中，dO 由反向计算获取后，按照前向相同的分块模式重新分块。

（2）初始化 dQ，dK，dV 为全零矩阵，并按照对等 Q、K、V 的分割方式分割 dQ、dK、dV。

（3）分别从 HBM 中载入 K、V，block on SRAM，再载入 Q，block on SRAM。根据前向过程重新计算对应 block 的 S 和 P；按分块矩阵的方式分别计算对应梯度，完成参数更新。

最终可以看到，在将 3 个 Kernel 进行合并后，FlashAttention V1 实现了中间计算完全基于 SRAM 的目的。

7. FlashAttention 性能分析

FlashAttention 节省的访存次数计算如下：

首先，K、$V(N{\times}d)$ 的每个 Block 都需要载入 SRAM，因此该过程的 HBM 访问次数为 $O(N{\times}d)$。

其次，Q 也需要分 Block 载入 SRAM，该过程一共持续外循环 T_c 次，因此该过程的 HBM 访问次数为 $O(T_c{\times}N{\times}d)$。

最后，而 $T_c = N/(B_c) = 4Nd/M$，向上取整。因此 FlashAttention 的 HBM 访问次数为 $O(N^2{\times}d^2/M)$。

18.3.3　Layout & Memory 优化

Layout & Memory 优化针对网络模型，特别是在处理算子（操作符）时。算子在这里可以理解为模型中完成特定任务的一种函数或者操作，例如卷积、矩阵乘法等。

当上一层和下一层的算子相同时，可能不需要进行数据节点转换。因为这两层已经进行相同的操作，再进行转换可能不会带来额外的优化效果。

当上一层的输入和下一层的输入不同时，就需要进行数据节点转换。具体来说，需要插入特定算子来处理这种输入的变化。这个过程也是图优化的一部分。

如果在某些情况下，发现有些算子在当前的计算图中是多余的，或者说并没有为模型的性能提升做出贡献，那么我们需要删除这些算子。

具体示例可参见第 6 章 6.4 节图 6.4.5。

内存优化是一种计算机系统优化技术，主要目的是提高系统的运行性能，通过更有效地使用和管理内存资源达到目的（图 18.3.3）（Chen et al., 2016）。

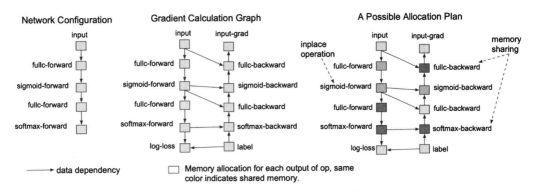

图 18.3.3

● Inplace Operation 是一种内存优化手段，它在当前的内存块上直接进行操作，而不需要额外开辟新的内存。如果一块内存不再需要，且下一个操作是 Element-Wise（元素级操作，比如加法、乘法等），就可以使用原地操作，直接在原内存上进行计算，覆盖原有数据。这样做的好处是可以节省内存，减少内存的分配和回收开销，从而提高程序的运行效率。

● Memory Sharing 是另一种内存优化策略。它在内存使用上进行优化，当两个数据的内存大小相同，且有一个数据参与计算后不再需要时，我们可以让后一个数据直接覆盖前一个数据的内存。这样做的好处是可以减少内存的开销，节省内存空间，提高内存的使用效率。

小结与思考

● 计算图优化策略：本节深入探讨了计算图优化策略，重点分析了通过改变数据类型或存储格式、优化数据存储和访问方式来提升模型性能和降低内存占用的方法。

● 介绍 FlashAttention 技术，这是一种针对 Transformer 模型的注意力计算优化算法，通过减少对低速存储器的访问次数和利用高速存储计算单元，显著加速了注意力计算并降低了内存占用。

● 讨论了内存优化技术，包括 Inplace Operation 和 Memory Sharing，这些技术通过减少内存分配和回收开销，提高内存使用效率，从而提升程序运行效率。

第 19 章　Kernel 优化

19.1　引　　言

推理引擎的 Kernel 层通常是推理引擎中用于执行底层数学运算的组件。在神经网络模型推理过程中，需要对大量数据进行高效的数学运算，如矩阵乘法、卷积、池化等。Kernel 层就是实现这些运算的核心部分，它直接影响着推理引擎的速度和效率，因此本节将会重点介绍 Kernel 层相关的内容。

19.1.1　Kernel 层介绍

在推理引擎架构中，Runtime 层和 Kernel 层是紧密相连的两个组件（参见第 14 章图 14.2.4）。

Runtime 层提供了一个执行环境，它管理整个推理过程，包括模型的加载、预处理、执行和后处理。它还负责资源管理，如内存分配和线程管理。其通常具有平台无关性，可以在不同的操作系统和硬件上运行，为上层应用提供 API 接口，使得用户能够轻松地集成和使用神经网络模型。

Kernel 层通常是硬件特定的，针对不同的 AI 加速芯片有不同的实现。Kernel 层实现时，会进行各种优化，包括算法优化、内存访问优化、向量化、并行化和硬件特定的汇编优化。

从层与层之间集成的角度来说，Runtime 层会根据模型的操作和目标硬件选择合适的 Kernel 层执行计算。Runtime 层的决策（如算子融合、内存管理等）会影响到 Kernel 层的性能表现。Kernel 层作为 Runtime 层的一部分，被集成到整个推理流程中。

而从交互和适配的角度来说，Runtime 层负责调用 Kernel 层提供的函数，传递必要的输入数据，并处理 Kernel 层的输出结果。它可能会提供一些适配层（Adapter Layer），以便在不同的硬件上运行相同的 Kernel 代码，或者将不同硬件的 Kernel 接口统一化。Runtime 层的优化和 Kernel 层的优化共同决定了整个推理引擎的性能。

总体而言，Runtime 层提供了一个高层次的抽象，管理模型的执行和资源，而 Kernel 层则是底层的实现，直接在硬件上执行数学运算。Kernel 层的优化主要体现在各种高性能算子和算子库的设计上，这些算子和算子库通常针对不同的 AI 加速芯片进行了优化，以提高计算速度和效率。

1. 推理架构

结合图 19.1.1，下面分别从 CPU 和 GPU 的角度介绍一些人工实现的高性能算子和封装的高性能算子库。

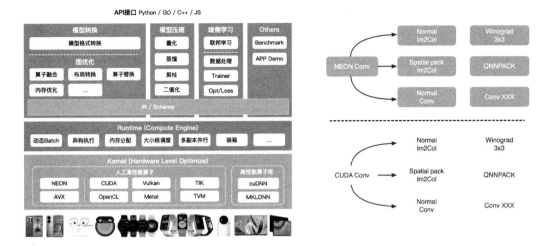

图 19.1.1

1）CPU 优化

● **NEON**：是 ARM 架构上的 SIMD 扩展，用于提高多媒体处理和浮点运算的性能。推理引擎可以利用 NEON 指令集来优化 Kernel 层，特别是在移动设备和嵌入式设备上。

● **AVX**：Advanced Vector Extensions，是英特尔处理器上的 SIMD 指令集，用于提高浮点运算和整数运算的性能。推理引擎可以利用 AVX 指令集来优化 Kernel 层，特别是在 Intel CPU 上。

● **Metal**：是苹果开发的低级图形和计算 API，用于优化在 Apple GPU 上的性能。推理引擎可以利用 Metal API 来优化 Kernel 层，特别是在 iOS 和 macOS 设备上。

2）GPU 优化

● **CUDA**：是英伟达的并行计算平台和编程模型，用于在英伟达 GPU 上执行并行计算。推理引擎可以利用 CUDA 来优化 Kernel 层，特别是在大规模矩阵运算和卷积操作方面。

● **OpenCL**：是一个开放的标准，用于编写在异构系统上运行的程序。它允许开发者利用 CPU、GPU 和其他类型的处理器来加速计算密集型任务。推理引擎可以利用 OpenCL 来优化 Kernel 层，特别是在 GPU 上。

● **Vulkan**：是新一代的图形和计算 API，用于在各种 GPU 上执行并行计算。推理引擎可以利用 Vulkan API 来优化 Kernel 层，特别是在高性能计算和图形处理方面。

此外，封装的高性能算子库有：

● **cuDNN（CUDA Deep Neural Network Library）**：由英伟达开发，为 GPU 优化的深度神经网络算子库，包括卷积、池化、归一化、激活函数等。

● **MKLDNN（Intel Math Kernel Library for Deep Neural Networks）**：由 Intel 开发，为 CPU 优化的深度神经网络算子库，现在发展成为 oneDNN，支持多种 Intel 处理器。

这些算子方面的优化方法和技术可以根据具体的硬件平台和模型需求来选择和组合，以提高推理引擎在 Kernel 层的性能。在实际应用中，开发者需要根据目标设备和性能要求选择最合适的优化策略。

2. 推理流程

推理流程在第 14 章 14.5 节已详细介绍，可参照图 14.5.2 理解，此处进行简单回顾。

推理引擎的推理流程是指从加载模型到输出推理结果的一系列步骤。首先加载预先训练好的模型文件，这些文件可能是以特定格式（如 ONNX、TensorFlow SavedModel、PyTorch TorchScript 等）保存的。

此外，对模型结构，包括层的类型、参数和拓扑结构进行解析。之后将模型转换或编译为推理引擎能够执行的格式。这其中可能包括优化模型结构、融合某些层以减少计算和内存访问、选择合适的 Kernel 实现等操作。对于支持硬件加速的推理引擎，这一步可能还包括为特定 AI 加速芯片生成优化的执行代码。在上述离线模块生成的推理模型经过模型压缩（或者不压缩）后，送入编译模块再次进行汇编层面优化，完成优化后就可以真正在线执行推理。

在线执行阶段，将输入数据（如图像、文本等）转换为模型所需的格式，将预处理后的输入数据复制到设备内存中，为推理做准备。在推理引擎中执行模型，最后将处理后的推理结果返回给用户或下游应用程序。

整个推理流程的目标是高效、准确地执行模型推理，同时尽可能减少计算和延迟。

3. 开发推理程序

开发推理程序在第 14 章 14.5 节已详细介绍，可参照图 14.5.3，此处进行简单回顾。

Kernel 层所进行的优化一般蕴含在图 14.5.3 中的⑤执行，Runtime 层会根据模型的操作和目标硬件选择合适的 Kernel 来执行计算。如图 14.5.3 所示，Kernel 层作为 Runtime 层的一部分，被集成到整个推理流程中。

开发推理负责调用 Kernel 层提供的函数，传递必要的输入数据，并处理 Kernel 层的输出结果。总的来说，Runtime 层的优化和 Kernel 层的优化共同决定了整个推理引擎的性能。Runtime 层的决策（如算子融合、内存管理等）会影响到 Kernel 层的性能表现。

19.1.2　Kernel 层优化方法

1. 算法优化

算法优化主要针对卷积算子的计算进行优化。卷积操作是神经网络模型中计算密集且耗时的部分，因此对其进行优化能够显著提升推理性能。其中，对于卷积 Kernel 算子的优化主要关注 Im2Col、Winograd 等算法。这些算法通过特定的数学变换和近似减少了卷积操作的计算复杂度，从而提升了推理速度。

2. 内存布局

在内存布局方面，主要的方法有：

（1）**权重和输入数据的重排**：重新组织权重和输入数据的内存布局，使得数据访问更加连续，减少缓存缺失。

（2）**通道优先（Channel First/Last）**：根据硬件特性选择通道数据的存储顺序，例如 NCHW 或 NHWC。

（3）**NC1HWC0 与 NCHW4**：NC1HWC0 布局通常用于支持 Winograd 算法或其他需要特定通道分组操作的卷积算法。这种布局是针对特定硬件（如某些 AI 加速器）优化的，其中 C 被分割为 C1 和 C0，C1 代表通道的分组数，C0 代表每个分组中的通道数。这种布局可以减少内存访问次数，提高缓存利用率，并可能减少所需的内存带宽。NCHW4 是一种特殊的内存布局，其中 C 被分割为 4 个通道，这种布局通常用于支持 4 通道的 SIMD 操作。NCHW4 布局可以在支持 4 通道向量化指令的硬件上提供更好的性能，例如某些 ARM 处理器。这种布局可以减少数据填充（Padding）的需要，并提高数据处理的并行度。

3. 汇编优化

从汇编优化的方面，主要的方法有：

（1）**指令优化**：针对特定 CPU 指令集（如 AVX、AVX2、SSE 等）进行优化，使用向量化指令来提高计算效率。

（2）**循环优化**：减少循环的开销，增加指令级的并行性。

（3）**存储优化**：优化内存访问模式，使得数据访问更加连续，以提高缓存命中率和内存带宽利用率。

4. 调度优化

从调度优化方面，主要有并行计算和自动调优等方法。根据操作间的依赖关系和执行时间，合理调度任务，减少等待时间，提高资源利用率。

推理引擎的 Kernel 层是整个推理系统的基础，对于实现高性能的深度学习推理至关重要。随着深度学习应用的普及和硬件技术的进步，推理引擎的 Kernel 层也在不断地发展和优化，以适应更加多样化的应用场景和性能要求。

小结与思考

- Kernel 层是推理引擎中执行底层数学运算的核心组件，直接影响推理速度和效率。
- Kernel 层优化包括算法优化、内存布局、汇编优化和调度优化，旨在提高计算速度和效率。
- 推理引擎 Kernel 层通过优化算子，适应多样化应用场景和性能要求，与 Runtime 层协同工作以实现高效推理。

19.2 卷积计算原理

卷积是神经网络里面的核心计算之一，它是一种特殊的线性运算。而卷积神经网络（CNN）是针对图像领域任务提出的神经网络，受猫视觉系统启发，堆叠使用卷积层和池化层提取特征。它在 CV 领域方面的突破性进展引领了深度学习的热潮。

本节将首先介绍卷积在数学范畴中的定义，通过信号处理领域的一个例子对卷积的过程进行阐释。之后为大家介绍 CNN 中卷积计算的相关知识。在了解卷积计算的基础之上，本节会继续为大家介绍卷积在内存中的数据格式以及张量中的卷积计算过程。

19.2.1 卷积的数学原理

在通常形式中，卷积是对两个实变函数的一种数学运算。在泛函分析中，卷积、旋积或褶积是通过两个函数 f 和 g 生成第三个函数的一种数学运算，其本质是一种特殊的积分变换，表征函数 f 与 g 经过翻转和平移的重叠部分函数值乘积对重叠长度的积分。

卷积神经网络的概念拓展自信号处理领域的卷积。信号处理的卷积定义为

$$(f*g)(t) \triangleq \int_{\mathbb{R}^n} f(\tau)g(t-\tau)\mathrm{d}\tau$$

可以证明，关于几乎所有的实数 x，随着 x 的不同取值，积分定义了一个新函数 $h(x)$，称为函数 f 与 g 的卷积，记为

$$h(x) = (f*g)(x)$$

对于信号处理的卷积定义为连续的表示，真正计算的过程中会把连续用离散形式进行计算：

$$(f*g)(n) \triangleq \sum_{\mathbb{Z}^n} f(m)g(n-m)$$

1. 通俗定义

卷积计算在直觉上不易理解，其可视化后如图 19.2.1 所示，扫码查看动图，红色滑块在移动过程中与蓝色方块的积绘制成的三角图案即为卷积结果在各点上的取值。

更具体来说，解释卷积需要清楚"卷"和"积"两个步骤。

1）"卷"的过程

根据上述介绍中卷积的定义：

$$(f*g)(t) \triangleq \int_{\mathbb{R}^n} f(\tau)g(t-\tau)\mathrm{d}\tau$$

令

$$x = \tau, y = t - \tau$$

则有 $x + y = t$ 成立。

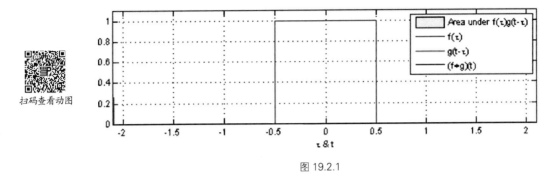

图 19.2.1

2）"积"的过程

当 t 的取值变化时，x, y 的取值约束在图 19.2.2 所示的斜率为 -1 的直线簇中。

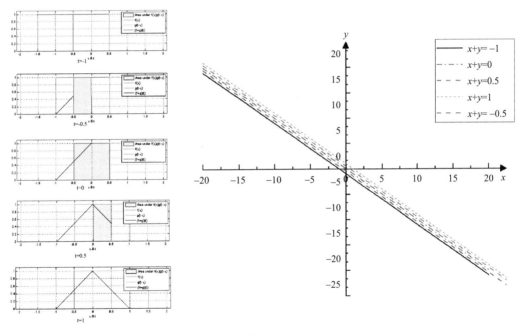

图 19.2.2

定义：

$$g(y) = f(x) = \begin{cases} 0, & x < -0.5 \\ 1, & -0.5 \leqslant x \leqslant 0.5 \\ 0, & x > 0.5 \end{cases}$$

图 19.2.2（左）中 t 的取值，从上到下分别为 -1、-0.5、0、0.5、1，令 $y = t - \tau$，$x = \tau$；

图 19.2.2（左）中的红线为 $g(t-\tau)$ 的函数图像，蓝线为 $f(\tau)$ 的函数图像。黄色区域为不同 t 的取值条件下参与卷积的有效区间，黑色直线最右端的点的取值为卷积结果。

2. 卷积的性质

卷积满足以下的数学定律和性质。
（1）交换律：$f*g=g*f$。
（2）结合律，$(f*g)*h=f*(g*h)$。
（3）分配律：$f*(g+h)=f*g+f*h$。
（4）单位响应：存在一个函数 δ，使得 $f*\delta=f$。其中 δ 是狄拉克 δ 函数（连续）或单位脉冲函数（离散）。

3. 卷积物理意义

卷积的物理意义取决于它所应用的具体领域。在不同的领域中，卷积可以代表不同的物理过程。

1）信号处理

在信号处理领域，卷积的物理意义通常与系统的响应有关。假设我们有一个输入信号 $f(t)$（例如，一个音频信号）和一个系统对该信号的响应 $g(t)$。系统的响应 $g(t)$ 可以是理想的，也可以是实际测量得到的。

当输入信号 $f(t)$ 通过系统时，系统的输出 $h(t)$ 可以通过卷积 $f*g$ 来计算。这里的卷积表示系统对输入信号的累积响应。具体来说，$h(t)$ 在任意时刻 t 的值是输入信号 $f(t)$ 与系统响应 $g(t)$ 在过去所有时刻的加权叠加。权重由系统响应 $g(t)$ 决定，反映了系统对不同时刻输入信号的"记忆"。

2）图像处理

在图像处理中，卷积通常用于滤波和特征提取。在这种情况下，图像可以被视为二维信号 $f(x,y)$，其中 x 和 y 分别是图像的水平和垂直坐标。卷积核 $g(x,y)$ 是一个小的权重矩阵，它在图像上滑动，计算每个像素点的加权平均值。

这个过程的物理意义是将图像的每个像素点与其周围的像素点进行比较，通过加权平均来确定这个像素点的新值。卷积核 g 的设计决定了这种比较的方式，例如，边缘检测卷积核会突出显示图像中强度变化明显的区域，从而检测出边缘。

3）概率论

在概率论中，两个独立随机变量的联合概率密度函数的卷积给出了它们的和的概率密度函数。这背后的物理意义是，如果有两个随机过程，它们分别产生随时间变化的概率密度函数，那么这两个过程叠加后的新过程的概率密度函数可以通过卷积原来的两个概率密度函数得到。

4）其他物理系统

在其他物理系统中，卷积可以表示扩散过程、波的传播、材料的混合等。在这些情况下，卷积描述了一个物理量（如温度、压力、浓度等）随时间和空间的分布变化，它是通过系统中各个部分之间的相互作用和传播效应累积而成的。

总的来说，卷积的物理意义是将两个函数（或信号）通过一种特定的方式结合起来，产生一个新的函数，这个新函数在某种意义上代表了这两个函数的相互作用或混合。具体意义取决于应用领域和函数（信号）的物理含义。

4. 离散卷积

从上面信号处理相关内容，我们得到离散形式的卷积公式：

$$(f * g)(n) \triangleq \sum_{Z^n} f(m)g(n-m)$$

离散卷积是指将两个离散序列中的数，按照规则，两两相乘再相加的操作。

离散卷积可以看作矩阵的乘法，然而这个矩阵的一些元素被限制为必须和另外一些元素相等。比如对于单变量的离散卷积，矩阵每一行中的元素都与上一行对应位置平移一个单位的元素相同。这种矩阵叫作特普利茨（Toeplitz）矩阵。

将上述离散卷积公式拓展到二维空间即可得到神经网络中的卷积，可简写为

$$S(i,j) = (I * K)(i,j) = \sum_m \sum_n I(m,n)K(i-m,j-n)$$

其中，S 为卷积的输出；I 为卷积输入；K 为卷积核的尺寸。因为卷积是可交换的，我们可等价地写作

$$S(i,j) = (K * I)(i,j) = \sum_m \sum_n I(i-m,j-n)K(m,n)$$

对于二维的情况，卷积对应着一个双重分块循环矩阵。除了元素相等方面的限制之外，卷积通常对应着一个非常稀疏的矩阵。这是因为核的大小通常远小于输入图像的大小。任何一个使用矩阵乘法但是并不依赖于矩阵结构的特殊性质的神经网络算法，都适用于卷积计算，并且不需要对神经网络做出大的修改。

在卷积网络的术语中，卷积的第一个参数 f 通常叫作输入（Input），第二个参数 g 叫作核函数（Kernel Function），输出有时被称为特征映射（Feature Map）。在机器学习的应用中，输入通常是多维数组的数据，而核通常是由学习算法优化得到的多维数组的参数。把这些多维数组叫作张量。因为在输入与核中的每一个元素都必须明确地分开存储，我们通常假设在存储了数值的有限点集以外，这些函数的值都为 0。这意味着在实际操作中，可以通过对有限个数组元素的求和来实现无限求和。

19.2.2　CNN 卷积计算

当我们在神经网络的上下文中讨论卷积时，通常不是特指数学文献中所使用的那种标准的离散卷积运算。当提到神经网络中的卷积时，通常是指由多个并行卷积组成的计算。这是因为，

虽然具有单个核的卷积可以作用在多个空间位置上，但它只能提取一种类型的特征。通常，我们希望网络的每一层能够在多个位置提取多种类型的特征。当处理图像时，我们通常把卷积的输入输出看作 3 维的张量 $[C,W,H]$，其中一个索引 C 用于表明不同的通道（比如 RGB 三通道 $[R_{m×n},G_{m×n},B_{m×n}]$），另外两个索引 W、H 表明在每个通道的空间坐标。实现通常使用 4 维的张量 $[N,C,W,H]$，第 4 维索引 N 用于标明数据 Batch 数量。

1. 名词解释

卷积的操作过程中涉及多个专业名词和不同的计算方式，如 Padding、Stride、Channel、Kernel 等，下面将深入介绍不同名词之间的关系和表达含义。

1）填充（Padding）

防止图像边缘信息丢失，在输入图像的周围添加额外的行、列，通常用 0 来进行填充。其作用为使卷积后图像分辨率不变，方便计算特征图尺寸的变化，弥补边界。

填充背后的数学原理是这样的，如果我们有一个 $n×n$ 的图像，用 $k×k$ 的卷积核做卷积，那么输出的大小就是 $(n-k+1)×(n-k+1)$。这样的话会有两个缺点：

- 第一个缺点是每次做卷积操作，图像就会缩小，在经过多层卷积后，得到的图像就会非常小；
- 第二个缺点是在角落或者边缘区域的像素点在输出中采用较少，卷积核遍历时只经过一次，而其他区域的像素点可能会计算多次。

针对以上两个问题，采用的方法就是填充。假设填充的行、列数为 p，因为周围都填充了一个像素点，输出也就变成了 $(n+2p-k+1)×(n+2p-k+1)$。

填充通常有 3 种方法：Valid 方式、Same 方式和自定义方式。

（1）**Valid 方式**，意为不填充，这样的话，输入为 $n×n$ 的图像，用 $k×k$ 的卷积核卷积，最终得到 $(n-k+1)×(n-k+1)$ 的输出。

（2）**Same 方式**，意为填充后输出大小和输入大小一致。根据原始输入计算得到的输出尺寸 $n-k+1$，填充 p 行、列后，公式变为 $n+2p-k+1$。令 $n+2p-k+1=n$，使得输出和输入大小相等，解得 $p=(k-1)/2$。这就产生了两种情况。若 k 为奇数，可以直接根据公式计算得到 p；若 k 为偶数，则只能进行不对称填充（比如左边填充多一点，右边填充少一点）以保证输出尺寸不变。

（3）**自定义方式**，意为填充自定义的行/列数。定义 w 为图的宽，h 为图的高，其生成的特征图大小的计算公式为

$$F_{\text{out}}^h = \left[\frac{F_{\text{in}_h} - k_h + 2p_h}{s}\right] + 1, \quad F_{\text{out}}^w = \left[\frac{F_{\text{in}_w} - k_w + 2p_w}{s}\right] + 1$$

2）步长（Stride）

步长是指卷积核在每一次卷积操作中滑动的距离。步长的大小可以影响输出数据的大小，也可以影响特征提取能力和计算复杂度。当步长增大时，输出数据的尺寸会减小，特征提取能力会变弱，但计算速度会加快。

我们可以把 Stride 的过程看作对全卷积函数输出的下采样，如果想在输出的每个方向上每隔 s 个像素进行采样，或者说在图像中卷积核的滑动距离为 s，那么这个过程可用公式描述为

$$S(i,j) = (K * I)(i,j) = \sum_m \sum_n I((i-1) \times s + m, (j-1) \times s + n)K(m,n)$$

3）通道数（Channel）

通道数也称为深度或特征图数量，是指卷积神经网络中每一层输出的特征图数量。通道数的大小直接影响了卷积神经网络的特征提取能力和计算复杂度。通过增加通道数，可以增强卷积神经网络的特征提取能力，但也会增加计算复杂度。

4）卷积核（Kernel）

卷积核是具有可学习参数的算子，用于对输出图像进行特征提取，输出通常为特征图。每一个卷积核代表一种模式或特征，有几个卷积核就有几张特征图，每个卷积核都对应一个特征图。在机器学习中，卷积核的参数是由反向传播或梯度下降算法计算更新，非人工设置。其特点为：①卷积核每次仅连接 $K \times K$ 区域，$K \times K$ 是卷积核的尺寸；②卷积核参数重复使用（参数共享），在图像上滑动。

2. 朴素卷积过程

为了更好地理解后续的示例，现将卷积神经网络 CNN 的每层的相关参数定义为

H：图片高度 Hight；

W：图片宽度 Width；

C：原始图片通道数 Channel；

N：卷积核个数 Number of Kernel；

K：卷积核高宽大小 Kernel Size；

P：图像边扩充大小 Padding；

S：卷积核窗口滑动的步长 Stride。

定义 $P=0$，$S=1$，以 $N=6$ 个卷积核对一张 $W=5$, $H=5$, $C=1$ 的图片进行卷积的过程为例，其经过的步骤为

（1）一个卷积核覆盖的 $K \times K=3 \times 3$ 的区域，对应位置的数据相乘后相加。

（2）每个卷积核均对 1 所述区域做乘加操作，并在不同通道（Channel）对应位置相加，本例中每个卷积核的通道数 $C=1$，得到的结果为特征图上相应位置的数值。

$$f_{\text{out}}(i,j) = \sum_{C=0}^{1} \sum_{m=0}^{3} \sum_{n=0}^{3} I(i+m, j+n)K(m,n,C)$$

步骤（1）和（2）的过程如图 19.2.3 所示。

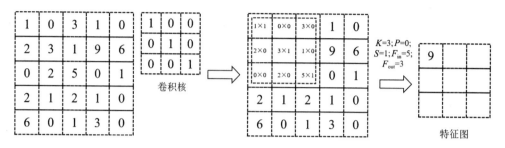

图 19.2.3

（3）每个卷积核在图像上从左到右，从上到下滑动，依次计算特征图中的每一个像素点。根据特征图大小的计算公式，可知 $W_{f_{out}} = H_{f_{out}} = 3$；本例中有 $N=6$ 个卷积核，输出 6 张特征图。

$$f_{out}^l(i,j), i = 0,1,\cdots,W_{f_{out}}-1; J = 0,1,\cdots,H_{f_{out}}-1; l = 1,2,\cdots,6$$

每滑动一次，计算得到第 l 个特征图上的一个像素点，如图 19.2.4 所示。其滑动的总次数即为特征图的像素点数量。

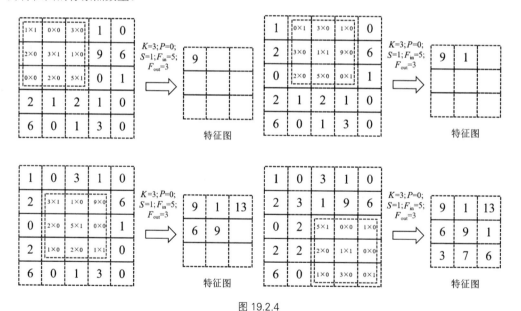

图 19.2.4

若有多个通道，假设 $C=3$，则每个通道的 (i,j) 位置的值对应相加得到最终结果：

$$f_{out}^l(i,j) = f_{out}^l(i,j)_{C1} + f_{out}^l(i,j)_{C2} + f_{out}^l(i,j)_{C3}$$

在卷积神经网络的层与层之间进行计算的时候，在步骤（1）和（2）之后，往往需要加偏置项 b（图 19.2.5），以打破卷积神经网络的平移不变性，增强神经网络的拟合能力：

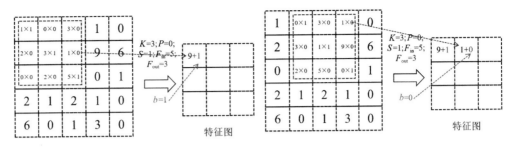

图 19.2.5

$$f_{\text{out}}^l(i,j) = f_{\text{out}}^l(i,j)_{C1} + f_{\text{out}}^l(i,j)_{C2} + f_{\text{out}}^l(i,j)_{C3} + b$$

在卷积操作中，卷积核是可学习的参数，其参数的更新由梯度下降算法确定。经过上面的介绍，可知每层卷积的参数量为 $C×K×K×N$。卷积层的参数较少，这也是由卷积层的**局部连接**和**共享权重**特性所决定。

3. 计算复杂度分析

1）时间复杂度

CNN 的时间复杂度主要取决于卷积层的计算量。对于单个卷积层，其时间复杂度可以表示为

$$O(f_{\text{in}}^2 \times C_{\text{in}} \times C_{\text{out}} \times K^2)$$

其中，f_{in} 是输入特征图的尺寸；C_{in} 和 C_{out} 分别是输入和输出通道数；K 是卷积核的边长。这个公式表明，时间复杂度由与输入特征图的大小、输入通道数、输出通道数以及卷积核的大小完全确定。

2）空间复杂度

空间复杂度（访存量），严格来讲包括两部分：总参数量+各层输出特征图。

● 参数量：模型所有带参数的层的权重参数总量（即模型体积，下式第一个求和表达式，其中 C_l 为本层的输出通道数，对于第 l 个卷积层来说，本层的 C_{in} 就是上一层的输出通道数 C_{l-1}，D 为总的卷积层数）。

● 特征图：模型在实时运行过程中每层所计算出的输出特征图大小（下式第二个求和表达式）。

$$O\left(\sum_{l=1}^{D} K_l^2 \cdot C_{l-1} \cdot C_l + \sum_{l=1}^{D} f_l^2 \cdot C_l \right)$$

因此，空间复杂度与总层数、每层输入和输出通道数以及卷积核的大小有关。

4. PyTorch 卷积实现

首先定义填充模式。

```python
def get_padding(inputs, ks, mode="SAME"):
    """
    Return padding list in different modes.
    params: inputs (input array)
    params: ks (kernel size) [p, q]
    return: padding list [n,m,j,k]
    """

    pad = None
    if mode == "FULL":
        pad = [ks[0] - 1, ks[1] - 1, ks[0] - 1, ks[1] - 1]
    elif mode == "VALID":
        pad = [0, 0, 0, 0]
    elif mode == "SAME":
        pad = [(ks[0] - 1) // 2, (ks[1] - 1) // 2,
               (ks[0] - 1) // 2, (ks[1] - 1) // 2]
        if ks[0] % 2 == 0:
            pad[2] += 1
        if ks[1] % 2 == 0:
            pad[3] += 1
    else:
        print("Invalid mode")
    return pad
```

确定了输入尺寸、卷积核尺寸、填充以及步长，输出的尺寸就被确定下来。之后利用这些参数计算特征图的大小，并定义卷积。

```python
def conv(inputs, kernel, stride, mode="SAME"):
    # 确定卷积核的尺寸
    ks = kernel.shape[:2]

    # get_padding 确定 padding 的模式和数值
    pad = get_padding(inputs, ks, mode="SAME")
    padded_inputs = np.pad(inputs, pad_width=((pad[0], pad[2]), (pad[1], pad[3]), (0, 0)),
mode="constant")

    # 得到输入图像的尺寸和通道数
    height, width, channels = inputs.shape

    # 确定输出特征图的尺寸
    out_width = int((width + pad[0] + pad[2] - ks[0]) / stride + 1)
    out_height = int((height + pad[1] + pad[3] - ks[1]) / stride + 1)
    outputs = np.empty(shape=(out_height, out_width))

    # 进行卷积计算
    for r, y in enumerate(range(0, padded_inputs.shape[0]-ks[1]+1, stride)):
        for c, x in enumerate(range(0, padded_inputs.shape[1]-ks[0]+1, stride)):
            outputs[r][c] = np.sum(padded_inputs[y:y+ks[1], x:x+ks[0], :] * kernel)
    return outputs
```

19.2.3 卷积优化手段

1. Tensor 运算

张量（Tensor）是标量、矢量、矩阵等概念的总称与拓展，是机器学习领域的基础数据结构。

程序中的张量是一个多维数组的数据结构。

```c
#define MAX_DIM 6

struct Tensor {
    // 维度信息
    size_t dim[MAX_DIM];
    uint8_t num_dim;

    // 数据信息
    float* data;
    size_t num_data;
};
```

如图 19.2.6 所示，0 维张量是个标量（Scalar），就是一个数；1 维张量等同于一个向量（Vector）；2 维张量对应一个矩阵（Matrix）；3 维张量则是一个立方体（Cube）。

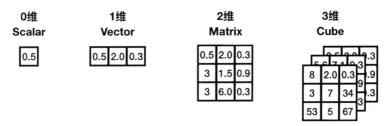

图 19.2.6

张量集到张量集的映射称为张量计算。用编程语言来说，输入是若干张量，输出也是若干个张量，并且无副作用（参考函数式编程）的函数称之为张量计算。

张量有维度和数据两个组成要素，张量计算也就包含维度与数据这两个组成要素的处理。比如矩阵乘法 $C = MatMul(A, B)$，首先是根据输入的两个张量 A, B 确定 C 的维度，然后根据 A 和 B 的数据再去计算 C 的数据。具体一些可参考下面的代码：

```cpp
Tensor* MatMul(Tensor* A, Tensor* B) {
    Tensor* C = new Tensor;
    // 计算维度
    C->num_dim = 2;
    C->dim[0] = A->dim[0];
    C->dim[1] = B->dim[1];

    // 分配内存
    C->data = malloc(C->dim[0]*C->dim[1]*sizeof(float));

    // 计算数据
    Matrix::multi(C, A, B);
    return C;
}
```

2. Tensor 内存布局

NHWC 和 NCHW 是卷积神经网络（CNN）中广泛使用的数据格式。它们决定了多维数据，如图像、点云或特征图如何存储在内存中。

- NHWC（样本数，高度，宽度，通道）：这种格式存储数据通道在最后，是 TensorFlow 框架或者大部分推理引擎的默认格式。
- NCHW（样本数，通道，高度，宽度）：通道位于高度和宽度尺寸之前，经常与 PyTorch 一起使用。

小结与思考

- 卷积操作是深度学习中用于提取特征的关键数学运算，涉及两个函数的元素乘积与累加。
- 卷积在不同领域具有不同的物理意义，如信号处理中的系统响应和图像处理中的特征提取。
- 优化卷积计算对于提高神经网络模型效率至关重要，包括算法、内存访问、汇编和调度优化。
- 张量运算和内存布局（如 NHWC 与 NCHW）对卷积性能有显著影响，是实现高效卷积计算的关键策略。

19.3　Im2Col 算法

Im2Col 是计算机视觉领域中将图片转换成矩阵的矩阵列的计算过程。Im2Col 的作用就是将卷积通过矩阵乘法来计算，从而能在计算过程中将需要计算的特征子矩阵存放在连续的内存中，有利于一次将所需要计算的数据直接按照需要的格式取出进行计算，这样便减少了内存访问的次数，从而减小了计算的整体时间。

在 AI 框架发展早期，Caffe 使用 Im2Col 方法将三维张量转换为二维矩阵，从而充分利用已经优化好的 GEMM 库来为各个平台加速卷积计算。最后，再将矩阵乘得到的二维矩阵结果使用 Col2Im 将转换为三维矩阵输出。其处理流程如图 19.3.1 所示。

图 19.3.1

19.3.1　数学原理

Im2Col 算法的优化策略为用空间换时间，用连续的行向量的存储空间作为代价优化潜在的内存访问消耗的时间。其实施过程依据的是线性代数中最基本的矩阵运算的原理，根据上一节

的特征图计算公式可得

$$f_{\text{out}}(i,j) = \sum_{C=0}^{k_C}\sum_{m=0}^{3}\sum_{n=0}^{3} I(i+m,j+n)K(m,n,C)$$

$$= \sum_{C=0}^{k_C}\sum_{m=0}^{3}\left[I(i+m,j+0),I(i+m,j+1),I(i+m,j+2)\right]_{1\times3}\left[K(m,0,C),K(m,1,C),K(m,2,C)\right]_{1\times3}^{\mathrm{T}}$$

$$= \sum_{C=0}^{k_C}\left[I(i+0,j+0),\cdots,I(i+2,j+2)\right]_{1\times9}\left[K(0,0,C),\cdots,K(2,2,C)\right]_{1\times9}^{\mathrm{T}}$$

$$= \sum_{C=0}^{k_C}\left[K(0,0,C),\cdots,K(2,2,C)\right]_{1\times9}\left[I(i+0,j+0),\cdots,I(i+2,j+2)\right]_{1\times9}^{\mathrm{T}}$$

$$= \left[K(0,0,0),\cdots,K(2,2,k_C)\right]_{1\times9\times k_C}\left[I(i+0,j+0),\cdots,I(i+2,j+2)\right]_{1\times9\times k_C}^{\mathrm{T}}$$

　　根据上述式子可知，每个窗口下对应的卷积计算和两个一维向量的点乘计算是等价的，如图 19.3.2 所示。由此可以推知，在未改变直接卷积计算的参数量和连接数的情况下，这种将每个窗口中的特征子矩阵展开成一维的行向量后再进行矩阵乘计算的思路能够通过减少计算过程中的访存需求，优化整体的计算时间。

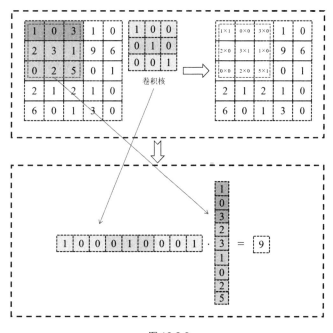

图 19.3.2

　　Im2Col 算法就是在这样的基础上进行设计的。其将卷积通过矩阵乘法来计算，最后调用高性能的 MatMul（矩阵乘法）进行计算。该方法适应性强，支持各种卷积参数的优化，在通道数稀大的卷积中性能基本与 MatMul 持平，并且可以与其他优化方法形成互补。

19.3.2 算法过程[①]

Im2Col+MatMul 方法主要包括两个步骤：

（1）使用 Im2Col 将输入矩阵展开一个大矩阵，矩阵每一列表示卷积核需要的一个输入数据，按行向量方式存储（图 19.3.3）。

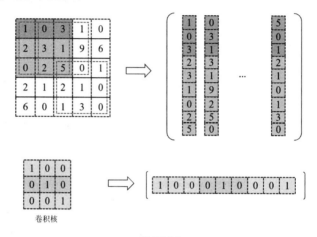

图 19.3.3

（2）使用上面转换的矩阵进行 MatMul 运算，得到的数据就是最终卷积计算的结果（图 19.3.4）。

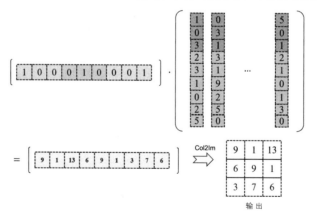

图 19.3.4

---

① 除非特别说明，本节默认采用的内存布局形式为 NHWC。其他的内存布局和具体的转换后的矩阵形状或许略有差异，但不影响算法本身的描述。

1. 卷积过程

　　一般图像的三通道卷积，其输入为 3 维张量（$H, W, 3$），其中 H, W 为输入图像的高和宽，3 为图像的通道数；卷积核为 4 维张量（N, C, KH, KW），其中 N 为卷积核的个数，KH 和 KW 为卷积核的高和宽，C 为卷积核的通道数，卷积核的通道数应与输入图像的通道数一致；输出为 3 维张量（N, H, W），其中 H, W 为输入图像的高和宽，N 为输出图像的通道数，输出图像的通道数应与卷积核个数一致。此段中 H, W 只是代指，并不表示数值通用，输出图像的宽高具体数值需要按照公式另行计算。其卷积的一般计算方式如图 19.3.5 所示。

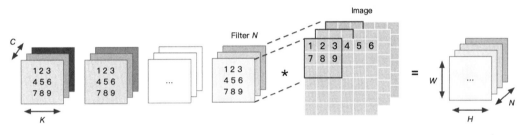

图 19.3.5

　　在神经网络中，卷积默认采用数据排布方式为 NHWC，意为样本数、高、宽、通道数。输入图像/特征图为 4 维张量（N,IH,IW,IC），其中 N 为输入图像的个数，也可以理解为单次训练的样本数，IH, IW 为输入图像的高和宽，IC 为通道数；卷积核为 4 维张量（OC,KH,KW,IC），卷积核的通道数应与输入图像的通道数一致，所以均为 IC，这里的 OC 应与图 19.3.6 中卷积核个数 N 在数值上对应相等，表示卷积核个数，其遵循一个卷积核计算得到一张特征图的一一对应的规则。注意图 19.3.6 中的 N 与输入图像的个数 N 并不相关，数值也不一致，图 19.3.6 中的 N 表示卷积核个数。输出为 4 维张量（N,OH,OW,OC），这里的 N 等价于前述输入图像的个数，OC 表示输出特征图个数，也就是每个样本卷积后的输出的通道数。卷积的一般计算方式如图 19.3.6 所示。

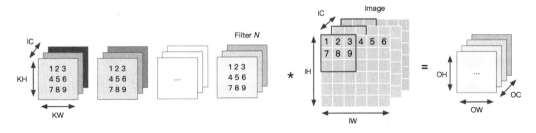

图 19.3.6

2. Im2Col 算法原理

Im2Col 算法核心是改变数据在内存中的排列存储方式，将卷积操作转换为矩阵相乘，对 Kernel 和 Input 进行重新排列。将输入数据按照卷积窗进行展开并存储在矩阵的列中，多个输入通道的对应的窗展开之后将拼接成最终输出矩阵的一列。其过程可参见第 3 章 3.5 节图 3.5.12，卷积核被转化为一个 $N \times (KW \times KH \times C)$ 的二维矩阵，输入被转化为一个 $(KW \times KH \times C) \times (OH \times OW)$ 的矩阵，输入矩阵的列数由卷积核在输入图像上的滑动次数所决定，具体数值可由特征图的尺寸 $(OH \times OW)$ 计算得到，这两个数值根据上一节特征图的公式进行计算。

1）Input 重排

参见第 3 章图 3.5.10，对 Input 进行重排，得到的矩阵见图右侧，矩阵的行数对应输出 $OH \times OW$ 个数，也就是卷积核在 Input 上的滑动次数；每个行向量里，首先排列卷积窗所覆盖的第一个通道的 $KH \times KW$ 个数据，根据卷积窗的大小逐行拼接成一段行向量，排完当前通道的数据后，以同样模式再按次序排列之后的通道的数据，直到第 IC 个通道，最终构成前述完整的一个行向量。

2）权重数据重排

对权重数据进行重排，将 N 个卷积核展开为权重矩阵的一行，因此共有 N 行，每个行向量上先排列第一个输入通道上 $KH \times KW$ 数据，根据卷积窗的大小逐行拼接成一段行向量，排完当前通道的数据后，以同样模式再依次排列后面的通道数据直到 IC（参见第 3 章 3.5 节图 3.5.11）。

通过数据重排，完成 Im2Col 的操作之后会得到一个输入矩阵，卷积的权重也可以转换为一个矩阵，卷积的计算就可以转换为两个矩阵相乘的求解，得到最终的卷积计算结果（从卷积到矩阵乘可参见第 2 章 2.4.1 节与图 2.4.1）。

3）推理引擎中的数据重排

首先归纳一下 Im2Col 算法计算卷积的过程。其具体过程如下（简单起见忽略 Padding 的情况，即认为 OH=IH, OW=IW）：

（1）将输入由 $N \times IH \times IW \times IC$ 根据卷积计算特性展开成 $(OH \times OW) \times (N \times KH \times KW \times IC)$ 形状二维矩阵。显然，转换后使用的内存空间相比原始输入多约 $(KH \times KW - 1)$ 倍。

（2）权重形状一般为 $OC \times KH \times KW \times IC$ 四维张量，可以将其直接作为形状为 $OC \times (KH \times KW \times IC)$ 的二维矩阵处理。

（3）对于准备好的两个二维矩阵，将 $(KH \times KW \times IC)$ 作为累加求和的维度，运行矩阵乘可以得到输出矩阵 $(OH \times OW) \times OC$。

（4）将输出矩阵 $(OH \times OW) \times OC$ 在内存布局视角即为预期的输出张量 $N \times OH \times OW \times OC$，或者使用 Col2Im 算法变为下一个算子输入 $N \times OH \times OW \times OC$。

在权重数据的重排过程中，以上四个阶段在推理引擎中的执行方式和执行模块不一定在同一个阶段进行。其中（1）、（3）和（4）可能会在 Kernel 层执行，但（2）可能会在预编译阶段或者离线转换优化模块去执行。

在 AI 框架中，Im2Col 通常是为了优化卷积操作而设计的，它通过将多次卷积操作转换为一次大矩阵乘法，从而可以利用现有的高性能线性代数库来加速计算。随着 AI 框架的发展，很多框架也实现了更加高效的卷积算法，比如 Winograd 算法或者直接使用 cuDNN 等专门的卷积计算库，这些库内部可能对 Im2Col 操作进行了进一步的优化。

3. Im2Col 算法总结

（1）Im2Col 计算卷积使用 GEMM 库的代价是额外的内存开销。使用 Im2Col 将三维张量展开成二维矩阵时，原本可以复用的数据平坦地分布到矩阵中，将输入数据复制了（KH×KW−1）份。

（2）转化成矩阵后，可以在连续内存和缓存上操作，而且有很多库提供了高效的实现方法（BLAS、MKL），Numpy 内部基于 MKL 实现运算的加速。

（3）在实际实现时，离线转换模块实现的时候可以预先对权重数据执行 Im2Col 操作，而 Input 数据的 Im2Col 和 GEMM 数据重排会同时进行，以节省运行时间。

19.3.3　空间组合优化算法

Im2Col 是一种比较朴素的卷积优化算法，在没有精心处理的情况下会带来较大的内存开销。空间组合（Spatial Pack）是一种类似矩阵乘中重组内存的优化算法。它是指在应用 Im2Col 算法时，通过对卷积操作中的空间数据进行特定的组合和重排，以减少计算和内存访问的复杂性，从而提高推理效率。

空间组合优化算法是一种基于分治法（Divide and Conquer）的方法，基于空间特性，将卷积计算划分为若干份，分别处理。

1. 具体优化方法

常见的空间组合优化方法有：

（1）**分块卷积（Blocked Convolution）**：将大卷积核分解为多个小卷积核，每个小卷积核单独计算，这样可以减少内存访问和提高缓存利用率。这种方法在处理大型图像或特征图时特别有效。

（2）**重叠数据块（Overlapping Blocks）**：在进行 Im2Col 操作时，可以通过重叠数据块来减少边缘效应和填充的需求。这种方法可以减少计算量，但可能会增加内存访问的复杂性。

（3）**稀疏卷积（Sparse Convolution）**：对于稀疏数据，可以通过只对非零值进行卷积来减少计算量。这种方法在处理稀疏特征图时特别有效。

（4）**权重共享（Weight Sharing）**：在卷积操作中，同一个卷积核会在不同的位置重复使用。通过在 Im2Col 操作中利用这一点，可以减少权重数据的重复加载和存储。

（5）**张量化（Tensorization）**：利用特定硬件（如 GPU）的特定指令来优化张量操作，例如使用 SIMD 指令集。这种方法可以加速 Im2Col 操作中的矩阵乘法。

（6）**循环展开和软件流水线**：这些是编译器优化技术，可以用于优化循环结构，减少循环开销和提高指令级并行性。在 Im2Col 操作中，循环展开可以减少循环迭代的开销，而软件流水线可以优化数据流和处理流程。

（7）**内存复用**：通过复用中间计算结果所占用的内存，可以减少总的内存使用。在 Im2Col 操作中，可以复用输入和输出数据的内存空间，以减少内存分配和释放次数。

这些空间组合优化方法可以单独使用，也可以组合使用，以提高 Im2Col 操作的效率。

2. 空间组合例子

以分块卷积为例，如图 19.3.7 所示在空间上将输出、输入划分为 4 份。

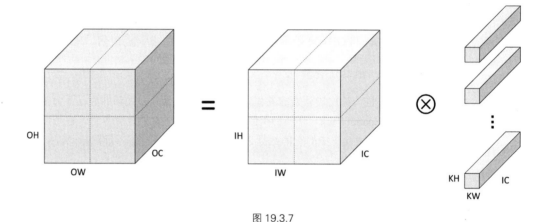

图 19.3.7

划分后，大卷积计算被拆分为若干个小卷积进行计算，小卷积块的大小必须与卷积核的大小相匹配（图 19.3.8）。划分过程中计算总量不变，但计算小矩阵时访存局部性更好，可以借由计算机存储层次结构获得性能提升。

在传统的卷积操作中，输入特征和卷积核的每个通道都需要参与计算，这导致内存访问模式复杂，难以优化。而分组卷积将通道分成多个组，每个组内的通道数减少，使得内存访问更加规则和局部化，有利于提高缓存利用率。此外，这种基于分治法的分解策略，有助于提高并行处理的效率。在分组卷积中，每个组内的卷积核是独立的，这意味着不同组之间的权重和激活可以共享内存空间。这种共享可以减少内存占用，尤其是在使用大量卷积核的网络结构中。

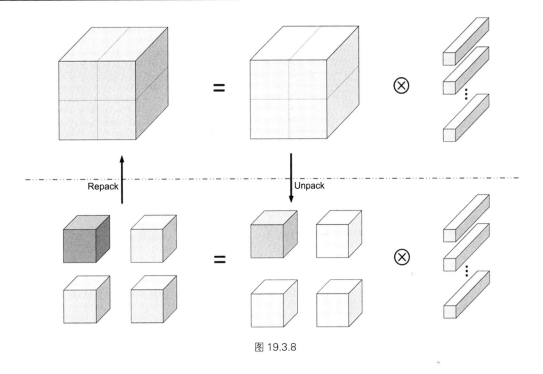

图 19.3.8

3. 算法注意与问题点

1）空间组合优化注意点

值得注意的是，上文的描述中忽略了 Padding 的问题。实际将输入张量划分为若干个小张量时，除了将划分的小块中原始数据拷贝外，还需要将相邻的小张量的边界数据拷贝：

$$N \times \left(\frac{H}{h} + 2(\mathrm{KH}-1) \right) \times \left(\frac{W}{w} + 2(\mathrm{KW}-1) \right) \times C$$

这里的 $2(\mathrm{KH}-1)$ 和 $2(\mathrm{KW}-1)$ 遵循 Padding 规则（图 19.3.9）。规则为 Valid 时，可以忽略；规则为 Same 时，位于输入张量边界一边 Padding 补 0，不在输入张量边界 Padding 使用邻居张量值。也就是说，在真正使用这种方法的时候，可以通过重叠数据块来减少边缘效应和填充的需求。这种方法可以减少计算量，但可能会增加内存访问的复杂性。

2）空间组合优化问题点

● 实际应用中可以拆为很多份。例如可以拆成小张量边长为 4 或者 8，从而方便编译器向量化计算操作。拆分出的张量越小，Padding 引起的额外内存消耗越大，其局部性也越高，负面作用是消耗的额外内存也越多。

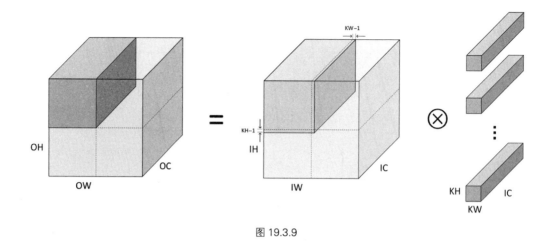

图 19.3.9

● 对于不同规模的卷积，寻找合适的划分方法不是一件容易的事情。正如计算机领域的许多问题一样，该问题也是可以自动化的，例如通过使用 AI 编译器可以在这种情况下寻找较优的划分方法。

小结与思考

● Im2Col 优化原理通过将卷积操作转换为矩阵乘法，减少内存访问次数，提高计算效率。Caffe 等早期 AI 框架利用此方法优化卷积计算。

● Im2Col 将输入数据重排为连续的二维矩阵，然后通过矩阵乘法（GEMM）实现卷积计算，适用于各种卷积参数，与 MatMul 性能相当。

● 空间组合优化算法通过特定的数据组合和重排，减少计算和内存访问复杂性，提高推理效率。

19.4　Winograd 算法

本节将重点介绍 Winograd 优化算法，它是矩阵乘优化方法中 Coppersmith–Winograd 算法的一种应用，按照 Winograd 算法的原理将卷积的运算进行转换，从而减少卷积运算中乘法的计算总量。其主要通过将卷积中的乘法使用加法来替换，并把一部分替换出来的加法放到卷积权重的提前处理阶段中，从而实现卷积计算的加速。Winograd 算法的优化局限于一些特定的常用卷积参数，这限制了其在更广泛场景下的应用。尽管存在这些局限性，Winograd 算法仍然是深度学习领域中的重要优化手段之一，对于提高卷积神经网络运行效率具有显著作用。

19.4.1　Winograd 算法原理

Winograd 算法最早是 1980 年由 Shmuel Winograd 在 *Arithmetic complexity of computations* 中

提出的（Winograd，1980），当时并没有引起太大的轰动。在 CVPR 2016 会议上，Lavin 和 Gray 在 *Fast algorithms for convolutional neural networks* 中提出了利用 Winograd 加速卷积运算（Lavin and Gray，2016），于是 Winograd 加速卷积在算法圈里火了起来，并从此在 MindSpore Lite、MMN 等推理引擎中被广泛应用。

那 Winograd 算法为什么能加速卷积运算呢？简单来说就是用更多的加法计算来减少乘法计算，从而降低计算量。接下来就进一步了解如何使用 Winograd 加速卷积运算。

1. 加速一维卷积计算

以一维卷积 $F(2,3)$ 为例，假设输入信号为 $\boldsymbol{d}=[\,d_0\,,d_1\,,d_2\,,d_3\,]^{\mathrm{T}}$，卷积核为 $\boldsymbol{g}=[\,g_0\,,g_1\,,g_2\,]^{\mathrm{T}}$，则整个卷积过程可以转换为如下的矩阵乘形式：

$$F(2,3)=\begin{bmatrix} d_0 & d_1 & d_2 \\ d_1 & d_2 & d_3 \end{bmatrix}\begin{bmatrix} g_0 \\ g_1 \\ g_2 \end{bmatrix}=\begin{bmatrix} r_0 \\ r_1 \end{bmatrix} \tag{1}$$

如果是使用一般的矩阵乘法进行计算，则如下式所示，会进行 6 次乘法操作与 4 次加法操作。

$$\begin{aligned} r_0 &= d_0 \times g_0 + d_1 \times g_1 + d_2 \times g_2 \\ r_1 &= d_1 \times g_0 + d_2 \times g_1 + d_3 \times g_2 \end{aligned} \tag{2}$$

具体的过程可以由图 19.4.1 了解到，在卷积计算过程中，由于在卷积层设计中，往往卷积的 Stride 大小会小于卷积核大小，所以最后转换的矩阵乘中往往有规律地分布着大量重复元素，比如这个一维卷积例子中矩阵乘输入矩阵第一行的 d_1, d_2 和第二行中的 d_1, d_2，卷积转换成的矩阵乘法比一般矩阵乘法的问题域更小，这就让优化存在了可能。

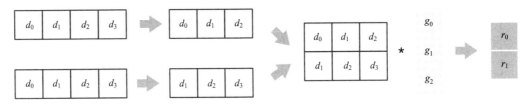

图 19.4.1

在 Winograd 算法中则是通过增加加法操作来减少乘法操作从而实现计算加速，具体操作如下式所示：

$$F(2,3)=\begin{bmatrix} d_0 & d_1 & d_2 \\ d_1 & d_2 & d_3 \end{bmatrix}\begin{bmatrix} g_0 \\ g_1 \\ g_2 \end{bmatrix}=\begin{bmatrix} m_1+m_2+m_3 \\ m_2-m_3-m_4 \end{bmatrix} \tag{3}$$

其中，$m_1=(d_0-d_2)g_0$；$m_2=(d_1+d_2)\dfrac{g_0+g_1+g_2}{2}$；$m_3=(d_2-d_1)\dfrac{g_0-g_1+g_2}{2}$；$m_4=(d_1-d_3)g_2$。

因为在推理阶段卷积核上的元素是固定的，所以上式 m_1、m_2、m_3、m_4 中和 g 相关的式子可以提前计算好，在预测阶段只需要计算一次，因此计算次数可以忽略。而在计算 m_1、m_2、m_3、m_4 需要通过 4 次乘法操作与 4 次加法操作，然后基于计算好的 m_1、m_2、m_3、m_4 的值，需要通过使用 4 次加法操作得到结果，所以这里一共需要 4 次乘法操作和 8 次加法操作。由于乘法操作比加法操作消耗的时间多，因此 Winograd 的 4 次乘法和 8 次加法是要比一般的矩阵乘法的 6 次乘法和 4 次加法快。

而 Winograd 加速卷积计算的具体推导过程如下，由上面的式子可以得知：

$$m_1+m_2+m_3=d_0\times g_0+d_1\times g_1+d_2\times g_2$$
$$m_2-m_3-m_4=d_1\times g_0+d_2\times g_1+d_3\times g_2 \tag{4}$$

其中，因为 m_1 与 m_4 没有重复出现，所以令 $m_1=d_0\times g_0$，$m_4=-d_3\times g_2$，这样就可以约掉 m_1 和 m_4，所以左边的式子只剩下两个变量，两个等式两个变量即可求出 m_2 与 m_3，在这个时候的 m_1、m_2、m_3、m_4 是这样的：

$$m_1=d_0\times g_0$$
$$m_2=\frac{g_1d_1+g_2d_2+g_0d_1+g_1d_2}{2}$$
$$m_3=\frac{g_1d_1+g_2d_2-g_0d_1-g_1d_2}{2} \tag{5}$$
$$m_4=-d_3\times g_2$$

m_2 中包含了 d_1、d_2、g_0、g_1、g_2，将这个式子转换为两个多项式乘积的形式，也即拆成 d 和 g 分开的形式，如下：

$$m_2=\frac{(d_1+d_2)(g_0+g_1+g_2)}{2}-\frac{d_2g_0}{2}-\frac{d_1g_2}{2} \tag{6}$$

同理，也对 m_3 进行转换得

$$m_3=\frac{(d_2-d_1)(g_0-g_1+g_2)}{2}-\frac{d_2g_0}{2}+\frac{d_1g_2}{2} \tag{7}$$

由最初的式（5）（6）与上式可以得知，如果同时在 m_2 与 m_3 上加上一个值，对于式（6）来说整个式子是不变的，同时 m_4 的值没有改变，而对于式（5）来说需要减去两倍的这个值才能保持整个式子不变。因此，当这个值为 $\dfrac{d_2g_0}{2}$ 时可以简化表达式，通过这样的方式给上面的等式进行等价变换后得到的 m_1、m_2、m_3、m_4 如下：

$$m_1 = g_0(d_0 - d_2)$$
$$m_2 = \frac{(d_1 + d_2)(g_0 + g_1 + g_2)}{2} - \frac{d_1 g_2}{2}$$
$$m_3 = \frac{(d_2 - d_1)(g_0 - g_1 + g_2)}{2} + \frac{d_1 g_2}{2}$$
$$m_4 = -d_3 \times g_2$$

（8）

同理，如果给 m_2 加上一个值，同时给 m_3 减去这个值，那么对于式（5）来说整个式子是不变的，并且 m_1 的值没有改变，对于式（6）来说需要给 m_4 减去两倍的这个值才能保持整个式子不变。因此，当这个值为 $\frac{d_1 g_2}{2}$ 时可以简化表达式，通过这样的方式给上面的等式进行等价变换后得到的 m_1、m_2、m_3、m_4 如下：

$$m_1 = g_0(d_0 - d_2)$$
$$m_2 = \frac{(d_1 + d_2)(g_0 + g_1 + g_2)}{2}$$
$$m_3 = \frac{(d_2 - d_1)(g_0 - g_1 + g_2)}{2}$$
$$m_4 = g_2(d_1 - d_3)$$

（9）

将上面的计算过程写成矩阵的形式如下：

$$Y = A^\mathrm{T}\left[(Gg) \odot (B^\mathrm{T} d)\right]$$

（10）

其中，

- $\odot$ 表示 element-wise multiplication（Hadamard 积），即对应位置相乘操作；
- g 表示卷积核；d 表示输入特征图（输入信号）；
- G 表示卷积核变换矩阵，尺寸为 $(u+k-1)\times k$；
- B^T 表示输入变换矩阵，尺寸为 $(u+k-1)\times(u+k-1)$；
- A^T 表示输出变换矩阵，尺寸为 $(u+k-1)\times u$；
- u 表示输出尺寸，k 表示卷积核尺寸，$u+k-1$ 表示输入尺寸。

式（10）中各个矩阵具体的值如下：

$$B^\mathrm{T} = \begin{bmatrix} 1 & 0 & -1 & 0 \\ 0 & 1 & 1 & 0 \\ 0 & -1 & 1 & 0 \\ 0 & 1 & 0 & -1 \end{bmatrix}, \quad G = \begin{bmatrix} 1 & 0 & 0 \\ \frac{1}{2} & \frac{1}{2} & \frac{1}{2} \\ \frac{1}{2} & -\frac{1}{2} & \frac{1}{2} \\ 0 & 0 & 1 \end{bmatrix}, \quad A^\mathrm{T} = \begin{bmatrix} 1 & 1 & 1 & 0 \\ 0 & 1 & -1 & -1 \end{bmatrix}$$

$$\boldsymbol{g} = \begin{bmatrix} g_0 & g_1 & g_2 \end{bmatrix}^{\mathrm{T}} \quad \boldsymbol{d} = \begin{bmatrix} d_0 & d_1 & d_2 & d_3 \end{bmatrix}^{\mathrm{T}}$$

2. 加速二维卷积计算

将一维卷积 $F(2,3)$ 的变换扩展到二维卷积 $F(2\times2, 3\times3)$，同样用矩阵形式表示为

$$\boldsymbol{Y} = \boldsymbol{A}^{\mathrm{T}} \left[\left[\boldsymbol{GgG}^{\mathrm{T}} \right] \odot \left[\boldsymbol{B}^{\mathrm{T}} \boldsymbol{dB} \right] \right] \boldsymbol{A}$$

其中，$\boldsymbol{g}$ 为 $r \times r$ 的卷积核；$\boldsymbol{d}$ 为 $(m+r-1)\times(m+r-1)$ 的图像块。

对于二维卷积，可以先将卷积过程使用 Im2Col 进行展开，将卷积核的元素拉成了一列，将输入信号每个滑动窗口中的元素拉成了一行，变成如下的矩阵乘的形式：

$$\begin{bmatrix} k_0 & k_1 & k_2 & k_4 & k_5 & k_6 & k_8 & k_9 & k_{10} \\ k_1 & k_2 & k_3 & k_5 & k_6 & k_7 & k_9 & k_{10} & k_{11} \\ k_4 & k_5 & k_6 & k_8 & k_9 & k_{10} & k_{12} & k_{13} & k_{14} \\ k_5 & k_6 & k_7 & k_9 & k_{10} & k_{11} & k_{13} & k_{14} & k_{15} \end{bmatrix} \begin{bmatrix} w_0 \\ w_1 \\ w_2 \\ w_3 \\ w_4 \\ w_5 \\ w_6 \\ w_7 \\ w_8 \end{bmatrix} = \begin{bmatrix} r_0 \\ r_1 \\ r_2 \\ r_3 \end{bmatrix}$$

然后，将上述的矩阵乘的形式进行如下分块：

$$\begin{array}{ccc} d_0 & d_1 & d_2 \end{array}$$
$$\left(\begin{array}{ccc|ccc|ccc} k_0 & k_1 & k_2 & k_4 & k_5 & k_6 & k_8 & k_9 & k_{10} \\ k_1 & k_2 & k_3 & k_5 & k_6 & k_7 & k_9 & k_{10} & k_{11} \\ \hline k_4 & k_5 & k_6 & k_8 & k_9 & k_{10} & k_{12} & k_{13} & k_{14} \\ k_5 & k_6 & k_7 & k_9 & k_{10} & k_{11} & k_{13} & k_{14} & k_{15} \end{array} \right) \begin{matrix} w_0 \\ w_1 \\ w_2 \\ w_3 \\ w_4 \\ w_5 \\ w_6 \\ w_7 \\ w_8 \end{matrix} \begin{matrix} g_0 \\ \\ g_1 \\ \\ g_2 \end{matrix} = \left(\begin{matrix} r_0 \\ r_1 \\ \hline r_2 \\ r_3 \end{matrix} \right) \begin{matrix} r_0 \\ \\ r_1 \end{matrix}$$
$$\begin{array}{ccc} d_1 & d_2 & d_3 \end{array}$$

即可以表示成如下类似于前文中 Winograd 加速一维卷积计算形式

$$F\left(2\times2, 3\times3\right) = \begin{bmatrix} d_0 & d_1 & d_2 \\ d_1 & d_2 & d_3 \end{bmatrix} \begin{bmatrix} g_0 \\ g_1 \\ g_2 \end{bmatrix} = \begin{bmatrix} r_0 \\ r_1 \end{bmatrix}$$

当然，变成了这样的形式就可以使用前文的推导方法，推导出式（8）中的 Winograd 加速二维卷积计算的矩阵形式。

19.4.2　Winograd 实现步骤

基于上文的介绍，Winograd 算法的实现可以细分为 4 个主要步骤。

（1）对输入卷积核的变换：$U = GgG^{\mathrm{T}}$，其中 G 表示卷积核变换矩阵，g 表示卷积核。

（2）对输入数据的变换：$V = B^{\mathrm{T}}dB$，其中 B 表示输入数据的变换矩阵，d 表示输入的特征图。

（3）对中间矩阵 M 的计算：$M = \sum U \odot V$。

（4）卷积结果的计算：$Y = A^{\mathrm{T}}MA$，其中 A 表示输出变换矩阵。

Winograd 算法的工作流程可以用图 19.4.2 来说明。

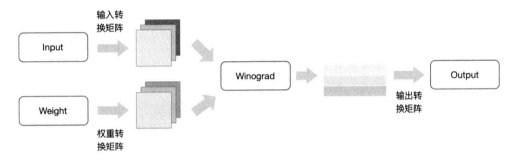

图 19.4.2

以上文中 Winograd 加速二维卷积 $F(2 \times 2, 3 \times 3)$ 的计算为例，可以具体了解 Winograd 算法的实现过程。

如图 19.4.3 所示，在输入卷积核的转换过程中，首先通过 Winograd 算法中的卷积核变换矩阵 G 和 G^{T} 分别将 3×3 的卷积核权重转换为 4×4 的矩阵。然后，将该矩阵中相同位置的点（如下图中为位置 1 的点）进行重新排布（Relayout），形成一个输入通道数 IC，输出通道数 OC 的矩阵，这一过程最终产生了 $4 \times 4 = 16$ 个转换后的卷积核权重矩阵 U。

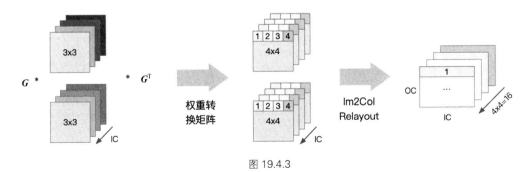

图 19.4.3

如图 19.4.4 所示，在输入数据的转换过程中，首先将输入数据切分成 4×4 的小块（Tile）。接着，通过 Winograd 算法中输入数据的变换矩阵 B 和 B^T 将每个小块转换为 4×4 的矩阵形式。完成矩阵转换后，每个小块的数据按照与卷积核转换过程中类似的重新排布方法，转换成 16 个维度是小块数 nr×输入通道数 IC 的输入数据矩阵 V。

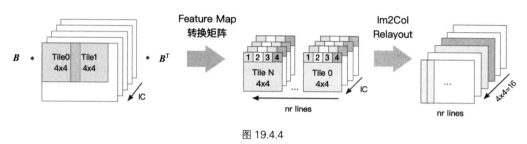

图 19.4.4

如图 19.4.5 所示，将上述转换得到的卷积核权重矩阵 U 与输入数据矩阵 V 进行矩阵乘的操作，得到 16 个维度为小块数 nr×输出通道数 OC 的中间矩阵 M。

随后，将相同位置的 16 个点重新排布成 nr×OC 个维度为 4×4 的矩阵。然后再使用 Winograd 算法中的输出变换矩阵 A 和 A^T 将这些 4×4 的矩阵转换为 2×2 的输出矩阵，最后将这些矩阵写回输出矩阵中就可以得到 Winograd 卷积的最终结果 Y。

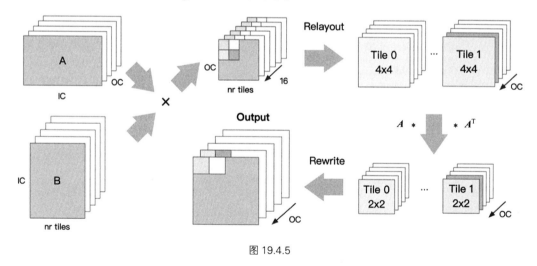

图 19.4.5

19.4.3 算法约束与缺点

从上述方法的介绍中可以得知，Winograd 算法通过减少乘法操作的次数，有效降低了计算资源的消耗，从而提高了计算速度。尽管 Winograd 算法在加速卷积运算方面有明显优势，但同时也存在一些局限性和不足之处。

首先，当应用 Winograd 算法处理单个小局部的二维卷积时，该算法不能直接应用于这样的计算当中，因为产生的辅助矩阵规模过大，可能会对实际效果产生负面影响。另外，不同规模的卷积需要不同规模的辅助矩阵，实时计算这些辅助矩阵不现实，如果都存储起来会导致规模膨胀。

Winograd 算法虽然通过减少乘法次数来提高计算速度，但加法运算的数量却相应增加，同时还需要额外的转换计算和存储转换矩阵。随着卷积核和分块尺寸的增大，加法运算、转换计算和存储的开销也随之增加。此外，分块尺寸越大，转换矩阵也越大，计算精度的损失也会进一步加剧。因此，Winograd 算法仅适用于较小的卷积核和分块尺寸。在实际工程应用中，Winograd 算法通常只用于处理一些特定的 3×3 卷积，而 1×1、7×7 和 5×5 的卷积则不会采用 Winograd 这个 Kernel。因此，在 Runtime 层中需要根据具体情况进行决策，选择合适的 Kernel。

在实际应用中，通常会将所有可以固定的数据在网络运行前预先确定。在算法程序设计中，希望尽可能提前计算出可以固定的数据，因此会有一个预编译阶段或离线模块转换阶段，以便提前计算出一些可预知的结果。在推理引擎中，主要处理的是一些常见或通用的算法问题，以及一些通用的网络模型结构。对于一些特定的网络模型结构，如果 G 是固定的，那么可以将特定网络的 G 提前计算出来，这样在下次运行时，就不需要重新计算。例如，在设计基于 Winograd 算法的特定网络结构时，如果 G 和 g 是固定的，那么 $U = GgG^T$ 可以在网络运行前预先确定。

小结与思考

- Winograd 算法优化原理：通过减少乘法操作的数量，增加加法操作，利用卷积核和输入数据的变换矩阵，将卷积运算转换为更少乘法次数的等价形式，从而加速卷积计算。

- Winograd 算法实现步骤包括输入卷积核的变换、输入数据的变换、中间矩阵的计算，以及最终卷积结果的计算，涉及特定的矩阵乘法和元素乘积（Hadamard product）。

- Winograd 算法适用于特定的卷积核和分块尺寸，对于大规模卷积核或大尺寸分块，转换矩阵的规模和计算精度损失可能会降低算法效率。

- 在实际应用中，Winograd 算法可以与空间组织算法结合，通过分块处理和卷积核的预编译，优化计算过程，尤其适用于小型卷积核，如 3×3。

19.5　QNNPACK 算法

QNNPACK（Quantized Neural Networks Package）是 Marat Dukhan（Meta）开发的专门用于量化神经网络计算的加速库，其卓越的性能表现一经开源就击败了几乎全部已公开的加速算法。到目前为止，QNNPACK 仍然是已公开的用于移动端（手机）的性能最优的量化神经网络加速库。本节将会深入介绍 QNNPACK 算法的实现过程。

19.5.1 前置知识回顾

在介绍 QNNPACK 算法前，先回顾一下传统的矩阵卷积运算方法。

1. Im2Col 算法回顾

现假设已经完成 Im2Col 的转换，将卷积已经转换为如图 19.5.1 所示的矩阵乘法。B 矩阵为 Kernel，尺寸为 $N \times K$；A 矩阵为特征图，尺寸为 $K \times M$；结果矩阵 C 尺寸为 $N \times M$。要想得到 C 矩阵中某一个位置的数据，需要计算 B 矩阵中对应列与 A 矩阵中对应行相乘的结果。

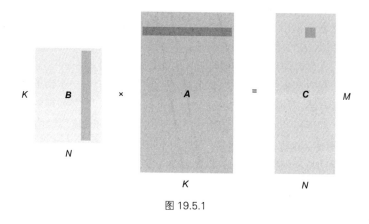

图 19.5.1

一般经过向量化优化后，同时可以并行计算多个结果数据，则一次计算一块 MR × NR 的小块（图 19.5.2）。

在分块概念出现后，传统 Im2Col+GEMM 方法一般是在 K 维度上进行拆分，在一次计算核中仅计算 K 维的局部，最后通过累加得到结果数据。这样在每次计算核的处理中，都会发生对输出的加载和存储，即要将本次计算产生的部分和累加到输出中（图 19.5.3）。

使用传统 Im2Col + GEMM 存在 2 个明显的缺陷。

● **Im2Col 消耗空间较大**：使用 Im2Col 方法将输入图像以及卷积核展开成为二维中间矩阵会消耗大量内存空间。

● **GEMM 输入缓存空间较大**：在面对大卷积核时，使用 GEMM 进行通用矩阵乘时需要缓存大量的行数据，就算采用分割方法同样不可避免。

针对以上缺陷，Marat Dukhan 提出的间接卷积算法，即 QNNPACK，都能较好地解决。

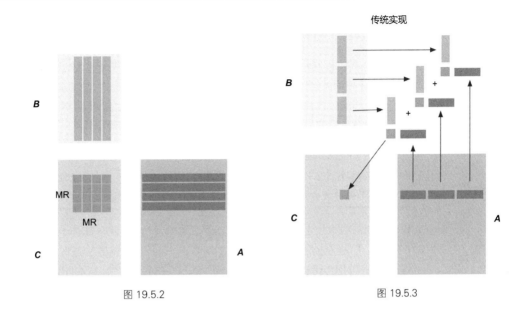

图 19.5.2　　　　　　　　　　　　　图 19.5.3

2. 神经网络量化

QNNPACK 原本推出的目的是解决量化问题，但后续发现在非量化的矩阵卷积运算中通用能发挥强大的性能。

神经网络的计算通常依赖于单精度浮点数（FP32）。然而，随着深度学习算法的不断发展，神经网络对计算资源和内存的需求急剧增加。这种需求的增加使得许多移动设备无法有效地运行复杂的神经网络模型。

为了解决这个问题，量化（Quantization）技术被引入到神经网络中。量化的核心思想是将神经网络中的权重参数和计算从 FP32 转换为低精度的整型数，例如 FP16、FP8、INT8。通过这种转换，计算速度和内存利用效率得到了显著提升。

19.5.2　QNNPACK 算法

Marat Dukhan 于 2019 年离开 Meta 来到谷歌之后，发表了一篇名为 *The indirect convolution algorithm* 的文章（Dukhan，2019），揭秘了 QNNPACK 加速库中针对矩阵卷积运算的核心算法，即如文章标题所示的 *The indirect convolution algorithm*，间接卷积算法。

本节将结合 *The indirect convolution algorithm* 这篇论文以及 QNNPACK 在开源时同期发布的一篇技术性博客 *QNNPACK: Open source library for optimized mobile deep learning*（Dukhan et al.，2018），带领大家领略间接卷积算法的魅力。

1. 对计算进行划分

虽然 QNNPACK 利用了像其他 BLAS 库一样的 PDOT 微内核，但其对具有 8 位元素的量化张量和移动 AI 使用案例的关注带来了非常不同的性能优化视角。大多数 BLAS 库针对科学计算使用案例，处理的矩阵通常由成千上万的双精度浮点元素组成，而 QNNPACK 的输入矩阵来自低精度、移动设备特定的计算机视觉模型，具有非常不同的维度。

> PDOT（Parallel Dot Product）是一种专门用于加速矩阵乘法运算的小型计算核心，它在处理低精度整数如 8 位整数和矩阵乘法时表现出色，特别是在移动设备和资源受限的硬件环境中。
>
> PDOT 微内核的设计目标是高效利用硬件资源，实现低精度整数矩阵乘法的高效计算。

移动架构的约束规定 MR 和 NR 不能超过 8。因此，即使在具有 1024 通道的最大模型中，PDOT 微内核中读取的整个内存块最多为 16 KB，这甚至可以适应超低端移动核心的一级缓存。

这标志着 QNNPACK 与其他 GEMM 实现之间的重要区别。其他库会重新打包 A 和 B 矩阵，以更好地利用缓存层次结构，希望通过大量计算来摊销打包开销，而 QNNPACK 则针对 A 和 B 面板可以适应 L1 缓存的情况进行优化。因此，**它旨在消除所有非计算必需的内存转换**。

间接卷积算法的计算同样也是基于对输出的切分，计算 MR × NR 的小块。与传统 GEMM 方法不同的是，其将整个 K 维全部在计算 Kernel 中处理完，消除了输出部分和的访存。这里所说的"将整个 K 维全部"并不是指 K 维不进行拆分，而是指拆分后不和其他维度交换，实际计算中 K 维会以 2^n 为基础进行拆分，如图 19.5.4 所示。

QNNPACK Indirect

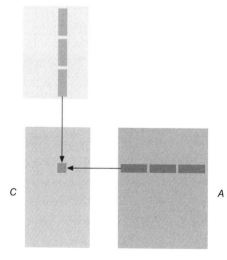

图 19.5.4

"消除所有非计算必需的内存转换"即为间接卷积算法的核心特定，这样的特性同样也注定了它在非量化任务中同样能起到显著的优化作用。

2. 内存重排

内存重排（Repacking）是一种优化技术，旨在提高内存使用效率，减少内存碎片，提升程序性能。其核心思想是通过重新安排内存块的位置，使得内存的使用更加紧凑，减少不必要的内存开销。一般情况下，内存碎片一般分为内部碎片与外部碎片。

- 内部碎片：分配的内存块比实际需要的大，未使用的部分就形成了内部碎片。
- 外部碎片：在多次分配和释放内存后，内存中空闲的部分不能形成一个连续的可用内存块，从而无法满足大块内存分配需求。

内存重排的目的是通过紧凑化操作减少外部碎片，从而提升内存利用率。

一般的内存重排逻辑很简单，下面用一个例子来说明。

假设有一个内存空间，总大小为 M，当前被使用的内存块为 $B_1, B_2, \cdots, B_n$，每个内存块的大小分别为 $S_1, S_2, \cdots, S_n$，它们的起始地址分别为 $A_1, A_2, \cdots, A_n$。

在内存重排后，我们希望所有内存块按顺序排列，新的起始地址分别为 $A_1', A_2', \cdots, A_n'$，且需要消除内存块之间的空隙。那么，新的内存块起始地址需要满足以下关系：

$$A_1' = A_{\text{base}}$$

$$A_{i+1}' = A_i' + S_i, \quad i = 1, 2, \cdots, n-1$$

A_{base} 是紧凑化后内存的起始地址，一般取 0。

为了计算每个内存块新的起始地址，使用如下公式：

$$A_1' = 0$$

$$A_i' = \sum_{j=1}^{i-1} S_j, \quad i = 2, 3, \cdots, n$$

上述公式的含义是第 i 个内存块的新起始地址等于前 $i-1$ 个内存块大小总和。

现假设有如下内存块：

$$B_1 \text{ 大小为 } 10, \text{ 起始地址为 } 0$$

$$B_2 \text{ 大小为 } 20, \text{ 起始地址为 } 20$$

$$B_3 \text{ 大小为 } 15, \text{ 起始地址为 } 50$$

经过内存紧凑化计算后，新的起始地址计算如下：

$$A_1' = 0$$

$$A_2' = S_1 = 10$$

$$A_3' = S_1 + S_2 = 10 + 20 = 30$$

紧凑化后，内存布局改变为

$$B_1 \text{ 大小为 10，起始地址为 0}$$

$$B_2 \text{ 大小为 20，起始地址为 10}$$

$$B_3 \text{ 大小为 15，起始地址为 30}$$

内存紧凑化可以通过多种方式实现，下面展示一种常用的方式。此方式共分为三个阶段，一阶段为标记阶段，标记所有正在使用的内存块；二阶段为压缩阶段，将所有标记的内存块移动到内存的低地址部分；三阶段为更新引用阶段，更新所有指向移动内存块的指针。一个伪代码实现方式展示如下。

```
# 标记阶段
for each block in memory:
    if block is in use:
        mark(block)

# 压缩阶段
new_address = 0
for each block in memory:
    if block is marked:
        move(block, new_address)
        new_address += block.size

# 更新引用
for each pointer in program:
    if pointer points to a moved block:
        update(pointer)
```

现结合卷积运算进行具体分析。在传统情况下，由于特征图尺寸可能很大，需要对输入内存进行重新组织，防止相邻的访存引起高速缓存冲突，但是这样的操作是需要额外开销的，具体来讲一般分为两种情况。

（1）矩阵 A 的 Repacking：由于矩阵 A 包含卷积输入数据，并且每次推理运行时都会改变，因此每次运行都需要重打包，这会导致额外的开销。

（2）矩阵 B 的 Repacking：矩阵 B 包含静态权重，可以一次性地转换为任何内存布局，这样在后续计算中可以更高效地使用缓存。

QNNPACK 通过消除不必要的 Repacking，优化了内存使用率并提高计算效率。具体来讲通过如下几个方面来实现。

• **充分利用缓存**：由于 QNNPACK 适配的是移动设备量化神经网络，K 一般来说较小，A 和 B 的面板总能装入 L1 缓存中，因此不需要像传统实现那样对 A 和 B 的面板进行分割和 Repacking。

• **消除 A 的 Repacking**：由于 A 的数据在每次推理运行时都变化，传统实现为了提高缓存利用率和微内核效率会 Repacking A。但是，QNNPACK 通过确保整个面板适合 L1 缓存，避免了这种 Repacking，节省了每次运行的开销。

• **避免缓存关联性问题**：传统实现中的 Repacking 部分是为了避免缓存关联性问题，即如果读取的行被大步长分隔，可能会使不同行元素落入同一缓存集合中，导致性能下降。而 QNNPACK 通过确保面板适合 L1 缓存，避免了这种情况。

3. 间接缓冲区

在 QNNPACK 中，Marat Dukhan 实现了一种更高效的算法。与其将卷积输入转换以适应矩阵-矩阵乘法的实现，不如调整微内核的实现，使其能够实时进行 Im2Col 转换。间接卷积算法的有效工作以来一个关键的前提——网络连续运行时，输入张量的内存地址保持不变。这一特性其实比较容易满足，即使地址真的需要变化，也可以将其拷贝到固定的内存区域中。

间接卷积算法没有将实际数据从输入张量复制到 Im2Col 缓冲区，而是设置了一个间接缓冲区（Indirection Buffer），其中包含指向用于计算每个输出像素的输入像素行的指针。同时，此算法还修改了矩阵-矩阵乘法微内核，使其从间接缓冲区加载指向虚拟矩阵 A 行的指针，这个缓冲区通常比 Im2Col 缓冲区小得多。

此外，如果输入张量的内存位置在推理运行之间不变，间接缓冲区可以先在初始化时设置一次指向输入行的指针，然后在多个推理运行中重复使用。从实验结果可以观察到使用间接缓冲区的微内核不仅消除了 Im2Col 转换的开销，而且性能稍微优于矩阵-矩阵乘法微内核，这可能是因为在计算不同的输出像素时重复使用了输入行。

间接缓冲区是一个指向输入像素行的指针缓冲区。每行包含 C 个像素，并且这些行可以选择性地跨步。对于每个输出像素位置和每个内核元素，间接缓冲区包含一个指向输入像素行的指针，该行的像素将与相应内核元素的滤波器权重行进行卷积，以生成相应的输出像素。对于非单位内核的卷积，通常使用隐式填充。在带有隐式填充的卷积中，在计算卷积之前，输入张量在空间维度上被隐式地用零填充。

为了处理填充卷积，间接卷积算法需要一个显式的零向量——一个由 C 个元素初始化为零的常量向量。显式零向量不需要与输入张量连续，并且可以在多个卷积操作之间共享。在初始化间接缓冲区时，超出输入张量范围的输入行的指针将被替换为指向显式零向量的指针。

间接缓冲区依赖于多个参数，输入、输出和滤波器张量的形状，卷积步长、扩张和隐式填充，指向输入张量和显式零张量的指针，以及输入张量中像素行的步长。

图 19.5.5 展示了间接卷积算法使用间接缓冲区执行卷积运算的基本工作流程。

左侧部分表示多个输入使用相同的输入缓冲区（Input Buffer），间接卷积算法会在该输入缓冲区基础上构建间接缓冲区。右侧在网络运行时，每次计算出 $M \times N$ 规模的输出，其中 M 是将输出的高度和宽度（OH×OW）展开成一维向量后的长度。一般 $M \times N$ 的尺寸在量化神经网络中是 4×4、4×8 以及 8×8。在计算 $M \times N$ 规模大小输出时，经由间接缓冲区取出对应输入缓冲区数据，并取出权重，计算出结果，整体计算过程等价于计算 $M \times K$ 和 $K \times N$ 矩阵乘。

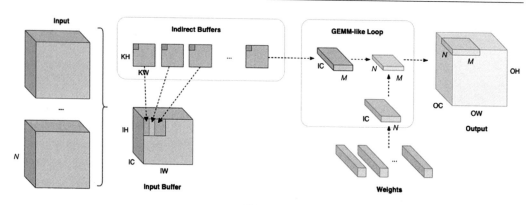

图 19.5.5

在实现过程中，软件的执行过程分为两部分：

在准备阶段，需要执行加载模型配置输入缓冲区以及重排权重使其内存布局适用于后续计算两个工作。

在运行阶段，对于每个输入执行（OH×OW/M）×（OC/N）次循环，每次使用 GEMM 计算 M×N 大小输出。

1）间接缓冲区布局

间接缓冲区可以理解为一组卷积核大小的缓冲区，共有 OH×OW 个，每个缓冲区大小为 KH×KW（每个缓冲区对应某个输出要使用的输入地址）。每计算一个空间位置输出，使用一个间接缓冲区；空间位置相同而通道不同的输出使用相同间接缓冲区，缓冲区中的每个指针用于索引输入中 IC 个元素。

在计算时，随着输出的索引内存地址移动，选用不同的间接缓冲区，即可得到相应的输入地址。无需再根据输出目标的坐标计算要使用的输入的地址，这等同于预先计算地址。

图 19.5.6 以 M 和 N 均为 4，KH 和 KW 均为 3 的情况做出示例。

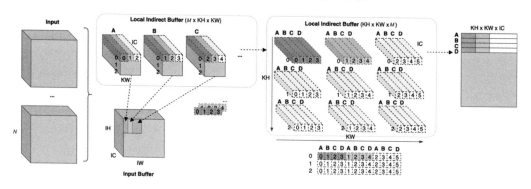

图 19.5.6

　　当计算大小为 $M×N$ 的输出时，使用的输入为卷积核在对应输入位置上滑动 M 步所覆盖的区域，输入规模为

$$KH×(M+2(KW-1))×IC$$

这些输入内存由 M 个间接缓冲区中的指针索引，共有 $M×KH×KW$ 个。

　　在图 19.5.6 左上部分标识出了输入空间位置与相应输入缓冲区的对应关系。可以看到，图中共标出 A、B、C 3 个缓冲区，相邻的两个缓冲区所指向的地址有(KW–Stride)/KW，即 2/3 的区域相同。

　　图 19.5.6 将平面缓冲区展示为三维的形式（引入 IC 维度），意在说明间接缓冲的每个指针可索引 IC 个输入元素，而每个间接缓冲区索引的内容即为与权重对应的输入内存区域。

　　进一步地，图 19.5.6 左上部分的输入缓冲区排列方式并不是最终排布方法，实际上这些指针会被处理成上图中部间接缓冲区的形式。将左上每个缓冲区中的指针打散，即可得到 $KH×KW$ 指针，将 A、B、C 三个缓冲区的不同空间位置指针收集到一起，即可得到图 19.5.6 上部分的缓冲区排列方式 $KH×KW×M$，间接缓冲区真正的组织方式如图 19.5.6 下部分所示。A、B、C、D 四个缓冲区内部相同空间位置的指针被组织到了一起并横向排布。值得注意的是，图 19.5.6 中 Stride 为 1，当 Stride 不为 1 时，重新组织后 A、B、C、D 相同空间的坐标（对应于在输入的坐标）不一定是连续的，相邻的空间位置横向坐标相差 Stride 大小。

2）间接缓冲区计算

　　现在来分析如何使用间接缓冲区完成计算。

　　和上一小节相同，本节讨论的依然为 $M×N$ 规模的输出，而这些输出要使用 M 个 $KH×KW$ 大小的输入，其中有数据重用。

　　卷积之所以可以使用 Im2Col 优化算法，本质原因在于其拆解后忽略内存复用后的计算过程等价于矩阵乘法。

　　间接缓冲区使得可以通过指针模拟出对输入的访问。在实际运行计算尺寸为 $M×N$ 的计算核时，会有 M 个指针扫描输入。M 个指针每次从间接缓冲区中取出 M 个地址，即对应于 $M×IC$ 的输入内存。指针以 $M×S$ 的形式运行，其中 S 在 IC 维度上运动。此部分输入扫描完毕后，这 M 个指针从间接缓冲区中继续取出相应部分的指针，继续对下一轮 $M×IC$ 输入内存进行遍历，每次计算出输出部分的大小为 $1/(KH×KW)$。当这个过程运行 $KH×KW$ 次后即得到了 $M×N$ 的输出。这一部分的操作可以用下面的伪代码表示出来。

```
for (int kh = 0; kh < KH; kh++){
    for (int kw = 0; kw < KW; kw++){
        dtype* pA = *(p_indirect_buffer++);
        dtype* pB = *(p_indirect_buffer++);
        dtype* pC = *(p_indirect_buffer++);
        dtype* pD = *(p_indirect_buffer++);
        for (int ic = 0; ic < IC; ic++){
            o_A += *(pA++) * weight(...);
            o_B += *(pB++) * weight(...);
            o_C += *(pC++) * weight(...);
```

```
        o_D += *(pD++) * weight(...);
      }
   }
}
```

由于间接缓冲区已经被组织成了特定的形状，因此每次更新 M 个指针时，只需要从间接缓冲区指针（伪代码中 p_indirect_buffer）中获取。

上述 M 个指针不断运动扫描的过程其实就是在扫描三维输入经过 Im2Col 之后的矩阵，而输入缓冲区的特点就是他将对二维矩阵的扫描转为对三维张量的扫描。上述 $M \times \text{IC}$ 的内存块其实是由 M 个 $1 \times \text{IC}$ 张量组成，它们之间 W 维度的间距为步长。这样一来，只需要运行

$$\left\lceil \frac{\text{OH} \times \text{OW}}{M} \right\rceil \times \left\lceil \frac{\text{OC}}{N} \right\rceil$$

次计算核，即可得到全部的输出。

19.5.3 与 Im2Col 算法对比

与基于 Im2Col 的卷积算法相比，间接卷积的性能受到 4 个因素的影响。

（1）消除非单位卷积的 Im2Col 转换。间接卷积方法不需要执行 Im2Col 转换，减少了内存和计算开销，因为无需将输入数据块复制到 Im2Col 缓冲区。

（2）改进的输入行缓存。对于大内核卷积，间接卷积方法通过从同一位置读取不同输出像素的输入行，提高了缓存效率。这是因为间接 GEMM 方法可以更好地利用缓存，而传统 GEMM 方法则需要从 Im2Col 缓冲区的不同位置读取数据，增加了缓存未命中率。

（3）指针加载的开销。间接缓冲区引入了缓冲区指针，需要从间接缓冲区加载输入数据行的指针，这比在常量步长假设下直接计算这些指针略微增加了开销。

（4）循环效率的差异。间接卷积操作中，$R \times S$（内核的高度和宽度）和 C（通道数）的迭代通过两个嵌套循环进行，这可能比 GEMM 操作中的单个循环（$R \times S \times C$ 次迭代）效率稍低。单循环通常能更好地利用处理器的流水线和指令缓存，从而提高执行效率。

总体来说，间接卷积优化算法解决了卷积计算的三个问题，一是空间向量化问题，二是地址计算复杂问题，三是内存拷贝问题。同时间接卷积算法也存在一定的缺陷，即其建立的缓冲区和数据重排（Repacking）对内存造成大量的消耗。

在 *The Indirect convolution algorithm* 中作者展示了间接卷积算法、基于 GEMM 的算法，以及 ResNet18 和 SqueezeNet 1.0 模型中仅 GEMM 部分的性能（Dukhan，2019）。间接卷积算法性能会明显优于其他算法的性能。

小结与思考

- QNNPACK 是一种为量化神经网络设计的加速库，通过间接卷积算法优化移动设备上的计算性能。
- QNNPACK 利用量化技术减少模型大小和内存需求，同时通过避免不必要的内存转换和优化内存访问模式提升效率。

● QNNPACK 的间接卷积算法通过使用间接缓冲区和 PDOT 微内核,有效解决了传统卷积运算中的内存消耗和缓存效率问题。

19.6 推理内存布局

从前文的简单介绍中,我们提到了可以从内存布局上对推理引擎的 Kernel 层进行优化。接下来,我们将先介绍 CPU 和 GPU 的基础内存知识,NCHWX 内存排布格式以及详细展开描述 MNN 这个针对移动应用量身定制的通用高效推理引擎中通过数据内存重新排布进行的内核优化。

19.6.1 内存

CPU 内存主要架构图如图 19.6.1 所示,其中比较关键的是主存,以及其上的多级缓存架构。CPU 运行的速度太快,相对而言内存的读写速度就非常慢。如果 CPU 每次都要等内存操作完成,才可以继续后续的操作,那效率会非常低下。由此设计出了多级缓存架构,缓存级别越小,越靠近 CPU,同样也意味着速度越快,但是对应的容量越少。

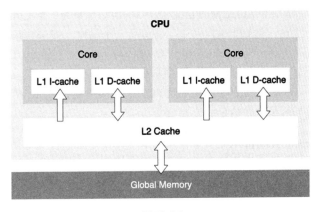

图 19.6.1

当 CPU 需要取数据时,如果通过索引得知缓存中没有该数据,那么此时 CPU 需要从 RAM 主存中先获取数据,然后将该数据及其邻近数据加载到 Cache 中,以便利用访问局部性提升访问命中率。当然多级缓存也会带来问题,即数据同步问题,当出现多核和乱序时,如何保证数据同步也需要提供一种内存屏障的规则。

GPU 内存主要架构图如图 19.6.2 所示,在主缓存等主要架构上与 CPU 没太多区别,也是多级缓存架构,其调度执行模式主要是按照 SIMT 模式进行,由许多 SM 组成。

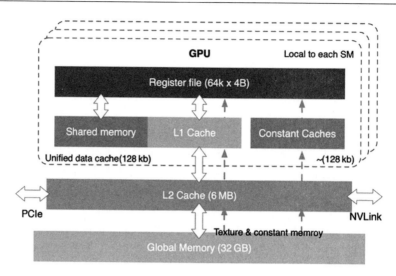

图 19.6.2

　　SM（Streaming Multiprocessors）：可以理解为一个 GPU 计算单元的小集合，好比多核 CPU 的一个核，但 CPU 的一个核一般运行一个线程，而 SM 能够运行多个轻量线程，每一个 SM 有自己的 Warp Scheduler、寄存器（Register）、指令缓存、L1 缓存、共享内存。Warp Scheduler 是运算规划器，可以理解为运算时一个 Warp 抓一把线程，扔进 Core 里面进行计算。

　　GPU 互相之间一般是通过 PCIe 桥直接传输数据，或者是通过 NVLink 这种专用的超高速数据传输通道来传输数据。

19.6.2　NCHWX

　　在推理引擎中，或者底层 Kernel 层实际上为了更加适配到 DSA 或者 ASIC 专用芯片会使用 NCHWX 内存排布格式，那么下面我们来详细了解一下 NCHWX 数据排布格式。

　　由于典型的卷积神经网络随着层数的增加，其特征图在下采样后的长和宽逐渐减小，但是通道数随着卷积的过滤器的个数不断增大是越来越大的，经常会出现通道数为 128、256 等很深的特征图。这些很深的特征图与过滤器数很多的卷积层进行运算的运算量很大。为了充分利用有限的矩阵计算单元，进行通道维度的拆分是很有必要的。根据不同数据结构特点，常见的有分别对 Channel 维进行了 Channel/4，Channel/32 和 Channel/64 的拆分，图 19.6.3 为 NCHWX 的物理存储结构。具体来说，先取 Channel 方向的数据，按照 NCHW4 来进行举例，先取 1/7/13/X，再取 W 方向的数据，再取 H 方向的数据。

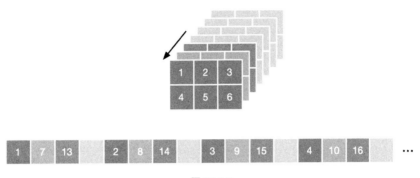

图 19.6.3

小结与思考

- CPU 和 GPU 内存中都有重要的多级缓存架构，来保证 CPU、GPU 核要访问内存时，不用每次都等内存操作完成，才可以继续后续的操作，而是可以从缓存中读取。

- NCHWX 的格式能够更好地适配 SIMT，为了充分利用有限的矩阵计算单元，进行了通道维度拆分，还对 Cache 更友好，减少 Cache 未命中的概率；Kernel 实现层面易进行 Padding，减少边界分支判断，代码逻辑简单。

第四篇　AI 框架核心模块

对于 AI 系统，其实大部分开发者并不关心 AI 框架或者 AI 框架的前端，因为 AI 框架作为一个工具，最大的目标就是帮助更多的算法工程师快速实现他们的算法想法，以及帮助系统工程师快速对算法进行落地部署和性能优化。本篇聚焦于介绍 AI 框架核心模块，帮助开发者系统掌握这些内容，以实现高效开发。

本篇内容

☞ **AI 框架基础**：主要是对 AI 框架的作用、发展、编程范式等散点进行汇总分享，让开发者能够知道不同 AI 框架之间的差异和共同点、目前 AI 框架主要的开发和编程方式，此外还引入了昇思 MindSpore 的相关介绍。

☞ **自动微分**：AI 框架会默认提供自动微分功能，避免用户手动地去对神经网络模型求导，这些复杂的工作交给 AI 框架就好了，于是自动微分自然成为 AI 框架的核心功能。本章主要介绍自动微分的概念、实现等。

☞ **计算图**：实际上，AI 框架主要的职责是把深度学习的表达转换为计算机能够识别的计算图，计算图作为 AI 框架中核心的数据结构，贯穿 AI 框架的整个生命周期，因此计算图对于 AI 框架的前端核心技术尤为重要。本章主要介绍计算图的基本原理、调度实现、转换等。

☞ **分布式并行**：本章围绕分布式并行的几种方式进行介绍，同时还引入了昇思 MindSpore 并行。

第 20 章　AI 框架基础

20.1　引　　言

什么是 AI 算法？什么是神经网络？神经网络有什么用？为什么神经网络需要训练？什么是模型？AI 框架有什么用？AI 框架能解决什么问题？

这几个问题其实很有挑战性，也是本节需要回答的问题。

深度学习是通过函数逼近来解析神经网络的数学原理，通过反向求导算法来求解神经网络中参数的偏导，从而迭代地求解神经网络中的最优值。

有了深度学习的基础之后，就能够比较好地理解 AI 框架的实际作用，即 AI 框架作为 AI 算法（深度学习算法）的模型设计、训练和验证的一套标准接口、特性库和工具包，集成了算法的封装、数据的调用以及计算资源的使用，同时面向开发者提供了开发界面和高效的执行平台，是现阶段 AI 算法开发的必备工具。

有了对深度学习和对 AI 框架作用的认识，自然就理解 AI 框架的目的和为什么目前国内厂商都推出自研 AI 框架了，比如华为昇腾构建 MindSpore、百度打造飞桨 PaddlePaddle、之江实验室联合一流科技开发的 OneFlow，还有商汤、旷视等。

截至目前，国际主流的 AI 框架（PyTorch、TensorFlow 等）基本均已经实现动态图开发、静态图部署的编程范式，具备动静态图转换的能力，不过基于开发效率考虑，动态图与静态图的转换与统一需要持续迭代优化。

上面提到的编程范式主要是跟开发者的编程习惯和编程方式息息相关。实际上，编程范型、编程范式或程式设计法（Programming Paradigm），是指软件工程中的一类典型的编程风格。

常见的编程范式有：函数式编程、命令式编程、声明式编程、面向对象编程等。编程范式提供并决定了程序员对程序执行的看法，而 AI 框架的编程范式目前主要是声明式编程和命令式编程两种。

20.2　AI 框架作用

深度学习范式主要是通过从经验数据中自动发现错综复杂的结构进行学习。通过构建包含多个处理层的计算模型（网络模型），深度学习可以创建多个级别的抽象层来表示数据。

本节将从深度学习的原理开始，进而深入地讨论在实现深度学习的计算过程中使用到的 AI 框架，探讨 AI 框架具体的作用和目的。

20.2.1 深度学习原理

深度学习的概念源于对人工神经网络的研究，但是并不完全等于传统神经网络。在叫法上，很多深度学习算法中都会包含"神经网络"这个词，比如：卷积神经网络、循环神经网络。所以，深度学习可以说是在传统神经网络基础上的升级，约等于神经网络。

1. 神经网络

现在业界比较通用的对神经网络概念的解释是：

● 从通用概念的角度上来看，神经网络是在模拟人脑的工作机制，神经元与神经突触之间的连接产生不同的信号传递，每个神经元都记录着信号的特征。

● 从统计学的角度来说，神经网络就是在预测数据的分布，从数据中学得一个模型，然后再通过这个模型去预测新的数据（这一点就要求测试数据和训练数据必须是同分布）。

实际上，一个神经网络由多个神经元结构组成，每一层的神经元都拥有多个输入和输出，一层可以由多个神经元组成。例如，第 2 层神经网络的神经元输出是第 3 层神经元的输入，输入的数据通过神经元上的激活函数（非线性函数如 tanh、sigmod 等）来控制输出的数值。

结合第 12 章 12.1 节图 12.1.1，数学上简单地理解，单个神经元其实就是一个 $X{\cdot}W$ 的矩阵乘，然后加一个激活函数 $\mathrm{fun}(X{\cdot}W)$，通过复合函数组合神经元，就变成一个神经网络的层。这种模拟生物神经元的数学计算，能够很好地对大规模独立同分布的数据进行非线性映射和处理，使得其能够应对到人工智能的不同任务。

2. 函数逼近

现在，如果把神经网络看作一个复杂函数，那么这个函数可以逼近任何函数。前文只是定义了什么是神经网络，其实神经网络内部的参数（神经元链接间的权重）需要通过求解函数逼近来确定。

直观地看一个简单的例子：如图 20.2.1 所示，假设 1 个圆圈代表一个神经元，那么一个神经元可模拟"与""或""非"3 种运算，3 个神经元组成包含 1 个隐藏层的神经网络即可以模拟异或运算。因此，理论上，如此组合的神经网络可模拟任意组合的逻辑函数。

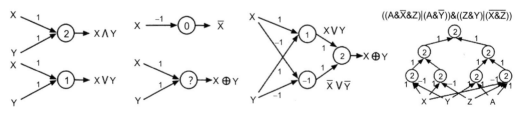

图 20.2.1

很多人认为，神经网络只要网络模型足够深和足够宽，就可以拟合任意函数。这样的说法数学理论上靠谱吗？严格地说，神经网络并不是拟合任意函数，其数学理论建立在通用逼近定理（Universal Approximation Theorem）的基础之上：

> 神经网络则是传统的逼近论中的逼近函数的一种推广。逼近理论证明，只要神经网络规模经过巧妙的设计，使用非线性函数进行组合，它可以以任意精度逼近任意一个在闭集里的连续函数。

既然神经网络模型理论上能够逼近任何连续函数，那么有意思的事情就来了：我们可以利用神经网络处理数学上分类、回归、拟合、逼近等问题。例如在 CV 领域对人脸图像进行分类、通过回归检测图像中的车辆和行人，在 NLP 中对离散的语料数据进行拟合。

函数逼近求解：在数学的理论研究和实际应用中经常遇到逼近求解问题，在选定的一类函数中寻找某个函数 f，使它与已知函数 g（或观测数据）在一定意义下为最佳近似表示，并求出用 f 近似表示 g 而产生的最小误差（即损失函数）：

$$\text{Loss}(w) = f(w) - g$$

所以，神经网络可以通过求解损失函数的最小值，来确定这个神经网络中的参数 w，从而固化这个逼近函数。

3. 反向求导

深度学习一般流程是：①构建神经网络模型，②定义损失函数和优化器（优化目标），③开始训练神经网络模型（计算梯度并更新网络模型中的权重参数），④最后验证精度。其流程如图 20.2.2 所示，前三步最为重要。

因为 AI 框架已经帮我们封装好了许多功能，所以遇到神经网络模型的精度不达标，算法工程师可以调整网络模型结构，调节损失函数、优化器等参数重新训练，不断地测试验证精度，因此很多人戏称算法工程师是"调参工程师"。

但是在这一过程中，这种机械的调参是无法触碰到深度学习的本质的，为了了解实际的工作原理，这里先进行总结：**训练的过程本质是进行反向求导（反向传播算法实现）的过程，然后通过迭代计算求得神经网络中的参数，调整参数来控制这一过程的前进速度和方向。**

> 导数是函数的局部性质。一个函数在某一点的导数，描述该函数在这一点附近的变化率。如果函数的自变量和取值都是实数的话，函数在某一点的导数就是该函数所代表的曲线在这一点上的切线斜率。

针对导数的几何意义，其可以表示为函数在某点处的切线斜率；在代数上，其意味着可以求得函数的瞬时变化率。如果把神经网络看作一个高维复杂的函数，那么训练的过程就是对损失函数进行求导，利用导数的性质找到损失函数的变化趋势，每次一点点地改变神经网络中的

参数 w，最后逼近得到这个高维函数。

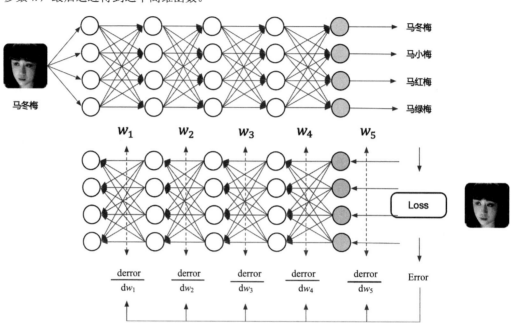

图 20.2.2

20.2.2　AI 框架作用详情

1. AI 框架与微分关系

根据深度学习的原理，AI 框架最核心和基础的功能是自动求导（后续统一称为自动微分，AutoGrad）。

假设神经网络是一个复合函数（高维函数），那么对这个复合函数求导，用的是链式法则。举个简单的例子，考虑函数 $z = f(x,y)$，其中 $x = g(t), t = h(t)$，其中 $g(t), h(t)$ 是可微函数，那么对函数 z 关于 t 求导，函数会顺着链式向外逐层进行求导。

$$\frac{\mathrm{d}x}{\mathrm{d}t} = \frac{\partial z}{\partial x}\frac{\mathrm{d}x}{\mathrm{d}t} + \frac{\partial z}{\partial y}\frac{\mathrm{d}y}{\mathrm{d}t}$$

既然有了链式求导法则，而神经网络其实就是个庞大的复合函数，直接求导不就解决问题了吗？反向求导到底起了什么作用？下面来看几组公式。

假设用 3 组复合函数来表示一个简单的神经网络：

$$L_1 = \mathrm{sigmoid}(w_1 \cdot x)$$

$$L_2 = \text{sigmoid}(w_2 \cdot L_1)$$

$$L_3 = \text{sigmoid}(w_3 \cdot L_2)$$

现在定义深度学习中网络模型的损失函数，即优化目标：

$$\text{loss} = \text{Loss}(L_3, y)$$

根据链式求导法则可以得到：

$$\frac{\partial \text{loss}}{\partial w_3} = \text{Loss}'(L_3, y)\text{sigmoid}'(w_3 \cdot L_2)L_2$$

$$\frac{\partial \text{loss}}{\partial w_2} = \text{Loss}'(L_3, y)\text{sigmoid}'(w_3 \cdot L_2)\text{sigmoid}'(w_2 \cdot L_1)L_1$$

$$\frac{\partial \text{loss}}{\partial w_1} = \text{Loss}'(L_3, y)\text{sigmoid}'(w_3 \cdot L_2)\text{sigmoid}'(w_2 \cdot L_1)\text{sigmoid}'(w_1 \cdot x)x$$

假设神经网络为上述公式 L_1, L_2, L_3，对损失函数神经网络中各参数求偏导，可以看到在接下来的求导公式中，每一次导数的计算都可以重用前一次的计算结果，于是 Paul Werbos 在 1975 年发明了反向传播算法，并在 1990 年重新使用神经网络对反向求导进行表示。

这里的反向，指的是图 20.2.3 中的反向箭头，每一次对损失函数中的参数进行求导，都会复用前一次的计算结果和与其对称的原公式中的变量，从而更方便地对复合函数进行求导。

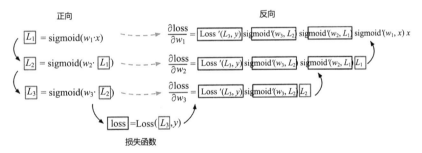

图 20.2.3

2. AI 框架与程序结合

图 20.2.4 左图的公式是神经网络表示的复合函数，右边框中表示的是 AI 框架，AI 框架为开发者提供构建神经网络模型的数学操作，把复杂的数学表达转换成计算机可识别的计算图。

定义整个神经网络最终的损失函数为 Loss 之后，AI 框架会自动对损失函数求导（即对神经网络模型中各个参数求其偏导数）。

前文提到过，每一次求导都会复用前一次的计算结果和与其对称的原公式中的变量。那么干脆直接基于表示神经网络的计算图的基础之上，构建一个与之对称的计算图（反向计算图）

（图 20.2.5）。通过反向计算图表示神经网络模型中的偏导数，反向传播则是对链式求导法则的展开。

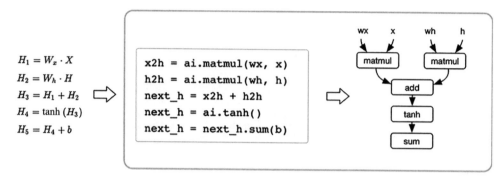

图 20.2.4

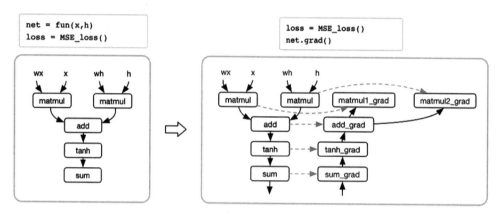

图 20.2.5

　　通过损失函数对神经网络模型进行求导，训练过程中更新网络模型中的参数（函数逼近的过程），使得损失函数的值越来越小（表示网络模型的表现越好）。这一过程，只要定义好网络 AI 框架，它都会主动地帮我们完成。

　　AI 框架对整体开发流程进行了封装，好处是让算法研究人员专注于神经网络模型结构的设计（更好地设计出逼近复合函数），针对数据集提供更好的解决方案，研究让训练加速的优化器或者算法等。

　　综上所述，AI 框架最核心的作用是提供开发者构建神经网络的接口（数学操作），自动对神经网络训练（进行反向求导，逼近地求解最优值），得到一个神经网络模型（逼近函数）用于解决分类、回归、拟合的问题，实现目标分类、语音识别等应用场景。

小结与思考

- 深度学习基于人工神经网络,通过构建多层计算模型来学习数据中的复杂结构,实现多种级别的抽象表示。
- AI 框架作为实现深度学习的关键工具,其核心功能是自动微分,它利用计算图和链式法则高效地计算神经网络参数的梯度。
- AI 框架通过封装训练过程,使得算法研究人员可以专注于网络结构设计和优化算法研究,从而加速神经网络模型的训练和精度提升,广泛应用于分类、回归、拟合等人工智能任务。

20.3　AI 框架之争

前面的内容主要是讲述了 AI 框架在数学上对自动微分进行表达和处理,最后表示成为开发者和应用程序都能很好地去编写深度学习中神经网络的工具和库,整体流程如图 20.3.1 所示。

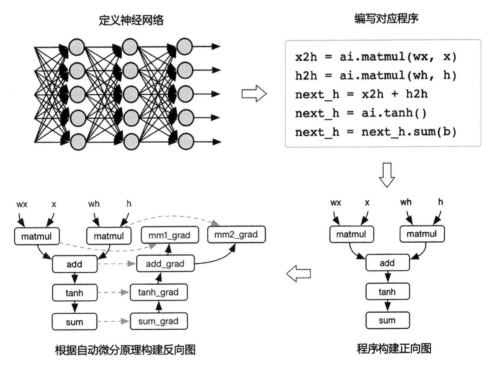

图 20.3.1

除了要回答最核心的数学表示原理是什么以外,实际上关于 AI 框架还要思考和解决许多问题,比如:AI 框架如何对实际的神经网络实现多线程算子加速?如何让程序执行在 GPU/NPU

上？如何编译和优化开发者编写的代码？因此，一个能够商用的 AI 框架，需要系统性梳理每一层中遇到的具体问题，以便提供更好的开发特性：

- 前端（面向用户）：如何灵活地表达一个神经网络模型？
- 算子（执行计算）：如何保证每个算子的执行性能和泛化性？
- 微分（更新参数）：如何自动、高效地提供求导运算？
- 后端（系统相关）：如何将同一个算子跑在不同的加速设备上？
- 运行时：如何自动地优化和调度网络模型进行计算？

本节内容将总结 AI 框架的作用，以及其需要解决的技术问题和数学问题；在了解其目的后，我们从时间和技术的维度梳理 AI 框架的发展脉络，并对 AI 框架的未来进行思考。

20.3.1 构建 AI 框架的目的

神经网络是机器学习技术中一类具体的算法分支，通过堆叠基本处理单元形成宽度和深度，构建出一个带拓扑结构的高度复杂的非凸函数，对蕴含在各类数据分布中的统计规律进行拟合。传统机器学习方法在面对不同应用时，为了达到所需的学习效果往往需要重新选择函数空间并设计新的学习目标。

相比之下，神经网络方法能够通过调节构成网络使用的处理单元、处理单元之间的堆叠方式以及网络的学习算法，用一种较为统一的算法设计视角解决各类应用任务，很大程度上减轻了机器学习算法设计的选择困难。同时，神经网络能够拟合海量数据。深度学习方法在图像分类、语音识别以及自然语言处理任务中取得的突破性进展，揭示了构建更大规模的神经网络对大规模数据进行学习，是一种有效的学习策略。

然而，深度神经网络应用的开发需要对软件栈的各个抽象层进行编程，这对新算法的开发效率和算力都提出了很高的要求，进而催生了 AI 框架的发展。AI 框架可以让开发者更加专注于应用程序的业务逻辑，而不需要关注底层的数学和计算细节。同时 AI 框架通常还提供可视化的界面，使得开发者可以更加方便地设计、训练和优化自己的模型。在 AI 框架之上，还会提供一些预训练的网络模型，可以直接用于一些常见的应用场景，例如图像识别、语音识别和自然语言处理等。

AI 框架是为了在计算加速硬件（GPU/NPU）和 AI 集群上高效训练深度神经网络而设计的可编程系统，需要同时兼顾以下能力。

（1）提供灵活的编程模型和编程接口。

- 自动推导计算图：根据客户编写的神经网络模型和对应的代码，构建自动微分功能，并转换为计算机可以识别和执行的计算图。
- 较好地支持与现有生态融合：AI 应用层出不穷，需要提供良好的编程环境和编程体系，方便开发者接入，这里以 PyTorch 框架为例，对外提供超过 2000+API。
- 提供直观的模型构建方式和简洁的神经网络计算编程语言：使用易用的编程接口，用高层次语义描述出各类主流神经网络模型和训练算法。而在编程范式上，主要是以声明式编程和命令式编程为主，提供丰富的编程方式，能够有效提升开发者开发效率，从而提升 AI 框架的易用性。

（2）提供高效和可扩展的计算能力。

● 自动编译优化算法：为可复用的处理单元提供高效实现，使得 AI 算法在真正训练或者推理过程中执行得更快，需要对计算图进行进一步的优化，如子表达式消除、内核融合、内存优化等算法，支持多设备、分布式计算等。

● 根据不同体系结构和硬件设备自动并行化：体系结构的差异主要是指 GPU、NPU、TPU 等 AI 加速硬件的实现不同，有必要针对这些差异进行深度优化，而面对大模型、大规模分布式的冲击，需要对自动分布式化、扩展多计算节点等进行性能提升。

● 降低新模型的开发成本：在添加新计算加速硬件（GPU/NPU）支持时，降低增加计算原语和进行计算优化的开发成本。

20.3.2　AI 框架的发展

AI 框架作为智能经济时代的中枢，是 AI 开发环节中的基础工具，承担着 AI 技术生态中操作系统的角色，是 AI 学术创新与产业商业化的重要载体，助力 AI 由理论走入实践，快速进入了场景化应用时代，也是发展 AI 所必需的基础设施之一。随着重要性的不断凸显，AI 框架已经成为 AI 产业创新的焦点之一，引起了学术界、产业界的重视。

1. 时间维度

结合 AI 的发展历程，AI 框架在时间维度的发展大致可以分为四个阶段（图 20.3.2），分别为①2000 年初期的萌芽阶段，②2012~2014 年的成长阶段，③2015~2019 年的爆发阶段，④2020 年以后深化阶段。

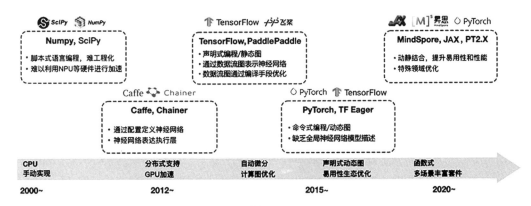

图 20.3.2

1）萌芽阶段

受限于早期计算能力的不足，萌芽阶段的神经网络技术影响力相对有限，因而出现了一些传统的机器学习工具来提供基本支持，也就是 AI 框架的雏形，但这些工具或者不是专门为神经网络模型开发定制的，或者 API 极其复杂对开发者并不友好，且并没有对异构加速算力（如 GPU/NPU 等）进行支持。缺点在于萌芽阶段的 AI 框架并不完善，开发者需要编写大量基础的工作，例如手写反向传播、搭建网络结构、自行设计优化器等。

这一阶段其以 Matlab 的神经网络库为代表作品，如图 20.3.3 所示。

图 20.3.3

2）成长阶段

2012 年，Alex Krizhevsky 等提出了一种深度神经网络架构 AlexNet，在 ImageNet 数据集上达到了最佳精度，并碾压第二名，实现了 15%以上的准确率的提升，引爆了深度神经网络的热潮。

自此极大地推动了 AI 框架的发展，出现了 Caffe、Chainer 和 Theano 等具有代表性的早期 AI 框架，帮助开发者方便地建立复杂的深度神经网络模型（如 CNN、RNN、LSTM 等）。不仅如此，这些框架还支持多 GPU 训练，让开展更大、更深的模型训练成为可能。在这一阶段，AI 框架体系已经初步形成，声明式编程和命令式编程为下一阶段的 AI 框架发展的两条截然不同的道路做了铺垫。

3）爆发阶段

2015 年，何恺明等提出的 ResNet，再次突破了图像分类的边界，在 ImageNet 数据集上的准确率再创新高，也凝聚了产业界和学界的共识，即深度学习将成为下一个重大技术趋势。

2016 年，谷歌开源了 TensorFlow 框架；Facebook AI 研究团队也发布了基于动态图的 AI 框架 PyTorch，该框架拓展自 Torch 框架，但使用了更流行的 Python 进行重构整体对外 API；Caffe 的发明者加入了 Facebook（现更名为 Meta），发布了 Caffe2 并融入了 PyTorch 的推理生态。与此同时，微软研究院开发了 CNTK 框架；Amazon 采用了华盛顿大学、卡内基梅隆大学和其他机构的联合贡献的学术项目 MXNet。国内的百度则率先布局了 PaddlePaddle 飞桨 AI 框架并于 2016 年发布。

在 AI 框架的爆发阶段，AI 系统也迎来了繁荣，而在不断发展的基础上，各种框架不断迭代，也被开发者自然选择。经过激烈的竞争后，最终形成了两大阵营，TensorFlow 和 PyTorch 双头垄断。2019 年，Chainer 团队将他们的开发工作转移到 PyTorch，Microsoft 停止了 CNTK 框架的积极开发，部分团队成员转而支持 PyTorch；Keras 被 TensorFlow 收编，并在 TensorFlow2.X 版本中成为其高级 API 之一。

4）深化阶段

随着 AI 的进一步发展，AI 应用场景的扩展以及与更多领域交叉融合进程的加快，促生了超大模型（如 GPT 系列等）的出现。新的趋势不断涌现，越来越多的需求被提出，如要求对全场景多任务支持、对异构算力支持等。

这就要求 AI 框架最大化地实现编译优化，更好地利用算力、调动算力，充分发挥集群硬件资源的潜力。此外，AI 与社会伦理的痛点问题也促使可信赖 AI 或 AI 安全在 AI 框架层面的进步。

基于以上背景，现有的主流 AI 框架都在探索下一代 AI 框架的发展方向，如 2020 年华为推出昇思 MindSpore，在全场景协同、可信赖方面有一定的突破；旷视推出天元 MegEngine，在训练推理一体化方面深度布局；PyTorch 捐赠给 Linux 基金会，并面向图模式提出了新的架构和新的版本 PyTorch2.X。

在这一阶段，AI 框架正向着全场景支持、大模型、分布式 AI、超大规模 AI、安全可信 AI 等技术特性深化探索，不断实现新的突破。

2. 技术维度

从技术维度对 AI 框架进行划分，其主要经历了三代架构，与深度学习范式下的神经网络技术发展和编程语言及其编程体系的发展（图 20.3.4）有着紧密的关联。

1）第一代 AI 框架

第一代 AI 框架主要是在 2010 年前，需要解决问题有：①机器学习 ML 中缺乏统一的算法库；②提供稳定和统一的神经网络 NN 定义。其对应的 AI 框架其实广义上并不能称为 AI 框架，更多的是对机器学习中的算法进行了统一的封装，并在一定程度上提供了少量的神经网络模型算法和 API 的定义。具体形态有 2 种：

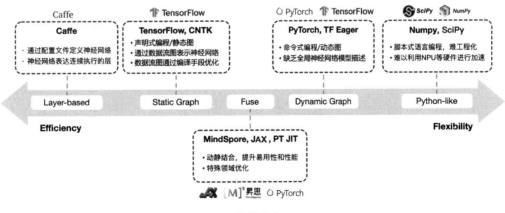

图 20.3.4

第一种的主要特点是以库（Library）的方式对外提供脚本式编程，方便开发者通过简单配置的形式定义神经网络，并且针对特殊的机器学习 ML、神经网络 NN 算法提供接口，其比较具有代表性的是 MATLAB 和 SciPy。另外还有针对矩阵计算提供特定计算接口的 Numpy。优点是面向 AI 领域提供了一定程度的可编程性、支持 CPU 加速计算。

第二种在编程方面，以 CNN 网络模型为主，由常用的 Layer 组成，如：Convolution、Pooling、Activation 等，都是以 Layer Base 为驱动，可以通过简单配置文件的形式定义神经网络。模型可由一些常用 Layer 构成一个简单的图，AI 框架提供每一个 Layer 及其梯度计算实现。这方面具有代表性的作品是 Torch、Theano 等 AI 框架。其优点是提供了一定程度的可编程性，计算性能有一定的提升，部分支持 GPU/NPU 加速计算。

同时，第一代 AI 框架的缺点也比较明显，主要集中在灵活性不足和面向新场景支持不足两方面。

首先，易用性的限制难以满足深度学习的快速发展，主要是层出不穷的新型网络结构，新的网络层需要重新实现前向和反向计算；其次，第一代 AI 框架大部分使用非高级语言实现，修改和定制化成本较高，对开发者不友好；最后是新优化器要求对梯度和参数进行更通用复杂的运算。

随着生成式对抗网络模型 GAN、深度强化学习 DRL、Stable Diffusion 等新结构的出现（图 20.3.5），基于简单的"前向+反向"的训练模式难以满足新的训练模式。例如，循环神经网络 LSTM 需要引入控制流、对抗神经网络 GAN 需要两个网络交替训练、强化学习模型 RL 需要和外部环境进行交互等众多场景没办法满足新涌现的场景。

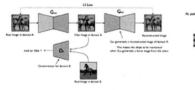 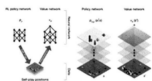 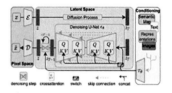

生成式对抗网络GAN　　　　　深度强化学习DRL　　　　　Stable Diffusion

图 20.3.5

2）第二代 AI 框架

第二代 AI 框架在技术上，统一称为**基于数据流图的计算框架**：将复杂的神经网络模型，根据数据流拆解为若干处理环节，构建数据流图，数据流图中的处理环节相互独立，支持混合编排控制流与计算，以任务流为最终导向，AI 框架将数据流图转换为计算机可以执行或者识别的任务流图，通过执行引擎（Runtime）解析任务流进行处理环节的分发调度、监控与结果回传，最终实现神经网络模型的构建与运行。

以数据流图描述深度神经网络，前期实践最终催生出了工业级 AI 框架，如 TensorFlow 和

PyTorch，这一时期同时伴随着如 Chainer、DyNet 等激发了 AI 框架设计灵感的诸多实验项目。TensorFlow 和 PyTorch 代表了现今 AI 框架两种不同的设计路径：系统性能优先改善灵活性、灵活性易用性优先改善系统性能。

这两种选择，随着神经网络算法研究和应用的更进一步发展，又逐步造成了 AI 框架在具体技术实现方案的分裂。

3）第三代 AI 框架

在第三代 AI 框架中，面向通用化场景，如 CNN、LSTM、RNN 等场景开始走向统一的设计架构，不同的 AI 框架都会一定程度地模仿或者参考 PyTorch 的动态图 Eager 模式，提升自身框架的易用性，使其更好地接入 AI 生态中。

目前在技术上已经一定程度开始迈进第三代 AI 框架，其主要面向设计领域特定语言（DSL）。最大的特性是：①兼顾编程的灵活性和计算的高效性；②提高描述神经网络算法表达能力和编程灵活性；③通过编译期优化技术来改善运行时性能。

具体实现时，面向不同的业务场景会有一些差异（即特定领域）。例如 JAX 是 Autograd 和 XLA 的结合，作为一个高性能的数值计算库，更是结合了可组合的函数转换库，除了可用于 AI 场景的计算，更重要的是可以用于高性能机器学习研究。例如 Taichi 面向图形图像可微分编程，作为开源并行计算框架，可以用于云原生的 3D 内容创作。

20.3.3 AI 框架的未来

应对未来多样化挑战，AI 框架有以下技术趋势。

1. 全场景

AI 框架将支持端边云全场景跨平台设备部署。

网络模型需要适配部署到端边云全场景设备，对 AI 框架提出了多样化、复杂化、碎片化的挑战。随着云服务器、边缘设备、终端设备等人工智能硬件运算设备的不断涌现，以及各类人工智能运算库、中间表示工具以及编程框架的快速发展，人工智能软硬件生态呈现多样化发展趋势。

但目前主流 AI 框架仍然分为训练部分和推理部分，两者不完全兼容。训练出来的模型也不能通用，学术科研项目间难以合作延伸，造成了 AI 框架的碎片化。目前业界并没有统一的中间表示层标准，导致各硬件厂商解决方案存在一定的差异，以致应用模型迁移不畅，增加了应用部署难度。因此，基于 AI 框架训练出来的模型进行标准化互通将是未来的挑战。

2. 易用性

AI 框架将注重前端便捷性与后端高效性的统一。

AI 框架需要提供更全面的 API 体系以及前端语言支持转换能力，从而提升前端开发便捷性。

AI 框架需要为开发者提供完备度高、性能优异、易于理解和使用的 API 体系。

AI 框架需要提供更为优质的动静态图转换能力，从而提升后端运行高效性。从开发者使用 AI 框架来实现模型训练和推理部署的角度看，AI 框架需要能够通过动态图的编程范式，来完成在模型训练的开发阶段的灵活易用的开发体验，以提升模型的开发效率；通过静态图的方式来实现模型部署时的高性能运行；同时，通过动态图转静态图的方式，来实现方便的部署和性能优化。目前 PyTorch2.0 的图编译模式走在业界前列，不一定成为最终形态，在性能和易用性方面的兼顾仍然有待进一步探索。

3. 大规模分布式

AI 框架将着力强化对超大规模 AI 的支持。

OpenAI 于 2020 年 5 月发布 GPT-3 模型，包含 1750 亿参数（到 GPT-4，参数量已达 GPT-3 的 10 倍以上），数据集（处理前）达到 45 TB，在多项 NLP 任务中超越了人类水平。随之谷歌不断跟进分布式技术，超大规模 AI 逐渐成为新的深度学习范式。

超大规模 AI 需要大模型、大数据、大算力的三重支持，对 AI 框架也提出了新的挑战：

- 内存：大模型训练过程中需要存储参数、激活、梯度、优化器状态。
- 算力：以 2000 亿参数量的大模型为例，其需要 3.6 EFLOPS 的算力支持，必要构建 AI 计算集群满足算力需求。
- 通信：大模型并行切分到集群后，模型切片之间会产生大量通信，从而通信就成了主要的瓶颈。
- 调优：E 级 AI 算力集群训练千亿参数规模，节点间通信复杂，要保证计算正确性、性能和可用性，手动调试难以全面兼顾，需要更自动化的调试调优手段。

4. 科学计算

AI 框架将进一步与科学计算深度融合交叉。

传统科学计算领域亟需 AI 技术的加持融合。计算图形可微编程，类似 Taichi 这样的语言和框架，提供可微物理引擎、可微渲染引擎等新功能。因此未来是一个 AI 与科学计算融合的时代，传统的科学计算将会结合 AI 的方法去求解既定的问题。至于 AI 与科学计算结合，业界正在探索三个方向：

- 利用 AI 神经网络进行建模替代传统的计算模型或者数值模型，目前已经取得很大的进展，如获得戈登贝尔奖的分子动力学模型 DeepMD。
- AI 求解。模型还是传统的科学计算模型，但是使用深度学习算法来求解，这个方向已经有一定的探索，目前看到不少基础的科学计算方程已经有对应的 AI 求解方法，比如 PINNs、PINN-Net 等，当然现在挑战还很大，特别是在精度收敛方面，如果要在 AI 框架上使用 AI 求解科学计算模型，最大的挑战主要在前端表达和高性能的高阶微分。
- 使用 AI 框架来加速方程的求解。科学计算的模型和方法都不变的前提下，与深度学习使用同一个框架来求解，其实就是把 AI 框架看成面向张量计算的通用分布式计算框架。

小结与思考

- AI 框架作为智能经济时代的基础设施，其发展经历了萌芽、成长、爆发和深化四个阶段，目前正向着全场景支持、大模型、分布式 AI、超大规模 AI、安全可信 AI 等技术特性深化探索。
- AI 框架的核心目标是提供灵活易用的编程模型和高效可扩展的计算能力，以支持深度神经网络的训练和推理，同时兼顾可编程性和性能。
- 随着 AI 应用场景的扩展和新趋势的出现，AI 框架正面临支持全场景跨平台设备部署、强化大规模分布式 AI 支持、与科学计算深度融合交叉等多样化挑战。
- 未来 AI 框架将注重前端便捷性与后端高效性的统一，着力强化对超大规模 AI 的支持，并进一步探索与科学计算的深度融合，以适应不断涌现的新需求和场景。

20.4 AI 框架的编程范式

在开发者使用 AI 框架进行编程的过程中，使用到的编程范式主要有 2 种：声明式编程与命令式编程（图 20.4.1）。

- 命令式（Imperative）编程：详细地命令机器怎么（How）去处理一件事情以达到想要的结果（What）。
- 声明式（Declarative）编程：只告诉想要的结果（What），机器自己摸索执行过程（How）。

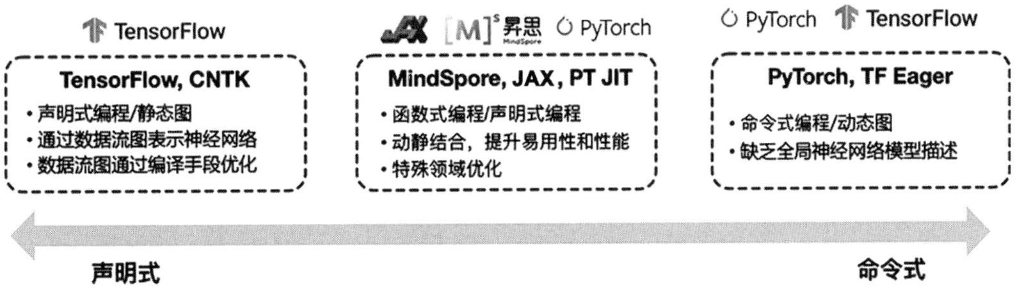

图 20.4.1

本节将会深入展开和介绍两种不同的编程范式对 AI 框架整体架构设计的影响，以及目前主流的 AI 框架在编程范式之间的差异。

20.4.1 程序开发的编程范式

1. 编程与编程范式

编程是开发者编定程序的中文简称，就是让计算机代码解决某个问题，对某个计算体系规定一定的运算方式，使计算体系按照该计算方式运行，并最终得到相应结果的过程。

为了使计算机能够理解人的意图，我们就必须将解决问题的思路、方法和手段通过计算机能够理解的形式告诉计算机，使得计算机能够根据人的指令一步一步去工作，完成某种特定的任务。这种人和计算体系之间交流的过程称为编程。

2. 命令式编程

命令式编程（Imperative Programming）是一种描述计算机所需作出的行为的编程典范，几乎所有计算机的硬件工作都是命令式的。

其步骤可以分解为：首先，必须将待解决问题的解决方案抽象为一系列概念化的步骤。然后，通过编程的方法将这些步骤转化成程序指令集（算法），而这些指令按照一定的顺序排列，用来说明如何执行一个任务或解决一个问题。这意味着，开发者必须要知道程序要完成什么，并且告诉计算机如何进行所需的计算工作，包括每个细节操作。简而言之，就是把计算机看成一个善始善终服从命令的装置。

所以，在命令式编程中，把待解问题规范化、抽象为某种算法是解决问题的关键步骤，其次才是编写具体算法和完成相应的算法实现问题。

目前开发者接触到的命令式编程主要以硬件控制程序、执行指令为主。例如，AI 框架中 PyTorch 就主要使用了命令式编程。

下面的代码实现一个简单的命令式编程的过程：创建一个存储结果的集合变量 results，并遍历数字集合 collection，判断每个数字大小，大于 5 则添加到结果集合变量 results 中。上述过程需要告诉计算机每一步如何执行。

```python
results = []

def fun(collection):
    for num in collection:
        if num > 5:
            results.append(num)
```

3. 声明式编程

声明式编程（Declarative Programming）与命令式编程相对立，它描述目标的性质，让计算机明白目标，而非流程。声明式编程不用告诉计算机问题领域，从而避免随之而来的副作用。而命令式编程则需要用算法来明确指出每一步该怎么做。

> 副作用：在计算机科学中，函数副作用（Side Effects）指当调用函数时，除了返回可能的函数值之外，还对主调用函数产生附加的影响。例如修改全局变量（函数外的变量），修改参数，向主调方的终端、管道输出字符或改变外部存储信息等。

声明式编程通过函数、推论规则或项重写（term-rewriting）规则，来描述变量之间的关系。它的语言运行器（编译器或解释器）采用了一个固定的算法，以从这些关系产生结果。

目前开发者接触到的声明式编程语言主要有：数据库查询语言（SQL、XQuery），正则表达式、逻辑编程、函数式编程等。在 AI 框架领域中以 TensorFlow1.X 为代表，就使用了声明式编程。

以常用数据库查询语言 SQL 为例，其属于较为明显的一种声明式编程的例子，其不需要创建变量用来存储数据，告诉计算机需要查询的目标即可：

```
>>> SELECT * FROM collection WHERE num > 5
```

4. 函数式编程

函数式编程（Functional Programming）本质上也是一种编程范式，其在软件开发的工程中强调避免使用共享状态（Shared State）、避免可变状态（Mutable Data）以及避免副作用，即将计算机运算视为函数运算，并且避免使用程序状态以及易变对象，理论上函数式编程是声明式的，因为它不使用可变状态，也不需要指定任何的执行顺序关系。

其核心是只使用纯粹的数学函数编程，函数的结果仅取决于参数，而没有副作用，就像 I/O 或者状态转换。程序通过组合函数（function composition）的方法构建。整个应用由数据驱动，应用的状态在不同纯函数之间流动。与命令式编程的面向对象编程相比，函数式编程更偏向于声明式编程，代码更加简洁明了、更可预测，并且可测试性也更好。因此实际上可以归类为声明式编程的其中一种特殊范型。

函数式编程最重要的特点是"函数第一位"（First Class），即函数可以出现在任何地方，比如可以把函数作为参数传递给另一个函数，不仅如此还可以将函数作为返回值。以 Python 代码为例：

```python
def fun_add(a, b, c):
    return a + b + c

def fun_outer(fun_add, *args, **kwargs):
    print(fun_add(*args, **kwargs))

def fun_innter(*args):
    return args

if __name__ == '__main__':
    fun_outer(fun_innter, 1, 2, 3)
```

20.4.2 AI 框架的编程范式详情

主流 AI 框架，无论 PyTorch 还是 TensorFlow 都使用以 Python 为主的高层次语言为前端，提供脚本式的编程体验，后端用更低层次的编程模型和编程语言开发。后端高性能可复用模块与前端深度绑定，通过前端驱动后端方式执行。AI 框架为前端开发者提供声明式和命令式两种编程范式。

在主流的 AI 框架中，TensorFlow 提供了声明式编程体验，PyTorch 提供了命令式的编程体验。但两种编程模型之间并不存在绝对的边界，multi-stage 编程和及时编译（JIT）技术能够实现两种编程模式的混合。随着 AI 框架引入更多的编程模式和特性，例如 TensorFlow Eager 模式和 PyTorch JIT 的加入，主流 AI 框架都选择通过支持混合式编程以兼顾两者的优点。

1. 命令式编程

在命令式编程模型下，前端 Python 语言直接驱动后端算子执行，表达式会立即被求值，又被称作 define-by-run。开发者编写好神经网络模型的每一层，并编写训练过程中的每一轮迭代需要执行的计算任务。在程序执行的时候，系统会根据 Python 语言的动态解析性，每解析一行代码执行一个具体的计算任务，因此称为**动态计算图（动态图）**。

命令式编程对数据和控制流的静态性限制很弱，其优点是方便调试、灵活性高；缺点在于，网络模型程序在执行之前没有办法获得整个计算图的完整描述，从而缺乏在编译期的各种优化手段。

PyTorch 编程特点为即时执行，它属于一种命令式的编程风格。下面使用 PyTorch 实现一个简单的 2 层神经网络模型并训练：

```python
import numpy as np
import pandas as pd
from sklearn.model_selection import train_test_split
import torch
import torch.nn as nn
import torch.optim as optim

# 导入数据
data = pd.read_csv('mnist.csv')
X = data.iloc[:, 1:].values
y = data.iloc[:, 0].values

# 分割数据集
X_train, X_test, y_train, y_test = train_test_split(X, y, test_size=0.2)

# 将数据转换为张量
X_train = torch.tensor(X_train, dtype=torch.float)
X_test = torch.tensor(X_test, dtype=torch.float)
y_train = torch.tensor(y_train, dtype=torch.long)
y_test = torch.tensor(y_test, dtype=torch.long)

# 定义模型
```

```
class Net(nn.Module):
    def __init__(self):
        super(Net, self).__init__()
        self.fc1 = nn.Linear(784, 128)
        self.fc2 = nn.Linear(128, 10)

    def forward(self, x):
        x = self.fc1(x)
        x = self.fc2(x)
        return x

model = Net()

# 定义损失函数和优化器
criterion = nn.CrossEntropyLoss()
optimizer = optim.Adam(model.parameters())

# 训练模型
for epoch in range(5):
    # 将模型设为训练模式
    model.train()

    # 计算模型输出
    logits = model(X_train)
    loss = criterion(logits, y_train)
```

2. 声明式编程

在声明式编程模型下，前端语言中的表达式不直接执行，而是构建一个完整前向计算过程表示，对数据流图经过优化然后再执行，又被称作 define-and-run。即开发者定义好整体神经网络模型的前向表示代码，因为神经网络模型已整体定义好，因此在 AI 框架的后端会把网络模型编译成**静态计算图（简称：静态图）**来执行。

执行方式比较直接：前端开发者写的 Python 语言中的表达式不直接执行。首先会利用 AI 框架提供的 API 定义接口构建一个完整前向计算过程表示。构建完成后，对数计算图经过优化，然后再执行。

AI 框架采用声明式编程的优点在于：

- 执行之前得到整个程序（整个神经网络模型）的描述。
- 在真正运行深度学习之前能够执行编译优化算法。
- 能够实现极致的性能优化。

缺点也较为明显：

- 数据类型和控制流受 AI 框架中的 API 对神经网络有限定义而约束。
- 因为神经网络的独特性需要 AI 框架预定义对应的概念（DSL），不方便调试、灵活性低。

以谷歌的 TensorFlow1.X 为代表的编程特点包括：计算图（Computational Graph）、会话（Session）、张量（Tensor），是一种典型声明式编程风格。下面使用 TensorFlow 实现一个隐藏层的全链接神经网络，优化的目标函数是预测值和真实值的欧氏距离。该实现使用基本的

TensorFlow 操作来构建一个计算图，然后多次执行这个计算图来训练网络。

```python
import TensorFlow as tf
import numpy as np

# 首先构建计算图

# N 是 batch 大小；D_in 是输入大小
# H 是隐单元个数；D_out 是输出大小
N, D_in, H, D_out = 64, 1000, 100, 10

# 输入和输出是 placeholder，在用 session 执行 graph 的时候
# 我们会 feed 进去一个 batch 的训练数据。
x = tf.placeholder(tf.float32, shape=(None, D_in))
y = tf.placeholder(tf.float32, shape=(None, D_out))

# 创建变量，并且随机初始化。
# 在 TensorFlow 里，变量的生命周期是整个 session，因此适合用它来保存模型的参数。
w1 = tf.Variable(tf.random_normal((D_in, H)))
w2 = tf.Variable(tf.random_normal((H, D_out)))
```

接着为 Forward 阶段，计算模型的预测值 y_pred。注意和 PyTorch 不同，这里不会执行任何计算，而只是定义了计算，后面用 session.run 的时候才会真正执行计算。

```python
h = tf.matmul(x, w1)
h_relu = tf.maximum(h, tf.zeros(1))
y_pred = tf.matmul(h_relu, w2)

# 计算 loss
loss = tf.reduce_sum((y - y_pred) ** 2.0)

# 计算梯度
grad_w1, grad_w2 = tf.gradients(loss, [w1, w2])
```

使用梯度下降来更新参数。assign 同样也只是定义更新参数的操作，不会真正执行。在 TensorFlow 里，更新操作是计算图的一部分，而在 PyTorch 里，因为是动态的"实时"的计算，所以参数的更新只是普通的 Tensor 计算，不属于计算图的一部分。

```python
learning_rate = 1e-6
new_w1 = w1.assign(w1 - learning_rate * grad_w1)
new_w2 = w2.assign(w2 - learning_rate * grad_w2)

# 计算图构建好了之后，我们需要创建一个session来执行计算图。
with tf.Session() as sess:
    # 首先需要用 session 初始化变量
    sess.run(tf.global_variables_initializer())

    # 创建随机训练数据
    x_value = np.random.randn(N, D_in)
    y_value = np.random.randn(N, D_out)
    for _ in range(500):
        # 用 session 多次执行计算图。每次 feed 进去不同的数据
        # run 的第一个参数是需要执行的计算图的节点，它依赖的节点也会自动执行
        # run 返回这些节点执行后的值，并且返回的是 numpy array
```

```
loss_value, _, _ = sess.run([loss, new_w1, new_w2],
        feed_dict={x: x_value, y: y_value})
print(loss_value)
```

3. 函数式编程

不管是 JAX 还是 MindSpore 都使用了函数式编程的范式，其在高性能计算、科学计算、分布式方面有着独特的优势。

其中 JAX 是作为 GPU/TPU 的高性能并行计算的框架，与普通 AI 框架相比其核心是对神经网络计算和数值计算的融合，接口上兼容 Numpy、Scipy 等 Python 原生数据科学库，在此基础上扩展分布式、向量化、高阶求导、硬件加速，其编程风格采用了函数式编程，主要体现在无副作用、Lambda 闭包等。而华为推出的 MindSpore 框架，其函数式可微分编程架构，可以让开发者聚焦机器学习模型数学的原生表达。

小结与思考

- 在 AI 框架中，主要使用的编程范式为声明式编程和命令式编程，这两种范式决定了开发者对程序执行的不同视角和方法。
- 命令式编程注重如何（How）执行任务，强调通过一系列步骤和指令来控制计算机的操作过程，如 PyTorch 框架采用此方式，便于调试且灵活性高，但缺少编译期优化。
- 声明式编程关注结果（What），由机器自行确定执行过程，如 TensorFlow 1.X 框架采用此方式，利于编译优化和性能提升，但可能牺牲易用性和灵活性。

20.5　昇思 MindSpore 关键特性

昇思 MindSpore 是华为自研 AI 框架，这是一个面向全场景设计的 AI 计算框架，旨在为 AI 算法研究和生产部署提供一个统一、高效、安全的平台。本节将详细阐述 MindSpore 的定位、架构、特性以及其在端边云全场景下的应用和优势。

20.5.1　MindSpore 基本介绍

1. MindSpore 定位

昇思 MindSpore 是面向端边云全场景设计的 AI 框架，旨在弥合 AI 算法研究与生产部署之间的鸿沟。在算法研究阶段，为开发者提供动静统一的编程体验以提升算法的开发效率；生产阶段，自动并行可以极大加快分布式训练的开发和调试效率，同时充分挖掘异构硬件的算力；在部署阶段，基于"端边云"统一架构，应对企业级部署和安全可信方面的挑战。开源以来，秉持全场景协同、全流程极简、全架构统一三大价值主张，致力于增强开发易用性、提升原生支持大模型和 AI+科学计算的体验，向上使能 AI 模型创新，对下兼容多样性算力（NPU、GPU、

CPU）（图 20.5.1）。

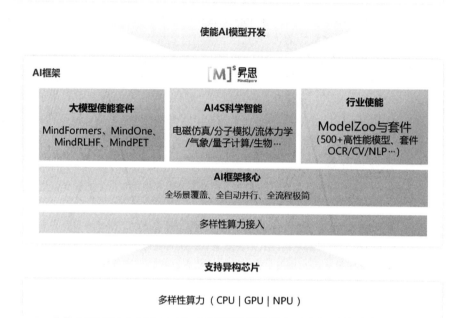

图 20.5.1

2. 昇思 MindSpore 架构

昇思 MindSpore 整体架构分为四层（图 20.5.2）：

● **模型层**：为开发者提供"开箱即用"的功能，该层主要包含预置的模型和开发套件，以及图神经网络（GNN）、深度概率编程等热点研究领域拓展库。

● **表达层（MindExpression）**：为开发者提供 AI 模型开发、训练、推理的接口，支持开发者用原生 Python 语法开发和调试神经网络，其特有的动静态图统一能力使开发者可以兼顾开发效率和执行性能，同时该层在生产和部署阶段提供全场景统一的 C++接口。

● **编译优化层（MindCompiler）**：作为 AI 框架的核心，以全场景统一中间表示（MindIR）为媒介，将前端表达编译成执行效率更高的底层语言，同时进行全局性能优化，包括自动微分、代数简化等硬件无关优化，以及图算融合、算子生成等硬件相关优化。

● **运行时层（MindRT）**：按照上层编译优化的结果对接并调用底层硬件算子，同时通过

"端边云"统一的运行时架构，支持包括联邦学习在内的"端边云"AI 协同。

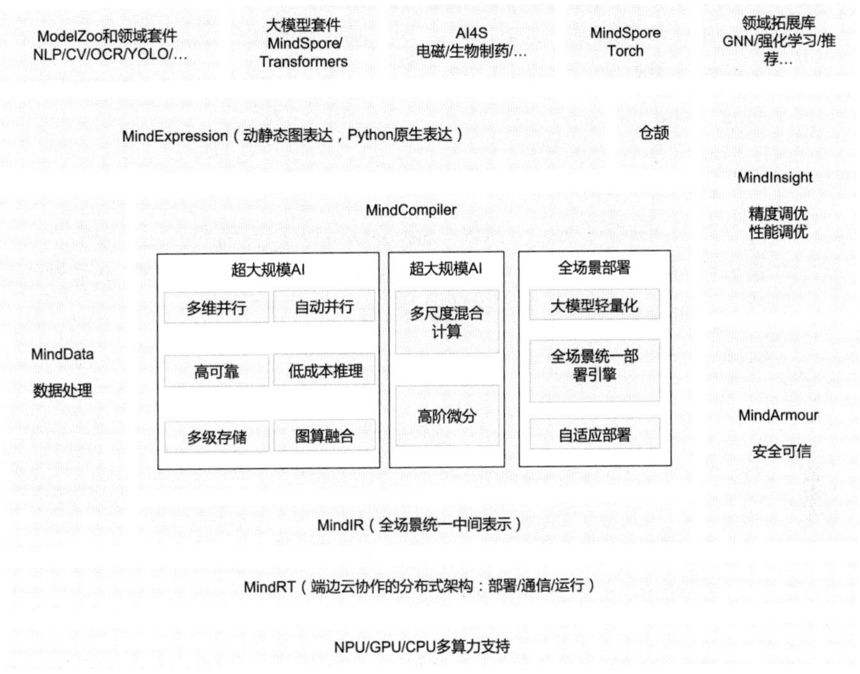

图 20.5.2

20.5.2　昇思 MindSpore 特性

昇思 MindSpore 为开发者提供 Python 等语言的编程范式。借助基于源码转换，开发者可以使用原生 Python 控制语法和其他一些高级 API，如元组（Tuple）、列表（List）和 Lambda 表达。

1. 前端编程

昇思 MindSpore 提供面向对象和面向函数的编程范式。开发者可以基于 nn.cell 类派生定义所需功能的 AI 网络或网络的某一层（Layer），并可通过对象的嵌套调用的方式将已定义的各种 Layer 进行组装，完成整个 AI 网络的定义。同时开发者也可以定义一个可被昇思 MindSpore 源到源编译转换的 Python 纯函数，通过昇思 MindSpore 提供的函数或装饰器，将其加速执行。

下面分别介绍昇思 MindSpore 支持的几类编程范式及其简单示例。

1）面向对象编程

面向对象编程（Object-oriented programming，OOP），是指一种将程序分解为封装数据及相关操作的模块（类）而进行的编程方式，对象为类（Class）的实例。面向对象编程将对象作为程序的基本单元，将程序和数据封装其中，以提高软件的重用性、灵活性和扩展性，对象里的程序可以访问及经常修改对象相关联的数据。

在一般的编程场景中，代码（Code）和数据（Data）是两个核心构成部分。面向对象编程是针对特定对象（Object）来设计数据结构、定义类（Class）。类通常由以下两部分构成，分别对应了 code 和 data：

- 方法（Method）；
- 属性（Attribute）。

对于同一个 Class 实例化（Instantiation）后得到的不同对象而言，方法和属性相同，不同的是属性的值。不同的属性值决定了对象的内部状态，因此 OOP 能够很好地进行状态管理。

下面为 Python 构造简单类的示例：

```python
class Sample: #class declaration

    def __init__(self, name): # class constructor (code)
        self.name = name # attribute (data)

    def set_name(self, name): # method declaration (code)
        self.name = name # method implementation (code)
```

对于构造神经网络来说，首要的组件就是网络层（Layer），一个神经网络层包含以下部分：

- Tensor 操作（Operation）；
- 权重（Weight）。

此二者恰好与类的方法和属性一一对应，同时权重本身就是神经网络层的内部状态，因此使用类来构造 Layer 天然符合其定义。此外，我们在编程时希望使用神经网络层进行堆叠，构造深度神经网络，使用 OOP 编程可以很容易地通过 Layer 对象组合构造新的 Layer 类。

除神经网络层的构造使用面向对象编程范式外，昇思 MindSpore 支持纯面向对象编程方式构造神经网络训练逻辑，此时神经网络的前向计算、反向传播、梯度优化等操作均使用类进行构造。下面是纯面向对象编程的示例：

```python
import mindspore
import mindspore.nn as nn
from mindspore import value_and_grad


class TrainOneStepCell(nn.Cell):

    def __init__(self, network, optimizer):
        super().__init__()
        self.network = network
        self.optimizer = optimizer
        self.grad_fn = value_and_grad(self.network, None,
                                      self.optimizer.parameters)

    def construct(self, *inputs):
        loss, grads = self.grad_fn(*inputs)
        self.optimizer(grads)
        return loss
```

```
network = nn.Dense(5, 3)
loss_fn = nn.BCEWithLogitsLoss()
network_with_loss = nn.WithLossCell(network, loss_fn)
optimizer = nn.SGD(network.trainable_params(), 0.001)
trainer = TrainOneStepCell(network_with_loss, optimizer)
```

此时，神经网络及其训练过程均使用继承 nn.Cell 的类进行管理，可以方便地作为计算图进行编译加速。

2）函数式编程

函数式编程（Functional Programming）是一种将计算机运算视为函数运算，并且避免使用程序状态以及可变对象的编程范式。

在函数式编程中，函数被视为"一等公民"，这意味着它们可以绑定到名称（包括本地标识符），作为参数传递，并从其他函数返回，就像任何其他数据类型一样。这允许以声明性和可组合的风格编写程序，其中小功能以模块化方式组合。

函数式编程有时被视为纯函数式编程的同义词，是将所有函数视为确定性数学函数或纯函数的函数式编程的一个子集。当使用一些给定参数调用纯函数时，它将始终返回相同的结果，并且不受任何可变状态或其他副作用的影响。

函数式编程有两个核心特点，使其十分符合科学计算的需要：

- 编程函数语义与数学函数语义完全对等；
- 确定性，给定相同输入必然返回相同输出。无副作用。

由于确定性这一特点，通过限制副作用，程序可以有更少的错误，更容易调试和测试，更适合形式验证。下面是使用函数式编程的示例：

```
import mindspore.numpy as mnp
from mindspore import grad

grad_tanh = grad(mnp.tanh)
print(grad_tanh(2.0))
# 0.070650816

print(grad(grad(mnp.tanh))(2.0))
print(grad(grad(grad(mnp.tanh)))(2.0))
# -0.13621868
# 0.25265405
```

配合函数式编程范式的需要，昇思 MindSpore 提供了多种函数变换接口，涵盖自动微分、自动向量化、自动并行、即时编译、数据下沉等功能模块，下面简单进行介绍：

- 自动微分：grad、value_and_grad，提供微分函数变换功能。
- 自动向量化：vamp，用于沿参数轴映射函数 fn 的高阶函数。
- 自动并行：shard，函数式算子切分，指定函数输入/输出 Tensor 的分布策略。
- 即时编译：jit，将 Python 函数编译为一张可调用的 MindSpore 图。
- 数据下沉：data_sink，对输入的函数进行变换，获得可使用数据下沉模式的函数。

基于上述函数变换接口，在使用函数式编程范式时可以快速高效地使用函数变换实现复杂的功能。

3）融合编程

下面是函数式+面向对象融合编程的典型过程：

- 用类构建神经网络；
- 实例化神经网络对象；
- 构造前向函数，连接神经网络和损失函数；
- 使用函数变换，获得梯度计算（反向传播）函数；
- 构造训练过程函数；
- 调用函数进行训练。

下面是函数式+面向对象融合编程的简单示例：

```python
# Class definition
class Net(nn.Cell):
    def __init__(self):
        ......
    def construct(self, inputs):
        ......

# Object instantiation
net = Net() # network
loss_fn = nn.CrossEntropyLoss() # loss function
optimizer = nn.Adam(net.trainable_params(), lr) # optimizer

# define forward function
def forword_fn(inputs, targets):
    logits = net(inputs)
    loss = loss_fn(logits, targets)
    return loss, logits

# get grad function
grad_fn = value_and_grad(forward_fn, None, optim.parameters, has_aux=True)

# define train step function
def train_step(inputs, targets):
    # get values and gradients
    (loss, logits), grads = grad_fn(inputs, targets)
    optimizer(grads) # update gradient
    return loss, logits

for i in range(epochs):
    for inputs, targets in dataset():
        loss = train_step(inputs, targets)
```

如上述示例，在神经网络构造时，使用面向对象编程，神经网络层的构造方式符合 AI 编程的习惯。在进行前向计算和反向传播时，昇思 MindSpore 使用函数式编程，将前向计算构造为函数，然后通过函数变换，获得 grad_fn，最后通过执行 grad_fn 获得权重对应的梯度。

通过函数式+面向对象融合编程，既保证了神经网络构建的易用性，同时提高了前向计算和反向传播等训练过程的灵活性，是昇思 MindSpore 推荐的默认编程范式。

4）函数式微分编程

目前主流的 AI 框架有 3 种自动微分技术：

● 基于静态计算图的转换：在编译时将网络转换为静态数据流图，然后将链式规则转换为数据流图，实现自动微分。

● 基于动态计算图的转换：以算子重载的方式记录前向执行时网络的操作轨迹，然后将链式规则应用到动态生成的数据流图中，实现自动微分。

● 基于源码的转换：该技术是从函数式编程框架演化而来，对中间表示（程序在编译过程中的表达形式），以即时编译的形式进行自动微分变换，支持复杂的流程控制场景、高阶函数和闭包。基于源码转化的自动微分如图 20.5.3 所示。

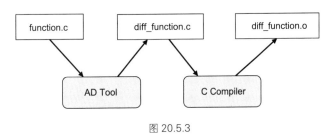

图 20.5.3

昇思 MindSpore 开发了一种新的策略，即基于源码转换的自动微分。一方面，它支持流程控制的自动微分，使得构建像 PyTorch 这样的模型非常方便。另一方面，它可以对神经网络进行静态编译优化，从而获得良好的性能。

昇思 MindSpore 自动微分的实现可以理解为对程序本身进行符号微分，因为 MindSpore IR 是函数式的中间表示，它与基本代数中的复合函数有直观的对应关系，只要已知基础函数的求导公式，就能推导出由任意基础函数组成的复合函数的求导公式。MindSpore IR 中每个原语操作可以对应为基础代数中的基础函数，这些基础函数可以构建更复杂的流程控制。

2．动静统一

传统 AI 框架主要有 2 种编程执行形态：静态图模式和动态图模式。

静态图模式基于开发者调用的框架接口，在编译执行时先生成神经网络的图结构，然后再执行图中涉及的计算操作。静态图模式能有效感知神经网络各层算子间的关系情况，基于编译技术进行有效的编译优化以提升性能。

但传统静态图需要开发者感知构图接口，组建或调试网络比较复杂，且难于与常用 Python 库、自定义 Python 函数进行穿插使用。动态图模式能有效解决静态图的编程较复杂的问题，但由于程序按照代码的编写顺序执行，系统难于进行整图编译优化，导致相对性能优化空间较少，特别面向 DSA 等专有硬件的优化比较难于使能。

昇思 MindSpore 基于源码转换机制构建神经网络的图结构，因此相比传统的静态图模式，能有更易用的表达能力，同时也能更好地兼容动态图和静态图的编程接口。

比如面向控制流，动态图可以直接基于 Python 的控制流关键字编程；而静态图需要基于特殊的控制流算子编程或者需要开发者编程指示控制流执行分支。这导致了动态图和静态图编程差异大。

而昇思 MindSpore 的源码转换机制，可基于 Python 控制流关键字，直接使能静态图模式的执行，使得动静态图的编程统一性更高。同时开发者基于昇思 MindSpore 的接口，可以灵活地对 Python 代码片段进行动静态图模式控制。即可以将程序局部函数以静态图模式执行而同时其他函数按照动态图模式执行，从而使得在与常用 Python 库、自定义 Python 函数进行穿插执行使用时，开发者可以灵活指定函数片段进行静态图优化加速，而不牺牲穿插执行的编程易用性。

1）静态编译机制

昇思 MindSpore 框架在静态图模式下，先将 Python 代码编译成静态计算图，然后执行静态计算图。通过 MindCompiler 编译器将 Python 代码的 AST 表示转换成 ANF 范式的 MindIR 表示，并基于 MindIR 表示展开编译优化和自动微分处理。MindIR 是一种基于图表示的函数式 IR，从函数式编程规定来看，它与 Python 语言命令式编程是有所区别的，开发者编写程序时需要遵循昇思 MindSpore 静态图语法支持，语法使用存在约束限制。

JIT Fallback 是从静态图的角度出发考虑静动统一。通过 JIT Fallback 特性，静态图可以支持尽量多的动态图语法，使得静态图提供接近动态图的语法使用体验，从而实现动静统一。JIT Fallback 特性主要作用于 MindCompiler 编译器，应用于图模式场景下的 Python 语法解析和支持，将纯底层算子执行的计算图改造成开发者的 Python 代码和算子执行交替混合执行的计算图。主要过程如图 20.5.4 所示，总结如下：

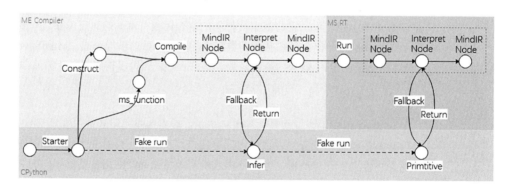

图 20.5.4

（1）检测不支持语法。在图编译阶段，识别检测出图模式不支持的 Python 语法。

（2）生成解释节点。针对不支持的 Python 语法，将相关语句保留下来，生成解释节点，并将解释节点转换为 ANF IR 表示。

（3）推导和执行解释节点。解释节点有两种执行方式：编译时执行和运行时执行。解释节点是在编译时进行推导的，一般而言，解释节点尽量在编译时执行，另一种方式则是在运行时执行。

2）动静混合编程

在昇思 MindSpore 中，称动态图模式为 PyNative 模式，因为代码使用 Python 解释器在该模式下运行。在动态图模式下，框架按照 Python 执行模型的所有算子，为每个算子生成计算图，并将计算图传递给后端进行前向计算。在完成前向计算的同时，根据前向算子所对应的反向传播源码，转换成单算子反向图，最终在完成整体模型的前向计算后，生成模型对应的完整反向图，并传递给后端进行执行。

由于编译器能获得静态图的全局信息，所以静态图在大多数情况下都表现出更好的运行性能。而动态图可以保证更好的易用性，使开发者能够更加方便地构建和修改模型。为了同时支持静态图和动态图，大多数先进的训练框架需要维护两种自动微分机制，即基于 Tape 的自动微分机制和基于图的自动微分机制。

3. 端边云全场景

昇思 MindSpore 是训推一体的 AI 框架，同时支持训练和推理等功能。同时昇思 MindSpore 支持 CPU、GPU、NPU 等多种芯片，并且在不同芯片上提供统一的编程使用接口以及可生成在多种硬件上加载执行的离线模型。按照实际执行环境和业务需求，提供多种规格的版本形态，支持部署在云侧、服务器端、手机等嵌入式设备端以及耳机等超轻量级设备端上的部署执行。

1）轻量化推理

轻量化推理是将训练好的模型部署到运行环境中进行推理的过程，模型部署的过程中需要解决训练模型到推理模型的转换，硬件资源对模型的限制，模型推理的时延、功耗、内存占用等指标对整个系统的影响以及模型的安全等一系列的问题。

- 模型完成训练后，需要将模型及参数持久化成文件，不同的训练框架导出的模型文件中存储的数据结构不同，这给模型的推理系统带来了不便。推理系统为了支持不同的训练框架的模型，需要将模型文件中的数据转换成统一的数据结构。此外，在训练模型转换成推理模型的过程中，需要进行一些如算子融合、常量折叠等模型的优化以提升推理的性能。

- 推理模型部署到不同的场景，需要满足不同的硬件设备的限制，例如，在具有强大算力的计算中心或数据中心的服务器上可以部署大规模的模型，而在边缘侧服务器、个人电脑以及智能手机上，算力和内存则相对有限，部署的模型的规模就相应地要降低。在超低功耗的微控制器上，则只能部署非常简单的机器学习模型。此外，不同硬件对于不同数据类型（如 FP32、FP16、BF16、INT8 等）的支持程度也不相同。为了满足这些硬件的限制，在有些场景下需要对训练好的模型进行压缩，降低模型的复杂度或者数据的精度，减少模型的参数，以适应硬件的限制。

- 模型部署到运行环境中执行推理，推理的时延、内存占用、功耗等是影响开发者使用的关键因素，优化模型推理的方式有两种，一是设计专有的机器学习的芯片，相对于通用的计算芯片，这些专有芯片一般在能效比上具有很大的优势。二是通过软硬协同最大限度地发挥硬件的能力。对于第二种方式，以 CPU 为例，如何切分数据块以满足 Cache 大小，如何对数据进行重排以便计算时可以连续访问，如何减少计算时的数据依赖以提升硬件流水线的并行，如何使用扩展指令集以提升计算性能，这些都需要针对不同的 CPU 架构进行设计和优化。

2）联邦学习

随着人工智能的飞速发展，大规模和高质量的数据对模型的效果和用户的体验都变得越来越重要。与此同时，数据的利用率成为制约人工智能进一步发展的瓶颈。隐私、监管和工程等问题造成了设备与设备之间的数据不能共享，进而导致了数据孤岛问题的出现。为了解决这一难题，联邦学习（Federated Learning，FL）应运而生。联邦学习的概念最早在 2016 年被提出来。在满足用户隐私保护、数据安全和政府法规的要求下，联邦学习能有效地使用多方机构的数据进行机器学习建模。

MindSpore Federated 是华为昇思 MindSpore 提出的一款开源联邦学习框架，支持千万级无状态终端设备商用化部署，在用户数据留存在本地的情况下，使能全场景智能应用。MindSpore Federated 专注于大规模参与方的横向联邦的应用场景，使参与联邦学习的各用户在不共享本地数据的前提下共建 AI 模型。MindSpore Federated 主要解决隐私安全、大规模联邦聚合、半监督联邦学习、通信压缩和跨平台部署等联邦学习在工业场景部署的难点。

4. 极致性能

昇思 MindSpore 基于编译技术，提供了丰富的硬件无关优化，如 IR 融合、代数简化、常量折叠、公共子表达式消除等。同时昇思 MindSpore 针对 NPU、GPU 等不同硬件，也提供各种硬件优化能力，从而更好地发挥硬件的大规模计算加速能力。

昇思 MindSpore 除了提供传统 AI 框架常用优化，还提供了一些比较有特色的技术。

1）图算融合

昇思 MindSpore 等主流 AI 计算框架对开发者提供的算子通常是从开发者可理解、易使用角度进行定义。每个算子承载的计算量不等，计算复杂度也各不相同。但从硬件执行角度看，这种天然的、基于开发者角度的算子计算量划分并不高效，也无法充分发挥硬件资源计算能力。主要体现在：

- 计算量过大、过复杂的算子，通常很难生成切分较好的高性能算子，从而降低设备利用率；

- 计算量过小的算子，由于计算无法有效隐藏数据搬移开销，也可能会造成计算的空等时延，从而降低设备利用率；

- 硬件 Device 通常为多核、众核结构，当算子 Shape 较小或其他原因引起计算并行度不够时，可能会造成部分核的空闲，从而降低设备利用率。特别是基于专用处理器架构（Domain Specific Architecture，DSA）的芯片对这些因素更为敏感。如何最大化发挥硬件算力性能的同时使算子也能具备较好的易用性，一直以来是一个很大的挑战。

在 AI 框架设计方面，目前业界主流采用图层和算子层分层的实现方法。图层负责对计算图进行融合或重组，算子层负责将融合或重组后的算子编译为高性能的可执行算子。

图层通常采用基于 Tensor 的 High-Level IR 的处理和优化，算子层则采用基于计算指令的 Low-Level IR 进行分析和优化。这种人为分层处理显著增加了图、算两层进行协同优化的难度。昇思 MindSpore 在过去几年的技术实践中，采用图算融合的技术较好地解决了这个问题。

2）Ascend 加速

昇腾硬件上集成了 AICORE、AICPU 和 CPU。其中，AICORE 负责大型 Tensor Vector 运算，AICPU 负责标量运算，CPU 负责逻辑控制和任务分发。

Host 侧 CPU 负责将图或算子下发到昇腾芯片。昇腾芯片由于具备了运算、逻辑控制和任务分发的功能，所以不需要与 Host 侧的 CPU 进行频繁的交互，只需要将计算完的最终结果返回给 Host 侧，实现整图下沉到 Device 执行，避免 Host-Device 频繁交互，减小了开销。

为了充分使用昇腾芯片硬件功能，打造极致性能，昇思 MindSpore 提供了整图下沉功能，目的是减少 Host-Device 交互开销，有效地提升训练与推理的性能。

昇思 MindSpore 构建的图包含数据图和计算图，通过将数据图下沉和计算图下沉的方式，减少 Host-Device 交互开销。且结合循环下沉可以实现多个 Step 下沉，进一步减少 Host 和 Device 的交互次数。

3）梯度累积

梯度累积是一种将训练神经网络的数据样本按 Batch Size 拆分为几个小 Batch 的方式，然后按顺序进行计算（图 20.5.5）。

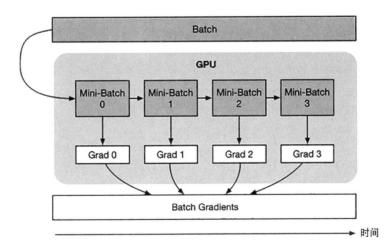

图 20.5.5

神经网络模型由许多相互连接的神经网络单元组成，在所有神经网络层中，样本数据会不断前向传播。在通过所有层后，网络模型会输出样本的预测值，通过损失函数然后计算每个样本的损失值（误差）。神经网络通过反向传播，去计算损失值相对于模型参数的梯度。最后这些梯度信息用于对网络模型中的参数进行更新。

4）自适应梯度求和

与传统的分布式训练中的梯度更新不同，自适应梯度求和考虑到梯度的方向。在网络训练初期，不同 Batch 获得的梯度更新方向基本是平行的，但是随着训练进行，梯度更新方向趋向于正交。而且网络的不同层梯度更新的正交性差异也是比较大的。

另外，在实际应用过程中，为了优化通信开销，通常会采取 Adasum 和传统 Reducesum 混合的执行方式，如图 20.5.6 所示。

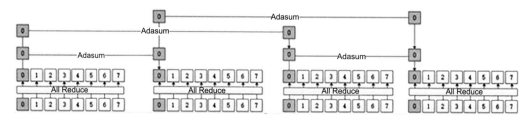

图 20.5.6

小结与思考

- 昇思 MindSpore 是华为推出的全场景 AI 计算框架，通过统一架构支持端边云的 AI 算法研究与部署，简化开发流程，并提升效率与性能。
- MindSpore 的架构由模型层、表达层、编译优化层和运行时层组成，实现了从高级 API 到硬件算子的全栈优化，保证了执行效率。
- 该框架支持面向对象和函数式编程范式，以及动静态图统一编程，提供了灵活性和易用性，同时保持高性能。
- MindSpore 在端边云全场景下的应用包括轻量化推理、联邦学习、图算融合和 Ascend 加速等技术，以极致性能满足不同硬件和场景需求。

第21章 自 动 微 分

21.1 引 言

本章主要是围绕 AI 框架或者训练平台的自动微分功能进行介绍，实际上自动微分贯穿整个 AI 框架的全流程。没有了自动微分，也就没有了 AI 框架最核心的功能。

实际上除了前向的表示是用户手动地去构建，反向的表示、自动微分的实现、前向和反向的链接关系都是由 AI 框架里面的自动微分功能去实现的。因此说自动微分功能在 AI 框架里面是非常的重要。

微分在数学中的定义：y 是 x 的函数（$y = f(x)$），从简单的 xy 坐标系来看，自变数 x 有微小的变化量时($\mathrm{d}/\mathrm{d}x$)，应变数 y 也会跟着变动，但 x 和 y 的变化量都是极小的。当 x 有极小的变化量时，我们称对 x 微分。微分主要用于线性函数的改变量，这是微积分的基本概念之一。

在实现自动微分的具体过程中，主要有 2 种实现模式，前向微分和反向微分。前向微分和反向微分为了在数学上方便表达，会引入一个雅可比原理，或者叫作雅可比矩阵。

对微分进行表示，不过这仅限于数学表示，实际上更多的是通过以下三种方法实现：①表达式或者图的方式；②操作符重载；③源码转换。

本章最后畅想了自动微分的未来和挑战，回答了这些问题：我们到底要不要学一个 AI 框架呢？学模型算法和原理才是核心？AI 框架未来的核心点机制将会如何演进？

21.2 什么是微分

自动微分（Automatic Differentiation，AD）是一种对计算机程序进行高效准确求导的技术，一直被广泛应用于计算流体力学、大气科学、工业设计仿真优化等领域。

本节将从常见的微分方法开始介绍，然后深入自动微分基本概念。

21.2.1 计算机求导方法

对计算机程序求导的方法可以归纳为以下 4 种（图 21.2.1）（Baydin et al.，2018）：

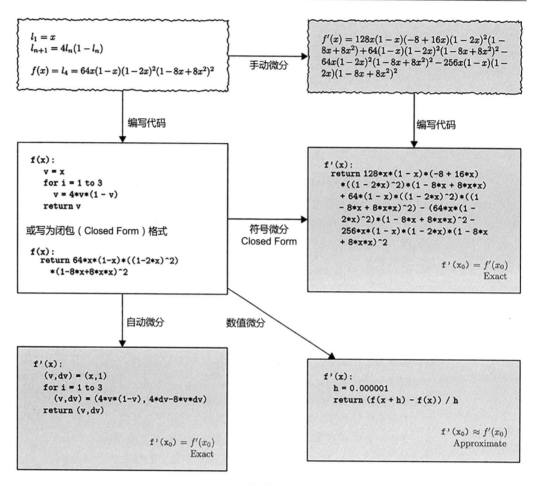

图 21.2.1

● **手动微分法**（**Manual Differentiation**）：手动求导并编写对应的结果程序，依据链式法则解出梯度公式，代入数值，得到梯度。

● **数值微分法**（**Numerical Differentiation**）：利用导数的原始定义，通过有限差分近似方法完成求导，直接求解微分值。

● **符号微分法**（**Symbolic Differentiation**）：基于数学规则和程序表达式变换完成求导。利用求导规则对表达式进行自动计算，其计算结果是导函数的表达式而非具体的数值。即，先求解析解，然后转换为程序，再通过程序计算出函数的梯度。

● **自动微分法**（**Automatic Differentiation**）：介于数值微分和符号微分之间的方法，采用类似有向图的计算来求解微分值，也是本节介绍的重点。

下面对这 4 种不同的计算机求导方法进行详细说明。

21.2.2　手动微分

手动微分就是对每一个目标函数都需要手动写出求导公式，然后依照公式编写代码，代入数值，求出最终梯度。

这种方法准确有效，但是不适合工程实现，因为通用性和灵活性很差，每一次我们修改算法模型，都要修改对应的梯度求解算法。如果模型复杂或者项目频繁反复迭代，那么工作量将会是巨大的。

如图 21.2.1 中手动微分所示，会把原始的计算公式根据链式求导法则进行展开。

21.2.3　数值微分

数值微分方式应该是最直接而且简单的一种自动求导方式，使用差分近似方法完成，其本质是根据导数的定义推导而来。

$$f'(x) = \lim_{h \to 0} \frac{f(x+h) - f(x)}{h}$$

当 h 取很小的数值，比如 0.000001 时，导数是可以利用差分来近似计算出来的。只需要给出函数值以及自变量的差值，数值微分算法就可计算出导数值。单侧差分公式根据导数的定义直接近似计算某一点处的导数值。观察导数的定义容易想到，当 h 充分小时，可以用差商 $\frac{f(x+h) - f(x)}{h}$ 近似导数结果。而近似的一部分误差（截断误差，Truncation Error）可以由泰勒公式中的二阶及二阶后的所有余项给出：

$$f(x \pm h) = f(x) \pm hf'(x) + \frac{h^2}{2!}f''(x) \pm \frac{h^3}{3!}f'''(x) + \cdots + \frac{(\pm h)^n}{n!}f^{(n)}(x)$$

因此数值微分中常用的计算方式及其对应的截断误差可以归纳为三种。

- 前向差商（Forward Difference）：

$$\frac{\partial f(x)}{\partial x} \approx \frac{f(x+h) - f(x)}{h}$$

其阶段误差为 $O(h)$。

- 反向差商（Reverse Difference）：

$$\frac{\partial f(x)}{\partial x} \approx \frac{f(x) - f(x-h)}{h}$$

其阶段误差为 $O(h)$。

- 中心差商（Center Difference）：

$$\frac{\partial f(x)}{\partial x} \approx \frac{f(x+h) - f(x-h)}{2h}$$

其阶段误差为 $O(h^2)$。

可以看出，数值微分中的截断误差与步长 h 有关，h 越小则截断误差越小，近似程度越高。

但实际情况数值微分的精确度并不会随着 h 的减小而无限减小，因为计算机系统中对于浮点数的运算由于其表达方式存在另外一种误差——舍入误差（Round-off Error），舍入误差则会随着 h 变小而逐渐增大。

因此在截断误差和舍入误差的共同作用下，数值微分的精度将会形成一个变化的函数，并在某一个 h 值处达到最小值（图 21.2.2）（Baydin et al.，2018）。

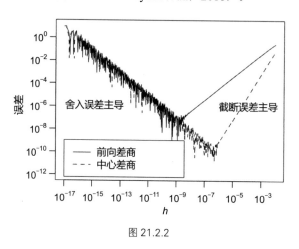

图 21.2.2

为了缓解截断错误，提出了中心微分近似（Center Difference Approximation），这方法仍然无法解决舍入误差，只是减少误差，但是它比单侧差分公式有更小的误差和更好的稳定性：

$$\frac{\partial f(x)}{\partial x} \approx \frac{f(x+h) - f(x-h)}{2h} + O(h^2)$$

数值微分的优点是：

- 具有计算适用性，对大部分表达式适用；
- 对用户显式地隐藏了求导过程；
- 简单、容易实现。

数值微分的缺点是：

- 计算量大，求解速度最慢，因为每计算一个参数的导数，都需要重新计算。
- 引入误差，因为是数值逼近，所以会存在不可靠、不稳定的情况，无法获得一个相对准确的导数值。如果 h 选取不当，可能会得到与符号相反的结果，导致误差增大。
- 引入截断错误，在数值计算中 h 无法真正取零导致的近似误差。
- 引入舍入误差，在计算过程中出现的对小数位数的不断舍入会导致求导过程中的误差不断累积。

21.2.4　符号微分

符号微分属符号计算的范畴，利用链式求导规则对表达式进行自动计算，其计算结果是导函数的表达式。符号计算用于求解数学中的公式解，得到的是解的表达式而非具体的数值。

符号微分适合符号表达式的自动求导，符号微分的原理是用下面的简单求导规则，对计算机程序中的表达式进行递归变换来完成求导，从而替代手动微分：

$$\frac{\partial}{\partial x}((f(x)+g(x))=\frac{\partial}{\partial x}f(x)+\frac{\partial}{\partial x}g(x)$$

另外有

$$\frac{\partial}{\partial x}(f(x)g(x))=\left(\frac{\partial}{\partial x}f(x)\right)g(x)+f(x)\left(\frac{\partial}{\partial x}g(x)\right)$$

由于变换过程中并不涉及具体的数值计算且数学上严格等价，因此其可以大大减小微分结果的误差（仅存在变换完成后计算过程中的舍入误差）。除此之外，符号微分的计算方式使其还能用于类似极值 $\frac{\partial}{\partial x}f(x)=0$ 的数学问题求解。

符号微分计算出的表达式需要用字符串或其他数据结构存储，如表达式树。因为符号微分的这些优点，其也在包括 Mathematica、Maple、Matlab、Maxima 等现代代数系统工具软件中使用。

但符号微分的最大弊病在于，其对表达式的严格展开和变换也导致了所谓的表达式膨胀（Expression Swell）问题。以递归表达式为例：

$$l_{n+1}=4l_n(1-l_n)$$

表 21.2.1 给出了表达式膨胀的具体内容。

表 21.2.1　递归表达式 $l_{n+1}=4l_n(1-l_n)$，$l_1=x$ 的表达式膨胀（**Baydin et al.，2018**）

n	l_n	$\dfrac{\mathrm{d}}{\mathrm{d}x}l_n$	$\dfrac{\mathrm{d}}{\mathrm{d}x}l_n$ (化简格式)
1	x	1	1
2	$4x(1-x)$	$4(1-x)-4x$	$4-8x$
3	$16x(1-x)(1-2x)^2$	$16(1-x)(1-2x)^2$ $-16x(1-2x)^2$ $-64x(1-x)(1-2x)$	$16(1-10x+24x^2-16x^3)$
4	$64x(1-x)(1-2x)^2$ $(1-8x+8x^2)^2$	$128x(1-x)(-8+16x)(1-2x)^2(1-8x+8x^2)$ $+64(1-x)(1-2x)^2(1-8x+8x^2)^2$ $-64x(1-2x)^2(1-8x+8x^2)^2$ $-256x(1-x)(1-2x)(1-8x+8x^2)^2$	$64(1-42x+504x^2-2640x^3$ $+7040x^4-9984x^5$ $+7168x^6-2048x^7)$

可以看到在不同的迭代中其符号微分的结果相比人工简化后的结果复杂很多，且复杂程度随着迭代次数的增多而增大。

符号微分的优点是：

- 简单、容易实现；
- 精度高，可适用于更复杂的数学问题求解等场景。

符号微分的缺点是：

- 表达式复杂时候，求导结果存在表达式膨胀问题；
- 表达式必须是闭包形式，即必须能写成完整数学表达式，不能有编程语言中的循环结构、条件结构等，才能将整个问题转换为一个纯数学符号问题。

21.2.5 自动微分

其实，对于机器学习中的应用，不需要得到导数的表达式，只需计算函数在某一点处的导数值，即对应神经网络、深度学习在确定层数中某个神经元的导数值。

1. 基本原理

自动微分是介于数值微分和符号微分之间的方法，采用类似有向图的计算来求解微分值。

- 数值微分：直接代入数值近似求解。
- 符号微分：对代数表达式求解析解，再代入数值进行计算。
- 自动微分：对基本算子（函数）应用符号微分法，其次代入数值进行计算，保留中间结果，最后通过链式求导法将中间结果应用于整个函数。这样可以做到完全向用户隐藏微分求解过程，也可以灵活与编程语言的循环结构、条件结构等结合起来。

使用自动微分和不使用自动微分对代码总体改动非常小，由于它实际是一种图计算，可以对其做很多优化，所以该方法在现代深度学习系统中得到广泛应用。

2. 数学基础

在计算链式法则之前，我们先回顾一下复合函数。复合函数在本质上就是有关函数的函数（Function of Functions）。它将一个函数的返回值作为参数传递给另一个函数，并且将另一个函数的返回值作为参数再传递给下一个函数，也就是函数套函数，把几个简单的函数复合为一个较为复杂的函数。

链式法则是微积分中的求导法则，用于求一个复合函数的导数，是微积分的求导运算中一种常用方法。复合函数的导数将是构成复合这有限个函数在相应点的导数的乘积，就像锁链一样一环套一环，故称链式法则。

自动微分的思想则是将计算机程序中的运算操作分解为一个有限的基本操作集合，且集合中基本操作的求导规则均为已知在完成每一个基本操作的求导后，使用链式法则将结果组合得

到整体程序的求导结果。即

$$(f \cdot g)'(x) = f'(g(x))g'(x)$$

比如对下式进行求导：

$$y = \sin(x^2 + 1)$$

链式求导，令

$$f(x) = \sin(x), g(x) = x^2 + 1$$

有

$$(f(g(x)))' = f'(g(x))g'(x) = [\sin(x^2 + 1)]' \cdot 2x = 2\cos(x^2 + 1) \cdot x$$

3. 自动微分精髓

自动微分的精髓在于它发现了微分计算的本质：微分计算就是一系列有限的可微算子的组合。

自动微分先将符号微分法应用于最基本的算子，比如常数、幂函数、指数函数、对数函数、三角函数等，然后代入数值，保留中间结果，最后再通过链式求导法则应用于整个函数。

通过将链式求导法则应用到这些运算上，我们能以任意精度自动地计算导数，而且最多只比原始程序多一个常数级的运算。

以如下为例，这是原始公式：

$$y = f(g(h(x))) = f(g(h(w_0))) = f(g(w_1)) = f(w_2) = w_3$$

自动微分以链式法则为基础，把公式中一些部分整理出来成为一些新变量，然后用这些新变量整体替换这个公式，于是得到：

$$w_0 = x$$
$$w_1 = h(w_0)$$
$$w_2 = g(w_1)$$
$$w_3 = f(w_2) = y$$

然后把这些新变量作为节点，依据运算逻辑把公式整理成一张有向无环图（DAG）。即原始函数建立计算图，数据前向传播，计算出中间节点，并记录计算图中的节点依赖关系。

因此，自动微分可以被认为是将一个复杂的数学运算过程分解为一系列简单的基本运算，其中每一项基本运算都可以通过查表得出来。其优缺点总结如下：

- 优点：精度高，无表达式膨胀问题；
- 缺点：需要存储一些中间求导结果，内存占用会增加。

小结与思考

- 自动微分是一种高效准确的计算机程序求导技术，广泛应用于多个领域，包括机器学习，与编程语言、计算框架紧密相关，是 AI 框架的核心功能。

- 计算机求导方法包括手动微分法、数值微分法、符号微分法和自动微分法，每种方法都有其适用场景和优缺点。
- 自动微分结合了数值微分和符号微分的优点，通过构建计算图和应用链式法则，能够精确计算复杂函数的导数，适用于深度学习等领域，但会增加内存占用。

21.3 微分计算模式

自动微分分为前向微分和反向微分两种实现模式，不同的实现模式有不同的机制和计算逻辑，而无论哪种模式都离不开雅可比矩阵，所以我们也会深入了解一下雅可比矩阵的原理。

21.3.1 雅可比矩阵

在向量微积分中，雅可比（Jacobi）矩阵是一阶偏导数以一定方式排列成的矩阵，其行列式称为雅可比行列式。雅可比矩阵的重要性在于它体现了一个可微方程与给出点的最优线性逼近。

雅可比矩阵表示两个向量所有可能的偏导数。它是一个向量相对于另一个向量的梯度，其实现的是 n 维向量到 m 维向量的映射。

在矢量运算中，雅可比矩阵是基于函数对所有变量一阶偏导数的数值矩阵，当输入个数等于输出个数时又称为雅可比行列式。

假设输入向量 $x \in R^n$，而输出向量 $y \in R^m$，则雅可比矩阵定义为

$$J_f = \begin{bmatrix} \dfrac{\partial y_1}{\partial x_1} & \cdots & \dfrac{\partial y_1}{\partial x_n} \\ \vdots & & \vdots \\ \dfrac{\partial y_m}{\partial x_1} & \cdots & \dfrac{\partial y_m}{\partial x_n} \end{bmatrix}$$

21.3.2 微分计算模式

根据对分解后的基本操作求导和链式法则组合顺序的不同，自动微分可以分为两种模式：

- 前向自动微分模式（Forward Automatic Differentiation，也叫作 Tangent Mode AD）或者前向累积梯度；
- 反向自动微分模式（Reverse Automatic Differentiation，也叫作 Adjoint Mode AD）或者说反向累积梯度。

1. 计算模式区别

两种自动微分模式都通过递归方式来求 dy/dx，只不过根据链式法则展开的形式不太一样。

前向累积梯度会指定从内到外的链式法则遍历路径，即先计算 dw_1/dx，再计算 dw_2/dw_1，最

后计算 $\mathrm{d}y/\mathrm{d}w_2$。即，前向模式是在计算图前向传播的同时计算微分。因此前向模式的一次前向传播就可以计算出输出值和导数值。

$$\frac{\mathrm{d}w_i}{\mathrm{d}x} = \frac{\mathrm{d}w_i}{\mathrm{d}w_{i-1}}\frac{\mathrm{d}w_{i-1}}{\mathrm{d}x}$$

反向累积梯度正好相反，它会先计算 $\mathrm{d}y/\mathrm{d}w_2$，然后计算 $\mathrm{d}w_2/\mathrm{d}w_1$，最后计算 $\mathrm{d}w_1/\mathrm{d}x$。这是最为熟悉的反向传播模式，它非常符合**沿模型误差反向传播**这一直观思路。即，反向模式需要对计算图进行一次前向计算，得出输出值，再进行反向传播。反向模式需要保存前向传播的中间变量值（比如 w_i，这些中间变量值在反向传播时被用来计算导数，所以反向模式的内存开销更大）。

$$\frac{\mathrm{d}y}{\mathrm{d}w_i} = \frac{\mathrm{d}y}{\mathrm{d}w_{i+1}}\frac{\mathrm{d}w_{i+1}}{\mathrm{d}w_i}$$

如图 21.3.1 所示，前向自动微分和反向自动微分分别计算了雅可比矩阵的一列和一行。

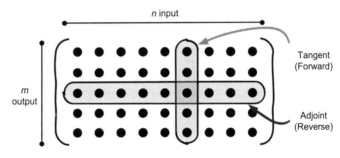

图 21.3.1

前向自动微分可以在一次程序计算中通过链式法则，得到

$$\frac{\partial x^k}{\partial x_j^0} = \frac{\partial x^k}{\partial x^{k-1}}\frac{\partial x^{k-1}}{\partial x_j^0}$$

递推得到雅可比矩阵中与单个输入有关的参数，即雅可比矩阵的一列。

反向自动微分利用链式法则，得到

$$\frac{\partial x_i^L}{\partial x^k} = \frac{\partial x_i^L}{\partial x^{k+1}}\frac{\partial x^{k+1}}{\partial x^k}$$

可以仅通过一次对计算过程的遍历得到雅可比矩阵的一行。但它的导数链式法则传递方向和程序执行方向相反，所以需要在程序计算过程中记录一些额外的信息来辅助求导，这些辅助信息包括计算图和计算过程的中间变量。

2. 样例

我们以下面的公式为例，首先把它转换成一个计算图：

$$f(x_1, x_2) = \ln(x_1) + x_1 x_2 - \sin(x_2)$$

- 输入变量：自变量维度为 n，这里 $n = 2$，输入变量就是 x_1, x_2。
- 中间变量：中间变量是 v_{-1} 到 v_5，在计算过程中，只需要针对这些中间变量做处理即可将符号微分法应用于最基本的算子，然后代入数值，保留中间结果，最后再应用于整个函数。
- 输出变量：假设输出变量维度为 m，这里 $m = 1$，输出变量就是 y_1，也就是 $f(x_1, x_2)$。

转化成如图 21.3.2 所示 DAG（有向无环图）结构之后，我们可以很容易分步计算函数的值，并求取它每一步的导数值，然后，我们把 $\mathrm{d}f/\mathrm{d}x_1$ 求导过程利用链式法则表示成如下的形式：

$$\frac{\mathrm{d}f}{\mathrm{d}x_1} = \frac{\mathrm{d}v_{-1}}{\mathrm{d}x_1} \cdot \left(\frac{\mathrm{d}v_1}{\mathrm{d}v_{-1}} \cdot \frac{\mathrm{d}v_4}{\mathrm{d}v_1} + \frac{\mathrm{d}v_2}{\mathrm{d}v_{-1}} \cdot \frac{\mathrm{d}v_4}{\mathrm{d}v_2} \right) \cdot \frac{\mathrm{d}v_5}{\mathrm{d}v_4} \cdot \frac{\mathrm{d}f}{\mathrm{d}v_5}$$

整个求导可以被拆成一系列微分算子的组合。

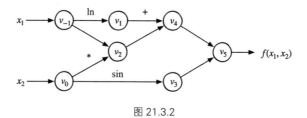

图 21.3.2

21.3.3 前向模式

前向模式从计算图的起点开始，沿着计算图边的方向依次向前计算，最终到达计算图的终点。它根据自变量的值计算出计算图中每个节点的值以及其导数值，并保留中间结果，直到得到整个函数的值和其导数值。整个过程对应于一元复合函数求导时从最内层逐步向外层求导。

同样，仍以下面公式为例：

$$f(x_1, x_2) = \ln(x_1) + x_1 x_2 - \sin(x_2)$$

图 21.3.3 中是前向模式的计算过程（Baydin et al.，2018），左半部分是从左往右每个图节点的求值结果和计算过程，右半部分是每个节点对 x_1 的求导结果和计算过程。图中 $\dot{v}_i$ 表示 v_i 对 x_1 的偏导数，即

$$\dot{v}_i = \frac{\partial v_i}{\partial x_1}$$

在该示例中，我们希望计算函数在 $x_1 = 2$，$x_2 = 5$ 处的导数 $\mathrm{d}y/\mathrm{d}x_1$，即

$$\dot{y}_j = \frac{\partial y_j}{\partial x_i}$$

Forward Primal Trace			Forward Tangent (Derivative) Trace		
$v_{-1} = x_1$	$= 2$		$\dot{v}_{-1} = \dot{x}_1$	$= 1$	
$v_0 = x_2$	$= 5$		$\dot{v}_0 = \dot{x}_2$	$= 0$	
$v_1 = \ln v_{-1}$	$= \ln 2$		$\dot{v}_1 = \dot{v}_{-1}/v_{-1}$	$= 1/2$	
$v_2 = v_{-1} \times v_0$	$= 2 \times 5$		$\dot{v}_2 = \dot{v}_{-1} \times v_0 + \dot{v}_0 \times v_{-1}$	$= 1 \times 5 + 0 \times 2$	
$v_3 = \sin v_0$	$= \sin 5$		$\dot{v}_3 = \dot{v}_0 \times \cos v_0$	$= 0 \times \cos 5$	
$v_4 = v_1 + v_2$	$= 0.693 + 10$		$\dot{v}_4 = \dot{v}_1 + \dot{v}_2$	$= 0.5 + 5$	
$v_5 = v_4 - v_3$	$= 10.693 + 0.959$		$\dot{v}_5 = \dot{v}_4 - \dot{v}_3$	$= 5.5 - 0$	
$y = v_5$	$= 11.652$		$\dot{y} = \dot{v}_5$	$= 5.5$	

图 21.3.3

可以看出，左侧是源程序分解后得到的基本操作集合，而右侧则是每一个基本操作根据已知的求导规则和链式法则由上至下计算的求导结果。

1. 计算过程

根据图 21.3.3 左边的 Forward Primal Trace 直接计算公式，对于节点数值的计算如下：

（1）给输入节点赋值，$v_{-1} = x_1 = 2, v_0 = x_2 = 5$；

（2）计算 v_1 节点，$v_1 = \ln v_{-1} = \ln x_1 = \ln 2$；

（3）计算 v_2 节点，节点 v_2 依赖于 v_{-1} 和 v_0，$v_2 = 10$；

（4）计算 v_3 节点，$v_3 = \sin v_0 = \sin 5$；

（5）计算 v_4 节点，$v_4 = v_1 + v_2 = 0.693 + 10$；

（6）计算 v_5 节点，$v_5 = v_4 - v_3 = 10.693 + 0.959$；

（7）最终 $y = v_5 = 11.652$。

此时，已经得到了图 21.3.3 中所有节点的数值。前向自动微分模式中（图右边 Forward Tangent Trace），在计算节点数值的同时，也一起计算导数，假设求 dy/dx_1，则是从输入开始计算：

（1）计算 v_{-1} 节点对于 x_1 的梯度，$v_{-1} = x_1$，所以 $\dfrac{\partial v_{-1}}{\partial x_1} = 1$；

（2）计算 v_0 节点对于 x_1 的梯度：$v_0 = x_2$，所以 $\dfrac{\partial v_0}{\partial x_1} = 0$；

（3）计算 v_1 节点对于 x_1 的梯度：$\dfrac{\partial v_1}{\partial x_1} = 0.5$；

（4）计算 v_2 节点对于 x_1 的梯度：$\dfrac{\partial v_2}{\partial x_1} = \dfrac{\partial v_{-1}}{\partial x_1}v_0 + \dfrac{\partial v_0}{\partial x_1}v_{-1} = 5$；

（5）计算 v_3 节点对于 x_1 的梯度：$\dfrac{\partial v_3}{\partial x_1} = \dfrac{\partial v_0}{\partial x_1}\cos v_0 = 0$；

（6）计算 v_4 节点对于 x_1 的梯度：$\dfrac{\partial v_4}{\partial x_1} = \dfrac{\partial v_1}{\partial x_1} + \dfrac{\partial v_2}{\partial x_1} = 0.5 + 5$；

（7）计算 v_5 节点对于 x_1 的梯度：$\dfrac{\partial v_5}{\partial x_1} = 5.5 - 0$；

（8）因此，得到 $\dfrac{\partial y}{\partial x_1} = \dfrac{\partial v_5}{\partial x_1} = 5.5$。

从计算过程来看，自动微分的前向模式实际上与我们在微积分里所学的求导过程一致。

2. 雅可比-向量矩阵

把上述过程当做雅可比矩阵求解问题，假设一个函数有 n 个输入变量 x_i，m 个输出变量 y_j，即输入向量 $x \in \mathbf{R}^n$，$y \in \mathbf{R}^m$，则这个的映射是

$$f : \mathbf{R}^n \to \mathbf{R}^m$$

在这种情况下，每个自动微分前向传播计算的时候，初始输入被设置为 $\dot{x}_i = 1$，其余被设置为 0。对应雅可比矩阵定义为

$$J_f = \begin{bmatrix} \dfrac{\partial y_1}{\partial x_1} & \cdots & \dfrac{\partial y_1}{\partial x_n} \\ \vdots & & \vdots \\ \dfrac{\partial y_m}{\partial x_1} & \cdots & \dfrac{\partial y_m}{\partial x_n} \end{bmatrix}$$

一次前向计算，可以求出雅可比矩阵的一列数据，如 $x_3 = 1$ 对应就可以求出来第 3 列。Tangent Mode AD 可以在一次程序计算中，通过链式法则递推得到雅可比矩阵中与单个输入有关的部分，即雅可比矩阵的一列。

如果想用前向模式求对所有输入的导数，需要计算 n 次才能求出所有列。

进一步，设置 $\dot{x} = r$，可以在一次前向传播中直接计算雅可比-向量乘积：

$$J_f \cdot r = \begin{bmatrix} \dfrac{\partial y_1}{\partial x_1} & \cdots & \dfrac{\partial y_1}{\partial x_n} \\ \vdots & & \vdots \\ \dfrac{\partial y_m}{\partial x_1} & \cdots & \dfrac{\partial y_m}{\partial x_n} \end{bmatrix} \begin{bmatrix} r_1 \\ \vdots \\ r_n \end{bmatrix}$$

最终我们可以递归得到本次迭代的计算目标：雅可比矩阵中的第 i 行。

3. 优缺点

前向模式的优点：

- 实现起来简单；
- 不需要很多额外的内存空间。

前向模式的缺点：

● 每次前向计算只能对一个自变量求偏导数，对于一元函数求导是高效的，但是机器学习模型的自参数（入参）数量级大。

● 如果有一个函数，其输入有 n 个，输出有 m 个，对于每个输入来说，前向模式都需要遍历计算过程以得到当前输入的导数，求解整个函数梯度需要 n 遍如上计算过程。

21.3.4 反向模式

反向自动微分同样是基于链式法则。仅需要一个前向过程和反向过程，就可以计算所有参数的导数或者梯度。因为需要结合前向和反向两个过程，因此反向自动微分会使用一个特殊的数据结构，来存储计算过程。

对于这个特殊的数据结构，TensorFlow 或 MindSpore 是把所有的操作以一张图的方式存储下来，这张图可以是一个有向无环的计算图；而 PyTorch 则是使用 Tape 来记录每一个操作，它们都表达了函数和变量的关系。

反向模式从后向前计算，依次得到每个中间变量节点的偏导数，直至到达自变量节点处，从而得到每个输入的偏导数。在每个节点处，根据该节点的后续节点（前向传播中的后续节点）计算其导数值。

整个过程对应于多元复合函数求导时从最外层逐步向内侧求导。这样可以有效地把各个节点的梯度计算解耦开，每次只需要关注计算图中当前节点的梯度计算。

图 21.3.4 中虚线是反向模式，可以看出，反向模式和前向模式是一对相反过程，反向模式从最终结果开始求导，利用最终输出对每一个节点进行求导。

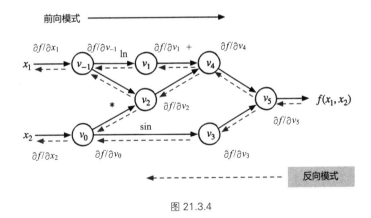

图 21.3.4

1. 计算过程

前向和反向两种模式的过程表达如图 21.3.5 所示（Baydin et al., 2018），左列为前向计算函数值的过程，与前向计算时相同，右列为反向计算导数值的过程。

反向模式的计算过程如图所示，其中：

$$\bar{v}_i = \frac{\partial y}{\partial v_i}$$

根据链式求导法则展开有

$$\frac{\partial f}{\partial x} = \sum_{k=1}^{N} \frac{\partial f}{\partial v_k} \frac{\partial v_k}{\partial x}$$

可以看出，左侧是源程序分解后得到的基本操作集合，而右侧则是每一个基本操作根据已知的求导规则和链式法则**由下至上**计算的求导结果。

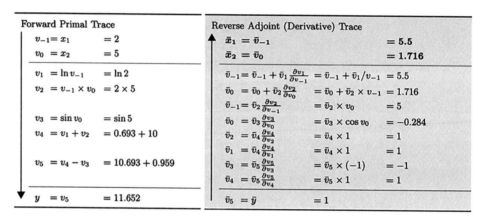

图 21.3.5

（1）计算 y 对 v_5 的导数值，即 $\bar{v}_5 = \bar{y} = 1$；

（2）计算 y 对 v_4 的导数值，$\bar{v}_4 = \bar{v}_5 \frac{\partial v_5}{\partial v_4} = 1$；

（3）计算 y 对 v_3 的导数值，$\bar{v}_3 = \bar{v}_5 \frac{\partial v_5}{\partial v_3} = -1$；

（4）计算 y 对 v_1 的导数值，$\bar{v}_1 = \bar{v}_4 \frac{\partial v_4}{\partial v_1} = 1$；

（5）计算 y 对 v_2 的导数值，$\bar{v}_2 = \bar{v}_4 \frac{\partial v_4}{\partial v_2} = 1$；

（6）接下来要计算 y 对 v_0 的导数值和 y 对 v_{-1} 的导数值，因为 v_0 和 v_{-1} 后续都有两个节点，因此需要分开计算；

（7）计算 $\frac{\partial v_3}{\partial v_0} = \cos v_0 = 0.284$；

（8）计算 $\dfrac{\partial v_2}{\partial v_0} = v_{-1} = 2$ ；

（9）计算 $\dfrac{\partial v_2}{\partial v_{-1}} = v_0 = 5$ ；

（10）计算 $\dfrac{\partial v_1}{\partial v_{-1}} = \dfrac{1}{x_1} = 0.5$ 。

到目前为止，我们已经计算出了所有步骤的偏导数的数值。现在需要计算 $\overline{v}_1$ 和 $\overline{v}_2$ 。计算 $\overline{v}_1$ 从最后的位置往前到自变量 x_1 ，有多条路径，需要将每条路径上的数值连乘得到一个乘积数值，然后将这多条路径的乘积数值相加得到最后的结果。

从 y 到 x_1 的路径有两条，分别是

（1）$v_5 \rightarrow v_4 \rightarrow v_1 \rightarrow v_{-1}$ ，其数值乘积是 $1 \times 1 \times 0.5 = 0.5$ ；

（2）$v_5 \rightarrow v_4 \rightarrow v_2 \rightarrow v_{-1}$ ，其数值乘积是 $1 \times 1 \times 5 = 5$ 。

因此，$\overline{v}_{-1} = 0.5 + 5 = 5.5$ ，同理有 $\overline{v}_0 = 2.0 - 0.284 = 1.716$ 。

2. 优缺点

前向模式在计算中，计算图各个节点的数值和该节点的导数可同步求出，但是代价就是对于多个输入需要多次计算。

反向模式的优点：

● 通过一次反向传输，就可计算出所有偏导数，中间的偏导数只需计算一次；

● 减少了重复计算的工作量，在多参数的时候反向自动微分的时间复杂度更低。

反向模式的缺点：

● 需要额外的数据结构记录前向过程的计算操作，用于反向传输；

● 大量内存占用，为了减少内存占用，需要对 AI 框架进行各种优化，因此也带来了额外限制和副作用。

21.3.5　前向模式和反向模式比较

前向自动微分和反向自动微分分别计算雅可比矩阵的一列和一行。

前向模式和反向模式的主要差异在于矩阵相乘的起始之处不同。

当输出维度小于输入维度，反向模式的乘法次数要小于前向模式。因此，当输出的维度大于输入时，适宜使用前向模式微分；当输出维度远远小于输入时，适宜使用反向模式微分。

即反向自动微分更加适合多参数的情况，多参数时反向自动微分的时间复杂度更低，只需要一遍反向自动的计算过程，便可以求出输出对于各个输入的导数，从而轻松求取梯度用于后续优化更新。

因此，目前大部分 AI 框架都会优先采用反向模式，但是也有 AI 框架同时支持正反向的实

现模式，例如 MindSpore。

小结与思考

- 自动微分包含前向微分和反向微分两种模式，它们通过不同的计算逻辑来求导，都依赖于雅可比矩阵来体现函数的线性逼近。
- 前向微分从输入向输出逐步累积梯度，适用于输入参数较少的情况，实现简单但可能需要多次计算来获取所有输入的导数。
- 反向微分从输出反向累积梯度至输入，适合多参数优化，时间复杂度低，但需要额外内存记录计算过程，是大多数 AI 框架优先采用的模式。

21.4　微分实现方式

在实际代码实现的过程中，前向模式只是提供一个原理性的指导，真正编码过程会有很多细节需要打开，例如如何解析表达式，如何记录反向求导表达式的操作等。本节中，希望通过介绍目前比较热门的方法给大家普及一下自动微分的具体实现。

21.4.1　微分实现关键步骤

了解自动微分的不同实现方式非常有用。在这里，我们将介绍主要的自动微分实现方法。前文我们介绍了自动微分的基本数学原理，可以将自动微分的关键步骤总结为：

- 分解程序为一系列已知微分规则的基础表达式的组合；
- 根据已知微分规则给出各基础表达式的微分结果；
- 根据基础表达式间的数据依赖关系，使用链式法则将微分结果组合完成程序的微分结果。

虽然自动微分的数学原理已经明确，包括前向和反向的数学逻辑和模式。但具体的实现方法可以有很大的差异，2018 年，Baydin 等学者在其综述论文 *Automatic Differentiation in Machine Learning: a Survey* 中将自动微分实现方案划分为三类：

- **基本表达式**：基本表达式又称元素库（Elemental Libraries），封装了一系列基本的表达式（如：加减乘除等）及其对应的微分结果表达式，作为库函数。用户通过调用库函数构建需要被微分的程序。而封装后的库函数在运行时会记录所有的基本表达式和相应的组合关系，最后使用链式法则对上述基本表达式的微分结果进行组合，完成自动微分。
- **操作符重载**：操作符重载又称运算符重载（Operator Overloading，OO），利用现代语言的多态特性（例如 C++/Java/Python 等高级语言），使用操作符重载对语言中基本运算表达式的微分规则进行封装。同样，重载后的操作符在运行时会记录所有的操作符和相应的组合关系，最后使用链式法则对上述基本表达式的微分结果进行组合，完成自动微分。
- **源代码变换**：源代码变换又称源码转换（Source Code Transformation，SCT），是通过对语言预处理器、编译器或解释器的扩展，将其中程序表达（如：源码、抽象语法树 AST 或编译过程中的中间表示 IR）的基本表达式微分规则进行预定义，再对程序表达进行分析得到基本表达式的组合关系，最后使用链式法则对上述基本表达式的微分结果进行组合，生成对应微分结果的新程序表达，完成自动微分。

任何 AD 实现中主要考虑的一个因素是 AD 运算时引入的性能开销。就计算复杂性而言，AD 需要保证算术量增加不超过一个小的常数因子。另一方面，如果不谨慎管理 AD 算法，可能会带来很大的开销。例如，简单地分配数据结构来保存对偶数（前向运算和反向求导），将涉及每个算术运算的内存访问和分配，这通常比现代计算机上的算术运算更昂贵。同样，使用运算符重载可能会引入伴随成本的方法分派，与原始函数的原始数值计算相比，这很容易导致一个数量级的减速。

表 21.4.1 回顾了一些比较通用的 AD 实现。

表 21.4.1 通用的 AD 实现

语言	工具	类型	模式	项目机构	链接
C, C++	ADIC	ST	F, R	Argonne National Laboratory	http://www.mcs.anl.gov/research/projects/adic/
	ADOL-C	OO	F, R	Computational Infrastructure for Operations Research	https://projects.coin-or.org/ADOL-C
C++	Ceres Solver	LIB	F	Google	http://ceres-solver.org/
	CppAD	OO	F, R	Computational Infrastructure for Operations Research	http://www.coin-or.org/CppAD/
	FADBAD++	OO	F, R	Technical University of Denmark	http://www.fadbad.com/fadbad.html
C#	AutoDiff	LIB	R	George Mason Univ., Dept. of Computer Science	http://autodiff.codeplex.com/
Fortran	ADIFOR	ST	F, R	Argonne National Laboratory	http://www.mcs.anl.gov/research/projects/adifor/
	NAGWare	COM	F, R	Numerical Algorithms Group	http://www.nag.co.uk/nagware/Research/ad_overview.asp
	TAMC	ST	R	Max Planck Institute for Meteorology	http://autodiff.com/tamc/
Fortran, C	COSY	INT	F	Michigan State Univ., Biomedical and Physical Sci.	http://www.bt.pa.msu.edu/index_cosy.htm
	Tapenade	ST	F, R	INRIA Sophia-Antipolis	http://www-sop.inria.fr/tropics/tapenade.html
Haskell	ad	OO	F, R	Haskell package	http://hackage.haskell.org/package/ad

续表

语言	工具	类型	模式	项目机构	链接

Java	ADiJaC	ST	F, R	University Politehnica of Bucharest	http://adijac.cs.pub.ro
	Deriva	LIB	R	Java & Clojure library	https://github.com/lambder/Deriva
Julia	JuliaDiff	OO	F, R	Julia packages	http://www.juliadiff.org/
Lua	torch-autograd	OO	R	Twitter Cortex	https://github.com/twitter/torch-autograd
Python	ad	OO	R	Python package	https://pypi.python.org/pypi/ad
	autograd	OO	F, R	Harvard Intelligent Probabilistic Systems Group	https://github.com/HIPS/autograd
	Chainer	OO	R	Preferred Networks	https://chainer.org/
	PyTorch	OO	R	PyTorch core team	http://pytorch.org/
	Tangent	ST	F, R	Google Brain	https://github.com/google/tangent

注：F: Forward, R: Reverse; COM: Compiler, INT: Interpreter, LIB: Library, OO: Operator overloading, ST: Source transformation

21.4.2　基本表达式

基本表达式是程序中实现自动微分中计算的最基本的类别或者表达式，通过调用自动微分中的库，代替数学逻辑运算来工作。在函数定义中使用库公开的方法，这意味着在编写代码时，需手动将函数分解为基本操作。

这个方法从自动微分刚出现的时候就已经被广泛地使用，典型的例子是 Lawson（1971）的 WCOMP 和 UCOMP 库、Neidinger（1989）的 APL 库、Hinkins（1994）的工作等。同样，Rich 和 Hill（1992）使用基本表达式法在 MATLAB 中制定了他们的自动微分实现。

以下面的公式为例：

$$f(x_1, x_2) = \ln(x_1) + x_1 x_2 - \sin(x_2)$$

用户首先需要手动将公式中的各个操作，或者叫作子函数，分解为库函数中基本表达式组合：

```
t1 = log(x)
t3 = sin(x)
t2 = x1 * x2
t4 = x1 + x2
t5 = x1 - x2
```

使用给定的库函数，完成上述函数的程序设计：

```
// 参数为变量 x,y,t 和对应的导数变量 dx,dy,dt
def ADAdd(x, y, dx, dy, t, dt)

// 同理对上面的公式实现对应的函数
def ADSub(x, y, dx, dy, t, dt)
def ADMul(x, y, dx, dy, t, dt)
def ADLog(x, dx, t, dt)
def ADSin(x, dx, t, dt)
```

而库函数中则定义了对应表达式的数学微分规则和对应的链式法则：

```
// 参数为变量 x,y,t 和对应的导数变量 dx,dy,dt
def ADAdd(x, y, dx, dy, t, dt):
    t = x + y
    dt = dy + dx

// 参数为变量 x,y,t 和对应的导数变量 dx,dy,dt
def ADSub(x, y, dx, dy, t, dt):
    t = x - y
    dt = dy - dx

// ... 以此类推
```

针对上面公式的基本表达式法，可以按照下面示例代码来实现前向的推理功能，反向其实也是一样，不过调用代码更复杂一点：

```
x1 = xxx
x2 = xxx
t1 = ADlog(x1)
t2 = ADSin(x2)
t3 = ADMul(x1, x2)
t4 = ADAdd(t1, t3)
t5 = ADSub(t4, t2)
```

基本表达式法的**优点**可以总结如下：

● 实现简单，基本可在任意语言中快速地实现为库。

基本表达式法的**缺点**可以总结如下：

● 用户必须使用库函数进行编程，而无法使用语言原生的运算表达式；

● 实现逻辑和代码会冗余较长，依赖于开发人员较强的数学背景。

在没有操作符重载 AD 的 20 世纪 80 年代到 90 年代初期，基本表达式法是计算机中实现自动微分功能最简单和快捷的策略。

21.4.3　操作符重载

在具有多态特性的现代编程语言中，运算符重载提供了实现自动微分的最直接方式，利用编程语言的第一特性（First Class Feature），重新定义了微分基本操作语义的能力。

在 C++中使用运算符重载实现的流行工具是 ADOL-C（Walther and Griewank，2012）。ADOL-C 要求对变量使用 AD 的类型，并在 Tape 数据结构中记录变量的算术运算，随后可以在反向模式 AD 计算期间"回放"。FADBAD++库（Bendtsen and Stauning，1996）使用模板和运算符重载为 C++实现自动微分。对于 Python 语言来说，autograd 提供前向和反向模式自动微分，支持高阶导数。

在机器学习 ML 或者深度学习 DL 领域，目前 AI 框架中使用操作符重载的一个典型代表是 PyTorch，其中使用数据结构 Tape 来记录计算流程，在反向模式求解梯度的过程中进行操作符重载。

（1）操作符重载来实现自动微分的功能中，很重要的是利用高级语言的特性。下面简单看看伪代码，这里面我们定义一个特殊的数据结构 Variable，然后基于 Variable 重载一系列的操作，如 __mul__ 代替*操作。

```
class Variable:
    def __init__(self, value):
        self.value = value

    def __mul__(self, other):
        return ops_mul(self, other)

    # 同样重载各种不同的基础操作
    def __add__(self, other)
    def __sub__(self, other)
    def __div__(self, other)
```

（2）实现操作符重载后的计算。

```
def ops_mul(self, other):
    x = Variable(self.value * other.value)
```

（3）接着通过一个 Tape 的数据结构，来记录每次 Variable 执行计算的顺序，Tape 主要是记录前向的计算，把输入、输出和执行运算的操作符记录下来。

```
class Tape(NamedTuple):
    inputs : []
    outputs : []
    propagate : (inputs, outpus)
```

（4）因为大部分 ML 系统或者 AI 框架采用的是反向模式，因此最后会逆向遍历 Tape 里面的数据（相当于反向传播或者反向模式的过程），然后累积反向计算的梯度。

```
# 反向求导的过程，类似于 PyTorch 的 backward 接口
def grad(l, results):

    # 通过 reversed 操作把带有梯度信息的 tape 逆向遍历
    for entry in reversed(gradient_tape):
        # 进行梯度累积，反向传播给上一次的操作计算
        dl_d[input] += dl_dinput
```

当然，我们会在下一节中带着大家亲自通过操作符重载实现一个前向的自动微分和反向的自动微分。下面总结一下操作符重载的基本流程：

- 预定义特定的数据结构，并对该数据结构重载相应的基本运算操作符；
- 程序在实际执行时会将相应表达式的操作类型和输入输出信息记录至特殊数据结构中；
- 得到特殊数据结构后，将对数据结构进行遍历并对其中记录的基本运算操作进行微分；
- 通过链式法则将结果进行组合，完成自动微分。

操作符重载法的**优点**可以总结如下：

- 实现简单，只要求语言提供多态的特性能力；

- 易用性高，重载操作符后与使用原生语言的编程方式类似。

操作符重载法的**缺点**可以总结如下：

- 需要显式地构造特殊数据结构和对特殊数据结构进行大量读写、遍历操作，这些额外数据结构和操作的引入不利于高阶微分的实现；
- 对于一些类似 if、while 等控制流表达式，难以通过操作符重载进行微分规则定义。对于这些操作的处理会退化成基本表达式方法中特定函数封装的方式，难以使用语言原生的控制流表达式。

21.4.4　源码转换

源码转换的实现提供了对编程语言的扩展，可自动将算法分解为支持自动微分的基本操作。通常作为预处理器执行，以将扩展语言的输入转换为原始语言。简单来说就是利用源语言来实现领域扩展语言 DSL 的操作方式。

源码转换的经典实例包括 Fortran 预处理器 GRESS（Horwedel et al., 1988）和 PADRE2（Kubo and Iri，1990），在编译之前将启用 AD 的 Fortran 变体转换为标准 Fortran。类似地，ADIFOR 工具（Bischof et al.，1996）给定一个 Fortran 源代码，生成一个增强代码，其中除了原始结果之外还计算所有指定的偏导数。对于以 ANSI C 编码的过程，ADIC 工具（Bischof et al.，1997）在指定因变量和自变量之后将 AD 实现为源码转换。Tapenade（Pascual and Hascoët，2008；Hascoët and Pascual，2013）是过去 10 年中 SCT 的流行工具，它为 Fortran 和 C 程序实现前向和反向模式 AD。

作为基于解释器实现的一个例子，代数建模语言 AMPL（Fourer et al., 2002）可以用数学符号表示目标和约束，系统从中推导出活动变量并安排必要的 AD 计算。此类别中的其他示例包括基于类似 Algol 的 DIFALG 语言的 FM/FAD 包（Mazourik, 1991），以及类似于 Pascal 的面向对象的 COZY 语言（Berz et al., 1996）。

而华为全场景 AI 框架 MindSpore 则是基于 Python 语言使用源码转换实现 AD 的正反向模式，并采用了函数式编程的风格，该机制可以用控制流表示复杂的组合。函数被转换成函数中间表示，中间表示构造出一个能够在不同设备上解析和执行的计算图。在执行前，计算图上应用了多种软硬件协同优化技术，以提升端、边、云等不同场景下的性能和效率。

其主要流程是：分析获得源程序的 AST 表达形式；然后基于 AST 完成基本表达式的分解和微分操作；再通过遍历 AST 得到基本表达式间的依赖关系，从而应用链式法则完成自动微分。

因为源码转换涉及底层的抽象语法树、编译执行等细节，因此这里就不给出伪代码了，我们通过图 21.4.1 来简单了解下 SCT 的一般性过程。

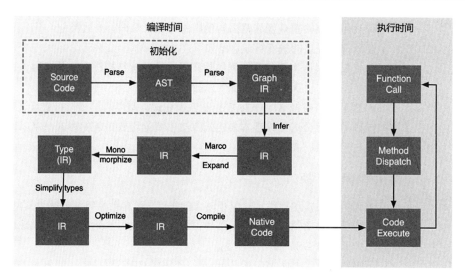

图 21.4.1

从图 21.4.1 中可以看到，源码转换的整体流程分为编译时间和执行时间，以 MindSpore 为例，其在运行之前的第一个 Epoch 会等待一段时间，是因为需要对源码进行编译、转换、解析等一系列的操作。然后在运行时则会比较顺畅，直接对数据和代码不断地按照计算机指令来高速执行。

编译阶段，在初始化过程中会对源码进行 Parse，转换成为抽象语法树 AST，接着转换为基于图表示的 IR，这个基于图的 IR 从概念上可以理解为计算图，神经网络层数通过图表示会比较直观。

接着对 Graph IR 进行一些初级的类型推导，特别是针对 Tensor/List/Str 等不同的基础数据表示，然后进行宏展开和语言单态化，最后再对变量或者自变量进行类型推导。从图 21.4.1 中可以看到，很多地方出现了不同形式的 IR，IR 其实是编译器中常用的一个中间表示概念，在编译的 Pass 中会有很多处理流程，每一步处理流程产生一个 IR，交给下一个 Pass 进行处理。

最后通过 LLVM 或者其他不同的底层编译器，最后把 IR 编译成机器码，然后就可以真正地在运行时执行起来。

源码转换法的**优点**可以总结如下：

● 支持更多的数据类型（原生和用户自定义的数据类型）+原生语言操作（基本数学运算操作和控制流操作）；

● 高阶微分中实现容易，不用每次使用 Tape 来记录高阶的微分中产生的大量变量，而是统一通过编译器进行额外变量和重计算等优化；

● 进一步提升性能，没有产生额外的 Tape 数据结构和 tape 读写操作，除了利于实现高阶微分以外，还能够对计算表达式进行统一的编译优化。

源码转换法的**缺点**可以总结如下：

- 实现复杂，需要扩展语言的预处理器、编译器或解释器，深入计算机体系和底层编译；
- 支持更多数据类型和操作，用户自由度虽然更高，但同时更容易写出不支持的代码从而导致错误；
- 微分结果以代码的形式存在，在执行计算的过程中，特别是深度学习中，若大量使用 for 循环过程中间出现错误，或者数据处理流程中出现错误，并不利于深度调试。

小结与思考

- 自动微分的实现方式主要有基本表达式法、操作符重载法和源码转换法，它们分别通过不同的技术手段实现程序的自动求导。
- 基本表达式法通过直接使用库函数代替原生运算来构建微分程序，易于实现但编程不够直观且可能冗余。
- 操作符重载法利用语言特性重定义运算符，实现自动微分，易于使用且与原生语言编程类似，但可能引入额外的性能开销。
- 源码转换法通过扩展编程语言的预处理器或编译器，自动将算法分解为基本操作，实现高效自动微分，但实现复杂且可能影响调试。

21.5 动手实现自动微分

本节将介绍自动微分怎么实现，因为代码量非常小，读者也可以尝试写一个。前面的章节当中，已经把自动微分的原理深入浅出地讲了一下，也引用了非常多的论文。有兴趣的可以顺着 Baydin 等（2018）的综述深入了解一下。

21.5.1 前向自动微分原理

了解自动微分的不同实现方式非常有用。在这里，我们将介绍主要的前向自动微分，通过 Python 这个高级语言来实现操作符重载。在 21.3.3 节我们介绍了前向自动微分的基本数学原理。

前向自动微分确实简单，可以总结其关键步骤为：

- 分解程序为一系列已知微分规则的基础表达式的组合；
- 根据已知微分规则给出各基础表达式的微分结果；
- 根据基础表达式间的数据依赖关系，使用链式法则将微分结果组合，完成程序的微分结果。

而通过 Python 高级语言，进行操作符重载后的关键步骤其实也相类似：

- 分解程序为一系列已知微分规则的基础表达式组合，并使用高级语言的重载操作；
- 在重载运算操作的过程中，根据已知微分规则给出各基础表达式的微分结果；
- 根据基础表达式间的数据依赖关系，使用链式法则将微分结果组合，完成程序的微分结果。

21.5.2 具体实现

首先，我们需要加载通用的 Numpy 库用于实际运算，如果不用 Numpy，在 Python 中也可以使用 Math 来代替。

```python
import numpy as np
```

前向自动微分又叫作 Tangent Mode AD，所以我们准备一个叫作 ADTangent 的类，这个类初始化的时候有两个参数，一个是 x，表示输入具体的数值；另外一个是 dx，表示经过对自变量 x 求导后的值。

需要注意的是，操作符重载自动微分不像源码转换可以给出求导的公式，一般而言不会给出求导公式，而是直接给出最后的求导值，所以就会有 dx 的出现。

```python
class ADTangent:

    # 自变量 x, 对自变量进行求导得到的 dx
    def __init__(self, x, dx):
        self.x = x
        self.dx = dx

    # 重载 str 是为了方便打印的时候, 看到输入的值和求导后的值
    def __str__(self):
        context = f'value:{self.x:.4f}, grad:{self.dx}'
        return context
```

下面是核心代码，也就是操作符重载的内容，在 ADTangent 类中通过 Python 私有函数重载加号，首先检查输入的变量 Other 是否属于 ADTangent，如果是那么则把两者的自变量 x 相加。

其中值得注意的就是 dx 的计算，因为是前向自动微分，因此每一个前向的计算都会有对应的反向求导计算。求导的过程是这个程序的核心，不过不用担心的是这都是最基础的求导法则。最后返回自身的对象 ADTangent(x, dx)。

```python
    def __add__(self, other):
        if isinstance(other, ADTangent):
            x = self.x + other.x
            dx = self.dx + other.dx
        elif isinstance(other, float):
            x = self.x + other
            dx = self.dx
        else:
            return NotImplementedError
        return ADTangent(x, dx)
```

下面则是对减号、乘法、log、sin 几个操作进行操作符重载，前向的重载过程比较简单，基本都是按照上面的 **add** 代码讨论来实现。

```python
    def __sub__(self, other):
        if isinstance(other, ADTangent):
            x = self.x - other.x
            dx = self.dx - other.dx
```

```
    elif isinstance(other, float):
        x = self.x - other
        dx = self.dx
    else:
        return NotImplementedError
    return ADTangent(x, dx)

def __mul__(self, other):
    if isinstance(other, ADTangent):
        x = self.x * other.x
        dx = self.x * other.dx + self.dx * other.x
    elif isinstance(other, float):
        x = self.x * other
        dx = self.dx * other
    else:
        return NotImplementedError
    return ADTangent(x, dx)

def log(self):
    x = np.log(self.x)
    dx = 1 / self.x * self.dx
    return ADTangent(x, dx)

def sin(self):
    x = np.sin(self.x)
    dx = self.dx * np.cos(self.x)
    return ADTangent(x, dx)
```

以下面公式为例：

$$f(x_1, x_2) = \ln(x_1) + x_1 x_2 - \sin(x_2)$$

因为是基于 ADTangent 类进行操作符重载，因此自变量 *x* 和 *y* 的值需要使用 ADTangent 来初始化，然后通过代码 f = ADTangent.log(x) + x * y - ADTangent.sin(y) 来实现。

由于这里是求 *f* 关于自变量 *x* 的导数，因此初始化数据的时候，自变量 *x* 的 d*x* 设置为 1，而自变量 *y* 的 d*x* 设置为 0。

```
x = ADTangent(x=2., dx=1)
y = ADTangent(x=5., dx=0)
f = ADTangent.log(x) + x * y - ADTangent.sin(y)
print(f)
    value:11.6521, grad:5.5
```

从输出结果来看，前向计算的输出结果跟图 21.3.3 相同，而反向的导数求导结果也与图 21.3.3 相同。

下面给出 PyTorch 和 MindSpore 的实现结果对比。可以看到，上面的简单实现的自动微分结果和 PyTorch、MindSpore 是相同的，这一点很有意思。

PyTorch 对上面公式的自动微分结果：

```
import torch
from torch.autograd import Variable

x = Variable(torch.Tensor([2.]), requires_grad=True)
y = Variable(torch.Tensor([5.]), requires_grad=True)
```

```
f = torch.log(x) + x * y - torch.sin(y)
f.backward()

print(f)
print(x.grad)
print(y.grad)
```

输出结果：

```
tensor([11.6521], grad_fn=<SubBackward0>)
tensor([5.5000])
tensor([1.7163])
```

MindSpore 对上面公式的自动微分结果：

```
import numpy as np
import mindspore.nn as nn
from mindspore import Parameter, Tensor

class Fun(nn.Cell):
    def __init__(self):
        super(Fun, self).__init__()

    def construct(self, x, y):
        f = ops.log(x) + x * y - ops.sin(y)
        return f

x = Tensor(np.array([2.], np.float32))
y = Tensor(np.array([5.], np.float32))
f = Fun()(x, y)

grad_all = ops.GradOperation()
grad = grad_all(Fun())(x, y)

print(f)
print(grad[0])
```

输出结果：

```
[11.65207]
5.5
```

小结与思考

● 回顾了前向自动微分的实现原理和过程，通过 Python 语言的操作符重载技术，创建了 ADTangent 类来自动计算导数，并通过实例代码演示了如何使用该类来计算给定函数的导数。

● 通过具体的 Python 代码示例，展示了如何利用 ADTangent 类进行操作符重载，实现前向自动微分，并与 PyTorch 和 MindSpore 等 AI 框架的自动微分结果进行了对比，验证了实现的正确性。

21.6 动手实现 PyTorch 微分

使用操作符重载（OO）编程方式的自动微分，其数学实现模式是使用反向模式，综合起来就叫作反向 OO 实现 AD。

21.6.1 基础知识

下面一起来回顾一下操作符重载和反向模式的一些基本概念，然后一起去尝试着用 Python 去实现 PyTorch 这个 AI 框架中最核心的自动微分机制。

1. 操作符重载 OO

操作符重载相关内容在 21.4.1 节和 21.4.3 节有详细介绍。这里总结一下操作符重载的一个基本流程。

- **操作符重载**：预定义了特定的数据结构，并对该数据结构重载了相应的基本运算操作符；
- **Tape 记录**：程序在实际执行时会将相应表达式的操作类型和输入输出信息记录至特殊数据结构；
- **遍历微分**：得到特殊数据结构后，将对数据结构进行遍历并对其中记录的基本运算操作进行微分；
- **链式组合**：把结果通过链式法则进行组合，完成自动微分。

操作符重载法的优缺点可阅读 21.4.3 节回顾。

2. 反向模式

反向自动微分同样是基于链式法则。仅需要一个前向过程和反向过程，就可以计算所有参数的导数或者梯度。因为需要结合前向和反向两个过程，因此反向自动微分会使用一个特殊的数据结构，来存储计算过程。

反向模式的相关内容在 21.3.4 节有详细介绍，这里不再赘述。

21.6.2 反向操作符重载实现

下面的代码主要介绍反向模式自动微分的实现。目的是通过了解 PyTroch 的 Auto Diff 实现，来了解复杂的反向操作符重载实现自动微分的原理。

首先，需要通过 Typing 库导入一些辅助函数。

```python
from typing import List, NamedTuple, Callable, Dict, Optional

_name = 1
def fresh_name():
    global _name
    name = f'v{_name}'
    _name += 1
    return name
```

fresh_name 用于打印与 Tape 相关的变量，并用 _name 来记录是第几个变量。

为了能够更好地理解反向模式自动微分的实现，实现代码过程中不依赖 PyTorch 的 autograd。代码中添加了变量类 Variable 来跟踪计算梯度，并添加了梯度函数 grad() 来计算梯度。

对于标量损失 l 来说，程序中计算的每个张量 x 的值，都会计算值 $\mathrm{d}l/\mathrm{d}x$。反向模式从 $\mathrm{d}l/\mathrm{d}x=1$ 开始，使用偏导数和链式规则反后传播导数，例如：

$$\frac{\mathrm{d}l}{\mathrm{d}x}*\frac{\mathrm{d}x}{\mathrm{d}y}=\frac{\mathrm{d}l}{\mathrm{d}y}$$

下面就是具体的实现过程，首先我们所有的操作都是通过 Python 进行操作符重载的，而操作符重载，通过 Variable 来封装跟踪计算的 Tensor。每个变量都有一个全局唯一的名称 fresh_name，因此可以在字典中跟踪该变量的梯度。为了便于理解，__init__ 有时会提供此名称作为参数。否则，每次都会生成一个新的临时值。

为了适配图 21.3.4 中的简单计算，这里面只提供了乘、加、减、sin、log 五种计算方式。

```python
class Variable:
    def __init__(self, value, name=None):
        self.value = value
        self.name = name or fresh_name()

    def __repr__(self):
        return repr(self.value)

    # We need to start with some tensors whose values were not computed
    # inside the autograd. This function constructs leaf nodes.
    @staticmethod
    def constant(value, name=None):
        var = Variable(value, name)
        print(f'{var.name} = {value}')
        return var

    # Multiplication of a Variable, tracking gradients
    def __mul__(self, other):
        return ops_mul(self, other)

    def __add__(self, other):
        return ops_add(self, other)

    def __sub__(self, other):
        return ops_sub(self, other)

    def sin(self):
        return ops_sin(self)

    def log(self):
        return ops_log(self)
```

接下来需要跟踪 Variable 所有计算，以便向后应用链式规则。那么数据结构 Tape 有助于实现这一点。

```python
class Tape(NamedTuple):
    inputs : List[str]
    outputs : List[str]
    # apply chain rule
    propagate : 'Callable[List[Variable], List[Variable]]'
```

列表输入 inputs 和输出 outputs 是原始计算的输入和输出变量的唯一名称。反向传播使用链式规则，将函数的输出梯度传播给输入。其输入为 *dL/dOutputs*，输出为 *dL/dInputs*。Tape 只是一个记录所有计算的累积 List。

下面提供了一种重置 Tape 的方法 reset_tape，方便运行多次自动微分，每次自动微分过程都会产生 Tape List。

```
gradient_tape : List[Tape] = []

# reset tape
def reset_tape():
    global _name
    _name = 1
    gradient_tape.clear()
```

现在来看看具体运算操作符是如何定义的，以乘法为例，首先需要计算前向结果并创建一个新变量来表示，也就是 `x = Variable(self.value * other.value)`。然后定义反向传播闭包 Propagate，使用链式法则来反向支撑梯度。

```
def ops_mul(self, other):
    # forward
    x = Variable(self.value * other.value)
    print(f'{x.name} = {self.name} * {other.name}')

    # backward
    def propagate(dl_doutputs):
        dl_dx, = dl_doutputs
        dx_dself = other # partial derivate of r = self*other
        dx_dother = self # partial derivate of r = self*other
        dl_dself = dl_dx * dx_dself
        dl_dother = dl_dx * dx_dother
        dl_dinputs = [dl_dself, dl_dother]
        return dl_dinputs

    # record the input and output of the op
    tape = Tape(inputs=[self.name, other.name], outputs=[x.name], propagate=propagate)
    gradient_tape.append(tape)
    return x
def ops_add(self, other):
    x = Variable(self.value + other.value)
    print(f'{x.name} = {self.name} + {other.name}')

    def propagate(dl_doutputs):
        dl_dx, = dl_doutputs
        dx_dself = Variable(1.)
        dx_dother = Variable(1.)
        dl_dself = dl_dx * dx_dself
        dl_dother = dl_dx * dx_dother
        return [dl_dself, dl_dother]

    # record the input and output of the op
    tape = Tape(inputs=[self.name, other.name], outputs=[x.name], propagate=propagate)
    gradient_tape.append(tape)
    return x

def ops_sub(self, other):
    x = Variable(self.value - other.value)
    print(f'{x.name} = {self.name} - {other.name}')
```

```
        def propagate(dl_doutputs):
            dl_dx, = dl_doutputs
            dx_dself = Variable(1.)
            dx_dother = Variable(-1.)
            dl_dself = dl_dx * dx_dself
            dl_dother = dl_dx * dx_dother
            return [dl_dself, dl_dother]

        # record the input and output of the op
        tape = Tape(inputs=[self.name, other.name], outputs=[x.name], propagate=propagate)
        gradient_tape.append(tape)
        return x

def ops_sin(self):
    x = Variable(np.sin(self.value))
    print(f'{x.name} = sin({self.name})')

        def propagate(dl_doutputs):
            dl_dx, = dl_doutputs
            dx_dself = Variable(np.cos(self.value))
            dl_dself = dl_dx * dx_dself
            return [dl_dself]

        # record the input and output of the op
        tape = Tape(inputs=[self.name], outputs=[x.name], propagate=propagate)
        gradient_tape.append(tape)
        return x

def ops_log(self):
    x = Variable(np.log(self.value))
    print(f'{x.name} = log({self.name})')

        def propagate(dl_doutputs):
            dl_dx, = dl_doutputs
            dx_dself = Variable(1 / self.value)
            dl_dself = dl_dx * dx_dself
            return [dl_dself]

        # record the input and output of the op
        tape = Tape(inputs=[self.name], outputs=[x.name], propagate=propagate)
        gradient_tape.append(tape)
        return x
```

grad 是将变量运算放在一起的梯度函数，函数的输入是1和对应的梯度结果。

```
def grad(l, results):
    dl_d = {} # map dL/dX for all values X
    dl_d[l.name] = Variable(1.)
    print("dl_d", dl_d)

    def gather_grad(entries):
        return [dl_d[entry] if entry in dl_d else None for entry in entries]

    for entry in reversed(gradient_tape):
        print(entry)
        dl_doutputs = gather_grad(entry.outputs)
        dl_dinputs = entry.propagate(dl_doutputs)

        for input, dl_dinput in zip(entry.inputs, dl_dinputs):
```

```
        if input not in dl_d:
            dl_d[input] = dl_dinput
        else:
            dl_d[input] += dl_dinput

    for name, value in dl_d.items():
        print(f'd{l.name}_d{name} = {value.name}')

    return gather_grad(result.name for result in results)
```

以下面的公式为例：

$$f(x_1, x_2) = \ln(x_1) + x_1 x_2 - \sin(x_2)$$

因为是基于操作符重载 OO 的方式进行计算，因此自变量 x 和 y 的值需要使用变量 Variable 来初始化，然后通过代码 f = Variable.log(x) + x * y - Variable.sin(y)来实现。

```
reset_tape()

x = Variable.constant(2., name='v-1')
y = Variable.constant(5., name='v0')

f = Variable.log(x) + x * y - Variable.sin(y)
print(f)
    v-1 = 2.0
    v0 = 5.0
    v1 = log(v-1)
    v2 = v-1 * v0
    v3 = sin(v0)
    v4 = v1 + v2
    v5 = v3 - v4
    11.652071455223084
```

从 print(f)可以看到是图 21.3.5 左边的前向运算，计算出前向的结果。下面的代码 grad(f, [x, y])就是利用前向最终的结果，通过 Tape 逐个反向求解，从而得到最后的结果。

```
dx, dy = grad(f, [x, y])
print("dx", dx)
print("dy", dy)
    dl_d {'v5': 1.0}
    Tape(inputs=['v3', 'v4'], outputs=['v5'], propagate=<function ops_sub.<locals>.
propagate at 0x7fd7a2c8c0d0>)
    v9 = v6 * v7
    v10 = v6 * v8
    Tape(inputs=['v0'], outputs=['v4'], propagate=<function ops_sin.<locals>. propagate at
0x7fd7a2c8c378>)
    v12 = v10 * v11
    Tape(inputs=['v1', 'v2'], outputs=['v3'], propagate=<function ops_add.<locals>.
propagate at 0x7fd7a234e7b8>)
    v15 = v9 * v13
    v16 = v9 * v14
    Tape(inputs=['v-1', 'v0'], outputs=['v2'], propagate=<function ops_mul.<locals>.
propagate at 0x7fd7a3982ae8>)
    v17 = v16 * v0
    v18 = v16 * v-1
    v19 = v12 + v18
    Tape(inputs=['v-1'], outputs=['v1'], propagate=<function ops_log.<locals>. propagate
at 0x7fd7a3982c80>)
```

```
v21 = v15 * v20
v22 = v17 + v21
dv5_dv5 = v6
dv5_dv3 = v9
dv5_dv4 = v10
dv5_dv0 = v19
dv5_dv1 = v15
dv5_dv2 = v16
dv5_dv-1 = v22
dx 5.5
dy 1.7163378145367738
```

小结与思考

- 通过 Python 语言的操作符重载技术，展示了如何实现一个基础的反向自动微分（AD）机制，模仿了 PyTorch 等 AI 框架中的自动微分系统。
- 实现中定义了 **Variable** 类来跟踪计算梯度，并通过 **Tape** 数据结构记录计算过程，最终通过反向传播计算出梯度，验证了反向操作符重载实现自动微分的基本原理和效果。

21.7　自动微分的挑战和未来

前面的章节分别介绍了什么是自动微分、如何实现自动微分，以及更加深入的自动微分的基本数学原理，并贯以具体的代码实现例子来说明业界主流的 AI 框架的自动微分实现方法，希望让你更加好地掌握自动微分端到端能力。

虽然计算机实现自动微分已经发展了几十年，但自动微分的演进过程和未来发展，仍然遇到诸多挑战，这里主要总结两点：易用性和高效性能。这两点也是自动微分技术未来演进可以重点优化和改进的方向。

21.7.1　易用性

易用性将是挑战的首位，是因为自动微分的数学原理比较固定，相对其他更加复杂的凸优化、群和商群等的数学原理而言，自动微分本身的数学原理相对简单，但其实现的难点在于：

- 理想中的自动微分是对**数学表达**的分解、微分和组合过程；
- 实际中的自动微分是对**程序表达**的分解、微分和组合过程。

而**数学表达**和**程序表达**之间存在显著的差异。

1. 控制流的表达

如下所示，对公式 $l_1 = x$ 具体的数学表达式进行多次展开：

$$l_1 = x$$
$$l(n+1) = 4l_n(1-l_1)$$
$$f(x) = l_4 = 64x(1-x)(1-2x)^2(1-8x+8x^2)^2$$

在程序的实现过程中，并不会将上述公式展开成：

```
f_3(x):
    l_1 = x
    l_2 = 4 * l_1 * (1 - l_1)
    l_3 = 4 * l_2 * (1 - l_1)
    return l_3
```

在更加通用的场景，大部分开发者或者程序会更加习惯于使用 for 循环对代码进行累加乘：

```
f(x):
    v = x
    for i = 1 to 3:
        v = 4 * v * (1 - v)
    return v
```

通过公式 $f(x_1, x_2) = \ln(x_1) + x_1 x_2 - \sin(x_2)$ 和对应的代码可以看出，在数学表达式中，递归是一种隐式的存在，特别是针对下标及子表达式关系中。而在程序表达中，递归则显式地表达为语言中的 for 循环和入参 x。

虽然从计算的角度看二者是等价的（即数学计算过程及其计算结果相同），但是从自动微分角度看却截然不同。自动微分的计算机程序必须感知到 for i = 1 to 3 这个循环条件的计算过程和明确的入参 x，这些并不属于开发者希望进行自动微分的部分。

换言之，自动微分系统必须能够识别程序表达中用于计算控制流（例如 for、while、loop、if、else 等）的运算部分，并将其排除在微分过程外。

上述方法带来的问题是，没有办法使用程序来表示数学中的闭包表达，通过表达式进行自动微分求解，打破了数学表示完整性，无法将整个问题转换为一个纯数学符号问题。此外，代码转换法常需要进行程序分析或微分规则的扩展定义来完成控制流部分的过滤处理。

2. 复杂数据类型

在数学表达式的微分过程中，通常处理的是连续可微的实数类型数据。然而在程序表达中，现代高级编程语言（Python、C/C++、Java 等）通常提供了多种丰富特性，如 tuple、record、struct、class、dict 等，用于开发者自定义组合数据类型。

特别地，在这些封装的组合数据类型中，除了常规意义中可微的计算机浮点数据类型（如 FP32、FP16、INT8 等），还可能包含一些用于描述数据属性的字段，如索引值、名称、数据格式等，而这些字段也应该被排除在微分过程外。

如下所示，针对源码转换法的第一性原理 ANF 定义和 Python、C++都有其复杂的数学类型，没有办法通过数学计算来表达。

```
<aexp> ::= NUMBER | STRING | VAR | BOOLEAN | PRIMOP

Python ::= [List, Enum, Tuple, Dict, DefaultDict]
C++ ::= [size_t, whcar_t, enum, struct , STL::list]
```

源码转换法则可以结合编译器或解释器的扩展来暴露一些接口给开发者，用于指定自定义数据类型的微分规则，但是灵活度太高实现起来不容易。

3. 语言特性

语言特性更多是关于设计，比如在设计一门高级的编程语言时，希望它有泛型、有多态，实现过程中的特性就会包括泛型和多态。此外高级编程语言（High-Level Programming Language）可以作为一种独立于机器，面向过程或对象的语言。

因此，自动微分使用程序表达的实现过程中，开发者还可以有许多其他非原数学表达、非业务逻辑的代码，特别是针对高级编程语言的多态性、面向对象实现、异常处理、调试调优、IO 输入输出等代码及其高级特性，这些部分也需要被自动微分程序特殊处理。否则会造成数学表达和程序表达之间的混乱。

4. 需求重写

物理系统的可微分模拟可以帮助解决混沌理论、电磁学、地震学、海洋学等领域中的很多重要问题，但又因为其对计算时间和空间的苛刻要求而对自动微分技术本身提出了挑战。

其中最大的技术挑战是对电磁学、海洋学和地震学等问题中最核心的微分方程求解过程的自动微分。这些微分方程常见的求解方法是先将问题的时空坐标离散化，并以数值积分的形式完成求解。要得到精确的结果，离散化后的网格需要设计得很稠密，因此对存储空间和计算时间的需求巨大。

针对诸如物理模拟、游戏引擎、气候模拟、计算机图形学等具有领域专用属性的自动微分程序，可能需要根据具体的需求，设计出适合该领域的自动微分程序实现。

21.7.2 高效性能

在 21.3 节微分计算模式中，介绍了自动微分在实际的计算实现过程，涉及程序的表达、重载和函数组合。如何对程序进行处理及其执行顺序，会很大程度影响自动微分的性能。

1. 程序与微分表达

首先我们看看程序和自动微分计算过程的简单实现方案。如对公式 $f(x) = x^3$ 以下面代码所示：

```
def fun(x):
    t = x * x * x
    return t
```

对公式进行微分可以表示为 $f'(x) = 3x^2$，其微分的代码实现方式为

```
def dfun(x):
    dx = 3 * x * x
    return dx
```

在计算机程序中，可以将原函数计算过程和微分结果过程进行融合，并完成类似公共子表达式的提取优化。如下面代码将同时完成原函数计算和微分结果计算：

```
def fun(x):
    t = x * x
    v = x * t
    dx = 3 * t
    return v, dx
```

2. 额外中间变量

以在 AI 框架中更加常用的反向自动微分模式为例（目前作为更多 AI 框架的实现方式），其计算过程表达如图 21.3.5 所示，参见 21.3.4 节。

在求解最后的倒数过程中，图 21.3.5 左侧的源程序分解后的变量，与右侧的由下至上的计算过程中，存在大量的变量在过程中被多次复用。

以更加通用的数学表示为例，二阶微分方程的一般形式为

$$F(x, y, y', y'') = 0$$

其中，x 是自变量，y 是未知函数，y' 是 y 的一阶导数，y'' 是 y 的二阶导数。其二阶导数表示为

$$\frac{\partial^2 y}{\partial x^2} = \frac{\mathrm{d}}{\mathrm{d}y}\left(\frac{\mathrm{d}y}{\mathrm{d}x}\frac{\mathrm{d}x}{x}\right)$$

因此在复合求导函数中，会存在大量计算复用的情况。

额外中间变量存储得越多，重复的计算量越少，即以空间换时间。在 AI 框架自动微分实现过程中，希望尽可能减少重复的计算，以更多的内存来存储额外产生的中间变量，这也是 AI 框架在实际执行网络模型计算的过程中，我们会遇到 NPU 的内存中除了模型权重参数、优化器参数数以外，还会额外占用很多内存空间，这些内存空间就是用来存储上面所述的**额外中间变量**。

3. 重计算的方式

自动微分的计算需要使用原程序计算的中间结果。在前向模式中，由于微分过程和原程序计算过程是同步的，因此不会引入额外的存储代价。但在反向模式中，必须先执行原程序计算过程并将中间结果进行保存，再用于反向自动微分过程中。

因此，如何选择需要存储的程序中间结果点（Check-Point）将在很大程度上决定自动微分在运行速度和内存占用两项关键性能指标上的平衡表现。

如图 21.7.1 所示，从左向右的箭头表示原程序计算过程，而从右向左的箭头表示反向模式自动微分计算过程。圆圈点则表示所选择的中间结果存储点。

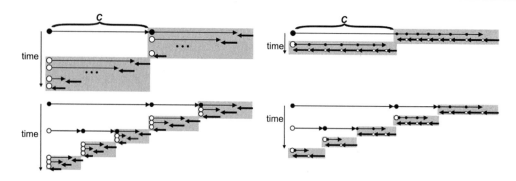

图 21.7.1

　　图中左侧的策略为：尽量少地存储中间结果，而当需要的时候，则会使用更早的中间结果进行重计算来得到当前所需的中间结果。图中右侧的策略为：尽可能多地存储每一步中间结果，当需要时，可以直接获得而不需重计算。

　　显然，上述两种策略即为在牺牲运行时间和牺牲内存占用间取得平衡，具体应该选择哪种复用策略取决于具体场景的需求和硬件平台的限制。

　　在 AI 框架的特性中，上述中间变量的存储过程其实被称为**重计算**的过程，也是在大模型训练或者分布式训练的过程中会经过使用到的，根据不同的选择复用策略又叫作**选择性重计算**。

21.7.3　自动微分未来

　　可微编程是将自动微分技术与语言设计、编译器/解释器甚至 IDE 等工具链深度融合，将微分作为高级编程语言中第一特性（First-Class Feature）。

　　而可微分编程是一种编程范型，在其中数值计算程序始终可通过自动微分来求导数。这允许对程序中的参数的基于梯度优化（Gradient Method），通常使用梯度下降或其他基于高阶微分信息的学习方法。可微分编程可应用于各个领域，尤其是科学计算和人工智能领域。

　　多数可微分编程框架，是通过构造包含程序中的控制流和数据流图来进行工作。一般可归入下面两种方式：

　　● 基于静态、编译图的方式，比如 TensorFlow1、Theano 和 MXNet。其设计目的是希望通过 AI 编译器来优化底层系统，但是它们的静态性本质，限制了交互性和能够轻易建立的程序类型，例如难于构建涉及循环或递归的程序，还有使得用户难以针对其程序提升推理易用性。

　　● 基于运算符重载、动态图的方式，比如 PyTorch 和针对 Numpy 的 Autogra，TensorFlow 2 默认使用了动态图方式。其动态和交互本质，使得多数程序可以更容易的编程。但是它们会引入解释器的开销，特别是在包含很多小运算的时候，可伸缩性较差。用 Julia 写的 Flux 用到了自动微分程序包 Zygote，它直接工作在 Julia 的中间表示之上，但仍可以由 Julia 的 JIT 编译器进行优化。

先前方法的局限性在于它只能区分以适当语言编写的代码，AI 框架方法限制了其与其他程序的互操作性。一种新可微编程的方法通过从语言的语法或 IR 构造图形来解决此问题，从而允许区分任意代码。

小结与思考

- 自动微分面临的挑战包括易用性和高效性能的提升，其中易用性问题主要涉及控制流表达、复杂数据类型处理以及语言特性的融合，而高效性能则关注程序分解、微分和组合的执行策略。

- 自动微分的未来发展可能聚焦于可微编程，将自动微分技术与语言设计、编译器/解释器等工具链深度融合，实现高级编程语言中微分作为一等特性。

- 可微编程框架通常分为静态图和动态图方法，静态图方法如 TensorFlow 等有助于编译器优化，但交互性较差；动态图方法如 PyTorch 等易于编写和推理，但可能带来解释器开销和可扩展性降低的问题。

第22章 计 算 图

22.1 引 言

在 AI 框架发展的最近一个阶段，技术上主要以计算图来描述深度神经网络。TensorFlow 和 PyTorch 代表了今天 AI 框架两种不同的设计路径：系统性能优先改善灵活性和灵活性易用性优先改善系统性能。这两种选择，随着神经网络算法研究和应用的进一步发展，使得 AI 框架在技术实现方案上出现了巨大的差异。图 22.1.1 是 AI 框架的示意图。

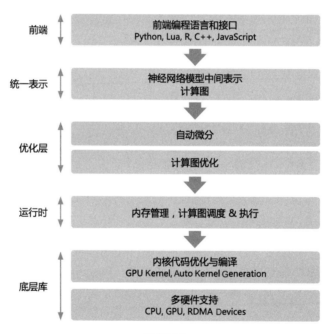

图 22.1.1

神经网络模型越来越复杂，包括混合专家模型（MOE）、生成对抗网络（GAN）、注意力模型（Attention Transformer）等。复杂的模型结构需要 AI 框架能够对模型算子的执行依赖关系、梯度计算以及训练参数进行快速高效的分析，便于优化模型结构、制定调度执行策略以及实现自动化梯度计算，从而提高 AI 框架训练的效率。

综上所述，目前主流的 AI 框架都选择使用**计算图**来抽象神经网络计算表达，通过通用的数据结构（张量）来理解、表达和执行神经网络模型，通过**计算图**可以把 AI 系统化的问题形象地表示出来。

神经网络的训练流程主要包括前向计算、计算损失、自动求导、反向传播和更新模型参数 5 个过程。在基于计算图的 AI 框架中，这 5 个阶段统一表示为由基本算子构成的计算图，算子是数据流图中的一个节点，由后端进行高效实现。

但是在程序实现过程中，会遇到很多编程性问题，例如控制流（if、else、while、for 等）与程序相关，而非与计算和数学表示的内容相关。因此会展开计算图和控制流之间的关系，也深入地去探讨计算关于调度和具体的执行方式，从而更好地、灵活地表达计算图。

22.2　计算图基本原理

本节将探讨 AI 概念落地时会遇到的一些问题与挑战，由此引出计算图的概念，以实现对神经网络模型的统一抽象。接着展开讨论什么是计算以及计算图的基本构成，来深入了解计算图。最后简单地学习 PyTorch 如何表达计算图。

22.2.1　AI 系统化问题

1. 遇到的挑战

在真正的 AI 工程化过程中，我们会遇到诸多问题。为了高效地训练一个复杂神经网络，AI 框架需要解决这些问题，例如：

- 如何对复杂的神经网络模型实现自动微分？
- 如何利用编译期的分析 Pass 对神经网络的具体执行计算进行化简、合并、变换？
- 如何规划基本计算 Kernel 在计算加速硬件 GPU/TPU/NPU 上高效执行？
- 如何将基本处理单元派发（Dispatch）到特定的高效后端实现？
- 对通过神经网络的自动微分衍生的大量中间变量，如何进行内存预分配和管理？

为了使用统一的方式解决上述问题，AI 框架的开发者和架构师必须思考如何为各类神经网络模型的计算提供统一的描述，从而使得在运行神经网络计算之前，能够对整个计算过程尽可能进行推断，在编译期间自动为深度学习的应用程序补全反向计算、规划执行、降低运行时开销、复用和节省内存。能够更好地对领域特定语言（DSL），这里特指深度学习和神经网络，进行表示，并对使用 Python 编写的神经网络模型进行优化与执行。

因此，目前主流的 AI 框架都选择使用**计算图**来抽象神经网络计算。

2. 计算图的定义

有些 AI 框架把统一的图描述称为数据流图，有些称为计算图，本书统称为**计算图**。下面简单介绍为什么可以都统称为计算图。

- 数据流图（Data Flow Diagram，DFD）：从数据传递和加工角度，以图形方式来表达系统的逻辑功能、数据在系统内部的逻辑流向和逻辑变换过程，是结构化系统分析方法的主要表达工具及用于表示软件模型的一种图示方法。在 AI 框架中数据流图表示对数据进行处理的单元，接收一定的数据输入，然后对其进行处理，再进行系统输出。

- 计算图（Computation Graph）：被定义为有向图，其中节点对应于数学运算，计算图是表达和评估数学表达式的一种方式。而在 AI 框架中，计算图就是一个表示运算的有向无环图（Directed Acyclic Graph，DAG）。

两者都把神经网络模型统一表示为图的形式，而图则是由节点和边组成。其都是描述数据在图中的节点传播的路径，是由固定的计算节点组合而成，数据在图中的传播过程，就是对数据进行加工计算的过程。

22.2.2 计算图的基本构成

1. 数据表达方式

1）标量

标量（Scalar），亦称"无向量"。用通俗的说法，标量是只有大小，没有方向的量，如功、体积、温度等，与矢量相区别。物理学中，标量（或纯量）指在坐标变换下保持不变的物理量，即不论如何旋转或平移坐标系，标量的值都不会改变。

在 AI 框架或者计算机中，标量是一个独立存在的数，比如线性代数中的一个实数 488 就可以被看作一个标量，所以标量的运算相对简单，与平常做的算数运算类似。代码 x 则作为一个标量被赋值：

```
x = 488
```

2）向量

向量（Vector）是数学、物理学和工程科学等多个自然学科中的基本概念。指一个同时具有大小和方向，且满足平行四边形法则的几何对象。

在 AI 框架或者计算机中，向量指一列顺序排列的元素，通常习惯用括号将这些元素括起来，其中每个元素都有一个索引值来唯一地确定其在向量中的位置。其有大小也有方向，以 $x_{\mathrm{vec}} = \begin{bmatrix} 1.1 \\ 2.2 \\ 3.3 \end{bmatrix}$ 为例，其代码 x_vec 则被作为一个向量被赋值：

```
x_vec = [1.1, 2.2, 3.3]
```

3）矩阵

矩阵（Matrix）是一个按照长方阵列排列的复数或实数集合，最早来自于方程组的系数及常数所构成的方阵。这一概念由 19 世纪英国数学家凯利首先提出。矩阵是高等代数学中的常见工具，也常见于统计分析等应用数学学科中。

在机器学习领域经常被使用，比如有 N 个用户，每个用户有 M 个特征，那这个数据集就可以用一个 $N×M$ 的矩阵表示，在卷积神经网络中输入模型的最初的数据是一个图片，读取图片上的像素点（Pixel）作为输入，一张尺寸大小为 $256×256$ 的图片，实质上就可以用 $256×256$ 的矩阵进行表示。以 $\boldsymbol{x}_{\mathrm{mat}} = \begin{bmatrix} 1 & 2 & 3 \\ 4 & 5 & 6 \\ 7 & 8 & 9 \end{bmatrix}$ 为例，其代码 x_mat 则被表示为一个矩阵被赋值：

```
x_mat = [[1, 2, 3], [4, 5, 6], [7, 8, 9]]
```

图 22.2.1 对标量、向量、矩阵进行了形象化表示。

标量，形状 []   向量，形状 [3]   矩阵，形状 [3, 2]

图 22.2.1

4）张量

张量（Tensor）理论是数学的一个分支学科，在力学中有重要应用。张量这一术语起源于力学，它最初是用来表示弹性介质中各点应力状态的，后来张量理论发展成为力学和物理学的一个有力的数学工具。张量之所以重要，在于它可以满足一切物理定律必须与坐标系的选择无关的特性。张量概念是矢量概念的推广，矢量是一阶张量。

在几何代数中，张量是基于向量和矩阵的推广，通俗一点理解的话，可以将标量视为零阶张量，向量视为一阶张量，矩阵视为二阶张量。在 AI 框架中，所有数据将会使用张量进行表示，例如，图像任务通常将一幅图片组织成一个三维张量，张量的三个维度分别对应着图像的长、宽和通道数，一幅长和宽分别为 H、W 的彩色的图片可以表示为一个三维张量，形状为 (C, H, W)。自然语言处理任务中，一个句子被组织成一个二维张量，张量的两个维度分别对应着词向量和句子的长度。

一组图像或者多个句子只需要为张量再增加一个批量（Batch）维度，N 张彩色图片组成的一批数据可以表示为一个四维张量，形状为 (N, C, H, W)。

2. 张量和张量操作

在执行计算任务中，数据常常被组织成一个高维数组，整个计算任务的绝大部分时间都消耗在高维数组上的数值计算操作上。高维数组和高维数组之上的数值计算是神经网络的核心，构成了计算图中最重要的一类基本算子。在 AI 框架的数据中主要有稠密张量和稀疏张量，这里先考虑最为常用的稠密张量。

张量作为高维数组，是对标量、向量、矩阵的推广。AI 框架对张量的表示主要有以下几个重要因素：

- **元素数据类型**：在一个张量中，所有元素具有相同的数据类型，如整型、浮点型、布尔型、字符型等数据类型格式。
- **形状**：张量每个维度具有固定的大小，其形状是一个整型数的元组，描述了一个张量的维度以及每个维度的长度。

例如，第 17 章 17.3 节图 17.3.1 是针对形状为（3, 2, 5）的三维张量进行表示。

虽然张量通常用索引来指代轴，但是始终要记住每个轴的含义。轴一般按照从全局到局部的顺序排序：首先是 Batch 轴，随后是空间维度，最后是每个位置的特征。这样，在内存中，特征向量就会位于连续的区域。例如，针对图 22.2.2 左边形状为（3, 2, 4, 5）的四维张量进行表示，其内存表示如图 22.2.2 右边所示。

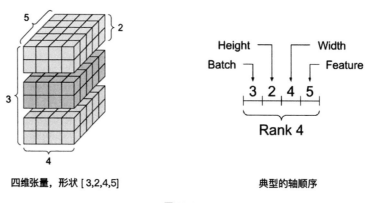

四维张量，形状 [3,2,4,5]   典型的轴顺序

图 22.2.2

高维数组为开发者提供了一种逻辑上易于理解的方式，来组织具有规则形状的同质数据，极大地提高了编程的可理解性。另一方面，使用高维数组组织数据，易于让后端自动推断并完成元素逻辑存储空间向物理存储空间的映射。更重要的是：张量操作将同构的基本运算类型作为一个整体进行批量操作，通常都隐含着很高的数据并行性，因此非常适合在单指令多数据（SIMD）并行后端上进行加速。

3. 计算图表示 AI 框架

计算图是用来描述运算的有向无环图，有两个主要元素：节点（Node）和边（Edge）。节点表示数据，如向量、矩阵、张量；边表示具体执行的运算，如加、减、乘、除和卷积等。

以简单的数学公式 $z = x + y$ 为例，可以绘制对应的计算图（图22.2.3）。此计算图具有三个节点，分别代表张量数据中的两个输入变量 x 和 y 以及一个输出变量 z，两条边带有具体的 "+" 符号表示加法。

在 AI 框架中会稍微有点不同，其计算图的基本组成有两个主要的元素：基本数据结构张量和基本计算单元算子。节点代表 Operator 具体的计算操作（即算子），边代表 Tensor 张量。整个计算图能够有效地表达神经网络模型的计算逻辑和状态。

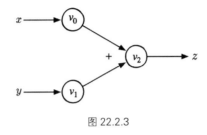

图 22.2.3

● **基本数据结构张量**：张量通过 Shape 来表示张量的具体形状，决定在内存中的元素大小和元素组成的具体形状；其元素类型决定了内存中每个元素所占用的字节数和实际的内存空间大小。

● **基本计算单元算子**：具体在加速器 GPU/NPU 中执行运算的是由最基本的代数算子组成，另外还会根据深度学习结构组成复杂算子。每个算子接受的输入输出不同，如 Conv 算子接受 3 个输入 Tensor，1 个输出 Tensor。

下面以简单的一个卷积、一个激活的神经网络模型的前向和反向为例，其前向的计算公式为

$$f(x) = \text{ReLU}(\text{Conv}(w, x, b))$$

反向计算微分的时候，需要加上损失函数：

$$\text{Loss}(x, x') = f(x) - x'$$

根据前向的神经网络模型定义，AI 框架中的计算图如图 22.2.4 所示。此计算图具有两个节点，分别代表卷积 Conv 计算和激活 ReLU 计算，Conv 计算接受三个输入：变量 x、权重 w 和一个偏置项 b，激活接受 Conv 卷积的输出并输出一个变量。图 22.2.4 中右图为对应左图的反向计算图，在神经网络模型训练的过程中，自动微分功能会为开发者自动构建反向图，然后输入输出一个完整 Step 计算。

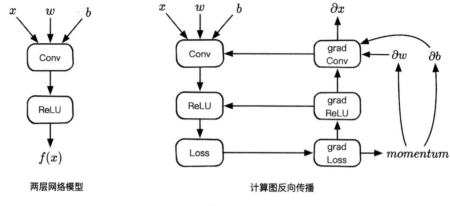

两层网络模型　　　　　　　　　　计算图反向传播

图 22.2.4

总而言之，AI 框架的设计很自然地沿用了张量和张量操作，将其作为构造复杂神经网络的基本描述单元，开发者可以在不感知复杂的框架后端实现细节的情况下，在 Python 脚本语言中复用由后端优化过的张量操作。而计算 Kernel 的开发者，能够隔离神经网络算法的细节，将张量计算作为一个独立的性能域，使用底层的编程模型和编程语言应用硬件相关优化。

> 这里的计算图其实忽略了 2 个细节：特殊的操作，如：程序代码中的 For/While 等构建控制流；特殊的边，如：控制边表示节点间依赖。

22.2.3　PyTorch 计算图

1. 动态计算图

在 PyTorch 的计算图中，同样由节点和边组成，节点表示张量或者函数，边表示张量和函数之间的依赖关系。其中 PyTorch 中的计算图是动态图。这里的动态主要有两重含义。

● 第一层含义是：计算图的前向传播是立即执行的。无需等待完整的计算图创建完毕，每条语句都会在计算图中动态添加节点和边，并立即执行前向传播得到计算结果。

```python
import torch

w = torch.tensor([[3.0,1.0]],requires_grad=True)
b = torch.tensor([[3.0]],requires_grad=True)
X = torch.randn(10,2)
Y = torch.randn(10,1)

# Y_hat 定义后其前向传播被立即执行，与其后面的loss创建语句无关
Y_hat = X@w.t() + b
print(Y_hat.data)

loss = torch.mean(torch.pow(Y_hat-Y,2))
print(loss.data)
```

● 第二层含义是：计算图在反向传播后立即销毁。下次调用需要重新构建计算图。如果在程序中使用了 Backward 方法执行了反向传播，或者利用 torch.autograd.grad 方法计算了梯度，那么创建的计算图会被立即销毁，释放存储空间，下次调用需要重新创建。

```
# 如果再次执行反向传播将报错
loss.backward()

# 计算图在反向传播后立即销毁，如果需要保留计算图，需要设置 retain_graph = True
loss.backward(retain_graph = True)
```

2. 计算图中 Function

计算图中的另外一种节点是 Function，实际上为对张量操作的函数，其特点为同时包括前向计算逻辑和反向传播的逻辑。通过继承 torch.autograd.Function 来创建。

以创建一个 ReLU 函数为例：

```
class MyReLU(torch.autograd.Function):

    # 前向传播逻辑，可以用 ctx 存输入张量，供反向传播使用
    @staticmethod
    def forward(ctx, input):
        ctx.save_for_backward(input)
        return input.clamp(min=0)

    #反向传播逻辑
    @staticmethod
    def backward(ctx, grad_output):
        input, = ctx.saved_tensors
        grad_input = grad_output.clone()
        grad_input[input < 0] = 0
        return grad_input
```

接着在构建动态计算图的时候，加入刚创建的 Function 节点。

```
# relu 现在也可以具有前向传播和反向传播功能
relu = MyReLU.apply
Y_hat = relu(X@w.t() + b)

loss = torch.mean(torch.pow(Y_hat-Y,2))
loss.backward()

print(w.grad)
print(b.grad)
print(Y_hat.grad_fn)
tensor([[4.5000, 4.5000]])
tensor([[4.5000]])
<torch.autograd.function.MyReLUBackward object at 0x1205a46c8>
```

小结与思考

● 计算图是 AI 框架中用于抽象和表达神经网络计算的关键数据结构，它将复杂的神经网络模型表示为一系列有向节点和边，便于自动微分和优化执行。

- 计算图由标量、向量、矩阵和张量等基本数据结构组成，并通过张量操作来执行数值计算，其中张量是多维数组的推广，适用于表达和处理数据并行性。
- PyTorch 中的计算图是动态的，前向传播即时执行，反向传播后计算图销毁，支持通过自定义 Function 来扩展新的操作，结合前向和反向逻辑实现自动微分。

22.3 计算图与自动微分

自动求导应用链式法则求某节点对其他节点的雅可比矩阵，它从结果节点开始，沿着计算路径向前追溯，逐节点计算。将神经网络和损失函数连接成一个计算图，则它的输入、输出和参数都是节点，可利用对损失函数进行求导，通过自动求导算法求得网络模型的雅可比矩阵，从而得到权重的梯度参数。

前面章节我们深入地探讨过自动微分的原理，可是 AI 框架中神经网络模型怎么跟自动微分产生连接关系呢？自动微分跟反向传播是什么关系呢？在实际 AI 框架的实现中，自动微分的实现方式有什么变化吗？

22.3.1 深度学习训练流程

1. 训练神经网络

深度学习的基本原理是设计一个多参数的非线性组合模型，即多层神经网络，因此深度学习的形式表示为神经网络模型。

通过神经网络模型可以用来近似（拟合）一个无法求解的复杂函数 $y = \text{fun}(x)$，其中输入变量 x 和输出变量 y 皆为高维变量。具体训练过程主要分为以下三个部分：

（1）**前向计算**：定义神经网络模型的前向传播过程，即网络训练的 Forward 部分，张量数据输入神经网络模型，模型输出具体的预测值，类似 $y=\text{fun}(x)$。这里的前向传播（Forward Propagation 或 Forward Pass）指的是按顺序（从输入层到输出层）计算和存储神经网络中每层的结果。

（2）**计算损失**：根据损失函数的定义，一般为真实样本的 (y, x) 和神经网络模型的预测 (y', z) 的比较函数。在损失函数中分别对每个维度的参数求其偏导数，得到每个参数的偏导数值即 x_i.grad()。

（3）**更新权重参数**：根据优化器（Optimizer）的学习策略，小幅通过反向计算图更新网络模型中的各个权重参数的梯度，即反向传播的过程（Backward Propagation 或 Backward Pass）。先看其梯度的 grad 正负，再根据正负方向对原参数值加减一定比例的梯度值。假设更新公式为 $w=w-n*\text{grad}$，如果梯度值为正，网络模型的权重参数就会减小；如果梯度值为负，网络模型的权重参数值就会增大。

在训练神经网络时，前向传播和反向传播相互依赖。前向传播沿着依赖的方向遍历计算图并计算其路径上的所有变量。然后将这些用于反向传播，其中计算顺序与计算图相反。

以上述简单网络为例：一方面，在前向传播期间计算正则项取决于模型参数和的当前值。它们是由优化算法根据最近迭代的反向传播给出的。另一方面，反向传播期间参数的梯度计算，取决于由前向传播给出的隐藏变量的当前值。

在训练神经网络时，初始化模型参数后，我们交替使用前向传播和反向传播，利用反向传播给出的梯度来更新模型参数。

因此，深度学习神经网络训练的核心是求导，计算神经网络模型的参数 w，并根据损失函数更新其梯度 $\dfrac{\partial L(w)}{\partial w}$，即

$$L(w) = \text{Loss}(f(w, x_i), y_i) \Rightarrow \frac{\partial L(w)}{\partial w}$$

2. 反向传播与自动微分

在计算图的概念中会经常提到自动微分功能，通过自动微分来构建反向的计算图。而在神经网络模型的训练流程和训练原理中，主要会提及反向传播算法，优化器对损失函数进行求导后的值，通过反向传播算法把传递给神经网络的每一层参数进行更新。那么在 AI 框架中，自动微分和反向传播之间的关系是什么呢？

首先，自动微分是将复合函数分解为输出变量（根节点）和一系列的输入变量（叶子节点）及基本函数（中间节点），构成一个计算图，并以此计算任意两个节点间的梯度：

- 加法法则：任意两个节点间的梯度为它们两节点之间所有路径的偏微分之和。
- 链式法则：一条路径的偏微分为路径上各相邻节点间偏微分的连乘。

而在神经网络中，只要各个组件以及损失函数都是可微的，那么损失函数就是关于各个输入变量的可微的复合函数。这个时候就可以使用自动微分的方式去计算神经网络模型里面的输入变量梯度，从而使用梯度下降算法减小误差。

因此，反向传播算法实际上就是自动微分，只不过在 AI 框架中，实际上计算图中的根节点为度量误差的损失函数，因而把节点间的偏导称为误差项。

22.3.2 自动微分基础回顾

神经网络模型的训练流程中，主要包含网络模型的前向计算、计算损失、更新权重参数三个计算阶段。

当开发者使用 AI 框架提供的 Python API 构造完成一个深度神经网络时，在数学上这个网络模型对应了一个复杂的带参数的高度非凸函数，求解其中的可学习参数依赖于基于一阶梯度的迭代更新法。

```
class LeNet(nn.Module):

    def __init__(self):
```

```
        super(LeNet, self).__init__()
        self.conv1 = nn.Conv2d(1, 6, 5, padding=2)
        self.conv2 = nn.Conv2d(6, 16, 5)
        self.fc1 = nn.Linear(16*5*5, 120)
        self.fc2 = nn.Linear(120, 84)
        self.fc3 = nn.Linear(84, 10)

    def forward(self, x):
        x = F.max_pool2d(F.relu(self.conv1(x)), (2, 2))
        x = F.max_pool2d(F.relu(self.conv2(x)), (2, 2))
        x = x.view(-1, self.num_flat_features(x))
        x = F.relu(self.fc1(x))
        x = F.relu(self.fc2(x))
        x = self.fc3(x)
        return x
```

　　手工计算复杂函数的一阶梯度非常容易出错，自动微分（Automatic Differentiation，AD）就正是为了解决这一问题而设计的一种自动化方法。自动微分关注给定一个由原子操作构成的复杂前向计算程序，如何自动生成高效的反向计算程序。

　　自动微分按照工作模式可分为前向自动微分和反向自动微分，按照实现方式，自动微分又可为：

- 基于对偶数的前向微分；
- 基于 Tape 的反向微分；
- 基于源代码转换的反向微分。

1. 前向计算

　　自动微分是 AI 框架的核心组件之一，在讨论 AI 框架如何实现自动微分之前，我们先通过一个简单的例子理解自动微分的基本原理。

　　前向计算相关内容在 21.3.3 节已有详细介绍，现在简单回顾一下。假设一个简单的复合函数为例子：

$$f(x_1, x_2) = \ln(x_1) + x_1 x_2 - \sin(x_2)$$

　　该函数对应的计算图如图 21.3.2 所示。假设给定复合函数 $f(x_1, x_2)$ 中，x_1 和 x_2 均为输入变量。为了对 $f(x_1, x_2)$ 求值，依照表达式对应的计算图定义的计算顺序，复合函数 $f(x_1, x_2)$ 可以被分解成一个求值序列，把一个给定输入逐步计算输出的求值序列称为前向计算过程，参见图 21.3.3 左图。

　　前向计算过程是引入一系列的中间变量，将一个复杂的函数，分解成一系列基本函数或者叫作基本的计算操作，最后将这些基本函数构成一个前向的计算图。

2. 反向微分

　　链式求导法则是对称的，在计算导数 $\partial f(x_1, x_2) / \partial x$ 时，链式求导法则并不关心哪个变量作为分母，哪个变量作为分子。

反向微分相关内容在 21.3.4 节已有详尽介绍，总结而言，反向模式从后向前计算，依次得到每个中间变量节点的偏导数，直到到达自变量节点处，这样就得到了每个输入的偏导数。在每个节点处，根据该节点的后续节点（前向传播中的后续节点）计算其导数值。在反向微分中，变量导数的计算顺序与变量的前向计算顺序正好相反；运行的时间复杂度是 $O(m)$，m 是输出变量的个数。因此可以构建相对应的反向计算图，参见图 21.3.4 和图 21.3.5 右图。

在神经网络以及大量基于一阶导数方法进行训练的机器学习算法中，不论输入变量数目有多少，模型的输出一定是一个标量函数（即对应损失函数）。这决定了保留前向计算的所有中间结果，只需再次运行程序一次，便可以用反向微分算法计算出损失函数对每个中间变量和输入的导数。

3. 计算图的自动微分

在神经网络训练过程中，可以将每一个基本表达式理解为计算图中的一个节点，这个节点上面的标量形式的表达式进行了向量化的推广，因为 AI 框架的计算图中的数据统一表示为张量这一数据结构。

假设，$Y = G(X)$ 作为基本求导原语，其中 $Y = [y_1, \cdots, y_m]$ 和 $X = [x_1, \cdots, x_n]$ 都是向量。这时，Y 对 X 的导数不再是一个标量，而是由偏导数构成的雅可比矩阵 J：

$$J = \left[\frac{\partial Y}{\partial x_1}, \cdots, \frac{\partial Y}{\partial x_n} \right] = \begin{bmatrix} \dfrac{\partial y_1}{\partial x_1} \cdots \dfrac{\partial y_1}{\partial x_n} \\ \vdots \quad\quad \vdots \\ \dfrac{\partial y_m}{\partial x_1} \cdots \dfrac{\partial y_m}{\partial x_n} \end{bmatrix}$$

反向传播算法过程中，即反向微分（自动微分的反向模式），中间层 $Y = G(X)$ 会收到上一层计算出的损失函数对当前层输出的导数：

$$v = \frac{\partial l}{\partial Y} = \begin{bmatrix} \dfrac{\partial l}{\partial y_1} & \cdots & \dfrac{\partial l}{\partial y_m} \end{bmatrix}$$

然后将该导数继续乘以该层输出对输入的雅可比矩阵 J 向更上一层传播，这个乘法称为向量-雅可比乘积。

反向传播过程中如果直接存储雅可比矩阵，会消耗大量存储空间。但是，如果只存储向量-雅可比的乘积，在减少存储的同时并不会阻碍导数的计算。因此，AI 框架在实现自动微分时，对每个中间层存储的都是向量-雅可比的乘积，而非雅可比矩阵。

$$v \cdot J = \begin{bmatrix} \dfrac{\partial l}{\partial y_1} \cdots \dfrac{\partial l}{\partial y_m} \end{bmatrix} \begin{bmatrix} \dfrac{\partial y_1}{\partial x_1} \cdots \dfrac{\partial y_1}{\partial x_n} \\ \vdots \qquad \vdots \\ \dfrac{\partial y_m}{\partial x_1} \cdots \dfrac{\partial y_m}{\partial x_n} \end{bmatrix} = \begin{bmatrix} \dfrac{\partial l}{\partial x_1} \cdots \dfrac{\partial l}{\partial x_n} \end{bmatrix}$$

AI 框架对于带有自动微分的计算图中的可导张量操作实现步骤具体如下：

- 同时注册前向计算节点和导数计算节点；
- 前向节点接受输入计算输出；
- 反向节点接受损失函数对当前张量操作输出的梯度 v；
- 计算当前张量操作每个输入的向量–雅可比乘积。

在实际的 AI 框架构建的计算图中，并不是把前向节点和反向节点融合在一张图中，而是构建起计算图，如图 22.3.1 所示。

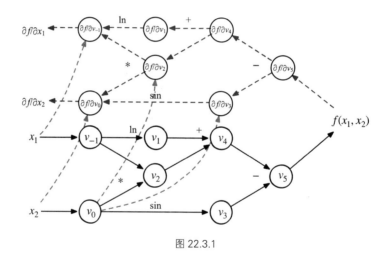

图 22.3.1

从图 22.3.1 中可知，前向计算图和反向计算图有着完全相同的结构，区别在于计算流动的方向相反。计算图中的每个节点都是一个无状态的张量操作，结点的入边（Incoming Edge）表示张量操作的输入，出边表示张量操作的输出。

同时，由于梯度会依赖前向计算的输入或计算结果，反向计算图中会有从前向计算图输入和输出张量指向反向计算图中导数计算节点的边。

22.3.3　AI 框架自动微分方式

在 AI 框架基于反向模式的自动求导机制中，根据反向计算图的构建时机，又分为基于对偶图的自动求导、基于表达式追踪和图层 IR 的自动求导，基于对偶图的求导方式通常与图层 IR

相结合；而使用动态图的 AI 框架多采用基于表达式追踪的自动求导方式（图 22.3.2）。

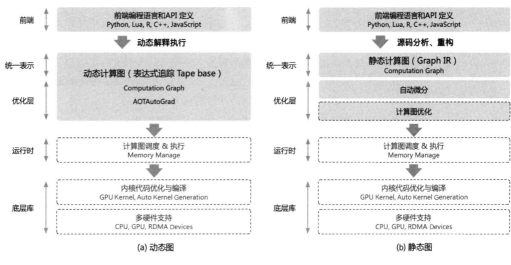

图 22.3.2

1. 动态计算图

AI 框架中实现自动微分最常用的一种方法是使用**表达式追踪**（**Evaluation Trace**），即追踪数值计算过程的中间变量。简单地说，就是对应上一节说到的在前向计算过程中保留中间计算结果，根据反向模式的原理依次计算出中间导数，反向计算的过程中复用前向计算所保留的中间结果。

其中在业界主流的 AI 框架 PyTorch 和 PyTorch Autograd 都采用了一种称为**基于磁带**（**Tape-Based**）的自动微分技术：假设一个磁带式录音机来记录当前所执行的操作，然后它向后重放，来计算每一层的梯度。即会将上下文的变量操作都记录在 Tape 上，然后用反向微分法来计算这个函数的导数。

使用表达式追踪方式的优点在于方便跟踪和理解计算过程，易用性较高。缺点在于需要保存大量中间计算结果，内存占用会比静态图的实现方式要高。具体的实现细节上，Gradient Tape 默认只会记录对 Variable 的操作，主要原因是：

- Tape 需要记录前向传播的所有计算过程，之后才能计算反向传播；
- Tape 会记录所有的中间结果，不需要记录没用的操作。

与基于对偶图的自动求导机制的滞后性相反，前向传播过程中就可以构造出反向计算图，基于输出的梯度信息对输入自动求导。

2. 静态计算图

图层 IR 作为 AI 框架实现自动微分的另外一种方法。实现方式上，静态地生成可以根据 Python 等前端高级语言描述的神经网络拓扑结构，以及参数变量等图层信息，构建一个固定的计算图。这种实现方式也称为**静态计算图**。在基于计算图的 AI 框架中，利用反向微分计算梯度通常实现为计算图上的一个优化 Pass，给定前向计算图，以损失函数为根节点广度优先遍历前向计算图时，便能按照对偶结构自动生成反向计算图。

静态图在执行前有一个完整的构图和编译优化过程：

- 在构建前向图时，根据图层 IR 的定义，把 Python 等高级语言对神经网络模型的统一描述，通过源码转换成图层 IR 对应的前向计算图，将导数的计算也表示成计算图。
- 获取前向计算图后，根据自动微分的反向模式实现方法，执行前先生成反向对应的静态计算图，并完成对该计算图的编译优化，然后再给后端硬件执行具体的计算。

静态图的缺点在于，计算执行的过程中代码的错误不容易被发现，不能像动态图一样实时拿到中间的计算结果，给代码调试带来一定的麻烦。

好处在于，通过图层 IR 的抽象后，AI 框架已经构建起对计算图的统一描述，方便对全局的计算图进行编译优化，在执行期间可以不依赖前端语言描述，并且能够对图中的内存进行大量复用。因此常用于神经网络模型部署，如移动端安防领域、人脸识别等场景。

小结与思考

- 自动微分是 AI 框架实现神经网络训练的关键技术，它通过计算图来表达和自动求导，可以高效地计算损失函数对网络参数的梯度。
- 计算图将神经网络的前向计算过程表达为一系列节点和边，其中节点表示计算操作，边表示数据流，自动微分利用这些计算图来实现反向传播算法。
- AI 框架中的自动微分通常采用动态计算图或静态计算图的方式，动态图易于调试和支持灵活的网络结构调整，而静态图在执行效率和内存优化方面表现更优。

22.4 计算图的调度与执行

AI 框架在训练的过程中，会把神经网络统一表示为由基础算子构成的计算图，而算子属于计算图中的一个节点，由具体的后端硬件进行高效执行。

目前 AI 框架的前端负责给开发者提供对应的 API，通过统一表示把开发者编写的 Python 代码表示为前向计算图，AI 框架会根据前向计算图，自动补全反向计算图，生成出完整的计算图。

实际上，计算图的执行方式，可以分为两种模式：①逐算子下发执行的交互式方式，如 PyTorch 框架；②整个计算图或者部分子图一次性下发到硬件进行执行，如 TensorFlow 和

MindSpore。无论采用哪种模式，其大致架构如图 22.4.1 所示。

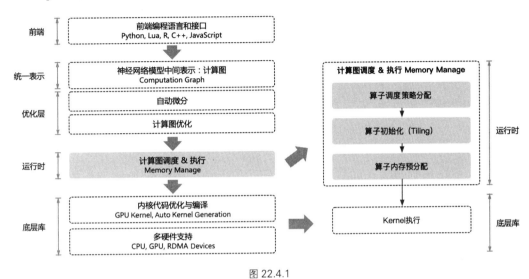

图 22.4.1

22.4.1 图调度

计算图的调度主要是指静态图。在静态图中，需要先定义好整个计算流，再次运行时就不需要重新构建计算图，因此其性能更加高效。

1. 什么是算子

AI 框架中对张量计算的种类有很多，比如加法、乘法、矩阵相乘、矩阵转置等，这些计算被称为算子（Operator），它们是 AI 框架的核心组件。算子的定义在第 1 章 1.4.1 节已介绍过。为了更加方便地描述计算图中的算子，现在来对**算子**这一概念的定义再次重复：

● 狭义的算子（**Kernel**）：对张量执行的基本操作集合，包括四则运算、数学函数，甚至是对张量元数据的修改，如维度压缩（Squeeze）、维度修改（Reshape）等。

● 广义的算子（**Function**）：AI 框架中对算子模块的具体实现，涉及调度模块、Kernel 模块、求导模块以及代码自动生成模块。

将狭义的算子统一称为核（Kernel），在 AI 框架中，使用 C++实现层里的算子指的就是这里的 Kernel，而这里的 Kernel 实现并不支持自动梯度计算（Autograd）模块，也不感知微分的概念。

将广义的算子称为函数或方法（Function），这也是平时经常接触到的 AI 框架中 PyTorch API，包括 Python API 和 C++ API，其配合 PyTorch Autograd 模块后就可以支持自动梯度求导计算。

2. 算子间调度

无论是大模型还是传统的神经网络模型，实际上最后执行都会落在单设备环境下执行对应的算子。对单设备执行环境，制约计算图中节点调度执行的关键因素是节点之间的数据流依赖和具体的算子。

假设继续以简单的复合函数为例子：

$$f(x_1, x_2) = \ln(x_1) + x_1 x_2 - \sin(x_2)$$

图 22.4.2 是函数对应的计算图，一共有 5 个算子。

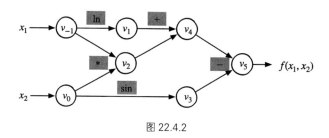

图 22.4.2

AI 框架根据上述计算图的数据流的依赖关系，在单设备环境下，依次调用具体的算子可以如下所示：

```
# 前向执行算子
Log(v_(-1), 2) -> v1
Mul(v_(-1), v0) -> v2
Sin(v0) -> v3
Add(v1, v2) -> v4
Sub(v4, v3) -> v5

# 反向执行算子
Sub_grad(v5, v5_delta) -> v4_delta
...
```

由于计算图准确地描述了算子之间的依赖关系，运行时的调度策略可以变得十分直接。根据计算图中的数据流依赖关系和计算节点函数，通过先进先出队列来执行具体的计算逻辑：

● 初始状态下，AI 框架会在运行时将计算图中入度为 0 的节点加入到 FIFO（First-In-First-Out）队列中。

● 从 FIFO 队列中选择下一个节点，分配给线程池中的一个线程执行计算；

● 当前节点执行结束后，会将其后继节点加入就绪队列，当前节点出队；

● AI 框架在运行时继续处理 FIFO 队列中的剩余节点，直到遍历完所有的节点，队列为空。

图 22.4.3 是按照数据流约束执行对应的计算图的一个可能调度序列。其中灰色为前向计算时用到的算子，黑色为反向计算时用到的算子。这种调度方式主要以 PyTorch 的默认执行方式：TensorFlow 的 Eager 模式，以及 MindSpore 的 PyNative 模式为主。

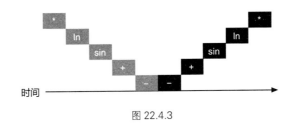

图 22.4.3

3. 算子并发调度

单设备算子间使用单线程管理先进先出队列进行调度，这种方式是最直接也是最原始的。实际 AI 框架会根据计算图，找到相互独立的算子进行并发调度，提高计算的并行性。

这个时候，就非常依赖于计算图能够准确地描述算子之间的依赖关系，通过后端编译优化功能或者后端编译优化的 Pass，提供并发执行队列的调度操作。

先进先出队列中的一个节点被分配给线程池中的线程调度执行时，这个线程会一次执行完计算图中所有低代价节点；部分 AI 框架会执行预编译阶段，在计算图调度模块中预先遍历计算图，区分高代价节点和低代价节点，并对其优先级根据具体情况进行等级划分。假设遇到高代价节点时，将该节点派发给线程池中其他线程执行，从而实现算子并发调度执行（图 22.4.4）。

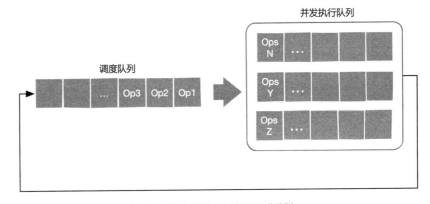

执行完后激活后续节点，并加入调度队列

图 22.4.4

4. 算子异构调度

在手机端侧异构计算环境中，主要存在 CPU、GPU 以及 NPU 等多种异构的计算 IP，因此一张计算图可以由运行在不同计算 IP 的算子组成为异构计算图，继续以 $f(x_1, x_2) = \ln(x_1) +$

$x_1 x_2 - \sin(x_2)$ 为例，图 22.4.5 展示了一个在端侧 SoC 中典型的由异构 IP 共同参与的计算图。

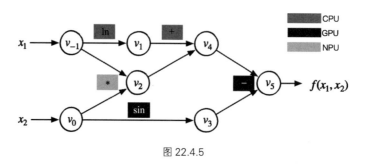

图 22.4.5

假设该手机 SoC 芯片有 CPU、GPU 和 NPU 三款计算 IP，所述计算图由如下几类异构计算 IP 对应的算子组成：

- CPU 算子：通过 CPU 执行的算子，CPU 计算的性能取决于是否能够充分利用 CPU 多核心的计算能力。
- GPU 算子：由 GPU 执行算子的计算逻辑，由于 GPU 具备并行执行能力，可以为高度并行的 Kernel 提供强大的并行加速能力。
- NPU 算子：由专门为高维张量提供独立 Kernel 计算的执行单元，NPU 优势是支持神经网络模型特殊的算子或者子图执行。

计算图能够被正确表达的首要条件是准确标识算子执行所在的不同设备，例如图 22.4.5 中，使用不同的灰度，标识 CPU、GPU 和 NPU Kernel，同一时间可以在不同的计算 IP 上执行不同的计算。目前主流 AI 框架均提供了指定算子所在运行设备的能力。

异构计算图的优点在于：①异构硬件加速，将特定的计算放置到合适的硬件上执行；②算子间的并发执行，从计算图上可知，没有依赖关系的算子或者子图，逻辑上可以被 AI 框架并发调用。

不过从实际工程经验过程来看，目前采用算子异构调度的方式作为推理引擎的新增特性比较多，主要原因在于：①调度逻辑复杂，程序控制实现起来并不简单，即使自动化方式只能针对部分神经网络模型；②大部分神经网络模型的结构，仍然以高度串行为主，上下节点之间的依赖较重；③异构调度涉及不同 IP 计算结果之间的通信，通信的开销往往大于计算的开销。导致计算需要等待数据的同步与传输。

22.4.2 图执行

AI 框架生成计算图后，经过图调度模块对计算图进行标记，计算图已经准备好被实际的硬件执行，根据硬件能力的差异，可以将异构计算图的执行分为三种模式：单算子执行、整图下沉执行与图切分到多设备执行。

第一种单算子执行主要针对 CPU 和 GPU 的场景，计算图中的算子按照输入和输出的依赖关系被逐个调度与执行。整图下沉执行模式主要是针对 DSA 架构的 AI 芯片而言，其主要的优势是能够将整个计算图一次性下发到设备上，无需借助 CPU 的调度能力而独立完成计算图中所有算子的调度与执行，减少了主机和 AI 芯片的交互次数，借助 AI 芯片并行加速能力，提高计算效率和性能。由于计算图自身表达的灵活性，对于复杂场景的计算图在 AI 芯片上进行整图下沉执行的效率不一定能达到最优，或者在单个 AI 芯片上不能完整放下一张计算图。因此可以将计算图进行拆分，把大模型产生的计算图分别放在不同的 AI 加速芯片上面。此外，对于 AI 芯片执行效率低下的部分分离出来，交给 CPU 处理，将更适合 AI 芯片的子图下沉到 AI 芯片进行计算，这样可以兼顾性能和灵活性两方面。

1. 单算子执行

单算子执行类似于串行执行，将计算图展开为具体的执行序列，按照执行序列逐个 Kernel 执行，如图 22.4.6 所示。其特点为执行顺序固定，单线程执行，对系统资源要求相对较低。

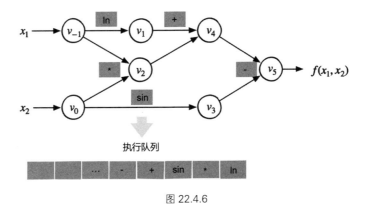

图 22.4.6

单算子执行的一般执行过程：算子在高级语言如 Python 侧被触发执行后，经过 AI 框架初始化，其中需要确定算子的输入输出数据、算子类型、算子大小以及对应的硬件设备等信息，接着 AI 框架会为该算子预分配计算所需的内存信息，最后交给具体的硬件加速芯片执行具体的计算。

单算子的执行方式好处在于其灵活性高，算子直接通过 Python 运行时调度：

● 通过高级语言代码表达复杂的计算逻辑，尤其是需要控制流以及需要高级语言的原生数据结构来实现复杂算法的场景；

● 便于程序进行调试，开发者可以在代码解释执行过程中控制需要调试的变量信息；

● 利用高级语言的特性，如在复杂计算加速任务中与 Python 庞大而丰富的生态库协同完成。

2. 整图下沉执行

单算子调度具有较高的易用性等优点，其缺点也很明显：

● 难于对计算图进行极致的性能优化，缺乏计算图的全局信息，单算子执行时无法根据上下文完成算子融合、代数简化等编译优化的工作；

● 缺乏计算图的拓扑关系，计算图在具体执行时退化成算子执行序列，只能按照给定的队列串行调度执行，即无法在运行时完成并行计算。

整图下沉式的执行方式，是通过专用的 AI 加速芯片，将整个计算图或者部分计算图（子图）一次性下发到 DSA 芯片上，以完成计算图的计算。如谷歌 TPU 和华为昇腾 NPU，多个算子可以组成一个子图，子图在执行之前被编程成一个具体的任务，将包含多个算子的任务一次性下发到硬件上直接执行。

计算图下沉的执行方式避免了在计算过程中，Host 主机侧和 Device 设备侧频繁地进行交互，CPU 下发一个算子到 NPU，再从队列中取出下一个节点下发到 NPU，因此可以获得更好的整体计算性能。然而计算图下沉执行的方式也存在一些局限，例如算子在动态 Shape、复杂控制流、副作用等场景下会面临较大的技术挑战。

22.4.3   PyTorch 算子执行

PyTorch 的函数是一个非常复杂核心的模块，其大部分代码都是由 PyTorch Tool 根据模板文件自动生成。如果想要查看其源代码，无法直接在 PyTorch 的 GitHub 代码库中搜索到，必须要将代码下载到本地并进行编译。当调用函数时，就会接触到 PyTorch 的调度模块。

以 PyTorch 的加法为例，假设调用 torch.add 函数 API 时，AI 框架总共会经历两次调度，如图 22.4.7 所示。

第一次调度会根据执行张量的设备（Device）和布局（Layout）动态选择对应的实现函数，比如<CPU, Strided> Tensor，<CPU, Sparse> Tensor 或者<CUDA, Strided> Tensor。不同设备布局的实现，可能会编译在不同的动态链接库里。

第二次调度则会根据张量元素的数据类型，通过 Switch 分支的方式进行一次轻量级的静态选择，最终选出合适的 Kernel 来执行对张量的操作。

Kernel 主要是算子的计算模块，但是别忘记了在深度学习中，算子还包含求导模块。计算模块主要定义了 Kernel 的计算步骤，需要先在 aten/src/ATen/native/native_functions.yaml 中声明 Kernel 计算模块的函数签名，然后在 native/目录下实现该函数。

在前面的函数调用中，主要是通过 Kernel 对张量进行操作。求导模块主要是对计算模块的一个反向求导，需要直接在 tools/autograd/derivatives.yaml 中声明定义求导的过程，剩下就可以交给 Autograd 代码生成模块自动生成对应的代码。

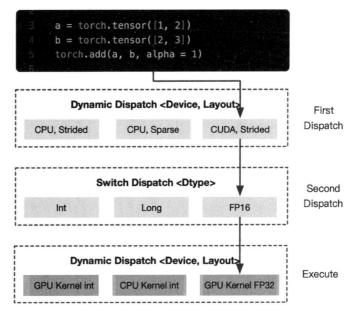

图 22.4.7

小结与思考

- 计算图的调度与执行是 AI 框架中的关键环节，涉及如何高效地管理和分配计算资源，以优化训练和推理过程。
- 调度主要分为图调度和算子间调度，包括静态图中的优化执行和单设备或异构计算环境中的并发及异构调度，以提高计算效率和资源利用率。
- 图执行方式包括单算子执行、整图下沉执行和图切分到多设备的并行执行，以适应不同的硬件架构和计算规模需求。
- PyTorch 中的算子执行涉及两次调度，首先是选择具体实现函数，然后是选择具体的 Kernel 执行操作，整个过程由 Autograd 模块支持自动求导。

22.5　计算图的控制流实现

计算图在数学上作为一个有向无环图（DAG），能够把神经网络模型的概念抽象出来作为统一描述，不过在计算机的编程中，会遇到很多 if、else、while、for 等控制流语句，有向无环图该如何表示控制流成了计算图中一个很重要的问题。好处在于，引入控制流之后，开发者可以向计算图中引入分支选择以及循环控制逻辑，进而构造出更加复杂的神经网络模型结构。

目前，以 PyTorch 为例，它支持的仅仅是 Python Control Flow，即在 Python 层执行控制逻辑，而非计算图中支持控制流。这样就存在一个问题，如果要部署带 Control Flow 的模型就会比较困难，如何灵活部署带控制流的计算图到不支持 Python 的设备上？

> 计算图中的控制流实现与控制流图并不是一个概念。在计算机科学中，控制流图（CFG）是程序执行期间所有可能路径的图形表示。控制流图概念是由 Frances E. Allen 提出的。他指出，Reese T. Prosser 之前曾使用布尔连接矩阵进行流分析。CFG 是许多编译器优化和静态分析工具不可或缺的一部分。

22.5.1　控制流

AI 框架作为一个可编程系统，在设计时一个首要设计选择是，如何让开发者能够独立于实现细节，以最自然的方式描述出各类神经网络模型。描述的完备性不仅影响 AI 框架所能够支持的神经网络结构，决定了开发者在使用高级编程语言去实现神经网络模型的灵活性，也影响 AI 框架后端优化的技术手段。

1.　背景

在计算机科学中，控制流（Control Flow）定义了独立语句、指令、函数调用等执行或者求值的顺序。例如，根据函数 A 的输出值选择运行函数 B 或者 C 中的一个（图 22.5.1）。

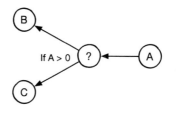

图 22.5.1

AI 框架把神经网络的计算过程，抽象为有向无环图。使用有向无环图描述神经网络计算的方式，符合算法开发者对神经网络概念的定义：算子间拓扑结构对学习特性有重要影响，可以通过计算图，方便地描述出大多数通过堆叠深度或多分支形成的复杂神经网络。然而，随着神经网络算法的快速发展，一些新颖的神经网络结构很难自然地表示为纯计算图。

2.　难点

引入控制流将会使计算图的构建以及前向传播存在很大的差异。

首先，计算图将变为动态的方式，分支选择以及循环控制流只有在真实运行的时候，才能够依据其依赖的数据输入来判断走哪个分支、是否结束循环。

其次，控制流引入的另一个难点在于循环控制流的实现。引入循环之后，原本的计算图在逻辑上出现了环，从而无法进行有效的拓扑排序。所以对于有控制流的计算图，前向计算和反向传播的实现要么抛弃拓扑排序这一思路，要么就要通过其他手段将循环进行拆解。

为了能够支持含有控制流结构的神经网络模型，AI 框架需要引入对动态控制流这一语言结构（Language Construct）的支持。目前基于计算图，在控制流解决方案上，主要采用了三类设计思路：

● **复用宿主语言**：复用前端宿主语言的控制流语言结构，用前端语言中的控制逻辑驱动后端计算图的执行。

● **支持控制流原语**：AI 框架的后端对控制流语言结构进行原生支持，计算图中允许计算流和控制流混合。

● **源码解析**：前端对高级编程语言的代码解析成计算图，后端对控制流语言结构解析成子图，对计算图进行延伸。

复用宿主语言以 PyTorch 为典型代表，支持控制流原语以 TensorFlow 为典型代表，源码解析的方式则以 MindSpore 为典型代表。

22.5.2 动态图

每一次执行神经网络模型，AI 框架会依据前端编程语言描述，动态生成一份临时的计算图（实际为单算子），这意味着该实现方式下计算图是动态生成的，并且过程灵活可变，该特性有助于在神经网络结构调整阶段提高效率，这种实现方式也被称为**动态计算图**。

1. 复用宿主语言

PyTorch 采用的是动态图机制（Dynamic Computational Graph），动态图使得 PyTorch 的调试变得十分简单，每一个步骤，每一个流程都可以被开发者精确地控制、调试、输出，甚至是在每个迭代都能够重构整个网络。

动态图中，通过复用宿主语言的控制流构建动态图，即复用 Python 等高级语言本身的控制流的执行方式。以 PyTorch 为代表，在实际执行计算中，当遇到 if、else、for 等控制流语句时，使用 Python 在 CPU 的原控制执行方式，当遇到使用 PyTorch 表示神经网络的 API 时，才继续按照动态计算图的执行方式进行计算。

下面的代码是 Transformer 结构对应的动态图示例 PyTorch 代码，Transformer 的 Decoder 结构中通过 for 循环，堆叠 Decoder 模块，最后通过 if 来检查是否需要加入 norm 正则化层。此时 AI 框架不再维护一个全局的神经网络描述，神经网络变成具体的 Python 代码，后端的张量计算以库的形式提供，维持了与 Numpy 类似的一致编程接口。

```
from torch import nn

class TransformerDecoder(nn.Module):
    def __init__(self, decoder_layer, num_layers, norm=None):
```

```
        super().__init__()
        self.layers = _get_clones(decoder_layer, num_layers)
        self.num_layers = num_layers
        self.norm = norm

    def forward(self, tgt: Tensor,
            memory: Tensor,
            tgt_mask: Optional[Tensor] = None,
            memory_mask: Optional[Tensor] = None,
            tgt_key_padding_mask: Optional[Tensor] = None,
            memory_key_padding_mask: Optional[Tensor] = None,
            tgt_is_causal: Optional[bool] = None,
            memory_is_causal: bool = False):
        seq_len = _get_seq_len(tgt, self.layers[0].self_attn.batch_first)
        tgt_is_causal = _detect_is_causal_mask(tgt_mask, tgt_is_causal, seq_len)

        for mod in self.layers:
            output = mod(output, memory, tgt_mask=tgt_mask,
                    memory_mask=memory_mask,
                    tgt_key_padding_mask=tgt_key_padding_mask,
                    memory_key_padding_mask=memory_key_padding_mask,
                    tgt_is_causal=tgt_is_causal,
                    memory_is_causal=memory_is_causal)

        if self.norm is not None:
            output = self.norm(output)

        return output
```

虽然 PyTorch 2.X 版本推出了图模式，能够生成真正的计算图，但是目前的方案中，遇到控制流，仍然会把网络模型切分成不同的子图来执行，遇到控制流会使用 Python 来执行调度。

2. 复用宿主语言特点

复用宿主语言的方式，其**优点**在于：

- 由于用户能够自由地使用前端宿主语言 Python 代码中的控制流，即时输出张量计算的求值结果，有着更高的易用性；
- **模型即代码**，动态图使用声明式编程的方式，使得定义神经网络模型的计算就像普通编写真正的程序。

这种复用宿主语言控制流语言驱动后端执行的方式有着更加友好的用户体验，但**缺点**也是明显的：

- 用户易于滥用前端语言特性，带来更复杂的性能问题；
- 计算图的执行流会在语言边界来回跳转，带来十分严重的运行开销；
- 整体计算图把模型切分成按算子组成的小块，不利于神经网络模型大规模部署和应用；
- 控制流和数据流被严格地隔离在前端语言和后端编译优化之中，前端和后端执行不同的语言和编译体系，跨语言边界优化难。

22.5.3 静态图

AI 框架静态地生成可以根据 Python 等前端高级语言描述的神经网络拓扑结构，以及参数变量等图层信息构建一个固定的计算图，这种实现方式也称为**静态计算图**。具体在 AI 框架中，利用反向微分计算梯度通常实现为计算图上的一个优化 Pass，给定前向计算图，以损失函数为根节点广度优先遍历前向计算图时，便能按照对偶结构自动生成反向计算图。

1. 控制流原语

支持控制流原语以 TensorFlow 为典型代表，在面对控制流需求时，计算图中引入控制流原语，运行时对控制流原语以第一等级（First-Class）进行实现支持。其控制流的基本设计原则是：引入包含少量操作的原子操作符（即 Function 类特殊算子），在这些操作符之上来表达 TensorFlow 应用的复杂控制流。

TensorFlow 计算图中支持控制流的方案主要分为 3 层。暴露给开发者用于构建计算图的前端 API，这些 API 会被转换成更低等级的控制流原语，再由计算图优化器进一步进行改写。为了平衡编程的易用性和优化器设计中保留更多易于被识别出的优化机会，TensorFlow 提供了多套有着不同抽象等级的前端 API 以及计算图上的控制流原语。

为了提高可理解性和编程效率，避免开发者直接操作底层算子，这些计算图中的控制流原语会被封装为前端的控制流 API，图 22.5.2 是用户使用前端基础控制流 API 编写带条件和循环的计算，以及它们所对应的计算图表示。为了简化开发者识别计算图中的控制结构，TensorFlow 基于底层控制流原语，引入高层 Functional 控制流算子，同时添加高层控制流算子向底层控制流算子的转换逻辑。

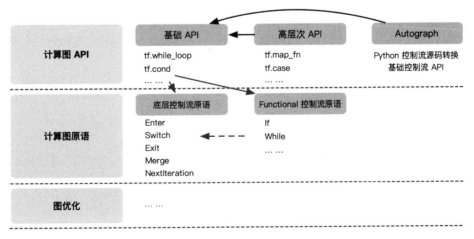

图 22.5.2

下面以循环嵌套两个 for 循环代码，使用 TensorFlow 2.X 的 API 为例子：

```
i = tf.constant(0)
j = tf.constant(0)
a = lambda i: tf.less(i, 10)
b = lambda i: (tf.add(i, 1), )
c = lambda i: (tf.add(j, 1), )
y = tf.while_loop(a, b, [j])
r = tf.while_loop(c, y, [i])
```

TensorFlow 的计算图，每个算子的执行都位于一个执行帧（Execution Frame）中，每个执行帧具有全局唯一的名字作为标识符，控制流原语负责创建和管理这些执行帧。可以将执行帧类比为程序语言中的域（Scope），其中通过 key-value 表保存着执行算子所需的上下文信息，如输入输出变量存储位置等。当计算图中引入控制流后，每个算子有可能被多次执行，控制流原语会在运行时创建这些执行帧，执行帧可以嵌套，对应了开发者写出的嵌套控制流。

```
# 具有全局唯一的名字作为标识符
execution frame: {
    # 保存着执行算子所需的上下文信息
    key(ops_1): value(input_addr, output_addr, ops_attr),
    key(ops_2): value(input_addr, output_addr, ops_attr),
    ...
    # 嵌套 execution frame，可并发优化
    execution frame: {
    key(ops_1): value(input_addr, output_addr, ops_attr),
    key(ops_2): value(input_addr, output_addr, ops_attr),
    ...
    }
}
```

tf.while_loop 的循环体是一个用户自定义计算子图，对于每个 while 循环，TensorFlow 运行时会设置一个执行帧，并在执行帧内运行 while 循环的所有操作。执行帧可以嵌套，嵌套的 while 循环在嵌套的执行帧中运行。嵌套的 tf.while_loop 对应嵌套的计算帧，位于不同计算帧中的算子，只要它们之间不存在数据依赖，就能够被运行时调度并发执行。只要执行帧之间没有数据依赖关系，则来自不同执行帧的操作可以并行运行。

如图 22.5.3 所示，TensorFlow 的原子操作集中有五个控制流原语运算符，其中 Switch 和 Merge 组合起来可以实现条件控制 tf.cond。所有五个基元一起组合则可以实现 while 循环 tf.while_loop。

优点在于：

● 静态图由于能够在执行具体计算之前得到神经网络模型计算的全过程统一描述，使得 AI 编译器在编译优化期间能够利用计算图的信息进行优化。

● 执行逻辑无需在前端宿主语言与运行时之间反复切换，因此往往有着更高的执行效率。

不过这种方式也有比较大的**缺点**：

● 由于控制流原语的语义设计，首要提升运行时的并发数和高效执行，与开发者在描述神经网络模型时使用 Python 语法在编程习惯上差异较大，对开发者来说存在一定的易用性困扰。

tf.cond(x < y, *lambda*: tf.add(x, z), *lambda*: tf.square(y))

tf.while_loop(*lambda i*: *i* < 10, *lambda i*: tf.add(*i*, 1), [0])

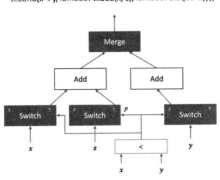
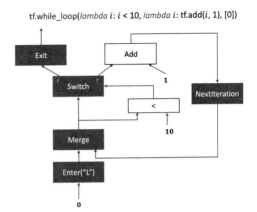

图 22.5.3

● 为了解决让开发者对细节控制原语不感知，需要对控制流原语进行再次封装，以控制流 API 的方式对外提供，这也导致了构建计算图步骤相对复杂。

2. 源码解析

具体实现的过程中，计算图对能够表达的控制流直接展开，如 for 循环内部直接展开成带顺序的多个计算子图。通过创建子图，运行时动态选择子图执行，如遇到 if 和 else 分支时分别创建 2 个子图存放在内存，当控制模块判断需要执行 if 分支的时候把 if 分支的子图产生的序列调度进入执行队列中。

通过对高级语言的源码解析成计算图，再对计算图进行展开的方式，其**优点**在于：

● 用户能够一定程度自由地使用前端宿主的控制流语言，即在带有约束的前提下使用部分 Python 代码；

● 解耦宿主语言与执行过程，加速运行时执行效率；

● 计算图在编译期得到全计算过程描述，发掘运行时效率提升点；

因为属于静态图的方式，因此继承了声明式编程的**缺点**：

● 硬件不支持的控制流方式下，执行流仍然会在不同编程语言的边界来回跳转，带来运行时开销；

● 部分宿主的控制流语言不能表示，带有一定约束性。

小结与思考

● 计算图的控制流实现对于构建复杂神经网络结构至关重要，涉及动态图和静态图两种模式，以及复用宿主语言、支持控制流原语和源码解析三种设计思路。

● 动态图方法(如 PyTorch)利用 Python 控制流的易用性高但运行时开销大，而静态图(如 TensorFlow)执行效率高但编程复杂度增加。

● 源码解析方法（如 MindSpore）在易用性和执行效率之间取得平衡，但对高级语言的控制流有一定约束。

22.6　动态图与静态图转换

从 TensorFlow、PyTorch 到 MindSpore，主流的 AI 框架动静态图转换经历了动静分离、动静结合到动静统一的发展过程（图 22.6.1），兼顾动态图易用性和静态图执行性能高效两方面优势，现代 AI 框架具备动态图转静态图的功能，支持使用动态图编写代码，框架自动转换为静态图网络结构执行计算。

图 22.6.1

短短七八年时间，动静态图互相转换的技术在 AI 系统领域发展迅速，大大提升了 AI 算法/模型的开发效率，提高了 AI 产品应用的便利性，实现了计算效率和灵活性的平衡。

22.6.1　背景

前面已详细讲述过动态图与静态图的具体内容，**静态图**易于优化但灵活性低，**动态图**灵活性高但由于缺少统一的计算过程表示，难以在编译期进行分析。

1. 历史发展

1）动静分离

动静分离阶段，其对应的代表性框架为谷歌在 2017 年发布的 TensorFlow，默认使用静态图，硬件亲和性能高，易部署。相对而言，2018 年发布的 PyTorch，默认采用动态图，其编程范式符合日常编程风格习惯，学习成本低，开发效率高。

2）动静结合

动态图和静态图都有其各自的优缺点，不过动态图难以转换成为静态图，那么能否让开发者通过标识符号，来通知 AI 框架对于表示的代码段实现静态图转换成为动态图。该思路的基本实现方式是在静态图代码块上加上装饰符。

2019 年谷歌发布的 TensorFlow 2.0 支持动静态图的相互转化，TensorFlow 2.0 默认使用动态图，允许将一部分 Python 语法转换为可移植、高性能、语言无关的 TensorFlow1.X 语法，从而支持 TensorFlow1.X 静态图和 TensorFlow2.X 动态图的切换。2022 年 Meta 发布的 PyTorch 2.0 从 Python 侧支持 Compiler 编译产生静态图的功能。

3）动静统一

动静统一是 AI 框架技术上追求的最终实现方式，开发者能够根据需要，灵活地在动态图与静态图之间切换。然而动态图和静态图的切换面临很大困难：静态图可以看作是一种特殊的领域语言（DSL），则该特殊 DSL 实际上是表示为静态语言的；但是 Python 实际为动态解释类型语言，因此很难将 Python 语言无损转化到静态语言中，又可以方便地从静态语言转换回 Python 代码。

2. 实现方式

主流的 AI 框架最终目标是实现计算图的**动静统一**，目前从 AI 框架的技术趋势来看，动态图与静态图的融合在不断向前探索过程中：前端用户使用宿主语言（如 Python）中的控制流语句编写神经网络模型，调试完后，由 AI 框架自动转换为静态图的结构。而动态图向静态图的转换分为基于追踪（Tracing）和基于源代码解析（Parsing）两种方式：

● **基于追踪**：直接执行开发者编写的 Python 代码，记录下算子调用序列，将算子调用序列保存为静态图，执行中脱离前端高级语言环境，由运行时 Runtime 按照静态图逻辑执行。即动态图模式执行并记录调度的算子，构建和保存为静态图模型。

● **基于源代码解析**：以高级语言的抽象语法树（AST）作为输入，通过 AI 框架定义的计算图 IR 转化为框架内部的语法树，经过别名分析、SSA（Static Single Assignment）、类型推断等编译器中间件 Pass，最终转换为静态计算图表示。即分析前端源代码将动态图转为静态图，并在框架层帮开发者使用静态图执行器运行。

不过在具体实现方式下，解决动态图和静态图转换的问题时，主要有以下两条路径：

● **动态转静态**：从动态图出发，AI 框架可以在运行过程中自动通过 JIT，无需用户用修饰符指定，如 PyTorch 的 Lazy Tensor 和 Compiler；

● **静态转静态**：从静态图出发，编译过程中如果发现有不支持的语法，保留到运行时进行 Fallback 回 Python，如 PyTorch 框架中的 JIT Fallback。

22.6.2 追踪模式

基于追踪的方式会直接执行用户代码，记录下算子调用序列，将算子调用序列保存为静态图模型，在后续编译、运行时的执行过程中脱离前端高级编程语言 Python 环境，最后交由框架后端运行时按照静态图调度与执行。

动态图基于前端宿主语言的解释器对网络模型的代码进行解析执行。因此，基于追踪的动静态图转换的原理相对简单，当使用动态图模式构建好网络模型后，使用追踪的方式进行转换将分为两个阶段：

● 第一阶段：与动态图生成原理相同，AI 框架创建并运行动态图代码，自动追踪计算图中数据流的流动以及算子的调度，将所有的算子捕获并根据调度顺序构建静态图模型。与动态生成不同的地方在于 AI 框架并不会销毁构建好的计算图，而是将其保存为静态图留待后续执行计算。

● 第二阶段：当执行完一次动态图后，AI 框架已生成静态图，当再次调用相同的模型时，AI 框架会自动指向静态图模型执行计算。追踪技术只是记录第一次执行动态图时调度的算子，但若是模型中存在依赖于中间结果的条件分支控制流，只能追踪到根据第一次执行时触发的分支。

基于追踪模式构建的静态图模型并不是完整的计算图，缺失了数据未流向的其他分支。在后续的调用中，因为静态模型已经生成无法再次改变，除非重新生成计算图，若计算过程中数据流向缺失分支会导致模型运行错误。同样，依赖于中间数据结果的循环控制也无法追踪到全部的迭代状态。

```python
w_h = torch.randn(20, 20, requires_grad=True)
w_x = torch.randn(20, 10, requires_grad=True)
x = torch.randn(1, 10)
prev_h = torch.randn(1, 20)

h2h = torch.mm(W_h, prev_h.t())
if h2h > w_x:
    i2h = torch.mm(w_x, x.t())
    h2h = h2h + i2h
next_h = h2h.tanh()

loss = next_h.sum()
loss.backward()
```

基于追踪模式的**难点**在于：通过 Tracing 的方式获取的计算图，实际上不是一个有向无环图（DAG），而是一个平铺算子执行流，所以很难处理控制流。比如循环 while、Loop、for，对于 Tracing 的方式来说就是展开循环体，但是有些情况下循环体无法有效展开，如循环条件根据训练的收敛情况/算子的执行结果而改变等。因此上面的代码产生的计算图有 2 种可能性，如图 22.6.2 所示。

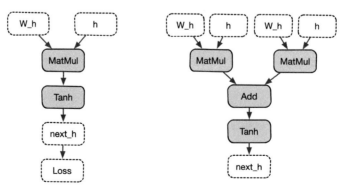

图 22.6.2

基于追踪模式的特点总结如下：

- **优点**：简单易于实现；能够更为广泛地支持前端宿主语言中的各种动态控制流语句，例如：函数调用、函数嵌套、函数递归等。

- **缺点**：执行场景受限，Tracing 直接执行程序一次，只能保留程序有限执行轨迹并线性化，静态图失去源程序完整控制结构。

22.6.3 源码解析

静态图模式下需要经过 AI 框架自带的图编译器对模型进行建图后，再执行静态计算图。由于图编译器所支持编译的静态图代码与动态图代码之间存在差异，因此基于源码转换的方式，需要将动态图代码转换为静态图代码描述，最后经过图编译器生成静态计算图。

基于源代码解析的方式则能够改善基于追踪转换的缺陷，其流程经历三个阶段：

- **第一阶段**：以宿主语言的抽象语法树（Abstract Syntax Tree, AST）为输入；对动态图模式下的宿主语言代码扫描进行词法分析，通过词法分析器分析源代码中的所有字符，对代码进行分割并移除空白符、注释等，将所有的单词或字符都转化成符合规范的词法单元列表。这一阶段，需要严格地筛选前端宿主语言语法要素，往往只会解析宿主语言中的一个子集，而非前端宿主语言所有特性表达都能解析。

- **第二阶段**：以词法分析器的结果作为输入，接着进行语法分析（即 AI 框架编译层的解析器），将得到的词法单元列表转换成语法树的形式，并对语法进行检查，避免错误。接着将宿主语言的抽象语法树，整理成一个 AI 框架内部的抽象语法树表示。

- **第三阶段**：从 AI 框架的内部语法树开始经过别名分析、SSA 化、类型推断等重要分析，最终转换为静态计算图表示。动态图转静态图的核心部分就是对抽象语法树进行转写，AI 框架中对每一个需要转换的语法都预设有转换器，每一个转换器对语法树进行扫描改写，将动态图代码语法映射为静态图代码语法。

上面流程中，最为重要的前端宿主语言的控制流，会在第三阶段分析转换为静态图接口进行实现，能够有效避免基于追踪的方式中控制流缺失的情况。计算图转换之后，可以从新的语法树或者计算图还原出可执行的静态图代码。

```
@torch.jit.script
def fool(x: Tensor, y: Tensor, z: Tensor) -> Tensor:
  if x < y:
    s = x + y
  else:
    s = torch.square(y)
  return s

@torch.jit.script
def foo2(s: Tensor) -> Tensor:
  for i in torch.range(10):
    s += i
  return s
```

上面的代码片段是使用了 PyTorch 的 Script 模式（基于源代码解析），将动态图转换为静态图执行，图 22.6.3 是 PyTorch 背后的处理过程。

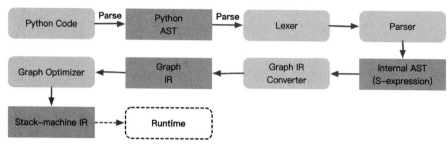

图 22.6.3

基于源代码解析的**难点**在于：AI 框架是从前端宿主语言 Python 进行 AST 转换而来，好处是控制流和神经网络模型的属性信息都可以保留下来，但是挑战是 Python 的大部分语法和数据结构都要转换为静态图的表达，更难的是 Python 是动态类型语言，所以从 AST 到静态图的转换中需要一个复杂的类型/值推导过程，导致实现困难与复杂。

> PyTorch Dynamo 特性属于基于源码转换，不过转换层不再是对 Python 的语言进行转换，而是在 Python 的解释器中转换成自定义的 FX Graph，从而更好地复用宿主语言的高级特性。

基于源代码解析方式的特点总结如下：
- **优点**：能够更广泛地支持宿主语言中的各种动态控制流语句。
- **缺点**：后端实现和硬件实现会对静态图表示进行限制和约束，多硬件需要切分多后端执行逻辑；宿主语言的控制流语句并不总是能成功映射到后端运行时系统的静态图表示；遇到过度灵活的动态控制流语句，运行时会退回 Fallback 由前端语言跨语言调用驱动后端执行。

小结与思考
- 动态图与静态图的转换技术发展迅速，AI 框架通过动静结合的方式，实现了动态图的易用性与静态图的高执行性能的平衡。
- 动态图到静态图的转换主要基于追踪（Tracing）和源代码解析（Parsing）两种方式，Tracing 通过记录算子调用序列构建静态图，而源代码解析通过 AST 转换为静态图表示。
- 动静转换技术面临的挑战包括控制流的准确表示、类型推断的复杂性以及硬件和后端实现的限制，但这些技术的发展极大地提升了 AI 算法的开发效率和产品的便利性。

第 23 章 分布式并行

23.1 引　　言

分布式训练是一种模型训练模式，它将训练工作量分散到多个工作节点上，从而大大提高了训练速度和模型准确性。

本节将围绕在 PyTorch2.0 中提供的多种分布式训练方式展开，包括并行训练，如数据并行（Data Parallel, DP）、模型并行（Model Parallel, MP）、混合并行（Hybrid Parallel）；可扩展的分布式训练组件，如设备网格（Device Mesh）、RPC 分布式训练以及自定义扩展等。每种方法在特定用例中都有独特的优势。

具体来说，这些功能的实现可以分为三个主要组件：

● 分布式数据并行（DDP）训练是一种广泛采用的单程序多数据训练范式。在 DDP 中，模型会在每个进程上复制，每个模型副本将接收不同的输入数据样本。DDP 负责梯度通信以保持模型副本同步，并将其与梯度计算重叠以加速训练。

● 基于 RPC 的分布式训练（RPC）支持无法适应数据并行训练的通用训练结构，例如分布式流水并行、参数服务器范式以及 DDP 与其他训练范式的组合。它有助于管理远程对象的生命周期，并将自动微分引擎扩展到单个计算节点之外。

● 提供了在组内进程之间发送张量的功能，包括集体通信 API（如 All-Reduce 和 All-Gather）和点对点通信 API（如 Send 和 Receive）。尽管 DDP 和 RPC 已经满足了大多数分布式训练需求，PyTorch 的中间表示 C10d 仍然在需要更细粒度通信控制的场景中发挥作用。例如，分布式参数平均，在这种情况下，应用程序希望在反向传播之后计算所有模型参数的平均值，而不是使用 DDP 来通信梯度。这可以将通信与计算解耦，并允许对通信内容进行更细粒度的控制，但同时也放弃了 DDP 提供的性能优化。

通过充分利用这些分布式训练组件，开发人员可以在各种计算要求和硬件配置下高效地训练大模型，实现更快的训练速度和更高的模型准确性。

23.2 数 据 并 行

数据并行是一种广泛应用于分布式 AI 系统中的技术，旨在通过将数据集划分为多个子集，并在不同计算节点上并行处理这些子集，以提高计算效率和速度。在大规模机器学习和深度学习训练过程中，数据并行可以显著加快模型训练速度，减少训练时间，提升模型性能。大部分的数据并行模型中，每个计算节点都会接收到完整的模型副本，但各节点处理不同的数据子集。通过这种方法，计算任务可以被分摊到多个节点上，从而显著提高处理速度和效率。

数据并行的实现方式多种多样，按照同步方式进行分类，包括**同步数据并行**和**异步数据并行**。同步数据并行要求所有计算节点在每一轮迭代后同步其参数，确保模型的一致性；而异步数据并行则允许节点独立进行计算和参数更新，从而减少等待时间，但也可能带来参数不一致的问题。按照实现方式进行分类，包括**数据并行**、**分布式数据并行**、**完全分片的数据并行**、**异步的数据并行**、**弹性数据并行**以及**参数服务器**。在本节中，集中关注与 PyTorch 框架相结合的数据并行算法。

23.2.1　DP 与 DDP

1. 数据并行 DP

数据并行的核心思想是将大规模的数据集分割成若干个较小的数据子集，并将这些子集分配到不同的 NPU 计算节点上，每个节点运行相同的模型副本，但处理不同的数据子集。在每一轮训练结束后，各节点会将计算得到的梯度进行汇总，并更新模型参数。这样，每个节点都能在下一轮训练中使用更新后的模型参数，从而保证整个模型在所有节点上保持一致。

算法主要分为下面两个步骤：

● **前向传播**：将 Mini-Batch 数据平均分配到每个 NPU 上，然后进行分布式初始化，将模型和优化器复制到每个 NPU 上，保证各 NPU 的模型、优化器完全相同。初始化完成后，各 NPU 根据分配到的数据和模型同时进行前向传播。

● **损失计算与反向传播**：前向传播完成后，每个 NPU 分别计算模型损失并进行反向传播。得到梯度后，将梯度传递到某 NPU 进行累加，更新模型的参数和优化器状态。更新后的模型参数和优化器将会在下一轮的前向传播中被复制到每个 NPU 上。

不断重复上述步骤，直到模型收敛或者达到预定的训练轮数。

但由于数据并行相对来说还不够完善，造成了许多性能的浪费。如在**语言层面**，使用最热门的深度学习开发语言 Python，在数据并行中采用的单进程、多线程并行方式往往受到 GIL（全局解释器锁）限制，CPU 的性能瓶颈使得多线程不能良好地利用 NPU 集群的资源。

另外在**算法层面**，全局的梯度累积和参数更新发生在一个 NPU 上，会出现明显的单个 NPU 利用率高，其他 NPU 空闲的情况，造成了资源的浪费。同时如果在数据并行中的 Mini-Batch 设置过小，将导致 NPU 内并行度不足，从而降低训练速度；在通信开销的影响下，甚至可能出现比单 NPU 慢的情况。

2. 分布式数据并行 DDP

分布式数据并行（Distributed Data Parallel, DDP）是数据并行的一种高级形式，它综合了多种优化，是当前应用最广的并行算法之一，通常用于大型 NPU AI 集群和 AI 系统中。DDP 在每个 NPU 上创建一个模型副本，并在每个训练步骤结束时，通过高效的梯度聚合和参数同步机制，确保模型的一致性。

除此以外，DDP 针对数据并行的缺点做了许多改进，并拥有良好的扩展性，如：完全分片的数据并行就是基于分布式数据并行的内存高效扩展版本。具体来说，分布式数据并行使用了**多进程**的实现方式，这避免了开发语言层面 Python GIL 的限制，也将并行规模扩展到多台网络连接的机器，进一步扩大分布式规模和效率；同时，针对通信做了大量优化，如使用 **Ring AllReduce 算法**和**延迟隐藏技术**进行高效的集合通信。分布式数据并行的各 NPU 负载也更均衡，避免单独在某一个 NPU 上工作的情况。

在分布式数据并行中，程序会启动设备数量个进程，每个进程单独启动一个主训练脚本副本。在开始时，主进程将模型从设备 NPU0 复制到其余 NPU 一次，保证各 NPU 的模型、优化器完全相同，接下来是分布式数据并行的训练过程：

● **前向传播**：每个 NPU 分别拿到一块完整且不同的 Mini-Batch 数据，各 NPU 根据分配到的数据同时进行前向传播。

● **损失计算与反向传播**：前向传播完成后，每个 NPU 分别计算模型损失并进行反向传播与梯度更新。值得注意的是，分布式数据并行中反向传播和梯度更新的过程是同时进行的，即一旦某些局部梯度准备就绪，它们就会在所有过程中取平均值（默认是使用 Ring AllReduce 算法做集合通信），然后使用全局梯度更新模型参数和优化器状态。

上述步骤重复进行，直到模型收敛或者达到预定的训练轮数。

23.2.2　DDP 实现分析

数据并行是分布式训练中最基础和常见的并行算法。本节将重点介绍分布式数据并行（DDP）在 PyTorch 中的简单实现示例，并对数据并行的各个关键步骤（如前向传播、反向传播、梯度更新等）进行详细分析，以更深入地理解数据并行的实现原理和具体执行步骤。

1. DDP 前向传播

关于 PyTorch2.0 中分布式数据并行具体的实现方式，首先看看 DDP 的**初始化**与**前向传播**，以及在这个过程中是如何**维护模型一致性**的。

模型的一致性要求每次进行的前向传播每个进程的参数相同。它依赖于 torch.nn.Module 类和 DistributedDataParallel 类，在 PyTorch 中，所有的模型都会继承 Module 类（包括分布式数据并行类 DistributedDataParallel）。

其中需要关注的是 Module 类中的两个类变量 _parameters 和 _buffers。_parameters 是指网络的参数，_buffers 不是参数，但也是会被持久化保存的数据，如 BatchNorm 中的 mean 和 variance。

```
# torch.nn.modules.py
class Module:
    ...
    _parameters: Dict[str, Optional[Parameter]]
```

```
_buffers: Dict[str, Optional[Tensor]]
...
```

DDP 在构建时，会通过_sync_module_states 同步各个进程的模型参数，包括_parameters 和
_buffers 以达到模型的一致性。

```
# torch.nn.parallel.distributed.py
class DistributedDataParallel(Module, Joinable):
    ...
    def __init__(
        ...
        # Sync params and buffers. Ensures all DDP models
        # start off at the same value.
        _sync_module_states(
            module=self.module,
            process_group=self.process_group,
            broadcast_bucket_size=self.broadcast_bucket_size,
            src=0,
            params_and_buffers_to_ignore=self.parameters_to_ignore,
        )
        ...
```

同时，在每次网络传播开始前，DDP 也都会通过_sync_module_states 同步进程之间的 buffer，
维持状态的统一。

```
# torch.nn.parallel.distributed.py
class DistributedDataParallel(Module, Joinable):
    ...
    def forward(self, *inputs, **kwargs):
        ...
        # Sync params and buffers. Ensures all DDP models start off at the same value.
        _sync_module_states(
            module=self.module,
            process_group=self.process_group,
            broadcast_bucket_size=self.broadcast_bucket_size,
            src=0,
            params_and_buffers_to_ignore=self.parameters_to_ignore,
        )
        ...
```

2. DDP 计算通信重叠

在分布式数据并行中，一项重要的优化是在反向传播过程中同时进行参数更新，这一过程
也被称为计算与通信的重叠。在分布式训练中，每个进程通常会在完成当前网络反向传播的同
时进行梯度更新，以隐藏通信延迟。

如图 23.2.1 所示，在部分梯度计算完成后，即可立即进行通信，一般通过钩子函数来实现。
在通信的同时也会继续计算梯度，这样就无需等待所有计算完成后再集中进行通信，也不必在
计算完成后等待通信完成，从而将通信过程覆盖到计算时间内，充分利用 AI 集群，提高了 AI
集群使用率。

在此过程中涉及钩子函数 hook、参数桶 bucket 和归约管理器 reducer 三个关键部分。

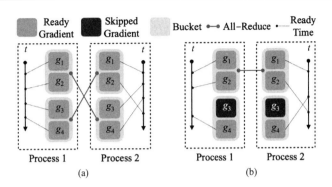

图 23.2.1

　　钩子函数 hook 是在 torch.Tensor 上实现的，每次计算相对于张量的梯度时都会调用该钩子。通过钩子函数，当张量梯度计算完成后，就可以立即进行集合通信。需要注意的是，虽然 DDP 的关键代码是用 C++实现的，但在 C++和 Python 代码中，Tensor 都提供了相似的 hook 接口，实现了类似的功能。

```
# torch._tensor.py
class Tensor(torch._C._TensorBase):
    ...
    def register_hook(self, hook):
        r"""Registers a backward hook.

        The hook will be called every time a gradient with respect to the
        Tensor is computed.
        ...
```

　　PyTorch 使用归约管理器 reducer 在反向传播期间进行梯度同步。为提高通信效率，reducer 将参数梯度组织到多个桶中，并对每个桶进行集合通信（可通过在 DDP 构造函数中设置 bucket_cap_mb 参数来配置桶大小）。

　　其中参数梯度到桶的映射，在构造时基于桶大小限制和参数大小确定。模型参数按照给定模型 Model.parameters()的大致相反顺序分配到桶中（使用相反顺序的原因是 DDP 期望在反向传播时以大致相同的顺序准备好梯度）。

　　图 23.2.2 展示了一个场景，其中 g_{w2} 和 g_{b2} 在 bucket1 中，另外两个梯度在 bucket2 中。虽然这种假设可能不总是成立的，一旦发生，将损害 DDP 反向传播的速度，因为 reducer 无法在最早可能的时间启动通信。

　　除了分桶，reducer 在构造阶段为每个参数注册了 autograd 钩子，在反向传播时当梯度准备就绪时触发这些钩子。PyTorch 使用_ddp_init_helper 函数进行参数的 reducer 的初始化以及参数的装桶。

```
# torch.nn.parallel.distributed.py
class DistributedDataParallel(Module, Joinable):
    ...
```

```
def __init__(
    ...
    # Builds reducer.
    self._ddp_init_helper(
        parameters,
        expect_sparse_gradient,
        param_to_name_mapping,
        static_graph,
    )
    ...
...
def _ddp_init_helper(
    self,
    parameters,
    expect_sparse_gradient,
    param_to_name_mapping,
    static_graph,
):
    """
    Initialization helper function that does the following:
    (1) bucketing the parameters for reductions
    (2) resetting the bucketing states
    (3) registering the grad hooks
    (4) Logging construction-time DDP logging data
    (5) passing a handle of DDP to SyncBatchNorm Layer
    """
    ...
```

如果一个参数在前向传播中没有被使用，这个参数的桶会在反向传播时永远等待缺失的梯度。如果设置了 find_unused_parameters 为 True，DDP 会分析来自本地模型的输出，从而确定在模型的子图上运行反向传播时哪些参数参与了计算。DDP 通过从模型输出遍历计算图来找出未使用的参数，并将其标记为可供 reduce。

在反向传播期间，reducer 只会等待未就绪的参数，但它仍会对所有桶进行 reduce 操作。将参数梯度标记为就绪不会帮助 DDP 跳过桶，但会防止其在反向传播时永远等待缺失的梯度。值得注意的是，遍历计算图会带来额外开销，因此只有在必要时才应将 find_unused_parameters 设置为 True。

由于反向传播的函数 backward 直接在损失张量上调用，这超出了 DDP 的控制范围。DDP 使用在构造时注册的 autograd 钩子来触发梯度同步。当一个梯度准备就绪时，相应的 DDP 钩子会被触发，DDP 将标记该参数梯度为就绪可供 reduce。

当一个桶中的所有梯度都准备就绪时，reducer 将在该桶上启动异步 allreduce 操作，以计算所有进程中梯度的平均值。当所有桶都就绪时，reducer 将阻塞等待所有 allreduce 操作完成。

完成后，平均梯度将被写入所有参数的 param.grad 字段。因此，在反向传播之后，不同 DDP 进程上相同的参数其 grad 字段应该是相同的。在之后的优化器步骤中，所有 DDP 进程上的模型副本可以保持同步，因为它们都从同一个状态开始，并且在每次迭代中具有相同的平均梯度。

3. DDP 数据加载

所使用的 DataLoader 是一个迭代器，在加载_iter_方法时，会根据进程数量选择对应的迭代器并赋值给类变量_iterator，迭代器种类分为_SingleProcessDataLoaderIter 和_MultiProcessing
DataLoaderIter，其中_MultiProcessingDataLoaderIter 负责多进程的数据读取。

```python
# torch.utils.data.dataLoader.py
class DataLoader(Generic[T_co]):
    ...
    def __iter__(self) -> '_BaseDataLoaderIter':
        ...
        if self.persistent_workers and self.num_workers > 0:
            if self._iterator is None:
                self._iterator = self._get_iterator()
            else:
                self._iterator._reset(self)
            return self._iterator
        else:
            return self._get_iterator()
    ...
    def _get_iterator(self) -> '_BaseDataLoaderIter':
        if self.num_workers == 0:
            return _SingleProcessDataLoaderIter(self)
        else:
            self.check_worker_number_rationality()
            return _MultiProcessingDataLoaderIter(self)
```

在获取数据时，这些迭代器会调用使用_reset 初始化 sampler，然后通过_next_data 方法获取
数据。

```python
    ...
    def __next__(self) -> Any:
        with torch.autograd.profiler.record_function(self._profile_name):
            if self._sampler_iter is None:
                # TODO(https://github.com/PyTorch/PyTorch/issues/76750)
                self._reset()  # type: ignore[call-arg]
            data = self._next_data()
            ...
```

在_MultiProcessingDataLoaderIter 中，会加载多个进程，主进程负责维护一个索引队列
（index_queue），工作进程从索引队列中获取数据索引，然后从数据集中加载数据并进行预处理。
处理后的数据被放入结果队列（worker_result_queue）中，供主进程使用。

```python
# torch.utils.data.dataLoader.py
class _MultiProcessingDataLoaderIter(_BaseDataLoaderIter):
    def __init__(self, loader):
        ...
        for i in range(self._num_workers):
            # No certainty which module multiprocessing_context is
            # type: ignore[var-annotated]
            index_queue = multiprocessing_context.Queue()
            # Need to `cancel_join_thread` here!
            # See sections (2) and (3b) above.
            index_queue.cancel_join_thread()
            w = multiprocessing_context.Process(
                target=_utils.worker._worker_loop,
                args=(self._dataset_kind, self._dataset, index_queue,
                      self._worker_result_queue, self._workers_done_event,
                      self._auto_collation, self._collate_fn, self._drop_last,
```

```
                    self._base_seed, self._worker_init_fn, i, self._num_workers,
                    self._persistent_workers, self._shared_seed))
            w.daemon = True
            w.start()
            self._index_queues.append(index_queue)
            self._workers.append(w)
        ...
```

其中每一个进程都运行_worker_loop 函数，从 index_queue 中获取 index，而后从 Dataset 中获取对应的数据。

```
# torch.utils.data._utils.worker.py
def _worker_loop(dataset_kind, dataset, index_queue, data_queue, done_event,
                 auto_collation, collate_fn, drop_last, base_seed, init_fn, worker_id,
                 num_workers, persistent_workers, shared_seed):
    ...
        while watchdog.is_alive():
            try:
                r = index_queue.get(timeout=MP_STATUS_CHECK_INTERVAL)
            except queue.Empty:
                continue
            ...
            idx, index = r
            ...
            try:
                data = fetcher.fetch(index)
            except Exception as e:
                if isinstance(e, StopIteration) and dataset_kind == _DatasetKind.Iterable:
                    data = _IterableDatasetStopIteration(worker_id)
                    # Set `iteration_end`
                    #   (1) to save future `next(...)` calls, and
                    #   (2) to avoid sending multiple `_IterableDatasetStopIteration`s.
                    iteration_end = True
                else:
                    # It is important that we don't store exc_info in a variable.
                    # `ExceptionWrapper` does the correct thing.
                    # See NOTE [ Python Traceback Reference Cycle Problem ]
                    data = ExceptionWrapper(
                        where=f"in DataLoader worker process {worker_id}")
            data_queue.put((idx, data))
```

如果设置了 pin_memory=True，则主进程会启动一个内存固定线程，该线程从结果队列中获取数据，并使用_pin_memory_loop 将其复制到 NPU 内存中。复制后的数据被放入数据队列中，供主进程使用。

```
# torch.utils.data.dataLoader.py
class _MultiProcessingDataLoaderIter(_BaseDataLoaderIter):
    def __init__(self, loader):
        ...
            pin_memory_thread = threading.Thread(
                target=_utils.pin_memory._pin_memory_loop,
                args=(self._worker_result_queue, self._data_queue,
                      current_device,
                      self._pin_memory_thread_done_event, self._pin_memory_device))
```

在分布式环境下，通过 DistributedSampler 可以获取到基于 NPU 索引的数据切分，这样就确保了每个 NPU 可以拿到不同的数据。

```python
# torch.utils.data.distributed.py
class DistributedSampler(Sampler[T_co]):
    def __iter__(self) -> Iterator[T_co]:
        if self.shuffle:
            # deterministically shuffle based on epoch and seed
            g = torch.Generator()
            g.manual_seed(self.seed + self.epoch)
            indices = torch.randperm(len(self.dataset), generator=g).tolist()
        else:
            indices = list(range(len(self.dataset)))
        ...

        # subsample
        indices = indices[self.rank:self.total_size:self.num_replicas]
        assert len(indices) == self.num_samples

        return iter(indices)
```

23.2.3 异步数据并行

前面的介绍都是基于**同步的数据并行**，同步的数据并行特别适用于计算资源相对均衡的情况。在同步数据并行中，每个 NPU 处理数据的一个子集，并独立地计算梯度。在每次迭代中，所有 NPU 都将它们的梯度汇总，并通过一致的规则来更新模型参数。这样，所有 NPU 上的模型都保持一致，不会出现不同步的情况。

由于所有 NPU 在每个训练步骤中都执行相同的更新操作，模型的收敛性更容易得到保证。且所有 NPU 都参与到梯度更新的计算中，整体计算效率也相对较高。此外，同步数据并行还易于实现，因为所有 NPU 的操作都是同步的，不需要复杂的同步机制，如图 23.2.2 所示，所有 NPU 操作在 Add 计算过程中进行同步累加后更新。

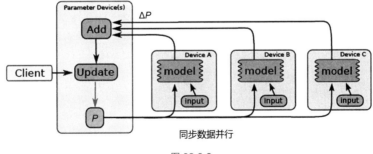

同步数据并行

图 23.2.2

但是同步数据并行也有一些局限性。当集群中的某些 NPU 性能较差或者出现故障时，整体的训练效率会受到影响，所有 NPU 都需要等待最慢的 NPU 完成计算。又或是当 NPU 数量过多时，集合通信的时间可能会成为训练的瓶颈，从而限制整体的扩展性。

异步的数据并行（**Asynchronous Data Parallel, ADP**）可以在一定程度上解决这些问题。在异步数据并行中，不同 NPU 的计算过程相互独立，不再需要等待其他 NPU 完成计算。每个 NPU 按照自己的速度进行前向和反向传播，随时将计算得到的梯度更新到模型参数中。这样，快速的 NPU 不再受到慢速 NPU 的影响，整体计算效率得到提高，如图 23.2.3 所示。异步数据并行的步骤为：

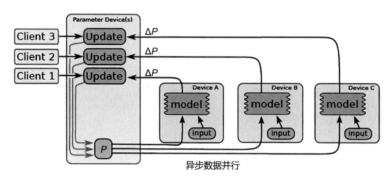

图 23.2.3

- **前向传播**：将 Mini-Batch 数据平均分配到每个 NPU 上，然后进行分布式初始化，将模型和优化器复制到每个 NPU 上，保证各 NPU 的模型、优化器完全相同。初始化完成后，各 NPU 根据分配到的数据和模型同时进行前向传播。
- **损失计算与反向传播**：前向传播完成后，每个 NPU 分别计算模型损失并进行反向传播。得到梯度后，各 NPU 将自己的梯度发送到主进程。主进程接收到多个梯度后，进行梯度累加和平均，根据累加后的梯度更新模型参数。

由于是异步更新，不需要等待所有 NPU 都完成计算后再进行更新，这样快速的 NPU 可以频繁更新参数，而慢速的 NPU 则不影响整体更新进度。

- **参数更新**：主进程将更新后的模型参数广播给各个 NPU。每个 NPU 接收到更新后的参数后，进行下一轮的训练。

上述步骤重复进行，直到模型收敛或者达到预定的训练轮数。

异步数据并行的优点之一是它可以充分利用集群中每个 NPU 的计算能力，快速 NPU 不会受到慢速 NPU 的影响，从而提高了整体的训练速度。此外，由于每个 NPU 都独立地进行计算和参数更新，异步数据并行也具有较好的扩展性，能够适应不同规模的集群和不同数量、类型的 NPU。

但是异步数据并行也存在一些挑战。由于计算过程是异步的，可能会出现梯度更新之间的竞争，需要采取一些机制来解决，如：**参数服务器**。同时由于计算过程不再同步，模型的收敛性可能会受到影响，需要通过调整学习率或者采用一些优化算法来弥补。

23.2.4　弹性数据并行

弹性训练是一种分布式机器学习训练方法，旨在提高系统在动态环境中的容错性和灵活性。其核心理念是通过动态调整训练过程中的资源分配和任务调度，以应对节点故障、资源变化等不可预测的情况，从而保证训练过程的连续性和高效性。弹性训练主要通过以下方法实现其目标：

● **动态调度**：系统根据当前资源状况动态分配任务，并在资源变化时进行重新调度。这种方法能够有效利用可用资源，提高训练效率。

● **检查点机制**：在训练过程中定期保存模型状态和训练进度，以便在故障发生时能够从最近的检查点继续训练，减少因故障导致的训练时间损失。

● **故障检测和恢复**：系统持续监控各个节点的状态，及时检测故障并采取相应的恢复措施，如重新启动失败的任务或重新分配资源。这种机制保证了训练过程的鲁棒性。

PyTorch 提供了 TorchElastic 组件，用于支持分布式训练过程中的弹性调度和故障恢复。它使得在大规模分布式训练环境中，可以动态调整参与训练的节点数量，并在节点发生故障时进行自动恢复，从而提高训练过程的鲁棒性和效率。TorchElastic 包括 Elastic Agent 服务器、Rendezvous 等组件。

1. Elastic Agent 服务器

Elastic Agent 是 TorchElastic 的控制面板。它是一个进程，负责启动和管理底层的工作进程。其主要职责包括：

● **与分布式 Torch 的集成**：启动工作进程，并提供所有必要信息，使其能够成功且轻松地调用 torch.distributed.init_process_group() 进行分布式环境管理。

● **故障恢复**：监控工作进程，一旦检测到工作进程失败或不健康，立即终止所有工作进程并重新启动。

● **弹性调度**：响应成员变化，重新启动包含新成员的工作进程。

最简单的 Agent 部署在每个节点上，管理本地进程。更高级的 Agent 可以远程启动和管理工作进程。Agent 可以完全去中心化，根据其管理的工作进程独立做出决策，也可以通过与其他管理同一作业的 Agent 协作，做出集体决策。

图 23.2.4 是一个管理本地工作进程组的 Agent 的示意图。每个 Agent 都会管理多个 Worker，并运行一个 Rendezvous 模块，用于在分布式环境中实现节点的同步和发现，阻塞会持续到至少 Min 个 Elastic Agent 加入后返回。

当有新的节点加入或现有节点退出时（即成员变更），Rendezvous 过程会重新开始。Rendezvous 过程包括两个关键步骤：屏障操作（Barrier）和排名分配（Rank Assignment）。屏障操作确保所有节点在达到最小节点数量之前都处于等待状态，并在达到最大节点数量后立即完成。排名分配则为每个节点分配一个唯一的 Rank，确保每个节点在分布式训练中的 Rank 是明确的。

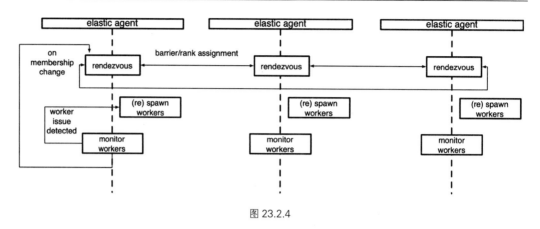

图 23.2.4

Elastic Agent 持续监控本地的工作进程状态。如果检测到任何工作进程失败或不健康，Elastic Agent 会立即终止所有工作进程，并重新启动。这一过程通过重新启动（Respawn）工作进程来实现，确保训练任务的持续进行。

监控工作进程的健康状态是一个持续的过程，Elastic Agent 不断检查工作进程的状态，并在必要时触发故障恢复机制。

Elastic Agent 还具备弹性调度功能。它能够动态调整参与训练的节点数量，响应成员变更，重新启动包含新成员的工作进程。这样，即使在训练过程中有节点故障或新增节点，Elastic Agent 也能够及时调整，保证训练过程的鲁棒性和灵活性。

2. Rendezvous 功能

在 Torch Distributed Elastic 中，Rendezvous 是一种功能，结合了分布式同步原语和节点发现。它用于在分布式训练作业中聚集节点，确保所有节点对节点列表及其角色达成一致，并一致决定何时开始或恢复训练。Rendezvous 的关键功能有：

● **Barrier**：执行 Rendezvous 的节点将阻塞，直到至少达到最小节点数量为止。这意味着 Barrier 的大小不固定。达到最小节点数量后，会有一个额外的等待时间，以防止过快完成，可能排除同时尝试加入的其他节点。如果达到最大节点数量，Rendezvous 会立即完成。若在指定时间内未达到最小节点数量，Rendezvous 将失败，以释放部分分配的作业资源。

● **排他性**：确保在任何时候只有一个节点组存在（对于同一作业）。新的节点若试图加入，只能宣布等待，直到现有的 Rendezvous 被销毁。

● **一致性**：Rendezvous 完成后，所有成员将通知作业成员和各自的角色。角色由一个整数表示，称为 rank，范围在 0 到 World Size 之间。需要注意的是，Rank 不是固定的，同一节点在下一次（重新）Rendezvous 中可以分配不同的 Rank。

● **故障恢复**：在 Rendezvous 过程中容忍节点故障。如果在加入 Rendezvous 和其完成之间发生进程崩溃（或失去网络连接等），将自动进行重新 Rendezvous。若节点在完成 Rendezvous 后故障，将由 Torch Distributed Elastic 的 train_loop 处理，并触发重新 Rendezvous。

● **共享键值存储**：Rendezvous 完成后，将创建并返回一个共享键值存储，实现 torch. distributed.Store API。此存储仅在已完成的 Rendezvous 成员间共享，用于初始化作业控制和数据平面所需的信息交换。

Torch Distributed Elastic 提供了 DynamicRendezvousHandler 类，实现上述 Rendezvous 机制。它是一种与后端无关的类型，需在构造时指定特定的 RendezvousBackend 实例。Torch 分布式用户可以实现自己的后端类型，或使用 PyTorch 提供的实现：

● **C10dRendezvousBackend**：使用 C10d 存储（默认 TCPStore）作为 Rendezvous 后端。其主要优势是不需要依赖第三方（如 etcd）来建立 Rendezvous。

● **EtcdRendezvousBackend**：取代了旧的 EtcdRendezvousHandler 类。将 EtcdRendezvous Backend 实例传递给 DynamicRendezvousHandler 功能等同于实例化 EtcdRendezvousHandler。

以下是使用 DynamicRendezvousHandler 的示例代码：

```
store = TCPStore("localhost")

backend = C10dRendezvousBackend(store, "my_run_id")

rdzv_handler = DynamicRendezvousHandler.from_backend(
    run_id="my_run_id",
    store=store,
    backend=backend,
    min_nodes=2,
    max_nodes=4
)
```

图 23.2.5 是描述 Rendezvous 工作流程的状态图。

● **Version Counter**：在流程开始时，Rendezvous 机制会创建一个版本号（如果不存在则创建初始值为 "0"）。这个版本号由/rdzv/version_counter 跟踪，并使用原子操作 fetch-add(1)来确保版本号的唯一性和一致性。当新的节点加入或现有节点重新启动时，版本号会递增，从而标识新的 Rendezvous 过程。

● **Active Version**：初始状态为非存在状态（Non-Existent），表示当前没有活跃的 Rendezvous。当版本号更新后，状态切换为活跃版本（Active Version），并记录在/rdzv/active_version 中。这个活跃版本标识了当前正在进行的 Rendezvous 实例。

● **Setup**：当达到最小工作节点数（min_workers）时，Rendezvous 进入设置（Setup）阶段，并切换到临时状态（Ephemeral）。这个阶段确保有足够的节点参与训练，使得训练过程能够顺利进行。

● **Join Phase**：在加入阶段（Join Phase），节点开始加入当前的 Rendezvous。此时，Rendezvous 处于 joinable 状态，允许新的节点加入。每个节点加入后，参与者列表（Participants）会更新，记录当前已加入的节点。例如，当第一个节点加入时，参与者列表为[0]；当第二个节点加入时，列表更新为[0, 1]；以此类推。这个阶段会持续到达到最大工作节点数（Max_Workers）或最后调用超时（Last-Call Timeout）。

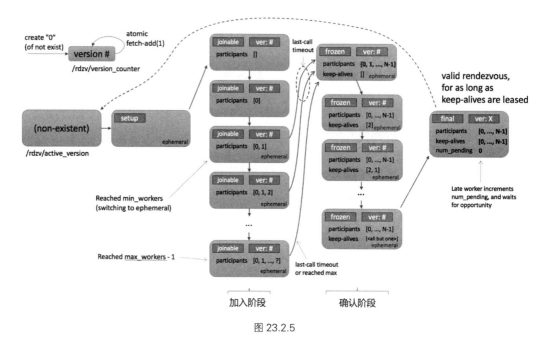

图 23.2.5

● **Confirm Phase**：当达到最大工作节点数或最后调用超时时，Rendezvous 进入确认阶段（Confirm Phase），状态变为 Frozen。在这个阶段，参与者列表和保活键（Keep-Alives）被记录，以确保所有已加入节点的状态一致。每次更新后，参与者和保活键列表会逐步更新，直到所有节点都达到 Frozen 状态。

● **Final State**：在最终状态（Final State），Rendezvous 被认为是有效的。所有参与者和保活键被记录在案，确保训练过程的一致性和稳定性。如果有晚加入的节点，它们会增加 num_pending，表示正在等待下一次机会加入训练。这些晚加入的节点不会立即参与当前的训练，而是等待现有的 Rendezvous 完成。

3. 弹性数据并行实现

弹性数据并行和数据并行的启动方式一致，但有以下区别：

● 无需手动传递 RANK、WORLD_SIZE、MASTER_ADDR 和 MASTER_PORT。

● 确保在脚本中包含 load_checkpoint（path）和 save_checkpoint（path）逻辑。当任何数量的工作进程失败时，会使用相同的程序参数重新启动所有工作进程，因此您会丢失最近一次检查点之前的所有进度（见 Elastic Launch）。

以下是一个训练脚本的示例，它在每个 Epoch 上进行检查点操作，因此在失败时最坏情况下会丢失一个完整 Epoch 的训练进度。

```python
def main():
    args = parse_args(sys.argv[1:])
    state = load_checkpoint(args.checkpoint_path)
    initialize(state)

    torch.distributed.init_process_group(backend=args.backend)

    for i in range(state.epoch, state.total_num_epochs):
        for batch in iter(state.dataset):
            train(batch, state.model)

        state.epoch += 1
        save_checkpoint(state)
```

可以通过 Torchrun 启动分布式和弹性训练，在启动弹性训练时，需要在至少（MIN_SIZE）节点和最多（MAX_SIZE）节点上运行以下命令。

```
torchrun --nnodes=MIN_SIZE:MAX_SIZE \
    --nproc-per-node=TRAINERS_PER_NODE \
    --max-restarts=NUM_ALLOWED_FAILURES_OR_MEMBERSHIP_CHANGES \
    --rdzv-id=JOB_ID \
    --rdzv-backend=c10d \
    --rdzv-endpoint=HOST_NODE_ADDR \
    YOUR_TRAINING_SCRIPT.py (--arg1 ... train script args...)
```

小结与思考

- 数据并行技术通过在多个计算节点上分割数据集和并行处理来提升神经网络模型训练的效率。
- 分布式数据并行（DDP）是数据并行的高级形式，使用多进程方法避免 Python GIL 限制，支持跨机器扩展，并通过 Ring All-Reduce 算法优化通信。
- PyTorch 的 DDP 使在多个 NPU 上实现分布式训练变得简单，通过自动梯度聚合和参数同步，提高了训练的可扩展性和效率。
- 弹性数据并行通过动态资源管理、检查点保存和自动故障恢复，增强了分布式训练的鲁棒性和灵活性，PyTorch 的 Torchelastic 组件支持这些特性，使得训练作业能适应节点变化和故障情况。

23.3　数据并行进阶

在本节内容中，将会重点关注 AI 框架中如何实现针对权重数据、优化器数据和梯度数据的分布式并行，以及在 PyTorch 框架的具体实现方案。

23.3.1　前置知识

在介绍针对权重数据、优化器数据和梯度数据进行分布式数据并行的算法 FSDP（Fully Sharded Data Parallel，完全分片数据并行）前，需要一些前置知识：如何执行混精度训练和对显存消耗进行估算，以帮助更好地理解完全分片数据并行算法 FSDP。

1. 混精度训练

在当今大模型训练的背景下，混精度训练已然成为一种备受推崇的普遍做法。通过采用混精度训练，能够将训练速度提升数倍，而又不会对模型的整体性能产生重大影响。在数据科学领域，精度一直是评判的重要考量因素——在传统的科学计算领域，人们通常追求较高的精度，如 FP128 或 FP64 等。

然而，在深度学习中，所面临的实际上是一个高维函数拟合（或近似）的优化问题，因此并不需要过于精确的数值表示，且使用低精度将会带来显著的计算速度提升。

在深度学习中，使用 FP16 训练有时会出现下溢出的问题：FP16 的有效动态范围约为 $5.96e^{-8} \sim 65504$，在训练后期，例如激活函数的梯度会非常小，甚至在梯度乘以学习率后，值会更加小。由于 FP16 的精度范围有限，过小的梯度可能导致更新无效，这个时候就需要使用混精度训练。

混精度训练可以分为两个部分：**半精度**和**权重备份**。结合第 4 章 4.2.2 节图 4.2.2，这里使用 FP16 和 FP32 来举例。在前向传播、反向传播时，都使用 FP16 类型的模型参数进行计算；而在参数更新时，将梯度与学习率 η 相乘，更新到 FP32 类型的模型状态上，在新一轮的训练中，再次将 FP32 类型的模型拷贝为 FP16 类型的模型。这个过程就是**混精度训练**。

由于在计算密集的前向传播、反向传播中，使用了 FP16 进行计算，与单精度相比，训练的速度会大幅度提升。另外，由于激活值在训练过程中占用内存的很大部分，使用 FP16 储存激活值在大批量训练时也会节省内存。同时，在分布式环境下使用 FP16 梯度通信量也会降低。

而在 FSDP 中，可以通过在 torch 中指定 fpSixteen 进行混精度的自动配置。

```
fpSixteen = MixedPrecision(
   param_dtype=torch.float16,
   # Gradient communication precision.
   reduce_dtype=torch.float16,
   # Buffer precision.
   buffer_dtype=torch.float16,
)

bfSixteen = MixedPrecision(
   param_dtype=torch.bfloat16,
   # Gradient communication precision.
   reduce_dtype=torch.bfloat16,
   # Buffer precision.
   buffer_dtype=torch.bfloat16,
)

model = FSDP(model,
    auto_wrap_policy=t5_auto_wrap_policy,
    mixed_precision=bfSixteen)
```

2. 损失缩放

解决 FP16 下溢问题的另一个方法是损失缩放（Loss Scale）。刚才提到，训练到了后期，梯度（特别是激活函数平滑段的梯度）会特别小，FP16 表示容易产生下溢现象。为了解决梯度过小的问题，需要对损失进行缩放，由于链式法则的存在，损失的缩放也会作用在梯度上。

缩放过后的梯度，就会平移到 FP16 有效的展示范围内。不过缩放并非对于所有网络而言都是必须的，而缩放的取值也会特别大，一般为 8k~32k。在 PyTorch 中，可以通过这样的方式实现自动损失缩放：

```
from torch.cuda.amp import GradScaler, autocast
scaler = GradScaler()

with autocast():
    output = model(input)
    loss = loss_fn(output, target)

scaler.scale(loss).backward()
scaler.step(optimizer)
scaler.update()
```

其中这种损失缩放的方式是动态的，每当梯度溢出时减少损失缩放规模，并且间歇性地尝试增加损失规模，从而实现在不引起溢出的情况下使用最高损失缩放因子，更好地恢复精度。

动态损失缩放的算法会从比较高的缩放因子开始（如 2^{24}）进行训练，并在迭代中检查数是否会溢出（Infs/Nans）；如果没有梯度溢出，则不调整缩放因子，继续进行迭代；如果检测到梯度溢出，则缩放因子会减半，重新确认梯度更新情况，直到参数不出现在溢出的范围内；在训练的后期，loss 已经趋近收敛稳定，梯度更新的幅度变小，这个时候可以允许更高的损失缩放因子来再次防止数据下溢。

3. 内存消耗估算

在神经网络模型的训练中，合理估算和管理内存消耗是非常重要的。内存存储主要分为两大块：**模型状态（Model States）**和**剩余状态（Residual States）**。

（1）**模型状态**指和模型本身相关的，必须存储的内容，具体包括：

- 优化器状态（Optimizer States）：Adam 优化算法中的 Momentum 和 Variance；
- 梯度（Gradients）：模型梯度 G；
- 参数（Parameters）：模型参数 W。

（2）**剩余状态**并非是模型必须的，但是在训练过程中会额外产生内容，具体包括：

- 激活值（Activation）：在反向传播过程中使用链式法则计算梯度时会用到。它会使梯度计算更快，但它不是必须存储的，因为可以通过重新前向传播来计算。
- 临时存储（Temporary Buffers）：例如把梯度发送到某个 NPU 上进行 All-Reduce 时产生的存储。

- 碎片化的存储空间（Unusable Fragment Memory）：虽然总存储空间是够的，但是如果取不到连续的存储空间相关的请求也会失败。对这类空间浪费可以通过内存整理来解决。

用 FP32 与 FP16 的混精度训练举例，假设模型的参数量是 Ψ，那么模型状态所消耗的空间如表 23.3.1 所示。

表 23.3.1　模型状态消耗的空间

模型状态	大小（Byte）
FP32 Parameters	4Ψ
FP32 Adam Optimizer Momentum	4Ψ
FP32 Adam Optimizer Variance	4Ψ
FP16 Gradients	2Ψ
FP16 Parameters	2Ψ
总计	16Ψ

接下来基于 Transformer 的架构进行具体分析，假设使用 Adam 优化器进行混精度训练。

模型状态：模型状态由优化器状态、梯度和参数组成。基于 Transformer 的模型中的参数总数主要取决于隐藏维度（hd）和 Transformer 层数（nl）。Transformer 块中的几乎所有参数都来自每个块内的四个线性层，其大小分别为（hd,3hd）、（hd,hd）、（hd,4hd）和（4hd,hd）。因此，基于 Transformer 的模型中的总参数可以近似为

$$12 \times \text{nl} \times \text{hd}^2$$

剩余状态：剩余状态主要是指激活内存，它取决于模型结构、批量大小（bsz）和序列长度（seq），而且可能相当大。不过激活所需的内存可以通过激活检查点（activation checkpointing）大大减少，假设 ci 是两个激活检查点之间的 Transformer 块数，bsz × seq × hd 是每个 Transformer 块的输入大小，激活检查点所需的内存估计为

$$2 \times \text{bsz} \times \text{seq} \times \text{hd} \times \text{nl} / \text{ci}$$

激活工作内存：激活工作内存是反向传播过程中所需的内存，用于在执行实际反向传播之前重新计算激活。是两个连续激活检查点之间的激活量。例如，如果为每个 Transformer 块创建一个激活检查点，那么内存就是每个 Transformer 块的总激活量。其字节数约为

$$\text{bsz} \times \text{seq} \times \text{ci} \times (16 \times \text{hd} + 2 \times \text{attn\_heads} \times \text{seq})$$

模型状态工作内存：模型状态工作内存是指在将所有模型状态卸载到 CPU 或 NVMe 之后，对模型中最大的单个算子执行前向或反向传播所需的 NPU 内存最小量。Transformer 的最大的算子是将隐藏状态从 hd 转换为 4hd 的线性层。该线性层的参数和梯度的大小为

$$4 \times \text{hd} \times 4\text{hd}$$

23.3.2　完全分片数据并行 FSDP

完全分片数据并行（Fully Sharded Data Parallel，FSDP）在分布式 AI 系统中具有重要地位，不仅能提高并行效率，还能减少显式内存消耗，这两方面的优势为模型的大规模训练带来了显著的好处。

在数据并行中，每个 NPU 都需要保存一份完整的参数（模型状态和剩余状态），但不是所有的参数在训练的整个过程中都会被使用到，而是在特定的阶段中（某个层的前向或反向传播）才会被使用，因此可以在不需要使用的时候将它转移到其他地方节省内存空间。

ZeRO 有两套优化方案：

● ZeRO-DP，旨在减少模型状态的内存占用；

● ZeRO-R，旨在减少剩余状态内存消耗。

后面将详细阐述这些优化及其背后的算法原理，这些优化使 ZeRO 能够在保持高效的同时减少内存占用。

1. ZeRO-DP

ZeRO-DP 对模型状态进行切分，具体来说，每个 NPU 都只会存储 $1/N_d$ 的模型状态（其中 N_d 为并行度），在需要时通过集合通信 All-Gather 获取参数。ZeRO-DP 保留了数据并行训练（DP）的高效率，同时实现了模型并行（MP）的内存效率优势。

由于数据并行的模型状态在所有数据并行进程中冗余存储，因此内存效率低下，但数据并行具有更高的计算粒度和更低的通信量，从而具有更高的训练效率。模型并行的通信开销很大，因此可扩展性比数据并行低，但模型并行对模型状态进行分区，获得了较高的内存效率。

ZeRO-DP 对模型状态进行分区而不是复制它们，并使用动态通信调度最小化通信量。通过这样做，ZeRO-DP 随着数据并行程度的增加线性减少模型在每块 NPU 的内存占用，同时保持通信量接近默认数据并行的通信量，从而保持效率。

ZeRO-DP 有三个主要优化阶段，分别对应于优化器状态、梯度和参数的划分（图 23.3.1），在累积启用时步骤如下：

● **优化状态分区**（Partition Optimizer States，P_{os}）：又称为 ZeRO-1，将优化器状态按并行度均匀分区，每个进程只需存储 $1/N_d$ 的优化器状态（其中 N_d 为并行度）。这可将内存消耗减少到 1/4，且无额外通信开销。

● **添加梯度分区**（Partition Gradients，P_{os+g}）：又称为 ZeRO-2，在优化器状态分区的基础上，对梯度也进行分区。每个进程只需存储用于更新自身参数分区所需的梯度。内存消耗可减少为 1/8，且无额外通信开销。

● **添加参数分区**（Partition Parameters，P_{os+g+p}）：又称为 ZeRO-3，在优化器状态和梯度分区的基础上，对参数也进行分区。每个进程只存储自身的参数分区，在前向、反向传播时需要从其他进程收集所需的参数分区。这会使通信量增加约 50%，但可以实现与并行度 N_d 成正比的内存减少。

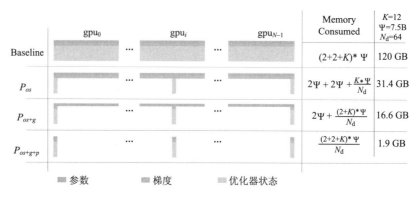

	gpu$_0$		gpu$_i$		gpu$_{N-1}$	Memory Consumed	K=12 Ψ=7.5B N_d=64
Baseline		...		...		$(2+2+K)*\Psi$	120 GB
P_{os}		...		...		$2\Psi + 2\Psi + \dfrac{K*\Psi}{N_d}$	31.4 GB
P_{os+g}		...		...		$2\Psi + \dfrac{(2+K)*\Psi}{N_d}$	16.6 GB
P_{os+g+p}		...		...		$\dfrac{(2+2+K)*\Psi}{N_d}$	1.9 GB

■ 参数   ■ 梯度   ■ 优化器状态

图 23.3.1

通过这三个阶段的优化，ZeRO-DP 最终能够在保持数据并行高效的同时，将每个 NPU 的内存消耗降低至 1 / N_d 的水平，使得利用少量硬件资源训练万亿参数等超大模型成为可能，接下来进行每个阶段的详细介绍。这里假设模型使用混精度训练，模型参数量为 4 Ψ。

1）ZeRO-1 内存分析

优化器状态是训练过程中 NPU 内存中的主要保存内容，但它仅在参数更新的时候会被用到。ZeRO-1 的核心思想是将优化器状态分布到多个 NPU 上，减少每个 NPU 所需的显存，在需要参数更新时进行聚合。

- **数据分片（图 23.3.2（a））**：从优化器状态分片开始，将优化器状态分成 N 份，每个 NPU 保存一份分片，并将训练批次数据分成 N 份，每个 NPU 处理一份数据。
- **前向与反向计算（图 23.3.2（b））**：每个 NPU 执行一步前向和反向计算，得到局部梯度 G_i。
- **梯度聚合（图 23.3.2（b））**：对各个 NPU 上的局部梯度 G_i 执行 All-Reduce 操作，得到完整梯度 G。这一步的单个 NPU 的通信量为 2 Ψ。
- **权重更新（图 23.3.2（c））**：使用完整梯度 G 和优化器状态更新权重 W。每个 NPU 保存一部分权重 W，并通过 All-Gather 操作从其他 NPU 获取更新后的部分权重，完成权重更新。此时的单个 NPU 通信量为 Ψ。

在 P_{os} 阶段，将 Adam 优化器状态根据数据并行维度 N_d 分成等份。每个 NPU 只需存储和更新总优化器状态的 1 / N_d，并更新对应参数。

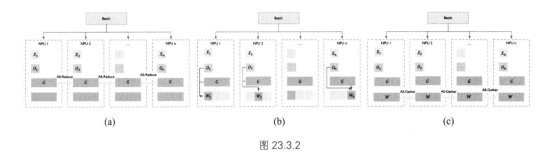

图 23.3.2

通过分片和聚合操作，显存占用从 $4\Psi + K\Psi$ 降低到 $4\Psi + K\Psi / N_d$。当 N_d 很大时，显存占用接近于 4Ψ，显存约为原来的 1/4。

2）ZeRO-2 内存分析

ZeRO-2 在 ZeRO-1 的基础上进一步优化，通过对梯度（Grad）也进行切分，减少显存占用并提高通信效率（图 23.3.3）。

- **数据分片**：从优化器状态和梯度分片开始，将优化器状态和梯度分成 N 份，每个 NPU 保存一份分片，并将训练批次数据分成 N 份，每个 NPU 处理一份数据。
- **前向与反向计算**：每个 NPU 执行一步前向和反向计算，得到局部梯度 G_i。
- **梯度分片与聚合**：对各块 NPU 上的局部梯度 G_i 执行 Reduce-Scatter 操作，确保每个 NPU 只维护自己负责的梯度部分。比如，NPU 1 负责维护梯度 G_i，其他 NPU 只需要将 G_i 对应位置的梯度发送给 NPU 1。聚合完毕后，NPU 1 释放无用的显存部分，单卡通信量为 Ψ。

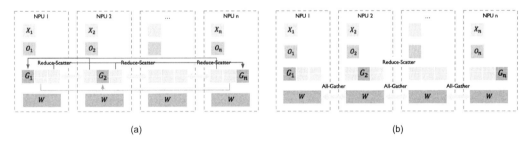

图 23.3.3

- **权重更新**：每个 NPU 使用自身维护的梯度 G_i 和优化器状态 O_i 更新相应的权重 W_i。
- **权重聚合**：对权重 W_i 执行 All-Gather 操作，将其他 NPU 的权重 W_i 同步至完整权重 W，单卡通信量为 Ψ。

在 P_{os+g} 阶段，梯度与优化器强相关，因此优化器可以更新其独立的梯度参数。更新梯度参数时使用 Reduce-Scatter 操作，梯度参数更新后立即释放。具体实现中使用分桶（Bucket）技术，将梯度分到不同的桶中并在桶上进行 Reduce-Scatter 操作。

通过移除梯度和优化器状态冗余，显存占用从 $4\Psi + K\Psi$ 降低到 $2\Psi + (2+K)\Psi / N_d$。当 N_d 很大时，显存占用接近于 2Ψ，显存约为原来的 1/8。

3）ZeRO-3 内存分析

ZeRO-3 在 ZeRO-1 和 ZeRO-2 的基础上进一步优化，通过对优化器状态、梯度和权重进行全面切分，最大化显存节约，这种优化使得训练超大模型成为可能（图 23.3.4）。

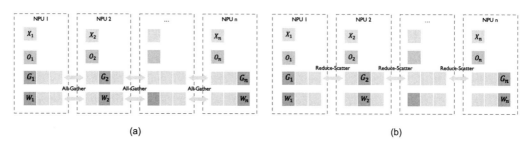

图 23.3.4

- **数据分片**：对优化器状态、梯度和权重进行全面切分，每个 NPU 保存一份分片，将训练批次数据分成 N 份，每块 NPU 处理一份数据。
- **前向计算**：在前向计算过程中，对权重 W 执行 All-Gather 操作，从各 NPU 获取分布在不同 NPU 上的权重，得到完整的权重 W。不属于自身的权重 W_{others} 被抛弃，单卡通信量为 Ψ。
- **反向计算**：在反向计算过程中，再次对权重 W 执行 All-Gather 操作，取回完整权重，并抛弃不属于自身的部分 W_{others}，单卡通信量为 Ψ。
- **梯度聚合**：反向计算得到各自的梯度 G_i 后，对梯度 G_i 执行 Reduce-Scatter 操作，从其他 NPU 聚合自身维护的梯度 G_i。聚合操作结束后，立刻抛弃不是自己维护的梯度，单卡通信量为 Ψ。
- **权重更新**：每块 NPU 只保存其权重参数 W_i，由于只维护部分参数 W_i，因此无需对 W_i 执行 All-Reduce 操作。

在 P_{os+g+p} 阶段，优化器状态、梯度和权重均进行划分。在前向和反向计算过程中，通过广播从其他 NPU 中获取参数，减少每块 NPU 中的显存占用。通过移除梯度、优化器状态和权重的冗余，将显存占用 $4\Psi + K\Psi$ 降低到 $(4\Psi + K\Psi) / N_d$。

这种方法通过增加通信开销，以通信换显存，使得显存占用与 N_d 成正比。显存占用的优化带来了 1.5 倍单卡通信量的增加。

2. ZeRO-R

除了优化模型状态（优化器状态、梯度和参数）的内存利用率，ZeRO 还专门针对剩余状态（如激活数据、临时缓冲区和内存碎片等）进行了优化，以进一步减少内存开销。ZeRO-R 对剩余状态进行了切分和优化，主要包括以下几个策略：

- **分区激活检查点**（Partitioned Activation Checkpointing, P_a）：解决了模型并行时激活内存冗余的问题。在模型并行中，每个 NPU 需要保存完整的输入激活数据才能计算自己分到的模型部分。ZeRO-R 将激活检查点按模型并行度 N_m 进行分区，每个 NPU 只需存储 $1/N_m$ 的激活检查点。在需要时通过 All-Gather 操作重构出完整激活数据，从而按 N_m 的比例减少激活内存。在极端情况下，当模型规模很大时，ZeRO-R 甚至可以将分区后的激活检查点卸载到 CPU 内存（$P_{a+\text{cpu}}$），再次降低 NPU 内存占用，代价是额外的 Host-Device 通信开销。该策略在大模型训练时会自动开启，以保证足够的 NPU 内存用于计算。

- **恒定大小的缓冲区**（Constant Size Buffer, C_b）：一些操作如 All-Reduce 需要将张量拼成连续的临时缓冲区，使用恒定大小的缓冲区来避免临时缓冲区随着模型大小的增加而爆炸，同时使它们足够大以保持效率。

- **内存碎片化整理**（Memory Defragmentation, M_d）：在训练过程中，由于激活检查点、梯度等张量生命周期的差异，会产生大量内存碎片。ZeRO-R 通过预分配和动态管理这些张量的内存，减少了内存碎片和内存分配器的开销，提高了内存利用率。

通过以上优化策略，ZeRO-R 很好地补充和完善了 ZeRO-DP 优化模型状态内存的功能。两者相结合，ZeRO 优化器能最大限度减少大模型训练的内存占用，为未来万亿参数级别的神经网络模型铺平了道路。

3. ZeRO-Infinity

ZeRO-Infinity 是 ZeRO 的扩展，可以将深度学习训练扩展到前所未有的规模。具体来说，它突破了 NPU 内存壁垒的限制，使得能够训练具有数万亿个参数的模型成为可能，这是迄今为止最先进系统也无法企及的量级。

23.3.3　FSDP 简单实现

和 DDP 一样，可以通过简单的嵌套使用 ZeRO 优化器来实现 FSDP。将模型的参数、梯度和优化器状态分片，从而显著减少单个 NPU 的内存占用，实现更大模型的训练。

以下是一个简单的代码示例，展示了如何使用 torch.distributed.fsdp 中的 FullyShardedData Parallel（FSDP）类来实现完全分片数据并行：

```python
import torch
from torch.distributed.fsdp import FullyShardedDataParallel as FSDP

torch.cuda.set_device(device_id)
sharded_module = FSDP(my_module)

optim = torch.optim.Adam(sharded_module.parameters(), lr=0.0001)
x = sharded_module(x, y=3, z=torch.Tensor([1]))

loss = x.sum()
```

```
loss.backward()
optim.step()
```

首先设置当前的 NPU，然后将 my_module 包装成一个 FSDP 模块。这会将模型的参数、梯度和优化器状态在多个 NPU 之间进行分片，从而减少每个 NPU 上的内存占用。

再来看一个更详细的例子，将 fsdp_main 函数用于分布式训练 T5 模型。函数通过 setup_model 函数加载模型和分词器，并设置分布式训练的相关环境变量，包括 local_rank、rank 和 world_size。

在数据集和数据加载器设置之后，通过 functools.partial 函数部分应用了 transformer_auto_wrap_policy，并指定 T5Block 为要自动包装的变压器层。这一步的目的是定义一个自动包装策略，用于后续的模型分片和并行处理。

接下来，定义了 sharding_strategy 变量，并将其设为 ShardingStrategy.SHARD_GRAD_OP，这是使用 Zero2 分片策略的设置，如果要使用 Zero3 策略，可以将其设为 FULL_SHARD。

分片策略决定了在分布式训练中如何管理和分配模型参数，以优化内存使用和计算性能。

为了支持混精度训练（BF16），如果当前 CUDA 版本和 NCCL 版本支持 BF16，并且 CUDA 版本大于或等于 11.0，那么 bf16_ready 变量为 True，并将 mp_policy 设为 bfSixteen。否则，mp_policy 设为 None，默认使用 FP32（单精度）训练。

当模型仍在 CPU 上时，代码将模型传入 FSDP 模块，配置自动包装策略、混精度策略（mixed_precision），以及当前 NPU ID（device_id）。这一步是将模型转换为分布式训练的模式，以便在多个 NPU 之间分片和并行计算。

```python
def fsdp_main(args):
    model, tokenizer = setup_model("t5-base")

    local_rank = int(os.environ['LOCAL_RANK'])
    rank = int(os.environ['RANK'])
    world_size = int(os.environ['WORLD_SIZE'])

    # Set dataset and dataloader here

    t5_auto_wrap_policy = functools.partial(
        transformer_auto_wrap_policy,
        transformer_layer_cls={
            T5Block,
        },
    )
    sharding_strategy: ShardingStrategy = ShardingStrategy.SHARD_GRAD_OP #for Zero2 and
FULL_SHARD for Zero3
    torch.cuda.set_device(local_rank)

    bf16_ready = (
    torch.version.cuda
    and torch.cuda.is_bf16_supported()
    and LooseVersion(torch.version.cuda) >= "11.0"
    and dist.is_nccl_available()
    and nccl.version() >= (2, 10)
    )

    if bf16_ready:
        mp_policy = bfSixteen
```

```
else:
    mp_policy = None # defaults to fp32

# model is on CPU before input to FSDP
model = FSDP(model,
    auto_wrap_policy=t5_auto_wrap_policy,
    mixed_precision=mp_policy,
    #sharding_strategy=sharding_strategy,
    device_id=torch.cuda.current_device())

optimizer = optim.AdamW(model.parameters(), lr=args.lr)
scheduler = StepLR(optimizer, step_size=1, gamma=args.gamma)

for epoch in range(1, args.epochs + 1):
    train_accuracy = train(args, model, rank, world_size, train_loader, optimizer, epoch,
sampler=sampler1)
    scheduler.step()
```

当然，如果需要更简单而全面的配置，可以通过 Deepspeed 库进行便捷的 ZeRO 配置。

23.3.4　ZeRO 通信分析

无论是零冗余优化，还是卸载到 CPU 和 NVMe 内存，一个关键问题是：它们有限的带宽是否会影响训练效率。人们不禁会问：是否在用通信量来换取内存效率。换句话说，与标准 DP 方法相比，ZeRO 驱动的 DP 方法的通信量是多少？

1. ZeRO-DP

最先进的 All-Reduce 实现采用两步法，第一步是 Reduce-Scatter 操作，第二步是 All-Gather 操作，每个流程的总数据移动量为 Ψ 个元素（对于 Ψ 个元素的数据）。因此，标准 DP 在每个训练步骤中会产生 2Ψ 次数据移动。

通过梯度分区（P_{os+g}），每个进程只存储更新相应参数分区所需的梯度部分。因此，ZeRO 只需要对梯度先进行 Reduce-Scatter′ 操作，产生的通信量为 Ψ。在每个进程更新完自己负责的参数分区后，会执行一次 All-Gather，从所有数据并行进程中收集所有更新的参数。这也会产生 Ψ 的通信量。因此，每个训练步骤的总通信量为 $\Psi+\Psi=2\Psi$，与标准 DP 相同。

在参数分区（P_{os+g+p}）后，每个数据并行进程只存储其更新的参数。因此，在前向传播过程中，它需要接收所有其他分区的参数。不过，这可以通过流水线操作来避免内存开销——在对模型中与特定分区对应的部分进行前向传播计算之前，负责该分区的数据并行进程可以向所有数据并行进程广播权重。一旦该分区的前向传播计算完成，参数就可以被丢弃。

因此，总通信量为 $\Psi\times N_d/N_d=\Psi$。在整个前向传播中通过 All-Gather 传播参数重新获取参数，并在使用完参数后将其丢弃。而在反向传播时，需要以相反的顺序再次进行参数获取。参数的通信为 2Ψ，在参数更新时只需要执行一个 Reduce-Scatter 操作，通信量为 Ψ，因此总通信量是 3Ψ，是标准 DP 的 1.5 倍。

2. ZeRO-R

ZeRO-R 的通信开销取决于模型大小、检查点策略和模型并行（MP）策略。与标准模型并行相比（其中没有对激活进行分区），ZeRO-R P_a 的通信开销通常不到标准模型并行的十分之一。

在使用激活检查点的 Megatron-LM 中，每个 Transformer 块在前向传播中执行两次大小为 batch × seq × length × hidden_dim 的 All-Reduce 操作，然后在反向传播中再执行两次。在使用激活检查点的 ZeRO-R 中，每个前向重计算激活之前需要执行一个额外的 All-Gather 操作。

ZeRO-R P_a 的通信开销为 seq_length × hidden_dim，仅增加不到 10%。

当 MP 与 DP 一起使用时，ZeRO-R P_a 可以将数据并行通信量减少一个数量级，而模型并行通信量只增加 10%，并且当数据并行通信是性能瓶颈时，可以显著提高效率。通过模型并行可以减少数据并行的内存消耗，从而可以成比例地增加批处理大小。

对于大模型，MP 可以增加到单节点最大 NPU 数量，从而可以将批处理大小增加多达 NPU 数据量的倍数。数据并行训练的通信量与批处理大小成反比，由于 P_a 使得批处理大小增加一个数量级，可能会导致数据并行通信量减少一个数量级。

如果应用 P_{a+cpu}，则分区激活检查点会被卸载到 CPU，将激活内存需求减少到接近零，但与 P_a 相比，往返 CPU 内存的数据移动增加了 2 倍。如果 DP 通信量是主要瓶颈，由于批处理大小较小，P_{a+cpu} 也可以通过增加批处理大小来提高效率，只要 CPU 数据传输开销小于 DP 通信量开销。

3. ZeRO-Infinity

可以使用峰值计算吞吐量（$peak_{tp}$）、数据移动带宽（bw）及其算术强度（ait）来估算 ZeRO-Infinity 的训练效率，因为它还涉及 NPU 之间的数据移动。

工作负载的算术强度是总计算量与计算所需数据量之间的比率。它描述了每次数据移动所需的计算量。AIT 越高，意味着对数据移动带宽的要求越低，因为每加载一个数据，加速器就能完成更多计算。

$$ait = \frac{total\_computation}{total\_data\_movement}$$

因此其效率可以大致估算为

$$compute\_time = \frac{total\_computation}{peak_{tp}}$$

$$communication\_time = \frac{total\_data\_movement}{bw} = \frac{total\_computation}{ait \times bw}$$

$$efficiency = \frac{compute\_time}{compute\_time + communication\_time} = \frac{ait \times bw}{ait \times bw + peak_{tp}}$$

小结与思考

- FSDP 通过在多个 NPU 间分片模型的权重、梯度和优化器状态，显著降低了单个 NPU 上的内存占用，使得训练更大模型成为可能。
- ZeRO 技术通过优化器状态、梯度和参数的分区，以及将激活检查点卸载到 CPU 或 NVMe 内存，进一步提升了内存效率，支持了大模型的训练。
- ZeRO-Infinity 作为 ZeRO 的扩展，智能地在 NPU、CPU 和 NVMe 等异构内存组件之间迁移参数，消除了 NPU 内存限制，为训练高达万亿参数的模型提供了可能。
- 尽管 ZeRO 技术增加了通信开销，但通过精心设计的通信策略和利用现代硬件的高带宽，可以保持训练效率，同时实现内存效率和计算性能的平衡。

23.4　张量并行

在大模型的训练中，单个设备往往无法满足计算和存储需求，因此需要借助分布式训练技术。其中，模型并行是一种重要的方法。模型并行的基本思想是将模型的计算任务拆分到不同的设备上执行，以提高训练效率和处理更大规模模型的能力。下面将重点介绍模型并行中的张量并行。

23.4.1　朴素张量并行

张量并行广泛应用于分布式训练技术。之前的章节已经解释了如何使用数据并行在多个设备上训练神经网络；这种方法一般来说将相同的模型复制到所有设备上，每个设备消耗不同部分的输入数据。虽然这可以显著加速训练过程，但在某些情况下模型过大无法放入单个设备时，这种方法并不奏效。

来看一个简单的张量并行的例子：

```python
from torchvision.models.resnet import ResNet, Bottleneck

num_classes = 1000

class ModelParallelResNet50(ResNet):
    def __init__(self, *args, **kwargs):
        super(ModelParallelResNet50, self).__init__(
            Bottleneck, [3, 4, 6, 3], num_classes=num_classes, *args, **kwargs)

        self.seq1 = nn.Sequential(
            self.conv1, self.bn1, self.relu,
            self.maxpool, self.layer1,self.layer2
        ).to('npu:0')

        self.seq2 = nn.Sequential(
            self.layer3, self.layer4, self.avgpool,
        ).to('npu:1')
        self.fc.to('npu:1')
```

```
def forward(self, x):
    x = self.seq2(self.seq1(x).to('npu:1'))
    return self.fc(x.view(x.size(0), -1))
```

上面的代码展示了如何将 torchvision.models.resnet50()分解到两个 NPU，将每个块置在不同的 NPU 上，并移动输入和中间输出以匹配层 NPU。思路是继承现有的 ResNet 模块，并在构造过程中将层分配到两个 NPU。然后，重写 Forward 方法，通过移动中间输出连接两个子网络。

朴素张量并行实现解决了模型过大无法放入单个 NPU 的问题。然而，你可能已经注意到，如果模型能够放入单个 NPU，朴素张量并行将比在单个 NPU 上运行更慢。这是因为在任何时候，只有一个 NPU 在工作，而另一个 NPU 处于空闲状态。当中间输出需要从 npu:0 复制到 npu:1 时，性能会进一步恶化。

实际上朴素张量并行实现的执行时间比现有的单 NPU 实现慢 7%。因此，可以得出结论，跨 NPU 复制张量的开销约为 7%。但仍有改进的空间，因为在整个执行过程中有一个 NPU 是空闲的。一种改进方法是进一步将每个批次分成流水线的分片，这样当一个分片到达第二个子网络时，下一个分片可以进入第一个子网络。这样，两个连续的分片可以在两个 NPU 上并行运行。

朴素张量并行的优点在于实现相对简单，不需要复杂的通信和同步机制。然而，这种方法的缺点也很明显：**如果模型的各部分计算量不均衡，可能会导致某些设备的利用率很低，从而影响整体训练效率。** 此外，对于依赖较强的模型结构，简单的朴素张量并行也可能难以实现。

23.4.2 高阶张量并行

张量并行是一种更细粒度的模型并行方法，它将单层内部的参数和计算任务拆分到不同的设备上执行，这种方法特别适合于具有大量参数的大规模模型。

通过张量并行，可以将矩阵乘法等计算操作的矩阵按行或按列切分，然后在不同设备上并行执行部分计算，最后通过集合通信操作合并结果。张量并行可以分为 MatMul 并行、Transformer 并行、Embedding 并行、Cross Entropy Loss 并行。

序列并行（Sequence Parallel，SP）也是张量并行的一种变体，它在序列维度上对 nn.LayerNorm 或 RMSNorm 进行分割，以进一步节省训练过程中的激活内存。当模型变得越来越大时，激活内存就会成为瓶颈，因此在张量并行训练中，通常会将序列并行应用于 LayerNorm 或 RMSNorm 层。

张量并行的主要挑战在于如何切分参数和计算任务，以保证计算的一致性和通信的高效性。例如，在进行矩阵乘法时，必须确保各设备上的部分结果在数学上是一致的。此外，通信开销也是一个重要考虑因素，需要在计算和通信之间找到平衡点，以达到最佳性能。

1. MatMul 并行

矩阵乘法（MatMul）是深度学习中最常见的操作之一。在张量并行中，可以将矩阵按列或者按行切分，然后在不同设备上并行执行部分计算。以矩阵乘法 $A \times B = C$ 为例，假设将矩阵 B

按列切分成 B_1 和 B_2，分别存储在设备 1 和设备 2 上，如图 23.4.1 所示。在这种情况下，设备 1 和设备 2 可以分别计算 $B_1 \times A$ 和 $B_2 \times A$，最终通过合并结果得到 C。

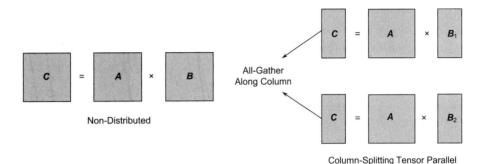

图 23.4.1

2. Transformer 并行

在 Transformer 模型中，主要包括多层感知机（MLP）和自注意力（Self-Attention）模块，它们的计算本质上也是矩阵乘法。对于 MLP 模块，可以将输入矩阵 X 和权重矩阵 A 按列切分，不同设备分别计算一部分乘积，然后合并结果（图 23.4.2）。对于自注意力模块，可以将查询（Query）、键（Key）和值（Value）矩阵按列切分，不同设备分别计算注意力得分和加权求和，最后合并结果。

对于多层感知机（MLP），对 A 采用列切割，对 B 采用行切割，在初始时使用函数 f 复制 X，结束时使用函数 g 通过 All-Reduce 汇总 Z，这样设计的原因是，尽量保证各设备上的计算相互独立，减少通信量。对 A 来说，需要执行一次 GeLU 计算，而 GeLU 是非线性函数，因此，$\text{GeLU}(X+Y) \neq \text{GeLU}(X) + \text{GeLU}(Y)$，对 A 采用列切割，那每块设备就可以继续独立计算了。

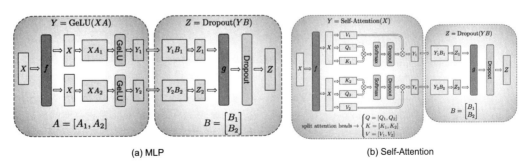

图 23.4.2

对于自注意力（Self-Attention），对三个参数矩阵 **Q**、**K**、**V**，按照列切割。对线性层 **B**，按照行切割，切割的方式和 MLP 层基本一致。

需要注意的是，在使用 Dropout 时两个设备独立计算，第一个 Dropout 在初始化时需要用不同的随机种子，这样才等价于对完整的 Dropout 做初始化，然后再切割。最后一个 Dropout 需要用相同的随机种子，保证一致性。

3. Embedding 并行

在大型 Transformer 模型中（如：LLM），词嵌入的并行处理是一种有效的技术，可以减轻单个设备的内存负担并提高计算效率，通常有两种主要的切分方式：表切分（Table-Wise Split）和列切分（Column-Wise Split）（图 23.4.3）。

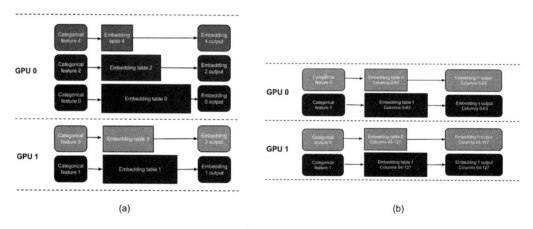

图 23.4.3

- 表切分模式（图 23.4.3（a））下，每个设备存储部分的嵌入表。例如：每个嵌入表对应一个类别特征，每个设备存储一部分嵌入表。设备 1 存储嵌入表 0，设备 2 存储嵌入表 1，依此类推。在这种模式下，每个设备只处理它存储的嵌入表对应的类别特征。这个方法的优点是每个设备只需处理和存储一部分数据，减少了单个设备的内存负担。

- 列切分模式（图 23.4.3（b））下，每个设备存储每个嵌入表的一部分列。例如：将嵌入表按列切分，每个设备存储不同的列范围。设备 1 存储嵌入表 0 的 0~63 维度，设备 2 存储嵌入表 0 的 64~127 维度，依此类推。在这种模式下，每个设备处理它存储的部分列，并行计算所有嵌入表的部分结果。然后通过 All-Gather 操作将各部分结果汇总，得到完整的嵌入输出。

表切分模式适用于类别特征较多的场景，每个类别特征的嵌入表较小。而列切分模式适用于单个嵌入表较大的场景，每个嵌入表的列数较多。

4. Cross Entropy Loss 并行

Cross Entropy Loss 并行用于在计算损失函数时节省内存和通信，因为模型输出通常非常大。在 Cross Entropy Loss 并行中，当模型输出在（通常是巨大的）词汇维度上进行分片时，可以高效地计算交叉熵损失，而无需将所有模型输出聚集到每一个设备上（图 23.4.4）（紫气东来，2024）。这不仅大大减少了内存消耗，还通过减少通信开销和并行分片计算提高了训练速度。

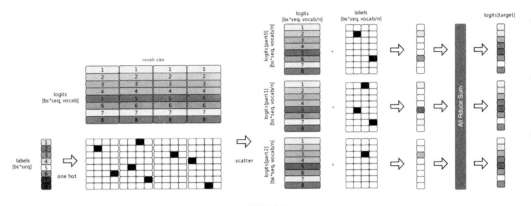

图 23.4.4

Cross Entropy Loss 并行可以分为以下几步：

● 数据拆分：将 logits (input)按照 vocab 维度进行拆分，同时将不同部分分发到各设备，labels (target)需要先进行 one hot 操作，然后 scatter 到各个设备上。

● input(logits)最大值同步：input(logits)需要减去其最大值后求 softmax，All-Reduce (Max)操作保证了获取的是全局最大值，有效防止溢出。

● exp sum 与 softmax 计算：exp sum 即 softmax 计算中的分母部分，All-Reduce (Max)操作保证了获取的是全局的和。

● 计算 Loss：input (logits)与 one hot 相乘并求和，得到 label 位置值 im，并进行 All-Reduce (Sum)全局同步，最后计算 log softmax 并加上负号，得到分布式交叉熵的损失值 loss。

23.4.3　DeviceMesh 实现 TP

PyTorch 的张量并行应用程序接口（PyTorch Tensor Parallel APIs）提供了一套模块级原语，用于为模型的各个层配置分片功能。它利用 PyTorch DTensor 进行分片张量封装，DeviceMesh 进行抽象设备管理和分片。它们分为：

● ColwiseParallel 和 RowwiseParallel：以列或行方式对 Linear 和 Embedding 层进行分片。

● SequenceParallel：在 LayerNorm 和 Dropout 上执行分片计算。

● PrepareModuleInput 和 PrepareModuleOutput：通过正确的通信操作配置模块输入输出分片布局。

由于 Tensor Parallel 会将单个张量分片到一组设备上，因此需要先建立分布式环境。Tensor Parallel 是一种单程序多数据（SPMD）分片算法，类似于 PyTorch DDP/FSDP，它通常在一台主机内工作。

下面尝试初始化一个 8 NPU 的张量并行：

```python
# run this via torchrun: torchrun --standalone --nproc_per_node=8 ./tp_tutorial.py
import torch.nn.functional as F
from torch.distributed.tensor.parallel import loss_parallel
from torch.distributed.device_mesh import init_device_mesh
from torch.distributed.tensor.parallel import (
    parallelize_module,
    ColwiseParallel,
    RowwiseParallel,
    PrepareModuleInput,
    SequenceParallel,
)

tp_mesh = init_device_mesh("cuda", (8,))

layer_tp_plan = {
    # Now the input and output of SequenceParallel has Shard(1) layouts,
    # to represent the input/output tensors sharded on the sequence dimension
    "attention_norm": SequenceParallel(),
    "attention": PrepareModuleInput(
        input_layouts=(Shard(1),),
        desired_input_layouts=(Replicate(),),
    ),
    "attention.wq": ColwiseParallel(),
    "attention.wk": ColwiseParallel(),
    "attention.wv": ColwiseParallel(),
    "attention.wo": RowwiseParallel(output_layouts=Shard(1)),
    "ffn_norm": SequenceParallel(),
    "feed_forward": PrepareModuleInput(
        input_layouts=(Shard(1),),
        desired_input_layouts=(Replicate(),),
    ),
    "feed_forward.w1": ColwiseParallel(),
    "feed_forward.w2": RowwiseParallel(output_layouts=Shard(1)),
    "feed_forward.w3": ColwiseParallel(),
        "tok_embeddings": RowwiseParallel(
            input_layouts=Replicate(),
            output_layouts=Shard(1),
        ),
        "norm": SequenceParallel(),
        "output": ColwiseParallel(
            input_layouts=Shard(1),
            # use DTensor as the output
            use_local_output=False,
        ),

}

model = parallelize_module(
    model,
```

```
    tp_mesh,
    layer_tp_plan
)

pred = model(input_ids)
with loss_parallel():
    # assuming pred and labels are of the shape [batch, seq, vocab]
    loss = F.cross_entropy(pred.flatten(0, 1), labels.flatten(0, 1))
    loss.backward()
```

这里使用 init_device_mesh 函数初始化设备网格 tp_mesh。这个网格指定了使用 8 个 NPU 进行并行计算。

定义一个 layer_tp_plan 字典，指定了模型中各层的并行化策略。通过 parallelize_module 函数，可以并行化模型，指定 tok_embeddings 层进行行并行化，设置对输入进行复制，输出为分片布局（非本地输出）；且对 norm 层进行序列并行化。

在前向传播过程中，通过并行化的模型计算预测值 pred。在 loss_parallel 上下文中，进行张量并行交叉熵损失计算，并执行反向传播以计算梯度。

小结与思考

- 张量并行是模型并行的一种细粒度形式，特别适用于参数众多的大规模模型，通过将矩阵乘法等操作的矩阵在不同设备上进行切分和并行计算，然后合并结果来实现。
- 使用 DeviceMesh 和 DTensor，PyTorch 提供了一套 API 来实现多维度并行，适用于不同层的模型并行化策略，如 ColwiseParallel、RowwiseParallel 和 SequenceParallel，以及张量并行交叉熵损失的计算。

23.5　流　水　并　行

模型并行主要分为朴素张量并行、张量并行和流水并行。下面将详细介绍模型并行中的流水并行。

23.5.1　流水并行概述

流水并行是一种将模型的不同层（Layer）按顺序分配到不同设备上的方法。不同于朴素张量并行，流水并行通过将输入数据切分成多个 Micro-Batch，使得每个设备可以在处理完当前批次后立即处理下一个批次，从而提高设备利用率。

主要集中在 Gpipe 流水并行和 PipeDream 流水并行上（基于 F-then-B 策略与 1F1B 策略），不过还有很多优秀的流水并行实现方式，例如：PipeDream-2BW、PipeDream-Flush、PipeDream-Megatron-LM 等。

1. Gpipe 流水并行

Gpipe 是一种用于加速神经网络模型训练的流水并行技术。它通过将模型的计算任务分配到多个设备上，从而提高训练效率。通过流水并行技术，前向传播和反向传播可以重叠执行，从而提高模型并行的训练速度。

在 Gpipe 中，模型被分割成多个阶段，每个阶段在不同的设备上执行。输入数据也被切分成多个 Micro-Batch，每个设备同时处理不同的 Micro-Batch，从而提高并行效率。此外，Gpipe 也可以使用重计算策略，在前向和反向传播过程中节省内存。

朴素模型并行设备视图（参见第 2 章 2.2 节图 2.2.15 左图）和时间视图（图 2.2.15 右图上）：在前向传播阶段，计算任务 F_0、F_1、F_2 和 F_3 分别在 Device 0、Device 1、Device 2 和 Device 3 上执行。这些任务依次进行，将数据从一个设备传递到下一个设备，最终在 Device 3 上完成前向传播。

在反向传播阶段，反向传播任务 B_3、B_2、B_1 和 B_0 依次在 Device 3、Device 2、Device 1 和 Device 0 上执行，梯度从最后一层传播回最初的层。所有设备完成反向传播后，梯度汇总并进行参数更新，将其称为 F-then-B 策略。这一过程确保了梯度能够正确传递并用于更新模型参数。

Gpipe 流水并行（图 2.2.15 右图下）：由于设备间的依赖性，某些设备在等待其他设备完成任务时会产生空闲时间。在 Gpipe 流水并行中，将前向传播和反向传播任务分成更细的粒度，如 $F_{i,j}$ 和 $B_{i,j}$（其中 i 表示设备编号，j 表示分段编号），称为 Micro-Batch。

通过这种方法，可以更好地平衡各设备的负载，减少空闲时间。然而，由于任务分段的传递顺序，某些设备在等待前一任务完成时会有空闲时间。这种空闲时间被称为"气泡"。通过优化分段和任务分配，可以最小化气泡的影响，提高整体效率。

Gpipe 流水并行提供了多项显著优势。首先，它可以高效地利用计算资源。通过将模型分段并分配到多个设备上，充分利用各设备的计算能力，提高整体计算效率。其次，它可以减少内存需求。由于模型被分段，每个设备只需要存储当前分段的参数和激活值。这显著降低了每个设备的内存需求，使得可以在内存较小的设备上训练大模型。在启动激活检查点后，通过在流水线反向传播时重新计算激活，可以进一步压缩内存需求。

2. PipeDream 流水并行

与 Gpipe 流水并行一样，PipeDream 流水并行也是一种用于加速神经网络模型训练的流水并行技术。它通过将模型的计算任务分配到多个机器上，交错执行前向传播和反向传播，从而提高训练效率（图 23.5.1）。

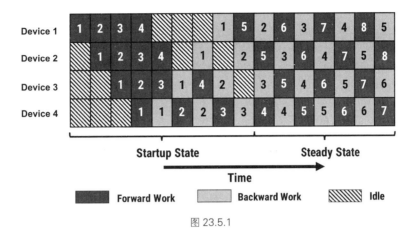

图 23.5.1

与 Gpipe 流水并行不同的是，PipeDream 流水并行在完成一次 Micro-Batch 的前向传播之后，就立即进行 Micro-Batch 的反向传播，然后释放资源，这就可以让其他 Stage 尽可能早地开始计算，将其称为 1F1B 策略，这也是微软 Deepspeed 框架使用的流水并行策略。交错执行的策略，使前向传播和反向传播任务交替进行，最大化地利用了每个设备的计算资源，减少了空闲时间，提高了整体效率。

然而，这也增加了任务调度的复杂性，需要更复杂的管理机制来协调设备之间的数据传递和任务分配。并且，异步的流水也会带来收敛的困难。

PipeDream 流水并行是异步的，每个 Worker 在执行前向传播和反向传播时，都会使用对应的权重版本。例如，Worker 1 在执行任务 1 时使用权重版本 $W_1^{(1)}$，在执行任务 5 时使用权重版本 $W_1^{(2)}$（图 23.5.2）。

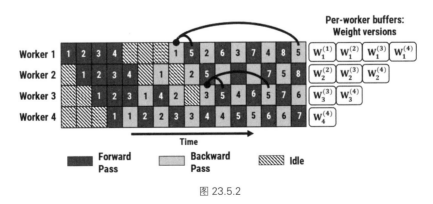

图 23.5.2

在前向传播和反向传播完成后，权重会进行异步更新。例如，Worker 1 在执行任务 5 时，会将更新后的权重版本 $W_1^{(2)}$ 传递给 Worker 2，Worker 2 再根据新的权重版本进行计算。

此外，PipeDream 还扩展了 1F1B，对于使用数据并行的 Stage，采用轮询（Round-Robin）的调度模式将任务分配在同一个 stage 的各个设备上，保证了一个小批次的数据的前向传播计算和反向传播计算发生在同一台机器上，这就是 1F1B-RR（One-Forward-One-Backward-Round-Robin）。

流水并行的主要挑战在于如何处理设备之间的数据依赖和通信延迟。在实际应用中，通常需要结合数据并行、张量并行和流水并行等多种方法，以最大化训练效率和模型规模。例如，可以在同一设备内使用张量并行，在不同设备间使用数据并行和流水并行，从而充分利用硬件资源，提高整体训练性能。

小结与思考

- 流水并行通过将模型的不同层顺序分配到不同设备上，并切分输入数据为多个 Micro-Batch，以提高设备利用率和训练效率。
- Gpipe 和 PipeDream 是流水并行的两种实现方式，Gpipe 通过分段和任务调度最小化设备空闲时间，而 PipeDream 采用 1F1B 策略异步更新权重，两者都旨在提升模型训练速度。
- PyTorch 提供了使用 RPC 和 Pipe 的流水并行简单实现方法，通过分布式环境和自动化的通信处理，简化了模型并行化的实现过程，使得大模型训练更加高效。

23.6　混　合　并　行

混合并行（Hybrid Parallel）是一种用于分布式计算的高级策略，它结合了数据并行和模型并行的优势，以更高效地利用计算资源，解决深度学习中的大模型训练问题，由多个并行方式组合而成，如图 23.6.1 所示。混合并行不仅能提高计算效率，还能在有限的硬件资源下处理更大的模型和数据集。混合并行通过将这两种并行方式结合，加速计算和处理超大模型，从而在各种硬件条件下实现高效的神经网络模型训练。现主流的混合并行为 3D 混合并行，但由于它一

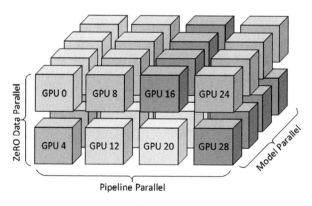

图 23.6.1

般都在大规模分布式深度学习训练框架中使用，如 Deepspeed 和 Colossal AI，而不是在 AI 框架使用，因此只进行简单讨论。

下面以 3D 混合并行 DP+PP+TP 为例进行介绍。

3D 混合并行是一种在深度学习训练中常用的混合并行策略，它将数据并行、张量并行和流水并行三种并行方式结合起来，以优化资源利用率和训练效率。这种策略尤其适用于处理大规模的神经网络模型。由于每个维度至少需要 2 个 GPU，因此在这里至少需要 8 个 GPU 才能实现完整的 3D 并行。

- **内存效率**：模型的层被分为流水线阶段，每个阶段的层通过模型并行进一步划分。这种 2D 组合同时减少了模型、优化器和激活函数消耗的内存。然而，不能无限制地分割模型，否则会因通信开销而限制计算效率。

- **计算效率**：为了让 Worker 数量在不牺牲计算效率的情况下超越模型并行和流水并行，使用 ZeRO 驱动的数据并行（ZeRO-DP）。ZeRO-DP 不仅通过优化器状态分区进一步提高了内存效率，还利用拓扑感知映射，使 GPU 数量的扩展具有最小的通信开销。

- **拓扑感知 3D 映射**：3D 并行中的每个维度都被仔细映射到 Worker 上，通过利用两个关键的架构属性实现最大计算效率。

通过流水线和模型并行，数据并行组通信的梯度大小线性减少，因此总通信量比纯数据并行减少。此外，每个数据并行组在一部分本地 Worker 之间独立且并行地执行通信。因此，数据并行通信的有效带宽通过通信量减少和本地化及并行性的结合而得到放大。

张量并行是三种策略中通信开销最大的，所以优先将模型并行组放置在一个节点中，以利用较大的节点内带宽。其次，流水并行通信量最低，因此在不同节点之间调度流水线，这将不受通信带宽的限制。最后，若张量并行没有跨节点，则数据并行也不需要跨节点；否则数据并行组也需要跨节点。

值得注意的是 ZeRO，它是 DP 的超级可伸缩增强版，在完全分片的数据并行一节中已经讨论过了。通常它是一个独立的功能，不需要 PP 或 TP。但它也可以与 PP、TP 结合使用。当 ZeRO-DP 与 PP（以及 TP）结合时，它通常只启用 ZeRO 阶段 1，只对优化器状态进行分片（ZeRO 阶段 2 还会对梯度进行分片，阶段 3 也对模型权重进行分片）。虽然理论上可以将 ZeRO 阶段 2 与流水并行一起使用，但它会对性能产生不良影响。每个 Micro-Batch 都需要一个额外的 Reduce-Scatter 通信来在分片之前聚合梯度，这会增加潜在的显著通信开销。根据流水并行的性质，一般会使用小的 Micro-Batch，并把重点放在算术强度（Micro-Batch Size）与最小化流水线气泡（Micro-Batch 的数量）两者间折中。因此，增加的通信开销会损害流水并行。

小结与思考

- 混合并行结合了数据并行和模型并行的优势，通过在不同维度上分割模型和数据，提高了计算效率和内存利用率，适用于训练大规模神经网络模型。

- 3D 混合并行是混合并行的一种高级策略，它整合了数据并行（DP）、模型并行（MP）和流水并行

（PP），在多个 GPU 上优化资源利用和训练效率，尤其适合超大规模模型训练。
● 使用 Torch RPC 和 Torch Device Mesh 可以进行 DP+PP 的简单实现，通过分布式环境和设备网格管理，简化了混合并行的配置和执行过程，提高了模型训练的灵活性和扩展性。

23.7　昇思 MindSpore 并行

本节将介绍昇思 MindSpore 的并行训练技术，以及如何通过张量重排布和自动微分简化并行策略搜索，实现高效大模型训练。

23.7.1　大模型的到来

随着深度学习的发展，为了实现更高的准确率和更丰富的应用场景，训练数据集和深度神经网络模型的规模日益增大。特别是 NLP 领域，数据集的范围从 200 MB 到 541 TB 不等。模型的尺寸也从 BERT 的 3.4 亿个参数、Transformer-xl 的 8 亿个参数、GPT-2 的 150 亿个参数，到 SwitchTransformer 的万亿参数，单独存储万亿模型的参数则需要占用 TB 级别空间。

主流的用于训练的加速器（GPU、TPU 和 Ascend）的内存仍然只有几十 GB，因此，为了能够且高效地完成大模型训练，深度学习框架需要提供丰富的并行训练的能力，支持数据并行、模型并行、混合并行、流水并行、异构训练和专家并行等技术。

1. AI 框架的局限性

当前的主流框架（如 TensorFlow、Caffe 和 MXNet）提供了一些基本的并行技术，其中大多数框架提供了算子级别切分、流水并行或者优化器切分的功能，支持的并行维度和功能的完整度欠佳。

● 第一，这些框架通过手动切分深度神经网络模型来实现模型并行，配置难度非常大，对开发者的要求非常高，需要有丰富经验的专家来操作。实现混合并行（数据并行和模型并行同时进行）又极大增加了开发的复杂度。最近的研究成果提出了简化混合并行的方法，但这些方法在几个方面都存在局限性。

● 第二，随着目前模型规模拓展到了万亿级别，训练卡数的规模也上升到了千级，以往的算子级别切分的并行不能满足目前大模型的需求。在大集群训练中，由于模型切分导致的通信占比在整个迭代耗时中升高，需要引入流水并行等计算来降低通信占比，提升模型训练效率。另外，混合专家（MoE）技术能够在提升模型规模的同时，较少地提升计算量，是目前的一种主流技术。

2. MindSpore 大模型并行

昇思 MindSpore 的目标是提供完整的大模型训练落地流程。为了解决前后设备张量排布不一致的问题，MindSpore 在并行化策略搜索中引入了张量重排布（Tensor Redistribution，TR），这使输出张量的设备布局在输入到后续算子之前能够被转换。

但是，对于复杂大型模型的搜索并行策略，在考虑张量重排布时，需要克服的挑战主要有两个。首先，既然张量重排布将通信算子（例如 All Gather）引入数据流图，那么如何像普通算子一样自动地对通信算子求导呢？对于每个相应的前向算子，都需要获取反向算子，用来更新可训练参数。目前的框架需要专家在反向阶段手动添加 SEND 和 RECV 源语来传递梯度，这对模型开发者来说是一项具有挑战性的工作，尤其是在模型比较复杂的情况下。

其次，随着张量重排布对策略空间的极大扩展，如何为复杂的大型模型高效地找到一个好的策略？在功能和效率方面，该算法需要为具有非线性结构的大模型快速找到一种策略。在性能方面，算法返回的策略应该会缩短端到端的训练时间。需要对运行成本进行仔细建模，这一过程也增加了人工成本。

最后，如何解决万亿模型训练的实际问题，最大化利用硬件算力，同时降低训练成本？

23.7.2　MindSpore 并行策略

昇思 MindSpore 推出了完整的大模型训练解决方案。作为一种通用的技术方案，能够以较高效率实现万亿模型的训练。

第一，为了实现通信算子的自动微分，昇思 MindSpore 定义了通信算子的反向算子。例如，All-Gather 的反向算子为 Reduce-Scatter。定义这些反向算子十分重要，因为 Auto-Diff 过程可以一次性地区分整个前向图，而无须跳过任何算子，这也是为什么 Auto-Diff 是 Auto-Parallel 后面一步的原因。

第二，在同时考虑计算和通信开销的情况下，建立一个代价模型来选择一个好策略。为了快速地为复杂大图找到一个好策略，提出了两种方法：一种是支持多图操作的算法，将原始图转换成线性图；另一种是策略分离机制，在保证返回解的精度的同时，有效地缩小搜索空间。例如，ResNet50 在 8 台设备上搜索并行策略的时间在 1s 内，而返回的解决方案确实缩短了训练时间。例如，当模型较大（类的数量超过 128K）时，返回的解决方案与原始数据并行策略相比减少了大约 55%的训练时间。

第三，昇思 MindSpore 内置了多种并行技术，以易用的接口提供了混合并行、流水并行、异构训练和优化器并行等技术，结合这些技术就可以较高的训练效率实现大模型训练。

```python
class Submodel(nn.Cell):

    def __init__(self, shape):
        super().__init__()
        self.bn = BatchNorm().shard(((4, 1), ))
        self.matmul = MatMul().shard(((1, 1), (1, 4)))
        self.W = Parameter(Tensor(shape), require_grad=True)

    def construct(self, X):
        Y = self.bn(X)
```

```
    Z = self.matmul(Y, self.W)
    return Z
```

1. 算子级别并行

昇思 MindSpore 支持开发者指定的高级策略配置，称之为半自动并行（Semi-Auto-Parallel）。在以上代码和图示中，展示了一个从数据到模型的并行转换的例子。该子模型的结构为 BatchNorm 算子后跟一个 MatMul 算子，广泛应用于 ResNet、ReID 等分类任务。在 BatchNorm 算子中，X 按行拆分为四部分，数据可以并行，效率非常高。

在 MatMul 算子中，可学习参数的权重 W 被分成四部分，模型可以并行，由于参数数量较多，这部分的模型并行更有效。由于 BatchNorm 的输出布局与 MatMul 的输入布局不同，所以框架插入了一个张量重排布（该例中为 All-Gather 和 Concat），这一过程对开发者是透明的。

开发者也不必关注哪个设备运行了模型的哪个部分，框架会自动安排。然而，不同的模型结构在每个算子中具有不同大小的参数，如图 23.7.1 三种广泛使用的子结构所示，并且它们适用于不同的切分策略。图 23.7.1 子结构（c）中，将第一算子配置为模型并行，将后续算子配置为数据并行，也需要插入张量重排布，这样可以获得更好的性能。

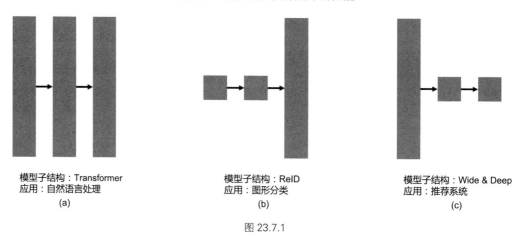

模型子结构：Transformer　　　模型子结构：ReID　　　模型子结构：Wide & Deep
应用：自然语言处理　　　　　　应用：图形分类　　　　　应用：推荐系统
　　　　（a）　　　　　　　　　　　（b）　　　　　　　　　　（c）

图 23.7.1

在训练新模型时，多次配置 Shard，耗时耗力。在这种情况下，如果配置了自动并行，则不需要调用 Shard 方法，该算法将找到一个有效的策略。例如，当 ResNet 中的分类数量超过 130k 时，算法返回的策略导致在 50 ms 内训练一个迭代。相比之下，原始数据并行训练一次迭代超过 111 ms。

2. 函数式算子切分

动态图支持语法更丰富，使用更为灵活，但是目前昇思 MindSpore 的动态图模式不支持自动并行的各种特性。借鉴 Jax 的 Pmap 的设计理念，昇思 MindSpore 设计了函数式算子切分功能，支持在动态图模式下，指定某一部分在图模式下以算子级并行的方式执行。

昇思 MindSpore 的动态图模式下，可以通过 @jit 的装饰符，指定某一段以图模式编译执行，在前向执行的同时，会将执行的算子、子图记录下来，前向执行完毕后，会对得到的整图进行自动微分得到反向图，具体流程如图 23.7.2 所示。

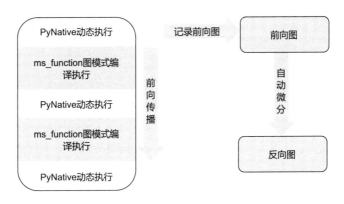

图 23.7.2

函数式算子切分沿用此模式，不同的是可以指定某一段在图模式的编译执行环节进行算子级模型并行。算子级并行是通过将网络模型中每个算子涉及的张量进行切分，降低单个设备的内存消耗。

3. 流水并行

流水线（Pipeline）并行是将神经网络中的算子切分成多个阶段（Stage），再把阶段映射到不同的设备上，使得不同设备去计算神经网络的不同部分。流水并行适用于模型是线性的图结构。能够降低模型训练过程中的通信量，极大地提升集群的训练性能。

如图 23.7.3 所示，将 4 层 MatMul 的网络切分成 4 个阶段，分布到 4 台设备上。前向计算时，每台机器在算完本台机器上的 MatMul 之后将结果通过通信算子发送（Send）给下一台机器，同时，下一台机器通过通信算子接收（Receive）上一台机器的 MatMul 结果，同时开始计算本台机器上的 MatMul；反向计算时，最后一台机器的梯度算完之后，将结果发送给上一台机器，同时，上一台机器接收最后一台机器的梯度结果，并开始计算本台机器的反向。

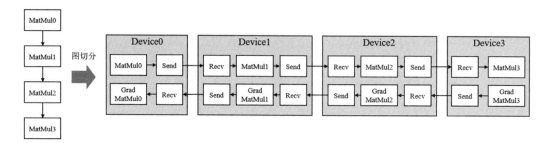

图 23.7.3

简单地将模型切分到多设备上并不会带来性能的提升，因为模型的线性结构导致同一时刻只有一台设备在工作，而其他设备在等待，造成了资源的浪费。为了提升效率，流水并行进一步将小批次（Mini Batch）切分成更细粒度的 Micro-Batch，在 Micro-Batch 中采用流水线式的执行序列，从而达到提升效率的目的，如图 23.7.4 所示。将小批次切分成 4 个 Micro-Batch，4 个 Micro-Batch 在 4 个组上执行形成流水线。Micro-Batch 的梯度汇聚后用来更新参数，其中每台设备只存有并更新对应组的参数。其中白色序号代表 Micro-Batch 的索引。

图 23.7.4

昇思 MindSpore 支持流水并行，并对执行序列进行了调整，来达到更优的内存管理。如图 23.7.5 所示，在第 0 Micro-Batch 的前向执行完后立即执行其反向，这样做使得第 0 Micro-Batch 的中间结果的内存得以更早地（相较于图 23.7.4）释放，进而确保内存使用的峰值比图 23.7.4 的方式更低。

4. MoE 并行

混合专家（MoE）能够在引入较少计算量的同时扩充模型参数量，在模型中，每一个 MoE 层都包含多个独立的 FFN，并且包含一个路由装置用于将每个输入数据分配到 FFN。传统的数据并行和模型并行在处理 MoE 这种结构时，其存储和通信的效率都较为低下。一种高效的实现方式是，将 Gate 函数的计算并行化，同时将多个 FFN 分配到每台设备上（通常是均匀的分配），每台设备得到一个或多个 FFN。每台设备负责的参数量有效地下降了。

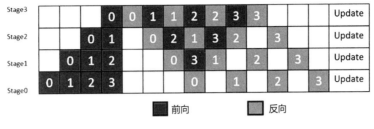

图 23.7.5

若训练数据经过 Gate 计算后路由到本台设备负责的 FFN，那么其直接传递给本台设备的
FFN。如果路由到其他设备的 FFN，那么会经过 All to All 通信，将训练数据发送到目的设备；
同样地，在经过 FFN 计算后，数据需再次经过 All to All 通信，把相应的结果路由回原设备。
图 23.7.6 中展示了每个设备只有一个 FFN 的并行执行情况。

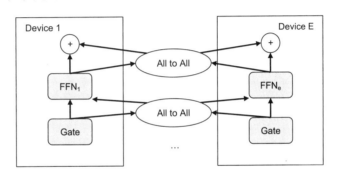

图 23.7.6

当每条训练数据仅会路由到较少 FFN 时，这种并行方式会非常有效，因为大大降低了内存
使用，同时产生的通信量是较小的。

5. 异构并行训练

异构并行训练方法通过将占用内存较大的参数存储于 Host 内存，解决单卡上无法存储完整
模型的问题。通过分析图上算子内存占用和计算密集度，将内存消耗巨大或适合 CPU 逻辑处理
的算子切分到 CPU 子图，将内存消耗较小计算密集型算子切分到硬件加速器子图，框架协同不
同子图进行网络训练，使得处于不同硬件且无依赖关系的子图能够并行进行执行的过程
（图 23.7.7）。目前昇思 MindSpore 最多可以支持单机 8 卡训练和推理千亿模型，极大地降低训
练卡所需的资源。

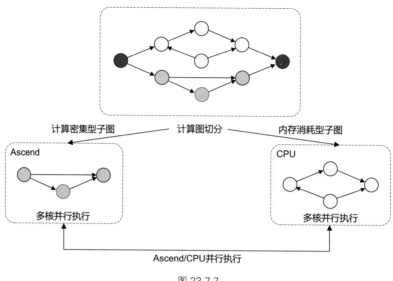

图 23.7.7

小结与思考

- 昇思 MindSpore 引入张量重排布技术，自动解决设备间张量布局不一致问题，简化并行策略搜索，并支持混合并行、流水并行等高级并行技术。

- 该框架通过自动微分技术，定义了通信算子的反向算子，如 All-Gather 的反向算子 Reduce-Scatter，实现通信算子的自动微分，从而简化并行训练过程。

- 昇思 MindSpore 支持算子级别并行和半自动并行配置，允许开发者通过高级策略配置实现数据并行和模型并行，同时自动插入必要的张量重排布操作，提高并行效率。

- 针对大模型训练，昇思 MindSpore 提供了如 MoE 并行、异构并行训练等解决方案，优化存储和通信效率，实现单机多卡训练千亿级参数模型的能力。

参 考 文 献

Abadi M, Agarwal A, Barham P, et al., 2016a. TensorFlow: large-scale machine learning on heterogeneous distributed systems[J]. arXiv, abs/1603.04467.

Abadi M, Barham P, Chen J, et al., 2016b. TensorFlow: a system for large-scale machine learning[C]//Proceedings of the 12th USENIX Conference on Operating Systems Design and Implementation (OSDI'16). USENIX Association, USA, 265-283.

Abdelfattah M S, Han D, Bitar A, et al., 2018. DLA: compiler and FPGA overlay for neural network inference acceleration[C]// 2018 28th International Conference on Field Programmable Logic and Applications (FPL). Dublin, Ireland, IEEE.

Adamson D S, Winant C W, 1969. A SLANG simulation of an initially strong shock wave downstream of an infinite area change[C]//Proceedings of the Conference on Applications of Continuous-System Simulation Languages, 231-240.

AI Wiki, 2020. Activation function[EB/OL]. [2024-7-17]. https://machine-learning.paperspace.com/wiki/activation-function

Ashraf K, Wu B, Iandola F N, et al., 2016. Shallow networks for high-accuracy road object-detection[J]. arXiv:1606.01561.

Avenash R, Vishawanth P, 2019. Semantic segmentation of satellite images using a modified CNN with hard-swish activation function[J]. VISIGRAPP. DOI:10.5220/0007469604130420.

Badrinarayanan V, Kendall A, Cipolla R, 2015. SegNet: a deep convolutional encoderdecoder architecture for image segmentation[J]. arXiv: 1511.00561.

Bahdanau D, Cho K, Bengio Y, 2014. Neural machine translation by jointly learning to align and translate[J]. arXiv:1409.0473.

Baydin A G, Pearlmutter B A, Radul A A, et al., 2018. Automatic differentiation in machine learning: a survey[J]. arXiv: 1502.05767v4.

Baylor D, Breck E, Cheng H-T, et al., 2017. TFX: a TensorFlow-based production-scale machine learning platform[C]// Proceedings of the 23rd ACM SIGKDD International Conference on Knowledge Discovery and Data Mining. Halifax, NS, Canada.

Bello I, Zoph B, Vaswani A, et al., 2019. Attention augmented convolutional networks[C]//Proceedings of the IEEE/CVF International Conference on Computer Vision, 3286-3295.

Bendtsen C, Stauning O, 1996. FADBAD, a flexible C++ package for automatic differentiation[R]. Technical Report IMM-REP-1996-17, Department of Mathematical Modelling, Technical University of Denmark, Lyngby, Denmark.

Berz M, Makino K, Shamseddine K, et al., 1996. COSY INFINITY and its applications in Nonlinear Dynamics[M]// Computational Differentiation: Techniques, Applications, and Tools. Society for Industrial and Applied Mathematics, Philadelphia, PA, 363-365.

Bischof C, Carle A, Corliss G, et al., 1996. ADIFOR 2.0: Automatic differentiation of Fortran 77 programs[J]. Computational Science Engineering, IEEE, 3(3):18-32.

Bommasani R, Hudson D A, Adeli E, et al., 2021. On the opportunities and risks of foundation models[R]. arXiv.2108.07258.

Bouvrie J, 2006. Notes on convolutional neural networks[J]. In Practice, 47-60.

Bucilă C, Caruana R, Niculescu-Mizil A, et al., 2006. Model compression[C]//ACM Press the 12th ACM SIGKDD International Conference, Philadelphia, PA, USA.

Cai H, Zhu L G, Han S, 2019. ProxylessNAS: direct neural architecture search on target task and hardware[C]//ICLR.

Carion N, Massa F, Synnaeve G, et al., 2020. End-to end object detection with transformers[C]//ECCV.

Chalapathy R, Chawla S, 2019. Deep learning for anomaly detection: a survey[J]. arXiv.1901.03407.

Chen C F R, Fan Q F, Panda R, 2021a. CrossViT: cross-attention multi-scale vision transformer for image classification[C]//2021 IEEE/CVF International Conference on Computer Vision (ICCV), Montreal, QC, Canada, IEEE.

Chen H T, Wang Y H, Xu C, et al., 2019a. Data-free learning of student networks[C]//ICCV.

Chen L C, Papandreou G, Kokkinos I, et al., 2016a. Semantic image segmentation with deep convolutional nets and fully connected CRFS[C]//ICLR.

Chen L C, Papandreou G, Schroff F, et al., 2017. Rethinking atrous convolution for semantic image segmentation[J]. arXiv:1706.05587.

Chen T, Du Z, Sun N, et al., 2014a. DianNao: a small-footprint high-throughput accelerator for ubiquitous machine-learning[C]//ASPLOS '14: Proceedings of the 19th International Conference on Architectural support For Programming Languages And Operating Systems, Salt Lake City Utah USA, ACM.

Chen T, Li M, Li Y, et al., 2015. MxNet: A flexible and efficient machine learning library for heterogeneous distributed systems[J]. arXiv:1512.01274.

Chen T, Moreau T, Jiang Z, et al., 2018. TVM: An automated end-to-end optimizing compiler for deep learning[J]. arXiv:1802.04799.

Chen T, Xu B, Zhang C, et al., 2016b. Training deep nets with sublinear memory cost[J]. arXiv:1604.06174.

Chen T Q, Shen H C, Krishnamurthy A, 2024. CSE 599W: system for ML[EB/OL]. [2024-1-1]. https://dlsys.cs.washington.edu/.

Chen Y H, Yang T J, Emer J S, et al., 2019b. Eyeriss v2: a flexible accelerator for emerging deep neural networks on mobile devices[J]. IEEE Journal on Emerging and Selected Topics in Circuits and Systems, 9(2):292-308.

Chen Y J, Luo T, Liu S L, et al., 2014b. DaDianNao: a machine-learning supercomputer[C]//2014 47th Annual IEEE/ACM International Symposium on Microarchitecture, Cambridge, United Kingdom, IEEE.

Chen Y, Dai X, Chen D, et al., 2021b. Mobile-Former: bridging MobileNet and Transformer[J]. arXiv.2108.05895.

Chen Y, Dai X, Liu M, et al., 2020. Dynamic ReLU[C]// European Conference on Computer Vision.

Cheng H, Zhang M, Shi J Q, 2023. A survey on deep neural network pruning: taxonomy, comparison, analysis, and recommendations[J]. arXiv:2308.06767.

Cheng Y, Wang D, Zhou P, et al., 2017. A survey of model compression and acceleration for deep neural networks[J]. arXiv:1710.09282.

Chetlur S, Woolley C, Vandermersch P, et al., 2014. cuDNN: Efficient primitives for deep learning[J]. arXiv:1410.0759.

Child R, Gray S, Radford A, et al., 2019. Generating long sequences with sparse transformers[J]. arXiv:1904.10509.

Chollet F, 2017. Xception: deep learning with depthwise separable convolutions[C]//2017 IEEE Conference on Computer Vision and Pattern Recognition (CVPR), Honolulu, HI, IEEE.

Clamchowder, Cheese, 2023. AMD's CDNA 3 compute architecture[EB/OL]. (2023-12-17)[2024-7-17]. https://chipsandcheese.com/2023/12/17/amds-cdna-3-compute-architecture/.

Crankshaw D, Wang X, Zhou G, et al., 2017. Clipper: a low-latency online prediction serving system[J]. arXiv:1612.03079.

Cubuk E D, Zoph B, Mane D, et al., 2019. AutoAugment: learning augmentation strategies from data[C]//2019 IEEE/CVF Conference on Computer Vision and Pattern Recognition (CVPR). Long Beach, CA, USA. IEEE.

Dai J F, He K M, Sun J, 2015. Convolutional feature masking for joint object and stuff segmentation[C]//2015 IEEE Conference on Computer Vision and Pattern Recognition (CVPR), Boston, MA, USA, IEEE.

Dai Z, Liu H, Le Q V, et al., 2021. Coatnet: Marrying convolution and attention for all data sizes[J]. arXiv:2106.04803.

Das D, Avancha S, Mudigere D, et al., 2016. Distributed deep learning using synchronous stochastic gradient descent[J]. arXiv:1602.06709.

D'Ascoli S, Touvron H, Leavitt M L, et al., 2021. ConViT: improving vision transformers with soft convolutional inductive biases[J]. arXiv:2103.10697.

Dechter R, 1986. Learning while searching in constraint-satisfaction-problems[C]//Proceedings of the Fifth AAAI National Conference on Artificial Intelligence (AAAI'86), Philadelphia, 178-183.

Deng J, Dong W, Socher R, et al., 2009. ImageNet: a large-scale hierarchical image database[C]//2009 IEEE Conference on Computer Vision and Pattern Recognition, Miami, FL, IEEE.

Dollár P, Singh M, Girshick R, 2021. Fast and accurate model scaling[J]. arXiv:2103.06877.

Donahue J, Jia Y, Vinyals O, et al., 2013. DeCAF: a deep convolutional activation feature for generic visual recognition[J]. arXiv:1310.1531.

Dong X, Bao J, Chen D, et al., 2021. CSWin transformer: a general vision transformer backbone with cross-shaped windows[J]. arXiv:2107.00652.

Dong Y, Ni R, Li J, et al., 2017. Learning accurate low-bit deep neural networks with stochastic quantization[J]. arXiv:1708.01001.

Dosovitskiy A, Beyer L, Kolesnikov A, et al., 2020. An image is worth 16x16 words: transformers for image recognition at scale[J]. arXiv:2010.11929.

Du Z D, Fasthuber R, Chen T S, et al., 2015. ShiDianNao: shifting vision processing closer to the sensor[C]//Proceedings of the 42nd Annual International Symposium on Computer Architecture, Portland Oregon, ACM.

Dukhan M, 2019. The indirect convolution algorithm[J]. arXiv:1907.02129.

Dukhan M, Wu Y, Lu H, 2018. QNNPACK: open source library for optimized mobile deep learning[EB/OL]. (2018-10-29) [2024-7-1]. https://engineering.fb.com/2018/10/29/ml-applications/qnnpack/.

Ess A, Mueller T, Grabner H, et al., 2009. Segmentation-based urban traffic scene understanding[C]//British Machine Vision Conference, DBLP.

Farabet C, Martini B, Corda B, et al., 2011. NeuFlow: a runtime reconfigurable dataflow processor for vision[C]//CVPR 2011 Workshops, Colorado Springs, CO, USA, IEEE.

Fourer R, Gay D M, Kernighan B W, 2002. AMPL: A Modeling Language for Mathematical Programming[M]. Boston: Duxbury Press.

Fritz, 2023. Swift loves TensorFlow and CoreML[EB/OL]. (2023-12-3)[2024-7-1]. https://fritz.ai/swift-loves-tensorflow-and-core-ml/.

Fukushima K, Miyake S, 1982. Neocognitron: A Self-Organizing Neural Network Model for a mechanism of Visual Pattern Recognition[M]//Lecture Notes in Biomathematics. Heidelberg: Springer Berlin Heidelberg: 267-285.

Gardener T, Zhulenev E, Hawkins P, 2024. XLA[EB/OL]. [2024-7-17]. https://scottamain.github.io/xla.

Gholami A, Kim S, Dong Z, et al., 2021. A survey of quantization methods for efficient neural network inference[J]. arXiv: 2103.13630.

Ginsburg B, Nikolaev S, Micikevicius P, 2017. Training with mixed precision[EB/OL]. [2023-1-1]. https://on-demand.GPU techconf.com/gtc/2017/presentation/s7218-training-with-mixed-precision-boris-ginsburg.pdf.

Glaskowsky P N, 2009. NVIDIA's Fermi: the first complete GPU computing architecture[R]. NVIDIA Corporation.

Gong R H, Liu X L, Jiang S H, et al., 2019a. Differentiable soft quantization: bridging full-precision and low-bit neural networks[C]//2019 IEEE/CVF International Conference on Computer Vision (ICCV), Seoul, Republic of Korea, IEEE.

Gong X Y, Chang S Y, Jiang Y F, et al., 2019b. AutoGAN: neural architecture search for generative adversarial networks[C]// ICCV.

Goodfellow I, Bengio Y, Courville A, 2016. Deep Learning[M]. Cambridge: MIT Press.

Gou J P, Yu B S, Maybank S J, et al., 2021. Knowledge distillation: a survey[J]. International Journal of Computer Vision, 129(6): 1789-1819.

Graham B, El-Nouby A, Touvron H, et al., 2021. LeViT: a vision transformer in ConvNet's clothing for faster inference[J]. arXiv:22104.01136.

Gray A, Gottbrath C, Olson R, et al., 2017. Deep learning deployment with NVIDIA TensorRT[EB/OL]. (2017-4-2)[2024-1-1].
    https://developer.nvidia.com/blog/deploying-deep-learning-nvidia-tensorrt/.

Guo Y, Yao A, Chen Y, 2016. Dynamic network surgery for efficient DNNs[J]. arXiv:1608.04493.

Gupta M, 2023. Google Tensor G3: The new chip that gives your Pixel an AI upgrade[EB/OL]. (2023-10-4)[2024-7-17].
    https://blog.google/products/pixel/google-tensor-g3-pixel-8/.

Han K, Guo J Y, Zhang C, et al., 2018. Attribute-aware attention model for fine-grained representation learning[C]//ACM MM.

Han K, Wang Y, Tian Q, et al., 2020. GhostNet: more features from cheap operations[C]//2020 IEEE/CVF Conference on
    Computer Vision and Pattern Recognition (CVPR), IEEE.

Han S, Mao H, Dally W J, 2015a. Deep compression: compressing deep neural networks with pruning, trained quantization and
    huffman coding[J]. arXiv:1510.00149.

Han S, Pool J, Narang S, et al., 2016. DSD: regularizing deep neural networks with dense-sparse-dense training flow[J].
    arXiv:1607.04381.

Han S, Pool J, Tran J, et al., 2015b. Learning both weights and connections for efficient neural networks[J]. arXiv: 1506.02626.

Hariharan B, Arbelaez P, Bourdev L, et al., 2011. Semantic contours from inverse detectors[J]. ICCV.

Hascoët L, Pascual V, 2013. The Tapenade automatic differentiation tool: principles, model, and specification[J]. ACM
    Transactions on Mathematical Software, 39(3).

He K M, Zhang X Y, Ren S Q, et al., 2014. Spatial pyramid pooling in deep convolutional networks for visual recognition[J].
    ECCV.

He K, Zhang X, Ren S, 2016. Deep residual learning for image recognition[C]//2016 IEEE Conference on Computer Vision and
    Pattern Recognition (CVPR), Las Vegas, NV, USA, IEEE.

Hinkins R L, 1994. Parallel computation of automatic differentiation applied to magnetic field calculations[C]. Technical Report,
    Lawrence Berkeley Lab., CA.

Hinton G, 2023. How to represent part-whole hierarchies in a neural network[J]. Neural Computation, 35(3): 413-452.

Hinton G, Vinyals O, Dean J, 2015. Distilling the knowledge in a neural network[J]. arXiv:1503.02531.

Hinton G E, Salakhutdinov R R, 2006. Reducing the dimensionality of data with neural networks[J]. Science, 313(5786): 504-507.

Holschneider M, Kronland-Martinet R, Morlet J, et al., 1989. A real-time algorithm for signal analysis with the help of the
    wavelet transform[C]//Wavelets: Time-Frequency Methods and Phase Space, 289-297.

Horwedel J E, Worley B A, Oblow E M, et al., 1988. GRESS version 1.0 user's manual[R]. Technical Memorandum ORNL/TM
    10835, Martin Marietta Energy Systems, Inc., Oak Ridge National Laboratory, Oak Ridge.

Howard A, Sandler M, Chen B, et al., 2019. Searching for MobileNetV3[C]//2019 IEEE/CVF International Conference on
    Computer Vision (ICCV), IEEE.

Howard A G, Zhu M, Chen B, et al., 2017. Mobilenets: efficient convolutional neural networks for mobile vision applications[J].
    arXiv:1704.04861.

Hu J, Shen L, Sun G, 2018. Squeeze-and-excitation networks[C]//2018 IEEE/CVF Conference on Computer Vision and Pattern
    Recognition, Salt Lake City, UT, IEEE.

Huang G, Liu S C, van der Maaten L, et al., 2018. CondenseNet: an efficient DenseNet using learned group
    convolutions[C]//2018 IEEE/CVF Conference on Computer Vision and Pattern Recognition, Salt Lake City, UT, IEEE.

Huang G, Liu Z, Van Der Maaten L, et al., 2017a. Densely connected convolutional networks[C]//CVPR.

Huang J, Rathod V, Sun C, et al., 2017b. Speed/accuracy trade-offs for modern convolutional object detectors[C]//Proc. IEEE
    Conf. Comp. Vis. Patt. Recogn., 7310-7311.

Hubara I, Courbariaux M, Soudry D, et al., 2016. Quantized neural networks: training neural networks with low precision weights
    and activations[J]. arXiv:1609.07061.

Iandola F N, Han S, Moskewicz M W, et al., 2016. SqueezeNet: AlexNet-level accuracy with 50x fewer parameters and <0.5MB model size[J]. arXiv:1602.07360.

Ioannou Y, Robertson D, Cipolla R, et al., 2016. Deep roots: improving CNN efficiency with hierarchical filter groups[J]. arXiv:1605.06489.

Ioffe S, Szegedy C, 2015. Batch normalization: accelerating deep network training by reducing internal covariate shift[J]. arXiv:1502.03167.

Jacob B, Kligys S, Chen B, et al., 2018. Quantization and training of neural networks for efficient integer-arithmetic-only inference[C]//2018 IEEE/CVF Conference on Computer Vision and Pattern Recognition, Salt Lake City, UT, IEEE.

Jaderberg M, Vedaldi A, Zisserman A, 2014. Speeding up convolutional neural networks with low rank expansions[J]. arXiv:1405.3866.

Jang E, Gu S, Poole B, 2016. Categorical reparameterization with gumbel-softmax[J]. arXiv:1611.01144.

Jaszczur S, Chowdhery A, Mohiuddin A, et al., 2021. Sparse is enough in scaling transformers[J]. arXiv:2111.12763.

Jia Y, Shelhamer E, Donahue J, et al., 2014. Caffe: convolutional architecture for fast feature embedding[J]. arXiv:1408.5093.

Jin J, Dundar A, Culurciello E, 2014. Flattened convolutional neural networks for feedforward acceleration[J]. arXiv:1412.5474.

Jouppi N P, Yoon D H, Kurian G, et al., 2020. A domain-specific supercomputer for training deep neural networks[J]. Communications of the ACM, 63(7): 67-78.

Jouppi N P, Young C, Patil N, et al., 2017. In-datacenter performance analysis of a tensor processing Unit[J]. Computer Architecture News, 45(2):1-12.

Julia, 2024. The Julia programming language[EB/OL]. [2024-7-17]. https://julialang.org/.

Karras T, Aila T, Laine S, et al., 2017. Progressive growing of GANs for improved quality, stability, and variation[J]. arXiv: 1710.10196.

Khosla A, Jayadevaprakash N, Yao B, et al., 2011. Novel dataset for fine-grained image categorization[C]//First Workshop on Fine-Grained Visual Categorization, IEEE Conference on Computer Vision and Pattern Recognition, Colorado Springs, CO.

Kingma D P, Adam J B, 2014. A method for stochastic optimization[J]. arXiv:1412.6980.

Kitaev N, Kaiser L, Levskaya A, 2020. Reformer: the efficient transformer[J]. arXiv:2001.04451.

Kornblith S, Shlens J, Le Q V, 2019. Do better imagenet models transfer better?[C]//CVPR.

Krause J, Sapp B, Howard A, et al., 2015. The unreasonable effectiveness of noisy data for fine-grained recognition[J]. arXiv:1511.06789.

Krishnamoorthi R, 2018. Quantizing deep convolutional networks for efficient inference: a whitepaper[J]. arXiv:1806.08342.

Krizhevsky A, Hinton G, 2019. Learning multiple layers of features from tiny images[EB/OL]. (2019-4-8)[2024-8-1]. http://www.cs.utoronto.ca/~kriz/learning-features-2009-TR.pdf.

Krizhevsky A, Sutskever I, Hinton G E, 2012. ImageNet classification with deep convolutional neural networks[J]. Advances in Neural Information Processing Systems, 25(2).

Kubo K, Iri M, 1990. PADRE2, version 1—user's manual[R]. Research Memorandum RMI 90-01, Department of Mathematical Engineering and Information Physics, University of Tokyo, Tokyo.

Lanius, 2023. What is Protobuf?[EB/OL]. (2023-3-23)[2024-7-1]. https://www.postman.com/postman/postman-grpc-enablement/collection/641c5cf85748b20709cbf350.

Lavin A, Gray S, 2016. Fast algorithms for convolutional neural networks[C]//2016 IEEE Conference on Computer Vision and Pattern Recognition (CVPR), Las Vegas, NV, USA, IEEE.

Lawson C L, 1971. Computing derivatives using W-arithmetic and U-arithmetic[C]. Internal Computing Memorandum CM-286, Jet Propulsion Laboratory, Pasadena, CA.

Le Q V, Ranzato M, Monga R, et al., 2012. Building high-level features using large scale unsupervised learning[C]//Proceedings of the 29th International Coference on International Conference on Machine Learning (ICML'12). Omnipress, 507-514.

LeCun Y, Boser B, Denker J S, et al., 1989. Backpropagation applied to handwritten zip code recognition[J]. Neural Computation,

1(4): 541-551.

Lecun Y, Bottou L, 1998.Gradient-based learning applied to document recognition[J].Proceedings of the IEEE, 86(11):2278-2324.

Lee N, Ajanthan T, Tor P H S, 2019, SNIP: Single-shot Network Pruning based on Connection Sensitivity[J]. arXiv:1810.02340.

Lei T, Zhang Y, Artzi Y, 2018. Training RNNs as Fast as CNNs[J].EMNLP.

Li H, Kadav A, Durdanovic I, 2016. Pruning filters for efficient ConvNets[J]. arXiv:1608.08710.

Li M, Liu Y, Liu X,et al., 2021.The deep learning compiler: a comprehensive survey[J].IEEE Transactions on Parallel and Distributed Systems, 32(3):708-727.

Li M, Zhou L, Yang Z, et al., 2013. Parameter server for distributed machine learning[C]//Big learning NIPS workshop.

Li S, 2024. Getting started with distributed data parallel[EB/OL]. [2024-7-1]. https://pytorch.org/tutorials/intermediate/ddp_tutorial.html.

Li S, Zhao Y, Varma R, et al., 2020a. Pytorch distributed: experiences on accelerating data parallel training[J]. arXiv:2006.15704.

Li Y, Gong R, Yu F, et al., 2020b. DMS: differentiable dimension search for binary neural networks[C]//1st Workshop on Neural Architecture Search at ICLR.

Li Y, Yuan G, Wen Y, et al., 2022. Efficientformer: vision transformers at mobilenet speed[J]. Advances in Neural Information Processing Systems, 35: 12934-12949.

Lin H, Jegelka S, 2018. ResNet with one-neuron hidden layers is a universal approximator[J]. arXiv: 1806.10909.

Lin T Y, Dollár P, Girshick R, et al., 2017. Feature pyramid networks for object detection[C]//CVPR.

Lin T Y, Maire M, Belongie S J, et al., 2014. Microsoft COCO: common objects in context[J]. ECCV.

Liu C, Zoph B, Shlens J, et al., 2017a. Progressive neural architecture search[J]. arXiv: 1712.00559.

Liu D F, Chen T S, Liu S L, et al., 2015. PuDianNao: a polyvalent machine learning accelerator[C]//Proceedings of the Twentieth International Conference on Architectural Support for Programming Languages and Operating Systems, Istanbul Turkey, ACM.

Liu H, Simonyan K, Yang Y, 2018a. DARTS: Differentiable architecture search[J]. arXiv: 1806.09055.

Liu S L, Du Z D, Tao J H, et al., 2016a. Cambricon: an instruction set architecture for neural networks[C]//2016 ACM/IEEE 43rd Annual International Symposium on Computer Architecture (ISCA), Seoul, Republic of Korea, IEEE.

Liu W, Anguelov D, Erhan D, et al., 2016b. SSD: Single shot MultiBox detector[J]. ECCV.

Liu W, Rabinovich A, Berg A C, 2015. Parsenet: looking wider to see better[J]. arXiv: 1506.04579.

Liu Z, Li J G, Shen Z Q, et al., 2017b. Learning efficient convolutional networks through network slimming[C]//2017 IEEE International Conference on Computer Vision (ICCV), Venice, IEEE.

Liu Z, Lin Y T, Cao Y, et al., 2021. Swin Transformer: hierarchical Vision Transformer using Shifted Windows[C]//2021 IEEE/CVF International Conference on Computer Vision (ICCV), Montreal, QC, Canada, IEEE.

Liu Z, Sun M J, Zhou T H, et al., 2018b. Rethinking the value of network pruning[C]//ICLR.

LLVM, 2024. LLVM's analysis and transform passes[EB/OL]. [2024-7-17]. https://llvm.org/docs/Passes.html.

Long J, Shelhamer E, Darrell T, 2015. Fully convolutional networks for semantic segmentation[C]//2015 IEEE Conference on Computer Vision and Pattern Recognition (CVPR), Boston, MA, USA, IEEE.

Loshchilov I, Hutter F, 2016. SGDR: stochastic gradient descent with warm restarts[J]. arXiv: 1608.03983.

Loshchilov I, Hutter F, 2017. Decoupled weight decay regularization[J]. arXiv:1711.05101.

Lu Z, Pu H, Wang F, et al., 2017. The expressive power of neural networks: A view from the width[J]. arXiv:1709.02540.

Lv K, Yang Y Q, Liu T X, et al., 2023. Full parameter fine-tuning for large language models with limited resources[J]. arXiv:2306.09782.

Ma N, Zhang X, Zheng H T, et al., 2018. ShuffleNet V2: practical guidelines for efficient CNN architecture design[J]. arXiv:1807.11164.

Mao J C, Chen X, Nixon K W, et al., 2017. MoDNN: local distributed mobile computing system for Deep Neural

Network[C]//Design, Automation & Test in Europe Conference & Exhibition, Lausanne, Switzerland, IEEE.

Mazourik V, 1991. Integration of Automatic Differentiation into A Numerical Library for PC's[M]//Automatic Differentiation of Algorithms: Theory, Implementation, and Application. Philadelphia: Society for Industrial and Applied Mathematics, 315-329.

McCulloch W S, Pitts W, 1943. A logical calculus of the ideas immanent in nervous activity[J]. The Bulletin of Mathematical Biophysics, 5(4): 115-133.

Mehta S, Rastegari M, 2021. Mobilevit: Light-weight, general-purpose, and mobile-friendly vision transformer[J]. arXiv: 2110.02178.

Mehta S, Rastegari M, Caspi A, et al., 2018. ESPNet: efficient spatial pyramid of dilated convolutions for semantic segmentation[M]//Lecture Notes in Computer Science. Cham: Springer International Publishing, 561-580.

Mehta S, Rastegari M, Shapiro L, et al., 2019. ESPNetv2: a light-weight, power efficient, and general purpose convolutional neural network[C]//2019 IEEE/CVF Conference on Computer Vision and Pattern Recognition (CVPR), Long Beach, CA, USA, IEEE.

Mei J, Li Y, Lian X, et al., 2020. Atomnas: fine-grained end-to-end neural architecture search[C]//ICLR.

Melcher K, 2021. A friendly introduction to [deep] neural networks[EB/OL]. (2021-8-23)[2023-1-1]. https://www.knime.com/blog/a-friendly-introduction-to-deep-neural-networks.

Menze M, Geiger A, 2015. Object scene flow for autonomous vehicles[J]. CVPR.

Michelotti L, 1990. MXYZPTLK: a practical, user-friendly C++ implementation of differential algebra: user's guide[R]. Technical Memorandum FN-535, Fermi National Accelerator Laboratory, Batavia, IL.

Micikevicius P, Narang S, Alben J, et al., 2017. Mixed precision training[J]. arXiv:1710.03740.

Migacz S, 2017. 8-bit inference with TensorRT[EB/OL]. (2017-5-8)[2023-2-1] http://on-demand.gputechconf.com/gtc/2017/presentation/s7310-8-bit-inference-with-tensorrt.pdf.

Minsky M, Papert S A, 1969. Perceptrons: An Introduction to Computational Geometry[M]. Cambridge: MIT Press.

Modular, 2024. MAX: a high performance GenAI engine that keeps your data private[EB/OL]. [2024-7-17]. https://www.modular.com.

Nagel M, Fournarakis M, Amjad R A, et al., 2016. A white paper on neural network quantization[J]. arXiv:2106.08295.

Naumann U, Riehme J, 2005. Computing adjoints with the NAGWare Fortran 95 compiler[C]//Automatic Differentiation: Applications, Theory, and Implementations, Lecture Notes in Computational Science and Engineering, Springer, 159-169.

Neidinger R D, 1989. Automatic differentiation and APL[J]. College Mathematics Journal, 20(3):238-251.

Niu W, Guan J, Wang Y, et al., 2021. DNNFusion: accelerating deep neural networks execution with advanced operator fusion[J].ACM.

NVIDIA, 2014. NVIDIA's next generation CUDA compute architecture: Kepler GK110/210[R/OL]. [2024-8-1]. https://www.nvidia.com/content/dam/en-zz/Solutions/Data-Center/tesla-product-literature/NVIDIA-Kepler-GK110-GK210-Architecture-Whitepaper.pdf.

NVIDIA, 2016. NVIDIA Tesla P100[R/OL]. [2024-8-1]. https://images.nvidia.cn/content/pdf/tesla/whitepaper/pascal-architecture-whitepaper.pdf.

NVIDIA, 2017. NVIDIA Tesla V100 GPU architecture[R/OL]. [2024-8-1]. https://images.nvidia.cn/content/volta-architecture/pdf/volta-architecture-whitepaper.pdf.

NVIDIA, 2018. NVIDIA Turing GPU architecture[R/OL]. [2024-8-1]. https://images.nvidia.cn/aem-dam/en-zz/Solutions/design-visualization/technologies/turing-architecture/NVIDIA-Turing-Architecture-Whitepaper.pdf.

NVIDIA, 2020a. NVIDIA A100 Tensor Core GPU architecture[R/OL]. [2024-8-1]. https://images.nvidia.cn/aem-dam/en-zz/Solutions/data-center/nvidia-ampere-architecture-whitepaper.pdf.

NVIDIA, 2020b. NVIDIA's next generation CUDA compute architecture: Fermi[R/OL]. [2024-8-1]. https://www.cse.unr.edu/

~fredh/class/791-GPU/S2013/class/02-paper-dtanna.pdf.

NVIDIA, 2022. NVIDIA Grace Hopper superchip architecture[R/OL]. [2024-8-1]. https://resources.nvidia.com/en-us-data-center-overview/nvidia-grace-hopper-superchip-architecture-whitepaper.

NVIDIA, 2024. NVIDIA Blackwell architecture technical brief[R/OL]. [2024-8-1]. https://catalogone.com/wp-content/uploads/2024/06/NVIDIA-Blackwell-Technical-Brief.pdf.

NVIDIA Data Center, 2024. Deep learning performance training inference[EB/OL]. [2024-7-1]. https://developer.nvidia.com/deep-learning-performance-training-inference.

Olston C, Fiedel N, Gorovoy K, et al., 2017. TensorFlow-serving: flexible, high-performance ML serving[J]. arXiv:1712.06139.

Onnx, 2024. Open Neural Network Exchange Intermediate Representation (ONNX IR) Specification[EB/OL]. [2024-7-1]. https://github.com/onnx/onnx/blob/main/docs/IR.md.

Pan Z, Cai J, Zhuang B, 2022. Fast vision transformers with HiLo attention[J]. arXiv:2205.13213.

Papandreou G, Kokkinos I, Savalle P A, 2015. Modeling local and global deformations in deep learning: epitomic convolution, multiple instance learning, and sliding window detection[C]//2015 IEEE Conference on Computer Vision and Pattern Recognition (CVPR), Boston, MA, USA, IEEE.

Park H, Yoo Y, Seo G, et al., 2018a. Concentrated-comprehensive convolutions for lightweight semantic segmentation[J]. arXiv:1812.04920.

Park J, Naumov M, Basu P, et al., 2018b. Deep learning inference in Facebook data centers: characterization, performance optimizations and hardware implications[J]. arXiv: 1811.09886. https://doi.org/10.48550/arXiv.1811.09886

Pascual V, Hascoët L, 2008. TAPENADE for C[M]//Advances in Automatic Differentiation, Lecture Notes in Computational Science and Engineering, Springer, 199-210.

Paszke A, Gross S, Massa F, et al., 2019. PyTorch: an imperative style, high-performance deep learning library[C]//Proceedings of the 33rd International Conference on Neural Information Processing Systems. Curran Associates Inc., Red Hook, NY, USA, Article 721, 8026-8037.

Patterson D, 2019. A new golden age for computer architecture with dave patterson [EB/OL]. (2019-8-29)[2024-1-1]. https://learning.acm.org/techtalks/computerarchitecture.

Patterson D, 2022. A decade of machine learning accelerators:lessons learned and carbon footprint[EB/OL]. (2022-9-7) [2024-1-1]. https://www.youtube.com/watch?v=PLK3pGELbSs.

Pfeiffer F W, 1987. Automatic differentiation in PROSE[J]. SIGNUM Newsletter, 22(1):2-8.

Pham H, Guan M Y, Zoph B, et al., 2018. Efficient neural architecture search via parameter sharing[J]. arXiv: 1802.03268.

Polyak B T, Juditsky A B, 1992. Acceleration of stochastic approximation by averaging[J]. SIAM journal on control and optimization, 30(4):838-855.

Qin H, Gong R, Liu X, et al., 2020. Forward and backward information retention for accurate binary neural networks[C]//IEEE/CVF Conference on Computer Vision and Pattern Recognition (CVPR), Seattle, WA, USA, 2247-2256.

Ragan-Kelley J, Barnes C, Adams A, et al., 2013. Halide: a language and compiler for optimizing parallelism,locality, and recomputation in image processing pipelines[J]. ACM SIGPLAN Notices, 48(6): 519-530.

Rajbhandari S, Rasley J, Ruwase O, et al., 2020. ZeRO: memory optimizations toward training trillion parameter models[C]//SC20: International Conference for High Performance Computing, Networking, Storage and Analysis, Atlanta, GA, USA, IEEE.

Rajbhandari S, Ruwase O, Rasley J, et al., 2021. ZeRO-infinity: breaking the GPU memory wall for extreme scale deep learning[C]//Proceedings of the International Conference for High Performance Computing, Networking, Storage and Analysis, St. Louis Missouri, ACM.

Ramachandran P, Zoph B, Le Q V, 2017. Searching for activation functions[J]. arXiv: 1710.05941.

Rastegari M, Ordonez V, Redmon J, et al., 2016. XNOR-net: ImageNet Classification Using Binary Convolutional Neural

Networks[M]//Lecture Notes in Computer Science. Cham: Springer International Publishing: 525-542.

Ren S, He K, Girshick R, et al., 2015. Faster R-CNN: Towards real-time object detection with region proposal networks[J]. arXiv: 1506.01497.

Rich L C, Hill D R, 1992. Automatic differentiation in MATLAB[J]. Applied Numerical Mathematics, 9:33-43.

Ridnik T, Ben-Baruch E, Noy A, et al., 2021. ImageNet-21K pretraining for the masses[J]. arXiv: 2104.10972.

Ridnik T, Lawen H, Noy A, et al., 2020. TResNet: High performance GPU-dedicated architecture[J]. arXiv: 2003.13630.

Rosenblatt F, 1957. The perceptron: a perceiving and recognizing automaton[R]. New York: Cornell Aeronautical Laboratory, Inc., Technical Report: 85-460-1.

Russakovsky O, Deng J, Su H, et al., 2015. ImageNet large scale visual recognition challenge[J]. International Journal of Computer Vision, 115(3): 211-252.

Sandler M, Howard A, Zhu M, et al., 2018. MobileNet v2: inverted residuals and linear bottlenecks[C]//CVPR.

Sato K, Young C, Patterson D, 2021. An in-depth look at Google's first Tensor Processing Unit (TPU)[EB/OL]. (2021-10-31) [2023-3-1]. https://cloud.google.com/blog/products/ai-machine-learning/an-in-depth-look-at-googles-first-tensor-processing-unit-tpu.

Seide F, Li G, Yu D, 2011. Conversational speech transcription using context-dependent deep neural networks[C]//Interspeech 2011, ISCA.

Sermanet P, Eigen D, Zhang X, et al., 2013. Overfeat: integrated recognition, localization and detection using convolutional networks[J]. arXiv: 1312.6229.

Sevilla J, Heim L, Ho A, et al., 2022. Compute trends across three eras of machine learning[J]. arXiv: 2202.05924.

Shazeer N, Lan Z, Cheng Y, et al., 2020. Talking-heads attention[J]. arXiv: 2003.02436.

Shen M, Han K, Xu C, et al., 2020. Searching for accurate binary neural architectures[J].IEEE.

Si C, Yu W, Zhou P, et al., 2022. Inception transformer[J]. arXiv: 2205.12956.

Siam M, Gamal M, Abdel-Razek M, et al., 2018. RTSeg: real-time semantic segmentation comparative study[C]//2018 25th IEEE International Conference on Image Processing (ICIP), Athens, IEEE.

SiFiveInc, 2021. ASPLOS Keynote: The golden age of compiler design in an era of HW/SW co-design by Dr. Chris Lattner [EB/OL]. (2021-4-21)[2024-1-1]. https://www.youtube.com/watch?v=4HgShra-KnY.

Silver D, Huang A, Maddison C J, et al., 2016. Mastering the game of Go with deep neural networks and tree search[J]. Nature, 529(7587): 484-489.

Simonyan K, Zisserman A, 2014. Very deep convolutional networks for large-scale image recognition[J]. arXiv:1409.1556.

Stosic D, Micikevicius P, 2021. Accelerating AI training with NVIDIA TF32 tensor cores[EB/OL]. (2021-1-27)[2023-3-1]. https://developer.nvidia.com/blog/accelerating-ai-training-with-tf32-tensor-cores/.

Subramanian S, Saroufim M, Zhang J, 2022. Practical quantization in PyTorch[EB/OL]. (2022-2-8)[2024-7-17]. https://pytorch.org/blog/quantization-in-practice/.

Sun K, Li M, Liu D, et al., 2018. IGCV3: Interleaved low-rank group convolutions for efficient deep neural networks[J]. arXiv:1806.00178.

Szegedy C, Ioffe S, Vanhoucke V, et al., 2017. Inception-v4, inception-ResNet and the impact of residual connections on learning[J]. Proceedings of the AAAI Conference on Artificial Intelligence, 31(1).

Tai C, Xiao T, Zhang Y, et al., 2015. Convolutional neural networks with low-rank regularization[J]. arXiv:1511.06067.

Tan M, Chen B, Pang R, et al., 2018. Le.Mnasnet: platform-aware neural architecture search for mobile[J]. arXiv:1807.11626.

Tan M X, Le Q V, 2019. Efficientnet: rethinking model scaling for convolutional neural networks[J]. arXiv:1905.11946.

Tartaglione E, Lepsøy S, Fiandrotti A, et al., 2018. Learning sparse neural networks via sensitivity-driven regularization[J]. arXiv:1810.11764.

Teich P, 2018. Building bigger, faster GPU clusters using NVSwitches[EB/OL]. [2024-8-1]. https://www.nextplatform.

com/2018/04/13/building-bigger-faster-gpu-clusters-using-nvswitches/amp/.

TensorFlow, 2021. TensorFlow core[EB/OL]. [2024-4-1]. https://tensorflow.google.cn/tutorials?hl=hu.

The huggingface Authors, 2024. Methods and tools for efficient training on a single GPU[EB/OL]. [2024-8-1]. https://huggingface.co/docs/transformers/main/en/perf_train_GPU_one.

The JAX Authors, 2024. JAX: high-performance array computing[EB/OL]. [2024-7-17]. https://jax.readthedocs.io.

Touvron H, Cord M, Jégou H, 2022. Revenge of the ViT[J]. arXiv:2204.07118.

TVM, 2024. Apache TVM: an end to end machine learning compiler framework for CPUs, GPUs and accelerators[EB/OL]. [2024-7-17]. https://tvm.apache.org/.

Vasu P K A, Gabriel J, Zhu J, et al., 2023. Fastvit: a fast hybrid vision transformer using structural reparameterization[J]. arXiv:2303.14189.

Vaswani A, Shazeer N, Parmar N,et al., 2017. Attention is all you need[J]. DOI:10.48550/arXiv.1706.03762.

Veniat T, Denoyer L, 2017. Learning time/memory-efficient deep architectures with budgeted super networks[J]. arXiv: 1706.00046.

Vyas A, Katharopoulos A, Fleuret F, 2020. Fast transformers with clustered attention[J]. Advances in Neural Information Processing Systems, 33:21665-21674.

Walther A, Griewank A, 2012. Getting started with ADOL-C[M]//Naumann U, Schenk O, Combinatorial Scientific Computing, chapter 7, 181-202. Chapman-Hall CRC Computational Science.

Wang L N, Zhao Y Y, Jinnai Y, et al., 2020. Neural architecture search using deep neural networks and Monte Carlo tree search[J]. Proceedings of the AAAI Conference on Artificial Intelligence, 34(6): 9983-9991.

Wei L, Xiao A, Xie L, et al., 2020. Circumventing outlier of autoaugment with knowledge distillation[J]. arXiv: 2003.11342.

Werbos P, 1974. Beyond Regression: New Tools for Prediction and Analysis in the Behavioral Sciences[D]. Cambridge: Harvard University.

Widrow B, 1960. Adaptive "adaline" neuron using chemical "memistors"[R]. Stanford: Stanford Electron. Labs., Number Technical Report: 1553-2.

Williams S, Waterman A, Patterson D, 2009. Roofline[J]. Communications of the ACM, 52(4): 65-76.

Winograd S, 1980. Arithmetic Complexity of Computations[M]. Philadelphia: Society for Industrial and Applied Mathematics.

Wu B, Wan A, Yue X, et al., 2017. Squeezeseg: convolutional neural nets with recurrent crf for real-time road-object segmentation from 3d lidar point cloud[J]. arXiv:1710.07368.

Wu H, Judd P, Zhang X, et al., 2020a. Integer quantization for deep learning inference: principles and empirical evaluation[J]. arXiv:2004.09602.

Wu H P, Xiao B, Codella N, et al., 2021. CvT: introducing convolutions to vision transformers[J]. arXiv:2103.15808.

Wu J, Leng C, Wang Y, et al., 2015. Quantized convolutional neural networks for mobile devices[J]. arXiv: 1512.06473.

Wu Y, Wu Y, Gong R, et al., 2020b. Rotation consistent margin loss for efficient low-bit face recognition[C]//IEEE/CVF Conference on Computer Vision and Pattern Recognition (CVPR), Seattle, WA, USA, 6865-6875

Xiang Y, Fox D, 2017. DA-RNN: semantic mapping with data associated recurrent neural networks[C]//Robotics: Science and Systems XIII. Robotics: Science and Systems Foundation.

Xiao T, Singh M, Mintun E, et al., 2021. Early convolutions help transformers see better[J]. arXiv:2106.14881

Xie G, Wang J, Zhang T, et al., 2018a. IGCV 2: interleaved structured sparse convolutional neural networks[J]. arXiv: 1804.06202.

Xie Q Z, Luong M T, Hovy E, et al., 2020. Self-training with noisy student improves ImageNet classification[C]//2020 IEEE/CVF Conference on Computer Vision and Pattern Recognition (CVPR), Seattle, WA, USA, IEEE.

Xie S, Girshick R, Dollár P, et al., 2016. Aggregated residual transformations for deep neural networks. arXiv: 1611.05431.

Xie S, Zheng H, Liu C, et al., 2018b. SNAS: Stochastic Neural Architecture Search[J]. arXiv. 1812.09926.

Xu Y, Zhang Q, Zhang J, et al., 2021. ViTAE: vision transformer advanced by exploring intrinsic inductive bias[J]. arXiv: 2106.03348.

Yang T J, Chen Y H, Sze V, 2016. Designing energy-efficient convolutional neural networks using energy aware pruning[J]. arXiv: 1611.05128.

Yang T J, Howard A, Chen B, et al., 2018. Netadapt: platform-aware neural network adaptation for mobile applications[J]. arXiv: 1804.03230.

YJG, xuehui, TobeyQin, et al., 2024. AI-System[EB/OL]. [2024-7-17] https://github.com/microsoft/AI-System.

You S, Xu C, Xu C, et al., 2017. Learning from multiple teacher networks[C]//SIGKDD.

ysh329, 2023. Deep-learning-model-convertor[EB/OL]. (2023-6-26)[2024-7-1]. https://github.com/ysh329/deep-learning-model-convertor.

Yu F, Koltun V, 2016. Multi-scale context aggregation by dilated convolutions[J]. ICLR.

Yu F, Koltun V, Funkhouser T, 2017. Dilated residual networks[J].IEEE Computer Society, CVPR.

Yu W, Luo M, Zhou P, et al., 2021. Metaformer is actually what you need for vision[J]. arXiv:2111.11418.

Yun J-M, He Y, Elnikety S, et al., 2015. Optimal aggregation policy for reducing tail latency of web search[C]//SIGIR '15: Proceedings of the 38th International ACM SIGIR Conference on Research and Development in Information Retrieval, 63-72.

Zagoruyko S, Komodakis N, 2016. Wide residual networks[J]. arXiv:1605.07146.

Zhang H Y, Cissé M, Dauphin Y, et al., 2017a. Mixup: beyond empirical risk minimization[C]//ICLR.

Zhang Q, Yang Y B, 2021. ResT: an efficient transformer for visual recognition[J]. arXiv:2105.13677.

Zhang T, Qi G J, Xiao B, et al., 2017b. Interleaved group convolutions[C]//2017 IEEE International Conference on Computer Vision (ICCV), Venice, IEEE.

Zhang W Q, Huang Z L, Luo G Z, et al., 2022a. TopFormer: token pyramid transformer for mobile semantic segmentation[J]. arXiv:2204.05525

Zhang X, Zhou X, Lin M, et al., 2017c. Shufflenet: an extremely efficient convolutional neural network for mobile devices[J]. arXiv:1707.01083.

Zhang X Y, Zou J H, He K M, et al., 2016. Accelerating very deep convolutional networks for classification and detection[J]. IEEE Transactions on Pattern Analysis and Machine Intelligence, 38(10): 1943-1955.

Zhang X Y, Zou J H, Ming X, et al., 2015. Efficient and accurate approximations of nonlinear convolutional networks[C]//2015 IEEE Conference on Computer Vision and Pattern Recognition (CVPR), Boston, MA, USA, IEEE.

Zhang Z Z, Zhang H, Zhao L, et al., 2022b. Nested hierarchical transformer: towards accurate, data-efficient and interpretable visual understanding[J]. Proceedings of the AAAI Conference on Artificial Intelligence, 36(3): 3417-3425.

Zhao H, Qi X, Shen X, et al., 2017a. ICNet for real-time semantic segmentation on high-resolution images[J]. arXiv: 1704.08545.

Zhao H, Shi J, Qi X, et al., 2017b. Pyramid scene parsing network[J]. CVPR.

Zhao Z R, Barijough K M, Gerstlauer A, 2018. DeepThings: distributed adaptive deep learning inference on resource-constrained IoT edge clusters[J]. IEEE Transactions on Computer-Aided Design of Integrated Circuits and Systems, 37(11): 2348-2359.

Zhou B, Khosla A, Lapedriza A, et al., 2016. Learning deep features for discriminative localization[C]//CVPR.

Zhou D, Hou Q B, Chen Y, et al., 2020. Rethinking bottleneck structure for efficient mobile network design[C]//ECCV.

Zhou S, Wu Y, Ni Z, et al., 2016. DoReFa-Net: training low bitwidth convolutional neural networks with low bitwidth gradients[J]. arXiv: 1606.06160.

Zhu F, Gong R H, Yu F, et al., 2019. Towards unified INT8 training for convolutional neural network[J]. arXiv: 1912.12607.

Zhu M, Gupta S, 2017. To prune, or not to prune: exploring the efficacy of pruning for model compression[J]. arXiv: 1710.01878.

Zoph B, Le Q V, 2016. Neural architecture search with reinforcement learning[J]. arXiv: 1611.01578.

Zoph B, Vasudevan V, Shlens J, et al., 2017. Learning transferable architectures for scalable image recognition[J]. arXiv:

1707.07012.

Aipredict, 2019. 开源 AI 模型序列化总结[EB/OL]. (2019-11-23)[2024-7-1]. https://blog.csdn.net/weixin_45626901/article/details/103218371.

Aisoar, 2024. CUDA 生态才是英伟达 AI 霸主护城河-深度分析 2024[EB/OL]. (2024-4-3)[2024-7-17]. https://mp.weixin.qq.com/s/VGej8Jjags5v0JsHIuf_tQ.

AIweker, 2022. 一篇就够: 高性能推理引擎理论与实践 (TensorRT)[EB/OL]. (2022-8-14)[2024-7-1]. https://developer.aliyun.com/article/995926.

Ariesjzj, 2019. 闲话模型压缩之网络剪枝(Network Pruning)篇[EB/OL]. (2019-9-15)[2024-7-17]. https://cloud.tencent.com/developer/article/1631704.

BBuf, 2020. 详解卷积中的 Winograd 加速算法[EB/OL]. (2020-9-30)[2024-7-1]. https://zhuanlan.zhihu.com/p/260109670.

BBuf, 2022. ONNX 学习笔记[EB/OL]. (2022-4-26)[2024-7-1]. https://zhuanlan.zhihu.com/p/346511883.

Chriszzzz, 2019. FlatBuffers, MNN 模型存储结构基础——无法解读 MNN 模型文件的秘密[EB/OL]. (2019-7-13) [2024-7-1]. https://www.jianshu.com/p/8eb153c12a4b.

CSU_THU_SUT, 2023a. 【AI】推理系统和推理引擎的整体架构[EB/OL]. (2023-9-14)[2024-7-1]. https://blog.csdn.net/weixin_45651194/article/details/132872588.

CSU_THU_SUT, 2023b. 【AI】推理引擎的模型转换模块[EB/OL]. (2023-9-17)[2024-7-1]. https://blog.csdn.net/weixin_45651194/article/details/132921090.

Doooo, 2023. 【AI System】第 8 章: 深度学习推理系统[EB/OL]. (2023-11-5)[2024-7-17]. https://zhuanlan.zhihu.com/p/665146747.

Galahad, 2022. Pytorch 和 TensorFlow 在 padding 实现上的区别[EB/OL]. (2022-7-1)[2024-7-1]. https://zhuanlan.zhihu.com/p/535729752.

Google, 2015. Protobuf 语法指南 [EB/OL]. 鸟窝译. (2015-1-7)[2024-7-1]. https://colobu.com/2015/01/07/Protobuf-language-guide/.

HarmonyHu, 2018. 序列化之 FlatBuffers [EB/OL]. (2018-8-11)[2024-7-1]. https://harmonyhu.com/2018/08/11/flatbuffers/.

Jasonaidm, 2019. 深度学习模型转换[EB/OL]. (2019-5-24)[2024-7-1]. https://blog.csdn.net/jasonaidm/article/details/90522615.

Lattner C, 2021. 第二章 实现语法分析器和 AST[EB/OL]//用 LLVM 开发新语言. 连城译. [2024-1-1]. https://llvm-tutorial-cn.readthedocs.io/en/latest/chapter-2.html.

Lattner C, 2022. LLVM 之父 Chris Lattner: 编译器的黄金时代[EB/OL]. 胡燕君, 周亚坤译. (2022-4-21)[2024-1-1]. https://segmentfault.com/a/1190000041739045.

Lopes B C, Auler R, 2020. 第4章前端[EB/OL]// Getting Started with LLVM Core Libraries(中文版). 潘立丰译. [2024-1-1]. https://getting-started-with-llvm-core-libraries-zh-cn.readthedocs.io/zh-cn/latest/ch04.html.

Lucasjinreal, 2022. 从零构建 AI 推理引擎系列[EB/OL]. [2024-7-1]. https://github.com/lucasjinreal/AI-Infer-Engine-From-Zero.

Mackler, 2022. 专用架构与 AI 软件栈(1)[EB/OL]. (2022-3-9)[2023-7-1]. https://zhuanlan.zhihu.com/p/387269513.

Man D, 2021. NCNN、OpenVino、TensorRT、MediaPipe、ONNX, 各种推理部署架构, 到底哪家强？[EB/OL]. (2021-10-20) [2014-7-17]. https://zhuanlan.zhihu.com/p/423551635.

Martin, 2019. Winograd 快速卷积算法[EB/OL]. (2019-11-13)[2024-7-1]. https://martin20150405.github.io/2019/11/13/dl-winograd-kuai-su-juan-ji-suan-fa/.

Microsoft, 2024. 人工智能系统 System for AI 课程介绍 Lecture Introduction[EB/OL]. [2024-7-1]. https://microsoft.github.io/AI-System/SystemforAI-9-Compilation and Optimization.pdf.

NVIDIA, 2024. NVIDIA 技术[EB/OL]. [2024-7-17]. https://www.NVIDIA.cn/technologies/Patterson.

OneFlow, 2022. TPU 演进十年: 谷歌的十大经验教训[EB/OL]. (2022-10-15)[2024-1-1]. https://zhuanlan.zhihu.com/p/573794328TensorFlow.

TensorFlow, 2024a. 保存和加载 Keras 模型[EB/OL]. (2024-1-11)[2024-7-1]. https://www.tensorflow.org/guide/keras/save_and_serialize?hl=zh-cn.

TensorFlow, 2024b. 端到端机器学习平台[EB/OL]. [2024-7-17]. https://www.TensorFlow.org.

TensorFlow, 2024c. 深入 CoreML 模型定义[EB/OL]. (2024-1-11)[2024-7-1]. https://blog.csdn.net/volvet/article/details/85013830.

Timer, 2020. Crazy Rockets-教你如何集成华为 HMS ML Kit 人脸检测和手势识别打造爆款小游戏[EB/OL]. (2020-10-23)[2024-1-1].https://developer.huawei.com/consumer/cn/forum/topic/0201388581574050067?fid=18&pid=0301388581574050321Yelvens.

YuxiangJohn, 2020. 谈谈 AI 框架的数据排布[EB/OL]. (2020-6-19)[2024-7-1]. https://zhuanlan.zhihu.com/p/149464086.

ZOMI 酱, 2022a. 模型压缩: 剪枝算法[EB/OL]. (2022-1-26)[2024-7-1]. https://zhuanlan.zhihu.com/p/462026539.

ZOMI 酱, 2022b. 全网最全-网络模型低比特量化[EB/OL]. (2022-1-7)[2024-7-17]. https://zhuanlan.zhihu.com/p/453992336.

ZOMI 酱酱, 2022. DeiT: 注意力也能蒸馏[EB/OL]. (2022-7-20)[2024-7-1]. https://www.cnblogs.com/ZOMI/p/16496326.html.

哎呦_-不错, 2021. PyTorch 学习—19.模型的加载与保存(序列化与反序列化)[EB/OL]. (2021-8-17)[2024-7-1]. https://blog.csdn.net/weixin_46649052/article/details/119763872.

不懂不学不问, 2021. 模型压缩(上)--知识蒸馏(Distilling Knowledge)[EB/OL]. (2021-3-15)[2024-7-1]. https://www.jianshu.com/p/a6d87b338bcf.

陈云霁, 李玲, 李威, 等, 2020. 智能计算系统[M]. 北京: 机械工业出版社.

飞桨, 2020. 飞桨产品全景[EB/OL]. [2024-7-17]. https://www.paddlepaddle.org.cn/overview.

隔山海, 2022. 模型转换: 由 Pytorch 到 TFlite[EB/OL]. (2022-1-18)[2024-7-1]. https://zhuanlan.zhihu.com/p/363317178.

湖中树, 2023. Tengine-Kit 人脸检测及关键点[EB/OL]. (2023-11-17)[2024-1-1]. https://blog.csdn.net/qq_21370465/article/details/109740949.

花花少年, 2022. 华为昇思 MindSpore 详细教程(一) [EB/OL]. (2022-10-5)[2024-7-1]. https://blog.csdn.net/m0_37605642/article/details/125691987.

黄星源, 奉现, 2022. 记录自己神经网络模型训练的全流程[EB/OL]. (2022-2-10)[2024-7-1]. https://zhuanlan.zhihu.com/p/465623148.

机器学习字幕组, 2019. Winograd 快速卷积解析[EB/OL]. [2019-7-19]. https://www.yanxishe.com/TextTranslation/1945.

极智视界, 2022. 一文看懂 winograd 卷积加速算法[EB/OL]. (2022-2-5)[2024-7-1]. https://juejin.cn/post/7061244517789368333.

金木金金木, 2019a. video: Even faster CNNs exploring the new class of winograd algorithms[EB/OL]. (2019-5-20)[2024-7-1]. https://www.bilibili.com/video/av53072685/.

金木金金木, 2019b. video: Fast algorithms for convolutional neural networks by andrew lavin and scott gray[EB/OL]. (2019-4-8)[2024-7-1]. https://www.bilibili.com/video/av50718398/.

进击的程序猿, 2024. 模型压缩-剪枝算法详解[EB/OL]. (2024-2-22)[2024-7-1]. https://zhuanlan.zhihu.com/p/622519997.

黎明灰烬, 2019. 卷积神经网络优化算法[EB/OL]. (2019-7-24)[2024-7-1]. https://zhenhuaw.me/blog/2019/convolution-neural-networks-optimization.html.

梁德澎, 2020. 详解 Winograd 变换矩阵生成原理[EB/OL]. (2020-3-21)[2024-7-1]. https://zhuanlan.zhihu.com/p/102351953.

麦络, 董豪, 金雪锋, 2024. 训练模型到推理模型的转换及优化[EB/OL]// 机器学习系统: 设计和实. [2024-7-1]. https://openmlsys.github.io/chapter_model_deployment/model_converter_and_optimizer.html.

蛮不讲李, 2024. 探索 ONNX 模型: 动态输入尺寸的实践与解决方案[EB/OL]. (2024-3-20)[2024-7-1]. https://cloud.baidu.com/article/3251524.

沐雲小哥, 2022. Pytorch-Onnx-TensorRT 模型转换教程案例[EB/OL]. (2022-6-10)[2024-7-1]. https://blog.csdn.net/weixin_44533869/article/details/125223704.

磐创 News, PytorchChina, 2018. 保存和加载模型[EB/OL]//PyTorch 官方教程中文版. [2024-7-1]. https://pytorch123.com/

ThirdSection/SaveModel/.

散步, 2023. AI 编译器之前端优化-下(笔记)[EB/OL]. (2023-1-18)[2024-7-1]. https://zhuanlan.zhihu.com/p/599949051.

昇思, 2024a. 保存及加载模型[EB/OL]. [2024-7-1]. https://www.mindspore.cn/tutorial/zh-CN/r1.2/save_load_model.html.

昇思, 2024b. 昇思 MindSpore 基本介绍 [EB/OL]. [2024-7-17]. https://www.mindspore.cn/tutorials/zh-CN/r2.3.0rc2/beginner/introduction.html.

苏统华, 杜鹏, 闫长江, 2024. Ascend C 异构并行程序设计：昇腾算子编程指南[M]. 北京：人民邮电出版社.

汪子熙, 2023. cpu 中控制单元执行的任务分析[EB/OL]. (2023-5-29)[2024-8-16]. https://zhuanlan.zhihu.com/p/633027432.

未名超算队，2023. 北大未名超算队高性能计算入门讲座(一): 概论 [EB/OL]. (2023-1-5)[2024-7-17]. https://www.bilibili.com/video/BV1814y1g7YC/.

我是小北挖哈哈, 2021. 模型推理服务化：如何基于 Triton 开发自己的推理引擎？[EB/OL]. (2021-3-2)[2024-7-1]. https://zhuanlan.zhihu.com/p/354058294.

小木, 2023. 突破英特尔 CPU+英伟达 GPU 的大模型训练硬件组合：苹果与 AMD 都有新进展！[EB/OL]. (2023-7-2)[2024.8.1]. https://www.datalearner.com/blog/1051688303603066.

小 P 家的 002720, 2023. AI 框架部署方案之模型转换 [EB/OL]. (2023-4-28)[2024-7-1]. https://zhuanlan.zhihu.com/p/396781295.

小小强, 2024. AI 技术方案(个人总结)[EB/OL]. (2024-1-11)[2024-7-1]. https://zhuanlan.zhihu.com/p/658734035.

晓晓纳兰容若, 2023. Pytorch 复习笔记——导出 Onnx 模型为动态输入和静态输入[EB/OL]. (2023-1-11)[2024-7-1]. https://blog.csdn.net/weixin_43863869/article/details/128638397.

旭穿，2023. AI 算法基础 [4]: Winograd 算法原理 [EB/OL]. (2023-11-22)[2024-7-1]. https://no5-aaron-wu.github.io/2021/11/16/AI-Algorithm-4-Winograd/.

佚名, 2018. 深入浅出 FlatBuffers 之 Schema[EB/OL]. (2018-6-4)[2024-7-1]. https://halfrost.com/flatbuffers_schema/.

佚名, 2022. 卷积神经网络推理 (2): Winograd 卷积的纯 Python 实现 [EB/OL]. (2022-1-3)[2024-7-1]. https://ajz34.readthedocs.io/zh-cn/latest/ML_Notes/winograd6x3/cnn_winograd.html.

佚名, 2023a. 简单了解 LLVM IR 基本语法[EB/OL]. (2023-8-21)[2024-1-1]. https://blog.csdn.net/qq_42570601/article/details/107157224.

佚名, 2023b. 深入浅出: AI 框架与计算图的关系[EB/OL]. [2023-11-1]. https://developer.baidu.com/article/details/3129186.

佚名, 2023c. 使用 Grappler 优化 TensorFlow 计算图[EB/OL]. (2023-1-11)[2024-7-1]. https://tensorflow.google.cn/guide/graph_optimization?hl=hu.

佚名，2024a. 计算图的设计背景和作用 [EB/OL]. [2024-7-1]. https://openmlsys.github.io/chapter_computational_graph/background_and_functionality.html#id1.

佚名，2024b. LLVM IR 快速上手[EB/OL]. [2024-1-1]. https://buaa-se-compiling.github.io/miniSysY-tutorial/pre/llvm_ir_quick_primer.html.

佚名，2024c. LLVM 架构中最重要的概念，以及编译器设计的提示[EB/OL]. [2024-1-1]. https://buaa-se-compiling.github.io/miniSysY-tutorial/pre/design_hints.html.

佚名, 2024d. LLVM 中的 SSA[EB/OL]. [2024-1-1]. https://buaa-se-compiling.github.io/miniSysY-tutorial/pre/llvm_ir_ssa.html.

佚名，2024e. 模型的保存加载 [EB/OL]. [2024-7-1]. http://121.199.45.168:13007/01-PyTorch%E4%BD%BF%E7%94%A8/11-%E6%A8%A1%E5%9E%8B%E7%9A%84%E4%BF%9D%E5%AD%98%E5%8A%A0%E8%BD%BD.html.

佚名, 2024f. 模型转换过程详解[EB/OL]. [2024-7-1]. https://developer.horizon.ai/api/v1/fileData/doc/ddk_doc/navigation/ai_toolchain/docs_cn/hb_mapper_tools_guide/01_model_conversion_details.html.

佚名, 2024g. 如何将在 GPU 上训练的模型加载到 CPU(系统)内存中？[EB/OL]. [2024-1-4]. https://www.volcengine.com/theme/9557712-R-7-1.

佚名，2024h. 死代码消除 [EB/OL]. [2023-11-1]. https://decaf-lang.gitbook.io/decaf-book/rust-kuang-jia-fen-jie-duan-zhi-dao/pa4-zhong-jian-dai-ma-you-hua/si-dai-ma-xiao-chu.

于雄雄，陈其友，2022. MegEngine Inference 卷积优化之 Im2Col 和 winograd 优化[EB/OL]. (2022-6-23)[2024-7-1]. https://www.cnblogs.com/megengine/p/16405753.html.

周弈帆，2022a. 模型部署入门教程(三): PyTorch 转 ONNX 详解[EB/OL]. (2022-6-23)[2024-7-1]. https://zhuanlan. zhihu.com/p/498425043.

周弈帆，2022b. 模型部署入门教程(一): 模型部署简介[EB/OL]. (2022-8-22)[2024-7-1]. https://zhuanlan.zhihu.com/p/ 477743341.

紫气东来，2024. Cross Entropy Loss 的并行化方案[EB/OL]. (2024-3-1)[2024-8-1]. https://zhuanlan.zhihu.com/p/497672789? utm_id=0.

索　引

彩　　图

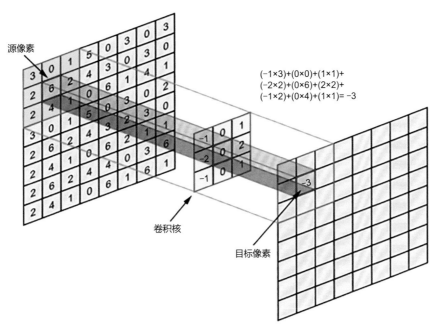

源像素

$(-1×3)+(0×0)+(1×1)+$
$(-2×2)+(0×6)+(2×2)+$
$(-1×2)+(0×4)+(1×1)= -3$

卷积核

目标像素

图 2.2.5

图 2.4.2

$$
\begin{aligned}
&\textbf{Loop 5} \quad \textbf{for } j_c = 0 : n-1 \textbf{ steps of } n_c \\
&\qquad\qquad \mathcal{J}_c = j_c : j_c + n_c - 1 \\
&\textbf{Loop 4} \qquad \textbf{for } p_c = 0 : k-1 \textbf{ steps of } k_c \\
&\qquad\qquad\quad \mathcal{P}_c = p_c : p_c + k_c - 1 \\
&\qquad\qquad\quad B(\mathcal{P}_c, \mathcal{J}_c) \rightarrow B_c \qquad\quad \text{// Pack into } B_c \\
&\textbf{Loop 3} \qquad\quad \textbf{for } i_c = 0 : m-1 \textbf{ steps of } m_c \\
&\qquad\qquad\qquad \mathcal{I}_c = i_c : i_c + m_c - 1 \\
&\qquad\qquad\qquad A(\mathcal{I}_c, \mathcal{P}_c) \rightarrow A_c \qquad\quad \text{// Pack into } A_c \\
&\qquad\qquad\qquad \text{// Macro-kernel} \\
&\textbf{Loop 2} \qquad\qquad \textbf{for } j_r = 0 : n_c - 1 \textbf{ steps of } n_r \\
&\qquad\qquad\qquad\quad \mathcal{J}_r = j_r : j_r + n_r - 1 \\
&\textbf{Loop 1} \qquad\qquad\quad \textbf{for } i_r = 0 : m_c - 1 \textbf{ steps of } m_r \\
&\qquad\qquad\qquad\qquad \mathcal{I}_r = i_r : i_r + m_r - 1 \\
&\qquad\qquad\qquad\qquad \text{// Micro-kernel} \\
&\textbf{Loop 0} \qquad\qquad\qquad \textbf{for } k_r = 0 : k_c - 1 \\
&\qquad\qquad\qquad\qquad\quad C_c(\mathcal{I}_r, \mathcal{J}_r) \\
&\qquad\qquad\qquad\qquad\qquad += A_c(\mathcal{I}_r, k_r) \; B_c(k_r, \mathcal{J}_r) \\
&\qquad\qquad\qquad\qquad \textbf{endfor} \\
&\qquad\qquad\qquad \textbf{endfor} \\
&\qquad\qquad \textbf{endfor} \\
&\qquad \textbf{endfor} \\
&\textbf{endfor}
\end{aligned}
$$

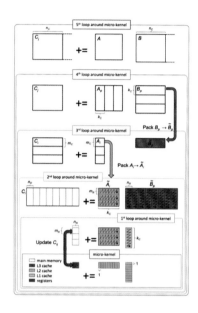

图 2.4.4

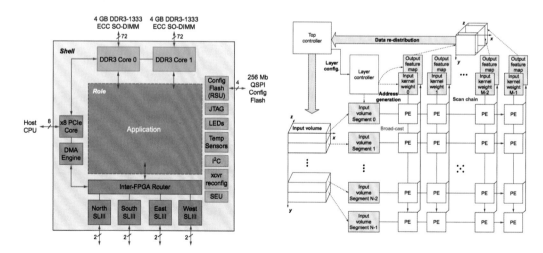

图 3.6.1

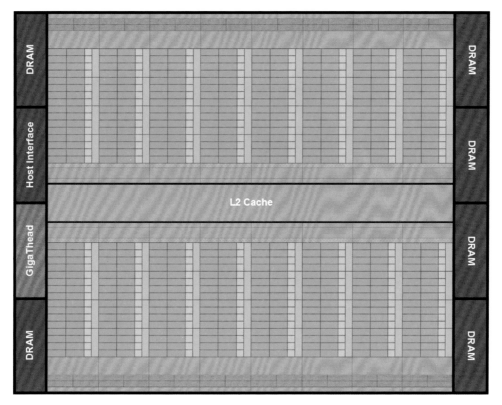

Fermi架构：16个 SM 围绕一个的L2 Cache部署。每个SM是一个垂直的矩形，包含一个橙色
部分（调度器和分派单元）、一个绿色部分（执行单元）以及浅蓝色部分（寄存器文件和L1 Cache）

图 4.1.1

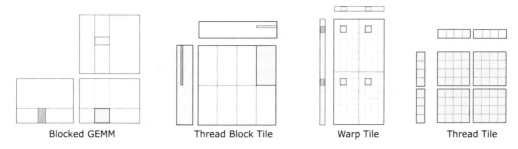

Blocked GEMM   Thread Block Tile   Warp Tile   Thread Tile

图 4.2.5

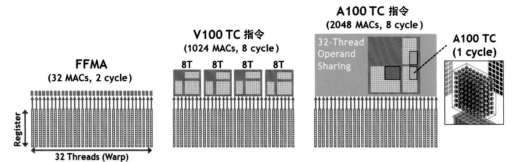

图 4.3.8

16×16×16矩阵乘	FFMA	V100 TC	A100 TC	A100 vs. V100 (提升)	A100 vs. FFMA (提升)
线程块共享	1	8	32	4X	32X
硬件指令	128	16	2	8X	64X
寄存器读写（Warp）	512	80	28	2.9X	18X
周期	256	32	16	2X	16X

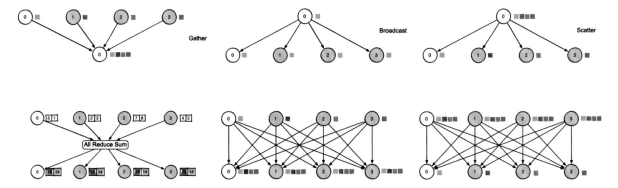

图 4.5.4

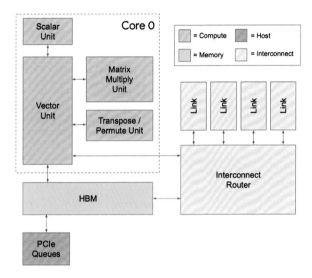

图 5.3.11

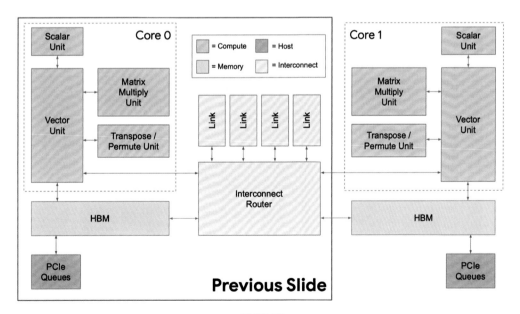

图 5.3.12

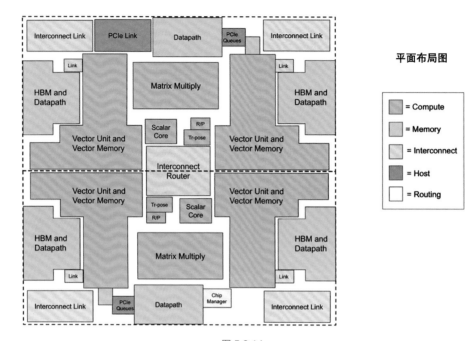

平面布局图

= Compute

= Memory

= Interconnect

= Host

= Routing

图 5.3.14

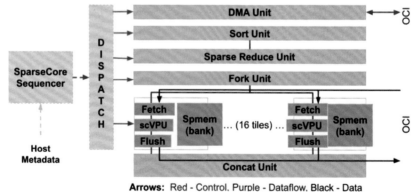

Arrows: Red - Control. Purple - Dataflow. Black - Data

图 5.5.3

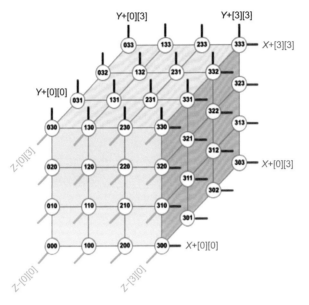

图 5.5.4

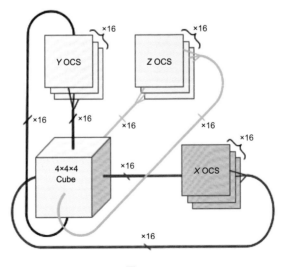

图 5.5.5

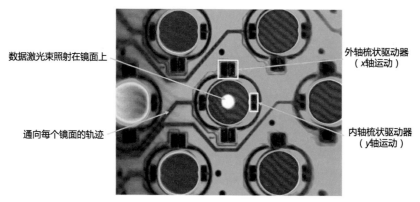

数据激光束照射在镜面上

通向每个镜面的轨迹

外轴梳状驱动器
（x轴运动）

内轴梳状驱动器
（y轴运动）

图 5.5.7

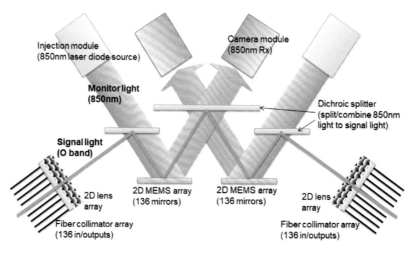

Injection module
(850nm laser diode source)

Camera module
(850nm Rx)

Monitor light
(850nm)

Dichroic splitter
(split/combine 850nm
light to signal light)

Signal light
(O band)

2D lens
array

2D MEMS array
(136 mirrors)

2D MEMS array
(136 mirrors)

2D lens
array

Fiber collimator array
(136 in/outputs)

Fiber collimator array
(136 in/outputs)

图 5.5.8

图 10.4.5

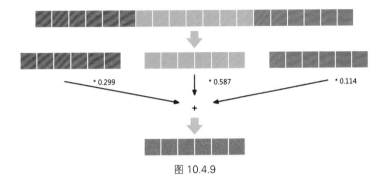

图 10.4.9

图 10.4.10

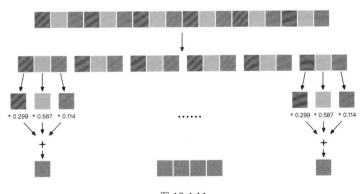

图 10.4.11

图 10.4.6

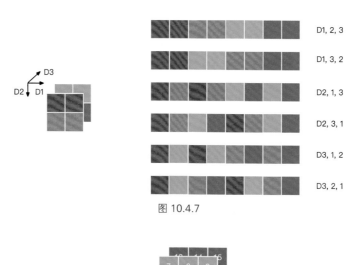

图 10.4.7

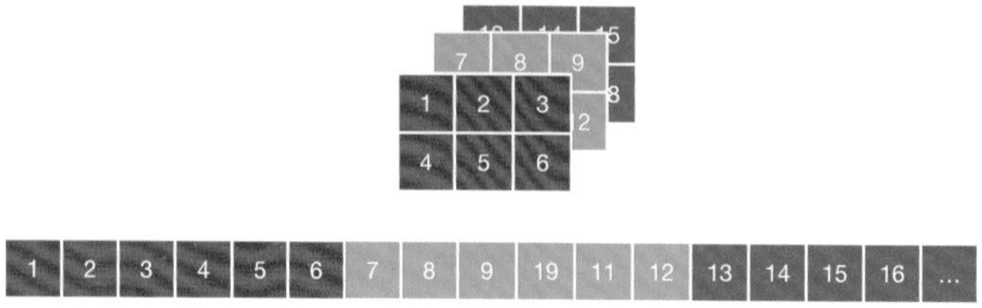

图 10.4.8

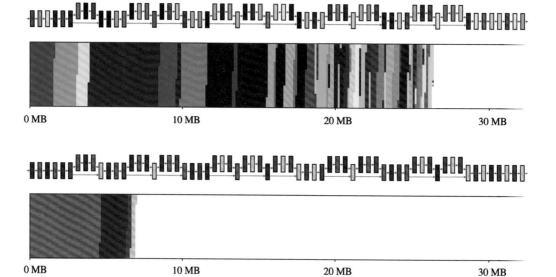

图 10.5.3

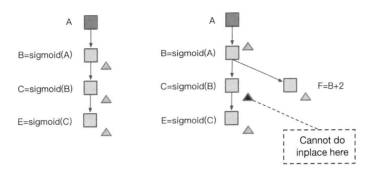

图 10.5.4

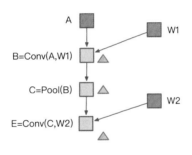

图 10.5.5

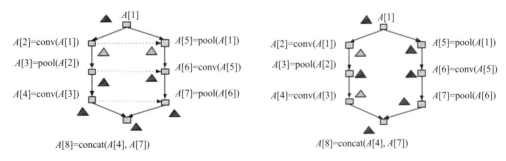

图 10.5.7

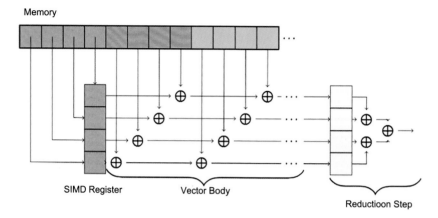

图 11.5.1

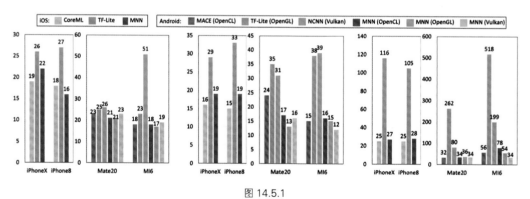

图 14.5.1

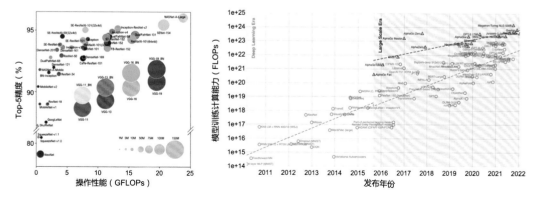

图 15.1.1

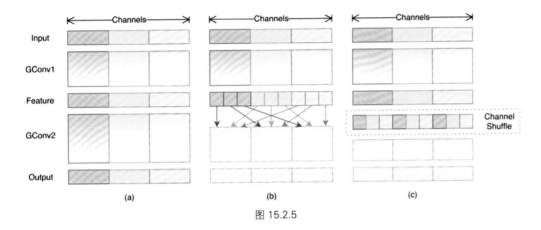

图 15.2.5

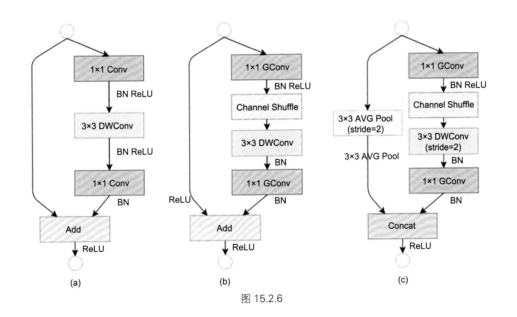

图 15.2.6

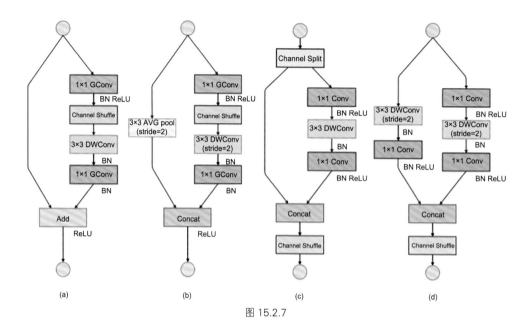

图 15.2.7

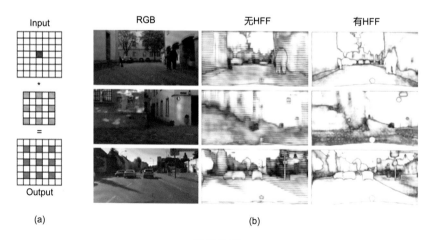

图 15.2.16

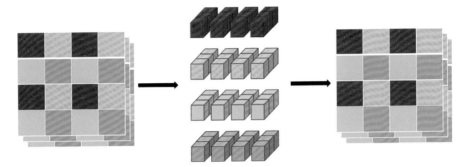

图 15.3.1

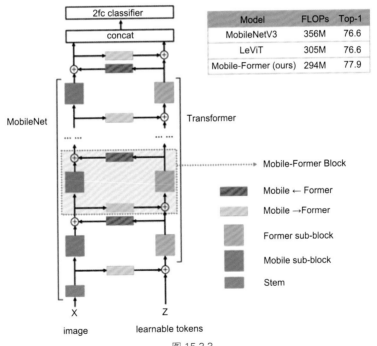

Model	FLOPs	Top-1
MobileNetV3	356M	76.6
LeViT	305M	76.6
Mobile-Former (ours)	294M	77.9

图 15.3.3

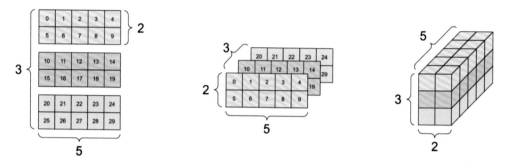

图 17.3.1

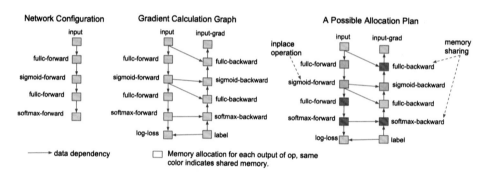

图 18.3.5

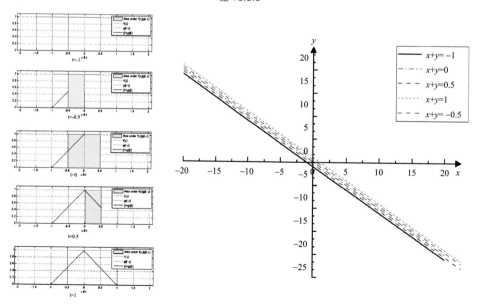

图 19.2.2

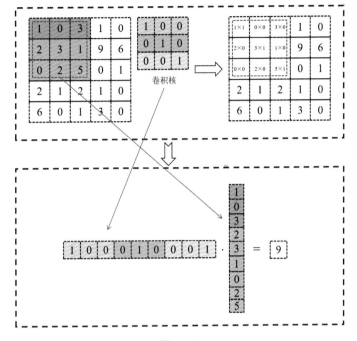

图 19.3.2

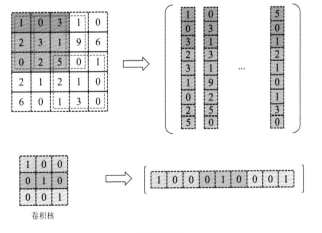

图 19.3.3

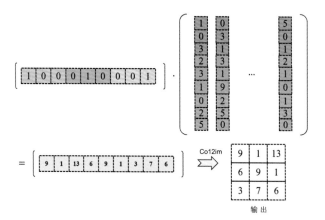

图 19.3.4

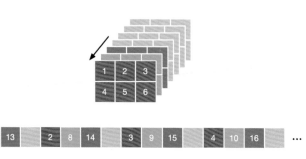

图 19.6.3

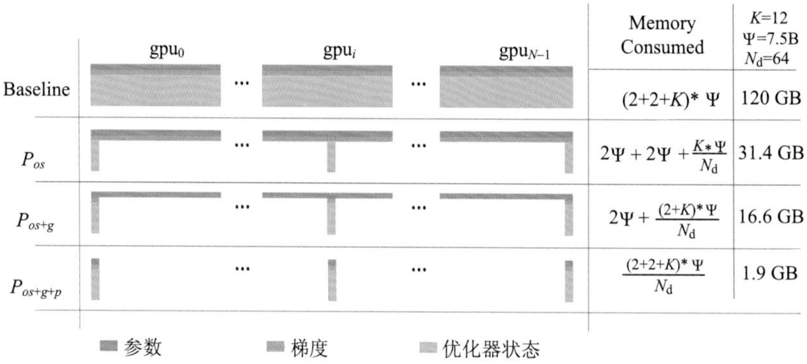

	gpu$_0$		gpu$_i$		gpu$_{N-1}$	Memory Consumed	K=12 Ψ=7.5B N_d=64
Baseline		...		...		$(2+2+K)*\Psi$	120 GB
P_{os}		...		...		$2\Psi + 2\Psi + \dfrac{K*\Psi}{N_d}$	31.4 GB
P_{os+g}		...		...		$2\Psi + \dfrac{(2+K)*\Psi}{N_d}$	16.6 GB
P_{os+g+p}		...		...		$\dfrac{(2+2+K)*\Psi}{N_d}$	1.9 GB

■ 参数　　■ 梯度　　■ 优化器状态

图 23.3.1

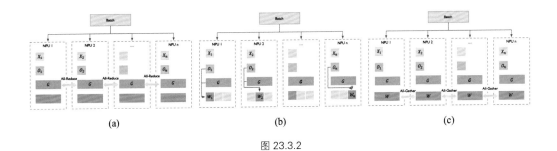

(a)   (b)   (c)

图 23.3.2

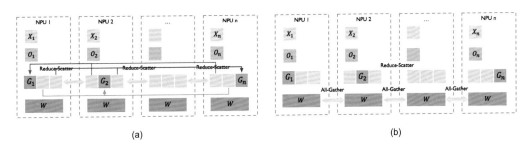

(a)   (b)

图 23.3.3

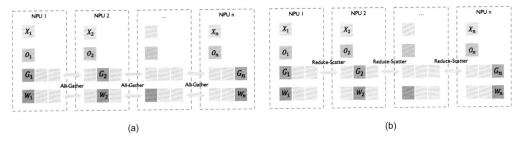

(a)   (b)

图 23.3.4

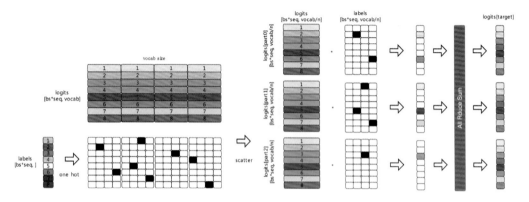

图 23.4.4

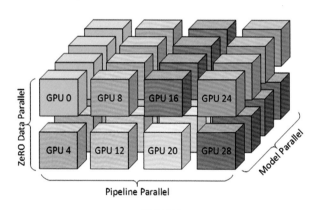

图 23.6.1